AF664766

Brigitte Horn-Helf

Konventionen technischer Kommunikation: Makro- und mikrokulturelle Kontraste in Anleitungen

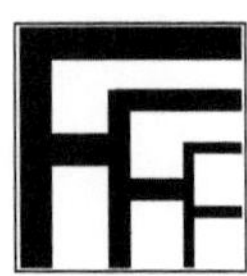

Forum für Fachsprachen-Forschung
Hartwig Kalverkämper (Hg.)

Band 91

Brigitte Horn-Helf

Konventionen technischer Kommunikation: Makro- und mikrokulturelle Kontraste in Anleitungen

Verlag für wissenschaftliche Literatur

ISBN 978-3-86596-233-1
ISSN 0939-8945

Herstellung durch das atelier eilenberger, Taucha bei Leipzig.
Printed in Germany.
Gedruckt auf säurefreiem, alterungsbeständigem Papier.

www.frank-timme.de

Vorwort

Mit diesem Band erscheint nunmehr eine aktualisierte Fassung der vollständigen Arbeit, die die Philologische Fakultät der Universität Leipzig 2006 als Habilitationsschrift angenommen hat. Einige für Lehrveranstaltungen geeignete Teile wurden bereits 2007 vorab in einem Lehr- und Arbeitsbuch mit dem Titel *Kulturdifferenz in Fachtextsortenkonventionen* publiziert. Insoweit danke ich dem Peter Lang Verlag für die Erteilung der Abdruckgenehmigung. Um die zweibändige Schrift hier „zwischen *zwei* Buchdeckel" zu bringen, war es notwendig, die Kapitel mit den vollständigen Analyseergebnissen (4 – 7) und die Beispielsammlung (Kapitel 8) im Anhang (Download) zu platzieren.

Ausgangspunkt für diese Forschungsarbeit war der Wunsch nach Substanziierung des von der Übersetzungstheorie inzwischen flächendeckend erhobenen Postulates nach Lokalisierung des Zieltextes. Es ging also um eine wissenschaftlich fundierte Antwort auf die Frage, was konkret zur Erfüllung dieses Postulates in einem Zieltext zu tun wäre. Nach verbreiteter Auffassung soll sich die Übersetzungspraxis diese Frage über Paralleltextanalysen selbst beantworten. Angesichts ihres Zeitdrucks ist das, vorsichtig ausgedrückt, unrealistisch.

Lokalisierung bedeutet „Anpassung an die Konventionen der Zielkultur", u.a. an ihre Textsortenkonventionen. In diesem Bereich kann die Konkretisierung des Postulates ansetzen, falls sich feststellen lässt, nach welchen Konventionen eine Zielkultur Texte einer Textsorte produziert. Sofern technische Texte überhaupt zum Analysegegenstand der Fachtextlinguistik avancieren konnten, war die fachexterne Anleitung deren Prototyp. Der Prototyp der Übersetzungspraxis, die fachinterne Anleitung, wurde aus verschiedenen Gründen textlinguistisch ignoriert und war daher der perfekte Untersuchungsgegenstand: praxisrelevant und neu, auch als Kontrast zur fachexternen Anleitung. Im Übrigen, d.h. jenseits dieser beiden hier analysierten Textsorten, fehlen noch immer sämtliche Voraussetzungen für eine ZT-Lokalisierung. Aus übersetzungspraktischer Sicht steht daher textlinguistische Forschung in kaum überschaubarem Umfang aus. Technische, wissenschaftliche und andere Mikrokulturen produzieren eine Vielzahl übersetzungsrelevanter Textsorten, die die interkulturelle Kommunikation über nationale Grenzen hinweg in Gang halten. Folglich birgt die *terra incognita* „Textsortenkonventionen" eine immense Vielfalt an Herausforderungen, die auch die ForscherInnen unter den Studierenden mit großer Begeisterung annehmen. Der Vorrat an spannenden Themen – nicht zuletzt für Diplomarbeiten – wird sich nicht so bald erschöpfen.

Zieltext-Lokalisierung ist zweifellos wünschenswert, der Erfüllung dieses Postulates sind jedoch auch dann Grenzen gesetzt, wenn das Textsortenwissen verfügbar ist. Die kontrastive Präsentation von Ergebnissen (Präferenzen) in Diagrammen (vgl. Kapitel 2) hat sich inzwischen vielfach bewährt, u.a. deshalb, weil sich die für eine Lokalisierung empfohlenen translatorischen Maßnahmen unmittelbar ablesen lassen. Diese Empfehlungen halten dem „Praxistest" sehr gut stand – bis inhaltliche Textmerkmale tangiert werden. Das theoretische Postulat ist daher entsprechend zu präzisieren. Des Weiteren kann eine Lokalisierung den Wünschen des Auftraggebers, genauer: einer bestimmten Kategorie von Auftraggebern (z.B. der Automobilhersteller und anderer *global players*), widersprechen. Übersetzungstheoretisch wird eine Ausgangstext-Imitation nicht mehr gestützt, in der EN 15038 hat sie jedoch eindeutig Vorrang vor der Lokalisierung.

Bei interkulturell kontrastiver Arbeit sollte man immer auf Überraschungen gefasst sein, kulturelle Kontraste sind allgegenwärtig. Sie zeigen sich u.U. auch dort, wo man sie eigentlich nicht erwartet: Der einzige Weg, z.B. im eher harmlos anmutenden Bereich der Syntax Kompatibilität zwischen den deutschen, russischen und englischen Korpora herzustellen, führte über die Nivellierung der abweichenden Auffassungen der jeweiligen Grammatiken in einer eigenen Klassifikation.

Im Hinblick auf Konventionen sprachlichen Handelns, z.B. Konventionen „der Wissenschaften“ (GALTUNG, CLYNE), sind kulturelle Kontraste bereits belegt. Obwohl die Erkenntnisse in einem definierten mikrokulturellen Umfeld gewonnen wurden, werden die Befunde gern zu Konventionen der jeweiligen Makrokultur hochgerechnet. Wie wenig eine solche Pauschalierung gerechtfertigt ist, lässt sich bereits an Merkmalen von Fachzeitschriftenartikeln verschiedener Wissenschaftskulturen sehr schnell und sehr einleuchtend zeigen: Tatsächlich haben Mikrokulturen häufig supranationale Qualität, die Stringenz ihrer Konventionen kann makrokulturelle Einflüsse teilweise deklassieren.

Kulturelle Kontraste bestehen auch dort, wo sie nur selten wahrgenommen werden, z.B. zwischen Texten „englischsprachiger“ Kulturen. Denn – um mit GALTUNG (1997: 119) zu formulieren – „eine Sprache zu sprechen“, bedeutet keineswegs, „einer Geistesart zu sein“, und das hat zwangsläufig Konsequenzen für die Konventionen der Textproduktion. Insofern ist bei Fachtextanalysen unbedingt auch für makrokulturelle Homogenität der Korpora zu sorgen. Gelingt das nicht, ist es wichtig, sich über diese Tatsache Rechenschaft abzulegen und sie nicht mit dem Rückzug auf die Sprache zu verdecken. Mit dem Ausweis von 12 Korpora war die Kapazität der synoptischen Diagramme erschöpft. Daher konnten die Ergebnisse zu britischen und US-amerikanischen Anleitungen in dieser Arbeit nicht separat dargestellt werden. Wie sinnvoll und aussagekräftig eine solche Detaillierung ist, zeigen die entsprechenden Diagramme im Arbeitsbuch (HORN-HELF 2007).

Herrn Alexander M. Nemenov und Herrn Martin Forrestal habe ich bereits im Lehrbuch meinen Dank für die Beschaffung russischer und britischer Korpustexte abgestattet. Da sie wesentlich zum Gelingen meines Vorhabens beigetragen hat, soll diese Unterstützung auch hier nicht unerwähnt bleiben. Herrn Prof. Dr. Dr. h.c. Kalverkämper danke ich dafür, dass er seit 2006, allen Widrigkeiten zum Trotz, unerschütterlich an seinem Wunsch festgehalten hat, die vollständige Habilitationsschrift in dieser Reihe publiziert zu sehen, und ich freue mich, dass ich ihm diesen Wunsch nun endlich erfüllen kann. Zum Verlag Frank & Timme kann man ihm und seiner Reihe nur gratulieren. Frau Dr. Timme kennt nicht nur für jedes Problem eine Sofortlösung, sie hatte auch grenzenloses Verständnis für meine Situation, nachdem mir ein Unfall die Einhaltung des vertraglich vereinbarten Abgabetermins unmöglich gemacht hatte. Da dieser Termin inzwischen um fast 11 Monate überschritten ist, verdient ihre geduldige Liebenswürdigkeit, die mir in dieser schwierigen Zeit sehr geholfen hat, ein besonders herzliches Dankeschön.

August 2010 Brigitte Horn-Helf

Inhaltsverzeichnis

Abkürzungsverzeichnis **23**
Abbildungsverzeichnis **25**
Tabellenverzeichnis **29**

1 Theoretische Grundlagen **37**

1.1 Kultur – Allgemeines **37**

1.1.1 Situierung von Kulturmodellen (Werte, Verhaltensmuster, soziales Handeln) **40**
1.1.1.1 Bezug: Makrokultur (MALETZKE, HOFSTEDE, HALL/HALL) 40
1.1.1.2 Bezug: Unternehmenskultur (HOFSTEDE) 42
1.1.1.3 Bezug: Interkultur (MAURITZ) 43
1.1.2 Situierung von Klassifikationen (Handeln mit Sprache) **43**
1.1.2.1 Bezug: Makrokultur – Alltagskommunikation (HOUSE) 44
1.1.2.2 Bezug: Makrokultur/Mikrokulturgruppen – Funktional-/Textsortenstilistik 45
1.1.2.3 Bezug: Wissenschaftliche Mikrokulturen (GALTUNG) 47
1.1.2.4 Bezug: Textsorte „Aufsatz“/Fächer: Geschichte/Landeskunde (KAPLAN) 48
1.1.2.5 Bezug: Wissenschaftliche Mikrokulturen bzw. Unternehmenskulturen, Textsorte „Aufsatz“ (CLYNE) 49

1.2 Kulturspezifik: Hierarchie – Stereotypie **51**

1.2.1 Universalia **53**
1.2.2 Kulturkreis **55**
1.2.2.1 „Der Westen“ 55
1.2.2.2 „Terranglia“ 56
1.2.3 Makrokultur **59**
1.2.3.1 Stereotypie 60
1.2.3.2 Nationalcharakter: Selbstbilder – Fremdbilder 61
1.2.3.3 Wahrnehmung: Farbsemantik 64
1.2.3.4 Zeiterleben 65
1.2.3.5 Raumerleben: Proxemik 67
1.2.3.6 Sprache – Sprachwandel 68
1.2.3.7 Wertorientierungen: Nationalstolz 69
1.2.3.8 Verhaltensmuster: Sitten, Normen, Rollen 71
1.2.3.8.1 Maskulinität vs. Femininität 71
1.2.3.8.2 Unsicherheitsvermeidung 73
1.2.3.8.3 Langzeit- vs. Kurzzeitorientierung 75
1.2.3.9 Soziale Gruppierungen und Beziehungen 76
1.2.3.9.1 Individualismus vs. Kollektivismus 77
1.2.3.9.2 Machtdistanz 78
1.2.3.9.3 Persönliche Nähe vs. Harmonie 80

1.2.3.9.4 Nonverbale Kommunikation: Kontaktverhalten 81
1.2.3.9.5 Freundschaft 82
1.2.3.9.6 Höflichkeit 82
1.2.4 Mikrokultur 84
1.2.5 Unternehmenskultur und Unternehmenskommunikation 86
1.2.6 Interkultur und interkulturelle Kommunikation 90

1.3 Kulturspezifik sprachlichen Handelns 94

1.3.1 Konventionen – Allgemeines 94
1.3.1.1 Sprachliche Konventionen 94
1.3.1.2 Texttradition – Textsortenkonventionen 95
1.3.1.3 Fachtextsortenkonventionen 96
1.3.2 Konventionen wissenschaftlichen Denkens und Schreibens 97
1.3.2.1 GALTUNG: Intellektuelle Stile „der Wissenschaften" 97
1.3.2.2 CLYNE: Konventionen von „Wissenschaftstexten" 104
1.3.3 KAPLAN: Konventionen der Textsorte „Aufsatz"/Denkstile 108
1.3.4 HOUSE: Konventionalisierte Diskursstrategien 109
1.3.4.1 Directness – Indirectness 110
1.3.4.2 Orientation towards Writer – Orientation towards Reader 112
1.3.4.3 Focus on Content – Interpersonal Focus 114
1.3.4.4 Explicitness – Implicitness 114
1.3.4.5 Ad-hoc Formulation – Use of Verbal Routines 116

1.4 Technische Mikrokulturen und ihre Textsorten 119

1.4.1 Entwicklung der Mikrokulturen 119
1.4.1.1 Mikrokulturen im 18. und 19. Jh. 119
1.4.1.2 Mikrokulturen im 20. Jh. 120
1.4.2 Entwicklung der Textsorten 122
1.4.3 Anleitungen: Anwenderfach- bzw. Vermittlungstexte 124
1.4.3.1 Pragmatische Aspekte der fachinternen Anleitung 127
1.4.3.2 Pragmatische Aspekte der fachexternen Anleitung 128
1.4.4 Standortbestimmung/Korpusbeschreibung 130
1.4.4.1 Mikrokulturelle Varietäten 130
1.4.4.2 Fachsprachliche Schichtung 131
1.4.4.3 Beschreibung der Analysekorpora 133
1.4.5 Forschungsaufgabe 134
1.4.5.1 Ausgangspunkt 134
1.4.5.2 Ebenen der Sprachbeschreibung 135
1.4.5.3 Methodische Ausrichtung: Interlingualität/Interkulturalität 135
1.4.5.4 Makro- und mikrokulturelle Differenzen in der technischen Kommunikation – Arbeitshypothesen 137
1.4.5.4.1 Beziehungen zwischen makro- und mikrokultureller Spezifik 137
1.4.5.4.2 Arbeitshypothesen 138

1.5 Analysekriterien: Textformulierung 142

1.5.1 Deklarationen 143
1.5.1.1 Deklaration der Gesamttexte 143
1.5.1.2 Deklaration von Teiltexten (TT) 145
1.5.1.2.1 TT-Deklarationen: Formulierung 146
1.5.1.2.2 TT-Deklarationen: Bezeichnungsprinzipien 147
1.5.1.3 Deklaration von Einschubtexten 154
1.5.1.3.1 Klassifikation der Signalwörter 156
1.5.1.3.2 Klassifikation der Signalwortverwendung 158
1.5.1.4 Deklaration von Abbildungen und Tabellen 160
1.5.1.5 Analyseraster: Deklarationen 162
1.5.2 Sprechhandlungen – Kommunikationsverfahren 162
1.5.2.1 Klassifikationsmöglichkeiten 162
1.5.2.2 Distribution von Sprechhandlungen 166
1.5.2.3 Klassifikation der Sprechhandlungen 167
1.5.2.4 Auszählmodus 172
1.5.2.5 Analyseraster: Sprechhandlungen 174
1.5.3 Stilistische Merkmale 175
1.5.3.1 Passivgehalt 175
1.5.3.1.1 Auszählmodus für deutsche und englische Texte 176
1.5.3.1.2 Besonderheiten der Auszählung russischer Texte 178
1.5.3.2 Personeneinbezug 181
1.5.3.2.1 Adressateneinbezug 182
1.5.3.2.2 Sendereinbezug 183
1.5.3.2.3 Einbezug Dritter 184
1.5.3.2.4 Besonderheiten russischer Anleitungen des Maschinenbaus 185
1.5.3.2.5 Analyseraster: Personeneinbezug 186
1.5.4 Syntax 186
1.5.4.1 Satzkomplexität 187
1.5.4.1.1 Diachroner Aspekt 188
1.5.4.1.2 Klassifikationsunterschiede 190
1.5.4.1.2.1 Der einfache Satz 190
1.5.4.1.2.2 Grundformen des komplexen Satzes: Satzverbindung/ Satzgefüge 194
1.5.4.1.2.3 Komplexere Strukturen 198
1.5.4.1.3 Eigene Klassifikation und Auszählmodus 200
1.5.4.1.3.1 Ermittlung des Komplexitätsgrades 200
1.5.4.1.3.2 Klassifikation komplexer Satztypen 202
1.5.4.1.4 Analyseraster: Komplexe Satztypen 206
1.5.4.2 Syntaktische Kompression 206
1.5.4.2.1 Partizipialkonstruktionen und Adverbialpartizipien 207
1.5.4.2.2 Infinitivkonstruktionen 212
1.5.4.2.3 Erweiterte postponierte Attribute 214
1.5.4.2.4 Erweiterte pränominale Attribute 215

1.5.4.3 Syntaktische Kondensation 219
1.5.4.3.1 Struktur von Präpositionalgruppen – Analyse und Formalisierung 220
1.5.4.3.2 Ermittlung syntaktischer Kondensate 224
1.5.4.3.2.1 Kondensation von Adverbialsätzen 224
1.5.4.3.2.2 Kondensation von Relativsätzen 226
1.5.4.3.3 Semantische Vagheit von Präpositionalgruppen 229
1.5.4.3.4 Kondensate aus Adverbialsätzen 233
1.5.4.3.5 Elliptische Kondensation der Kondensate 238
1.5.4.3.6 Kondensate aus Relativsätzen 240
1.5.4.3.7 Non-Kondensate mit lokaler Semantik 248
1.5.4.3.8 Non-Kondensate mit funktionaler Präposition 250
1.5.4.4 Ausdruck adverbialer und attributiver Beziehungen 253
1.5.4.4.1 Ausdruck adverbialer Beziehungen 254
1.5.4.4.2 Ausdruck attributiver Beziehungen 258
1.5.4.4.3 Analyseraster: Hierarchie syntaktischer Reduktion 259

1.6 Analysekriterien: Textstrukturierung 260

1.6.1 Typographische Merkmale 260
1.6.1.1 Funktionen des Schriftschnitts 261
1.6.1.1.1 Strukturierungsfunktion 261
1.6.1.1.2 Emphatische Funktion 263
1.6.1.2 Anführungszeichen 265
1.6.1.2.1 Konventionelle Funktion 265
1.6.1.2.2 Modalisierende Funktion 267
1.6.1.3 Analyseraster: Typographische Merkmale 269
1.6.2 Gliederungsebenen 270
1.6.2.1 Gliederung von Texten 270
1.6.2.1.1 Äußere Hierarchie: Markierte Gliederung der oberen Ebenen 270
1.6.2.1.2 Gliederung unterhalb der äußeren Hierarchie 273
1.6.2.1.3 Gliederungsmittel in Aufzählungen 275
1.6.2.1.4 Zuordnung von Einschubtexten 276
1.6.2.2 Gliederung von Abbildungen und Tabellen 277
1.6.2.2.1 Formale Gliederung von Abbildungen 278
1.6.2.2.2 Inhaltliche Segmentierung von Abbildungen 281
1.6.2.2.3 Gliederung von Tabellen 282
1.6.2.3 Gliederung der Text-Bild-Gemeinschaft 285
1.6.2.4 Textverlaufsebene und maximale Gliederungstiefe der Text-Bild-Gemeinschaft 289
1.6.2.5 Analyseraster: Gliederungsebenen 292
1.6.3 Prinzipien und Themen der Textkomposition 293
1.6.3.1 Komposition instruktiver TT 297
1.6.3.2 Komposition deskriptiver TT 300
1.6.3.3 Komposition instruktiv-deskriptiver Misch-TT 304

1.6.3.4 Komposition „sonstiger“ Misch-TT 309
1.6.3.4.1 Misch-TT mit kommissiven/deklarativen Konstituenten 309
1.6.3.4.2 Misch-TT mit expressiven Konstituenten 313
1.6.3.5 Analyseraster: Textkomposition 315
1.6.4 Sequenzierung von Teiltexten und Abbildungen 315
1.6.4.1 Sequenzierung deklarierter TT (Makrostruktur) 316
1.6.4.1.1 Allgemeines 316
1.6.4.1.2 Analysemodus 318
1.6.4.2 Sequenzierung von Abbildungen 320
1.6.4.3 Platzierung von Abbildungen 324
1.6.4.4 Analyseraster: Sequenzierung 328
1.7 Analysekriterien: Textinhalt 329
1.7.1 Bestand an thematischen Konstituenten 329
1.7.1.1 Themen des Haupttextes 329
1.7.1.2 Themen der Auxiliartexte 332
1.7.1.3 Analyseraster 333
1.7.2 Abbildungen in der Text-Bild-Gemeinschaft 334
1.7.2.1 Quantitative Aspekte 334
1.7.2.2 Qualitativ-funktionale Aspekte 336
1.7.2.2.1 Darstellungsformen 337
1.7.2.2.2 Abbildungsfunktionen 342
1.7.2.3 Bezüge zwischen Text und Abbildungen 347
1.7.2.3.1 Textuelle Bezüge 347
1.7.2.3.2 Thematische Bezüge 350
1.7.2.4 Analyseraster: Qualität und Funktion von Abbildungen 354
1.7.3 Begründungen 355
1.7.3.1 Typen einfacher Begründungen 357
1.7.3.1.1 Einfache Begründungen zu Direktiva 358
1.7.3.1.2 Einfache Begründungen zu Repräsentativa 363
1.7.3.2 Typen komplexer Begründungen 366
1.7.3.2.1 Komplexe Begründungen zu Direktiva 366
1.7.3.2.2 Komplexe Begründungen zu Repräsentativa 369
1.7.3.3 Perspektivierung von Begründungen 371
1.7.3.3.1 Begründungen zu Direktiva: Positive Perspektivierung 372
1.7.3.3.2 Begründungen zu Direktiva: Negative Perspektivierung 373
1.7.3.3.3 Begründungen zu Repräsentativa: Positive Perspektivierung 375
1.7.3.3.4 Begründungen zu Repräsentativa: Negative Perspektivierung 376
1.7.3.4 Analyseraster: Begründungen 378
1.7.4 Parenthesen 378
1.7.4.1 Markierung von Parenthesen 379
1.7.4.2 Umfang von Parenthesen 380
1.7.4.3 Inhalt von Parenthesen 381
1.7.4.4 Analyseraster: Parenthesen 388
1.7.5 Intertextualität 388

2 Kulturspezifische Präferenzen und Translation 393

2.1 Übersetzungsrelevanz von Textsortenkonventionen 393

2.1.1 Das theoretische Postulat 393
2.1.2 Bedingungen für die praktische Umsetzung 397
2.1.3 Erscheinungsformen von Textsortenkonventionen 400

2.2 Translatorische Behandlung von Merkmalen der Textformulierung 404

2.2.1 Deklaration von Anleitungen und Teiltexten 404
2.2.1.1 Deklaration der Gesamttexte 404
2.2.1.2 Formulierung der TT-Deklarationen 405
2.2.1.3 Deklaration der Einschubtexte 406
2.2.1.4 Deklaration der Tabellen 407
2.2.1.5 Interpretation der Präferenzen 408
2.2.1.5.1 Explicitness vs. Implicitness (HOUSE) 408
2.2.1.5.2 Orientation towards Reader (HOUSE) 409
2.2.2 Formulierung der Sprechhandlungen 409
2.2.2.1 Passivgehalt 409
2.2.2.2 Verbformen in Direktiva 411
2.2.2.3 Äußerungsformen für Instruktionen 412
2.2.2.4 Äußerungsformen für Empfehlungen 414
2.2.2.5 Äußerungsformen für Begründungen 415
2.2.2.5.1 Begründungen zu Direktiva 415
2.2.2.5.1.1 Antezedente Begründungen 416
2.2.2.5.1.2 Postzedente Begründungen 417
2.2.2.5.2 Begründungen zu Repräsentativa 419
2.2.2.5.2.1 Antezedente Begründungen 420
2.2.2.5.2.2 Postzedente Begründungen 421
2.2.2.6 Perspektivierung von Begründungen 423
2.2.2.6.1 Begründungen zu Direktiva 423
2.2.2.6.2 Begründungen zu Repräsentativa 425
2.2.2.7 Interpretation der Präferenzen 426
2.2.2.7.1 Focus on Content vs. Interpersonal Focus (HOUSE) 426
2.2.2.7.2 Directness vs. Indirectness (HOUSE) 427
2.2.2.7.3 Explicitness vs. Implicitness (HOUSE) 429
2.2.2.7.4 Unsicherheitsvermeidung (HOFSTEDE) 430
2.2.3 Syntax 432
2.2.3.1 Satzkomplexität 432
2.2.3.1.1 Komplexitätsgrad 432
2.2.3.1.2 Konstitution des Komplexitätsgrades 432
2.2.3.1.3 Dichte hypotaktischer Konstituenten 434
2.2.3.1.4 Komplexe Satztypen 435
2.2.3.1.5 Parenthesen 437
2.2.3.1.5.1 Parenthesendichte 437
2.2.3.1.5.2 Markierung von Parenthesen 438

2.2.3.1.5.3 Umfang von Parenthesen 439
2.2.3.2 Ausdruck adverbialer Beziehungen 440
2.2.3.2.1 Finalität 440
2.2.3.2.2 Kausalität/Konsekutivität 441
2.2.3.2.3 Konditionalität 442
2.2.3.2.4 Modalität 443
2.2.3.2.5 Temporalität: Gleichzeitigkeit 444
2.2.3.2.6 Temporalität: Vorzeitigkeit 445
2.2.3.2.7 Temporalität: Nachzeitigkeit 446
2.2.3.2.8 Reduktion von Adverbialsätzen 447
2.2.3.3 Ausdruck attributiver Beziehungen 448
2.2.3.3.1 Ausdrucksformen 448
2.2.3.3.2 Reduktion von Relativsätzen 450
2.2.3.4 Interpretation der Präferenzen 451
2.2.3.4.1 Linear Progression vs. Digressions (KAPLAN/CLYNE) 451
2.2.3.4.2 Explicitness vs. Implicitness (HOUSE) 451

2.3 Translatorische Behandlung des Formaspektes der Textgestaltung 454

2.3.1 Typographische Merkmale 454
2.3.1.1 Schriftschnitt 454
2.3.1.2 Markierung von Aufzählungen 456
2.3.1.3 Gestaltung von Warnhinweisen 457
2.3.2 Sequenzierung deklarierter Teiltexte (Makrostruktur) 459
2.3.2.1 Position des TT „Technische Daten“ 460
2.3.2.2 Position des TT „Sicherheit“ 462
2.3.2.3 Position des Inhaltsverzeichnisses 463
2.3.3 Sequenzierung und Platzierung von Abbildungen 464
2.3.3.1 Sequenzierung von Abbildungen 464
2.3.3.2 Platzierung von Abbildungen 466
2.3.4 Interpretation der Präferenzen 471
2.3.4.1 Teutonischer vs. Sachsonischer Stil (GALTUNG) 471
2.3.4.2 Advance Organizer (CLYNE) 472
2.3.4.3 Orientation towards Writer vs. Orientation towards Reader (HOUSE) 472

2.4 Translatorische Behandlung des Formulierungsaspektes mit Inhaltsbezug 475

2.4.1 Bezeichnungsprinzipien in TT-Deklarationen 475
2.4.2 Deklaration von Abbildungen 477
2.4.3 Personeneinbezug 478
2.4.4 Pränominale Attribute 479
2.4.5 Anführungszeichen 481
2.4.6 Formen der Themenbehandlung 484
2.4.6.1 Thema „Konstruktion“ 484
2.4.6.2 Thema „Sicherheit“ 485
2.4.6.3 Thema „Garantiebedingungen“ 487
2.4.7 Inhalt von Begründungen 489

2.4.7.1 Formimmanente Begründungen (Direktiva) 489
2.4.7.2 Formimmanente Begründungen (Repräsentativa) 490
2.4.8 Interpretation der Präferenzen **491**
2.4.8.1 Teutonischer vs. Sachsonischer Stil (GALTUNG) 491
2.4.8.2 Linear Progression vs. Digressions (KAPLAN/CLYNE) 492
2.4.8.3 Explicitness vs. Implicitness (HOUSE) 493
2.4.8.4 Orientation towards Writer vs. Orientation towards Reader (HOUSE) 494
2.4.8.5 Directness vs. Indirectness (HOUSE) 494

2.5 Translatorische Behandlung der Textgestaltung mit Inhaltsbezug **497**

2.5.1 Elemente und Ebenen der Textgliederung **497**
2.5.1.1 Positionierung von Einschubtexten 497
2.5.1.2 Positionierung von Abbildungen 499
2.5.1.3 Positionierung von Tabellen 503
2.5.1.4 Textverlaufsebene 504
2.5.1.5 Maximale Gliederungstiefe 505
2.5.1.6 Interpretation der Präferenzen 505
2.5.1.6.1 Strukturelle Textsymmetrie (CLYNE) 505
2.5.1.6.2 Directness vs. Indirectness (HOUSE) 508
2.5.2 Prinzipien und Themen der Textkomposition **509**
2.5.2.1 Komposition der Gesamttexte 509
2.5.2.2 Komposition instruktiver TT 511
2.5.2.3 Komposition deskriptiver TT 513
2.5.2.4 Komposition instruktiv-deskriptiver Misch-TT 515
2.5.2.5 Komposition „sonstiger" Misch-TT 519
2.5.2.6 Interpretation der Präferenzen 520
2.5.2.6.1 Teutonischer vs. Sachsonischer Stil (GALTUNG) 520
2.5.2.6.2 Linear Progression vs. Digressions (KAPLAN/CLYNE) 521
2.5.2.6.3 Focus on Content vs. Interpersonal Focus (HOUSE) 522
2.5.2.6.4 Orientation towards Writer vs. Orientation towards Reader (HOUSE) 523
2.6 Grenzen des „instrumentellen" Übersetzens – Merkmale des Textinhalts **524**

2.6.1 Verteilung der Nebensatzarten **524**
2.6.2 Inhalt von Parenthesen **525**
2.6.3 Bezug intertextueller Verweise **527**
2.6.4 Dichtewerte (Anzahl je 100 Sätze) **529**
2.6.4.1 Sprechhandlungsdichte 529
2.6.4.2 Dichte adverbialer und attributiver Beziehungen 530
2.6.4.3 Abbildungs- und Tabellendichte 531
2.6.4.4 Begründungsdichte 532
2.6.4.5 Verweisdichte 533
2.6.4.6 Interpretation der Präferenzen 534
2.6.4.6.1 Datenintegration/Directness vs. Indirectness (CLYNE/HOUSE) 534
2.6.4.6.2 Orientation towards Writer vs. Orientation towards Reader 535

2.6.4.6.3 Focus on Content vs. Interpersonal Focus (HOUSE) 536
2.6.4.6.4 Explicitness vs. Implicitness (HOUSE) 536
2.6.5 Abbildungen in der Text-Bild-Gemeinschaft 536
2.6.5.1 Flächenverteilung 536
2.6.5.2 Qualitativ-funktionale Aspekte 538
2.6.5.2.1 Darstellungsformen 538
2.6.5.2.2 Abbildungsfunktionen 539
2.6.5.2.3 Text-Bild-Bezug 541
2.6.5.3 Interpretation der Präferenzen 542
2.6.5.3.1 Linear Progression vs. Digressions (KAPLAN/CLYNE) 542
2.6.5.3.2 Orientation towards Writer vs. Orientation towards Reader (HOUSE) 543
2.6.5.3.3 Explicitness vs. Implicitness (HOUSE) 544
2.6.5.3.4 Unsicherheitsvermeidung (HOFSTEDE) 544

3 Überprüfung der Hypothesen/Schluss 547

3.1 Überprüfung der Hypothesen 547

3.1.1 Hypothese 1 547
3.1.1.1 Intellektuelle Stile in Anleitungen 548
3.1.1.2 Denkstile in Anleitungen 549
3.1.1.3 Wohlgeformtheit von Anleitungen 549
3.1.1.4 Diskursstrategien in Anleitungen 550
3.1.1.5 Fazit zur Hypothese 1 555
3.1.2 Hypothese 2 558
3.1.2.1 Mikrokulturelle Stildifferenzen 558
3.1.2.2 Mikrokulturelle Strategiedifferenzen 558
3.1.2.3 Sonstige mikrokulturelle Kontraste 560
3.1.2.4 Fazit zur Hypothese 2 561
3.1.3 Hypothese 3 563
3.1.3.1 Denkstile in Anleitungen aus „Terranglia“ 563
3.1.3.2 Diskursstrategien in Anleitungen aus „Terranglia“ 563
3.1.3.3 Sonstige Parallelen in Anleitungen aus „Terranglia“ 564
3.1.3.4 Fazit zur Hypothese 3 564

3.2 Schluss 565

3.2.1 Resümee 565
3.2.1.1 Textsorte(nvariante) 566
3.2.1.2 Kontrastives Profil der Textsortenvariante 567
3.2.1.3 Übersetzungspraktische Operationalisierbarkeit 569
3.2.2 Forschungsdesiderate 570

Literaturverzeichnis 573

Stichwortverzeichnis 597

Anhang (Download): Analyseergebnisse im Detail und Beispielsammlung

Teil I Makrokulturelle Kontraste fachinterner Kommunikation

4 Makrokulturelle Kontraste: Fachinterne Anleitungen des Maschinenbaus (Anleitungen für Industriemaschinen) A 1

4.1 Formulierung fachinterner Anleitungen (Maschinenbau) A 1

4.1.1 Deklarationen A 1
4.1.1.1 Deklaration der Gesamttexte A 1
4.1.1.2 Deklaration von Teiltexten A 2
4.1.1.3 Deklaration von Einschubtexten A 4
4.1.1.4 Deklaration von Abbildungen und Tabellen A 7
4.1.2 Sprechhandlungen A 9
4.1.2.1 Sprechhandlungsdichte A 9
4.1.2.2 Äußerungsformen für Instruktionen A 9
4.1.2.3 Äußerungsformen für Empfehlungen A 11
4.1.3 Stilistische Merkmale A 12
4.1.3.1 Passivgehalt A 12
4.1.3.2 Personeneinbezug A 13
4.1.4 Syntax A 17
4.1.4.1 Satzkomplexität A 17
4.1.4.2 Ausdruck adverbialer und attributiver Beziehungen A 19
4.1.4.2.1 Ausdruck adverbialer Beziehungen A 20
4.1.4.2.2 Ausdruck attributiver Beziehungen A 23
4.1.4.3 Syntaktische Reduktion: Konsequenzen für den Textsortenstil A 24

4.2 Strukturierung fachinterner Anleitungen (Maschinenbau) A 26

4.2.1 Typographische Merkmale A 26
4.2.2 Gliederungsebenen A 30
4.2.2.1 Gliederung der Texte A 30
4.2.2.2 Gliederung der Text-Bild-Gemeinschaft A 32
4.2.3 Prinzipien und Themen der Textkomposition A 35
4.2.3.1 Komposition instruktiver TT A 35
4.2.3.2 Komposition deskriptiver TT A 36
4.2.3.3 Komposition von Misch-TT A 37
4.2.4 Sequenzierung von Teiltexten und Abbildungen A 39
4.2.4.1 Sequenzierung deklarierter TT (Makrostruktur) A 39
4.2.4.2 Sequenzierung von Abbildungen A 42

4.3 Inhalt fachinterner Anleitungen (Maschinenbau) A 44

4.3.1 Bestand an thematischen Konstituenten A 44
4.3.1.1 Themen des Haupttextes A 44
4.3.1.2 Themen der Auxiliartexte A 47

4.3.2 Abbildungen in der Text-Bild-Gemeinschaft A 48
4.3.2.1 Quantitative Aspekte A 49
4.3.2.2 Qualitativ-funktionale Aspekte A 50
4.3.3 Begründungen A 52
4.3.3.1 Bezug und Äußerungsformen A 53
4.3.3.2 Perspektivierung A 57
4.3.4 Parenthesen A 60
4.3.5 Intertextualität A 61

5 Makrokulturelle Kontraste: Fachinterne Anleitungen des Gerätebaus (Anleitungen für Mess- und Analysetechnik) A 63

5.1 Formulierung fachinterner Anleitungen (Gerätebau) A 63

5.1.1 Deklarationen A 63
5.1.1.1 Deklaration der Gesamttexte A 63
5.1.1.2 Deklaration von Teiltexten A 64
5.1.1.3 Deklaration von Einschubtexten A 65
5.1.1.4 Deklaration von Abbildungen und Tabellen A 68
5.1.2 Sprechhandlungen A 69
5.1.2.1 Sprechhandlungsdichte A 69
5.1.2.2 Äußerungsformen für Instruktionen A 70
5.1.2.3 Äußerungsformen für Empfehlungen A 70
5.1.3 Stilistische Merkmale A 71
5.1.3.1 Passivgehalt A 71
5.1.3.2 Personeneinbezug A 72
5.1.4 Syntax A 74
5.1.4.1 Satzkomplexität A 74
5.1.4.2 Ausdruck adverbialer und attributiver Beziehungen A 76
5.1.4.2.1 Ausdruck adverbialer Beziehungen A 76
5.1.4.2.2 Ausdruck attributiver Beziehungen A 79
5.1.4.3 Syntaktische Reduktion: Konsequenzen für den Textsortenstil A 80

5.2 Strukturierung fachinterner Anleitungen (Gerätebau) A 81

5.2.1 Typographische Merkmale A 81
5.2.2 Gliederungsebenen A 84
5.2.2.1 Gliederung der Texte A 85
5.2.2.2 Gliederung der Text-Bild-Gemeinschaft A 87
5.2.3 Prinzipien und Themen der Textkomposition A 89
5.2.3.1 Komposition instruktiver TT A 90
5.2.3.2 Komposition deskriptiver TT A 90
5.2.3.3 Komposition von Misch-TT A 91
5.2.4 Sequenzierung von Teiltexten und Abbildungen A 93
5.2.4.1 Sequenzierung deklarierter TT (Makrostruktur) A 93
5.2.4.2 Sequenzierung von Abbildungen A 96

5.3 Inhalt fachinterner Anleitungen (Gerätebau) A 98

5.3.1 Bestand an thematischen Konstituenten A 98
5.3.1.1 Themen des Haupttextes A 98
5.3.1.2 Themen der Auxiliartexte A 100
5.3.2 Abbildungen in der Text-Bild-Gemeinschaft A 101
5.3.2.1 Quantitative Aspekte A 101
5.3.2.2 Qualitativ-funktionale Aspekte A 102
5.3.3 Begründungen A 104
5.3.3.1 Bezug und Äußerungsformen A 105
5.3.3.2 Perspektivierung A 109
5.3.4 Parenthesen A 111
5.3.5 Intertextualität A 112

Teil II: Makrokulturelle Kontraste fachexterner Kommunikation

6 Makrokulturelle Kontraste: Fachexterne Anleitungen des Maschinenbaus (Anleitungen für Hausgeräte) A 115

6.1 Formulierung fachexterner Anleitungen (Hausgeräte) A 115

6.1.1 Deklarationen A 115
6.1.1.1 Deklaration der Gesamttexte A 115
6.1.1.2 Deklaration von Teiltexten A 116
6.1.1.3 Deklaration von Einschubtexten A 118
6.1.1.4 Deklaration von Abbildungen und Tabellen A 121
6.1.2 Sprechhandlungen A 122
6.1.2.1 Sprechhandlungsdichte A 122
6.1.2.2 Äußerungsformen für Instruktionen A 123
6.1.2.3 Äußerungsformen für Empfehlungen A 124
6.1.3 Stilistische Merkmale A 125
6.1.3.1 Passivgehalt A 125
6.1.3.2 Personeneinbezug A 126
6.1.4 Syntax A 129
6.1.4.1 Satzkomplexität A 129
6.1.4.2 Ausdruck adverbialer und attributiver Beziehungen A 131
6.1.4.2.1 Ausdruck adverbialer Beziehungen A 131
6.1.4.2.2 Ausdruck attributiver Beziehungen A 134
6.1.4.3 Syntaktische Reduktion: Konsequenzen für den Textsortenstil A 136

6.2 Strukturierung fachexterner Anleitungen (Hausgeräte) A 137

6.2.1 Typographische Merkmale A 137
6.2.2 Gliederungsebenen A 141
6.2.2.1 Gliederung der Texte A 142
6.2.2.2 Gliederung der Text-Bild-Gemeinschaft A 144
6.2.3 Prinzipien und Themen der Textkomposition A 147
6.2.3.1 Komposition instruktiver TT A 147

6.2.3.2 Komposition deskriptiver TT A 148
6.2.3.3 Komposition von Misch-TT A 149
6.2.4 Sequenzierung von Teiltexten und Abbildungen A 151
6.2.4.1 Sequenzierung deklarierter TT (Makrostruktur) A 151
6.2.4.2 Sequenzierung von Abbildungen A 154

6.3 Inhalt fachexterner Anleitungen (Hausgeräte) A 156

6.3.1 Bestand an thematischen Konstituenten A 157
6.3.1.1 Themen des Haupttextes A 157
6.3.1.2 Themen der Auxiliartexte A 160
6.3.2 Abbildungen in der Text-Bild-Gemeinschaft A 161
6.3.2.1 Quantitative Aspekte A 161
6.3.2.2 Qualitativ-funktionale Aspekte A 162
6.3.3 Begründungen A 165
6.3.3.1 Bezug und Äußerungsformen A 165
6.3.3.2 Perspektivierung A 170
6.3.4 Parenthesen A 172
6.3.5 Intertextualität A 174

7 Makrokulturelle Kontraste: Fachexterne Anleitungen des Gerätebaus (Anleitungen für Gebrauchselektronik) A 177

7.1 Formulierung fachexterner Anleitungen (Gebrauchselektronik) A 177

7.1.1 Deklarationen A 177
7.1.1.1 Deklaration der Gesamttexte A 177
7.1.1.2 Deklaration von Teiltexten A 178
7.1.1.3 Deklaration von Einschubtexten A 179
7.1.1.4 Deklaration von Abbildungen und Tabellen A 181
7.1.2 Sprechhandlungen A 182
7.1.2.1 Sprechhandlungsdichte A 182
7.1.2.2 Äußerungsformen für Instruktionen A 183
7.1.2.3 Äußerungsformen für Empfehlungen A 184
7.1.3 Stilistische Merkmale A 184
7.1.3.1 Passivgehalt A 184
7.1.3.2 Personeneinbezug A 185
7.1.4 Syntax A 187
7.1.4.1 Satzkomplexität A 187
7.1.4.2 Ausdruck adverbialer und attributiver Beziehungen A 189
7.1.4.2.1 Ausdruck adverbialer Beziehungen A 190
7.1.4.2.2 Ausdruck attributiver Beziehungen A 192
7.1.4.3 Syntaktische Reduktion: Konsequenzen für den Textsortenstil A 193

7.2 Strukturierung fachexterner Anleitungen (Gebrauchselektronik) A 195

7.2.1 Typographische Merkmale A 195
7.2.2 Gliederungsebenen A 198

7.2.2.1 Gliederung der Texte A 199
7.2.2.2 Gliederung der Text-Bild-Gemeinschaft A 201
7.2.3 Prinzipien und Themen der Textkomposition A 203
7.2.3.1 Komposition instruktiver TT A 203
7.2.3.2 Komposition deskriptiver TT A 204
7.2.3.3 Komposition von Misch-TT A 205
7.2.4 Sequenzierung von Teiltexten und Abbildungen A 206
7.2.4.1 Sequenzierung deklarierter TT (Makrostruktur) A 207
7.2.4.2 Sequenzierung von Abbildungen A 209

7.3 Inhalt fachexterner Anleitungen (Gebrauchselektronik) A 212

7.3.1 Bestand an thematischen Konstituenten A 212
7.3.1.1 Themen des Haupttextes A 212
7.3.1.2 Themen der Auxiliartexte A 214
7.3.2 Abbildungen in der Text-Bild-Gemeinschaft A 215
7.3.2.1 Quantitative Aspekte A 215
7.3.2.2 Qualitativ-funktionale Aspekte A 217
7.3.3 Begründungen A 219
7.3.3.1 Bezug und Äußerungsformen A 219
7.3.3.2 Perspektivierung A 223
7.3.4 Parenthesen A 226
7.3.5 Intertextualität A 227

Teil III: 8. Beispielsammlung

8.1 Formulierung der Anleitungen A 231

8.1.1 Deklarationen A 231
8.1.1.1 Deklaration der Gesamttexte A 231
8.1.1.2 Deklaration der Teiltexte A 231
8.1.1.2.1 Formulierung der TT-Deklarationen A 231
8.1.1.2.2 Bezeichnungsprinzipien in TT-Deklarationen A 233
8.1.1.3 Deklaration von Einschubtexten A 237
8.1.1.4 Deklaration von Abbildungen und Tabellen A 239
8.1.1.4.1 Deklaration von Abbildungen A 239
8.1.1.4.2 Deklaration von Tabellen A 239
8.1.2 Sprechhandlungen A 240
8.1.2.1 Repräsentativa u.a. A 240
8.1.2.2 Direktiva A 241
8.1.2.2.1 Äußerungsformen für Instruktionen A 241
8.1.2.2.2 Äußerungsformen für Empfehlungen A 243
8.1.3 Stilistische Merkmale A 243
8.1.3.1 Passivgehalt A 243
8.1.3.2 Personeneinbezug A 245
8.1.3.2.1 Adressateneinbezug A 245
8.1.3.2.2 Sendereinbezug A 246

8.1.3.2.3 Einbezug Dritter A 247
8.1.3.2.4 Besonderheiten des russischen Korpus (MB) A 248
8.1.4 Syntax A 249
8.1.4.1 Komplexitätsgrad A 249
8.1.4.1.1 Einfacher Satz A 249
8.1.4.1.2 Komplexe Satztypen A 249
8.1.4.2 Ausdruck adverbialer und attributiver Beziehungen A 252
8.1.4.2.1 Nebensatzarten A 252
8.1.4.2.2 Ausdruck adverbialer Beziehungen A 254
8.1.4.2.3 Ausdruck attributiver Beziehungen A 258
8.1.4.2.4 Grundstrukturen/Inhalte pränominaler Attribute A 259

8.2 Strukturierung der Anleitungen A 263

8.2.1 Typographische Merkmale A 263
8.2.1.1 Funktionen des Schriftschnitts A 263
8.2.1.1.1 Strukturierungsfunktion A 263
8.2.1.1.2 Emphatische Funktion A 265
8.2.1.2 Anführungszeichen A 268
8.2.1.2.1 Konventionelle Funktion A 268
8.2.1.2.2 Modalisierende Funktion A 270
8.2.2 Gliederungsebenen A 270
8.2.2.1 Gliederung der Texte A 270
8.2.2.1.1 Aufzählungszeichen A 270
8.2.2.1.2 Positionierung der Einschubtexte A 273
8.2.2.1.3 Textverlaufsebene A 276
8.2.2.2 Gliederung der Text-Bild-Gemeinschaft A 281
8.2.2.2.1 Positionierung der Abbildungen A 281
8.2.2.2.2 Positionierung der Tabellen A 284
8.2.2.2.3 Maximale Gliederungstiefe A 286
8.2.3 Prinzipien und Themen der Textkomposition A 290
8.2.3.1 TT-Typen A 290
8.2.3.2 Komposition instruktiver TT A 292
8.2.3.3 Komposition deskriptiver TT A 293
8.2.3.4 Komposition instruktiv-deskriptiver Misch-TT A 296
8.2.3.5 Komposition „sonstiger“ Misch-TT A 300
8.2.4 Sequenzierung von Teiltexten und Abbildungen A 307
8.2.4.1 Sequenzierung deklarierter TT (Makrostruktur, dargestellt mit exemplarischen Deklarationen) A 307
8.2.4.1.1 Makrostruktur einer fachinternen Betriebs- bzw. Bedienungsanleitung im mikrokulturellen Vergleich A 307
8.2.4.1.2 Makrostruktur einer Betriebs- bzw. Bedienungsanleitung im makrokulturellen Vergleich A 310
8.2.4.2 Sequenzierung von Abbildungen und ersten Verweisen A 315
8.2.4.2.1 Sequenzierung i.O. A 315
8.2.4.2.2 Varianten der Sequenzstörung A 315
8.2.4.3 Distanz zwischen Verweis und Abbildung A 318

8.3 Inhalt der Anleitungen A 323

8.3.1 Bestand an thematischen Konstituenten A 323
8.3.1.1 Informative Konstituenten (Charakterisierung der Maschine/ des Gerätes) A 323
8.3.1.1.1 Themenbehandlung in fachinternen Anleitungen A 323
8.3.1.1.2 Themenbehandlung in fachexternen Anleitungen A 326
8.3.1.2 Instruktive Konstituenten (Anleitung des Bedieners/Benutzers) A 330
8.3.1.2.1 Themenbehandlung in fachinternen Anleitungen A 330
8.3.1.2.2 Themenbehandlung in fachexternen Anleitungen A 335
8.3.1.3 Themen der Auxiliartexte A 341
8.3.1.3.1 Themenbehandlung in fachinternen Anleitungen A 341
8.3.1.3.2 Themenbehandlung in fachexternen Anleitungen A 342
8.3.2 Abbildungen in der Text-Bild-Gemeinschaft A 345
8.3.2.1 Darstellungsformen A 345
8.3.2.2 Abbildungsfunktionen A 348
8.3.2.3 Textbezug der Abbildungen A 352
8.3.2.3.1 Textueller Bezug A 352
8.3.2.3.2 Thematischer Bezug A 353
8.3.3 Begründungen A 355
8.3.3.1 Äußerungsformen für Begründungen zu Direktiva A 355
8.3.3.1.1 Formimmanente Begründungen (Direktiva) A 356
8.3.3.1.2 Anschluss an antezedente Begründungen (Direktiva) A 357
8.3.3.1.3 Anschluss postzedenter Begründungen (Direktiva) A 358
8.3.3.2 Äußerungsformen für Begründungen zu Repräsentativa A 360
8.3.3.2.1 Formimmanente Begründungen (Repräsentativa) A 361
8.3.3.2.2 Anschluss an antezedente Begründungen (Repräsentativa) A 362
8.3.3.2.3 Anschluss postzedenter Begründungen (Repräsentativa) A 363
8.3.3.3 Perspektivierung von Begründungen zu Direktiva A 364
8.3.3.3.1 Positive Perspektive A 364
8.3.3.3.2 Negative Perspektive A 365
8.3.3.3.3 Perspektive formimmanenter Begründungen (Direktiva) A 366
8.3.3.4 Perspektivierung von Begründungen zu Repräsentativa A 368
8.3.3.4.1 Positive Perspektive A 368
8.3.3.4.2 Negative Perspektive A 369
8.3.3.4.3 Perspektive formimmanenter Begründungen (Repräsentativa) A 370
8.3.4 Parenthesen A 371
8.3.4.1 Markierung und Umfang von Parenthesen A 371
8.3.4.2 Inhalt von Parenthesen A 372
8.3.5 Bezug intertextueller Verweise A 374

Anhang (Download):
https://www.frank-timme.de/site/assets/files/4085/anhang.zip

Abkürzungsverzeichnis

A	Abstraktum
Adj.	Adjektiv
Adv.	Adverb
AE	amerikanisches Englisch
AT	Ausgangstext(-)
BA	antezedente Begründung(en)
BE	britisches Englisch
BF	formimmanente Begründung(en)
Blex	lexikalische Begründung(en)
BP	postzedente Begründung(en)
D	deutsch/Deutsch
D	Direktivum (komplexe Begründungen)
D E	deutsche Anleitungen für Gebrauchselektronik
D GB	deutsche fachinterne Anleitungen des Gerätebaus
D H	deutsche Anleitungen für Hausgeräte
D MB	deutsche fachinterne Anleitungen des Maschinenbaus
dekl.	deklarativ
deskr.	deskriptiv
E	englisch/Englisch
E E	US-amerikanische Anleitungen für Gebrauchselektronik (u.a. „englische“ Anleitungen für Computertechnik)
E GB	britische/US-amerikanische fachinterne Anleitungen des Gerätebaus
E H	britische/US-amerikanische Anleitungen für Hausgeräte
E MB	britische/US-amerikanische fachinterne Anleitungen des Maschinenbaus
expr.	expressiv
F	Fettdruck
FN	Fußnote
HS	Hauptsatz
Inf.	Infinitiv(konstruktion)
instr.	instruktiv
K	Konkretum (Kondensation)
K	Kursivdruck (Typographie)
komm.	kommissiv
Komp.	Kompositum
KoV	Komplexverfahren
KV	Kommunikationsverfahren
NS	Nebensatz(-)
OD	ohne eigene Deklaration
Part.	Partizip(ialkonstruktion)
postp.	postponiert
pränom.	pränominal
Präp.	Präposition

PräpG	Präpositionalgruppe(n)
R	russisch/Russisch
R	Repräsentativum (komplexe Begründungen)
R_E	russische Texte fremder Provenienz
R_R	originär russische Texte
R E	russische Anleitungen für Gebrauchselektronik
R GB	russische fachinterne Anleitungen des Gerätebaus
R H	russische Anleitungen für Hausgeräte
R MB	russische fachinterne Anleitungen des Maschinenbaus
S	Substantiv
S	Sperrdruck (Typographie)
SE	Einschub mit Signalwort
SG	Satzgefüge
SV	Satzverbindung(en)
SW	Software
TT	Teiltext(e)
U	Unterstreichung
UV(I)	Unsicherheitsvermeidung(sindex)
V	Verb (Kondensation)
V	Versalien (Typographie)
VA	Verbalabstraktum
WB	Wortbildung
WV	Wortverbindung
ZK	Zielkultur, zielkulturell
ZS	Zielsprache, zielsprachlich
ZT	Zieltext(-)

Abbildungsverzeichnis

Abb. 1.1: Hierarchie kultureller Spezifik 52
Abb. 1.2: Maßbild mit 2 Ansichten (Diaphragm Pump) 278
Abb. 1.3: Draufsicht mit Detail (Вагоноопрокидыватель) 279
Abb. 1.4: Funktionsschema (Wälzkolbenpumpe – 2 Ausführungen) 279
Abb. 1.5: Explosionsbild (Diaphragm Pump) 280
Abb. 1.6: Leistungsdiagramm (Vakuumpumpe – 2 Ausführungen) 280
Abb. 1.7: Schnittzeichnung mit Abbildungspositionen (Messröhre) 281
Abb. 1.8: Anschluss-Schema mit Bildtexten (Refrigerant Recovery Unit) 282
Abb. 1.9: Nonverbale Konstruktionsbeschreibung (Waschtrockner) 331
Abb. 1.10: Fotos (Turbomolekularpumpe/Belt Conveyor) 340
Abb. 1.11: Bilder (Mini Cassette Recorder/Fan) 340
Abb. 1.12: Explosionsbilder (Microwave Oven/Bucket Elevator) 341
Abb. 1.13: Technische Zeichnungen (Schnitt: Датчик силоизмерительный тензорезисторный/Maßbild: Screen Vibrator) 341
Abb. 1.14: Skizzen (Einbauherd/Montageskizze: Весы автоматические) 341
Abb. 1.15: Schemata (Anschluss-Schema: Электроплита/Funktionsschema: Oxygen Analyzer) 342
Abb. 1.16: Diagramme (Pumpenleistung: Rückkühler/Mahlkurven: Шаровая мельница) 342
Abb. 1.17: Komplementäre Abbildung (Nähmaschinenantrieb) 345
Abb. 1.18: Illustrative Abbildung (Einbauherd) 346
Abb. 1.19: Autonome Abbildungen (Linienschreiber) 346
Abb. 1.20: Isolierte Abbildung (Großbildprojektor) 347
Abb. 1.21: Parallelität zwischen TT-Titel und Bildtext (Интегрированный телефон) 349
Abb. 1.22: Eingerückte Abbildung I (Organizer) 350
Abb. 1.23: Eingerückte Abbildung II (Waschmaschine) 351
Abb. 1.24: Vorangestellte Abbildung I (Cleaner) 351
Abb. 1.25: Vorangestellte Abbildung II (Videorecorder) 351
Abb. 1.26: Angefügte Abbildung (Cooker) 352
Abb. 1.27: Abbildungen als separate TT (Temperaturschreiber/Staubsauger) 352
Abb. 1.28: Distanzierte Abbildung (Радиоприемник) 353
Abb. 1.29: Abbildung mit textexternem Bezug (Separator) 354

Abb. 2.1: Deklaration der Anleitungen 404
Abb. 2.2: Formulierung der TT-Deklarationen 405
Abb. 2.3: Verwendung der Signalwörter 406
Abb. 2.4: Deklaration der Tabellen 407
Abb. 2.5: Passivgehalt 410
Abb. 2.6: Verbformen in Instruktionen/Empfehlungen 411
Abb. 2.7: Äußerungsformen für Instruktionen 413
Abb. 2.8: Äußerungsformen für Empfehlungen 414
Abb. 2.9: Äußerungsformen für Begründungen zu Direktiva 415

Abb. 2.10:	Anschluss an antezedente Begründungen (Direktiva)	416
Abb. 2.11:	Anschluss postzedenter Begründungen (Direktiva)	418
Abb. 2.12:	Äußerungsformen für Begründungen zu Repräsentativa	419
Abb. 2.13:	Anschluss an antezedente Begründungen (Repräsentativa)	420
Abb. 2.14:	Anschluss postzedenter Begründungen (Repräsentativa)	421
Abb. 2.15:	Perspektivierung von Begründungen zu Direktiva	423
Abb. 2.16:	Perspektive formimmanenter Begründungen (Direktiva)	424
Abb. 2.17:	Perspektivierung von Begründungen zu Repräsentativa	425
Abb. 2.18:	Perspektive formimmanenter Begründungen (Repräsentativa)	426
Abb. 2.19:	Komplexitätsgrad	432
Abb. 2.20:	Konstitution des Komplexitätsgrades	433
Abb. 2.21:	Dichte hypotaktischer Konstituenten	434
Abb. 2.22:	Konstitution und Frequenz komplexer Satztypen	436
Abb. 2.23:	Parenthesendichte	437
Abb. 2.24:	Markierung von Parenthesen	438
Abb. 2.25:	Umfang von Parenthesen	439
Abb. 2.26:	Ausdruck finaler Beziehungen	440
Abb. 2.27:	Ausdruck kausaler/konsekutiver Beziehungen	441
Abb. 2.28:	Ausdruck konditionaler Beziehungen	442
Abb. 2.29:	Ausdruck modaler Beziehungen	443
Abb. 2.30:	Ausdruck von Gleichzeitigkeit	444
Abb. 2.31:	Ausdruck von Vorzeitigkeit	445
Abb. 2.32:	Ausdruck von Nachzeitigkeit	446
Abb. 2.33:	Reduktion von Adverbialsätzen	447
Abb. 2.34:	Ausdruck attributiver Beziehungen	448
Abb. 2.35:	Reduktion von Relativsätzen	450
Abb. 2.36:	Markierung durch Schriftschnittvariation	454
Abb. 2.37:	Markierung von Aufzählungen	456
Abb. 2.38:	Gestaltung von Warnhinweisen	457
Abb. 2.39:	Position des TT „Technische Daten“	460
Abb. 2.40:	Position des TT „Sicherheit“	462
Abb. 2.41:	Position des Inhaltsverzeichnisses	463
Abb. 2.42:	Sequenzierung der Abbildungen	464
Abb. 2.43:	Platzierung der Abbildungen	466
Abb. 2.44:	Bezeichnungsprinzipien in TT-Deklarationen	475
Abb. 2.45:	Deklaration von Abbildungen	477
Abb. 2.46:	Personeneinbezug	478
Abb. 2.47:	Strukturen/Inhalte pränominaler Attribute	479
Abb. 2.48:	Markierung durch Anführungszeichen	481
Abb. 2.49:	Behandlung des Themas „Konstruktion“	484
Abb. 2.50:	Behandlung des Themas „Sicherheit“	486
Abb. 2.51:	Behandlung von Garantiebedingungen	488
Abb. 2.52:	Formimmanente Begründungen (Direktiva)	489
Abb. 2.53:	Formimmanente Begründungen (Repräsentativa)	490
Abb. 2.54:	Positionierung der Einschubtexte	497

Abb. 2.55: Positionierung der Abbildungen 500
Abb. 2.56: Positionierung der Tabellen 503
Abb. 2.57: Textverlaufsebene 504
Abb. 2.58: Maximale Gliederungstiefe 505
Abb. 2.59: TT-Typenverteilung in den Korpora 509
Abb. 2.60: Komposition instruktiver TT 512
Abb. 2.61: Komposition deskriptiver TT 513
Abb. 2.62: Prinzipien in instruktiv-deskriptiven Misch-TT 515
Abb. 2.63: Themen in instruktiv-deskriptiven Misch-TT 516
Abb. 2.64: Konstituenten „sonstiger“ Misch-TT 519
Abb. 2.65: Verteilung der Nebensatzarten (ohne NS-wertige Konstruktionen) 524
Abb. 2.66: Inhalt der Parenthesen 526
Abb. 2.67: Bezug intertextueller Verweise 528
Abb. 2.68: Sprechhandlungsdichte 529
Abb. 2.69: Dichte adverbialer und attributiver Beziehungen 530
Abb. 2.70: Abbildungs- und Tabellendichte 531
Abb. 2.71: Begründungsdichte 532
Abb. 2.72: Verweisdichte 533
Abb. 2.73: Flächenverteilung in der Text-Bild-Gemeinschaft 537
Abb. 2.74: Darstellungsformen 538
Abb. 2.75: Abbildungsfunktionen 539
Abb. 2.76: Textbezug der Abbildungen 541

Abb. 8.1: Viergliedrige Tabelle A 290
Abb. 8.2: Nonverbale Konstruktionsbeschreibungen (fachintern) A 325
Abb. 8.3: Nonverbale Konstruktionsbeschreibungen (fachextern) A 328
Abb. 8.4: Fotos (Messröhre/Персональный компьютер/Belt Conveyor) A 345
Abb. 8.5: Bilder (Nähmaschinenantrieb/Dishwasher/Шаровая мельница) A 345
Abb. 8.6: Technische Zeichnungen (Vakuumpumpe/Diaphragm Pump/ Вагоноопрокидыватель) A 346
Abb. 8.7: Skizzen (Ventilator/Паровая турбина/Microwave Oven) A 346
Abb. 8.8: Explosionsbilder (Vakuumpumpe/Холодильник/Fan) A 346
Abb. 8.9: Schemata (Motorschaltbild: Rührwerk/Schaltbild: Весы автоматические/Funktionsschema: Separator) A 347
Abb. 8.10: Diagramme (Überstrom-Zeit-Relais/Реле потока/Mass Flow Meter) A 347
Abb. 8.11: Komplementäre Abbildungen (Linienschreiber/Паровая турбина/ Belt Conveyor) A 348
Abb. 8.12: Illustrative Abbildungen (Betonspritzmaschine/Электроплита/ Microwave Oven) A 349
Abb. 8.13: Autonome Abbildungen (Waschtrockner/Интегрированный телефон/Diaphragm Pump) A 350
Abb. 8.14: Isolierte Abbildungen (Mikrowellenherd/Separator/Пылесос) A 351
Abb. 8.15: Vorangestellte Abbildungen ((Staubsauger/Персональный компьютер/Cleaner) A 353

Abb. 8.16: Eingerückte Abbildungen (Waschmaschine/Интегрированный телефон/Fan) A 354
Abb. 8.17: Angefügte Abbildung (Einbauherd) A 354
Abb. 8.18: Abbildungen als separate TT (Linienschreiber/Интегрированный телефон/Cleaner) A 355

Tabellenverzeichnis

Tab. 1.1:	Maskulinität vs. Femininität		71
Tab. 1.2:	Unsicherheitsvermeidung		74
Tab. 1.3:	Langzeit- vs. Kurzzeitorientierung		75
Tab. 1.4:	Individualismus vs. Kollektivismus		77
Tab. 1.5:	Machtdistanz		79
Tab. 1.6:	Die intellektuellen Stile der Hegemonialsysteme		103
Tab. 1.7:	Signalwörter und Signalbedeutung		156
Tab. 1.8:	Signalwörter und ihre Variationen		157
Tab. 1.9:	Äußerungsformen für Instruktionen in direktiven Texten		170
Tab. 1.10:	Verteilung finiter Verbformen auf verschiedene Sprechhandlungen		173
Tab. 1.11:	Sprechhandlungsdichte		173
Tab. 1.12:	Nebensatzfrequenz (GÖPFERICH)		188
Tab. 1.13:	Tabelle zur Störungssuche/-behebung (Auszug)		284
Tab. 1.14:	Hierarchische Positionierung von Abbildungen und Tabellen		286
Tab. 1.15:	Informative Konstituenten (Beispiel)		333
Tab. 4.1:	Deklaration der Anleitungen	A	2
Tab. 4.2:	Formulierung der TT-Deklarationen	A	2
Tab. 4.3:	Bezeichnungsprinzipien in TT-Deklarationen	A	3
Tab. 4.4:	Signalwörter zur Deklaration von Einschubtexten	A	5
Tab. 4.5:	Deklaration der Abbildungen	A	8
Tab. 4.6:	Deklaration der Tabellen	A	8
Tab. 4.7:	Sprechhandlungsdichte je 100 Sätze	A	9
Tab. 4.8:	Äußerungsformen für Instruktionen	A	10
Tab. 4.9:	Äußerungsformen für Empfehlungen	A	12
Tab. 4.10:	Passivgehalt	A	12
Tab. 4.11:	Passivgehalt von Instruktionen und Empfehlungen	A	13
Tab. 4.12:	Adressateneinbezug	A	14
Tab. 4.13:	Sendereinbezug	A	16
Tab. 4.14:	Personeneinbezug	A	16
Tab. 4.15:	Komplexitätsgrad	A	18
Tab. 4.16:	Konstitution und Frequenz komplexer Satztypen	A	18
Tab. 4.17:	Dichte hypotaktischer Konstituenten (je 100 Sätze)	A	19
Tab. 4.18:	Verteilung der Nebensatzarten (ohne NS-wertige Konstruktionen)	A	19
Tab. 4.19:	Ausdruck finaler Beziehungen	A	20
Tab. 4.20:	Ausdruck kausaler/konsekutiver Beziehungen	A	20
Tab. 4.21:	Ausdruck konditionaler Beziehungen	A	21
Tab. 4.22:	Ausdruck modaler Beziehungen	A	21
Tab. 4.23:	Ausdruck temporaler Beziehungen	A	22
Tab. 4.24:	Ausdruck attributiver Beziehungen	A	23
Tab. 4.25:	Grundstrukturen/Inhalte pränominaler Attribute	A	24
Tab. 4.26:	Hierarchie syntaktischer Reduktion	A	25
Tab. 4.27:	Strukturierung durch Schriftschnittvariation	A	27

Tab. 4.28:	Markierung emphatischer Elemente	A 28
Tab. 4.29:	Markierung durch Anführungszeichen	A 29
Tab. 4.30:	Textgliederung auf den unteren Ebenen	A 30
Tab. 4.31:	Positionierung der Einschubtexte	A 31
Tab. 4.32:	Äußere Hierarchie und Textverlaufsebene	A 32
Tab. 4.33:	Positionierung der Abbildungen	A 33
Tab. 4.34:	Positionierung der Tabellen	A 33
Tab. 4.35:	Äußere Hierarchie und maximale Gliederungstiefe	A 34
Tab. 4.36:	TT-Typenverteilung in den Korpora	A 35
Tab. 4.37:	Prinzipien in instruktiven TT	A 36
Tab. 4.38:	Prinzipien/Themen in deskriptiven TT	A 36
Tab. 4.39:	Prinzipien/Themen in instruktiv-deskriptiven Misch-TT	A 37
Tab. 4.40:	Konstituenten und Themen (exemplarisch) „sonstiger" Misch-TT	A 38
Tab. 4.41:	Makrostruktur des deutschen Korpus	A 40
Tab. 4.42:	Makrostruktur des russischen Korpus	A 41
Tab. 4.43:	Makrostruktur des englischen Korpus	A 41
Tab. 4.44:	Sequenzierung der Abbildungen	A 42
Tab. 4.45:	Platzierung der Abbildungen	A 43
Tab. 4.46:	Themen informativer Konstituenten	A 45
Tab. 4.47:	Themen instruktiver Konstituenten	A 46
Tab. 4.48:	Themen in Auxiliartexten	A 48
Tab. 4.49:	Quantitative Aspekte der Text-Bild-Gemeinschaft	A 49
Tab. 4.50:	Darstellungsformen	A 50
Tab. 4.51:	Abbildungsfunktionen	A 51
Tab. 4.52:	Textbezug der Abbildungen	A 52
Tab. 4.53:	Äußerungsformen für Begründungen zu Direktiva	A 53
Tab. 4.54:	Formimmanente Begründungen (Direktiva)	A 53
Tab. 4.55:	Anschluss an antezedente Begründungen (Direktiva)	A 54
Tab. 4.56:	Anschluss postzedenter Begründungen (Direktiva)	A 55
Tab. 4.57:	Äußerungsformen für Begründungen zu Repräsentativa	A 55
Tab. 4.58:	Formimmanente Begründungen (Repräsentativa)	A 56
Tab. 4.59:	Anschluss an antezedente Begründungen (Repräsentativa)	A 56
Tab. 4.60:	Anschluss postzedenter Begründungen (Repräsentativa)	A 57
Tab. 4.61:	Perspektivierung von Begründungen zu Direktiva	A 57
Tab. 4.62:	Perspektive formimmanenter Begründungen (Direktiva)	A 58
Tab. 4.63:	Perspektivierung von Begründungen zu Repräsentativa	A 59
Tab. 4.64:	Perspektive formimmanenter Begründungen (Repräsentativa)	A 59
Tab. 4.65:	Markierung und Umfang von Parenthesen	A 60
Tab. 4.66:	Inhalt von Parenthesen	A 61
Tab. 4.67:	Bezug intertextueller Verweise	A 62
Tab. 5.1:	Deklaration der Anleitungen	A 64
Tab. 5.2:	Formulierung der TT-Deklarationen	A 64
Tab. 5.3:	Bezeichnungsprinzipien in TT-Deklarationen	A 65
Tab. 5.4:	Signalwörter zur Deklaration von Einschubtexten	A 66
Tab. 5.5:	Deklaration der Abbildungen	A 68

Tab. 5.6:	Deklaration der Tabellen	A 68
Tab. 5.7:	Sprechhandlungsdichte je 100 Sätze	A 69
Tab. 5.8:	Äußerungsformen für Instruktionen	A 70
Tab. 5.9:	Äußerungsformen für Empfehlungen	A 71
Tab. 5.10:	Passivgehalt	A 71
Tab. 5.11:	Passivgehalt von Instruktionen und Empfehlungen	A 72
Tab. 5.12:	Adressateneinbezug	A 72
Tab. 5.13:	Sendereinbezug	A 73
Tab. 5.14:	Personeneinbezug	A 74
Tab. 5.15:	Komplexitätsgrad	A 74
Tab. 5.16:	Konstitution und Frequenz komplexer Satztypen	A 75
Tab. 5.17:	Dichte hypotaktischer Konstituenten (je 100 Sätze)	A 75
Tab. 5.18:	Verteilung der Nebensatzarten (ohne NS-wertige Konstruktionen)	A 76
Tab. 5.19:	Ausdruck finaler Beziehungen	A 76
Tab. 5.20:	Ausdruck kausaler/konsekutiver Beziehungen	A 77
Tab. 5.21:	Ausdruck konditionaler Beziehungen	A 77
Tab. 5.22:	Ausdruck modaler Beziehungen	A 78
Tab. 5.23:	Ausdruck temporaler Beziehungen	A 78
Tab. 5.24:	Ausdruck attributiver Beziehungen	A 79
Tab. 5.25:	Grundstrukturen/Inhalte pränominaler Attribute	A 80
Tab. 5.26:	Hierarchie syntaktischer Reduktion	A 80
Tab. 5.27:	Strukturierung durch Schriftschnittvariation	A 82
Tab. 5.28:	Markierung emphatischer Elemente	A 83
Tab. 5.29:	Markierung durch Anführungszeichen	A 84
Tab. 5.30:	Textgliederung auf den unteren Ebenen	A 85
Tab. 5.31:	Positionierung der Einschubtexte	A 86
Tab. 5.32:	Äußere Hierarchie und Textverlaufsebene	A 87
Tab. 5.33:	Positionierung der Abbildungen	A 88
Tab. 5.34:	Positionierung der Tabellen	A 88
Tab. 5.35:	Äußere Hierarchie und maximale Gliederungstiefe	A 89
Tab. 5.36:	TT-Typenverteilung in den Korpora	A 89
Tab. 5.37:	Prinzipien in instruktiven TT	A 90
Tab. 5.38:	Prinzipien/Themen in deskriptiven TT	A 91
Tab. 5.39:	Prinzipien/Themen in instruktiv-deskriptiven Misch-TT	A 92
Tab. 5.40:	Konstituenten und Themen der „sonstigen“ Misch-TT	A 93
Tab. 5.41:	Makrostruktur des deutschen Korpus	A 94
Tab. 5.42:	Makrostruktur des russischen Korpus	A 94
Tab. 5.43:	Makrostruktur des englischen Korpus	A 95
Tab. 5.44:	Sequenzierung der Abbildungen	A 96
Tab. 5.45:	Platzierung der Abbildungen	A 97
Tab. 5.46:	Themen informativer Konstituenten	A 99
Tab. 5.47:	Themen instruktiver Konstituenten	A 100
Tab. 5.48:	Themen in Auxiliartexten	A 101
Tab. 5.49:	Quantitative Aspekte der Text-Bild-Gemeinschaft	A 102
Tab. 5.50:	Darstellungsformen	A 103

Tab. 5.51: Abbildungsfunktionen A 103
Tab. 5.52: Textbezug der Abbildungen A 104
Tab. 5.53: Äußerungsformen für Begründungen zu Direktiva A 105
Tab. 5.54: Formimmanente Begründungen (Direktiva) A 105
Tab. 5.55: Anschluss an antezedente Begründungen (Direktiva) A 106
Tab. 5.56: Anschluss postzedenter Begründungen (Direktiva) A 106
Tab. 5.57: Äußerungsformen für Begründungen zu Repräsentativa A 107
Tab. 5.58: Formimmanente Begründungen (Repräsentativa) A 107
Tab. 5.59: Anschluss an antezedente Begründungen (Repräsentativa) A 108
Tab. 5.60: Anschluss postzedenter Begründungen (Repräsentativa) A 108
Tab. 5.61: Perspektivierung von Begründungen zu Direktiva A 109
Tab. 5.62: Perspektive formimmanenter Begründungen (Direktiva) A 110
Tab. 5.63: Perspektivierung von Begründungen zu Repräsentativa A 110
Tab. 5.64: Perspektive formimmanenter Begründungen (Repräsentativa) A 111
Tab. 5.65: Markierung und Umfang von Parenthesen A 112
Tab. 5.66: Inhalt von Parenthesen A 112
Tab. 5.67: Bezug intertextueller Verweise A 113

Tab. 6.1: Deklaration der Anleitungen A 116
Tab. 6.2: Formulierung der TT-Deklarationen A 117
Tab. 6.3: Bezeichnungsprinzipien in TT-Deklarationen A 117
Tab. 6.4: Signalwörter zur Deklaration von Einschubtexten A 119
Tab. 6.5: Deklaration der Abbildungen A 121
Tab. 6.6: Deklaration der Tabellen A 122
Tab. 6.7: Sprechhandlungsdichte je 100 Sätze A 123
Tab. 6.8: Äußerungsformen für Instruktionen A 124
Tab. 6.9: Äußerungsformen für Empfehlungen A 124
Tab. 6.10: Passivgehalt A 125
Tab. 6.11: Passivgehalt von Instruktionen und Empfehlungen A 126
Tab. 6.12: Adressateneinbezug A 127
Tab. 6.13: Sendereinbezug A 128
Tab. 6.14: Personeneinbezug A 128
Tab. 6.15: Komplexitätsgrad A 129
Tab. 6.16: Konstitution und Frequenz komplexer Satztypen A 130
Tab. 6.17: Dichte hypotaktischer Konstituenten (je 100 Sätze) A 131
Tab. 6.18: Verteilung der Nebensatzarten (ohne NS-wertige Konstruktionen) A 131
Tab. 6.19: Ausdruck finaler Beziehungen A 132
Tab. 6.20: Ausdruck kausaler/konsekutiver Beziehungen A 132
Tab. 6.21: Ausdruck konditionaler Beziehungen A 133
Tab. 6.22: Ausdruck modaler Beziehungen A 133
Tab. 6.23: Ausdruck temporaler Beziehungen A 134
Tab. 6.24: Ausdruck attributiver Beziehungen A 134
Tab. 6.25: Grundstrukturen/Inhalte pränominaler Attribute A 135
Tab. 6.26: Hierarchie syntaktischer Reduktion A 136
Tab. 6.27: Strukturierung durch Schriftschnittvariation A 138
Tab. 6.28: Markierung emphatischer Elemente A 140

Tab. 6.29: Markierung durch Anführungszeichen A 141
Tab. 6.30: Textgliederung auf den unteren Ebenen A 142
Tab. 6.31: Positionierung der Einschubtexte A 143
Tab. 6.32: Äußere Hierarchie und Textverlaufsebene A 144
Tab. 6.33: Positionierung der Abbildungen A 145
Tab. 6.34: Positionierung der Tabellen A 145
Tab. 6.35: Äußere Hierarchie und maximale Gliederungstiefe A 146
Tab. 6.36: TT-Typenverteilung in den Korpora A 147
Tab. 6.37: Prinzipien in instruktiven TT A 147
Tab. 6.38: Prinzipien/Themen in deskriptiven TT A 148
Tab. 6.39: Prinzipien/Themen in instruktiv-deskriptiven Misch-TT A 149
Tab. 6.40: Konstituenten und Themen (exemplarisch) „sonstiger" Misch-TT A 150
Tab. 6.41: Makrostruktur des deutschen Korpus A 152
Tab. 6.42: Makrostruktur des russischen Korpus A 153
Tab. 6.43: Makrostruktur des englischen Korpus A 154
Tab. 6.44: Sequenzierung der Abbildungen A 155
Tab. 6.45: Platzierung der Abbildungen A 155
Tab. 6.46: Themen informativer Konstituenten A 157
Tab. 6.47: Themen instruktiver Konstituenten A 159
Tab. 6.48: Themen in Auxiliartexten A 160
Tab. 6.49: Quantitative Aspekte der Text-Bild-Gemeinschaft A 161
Tab. 6.50: Darstellungsformen A 163
Tab. 6.51: Abbildungsfunktionen A 163
Tab. 6.52: Textbezug der Abbildungen A 164
Tab. 6.53: Äußerungsformen für Begründungen zu Direktiva A 166
Tab. 6.54: Formimmanente Begründungen (Direktiva) A 166
Tab. 6.55: Anschluss an antezedente Begründungen (Direktiva) A 167
Tab. 6.56: Anschluss postzedenter Begründungen (Direktiva) A 167
Tab. 6.57: Äußerungsformen für Begründungen zu Repräsentativa A 168
Tab. 6.58: Formimmanente Begründungen (Repräsentativa) A 169
Tab. 6.59: Anschluss an antezedente Begründungen (Repräsentativa) A 169
Tab. 6.60: Anschluss postzedenter Begründungen (Repräsentativa) A 169
Tab. 6.61: Perspektivierung von Begründungen zu Direktiva A 170
Tab. 6.62: Perspektive formimmanenter Begründungen (Direktiva) A 170
Tab. 6.63: Perspektivierung von Begründungen zu Repräsentativa A 171
Tab. 6.64: Perspektive formimmanenter Begründungen (Repräsentativa) A 172
Tab. 6.65: Markierung und Umfang von Parenthesen A 173
Tab. 6.66: Inhalt von Parenthesen A 173
Tab. 6.67: Bezug intertextueller Verweise A 174

Tab. 7.1: Deklaration der Anleitungen A 178
Tab. 7.2: Formulierung der TT-Deklarationen A 178
Tab. 7.3: Bezeichnungsprinzipien in TT-Deklarationen A 179
Tab. 7.4: Signalwörter zur Deklaration von Einschubtexten A 180
Tab. 7.5: Deklaration der Abbildungen A 181
Tab. 7.6: Deklaration der Tabellen A 182

Tab. 7.7:	Sprechhandlungsdichte je 100 Sätze	A 182
Tab. 7.8:	Äußerungsformen für Instruktionen	A 183
Tab. 7.9:	Äußerungsformen für Empfehlungen	A 184
Tab. 7.10:	Passivgehalt	A 185
Tab. 7.11:	Passivgehalt von Instruktionen und Empfehlungen	A 185
Tab. 7.12:	Adressateneinbezug	A 186
Tab. 7.13:	Sendereinbezug	A 187
Tab. 7.14:	Personeneinbezug	A 187
Tab. 7.15:	Komplexitätsgrad	A 188
Tab. 7.16:	Konstitution und Frequenz komplexer Satztypen	A 188
Tab. 7.17:	Dichte hypotaktischer Konstituenten (je 100 Sätze)	A 189
Tab. 7.18:	Verteilung der Nebensatzarten (ohne NS-wertige Konstruktionen)	A 189
Tab. 7.19:	Ausdruck finaler Beziehungen	A 190
Tab. 7.20:	Ausdruck kausaler/konsekutiver Beziehungen	A 190
Tab. 7.21:	Ausdruck konditionaler Beziehungen	A 191
Tab. 7.22:	Ausdruck modaler Beziehungen	A 191
Tab. 7.23:	Ausdruck temporaler Beziehungen	A 192
Tab. 7.24:	Ausdruck attributiver Beziehungen	A 192
Tab. 7.25:	Grundstrukturen/Inhalte pränominaler Attribute	A 193
Tab. 7.26:	Hierarchie syntaktischer Reduktion	A 194
Tab. 7.27:	Strukturierung durch Schriftschnittvariation	A 195
Tab. 7.28:	Markierung emphatischer Elemente	A 197
Tab. 7.29:	Markierung durch Anführungszeichen	A 198
Tab. 7.30:	Textgliederung auf den unteren Ebenen	A 199
Tab. 7.31:	Positionierung der Einschubtexte	A 200
Tab. 7.32:	Äußere Hierarchie und Textverlaufsebene	A 200
Tab. 7.33:	Positionierung der Abbildungen	A 201
Tab. 7.34:	Positionierung der Tabellen	A 202
Tab. 7.35:	Äußere Hierarchie und maximale Gliederungstiefe	A 202
Tab. 7.36:	TT-Typenverteilung in den Korpora	A 203
Tab. 7.37:	Prinzipien in instruktiven TT	A 204
Tab. 7.38:	Prinzipien/Themen in deskriptiven TT	A 204
Tab. 7.39:	Prinzipien/Themen in instruktiv-deskriptiven Misch-TT	A 205
Tab. 7.40:	Konstituenten und Themen (exemplarisch) „sonstiger“ Misch-TT	A 206
Tab. 7.41:	Makrostruktur des deutschen Korpus	A 207
Tab. 7.42:	Makrostruktur des englischen Korpus	A 208
Tab. 7.43:	Makrostruktur des russischen Korpus	A 208
Tab. 7.44:	Sequenzierung der Abbildungen	A 210
Tab. 7.45:	Platzierung der Abbildungen	A 210
Tab. 7.46:	Themen informativer Konstituenten	A 212
Tab. 7.47:	Themen instruktiver Konstituenten	A 213
Tab. 7.48:	Themen in Auxiliartexten	A 215
Tab. 7.49:	Quantitative Aspekte der Text-Bild-Gemeinschaft	A 216
Tab. 7.50:	Darstellungsformen	A 217
Tab. 7.51:	Abbildungsfunktionen	A 218

Tab. 7.52:	Textbezug der Abbildungen	A 218
Tab. 7.53:	Äußerungsformen für Begründungen zu Direktiva	A 219
Tab. 7.54:	Formimmanente Begründungen (Direktiva)	A 220
Tab. 7.55:	Anschluss an antezedente Begründungen (Direktiva)	A 220
Tab. 7.56:	Anschluss postzedenter Begründungen (Direktiva)	A 221
Tab. 7.57:	Äußerungsformen für Begründungen zu Repräsentativa	A 221
Tab. 7.58:	Formimmanente Begründungen (Repräsentativa)	A 222
Tab. 7.59:	Anschluss an antezedente Begründungen (Repräsentativa)	A 223
Tab. 7.60:	Anschluss postzedenter Begründungen (Repräsentativa)	A 223
Tab. 7.61:	Perspektivierung von Begründungen zu Direktiva	A 224
Tab. 7.62:	Perspektive formimmanenter Begründungen (Direktiva)	A 224
Tab. 7.63:	Perspektivierung von Begründungen zu Repräsentativa	A 225
Tab. 7.64:	Perspektive formimmanenter Begründungen (Repräsentativa)	A 225
Tab. 7.65:	Markierung und Umfang von Parenthesen	A 226
Tab. 7.66:	Inhalt von Parenthesen	A 227
Tab. 7.67:	Bezug intertextueller Verweise	A 228
Tab. 8.1:	Prototypische Makrostrukturen deutscher Anleitungen (Maschinen- vs.Gerätebau)	A 307
Tab. 8.2:	Prototypische Makrostrukturen russischer Anleitungen (Maschinen- vs.Gerätebau)	A 308
Tab. 8.3:	Prototypische Makrostrukturen „angloamerikanischer“ Anleitungen (Maschinen- vs.Gerätebau)	A 309
Tab. 8.4:	Prototypische Makrostrukturen: Betriebsanleitungen für Industriemaschinen	A 310
Tab. 8.5:	Prototypische Makrostrukturen: Bedienungsanleitungen für Mess- und Analysetechnik	A 311
Tab. 8.6a:	Prototypische Makrostrukturen: Bedienungsanleitungen für Hausgeräte (I)	A 312
Tab. 8.6b:	Prototypische Makrostrukturen: Bedienungsanleitungen für Hausgeräte (II)	A 313
Tab. 8.7:	Prototypische Makrostrukturen: Bedienungsanleitungen für Gebrauchselektronik	A 314

Willst Du gewinnen der Menschen Gunst,
so mußt du lernen die saure Kunst,
zu sprechen stets mit feiner List,
wie andern der Schnabel gewachsen ist
(BLUMENTHAL, aus: *Buch der Sprüche*).[1]

1 THEORETISCHE GRUNDLAGEN

1.1 Kultur – Allgemeines

Zum Begriff „Kultur" gibt es zahlreiche Definitionen, die sich zwar in ihrer Konkretheit bzw. ihrem Detaillierungsgrad unterscheiden, im Grunde jedoch einen gemeinsamen Tenor haben, der sich mit der Definition bei HANSEN (2000: 39) ganz allgemein so zusammenfassen lässt: „Kultur umfaßt Standardisierungen, die in Kollektiven gelten". Analog – und ebenso allgemein – könnte man auch formulieren: Kultur umfasst die „mentalen Programme" bzw. die „mentale Software" eines Kollektivs (HOFSTEDE 2001: 2 bzw.3). Andere Definitionen sprechen konkrete Arten von Standardisierung an, lassen jedoch die Art des „Kollektivs" gleichermaßen unbestimmt, z.B.:

Darunter wollen wir hier ein traditionelles, gemeinschaftliches ‚Gedankengut' verstehen: die Gesamtheit der in einer ‚Gemeinschaft' überlieferten und dieser Gemeinschaft eigenen Ideen, Meinungen und Vorstellungen in bezug auf die Wirklichkeit (COSERIU 1988d: 282, FN 23).

In fact, if culture is to be defined as the habits, customs, activities, mindsets, ideas, together with their related objects, processes and qualities of a single language group with shared traditions, as I would define it, (…) (NEWMARK 1991: 108).

Culture is seen here as a group's dominant and learned sets of habits, as the totality of its non-biological inheritance involving presuppositions, values and preferences (HOUSE 1997: 70).

Standardisierungen sind unterschiedlich verbindlich. Aus den graduellen Unterschieden in ihrer Verbindlichkeit resultiert eine hierarchieähnliche Ordnung, an deren Spitze z.B. Sitte, Moral und Gesetz stehen, deren Missachtung mit Sanktionen belegt wird. Unterhalb sind Werte und Konventionen angesiedelt, zu den weniger wichtigen gehören z.B. Gewohnheiten und Bräuche (vgl. HANSEN 2000: 149).

Objekte und Ergebnisse kollektiver Standardisierung werden auch als „Komponenten" bzw. „Konstituenten" von Kultur bezeichnet. Als Komponenten in diesem Sinne, die

1 Zitiert nach PUNTSCH (1986: 711).

„für den Prozeß der sozialen Organisation“ wesentlich sind, nennt MAURITZ (1996: 35) Glaubenssätze, Werte, Normen und Technologien.

Bei Glaubenssätzen handelt es sich um Postulate, deren Realität von den Angehörigen einer Kultur als gegeben und endgültig akzeptiert ist. „Werte oder Werthaltungen“ sind „Konzeptionen des Wünschenswerten, die Handlungsweisen, -mittel und -ziele beeinflussen“ (MAURITZ 1996: 43) bzw. „Gefühle mit einer Orientierung zum Plus- oder zum Minuspol hin“ (HOFSTEDE 2001: 9). Sie ordnen sich gemäß ihrer relativen Bedeutung in ein Wertesystem ein, das in der Regel erlernt und tradiert wird. Das Wesen kultureller Technologien möchte MAURITZ im Sinne des traditionellen Technologiebegriffs der Sozialwissenschaften verstehen, erweitert „um den Aspekt der *sozialen Technologie*“, „so daß Technologie das Wissen über Techniken, wie materielle Objekte und soziale Handlungen zur Erreichung von angestrebten Zielen einzusetzen sind, umfaßt“ (56). Mit seiner Belegdokumentation zu Komposita mit *-kultur* demonstriert WILSS (2003: 6), dass der Ausdruck eines einzelnen Wertes oder einer einzelnen Technologie inzwischen als Kultur bezeichnet wird, z.B.: *Spaß-, Versorgungs-, Diskussions-, Konfliktkultur* u.v.a.m.

Die konstitutiven Merkmale von Kultur ordnet KALVERKÄMPER (1995: 139) in zwei Gruppen, in solche, die den *homo sociologicus* betreffen, und solche, die sich auf den *homo faber* beziehen. Für den Kontext dieser Arbeit sind insbesondere Merkmale der Kultur des *homo sociologicus* relevant, z.B.:

- die identifikationsstiftende gleiche Sprache als gemeinsame Bindung;
- die kollektiv empfundenen Wertvorstellungen und verhaltenssteuernden Inhalte;
- identifikationsstabilisierende äußere Manifestationsweisen von Werten, Zielen, sozialen Erfahrungen;
- konventionalisierte Formen des Umgangs miteinander und der sozialen Ordnung;
- gemeinsam akzeptierte und kaum in Frage gestellte Einschätzungsgrundlagen gegenüber Fremdem, Andersartigem, Neuem, was sich insbesondere in Klischees und gefestigten Vorurteilen zeigt.

KALVERKÄMPER beginnt seine Aufzählung mit dem dritten Faktor, der nach HANSEN (2000: 42) neben Standardisierung und Kollektivität zur Kultur gehört: der Kommunikation, die ebenso eine (die wichtigste?) Form sozialen Handelns i.S. von MAURITZ darstellt. Insofern ist Kommunikation, das Handeln mit Sprache, zwingend eine Manifestation von Wertvorstellungen. Diese kulturellen Werte geben „normative Orientierungshilfen für handelnde Personen und Organisationen“ (MAURITZ 1996: 50, FN 190).

Zu den zitierten Definitionen wurde bereits angemerkt, dass die Begriffe „Kollektiv“/„Gemeinschaft“/„group“ alle Interpretationsmöglichkeiten offen lassen. In der Regel ist, wie bei JANDT (1995: 6-7), die Nationalkultur gemeint: “Think of culture as everything you would need to know and do so as not to stand out as a ‘stranger’ in a foreign land”, JANDT nennt jedoch noch weitere der faktisch möglichen „Kollektive“:

Every culture, subculture and subgroup provides its members with rules of behavior, or what are called **rules** and **norms**. (…) In communication studies, it is assumed that behavior is governed by socially agreed-on norms or by one's individual guidelines for behavior (1995: 16).

Bei der Diskussion über Kultur – und erst recht, wenn dies im Rahmen wissenschaftlicher Betätigung geschieht – ist daher im Hinblick auf das „Kollektiv" eine Präzisierung notwendig, wie bei GÖHRING (1998: 112) empfohlen:

Bei der Verwendung des Ausdrucks *Kultur* sollte man sich jeweils einen Indikator hinzudenken: ‚Kultur' kann auf recht unterschiedlichen Abstraktionsebenen angesiedelt sein – etwa Menschheitskultur, westliche Kultur, französische Kultur, bretonische Kultur, Kultur eines Dorfes, eines Berufsstandes, einer Familie oder eines Individuums (Idiokultur).

Abgesehen von der Vorstellung hierarchischer Ebenen, die dem Zitat von GÖHRING zugrunde liegt, eignet sich für diese Konstellation auch das Bild konzentrischer Kreise, das LICHAČEV für die Beziehung zwischen entsprechenden Begriffsbereichen entwirft: z.B. der Bereich der russischen Sprache insgesamt, darin der Bereich des Ingenieurs in der Praxis, darin der familiäre Bereich und in ihm der individuelle Bereich. Jeder nachfolgende Begriffsbereich engt den vorhergehenden ein, erweitert ihn jedoch gleichzeitig auch (vgl. 1993: 5).[2]

Auch dieses Bild vermittelt einen Eindruck von den kulturellen Bindungen, die die Idiokultur in sich vereint: Familie, Fachgebiet der beruflichen Tätigkeit, Nation. Im Vergleich zur Aufzählung bei GÖHRING (s.o.) fehlen jedoch noch einige Bereiche, deren Einfluss ebenfalls bis in die Idiokultur hineinreicht: die Kultur des beruflichen Umfeldes (z.B. eines Unternehmens), des weiteren sozialen Umfeldes (z.B. einer Stadt), der Region (z.B. eines Bundeslandes, Bundesstaates etc.), des Kulturkreises (z.B. der Slavia). Die Beziehungen zwischen diesen Quellen „mentaler Programmierung" sind nicht zwangsläufig so harmonisch, wie die Bilder von Ebenen oder konzentrischen Kreisen dies nahe legen. HOFSTEDE (2001: 12) nennt weitere Einflussfaktoren und weist auf mögliche Konflikte hin, die letztendlich auf der Ebene der Idiokultur ausgetragen werden müssen:

In unserer modernen Gesellschaft stehen sie häufig teilweise in Gegensatz zueinander: so können beispielsweise religiöse Werte gegen Generationswerte stehen oder Werte des Geschlechts gegen Praktiken der Organisation.

---

[2] LICHAČEV (1993: 5): „Между концептами существует связь, определяемая уровнем культуры человека, его принадлежностью к определенному сообществу людей, его индивидуальностью. Одна концептосфера может сочетаться с другой – скажем, концептосфера русского языка в целом, но в ней концептосфера инженера-практика, а в ней концептосфера семьи, а в ней индивидуальная концептосфера. Каждая из последующих концептосфер одновременно сужает предшествующую, но и расширяет ее".

Bei der Untersuchung einer jeden der genannten Ebenen ist grundsätzlich zu berücksichtigen, dass sie ein kulturelles Konglomerat repräsentiert aus eigenen Konstituenten und solchen, die sie mit den übergeordneten Ebenen teilt. Deshalb ist es im Rahmen wissenschaftlicher Forschungsarbeit unerlässlich, die Ebene zu definieren, auf der die Ergebnisse gewonnen werden.

1.1.1 Situierung von Kulturmodellen (Werte, Verhaltensmuster, soziales Handeln)

In dieser Arbeit wird auf verschiedene Kulturmodelle bzw. kulturell orientierte Klassifikationen Bezug genommen, deren Situierung nicht oder nicht hinreichend klar ist. Da Ergebnisse in ihrer Gültigkeit bisher selten explizit auf das konkrete kulturelle Umfeld beschränkt werden, aus dem sie gewonnen wurden, sind Übergeneralisierungen allgegenwärtig. Als Korrektiv wird hier der Diskussion solcher Modelle bzw. Klassifikationen der Entwurf einer Kontextbeschreibung vorangestellt.

1.1.1.1 Bezug: Makrokultur (MALETZKE, HOFSTEDE, HALL/HALL – vgl. 1.2.3)

Kulturelle Dimensionen, die im Rahmen von Beschreibungsmodellen formuliert werden, zeigen im Allgemeinen die Intention einer klaren nationalkulturellen (im Sinne dieser Arbeit „makrokulturellen“) Orientierung. MALETZKE (1996) hat eine solche Klassifikation erarbeitet, deren Kategorien er wie folgt charakterisiert:

> Die Kategorien, in denen sich Kulturen voneinander abheben und die in ihrer strukturierten Gesamtheit das spezifische Profil einer Kultur bilden, nennen wir ‚Strukturmerkmale' (42).

Diese Strukturmerkmale sind:

- Nationalcharakter, Basispersönlichkeit
- Wahrnehmung
- Zeiterleben
- Raumerleben
- Denken
- Sprache
- Nonverbale Kommunikation
- Wertorientierungen
- Verhaltensmuster: Sitten, Normen, Rollen
- Soziale Gruppierungen und Beziehungen (ebd.).

In dieser Matrix für ein „Kulturprofil“ sind qualitativ sehr unterschiedliche Merkmale aufgelistet. Zwar ist eine solche Reihung im Hinblick auf Systematisierungsbedürfnisse in einer Untersuchung kaum zu umgehen, dabei darf jedoch nicht übersehen werden, dass dem Merkmal „Sprache“ (im Sinne von verbaler Kommunikation) eine zentrale Rolle bei der Kanalisierung und Fokussierung des Ausdrucks der übrigen zufällt. Ein ähnliches Potenzial könnte – wenngleich in stark reduziertem Umfang – dem Merkmal „Verhaltensmuster“ zugeschrieben werden, sofern sich diese ausschließlich in „nicht-sprachlicher“ Handlung ausdrücken.

Da die übrigen Merkmale einer Untersuchung nur mittelbar, d.h. über diese beiden, Sprache und Verhaltensmuster, zugänglich sind, geht es bei der Untersuchung der Vorstellungen bzw. Wertorientierungen, die eine Kultur in ihrem Verhalten und in ihrem Handeln zum Ausdruck bringt, in der Regel auch um sprachliches Handeln.

Ebenfalls makrokulturell ausgerichtet sind die kulturellen Dimensionen nach HOFSTEDE (1980 bzw. 2001). Diese Dimensionen ermöglichen zwar nicht den Entwurf eines vollständigen „Kulturprofils“, erlauben jedoch gezielte Einblicke in einzelne Merkmale, z.B. Nationalcharakter, kulturelle Werte, Verhaltensmuster und soziale Beziehungen:

- Große vs. geringe Machtdistanz
- Individualismus vs. Kollektivismus
- Maskulinität vs. Femininität
- Starke vs. schwache Unsicherheitsvermeidung
- Langzeitorientierung vs. Kurzzeitorientierung
  (vgl. auch MAURITZ 1996: 189-190).

Die ursprünglichen Ergebnisse zu diesen Dimensionen stammen aus Umfragen bei IBM-Mitarbeitern aus über 50 Nationen, einige Kommentare wurden bei HOFSTEDE (2001)[3] aktualisiert. Die Gestaltung der Befragungs- und Auswertungsmodalitäten spricht dafür, dass mikrokulturelle (d.h. durch den fachlichen Hintergrund verursachte) Verzerrungen weitgehend ausgeschlossen werden können (vgl. „Forschungsmethoden“, 366-384).

Andere Dimensionen, die in mancher Hinsicht als Ergänzung zu der Klassifikation von HOFSTEDE gelten können und deren makrokultureller Bezug (u.a. durch die Befragung von Informanten verschiedener Mikrokulturen)[4] ebenfalls gesichert sein dürfte, haben HALL/HALL (1989: 6 bzw. 15) formuliert, z.B.:

- High context vs. Low context
- Monochronic vs. Polychronic

---

[3] Dies ist nach Angaben in den Vorworten „eine leserfreundliche und modernisierte Kurzfassung“ des Vorläufers „*Culture's Consequences* aus dem Jahre 1980 – eine[r] wissenschaftliche[n] Arbeit, geschrieben für Wissenschaftler“.

[4] Vgl. dazu GÖPFERICH (1998: 313): „Hall/Hall (1989) stützen sich bei der Entwicklung ihres Kriteriengerüsts zum Kulturenvergleich auf ihre 30jährige Erfahrung im Bereich der interkulturellen Kommunikation sowie auf die Befragung von 180 Informanten (Personen aus der Wirtschaft, Akademiker, Schriftsteller, Künstler und Lehrende (...)“.

Die erste Dimension bezieht sich auf den in einer Kultur notwendigen Verbalisierungsgrad und korreliert daher in gewisser Weise mit den von HOUSE (vgl. 1.1.2.1) formulierten Strategien „Implizitheit vs. Explizitheit“:

Cultures in which little of the meaning is determined by the context are labeled **low context**. Cultures in which more of the meaning is determined by the context are labeled **high context** (JANDT 1995: 201).[5]

Der Unterschied zwischen monochronen und polychronen Kulturen betrifft eine Dimension der Zeitplanung. Dabei geht es im Wesentlichen um die Planung von Aufgaben, d.h. um die Organisation von Arbeitszeit (vgl. dazu 1.2.3.4). Parallelen zum aufgaben- bzw. menschenorientierten Interaktionsstil nach MAURITZ sind unverkennbar (vgl. 1.1.1.3).

1.1.1.2 Bezug: Unternehmenskultur (HOFSTEDE – vgl. 1.2.5)

Die in 1.1 referierten Vorstellungen konzentrischer Kreise oder hierarchischer Ebenen lassen die Annahme, dass sich auf der Ebene der Unternehmenskultur auch makrokulturell determinierte Wertorientierungen manifestieren, durchaus einleuchtend erscheinen:

Geschäftsleute mit internationaler Erfahrung bestätigen schon seit längerem, daß, auch unter sonst gleichen Umständen, in französischen Organisationsformen *mehr* die Autorität gestärkt wird, bei der deutschen *mehr* Wert auf Strukturierung gelegt wird und daß man bei der englischen *mehr* auf eine *spontane* Problemlösung setzt (HOFSTEDE 2001: 203).

Diese abweichenden Verhaltensweisen korrelieren nach HOFSTEDES Beobachtung mit verschiedenen Kombinationen seiner Dimensionen „Machtdistanz“ und „Unsicherheitsvermeidung“, die wiederum für den Bereich der Unternehmenskultur makrokulturtypische implizite Organisationsmodelle ergeben. Es sind dies:

- die (französische) Pyramide,
- die (deutsche) gut geölte Maschine,
- der (englische) Wochenmarkt und
- die (asiatische/afrikanische) Familie (201-204).

Analog zu den makrokulturellen Dimensionen haben HOFSTEDE et al. (1990) solche zur Unternehmenskultur gefunden, die einen u.a. branchentypischen Hintergrund haben und die MAURITZ (1996: 179) als „Faktoren organisationaler Praktiken zur Beschreibung kultureller Unterschiede von Organisationen“ auflistet:

- Prozeßorientierung vs. Ergebnisorientierung der Organisation
- Mitarbeiterorientierung vs.Aufgabenorientierung der Organisation

[5] JANDT (1995: 203) gibt dazu folgendes Beispiel: „Although not as commonly practiced as in the past, the tea ceremony is an excellent example of a high-context experience. Nothing is spoken, all the meanings are in the context. A typical response from a low-context observer is ‘Hurry up and drink the tea!’. Your social experiences over coffee take little meaning from the context and more from the conversation – the words”.

- Quelle für Identität der Organisationsangehörigen: die Organisation selbst (‚parochial') vs. die Art der zu erfüllenden Aufgabe (‚professional')
- Offenes vs. geschlossenes System
- Lockere vs. scharfe Kontrolle
- Normative vs. pragmatische Orientierung (vgl. auch HOFSTEDE 2001: 267-272).

Auch zu diesen Faktoren lassen sich Ergebnisse nur über die Merkmale „Sprache" bzw. „Verhaltensmuster" gewinnen (s.o.).

1.1.1.3 Bezug: Interkultur (MAURITZ – vgl. 1.2.6)

Die bei MAURITZ (1996: 234) vorgestellten Interaktionsstile, die in einer Kooperation erkennbar werden, gelten für den Kontext der Interkultur, in der sich Repräsentanten von Organisationen verschiedener Nationalkulturen begegnen:

- aufgabenorientierter Stil
- traditionsorientierter Stil
- menschenorientierter Stil.

Dieser Klassifikation liegen Vergleiche von Verhaltensweisen in der Kontaktsituation zugrunde, die MAURITZ aus Arbeiten zur „Interkulturellen Kommunikation" zusammengetragen hat (vgl. 1996: 230). Diese Stile dienen ihm zur Charakterisierung der Interaktion zwischen Angehörigen verschiedener Kulturkreise und Makrokulturen.

1.1.2 Situierung von Klassifikationen (Handeln mit Sprache) (vgl. 1.3)

Anderen Klassifikationen kultureller Differenzen, die sich unmittelbar auf das Handeln mit Sprache richten, liegen „Textanalysen" im weitesten Sinne zugrunde. Hier wird die Art des Ausdrucks untersucht, zumeist ohne Konkretisierung der dadurch vermittelten Vorstellungen und Wertorientierungen.

Solche Klassifikationen stehen nicht in so eindeutigem Bezug zur Gesamtheit einer National- bzw. Makrokultur oder zu einer anderen Ebene kultureller Spezifik. Hinzu kommt – das gilt für GALTUNG und KAPLAN, mit Einschränkungen auch für CLYNE –, dass die Situierung der Ergebnisse von den Autoren nur bruchstückhaft expliziert wurde. Dieses Defizit hat eine anhaltende Übergeneralisierung der Ergebnisse begünstigt, deren fachliche Gebundenheit über Jahre schlicht ignoriert wurde. Erst KALVERKÄMPER (1992: 72) kann feststellen:

> (...) hier scheinen wohl die etwas allzu euphorisch aufgenommenen Hinweise von Michael Clyne, Johan Galtung oder Robert B. Kaplan Anfang der achtziger Jahre zu spezifischen Kulturstilen von Wissenschaftssprachlichkeit mittlerweile einer gewissen Relativierung unterzogen zu sein (vgl. z.B. Schröder 1988).

Zwar ist zu diesem Zeitpunkt die von KALVERKÄMPER angesprochene Euphorie noch nicht ganz überwunden, vereinzelt zeigt sie sich sogar noch in vollem Überschwang:

> Die eindeutig lineare Struktur des amerikanischen Textes reflektiert einerseits seinen eher narrativen als diskursiven Charakter. Andererseits entspricht sie aber auch dem ‚sachsonischen' Stil, Fakten als Fakten klar darzulegen und die Beweiskraft in ihnen selbst, nicht aber in exkursträchtigen theoretischen Begründungen eines besserwissenden Autors zu sehen (BOLTEN et al. 1996: 410).

Doch sie weicht zunehmend einer distanzierteren Betrachtungsweise, die nach der wissenschaftlichen Fundierung dieser Untersuchungen und nach dem Geltungsbereich der Ergebnisse fragt, wie z.B. ADAMZIK (1998: 104):

> Daß entsprechende Skepsis besteht – und dies trotz der hohen Konjunktur der Interkulturalitätsforschung – ist durchaus verständlich, wenn man einschlägige Studien betrachtet, nicht zuletzt die gewissermaßen als Pionierarbeiten angesehenen und stets zitierten von R.B. Kaplan, M. Clyne und J. Galtung. Zu beschränkt und fragwürdig sind nämlich oft die empirische Grundlage und das methodische Instrumentarium dieser Arbeiten. So gewinnt man oft den Eindruck, deren Aussagen seien rein intuitiv formuliert und kaum nachzuprüfen, auf jeden Fall jedoch nicht generalisierbar.

1.1.2.1 Bezug: Makrokultur – Alltagskommunikation[6] (HOUSE – vgl. 1.3.4)

Die von HOUSE (1997) formulierten kulturspezifischen Tendenzen zu „discourse strategies" beziehen sich nach ihren eigenen Angaben auf (gemein-/umgangssprachliche) Alltagskommunikation in Deutschland und Großbritannien:

1. D: Directness ⇔ E: Indirectness
2. D: Orientation towards writer ⇔ E: Orientation towards reader
3. D: Focus on content ⇔ E: Interpersonal focus
4. D: Explicitness ⇔ E: Implicitness
5. D: Ad-hoc formulation ⇔ E: Use of verbal routines.

HOUSE (1999: 49) interpretiert diese Strategien als Ausdruck von Wertorientierungen und Verhaltensmustern der jeweiligen (ursprünglich: der deutschen bzw. britischen) Makrokultur:

> Die kommunikativen Präferenzen deutscher und englischer Muttersprachler[7] entlang dieser Skala spiegeln – so meine Hypothese – tiefsitzende kulturelle, in Geschichte, Geographie, Bildungssystem, Philosophie, Religion und Literatur und dem Rechtswesen über Generationen ge-

---

[6] Dieser Bezug steht unter Vorbehalt, da vor allem die 2. Strategie (Sender- bzw. Adressatenorientierung) offenbar auf Ergebnisse von CLYNE (zu „Wissenschaftstexten") referiert (vgl. auch 1.3.2.2).

[7] Hier zeigt sich im Ansatz eine im Übrigen weit verbreitete Verfahrensweise, die – ausgehend von dem Trugschluss „gleiche Sprache – gleiche Kultur" – unter dem Attribut „englischsprachig" (= mit Englisch als Muttersprache) verschiedene Kulturen (z.B. Großbritannien, USA, Australien) undifferenziert zusammenfasst und quasi als kulturelle Einheit behandelt.

wachsene Werte wider. Kultur verstehe ich hier als eine Art kognitiv und affektiv wirksame *software of the mind*, welche Mitglieder einer Sprachgemeinschaft verbindet und für sie einen Sinnzusammenhang stiftet. Es geht also in den erwähnten kontrastiven Diskursanalysen und in den hypostasierten Dimensionen auch um die Erfassung unterschiedlicher Wertesysteme und um die Verbindung von Sprache und Kultur.

Mit dieser Hypothese lässt HOUSE den Bereich der Alltagskommunikation hinter sich, sie generalisiert ihre Ergebnisse und postuliert damit makrokulturelle Gültigkeit.

1.1.2.2 Bezug: Makrokultur/Mikrokulturgruppen – Funktional-/Textsortenstilistik

Die Funktionalstilistik ist aus der Analyse der Sprachverwendung entstanden und stellt eine bisher rein deskriptive und daher in Bezug auf kulturelle Wertorientierungen neutrale Klassifikation dar. Das könnte sich ändern, sobald durch entsprechende Arbeiten zu anderen Kulturen Detailvergleiche mit den Charakteristika der Funktionalstile der russischen Standardsprache möglich werden. Als weitgehend auch für andere Kulturen akzeptabel dürfte heute schon das Resümee bei BAUMANN (1992a: 50) anzusehen sein:

> Trotz unterschiedlicher Auffassungen zu Einzelfragen stimmen die Hauptvertreter der sowjetischen Funktionalstilistik in folgenden grundlegenden Aussagen überein:
>
> – Der Stil ist funktional determiniert.
> – Die spezifische Verwendungsweise innersprachlicher, stilistisch relevanter Elemente wird durch außersprachliche Faktoren (z.B. den gesellschaftlichen Kommunikationsbereich) bzw. den Unterschied in der funktionalen Verwendung der sprachlichen Mittel verursacht.
> – Es bestehen bestimmte Zusammenhänge zwischen sprachlicher Kommunikation und Gesellschaft.

Aus dieser Charakteristik folgt, dass das Konzept der Funktionalstile die Kommunikation der gesamten Makrokultur erfassen soll, während die einzelnen Stile durch den Bezug zu Kommunikationsbereichen u.a. eine grobe Orientierung auf bestimmte Mikrokulturen (Fächer) bzw. mikrokulturelle Gruppen[8] implizieren. Vier Funktionalstile sind nach TUMANJAN (1985: 187)[9] überwiegend akzeptiert: der „künstlerische Stil" (die „Sprache der schönen Literatur"), Wissenschaft/Technik, Verwaltung und Publizistik.[10]

---

8 So schreibt z.B. BERGER (1992: 18) zum Wissenschaftsstil: „Seine innerfunktionalstilistischen Unterschiede werden durch die jeweilige Disziplin (Mathematik, Sprachwissenschaft, Soziologie) bedingt".

9 TUMANJAN (1985: 187): „В литературе в настоящее время большинством авторов выделяются следующие функциональные стили: художественный, научно-технический или профессиональный, официально-деловой (административный), публицистический".

10 Gerade den publizistischen Stil hat die Perestrojka verändert: „Der neu entstandene politische Pluralismus hat die offizielle Sprachregelung der politisch relevanten Texte abgeschafft (…), so daß für politische und ökonomische Inhalte ein dem deutschen oder französischen vergleichbarer russischer publizistischer Stil entstanden ist" (RATHMAYR 1993: 49).

Zum ersten dieser Funktionalstile bestehen erhebliche Meinungsverschiedenheiten (vgl. auch HORN-HELF 1997a: 81), die übrigen drei werden in anderen Arbeiten (vgl. z.B. KRYLOVA 1979: 37) noch durch einen umgangssprachlichen Stil für den Bereich der Alltagskommunikation[11] ergänzt.

NAER (1981: 8-9)[12] postuliert aufgrund seiner Untersuchung zur Funktionalstilistik des Englischen (an britischen Texten) – insbesondere mit Blick auf die instruktive Funktion von Anleitungen – einen gesonderten „beruflich-technischen" Stil, der neben der in Wissenschaftstexten üblichen informativen Funktion auch den Zweck hat, zu belehren und anzuleiten (vgl. auch HORN-HELF 1997a: 79-80).

Ein Funktionalstil steht in Bezug zu einem Kommunikationsbereich, daher korreliert er nach ŠVEJCER nicht mit einer einzelnen konkreten Redesituation, sondern mit einem bestimmten Typ solcher Situationen (vgl. 1991: 35).[13] Die Relevanz mikrokultureller Unterschiede innerhalb eines solchen Kommunikationsbereiches wird durchaus nicht verkannt. So weist TUMANJAN (1985: 191)[14] ausdrücklich darauf hin, dass sich geistes- und naturwissenschaftliche Abhandlungen stilistisch unterscheiden, obwohl ihnen eine gemeinsame Texttradition zugrunde liegt.

Wie die Funktionalstile, so stehen auch die Textsorten in Bezug zu einem bestimmten Typ von Kommunikationssituationen:

> Since writing is a motivated human activity, the writer always has a pragmatic situation in mind, many of which have become conventionalized in modern stratified societies. Text types are the result of regular patterns of communication which are associated with particular intentions (…) (SAGER 1996: 45).

Das Verhältnis zwischen beiden lässt sich analog der vertikalen Gliederung bzw. horizontalen Schichtung der Fachsprachen (vgl. z.B. HOFFMANN 1985) vorstellen:

---

11 ZEMSKAJA dagegen versteht die Umgangssprache (разговорная речь) nicht als Funktionalstil, sondern als gesondertes System mit eigenen Normen (vgl. z.B. 1973: 27).

12 NAER (1981: 8-9): „Профессионально-технический стиль характеризуется и своей особой целевой установкой (функцией): сообщить ..., научить, проинструктировать".

13 ŠVEJCER (1991: 35): „Необходимо при этом иметь в виду, что социальным коррелятом лингвинстической категории ‚финкциональный стиль' является не конкретная социально-речевая ситуация, а определенный тип или класс ситуаций, или, иными словами, коммуникативная сфера".

14 TUMANJAN (1985: 191): „Так, например, стиль научного изложения у историка или антрополога существенно отличается от стиля научного изложения физика или математика, общим для них является то, что и те, и другие опираются, как правило, на письменно-литературные традиции, строят свое изложение по его канонам и правилам, придерживаясь их даже в своих устных выступлениях (например, в лекциях, докладах и т.д.)".

Wenn die Funktionalstile als vertikale Gliederung der zu Kommunikationsbereichen zusammengefassten Fachsprachen gedacht werden, gehören die Textsorten den horizontalen Schichten an. Das bedeutet z.B., dass eine Textsorte (theoretisch) in verschiedenen Kommunikationsbereichen zu finden sein kann (was zu untersuchen wäre). Andererseits könnten bestimmte Textsorten auch exklusiv an einen Kommunikationsbereich gebunden sein. Kommunikationsbereiche sind mikrokulturelle Konglomerate, daher haben Textsortenstilistik und Funktionalstilistik eine mikrokulturübergreifende Orientierung.

OLDENBURG (1997: 9) versucht, zwischen Funktional- und Textsortenstilistik, genauer zwischen „Wissenschaftsstil" und „Textsortenstil", eine Brücke zu schlagen, um so Möglichkeiten für die Definition von *Wissenschaftsstil* aufzuzeigen".

In diesem Konzept wird der „Fachstil" den Fachtextsortenstilen übergeordnet. Diese Sichtweise ist mit der Systematik der Funktionalstilistik durchaus in Einklang zu bringen, wenn man die Stile der fachlichen Kommunikationsbereiche (Wissenschaft/ Technik, Verwaltung und Publizistik) unter dem Oberbegriff „fachlicher Funktionalstil"[15] zusammenfasst, dem der „umgangssprachliche Stil" gegenübergestellt wird. In diesem Fall ergibt sich die Möglichkeit, den Wissenschaftsstil als fachlichen Substil der theoretischen Wissenschaften, als „theoretisch-wissenschaftlichen Fachstil" (OLDENBURG 1997: 12) in diese Klassifikation einzuordnen.

1.1.2.3 Bezug: Wissenschaftliche Mikrokulturen (GALTUNG – vgl. 1.3.2.1)

Aufgrund seiner eigenen Erfahrungen mit SozialwissenschaftlerInnen verschiedener Kulturen und ihrer Sprachverwendung kommt GALTUNG (1981/1983 bzw. 1985) zu seiner Klassifizierung intellektueller Stile.[16] Die Bezeichnungen scheinen auf der Ebene der Makrokultur angesiedelt (nach seiner Intention sollte allerdings ihre Wahl[17] gerade solchen Assoziationen vorbeugen):

Sachsonisch
Teutonisch
Gallisch
Nipponisch.

---

[15] Einer ähnlichen Subsumierung dient bereits der Oberbegriff „buchsprachliche Stile" (книжные стили – vgl. KRYLOVA 1979: 43).

[16] Dem liegt ein Vergleich der „Stilformen wissenschaftlichen Denkens und Schreibens in den Sozialwissenschaften" zugrunde (STOLZE/DEPPERT 1998: 125).

[17] GALTUNG (1985: 152) begründet seine Wahl: „Warum diese seltsamen Bezeichnungen? Aus dem einfachen Grund, weil sie nicht mit Britannien, Deutschland, Frankreich und Japan identifiziert werden sollen – da diese als Länder Akteure im internationalen System sind und in sich vielfältige Merkmale vereinen. Ich sehe allerdings die Stile, die durch diese Begriffe charakterisiert werden sollen, in den genannten Ländern als vorherrschend an (…)". Vgl. auch GALTUNG (1997a: 128, FN 24).

Sein Essay zeichnet sich durch eine einprägsame – weil sehr bildhafte – Charakterisierung der einzelnen Stile aus. Die Erkenntnis, dass seine Ergebnisse (zunächst) an eine Gruppe wissenschaftlicher Fächer gebunden sind, hat sich auch hier erst sehr viel später eingestellt, dokumentiert z.B. bei OLDENBURG (1997: 14), die ausdrücklich darauf hinweist, dass diese aus dem Kontext der Sozialwissenschaften[18] „nicht ohne weiteres auf andere Wissenschaftsbereiche übertragbar sind".

Die Darstellung bei NIEDERHAUSER (1996: 44) macht deutlich, wie außerordentlich komplex die kulturelle Konstellation im Bereich „der Wissenschaften" tatsächlich ist:

> In der wissenschaftlichen Fachkommunikation überschneiden sich zum Teil verschiedene ‚Kulturen', seien es sprachraumgeprägte Wissenschaftsstile der ‚teutonischen', ‚sachsonischen', ‚gallischen' und ‚nipponischen' Wissenschaft, seien es ‚Fachkulturen'; erinnert sei nur an das Schlagwort der ‚zwei Kulturen'[19] der Natur- und der Geisteswissenschaften (Charles P. Snow), das seit den frühen sechziger Jahren gerne in Diskussionen über mangelnde gegenseitige Verständlichkeit herangezogen wird.[20]

Noch weit weniger gerechtfertigt ist daher ein „Hochrechnen" dieser Ergebnisse auf die Ebene der Makrokultur.

1.1.2.4 Bezug: Textsorte „Aufsatz"/Fächer: Geschichte/Landeskunde (KAPLAN – vgl. 1.3.3)

In seinem Aufsatz „Cultural Thought Patterns" postuliert KAPLAN (1966/1980) fünf Diskurstypen, die er wie folgt charakterisiert:

> Englisch: lineare und logische Progression
> Semitische Sprachen: parallele Konstruktionen
> Orientalische Sprachen: Zirkularität
> Romanische Sprachen: Exkurse
> Russisch: weitschweifige Exkurse und Erweiterungen in Parenthesen.

Mit dieser Klassifikation bewegt sich KAPLAN auf den Ebenen von Makrokultur (Russisch) und Sprachfamilien bzw. Kulturkreisen (u.a. Englisch als Muttersprache in „Terranglia" – vgl. 1.2.2.2). Sein Korpus besteht aus englischen Aufsätzen von Studierenden (Muttersprachlern und Nichtmuttersprachlern), deren fachliche Zugehörigkeit er selbst nicht definiert:

---

[18] Um der tatsächlichen Abhängigkeit zwischen Denkstil und Mikrokultur auf die Spur zu kommen, wäre der Stil dieser Gruppe z.B. dem der Naturwissenschaften gegenüberzustellen, anschließend wäre in beiden Gruppen eine Differenzierung nach Fächern vorzunehmen. Vgl. dazu z.B. BAUMANN (1992a: 134): „Der wissenschaftliche Denkstil spiegelt bis zu einem gewissen Grade bestimmte Denkgewohnheiten bzw. Arbeitsweisen des Faches wider".

[19] Zu konventionellen Unterschieden in Fachzeitschriftenartikeln von Repräsentanten dieser „zwei Kulturen" (Linguistik und Eisenhüttenwesen) vgl. HORN-HELF (2006a).

[20] Vgl. dazu auch 1.4.2.

Den von Kaplan gegebenen Beispielen nach zu urteilen, handelt es sich dabei vor allem um geschichtliche oder landeskundliche Aufsätze, in denen die Studierenden auch aus ihrem persönlichen Erfahrungsbereich berichten (BUHL 1999: 118, FN 1).

Was er an den Texten beobachtet, sind die Einflüsse der jeweiligen Muttersprache der Studierenden auf ihren Gebrauch des Englischen als Fremdsprache und der Textsortenkonventionen ihrer jeweiligen Nationalkultur auf das Verfassen englischer Aufsätze.[21] Für sein Korpus – und damit auch für seine Ergebnisse zu Aufsätzen von NichtmuttersprachlerInnen[22] – ist daher eine doppelte mikrokulturelle Bindung anzunehmen: an die soziale Gruppe (Studierende) und an die Fächergruppe (Geschichte/Landeskunde). Hinzu kommt als weiterer Einflussfaktor eine Form von Interkultur (vgl. 1.2.6), in der sich die Angehörigen verschiedener Nationalkulturen mit dem makrokulturellen US-amerikanischen Kontext befinden.

1.1.2.5 Bezug: Wissenschaftliche Mikro- bzw. Unternehmenskulturen, Textsorte „Aufsatz" (CLYNE – vgl. 1.3.2.2)

Beim Vergleich „wissenschaftlicher" Texte hält sich CLYNE in der Regel an eine textbezogene Charakteristik. Allerdings lässt er bei der Präsentation seiner Ergebnisse zu „Wissenschaftstexten" u.a. eine klare Differenzierung nach Mikrokulturen oder Textsorten vermissen:

Clyne (1991[a]) findet mehrere Unterschiede zwischen seinen Stichproben englischsprachiger und deutschsprachiger wissenschaftlicher Texte. Es handelt sich um linguistische und soziologische Fachtexte, was die Generalisierbarkeit der Ergebnisse einschränkt (STOLZE/DEPPERT 1998: 121).

CLYNE (1987a: 76) kritisiert zwar, dass sich KAPLAN auf Sprachtypen und nicht auf Kulturen bezieht. Dennoch entfällt auch bei ihm mit dem Attribut „englischsprachig" eine makrokulturelle Differenzierung (nach der Prämisse „gleiche Sprache – gleiche Kultur"). Wie das obige Zitat zeigt, setzt sich dieses Defizit zwangsläufig in entsprechend verallgemeinernden Interpretationen fort. So gehören z.B. die Ergebnisse zur Textsorte „Aufsatz" in den Kontext der australischen bzw. deutschen Kultur (vgl. z.B. CLYNE 1987a). Folglich werden Formulierungen wie „English-speaking countries", analog auch „German-speaking countries", (z.B. CLYNE 1987a: 75), von der Provenienz seiner Ergebnisse in keiner Weise gestützt.

---

21 Doch er nennt diesen Untersuchungsgegenstand nicht beim Namen, er zieht daraus keine Schlüsse zu Konventionen dieser Textsorte in den jeweiligen Heimatkulturen, sondern interpretiert seine Befunde als durch (Fremd-!)Sprachverwendung vermittelte „Denkmuster".

22 KAPLAN differenziert nicht nach Nationalkulturen. Es ist jedoch anzunehmen, dass die Studierenden mit Muttersprache Englisch überwiegend AmerikanerInnen sind.

CLYNE (1993: 9-14) formuliert dagegen verschiedene Orientierungsprinzipien, für die er geradezu internationale Gültigkeit beansprucht:

> Unsere bisherigen Untersuchungen in den Bereichen interkultureller Wissenschaftskommunikation und interkultureller Kommunikation in Betrieben deuten auf einige grundlegende Orientierungsprinzipien hin, die in jeder Art interkultureller Verständigung eine bedeutende Rolle spielen (9).

BAUMANN hat sie zusammengestellt:

1. die bevorzugte Orientierung an formellen Regeln vs. die bevorzugte Orientierung am Inhalt der Kommunikation;
2. die verbale vs. schriftliche Dominanz von Kommunikation;
3. die kulturspezifischen Beschränkungen im Diskursrhythmus,
4. die Vektoralität (Linearität) der Texte vs. Abweichungen (Exkurse) in der Textprogression und
5. Faktoren einer individualistischen vs. kollektivistischen Kulturdichotomie (1997: 460).

Diese Prinzipien dokumentieren bei CLYNE eine Verknüpfung seiner Ergebnisse aus der Analyse von „Wissenschaftstexten“ mit der Klassifikation von KAPLAN[23] sowie einer Kulturdimension nach HOFSTEDE (s.o.).

[23] Für die Analyseergebnisse zur interkulturellen Kommunikation in „Melbourner Fabriken“ (CLYNE 1993: 10) gilt in ihrer Bindung eine analoge mikrokulturelle Komplexität im Kontext der australischen Makrokultur, wie sie zu KAPLANS Korpus beschrieben wurde (s.o.).

1.2 Kulturspezifik: Hierarchie – Stereotypie

Kulturelle Merkmale werden – wie in 1.1 skizziert – auf verschiedenen Ebenen von Kultur gefunden, daher besteht auch für jede Form von Kulturspezifik eine besondere Korrelation zu einer dieser Ebenen. Kulturspezifik zeigt sich bei kontrastiven Betrachtungen eines Faktums in verschiedenen Kulturen, denn *„kulturelle Phänomene werden erst durch Vergleich zu ‚Kulturspezifika'"* (WITTE 2000: 99). Zwangsläufig dient die eigene Kultur dabei als „Vergleichsnormal": das aus der eigenen Kultur Bekannte gilt häufig so lange unhinterfragt als „normal", bis sich eine Vergleichsmöglichkeit bietet.[24]

Ein solcher Vergleich kann bei jedem der Strukturmerkmale nach MALETZKE (vgl. 1.1.1.1) ansetzen, zu denen auch die Sprache gehört, ebenso bei jeder makrokulturellen Dimension nach HOFSTEDE. Zum Strukturmerkmal „Sprache" können wiederum Fakten auf den Ebenen von Sprachsystem oder Sprachverwendung kontrastiv betrachtet werden.

Angesichts dieser Vielfalt möglicher Untersuchungsgegenstände ist es nicht verwunderlich, dass z.B. DOBROVOL'SKIJ (1998: 48) eine Definition für den Begriff „nationaler Kulturspezifik" vermisst, den er vor allem zur Beschreibung der Semantik von Lexemen und Phraseologismen verwenden möchte.[25] Neben dem Sprachvergleich, durch den sich nationalkulturelle Spezifik ermitteln lässt, interessiert ihn („introspektiv") das, was die Angehörigen einer Sprachgemeinschaft selbst als Spezifik ihrer Kultur ansehen, z.B. idiomatische Wendungen mit Eigennamen oder Realia (vgl. DOBROVOL'SKIJ 1998: 53).

In der Sprachverwendung ist Kulturspezifik schwieriger zu fassen als in den Sprachsystemen, die in der Regel in Grammatiken kodifiziert sind. Konventionen sprachlichen Handelns sind dagegen selten kodifiziert[26] und entziehen sich daher einem schnellen Zugriff. Zudem sind ihre möglichen Erscheinungsformen ungleich vielfältiger, selbst wenn sich das Forschungsinteresse – wie bisher zumeist – auf makrokulturelle Spezifik richtet (bzw. auf das, was aufgrund fehlender Differenzierung als solche erscheint).

---

[24] Vgl. auchWITTE (2000: 117): „Kulturelle Ähnlichkeit bzw. Verschiedenheit wird in der ‚Rezeption' von Kulturen durch Vergleich mit der Eigenkultur zugeordnet. An einer (Fremd-) Kultur wahrgenommene bzw. ihr zugeschriebene ‚Spezifika' lassen sich daher, so wurde gesagt, als Ergebnis eines interkulturellen Vergleichs fassen".

[25] DOBROVOL'SKIJ (1998: 48): „Отсутствие серьезных попыток определить понятие национально-культурной специфики в собственно лингвистических терминах затрудняет использование этой категории при описании плана содержания лексических единиц (как слов, так и фразеологизмов)".

[26] Vgl. z.B. HANSEN (2000: 51) zu sprachlichen Konventionen: „Aus der willkürlichen Verbindung zwischen Bedeutungsträger und Bedeutung ergibt sich die Notwendigkeit, diese Verbindung innerhalb der Benutzergemeinschaft zu verabreden; eine solche Verabredung, die, wie wir noch sehen werden, oft genug unterschwellig und unbewußt erfolgt, macht aber das Wesen der Standardisierung aus".

Diese Vielfalt multipliziert sich bereits beim Blick auf unterscheidbare Mikrokulturen, die Konsequenzen für die Ebene der Unternehmenskulturen sind kaum mehr absehbar.

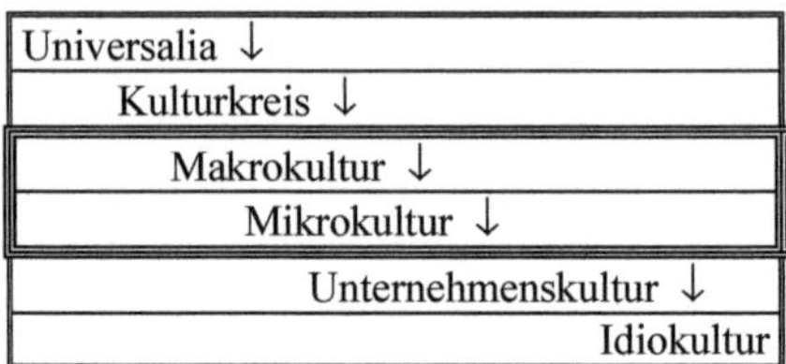

Abb. 1.1: Hierarchie kultureller Spezifik

Abb. 1.1 zeigt nicht nur die markantesten Ebenen kultureller Spezifik, sondern auch den Bereich, dem das Forschungsinteresse der Kulturwissenschaft gilt. Diese befasst sich nach HANSEN (2000: 39) „weder mit dem Individuellen noch dem Anthropologischen, dem Gattungsüblichen, sondern mit dem, was dazwischen liegt". Die Pfeile in der hierarchischen Darstellung sollen andeuten, dass jede Ebene eigene Merkmale und – vermittelt über die jeweils übergeordnete – solche aller superordinierten Ebenen integriert.

Den Analyseschwerpunkt dieser Arbeit bilden die beiden hervorgehobenen Ebenen von Makro- und Mikrokultur, d.h. National- und fachliche Kulturen. Da die Analysetexte in jeweils verschiedenen Unternehmenskulturen produziert wurden, wirken auch deren Werte und Konventionen in die Textkorpora hinein.

Aufgrund ihrer Zusammensetzung sind die Korpora zur Analyse von Unternehmenskulturen ungeeignet: ein Sender ist in der Regel nur mit einem einzigen Text repräsentiert. Vergleichbarkeit besteht erst auf der Ebene der Mikrokulturdurch Textselektion im Hinblick auf den Kommunikationsgegenstand. Im makrokulturellen Rahmen ist sie ebenfalls gegeben, weil hier Texte definierter mikrokultureller Provenienz kontrastiert werden können. Einflüsse des (westlichen) Kulturkreises werden in den deutschen und englischen[27] Korpora wohl auch reflektiert. Sie ließen sich jedoch nur dentifizieren, wenn in den Vergleich z.B. Texte einer zweiten slavischen Kultur einbezogen werden könnten.

Um den Hintergrund, vor dem die Textanalysen stattfinden sollen, etwas zu beleben, werden die in Abb. 1.1 ausgewiesenen Ebenen – mit Ausnahme der Idiokultur – zuvor kurz beschrieben. Gleichzeitig werden damit Ansatzpunkte für weitere Analysen bzw. eine vertiefende Interpretation der hier vorgestellten Analyseergebnisse aufgezeigt.

[27] Da britische Anleitungen nicht im erforderlichen Umfang verfügbar waren, enthalten die englischen Korpora auch amerikanische Texte. Insofern ist in diesen Korpora das hybride Konstrukt „angloamerikanische Kultur" repräsentiert, auf das in der Fachliteratur so häufig und in selbstverständlich gewordener Simplifizierung Bezug genommen wird.

1.2.1 Universalia

Grundsätzlich ist es sinnvoll, kulturelle Universalia als Ebene des Allgemeinmenschlichen zu verstehen, wie von MAURITZ (1996: 19) vorgeschlagen:

> Für die Auffassung von Kultur als ideationales System bedeutet dies, daß ihre Bestandteile aus einem ‚Universum' von objektiven Ideen geschöpft werden. Welt 3 [nach POPPER] ist keine bestimmte Kultur, sondern der Vorrat an gedanklichen (Vor-)Leistungen der gesamten Menschheit. Aus diesem entnimmt und entwickelt eine Gruppe von Menschen die von ihnen präferierten Ideen.

Damit fallen sie aus dem Betätigungsfeld der Kulturwissenschaft heraus (s.o.). Jedoch hat das Interesse an der „Universalität" sprachlicher Phänomene ein eigenes Forschungsfeld (die Universalienforschung) hervorgebracht. In diesem Zusammenhang ist Universalität nach COSERIU (1988c: 235) zu verstehen als:

> *historische* (oder *empirische*) *Allgemeinheit.* Das ist die Universalität der Eigenschaften, die man tatsächlich in allen Sprachen oder wenigstens in allen uns bekannten Sprachen feststellt. Dabei ist auch möglich, daß sie sich lediglich in der Mehrzahl der bekannten Sprachen feststellen lassen.

Allerdings scheint es sehr unterschiedliche Auffassungen darüber zu geben, was ein Universale ist bzw. wann ein Merkmal als Universale bezeichnet werden kann.[28] Der Begriff „Universalia", der sich im Sinne der Universalienforschung auf Phänomene menschlicher Sprache[29] schlechthin bezieht, wird offenbar auch in Kontexten verwendet, die weit unterhalb „der Menschheitskultur" (s.o.) angesiedelt sind.

So kritisiert GLÄSER (1992: 85) aus gutem Grund, dass SCHWANZER (1981) „als ‚formale Universalien aller deutschen Wissenschafts- und Fachsprachen' bestimmte Wortbildungsmuster; als ‚substantielle Universalien' dagegen ‚Sachbezogenheit, Eindeutigkeit, Klarheit, Effizienz und Ökonomie'" bezeichnet. Hier sind eindeutig „deutsche Universalia" (eine *contradictio in adjecto*!) gemeint, die, falls es sich bei diesen Wortbildungsmustern tatsächlich um mikrokulturübergreifende Gemeinsamkeiten handelt, richtiger als makrokulturelles – auf deutsche Fachsprachen (Terminusbildung?) beschränktes –

---

28 Offenbar wird diese Frage traditionell kontrovers diskutiert. Vgl. KOČERGINA (1991: 143): „Общие принципы, лежащие в основе всех языков как самобытных знаковых систем, выполняющих одни и те же функции в человеческом обществе, получили название языковых универсалий, причем толкование этих общих принципов в истории развития науки о языке не было единообразным".

29 Die Abgrenzung zwischen empirischen und generischen Universalia ist wohl eindeutig, die Zuordnung eines bestimmten Phänomens nicht unbedingt. Mit fortschreitender Forschung kann nach UHLENBECK (1980: 59) ein Kategorienwechsel notwendig werden: „It is safe to predict that for instance certain universals now believed to be only empirical ones will turn out to constitute essential universals, and the converse will also certainly happen".

Faktum zu beschreiben wären, vorausgesetzt natürlich, diese Gemeinsamkeiten lassen sich in allen oder doch in den meisten „Wissenschafts- und Fachsprachen“ nachweisen.

Ebenso fragwürdig erscheinen die „Universalia“ bei ULIJN, der seine Untersuchungen zwar auf umfangreiches Datenmaterial aus dem Deutschen, Englischen, Französischen und Niederländischen stützt, seine Ergebnisse zu diesen vier Makrokulturen jedoch als „Universalia“ interpretiert. Ihm hält GLÄSER (1992: 86) zu Recht vor, dass sein „Universalienkonzept nicht nur eurozentristisch ist, sondern sich auch noch auf einen kleinen Raum eng benachbarter und in ständigem Kulturkontakt lebender Sprachen beschränkt“.

Das Defizit dieser beiden Konzepte liegt eindeutig in einer unzureichenden Abstraktion ihrer Kriterien: bei den generell als Universalia akzeptierten Fakten handelt es sich nach COSERIU (1988c: 237) um „generische Universalien, d.h. sehr allgemeine Eigenschaften ohne jede Spezifität, was die ‚Fakten’ angeht“. Als Beispiele nennt er: „jede Sprache muß Ausdruck und Inhalt haben, jede Sprache impliziert eine grammatische Organisation, jede Sprache verändert sich im Laufe ihrer Geschichte usw.“. KOČERGINA (1991: 145) nennt weitere: alle Sprachen haben Vokale und Konsonanten, Pronomina usw.

WIERZBICKA (1991: 454) kritisiert dagegen das fortgesetzte Bestreben, gemeinsame Merkmale der britischen und amerikanischen (der „angloamerikanischen“ Kultur) zu Universalia zu erklären:

> Above all, complex terms of the kind usually employed in studies of linguistic interaction are derived from English (academic English), and don’t have exact counterparts in other languages of the world. As a result, the description of human interaction carried out by means of such labels is usually remarkably ethnocentric (anglocentric). This is in keeping with the general anglocentric bias of mainstream modern pragmatics, which developed largely under the influence of British and American philosophers of language, who drew their examples almost exclusively from English and who postulated all sorts of ‘universal maxims’ or ‘universal principles’ of human interaction on the basis of Anglo-Saxon or Anglo-American[30] cultural norms and expectations.

Strategien, Konversationsmaximen oder Formen höflichen Ausdrucks sind zweifellos kulturell geprägt. Wenn akzeptiert ist, dass Universalia auch in der Sprachverwendung[31] – unabhängig von einzelsprachlichen Fakten – allgemeine Geltung haben, beantworten

[30] Diese Subsumierung von zwei Kulturen ist allgemein üblich. Ob sie in allen Fällen durch tatsächliche Gemeinsamkeiten gestützt wird oder ob solche nur unterstellt werden, ist schwierig zu beurteilen. Daher stehen entsprechende Bezeichnungen hier unter Vorbehalt.

[31] Zur Sprachverwendung vgl. z.B. COSERIU (1988c: 243): „Die Universalien, die das Sprechen betreffen, das unabhängig von einer bestimmten Sprache betrachtet wird, sind alle generische Universalien von sehr hohem Allgemeinheitsgrad“. ULIJN z.B. könnte durchaus auch Merkmale gefunden haben, deren Bedeutung über den europäischen Kulturkreis hinausreicht. Die Bildung von Neologismen aus griechischen/lateinischen Elementen oder die Suffigierung als Wortbildungsverfahren (vgl. GLÄSER 1992: 85) gehören sicher nicht dazu.

sich Fragen der folgenden Art, die ihre kulturelle Einbettung zu negieren und sie auf die Ebene der Universalia anzuheben versuchen, von selbst:

Die kontrastive Pragmatik bewegt sich innerhalb der Kontroverse (...), ob die Strategien für die Realisierung von Sprechakten oder nur deren entsprechender Gebrauch eine Universalie sei (CLYNE 1993: 4).

Dennoch ist zu fragen, ob diese Befunde dazu zwingen, Sprechakttypen oder Konversationsmaximen als einzelsprachunabhängige Universalien zu deuten (STETTER 1991: 75).

Спорным пока остается вопрос о том, имеются ли определенные универсальные формы вежливого обращения (PIIRAJNEN 1996: 102). [Strittig bleibt bisher die Frage, ob es bestimmte universelle Formen höflichen Umgangs gibt.].

1.2.2 Kulturkreis

In 1.1 wurden bereits mehrere „kulturelle Kollektive“ erwähnt, die in dem der Makrokultur eingebettet sind. Darüber hinaus können gemeinsame Werte und/oder eine gemeinsame Sprache oder auch die Gemeinsamkeiten verwandter Sprachen mehrere Makrokulturen zu einem „Kulturkreis“ verbinden. DIETRICH (1997: 10) nennt als Beispiele: „‚die westliche Welt', die ‚Romania',[32] ‚das Abendland'“. Diese Auswahl zeigt bereits, wie unterschiedlich die Kriterien sein können, nach denen sich ein Kulturkreis konstituiert. Aus diesem Grund sind Überschneidungen unvermeidlich, d.h., eine Makrokultur kann (und wird wohl in der Regel) verschiedenen Kulturkreisen angehören.

1.2.2.1 „Der Westen“

Der Kulturkreis der „westlichen Welt“ verdankt seine Bezeichnung einer geographischen Lokalisierung, die von einer eurozentristischen Sichtweise bestimmt ist und daher aus jeder anderen Perspektive recht willkürlich anmuten muss:

In der Literatur über Völker und Kulturen ist oft die Rede vom ‚Westen'. Gemeint ist damit offensichtlich ein Kulturkreis, der sich irgendwie von anderen Kulturkreisen unterscheidet. (...) Was nun Westen und Osten im konkreten Fall bedeutet, hängt vom jeweiligen Standort des Betrachters ab. Doch gibt es seit langem die stillschweigende Übereinkunft, daß die Europäer sich als Westen verstehen und daß mit Osten der Bereich gemeint ist, der – irgendwo daran angrenzend – nach Osten hin liegt. (...) In aller Regel rechnet man heute Nordamerika dazu (wobei freilich von Kalifornien aus gesehen der ‚Ferne Osten' im Westen liegt (MALETZKE 1996: 38).

Wenn sich „die Europäer“ als Westen verstehen (s.o.), so muss man konsequenterweise anerkennen, dass ein Teil des „Ostens“ gerade dabei ist, sich in „den Westen“ (verstanden als EU) zu integrieren. Die Adäquatheit dieser Bezeichnung relativiert sich daher um

32 Ein vergleichbarer Kulturkreis ist die Slavia (vgl. z.B. PANZER [Hrsg.] 2000), in der die verschiedenen slavischen Sprachen gesprochen werden.

ein Weiteres. Ähnlich ist es aus dieser Sicht um den Kulturkreis des Abendlandes[33] bestellt, den MALETZKE (1996: 39) noch als „weitgehend deckungsgleich" mit dem der westlichen Welt ansieht, weil er sich über gemeinsame Grundwerte definiert: „das vierfache Erbe griechischen Denkens, römischen Rechts, germanischer Gesellschaftsvorstellungen und christlichen Glaubens". Selbst wenn man jetzt noch davon sprechen könnte, dass die neuen EU-Länder diese Werte teilen, ist heute bereits sicher, dass ein Teil des „Morgenlandes" mit dem muslimischen Glauben als neuem Grundwert früher oder später in Europa (im „Westen") Einzug halten wird.[34] Eine ursprüngliche Deckungsgleichheit ist daher auch hier im Schwinden begriffen.

1.2.2.2 „Terranglia"

Ein Kulturkreis, der sich mit seinen Einflüssen in vielen Makro- und Mikrokulturen bemerkbar macht, ist „Terranglia", die englischsprachige Welt (vgl. STOLL 1997: 410).

„Englisch ist die multikulturelle Sprache par excellence" (STOLL 1999: 17). Angesichts dieser Tatsache wird häufig übersehen, dass beim „Englischen" der zahlreichen Kulturen in Terranglia eine Differenzierung notwendig ist, wie SNELL-HORNBY (1997: 281) sie formuliert

> Firstly, there is the lingua franca that has largely lost track of its original cultural identity – its idioms, its hidden connotations, its grammatical subtleties – and has become a reduced, standardized form of language made to serve the specific purpose of supra-cultural communication, as in international air-traffic on the one hand and scientific conferences on the other. Then there are the many individual varieties of English, by and large mutually intelligible, but yet each an expression of a specific cultural identity with its own idioms, metaphors and cultural allusions (as for example British English as demonstrated by any leading article in the *Daily Mail*).

Die Fachsprachen der internationalen Kommunikation sind vor allem amerikanisch beeinflusst (Mikrokulturen Luftfahrt, Raumfahrt, etc.). Inwieweit das auch für wissenschaftliche Mikrokulturen gilt, ist schwierig zu beurteilen, mit Sicherheit kommt aber zur interkulturellen Verständigung der WissenschaftlerInnen als *lingua franca* nur das Englische als jeweilige Fremdsprache in Frage.

Die makrokulturelle Vielfalt in Terranglia geht mit einer territorialen Ausdehnung über mehrere Kontinente einher, sie ist daher erheblich größer als in anderen Kulturkreisen.[35]

---

[33] Bei GALTUNG (1997a) umfasst „Okzident" auch die „Welten von Judentum und Islam".

[34] Ein zunächst eher regional bedeutsamer Vorbote dieser Entwicklung war die Vereidigung einer Muslima als Ministerin der CDU-geführten Landesregierung in Niedersachsen am 27.04.2010.

[35] STOLL (1999: 15) skizziert die Dimensionen dieses Kulturkreises, den das Englische dominiert: „Es wird in rund 60 Ländern täglich benutzt von 340 Millionen native speakers sowie 3-400 Millionen Zweitsprachlern. Insgesamt ‚können' 1 ½ - 2 Milliarden Menschen diese Megasprache".

Und so gibt es nach SMITH (1987: 2) hier – auch zwischen Kulturen mit Muttersprache „Englisch" – genügend Anlässe für interkulturelle Missverständnisse:

> Communication problems like this are not limited to interaction involving non-native speakers. They also occur frequently between native English speakers who do not share the same culture – between English people and Americans, for example, or between Americans and Australians. (...) most American men, in ordinary business or social intercourse, are inclined to let their achievements and position speak for them. The 'average Australian', however, wants to probe the American's wit and resilience. While the American is seeking a topic to chat about, the Australian is seeking a partner to spar with. Thus the American finds the Australian intrusive, and the Australian finds the American boring.

Das ist nur zu verständlich, da – um mit GALTUNG (1997a: 119) zu formulieren – die „gemeinsame" Sprache Zweifeln an der Überzeugung, dass man „einer Geistesart" ist, keinen Raum lässt.

Neben den „englischen" Muttersprachen finden sich in Terranglia historisch erklärbare „englische" Amtssprachen in Kulturen, deren eigene Sprachen als Substrate zu einer spezifischen Prägung der Superstratsprache Englisch geführt haben. Bei einer Untersuchung der Kulturspezifik von Personenstandsurkunden aus verschiedenen Teilen Terranglias stellt HORN-HELF (1999b: 354) zwei unterschiedliche Orientierungen fest, die eine grobe Differenzierung zwischen „British" und „American" Terranglia nahe legen:

> Aufgrund der historischen Fakten ist bekannt, daß Großbritannien als Vorbild für Ghana gelten kann, während sich die Philippinen in *Terranglia* am Vorbild USA orientiert haben. Diese wenigen Beispiele zum Rechts- und Verwaltungssystem einerseits und zu den Textsortenkonventionen andererseits sollten zeigen, daß zum jeweiligen Vorbild zahlreiche Parallelen bestehen und daß diese selbst bis in die Details hineinreichen.

Abgesehen von diesen historisch begründeten britischen und amerikanischen Einflüssen auf Rechts- und Verwaltungssysteme und ihre Textsorten in Terranglia, sind weltweit mikrokulturelle Einflüsse spürbar, die u.a. mit der Verbreitung technischer Produkte einhergehen. Ganze Mikrokulturen (überwiegend amerikanischer Provenienz) wurden inzwischen in viele Kulturen innerhalb und außerhalb dieses Kulturkreises importiert, mit den Produkten in der Regel auch die Fachsprachen (einschließlich der Terminologien).

Die „Empfänger"-Kulturen reagieren unterschiedlich: sie nehmen die Überschwemmung ihres „Alltags- und Fachdiskurs[es]" durch die „Amerikanisierungswelle" (WILSS 2002: 145) widerstandslos hin, oder sie bauen sprachpolitische „Dämme", um sie abzuwehren.

Zur ersten Gruppe gehören zwangsläufig die Kulturen mit „englischer" Muttersprache. Hier wäre die Schaffung einer eigenen Parallelterminologie sicher keine sinnvolle – und angesichts des Innovationstempos sicher auch keine praktikable – Lösung. Entsprechend dramatisch sind die Folgen nach STOLL (1999: 16) für das britische (wie vermutlich auch für das australische und kanadische) Englisch:

Das britische Englisch wird in noch viel stärkerem Umfang als das Deutsche oder Französische von einer Flut von Amerikanismen überschwemmt, nicht nur im auffälligen Bereich des modernen *lifestyle*, sondern auch und vor allem in den Fachsprachen. Während sich in den getrennt entwickelten ‚alten' Technologien Eisenbahn und Automobil im britischen und amerikanischen Englisch zahlreiche verschiedene Lexeme herausbildeten, übernehmen die Briten bei Neuheiten in Medizin, Wirtschaft, Kommunikation, Medien, Raumfahrt und Computern nicht nur das *know-how* (zusammen mit eben diesem Wort), sondern auch die in Amerika geprägte Terminologie.

Die deutsche Sprache[36] war und ist dem Ansturm der Amerikanismen im Gefolge der Computertechnik und anderer Disziplinen nicht weniger „schutzlos" ausgeliefert. Abgesehen davon, dass der gemeinsame Import von Technologie und Terminologie eine bequeme Form der Terminusbildung ist, wird er auch dem Faktor Zeit in diesem Gefüge am besten gerecht. Für das Russische kam die „Flut" (der Amerikanismen) mit noch größerer Wucht, „praktisch über Nacht", wie PFANDL (2002: 129) formuliert, da der von STOLL (s.o.) erwähnte Bereich „lifestyle" gleichzeitig importiert wurde. Ein Versuch eigener Benennungsbildung hätte an den Massen neuer Designate scheitern müssen.

In Frankreich versucht man, eine solche „Überschwemmung" durch eine entsprechende Sprachpolitik zu verhindern, „denn dort gehören Politik und Sprachpolitik seit einem halben Jahrtausend mehr oder weniger eng zusammen" (KUBARTH 2002: 181). Es ist aber sicher richtig, dass es dabei neben rein sprachpflegerischen Absichten insbesondere um die Abwehr fremdkultureller (amerikanischer)[37] Einflüsse geht.

Die bei KUBARTH (2002: 191) referierte Einschätzung, die dieser Vorgehensweise einen Mangel an Systematik und Weitblick bescheinigt, belegt den Primat der politischen Motivation:

> So bemerkt der Bonner Romanist Christian Schmitt in seinem Aufsatz ‚Französisch: Sprache und Gesetzgebung' (1990:370f.) ein doppeltes Manko: Der Gesetzgeber kümmere sich weder um ein theoretisches Fundament für seine Eingriffe noch um die Analyse der Auswirkungen dieser Eingriffe auf die Praxis; deshalb erscheinen diese ‚wie hektische Reaktionen auf noch nicht klar erfasste Probleme und Fragestellungen, teilweise aber auch wie vorschnelle Lösungen eines ***‚faux problème'***'.

---

36 Ob in diesem Zusammenhang je die Frage nach den Folgen gestellt wurde, ist ungeklärt. Nach WILSS (2003: 3) wäre dies die (bezeichnenderweise von einem Mitglied der Académie Française gestellte) Frage, „ob Deutsch die Leitsprache der Deutschen bleibt oder ob man es wegen eines vermeintlich vorteilhaften Anschlusses der deutschen Sprache an die lingua universalis der Globalisierung zu einem schauderhaften anglisierten Kauderwelsch verkommen lässt".

37 Vgl. auch JANDT (1995: 129): "The use of a language in a new culture introduces that language's culture. Thus English is viewed as the language of oppression by Blacks in South Africa and resistance to the use of English is strong in other countries because it is believed that with the use of English comes the United States culture".

Island wehrt entsprechende fremdkulturelle Einflüsse ebenfalls dadurch ab, dass es, wie PANZER (2000: 11) feststellt, in seine Sprache „alle moderne, auch technische (bis hin zu Computer-) Terminologie ohne Fremdwörter adaptiert".

Vor diesem Hintergrund fragt sich auch ZEMSKAJA, ob es nötig wäre, die russische Sprache in dieser Weise zu schützen. Sie bezweifelt diese Notwendigkeit, weil der vielbeklagte Sprach"verfall" nach ihrer Auffassung nicht das russische Sprachsystem, sondern allein eine korrekturbedürftige Sprachverwendung betrifft (vgl. 2000: 46). Auch WILSS (2003: 3) kommt zu dem Schluss, dass die von ihm kritisierte „Verwilderung" der deutschen Sprache nicht ausschließlich der „Amerikanisierungswelle" (s.o.) anzulasten, sondern auch auf „eine miserable Sprachmoral" zurückzuführen ist.

1.2.3 Makrokultur

Bei der Diskussion von Kulturspezifik beziehen sich Autorinnen und Autoren ganz selbstverständlich auf die Nationalkultur, d.h. auf „eine von Staatsgrenzen eingerahmte ‚Makro-Kultur'" (SCHMITT 1999: 157). Die Formulierung bei MAURITZ (1996: 31) zielt in die gleiche Richtung: „Häufig wird unter nationaler Kultur die Kultur eines **Nationalstaates**, also eines soziokulturell und politisch einheitlichen Gebildes, verstanden". Die Debatte um das Thema „Leitkultur" in Deutschland belegt jedoch, wie bedenklich das Kriterium soziokultureller Einheitlichkeit im Hinblick auf eine Nationalkultur ist, denn im Grunde geht es dabei lediglich um die Mehrheitskultur innerhalb eines politischen Staatsgebietes. Der Begriff der „Makrokultur" impliziert daher eine (unvermeidlich vereinfachende) Orientierung auf die dominierende Mehrheitskultur und ihre Sprache (vgl. auch 1.2.4).

Die Ebene der Makrokultur in diesem Sinne ist generell nicht nur besonders interessant für Kulturvergleiche, sondern auch erheblich anfälliger für Stereotypie als andere. Während sie u.a. die Einflüsse eines (oder auch mehrerer) Kulturkreise(s) reflektiert, zeigt sich ihr eigener Einfluss[38] zusätzlich auf den Folgeebenen von z.B. Mikro-, Unternehmens- und Idiokultur.

[38] Gerade darin liegt nach MAURITZ (1996: 73) ihre besondere Bedeutung: „Besonders relevant sind die Kulturstandards auf Gesellschafts- oder Länderebene, weil sich diese Ideen auch auf allen niedrigeren Ebenen sozialer Organisation wiederfinden und dort subkulturelle Ideen prägen".

1.2.3.1 Stereotypie

Bei der Untersuchung von Kulturspezifik, die, wie gesagt, auf verschiedenen Ebenen gefunden werden kann, ist – unabhängig vom eigentlichen Untersuchungsgegenstand – eine Gefahr immer gegeben: die der Übergeneralisierung von Ergebnissen. Zur Klassifizierung werden prägnante Kurzcharakteristiken benötigt, die sich – einmal losgelöst vom eigentlichen Kontext – in vielfältiger Weise als Klischees (Etiketten, Stereotype) verwenden lassen. Das gelingt umso besser, je vager sich die ursprüngliche Untersuchungskonstellation präsentiert, aus der die Charakteristiken gewonnen wurden. Gerade in dieser Simplifizierung, d.h. in der Reduktion der „Komplexität der Realität auf einige wenige leicht überschaubare Grundzüge“ (MALETZKE 1996: 110), liegt einer der Vorteile von Stereotypie. Zwangsläufig hat eine solche Simplifizierung auch ihre Nachteile: nach Auffassung von HANSEN (2000: 321-322) beeinträchtigt sie z.B. die Wahrnehmungsfähigkeit:

> Wie jeder andere Mythos bewirken Stereotype eine Verzerrung der Wirklichkeit, die nach dem Mechanismus der *self-fulfilling prophecy* das erkennende Subjekt mit Blindheit schlägt. Der Begriff Stereotyp beschreibt somit eine Erkenntnisbarriere und zwar keine individuelle, sondern eine kollektive. Stereotype, so könnte man sagen, sind standardisierte Urteile eines Kollektivs über sich selbst oder über andere, die, das schwingt immer mit, der Wirklichkeit nicht oder nicht ganz entsprechen.

Standardisierte Urteile dieser Art (Vorurteile) kommen auf unterschiedlichste Weise zustande. Autostereotype (Urteile über sich selbst) dienen u.a. der Identitätsstiftung innerhalb eines Kollektivs, Differenzen werden daher eher verflacht (unterbewertet). Aus dem gleichen Grund werden Differenzen durch Heterostereotype (Urteile über andere) tendenziell verstärkt (überwertet).[39]

Das Fatale an Stereotypen ist im Allgemeinen weniger das Urteil eines Kollektivs[40] über ein anderes als vielmehr die pauschale Übertragung dieses Urteils auf Einzelpersonen. Und gerade diese Art von Stereotypie scheint JANDT (1995: 56) ein „Universale“ zu sein:

> Persons within the group are viewed not in terms of their individual merit but according to the superficial characteristics that make them part of the group. (…) Like stereotyping, anyone can be prejudiced and anyone can experience prejudice. Prejudice exists in cultures around the world.

---

[39] Vgl. auch SIX (1989: 48): “In this respect, prejudices are characterized by special socially and personally determined cognitive processes and results, such as categorization-based attributional inferences, over-generalizations and over-accentuations (like over-estimation of similarities and under-estimation of differences in one and the same category as well as over-estimation of differences between one’s group and a foreign one)”.

[40] Dessen ungeachtet ist die Warnung vor kollektiven Vorurteilen bei LIST/WAGNER (1992: 210) berechtigt, denn die Menschheitsgeschichte liefert genügend Beispiele für Krieg und Völkermord, die auf gewachsene oder gezielt suggerierte Vorurteile zurückzuführen waren.

Stereotype repräsentieren „kognitive Generalisierungen“ und sind dennoch „für die Orientierung von Menschen notwendig und unvermeidbar“ (LIST/WAGNER 1992: 210). Solange sie als (neutraler!) Indikator dafür verstanden werden, „daß es tatsächlich nationale Unterschiede gibt und sich die Menschen dessen bewußt sind” (MAURITZ 1996: 33), sollte auch ein entsprechend distanzierter Umgang mit ihnen möglich sein.

(Vor-)Urteile können grundsätzlich Wahrnehmung und Kommunikation beeinträchtigen, „doch diese Blockade ist durch Überprüfung aufzubrechen“ (HANSEN 2000: 325). D.h., Stereotype lassen sich z.B. durch Forschungsarbeit wiederum mit adäquaten Differenzierungen ausstatten. Dies ist eines der Anliegen dieser Arbeit, insbesondere in dem Bereich (vgl. 1.3), der sich an Textmerkmalen unmittelbar überprüfen lässt. Auf diesem Wege wird allerdings der faktische Komplexitätsgrad wieder hergestellt, die Leichtigkeit in der Handhabung verliert sich.

1.2.3.2 Nationalcharakter: Selbstbilder – Fremdbilder

Überaus ergiebig zur Entwicklung von Klischees und zur Prägung von Stereotypen ist auf der Ebene der Makrokultur der „National-“ oder „Volkscharakter“. Recht selten beziehen sich solche griffigen „Etiketten“ auf einen Kulturkreis, schon eher werden sie in bestimmten Situationen Angehörigen einer Mikrokultur angeheftet. Im Allgemeinen stellt gerade die Makrokultur eine schier unerschöpfliche Quelle für plakative Be- und Verurteilungen ihrer Besonderheiten dar, deren Ausläufer bis in geflügelte Worte und literarische Werke[41] hinein verfolgt werden können.

In Publikationen zu diesen Themen ist alles zu finden, von der seriösen Untersuchung (z.B. HOFSTEDE 1980/1991/1997/2001) bis zur intendiert seichten Ironisierung, die als solche ausgewiesen sein kann (z.B. MIALL 1998 *Die Engländer pauschal*). Stereotypie ist offensichtlich die einzige Möglichkeit, diese Themen einigermaßen ökonomisch zu behandeln und vor allem festgestellte Differenzen „auf den Punkt“ zu bringen.

Zu seinem ersten Strukturmerkmal führt MALETZKE (1996: 44-45) aus:

> Das Konzept vom Nationalcharakter basiert auf der Annahme, daß die Menschen einer Nation sich in den Grundmustern ihres Erlebens und Verhaltens sowie ihrer Persönlichkeit gleichen oder doch ähneln und sich so von Menschen anderer Nationen abheben.

---

[41] ERDMANN (2001: 41 bzw. 44) kommentiert die „Nationalcharaktere“ im Werk Fontanes, vermittelt durch „eine Typologie der Nationalsprachen, die den geläufigen Stereotypen des 19. Jahrhunderts entspricht und die durch den Rekurs auf Nationalcharaktere den unmittelbar politischen Anteil, der Sprachen zu eigen ist, sichtbar werden läßt. – Fontane läßt mithilfe des Sprachenmotivs die Stereotypik der Nationalitäten und ihre Sprachproben in aller Grobschlächtigkeit auffahren. Dabei weiß er, daß Nationalstereotypen ‚falsche Bilder’ erzeugen“.

In dieser Sichtweise ist das Konzept, das insbesondere eine historische Dimension hat, ohne weiteres akzeptabel. Die Etikettierung einer ganzen Nation, pauschal übertragen auf jede(n) beliebige(n) ihrer Angehörigen, erweist sich dagegen als Trugschluss, wenn daraus eine adäquate Einschätzung für eine Idiokultur gewonnen werden soll.[42] Entsprechendes gilt auch für Rückschlüsse in umgekehrter Richtung, vom Verhalten einer Einzelperson auf eine andere bzw. auf alle Angehörigen einer bestimmten Nation.[43] Diese Erkenntnis sollte Grund genug sein, sich mit den verschiedenen Facetten nationaler Kulturdifferenz ernsthaft zu befassen, wie z.B. MAURITZ (1996: 68) aus ganz praktischen Erwägungen, d.h. im Interesse des internationalen Marketing, anregt.

Zum Nationalcharakter ist das Selbstbild (Autostereotypen) eines Volkes von dem Fremdbild (Heterostereotypen) zu unterscheiden, das andere Nationen von ihm haben. Es ist verständlich, dass Selbstbilder, wie sie sich in den folgenden Beispielen zeigen, im Sinne der notwendigen Identitätsstiftung eher die positiven Eigenschaften betonen:

Selbstbild der Amerikaner:

Materialistisch, freundlich, verschwenderisch, laut, frei, stolz, egozentrisch (SOROKIN 1995: 44 – Befragung amerikanischer Studenten).

Selbstbild der Russen:

Gastfreundlich, herzlich, geduldig, offen, gutgläubig, freigiebig, begabt (SOROKIN ebd. – Befragung russischer Studenten).
Kraft, Einfachheit, Gastfreundschaft, Herzensgüte, Weite der Seele, Tapferkeit, Härte des Geistes, Offenheit (UFIMCEVA 1993: 159).

Fremdbilder fallen dagegen tendenziell negativ aus (und geraten, wenn sie Betroffenen gegenüber geäußert werden, schnell zu Beschimpfungen/Beleidigungen). Die Ausprägung des jeweiligen Fremdbildes hat daher verständlicherweise Konsequenzen für die Kommunikation zwischen Angehörigen verschiedener Kulturen. Von ihr hängt ab, ob Konflikte oder Harmonie betont werden. Im Extremfall kann die generelle Verweigerung von Kommunikation eine ihrer Konsequenzen sein (vgl. SOROKIN 1995: 43).[44]

---

42 MALETZKE (1996: 109) nennt einige solcher Etiketten: „An Beispielen für derartige Stereotype mangelt es nicht; ganze Bücher ließen sich damit füllen: Der Engländer ist nüchtern und traditionsbewußt, der Amerikaner vordergründig und materialistisch, der Italiener leidenschaftlich, musikalisch und unordentlich, die Deutschen gelten bei den anderen als fleißig, gründlich und ehrlich usw.“.

43 Vgl. auch JANDT (1995: 8): „If you assume that that individual is like everyone else in a culture, you have stereotyped all the many, various people in that culture into one mold“.

44 SOROKIN (1995: 43): „Роль такого соотнесения и ранжирования нельзя недооценивать. Оценки (чужих) и самооценки как ментальные стереотипы (как неосознаваемые или полуосознаваемые установки) предопределяют готовность или неготовность к вербальному и невербальному общению или к отказу от него и влияют на характер самого общения (конфликтующий или гармонизирующий)“. Vgl. auch SIX (1989: 49): “If one’s own and the foreign culture are seen as two distinctive social categories, we may

Die Negativität der Heterostereotypen lässt häufig nach bzw. verschwindet, sobald eine Kontaktsituation (Interkultur!) näheres Kennenlernen ermöglicht hat. Das zeigt die Kontrastierung der Darstellungen bei ERTELT-VIETH (1993: 18-19) – Beispiele aus der Zeit der Systemkonfrontation – und bei SOROKIN (1995: 44) – Ergebnisse einer Studentenbefragung –:

Fremdbild der Amerikaner:
Russen als Feinde Amerikas, des Westens, der gesamten ‚freien Welt'; der einzelne Russe sei unselbständig und hätte [sic] einen autoritären Charakter.

Fremdbild amerikanischer Studenten (von ihren russischen Kommilitonen):
Gebildet, belesen, klug, unmotiviert, gastfreundlich, erfinderisch, ernst, zuverlässige Freunde.

Fremdbild der Russen:
Das amerikanische Volk vegetiere in Arbeitslosigkeit, tiefem Elend, Obdachlosigkeit, Alkohol- und Drogensucht.

Fremdbild russischer Studenten (von ihren amerikanischen Kommilitonen):
Tatkräftig, geschäftstüchtig, offen, lächeln immer, Individualisten, kommunikativ.

Bei den Stereotypen, die in den verschiedenen Punkten dieses Abschnitts in Zitatreihen vorgeführt werden, handelt es sich – je nach der kulturellen Einbettung der jeweiligen AutorInnen – teils um Auto-, teils um Heterostereotype. Charakteristiken bzw. Karikaturen der eigenen Nation beruhen auf persönlichen Erfahrungen der Autorin bzw. des Autors mit anderen Kulturen, vor deren Hintergrund sich das „Eigene" skizzieren bzw. spöttisch überzeichnen lässt (z.B. LOSSKIJ, INKELES bzw. FAUL, MIALL). Charakteristiken fremder Kulturen beruhen auf persönlichen Erfahrungen der AutorInnen mit diesen Kulturen, die im Kontrast zum „Eigenen" dargestellt werden (z.B. BAUMGART/JÄNECKE, KUTZ). In „Mischformen" werden Selbst- und Fremdbilder von Angehörigen verschiedener Nationen referiert, die in Interviews ermittelt wurden (z.B. LIST/WAGNER, UFIMCEVA , SOROKIN).

Heterostereotype „der Amerikaner":
Weil die überwiegende Mehrzahl der Amerikaner so gut wie nie ein fremdes Land besucht (Kanada zählt in dieser Hinsicht nicht als Ausland), gehen diese Amerikaner davon aus, daß **alle übrigen Völker** auf der ganzen Welt genauso sind wie sie, außer, daß sie nicht Englisch sprechen und nicht über ordentliche Duschen verfügen (FAUL 1998: 12-13).

Eine Art negative Sonderbeziehung besteht gegenüber den **Japanern**. Hier herrscht tiefes Mißtrauen, denn die Japaner verkörpern all das, was Amerikaner selbst nicht sind oder nicht sein wollen: Japaner gelten als gruppenorientiert, sexistisch, konformistisch, und sie sind ethnisch sehr homogen (FAUL 1998: 15).

---

assume that prejudices and corresponding processes and phenomena mentioned above have an important impact on cross-cultural understanding".

Heterostereotype „der Engländer“:

Das Verhältnis der Engländer zu den **Deutschen** ist weniger zweideutig. In ihren Augen sind die Deutschen größenwahnsinnige, rüpelhafte Herdentiere, die zum Ausgleich nicht einmal über herausragende kulinarische Fähigkeiten verfügen [wie die Franzosen] (MIALL 1998: 12).

Was die übrigen **Völker Europas** anbelangt, so gelten, durch die englische Brille gesehen, die Italiener als hysterisch und unehrlich, die Spanier als faul, die Russen als schwermütig, die Skandinavier, Holländer, Belgier und die Schweizer als uninteressant. (...) **Amerikaner** und **Australier** sind vulgär, **Kanadier** langweilig und **sämtliche orientalischen Völker** so undurchschaubar, daß man vor ihnen stets auf der Hut sein muß (MIALL ebd.).

Heterostereotype „der Russen“:

Die Deutschen: Genauigkeit/Pedanterie, Geschäftstüchtigkeit (bis hin zum Geiz), Zuverlässigkeit, Ehrlichkeit, Tüchtigkeit, die Fähigkeit zu arbeiten, Verschlossenheit und Reserviertheit im zwischenmenschlichen Bereich (BAUMGART/JÄNECKE 2000: 92).

Die Japaner: haben eine negative Einstellung zu Russland, zu ganz Europa und insbesondere zum Christentum (vgl. LOSSKIJ 1957: 148).

Heterostereotype „der Deutschen“:

Die Dänen: Freundliche Menschen in einem etwas altmodischen Landwirtschaftsland. (...) Diese ‚Idylle' wird von den Interviewten jedoch oft mit einer Auffassung von wirtschaftlicher Erfolglosigkeit gekoppelt (LIST/WAGNER 1992: 214).

Der dänische Geschäftsmann wird von den interviewten Deutschen durchgängig als locker, ungezwungen, offen und kommunikationsfreudig charakterisiert (LIST/WAGNER 1992: 215).

Die Russen: Herzlichkeit, Wärme und Offenheit im zwischenmenschlichen Umgang sowie die sprichwörtliche russische Gastfreundschaft (BAUMGART/JÄNECKE 2000: 92).

Heterostereotype „der Dänen“:

Umgekehrt finden wir in den dänischen Interviews einen steifen, formellen, korrekten, gründlichen, professionellen und knallharten **deutschen** Geschäftsmann (LIST/WAGNER 1992: 215).

Der Lebensstil in **Deutschland** wird von den dänischen Interviewpartnern mit Effektivität, Disziplin und Ordnung in Verbindung gebracht (LIST/WAGNER 1992: 213).

Geordnet anhand der Strukturmerkmale nach MALETZKE (1996: 42, vgl. auch 1.1.1.1), werden im Folgenden weitere kontrastive Charakterisierungen vorgeführt. Diese Vorgehensweise erscheint aus zwei Gründen sinnvoll: Zum einen ist davon auszugehen, dass Merkmale dieser Art in Kontaktsituationen (vgl. 1.2.6) auffallen, und zum anderen lässt sich daran zeigen, wie groß die Relativität der Merkmale ist bzw. in welchem Ausmaß sie der Grundlage zur Absolutsetzung entbehren.

1.2.3.3 Wahrnehmung: Farbsemantik

Menschen verschiedener Kulturen sehen „das Gleiche“, messen dem Wahrgenommenen jedoch jeweils eine kulturspezifische Bedeutung bei, oder, mit den Worten von SCHWARTZ (1989: 142) ausgedrückt: „One sees with concepts as much as with one's eyes“. Diese Feststellung gilt im Bereich der Wahrnehmung u.a. für die Kulturspezifik der Farbsemantik. Seinen Hinweis, dass „Farbensymbole kaum von den Farben selbst bestimmt [sind], sondern die Kulturen den Farben je eigene Bedeutungen zu[weisen]“, belegt MALETZKE (1996: 51) mit einem Beispiel:

> Im asiatischen, insbesondere im indonesischen Schattenspiel (Wayang) gelten feste Regeln: Ein schwarzes Gesicht mit goldenem Körper zeigt einen Krieger in äußerster Anspannung, ein grünes Gesicht dagegen gehört zu einem niedrigen Charakter. Adel und Wissen lebt in weißen Gesichtern, nackte Gier dagegen in den roten und Anmaßung in den gelben Gesichtern.

Die Assoziation von Gier und Anmaßung mit den Farben Rot und Gelb hat offenbar in anderen Kulturen keine Parallele. APRESJAN (1995: 38, FN 1) referiert Untersuchungsergebnisse von GREENWOOD (1993: 17), nach denen Rot sowohl positive als auch negative Assoziationen hervorrufen kann: In Indien symbolisiert Rot Leben und Kreativität, in China Glück, in den USA und in Japan dagegen Gefahr, in Ägypten Tod. Für Russen ist Rot nach KUTZ (2002: 145) eine positive Farbe:

> Rot (im Altrussischen gleichbedeutend mit ‚schön’, weshalb der Rote Platz eigentlich als der ‚Schöne Platz’ zu übersetzen wäre) ist die Farbe des Sieges, der Festlichkeit, des Mutes, deshalb schenkt man auch Männern rote Blumen (vor allem Nelken).

Auch die Farbe Gelb kann sehr Unterschiedliches bedeuten. Nach GREENWOOD (1993: 17, vgl. APRESJAN ebd.) symbolisiert Gelb Feigheit (USA), Vergänglichkeit (Frankreich), aber auch Glück und Gedeihen (Ägypten), Reichtum und Macht (China), Erfolg (Indien) oder Grazie und Edelmut (Japan). Bei Russen weckt Gelb eher negative Assoziationen, es ist nach KUTZ (ebd.) „die Farbe von Trennung und Verrat“.

Die Tatsache, dass mit einer Farbe in verschiedenen Kulturen Unterschiedliches assoziiert wird, so APRESJAN (ebd.), hat ganz praktische Konsequenzen, z.B. für die Farbgebung bei Monitoren im globalisierten Vertrieb. Diese Erkenntnisse sind im Rahmen zunehmender Globalisierung für die Farbgebung generell relevant, nicht nur bei den Produkten, sondern auch in Texten.[45] Erstaunlicherweise haben sie dennoch keinen Eingang in die DIN EN 62079 (2001: 31) gefunden, die beim Thema „Farbgebung“ lediglich auf eine mögliche Fehlsichtigkeit der Rezipienten hinweist.

1.2.3.4 Zeiterleben

Das Strukturmerkmal „Zeiterleben“ manifestiert sich an verschiedenen Dimensionen, zu denen u.a. die Vorstellung vom Zeitverlauf gehört (linear oder zyklisch – vgl. auch JAKOVLEVA 1992: 73).[46]

---

[45] Anleitungen sind in der Regel Schwarz-Weiß-Drucke, farbige Titelblätter oder Abbildungen sind selten.

[46] JAKOVLEVA (1992: 73): „В сознании человека сосуществуют два представления о времени – время как последовательность повторяющихся однотипных событий, ‚жизнен-

Während sich z.B. „der Westen" (vgl. 1.2.2.1) Zeit als linear verlaufend vorstellt, verstehen asiatische Kulturen Zeit als zyklisches Phänomen:

Nach ihrer Form verläuft die Zeit asiatischem Verständnis zufolge, nicht geradlinig, sondern zyklisch. Nach ihren Modalitäten erscheint sie nicht als metronomisch darstellbares Geschehen, sondern als Diskontinuum aus günstigen und ungünstigen Momenten, die es zu ergreifen oder aber zu vermeiden gilt (MALETZKE 1996: 55).

Eine weitere Differenz beim Zeiterleben besteht offensichtlich in der Orientierung auf der Zeitachse[47] (Vergangenheit, Gegenwart oder Zukunft).

Vergangenheitsorientierung scheint insbesondere mit großem Traditionsbewusstsein und einer besonderen Bewunderung für vergangene „glorreiche" Zeiten bzw. deren Verklärung gekoppelt zu sein. Geradezu sprichwörtlich ist daher das Traditionsbewusstsein der britischen[48] Kultur, eine Eigenschaft, die sie zwangsläufig in krassen Gegensatz zur amerikanischen bringt (s.u.). Weitere Beispiele sind nach MALETZKE (1996: 83) die chinesische Kultur und auch die arabischen Länder, die „mit Stolz auf eine große sechstausendjährige Kultur zurück[blicken], oft verbunden mit Schmerz und Trauer darüber, daß diese Zeiten vorbei sind". Während sich auch die russische Politik, „in ihrem Bemühen um den Aufbau einer neuen Staatlichkeit immer eindeutiger an der mythologisierten, symbolisierten Vergangenheit"[49] (ARCHANGELSKIJ 1996: 178) orientiert, blickt das russische Volk, so UFIMCEVA (1995: 56), derzeit in die Zukunft (die Armenier haben dagegen „das Gesicht der Vergangenheit zugewandt").

Im Gegensatz zu den hispanischen Einwohnern im Südwesten der USA, die nach MALETZKE (1996: 83) weitgehend im Hier und Jetzt leben, hat die Gegenwart für „die Amerikaner" keine große Bedeutung (so wenig wie die Vergangenheit). JANDT (1995: 220) bescheinigt seinen Landsleuten daher eine klare Zukunftsorientierung:

Most of us will admit to being motivated by the future in how we act in the present. (…) Some would say that because we live the future in the present we are less aware of the present. We have less time and appreciation for what is happening to us and around us as it is happening. Some would even say we live an illusion because the future is not yet here – it is unreal. In living for something that is not real, we miss much of the reality of the present.

ных кругов' (циклическое) и время как однонаправленное поступательное движение (линейное)". Neben zyklischer Zeit und mehreren Varianten linearer Zeit verzeichnet GALTUNG (1997a: 100) u.a. „schwankende Zeit" und „Spiralzeit".

47 Diese Formulierung ist Ausdruck (m)einer Vorstellung zeitlicher Linearität.

48 Vgl. auch MIALL (1998: 21): „Die Engländer haben einen starken Sinn für Traditionen. Weil ihre Vergangenheit so unvergleichlich viel glanzvoller war als ihre Gegenwart, klammern sie sich hartnäckig daran".

49 GUDKOV/DUBIN (1996: 82) sehen die russische Vergangenheitsorientierung verbunden mit einem „Resthochmut, der typisch ist für die Erben einer Großmacht" und der sich vermutlich auch bei anderen Kulturen mit „großer" Vergangenheit feststellen lässt (s.o.).

Die dritte Dimension, die Art der Zeitplanung, dürfte sich in einer Kontaktsituation bzw. Kooperation am deutlichsten bemerkbar machen, weil daraus ein abweichendes Verständnis von Pünktlichkeit bzw. Termintreue resultiert. Bei der Differenzierung von HALL/HALL (1989) in monochrone und polychrone Kulturen geht es im Wesentlichen um die Planung von Aufgaben, d.h. um die Organisation von Arbeitszeit. Das primäre Merkmal für diese Unterscheidung ist die Beobachtung, dass man einerseits Aufgaben nacheinander (monochron) erledigen, dass man jedoch andererseits auch mehrere Aufgaben parallel (polychron) in Angriff nehmen kann.

Diese abweichenden Formen der Arbeitsorganisation korrelieren zum einen mit einer hohen Priorität der jeweiligen Aufgabe und vereinbarter Termine, zum anderen mit einer hohen Priorität von Kontakten und Beziehungen (vgl. HALL/HALL 1989: 15). Daran zeigen sich unverkennbare Parallelen zu den Interaktionsstilen nach MAURITZ („aufgabenorientiert" vs. „menschenorientiert" – vgl. 1.2.6). Die jeweiligen Ergebnisse machen außerdem deutlich, dass beide Klassifikationen eine gemeinsame Zielrichtung haben: die USA und Deutschland als monochrone Kulturen praktizieren einen aufgabenorientierten, die romanischen Länder als polychrone Kulturen dagegen einen menschenorientierten Stil. Aus dieser Sicht dürfte die russische Kultur eine eher polychrone sein.

Einen weiteren Unterschied sehen HALL/HALL in der Geschwindigkeit der Informationsübermittlung, die in monochronen Kulturen so rasch wie möglich,[50] in polychronen dagegen mit gutem Stil und Witz erfolgen soll (hier liegt die Assoziation zum „gallischen" Stil nahe – vgl. 1.3.2.1).

1.2.3.5 Raumerleben: Proxemik

Im Rahmen dieses Strukturmerkmals behandelt MALETZKE (1996: 61) u.a. die „als angemessen empfundene *räumliche Distanz zwischen Interaktionspartnern*", die in gleicher Weise kulturell geprägt ist wie die Wahrnehmung geometrischer Formen:[51]

> In Lateinamerika ist die Interaktionsdistanz viel geringer als in den Vereinigten Staaten. (...) Deshalb versuchen nicht selten Nordamerikaner in lateinamerikanischen Ländern, sich hinter Tischen und Stühlen zu verbarrikadieren, um die einheimischen Partner auf Distanz zu halten. Diese wiederum steigen oft genug einfach über die Barrikaden hinweg, um die ihnen genehme Nähe zu finden.

---

[50] Zur Informationsübermittlung in einer monochronen Kultur vgl. HALL/HALL (1989: 168): „The American communication style is like a newspaper headline. Short and to the point".

[51] Vgl. z.B. MALETZKE (1996: 49): „Linien und Winkel werden von Menschen verschiedener Kulturen auf unterschiedliche Art und Weise wahrgenommen. Im westlichen Kulturkreis haben sich die Menschen eine Welt voller rechter Winkel geschaffen: obwohl in der Natur rechte Winkel äußerst selten vorkommen, haben westliche Menschen eine Tendenz, auch da noch rechte Winkel zu sehen, wo gar keine vorhanden sind".

WIERZBICKA (1991: 47) hat beobachtet, dass slavische Kulturen im Vergleich zur „angloamerikanischen“ ebenfalls eine geringere Distanz bevorzugen, und nach KUTZ (2002: 146) gilt für die russische Kultur, dass „der interpersonelle Raum geringer [ist] als im deutschen Kulturraum”. Dennoch ist in einer Interaktion mit Russen (vermutlich auch mit Angehörigen anderer slavischer Kulturen) eine Annäherung in der von MALETZKE skizzierten Weise (s.o.) undenkbar.

Mit diesen Unterschieden, die in Kontaktsituationen offenbar sehr drastische Formen annehmen können, korreliert auf der sozialen Ebene das Merkmal der Machtdistanz (vgl. 1.2.3.9.2) bzw. der persönlichen Nähe/Vertrautheit in einer Kultur (vgl. 1.2.3.9.3).

1.2.3.6 Sprache – Sprachwandel

Es wurde bereits angemerkt, dass Sprache das Medium ist, durch dessen Verwendung Kultur primär zum Ausdruck gebracht wird (vgl. 1.1.1.1). Das Verhältnis von Kultur und Sprache wird daher im Allgemeinen ähnlich gesehen wie bei MALETZKE (1996: 72): „Auf eine Kurzformel gebracht: Ohne Sprache keine Kultur“.[52]

LICHAČEV (1993: 9)[53] bezeichnet Sprache als komprimierten, algebraischen Ausdruck der gesamten Nationalkultur, weil sie in ihren Begriffen die Kultur des Volkes spiegelt. Analog spricht z.B. APRESJAN davon, dass jede natürliche Sprache eine bestimmte Art der Wahrnehmung und der begrifflichen Organisation der Welt reflektiert, während sich die ausgedrückten Bedeutungen zu Ansichten, zu einer kollektiven Philosophie verdichten (1995: 38-39).[54] Diese Philosophie ist kein statisches Phänomen, sondern „dem Gesetz des langfristig verlaufenden Kulturwandels unterworfen“ (MAYER 1998: 488).

Wenn eine Sprache als Spiegel der Nationalkultur angesehen werden kann, spiegeln sich in ihr auch Veränderungen dieser Kultur. Diese Metapher ist in Bezug auf die Wirkrichtung eindeutig: eine Veränderung des Abgebildeten (der Kultur) ist Ursache für die Veränderung des Spiegelbildes (der Sprache). Nach diesem Verständnis zieht Kulturwandel unweigerlich – einen üblicherweise „langfristig verlaufenden“ – Sprachwandel nach

---

[52] Vgl. auch JANDT (1995: 22): “Because communication is an element of culture, it has often been said that communication and culture are inseparable”.

[53] LICHAČEV (1993: 9): „Язык нации является сам по себе сжатым, если хотите, алгебраическим выражением всей культуры нации. (...) Учитывая все это, мы можем понять, почему И. С. Тургенев интуитивно связывал судьбу русского языка с судьбой русского народа: действительно, язык в потенциальной форме его концептов – воплощение всей культуры народа“.

[54] APRESJAN (1995: 38-39): „Каждый естественный язык отражает определенный способ восприятия и организации (= концептуализации) мира. Выражаемые в нем значения складываются в некую единую систему взглядов, своего рода коллективную философию, которая навязывается в качестве обязательной всем носителям языка“.

sich. Mit seinem Bild von Sprache als dem Gefäß der Kultur eröffnet WILSS (2003: 3) die Möglichkeit, diese Kausalität in ihrer Wirkrichtung umzukehren:

Sprache ist das Gefäß der Kultur, und wenn dieses Gefäß löchrig ist und immer löchriger wird, braucht man sich nicht darüber zu beklagen, dass Deutschland als Kulturnation immer mehr aus dem Bewusstsein des ausländischen Beobachters schwindet.

Die Löcher lassen auf (seiner Auffassung nach vor allem äußere) Einwirkungen schließen, die nicht abgewehrt wurden bzw. werden konnten, mit der zwangsläufigen Folge, dass der Inhalt ausläuft. Im Vergleich zur Spiegel-Metapher impliziert dieses Bild eine Wirkung in der Gegenrichtung, d.h., wenn die Sprache Schaden nimmt, bleibt auch die Kultur nicht unversehrt. Insofern steht dahinter eine zu den anderen Interpretationen komplementäre Facette der Prozesse Kulturwandel – Sprachwandel.

Diese Prozesse beschleunigen sich in Zeiten des gesellschaftlichen Umbruchs, wie er u.a. in Russland durch die Perestrojka eingeleitet wurde (vgl. auch ZEMSKAJA 2000: 31).[55] Für das Russische war dieser Umbruch von einem Prioritätenwechsel in der Sprachverwendung begleitet, nach GUSSEJNOV (1996: 59-60, analog auch ROMANENKO 2002: 119) von der Standard- zur Umgangssprache:

Schon zu Gorbatschows Zeiten hielt in der politischen Praxis die lebendige gesprochene Umgangssprache Einzug in die Schriftsprache. Die unverfälschte, weder von der Zensur noch von einem ‚inneren Lektor' bereinigte Sprache, mag sie sich auch noch so unangenehm von der literarischen Norm abheben, beeinflußt das Bewußtsein stärker als die Sprache der einst verbotenen Literatur, die die heutige Generation russischer Leser erst jetzt kennenlernt.

Unter dem bezeichnenden Titel „Zur Auswirkung aktueller gesellschaftlicher Prozesse auf die Sprache" dokumentiert RICHTER (1991) eine weitere Begleiterscheinung der Perestrojka,[56] den Import einer aus Amerikanismen bestehenden betriebswirtschaftlichen Terminologie (vgl. auch 1.2.2.2).

1.2.3.7 Wertorientierungen: Nationalstolz

Jede Kultur hat ihre eigene Werteskala. So zeigen die folgenden Zitate zum Thema „Nationalstolz" ein ursprünglich starkes Gefälle von der amerikanischen zur russischen Kultur im Hinblick auf das jeweilige Staatswesen. Gleichzeitig ergibt sich für die russische Kultur eine Differenzierung zwischen Land und Staat, die den anderen fremd ist.

---

55 ZEMSKAJA (2000: 31): „Конец века, эпоха перестройки и постперестройки по своим последствиям подобна революции. Переломные времена всегда вызывают сдвиги в языке. И несомненно, что исчезновение государства-деспота, ритуальной партийной риторики, идеологического насилия над языком не могло не привести к изменениям в языке".

56 Zum Sprachwandel in Deutschland als Folge der „Wende" vgl. SCHLOSSER (1991).

Des Weiteren wird an den Zitaten deutlich, dass eine solche Werteskala ein dynamisches Gefüge ist, in dem Werte je nach Situation steigen oder fallen können.

Amerikaner sind stolz darauf, Amerikaner zu sein, schließlich ist Amerika das beste Land der Welt – der populäre Superlativ lautet daher nicht von ungefähr: God's own country, was in der Tat nur schwer zu übertreffen ist; aber gleichzeitig wird jeder einzelne Amerikaner schnell darauf zu sprechen kommen, warum gerade er keineswegs so ist wie alle übrigen Amerikaner. Denn er ist etwas Besonderes. Amerikaner sind stolz darauf, sich von anderen zu unterscheiden und, als Amerikaner insgesamt, vom Rest der Welt (FAUL 1998: 10-11).

Even among those who live under 'the Mother of Parliaments' in **Great Britain**, only 46 percent showed comparable pride in their governmental system, while in **Germany** and **Italy** a mere 7 percent and 3 percent, respectively, followed this pattern. Germans were most proud of the characteristics of their people, and Italians of the beauty of their country, but in each of these cases only about a third of the commentaries focused on any one category. Nowhere else was there the extraordinary unanimity displayed by the **Americans** in singling out their political and governmental institutions as special objects of pride (INKELES 1989: 156).

Whatever interpretation is put on it, there seems no denying the fact. The **Americans'** previously exceptional pride in the governmental institutions and the vibrant confidence in their personal political efficacy, have vastly declined. What was previously a great, almost deadening, 'hurrah' has now shrunk to a barely audible whisper (INKELES 1989: 171).

Die **Engländer** hängen der urdemokratischen Illusion an, sich einer frei gewählten Regierung unterzuordnen. (...) Den Staat und seine Verwaltung betrachten die Engländer als notwendiges Übel. Gleichzeitig erwarten sie, daß ‚alles seine Ordnung hat'. Dieses natürliche Bedürfnis führt dazu, daß die Engländer bürokratische Gebots- und Verbotswucherungen durchaus akzeptieren. Aber innerlich weisen sie sie zurück, teils, weil sie lieber ungehindert schalten und walten möchten, teils, weil sie grundsätzlich gerne meckern (MIALL 1998: 94).

Die Solidarität mit den eigenen Landsleuten gebietet, daß jeder Engländer, egal, ob er alle Tassen im Schrank hat oder nicht, grundsätzlich als guter Kerl anzusehen und mindestens genauso viel wert ist wie zehn Ausländer (MIALL 1998: 42).

Im gesellschaftlichen Leben äußert sich die Freiheitsliebe der **Russen** in einem Hang zur Anarchie, zur Ablehnung des Staates. Allerdings unterscheiden Russen sehr genau zwischen Land und Staat (vgl. LOSSKIJ 1957: 50), d.h. zwischen ‚Heimat' und Staat.

Bei den Reaktionen der Russen nimmt auf das Wort ‚die Heimat' das Wort ‚die Mutter' hinsichtlich der Häufigkeit den ersten Platz ein. (...) Die Bulgaren verbinden den Begriff ‚die Heimat' vor allem mit der Idee des Vaters (UFIMCEVA 1993: 160).[57]

Der Grad der Identifikation mit dem Staat ist gering. Es herrscht ein tiefes Mißtrauen gegenüber allem, ‚was von oben kommt' (BAUMGART/JÄNECKE 2000: 102).

[57] Dieser Befund dürfte den Unterschied spiegeln zwischen „Vaterland" und „Mütterchen Russland".

1.2.3.8 Verhaltensmuster: Sitten, Normen, Rollen

1.2.3.8.1 Maskulinität vs. Femininität

Bei dieser Dimension geht es nach HOFSTEDE (2001: 110) darum, „ob Bestimmtheit oder Bescheidenheit im Verhalten wünschenswert ist". In einer maskulinen Kultur wird Bescheidenheit eher als Schwäche interpretiert, während man sich in einer femininen Kultur „mit übertrieben bestimmtem Auftreten und dem Bemühen, überall der erste zu sein, (..) sehr schnell lächerlich [macht]" (HOFSTEDE 2001 124-125).

Das folgende Urteil legt für die deutsche Kultur die Annahme eines hohen Maskulinitätswertes nahe:

> Man mag von den Deutschen sagen, was man will,
> und ich bin geneigt, das Härteste von ihnen zu sagen.
> Aber sie sind jedenfalls ein männliches Volk
> (PAUL ERNST, aus: *Der Nobelpreis*).[58]

HOFSTEDES Ergebnisse, die in einer Auswahl in Tab. 1.1 zusammengestellt sind, bestätigen diese Annahme durchaus: danach ist die deutsche – wie auch die britische – eine ausgesprochen maskuline Kultur.

Unterschiede bei dieser Dimension finden ebenfalls ihren Niederschlag in politischen Prioritäten, z.B.:

- Belohnung der Starken gegenüber Solidarität mit den Schwachen
- Wirtschaftswachstum gegenüber Umweltschutz
- Rüstungsausgaben gegenüber Hilfe für die armen Länder (HOFSTEDE 2001: 138).

Platzierung (1: max. Maskulinität 53: max. Femininität)	**Auswahl aus 53 Kulturen** (50 Ländern + 3 Regionen)
(1)	Japan
(9/10)	Großbritannien/BR Deutschland
(15)	USA
(35/36)	Frankreich/Iran
(47/50/52/53)	Skandinavische Länder

Tab. 1.1: Maskulinität vs. Femininität
(HOFSTEDE 1997: 84, Table 4.1 – Auszug)

Während seine Ergebnisse die Mehrheitskultur in den Vereinigten Staaten als recht maskulin erscheinen lassen, entdeckt HOFSTEDE (2001: 142) an der russischen Kultur feminine Verhaltensweisen. Seine Einschätzung bestätigt sich bei KUTZ (2002: 148), der Bescheidenheit und Mitgefühl für die Schwachen als traditionell hohe Werte der russischen

[58] Zitiert nach PUNTSCH (1986: 899).

Kultur hervorhebt. Dagegen galten „Selbstsicherheit und das Bestreben, den eigenen Status zu unterstreichen, in Russland niemals als Eigenschaften eines gebildeten Menschen".

LOSSKIJ (1957: 69)[59] widerstrebt die Behauptung, die Russen seien ein „feminines" Volk. Er hält sie – insbesondere den großrussischen Zweig – für ein überaus männliches Volk, das unter schwierigen Umständen einen großen Staat geschaffen hat. Bemerkenswert scheint ihm dabei allerdings, dass dieses maskuline Wesen mit femininer Sanftmut gepaart ist. Eher maskuline Wesenszüge scheinen demgegenüber fehlendes Umweltbewusstsein (d.h. „verschwenderischer Umgang mit Ressourcen") und der von BAUMGART/JÄNECKE (2000: 63) beobachtete „Maximalismus" (eine „‚Alles-oder-Nichts-Strategie' bei Verhandlungen") zu sein.

Aus den politischen Prioritäten (s.o.) folgt, dass maskuline Kulturen eine Leistungsgesellschaft anstreben, während feminine Kulturen einen Wohlfahrtsstaat bevorzugen. Eine Leistungsgesellschaft ist im Allgemeinen erfolgsorientiert und misst ihren Erfolg am erarbeiteten Wohlstand. An den folgenden Zitaten zum Thema „Erfolg/Materialismus" zeigt sich zunächst ein Widerspruch zu den Ergebnissen gemäß Tab. 1.1: bei diesem Merkmal erscheint die amerikanische Kultur deutlich maskuliner als die britische. Zudem wird eine weitere Facette des Bedeutungszuwachses maskuliner Werte in der traditionell eher femininen russischen Kultur erkennbar. Daraus ist zu folgern, dass sich Kulturspezifik und die Ergebnisse entsprechender Untersuchungen nicht nur infolge kulturellen Wandels verändern, sondern dass außerdem die konkrete Themenwahl darüber entscheidet, wie schnell sich gewonnene Ergebnisse relativieren.

Beispiel: Einstellung zu Erfolg/Materialismus

Für Inder taucht ‚materialistisch' nur selten auf, wohl aber für Amerikaner, Deutsche, Sowjets und Engländer (in dieser Reihenfolge). Wer als materialistisch gilt, wird in der Regel nicht als ‚rückständig' eingestuft (MALETZKE 1996: 113).

Nach Möglichkeit immer zu den Gewinnern zu gehören – das ist ein zentraler Aspekt im Seelenhaushalt der **Amerikaner**. Der Football-Trainer Vince Lombardi hat es einmal kurz und bündig so zusammengefaßt: „Zu gewinnen ist beileibe nicht alles im Leben. Es ist bloß das einzige, worauf es ankommt" (FAUL 1998: 16).

Welchen Wert sollen ein gutes Gewissen und saubere Hände in einer Welt haben, in der jeder gegen jeden kämpft? Amerikaner beurteilen alles nach dem Geldwert, denn das Geld macht alles quantifizierbar (FAUL 1998: 39).

---

[59] LOSSKIJ (1957: 69): „Говорят иногда, что у русского народа – женственная природа. Это неверно: русский народ, особенно великорусская ветвь его, народ, создавший в суровых исторических условиях великое государство, в высшей степени мужествен, но в нем особенно примечательно сочетание мужественной природы с женственною мягкостью".

Ganz anders als ihre Cousins jenseits des Atlantiks hegen die **Engländer** gegenüber dem Erfolg ein angeborenes Mißtrauen, und Geld wird mit Geringschätzung betrachtet. Diese Haltung unterstreicht man gerne mit einem mißverstandenen Bibelzitat, das wie eine Tatsachenbehauptung in den Raum gestellt wird: ‚Geld ist die Wurzel allen Übels'. Gemeint ist damit immer das Geld der anderen (MIALL 1998: 37).

Und wie bei allen englischen Sportarten ist es eben wichtiger, das Spiel mitzuspielen, als zu gewinnen (MIALL 1998: 27).

Eine der wichtigsten Ursachen für die Armut ist das geringe Interesse der **Russen** an materiellen Dingen (vgl. LOSSKIJ 1957: 118).

Gesundheit, Erfolg und Wohlstand soll man nicht zur Schau stellen. Die ‚neuen' Russen sind u. a. in dieser Beziehung Traditionsbrecher (…) und werden deswegen gern in Witzen verspottet. (…) Misstrauen gegenüber Reichtum, Erfolg, Leistung und Glück ist weit verbreitet. Den reicheren – u.a. auch einfach erfolgreicheren – Russen werden beinahe automatisch Verbindungen zur Mafia nachgesagt (KUTZ 2002: 148, sinngemäß auch GUSSEJNOV 1996: 68).

Typischerweise nennen die jüngsten Russen als ihre Präferenzen nicht Politik oder Kultur, sondern in erster Linie das *Busineß*, wobei die Maßstäbe hier vor allem hohe Einkommen und das eigene Unternehmen sind (GUDKOV/DUBIN 1996: 83).

Interaktionen zwischen Angehörigen von Kulturen mit stark divergierendem Maskulinitätsindex sind – ungeachtet persönlicher Sympathien – zwangsläufig problematisch. LIST/WAGNER (1992: 217) berichten daher aus ihren Interviews, dass „die professionelle Tüchtigkeit der Deutschen" und „die Lockerheit ihrer dänischen Kollegen" im Sinne einer erfolgreichen Kooperation nicht ohne weiteres in Einklang zu bringen sind.

Bei dieser Konstellation kommt zur Differenz zwischen einer recht maskulinen und einer ausgesprochen femininen Kultur (vgl. Tab. 1.1) die gravierende Differenz zwischen einer Kultur mit mittlerem und einer solchen mit extrem geringem Angstniveau (vgl. Tab. 1.2) hinzu. Außerdem besteht nach HOFSTEDE noch eine Differenz in der sozialen Machtdistanz (Deutschland: Platz 42-44, Dänemark: Platz 51, vgl. Tab. 1.5). Mit dem hohen Maskulinitätsindex der deutschen Kultur korreliert ein eher aufgabenorientierter Stil (vgl. 1.2.6), der den Dänen möglicherweise weniger liegt. Um solche Kontakte für dänische Geschäftsleute reibungsloser zu gestalten, reicht es nach Auffassung von LIST/WAGNER daher auch nicht aus, „einen Geschäftsknigge zu vermitteln, daß man die Zipfelmütze und das Duzen ablegt (...) und den mausgrauen Anzug anzieht" (1992: 225).

1.2.3.8.2 Unsicherheitsvermeidung

Unter Unsicherheitsvermeidung (UV) versteht HOFSTEDE (2001: 158) den *„Grad, in dem die Mitglieder einer Kultur sich durch ungewisse oder unbekannte Situationen bedroht fühlen"*. Eine Auswahl seiner Ergebnisse ist in Tab. 1.2 zusammengestellt. Hier zeigt sich das Wesen der „kulturellen Kluft" (HOFSTEDE 2001: 161) zwischen Deutschland und Großbritannien, die sich im Wesentlichen auf die Differenz bei dieser Dimension zurückführen lässt. Das Maß, in dem eine Kultur den Ausdruck von Emotionen akzeptiert, ist nach HOFSTEDE in der Regel ein Hinweis auf ihr Angstniveau bzw. ihr Streben nach Unsicherheitsvermeidung, denn „ängstlichere Kulturen sind tendenziell ausdrucksstärkere Kulturen“ (2001: 162).

Platzierung (1: max. UV/53: min. UV)	**Auswahl aus 53 Kulturen** (50 Ländern + 3 Regionen)
(2)	Portugal
(7)	Japan
(10/15)	Frankreich/Spanien u.a.
(23)	Italien
(29)	BR Deutschland
(43)	USA
(47/48)	Großbritannien/Irland
(49/50)	Schweden/Hongkong
(51)	Dänemark

Tab. 1.2: Unsicherheitsvermeidung
(HOFSTEDE 1997: 113, Table 5.1 – Auszug)

Die folgenden Zitate zur Akzeptanz von Emotionen bestätigen die geringen UV-Werte für die USA und Großbritannien gemäß Tab. 1.2. Für die russische Kultur wäre dagegen eine starke – im Vergleich zur deutschen eher stärkere – Tendenz zur UV anzunehmen. Diese Annahme wird gestützt durch die Feststellung bei HOFSTEDE (2001: 87):

Die Reihenfolge der Länder nach dem UVI-Punktwert in Tabelle 5.1 hängt in gewissem Maße mit der jeweils vorherrschenden Religion zusammen. Länder mit orthodoxem und römisch-katholischem Christentum erreichen hohe Punktwerte (mit Ausnahme der Philippinen und Irlands). Jüdische und islamische Länder haben tendenziell mittlere Werte, Länder des protestantischen Christentums niedrige Werte. Östliche Religionen erreichen mittlere bis sehr niedrige Werte, wobei Japan allerdings eine Ausnahme bildet.

Beispiel: Akzeptanz von Emotionen

Stets auf der Gewinnerseite zu stehen, ist für die **Amerikaner** überaus wichtig, denn es gibt ihnen ein gutes Gefühl, und nur gute Gefühle sind echt amerikanische Gefühle. Amerikaner geben Tausende und Abertausende von Dollars aus für Bücher, Pillen und Therapien, die allesamt Wohlgefühl verheißen. Das in den Vereinigten Staaten mit Abstand am meisten verschriebene Medikament ist ein Antidepressivum. – Depressiv zu sein gilt als nicht besonders attraktiv, und deshalb vermeidet man es tunlichst, seinen Seelenzustand in der Öffentlichkeit nach außen zu kehren (FAUL 1998: 17 bzw. 21).

Beyond these qualities we should also at least list: individualism, restless energy; pragmatism; a tendency towards brashness or boastfulness; this-worldliness; a preference for the concrete; and a certain discomfort in coping with aesthetic and emotional expression (INKELES 1989: 163-164).

Zu weit zu gehen heißt für die **Engländer** unter anderem, zu viele Gefühle zeigen, sich betrinken, in der Öffentlichkeit über Geld reden, zweideutige Witze reißen und laut über sie zu lachen. – Angemessenes Benehmen besteht für die Engländer darin, in jeder Situation eine gewisse Gleichgültigkeit zur Schau zu stellen, auch wenn man innerlich am Kochen ist (MIALL 1998: 18 bzw. 19).

Dem **russischen** Volkscharakter ist die Fähigkeit zu großen, ungebändigten Gefühlen, zu starker Emotionalität[60] eigen. Gefühle, wie Freude, Trauer, Zustimmung oder Ablehnung werden offener und direkter gezeigt als in den meisten westeuropäischen Kulturen, was Ausländer nicht selten irritiert (BAUMGART/JÄNECKE 2000: 64).

1.2.3.8.3 Langzeit- vs. Kurzzeitorientierung

Die Dimension der „Langzeit- vs. Kurzzeitorientierung" (GÖPFERICH 1998: 310) wurde von HOFSTEDE (1991) formuliert. Diese Dimension, „die mit Tugend zu tun hat", ist die „östliche" Alternative zur „westlichen" Dimension der Unsicherheitsvermeidung, „die mit der Wahrheit[61] zu tun hat" (HOFSTEDE 2001: 245). Einige seiner Ergebnisse sind in Tab. 1.3 zusammengestellt.

Platzierung (1: max. Langzeitorientierung 23: max. Kurzzeitorientierung)	**Auswahl aus 23 Kulturen**
(1/2/3/4/5)	China/Hongkong/Taiwan/Japan/Südkorea
(14)	BR Deutschland
(15)	Australien
(17)	USA
(18)	Großbritannien
(20)	Kanada

Tab. 1.3: Langzeit- vs. Kurzzeitorientierung
(HOFSTEDE 1997: 166, Table 7.1 – Auszug)

Eine der Tugenden, die eine Langzeitorientierung zum Ausdruck bringen, ist Sparsamkeit, die nach HOFSTEDE in Kulturen mit ausgeprägter Kurzzeitorientierung keinen besonderen Stellenwert hat. Der Bericht bei INKELES (1989: 169) bestätigt diesen Befund in einem multikulturellen Vergleich:

Americans once accumulated to save and invest. Today the consumption ethic has replaced the Protestant Ethic. The annual personal saving rate of Americans, expressed as a proportion of

---

60 APRESJAN (1995: 54) hat bei seiner Untersuchung sogar festgestellt, dass „schwache Gefühle" als Antonym zu „starken Gefühlen" in der russischen Sprache nicht vorgesehen sind: „Однако слабых эмоций (если исключить несколько разрозненных и явно периферийных лексем), антонимически противопоставленных сильным, в русской языковой картине нет".

61 LOSSKIJ (1957: 50) hält die Suche nach der Wahrheit für einen der Gründe, dass Russen eine Einigung so schwer fällt: „Вследствие свободного искания правды и смелой критики ценностей русским людям трудно столковаться друг с другом для общего дела. Шутники говорят, что когда трое русских заспорят о каком либо вопросе, в результате окажется даже и не три, а четыре мнения, потому что кто либо из участников спора будет колебаться между двумя мнениями".

disposable income, is a mere 6 percent, less than half that in Germany and Holland, possibly only a third that in Japan. In the United States the checking account, the credit card, and the installment loan now largely overshadow the savings book. The 'put away' society has become the 'throw away' society. (…) We must be struck, therefore, to find that in the 1970s almost half the American people identified themselves as the kind who do not plan ahead, but instead merely live from day to day.

Auch in Geschäftsbeziehungen lässt sich diese Kulturdifferenz nachweisen. So sehen z.B. japanische Unternehmen ein Engagement als mittel- bis langfristige Investition (10 Jahre und mehr), während amerikanische eher kurzfristige Erfolge (Monat/Quartal) anstreben (vgl. MAURITZ 1996: 249 bzw. JANDT 1995: 218).

Ausdruck einer Kurzzeitorientierung ist z.B. die Fähigkeit zur Improvisation. Die aufgefundenen Zitate bescheinigen diese Qualität nur der britischen und der russischen Kultur, wenngleich der Hintergrund ein völlig anderer ist. Die Feststellungen bei INKELES (s.o.) lassen allerdings vermuten, dass die amerikanische Kultur dem nicht nachsteht.

Die **Engländer** halten sich auch auf ihre Fähigkeit, sich durchzuwursteln, sehr viel zugute. Bei dieser Methode wickelt man seine Geschäfte ab, ohne sich allzu große Sorgen um die Einhaltung der Vertragsbedingungen und eine gewisse Vorausplanung zu machen (MIALL 1998: 103).

Einer der herausragenden Züge des **russischen** Volkscharakters ist ein geradezu unglaubliches Improvisationstalent,[62] die Fähigkeit zu ungewöhnlichen, originellen Lösungen. In einer durch jahrzehntelange Mangelwirtschaft geprägten Gesellschaft wurde dieses Talent nahezu zur Vollkommenheit entwickelt (BAUMGART/JÄNECKE 2000: 75).

1.2.3.9 Soziale Gruppierungen und Beziehungen

Wesentliche Aspekte dieses Strukturmerkmals sind Hierarchie und Status. Kulturdifferenz lässt sich zum einen an der Bedeutung ablesen, die dem Status beigemessen wird, und zum anderen an den Kriterien, die Status begründen. Für die japanische Kultur ist z.B. „eine sehr rigide Rangordnung" charakteristisch, „die insbesondere dem Prinzip der Seniorität folgt" (MALETZKE 1996: 103). In Ländern mit hohem Individualitätsindex, z.B. in den USA, spielen dagegen sog. „Statussymbole" eine entscheidende Rolle:

In individualist cultures such as the United States, for example, (…) you tend to define people by what they have done, their accomplishments, what kind of car they drive, or where they live. – The class structure that the United States has places strong emphasis on status-defining boundaries of power, money, and involvement in influential social circles. This contrasts sharply with the French, who define class boundaries based more on intelligence, cosmopolitanism, and refinements (JANDT 1995: 193 bzw. 226).

---

62 Vgl. in diesem Sinne auch LOSSKIJ (1957: 118): „(…) русский человек, обыкновенно, преодолевает затруднения не путем дальновидного расчета и по заранее выработанному плану, а посредством импровизации в последнюю минуту".

Die Kriterien, die den Franzosen wichtig sind, haben durchaus eine Parallele in der russischen Kultur. Hier kommt (kam?) es auf persönliche Bildung an: „das Kulturniveau wird an der Anzahl gelesener Bücher[63] gemessen (‚belesener Mensch')" (KUTZ 2002: 148).

1.2.3.9.1 Individualismus vs. Kollektivismus

Die Einschätzung, dass Unabhängigkeit und Individualität vor allem in der US-amerikanischen Kultur hohe Werte sind, wird von vielen geteilt (vgl. z.B. INKELES 1989: 163, WIERZBICKA 1991: 91, JANDT 1995: 223). Die Rangordnung der Individualisten gemäß Tab. 1.4 führen die USA jedoch gemeinsam mit anderen englischsprachigen[64] Kulturen an. Während demnach der „Westen" Individualität favorisiert, herrscht in fernöstlichen Kulturen und auch in Russland die Orientierung auf das Kollektiv[65] vor (vgl. MALETZKE 1996: 104). Diese Ansicht teilt auch BERDJAEV, den UFIMCEVA (1993: 160) zitiert:

> Bei uns fehlt fast völlig der Individualismus, der für die europäische Geschichte und den europäischen Humanismus kennzeichnend war (Berdjaev 1990: 141). Das Kollektiv wird verstanden als ‚Familie, Klasse, Gemeinschaft', d.h. als jede reale Sozialgruppe, in deren Rahmen das Leben eines konkreten Individuums vor sich geht, nicht aber als Gesellschaft in ihrer Ganzheit.

Platzierung (1: max. Individualismus 53: max. Kollektivismus)	**Auswahl aus 53 Kulturen** (50 Ländern + 3 Regionen)
(1/2/3)	USA/Australien/Großbritannien
(4/5)	Kanada/Niederlande
(10/11)	Frankreich/Schweden
(15)	BR Deutschland
(22/23)	Japan[66]/Argentinien
(49-53)	Mittel- und Südamerika

Tab. 1.4: Individualismus vs. Kollektivismus
(HOFSTEDE 1997: 53, Table 3.1 – Auszug)

---

[63] Die Wahl der Bücher ist dabei durchaus nicht beliebig, Belesenheit nach diesem Verständnis setzt vor allem die Rezeption der russischsprachigen „Weltliteratur" voraus. ARCHANGELSKIJ (1996: 174) spricht daher auch von einer „quasireligiösen Rolle der russischen Klassiker".

[64] Die Betonung der Individualität ist u.a. daran zu erkennen, dass *ich* – auch jenseits aller Metaphorik – „großgeschrieben" wird.

[65] MIALL (1998: 25) scheint der Meinung zu sein, dass „die Engländer" nicht grundsätzlich anders empfinden: „Dem Engländer ist es wichtig, irgendwo dazuzugehören. Individualismus ist schön und gut und in mancher Hinsicht ganz empfehlenswert, aber im großen und ganzen ist es ihm viel lieber, Teil einer Mannschaft, einer Gruppe oder eines Teams zu sein. Erst wenn er sich von Menschen umgeben weiß, mit denen er alles gemeinsam hat oder zu haben glaubt, blüht der Engländer richtig auf".

[66] JANDT (1995: 194) hat Bedenken hinsichtlich dieser Platzierung: "From Hofstede's (…) research, Japan is placed about in the middle between individualism and collectivism. Yet Japan is popularly identified as a group-oriented culture. Much of that may be rooted in its homogeneity".

Dieses Verständnis von Kollektivismus entspricht exakt der Definition, die HOFSTEDE (2001: 65) zu diesem Merkmal gibt: es bezieht sich nicht „auf die Macht des Staates gegenüber dem Individuum", sondern „auf die Macht der Gruppe".

LOSSKIJ hätte sich der Auffassung von BERDJAEV nicht angeschlossen. Der Wert von Freiheit und persönlicher Individualität, die u.a. die Freiheit von Gewissen und Denken sowie politische Freiheit braucht, war seiner Meinung nach bis zum sowjetischen Kommunismus unstrittig. Erst in diesem totalitären Staat wurde Individualität negiert, weil das Leben des Einzelnen auf den Dienst am Kollektiv ausgerichtet sein sollte (vgl. 1957: 113). Offenbar war die Wertschätzung der Russen für Individualität nur unterdrückt und konnte deshalb so schnell wieder aufleben, RATHMAYR (1993: 35-36) bezeichnet Individualismus und Individualität als „Leitbilder der Perestrojka".

Individualismus hat – und das wissen auch Kulturen, in denen Individualität ein hohes Gut ist – ebenfalls seine Schattenseiten, die während eines forcierten Kulturwandels besonders (unangenehm) auffallen. BAUMGART/JÄNECKE (2000: 61) beobachten im Gefolge der Perestrojka die Entstehung einer „Ellbogengesellschaft", „in der einzig das Gesetz des Stärkeren zu gelten scheint". Von einem fortschreitenden Rückgang der typisch russischen Solidarität zeugt auch die folgende Begebenheit, von der PFANDL berichtet:

> Damit zitiere ich eine angesehene Moskauer Linguistin, die sich mir gegenüber 1999 in einem privaten Gespräch darüber beklagte, dass Antworten wie *Eto vaša problema* (*Das ist ihr* [sic] *Problem*) (vgl. engl. *That's your problem!*) von dem Umsichgreifen einer egoistisch-individualistischen Lebenseinstellung zeugten, die der russischen Mentalität bisher fremd gewesen wäre [sic] (2002: 134).

Für die russische Kultur ist daher eine höchst widersprüchliche Kombination aus traditionellem Kollektivismus und fortschreitendem Individualismus anzunehmen (vgl. in diesem Sinne auch BAUMGART/JÄNECKE 2000: 44).

1.2.3.9.2 Machtdistanz

Diese Dimension drückt nach HOFSTEDE (2001: 27) „die emotionale Distanz aus, die zwischen Mitarbeitern und Vorgesetzten herrscht". Im Allgemeinen ist die Machtdistanz in stärker kollektivistischen Kulturen größer, während sie in Kulturen mit höherem Individualismusindex geringer ist. Zu den Ausnahmen gehören insbesondere Frankreich und andere romanische Länder in Europa (vgl. HOFSTEDE 2001: 72 bzw. 74). Offensichtlich ist auch diese Dimension keine statische Größe. HEINES Beurteilung spricht dafür, dass die Machtdistanz im Deutschland seiner Zeit[67] (1797-1856) erheblich größer war als in den USA:

[67] Eine einleuchtende Erklärung für die zwischenzeitliche Veränderung dieser kulturellen Dimension wäre sicherlich der politische Wandel von der Monarchie zur Republik im 20. Jh.

Manchmal kommt mir in den Sinn
Nach Amerika zu segeln,
Nach dem großen Freiheitsstall,
Der bewohnt von Gleichheitsflegeln –
(aus: *Romanzero* „Jetzt wohin?“).[68]

Dagegen hat HOFSTEDE in Deutschland eine im Vergleich zu den USA geringere Machtdistanz festgestellt (vgl. Tab. 1.5):

Platzierung (1: max. Machtdistanz 53: min. Machtdistanz)	**Auswahl aus 53 Kulturen** (50 Ländern + 3 Regionen)
(15/16)	Frankreich/Hong Kong
(33)	Japan
(38)	USA
(42/44)	BR Deutschland/Großbritannien/Costa Rica
(46/47/48/51)	Skandinavische Länder (51 – Dänemark)

Tab. 1.5: Machtdistanz
(HOFSTEDE 1997: 26, Table 2.1 – Auszug)

HOFSTEDE hat den Eindruck, dass sich die Unterschiede in der Machtdistanz u.a. historisch erklären lassen: danach ist große Machtdistanz eine Folgeerscheinung zentralistischer Herrschaftsformen, während geringe Machtdistanz mit ehemals dezentralen Herrschaftsformen korreliert. Beispiele sind das Römische Reich einerseits und die germanischen Stammesgebiete andererseits, die gleichzeitig die historischen Verbreitungsgebiete romanischer und germanischer Sprachen repräsentieren (vgl. 2001: 57).

Die ursprünglichen Umfrageergebnisse von HOFSTEDE enthalten keine Werte für die UdSSR. Angesichts einer kollektivistisch zu nennenden Gesellschaft (vgl. 1.2.3.9.1) läge es nahe, für den Zentralstaat UdSSR und für die Russische Föderation ebenfalls eine große soziale Distanz anzunehmen. BAUMGART/JÄNECKE (2000: 62) würden sich jedoch dieser Annahme nicht anschließen:

Der traditionell egalitäre Grundcharakter der russischen Gesellschaft hat das bereits erwähnte starke Solidaritäts- und Gemeinschaftsgefühl hervorgebracht. Die Fähigkeit und Bereitschaft zum Teilen – wenn es sein muß auch den letzten Rubel oder das letzte Stück Brot – gehört zu den wohl herausragendsten Eigenschaften des russischen Volkscharakters. Der Gedanke von der Gleichheit aller, der im Sozialismus zur Gleichmacherei verkam, die jede Art tatsächlicher individueller Leistungsbewertung unmöglich machte, ist zugleich jedoch Ursache für einen tiefen Abscheu gegen jede Art sozialer Differenzierung, unabhängig davon, ob sie auf individueller Leistung, auf Protektion oder Geld beruht.

In diesem Fall könnte die historische Begründung (s.o.) greifen: Geht man in der russischen Geschichte weiter zurück, so wird man schon zu Zeiten der Kiewer Rus' und spä-

[68] Zitiert nach HEINE (1994: 469).

ter in den russischen Fürstentümern Parallelen zu den germanischen Stammesgebieten finden, wenngleich die territoriale Ausdehnung ganz andere Dimensionen hatte.

1.2.3.9.3 Persönliche Nähe vs. Harmonie

Die Dimension der Machtdistanz im beruflichen Umfeld ist nicht unbedingt ein Indikator für den Wert, den persönliche Nähe in einer Kultur hat, Voraussetzung dafür sind Vertrautheit (Vertrauen) und Offenheit. Ein Unterscheidungskriterium ist daher u.a. darin zu sehen, ob eine Kultur – auch bei weniger erfreulichen Themen – Offenheit im persönlichen Gespräch[69] schätzt. Die entscheidende Frage lautet, welcher Wert Priorität hat, die ggf. harmoniebedrohende Offenheit oder die eher distanzfördernde Harmonie.

Die amerikanische Kultur legt offenbar mehr Wert auf die Wahrung von Harmonie, dagegen sind in der russischen Gesellschaft „Werte wie Vertrautheit, Offenheit, *menschliche Wärme*" (KUTZ 2002: 151) besonders wichtig (seiner Meinung nach wichtiger als in Deutschland). Auch RATHMAYR (1995: 328) betont, dass Russen – im Gegensatz zu Amerikanern – im persönlichen Gespräch rückhaltlose Offenheit erwarten:

> Während man sich in der amerikanischen Kultur für das ‚Ausschütten der Seele' sogar bei Freunden entschuldigen muß, muß man sich in der russischen für mangelnde Offenheit und die Versagung eines Gesprächs über das, was einem am Herzen liegt (разговор по душам) entschuldigen.

Im Vergleich zu asiatischen Kulturen ist das „angloamerikanische"[70] Harmoniebedürfnis allerdings eher gering. Aus ihrer Sicht könnte man irrtümlich annehmen, so WIERZBICKA (1991: 48), dass der freundliche, wenig formelle soziale Umgang[71] in englischsprachigen Kulturen ein Hinweis auf Vertrautheit sei.

---

[69] Vgl. dazu z.B. WIERZBICKA (1991: 110 bzw. 114): „Polish culture, or Russian culture, would tend to opt for telling (that is, for closeness), and Anglo-American culture, for not telling (that is, for harmony). – When considered from a Slavic or East European point of view, Anglo-American culture must be said to be oriented to 'harmony' rather then 'closeness', but certainly not to the kind of 'harmony' sought in Japanese culture". Vgl. sinngemäß auch JANDT (1995: 119).

[70] Nach den Bemerkungen bei GALTUNG (1985) zu urteilen, ist das Harmoniebedürfnis in Großbritannien weniger ausgeprägt: „Der US-Professor in einem Graduiertenseminar wird sein Bestes tun, um selbst in der miserabelsten Darbietung doch jenes kleine Körnchen Gold zu finden (…). Sein UK-Kollege wäre wohl etwas weniger großzügig" (157). – „In der sachsonischen Praxis treten sie [Meinungsverschiedenheiten] offen zu Tage, es gibt eine Debatte; in der US-Variante jedoch werden Unterschiede wohl eher hinweggedeutet werden als in der UK-Variante (…)" (160).

[71] Vgl. auch WIERZBICKA (1991: 107): „It is an illusion, then, to think that an egalitarian ethos, such as that prevailing in Anglo-American culture, leads necessarily to an increase in intimacy, or that a culture sensitive to status distinctions is necessarily inimical to intimacy".

Vertrautheit korreliert jedoch mit großer persönlicher Nähe. Da das Englische die Opposition T/V[72] nicht kennt, kann es ihrer Meinung nach eine Graduierung in der persönlichen Distanz nicht ausdrücken:

The English *you* is of course very democratic, it is a great social equaliser, but it can also be seen as a distance-building device. This is not to say that the meaning of the English word *you* is analogous to that of a V-form in a language which does have a T-V contrast. But I think that in the absence of such a contrast the form *you* can't convey the intimacy signalled by the choice of a T-form. An intimate form allows the speaker to get psychologically close to the addressee, to penetrate the wall surrounding each individual. The English *you* keeps everybody at a distance (47).

1.2.3.9.4 Nonverbale Kommunikation: Kontaktverhalten

Wenn eine Kultur persönliche Nähe durch Vertrautheit und Offenheit schätzt, äußert sie dies auch nonverbal, z.B. im Kontaktverhalten. MALETZKE (1996: 52) nennt die Extreme auf einer Skala: diese reicht „vom absoluten Sich-nicht-berühren, etwa bei Engländern der Oberschicht, bis zu häufigen und engen Körperkontakten, so im lateinischen Sprachraum, im Vorderen Orient, bei Russen, zum Teil auch in Afrika". Wie die übereinstimmende Charakterisierung zeigt, entspricht dem die Opposition „High contact vs. Low contact" bei JANDT (1995: 192):[73]

Immediacy behaviors communicate warmth, closeness, and availability for communication. (…) Cultures that reflect immediacy behaviors or expressiveness are often called "contact cultures". (…) Notice too, the popular stereotype that the Germans and British are 'cold' people and people from the Mediterranean are 'warm'. As with any stereotype, this may not be true for any one individual.

Die Art des Kontaktverhaltens korreliert nicht nur mit der Präferenz für persönliche Nähe bzw. Harmonie. Die folgenden Zitate belegen eine weitere Parallele zur Akzeptanz von Emotionen, die „high contact"-Kulturen u.a. durch Berührungen zeigen dürfen:

Die **Engländer** sind kein berührungsfreudiges Volk. (...) Die obligatorische Frage *,How do you do?'* wird mit der obligatorischen Erwiderung *,How do you do?'* beantwortet; dies ist das Signal, daß das Ritual beendet ist, und spätestens zu diesem Zeitpunkt wird auch die Hand zurückgezogen (MIALL 1998: 46).

---

[72] Vgl. dazu auch SANDU (2001: 271, FN 8): „Die Unterscheidung zwischen du und Sie markiert normalerweise einen Wert bezüglich einer Dimension wie ,Nähe vs. Distanz', ,Vertrautheit vs. Fremdheit', ,Familiarität vs. institutionelle Autorität'".

[73] In Tab. 11.1 weist JANDT (1995: 192) die russische als „high contact"-Kultur aus. So erklärt sich auch die Feststellung bei KUTZ (2002: 152): „Wie die Erfahrungen mehrerer Auswanderungswellen beweisen, darbt der Russe im westlichen, besonders im nordwesteuropäischen Ausland oft seelisch unter der Umgebung, die er weitgehend als überrational, unterkühlt (man würde dort, so hört man manchmal, mit einem ,Regenmantel auf der Seele' leben, die Straßen seien abends und an Wochenenden leer, ,wie nach einer Neutronenbombe'), geistig anspruchslos und zugleich unsolidarisch empfindet".

Berührungen finden [in **Russland**] häufiger als bei uns [in Deutschland] statt, wenn z.B. die Hand auf jemandes Schulter oder Arm gelegt wird, ist dies kein Zeichen für Intimität, sondern für freundschaftliche Zuneigung oder Vertraulichkeit (KUTZ 2002: 145-146).

Most observers seem to agree that the Poles are not quite as effusive as the Russians, but, for example, kissing, hand-kissing and hand-shaking in greetings take place on a daily basis (WIERZBICKA 1991: 53).

1.2.3.9.5 Freundschaft

Das Verständnis von Freundschaft in einer Kultur ist eine weitere Dimension, die sich aus dem Wert von Vertrautheit und Offenheit bzw. Harmonie speist. Nach HOFSTEDE (2001: 91) ist diese Dimension ebenfalls Ausdruck von Universalismus (der Norm individualistischer Gesellschaften, dass man alle gleich behandeln soll) bzw. von Partikularismus (der Norm kollektivistischer Gesellschaften, dass man seine Freunde besser behandeln soll als andere). Die folgenden Zitate machen diesen Unterschied deutlich:

Die **Amerikaner** sind eben so offen und freundlich, weil sie gar nicht anders können. Sie pflegen gern gute Nachbarschaft und wollen, daß man sie gern hat. Als erfahrener Reisender weiß man jedoch, daß solche überaus angenehmen Momente in Gesellschaft eines Amerikaners keineswegs zu irgendeiner Form von dauerhafter Bekanntschaft oder gar Freundschaft führen können (FAUL 1998: 10).

Das Normalverhalten der Russen auf diesem Gebiet ist gekennzeichnet durch einige wenige tiefe Freundschaften, verbunden mit einer fast totalen Verpflichtung zur Gemeinsamkeit und Ablehnen aller Zurückhaltung und Heimlichkeit gegenüber dem Freund. Wo der Amerikaner sich spezielle Freunde für bestimmte Angelegenheiten oder Interessen sucht, will der Russe den Freund in dessen gesamter Person und Persönlichkeit vereinnahmen (MALETZKE 1996: 106).

Generell wird Freundschaften [in **Russland**] eine wichtige Bedeutung beigemessen: von wahren Freunden erwartet man unbedingte Loyalität und auch Opferbereitschaft. Das gilt auch und im besonderen für das Geschäftsleben: Wirkliche Stabilität erlangt das russische Business dadurch, daß ständige Partner in der Regel sehr schnell zu persönlichen Freunden werden. Einen Klienten übers Ohr zu hauen wird nicht gerade als große Sünde angesehen – aber einen Freund zu betrügen ist einfach undenkbar (BAUMGART/JÄNECKE 2000: 69).

1.2.3.9.6 Höflichkeit

Wie eine Kultur „Höflichkeit" definiert, hängt ebenfalls davon ab, welchen Wert sie persönlicher Nähe beimisst. SCHULZE (1985: 86) identifiziert zwei Höflichkeitsstrategien, die mit den Präferenzen „Vertrautheit/Offenheit" bzw. „Harmonie" korrelieren: Während Strategien der *positive politeness* eine Verhaltensweise skizzieren, die eine Verringerung der sozialen Distanz zur Folge hat, sind Strategien der *negative politeness* geprägt von Respektverhalten.[74]

---

[74] Vgl. in diesem Sinne auch CLYNE (1993: 15): negative Höflichkeit – „man [weicht] durch Bescheidenheit, Formalität und Zurückhaltung einem Konflikt aus" bzw. positive Höflichkeit – „man [rückt] durch Aufrichtigkeit seinem Interaktanten näher".

Nach CLYNE (1993: 15) lassen sich diese unterschiedlichen Strategien durchaus identifizieren: so wird „positive Höflichkeit" in der deutschen und in romanischen Kulturen höher geschätzt, während „negative Höflichkeit in den englischsprachigen Kulturen, vermutlich auch bei Skandinaviern und Niederländern üblicher ist". Zur russischen Kultur wurde bereits festgestellt (vgl. z.B. 1.2.3.9.3), dass persönliche Nähe wichtiger ist als Harmonie. RATHMAYR und KUTZ nehmen daher vor allem positive Höflichkeit wahr:

Dem verbreiteten Klischee von den ungehobelten und unhöflichen Russen sei entgegengehalten, daß in der russischen Kultur Wärme und Herzlichkeit wichtigere Werte sind als formale Höflichkeit, die immer auch Distanz ausdrückt. (...) An die Stelle der Höflichkeit trat im sowjetischen Rußland die klassenspezifische Solidarität. Im Zuge der mit der Perestroika eingeleiteten gesellschaftlichen Veränderungen und der damit verbundenen ‚Verwestlichung' hat auch eine Erziehung zu mehr Höflichkeit eingesetzt (RATHMAYR 1995: 326-327).

Der Ausländer trifft in Russland immer wieder auf vermeintliche Unhöflichkeit und Aggressivität. (…) Der Auffassung von Höflichkeit entspricht vielmehr, dass man seinen Mitmenschen mit verinnerlichter Achtung und Hilfsbereitschaft begegnet. Fragen, Bitten und Ratschläge mit einer Entschuldigungsformel einzuleiten ist aber weniger verbreitet (KUTZ 2002: 150).

Diese Zitate lassen vermuten, dass an negative Höflichkeit gewöhnte Ausländer höfliche Floskeln vermissen, die auch GOETHE im Sinn gehabt haben könnte, als er formulierte:

Im Deutschen lügt man, wenn man höflich ist (Baccalaureus, *Faust II, 2*).

In Polen[75] besteht zwar auch eine Präferenz für persönliche Nähe (durch positive Höflichkeit), PIIRAJNEN weist jedoch darauf hin, dass gleichzeitig die Beachtung der Norm sprachlicher Etikette erwartet wird (1996: 101-102).

CLYNE (1993: 14) hält auch die „Kulturdichotomie individualistisch vs. kollektivistisch" für geeignet, „Unterschiede in durch Höflichkeit motiviertem Sprachverhalten" (z.B. zwischen Amerikanern/Skandivaniern und Japanern) zu erklären. Damit bezieht er sich auf die entsprechende Dimension bei HOFSTEDE (vgl. 1.2.3.9.1), der Harmoniebewahrung als eine in kollektivistischen Kulturen „höchst bedeutende Fähigkeit" (2001: 78) ansieht. Allerdings korreliert die „Kulturdichotomie" in diesem Fall nicht mit der Differenz „positive" vs. „negative Höflichkeit", sondern nur mit graduellen Unterschieden in der „negativen Höflichkeit", denn die von CLYNE genannten Kulturen schätzen die Harmonie höher als persönliche Nähe (s.o.). Zur Höflichkeit in China werden widersprüchliche Auffassungen vertreten, z.B.:

In den letzten Jahren zeichnen sich in der VR China – im Zuge der Öffnungspolitik – allerdings zwei teilweise einander widersprechende Tendenzen ab: Einerseits wird gerade in der jüngeren Generation ein informeller, egalitärer Stil gepflegt, der sich u.a. an westlichen Höflichkeitskon-

---

[75] Zur polnischen „Höflichkeitsetikette" vgl. auch WIERZBICKA (1991: 56): "I think it is important to add that while Polish culture shares one major theme of Slavic culture in general, cordiality, it combines it with a different one: courtesy, in the sense of a somewhat ceremonial show of respect for every individual person (and especially for women)".

ventionen orientiert. Zum anderen ist aber auch ein stärkeres Wiederbeleben traditioneller konfuzianistisch geprägter Höflichkeitskonventionen und damit verwoben eine stärkere Markierung sozialer Hierarchien zu beobachten (GÜNTHNER 2001: 300, FN 5).

Weitere jüngere Beobachtungen für chinesisches Höflichkeitsverhalten beinhalten, daß in China die Interaktionsnormen generell harmoniebezogener als z.B. in Deutschland und den USA sind und in China deshalb u.a. weniger hörerbezogene, wertschätzende oder achtungsgebietende Sprachstrategien (z.B. Komplimente) und direkte Formen der Konfrontation (z.B. Zurückweisungen, Ablehnungen) anzutreffen sind (DING/FLUCK 2001: 99).

1.2.4 Mikrokultur

In Abb. 1.1 ist die Ebene der Mikrokultur zwischen denen von Makro- und Unternehmenskultur ausgewiesen. SCHMITT (1999: 157) fasst dagegen alle Kulturen unterhalb der makrokulturellen Ebene als Mikrokulturen auf, auch Unternehmens-, Familien- und Idiokulturen. MAURITZ (1996: 67) bezeichnet die sozialen Organisationen innerhalb einer Makrokultur als „Subkulturen", von denen er allerdings, wie das folgende Zitat zeigt, die Idiokultur ausnimmt:

> In der Regel sind jedoch die identitätsstiftenden Ideen in allen Subkulturen von den kulturellen Ideen der über ihnen liegenden Organisationen durchzogen. (...) Nationalkulturelle Ideen sind oft so allgemein, daß sich für Individuen in konkreten Situationen Unklarheiten und Interpretationsspielräume ergeben. Subkulturelle Systeme können in diesen Fällen Hilfestellung bei der Verhaltensorientierung leisten.

Die „englische Entsprechung" *subculture* lässt sich offenbar nicht in dieser neutralen Weise verwenden. Sie ist, wie ihre Alternative *co-culture*, nach Auffassung von JANDT (1995: 14) auf die Bezeichnung ethnischer Soziokulturen der Makrokultur USA festgelegt, und er hält beide in diesem Kontext für nicht adäquat. Für seine Darstellung bevorzugt er daher die Formulierung „cultures within cultures". Fachlich determinierte Mikrokulturen und Unternehmenskulturen (vgl. 1.2.5) bezeichnet JANDT (ebd.) als „subgroups", wenngleich auch sie sich als „cultures within cultures" verstehen lassen.

Die sprachliche Situation der ethnischen Mikrokulturen innerhalb der US-amerikanischen Makrokultur wird vom Englischen, „der Sprache der dominierenden Kultur"[76] beherrscht. Sie ist wohl der Situation in der Russischen Föderation vergleichbar.

[76] Zum Englischen vgl. ŠVEJCER (1994: 44): „Дело в том, что языковая ситуация в США характеризуется доминирующим положением английского языка во всех коммуникативных сферах. Это положение было завоевано английским языком еще на самом раннем этапе колониальной экспансии. Его безраздельное господство опирается на его официально-правовой статус, на его социально-коммуникативную роль, на его положение как языка доминирующей культуры". Zur Dominanz des Russischen vgl. NEROZNAK (1994: 22): „В соответствии со статьей 68, п. 1 Конституции Российской Федерации и Законом Российской Федерации ‚О языках народов РСФСР' ст. 2 русский язык имеет статус государственного языка на всей территории России".

Wie es um die Einstellung der Amerikaner zu den Sprachen der ethnischen Minderheiten bestellt ist, wurde offensichtlich noch nicht untersucht. NEROZNAK (1994: 22) jedenfalls kritisiert zu Recht Äußerungen (von Russen) der folgenden Art: das Kirgisische sei kulturlos und uninteressant, die Baschkiren brauchten keine Sprache, sondern Brot.

Solche Äußerungen sind Ausdruck eines „sprachlichen Nihilismus" im Sinne von NEROZNAK (1994: 18): die dominierende Nationalität beschränkt den Funktionsbereich der Sprachen von Minderheiten, die sich ihrerseits in der Verwendung ihrer jeweiligen Muttersprache beschränken lassen.[77]

„Mikrokultur" im Sinne dieser Arbeit ist eine fachlich determinierte Soziokultur, die dem „Bereich" bei ALBRECHT (1992: 66-67) entspricht:

> Die *Zone* entspricht dem Geltungsbereich einer Sprache, der *Bereich* dem Kreis von Menschen (nicht notwendigerweise Sprecher einer Sprache), denen ein durch ein bestimmtes Wort bezeichneter Gegenstand oder Sachverhalt bekannt ist.[78] Der *Bereich* der Gegenstände und Sachverhalte, mit denen sich die ‚exakten', ‚internationalen' Wissenschaften beschäftigen, wird also durch einen Kreis von Fachleuten gebildet, die einerseits vielen Sprachgemeinschaften, andererseits innerhalb derselben nur einer kleinen Minderheit angehören.

Als Mikrokulturen werden hier technische Disziplinen angesehen, Fächer nach der Definition bei BAUMANN (1992a: 145):

> Unter einem F a c h soll im weiteren ein relativ selbständiger Tätigkeitsbereich verstanden werden, welcher sich innerhalb der wissenschaftlichen Tätigkeit im Prozeß der zunehmenden Arbeitsteilung herauskristallisiert hat. Folglich ist ein Fach durch spezifische (Forschungs-)Gegenstände, -Methoden bzw. Begriffe gekennzeichnet.

Nicht nur für ethnische, sondern auch für Alters-, Interessen- und Berufsgruppen ist charakteristisch, dass sie eigene (unterschiedlich stark ausgeprägte) Soziolekte haben, von denen einige – insbesondere in der russischen Sprachwissenschaft – üblicherweise als „Jargon"[79] bezeichnet werden. Subkultursprachen in diesem Sinne sind auch die Fach-

---

[77] NEROZNAK (1994: 18): „Языковой нигилизм в бывшем СССР и в современной Российской Федерации сводится к двум основным разновидностям. Первая разновидность состоит в сознательном ,плановом' ограничении донимирующей национальностью сфер функционирования языков национальных меньшеств. Вторая ипостась языкового нигилизма проявляется в самоограничении национальных меньшеств в использовании ими своих родных языков".

[78] Analog definiert AITKEN (2002: 95) „Fachwissen": „We can now define knowledge as special knowledge on the basis of the general definition above to the extent that the number of individuals possessing it is smaller than the number of individuals not possessing it".

[79] BIERICH (2000: 20) verwendet die Bezeichnung *Jargon* ebenso für fachliche Umgangssprachen – und auch das ist in der russischen Linguistik üblich –: „Im Russischen, wie auch in anderen Sprachen, gibt es zahlreiche professionelle Jargons unterschiedlicher handwerklicher und geistiger Berufe. (…) Zu den neuen Berufsjargons in der heutigen russischen Sprachsituation gehören z.B. der Jargon der Geschäftsleute und Händler (...) und der Jargon der Computer-Fachleute".

sprachen der verschiedenen wissenschaftlichen und technischen Disziplinen. Im Hinblick auf ihre Verständlichkeit für Fachfremde gilt, was MALETZKE (1996: 75) generell feststellt: „Manchmal ist eine Subkultursprache für den Außenstehenden gänzlich unverständlich".

Das ist richtig und eine notwendige Konsequenz der disziplinären Spezialisierung „in einer arbeitsteiligen Welt", denn die fachliche Sprachverwendung ist nach BALLSTAEDT (1999: 110) u.a. Ausdruck der „mentalen Gemeinsamkeiten innerhalb einer disziplinären Gruppe", z.B. von „Wahrnehmungen, Wissen, Wertungen und Handlungsbereitschaften, die in der disziplinären Sozialisation erworben wurden".[80]

1.2.5 Unternehmenskultur und Unternehmenskommunikation

Unternehmenskultur ist ein ganz eigenes und im höchsten Maße detailträchtiges Forschungsobjekt, das hier zwar skizziert, im Rahmen der Textanalysen jedoch nicht bearbeitet werden kann. Auf der Ebene der Unternehmenskultur sind unterschiedliche Einflüsse wirksam: die der Makrokultur, die der Mikrokultur (des Faches) sowie die eigenkulturellen Merkmale des jeweiligen Unternehmens (vgl. Abb. 1.1, sinngemäß auch HANSEN 2000: 384f.). Die Einbettung einer Unternehmenskultur in die jeweilige Makrokultur zeigt sich nach HOFSTEDE (2001: 199-204) u.a. an dem Ideal ihres Organisationsmodells, das eine Kombination der Dimensionen Machtdistanz und Unsicherheitsvermeidung (vgl. 1.2.3.9.2 und 1.2.3.8.2) in einer für die jeweilige Makrokultur charakteristischen Weise zum Ausdruck bringt:

Große Machtdistanz + große Unsicherheitsvermeidung:

Das implizite Organisationsmodell der Franzosen: ‚eine Pyramide von Menschen': der geschäftsführende Direktor (in Frankreich P.D.G = Président Directeur-Général genannt) steht an der Spitze der Pyramide und jede nachgeordnete Ebene hat den ihr zustehenden Platz darunter (201).

Geringe Machtdistanz + große Unsicherheitsvermeidung:

Die Idealvorstellung bei den Deutschen: die einer ‚gut geölten Maschine', bei der ein Einschreiten des Vorgesetzten nur in außergewöhnlichen Fällen erfolgt und die täglichen Probleme durch die allgemeinen Regeln beigelegt werden können (202).

Große Machtdistanz + geringe Unsicherheitsvermeidung:

Asiatische und afrikanische Länder: die ‚(Groß-)Familie', in welcher der Inhaber-Geschäftsführer der allmächtige (Groß-)Vater ist (204).

[80] Disziplinäre Gruppen sind Denkkollektive im Sinne FLECKS, der z.B. „Wissenschaft als spezifisches, denkkollektives Gebilde" bezeichnet (1980: 136).

Geringe Machtdistanz + geringe Unsicherheitsvermeidung:
Das Organisationsmodell der Engländer: ‚ein Wochenmarkt', auf dem weder Hierarchie noch Vorschriften herrschen, sondern wo es sich aus der Situation ganz klar ergibt, was passieren wird (202).

Für global tätige Unternehmen kann kulturelle Vielfalt zum Problem werden. MAURITZ (1996: 193) berichtet, dass „multinationale Konzerne die Lösung des Problems in der Schaffung einer weltumspannenden, organisationalen ‚supra-culture' [sehen], die nationalkulturelle Unterschiede überdecken soll". Das geschehe über Praktiken, weil Unternehmenskulturen durch Praktiken, Makrokulturen dagegen durch Werte geprägt werden. Richtig dürfte aber sein, dass diese Praktiken auch Ausdruck kultureller Werte sind:

One popular business buzzword of the 1980s was **corporate culture**. It has been defined as "the way we do things around here", or the set of values, goals, and priorities encouraged through the policies and procedures of the organization. Companies can act like cultures and present the same communication challenges (JANDT 1995: 352).

Die Dimensionen, die von Angehörigen der Organisation wahrgenommene Praktiken widerspiegeln, sind nach HOFSTEDE (2001: 267-272):

- prozeßorientiert – ergebnisorientiert (Interesse an Mitteln vs. Interesse an Zielen)
- personenorientiert – aufgabenorientiert (Interesse für Menschen bzw. Interesse für die Erledigung der Arbeit)
- organisationsgebunden – professionell (Mitarbeiter leiten ihre Identität weitgehend aus der Organisation ab bzw. identifizieren sich mit ihrer Art von Arbeit)
- offenes System – geschlossenes System (offen bzw. verschlossen gegenüber neuen Mitarbeitern)
- schwache Kontrolle – strenge Kontrolle (Grad der internen Strukturierung: Kostenbewußtsein, Pünktlichkeit)
- normativ – pragmatisch (Einhaltung der Verfahrensweisen vs. Kundenorientierung).

Auch diese Dimensionen lassen einige der in 1.2.3 diskutierten makrokulturellen Werte und Verhaltensweisen durchscheinen. So könnte z.B Mitarbeiter- bzw. Aufgabenorientierung einer Organisation darauf hindeuten, dass hinter den jeweiligen Präferenzen eine Makrokultur mit femininen bzw. maskulinen Werten steht. Analog könnte man vermuten, dass sich Menschen in individualistischen Kulturen eher mit der Aufgabe als mit dem Unternehmen identifizieren.[81] Bei einigen Dimensionen, z.B. Prozess- vs. Ergebnisorientierung, normative vs. pragmatische Orientierung, spielt dagegen die „Branchenkultur"[82] eine besondere Rolle, ein Aspekt der Unternehmenskultur der häufig vernachlässigt wird und nach HOFSTEDE (2001: 272) „irgendwo zwischen der Berufs- und der Organisationsebene" angesiedelt ist.

---

[81] Vgl. dazu z.B. HOFSTEDE (2001: 270) „Den organisationsgebundenen Kulturtyp assoziiert man häufig mit japanischen Firmen".

[82] Branchenkultur und Mikrokultur scheinen im hier betrachteten technischen Bereich deckungsgleich oder doch zumindest eng miteinander verwoben zu sein.

Werte und Praktiken einer Organisation kommen auch in der Unternehmenskommunikation (als Teil der Unternehmenskultur) zum Ausdruck:

Die Art und Weise, wie eine Organisation kommuniziert, wie sie ‚spricht' oder, anders ausgedrückt, wie sie sich sprachlich und soziokulturell verhält, lassen diese Organisation als Organisationspersönlichkeit definieren, die sich von anderen Unternehmen durch ihre Sprache und ihr kommunikatives Handeln unterscheidet (KHALEEVA 1998: 474).

Die ideelle Basis, früher häufig als „Unternehmensphilosophie" formuliert, wird zum Teil expliziert, wenn sich Unternehmen im Internet vorstellen. Im Allgemeinen ist dabei die Basis sehr breit angelegt, so dass sich Hinweise auf viele Dimensionen finden ließen. Der jeweilige Stellenwert ist von der „Philosophie" her kaum zu beurteilen, weil die Praktiken aus der Distanz nicht an ihr gemessen werden können, z.B.:

Titel: Unternehmenskultur

Der Erfolg des Verlagshauses Gruner + Jahr basiert auf seiner Vision, seinen Werten und Zielen. Darin bekennt sich Gruner + Jahr zu einer fördernden und fordernden Unternehmenskultur, deren wesentlicher Bestandteil die Mitarbeiterinnen und Mitarbeiter sind.

Diese „fördernde + fordernde Unternehmenskultur" scheint eine Kombination von Mitarbeiter- und Aufgabenorientierung nahe zu legen. Die Praktiken sollten geeignet sein, dieses Bekenntnis im Geschäftsbetrieb intern und extern zum Ausdruck zu bringen.

Titel: Arbeitsplätze mit Identität

Unsere Mitarbeiter[83] bezeichnen sich selbst als ‚Boschler'. Darauf sind wir stolz. Weil es für ein hohes Maß an Identifikation mit dem Unternehmen spricht. (...) Bosch ist ein Unternehmen, das mit der Zeit geht und Prozesse und Gewohnheiten nicht zuletzt durch die Kultur der ständigen Verbesserung laufend auf den Prüfstand stellt.

Auffällig ist – bereits am Titel – der hohe Wert, der der Identifikation der MitarbeiterInnen mit dem Unternehmen beigemessen wird. Die „Kultur der ständigen Verbesserung" deutet auf eine Prozessorientierung hin, die Prozessoptimierung scheint ein wesentliches Ziel zu sein.

Titel: Leidenschaft für Perfektion

Es ist nun mal die Leidenschaft unserer Ingenieure, Ihnen in allen Bereichen das Beste zu bieten, was Technik und Design unserer Zeit überhaupt möglich machen. Und in vielen Dingen sogar der Zeit voraus zu sein. Wir nennen es ‚Perfekt in Form und Funktion'. Willkommen bei AEG.

---

[83] Zu den Praktiken gehört offenbar auch das Bemühen um eine diskriminierungsfreie Sprache. Die Startseite enthält den Hinweis: „Der Einfachheit halber werden auf den folgenden Seiten maskuline Formulierungen verwendet. Die Aussagen beziehen sich jedoch selbstverständlich auf Frauen und Männer". Bereits KIETHE (1999: 58) stellt fest, dass diese Praktik um sich greift: „Ungeachtet des noch offenen Ausgangs der Debatte ist zu beobachten, daß sich – im englischen Sprachraum ebenso wie in Deutschland – eine wachsende Zahl von Institutionen und Organisationen Richtlinien für einen nichtdiskriminierenden Sprachgebrauch geben [sic] und daß mehr und mehr Texte nach entsprechenden Standards produziert werden".

Im Gegensatz zu den ersten beiden Ausschnitten, deren Adressaten potenzielle BewerberInnen sind, richtet sich der dritte Ausschnitt an potenzielle KundInnen. Es ist möglicherweise daher selbstverständlich, dass die Aufgabenorientierung des Unternehmens im Vordergrund steht.

Titel: Workplace Code of Conduct

Electrolux has a long tradition of providing safe and healthy working conditions, opportunities for education and health care, and careful accounting of environmental impacts. The Code draws on core conventions of the International Labor Organization and the OECD Guideline for Multinational Enterprises. (...) The Code defines minimum acceptable work standards for all people in the manufacturing and sale of Electrolux products – in all countries, business sectors and occupations. (...) The Code of Conduct is applicable to all Electrolux locations and compliance is required of suppliers.

Im Sinne von MAURITZ (1996: 193, zum Zitat s.o.) könnte man in diesen globalen Mindestanforderungen den Ansatz einer „supra-culture" sehen. Im Übrigen lässt Electrolux jedoch ein gutes Gespür für die Besonderheiten und Bedürfnisse verschiedener Kulturen erkennen, z.B.:

Titel: Brazil: Quality of Life

Health care services help create a stronger relationship between employees and the company. „Employee satisfaction is an important issue," says Edison Mattos, human resources manager. „We want Electrolux to be the preferred employer in Brazil, and one way of achieving this is by taking care of our people. The Quality of Life program is the centerpiece in our overall strategy."

Für Brasilien, das im Individualismusindex bei HOFSTEDE (2001: 70) mit den arabischen Ländern auf den Plätzen 26/27 (von 53) rangiert, ist hier eine klare Mitarbeiterorientierung zu erkennen, die eine „parochiale" (MAURITZ 1996: 179) Identifizierung der Unternehmensangehörigen zum Ziel hat.

Titel: Safer Working Conditions in Nashville

In January 2002, the Electrolux Home Products lawn and garden manufacturing plant in Nashville, Arkansas, USA, achieved a long-standing goal of one million consecutive hours without a lost time injury. That marked a milestone in the 3-year-old project focused on safety awareness, education and employee involvement at the factory. The long-term goal is to participate in the US Labor Department's OSHA Voluntary Protection Program.

Hier liegt der Schwerpunkt auf der Prozess- bzw. Aufgabenorientierung. Durch Verbesserung der „Sicherheitskultur" konnten Ausfallzeiten vermieden werden. Natürlich dient das geschärfte Sicherheitsbewusstsein auch dem Schutz.der Betriebsangehörigen.

Da die Texte eines Unternehmens ebenfalls Teil seiner Kultur sind, können auch Praktiken externer Kommunikation konventionalisiert werden, wie HOFFMANN/SCHLUMMER dies an einem SIEMENS-Handbuch zur Erstellung von Anleitungen beschreiben:

Kapitel 7, „Textgestaltung", beschreibt einerseits vielfältige Möglichkeiten, eine Information zu vermitteln, andererseits streicht es die Bedeutung der Wahl von Gestaltungsmitteln heraus, die den Erfolg der Informationsübertragung bestimmen. Das Kapitel behandelt dabei sowohl allgemeine Gesichtspunkte als auch die speziellen Anwendungsformen und Konventionen innerhalb der Siemens-Abteilung (1989: 535).

1.2.6 Interkultur und interkulturelle Kommunikation

Das primäre Merkmal der Interkultur[84] ist die Kontaktsituation zwischen Angehörigen verschiedener (Makro-)Kulturen, d.h. „face-to-face interaction" (JANDT 1995: 39). Die Interkultur ist daher insbesondere die Situation, in der authentische Verhaltensweisen einer anderen Kultur beobachtet werden können (und Heterostereotypie ihren Anfang nehmen kann).[85] Schwierigkeiten sind in einer Interaktion z.B. zu erwarten, wenn die makrokulturell geprägten Prioritäten der Interaktanten mit der Opposition „Individualismus vs. Kollektivismus" korrelieren. In diesem Fall wird sich die eine Seite um eine zügige Abwicklung der Verhandlungen bemühen, während sich die andere zunächst der Aufgabe widmen möchte, die Partner kennen zu lernen und eine persönliche Beziehung aufzubauen (vgl. in diesem Sinne auch HOFSTEDE 1991: 67).

Die Tatsache, dass in der Interaktion unterschiedliche Verhaltensweisen beobachtet werden können, hat MAURITZ (1996: 234) zur Formulierung von drei Interaktionsstilen veranlasst, die durchaus Parallelen zur angesprochenen Kulturdichotomie aufweisen:

- aufgabenorientierter Stil (Präferenz für Grundregeln, die eine in bezug auf Zeit, Geld und Mühe möglichst effiziente und produktive Erledigung der Aufgabe ermöglichen. Die Interaktion wird sehr professionell angegangen, reines ‚Geplauder', bürokratische Formalien sowie unnötige Verzögerungen werden als äußerst störend empfunden. Dieser Stil ist z.B. typisch für Amerikaner, in geringerem Maße für Deutsche).
- traditionsorientierter Stil (Normativ vorgegebene und historisch verwendete Regeln. Kommunikatoren beachten diese Regeln, selbst wenn sie sich auf die Ergebnisse der Interaktion nachteilig auswirken.[86] Dieser Stil ist typisch für den Mittleren Osten, Fernost sowie für Großbritannien).
- menschenorientierter Stil (Präferenz für Grundregeln, die sich an den persönlichen Interessen und den Erwartungen der beteiligten Personen orientieren. Er ist typisch für Lateinamerika, Teile von Afrika und romanische Länder).

---

[84] Die englische Bezeichnung *Third Culture* macht deutlich, dass die Beteiligten aus beiden Kulturen in der Interkultur „Neuland" betreten. Vgl. auch MAURITZ (1996: 92): „Der Begriff der '**Third Culture**' war geboren und bezeichnete '[...] the behaviour patterns created, shared and learned by men of different societies who are in the process of relating their societies, or sections thereof, to each other'. Useem, Useem und Donoghue (1963), S. 169".

[85] Sie kann allerdings hier auch ein Ende finden (vgl. 1.2.3.2).

[86] Vgl. auch CLYNE (1987a: 78): „(...) non-adherence to Anglo-Saxon meeting rules is seen as an indication of totalitarian behaviour".

Die Priorität der Aufgabe führt in der Interaktion zum „aufgabenorientierten Stil", der hohe Wert, den kollektivistisch orientierte Kulturen den persönlichen Beziehungen beimessen, findet seinen Ausdruck dagegen im „menschenorientierten Stil". Letzteren bevorzugen auch die Russen (noch), denn „die menschliche Komponente", wie BAUMGART/JÄNECKE (2000: 126) sich ausdrücken, ist ihnen wichtiger als Angehörigen westeuropäischer Kulturen (offensichtlich mit Ausnahme der romanischen Kulturen).

MALETZKE (1996: 107) beschreibt mögliche Probleme einer Interaktion, deren Interaktanten eine in diesem Sinne abweichende Stilorientierung haben:

Kulturell überformt ist schließlich auch die Art und Weise, wie man in einem Gespräch *‚zur Sache' kommt*. Europäer und Nordamerikaner pflegen es dabei eher eilig zu haben, ein Verhalten, das Japaner, Araber und auch viele Afrikaner als rüde und unhöflich empfinden. Menschen dieser Kulturen halten es vielmehr für angemessener, erst einmal eine gute persönliche Beziehung zu ihrem Partner aufzubauen; sie nehmen sich Zeit für eine längere Periode des Sich-Kennenlernens und gehen erst danach zum ‚Eigentlichen' über. Den europäischen[87] und nordamerikanischen Partnern erscheint dieses Vorgehen als Zeitverschwendung.

SMITH (1987: 2) skizziert den Verlauf einer solchen Interaktion zwischen britischen und japanischen Geschäftsleuten. Er nimmt an, dass sich die Briten schon nach den ersten Sätzen der japanischen Seite über deren Irrelevanz[88] beklagen und die Gesprächsführung an sich ziehen werden. Die Japaner ihrerseits werden dieses Verhalten als „rüde und unhöflich" empfinden (s.o.). In dieser Situation kann die Interaktion natürlich scheitern.

Wenn die jeweils fremde Kultur unzureichend bekannt ist, stehen zur Interpretation des fremdkulturellen Verhaltens nur die eigenkulturellen Maßstäbe zur Verfügung. Missverständnisse und Konflikte durch Fehlinterpretationen der „gegenseitigen kulturinadäquaten Verhaltensäußerungen" (WITTE 1998: 346) sind daher unvermeidlich. Selbst wenn die Interaktionspartner Wissen über die jeweils fremde Kultur mitbringen, sind Fehlinterpretationen und Missverständnisse nicht grundsätzlich auszuschließen, denn „Andersartigkeitserwartungen" (WITTE 2000: 150), denen der Partner nicht entspricht, haben in der Interkultur eine dem Nicht-Wissen vergleichbare Wirkung. Wie komplex der Hintergrund für Fehlinterpretationen – und wie unkalkulierbar damit das Verhalten in der Interkultur – sein kann, berichtet GÜNTHNER (2001: 310) aus eigener Anschauung:

Zum anderen wird deutlich, dass in interkulturellen Kontexten keineswegs nur die eigenen kulturellen Höflichkeitskonventionen verfolgt werden, sondern Strategien auftreten, die dem komplexen Zusammenspiel aus Vorwissen, Erwartungen und Anpassung an vermeintliche Fremdkonventionen entstammen.

---

87 MAURITZ würde Angehörige der romanischen Kulturen vermutlich von dieser Pauschalierung ausnehmen.

88 „Irrelevanz" scheint die „britische Standardbeschwerde" über ungewohntes Sprech- und Schreibverhalten anderer Kulturen zu sein. Vgl. auch NEWMARK (1991: 106) zu Aufsätzen deutscher Wissenschaftler.

Die Anpassung „an vermeintliche Fremdkonventionen“ kann bei Chinesen z.B. darin bestehen, „daß sie in diesen interkulturellen Kommunikationssituationen durch unrealistische Vorstellungen von europäischer Direktheit und Offenheit, ihre chinesische Etikette ablegen (...) und sich auf ihnen unbekanntes soziokulturelles Terrain begeben“ (DING/FLUCK 2001: 110, zu Details vgl. auch FLUCK 1990).

Dessen ungeachtet kann die Interkultur durchaus zu einer Bindeglied-Situation werden, in die „die Ideen der beteiligten Kulturen einfließen und in der die Beteiligten neue, beziehungsspezifische kulturelle Ideen schaffen“ (MAURITZ 1996: 6). Voraussetzung ist allerdings, dass in der Interkultur im Sinne von MAURITZ (1996: 88) „interkulturelles Lernen“ stattfindet (was u.a. bedeutet, dass die Beteiligten Stereotype loslassen und der jeweils fremden Kultur mit wachsendem Verständnis begegnen). Dadurch wird auch eine erfolgreiche Kooperation möglich.

Bei all diesen theoretischen Überlegungen geht MAURITZ (1996) offensichtlich davon aus, dass die Beteiligten keine „rein sprachlichen“ Verständigungsprobleme haben. Mit keinem Wort erwähnt er professionelle Unterstützung durch DolmetscherInnen, die gleichzeitig die „rein kulturellen“ Probleme der Interkultur lösen könnten. Stattdessen empfiehlt er verschiedene „Rollen mit beziehungsförderndem Charakter“ (155-157):

- einen ‚interkulturellen Übersetzer’ (diese Beratungsfunktion soll „erfahrene[n] Teilnehmer[n] übertragen werden“).
- einen ‚intercultural facilitator’ (dieser „unterstützt den kulturellen Übertragungsprozeß und den Wandel der Geschäftsbeziehung").
- einen ‚Gatekeeper’ („eine Person im Kommunikationsprozeß, die eine Nachricht vom Sender empfängt und die Informationen an den Empfänger weiterleitet. (...) Der Gatekeeper ist somit ein Kommunikationspromotor zwischen Organisation und Umwelt, der nicht für die Steuerung kooperativer, interorganisationaler Innovationsprozesse zuständig ist, sondern nur für den Fluß des Informationsinputs in die und des -outputs aus der Organisation“).

Diese Charakteristiken lassen an Deutlichkeit nichts zu wünschen übrig. MAURITZ fehlt zwar die Querverbindung zur Translationspraxis, die die Praxis interkultureller Verhandlungsführung durchaus herzustellen weiß. Dennoch liefert die Notwendigkeit dieser „Rollen“ eine vollkommene Rechtfertigung für die Einschätzung, dass Translation – auch außerhalb einer „face-to-face“-Situation – eine Form interkultureller Kommunikation darstellt.

Die kulturellen Dimensionen von Makro-, Mikro- und Unternehmenskultur (vgl. 1.2.3 – 1.2.5) zeigen sich im Rahmen technischer Kommunikation überwiegend in der Situation des Verhandlungsdolmetschens, bei dem die kulturellen Barrieren am Verhandlungstisch quasi nebenbei zu überwinden sind. Nur vergleichsweise wenige scheinen zusätzlich ihren Niederschlag in den Textsortenkonventionen von Fachtexten zu finden (vgl. 1.3).

Nach einer Definition von HANSEN (2000: 317) beschränkt sich interkulturelle Kommunikation nicht unbedingt auf den Kontakt zwischen Angehörigen verschiedener Makrokulturen, sie kann auch auf der Ebene der Mikrokultur angesiedelt sein:

> Da die in diesem Buch entwickelte Kulturtheorie die Beschränkung des Begriffs Kultur auf Nationalkulturen oder sonstige Gebilde, die man für ethnisch hält, aufgehoben hat, taucht sofort die Frage auf, wo Interkulturalität beginnt. Ob an der kollektiven oder der nationalstaatlichen Grenze.

Diese Sichtweise ist besonders interessant, wenn – wie in dieser Arbeit – technische (wissenschaftliche oder andere) Disziplinen als Mikrokulturen angesehen werden. Sie macht z.B. deutlich, dass die sog. „interfachliche" Kommunikation (zwischen Fachleuten verschiedener Fächer) ihrem Wesen nach auch interkulturell ist.

1.3 Kulturspezifik sprachlichen Handelns

1.3.1 Konventionen – Allgemeines

Konventionen sind nach MAURITZ (1996: 47, Abb.1-7: Basistypen von Normen) „Normen, die eine kollektive Bewertung von Verhalten[89] (im Sinne von was sein sollte oder nicht sein sollte), aber *keine* Sanktionierung nicht-konformen Verhaltens beinhalten". Für den Kontext dieser Arbeit sind insbesondere Konventionen der Sprachverwendung relevant. Dazu gehören sprachliche Konventionen, d.h., solche, die den Bezug zwischen sprachlichen Zeichen und ihrer Bedeutung regeln, und die sog. Textsortenkonventionen, die den Zweck haben, die Textproduktion für wiederkehrende Kommunikationssituationen zu standardisieren:

> Through the repetitions of messages with equal participant constellation and interaction situations as well as messages become conventionalised and hence a strong link is formed between situation and message type or rather between situation and the actual realisation of the subtype of message as exemplified in the traditional text categories (SAGER et al. 1980: 109).

Dank ihrer Konventionalisierung erleichtern Textsorten – auch und vor allem im fachlichen Umfeld – die ökonomische Erfüllung kommunikativer Bedürfnisse.

1.3.1.1 Sprachliche Konventionen

Kulturspezifik in der Sprachverwendung kann unterschiedlichen Ursprungs ein. In gewisser Weise an das jeweilige Sprachsystem gebunden sind sog. „Sprachkonventionen", die der „Regulierung sprachlichen Handelns" dienen, wodurch auch „ein situationsunabhängiger Gebrauch der Schrift" möglich wird (STETTER 1991: 80). In diesem Sinne spricht BURKHARDT (1991: 9) von „zu Regeln konventionalisierten Aspekte[n] pragmatischer Sprachverwendung", von „Gebrauchsregeln", die er als Teil der Bedeutung versteht. WILSS (1996: 188) nennt derartige Beschränkungen in der Sprachverwendung „gebrauchsnormativ", BAUMANN (1992a: 171) spricht von „K o n v e n t i o n e n, denen auf bestimmten sprachlichen Ebenen Normen entsprechen".

Gebrauchsregeln oder -normen kennen das Merkmal [±korrekt] und postulieren seine Beachtung. Nach ANTOS (1996: 184) gibt es auch Sprachkonventionen, denen der Status

[89] Konventionen lassen sich nicht nur auf der Ebene der Makrokultur finden, sondern auch in den verschiedenen Mikrokulturen: „Was ist ein Baustil anderes als eine Konvention, d.h. ein Gleichverhalten von Architekten und Baumeistern" HANSEN (2000: 38). Gleichzeitig dürfte richtig sein, dass ein „Gleichverhalten" bei der Produktion von Texten Voraussetzung ist für die Konstitution von Textsorten nach entsprechenden Konventionen.

einer Regel oder Norm nicht zugesprochen werden kann: Gerade in Bezug auf die Syntax geben die Anleitungskorpora gute Beispiele für die Richtigkeit dieser Einschätzung.

Bekanntlich sind sprachliche Konventionen weder durchgängig strikt definiert, noch werden sie strikt eingehalten. Was die mangelnde Striktheit sprachlicher Konventionen im Bereich der Syntax angeht, so zeigen sich ‚Abschattungen' in der Korrektheit von Sätzen beispielsweise darin, daß ihnen häufig unterschiedliche Grammatikalitätsgrade zugeordnet werden können.

Sprachliche Konventionen bzw. Gebrauchsnormen gelten für die Sprachverwendung einer ganzen Sprachgemeinschaft und sind daher Teil makrokultureller Spezifik.

1.3.1.2 Texttradition – Textsortenkonventionen

Zu den Ebenen sprachlichen Wissens gehört nach COSERIU (1994: 46) auch die Fähigkeit, „einen Text aufgrund der Kenntnis einer besonderen Texttradition („Sonett", „Roman") und aufgrund einer einmaligen Intuition als Gefüge von individuellen Redeakten [zu] produzieren". Diese Kombination aus allgemein anerkannten Konventionen (z.B. für die Textsorte „Sonett") und Eigenarten der für literarische Texte so bedeutsamen Idiokultur impliziert zusätzlich eine Dimension makrokultureller Spezifik, die sich in „je nach Sprachgemeinschaft divergierenden Konventionen der Textsorte" (STOLL 2001: 344) ausdrückt.

Textsorten sind „konventionell geltende Muster für komplexe sprachliche Handlungen", die sich konstituieren durch „jeweils typische Verbindungen von kontextuellen (situativen), kommunikativ-funktionalen und strukturellen (grammatischen und thematischen) Merkmalen" (BRINKER 2005: 144). Die Konventionalität ihrer Merkmale resultiert daraus, dass sich diese Muster zur Bewältigung wiederkehrender Kommunikationssituationen[90] entwickelt, bewährt und etabliert haben. Diese Art der Standardisierung verleiht ihnen eine „normierende Wirkung", die die Kommunikation in Standardsituationen entlastet, weil sie „den Kommunizierenden mehr oder weniger feste Orientierungen für die Produktion und Rezeption von Texten" bietet (ebd.).

Auch außerhalb des literarischen Tätigkeitsbereiches sind Texttraditionen (Textsortenkonventionen) makrokulturell geprägt. Das wird deutlich beim Vergleich von Fachtexten unterschiedlicher makrokultureller Provenienz, die der gleichen (einer vergleichbaren) Textsorte angehören. Kulturspezifik dieser Art kann vielfältige Erscheinungsformen annehmen: sie zeigt sich an Formulierung, Struktur und Inhalt, die hier vor allem untersucht werden sollen, sowie an einer ganzen Reihe weiterer Merkmale eines Fachtextes:

Heute ist bekannt, daß sich auch die Textgestaltung von Kultur zu Kultur unterscheiden kann. Hier sei z.B. erwähnt, daß das Verhältnis von Text und Bild und die Art der Bilder differieren

[90] Textsorten als Ausdruck konventionalisierter Sprachverwendung sind daher „auf Typen von Kommunikationssituationen zu beziehen" (BRINKER 2005: 146).

können, daß vergleichbare Textsorten in zwei Kulturen Sachverhalte unterschiedlich explizit bzw. detailliert darstellen können, daß sie unterschiedliche Sprechakte (direkte oder indirekte) präferieren können, daß sie Teiltexte/Informationsblöcke unterschiedlich anordnen können. Auch bei der äußeren Gestaltung (Papierformat, Seitenausrichtung, Art der Bindung/Lochung, typographische Merkmale) können manchmal frappierende Unterschiede beobachtet werden (FLEISCHMANN 1999: 62).[91]

1.3.1.3 Fachtextsortenkonventionen

In ihrer Definition zu Fachtextsorten erwähnt FIEDLER (1991: 21) ebenfalls die drei vorgenannten Textebenen:

Aufgrund gemeinsamer struktureller und funktionaler Merkmale können Fachtexte zu **Fachtextsorten** zusammengefaßt werden. Unter einer Fachtextsorte verstehen wir nach GLÄSER (1984) ein historisch entstandenes, gesellschaftlich akzeptiertes und produktives ‚Textbildungsmuster für die geistig-sprachliche Verarbeitung eines fachspezifischen Sachverhalts, das durch einzelsprachliche **kommunikative Normen** bestimmt ist'.

Da unterschiedliche Fächer unterschiedliche Sachverhalte „zu verarbeiten" haben, sollten die jeweiligen kommunikativen Normen[92] nicht nur makro-, sondern auch mikrokulturell spezifisch sein. AITKEN (2002: 96) hat daher wahrscheinlich Recht mit seiner Vermutung, dass die Formulierung und andere Konventionen eines Fachtextes auch das Wissen des Faches reflektieren.

Wenn FORNER (1992: 197) dagegen annimmt: „In Wirklichkeit ist die fachsprachliche Textgestaltung konventionell, nicht durch den fachlichen Gegenstand bestimmt", so scheint er damit im Widerspruch zur obigen Auffassung zu stehen. Im Grunde übersieht er jedoch lediglich, dass die „konventionelle Bestimmung" auf das Fach zurückgeht, dem der Gegenstand angehört: Fachtextsortenkonventionen lassen sich – ebenso wenig wie die Fachsprache – vom jeweiligen Fach, seinem Tätigkeitsbereich, seinen Themen usw. trennen. Der Kommunikationsgegenstand bestimmt durch seine eigene Zugehörigkeit zur über ihn kommunizierenden Mikrokultur gleichzeitig die mikrokulturelle Bindung eines Fachtextes, mit dem über ihn kommuniziert wird.

Der Einfluss der Mikrokultur auf die Konventionen einer Fachtextsorte ist offensichtlich eine ernst zu nehmende Größe. BAUMANN hat bereits bei kontrastiven Analysen wissenschaftlicher Texte festgestellt, dass „stilistische Gemeinsamkeiten verschiedener histo-

---

[91] Vgl. auch KUPSCH-LOSEREIT (2002: 99): „Schon seit den 70er Jahren des 20. Jh.s gibt es in der translatorischen Forschung Studien, die belegen, dass und wie Texte mit vergleichbarem kommunikativen Zweck in den Einzelsprachen sozialen und kulturellen Konventionen unterworfen sind und unterschiedliche Textbildung in Makro- und Mikrostruktur sowie unterschiedliche Bildverarbeitung erfahren".

[92] Hier geht es nicht um makrokulturelle Gebrauchsnormen, sondern um Konventionen der Fachkommunikation.

riographischer Fachtextsorten offensichtlicher [sind] als Übereinstimmungen zwischen den gleichen Fachtextsorten verschiedener Einzelwissenschaften" (1992a: 74).

Durch entsprechende Analysen von Texten nicht-wissenschaftlicher Fächer lassen sich vermutlich vergleichbare Differenzen aufdecken. Von dieser Prämisse wird bei der mikrokulturellen Differenzierung in der vorliegenden Arbeit ausgegangen. Daraus ergibt sich ein direkter Bezug zwischen Fachtext und Fach, die mikrokulturelle Bindung des Textes, die den makrokulturellen Kontext der Mikrokultur impliziert, weil deren eigene Konventionen u.a. die Konventionen der jeweiligen Makrokultur reflektieren.

1.3.2 Konventionen wissenschaftlichen Denkens und Schreibens

Wissenschaftliche Texte haben z.B. in der deutschen Kultur einen Sonderstatus, wie die Definition bei KRUSE (1997: 147) zeigt:

> Wissenschaftlich schreiben lernen heißt, sich mit Formen, Strukturen und Konventionen der Wissenschaften vertraut zu machen. Viele Aspekte der Wissenschaft sind nicht allein logisch begründbar, sondern auch aus ihren Traditionen und Konventionen zu erklären, so etwa Textmuster, stilistische Eigenarten der Wissenschaftssprache, Publikationsformen, rhetorische Muster, Diskurse, Textformen wie Hausarbeiten und Dissertationen.

Abgesehen von makrokulturell gültigen Konventionen, bestehen hier gemeinsame Konventionen für „die Wissenschaft" (vgl. 1.3.2.1), die ebenfalls in die Konventionen einer bestimmten wissenschaftlichen Disziplin einfließen. Technische Fächer scheinen frei zu sein von zusätzlichen Zwängen dieser Art. Ihre Texte sollten lediglich die Kombination makro- und mikrokultureller Spezifik spiegeln (Einflüsse von Kulturkreis, Unternehmens- und Idiokultur lassen sich bei den vorgesehenen Textanalysen nicht isolieren).

1.3.2.1 GALTUNG: Intellektuelle Stile „der Wissenschaften"

Sachsonischer Stil (Denkfigur: kleine, in der Landschaft verstreute Pyramiden)
Teutonischer Stil (Denkfigur: gigantische Pyramide, „je steiler, desto besser")[93]
Gallischer Stil (Denkfigur: Hängematte schwebend zwischen zwei Pfeilern)[94]
Nipponischer Stil (Denkfigur: buddhistisches Rad)
(vgl. Galtung 1985: 162, 165, 174 bzw. 175).

---

93 Eine Entsprechung zeigen nach GALTUNG (1997b: 73) in der deutschen Kultur auch „die beeindruckenden normativen und rechtlichen Systeme, die wie teutonische Gedankenpyramiden konstruiert sind".

94 GALTUNG (1985: 166) begründet diese Denkfigur: „Die Dinge existieren in einer Totalität; es eignet ihnen eher eine Balance als ein Zentrum und ein Gipfel, wie es die Pyramidenmetapher für den teutonischen Stil anzeigt. Aber die Totalität lässt sich nicht durch rigorose Deduktion darstellen. Man kann sie nur andeuten, man muß sie umtanzen und aus vielen Blickwinkeln betrachten, bis sie am Ende zwischen den beiden Polen schwebend ruht".

Ausgehend von GALTUNGS Beobachtung (im Bereich der Sozialwissenschaften), dass das Sammeln und Ordnen von Daten zu den Stärken der „sachsonischen" Wissenschaft[95] gehört, vermuten STOLZE/DEPPERT (1998: 126): „Vielleicht gibt es tatsächlich so etwas wie eine angelsächsische Tradition des Empirismus". Während die Theoriebildung in der „sachsonischen" Wissenschaft demnach keine große Rolle spielt, gilt die theoretische Fundierung als besondere Stärke der „teutonischen" Wissenschaft. (vgl. Galtung 1985: 156, Tab. 1). HOFSTEDE hat diese Stildifferenz bestätigt gefunden:

> Von Deutschen und Franzosen geschriebene Manuskripte stellen häufig ausführliche Schlußfolgerungen ohne eine entsprechende Datenbasis vor. Von Briten und Amerikanern geschriebene Manuskripte stützen sich meist auf umfangreiche Datenauswertungen, bieten aber kaum Schlußfolgerungen. Deutsche und Franzosen neigen zu deduktiver Argumentation, während Briten und Amerikaner induktive Arbeit bevorzugen (2001: 191).

Der Unterschied zwischen den beiden Stilen korreliert offenbar mit einer Differenz bei der Dimension der Unsicherheitsvermeidung (vgl. 1.2.3.8.2). Kulturen mit schwacher Unsicherheitsvermeidung bescheinigt HOFSTEDE eine „Tendenz zu Relativismus und Empirismus in Philosophie und Wissenschaft" und solchen mit hohem UV-Index eine „Neigung zu großen Theorien in Philosophie und Wissenschaft" (2001: 193, Tab. 5.3).

Eine durchaus nahe liegende Analogie kommt in der folgenden Charakteristik bei GOETHE zum Ausdruck:

> Während aber die Deutschen sich mit Auflösung philosophischer Probleme quälen,
> lachen uns die Engländer mit ihrem großen praktischen Verstande aus
> und gewinnen die Welt (zu Eckermann, 1.9.1829).[96]

Die Bedeutung theoretischer Fragen für die „teutonische" Wissenschaft hat ihren Texten den Ruf von „Schwerverständlichkeit" eingetragen. Gleichzeitig ist dies der Grund dafür, dass sie in Texten der „sachsonischen" Wissenschaft den „wissenschaftlichen Tiefgang" (STOLZE/DEPPERT 1998: 126) vermisst. Diese Kritik bedeutet vermutlich, dass aus „teutonischer" Sicht theoretischen Fragen nicht genügend Beachtung geschenkt wurde:

> Für ihn [den teutonischen oder gallischen Intellektuellen] steht im Zentrum der intellektuellen Tätigkeit die Theoriebildung. Die Funktion der Daten besteht darin, vor allem zu illustrieren und nicht zu beweisen. Ein Widerspruch zwischen Theorie und Daten würde zu Lasten der Daten erledigt: man wird sie entweder als atypisch oder als völlig irrig betrachten, oder, noch bezeichnender, als irrelevant für die Theorie (GALTUNG 1985: 162).

Angesichts einer solchen Geringschätzung für den Wert von Daten fallen die Bewertungen von „sachsonischer" Seite zwangsläufig vergleichbar negativ aus. Die Unsachlich-

---

95 „Der britische Hang zur Dokumentierung ist so sprichwörtlich wie die US-amerikanische Liebe zur Statistik. Alle Quellen gründlich erforscht zu haben, alle Daten zusammengestellt zu haben, ohne etwas zu verschleiern, ist das entscheidende Kriterium für Wissenschaftlichkeit" (GALTUNG 1985: 161).

96 Zitiert nach PUNTSCH (1986: 900).

keit mancher Äußerungen ist in der Tat allein dadurch zu erklären, „daß Abweichungen von den muttersprachlichen Normen häufig zu negativen Konnotationen führen" (OLDENBURG 1997: 14).

Etwas anders ist das Kriterium „Schwerverständlichkeit" zu beurteilen, sofern es nicht auf theoretische Gedankengänge, sondern auf Faktoren der Formulierung (Nominalisierung, Satzkomplexität u.ä.) zurückgeführt wird (vgl. z.B. DUSZAK 1997: 64). Hier wäre zunächst die Frage zu klären, für welchen Rezipientenkreis ein wissenschaftlicher Text „schwer verständlich" ist. Innerhalb des eigenen mikrokulturellen Kontextes ist Schwerverständlichkeit sowohl von Inhalten als auch von Formulierungen weitgehend auszuschließen, weil beide als konventionalisiert angesehen werden können.

Außerhalb dieses Kontextes (d.h., für Nicht-Fachleute, die im Übrigen nicht zu den Adressaten – den intendierten Rezipienten – gehören), dürfte in der Regel beides schwierig zu verstehen sein. Es ist ja gerade das primäre Charakteristikum von Fachwissen, Fachsprache und Fachtext, dass sie nicht makrokulturelles Allgemeingut und daher nicht allgemein zugänglich sind (sein können!).[97]

Bei den Schwierigkeiten mit Texten der „teutonischen" Wissenschaft geht es jedoch vor allem darum, dass Wissenschaftler der gleichen Mikrokultur z.B. den Primat der Theorie als befremdlich (irrelevant!) beurteilen, weil sie einer anderen Makrokultur angehören, in der Wissenschaft andere Orientierungen, ein Fachtext andere Konventionen hat.

Das sind Facetten von Kulturdifferenz, die zur Kenntnis zu nehmen, aber in keiner Weise kritikwürdig (oder gar korrekturbedürftig)[98] sind. Es ist allerdings einzuräumen, dass die Funktion des Englischen als *lingua franca* bei internationalen Konferenzen das hinter dieser Kritik stehende Missverständnis begünstigt, mit der Sprachverwendung müsse die Beachtung „sachsonischer" Konventionen einhergehen. Speziell auf diese Situationen scheint sich GALTUNG (1997a: 119) zu beziehen:

> Was gemeinhin als Internationalisierung angesehen wird – eine Sprache zu sprechen und somit einer Geistesart zu sein – bedeutet wahrscheinlich nur, daß der wirkliche Dialog außer Sicht ist, so wie Samen unter dem Asphalt. Früher oder später brechen sie heraus, führen zu paralysierenden Dilemmas und scharfen Disputen.

---

[97] Vgl. in diesem Sinne auch DEPPERT (1997: 111): „Dennoch muß gängigen Vereinfachungen entschieden widersprochen werden: kein Wissenschaftler kann Lesern ohne fachspezifisches Vorwissen mit ein paar einleitenden Sätzen – also auf ökonomische Weise – dazu verhelfen, einen Stand zu erreichen, für den er selbst einen langen Weg benötigt hat. Und fachspezifisches Vorwissen wird durch Fachsprachen, zu denen die Wissenschaftssprachen gehören, repräsentiert. Deshalb hat die ‚Unverständlichkeit' von Fachtexten für eine breite Allgemeinheit auch – und wesentlich – sachliche und inhaltliche Gründe".

[98] Wieder anders sind Texte zu beurteilen, die speziell für Adressaten einer anderen Makrokultur produziert werden (u.a. Übersetzungen). Diese sind ggf. korrekturbedürftig.

Dabei wird übersehen, dass solche Konferenzen eine besondere Form der „Third Culture“ darstellen, die ihre eigenen Regeln hat.[99] Ganz konkret dürfte diesem Problem eine ähnliche Übergeneralisierung mikrokultureller Gemeinsamkeiten bei gleichzeitiger Ausblendung makrokultureller Unterschiede (die auch eine *lingua franca* nicht aufhebt) zugrunde liegen, wie sie häufig[100] in der Annahme eines „internationalen“ Wissenschaftsstils geäußert wird und wie WITTE (2000: 122) sie aus anderer Perspektive (der des Konferenzdolmetschens) beschreibt:

> Zum zweiten führt die starke Gewichtung des Gemeinsamen in Fachwissen und -interesse der Konferenzteilnehmer und die vornehmlich darauf basierende Annahme einer ‚gemeinsamen (Gruppen-)Kultur' der Aktanten m.E. zu einer *künstlichen Homogenisierung* des Adressatenkreises. Der unterschiedliche *gesamt*kulturelle Hintergrund der Aktanten (hier: der Konferenzteilnehmer) wird aus der Analyse ausgeblendet bzw. ein ursprünglich auf diakultureller Ebene angesiedelter Aspekt (hier: das Fachwissen) wird aus seinem gesamtkulturellen Umfeld herausgehoben und als so gewichtig für die translatorische Handlung erachtet, daß er zum Hauptfaktor der Analyse wird.

Die „gallische“ Wissenschaft ist in der Theoriebildung ebenso stark wie die „teutonische“ (vgl. GALTUNG 1985: 156, Tab. 1) Allerdings wird hier besonderer Wert auf „Eleganz und Klarheit der Sprache“ gelegt. Diese *élégance* beschränkt sich nicht auf guten Stil, dazu gehören Bonmots und „das Spiel mit Worten und ihren Bedeutungen“ – „Auf den ästhetischen Aspekt[101] – Balance, Symmetrie – kommt es an“ (GALTUNG 1985: 165). GALTUNG vermutet sogar, dass die Überzeugungskraft des gallischen Stils

> weniger von einer logischen Struktur ausgeht als vielmehr von einer bestimmten künstlerischen Qualität, die die Prosa der gallischen Sozialwissenschaften sehr oft besitzt, besonders dann, wenn sie von ihren wahren Meistern gesprochen und geschrieben wird. Die Überzeugungskraft geht vielleicht weniger von der Implikation aus als von der *élégance* (…) (164-165).

---

99 Dies wäre eine Gelegenheit, die kluge Schlussbemerkung bei CLYNE (1987a: 82) in die Praxis umzusetzen: „So it is up to the academics from English and non-English educational backgrounds to learn to understand and respect one another's discourse patterns“.

100 So z.B. GNUTZMANN (1992: 268): „Je mehr ein Fachgebiet kulturunabhängigen bzw. kulturübergreifenden Charakter hat – wie beispielsweise die Naturwissenschaften –, d.h. sein eigentlicher Gegenstandsbereich nicht in der Primärkultur liegt und er somit weniger ‚gesellschaftsbezogen' ist, desto größer ist die Verwendung ähnlicher bzw. identischer Diskursmuster“. Oder auch OLDENBURG (1997: 15): „So wäre es beispielsweise interessant festzustellen, ob sich ähnliche interlinguale Differenzen zwischen deutschen und englischen Textsortenstilen auch in den Naturwissenschaften nachweisen lassen oder es hier im Sinne der Universalitätshypothese (...) zu einer Angleichung fachlicher Kommunikationsstile kommt“.

101 Der „gallische Stil“ lässt sich nach GALTUNG (1997b: 71) auch an der Gesetzgebung „in den lateinischen Ländern von Südeuropa und Südamerika“ feststellen: „Die verbale Konstruktion wird ein Zweck an sich. Man investiert viel Arbeit darauf, daß die mündliche Präsentation gut klingt, sich gut anhört und die geschriebene Präsentation ästhetischen Ansprüchen genügt, schön aussieht“.

Ein Vergleich dieser Orientierung mit dem „sachsonischen“ Empirismus könnte zu folgendem Ausspruch geführt haben:

> Genie und Geist verlieren 25 Prozent ihres Wertes,
> wenn man sie nach England exportiert
> (STENDHAL, aus: *Rot und Schwarz*).[102]

Wenn also JANDT (1995: 104) berichtet, dass „die westliche Kultur“ aus arabischer Sicht keinen Sinn für Sprachkunst habe, dürfte er vor allem deren angloamerikanischen Teil meinen. Den „gallischen“ Stil könnte ein solcher Vorwurf vermutlich nicht treffen.

Als Merkmal des „nipponischen“[103] Wissenschaftsstils gilt das Harmoniestreben, das am japanischen Diskurs auch außerhalb eines wissenschaftlichen Kontextes beobachtet wurde (vgl. 1.2.3.9.6). Die als prägende Einflüsse identifizierten Traditionen von Hinduismus, Buddhismus und Taoismus bestehen makrokulturell, d.h. mikrokulturübergreifend. Der „nipponische“ Stil wird daher zu Recht als Ausdruck des makrokulturellen Wertes „Harmoniebewahrung“ angesehen (vgl. z.B. DUSZAK 1997: 66).

Die Klassifikation „intellektueller” Stile bei GALTUNG (1985) soll nicht in erster Linie Konventionen wissenschaftlicher Texte charakterisieren, sondern vielmehr Konventionen wissenschaftlichen Denkens. Selbst eine so punktuelle Skizzierung, wie sie hier gewählt wurde, macht noch deutlich, dass dahinter Werte der wissenschaftlichen Mikrokulturen stehen, die etwas über ihr Selbstverständnis und ggf. über Werte der jeweiligen Makrokultur (insbesondere im Hinblick auf das Wesen von Wissenschaft) aussagen. Deshalb werden sich die intellektuellen Stile wohl auch in Zukunft nicht zum „Universalstil“ einebnen lassen:

> die Teutonen werden weiterhin irritiert sein, wenn die Gallier zu lyrisch werden, (…) und die Gallier werden weiterhin von der teutonischen Pedanterie gelangweilt sein. Beide aber werden sie nach Perspektiven und Formen der Erkenntnis greifen, die etwas Ordnung in die unordentliche sachsonische Landschaft störrischer Fakten bringen sollen, und die sachsonischen Vertreter werden weiterhin unruhig werden, wenn die Teutonen und Gallier ins weite All abheben und nur eine dünne Spur von Daten hinter sich lassen. Manche von ihnen werden von den anderen lernen, was sie selbst nicht beherrschen, aber im großen und ganzen wird die Tugend des einen das Laster des anderen bleiben (GALTUNG 1985: 186).[104]

---

[102] Zitiert nach PUNTSCH (1986: 903).

[103] Die „nipponische“ Wissenschaft hat einen ähnlich geringen Hang zur Theoriebildung wie die „sachsonische“ (vgl. GALTUNG 1985: 156, Tab. 1).

[104] Eine Anregung könnte der „Nordische Stil“ geben, den GALTUNG in Norwegen, Schweden und Finnland beobachtet: „Daten inspirieren Theorie, die Theorie inspiriert die Sammlung von Daten, die wiederum ein Mehr an Theorie inspirieren – dieser spiralförmige Prozeß wird dem Leser dargestellt (...). Was man zu tun versucht ist: Daten und Theorien derart zusammenzufügen, dass sie sich zu einer achtbar geschmiedeten Kette von Worten verbinden (1985: 181-182).

GLÄSER (1992: 87) übt an GALTUNGS Konzept (zu diesem Zeitpunkt berechtigte) Kritik, weil es zum einen die Realität (auch sozial-)wissenschaftlicher Kommunikation nur punktuell erfasst und weil es zum anderen eine Etikettierung[105] praktiziert, die einer Differenzierung bzw. Relativierung durch Detailanalysen bedarf.

Mit dem Kapitel „Die Neue Intellektuelle Weltordnung" schließt GALTUNG (1997a) nach eigener Aussage an frühere Überlegungen (u.a. GALTUNG 1983) an „und rundet sie als ein [sic] Diskussionsbeitrag über Gemeinsamkeiten und Differenzen von Wissenschaftsstilen in der Weltgesellschaft ab". Diese Ergänzung enthält keine Fortsetzung metaphorischer Beschreibungen zu den Stilen weiterer Kulturbereiche. Ausgehend von den Weltreligionen analysiert GALTUNG die „Epistemologie" der verschiedenen Kulturen. Als intellektuellen Stil in diesem Zusammenhang bezeichnet er „die Art und Weise, in der sich Epistemologie[106] im verbalen Verhalten sowohl von Akademikern als auch von intellektuellen Laien ausdrückt" (106). Er skizziert „das System einer siebenpoligen Welt" (plus Israel als achte Region), das sich in diesem Sinne auf fünf Kulturen zurückführen lässt. Es sind dies:

- die *christliche* in der US-Version (protestantisch), der EU-Version (katholisch), der russischen Version (orthodox);
- die *muslimische*;
- die *jüdische*;
- die *hinduistische;*
- die *buddhistisch-konfuzianische* in der chinesischen Version, der japanischen Version (105).

Nach seinen Feststellungen ist der Okzident (die christliche + muslimische + jüdische Welt) im Grunde dualistisch, der Orient[107] (die buddhistisch-konfuzianische Welt) monistisch und der Hinduismus eklektisch. Zum zweiten Epistem ergibt sich für alle drei okzidentalen „Welten" eine widerspruchsfreie Realität und für Christentum und Islam (nicht für das Judentum) außerdem ein widerspruchsfreier Diskurs. HOFSTEDE (2001: 246) skizziert den intellektuellen Hintergrund analog mit Blick auf den „Orient":

[105] GALTUNG (1997b: 77, FN 22) betont, dass diese intellektuellen Stile „Idealtypen" sind: „In der empirischen Realität können sich diese Stile (bzw. Elemente davon) miteinander verbinden". Die von GLÄSER vermissten Regionen, die slavischen und arabischen Länder, gehören in der erweiterten Klassifikation (vgl. Tab. 1.6) zu den Hegemonialsystemen „Russland+" bzw. „Türkei+".

[106] GALTUNG definiert: „Unter ‚Epistemologie' verstehe ich (…) die grundlegendsten Annahmen darüber, woraus sich stichhaltiges, wohlbegründetes Wissen konstituiert, eingeschlossen vielleicht auch eine ontologische Perspektive, Auffassungen vom Wesen der Realität" (106). Seine Episteme sind: I. Monismus vs. Dualismus/II. Widersprüchliche vs. widerspruchsfreie Realität, Widersprüchliche vs. widerspruchsfreie Diskurse, Sprache/Redeweisen/III. Deduktivismus vs. Induktivismus (107).

[107] Vgl. dazu GALTUNG (1997a: 110). „So rechnen wir nach unserer Definition Indonesien und die Philippinen klarerweise nicht dem Orient zu, da sie muslimisch und katholisch sind".

Das westliche Interesse an der Wahrheit wird durch ein in westlicher Logik begründetes Axiom gestützt, wonach eine Aussage deren Gegenteil ausschließt: wenn ‚A' wahr ist, so muß ‚B' falsch sein, wenn es das Gegenteil von ‚A' ist. In der östlichen Logik gibt es kein derartiges Axiom. Wenn ‚A' wahr ist, so kann dessen Gegenteil ‚B' ebenfalls wahr sein; zusammen können die beiden zu einer über ‚A' und ‚B' stehenden Weisheit führen.

Auf der Grundlage seines dritten Epistems „Deduktivismus vs. Induktivismus" ergänzt GALTUNG (1997a: 115-118) sein ursprüngliches Konzept. Seine Charakteristiken zu den intellektuellen Stilen der „sieben/acht Hegemonen" sind in Tab. 1.6 zusammengefasst:

HEGEMONIALSYSTEM	INTELLEKTUELLE(R) STIL(E)
USA	Deduktiv (Eliten) Deduktiv-induktiv (Mittelstand) Induktiv („das Volk")
Europäische Union (incl. Afrika-Karibik-Pazifik-System)	Deduktiv (teutonisch/gallisch) Als „subversive fünfte Kolonne": Induktiv (Großbritannien) Deduktiv-induktiv (Skandinavien)
Russland+ (zusätzlich die slawisch-orthodoxen Teile der ehemaligen Sowjetunion)	Deduktiv (teutonisch)
Türkei+ (die kommende islamische Supermacht, zusätzlich die muslimischen Teile der ehemaligen Sowjetunion, Iran, Pakistan)	Deduktiv (teutonisch, weniger gemildert durch angelsächsischen Empirismus als in der EU)
Israel (vielleicht ohne Palästina und die Golan-Höhen)	Sowohl deduktiv als auch induktiv
Indien+ (zusätzlich Südasien, die Teile des ehemaligen britischen Empire)	Unintegriert eklektisch
China (möglicherweise ohne Tibet) Japan (auch Korea, Vietnam)	Tendenz zum Induktiven bei großem Realismus/Pragmatismus. In Japan noch stärker ausgeprägt.

Tab. 1.6: Die intellektuellen Stile der Hegemonialsysteme

In Bezug auf die Vereinten Nationen, die über „einen ziemlich geschlossenen intellektuellen Stil" verfügen sollten, kommt GALTUNG zu einer den USA analogen Kombination:

Wie bereits an anderer Stelle erörtert, hat man die Lösung zu diesem Problem bereits gefunden: den induktiven anglo-sächsischen intellektuellen Stil als den Stil für die Beamten, die ‚Studien' und ‚Reports' verfassen, kombiniert mit dem deduktiven teutonisch/gallischen Stil für Menschen in höheren Positionen, beispielsweise für die höheren Ränge in den Ausschüssen und für die Eliten der Mitgliedstaaten. (…) Das führte uns zur Reflexion über die allgemeine Klassennatur des Gegensatzes Induktivismus versus Deduktivismus in einer so großen Bürokratie wie der der Vereinten Nationen (1997a: 125).

1.3.2.2 CLYNE: Konventionen von „Wissenschaftstexten“

CLYNE (1993: 13-14) referiert Merkmale (mikro- und makrokulturell unzureichend spezifizierter)[108] „englischer Wissenschaftstexte“, die seiner Meinung nach zusätzlich zur Linearität einen „wohlgeformten englischen“ Text kennzeichnen (es handelt sich vermutlich um Texte der Mikrokulturen Linguistik und Soziologie):

- Frühe Stellung von *advance organizers*,
- Integration von Daten in den Text,
- Propositionelle Symmetrie,
- Textuelle Symmetrie.[109]

Beim Vergleich mit deutschen Texten hat er festgestellt, dass diese seltener textuell und propositionell symmetrisch sind (vgl. auch CLYNE 1987b). Es kann nicht überraschen, dass deutsche Wissenschaftstexte (und vermutlich auch solche anderer Makrokulturen) diese Kriterien für „wohlgeformte englische Texte“ nicht erfüllen.[110] Nach einer Analyse russischer Monographien kommt RAZINKINA jedenfalls zu dem Ergebnis, dass die Kapitel in der Regel einen unterschiedlichen Umfang haben, dass zudem jedes Kapitel seinen eigenen Grad an Empirie oder Theorie aufweist (vgl. 1987: 32).

Wenngleich er „Symmetrie“ als positives Merkmal eines „wohlgeformten“ Textes auffasst, hütet sich CLYNE, mit „Asymmetrie“, dem aus „sachsonischer“ Sicht negativen Merkmal eines „nicht wohlgeformten“ Textes, explizite negative Wertungen zu verbinden. Das pflegt bei derartigen Charakterisierungen üblicherweise erst im Rahmen anschließender Interpretationen zu geschehen (vgl. z.B. BUSCH-LAUER 1997: 49, FN 7).

Nicht nur für „Wissenschaftstexte“, sondern für „jede Art interkultureller Verständigung“ gelten nach Auffassung von CLYNE (1993: 9) die folgenden „grundlegende[n] Orientierungsprinzipien“:

1. die bevorzugte Orientierung an formellen Regeln vs. die bevorzugte Orientierung am Inhalt der Kommunikation;
2. die verbale vs. schriftliche Dominanz von Kommunikation;
3. die kulturspezifischen Beschränkungen im Diskursrhythmus;

---

[108] OLDENBURG (1992a: 34) hat daher Recht mit seinem Hinweis, dass CLYNE „nicht hinreichend scharf zwischen unterschiedlichen Textsorten und Fächern [differenziert], obwohl man nicht ohne weiteres davon ausgehen kann, daß Texte, die unterschiedlichen Textsorten zuzuordnen sind, gleichartige Diskursmuster aufweisen und daß Texte aus unterschiedlichen Fächern den gleichen Kompositionsprinzipien folgen“.

[109] CLYNE (1993: 10) definiert: „Als ‚textuell asymmetrisch' wird ein Text kategorisiert, wenn manche Teile viel länger als andere sind, und als ‚propositionell asymmetrisch', wenn die Länge verwandter Propositionen, die von derselben Makroproposition abzweigen, im Umfang ungleichmäßig sind“.

[110] Allerdings gibt es sehr wohl deutsche Anleitungen, die in dieser Hinsicht wohlgeformt sind (im Gegensatz übrigens zu ihren „englischen“ Entsprechungen – vgl. 2.3.2.3 bzw. 2.3.4.2).

4. die Vektoralität (Linearität) der Texte vs. Abweichungen (Exkurse) in der Textprogression;
5. Faktoren einer individualistischen vs. kollektivistischen Kulturdichotomie (vgl. 1993: 9-13).

Das erste Prinzip repräsentiert nach CLYNE eine der Differenzen zwischen „sachsonischem“ und „teutonischem“ Stil. Der „sachsonischen“ Wissenschaft bescheinigt er eine formelle Orientierung, die „teutonische“ Wissenschaft setzt dagegen nach seiner Auffassung ihre Prioritäten beim Inhalt.

Diese Interpretation beruht offensichtlich auf einem Irrtum. Ursache für die vermeintlich inhaltliche Orientierung sind die Eigenarten des „teutonischen“ Wissenschaftsstils, die „kommunikationserschwerenden Einschränkungen des *window-pane* Stils“,[111] der WissenschaftlerInnen dazu zwingt, „den Anschein reiner Sachbezogenheit zu erwecken“ (KRUSE 1997: 152).

Mit anderen Worten: auch hier handelt es sich um eine Orientierung an formellen Regeln, die allerdings im Bereich der Textformulierung angesiedelt sind, während die „sachsonischen“ Regeln eher die Struktur zu betreffen scheinen.[112]

Überdies zeigt dieses Prinzip deutliche Parallelen zum „traditions-“ bzw. „aufgabenorientierten“ Interaktionsstil bei MAURITZ (vgl. 1.2.6) und repräsentiert daher eine primär britisch-deutsche Differenz (vgl auch CLYNE 1987a: 78: „non-adherence to Anglo-Saxon meeting rules is seen as an indication of totalitarian behaviour“). CLYNE (1993: 9) vertritt allerdings die Auffassung, dass diese formelle Orientierung für „englischsprachige“ Kulturen generell gilt. Jedoch lässt sich ganz offensichtlich die amerikanische Kultur (die intensiver als andere den „aufgabenorientierten“ Stil praktiziert) hier nicht subsumieren, außerdem gilt diese Konstellation nicht für die Kommunikation mit Kulturen, in denen ein „menschenorientierter“ Stil bevorzugt wird. Möglicherweise ist es daher angebracht, zumindest das erste Prinzip auf den Geltungsbereich „interkultureller Verständigung der Briten (und ggf. Australier)“ einzuschränken.

Beim Prinzip verbaler bzw. schriftlicher Orientierung geht es um Prioritäten im Kontext „Schule“. Das zentrale Kriterium für den Diskursrhythmus ist das „turn taking“ in Dis-

---

[111] Es handelt sich um „einen Stil, in dem die Sprache die Funktion hat, den Blick unmittelbar auf die Fakten zu lenken (wie durch ein Schaufenster), ohne durch ihre Ästhetik oder Rhetorik abzulenken. Diese Strategie, den sprachlichen Charakter eines Textes vergessen zu lassen, wird durch drei Tabus (...) realisiert: das Ich-Tabu, das Metapherntabu und das Erzähltabu“ (KRUSE 1997: 150-151).

[112] Völlig unangebracht ist daher der Versuch bei CLYNE (1987a: 80), den deutschen Wissenschaftsstil dem Profilierungsdrang der WissenschaftlerInnen anzulasten. STOLZE/DEPPERT (1998: 124) widersprechen dieser Argumentation zu Recht: „Clyne befindet sich mit seiner Interpretation dieses Unterschieds im Widerspruch zu den üblichen Beschreibungen der Wissenschaftssprache, in denen davon ausgegangen wird, daß durch einen unpersönlichen Stil der beschriebene Sachverhalt im Gegensatz zur eigentlich ‚unwichtigen’ Person des Autors in den Vordergrund gerückt wird“.

kussionen. Mit Bezug auf wissenschaftliche Texte sieht CLYNE Symmetrie (s.o.) als räumliches Äquivalent zum zeitlich determinierten Diskursrhythmus (vgl. 1993: 10).

Ebenfalls aus dem schulischen Bereich (Makrokulturen: Australien/BRD, Textsorte: Aufsatz) bezieht CLYNE (1987a) Ergebnisse zur Vektoralität, die seine Feststellungen zur Linearität „englischer“ bzw. „Digressivität“ deutscher wissenschaftlicher Texte stützen. Die Exkurse[113] deutscher Wissenschaftstexte hat er inhaltlich analysiert und ist dabei ihrem Zweck auf die Spur gekommen. Sie finden – wie CLYNE (1993: 12) zeigt – ihre Motivation nicht zuletzt in wissenschaftstheoretischen Belangen:

> Werden ‚*digressions*' im Englischen vielfach negativ eingeschätzt, so haben Exkurse in deutschen Texten spezifische Funktionen. In den von uns analysierten Texten ermöglichen sie dem Autor, zusätzlichen Inhalt einzuschieben, eine theoretische Perspektive einzufügen, eine historische Übersicht zu verschaffen oder dem Text eine ideologische Dimension zu geben. Ferner erlauben Exkurse eine Polemik mit Vertretern anderer Schulen.

Textexpansion durch Exkurse, die der „Teutonic intellectual tradition“ zugerechnet wird, ist offenbar im ganzen Einflussbereich des „Teutonischen Stils“ (vgl. Tab. 1.6) zu beobachten. Exkurse in polnischen Texten „increase the level of redundancy in discourse“, so DUSZAK (1997: 63), (leider! ohne Konkretisierung), dagegen vermittelt der Befund bei CLYNE (s.o.) nicht den Eindruck von Redundanz. Der „sachsonische“ Vorwurf lautet im Übrigen, die Exkurse deutscher Wissenschaftstexte seien „irrelevant“, z.B.:

> Neubert (…) has written usefully about cultural interference at the text level. Quoting Clyne (1987[b]) he notes that German academic papers differ from their English counterparts in their greater degree of digressiveness (their notorious excursuses). He does not make the recommendation which I would prefer, that is to reduce if not eliminate the digressiveness or irrelevance in translating such papers (NEWMARK 1991: 106).[114]

Es ist offensichtlich, dass sich Exkurse in deutschen Texten aus britischer Sicht als Indiz für „mangelhafte Schreibkompetenz“ darstellen, während sie tatsächlich Kulturdifferenz (Stildifferenz im Sinne von KAPLAN) signalisieren. Das Postulat einer Tilgung im Zuge der Translation ist daher zwar verständlich und könnte, falls die Adressaten ausschließlich der „sachsonischen“ Wissenschaft angehören, auch einer ernsthaften Überlegung wert sein (es dürfte allerdings reichlich Überzeugungsarbeit nötig sein, um die AutorInnen zur Zustimmung zu einer derartigen „Linearisierung“ zu bewegen).

---

[113] Vgl. dazu auch BRAND (1998: 233): „Elaborierungsanmerkungen können als Indikator für eine von Clyne als *Digressivität* bezeichnete Eigenschaft aufgefaßt werden, die deutschsprachige Texte gegenüber ‚lineareren’ englischensprachigen kennzeichnet“.

[114] Im Grunde handelt es sich um einen britischen Vorwurf: „Just as Anglo-Saxon rules outlaw structural digressions, they also disallow content digressions (designated as ‚irrelevance’)“ (CLYNE 1987a: 77). Die Ausführungen bei GALTUNG (1997a) geben Anlass zu bezweifeln, dass amerikanische WissenschaftlerInnen diese Sichtweise uneingeschränkt teilen.

Richtet sich ein Text dagegen an einen internationalen Adressatenkreis, beruht dieses Postulat auf dem mehrfach angesprochenen Irrtum, dass mit der Verwendung des Englischen als *lingua franca* zwangsläufig ein „sachsonischer" Stil einhergehen müsse. Da Exkurse nach KAPLAN außerdem in den slavischen und auch in den romanischen Kulturen üblich sind, sollte die Tilgung in einem solchen Fall unbedingt unterbleiben.

Wenn CLYNE (1993: 13) Exkurse entsprechend als „Verstöße gegen den englischen Relevanzbegriff und gegen die Griceschen Maximen ‚Sei kurz' und ‚Sei ordentlich'" ansieht, so hat diese Einschätzung zwei essenzielle Schwächen:

1. Die Griceschen Maximen, u.a. die „Maxim of Relevance", werden als universell, d.h. für menschliche Kommunikation generell, gültig angesehen. Dabei wird vergessen, dass Relevanz keine interkulturelle Konstante ist, d.h., dass sich dieser Begriff nur kulturspezifisch definieren lässt. Da Exkurse in Texten der deutschen Wissenschaftskulturen bestimmte Funktionen erfüllen (s.o.), trifft sie bei näherer Betrachtung (introspektiv) vermutlich weder der Vorwurf der Redundanz, noch der der Irrelevanz. Folglich ist der „englische Relevanzbegriff" für deutsche Texte irrelevant, es gilt für sie der „deutsche Relevanzbegriff".
2. Entsprechend sind die Maximen „Be brief" bzw. „Be orderly" auch nur im Rahmen kultureller Werte und Verhaltenskonventionen gültig. Sie können jeweils nur bedeuten: so kurz und ordentlich wie möglich (nicht aber: so kurz und ordentlich wie die Briten). CLYNE weist übrigens selbst darauf hin, dass „Abweichungen und Wiederholungen (...) in manchen Kulturen als Mittel der Höflichkeit betrachtet [werden]". Auch dort kann man nur in akzeptierten Grenzen „kurz und ordentlich" sein.

Die Griceschen Konversationsmaximen sind auch in der russischen Wissenschaft bekannt. RJABCEVA (1992: 21) nennt als Normen des wissenschaftlichen Diskurses: Informativität, Wahrheit, Relevanz und Klarheit im Ausdruck. Gleichzeitig erscheint es ihr schwierig, diesen Postulaten in einem wissenschaftlichen Text zu entsprechen, weil sie mit den Bedingungen für eine erfolgreiche Kommunikation konkurrieren, z.B.:

- Klarheit im Ausdruck ⇔ Maxime des Taktes (halte den Adressaten nicht für dümmer als dich selbst),
- Argumentative Darstellung ⇔ Maxime der Überzeugungskraft (überlade die Erörterung nicht mit unnötigen Details),
- Erläuterung aller logischen Schritte ⇔ Maxime der Rationalität (wiederhole keine Binsenwahrheiten, Gemeinplätze und Trivialitäten),
- Aufstellen von Hypothesen, Annahmen, Erklärungen ⇔ Maxime der Wahrheit (gib keine unverifizierten Beurteilungen ab).

Auch deutsche WissenschaftlerInnen befinden sich nach KRUSE (1997) in einem solchen Zwiespalt konkurrierender Normen.[115] Obwohl er einerseits davon ausgeht, dass die Griceschen Maximen „wahrscheinlich in allen Wissenschaftsdisziplinen auf Zustimmung treffen", steht andererseits für ihn fest, dass sich wissenschaftliche Textproduktion

[115] KRUSE (1997: 156) bringt das Dilemma auf den Punkt: Es besteht darin, „daß gute Wissenschaftssprache und erfolgreiche Wissenschaftssprache nicht identisch sind".

„nicht allein logisch oder sachlich begründen läßt“, denn „Wissenschaftssprache ist streng reglementiert und von festen Erwartungen geprägt, von deren Einhaltung der Erfolg von Texten abhängt“ (150 bzw. 142).

Die Dimension „Individualismus vs. Kollektivismus“ (nach HOFSTEDE, vgl. 1.2.3.9.1) betrachtet CLYNE (1993: 14) zum einem (zu Recht) als Begründung für „durch Höflichkeit motiviertes Sprachverhalten“ (vgl. auch 1.2.3.9.6), zum anderen aber auch – leider ohne weitere Konkretisierung und daher nicht nachvollziehbar – als Einflussfaktor für die Textstruktur.

1.3.3 KAPLAN: Konventionen der Textsorte „Aufsatz“/Denkstile

Im Gegensatz zu den intellektuellen Stilen bei GALTUNG (1985) geht es bei den „Denkstilen” nach KAPLAN (1966/1980) nicht primär um Denkmuster, an denen makro- bzw. mikrokulturelle Werte sichtbar werden, sondern um Rückschlüsse vom Schreibstil (analysiert an englischen Aufsätzen von Muttersprachlern und Nicht-Muttersprachlern) auf das Denken. Diese Klassifikation beruht auf der Annahme, dass ein Text, der in der Fremdsprache Englisch produziert wird, die Gepflogenheiten der jeweiligen Heimatkultur widerspiegelt.

Der Vergleich von Aufsätzen in den jeweiligen Muttersprachen wäre dem Forschungsgegenstand eher angemessen gewesen (die Mischung der Kriterien wurde daher auch verschiedentlich kritisiert), dürfte in einer solchen kulturellen Vielfalt jedoch kaum zu realisieren sein. Andererseits könnten auch Aufsätze „angloamerikanischer“ Muttersprachler in verschiedenen Fremdsprachen hilfreich sein, die – wenn KAPLANS Annahme richtig ist – auch dann eine lineare Textentwicklung zeigen (und eine vergleichbar negative Bewertung erfahren) müssten.[116]

Die Aufsatzanalysen haben KAPLAN zu folgender Klassifikation geführt:

Englisch: lineare und logische Progression
Semitische Sprachen: parallele Konstruktionen
Orientalische Sprachen: Zirkularität
Romanische Sprachen: Exkurse
Russisch: weitschweifige Exkurse und Erweiterungen in Parenthesen.[117]

---

[116] Die Beobachtung bei STREVENS (1987: 176) scheint diese Annahme für fremdsprachige Aufsätze in der Heimatkultur zu stützen: “An obvious illustration of these differences occurs when the teacher of English assumes and places high values upon persuasion by logical argument and the importance of having a reason for everything, while the Eastern student of English favours gaining merits by literary style”.

[117] Es ist offensichtlich, dass hinter diesen Formulierungen eine Verwechslung von Sprache und Kultur, d.h. von Sprachsystem und Sprachverwendung, steht.

Nach Auffassung von HOUSE (1997: 90), die in dieser Charakteristik eigene Ergebnisse bestätigt findet, liegt das Deutsche auf dieser Skala zwischen den romanischen Sprachen und dem Russischen (mit einem entsprechenden Hang zu Exkursen).

KACHRU (1987: 90) bestätigt KAPLANS Befund für Texte in indischen Sprachen:

> For instance, an ideal English expository paragraph is often described as having a straight linear progression, from the topic sentence in the beginning to the last sentence of the conclusion (...). As opposed to this, Hindi and Marathi have been shown to have a spiral-like and a circular structure respectively.

Gleichzeitig sorgt sich KACHRU um das Ansehen literarischer Texte des „Indian English", die die Merkmale der jeweiligen indischen Substratsprache spiegeln, und macht deshalb ausdrücklich darauf aufmerksam, dass die Unterschiede z.B. zum britischen/amerikanischen Englisch einen kulturellen Hintergrund haben und nicht auf defizitäre Textproduktionskompetenz zurückzuführen sind (vgl. 1987: 98). Wie berechtigt diese Sorge ist, zeigt die bereits festgestellte Neigung der britischen bzw. „angloamerikanischen" Kultur zur Absolutsetzung eigener Konventionen (vgl. 1.2.1 bzw. 1.3.2.2).

Zum Merkmal „weitschweifiger Exkurse", das nach KAPLAN für russische Texte typisch ist, berichtet RAZINKINA (1987: 37)[118] von einem Vergleich russischer Monographien zur Botanik aus dem 18. bzw. 20. Jh.: In Texten des 18. Jh. verläuft die Textentwicklung in mehreren, teils parallelen, teils sich überschneidenden und divergierenden Linien und wird üblicherweise durch irrelevante Exkurse unterbrochen. Für die Monographie des 20. Jh. gilt das nicht mehr: der Text entwickelt sich entsprechend der Ausgangshypothese, irrelevante Exkurse sind in der Regel nicht mehr zu finden (die Betonung dürfte hier auf „irrelevant" liegen, zu verstehen als „aus russischer Sicht irrelevant").

1.3.4 HOUSE: Konventionalisierte Diskursstrategien[119]

Nach den Angaben bei HOUSE (1986: 183 bzw. 1997: 79) beziehen sich ihre Ergebnisse auf den Kontrast Britisches Englisch vs. Deutsch im Alltagskontext von Studierenden,

---

[118] RAZINKINA (1987: 37): „Достаточно сравнить, скажем, оглавление к монографии по ботанике в XVIII и в XX в. В первой развертка исходного предположения идет по нескольким линиям, иногда параллельным, иногда пересекающимся, расходящимся. Эти линии, как правило, прерываются иррелевантными темами-вставками, что создает как бы некую пунктирность в организации глав. Современная монография развертывается в соответствии с принятым исходным положением, иррелевантные вставки, как правило, отсутствуют".

[119] HOUSE (1999: 49) hat für ihre Tendenzen auch deutsche Bezeichnungen formuliert. Das Paar „Ich-Orientiertheit – Adressaten-Orientiertheit" ist für die Zwecke dieser Arbeit weniger geeignet als die englischen Entsprechungen „Orientation towards Writer – Orientation towards Reader". Daher werden hier grundsätzlich die englischen Bezeichnungen verwendet.

z.T. in Interaktion. Fachliche Belange, z.B. von Studienrichtungen, scheinen keine Rolle zu spielen, werden zumindest nicht erwähnt:

In the framework of this project, I have conducted a number of contrastive discourse analyses (…) in which I have tried to uncover similarities and differences in the interactional norms holding in the German and British English language communities.

In the seventies and eighties I conducted a number of contrastive pragmatic analyses comparing the discourse of German and English native speakers, the subjects being students at German and English universities.

1.3.4.1 Directness – Indirectness

Im Vergleich deutscher und britischer Diskursstrategien sieht HOUSE eine Tendenz zur Direktheit bei der deutschen, eine zur Indirektheit bei der britischen Kultur. In der Fachliteratur wird diese Tendenz zur Indirektheit insbesondere – wie bei SCHULZE (1985: 92) – mit indirekten Äußerungsformen für Direktiva in Verbindung gebracht:

Das Phänomen der sprachlichen Indirektheit trägt bei zur face-Wahrung des Sprechers oder Hörers. Illokutive Akte des Direktiv-Typs wie Bitten oder Aufforderungen sind als indirekte, konventionalisierte Sprachhandlungen in ihren Konsequenzen jedem Interaktanten bekannt. (...) Indem sich der Sprecher oder der Hörer in seinen kommunikativen Absichten solcher indirekter sprachlicher Mittel bedient, verwendet er die Strategie ‚off record'.[120]

Im Gegensatz zu HOUSE hat BUSSE den Eindruck, dass indirekte Äußerungsformen für Direktiva gerade in der deutschen Alltagskommunikation in hohem Maße konventionalisiert sind, weil z.B. die Mehrzahl aller Bitten und Aufforderungen als Frage geäußert wird (vgl. 1991: 61). Da diese Beobachtung richtig ist, könnten die als Opposition formulierten Tendenzen durchaus einen lediglich graduellen Unterschied repräsentieren.

Mit Erweiterung des kulturellen Rahmens setzt sich die Relativierung der Ergebnisse des bikulturellen Vergleichs fort: andere Kulturen übertreffen die britische („angloamerikanische"?) Indirektheit offenbar bei weitem: So weist z.B. SMITH (1987: 4) auf eine im Vergleich zum amerikanischen größere Indirektheit des thailändischen Diskurses hin. Analoges gilt auch für den japanischen Diskurs, dessen Indirektheit z.B. auf eine intendiert unpräzise Ausdrucksweise u.a. bei der Quantifizierung zurückzuführen ist (vgl. WIERZBICKA 1991: 94). Ein Beispiel ist nach JANDT (1995: 117) auch die Indirektheit des Ablehnens im Japanischen, die sich darin äußert, „that the language has at least 16 ways to avoid saying no and makes use of many *aisatsu*, or ‚lubricant expressions'".

---

[120] SCHULZE (ebd) zitiert eine Definition von BROWN/LEVINSON (1978: 216): "A communicative act is done off record if it is done in such a way that it is not possible to attribute only one clear communicative intention to the act. In other words, the actor leaves himself an 'out' by providing himself with a number of defensible interpretations; he cannot be held to have committed himself to just one particular interpretation of his act".

Während der „englische" Diskurs im Vergleich z.B. zum japanischen daher sehr direkt erscheint, zeichnen sich der russische und der polnische Diskurs im Vergleich zum „angloamerikanischen" durch große Direktheit aus (vgl. BAUMGART/JÄNECKE 2000: 111 bzw. WIERZBICKA 1991: 25). Dieser Widerspruch resultiert aus bikulturellen Vergleichen, deren Ergebnisse zu einer adäquaten Evaluierung in eine multikulturelle Skala einzuordnen wären. Dazu fehlen jedoch ausreichend differenzierte Kriterien:

This shows, however, that terms such as 'directness' or 'indirectness' are much too general, much too vague to be really safe in cross-cultural studies, unless the specific nature of a given cultural norm is spelt out (WIERZBICKA ebd.).

Überdies kennt die britische/amerikanische Kultur Situationen,[121] in denen eine direkte Aufforderung als durchaus adäquat gilt: „Zieht der Hörer aus einem Äußerungsbeitrag einen Nutzen, dann erhält ein direktiver Imperativsatz einen höflichen Charakter" (SCHULZE 1985: 83). Auch außerhalb des alltagssprachlichen Kontextes ist der „angloamerikanische" Diskurs nicht ausschließlich von Indirektheit in diesem Sinne gekennzeichnet. Wenn die Situation es erfordert, heißt die Strategie, der SCHULZE (1985: 82) „einen maximalen Direktheitsgrad in unzweideutigen Äußerungsbeiträgen" zuschreibt, „bald on record". Diese Strategie zeigt sich nach AHMAD/SALWAY besonders deutlich „in the language of safety", die für Anleitungen generell charakteristisch ist. Ihre bevorzugte Äußerungsform ist im Englischen der Imperativsatz (vgl. 1997: 108).

CLYNE (1993: 7) findet die alltagssprachliche deutsche Direktheit in Wissenschaftstexten nicht bestätigt. Das kann nicht überraschen, denn er bezieht sich – im Gegensatz zu HOUSE – (im Wesentlichen) auf repräsentative Sprechhandlungen:

Wo House und Kasper (1981) durch empirische Daten aus der mündlichen Alltagssprache die vielfach ausgedrückte Annahme unterstützen, Deutsche drücken ihre Gesuche und Beschwerden ‚direkter' aus als Engländer, glaube ich festgestellt zu haben (...), dass ‚hedges' (versteckte Äußerungen) in der deutschen schriftlichen Wissenschaftssprache viel häufiger vorkommen als in der englischen.

Es wäre daher sinnvoll, die Korrelation zwischen Äußerungsinhalt und „hedges" zu untersuchen. Möglicherweise hängt deren Frequenz in den deutschen Texten mit theoretischen Präsentationen zusammen, die unter Vorbehalt gestellt werden. Ein Äußerungsinhalt dieser Art könnte eine plausible Erklärung für „hedges" abgeben, an denen in empiriebezogenen Äußerungen keinerlei oder doch erheblich weniger Bedarf besteht (vgl. 1.3.2.1 „teutonischer" vs. „sachsonischer" Stil).

---

[121] SCHULZE skizziert eine solche Situation: „auf einer Party bietet die Gastgeberin ihren Gästen einen selbst gebackenen Kuchen an, sie übernimmt zugleich die Verantwortung für die Auswahl und die gute Bekömmlichkeit dieses Kuchens. In diesem Kontext ist Satz (1) ‚You must have some of this cake.' der [sic] höflichste aller Formen" (ebd).

1.3.4.2 Orientation towards Writer – Orientation towards Reader

Diese Tendenzen sind in der Formulierung sehr klar, und entsprechende sprachliche Fakten als Repräsentanten sind schnell gefunden. RATHMAYR stellt tendenzielle Unterschiede dieser Art bei der Formulierung von Entschuldigungen fest. Während Äußerungen wie *(Ich bitte um) Entschuldigung!* oder *(I'm so) sorry!* als senderorientiert zu beurteilen wären, zeigen russische Entschuldigungen eine eindeutige Adressatenorientierung:

> Mit Entschuldigungen werden im Russischen direktive Sprechakte vollzogen, und zwar Bitten um die Umwertung von Fehlhandlungen. – Im Unterschied zum englischen *sorry* und zum deutschen *Entschuldigung!* sind Entschuldigungen im Russischen nahezu ausnahmslos adressatenbezogen: der Adressat ist in der Verbalendung des Imperativs Sg. (...) oder Pl. jeweils explizit präsent (1995: 312 bzw. 315).

HOUSE (1997: 89) sieht diese Tendenzen allerdings vor einem anderen Hintergrund:

> German texts are often 'writer-oriented' rather than 'reader-oriented', or, put it differently, it is the reader's responsibility to make sense of a text, with the writer not being burdened with the task of making his text palatable to his readers.

Es ist unklar, an welchen Korpora (Textsorten, Mikrokulturen) sie diese Tendenzen festgestellt hat, weil ihr Untersuchungsbereich nach eigener Aussage (s.o.) der umgangssprachliche Diskurs war. Soweit sich HOUSE auf die Ergebnisse von CLYNE bezieht, geht es um wissenschaftliche Texte (vgl. 1.3.2.2):

> Clyne also pointed out that here seems to be a much clearer division between academic writing and non-academic writing in the German lingua culture. By contrast, native English speakers' academic articles tend to be more similar to non-academic texts and thus more reader-oriented.

Das Zitat macht deutlich, was HOUSE in diesem Kontext unter Adressatenorientierung versteht: das Fehlen des für deutsche Texte typischen wissenschaftlichen Stils.[122] Sofern BAUMANN unter Bezugnahme auf CLYNE von „Fachkommunikation“ spricht, geschieht das ebenfalls im wissenschaftlichen Kontext. Der bei HOUSE angesprochenen Opposition „Sender- vs. Adressatenorientierung“ entspricht daher die Opposition „reader vs. writer responsibility“ (vgl. BAUMANN 1996: 368-369, sinngemäß auch 1997: 459).

Die zitierte Interpretation dieser Tendenzen zeigt, dass sie sich auf dieser etwas abstrahierten Ebene als durchaus nicht mehr so klar erweisen wie bei der Betrachtung konkreter sprachlicher Fakten. Daher stellt sich zunächst die Frage, wann ein Text das Prädikat „adressatenorientiert“ verdient. Die Antwort, über die an sich (vielleicht auch nur in der

[122] Für die Annahme, dass diese Tendenzen zu Ergebnissen von CLYNE formuliert wurden, spricht auch der Hinweis bei HOUSE (1999: 45): „Bei stark fachsprachlichen Texten, die also an einem Ende der Dimension liegen, scheint die Erforschung unterschiedlicher kulturspezifischer Stile durch die gegebene Adressatenspezifik (‚Texts for Specified People') forschungspragmatisch oft besser machbar zu sein als bei eher unspezifisch ‚allgemeinen Texten'“.

Übersetzungswissenschaft) Konsens besteht, lautet: Voraussetzung ist, „daß er sich vor allem an den Erwartungen und Wissensressourcen des Lesers zu orientieren hat", wie WROBEL (1997: 18) formuliert. Daraus folgt, dass Texte deutscher WissenschaftlerInnen keinesfalls weniger adressatenorientiert sein können als ihre englischen Entsprechungen. In beiden Kulturen erfüllen diese Texte – jeweils auf die ihnen gemäße Art – die Erwartungen ihrer Adressaten, nur erwarten ihre Adressaten jeweils Anderes.

Wegen dieses Unterschieds zwischen „teutonischem" und „sachsonischem" Wissenschaftsstil – sind wissenschaftliche Texte zum Nachweis der genannten Tendenzen eher ungeeignet. Für Analysen mit einem derartigen Forschungsinteresse eignen sich nur Texte nicht-wissenschaftlicher Mikrokulturen, weil ihre Produzenten – im Gegensatz zu WissenschaftlerInnen – hinsichtlich ihrer Formulierungen und Darstellungsformen eine Wahl haben, wie sie zur Identifizierung einer Strategie (Konvention) notwendig ist.

NICKL (2001: 290) nimmt an, dass deutsche Anleitungen senderorientiert sind:

> Man kann vermuten, dass die Leser der Anleitungen für die sprachlichen Konventionen der Textsorte nur eine untergeordnete Rolle spielen. Es gibt jedoch eine andere Kommunikationsgemeinschaft, auf die nun in unseren Überlegungen das Augenmerk gerichtet werden soll, nämlich die Gemeinschaft der Autoren selbst.

Dieser Vermutung liegt vor allem ein Mangel an Vergleichsmöglichkeiten zugrunde. Es ist verständlich, dass NICKL aus den fachexternen Anleitungen seiner Analysekorpora keine besonderen Erkenntnisse über die tatsächliche Rolle des fachexternen Adressaten gewinnen kann, dazu ist eine Kontrastierung mit Anleitungen für fachinterne Adressaten[123] notwendig. In der vorliegenden Arbeit lassen sich die Tendenzen von Sender- bzw. Adressatenorientierung daher auch an textuellen Fakten nachprüfen.

Auch zu Wissenschaftstexten gäbe es eine analoge Kontrastkonstellation, in der die Auswirkungen des Wissenschaftsstils im Detail eruiert werden könnten: den Vergleich mit populärwissenschaftlichen Texten. Zum „wissenschaftlichen Darstellen" gehören neben dem wissenschaftlichen Apparat u.a. „einförmige und standardisierte Syntax und Textstruktur". Populärwissenschaftliche Texte, die den Zwängen des Wissenschaftsstils nicht unterworfen sind, weisen dagegen „größere syntaktische und textlinguistische Variationen" auf (NIEDERHAUSER 1997: 111 bzw. 115-116). Der Bezug auf einen fachexternen Adressaten hat auch inhaltliche Konsequenzen, die bisher kaum untersucht sind. Annahmen der folgenden Art können als vorläufig akzeptiert gelten:

---

[123] Für fachinterne und -externe Anleitungen gelten mit Einschränkungen auch das Postulat bei SAMUELS (1989: 25-26): „Same information, different packaging" sowie die Feststellung bei NIEDERHAUSER (1997: 108): „Fachinterne Kommunikation in den Wissenschaften und fachexterne Wissenschaftsvermittlung befassen sich zwar teilweise mit den gleichen Inhalten, aber sie gehören zwei unterschiedlichen Kommunikationsbereichen an".

Da es in solchen Kommunikationsfällen ein deutliches ‚Wissensgefälle' zwischen der Fachperson und dem in diesem Bereich nichtprofessionellen Kommunikationspartner gibt, müssen viele Informationssegmente erläutert werden. Diese generell erläuterungsbedürftige Information erfordert Explikation und eine recht detaillierte Argumentation, um dem Rezipienten neue Sachverhalte darzulegen (KVAM 1998a: 34).

1.3.4.3 Focus on Content – Interpersonal Focus

Everybody out now please! vs. *Die Badezeit ist zu Ende.*

Dieses Beispielpaar ist nach HOUSE (1997: 87) Ausdruck der beiden Tendenzen von Inhalts- bzw. Adressatenorientierung (HOUSE 1999: 49), weil die englische Formulierung die Personen in den Mittelpunkt stellt, während die deutsche Entsprechung (aus einer Übersetzung) eine Vorschrift zum Inhalt hat. An der Richtigkeit dieser Beurteilung kann keinerlei Zweifel bestehen. Allerdings kombinieren Sprechhandlungen wie diese häufig mehrere der von HOUSE formulierten Diskursstrategien, die im Zusammenhang gesehen werden müssten. In diesem Fall ist das englische Direktivum nicht nur als adressatenbezogen, sondern auch als direkt anzusehen. Aus der Inhaltsorientierung der deutschen Aufforderung resultiert dagegen ihre Indirektheit. Diese Fakten legen die Vermutung nahe, dass zwischen den einzelnen Strategien Korrelationen bestehen, die der bei HOUSE implizierten Parallelität zuwiderlaufen.

Analoge Beobachtungen macht MÅRDSJÖ (1992: 41 bzw. 43) bei ihren Analysen schwedischer Anleitungen:

But, and I find this interesting, the types of survey information vary to some degree: In the word processing manuals, there is a broad overview of **what can be done** with the system, whereas the microwave oven manuals contain quite a lot of information about **how the technology functions**.

The purely instructional parts of the manuals are fairly similar, with a direct way of addressing the users. The differences lie mostly in the introductory parts, where the 'polite' way of addressing is more usual in the micro wave manuals.

Auch in ihrem Korpus korrelieren Adressatenorientierung mit Direktheit und Inhaltsorientierung mit größerer Indirektheit. Gleichzeitig geben diese Zitate einen ersten Hinweis darauf, dass diese Tendenzen nicht ohne weiteres als makrokulturelle Differenz interpretiert werden sollten (weil sie einen mikrokulturellen Hintergrund haben könnten).

1.3.4.4 Explicitness – Implicitness

An Beispielen englischer Original- und übersetzter deutscher TV-Filmtitel erläutert HOUSE (1997: 88), was sie als deutsche Tendenz zur Explizitheit versteht. Das Beispielpaar (9) *Mind the Baby, Mr. Bean!* vs. *Babysitter wider Willen!* kommentiert sie wie folgt:

(9) is an example of what I would call the German predilection for ‚letting the cat out of the bag' in the interest of being explicit. (…) In the German translations of the film titles (…) the content of the films is ‚given away', i.e. the titles explicitly tell the reader what to expect in the film.

Dass den bei HOUSE formulierten Tendenzen allgemeingültige Definitionen fehlen, wird an den Merkmalen Direktheit/Indirektheit bzw. Explizitheit/Implizitheit besonders deutlich. Das erste Paar referiert eindeutig auf die Art der Verbalisierung, während das zweite den Verbalisierungsgrad charakterisiert. Dennoch werden beide verwechselt.

So referiert z.B. KUPSCH-LOSEREIT (2002: 99) ausdrücklich auf den Verbalisierungsgrad (und meint daher „Explizitheit"), wenn sie schreibt: „Und die Direktheit von Deutschen, die alles verbalisiert, wird z.B. in Indien, China oder Brasilien nicht sonderlich geschätzt". Eine ähnliche Verwechslung tritt nach WIERZBICKA in einer Studie zutage, die der griechischen im Vergleich zur amerikanischen Kultur größere Indirektheit bescheinigt. Tatsächlich hat diese Untersuchung jedoch ergeben, dass Griechen weniger verbalisieren (müssen) als Amerikaner, folglich betrifft diese Differenz die Opposition (griechische) Implizitheit vs. (amerikanische) Explizitheit (vgl. 1991: 96 bzw. 98).

In einem multikulturellen Rahmen korrelieren die Tendenzen zu Implizitheit bzw. Explizitheit daher mit „high" bzw. „low context"-Kulturen, diese wiederum lassen Parallelen zur Dimension „Kollektivismus vs. Individualismus" (vgl. 1.2.3.9.1) erkennen:

Bei high-context-Kommunikation muß nur sehr wenig gesagt oder geschrieben werden, da ein Großteil der Informationen entweder in der physischen Umgebung enthalten oder in der Person verinnerlicht ist, während nur sehr wenig im verschlüsselten, expliziten Teil der Mitteilung enthalten ist. Diese Art der Kommunikation ist häufig in kollektivistischen Kulturen anzutreffen. (…) Vieles, was in kollektivistischen Kulturen selbstverständlich ist, muß in individualistischen Kulturen explizit ausgedrückt werden. Amerikanische Geschäftsverträge sind wesentlich länger als japanische (HOFSTEDE 2001: 81).

Insofern ist davon auszugehen, dass die Beobachtung größerer Implizitheit in Indien, China und Brasilien (s.o.) den kulturellen Gegebenheiten durchaus adäquat ist. JANDT (1995: 202, Table 11.5) verzeichnet alle drei als „high context"-Kulturen. Im Gegensatz zur amerikanischen ist auch die griechische eine „high-context"-Kultur, die beim Individualismus-Index (Platz 30 von 53, vgl. HOFSTEDE 1997: 53, Table 3.1) zu den eher kollektivistischen Kulturen gehört.

Gelegentlich werden im Rahmen dieser Tendenzen auch Untersuchungsergebnisse interpretiert, die auf Unterschiede in den vom jeweiligen Sprachsystem angebotenen Möglichkeiten zurückzuführen sind. So sieht z.B. ŠVEJCER (1991: 39f.) Beispiele für die Implizitheit des Ausdrucks in britischen und amerikanischen Zeitungsartikeln in Komposita wie „oil countries", die sich im Russischen ohne Erhöhung der Explizitheit (zu „Ölförderländer") nicht nachbilden lassen. Hier handelt es sich jedoch nicht um eine Differenz in der Sprachverwendung, sondern um eine Differenz in den jeweiligen Kompositionsmöglichkeiten. Im Vergleich zum Englischen sind diese vom russischen Sprachsystem her erheblich eingeschränkt.

Analog macht WEISS (1992: 303) beim Vergleich übersetzter deutscher und französischer Wirtschaftstexte die Beobachtung, dass „der deutsche ZS-Text im Vergleich zum französischen AS-Text in vielen Fällen ein Mehr an expliziter Wort-, Satz- und Textsemantik aufweist bzw. aufweisen muß".[124] WEISS erkennt selbst die Korrelation zu Fakten der Sprachsysteme, d.h., er identifiziert seine Ergebnisse als Konsequenz der „Grundtendenzen, die in den unterschiedlichen Sprachsystemen angelegt sind" (vgl. 1992: 315).

In der Tat handelt es sich hier ebenso wenig um Diskursstrategien wie bei der russischen Komposition, denn es geht darum, dass der Ausdruck in einer Sprache (hier: der deutschen) systembedingt und um der Verständlichkeit willen expliziter sein muss.

Diskursstrategien im Sinne von HOUSE sind demgegenüber Konventionen, die der Sprachverwendung eine Wahl zwischen verschiedenen Möglichkeiten lassen (müssen). Diese können auch in der fachlichen Sprachverwendung nachgewiesen werden. Hier korrelieren Explizitheit bzw. Implizitheit nach BAUMANN (1992b: 40) u.a. mit dem Adressatenbezug bzw. der „Fachlichkeit" eines Textes:

> Meine Untersuchungsergebnisse weisen darauf hin, daß ein Text aus funktionaler Sicht umso ‚fachlicher' ist, je niedriger sein Explizitätsgrad (...) ist. So setzt ein hoher Fachlichkeitsgrad des Textes voraus, daß der Rezipient in der Lage sein muß, im Text fehlende Informationen individuell – d.h. mit Rückgriff auf sein kontextuelles Wissen – zu ergänzen.

Überlegungen zu konkreten Repräsentanten der beiden Tendenzen in Fachtexten stellt z.B. KVAM (1998a: 34) an: Ein höherer Explizitätsgrad wird seiner Meinung nach in fachexternen Texten dadurch erreicht, „daß der syntaktisch nicht komplexe Satz als Realisierung eines Inhaltsausschnittes verwendet wird und eben nicht komplexe NPs [Nominalphrasen – H-H] zur Angabe von erwartetem Vorwissen beim Rezipienten".

1.3.4.5 Ad-hoc Formulation – Use of Verbal Routines

Die fünfte Strategie definiert HOUSE (1997: 85) als:

> the particular Anglo-Saxon brand of an 'etiquette of simulation',[125] where rules of communicative behaviour are implicitly handed down from generation to generation 'to sound as if you mean it' when, e.g. expressing thanks, apologies, compliments and other 'face-lifting' speech acts.

---

[124] Vgl. dazu den Hinweis bei ALBRECHT (1973: 11): „(...) Roman Jakobson hat sicherlich recht, wenn er in diesem Zusammenhang bemerkt, daß sich die Sprachen weniger darin unterscheiden, was sie ausdrücken können, als in dem, was sie ausdrücken müssen".

[125] Vgl. analog SANDU (2001: 272) für das Rumänische: „In den meisten Fällen handelt es sich hier um vorgeprägte, konventionelle Formen; ich betrachte von daher solche Kommunikationsbeispiele nur als eine Form von Höflichkeitssimulation".

Für den deutschen Diskurs sind dagegen solche Formeln nicht typisch (vgl. z.B. HOUSE 1986: 185). RATHMAYR (1997: 16)[126] berichtet von Untersuchungen, die ebenfalls für eine größere Formelhaftigkeit von Komplimenten im Englischen sprechen, im Gegensatz zum Deutschen, wo man individuell (d.h. ad hoc) darauf zu reagieren pflegt. Auch im Vergleich zum Chinesischen erscheint „der Gebrauch sprachlicher Formen der Höflichkeit“ in der deutschen Kultur als vorzugsweise „individuell, situativ, medial und generationsspezifisch geprägt“ (DING/FLUCK 2001: 97). RATHMAYR ist sogar der Ansicht, dass Formeln – wie andere Wiederholungen auch – in der deutschen Kultur negativ bewertet werden (vgl. 1997: 20). Da Deutsche offenbar Ad-hoc-Formulierungen favorisieren, erwarten sie in einer Interaktion keine Formeln. Sie nehmen – falls sie die angelsächsische Strategie nicht kennen – das Gesagte daher zu wörtlich (vgl. HOUSE 1996: 355).

Zweck dieser „conventional expressions and conventional routines” ist die Sicherung der Harmonie in den sozialen Beziehungen, bei denen es darauf ankommt „to sound sincere” (WIERZBICKA 1991: 118, vgl auch HOUSE (s.o.) „to sound as if you mean it“). Der Rückgriff auf sprachliche Routinen ist sowohl in der britischen[127] als auch in der amerikanischen Kultur stärker ausgeprägt als in der deutschen, und nach WIERZBICKA (ebd.) gilt das auch im Vergleich zu anderen europäischen Kulturen, vor allem zur Slavia:

> This is manifest, in a spectacular way, not only in the *How are you?* routine,[128] but also in the conventions of letter-writing: the opening phrase *Dear Sir* expresses a good feeling towards an addressee who may be a complete stranger, and so does the closing phrase *Yours sincerely*. Phrases of this kind cannot be used in other European languages, certainly not in Slavic languages, which do not allow any formalised expression of clearly non-existent ‚good feelings’ (and which encourage expression of existing ‚bad feelings’).

Allerdings relativiert sich dieser Befund – analog zur Indirektheit des Ausdrucks – im multikulturellen Kontrast, wenn z.B. das Japanische in den Vergleich einbezogen wird. Während man in der „angloamerikanischen Kultur“ doch einigen verbalen Aufwand treibt „to sound sincere“, verlassen sich Japaner in noch weit stärkerem Maße auf sprachliche Formeln (vgl. WIERZBICKA 1991: 120).

Entschuldigungen sind im Deutschen und insbesondere im Russischen weniger formelhaft als die sprachlichen Routinen, die im Englischen – und auch im Französischen – ge-

[126] RATHMAYR (1997: 16): „Исследования показывают, что комплименты в английском языке более клишированы, чем в немецком, в котором реакция на них, как правило, не стандартна“.

[127] Vgl. dazu auch MIALL (1998: 106): „Die Engländer klammern sich auch immer wieder an eine ganze Batterie vorgestanzter Phrasen und Fragen, auf die sie immer dann verfallen, wenn es darum geht, ein Gespräch in Gang zu halten oder den eigenen Rückzug zu decken“.

[128] In der russischen Kultur handelt es sich hier nicht um eine Routine: „Die Frage nach dem Wohlbefinden des Gesprächspartners ist keine Floskel – man erwartet eine Antwort“ (KUTZ 2002: 152).

äußert werden (vgl. RATHMAYR 1997: 16). SANDU (2001: 273) betrachtet analog z.B. Entschuldigungen im Rumänischen als „zu festen Formeln erstarrt", als „Signale zur Kontaktaufnahme". Offenbar sind sprachliche Routinen auch in der Romania üblich.

Da Entschuldigungen im Russischen noch wörtlicher genommen werden als im Deutschen, kommt RATHMAYR zu dem Schluss, dass Russen Entschuldigungen und Dankesbezeugungen nur äußern, wenn sie es ernst meinen (vgl. 1997: 21). Diese haben daher die gegenteilige Bedeutung von z.B. britischen Entschuldigungen und Danksagungen (s.o. „to sound as if you mean it"). Während man in Rumänien (in der Romania?) durch eine Entschuldigung „versucht, besonders höflich zu wirken" (SANDU 2001: 273), sind Entschuldigungen in Russland „tendenziell weniger ein leeres Ritual als eine semantisch vollwertige Bitte um Verständnis, Nachsicht bzw. Vergebung" (RATHMAYR 1995: 328).

1.4 Technische Mikrokulturen und ihre Textsorten

1.4.1 Entwicklung der Mikrokulturen

Technische Mikrokulturen haben sich zu unterschiedlichen Zeiten entwickelt, der Maschinenbau gehört zu den ältesten, wie JAKOB zeigt. Für das 16./17. Jh. verzeichnet er:

> nur sehr wenige Bereiche, die eine fortgeschrittene Maschinentechnik aufweisen können: Wasserfördertechnik, Mühlentechnik und Uhrentechnik (...). (...) Die Mühle und die Wasserfördermaschine sind die entwickelten Maschinen schlechthin, was Historiker veranlaßt hat, vom Technozeitalter der Mühle und der Pumpe zu sprechen (1991a: 120).

Zur Entwicklung der Messtechnik, deren Vorläufer er in der Menschheitsgeschichte weit zurückdatiert, schreibt CONRAD (1997: 281):

> Messungen waren nötig, seit Menschen zusammenleben. Massen, Strecken, Flächen, Zeiten mußten bestimmt werden. Dabei halfen einfachste Mittel, deren Nachfahren wir bisweilen heute noch nutzen. Sie genügten nicht mehr, als Wissenschaft und Technik voranschritten. Die Zahl der zu messenden Größen und die Anforderungen an die Meßgenauigkeit stiegen. Nur Wissenschaft und Technik selbst konnten die benötigten Meßinstrumente bereitstellen. Eine unverzichtbare Wechselwirkung bildete sich heraus, die ihren Ausdruck schon im Begriff ‚Meßtechnik' findet.

Beispiele aus dem 15., 16. und 17. Jh. sind nach CONRAD (1997) die Hygrometer, die im 15. Jh. von NIKOLAUS VON KUES bzw. LEONARDO DA VINCI gebaut wurden, und das Gasthermometer von G. GALILEI (1592). Thermometer, „die den heutigen ähnelten, haben ihren Ursprung um 1660 in der ‚Academia del Cimento' in Florenz“ (284). Zum Jahr 1687 vermerkt er in seiner Zeittafel: „*G. Amontons* erfindet das Hygrometer“ (325).

1.4.1.1 Mikrokulturen im 18. und 19. Jh.

Die nach JAKOB (1991a) bis dahin wichtigsten technischen Bereiche behalten ihren Stellenwert auch im 18. Jh.:

> Im Bereich der produktiv eingesetzten Maschinentechnik ist weiterhin der Bergbau der avantgardistische Techniksektor. In den Bergwerken steht die höchst entwickelte Großmaschinentechnik (Wasserpumpen, Fördergeräte) (146).

> Durch die enorm verbesserte Uhrentechnik (höhere Ganggenauigkeit, längere Gangdauer) entstehen neue technische Möglichkeiten, die dann endgültig im 18. Jahrhundert zu einem barocken Automatenkult führen (...). Die Uhr wird zur technischen Grundlage des neuen Konzeptes MASCHINE als AUTOMAT (124).

An der Entwicklung von Messgeräten wird ebenfalls gearbeitet. Die Zeittafel bei CONRAD (1997) verzeichnet folgende Ereignisse:

1718 *D.G. Fahrenheit* konstruiert ein Quecksilberthermometer.
1730 *R. de Reaumur* stellt ein Alkoholthermometer her.
1790 *J. Watt* benutzt ein Manometer.

Die maschinelle Ausrüstung des Bergbaus wird im 19. Jh. weiterentwickelt und ergänzt. So vermerkt CONRAD (1997: 333) zum Jahr 1861: „Im Bergbau werden Bandförderer eingesetzt“. Zusätzlich erobern die Neuentwicklungen der Maschinentechnik weitere Nutzungsbereiche:

Man nennt das 19. Jahrhundert plakativ das Zeitalter der weit verbreiteten und vielseitig eingesetzten Dampfmaschinentechnik, der verkehrstechnischen Revolutionen auf Schiene und Straße und der neuen Ingenieurstechnik (JAKOB 1991a: 220).

Auf das 19. Jh. gehen nach CONRAD auch die ersten Erfindungen im Bereich der Hausgeräte zurück:

1802 *F.A. Winston* führt einen gasbeheizten Küchenherd vor.
1876 Kühlschrank mit Ammoniak-Kältemaschine von *C. von Linde*.
1886 *J. Cochrane* erhält ein Patent auf eine Geschirrspülmaschine.

In den Bereich der Messtechnik gehört der Eintrag zum Jahr 1829: „Mikrometerschraube von *H. Maudsley*“.

Gleichzeitig ist das 19. Jh. auch das Jahrhundert der Elektrifizierung, in dem die Erzeugung, Speicherung und Übertragung von Elektroenergie erforscht und auf breiter Basis nutzbar gemacht werden. CONRAD vermerkt u.a. folgende Entwicklungen:

1834 *M.H. von Jakobi* baut einen batteriegespeisten Elektromotor.
1848 *J. Foucault* bringt die elektrische Bogenlampe zur Einsatzreife.
1855 Elektrische Bogenlampe zur Straßenbeleuchtung in Lyon.
1860 Elektromotor mit Ringanker von *A. Pacinotti*.
1880 Elektrisch angetriebener Aufzug von *W. Siemens*. In London geht das erste von *T.A. Edison* konzipierte Elektrizitätswerk in Betrieb.
1882 Im deutschen Bergbau wird die elektrische Grubenbahn eingeführt.
1885 *W. Stanley* erfindet den Transformator für die Elektrotechnik.
1890 Elektrisch angetriebene U-Bahn in London.

Eintrag zum Jahr 1883: „Der Antrieb mit Elektromotor setzt sich bei immer mehr Geräten und Maschinen durch: elektrische Nähmaschine, elektrische Zahnbohrmaschine“.

1.4.1.2 Mikrokulturen im 20. Jh.

In den ersten Jahrzehnten des 20. Jh. findet die Elektrotechnik Eingang in den Bereich der Hausgeräte und anderer Produkte des Alltagsbedarfs:

1901 Staubsaugerpatent für *H.C. Booth*.
1909 In den USA wird der elektrische Toaster angeboten.
1913 Einführung des Haushaltskühlschranks in den USA.
1915 Elektrische Waschmaschinen in Großbritannien und den USA.

1931 *J. Schick* produziert den Elektrorasierer.
1947 In den USA werden Mikrowellenherde angeboten.

Die Anfänge von Kommunikations- und Nachrichtentechnik können bis in die 70er Jahre des 19. Jh. zurückverfolgt werden, CONRAD weist in seiner Zeittafel u.a. folgende Ereignisse aus:

1876 *A.G. Bell* meldet sein Telefon zum Patent an.
1878 In den USA, in New Haven (Conn.), wird das erste Fernsprechvermittlungsamt eingerichtet.

Im 20. Jh. finden gerade in diesem Bereich die zahlreichen Entwicklungen statt, die die Industriegesellschaft auf den Weg zur Informationsgesellschaft bringen:

> Gegen Jahrhundertende [19. Jh.], nach Entdeckung der elektromagnetischen Wellen, bahnte sich die leitungslose Informationsübermittlung an. In steter Wechselwirkung mit der sich fortentwickelnden Elektronik entstanden Informationsmöglichkeiten vom Fernsprech- und Fernschreibverkehr über Kontinente und Ozeane bis zu Hörrundfunk und Fernsehen, von zahllosen Funkdiensten bis zu Nachrichtensatelliten (CONRAD 1997: 209).

Für die erste Hälfte des 20. Jh. sind u.a. kennzeichnend:

1914 *E. Kleinschmidt* erfindet den Fernschreiber.
1920 Erste Rundfunksender in den USA.
1921 Von *A.W. Hull* wird das Magnetron (Elektronenröhre) zur Erzeugung von Mikrowellen erfunden.[129]
1930 *M. von Ardenne* realisiert die vollelektronische Bildübertragung.
1931 Die Bell Laboratories entwickeln das Telexsystem.
1937 Farbfernsehvorführungen auf der Berliner Funkausstellung.

Während die Erfindungen der Nachrichtentechnik aus der 1. Hälfte des Jahrhunderts zur Begründung des Bereichs der Unterhaltungselektronik führen, beginnt mit Entstehung der technischen Elektronik (s.o.) die Entwicklung der Computertechnik. Deren Anfangsphase wird markiert durch den Bau des Elektronenrechners in den 40er Jahren:

1943 In Großbritannien konstruiert *A. Turing* den „colossus“ als erste mit Elektronenröhren ausgerüstete Rechenmaschine.
1946 *J.P. Eckert* und *J.W. Mauchy* entwickeln den Elektronenrechner „ENIAC“.
1949 Erster elektronischer Rechner mit Programmspeicher („BINAC“) in den USA.

In den 50er Jahren intensivieren sich die Innovation im Bereich der Unterhaltungselektronik und die Miniaturisierung in der Rechnertechnik, die mit Mikroprozessor und PC einen ersten Höhepunkt erreicht:

1952 Die Firma Sony bringt ein Transistor-Kofferradio auf den Markt.
1956 Im Auftrag von IBM entwickelt *R. Johnson* das erste kommerzielle Modell einer Computerfestplatte. Die Ampex Corporation bringt den Videorekorder auf den Markt.

---

[129] CONRAD (1997: 214) kommentiert: „Die Erfindung der Elektronenröhre markiert den Beginn der technischen Elektronik und bestimmte für Jahrzehnte deren Weg“.

1962 Der aktive Nachrichtensatellit „Telstar" wird in eine Umlaufbahn geschossen.
1963 Von Philips wird die Tonbandkassette eingeführt. *W. Bruch* entwickelt das Farbfernsehsystem PAL.
1969 In den USA wird das ARPAnet, der Vorläufer des Internet, installiert.
1970 Die Floppy Disk wird zur Datenspeicherung verwendet. AEG-Telefunken stellen die Bildplatte vor. Heimvideorecorder von Philips.
1971 Markteinführung des Mikroprozessors durch die Firma Intel.
1975 Das Video Home System (VHS) wird vorgestellt.
1977 Der Personalcomputer (PC) „Apple II" kommt auf den Markt.
1979 Sony stellt den „Walkman" vor.
1980 Videokamera mit getrenntem Rekorder.

Die 80-er und 90-er Jahre markieren weitere Eckpunkte in der fortschreitenden Annäherung von Unterhaltungselektronik und Computertechnik:

1983 Die Compact Disc (CD) wird angeboten.
1995 Multimedia-Techniken erleben einen derartigen Aufschwung, daß ‚Multimedia' zum ‚Wort des Jahres 1995' gekürt wird. ARD und ZDF senden erstmals aus einem virtuellen Studio (von einem Computer generiertes, nicht materiell vorhandenes Studio).
1996 Die Digital Video Disc (DVD) mit einer Speicherkapazität von 17 Gigabyte wird vorgestellt.

1.4.2 Entwicklung der Textsorten

Seiner texthistorischen Betrachtung zur Entwicklung technischer Textsorten des Maschinenbaus stellt JAKOB (1991a: 117-118) u.a. folgende Definitionen voran:

Theorie-Fachtexte: Texte der naturwissenschaftlichen und philosophischen Theoriebildung.
Techniker-Fachtexte: Technischer Text auf ‚Ingenieursniveau', (...) für die fachinterne Kommunikation der ‚Spezialisten' vorgesehen.
Anwender-Fachtexte: Technischer Text auf ‚Praktiker- und Anwender-Niveau', (...) mit Anleitungs- oder Anwendungsintention, für die Fachkommunikation des ‚Praktikers', für den kognitiven und sprachlichen Zugang des ‚Anwenders'.
Vermittlungstexte: Eindeutige und klare Festlegung des gesamten Textes und der leitenden Intention auf eine Vermittlungsfunktion für den interessierten Laien.

Die technische Beschreibung, insbesondere die Maschinenbeschreibung, gehört nach den Feststellungen bei JAKOB (1991a: 122) zu den ältesten[130] technischen Textsorten:

Techniktexte im 17. Jahrhundert sind noch nicht auf einzelne Bereiche der Technik spezialisiert, vielmehr wird in einer Gesamtschau ein Überblick über die bestehende Maschinentechnik gegeben (...). Die Texte sind keine im modernen Sinne systematischen und rationellen Abhandlun-

[130] GÖPFERICH (1998: 120) irrt daher, wenn sie behauptet: „Solche Beschreibungen sind in der Regel keine eigenständigen Texte, sondern Bestandteil von anderen Textsorten (...)". Es mag richtig sein, dass die Kfz-Technik für die Textsorte „Beschreibung" keine Verwendung hat, in anderen Mikrokulturen sind Beschreibungen Texte eigenen Rechts (mit eigener Funktion). Vgl. dazu z.B. HORN-HELF (1999a: 153 bzw. 156).

gen über technische Prinzipien, sondern sie reihen Maschinenbeschreibung an Maschinenbeschreibung. (...) [In] der barocken Maschinentechnik ist ein Techniktext zugleich **Fachtext** und **Vermittlungstext** und ‚ergötzlicher' **Unterhaltungstext**.

Bereits im 17. Jh. ist die „Text-Bild-Gemeinschaft" (z.B. KALVERKÄMPER 1993: 217) offensichtlich ein Charakteristikum technischer Beschreibungen: diese enthalten üblicherweise sehr detaillierte Darstellungen der Maschinen in Text und Bild (vgl. JAKOB 1991a: 126).

Eine Differenzierung technischer Disziplinen ist erstmals in Texten des 18. Jh. zu erkennen. Diese spezialisieren sich auf bestimmte Themenbereiche, verzichten auf die traditionellen „narrativen und naiv-beschreibenden Teile" (JAKOB 1991a: 151) und zeigen in der Darstellung einen Zugewinn an Systematik. So erscheint 1723 der erste Band von J. Leupolds „Theatrum machinarum generale", dem bis 1739 weitere acht Bände folgen. CONRAD (1997: 326) bezeichnet dieses Werk als „die erste systematische Darstellung des gesamten Maschinenbaus". Nach der Klassifikation von JAKOB (s.o.) handelt es sich um eine Kombination aus Theorie- und Technikertext:

Seiner Biographie entsprechend, die ihn [Leupold] als ‚Praktiker' und als ‚Gelehrten' ausweist, ist das Werk eine perfekte Mischung aus Theorie- und Praxiswissen. Besonders die Einflüsse der nunmehr ausgebildeten klassischen Mechanik sind erstmalig in einem Technikwerk deutlich vorhanden (148).

Im 18. Jh. entwickeln sich nach JAKOB die Formen für moderne Fachtexte. Damit einher geht zunächst die Möglichkeit, einzelne Texte verschiedenen Kategorien seiner Klassifikation zuzuordnen. Für das 18. Jh. ist schon klar zwischen Techniker- und Anwender-Fachtexten zu unterscheiden. Als Beispiel dafür nennt er „das Buch von Joseph Baader (1794), das zwar den Titel ‚**Theorie** (!) der Saug- und Hebepumpen' trägt, aber hinsichtlich des dargestellten Technikniveaus eher einen ‚Ratgeber' für den zukünftigen Anwender darstellt" (1991a: 152).

Des Weiteren zeichnet sich – so JAKOB – auch die Entstehung technischer Textsorten ab, z.B. von Fachzeitschrift und Fachbuch (mit jeweils direkter Bindung an eine Mikrokultur):

Am Ende des 18. Jahrhunderts liegt eine weitere entscheidende Zäsur in der Fachtextgeschichte vor. Etwa im Zeitraum zwischen 1780 und 1820 entstehen in den verschiedensten wissenschaftlichen und anderen Fächern periodisch erscheinende Fachorgane (149).

Um 1850 entstehen mit den Texten der neuen Maschinenwissenschaft anspruchsvolle Hand- und Lehrbücher, die die moderne Ingenieurliteratur begründen. – Am Ende des Jahrhunderts steht als Schlußpunkt in der Entwicklung der Techniker-Fachtexte das moderne, thematisch eingegrenzte und spezialisierte Fachbuch (284 bzw. 151).

Die moderne Vielfalt an Textsorten, „vom hochspezialisierten Fachtext bis zur Laienlektüre", geht daher auf das 19. Jh. zurück. Es fehlt lediglich noch die „Hobby- oder Ratgeber-Literatur“, deren Produktion erst um die Jahrhundertwende einsetzt (vgl. Jakob 1991a: 223, FN 50, bzw. 289).

Das 19. Jh. ist auch aus anderen Gründen ein für die Technik bemerkenswertes Jahrhundert: zum einen hat die Spaltung der „Wissenschaftskultur“[131] hier ihren Ursprung, zum anderen erhält die Technik in dieser Zeit ihren Sonderstatus. Diese Sonderstellung ist nach JAKOB (1991a: X) durch einen Wertewandel im 19. Jh. bedingt, der „Technikdistanz, Technikskepsis und Technikkritik“ hervorgebracht hat und – mit paradoxen Konstellationen – noch immer hervorbringt:

Als Geisteswissenschaftler des Industriezeitalters muß man nichts über Technik wissen, man sollte aber eine standesgemäße Portion von Technikkritik und Technikdistanz aufweisen, man darf und muß aber gleichzeitig die Errungenschaften der Technik in Alltag und Beruf gewinnbringend einsetzen.

1.4.3 Anleitungen: Anwenderfach- bzw. Vermittlungstexte

Nach der Klassifikation bei MCELHOLM (2002: 141-142) gehören Anleitungen zu den präskriptiven[132] Texten:

Certain types of text set out not to explain or to describe, but to tell their readership in some sense what to do, to say what should be done, to prescribe, in other words. (…) there is a wide range of prescription depending on the state of affairs involved and on the context: we have only to think of the difference between advice to someone, a cookery recipe, instructions for use, a standard, a law and an operating manual to recognise the diversity of prescriptive texts.

Die willkürlich anmutende Reihung seiner Beispiele für präskriptive Texte zeigt, dass MCELHOLM eine weitergehende Differenzierung nach der Textfunktion (instruktiv bzw. direktiv) nicht vorgesehen hat. Eine solche findet sich z.B. in der Funktionsbeschreibung zu deskriptiven und präskriptiven Texten bei HOFFMANN (1999: 35):

Die Funktion deskriptiver Texte ist es, zu informieren, zu berichten, zu beschreiben, zu zitieren, festzustellen usw.; die Funktion instruktiver Texte ist es, zu (be)lehren, zu erklären, zu empfehlen, zu illustrieren, zu überzeugen, zu raten usw.; die Funktion direktiver Texte ist es, vorzuschreiben, anzuweisen, zu steuern, zu ordnen, zu regeln usw. Oft ergibt die Substantivierung dieser Verben schon den Namen der Textsorte, z.B. Information, Bericht, Beschreibung; Erklärung, Empfehlung, Illustration; Vorschrift, Anweisung, Regelung.

---

[131] Ausführlicher dazu auch JAKOB (1991a: X): „Die Technikdistanz der Kulturwissenschaftler und auch ihre relative Ferne zu den Naturwissenschaften gehen auf Wissenschaftstraditionen zurück, die seit der Klassik und dem deutschen Idealismus zu einer Zweigleisigkeit geführt haben, die man heute als das Phänomen der zwei Kulturen kennzeichnet: die Kultur der Geistes- und Sozialwissenschaften gegenüber der Kultur der Natur- und Ingenieurwissenschaften“.

[132] REISS (1993: 134ff.) rechnet die Textsorte „Anleitung“ zum „operativen Texttyp“, im Sinne von BRINKER (2005: 145) gehört sie zur Textklasse der „Appelltexte“.

Die von HOFFMANN angesprochenen Textsortenbezeichnungen spezifizieren die Intention des Senders (er möchte informieren, berichten, beschreiben etc.) und prädeterminieren über die Offenlegung dieser Intention gleichzeitig die Rezeption des Textes (vgl. auch SAGER et al. 1980: 103).

Das trifft in einem ganz allgemeinen Sinne auch auf die Anleitung zu. Allerdings gibt der Titel einer Anleitung[133] keinen so eindeutigen Hinweis auf den Adressatenbezug, wie die Differenzierung bei BRENDL/BRENDL (1991: 7) dies nahe legt:

> Die Nutzungsfunktion folgt je nachdem, ob es sich um Laien oder Fachleute – also GEBRAUCHS- oder BETRIEBS-Anleitungen handelt – den Prinzipien der Einweisung bzw. Unterweisung (es fehlen nicht nur Produkt-, sondern auch Fachkenntnisse).

Gemeinsam ist allen Anleitungen eine instruktive Textfunktion. Der Unterschied zwischen fachinterner und fachexterner Anleitung (bei HORN-HELF (2003) als Varianten der Textsorte „Anleitung“ betrachtet) resultiert aus einem abweichenden Kommunikationsbereich („Handlungsbereich“ im Sinne von BRINKER 2005: 145), der durch den Kommunikationsgegenstand (das Thema) determiniert wird und deshalb entweder innerhalb der Grenzen des Faches liegt oder diese Grenzen im Zuge der „Mechanisierung des Alltags“/„Technisierung der Welt“ (JAKOB 1991a: XII) überschreitet.[134]

Diesen Unterschied macht z.B. GLÄSER (1990: 47) in ihren Definitionen deutlich:

> Fachinterne Kommunikation umfaßt Fachtexte mit einem hohen Spezialisierungs- und Fachlichkeitsgrad, die auf seiten der Kommunikationspartner die entsprechende Fachkompetenz voraussetzen und fachliche Informationen vermitteln. Fachexterne Kommunikation umfaßt Fachtexte mit einem abnehmenden Fachlichkeitsgrad, der maßgeblich durch Strategien der Didaktisierung, Popularisierung und Werbung beeinflußt wird.

„Fachzeitschriftenartikel“ und „popularisierender Zeitschriftenartikel“, die in einem vergleichbaren Verhältnis zueinander stehen wie „fachinterne“ und „fachexterne“ Anleitung, werden bereits als eigene Textsorten – nicht (mehr) als Varianten der Textsorte „Zeitschriftenartikel“ – angesehen. Ein wesentlicher Grund dafür dürfte der jeweilige Forschungsstand sein: Während textlinguistische Analysen an Zeitschriftenartikeln beider „Varianten“ (auch kontrastiv) schon eine Reihe interessanter Ergebnisse (vgl. ZERM

---

[133] Vgl. dazu auch PICHLER (2007: 7): „Bei Investionsgütern heißt sie [die Benutzerinformation] *Betriebs**anleitung***, bei Konsumgütern *Gebrauchs**anleitung*** (früher: Bedienungsanleitung) (…)“. Eine solche Korrelation zwischen Titel und Gegenstand der Anleitung ist in der Praxis nicht erkennbar: die fachinternen deutschen Anleitungen der Korpora sind mit „Gebrauchs-“ oder „Betriebsanleitung“ (Maschinenbau) oder mit „Bedienungsanleitung“ (Gerätebau) betitelt.

[134] In diesem Sinne vgl. auch AITKEN (2002: 91): “Instructions for use provide just one example of a genre whose instantiation in specific texts by no means necessarily involves special language and which moreover cannot adequately be described in terms of communication between initiate experts only”.

1987, GLÄSER 1990, STAHLHEBER 1992, GÖPFERICH 1995, NIEDERHAUSER 1997, HORN-HELF 1999a) gebracht haben, ist die „fachexterne" Anleitung aus der Sicht der Forschung bisher „die Anleitung"[135] schlechthin. Eine mögliche Erklärung mag – jenseits von „Alltags-Technik" – in der Feststellung bei JAKOB (1991a: XI) zu finden sein:

Während die Beschäftigung mit der Sprache der Naturwissenschaften noch eher im herrschenden Fachsprachenparadigma unterzubringen ist (...), ist die Technik in weit höherem Maße ein ferner Gegenstand.

Die Unterschiede zwischen fachinternen und fachexternen Texten sind Ausdruck abweichender Interaktionsbeziehungen zwischen Sender und Adressat. Im Rahmen einer Beschreibung hält BAUMANN u.a. folgende Elemente aus Tätigkeits-, sozialer und Umgebungssituation für beachtenswert:

Fachgebiet, Bereich der Kommunikationsgegenstände,
Vertrautheit der Partner mit dem Kommunikationsgegenstand,
Fachlichkeitsgrad der Interaktion,
Grad der Verbindlichkeit, der sich aus der Interaktion ergibt (1992a: 171-172).

Das Fachgebiet, dem der Kommunikationsgegenstand angehört, bestimmt die mikrokulturelle Bindung der Kommunikation. Die Vertrautheit der Partner mit dem Kommunikationsgegenstand führt zur Unterscheidung von fachinterner/fachexterner Kommunikation, daraus resultiert ein abweichender Fachlichkeitsgrad,[136] der hier zum Anlass genommen wird, fachinterne und fachexterne Anleitungen verschiedenen Textsorten zuzuordnen.

Der Grad der Verbindlichkeit dagegen korreliert mit dem Merkmal [±weisungsbefugt] des Senders im Verhältnis zum Adressaten. Er stellt das primäre Kriterium dar zur Abgrenzung von „Anleitung" und „Anweisung" (bzw. instruktiver und direktiver Textsorten generell). Im Gegensatz zu Anleitungen gehören Anweisungen in den technischen Mikrokulturen zur innerbetrieblichen (daher grundsätzlich fachinternen) Kommunikation. Sie sind nach BRENDL/BRENDL (1991: 155):

---

[135] Die Frage, ob fachinterne und fachexterne Anleitung verschiedene Textsorten konstituieren, hat sich daher bisher noch nicht gestellt. Der Analyse fachinterner Anleitungen standen – auch noch zum Entstehungszeitpunkt dieser Arbeit – neben der allgemein abschreckenden Fachsprachlichkeit diverse praktische Hindernisse entgegen: das Problem der Verfügbarkeit hat sich relativiert, seit Hersteller mit der Publikation ihrer Anleitungen im Internet begonnen haben. Insoweit verzichten sie inzwischen selbst auf die Geheimhaltung, der ihre Texte bisher unterworfen waren. Da das für einen Großteil der Analysetexte noch gilt, können die Anleitungen der verschiedenen Korpora hier nicht in der gewohnten Weise aufgelistet werden.

[136] So sieht es auch GLÄSER (1990: 54): „Innerhalb der situativen Einbettung des Fachtextes liegt der Schwerpunkt eindeutig auf der Fachgebietszuordnung und den sozialen Variablen. Sie bestimmen maßgeblich den Fachlichkeitsgrad des Textes (...)".

arbeitsplatz- und tätigkeitsbezogene, verbindliche schriftliche Anordnungen und **Verhaltensregeln** des Arbeitgebers an Arbeitnehmer zum Schutz vor Unfall- und Gesundheitsgefahren sowie zum Schutz der Umwelt beim Umgang mit Gefahrstoffen.

1.4.3.1 Pragmatische Aspekte der fachinternen Anleitung

Fachinterne Anleitungen werden für Produkte (im weitesten Sinne) geschrieben, mit denen Fachleute im Rahmen ihrer beruflichen Tätigkeit umgehen. Vielfach handelt es sich dabei um industrielle Investitionsgüter,[137] zu denen Nichtfachleute keinen Zugang haben. BAUMANN (1992a: 178) weist darauf hin, dass der Adressatenbezug Konsequenzen für die Textproduktion haben muss:

Der Fachtext ist in einer bestimmten Weise sozial markiert, denn der Textproduzent besitzt eine klare Vorstellung vom zu erreichenden Adressatenkreis und von dessen Präsuppositionen.

In diesem Sinne darf der Produzent von Anleitungen zu Investitionsgütern grundsätzlich davon ausgehen, dass seine Adressaten Fachleute sind. Für die Produkte der industriellen Serienfertigung erschöpft sich die „klare Vorstellung“ des Textproduzenten in diesem Wissen. In Bezug auf die fachliche Qualifikation und mögliche Erfahrungen seiner Adressaten kann er nur einen „Normalfall“ annehmen, d.h. eine technische Qualifikation und günstigstenfalls Erfahrungen mit vergleichbaren Produkten unterstellen (vgl. dazu 1.4.4.2). Er kann also auf die Vermittlung technischen Grundlagenwissens verzichten, muss sich aber sehr ausführlich und präzise zu den Besonderheiten des Produktes äußern. Das ist vor allem dort wichtig, wo diese Besonderheiten unübliche Verhaltensweisen verlangen, denn „Anleiten“ drückt nach BRENDL/BRENDL (1991: 43) „die Obhutspflicht dessen aus, der kraft umfassenderer Erfahrung und tieferer Einblicke den Partner vor dessen Unvermögen zu schützen vermag“. Im Zentrum des Interesses steht die Sicherheit:

Anleitungen sind kein Zubehörteil zur Verbesserung des Produktes; sie sind vielmehr Bestandteil und Ausdruck des Sicherheits-Systems ‚Hersteller – Produkt – Anwender – Umwelt’ (45). – Die Betriebs-**Anleitung** stellt nämlich im hier gewählten Sprachgebrauch die **produktbegleitende**[138] **hinweisende Sicherheit des Herstellers** dar (155).

Die Kommunikationspartner fachinterner Kommunikation bleiben nicht unbedingt anonym. Gerade hier gibt es durchaus mehr oder minder direkte Kontakte. Insbesondere das deutsche Korpus des Maschinenbaus enthält Anleitungen, die speziell für einen konkre-

[137] Vgl. sinngemäß auch LEHRNDORFER (1999: 39): „Neben den Gebrauchsanleitungen steht die Technische Dokumentation von *Investitions-* und *Wirtschaftsgütern*. Dieser breiten Leserkreisen kaum zugängliche Zweig der TD ist berufs- oder fachbereichsbezogen und umfaßt Daten und Informationen zu einem Produkt, (...) zu Zusammenbau, Auslieferung, Vorschriften der Qualitätssicherung, Produktwartung und -instandhaltung und zur Entsorgung (...)“.

[138] Inzwischen gilt die Anleitung nicht mehr als „produktbegleitend“, sondern gemäß DIN EN 62079 (2001: 12) als „Teil des Produkts“.

ten Auftrag produziert wurden. In diesen Fällen konnte der Textproduzent tatsächlich eine (ungewöhnlich) genaue Vorstellung von seinem Adressaten haben.

Nach den Fakten der Analysekorpora zu urteilen, texten deutsche und britische/amerikanische Hersteller von Investitionsgütern ihre Anleitungen selbst. Erfahrungsgemäß wird die Textproduktion hier Fachleuten technischer Professionen übertragen. Die Folgen für die Textqualität sind bekannt (vgl. BERGLUND 1990, BACHMANN 1992, SCHMITT 1987/1998a, HORN-HELF 1997b/1997c/1998/1999a). LEHRNDORFER skizziert das Ausmaß dieser Verfahrensweise in der fachinternen Kommunikation:

> Mehr als 75% dieser ‚Technischen Redakteure' besitzen keine entsprechende Ausbildung: meist sind sie Ingenieure, Techniker, Technische Zeichner oder Sachbearbeiter, die durch Training-on-the-Job und Einzelqualifikationen (Seminare, Tagungen, Fachzeitschriften) ihr Fachwissen erwerben (Weiterbildung durch Anpassungsqualifizierung) (1999: 41).

Die Adressaten einer Anleitung sind (fachintern wie -extern) üblicherweise Kunden des Senders, der ihnen gegenüber keinerlei Weisungsbefugnis hat. Vielfach wird deshalb versucht, die Adressaten dadurch zur Beachtung der Anleitung zu bewegen, dass der Sender seine Haftung für Schäden infolge Nichtbeachtung ausschließt.

Die russischen fachinternen Anleitungen haben offensichtlich zum Teil (Korpus Maschinenbau) eine andere Entstehungsgeschichte und daher auch eine größere Verbindlichkeit, als das bei dieser Textsorte üblich ist. Der Status der Textproduzenten (staatliche Institutionen, zum Personeneinbezug vgl. 1.5.3.2) rückt diese Texte in die Nähe von Anweisungen.

1.4.3.2 Pragmatische Aspekte der fachexternen Anleitung

Dagegen ist z.B. der Verfasser von Anleitungen für Hausgeräte gesetzlich verpflichtet, davon auszugehen, dass seine Adressaten keine Fachleute in den Bereichen Maschinenbau/Elektrotechnik/Elektronik sind. Zudem muss er nach BRENDL/BRENDL (1991: 21) noch andere Faktoren berücksichtigen, z.B. „die Aufnahmefähigkeit der potentiellen Benutzer", da die Rezipienten u.U. nur eingeschränkt bereit sind, an der Kommunikation mitzuwirken:

> In der GA-Situation will ein Leser typischerweise nicht lesen, sondern einen schnellen Handlungserfolg verbuchen, steht somit unter Handlungsdruck. (…) Die Lesequalität in der GA-Situation ist demnach typischerweise schlecht, d.h. der Leser ist anfällig für Informationsverlust durch Überlesen oder Mißverstehen (LEHRNDORFER 1999: 42).

MÅRDSJÖ (1992: 39) berichtet von einer Studie, in der das Adressatenbild von Softwareentwicklern und ihren Textproduzenten untersucht wurde. Danach sind die Anwender „ignorant and strange persons", zu denen keinerlei Kontakt besteht.

Bei fachexterner Kommunikation fehlt der Kontakt zwischen Hersteller und Kunde tatsächlich in der Regel. Vor allem im globalen Vertrieb von Computerhard- und -software gilt, dass sich „die Interaktion zwischen Vertretern des Handels, Verbrauchern und nicht zuletzt Werbefachleuten [vollzieht]“ (GLÄSER 1990: 242). Chronisch überlastete Hotlines haben an dieser Situation wenig geändert. Zum Hersteller eines Hausgerätes ist die Kontaktaufnahme über den Kundendienst (inzwischen zunehmend auch über eine „ansprechbare Kunden-Hotline“) vielfach leichter möglich (und, nach den zahlreichen Aufforderungen in den Anleitungen zu urteilen, auch erwünscht).

Zu ihrem Vergleich schwedischer Anleitungen aus zwei Mikrokulturen (Computertechnik und Hausgeräte) stellt MÅRDSJÖ (1992: 43) fest:

Very roughly, in the word processing texts, the users are addressed in a rather direct (or authoritarian) way: *Do this, do that.* This could of course be regarded as threatening, (…), and the users might feel that they are addressed as ignorants, as it somewhat threatens the personal freedom of choice. But, it could just as well – possibly preferably – be regarded as a perfectly natural style and tone in this kind of genre. Or it could be interpreted as the tone of the high status engineer towards the ignorant commoners.

Mit dieser Beobachtung bezieht sich MÅRDSJÖ auf die amerikanische Direktheit, vermittelt über den fast uneingeschränkten Imperativgebrauch, der in den schwedischen Texten offenbar in vollem Umfang abgebildet wurde.[139] Da die angebotenen Interpretationsmöglichkeiten für eine eher negative Bewertung aus Sicht der Rezipienten sprechen, handelt sich hier um intertextuelle Interferenz. Diese für „englische“ fachexterne Anleitungen[140] typische Direktheit bezeichnet GLÄSER (1990: 241) als „Strategie der unmittelbaren Direktive, die als unmißverständliche Anweisung einer mehr oder weniger ausführlichen Beschreibung des betreffenden Gegenstandes folgt“.

Diese Direktheit ist – auch mit Rücksicht auf das Bemühen des Senders um die Sicherheit des Rezipienten – als Strategie „bald on record“ (vgl. 1.3.4.1) zu interpretieren. Immerhin hat eine Anleitung u.a. die Aufgabe, „Selbstschutzdefizite auszugleichen, denen sich der Benutzer durch seine Entscheidung für dieses Produkt aussetzt“ (BRENDL/ BRENDL 1991: 16).

Die Übernahme dieses im „angloamerikanischen“ Kontext normalen Anleitungsstils, scheint in anderen Kulturen fachextern so wenig angemessen wie fachintern. Ein Stil, wie ihn die Formulierung „unmissverständliche Anweisung“ (s.o.) impliziert, würde völlig ignorieren, dass der Adressat Kunde (ein König!) ist, der vom Hersteller Hilfestellung beim Umgang mit dessen Produkt erwarten darf.

[139] Diese Imitation englischer Imperative fällt auch in russischen Anleitungen der Computertechnik auf (vgl. dazu z.B. HORN-HELF 2009a: 343).

[140] Nach den Beispielen für Deklarationen zu urteilen, enthält das Anleitungskorpus bei GLÄSER sowohl britische als auch amerikanische Texte (vgl. 1990: 247).

1.4.4 Standortbestimmung/Korpusbeschreibung

Um der einzelnen Arbeit ein isoliertes Dasein innerhalb der Fachsprachenforschung zu ersparen, fordert KALVERKÄMPER (1992):

> Die zukünftigen fachsprachlichen Analysen sollen grundsätzlich einen ‚Ortungsteil' aufweisen, aus dem klar hervorgeht, wie sich die Analyse ‚Ver-steht', wie sie sich im Vergleich mit systematisch benachbarten, übergeordneten und untergeordneten Fragestellungen definiert. Eine stringente Methode hat hier einzusetzen, indem zunächst die Sprachbeschreibungsebene der fachsprachlichen Analyse geklärt wird (69).

Die weiteren Kategorien seiner insgesamt sechsstufigen Matrix sind:

- die soziologische Kategorie der Varietäten,
- die stratische Kategorie der Schichtung,
- die Kategorie des Mediums,
- die Kategorie der Interlingualität/Interkulturalität,
- die Kategorie der Zeit (70-72).

Diese Kategorien werden im Folgenden unter vier Gesichtspunkten beschrieben: die Varietäten repräsentieren die Mikrokulturen, die Textsorten „fachinterne" und „fachexterne Anleitung" sind Ausdruck der Schichtung. Des Weiteren definieren sich die Analysekorpora über das Medium, ihre Konstituenten und die Zeit ihrer Entstehung. Zur methodischen Seite gehören schließlich die Analysekriterien, die auf verschiedenen Ebenen des Textes ansetzen, und die Kategorie von Interlingualität/Interkulturalität.

1.4.4.1 Mikrokulturelle Varietäten

Untersuchungsgegenstand dieser Arbeit sind Anleitungen als Ergebnis schriftlicher Sprachverwendung in zwei verschiedenen Fächern, d.h. der Verwendung verschiedener Fachsprachen in (theoretisch) abgrenzbaren Teildisziplinen. Ausgewählt wurden Texte zur

- Fachsprache des Maschinenbaus (Industriemaschinen/Hausgeräte),
- Fachsprache des Gerätebaus (industrielle Mess- und Analysetechnik/Gebrauchselektronik).

Aus praktischer Perspektive ist diese Abgrenzung in Bezug auf Disziplin und Fachsprache ähnlich relativ, wie SAGER et al. dies an einem Beispiel aus dem Bergbau vorführen:

> The communicative needs arising from the operation of a coal mine, for instance, are not restricted to the narrow subspace of coal extraction methods and equipment but involve geology, mechanical and electrical engineering, health and environmental protection, transport, marketing, finance, etc. Knowledge subspaces overlap and interpenetrate in messages and horizontal contiguity is therefore an inadequate description of what is in fact a multi-dimensional relationship (1980: 97).

Tatsächlich gehört nicht nur die Elektrotechnik traditionell zu den beiden genannten Fächern, moderne Hausgeräte stehen häufig in ihrer elektronischen Ausstattung den als „Gebrauchselektronik" bezeichneten Geräten auch nicht mehr wesentlich nach. Hinzu kommt, dass verschiedene Hersteller von Hausgeräten ursprünglich ihr primäres Betätigungsfeld in der Elektrotechnik hatten. Daher bestehen auch innerhalb dieser Disziplinen interdisziplinäre Beziehungen, auf die zwar generell hingewiesen werden kann, die sich jedoch bei der Textanalyse weder eliminieren noch überhaupt identifizieren lassen.

1.4.4.2 Fachsprachliche Schichtung

Bei der Auswahl des Textkorpus für kontrastive Analysen sind nach MINOGUE/WEBER (1992: 53) folgende Kriterien wichtig:

- die jeweils verwendete Sprache;
- der jeweils behandelte Kommunikationsgegenstand
  oder – bei erweiterter Betrachtung – der Objektbereich
  oder – bei eingeengter Betrachtung – das Thema;
- die vertikale Schichtung, d.h., die Frage, ob es sich um fachinterne oder interfachliche oder fachexterne Kommunikation handelt;
- die Unterscheidung von mündlicher und schriftlicher Kommunikation.

Die ersten beiden Kriterien können als Detaillierung zur Kategorie „Varietäten" (s.o.) aufgefasst werden, das dritte stellt die Frage nach dem Adressatenbezug.

Im Hinblick auf den Aufbau der beiden Varietäten repräsentieren die Analysekorpora zwei verschiedene Schichten, die mit dem Faktor „Adressatenbezug" bzw. mit der hier gezeigten Opposition „fachintern" (Kommunikation unter Fachleuten) vs. „fachextern" (Kommunikation zwischen Fachleuten und Nichtfachleuten – vgl. 1.4.3) korrelieren.[141] Gebrauchsanweisungen,[142] Bedienungsanleitungen und andere „produktbegleitende" Texte rechnet GLÄSER (1990) zu den Fachtextsorten der Konsumtion.

Demgegenüber sind Anleitungen für Investitionsgüter nicht auf dieser Ebene anzusiedeln, sie gehören zur Schicht C (vgl. 240 bzw. 242).

Die Schicht „*C*: Angewandte Wissenschaften und Technik" zeichnet sich aus durch:

> Hohe Abstraktionsstufe.
> Natürliche Sprache mit einem sehr hohen Anteil an Fachterminologie und einer streng determinierten Syntax.

[141] In dieser Weise wird „technische Kommunikation" hier verstanden. Vgl. analog die an sich triviale Feststellung bei KRINGS (1996: 12): „Konstitutiv für technische Kommunikation ist nicht die Verwendung eines technischen Mediums, sondern die Kommunikation über einen technischen Sachverhalt".

[142] Hier handelt es sich um Gebrauchs**anleitungen** für Kunden. Zur Anweisung vgl. 1.4.3.

Für die Schicht „*E*: Konsumtion“ sind dagegen charakteristisch:

Sehr niedrige Abstraktionsstufe.

Natürliche Sprache mit einigen Fachtermini und ungebundener Syntax (vgl. KALVERKÄMPER 1992: 70).

Adressaten technischer Texte können in Bezug auf den Kommunikationsgegenstand über unterschiedliches Vorwissen verfügen. Um dem Rechnung zu tragen, ist es üblich, entsprechend dem Adressatenbezug drei Kommunikationsvarianten[143] zu unterscheiden: intrafachlich, interfachlich, fachextern (vgl. z.B. FELDER 2002: 20).

Die Differenzierung der Korpustexte wird auf die Merkmale „fachintern“ vs. „fachextern“ beschränkt, obwohl für die Praxis des Maschinenbetriebs bzw. der Gerätebedienung nicht auszuschließen ist, dass die über die Anleitung vermittelte Kommunikation auch „interfachlichen“ Charakter haben kann, denn die Differenz zwischen „intrafachlich“ und „interfachlich“ ist nicht durch den Sender, sondern durch den jeweiligen Rezipienten[144] determiniert:

Beispiel:

Sender einer Betriebsanleitung sei eine Pumpen- oder Ventilatorenfabrik. Sofern eine Pumpe bzw. ein Gebläse an eine Maschinenfabrik geliefert wird, wäre die entsprechende Anleitung aufgrund der gemeinsamen mikrokulturellen Zugehörigkeit von Sender und Empfänger als Mittel der intrafachlichen Kommunikation anzusehen. In der Regel wird der Betreiber solcher Maschinen jedoch in ganz anderen Disziplinen tätig sein (z.B. im Eisenhüttenwesen oder in der chemischen Industrie). Dennoch muss in der Praxis zur Qualifikation der mit Bedienung/Wartung etc. Beauftragten neben dem Fachwissen im Tätigkeitsbereich des Unternehmens (u.a. Verfahrenstechnik) auch eine Teilmenge an maschinentechnischem Wissen gehören. Da eine Differenzierung zwischen intra- und interfachlicher Kommunikation in diesem Kontext letztlich von der Qualifikation des jeweiligen Bedieners abhinge, referiert das Merkmal „fachintern“ im hier verstandenen Sinne lediglich auf die Zugehörigkeit des Adressaten zu einer technischen Mikrokultur, die (auch) über entsprechendes maschinentechni-

---

143 In diesem Sinne vgl. auch KVAM (1998a: 32): „Die *Interaktionalität* von Fachkommunikation ist grundsätzlich von einer Exklusivität der Kommunikationspartner geprägt: Der eine Kommunikationspartner ist per definitionem eine verbindlich handelnde Fachperson, also an berufliche Qualifikationsanforderungen und einen spezifischen Handlungskontext gebunden. Der andere Kommunikationspartner handelt zwar auch offiziell, ist aber nicht an ein besonderes Qualifikationsprofil gebunden. Das heißt, es könnte sich hier um Kommunikation zwischen Fachkollegen handeln, zwischen Vertretern benachbarter oder verschiedener Fächer oder zwischen einer Fachperson und einer Person ohne irgend eine Art von Berufskooperationsbeziehung zur jeweiligen Fachperson“.

144 Die Bezeichnung *Adressat* wird für den aus der Sicht des Senders intendierten Rezipienten verwendet, bei dem es sich, wie NORD (1999: 193) darlegt, um ein theoretisches Konstrukt handelt: „Zum anderen ist bei der Diskussion um den Adressaten zu berücksichtigen, dass es sich hier nicht um eine reale Person, sondern um ein begriffliches Konstrukt handelt, dessen Eigenschaften aufgrund vorheriger Erfahrungen mit in analogen Situationen und für vergleichbare Funktionen produzierten Texten ‚gesetzt‘ werden“. Im Gegensatz dazu wird hier die Bezeichnung *Rezipient* für die „reale Person“ beibehalten, die sich in der Rezeptionssituation befindet.

sches Wissen verfügt. Zudem ist dies das einzige Kriterium, das dem Sender im Hinblick auf präsupponiertes Wissen seines Adressaten zur Verfügung steht. Anders als bei der fachexternen Kommunikation muss der Hersteller nicht davon ausgehen, dass sein Kunde die Verantwortung für seine Maschinen technischen Laien überträgt. Analog könnte man auch von einem Wechsel von der fachexternen zur fachinternen Kommunikation ausgehen, wenn ein Maschinenbauingenieur die Bedienungsanleitung zu Rate zieht, um ein spezielles Waschprogramm einzustellen. Auch eine solche Konstellation ändert nichts an der grundsätzlich fachexternen Kommunikation in diesem Bereich (mit technischen Laien als Adressaten), und für die Präsuppositionen des Senders ist sie daher irrelevant.

1.4.4.3 Beschreibung der Analysekorpora

Anhand der drei bei MINOGUE/WEBER (vgl. 1.4.4.2) genannten Kriterien, Sprache, Objektbereich und Adressatenbezug, werden nachstehend die Analysekorpora genauer beschrieben, die Teil schriftlicher Fachkommunikation sind:

Die in den Kapiteln 4 bis 7 vorgestellten Fakten wurden bei der Analyse von 12 Korpora gewonnen, die sich aus Exemplaren der Textsorten „fachinterne Anleitung“ bzw. „fachexterne Anleitung“ zusammensetzen.[145] Mit Ausnahme des Korpus zur Gebrauchselektronik sind die englischen Korpora „angloamerikanisch“ (i.S. von HORNBY 1995: 40), d.h., sie enthalten britische und US-amerikanische Texte in wechselnden Anteilen.

Korpora 1 – 3 (zu Analyseergebnissen vgl. Kapitel 4):
Mikrokultur Maschinenbau D/R/E – fachinterne Betriebsanleitungen für Industriemaschinen; Schwerpunkt des gemeinsamen Objektbereiches: Fördertechnik (z.B. Pumpen, Gebläse, Gurtförderer, Becherwerke). Im russischen Korpus zusätzlich: Montage- und Reparaturanleitungen.

Korpora 4 – 6 (zu Analyseergebnissen vgl. Kapitel 5):
Mikrokultur Gerätebau D/R/E – fachinterne Bedienungsanleitungen für Industriegeräte; gemeinsamer Objektbereich: Mess- und Analysetechnik (z.B. Messen von Druck, Temperatur, Durchfluss, Feuchte, Taupunkt, pH-Wert, elektrischen Größen; Spektral-, Gasanalyse).

Korpora 7 – 9 (zu Analyseergebnissen vgl. Kapitel 6):
Mikrokultur Maschinenbau D/R/E – fachexterne Bedienungsanleitungen für Hausgeräte (z.B. Waschmaschinen, Spülmaschinen, Kühl- und Gefrierkombinationen, Elektro-, Gas- bzw. Mikrowellenherde, Staubsauger).

[145] Die Übersetzungspraxis hat es mit konkreten Texten zu tun, die als Repräsentanten einer Textsorte konventionell bestimmte Merkmale aufweisen. Die Tatsache, dass die „Textsorte“ in eigenen Klassifikationen der Textlinguistik auf höheren Abstraktionsebenen angesiedelt sein kann (zu einer „unspezifischen“ bzw. „spezifischen Lesart“ vgl. z.B. ADAMZIK 2004: 101), hat für den eher unproblematisierten translatorischen Umgang mit diesem Begriff kaum Konsequenzen.

Korpora 10 – 12 (zu Analyseergebnissen vgl. Kapitel 7):
Mikrokultur Gerätebau D/R/E – fachexterne Bedienungsanleitungen für Gebrauchselektronik; Schwerpunkte im Objektbereich: D/R – Unterhaltungselektronik (z.B. Radio-/ Fernsehgeräte) und Uhren, E/R – Computertechnik (z.B. PC, Monitore).

Die Kategorie der Zeit dient KALVERKÄMPER (s.o.) dazu, zwischen dem aktuellen Sprachzustand (synchrone Betrachtung) und der Sprachentwicklung (diachrone Betrachtung) zu unterscheiden. Dazu kann nur eines mit Sicherheit festgestellt werden: Die Analysekorpora gestatten (so gut wie) keine Aussagen zur Sprachentwicklung, da die Texte etwa gleichzeitig produziert wurden. Ob die Texte, die eine „Momentaufnahme" aus den 80er bzw. 90er Jahren des 20. Jh. zeigen, tatsächlich noch den „aktuellen" Stand widerspiegeln, ist dagegen eher fraglich. Zwar dauert es immer eine gewisse Zeit, ehe konstruktive Neuerungen Dimensionen erreichen, die eine Neuredaktion der Anleitung notwendig machen, und auch dann wird erfahrungsgemäß auf frühere Texte zurückgegriffen (Textmerkmale werden quasi „fortgeschrieben"). Dennoch darf, insbesondere in Bezug auf die russischen Anleitungen, bezweifelt werden, dass aktuell produzierte Texte, unbeeindruckt von den makrokulturellen Veränderungen der 90er Jahre, in allen Merkmalen noch den Versionen aus den 80er Jahren entsprechen.

1.4.5 Forschungsaufgabe

1.4.5.1 Ausgangspunkt

HOFFMANN (1992: 103) gibt folgenden Hinweis zu anstehenden Forschungsaufgaben:

> Daß aber Fachtexte, etwa Patentschriften, Bedienungsanleitungen, Verträge, Geschäftsbriefe, in verschiedenen Sprachen fundamentale Unterschiede aufweisen, ist zwar aus der Erfahrung bekannt, aber wissenschaftlich noch viel zu wenig untersucht.

Ohne Zweifel hat er Recht mit dieser Bemerkung. Besonders kritisch ist diese Situation aus der Sicht der Übersetzungspraxis, die Ergebnisse solcher Untersuchungen dringend braucht. Derzeit ist es praktisch unmöglich, das übersetzungstheoretische Postulat einer Anpassung an zielkulturelle Textsortenkonventionen (vgl. auch 2.1) auch nur annähernd zu erfüllen. Diese Erkenntnis gab den Anstoß zur vorliegenden Arbeit, die sich u.a. aus einer übersetzungstheoretisch-praktischen Doppelperspektive mit Text(sort)en befasst, die (insbesondere im Hinblick auf die fachinterne Kommunikation und auf die gewählten Mikrokulturen) an Praxisrelevanz[146] schwer zu übertreffen sein dürften.

[146] Ein Großteil der fachinternen Anleitungen gehört zum bei HORN-HELF (1999a: 152-157) beschriebenen Archiv, d.h., diese Texte waren AT zu Übersetzungsaufträgen.

1.4.5.2 Ebenen der Sprachbeschreibung

Die Merkmale der drei zur Analyse ausgewählten Kategorien „Formulierung", „Strukturierung" und „Inhalt" manifestieren sich auf unterschiedlichen Textebenen. Die analyserelevanten Merkmale der Textformulierung (vgl. 1.5) überschreiten üblicherweise die Satzgrenze nicht. Einen Ausnahmestatus haben hier die an Deklarationen untersuchten Bezeichnungsrelationen, die auf die Ebene des Teiltextes übergreifen. Merkmale der Strukturierung (vgl. 1.6) betreffen im Wesentlichen die Ebenen von Teiltext und Gesamttext, während inhaltliche Merkmale (vgl. 1.7) – entsprechend ihrer Konstitution – auf allen genannten Ebenen gefunden werden können.

1.4.5.3 Methodische Ausrichtung: Interlingualität/Interkulturalität

Es scheint, dass mikrokulturell orientierte Textanalysen zunächst intralingual und intra(makro)kulturell angelegt sein sollten, ähnlich wie bei GLÄSER (1990), die zu Fachtextsorten des Englischen Vergleichsdaten aus verschiedenen Mikrokulturen präsentiert.[147] Derartige intrakulturelle Analysen sind aus translatorischer Sicht zunächst nicht sehr interessant – schon eher aus der Sicht der Forschung, die die Kontraste zu anderen Makro- und Mikrokulturen untersuchen kann. Interessant sind sie offenbar vor allem für die Fremd- und Fachsprachendidaktik, von deren VertreterInnen die verfügbaren Ergebnisse zu einem erheblichen Teil erarbeitet wurden. Zur möglichen und durchaus wünschenswerten Ausweitung des Erkenntnisinteresses schreibt KALVERKÄMPER (1992: 72):

> Haben sich diese kontrastiven Analysen bis hierher auf die jeweilige Einzelsprache erstreckt, sind sie also methodisch als intralingual einzustufen, verlangt die nächsthöhere Vergleichsmöglichkeit den Übergang zu noch weiteren Einzelsprachen, was sich der Kategorie der **Interlingualität** zuordnet. Methodenhierarchisch steht also der interlinguale Vergleich über dem intralingualen; der intralinguale Vergleich mit seinen Erkenntnissen ist aber, weil notwendige Basis, die unabdingbare Voraussetzung für interlinguale Erweiterungen. (...) Deshalb ist ein interlingualer Vergleich letztlich – und dies als angemessenes Untersuchungsziel – dann auch ein **interkultureller** Vergleich.

Im Gegensatz zum intrakulturellen ist der inter(makro)kulturelle Vergleich für die Translationspraxis höchst bedeutungsvoll, seine Ergebnisse versetzen sie (unter bestimmten Voraussetzungen) in die Lage, das inzwischen flächendeckend erhobene Postulat der Übersetzungstheorie nach Berücksichtigung von Kulturspezifik (u.a. Textsortenkonventionen) adäquat zu erfüllen. Derart kontrastives Textsortenwissen ist nur aus Analysen zu gewinnen, die auf breiter Ebene ausstehen und auch hier nur in einem sehr begrenzten – wenngleich praxistypischen – Ausschnitt geleistet und dargestellt werden können.

[147] Da ihre Analysekorpora britische und amerikanische Texte enthalten, haben die Vergleichsdaten bei GLÄSER (1990) neben der erwähnten mikrokulturellen auch eine makrokulturelle Dimension, die allerdings nicht durch interkulturelle Vergleiche expliziert wird.

Die wünschenswerten Ergebnisse von Analysen, die methodisch von der Intralingualität zur Interlingualität ausgerichtet sind, zwingen dazu, dieses Verfahren unter verschiedenen Perspektiven mehrfach zu durchlaufen, z.B.:

Stufe 1: Intralingual/intra(makro)kulturell

Vergleich mehrerer Texte einer Textsorte (z.B. der fachinternen Anleitung) eines Faches (z.B. des Maschinenbaus) einer Makrokultur (z.B. der deutschen).

Stufe 2: Interlingual/inter(makro)kulturell

Vergleich der Besonderheiten dieser Textsorte (z.B. der fachinternen Anleitung) dieses Faches (z.B. des Maschinenbaus) in verschiedenen Makrokulturen.

Stufe 3: Intralingual/intra(makro)- bzw. inter(mikro)kulturell

Vergleich der Besonderheiten dieser Textsorte (z.B. der fachinternen Anleitung) dieses Faches (z.B. des Maschinenbaus) mit den Besonderheiten dieser Textsorte einer anderen Mikrokultur (z.B. des Gerätebaus) einer Makrokultur (z.B. der deutschen).

Stufe 4: Interlingual/inter(makro)kulturell

Vergleich der Besonderheiten dieser Textsorte (z.B. der fachinternen Anleitung) verschiedener Mikrokulturen verschiedener Makrokulturen.

Hinsichtlich der Analysemethode wird hier die Auffassung vertreten, dass sich zur Ermittlung von Textsortenkonventionen ausschließlich ein Vergleich von Paralleltexten eignet, d.h., – nach der Definition von SNELL-HORNBY (1990: 11) – von „Originaltexten der gleichen Textsorte, die unabhängig voneinander zu demselben Thema mit identischer Funktion und in einer vergleichbaren Situation entstanden sind“.

Der Übersetzungsvergleich führt in diesem Kontext nicht unbedingt zu brauchbaren Ergebnissen, wie SCHMIDT (1996: 430) zu Recht bemerkt:

> Da Übersetzungen in dieser Hinsicht nicht selten den ZS-Usus verletzen, müssen die potentiellen Äquivalenzbeziehungen aus QS- und ZS-Originaltexten gewonnen werden, was den methodischen Aufbau kompliziert.

Allerdings ist in nicht-englischen Texten der Computertechnik grundsätzlich damit zu rechnen, dass sie – auch wenn sie vielleicht selbst nicht auf dem Wege der Translation entstanden sind – neben der amerikanischen Terminologie auch die entsprechenden Textsortenkonventionen tradieren. Während das deutsche Korpus zur Gebrauchselektronik aus diesem Grund keine Anleitungen für Computertechnik enthält, waren solche Texte im russischen Korpus nicht zu vermeiden. Diesen Anleitungen wird Übersetzungsstatus unterstellt, und die Abweichungen von den Konventionen der russischen Originaltexte werden im Rahmen der Möglichkeiten entsprechend hervorgehoben.

1.4.5.4 Makro- und mikrokulturelle Differenzen in der technischen Kommunikation – Arbeitshypothesen

Allgemein akzeptiert (und teilweise substantiiert) ist die Tatsache, dass in verschiedenen Makrokulturen unterschiedlich kommuniziert wird. Der Nachweis wird an den hier gewählten Textsorten weitergeführt. Nach HOFFMANN (1992: 103-104) wurden bisher z.B. Unterschiede der folgenden Art festgestellt:

- Im Hinblick auf die Makrostruktur gibt es bei vielen Fachtextsorten Übereinstimmungen, die sich aus der Beschaffenheit des Kommunikationsgegenstandes und aus der Textfunktion ergeben (...).
- Von der der Informationsverdichtung dienenden syntaktischen Kompression durch Partizipial- und Gerundialkonstruktionen sowie durch Präpositionalgruppen wird zwar in vielen Sprachen Gebrauch gemacht, aber bei den einzelnen Fachtextsorten in unterschiedlichem Maße.[148]

1.4.5.4.1 Beziehungen zwischen makro- und mikrokultureller Spezifik

Was sich bei isolierter Betrachtung einer Tabelle in den Kapiteln 4 – 7 zunächst als makrokulturelle Differenz darstellt, ist in Wirklichkeit mikrokulturelle Spezifik, die in verschiedenen Mikrokulturen unterschiedlich ausgeprägt sein kann. Erst weitreichende mikrokulturelle Parallelen (d.h. gleiche Spezifik in einer Vielzahl von Mikrokulturen) können einen Hinweis darauf geben, worin makrokulturelle Spezifik eigentlich besteht. CLYNE (1993: 3) nimmt an, dass in Mikrokulturen „Werte und Verhandlungsstile angewandt werden, die über kulturelle Grenzen hinaus ihre Geltung haben“. Als Beispiele nennt er Wirtschaft und Wissenschaft. Das ist so pauschal keinesfalls akzeptabel, und seine eigenen Publikationen widerlegen diese These in mehr als einer Hinsicht.

GLÄSER (1992: 88) sieht z.B. Grund zu der Annahme, dass 1. „auch in der Medizin der wissenschaftliche Diskurs nicht universell, sondern kulturgebunden“ ist und 2. „der wissenschaftliche Diskurs in der Medizin heute zumindest teilweise durch die angloamerikanische Wissenschaftskultur beeinflußt“ wird. Die zweite Annahme dürfte sich insbesondere in den Fällen als richtig erweisen, in denen das Wissen Ergebnis „angloamerikanischer“ Forschung ist (vgl. auch 1.4.5.4.2, Hypothese 3). Wenn man solchen Gedankengängen folgen möchte, so sollten in Bezug auf mikrokulturelle Spezifik vier Konstellationen möglich sein:

---

[148] HOFFMANN (1992: 104) führt noch einen weiteren Bereich makrokultureller Differenz an: „Bei der Terminusbildung spielen Derivation, Komposition und syntaktische Lexikalisierung und bei den letzten beiden gewisse Strukturtypen eine unterschiedliche Rolle. Auch von der Konfigurierung griechisch-lateinischer Elemente wird nicht im gleichen Maße Gebrauch gemacht. Dasselbe gilt für Entlehnungen“. Diese Problematik kann nur in einer terminologisch orientierten Untersuchung bearbeitet werden, deren Ergebnisse Aussagen zu Präferenzen gestatten (zu diesem Ansatz vgl. z.B. HORN-HELF 1997a).

1. Übereinstimmung der Spezifik verschiedener Mikrokulturen einer Makrokultur
2. Differenzen in der Spezifik verschiedener Mikrokulturen einer Makrokultur
3. Übereinstimmung der Spezifik einer Mikrokultur in verschiedenen Makrokulturen
4. Differenzen in der Spezifik einer Mikrokultur in verschiedenen Makrokulturen.

Während Konstellation 1 Rückschlüsse auf das Wesen makrokultureller Spezifik zulässt, spricht Konstellation 3 für mikrokulturelle Gemeinsamkeiten, deren Ursache außerhalb einer einzelnen Makrokultur zu finden sein muss. Zwar wurde noch nicht untersucht, ob sich in Originaltexten Belege für solche Gemeinsamkeiten finden lassen, d.h., solche, die nicht auf intertextuelle Interferenz zurückgehen, dafür sind Vermutungen (Behauptungen) „supranationaler" Gemeinsamkeiten inzwischen allgegenwärtig. Üblicherweise werden derartige Gemeinsamkeiten in naturwissenschaftlichen und technischen Mikrokulturen vermutet, denen häufig Unabhängigkeit von makrokulturellen Einflüssen bis hin zur „Universalität"[149] nachgesagt wird (vgl. z.B. GNUTZMANN 1992: 268, MINOGUE/ WEBER 1992: 58, DIETRICH 1997: 11), während ihre Texte im Vergleich zu Kochrezepten o.ä. am anderen Ende der textlinguistischen Beliebtheitsskala stehen.

Zwar ist die Annahme, dass internationale Beziehungen einer Mikrokultur über makrokulturelle Grenzen hinweg zur Ausbildung gemeinsamer Spezifik in verschiedenen Makrokulturen führen können, legitim und einleuchtend, doch bisher gibt es für ihre Richtigkeit keinerlei Anhaltspunkte.

Damit ist im Wesentlichen umrissen, welche Ergebnisse von den Analysen erwartet werden. Ermittelt werden sollen Konventionen von zwei Textsorten, deren Repräsentanten in zwei technischen Disziplinen (Maschinenbau, Gerätebau) produziert wurden. Diese Mikrokulturen sind wiederum eingebettet in verschiedene Makrokulturen (die deutsche, russische, britische bzw. US-amerikanische).

1.4.5.4.2 Arbeitshypothesen

Hypothese 1:
Makrokulturelle Spezifika, wie sie vorrangig für wissenschaftliche bzw. umgangssprachliche Kontexte ermittelt wurden, zeigen sich auch an Konventionen technischer Textproduktion.

Wenngleich GALTUNG seine Klassifikation intellektueller Stile ursprünglich in einem wissenschaftlichen Kontext erarbeitet hat, so lassen doch bereits seine eigenen Beobachtungen darauf schließen, dass diese Stile auch in anderen Bereichen ihren Niederschlag finden. So kommt der „gallische Stil" z.B. an der Gesetzgebung „in den lateinischen Ländern von Südeuropa und Südamerika" zum Ausdruck:

149 GALTUNG würde diesen Vermutungen widersprechen. Nach seiner Auffassung gibt es „keine universelle Wissenschaft" (1997b: 79).

Die verbale Konstruktion wird ein Zweck an sich. Man investiert viel Arbeit darauf, daß die mündliche Präsentation gut klingt, sich gut anhört und die geschriebene Präsentation ästhetischen Ansprüchen genügt, schön aussieht (GALTUNG 1997b: 71).

Für ein Charakteristikum der deutschen Kultur hält er dagegen „die beeindruckenden normativen und rechtlichen Systeme, die wie teutonische Gedankenpyramiden konstruiert sind" (1997b: 73). Aus diesem Grund liegt es nahe, Reflexe dieser Stile auch in technischen Texten zu vermuten und – wenn möglich – in den Anleitungskorpora nachzuweisen.

Die „Denkstile" nach KAPLAN sollten sich unbedingt in den Anleitungen identifizieren lassen, umso mehr als CLYNE sie auch in wissenschaftlichen Texten bestätigt gefunden hat. Analog ist anzunehmen, dass „englische" Anleitungen ebenso „wohlgeformt" sind, wie das nach CLYNE für „englische" Texte generell charakteristisch ist.

HOUSE (1986: 185-186) geht davon aus, dass die von ihr formulierten Diskursstrategien auch in schriftlicher Sprachverwendung nachgewiesen werden können:

Further, with particular respect to discourse strategies, I found that German speakers, in the weighting with which they exploit different strategic possibilities of the language in their conversational behaviour, tend to underscore, expand and strategically focus on their own propositional contents and illocutionary purposes as opposed to the hearer-supportive and predominantly cooperatively, interpersonally oriented strategic uses of language, which were favoured by English native speakers. This difference I would speculate can be extended to written single-source discourse where German writer's [sic] concern with their own propositional content often results in a 'non-reader-friendly', i.e. non-interactive way of presentation at the expense of a concern for the reader.

Hier ist zu vermuten, dass fachexterne Anleitungen (Kapitel 6 und 7) eine besondere Annäherung an die Umgangssprache zeigen und daher auch in höherem Maße als die Texte fachinterner Kommunikation die von HOUSE festgestellten Diskursstrategien reflektieren (zur Problematik der Strategien, die aufgrund der Analysen von CLYNE formuliert wurden, vgl. 1.3.4.2). Bedauerlicherweise ist die Begrifflichkeit insgesamt so ungeklärt, wie WIERZBICKA (1991: 88) dies zu einem der Strategiepaare skizziert:

Thus, it is widely assumed that if one says to somebody *Close the door!* This is a ‚direct' speech act, whereas if one says *Could you close the door?* or *Would you mind closing the door?* this is an ‚indirect' speech act. But although these particular examples may seem clear, it is by no means clear how the distinction in question should be applied to other phenomena and to other languages.

Deshalb ist bei der Interpretation der Analyseergebnisse in Kapitel 2 für jede(s) Merkmal(gruppe) wieder neu zu klären, welche der festgestellten Präferenzen konkret als Repräsentanten einer bestimmten Strategie angesehen werden können. Anschließend wird versucht, die Hypothese anhand der synoptischen Diagramme ggf. zu verifizieren. Zusätzlich zeigt der Kontrast „fachintern vs. fachextern", wie sich Textproduzenten in den betrachteten Makro- und Mikrokulturen auf den jeweiligen Adressaten einstellen, bzw. in welchem Maße ihnen ein „rezipientenfreundlicher“ Text gelungen ist.

Gleichsam nebenbei wird – auch in Bezug auf die Diskursstrategien nach HOUSE – möglich, was KALVERKÄMPER (1992: 72) vor allem mit Blick auf die Stile nach KAPLAN und GALTUNG empfiehlt: „sie [können] vom Status der Klischees erlöst werden, indem ihre Komponenten in weiteren Untersuchungen dingfest gemacht werden“. Verschiedene Ergebnisse sind hier denkbar: Falls sich Stile und Strategien in der jeweils formulierten Weise belegen lassen, ist damit ein weiterer Schritt auf dem Weg vom Klischee zum makrokulturellen Merkmal getan. Alternativ können sich neue Abhängigkeiten zeigen, die entsprechende Differenzierungen gestatten. Sollten sich schließlich keine Anhaltspunkte finden lassen, werden damit die Klischees als Befunde in ihren ursprünglichen Geltungsbereich zurückverwiesen. In diesem Fall steht zumindest fest, dass die Annahme makrokultureller Gültigkeit unzutreffend ist.

Hypothese 2:
Kulturspezifik wird in verschiedenen Mikrokulturen einer Makrokultur unterschiedlich realisiert.

Inzwischen sprechen erste Ergebnisse dafür, dass in verschiedenen Mikrokulturen einer Makrokultur abweichende Konventionen gelten, die zu unterschiedlichen Präferenzen bei der Textproduktion führen.[150] Aus diesem Grund fordert bereits BAUMANN (1992a: 72), dass „die sprachlichen Besonderheiten in Verbindung mit der Einzelsprache und der Einzelwissenschaft betrachtet werden [müssen]“. Entsprechende Unterschiede sollen für zwei technische Mikrokulturen (Maschinen-/Gerätebau) belegt werden. Die in den Kapiteln 4 – 7 vorgestellten Analyseergebnisse ermöglichen eine „makrokulturelle“ Kontrastierung (D/R/E) der jeweiligen mikrokulturell gebundenen Textsortenvariante.

Mikrokultur ist als Forschungsgegenstand keineswegs neu. Deskriptive Terminologiearbeit ist zwangsläufig mikrokulturell orientiert. Auch die Fachtextlinguistik arbeitet schon immer auf dieser Ebene, was am jeweiligen Analysekorpus abzulesen ist, wenngleich eine mikrokulturelle Differenzierung bisher kaum konsequent getroffen wird. Noch ist es weithin üblich, bei der Interpretation die mikrokulturelle Bindung der Ergebnisse zu ignorieren. Diese Arbeit wird jedoch zeigen, dass ein klarer mikrokultureller Bezug[151] in der Tat sinnvoll und notwendig ist – insbesondere in dem Sinne, dass die Translationspraxis, die sich mit jeder Fachübersetzung in einer bestimmten Mikrokultur bewegt, auf präzisere Informationen zurückgreifen kann. Daher sollten Folgerungen zunächst auf

[150] Mikrokulturelle Differenz dieser Art hat sich seitdem in neuen Analysen immer wieder bestätigt (vgl. z.B. HORN-HELF 2006a; 2008: 148, Abb. 10 (GB) vs. 2009b: 89, Abb. 8 (MB)).

[151] So ordnet z.B. BAUMANN (1992a) die von ihm untersuchten Fachtextsorten „Einzelwissenschaften“ zu.

das jeweils untersuchte Fach beschränkt bleiben. Erst gemeinsame Merkmale verschiedener Fächer dürfen anschließend – und unter dem gebotenen Vorbehalt – makrokulturell abstrahiert werden.

Hypothese 3:
Eine Mikrokultur zeigt in verschiedenen Makrokulturen auch gemeinsame Spezifika, wenn Technologie aus „Terranglia"[152] in ihrem Wissensgebiet eine Rolle spielt.

Ein globaler Technologietransfer ist einer der Gründe dafür, dass mit der Terminologie auch amerikanische Textsortenkonventionen mehr oder weniger[153] weltweit Eingang in die fachliche Sprachverwendung der verschiedenen nationalen Mikrokulturen der Computertechnik gefunden haben (vgl. auch 1.2.2.2 zu „Terranglia").

Zu einem erheblichen Teil dürfte dieser Einfluss über Translation vermittelt sein, angesichts des defizitären Wissensstandes in Bezug auf konkrete zielkulturelle Konventionen bleibt hier kaum eine Alternative zur Abbildung der ausgangskulturellen Konventionen im ZT. Intertextuelle Interferenz ist daher unvermeidlich und kann nicht Anlass zur Kritik an der Übersetzungspraxis sein (bedauerlicherweise schon eher an der Wissenschaft). Für die Forschungsaufgabe dieser Arbeit besagt diese Hypothese, dass russische Anleitungen der Computertechnik (zumindest einige) Konventionen des englischen Korpus spiegeln sollten, das US-amerikanische Paralleltexte enthält.

Die drei Hypothesen sollen anhand der synoptischen Diagramme in Kapitel 2 verifiziert werden. In Abschnitt 3.1 wird abschließend darüber berichtet, inwieweit die Fakten aus den Textanalysen geeignet sind, diese Hypothesen zu stützen, bzw. welche im Sinne einer Falsifizierung interpretiert werden müssen.

---

[152] „Der Name des *global village*, das uns High Tech gebaut hat, ist Ter*ranglia* (...), die *englischsprachige* Welt, zugleich aber ist *Terr*anglia ein großer Teil der *Welt* in ihrer kulturellen Vielfalt" (STOLL 1997: 410).

[153] Ausnahmen sind die Kulturen, die den „Import" von Terminologie (und möglicherweise auch von Textsortenkonventionen) über entsprechende sprachpolitische Maßnahmen unterbinden (z.B. Frankreich, Island). In den Texten ihrer Mikrokultur Computertechnik dürfte sich kein vergleichbarer Einfluss zeigen, was durch Analysen zu überprüfen wäre.

1.5 Analysekriterien: Textformulierung

Zur Analyse von Fachtexten besteht weitgehende Übereinstimmung in Bezug auf die relevanten Kriterien, die je nach Forschungsinteresse angewandt oder auch nur postuliert werden. Diese Kriterien zur Fachtextanalyse ordnen sich in drei Komplexe textinterner Merkmale: solche der Textformulierung, der Textstrukturierung und des Textinhalts, wenngleich eine entsprechende Differenzierung üblicherweise nicht vorgenommen wird.

FIEDLER (1991: 22-30) beschreibt zu ihrer Analyse englischer Fachtextsorten aus dem Bereich der Pädagogik u.a. folgende Kriterien:

- Makrostruktur (Bestimmung der Funktionen konstituierender Teiltexte)
- visuelle Mittel (Abbildungen/Tabellen und typographische Besonderheiten)
- metakommunikative Äußerungen (Gliederungselemente, Verdeutlichung der Senderabsicht, Kommentare und Verstehenssicherung)
- Fachwortschatz
- stilistische Merkmale (syntaktische und semantische Stilfiguren, Passivgehalt und persönliche Ausdrucksformen).

Da sich jede Untersuchung in der Anzahl ihrer Analysekriterien beschränken muss, während die Vielfalt der Textmerkmale im Übrigen kaum vollständig zu erfassen ist, werden in anderen Arbeiten noch weitere genannt, z.B.:

- Textkohärenz
- Syntax (Satzarten, Satztypen, Wortgruppen, Satzverknüpfung, syntaktische Kompression)
- grammatische Kategorien (Tempus, Genus, Modus, Person) (ARNTZ 1992: 114).
- Teiltextstruktur („Art der Absatz-Teiltext-Gliederung“ bei BAUMANN, s.u.)
- die *Darstellungshaltung* des Textautors (objektbezogen/adressatenbezogen) (GLÄSER 1992: 81).

Als funktionale Komponenten zur Bestimmung der Fachlichkeit von Texten verzeichnet BAUMANN (1992b: 44) zusätzlich: Realisierung bestimmter Textfunktionen, Bevorzugung bestimmter Sprechhandlungstypen.

Anleitungen als Analysegegenstand zeichnen sich durch überragende (übersetzungs-) praktische Relevanz aus und lassen daher entsprechend translationsrelevante Ergebnisse erwarten. Die Texte der verschiedenen Korpora (vgl. 1.4.4.3) können hier nur in Bezug auf einige der als wichtig angesehenen textinternen Merkmale untersucht werden. Die für diese Arbeit ausgewählten Kriterien zur Textformulierung werden in diesem Abschnitt vorgestellt, solche zu Textstruktur und -inhalt in den Abschnitten 1.6 bzw. 1.7.

In gewisser Weise wird auch textexternen Merkmalen dadurch Rechnung getragen, dass Texte der fachinternen bzw. fachexternen Kommunikation getrennt analysiert und verglichen werden (vgl. Kapitel 4 und 6 bzw. 5 und 7). Die in allen Fällen (s.o.) als wichtiges Kriterium erwähnte Terminologie kann in dieser Arbeit nicht berücksichtigt werden.

Die einzelnen Kriterien werden beschrieben und in ihren in den Korpora vorkommenden Varianten an Beispielen vorgeführt. Da Fakten der Sprachverwendung verschiedener Makrokulturen verglichen werden sollen, ist eine einheitliche Beurteilung gleicher Formen (z.B. syntaktischer Konstruktionen) aus Sicht der Grammatiken nicht unbedingt gegeben. Sofern daher im Einzelfall interkulturell Klassifikationsunterschiede bestehen, wird darauf hingewiesen. Um überhaupt Vergleichbarkeit herzustellen, werden in solchen Fällen Festlegungen getroffen, die im Widerspruch zu den Auffassungen einer traditionellen Grammatik (zumeist der Akademiegrammatik für das Russische) stehen können. Im Zuge einer derartigen „Harmonisierung" zu Analysezwecken ist eine gewisse Hybridität der Klassifikationen unvermeidlich.

Die zu Einzelkriterien bzw. Kriteriengruppen identifizierten Varianten werden am Schluss des jeweiligen Abschnitts in einem Analyseraster zusammengefasst.

1.5.1 Deklarationen

Deklarationen im Sinne der Sprechakttheorie sind nach HINDELANG (1994: 49) u.a. „Sprechakte, durch die Sp_1 eine bestimmte Bezeichnungskonvention für ein einzelnes Objekt oder für eine Klasse von Objekten einführt". In diesem Sinne ist der Titel eines Textes eine auf seinen Inhalt referierende Bezeichnung. Daher – wie auch in Anlehnung an SCHMIDT (1996) – werden Text- und andere Titel als „Deklarationen" bezeichnet.

1.5.1.1 Deklaration der Gesamttexte

Die herausragende Deklaration eines jeden Textes ist sein Titel, durch den der Verfasser unterschiedliche inhaltliche Aspekte seines Textes bekannt geben kann. In Anleitungstiteln wird üblicherweise auch die Textsorte genannt, was im Rahmen der Analyse generell als *conditio sine qua non* für das Vorliegen einer Deklaration angesehen wird.

Zur Deklaration von Fachtexten stellen MINOGUE/WEBER (1992: 51) fest:

> Bemerkenswert ist, daß Fachtextsorten (...) aus kommunikativen Bedürfnissen hervorgegangen sind und dabei Bezeichnungen erhalten haben, die das ausdrücken, was von den an der Fachkommunikation Beteiligten als Spezifikum, als besonders relevant angesehen wurde und wird.

In der Tat gibt der Titel eines technischen Textes – abgesehen von der Nennung des zentralen Themas – zumeist auch Auskunft über Textsorte und Textfunktion.[154] Damit erleichtert er dem Rezipienten Einordnen und Verstehen des Textes.

---

[154] Vgl. BIRKENMAIER/MOHL (1991: 154) zu (fachexternen) russischen Bedienungsanleitungen: „BDA geben mit der Textdeklaration руководство по эксплуатации, инструкция (по применению) oder правила пользования einen expliziten Hinweis auf ihre Textfunktion".

Die Titel der Korpustexte werden zunächst daraufhin untersucht, welche Textteile genannt werden bzw. welche ungenannt „mitgemeint" sind. Anleitungen enthalten z.B. grundsätzlich auch nicht-anleitende Teile, die der Textproduzent den anleitenden Teilen in irgendeiner Form voranstellen kann, um für den Rezipienten die notwendigen Voraussetzungen zum Verständnis des Textes und zur Befolgung der Instruktionen zu schaffen. Des Weiteren muss der Sender z.B. mit Sicherheitshinweisen u.a. den Vorschriften entsprechender Normen Rechnung tragen. Solche obligatorischen Konstituenten werden als selbstverständlich angesehen und in der Deklaration des Gesamttextes grundsätzlich nicht erwähnt.

Sofern z.B. das Anleiten zum Betrieb der Maschine bzw. zur Bedienung des Gerätes zentrales Thema ist, bildet die Betriebs- oder Bedienungsanleitung in der Tat den Schwerpunkt des Textes. Andere Teile, u.a. eine technische Beschreibung, Instruktionen zum Aufstellen und Anschließen, zur Behebung von Störungen usw., können zwar vorhanden sein, in der Deklaration jedoch unerwähnt bleiben. Eine solche Deklaration, die nur die zentrale Konstituente der Anleitung nennt, wird als „fokussiert" bezeichnet.

Fokussierte Deklaration (fachintern – fachextern)
Betriebsanleitung – Bedienungsanleitung[155]
Инструкция по ремонту – Руководство по эксплуатации
Operating Instructions – Install Quick Guide

Eine „integrative" Deklaration nennt dagegen zwei oder mehr Konstituenten des Gesamttextes. Bei fachinternen Anleitungen integriert die Deklaration primär instruktive Konstituenten, fachextern können auch deskriptive oder andere Teile genannt werden.

Integrative Deklaration (fachintern – fachextern):
Montage-, Betriebs-, Wartungs- und Lagerungsanweisung[156] –
Bedienungsanleitung und Garantie
Инструкция по монтажу и эксплуатации –
КРАТКОЕ ОПИСАНИЕ, ИНСТРУКЦИЯ И ПАСПОРТ
INSTALLATION, OPERATION AND MAINTENANCE MANUAL –
Operating and Installation Instructions

Charakteristisch für englische Anleitungen ist eine „abstrahierende" Deklaration. Im Gegensatz zur integrativen Variante, in der verschiedene (auch verschiedenartige) Konstituenten genannt werden, wird eine solche Deklaration soweit abstrahiert, dass beschreibende, anleitende und andere Konstituenten subsumiert werden können.

---

155 Mit Ausnahme von Fettdruck und Variationen in der Schriftgröße werden die typographischen Merkmale der Beispiele gewahrt.

156 Es gibt sowohl fachintern als auch fachextern eine ganze Reihe deutscher Anleitungen (für Kunden!), die unzutreffend als „Anweisung" deklariert sind (vgl. dazu 1.4.3).

Für deutsche Anleitungen wird nur ausnahmsweise – und nur fachextern – eine abstrahierende Deklaration gewählt. Demgegenüber zeigen die russischen Anleitungen für Gebrauchselektronik fremder Provenienz (vgl. Kapitel 7) offensichtlich Nachbildungen abstrahierender Deklarationen nach angloamerikanischem Muster.

Abstrahierende Deklaration (fachintern – fachextern)
(kein Beispiel) – Benutzerinformation
(kein Beispiel) – Инструкция пользователя[157]
Operator's Manual – User's Guide

Verfasser deutscher und russischer Anleitungen für Hausgeräte beschränken sich manchmal darauf, auf dem Titelblatt Produkt- und Typenbezeichnung/Warennamen anzugeben, auf dem Titelblatt englischer Texte kann dagegen auch ausschließlich der Firmenname zu finden sein. Da die Textsorte in beiden Fällen nicht genannt wird, gelten solche Anleitungen als „undeklariert", z.B.:

„Undeklariert" (fachextern):
AromaSelect thermoplus Kaffeemaschine
Самовар электрический
Black & Decker

1.5.1.2 Deklaration von Teiltexten (TT)

Der Analysegegenstand „Teiltext" (TT) in diesem Sinne ist ein Textteil, der mit einer eigenen Deklaration versehen ist, d.h. ein Kapitel, ein Abschnitt usw.. Er bildet eine thematische Einheit und ist als solche aufgrund der Deklaration auch identifizierbar. Die Anforderungen von BAUMANN (1992a: 85), dass TT „nicht nur thematisch,[158] sondern auch formal abgrenzbar sein müssen", sind daher erfüllt.

BAUMANN (2000: 121) weist zusätzlich darauf hin, dass prinzipiell eine Differenzierung zwischen TT und Absatz[159] notwendig ist:

> Analog dazu verstehen wir unter dem Teiltext eine inhaltlich determinierte, semantisch kohärente Einheit und unter dem Absatz eine formal markierte Größe der Textgliederung. Zwischen den beiden Komponenten muss keine Entsprechung bestehen.

Für die Analysen bedeutet diese Differenzierung, dass ein deklarierter TT auf der untersten Ebene rein formal aus (undeklarierten) Konstituenten, d.h. aus Absätzen, besteht.

---

[157] Der Anglizismus *юзер,* der nach KRYSIN (1996: 147) das russische *пользователь* in diesem Kontext zunehmend verdrängt, kommt in den entsprechenden Anleitungen nicht vor.

[158] Primär inhaltlich definiert sind auch die „Mikrotexte" bei HOFFMANN (1988: 156).

[159] Vgl. analog auch FIEDLER (1991: 17): „Mit der Makrostruktur ist der Begriff des Teiltextes eng verbunden, der in der textlinguistischen Literatur unterschiedlich definiert wird. Zunächst muß zwischen dem TT als Konstituente der Makrostruktur und der typographischen Einheit Absatz unterschieden werden".

1.5.1.2.1 TT-Deklarationen: Formulierung

Im Hinblick auf die Formulierung wird untersucht, ob eine TT-Deklaration – bezogen auf den TT-Inhalt – allein für sich, d.h. unabhängig von anderen, vollständig ist oder nicht. Eine in diesem Sinne „autonome“ Deklaration beinhaltet alle zur thematischen Einordnung des zugehörigen TT notwendigen Informationen.

Autonome Formulierung (fachintern – fachextern)

5 Montage- und Anschlußanweisung
5.1 Auspacken der Relais
5.2 Forderungen an den Einbauort
5.3 Gerätemontage
5.4 Anschluß der Relais

Entsorgung
Verpackungsmaterial entsorgen
Altgerät entsorgen

8. ПОДГОТОВКА К РАБОТЕ
Предварительная калибровка весов
Включение весов
Калибровка
Калибровка весов методом отбора проб

6. ПОДГОТОВКА К РАБОТЕ И ПОРЯДОК РАБОТЫ С ТЕЛЕВИЗОРОМ
6.1 Порядок установки
6.2 Включение, настройка и регулировка
6.3 Пользование собственными антеннами
6.4 Подключение выносного переключателя программ
6.5 Подключение видеомагнитофона

Service
Bearing Replacement
Radial Gap, Overlap & Alignment

Storing Food
Storing food in the fridge compartment
The Drink chiller
Storing food in the freezer compartment
Freezing fresh foods/Maximum freezing loads
The Ice Service

Eine „komplementäre“ Deklaration ist dagegen in gewisser Weise elliptisch, d.h., bei der Rezeption müssen fehlende Informationen aus der superordinierten Deklaration ergänzt werden. So lassen z.B. die drei folgenden TT-Deklarationen nicht erkennen, unter welchem Aspekt die genannten Elemente in den entsprechenden TT behandelt werden:

Laufrad
Kompensatoren
Drehstrommotor

Erst der Rückgriff auf die übergeordnete Deklaration [7.1 Wartung und Pflege] bringt Klarheit: Themen der TT sind Wartung und Pflege dieser Elemente.

Komplementäre Formulierung (fachintern – fachextern)

7.1 Wartung und Pflege
  Laufrad
  Kompensatoren
  Drehstrommotor
Reinigungsvorgang
  Bei Geräten ohne Aqua-Stop
  Bei Geräten mit Aqua-Stop

Центровка диафрагм с применением линейки и щупа
  Первый способ
  Второй способ
РЕКОМЕНДАЦИИ ПО РАЗМЕЩЕНИЮ И ХРАНЕНИЮ ПРОДУКТОВ:
  В ХОЛОДИЛЬНОЙ КАМЕРЕ
  В МОРОЗИЛЬНОЙ КАМЕРЕ

Routine Maintenance
  V-Belt Drives
  Motors
  Bearings
Defrosting
  The fridge compartment
  The freezer compartment

Eine weiter reduzierte Form ist die „elliptische" Formulierung, eine Besonderheit des deutschen Korpus für Gebrauchselektronik. Diese Formulierung ist nicht komplementär, denn auch die übergeordnete Deklaration bietet nicht die notwendige Ergänzung. Hier muss der Rezipient selbst ergänzen, was der Textproduzent unausgesprochen lässt:

Elliptische Formulierung (fachextern):

Die elektronische Zeitschaltuhr
  Tageszeit [Einstellen der ...]

1.5.1.2.2 TT-Deklarationen: Bezeichnungsprinzipien

Überschriften von Kapiteln und Abschnitten, die die Strukturierung eines Textes (bis in ein eventuell vorhandenes Inhaltsverzeichnis hinein) sichtbar machen, nennen üblicherweise das Thema des jeweiligen TT.

Der Benennungsaspekt von TT-Deklarationen gehört zu den Merkmalen, an denen SCHMIDT (1996: 438) makrokulturelle Unterschiede zwischen deutschen und russischen fachexternen Anleitungen festgestellt hat.

Im Hinblick auf ihre Benennungen können TT-Deklarationen nach SCHMIDT abstrahierend oder konkret sein, d.h., die Zwischenüberschriften können allgemein gehalten oder unmittelbar z.B. auf Arbeitsgänge bezogen sein. Hat ein Text ausschließlich abstrahierende Deklarationen dieser Art, so muss der Benutzer auf der Suche nach bestimmten Informationen u.U. andere Textteile mitlesen. Konkrete Deklarationen dagegen erleichtern die Orientierung, ermöglichen einen direkteren Zugriff auf die gesuchte Information und können daher als besonders rezipientenfreundlich angesehen werden. Eine entsprechende Empfehlung von PICHLER (1994: 27) an AnleitungsautorInnen lautet daher:

> Gliedern Sie die Anleitung konsequent. Immer weniger Anwender lesen Anleitungen vom ersten bis zum letzten Buchstaben durch. Sie schalten das Gerät ein und fangen an, Elemente zu betätigen. (...) Dafür benötigen Anwender eher aktuelle Hilfe für Einzelhandlungen oder Handlungsfolgen. Also muß ihnen schon das Inhaltsverzeichnis zum treffsicheren Einstieg verhelfen.

Das zweite Kriterium, nach dem TT-Deklarationen hier untersucht werden, geht über den Benennungsaspekt hinaus und erfasst mit dem Bezeichnungsprinzip auch den Bezug zum TT-Inhalt. Das Bezeichnungsprinzip ist Ausdruck des Verhältnisses einer Deklaration zu den ihr hierarchisch subordinierten Deklarationen bzw. zum Inhalt der ihr nachgeordneten undeklarierten Konstituenten (Absätze). Für die Analyse dieser Relation wird festgelegt, dass einer Deklaration zumindest zwei Deklarationen bzw. zwei Absätze nachgeordnet sein müssen. Deklarationen mit nur einer abhängigen Deklaration bzw. nur einem subordinierten Absatz werden nicht berücksichtigt. Abgesehen davon, dass eine Deklaration im Verhältnis zu subordinierten Deklarationen oder zum Inhalt ihres TT – ausnahmsweise – auch inadäquat sein kann, werden fünf mögliche Relationen unterschieden.

Eine „abstrahierend“ genannte Deklaration ist so allgemein formuliert, dass Unterschiedliches subsumiert werden kann und Rückschlüsse vom Titel auf den TT-Inhalt nicht möglich sind (ähnlich wie beim Gesamttext – vgl. 1.5.1.1).

Abstrahierende Deklaration (fachintern – fachextern)

1.1 Allgemeine Angaben – Praktische Tips
I. ОСНОВНЫЕ СВЕДЕНИЯ ПО ВАГОНООПРОКИДЫВАТЕЛЮ –
К сведению покупателей
INTRODUCTION – Important User Information

Sie unterscheidet sich daher u.a. von dem, was SCHMIDT (1996: 438) bei ihrer Betrachtung des Benennungsaspektes von TT-Deklarationen in russischen fachexternen Anleitungen eine „abstrahierende Deklaration“ nennt, z.B.:

6. *Podgotovka k rabote* („Vorbereitung auf die Arbeit“)

„Abstrahierend“ bedeutet bei SCHMIDT, dass die verschiedenen Arbeiten der Vorbereitungsphase unter einer derart subsumierenden Deklaration erfasst werden (die einen entsprechenden Abstraktionsgrad aufweisen muss). Was SCHMIDT in den analysierten russischen Anleitungen vermisst, sind die einer solchen abstrahierenden Deklaration nachgeordneten konkreten Deklarationen für einzelne Vorbereitungsarbeiten. Grund für diese

Verfahrensweise könnte der generell geringe Umfang dieser TT sein, der einer weiteren Gliederung im Wege stehen dürfte.

Wird jedoch von dieser „abstrahierenden Deklaration“ der Bezug zum Inhalt des nachgeordneten TT hergestellt, so sind in diesem Fall zwei Bezeichnungsrelationen denkbar. Hält sich der Autor bei der Textproduktion diszipliniert an seine Deklaration, d.h., beschränkt er sich auf die Darlegung der zur Vorbereitung notwendigen Arbeitsschritte, z.B. Auspacken, Aufstellen, Anschließen usw., wird diese Deklaration als „superordinativ“ anzusehen sein. Neben der Relation „Aufgabe – Teilhandlungen“ werden bei der Analyse auch andere partitive Beziehungen als superordinativ erfasst, wie z.B. Ganzes – Teile, Verbands-/Gattungsbegriff – Teilbegriffe (u.a. Kollektivum – Konstituenten).

Superordinative Deklaration (fachintern – fachextern)

1. Relation: Aufgabe - Teilhandlungen

7 Wartung der Wälzkolbenpumpe
  7.1 Ölwechsel (siehe Abb. 3)
  7.2 Reinigen
Waschmittelschublade reinigen
  Arbeitsschritte 1. – 6.

Г. Монтаж ротора
  Сборка дисков ротора
  Сборка бандажа и зубчатого венца
6.1 Установка элементов питания
  Arbeitsschritte 1 – 3

Maintenance
  Lubricating vibrator
  Repairing screen vibrator and replacing bearings
  Inspecting vibrator
Filling the Dispenser
  Arbeitsschritte 1. – 4.

Im Sinne von SCHMIDT konkrete Kapiteldeklarationen kommen, auch in russischen fachexternen Anleitungen, insbesondere dann vor, wenn der Titel eines Kapitels einen Gegenstand (z.B. Maschine/Gerät) benennt, dessen Komponenten in konkret deklarierten TT beschrieben werden.[160] Die Bezeichnungsrelation zwischen übergeordneten und abhängigen Deklarationen ist in diesen Fällen ebenfalls superordinativ (Ganzes – Teile).

2. Relation: Ganzes – Teile

2.2 Aufbau des Antriebs
  – Der Motor
  – Das Steuerungsgehäuse
  – Das Netzmodul

160 Einen Wechsel von allgemeinen Deklarationen auf den oberen Ebenen zu konkreteren auf den Folgeebenen stellt z.B. RAZINKINA (1987: 30) auch in wissenschaftlichen Texten fest. Ihrer Ansicht nach resultiert dieser Wechsel aus der Systematisierung des Textes.

– Der Sollwertgeber
– Der Synchronisator
– Das Bedienfeld

Die Waschmittelschublade
Kammer I
Kammer II
Kammer ❀

3. СОСТАВ ВЕСОВ
Устройство преобразования нагрузки УПН
Преобразователь перемещения ПП
Прибор вторичный ПВ
Суммирующее отсчетное устройство
ЗИП комплектующих изделий согласно паспортам на них

4. УСТРОЙСТВО ЭЛЕКТРОПЛИТЫ
4.1 Рама электропилты
4.2 Панель управления
4.3 Рабочий стол
4.4 Электроконфорки
4.5 Переключатели
4.6 Жарочный электрошкаф
4.7 Трубчатые электронагреватели (ТЭН)
4.8 Сигнальные лампочки
4.9 Моторедуктор
4.10 Розетка
4.11 Вспомогательный шкаф
4.12 Защитный щиток
4.13 Регулировочные винты

(1) Display Window[161]
Upper line
Lower line

Deklarationen auf höheren Textebenen werden häufig unter Verwendung eines Verbands- bzw. Gattungsbegriffs formuliert, damit sie die Inhalte subsumieren können, die in den nachgeordneten TT behandelt werden. Deklarationen dieser Art müssen daher innerhalb der Superordinationshierarchie bis zur nächsten Stufe abstrahieren. Die nachgeordneten TT-Deklarationen enthalten entsprechende Teil- bzw. Artbegriffe.

3. Relation: Verbands-/Gattungsbegriff – Teil-/Artbegriffe

2.4 Zubehör
2.4.1 Ausheizmantel
2.4.2 Belüftungseinrichtung
2.4.3 Kühlaggregat
2.4.4 Luftkühlung – Nachrüstsatz
2.4.5 Federungskörper

[161] Die fachinternen Korpora bieten dazu kein Beispiel.

<u>Schalter</u>
<u>Aroma-Wahlschalter</u>
<u>Ein/Aus-Schalter</u>

2. РАБОТА ОТДЕЛЬНЫХ ЭЛЕМЕНТОВ КОМПЛЕКСА
2.1 Тактильный щуп ПР
2.2 Система обеспечения безаварийности работы
СЛАДКИЕ БЛЮДА
Яблочное пюре
Крем из черники
Клубничный крем

3.4.9 Cooling Systems
Water cooling
Recirculating Coolant Bath
Direct Refrigeration System
3. Selections
ANTI-BACTERIA
COOK WARE
NORMAL WASH
SPEED CYCLE
CHINA CRYSTAL
GLASSES (on some models)
RINSE ONLY

Nutzt der Textproduzent den bei SCHMIDT (s.o.) erwähnten TT dagegen noch für andere Informationen, so nennt die Deklaration „Vorbereitung" nur das zentrale Thema und gilt als „fokussiert" (analog zur Deklaration der Gesamttexte, vgl. 1.5.1.1). In den folgenden Beispielen sind die Teile kursiv hervorgehoben, die zwar einen Bezug zum deklarierten TT-Thema haben, einer superordinativen Relation jedoch im Wege stehen, weil sie von der übergeordneten Deklaration nicht als Teil bzw. Teilhandlung erfasst werden können.

Fokussierte Deklaration (fachintern – fachextern)
1.0 Technische Daten
1.1 *Funktionsprinzip der KBM 100*
1.2 Platzbedarf
1.3 Gewicht
1.4 Elektrischer Anschluß
1.5 Druckluftanschluß
1.6 Wasseranschluß
1.7 Förderleistung
Wäsche einfüllen[162]
Mit lösungsmittelhaltigen Mitteln behandelte Teile vor dem Waschen an der Luft trocknen lassen. Explosionsgefahr!
Vor Einfüllen ggf. Fremdkörper und Tiere aus der Trommel entfernen.

[162] Deklarationen werden grundsätzlich mit dem Wortlaut des Originals wiedergegeben. Die Texte der TT sind dagegen für eine solche Verfahrensweise zu umfangreich. Sie werden in Form von Inhaltsangaben dargestellt (zur „Thematischen Gliederung" vgl. 1.6.2.1.2).

Legen Sie die Wäsche auseinandergefaltet und locker in die Trommel, große und kleine Stücke gemischt.
Beachten Sie die maximalen Beladungsmengen.
Achten Sie darauf, daß keine Wäschestücke zwischen Einfüllfenster und Gummidichtung eingeklemmt sind.
Einfüllfenster durch Zudrücken schließen.

12. ТЕХНИЧЕСКОЕ ОБСЛУЖИВАНИЕ [Wartung]
Dieses Kapitel behandelt Umfang, Häufigkeit und Ablauf der Wartungsarbeiten beim Betrieb.
Rechtzeitige und sorgfältige Wartung verhindert Störungen und fördert die Betriebssicherheit der Waage.
Zur Bedienung dürfen nur Personen mit Erfahrung im Umgang mit automatischen Geräten nach einer Schulung in Sicherheits- und Betriebsvorschriften für diese Waage zugelassen werden.
Zur Regelung, Reparatur und Einrichtung von Waage und Zusatzgeräten dürfen nur Personen zugelassen werden, die diese Beschreibung und die Anleitungen für die Zusatzgeräte gelesen haben.
Während die Waage läuft, sind Schmierung und andere Wartungsarbeiten untersagt.
Wartungsarbeiten sind täglich, monatlich und jährlich vorzunehmen.

6.1 Порядок установки [Aufstellung]
Sicherheitsvorschriften gem. 4.1 beachten.
Optimale Entfernung 2-2,5 m vom Bildschirm. Bildmitte 0,7-1,2 m über Fußboden.
Im dunkelsten Teil des Raumes aufstellen, damit kein Licht auf den Bildschirm fällt.
Nicht in völliger Dunkelheit fernsehen, das ermüdet die Augen.

ORIFICE ASSEMBLY REMOVAL
1. Using two wrenches as shown, loosen and remove the nozzle nut from the nozzle body.
2. Carefully remove the orifice assembly from the nozzle nut. *If orifice assemblies are to be stored before cleaning, place in containers marked with the orifice size.*
3. *Clean the nozzle nut.*

1. Assembling cleaner
Carton contents
Step 1 Assemble handle
Step 2 Attach cord
Step 3 Attach handle
Step 4 Attach bag compartment
Step 5 Install Embedded Dirt FINDER battery (Some models only)
Step 6 Attach paper bag
Step 7 Position tools

Der russische TT „Wartung“ (s.o.) enthält eine „themenfremde“ Instruktion und ist allein deshalb als fokussiert deklariert zu beurteilen. Im Übrigen zeigt er eine weitere Erscheinungsform der Fokussierung: die themenbezogenen sind allgemeine Instruktionen und können nicht als Teilhandlungen zur Aufgabe „Wartung“ aufgefasst werden. Hinzu kommen andere Äußerungen zur Wartung als dem zentralen Thema dieses Abschnitts.

Wie bei den Gesamttexten, so sind auch bei TT integrative Deklarationen möglich, die zwei oder mehr der behandelten Themen nennen und häufig recht umfangreich sind.

Integrative Deklaration (fachintern – fachextern)

10. Ersatzteilhaltung und Kundendienst – Aufstellen und Anschließen

4. УСТАНОВКА И МОНТАЖ ПР, ОСНОВНОГО ТЕХНОЛОГИЧЕСКОГО И ВСПОМОГАТЕЛЬНОГО ОБОРУДОВАНИЯ, ВХОДЯЩИХ В СОСТАВ КОМПЛЕКСА – *ТЕХНИЧЕСКОЕ ОБСЛУЖИВАНИЕ И ПРАВИЛА ХРАНЕНИЯ*

Initial start-up/checking line current – D. Programme control and on/off control

Eine „koordinative" Bezeichnungsrelation geht häufig mit einer komplementären Formulierung (vgl. 1.5.1.2.1) einher. Von der subordinierten Deklaration aus betrachtet, liegt eine komplementäre Formulierung vor, wenn diese ohne semantischen Rückgriff auf die superordinierte Deklaration unvollständig ist. Die Koordination ergibt sich bei Umkehr der Blickrichtung, d.h., von der superordinierten Deklaration aus gesehen, wenn diese durch die nachgeordneten Deklarationen ergänzt wird.

Koordinative Deklaration (fachintern – fachextern)

3 Arbeitsweise
- 3.1 Überstromstufe I [Arbeitsweise der Überstromstufe I]
- 3.2 Hochstromstufe I

BEDIENELEMENTE
- Ober- und Vorderseite [Bedienelemente auf Ober- und Vorderseite]
- Rückseite

1. ТЕКУЩИЙ РЕМОНТ
- Барабан [Текущий ремонт барабана]
- Привод
- Редуктор
- Смазочная система

Вы пришли к выводу, что операционную систему необходимо переустановить. Как эффективнее это сделать?
- Первый способ [Первый способ переустановки операционной системы]
- Второй способ

INSTALLATION
- Indicator Unit [Installation of Indicator Unit]
- Gauge Head

Baking
- Small Cakes, Scones, Tartlets, etc. [Baking Small Cakes, Scones, Tartlets, etc.]
- Large Cakes
- Bread
- Plate Pies

Sofern superordinierte Deklaration und nachgeordnete Deklarationen bzw. TT inhaltlich nicht zumindest soweit korrespondieren, dass von einer fokussierten Relation ausgegangen werden kann, wird die Deklaration als „inadäquat" angesehen. In diesen Fällen hat die superordinierte Deklaration mit den abhängigen Deklarationen bzw. dem Inhalt der abhängigen TT nichts bzw. nicht viel zu tun. Alternativ kann eine integrative Deklaration fälschlicherweise ein Thema nennen, das im TT nicht behandelt wird bzw. das in den subordinierten Deklarationen nicht zum Ausdruck kommt (zu Beispielen vgl. auch 8.1.1.2.2). Ein solches Beispiel kommentiert GÖPFERICH (2000: 111) entsprechend:

> Der Text paßt nicht zur Überschrift. Sie läßt eine Definition des Kupplungsbegriffs erwarten, z.B. unter Angabe des Zwecks einer Kupplung; im Text folgen der Überschrift unmittelbar jedoch die Angabe des Einsatzortes von Kupplungen (...) sowie anschließend die Angabe von Kupplungsarten.

Inadäquate Deklaration (fachintern)

4.3 Diagrammpapier einlegen
4.3.1 Zeiteinstellung
4.3.2 Tintenversorgung

9. ПОРЯДОК РАБОТЫ [Betrieb]
Schalter in Ausgangsstellung bringen.
Schalter B1 auf EIN stellen.
Nach 30 min. Aufwärmen Schalter auf Betrieb stellen.
B1 auf TG stellen.
Zähler zurücksetzen.
Damit ist die Waage eingeschaltet.

OPERATION
1. Einschalten und prüfen, ob richtig installiert wurde.
2. Messkopf so positionieren, dass das Produkt etwa im Zentrum des Tores liegt. Messkopf bewegen, bis Fehlermessanzeige 0.
3. Durchmesser einstellen.
4. Toleranz einstellen.
5. Durchmesser messen.
6. Empfindlichkeitsbereich einstellen.
7. Sperrschalter bei Bedarf betätigen. Einheit ist nun betriebsbereit, Durchmesser wird angezeigt.

1.5.1.3 Deklaration von Einschubtexten

In beschreibende oder instruierende Anleitungsteile werden TT eingeschoben, die vom übrigen Text abgesetzt sind. Sie können mit eigenen Deklarationen – in Form von Signalwörtern[163] – versehen oder durch Signalwörter eingeleitet sein. Mit diesen Einschubtexten, die z.T. Warnhinweise darstellen, erfüllt der Hersteller die gesetzliche Instruktionspflicht gegenüber seinem Kunden, die z.B. BAUER (1994: 17) beschreibt:

> Ist ein Produkt für die vorgesehene Benutzergruppe und alle seine erkennbaren Anwendungen nicht angemessen sicher, können bei seiner Anwendung Gefahren entstehen, so gehört es zur Pflicht des Anbieters (Herstellers wie Lieferers, z.B. bei Drittlanderzeugnissen), durch zielgruppengerechte Informationen die Benutzer über den sicheren Gebrauch verständlich und vollstän-

[163] Diese Bezeichnung wird hier – analog zur Bezeichnung „Schlüsselwörter" in der VDI 4500-1 (1995: 7) – auch für *Hinweis* und seine englischen bzw. russischen Entsprechungen verwendet. Vgl. in diesem Sinne auch SCHMITT (1999: 147, Tab. 2: Signalwörter für Hinweise in Pkw-Betriebsanleitungen).

dig zu informieren und vor Gefahren bei vorhersehbarem, gefährlichem, auch Miß- oder Fehlgebrauch zu warnen.

Die Varianzbreite von Signalwörtern ist für deutsche und englische Anleitungen eingeschränkt. Ihre Verwendung soll mit dem jeweiligen Grad der Gefährdung korrelieren. In der VDI 4500-1 (1995: 7) werden drei Signalwörter vorgegeben:

> Personenschäden zu verhindern hat höchste Priorität. Dafür ist das Schlüsselwort „*Gefahr*" evtl. mit zusätzlichem Bildzeichen zu verwenden. Drohende Sach- oder Umweltschäden sind durch „*Achtung*" zu kennzeichnen. „*Hinweis*" bezeichnet nützliche Zusatzinformationen und Anwendungstips. Diese Schlüsselwörter und ihre Funktionen dürfen nicht geändert oder durch andere Begriffe ersetzt werden.[164]

SCHMITT hat mehrfach (1995/1996/1999) Ergebnisse seiner Analysen von Sicherheits- und anderen Hinweisen in deutschen und „englischen"[165] Pkw-Betriebsanleitungen publiziert. Er hat festgestellt, dass Signalwörter durchaus nicht immer in der vorgeschriebenen Weise (s.o.) verwendet werden. Besonders kritisch erscheint ihm die inhaltliche Uneinheitlichkeit von Einschubtexten, die mit *Hinweis* deklariert sind:

> Das Signalwort *Hinweis* bezog sich jedoch auch auf ein breites, undifferenziertes Spektrum von Informationen, das von Risiken der Sachbeschädigung (...), über Fehlfunktionen (...), Bedienungstips (...) bis zu Werterhaltungsempfehlungen (...) reichte. – Unter *Hinweis* stehen außerdem Querverweise zu anderen Handbuchpassagen sowie allgemeine Informationen zum Betrieb und Unterhalt des Fahrzeugs (1999: 138 bzw. 139).

Als „fast ausnahmslos konsequent und eindeutig" beurteilt er die Verwendung der entsprechenden Signalwörter, insbesondere „*Cautions* (Hinweis auf Sachschadensrisiko) und *Warnings* (Hinweis auf Verletzungs- bzw. Unfallrisiko)", in den „englischen" Anleitungen (1999: 143).

Russische Anleitungen zeigen ebenfalls Einschränkungen in der Varianzbreite von Signalwörtern, allerdings ist eine Korrelation mit der Art der Gefährdung hier nicht erkennbar. Infolgedessen liegt die Vermutung nahe, dass die Signalwortverwendung im Russischen weitgehend dem Gutdünken[166] der Textproduzenten überlassen ist: Während in

---

[164] Vgl. entsprechend bereits PICHLER (1994: 43): „Drohendem Personenschaden weisen wir in Warnhinweisen die höchste Priorität zu. Vergeben Sie hier das Schlüsselwort *Gefahr*. Gebrauchen Sie das Schlüsselwort *Achtung* bei möglichem Sachschaden oder Umweltschaden. Verwenden Sie bei Informationen über besondere Anwendungstips das Schlüsselwort *Hinweis*". Dagegen setzt sich die TEKOM-Richtlinie (2005: 35) mit der Vorgabe von *Gefahr*, *Warnung* und *Vorsicht* (die nach ANSI Z535 gewählt wurden) in Widerspruch zur VDI 4500-1.

[165] Dieses Korpus enthält Anleitungen britischer, amerikanischer und japanischer Hersteller (vgl. SCHMITT 1999: 134).

[166] Dafür spricht die Tatsache, dass die staatlichen Institutionen, die sich als Verfasser der russischen Anleitungen des Maschinenbaus (vgl. Kap. 4) zu erkennen geben, in Hinweisen – unabhängig von der Art eines möglichen Risikos – ausschließlich *Примечание* verwenden.

fachinternen Anleitungen ausschließlich *Примечание* verwendet wird, können fachextern verschiedene Signalwörter gefunden werden: neben *Примечание* auch *Внимание* und *Помните*, in einer Anleitung fremder Provenienz (PC) zusätzlich noch *Предупреждение* und *Замечание.*

Semantisch liegt zwar eine Entsprechung zwischen *Внимание* und *Achtung* sowie zwischen *Примечание* und *Hinweis* vor. Diese findet jedoch in der Verwendung der Signalwörter keine Parallele. So werden in den Korpustexten durch *Внимание* bzw. *Примечание* ganz unterschiedliche Signale gegeben, z.B.:

> **ВНИМАНИЕ** Bei der Behebung von Störungen Sicherheitsvorschriften beachten.
> **ВНИМАНИЕ** Beim Kauf Garantietalons ausfüllen lassen. Vor Betrieb Anleitung sorgfältig lesen.
> **ВНИМАНИЕ!** Falls das Bild keine Farbe hat, prüfen, ob der Sättigungsregler links steht und der Kanal richtig eingestellt ist.
> **ВНИМАНИЕ!** Die Batterie gehört nicht zum Lieferumfang.
>
> Примечание Bei fortgesetzter willkürlicher Bewegung des Roboters Notstop betätigen.
> **Примечание.** Die Waage muss neu eingestellt werden, falls sich die Temperatur um mehr als 10°C ändert.
> **Примечание** Reparaturbeispiel s. Anlage I.
> **Примечание** Bei Lieferung hat der Hersteller die folgende technische Dokumentation beizufügen: (…).

1.5.1.3.1 Klassifikation der Signalwörter

Die in den Analysekorpora vorkommenden deutschen und englischen Signalwörter lassen sich absteigend ordnen (vgl. auch SCHMITT 1999: 156, Tab. 3: Signalwörter für Hinweise in Anleitungen – Vorschlag). Sie werden im Rahmen der Analyse mit dem Merkmal [+metakommunikativ] versehen, wenn der zugehörige Einschubtext inhaltlich der Signalbedeutung entspricht.

Signalwort	Signalbedeutung
Vorsicht/Внимание/DANGER/WARNING	Gefahr von Personenschaden[167]
Achtung/Внимание/CAUTION	Gefahr von Sachschaden
Wichtig/Внимание/IMPORTANT	Gefahr von Funktionsstörungen
Hinweis/Примечание/NOTE	Hinweis auf Bedienungs- und andere Erleichterungen, hilfreiche Informationen und Tipps

Tab. 1.7: Signalwörter und Signalbedeutung

[167] Das in der VDI 4500-1 vorgeschriebene Signalwort *Gefahr* (s.o.) wird in keiner Anleitung verwendet. Vgl. dazu den Kommentar bei SCHMITT (1996: 56): „Außerdem ist, wie bereits mehrfach betont, im Deutschen als Signalwort höchster Gefährlichkeit nicht etwa *Gefahr*, sondern *Vorsicht* bereits fest im Bewußtsein verankert".

Zur Klassifikation der russischen Signalwörter wird angesichts einer ungeregelten Verwendung folgende Festlegung getroffen:

Das einzige Signalwort, das sich überhaupt für Warnhinweise eignet, ist *Внимание*. Den übrigen fehlt schon von ihrer Semantik her jede Möglichkeit, eine Signalbedeutung zu entwickeln, die besondere Aufmerksamkeit auf sich ziehen könnte. Eine entsprechende Verwendung in den russischen Korpora wird deshalb als [+metakommunikativ] beurteilt.

Zusätzlich zu diesen Signalwörtern können verschiedene andere gefunden werden, die sich gemäß Tab. 1.8 als Variationen klassifizieren lassen.

Signalwort	**Variationen**
Vorsicht	*Warnung*
Внимание [Personenschaden]	*ВНИМАНИЕ! БУДЬТЕ ОСТОРОЖНЫ!*
DANGER – WARNING	*BE ALERT*
Achtung	*Zur Beachtung – Bitte beachten – Beachten*
Внимание [Sachschaden]	*Предупреждение*
CAUTION	*Attention*
Hinweis	*Allgemeine Hinweise – Wichtiger Hinweis – Anmerkung – Tipp – Merke*
Примечание	*Помните – Замечание*
NOTE	*HINT – N.B. – REMEMBER*

Tab. 1.8: Signalwörter und ihre Variationen

Die ANSI Z535.6 (2006) leitet für die USA einen Wandel in der Signalwortverwendung ein, der die Korrelation zwischen Signalwort und bestehendem Risiko zu verwischen droht. Zu den Signalwörtern *Danger* und *Warning*, die konventionell Lebensgefahr bzw. Verletzungsgefahr indizieren, kommt als drittes *Caution* mit der Signalbedeutung „Risiko geringfügiger Verletzungen" hinzu:

DANGER indicates a hazardous situation which, if not avoided, **will result** in death or serious injury.
WARNING indicates a hazardous situation which, if not avoided, **could result** in death or serious injury.
CAUTION, used with the safety alert symbol, indicates a hazardous situation which, if not avoided, could result in **minor or moderate injury**.
NOTICE is used to address practices **not related to personal injury** (A1.2, Hervorhebungen von mir – H-H).

Neu eingeführt wird das bisher offenbar ungebräuchliche *Notice*, das zukünftig pauschal signalisieren soll, dass die Gefahr eines Personenschadens nicht besteht. Zwangsläufige Konsequenz dieser Nivellierung von Signalbedeutungen wird sein, dass Hinweise, die vor Sachschaden oder Funktionsstörung warnen, nicht mehr von solchen mit nützlichen Informationen zu unterscheiden sind, da alle Varianten mit dem gleichen Signalwort deklariert werden. Ob solche Vorschriften Betreibern/Bedienern/Benutzern gegenüber der bisherigen Praxis tatsächlich zu mehr Sicherheit verhelfen, ist daher mehr als fraglich.

1.5.1.3.2 Klassifikation der Signalwortverwendung

Verwendung [+metakommunikativ]

Gefahr von Personenschaden:

Vorsicht Vorsicht mit Flusssäure. Arbeitsverordnung beachten!

ВНИМАНИЕ! БУДЬТЕ ОСТОРОЖНЫ! Spannung ist lebensgefährlich! Nach Abnahme des Rückenteils nicht einschalten oder Innenteil berühren. Bildröhre vor Schlag und mechanischen Schäden schützen. Austausch nur in der Werkstatt.

ВНИМАНИЕ Nicht öffnen, Gefahr eines elektrischen Schlages.

Danger Hände und Füße vom Eintrag fernhalten.

DANGER Electric Shock Hazard Berühren von Innenteilen kann zu Verletzungen und Tod führen. Gerät nicht auseinandernehmen.

WARNING Das Gerät ist mit einem Laser der Klasse 3a ausgestattet. Nicht direkt in das Laserlicht sehen, es ist für die Augen zu grell.

WARNING Electric Shock Hazard Unsachgemäßer Gebrauch des Erdungssteckers kann zu elektrischem Schlag führen. Erst einstecken, wenn das Gerät aufgestellt und geerdet ist.

Gefahr von Sachschaden:

Achtung Beim Abnehmen der Schutzkappe ohne Magneten reißt die Verbindung.

Zur Beachtung! Für Standbilder über 30 Minuten Kontrast mit Regler 23 reduzieren, um Einbrennbilder zu vermeiden.

Внимание PC nicht ausschalten, während diese Anzeige leuchtet. Sonst ist Datenverlust möglich.

Caution Nach Entfernen der Unwuchtgewichte Vibrator nicht laufen lassen. Sonst werden die Lager beschädigt.

Gefahr von Funktionsstörungen:

Wichtig! Vor dem Anschließen der Batterie Schalter auf Aus stellen.

Внимание Steht der Griff des Temperaturreglers ganz rechts, sind Minustemperaturen im Kühlschrank möglich.

Important Kabel locker lassen, damit die Anschlüsse während des Vibrierens nicht belastet werden. Bei Feuchtigkeit so locker lassen, dass das Wasser nicht am Kabel entlang in den Vibrator laufen kann.

Bedienungs- und andere Erleichterungen:

Wichtiger Hinweis! Einstellungen sind nicht notwendig, wenn beide mit AV-Kabel verbunden sind.

Anmerkung: Der Parameter 606 ist zur Korrektur besonders schnell über die Taster „G“ (...) zugänglich.

Примечание Eine luftdichte Verpackung ist optimal, damit nichts austrocknet und sich kein Eis an den Wänden bildet.

NOTE Falls Düsen verschiedener Größen gereinigt werden sollen, nach Größen getrennt halten.

HINT: Eine Schraube leicht drehen und zuerst den Durchfluss beobachten, bevor Sie die nächste Schraube verstellen.

REMEMBER Einschubebenen immer von oben zählen.

N.B. Hinweise beziehen sich auf °C. Bei anderer Einheit für diese Tests auf °C zurückstellen.

Bei der Signalwortverwendung mit dem Merkmal [-metakommunikativ] sind verschiedene Varianten zu unterscheiden. In der Mehrzahl der Fälle ist das Signalwort „**unterdimensioniert**“, d.h., die Gefahr, vor der im Einschubtext gewarnt wird, ist größer, als die Signalbedeutung es nahe legt. So wird z.B. durch das Signalwort auf Sachschaden, Funktionsstörung oder hilfreiche Informationen hingewiesen, während es im Einschub um Verletzungsgefahr geht.[168] Entsprechend können Einschubtexte, in denen auf drohenden Sachschaden hingewiesen wird, mit einem Signalwort deklariert sein, das z.B. Funktionsstörung signalisiert.

Im umgekehrten Fall kann das Signalwort auch „**überdimensioniert**“ sein, d.h., die Signalbedeutung legt eine Gefahr nahe, die nicht besteht. Z.B. wird bei einer Warnung vor Sachschaden ein Wort mit der Signalbedeutung „Personenschaden“ verwendet.

Zudem kann das Signalwort seiner Signalbedeutung „**entfremdet**“ sein, d.h., der Einschub enthält weder eine Warnung vor einem der genannten Risiken noch eine hilfreiche Information im Sinne einer Erleichterung für den Betreiber/Benutzer.

Verwendung [-metakommunikativ]

„unterdimensioniert“:

Achtung: Bei allen Arbeiten am Rührwerk, vor allem an den Rührorganen und im Behälter, den Motor vor unbefugtem Einschalten sichern.
Hinweis: Bei korrosiven Medien sofort warten, um Stillstandskorrosion zu vermeiden.
Anmerkung: Die Verwendung von Fetten mit anderer Verseifungsbasis führt zu erheblich schlechteren Schmierergebnissen und verringert die Lebensdauer der Lager.
Примечание Geweißte Wände nicht absaugen, Anstrich könnte Schaden nehmen.
Примечание Reparaturen an Gebern sind unzulässig. Nur von Fachleuten vornehmen lassen.
Примечание. Die Waage muss neu eingestellt werden, wenn sich die Temperatur um mehr als 10°C ändert.
CAUTION Personal Injury Hazard Fest geschlossene Gefäße können explodieren. Öffnen, Plastikbeutel anstechen.
CAUTION: Teile aus dem antibakteriellen Spülgang können zu heiß sein. Vorsicht beim Ausräumen.
IMPORTANT: Vor dem Schmieren Armaturen reinigen. Eingespritzter Schmutz führt zu vorzeitigem Lagerversagen.
Note Vorsicht beim Schieben über empfindliche Böden.
N.B. Ex-Schutz-Anlagen nur durch erfahrenes Fachpersonal ausführen lassen.

„überdimensioniert“

Achtung: Nach Reset müssen alle individuell eingestellten Parameter neu eingestellt werden.
Внимание! Für Gemüse und Früchte Messereinsatz verwenden.
Warning Vor längerem Stillstand schmieren, Welle monatlich drehen, um Korrosion zu vermeiden. Bei Lagerung über 3 Monate vor Inbetriebnahme mit frischem Fett spülen.

[168] Vgl. auch die Feststellung bei SCHMITT (1999: 141): „Der Eindruck einer inkonsequenten formalen Handhabung der Sicherheitshinweise verstärkt sich dadurch, daß auch unter der Überschrift *Hinweis:* auf Unfallgefahren aufmerksam gemacht wird“.

„entfremdet“

WARNUNG: Nicht selbst reparieren, Garantieanspruch erlischt.
Achtung: Der Synchronisator darf nicht geöffnet werden! Zuwiderhandlungen führen zum Verlust des Garantieanspruches!
Bitte beachten: Auseinandernehmen der Pumpe führt zum Garantieverlust.[169]
Hinweis Keine Haftung für versäumte Termine oder Folgeschäden.
Allgemeine Hinweise Änderungen vorbehalten.
ВНИМАНИЕ Wenn Reparatur und Wartung gleichzeitig durchgeführt werden, ist nur ein Talon zu entnehmen.
Примечание Änderungen vorbehalten.
ПОМНИТЕ! Bei Verlust des Talons keine Reparatur auf Garantie.
IMPORTANT Kaufbeleg aufbewahren für den Garantiefall.

Zusätzlich hat SCHMITT (1999: 138) alternative Formulierungen gefunden, die – im Gegensatz zu den Signalwörtern – die Art des jeweiligen Risikos explizit nennen, z.B.:

Derart prominente Sicherheitshinweise beschränken sich konsequent auf Verletzungsrisiken, wobei Mercedes differenziert zwischen *Verletzungsgefahr!, Unfallgefahr!* sowie, gelegentlich, *Schleudergefahr!* und *Vergiftungsgefahr!*.

Vergleichbares kommt nur in fachexternen Anleitungen für Hausgeräte (vgl. Kapitel 6) vor. Es geht jedoch um Verletzungsrisiken und auch um möglichen Sachschaden, z.B.

Keine Lösungsmittel verwenden. **Explosionsgefahr!**
Neue bunte Wäsche nicht mit anderer Wäsche zusammen waschen. **Verfärbungsgefahr!**

Diese Formulierungen sind explizit, es handelt sich nicht um Signalwörter, die ggf. metakommunikativ auf eine Gefahr hinweisen. Diese „Gefahrensignale“ („Warntexte“ nach GÖPFERICH 1998: 386) sind daher nicht Gegenstand der Analyse, es wird lediglich auf ihre Verwendung hingewiesen. In amerikanischen Anleitungen des Maschinenbaus (vgl. 4.1.1.3 bzw. 6.1.1.3) können Signalwörter und Warntexte auch kombiniert auftreten (zu Beispielen s.o. – zur Gestaltung von Warnhinweisen vgl. auch 2.3.1.3).

1.5.1.4 Deklaration von Abbildungen und Tabellen

Die Deklaration von Abbildungen und Tabellen wird unterschiedlich gehandhabt. Es können Titel im üblichen Sinne vorhanden sein, die die dargestellten Informationen benennen. Ihnen gehen häufig die entsprechenden Bezeichnungen voraus, u.a. als Abbreviaturen. Ein Abbildungstitel, der auf die (statische) Darstellung eines Gegenstandes hinweist, wird „deskriptiv“ genannt.

Deskriptive Deklaration (fachintern – fachextern)
Abb. 7 Anschluß- und Bedienelemente – Bedienblende

[169] Der mit einem Garantieverlust verbundene Schaden ist kein Sachschaden, sondern ein Vermögensschaden, d.h., es handelt sich um einen „in Geld oder geldwerten Gütern (…) ausdrückbaren Nachteil“ (CREIFELDS 2000: 1136).

Фиг. 12. Пластинчатый фильтр –
Рис. 2. Внешний вид телевизора со стороны задней стенки
Figure 1. ACCESSORY SIDE VIEW – Metal rack

Dagegen weist eine „instruktive" Deklaration darauf hin, dass die Abbildung als Arbeitsanleitung bzw. als Darstellung des gewünschten Arbeitsergebnisses verstanden werden soll. BALLSTAEDT (1996: 226) spricht hier von „instruktionalen Bildern". Durch die Verwendung der Verbalabstrakta (VA) erhalten die Deklarationen eine dynamische Komponente.[170]

Instruktive Deklaration (fachintern – fachextern)
Abb. 3 Schema zum Anschluß der Vorvakuumpumpe –
Abb. 35 Auseinandernehmen des Backwagens
Рис. 4. Схема выверки роликоопор при монтаже – Схема прикрепления ремня
Figure 6 Installing Wire Connector – 2-8 Edge cleaning

Eine dritte Variante sind undeklarierte Abbildungen. Diese verfügen nicht über einen eigenen Titel und sind unmittelbar dem TT beigegeben, in dem der dargestellte Inhalt behandelt wird (vgl. dazu auch 1.7.2.3.2).

Bei Tabellentiteln sind ebenfalls drei Varianten zu unterscheiden. Eine Tabelle kann eine eigene Deklaration haben, die zwei Funktionen zu erfüllen hat:

(…) a table title ought to do two things only – and each briefly: summarize table contents; distinguish those contents from the similar contents of like tables (SAMUELS 1989: 85).

Ist eine Tabelle mit einem eigenen Titel versehen, so gilt sie als „direkt" deklariert. Dabei ist unerheblich, ob zusätzlich eine entsprechende Bezeichnung (*Tabelle*, *Table*, *Таблица*) oder deren Abbreviatur vorhanden ist, z.B.:

Direkte Deklaration (fachintern – fachextern)
INSPEKTIONS-WARTUNGSLISTE – Tab. 1 Backofeneinstellungen zum Einkochen
Таблица 3. Характеристика редуктора –
2. СВЕДЕНИЯ О СОДЕРЖАНИИ ДРАГОЦЕННЫХ МЕТАЛЛОВ
Table I. Vibrator Nut and Cap Screw Torque Requirements – Troubleshooting/Support

Von einer solchen direkten ist eine „indirekte" Deklaration zu unterscheiden. In diesem Fall hat die Tabelle zwar keinen eigenen Titel, der etwas über ihren Inhalt aussagt (s.o.), eine Inhaltsangabe ist jedoch trotzdem vorhanden: in einem intratextuellen Verweis, der mit einem Hinweis auf den Tabelleninhalt kombiniert ist und der Tabelle unmittelbar vorausgeht. Bei dieser Kombination handelt es sich nicht mehr um eine Deklaration im üblichen Sinne. Trotzdem gibt auch eine solche indirekte Deklaration dem Rezipienten Hilfestellung bei der Interpretation der zusammengestellten Informationen, z.B.:

---

170 NICKL (2001: 171) unterscheidet entsprechend zwischen Bildern mit statischen bzw. dynamischen Inhalten.

Indirekte Deklaration (fachintern – fachextern)

Die längstmöglichen Schmierfristen sind abhängig von Normgröße und Wellendrehzahl, wie in der **nachfolgenden Tabelle** angegeben. –

Zum Spülen im Geschirrspüler ist **folgendes** Besteck/Geschirr nicht geeignet/bedingt geeignet.

Биение барабанов по наружному диаметру не должно превышать значений, указанных **в табл. 13**. – 2.1 Технические данные приведены **в табл. 1**.

The **following troubleshooting table** is provided for this purpose. – Read **this table** to find out more about scrolling and zooming with your cordless wheel mouse.

In den deutschen und englischen Korpora wird in dieser Weise auf Tabellen verwiesen, denen neben dem Titel auch die Nummer fehlt. In den russischen Anleitungen wird (zumeist im letzten Satz vor der Tabelle) ein Verweis auf die Tabelle gegeben, die zwar keinen eigenen Titel, üblicherweise jedoch eine Nummer hat (z.B.: Таблица 13).

Als undeklariert werden Tabellen klassifiziert, deren Inhalt weder im eigenen Titel noch in einem vorausgehenden Verweis angesprochen wird.

1.5.1.5 Analyseraster: Deklarationen

MERKMALTRÄGER	ART DER DEKLARATION
GESAMTTEXT	[± deklariert] Abstrahierend, Fokussiert, Integrativ
TEILTEXT (FORMULIERUNG)	Autonom, Komplementär, Elliptisch
TEILTEXT (BEZEICHNUNGSPRINZIP)	Abstrahierend, Fokussiert, Integrativ Koordinativ, Superordinativ, Inadäquat
EINSCHUB MIT SIGNALWORT	[± metakommunikativ] (bei Warnhinweisen – gefahrenbezogen)
ABBILDUNG	[± deklariert] – Deskriptiv vs. Instruktiv
TABELLE	[± deklariert] – Direkt vs. Indirekt

1.5.2 Sprechhandlungen – Kommunikationsverfahren

1.5.2.1 Klassifikationsmöglichkeiten

Je nach Intention hat ein Textproduzent bei der Produktion seines Textes verschiedene Aufgaben zu erfüllen. EGGS (1996: 620) unterscheidet folgende „Basis-Aufgaben der Textherstellung“:

1. einen Sachverhalt oder Sachverhaltszusammenhang beschreiben,
2. zeitliche Abläufe beschreiben, berichten und erzählen,
3. Handlungs- und Versuchsabläufe vorschreiben,
4. Sachverhaltszusammenhänge erklären,
5. argumentativ Forschungsergebnisse vortragen, begründen und kritisieren.

Zur Realisierung dieser Aufgaben sind Sprechhandlungen notwendig, die teilweise zur Konstitution besonderer Textsorten geführt haben: das Beschreiben (Textsorte „Beschreibung“), das Berichten (Textsorte „Bericht“), das Vorschreiben (z.B. Textsorte „Anweisung“), das Erklären (z.B. Textsorte „Lehrbuch“), das Argumentieren (z.B. Textsorte „Fachzeitschriftenartikel“) sowie zahlreiche weitere Sprechhandlungen, deren Vielfalt u.a. in einer Klassifikation als Kommunikationsverfahren (KV)[171] erfasst wurde.

Eine gewisse Entsprechung finden die von EGGS (s.o.) identifizierten Aufgaben der Textproduktion in dem, was ROSSICHINA (1991: 50 – in Analogie zum deutschen Begriff „Darstellungsarten“) „композиционно-речевые формы (КРФ)“ nennt: Bericht (повествование), Beschreibung (описание) und Erörterung (рассуждение), wobei in jüngster Zeit als vierte Variante die Charakteristik (характеристика) herausgearbeitet wurde. Die verschiedenen Darstellungsarten dominieren die Sprachverwendung unterschiedlicher Mikrokulturgruppen, d.h. nach ihrer Interpretation die Funktionalstile unterschiedlicher Kommunikationsbereiche (vgl. 1.1.2.2). Die primäre Darstellungsart in den Geisteswissenschaften ist (mit Ausnahme historischer Texte) die Erörterung, die zur Beschreibung wechseln und Elemente von Charakteristik und Bericht enthalten kann. Demgegenüber wird in Naturwissenschaften und Technik primär beschrieben, wobei ein Wechsel zur Charakteristik und Elemente von Erörterung und Bericht möglich sind (vgl. ROSSICHINA 1991: 57-58).[172]

Eine solche „Darstellungsart“ ist – abgesehen davon, dass sich daraus ggf. eigene Textsorten wie Bericht und Beschreibung entwickelt haben – primär als Merkmal der Textkomposition zu verstehen (vgl. 1.6.3). Sie korreliert daher mit bestimmten Strukturmerkmalen: entscheidend für die Struktur von Bericht und Beschreibung ist die Chronologie, für Erörterung und Charakteristik dagegen die Logik. Parallel zur Ebene eines Gesamttextes, auf der sich eine Darstellungsart als Determinante der Textfunktion erweist, lassen sich diese Darstellungsarten auch auf der Ebene der Teiltexte identifizieren bis hinunter zur Ebene eines einzelnen Satzes. Während sich die Charakteristik primär auf Satzebene zu manifestieren scheint und von Erläuterungen begleitet wird, kommt die

---

[171] Vgl. dazu z.B. BAUMANN (1992a: 80): „Unter der Bezeichnung Kommunikationsverfahren (KV) nimmt die Kategorie des sprachlich-kommunikativen Handlungstyps einen zentralen Platz in dem funktionalen Beschreibungsansatz ein“.

[172] ROSSICHINA (1991: 57-58): „Выбор КРФ диктуется коммуникативно-прагматической установкой автора, а последняя находится в прямой зависимости от сферы коммуникации, лежащей в основе каждого функционального стиля. (...) Именно поэтому (...) для стиля (...) гуманитарно-научной литературы (кроме исторических текстов) [наиболее характерна] КРФ ‚рассуждение' с переходом в описание и с включениями характеристики и повествований, а для стиля естественно-научной и технической литературы – КРФ ‚описание’ с переходом в характеристику и с возможными включениями рассуждений и повествований“.

auf höheren Ebenen angesiedelte Erörterung nicht ohne weitere Detaillierung aus: Prämisse – Argumentation – Schlussfolgerung (vgl. ROSSICHINA 1991: 51 bzw. 55).

BAUMANN (1992a) bietet eine umfassendere (d.h. nicht auf wissenschaftliche Texte beschränkte) Klassifikation von Sprechhandlungstypen an:

> [Wir gehen] in unseren Betrachtungen von den fünf Grundtypen kognitiver Prozesse aus, deren der Mensch prinzipiell fähig ist. Sie sollen im Hinblick auf ihre sprachliche Realisierung als geistig-sprachliche Komplexverfahren (KoV) bezeichnet werden. Hierbei handelt es sich um die Deskription, Narration, Exposition, Argumentation und Instruktion (121-122).

Mit dem Konzept der Komplexverfahren (KoV) ist es BAUMANN gelungen, die Vielfalt der Kommunikationsverfahren (KV) überschaubar zu ordnen.[173] Zwei dieser KoV erfüllen die Funktion des Informierens: Deskription und Narration. Empfehlen, Klassifizieren und Definieren gehören zum KoV „Argumentation“, während die „Exposition“ auch das Erörtern und Beurteilen umfasst. Die Klassifikation der KoV unterscheidet sich von den „Darstellungsarten“ (s.o.) vor allem durch das KoV Instruktion, mit dem die KV Fragen, Befehlen, Appellieren, Bitten, Aufrufen und Auffordern subsumiert werden.

BIRKENMAIER/MOHL (1991) setzen Sprechhandlungstypen[174] in Beziehung zu den damit realisierten KV. Parallel dazu erläutern sie über entsprechende Paraphrasen die verschiedenen Sprechhandlungen, die nach ihrer Auffassung bestimmte Textsorten dominieren und dadurch die jeweilige Textfunktion determinieren:

> **Informationsfunktion:**
> Ich, der Emittent, informiere dich, den Rezipienten, über den Sachverhalt X (139).

Die Informationsfunktion ist charakteristisch z.B. für Textsorten wie Bericht oder Beschreibung. Die dominante Sprechhandlung ist das Repräsentativum, mit dem u.a. die KV Feststellen, Berichten, Mitteilen, Erklären, Klassifizieren realisiert werden.

> **Appellfunktion:**
> Ich, der Emittent, fordere dich, den Rezipienten, auf, die Einstellung X zu übernehmen (= Meinungsbeeinflussung) und/oder die Handlung Y zu vollziehen (= Verhaltensbeeinflussung), z.B. beim Anleiten und Anweisen von Handlungen (147).

Als Texte mit Appellfunktion fassen BIRKENMAIER/MOHL u.a. zwei verschiedene Textsorten (Anleitung und Anweisung)[175] zusammen. Die dominante Sprechhandlung ist das Direktivum, mit dem z.B. die KV Bitten, Anordnen, Empfehlen realisiert werden. Dem

---

[173] Eine detaillierte Gegenüberstellung von KoV und den jeweils subsumierten KV gibt BAUMANN (1992a: 138).

[174] Diese Klassifikation folgt der Sprechakttheorie von SEARLE (vgl. auch GÖPFERICH 1998: 145) und hat daher eine andere Orientierung als die KoV bei BAUMANN, selbst wenn im Ergebnis gewisse Parallelen bestehen.

[175] Instruktive und direktive Textfunktion lassen sich beim KoV Instruktion nur auf der Ebene der erwähnten KV unterscheiden (vgl. BAUMANN 1992a: 138).

Unterschied zwischen instruktiver und direktiver Textfunktion tragen sie jedoch dadurch Rechnung, dass sie zur Interpretation der direktiven Sprechhandlung in instruktiven Texten eine abweichende Paraphrase formulieren. Ihrer Ansicht nach wird der Adressat einer Anleitung durch eine Instruktion nicht prinzipiell zur unmittelbaren Handlung aufgefordert, sondern nur über Handlungsschritte informiert:

Wenn man X tun möchte, dann beachte man folgende Hinweise (152).

Im Gegensatz dazu erscheint es bei Texten mit direktiver Funktion,[176] z.B. einer Anweisung, durchaus angemessen, eine Instruktion entsprechend der allgemeinen Paraphrase (s.o.) als Aufforderung[177] zu interpretieren:

Für den Fall, dass X getan werden muss, fordere ich, der Emittent, dich, den Rezipienten, auf, die Handlung Y zu vollziehen.

Obligationsfunktion:
Ich, der Emittent, verpflichte mich (gegenüber dem Rezipienten), die Handlung X zu tun (212).

Bei dieser Paraphrase zu Kommissiva, mit denen z.B. das KV Versprechen realisiert wird, denken BIRKENMAIER/MOHL (1991: 212) vor allem an die Variante des Verpflichtens, bei der es um die Erfüllung von Wünschen des Rezipienten geht:

Gelübde, Gelöbnisse, Garantiescheine sind Ausdruck dieser Funktion, ebenso Verträge, Abkommen, Konventionen u.ä. Bei letzteren sind alle Unterzeichner zugleich Emittent und Rezipient.

Deklarationsfunktion:
Ich, der Emittent, bewirke hiermit, daß X als Y gilt (227).

Die Besonderheit der Deklarationsfunktion, die durch KV wie Ernennen oder Definieren realisiert wird, besteht nach BIRKENMAIER/MOHL (ebd.) darin, dass „durch die (erfolgreiche) Textäußerung ein neuer Sachverhalt geschaffen" wird. Auch sie weisen auf den institutionellen Rahmen hin, an den deklarative Texte üblicherweise gebunden sind.

Die dominante Sprechhandlung von Texten mit **Kontaktfunktion** (vgl. auch BAUMANN 1992a: 138) ist das Expressivum, mit dem KV wie Danken, Gratulieren, Bedauern oder Grüßen realisiert werden.

---

[176] Vgl. auch MÖHN (1991: 192): „Die direktive Funktion begegnet in allen Situationen, in denen ein Abhängigkeitsverhältnis, meist institutionell geregelt, besteht, wobei eine Person/Institution legitimiert ist, zu befehlen, anzuordnen, vorzuschreiben und die Betroffenen grundsätzlich den vorgegebenen Handlungsspielraum nicht überschreiten dürfen".

[177] Im Sinne von HINDELANG (1994: 59) handelt es sich bei einer solchen Aufforderung um eine Weisung. In der Gruppe der berechtigten bindenden Aufforderungen, die für Texte mit direktiver Funktion charakteristisch sind, differenziert er zwischen AUFTRAG bzw. WEISUNG (denen aufgrund eines Arbeitsvertrages Folge geleistet werden muss) einerseits und BEFEHL, ANORDNUNG, FORDERUNG bzw. GEBOT (denen aufgrund staatlicher Vorschriften nachzukommen ist) andererseits.

1.5.2.2 Distribution von Sprechhandlungen

Die zitierten Feststellungen bei ROSSICHINA (1991) haben gezeigt, dass die „Darstellungsarten“ in den jeweiligen Textsorten nicht isoliert vorkommen: auch ein Bericht enthält beschreibende Teile. Andererseits gilt jedoch, dass zur Erfüllung der Textfunktion in einer Beschreibung überwiegend beschrieben, in einem Bericht überwiegend berichtet werden sollte, andernfalls handelt es sich eben nicht mehr um eine Beschreibung bzw. einen Bericht. Mit Blick auf die grundsätzlich unvermeidliche Mischung von Sprechhandlungen hält z.B. GLÄSER (1990: 300) das Kriterium der KV zur Abgrenzung von Fachtextsorten für ungeeignet, „weil sie inhaltlich wie funktional stets an der Themenentfaltung und somit der Textkonstitution generell beteiligt sind“.

Dennoch scheinen einige KV, z.B. die des Bittens, Aufforderns und Empfehlens, an der Konstitution bestimmter Textsorten nur eingeschränkt beteiligt zu sein. Nach SAGER et al. (1980: 27) macht gerade diese Beschränkung einen der wesentlichen Unterschiede zwischen wissenschaftlichen und technischen Texten aus:

> Science is essentially concerned with the extension of knowledge, technology with the application of knowledge: technology is always expository, educational, instructional, the speech act focussing on the recipient, there is always an inequality of knowledge. Directive speech acts are therefore virtually absent in the language of science and frequent in the language of technology.

Dieser Unterschied zwischen Textsorten aus Wissenschaft und Technik leuchtet ohne weiteres ein. Selbst wenn alle Sprechhandlungstypen in allen Textsorten zu finden wären, würde ihre jeweilige Frequenz in Abhängigkeit von der Textfunktion vermutlich signifikant variieren. Auch die in 1.5.2.1 zitierten Ausführungen von BIRKENMAIER/ MOHL (1991) lassen vermuten, dass sich die Distribution bestimmter Sprechhandlungen (bzw. Gruppen von KV) als Kriterium zur Textsortendifferenzierung eignen könnte.

In Anleitungen können – anders als in Anweisungen – Handlungsabläufe nicht vorgeschrieben werden, da das Verhältnis zwischen Hersteller und Kunde eine Weisungsbefugnis sowie entsprechende Sanktionen bei Zuwiderhandlung ausschließt (vgl. auch 1.4.3). Der Hersteller erfüllt mit der Anleitung seine „Instruktionsverantwortung“ (BAUER 1994: 14). Die Betreiber/Benutzer einer Maschine oder eines Gerätes fragen wiederum in der Anleitung das zur Bedienung notwendige Handlungswissen ab, aus eigenem Interesse – wie MÖHN (1991: 193) betont. Notwendigerweise liegt daher die Beachtung der entsprechenden Instruktionen ebenfalls in ihrem eigenen Interesse (vgl. auch FLEISCHMANN 2002b: 58).

Gleichzeitig ist auch richtig, dass instruktive Texte dieser Art mit direktiven Sprechhandlungen allein nicht auskommen. So bemerkt AITKEN (2002: 92) zu Recht, dass der Instruktion eine Beschreibung (und ggf. Erklärung) dessen vorausgehen muss, an dem die Instruktion ausgeführt werden soll:

I shall refer to them here as representational and interpersonal functions respectively. Of the two, we might view the former as being prior to the latter: for example, using language in order to direct someone to do something will invariably involve providing a linguistic representation of some state of affairs.[178]

Diese „Koppelung mit informativen Anteilen" (MÖHN 1991: 188) ist in Anleitungen in der Tat deutlich zu erkennen. Darüber hinaus zeigen die Analysen zur Textkomposition (vgl. 1.6.3) durchaus eindrucksvoll, dass die Korpustexte nicht nur instruktive und deskriptive TT sowie instruktiv-deskriptive Misch-TT enthalten, sondern selbst im Wesentlichen instruktiv-deskriptive Mischtexte sind.

Da Repräsentativa auch – und vermutlich mit erheblich höherer Frequenz – in anderen (technischen) Textsorten vorkommen, sollte in Anleitungen nicht ihnen, sondern den Direktiva[179] die Rolle der textdominanten Sprechhandlung zufallen. Die entsprechenden Analysen werden zeigen, ob sich diese Annahme durch praktische Ergebnisse bestätigen lässt. Vereinzelte kommissive, deklarative und expressive Sprechakte können in Anleitungen ebenfalls gefunden werden. Gerade die Seltenheit ihres Auftretens dürfte für diese Texte charakteristisch sein.

1.5.2.3 Klassifikation der Sprechhandlungen

Es wurde bereits erwähnt, dass die „Darstellungsarten" bei ROSSICHINA (1991) für eine Klassifikation von Sprechhandlungen außerhalb wissenschaftlicher Texte nicht ausreichen. Die KoV bei BAUMANN (1992a) sind dagegen auch auf instruktive Texte anwendbar. Obwohl diese Klassifikation zweifellos ihre Vorzüge hat, orientiert sich die Analyse der Sprechhandlungen in den Korpustexten weitgehend an der Differenzierung der Sprechakttheorie, wie bei BIRKENMAIER/MOHL (1991) dargestellt (zu den Einschränkungen vgl. 1.5.2.4). Dies soll insbesondere die Kompatibilität der Ergebnisse mit anderen Forschungsarbeiten sicherstellen, die terminologisch und klassifikatorisch vorrangig auf diese Typen referieren.

---

[178] Vgl. in diesem Sinne auch MÖHN (1991: 195): „Die Diskrepanz zwischen Experten- und Laienwissen muss für das Gelingen der Instruktion überbrückt werden, d.h. hier ist ein großer Teil an Information mit Erklärungen zu erwarten, die bezogen auf die Rezipienten von einem größten gemeinsamen Nenner ausgehen müssen, wenn sie effektiv sein sollen" bzw. BECKER-MROTZEK (1996: 410): „Typische sprachliche Handlungen, die in den übergeordneten Zusammenhang des Instruierens eingebettet sind, stellen das **BESCHREIBEN**, das **ERKLÄREN** und das **ANWEISEN** dar". Es wurde bereits gesagt, dass es sich beim Instruieren in Anleitungen nicht um „Anweisen" handelt.

[179] Offenbar gilt das auch für nichttechnische Textsorten. Vgl. STOLL (2001: 363): „Eine Paralleltextanalyse zeigt, daß die häufige Verwendung von Imperativen (sowie anderer appellativer Strukturen) im englischen Reiseprospekt textsortenspezifisch ist".

Anhand der Analyseergebnisse sollen zwei Fragen beantwortet werden:

1. Stellt das Direktivum in Anleitungen die textdominante Sprechhandlung dar?
2. Welche Präferenzen bestehen makro- bzw. mikrokulturell hinsichtlich der Äußerungsformen für Direktiva?

Zu diesem Zweck werden nur zwei Gruppen von Sprechhandlungen unterschieden:

Gruppe 1: Repräsentativa u.a.

Diese Gruppe umfasst mehrheitlich Repräsentativa, jedoch auch einzelne Kommissiva, Deklarativa und Expressiva, wie in den folgenden Beispielen gezeigt:

Repräsentativa

Der Gasballast ist erst dann voll wirksam, wenn die Pumpe betriebswarm ist.

В телевизоре предусмотрена одна программа (8-ая) для воспроизведения сигнала от видеомагнитофона, подаваемого на антенный вход телевизора.

The motor is equipped with bearings which contain sufficient lubrication for the life of the motor.

Die Korpustexte enthalten in der Regel auch einzelne Kommissiva, durch die sich der Hersteller seinen Kunden gegenüber verpflichtet. Dabei geht es um Garantien, aber auch um andere Zusagen: z.B. um die Konformität des Produktes zu bestehenden Normen/ Vorschriften bzw. um Unterstützung durch den Kundendienst im Störungsfall.

Kommissiva

Innerhalb dieser Garantiezeit beseitigen wir nach unserer Wahl durch Reparatur oder Austausch des Gerätes unentgeltlich alle Mängel, die auf Material- oder Herstellungsfehlern beruhen.

Geeignete Ausweichöle sind in der GA 999, die wir Ihnen auf Anforderung gerne zuschicken, enthalten.

Bei technischen Problemen steht Ihnen unser WERKSKUNDENDIENST in Ihrer Nähe jederzeit zur Verfügung.

При правильной эксплуатации завод-изготовитель гарантирует нормальную работу пылесоса в течение 18 месяцев после приобретения его в магазине.

В течение гарантийного срока неисправности, происшедшие по вине завода, устраняются за его счет.

Также изготовитель гарантирует, что изделие безопасно при обычных условиях эксплуатации, хранения, транспортировки для жизни и здоровья потребителя в течение всего срока службы изделия.

The normal United Kingdom guarantees apply and all services schemes are available.

This warranty applies when the appliance is purchased in the United States including its territories, or in Canada or from a U.S. Military Exchange.

GE Consumer Home Services will still be there after your warranty expires.

Mit Sprechhandlungen anderer Art, die als deklarativ[180] klassifiziert werden, wird in der Regel versucht, durch Beschränkung bzw. Ausschluss von Garantieleistungen Tatsachen

[180] Vgl. z.B. HINDELANG (1994: 50) zur Illokution von Deklarativa: „(…) der Sprecher [gibt] zu erkennen, was in einem bestimmten institutionellen Rahmen der Fall sein soll“.

zu schaffen (allerdings fehlt hier der üblicherweise postulierte institutionelle Rahmen). Inwieweit diese Deklarationen erfolgreich sind, also „die Proposition mit der Wirklichkeit zur Deckung" gebracht werden kann (HINDELANG 1994: 48), hängt nicht allein vom „Sprecher" ab. Eine entscheidende Rolle spielen Gesetzgebung und Rechtsprechung zum Verbraucherschutz und zur Produkthaftung (Produzentenhaftung). In anderen Fällen, in denen solche elementaren Rechte und Pflichten durch die zu schaffenden Tatsachen nicht tangiert werden (z.B. beim Änderungsvorbehalt), darf wohl ein erfolgreicher Vollzug dieser Sprechakte angenommen werden.

Deklarativa

Schäden, die durch Arbeiten ohne Splitterschutz entstehen, sind von der Gewährleistung ausgeschlossen.
Der Hersteller haftet nicht für eventuelle Schäden, die durch nicht bestimmungsgemäßen Gebrauch oder falsche Bedienung verursacht werden.
Холодильник снимается с гарантии, если был проведен ремонт лицом, не имеющим на это соответствующего разрешения.
Завод-изготовитель оставляет за собой право на внесение незначительных конструктивных усовершенствований, которые могут быть не отражены в данном руководстве.
This warranty does not apply if the appliance is used in a commercial or rental application.
The manufacturer declines any liability should this safety measure not be observed.

Expressiva

Wir wünschen Ihnen mit Ihrem neuen Braun-Gerät viel Freude.
Благодарим Вас за покупку интегрированного телефонного аппарата Panasonic.
We are proud to have you as a customer.

Gruppe 2: Direktiva

Im Gegensatz zur Gruppe „Repräsentativa u.a." werden Direktiva nicht nur insgesamt, sondern nach Äußerungsformen geordnet ausgezählt. Es wurde in entsprechenden Analysen (z.B. bei KUSSMAUL 1990, GÖPFERICH 1995) bereits gezeigt, dass verschiedene Makrokulturen hier unterschiedliche Präferenzen (Konventionen) haben können und haben. Natürlich beziehen sich SAGER et al. (1980: 27) primär auf Instruktionen in englischen Texten, die mehrheitlich am Imperativ zu erkennen sind, wenn sie direktiven Sprechhandlungen eine augenfällige Form attestieren:

> Any request, order, instruction, prohibition, exhortation, or warning is directive and its distinct linguistic form is usually obvious.

In deutschen und russischen Texten sind Direktiva nicht ganz so offensichtlich, weil die Varianzbreite der Äußerungsformen erheblich größer ist. Aber auch hier gibt es Präferenzen, die zudem fachintern und fachextern unterschiedlich sein können (vgl. z.B. 2.2.2.3). Manchmal spricht der Sender mit unterschiedlichen Textteilen verschiedene Adressaten an: mit dem Adressatenwechsel ändert sich auch die Formulierung.

Einige Ergebnisse zu direktiven Textsorten (Werkstatthandbuch D/E – vgl. GÖPFERICH (1995: 350-351) und Anweisung R) zeigen exemplarische Präferenzen dieser Art, die durchaus Ausdruck von Textsortenspezifik sein könnten, allerdings gebunden an die Mikrokulturen Kfz.-Technik bzw. Eisenhüttenwesen (Direktreduktion).

Äußerungsform	WH D	WH E	Anweisung R[181]
Imperativischer Infinitiv:	**86,71 %**	0 %	28,71 %
Deontischer Hinweis:	10,51 %	2,98 %	**52,31 %**
Imperativ:	0 %	**95,93 %**	0 %
Präsens u.ä.:	2,78 %	1,09 %	18,98 %

Tab. 1.9: Äußerungsformen für Instruktionen in direktiven Texten

Obwohl der imperativische Infinitiv nach VINOGRADOV (1986: 490)[182] zu den kategorischen Äußerungsformen gehört, wird in den Anweisungen eher zurückhaltend davon Gebrauch gemacht. Der russische Imperativ wird dagegen als weniger kategorisch empfunden (vgl. z.B. PERCOV 1998: 89)[183] und eignet sich offenbar deshalb nicht für direktive Texte (zu fachexternen Anleitungen vgl. dagegen Tab. 6.8).

Ein Grund dafür dürfte sein, dass sich die Instruktionen in diesen Texten an unterschiedliche Mitarbeiter richten, die mit ihrer Funktion im Kombinat/Werk angesprochen werden müssen. Dazu eignen sich weder Infinitiv noch Imperativ, sondern nur deontische Hinweise (s.u.) oder Präsensformen. Eine nach allgemeiner Auffassung noch schärfere

181 Das entsprechende Analysekorpus umfasst 1000 Sprechakte aus vier russischen Anweisungen, die sich an die Mitarbeiter des jeweiligen Kombinates (OEMK bzw. BMK) richten und daher am ehesten den von GÖPFERICH (1995) analysierten Werkstatthandbüchern vergleichbar sind. Die jeweiligen Instruktionen sind WEISUNGEN bzw. ANORDNUNGEN und gehören daher zur Gruppe der berechtigten bindenden Aufforderungen (vgl. HINDELANG 1994: 59). WEISUNGEN werden nach HINDELANG (1994: 56 bzw. 57) „von einem Vorgesetzten Sp_1 gegenüber einem Untergebenen Sp_2 geäußert", während ANORDNUNGEN „von Vertretern der Staatsgewalt gegenüber Bürgern geäußert werden". Die analysierten Texte, in denen für den Fall der Missachtung disziplinarische und gerichtliche Maßnahmen angedroht werden, zeigen eine Kombination dieser Handlungsbedingungen: die Instruktionen sind als WEISUNGEN (der Kombinats- bzw. Werksleitung an die Mitarbeiter) bzw. als ANORDNUNGEN (z.B. staatliche Sicherheitsvorschriften) zu interpretieren.

182 VINOGRADOV (1986: 490): „Инфинитив не только обозначает безапелляционный приказ, категорическое постановление, расположение (...), но и выражает обязательность действия, роковую его неизбежность, неотложную потребность в нем, необходимость его наступления, волю к его отрицанию, как бы запрет на действие".

183 PERCOV (1998: 89): „Из большей связи – в случае императива – сознания говорящего и побуждения, из большей субъективности и эмоциональной насыщенности императива в сопоставлении с другими способами выражения побуждения не следует делать вывод о непременно более категоричном характере собственно императивного побуждения".

Form der Aufforderung im Russischen, die perfektive Präsensform, kommt wegen ihrer umgangssprachlichen Färbung (vgl. z.B. RATHMAYR 1976: 97)[184] überhaupt nicht vor.

Deontische Hinweise sind Handlungsanweisungen im Sinne von HINDELANG (1994: 74): „Man kann im Deutschen einen Sprecher Sp_2 zu einer Handlung X auffordern, indem man sagt, daß Sp_2 X-en muß (DEONTISCHER HINWEIS)".

Als typische Äußerungsformen für deontische Hinweise beurteilt z.B. GÖPFERICH (1995: 322) „Modalverben wie *müssen, sollen, dürfen* sowie Wendungen wie ‚*sein zu* + Infinitiv'im Deutschen und *have to, ought to, shall* etc. im Englischen".

Äußerungsformen für Instruktionen

Imperativischer Infinitiv

Aufgetretene Schäden bitte sofort dem Hersteller **mitteilen**.

Снять шланги Ш5, Ш6, Ш7 с системы УПМ-331 и **проверить** выводы их разъемов на отсутствие контакта с корпусом.

Deontischer Hinweis

Die Eingangsumformer mit den Einstellpotentiometern befinden sich hinter der Diagramm-Kassette, die zu diesem Zweck aus dem Schreiber **entfernt werden muss**.

Вся техническая документация **должна иметь** отметку заказчика о принятии к производству.

Before connecting the instrument to an a.c. power source the monitor and sensor units **must be connected** together.

Imperativ

Bitte **beachten Sie**, dass die Verschraubungen öldicht eingesetzt werden müssen.

Включите конвейер и в момент прохождения поперечной полосой реперной отметки **нажмите** кнопку „Сброс" счетчика импульсов.

Try to avoid too many „T" pieces or unnecessary pipe-work.

Präsens

Jetzt **wird** am Nullpunktpoti so lange **gedreht**, bis 0 an der Anzeige erscheint.

Проверка установки роликоопор по диагонали (размер В) **производится** при помощи реек, устанавливаемых на роликоопоры, как показано на рис. 4, вид Т.

On older instruments this **is done** by simply re-orientating the secondary perspex window which sits behind the outer window.

Verbalabstraktum (VA)

Aufsetzen und **Befestigen** des oberen Unwuchtgehäuses, mit Sechskant-Schraube am Wellenstumpf befestigen.

Performativ

Der Aufenthalt und das Arbeiten unter schwebenden Lasten **ist verboten**.

Запрещается при включенном в сеть пылесосе снимать пылесборник, проводить ремонт, передвигать пылесос за шнур.

Operators **are warned** against looking directly into the laser light as this may be harsh for the eyes.

[184] Vgl. sinngemäß auch BONDARKO (1978: 107-108) bzw. PERCOV (1998: 92).

Äußerungsformen für Empfehlungen

Deontischer Hinweis[185]

Wartungs- und Reparaturarbeiten **sollten** nur von entsprechend ausgebildetem Personal **durchgeführt werden**.

To prevent from erasing valuable recordings, record prevention tab **should be broken off** completely so that the fragment isn't left within the slot.

Performativ (persönliche Formulierung)

Sind beim Betrieb des Ventilators Störungen aufgetreten, so **empfehlen wir**, die „Checkliste zur ersten Fehlerbehandlung" durchzugehen.

Рекомендуем Вам периодически производить оттайку МК, когда толщина слоя инея на полках превысит 5 мм.

We recommend that you rest a finger against the door to prevent it from opening too far.

Performativ (unpersönliche Formulierung)

Empfehlenswert ist, unterhalb des Big-Bags eine Palette zu stellen, auf die das gefüllte Big-Bag zum Abtransport abgesenkt werden kann.

Монтаж конвейера **рекомендуется** производить в такой последовательности: устанавливают привод, повороты и натяжные устройства, соединяют стыки путей, выверяют и контролируют собранную трассу.

It is recommended that this be displayed in CIF mode.

1.5.2.4 Auszählmodus

Im Vergleich zu Analysen in anderen Arbeiten sind hier allerdings zwei Einschränkungen zu machen:

1. Auszählung der Sprechhandlungen

GÖPFERICH (1995) legt für ihre Analyse fest:

> Als einen Sprechakt werte ich jeweils einen Hauptsatz mit allen von ihm abhängigen Gliedsätzen und gliedsatzwertigen Konstruktionen (Infinitiv- und Partizipialkonstruktionen) (318).
> Der Gruppe der Nicht-Direktiva rechne ich all diejenigen Sprechakte zu, die keine direktiven Elemente – weder im Hauptsatz noch in einem der Gliedsätze oder gliedsatzwertigen Konstruktionen – enthalten (321).

Zur Ermittlung direktiver Sprechhandlungen wird bei diesem Vorgehen ein komplexer Satz wegen einer direktiven Form insgesamt als Direktivum gezählt, unabhängig davon, welche anderen Sprechhandlungen ggf. vorhanden sind. Dadurch fallen zahlreiche nichtdirektive Sprechhandlungen aus der Zählung heraus, z.B. Begründungen, die zu Direktiva häufig innerhalb des Satzes gegeben werden (vgl. 1.7.3.1.1).

Da komplexe Sätze hier als Kombinationen von Sprechhandlungen angesehen werden, wird z.B. die Begründung zu einem Direktivum als Repräsentativum gezählt. Als möglicher Lösungsansatz zu einer genaueren Quantifizierung der Sprechhandlungen bietet

---

[185] Der Unterschied zwischen deontischen Hinweisen in Instruktionen und solchen in Empfehlungen liegt in der Verbindlichkeit. Vgl. dazu z.B. auch MÖHN (1991: 202).

sich der Rückgriff auf die Gesamtzahl finiter Verbformen (vgl. 1.5.3.1.1 bzw. 1.5.3.1.2) an, die auch in anderen Analysen (z.B. zum Passivgehalt, Personeneinbezug) als Bezugsgröße dient, mit einer zusätzlichen Unterscheidung nach direktiv/nicht-direktiv. Repräsentative und andere Sprechhandlungen lassen sich auf diese Art generell korrekt ermitteln. Dagegen eignet sich diese Verfahrensweise nicht in jedem Fall dazu, die Bedeutung direktiver Sprechhandlungen in Anleitungen adäquat abzubilden.

FINITE VERBFORMEN	BELEGE D 2227	BELEGE R 2412	BELEGE E 2887
Anteil Repräsentativa u.a.	**64,71 %** [1441]	37,52 % [905]	42,74 % [1234]
Anteil Direktiva	35,29 % [786]	**62,48 %** [1507]	**57,26 %** [1653]

Tab. 1.10: Verteilung finiter Verbformen auf verschiedene Sprechhandlungen

In Tab. 1.10 erscheint die Gruppe von Repräsentativa u.a. für das deutsche Korpus insbesondere deshalb als textdominant, weil Direktiva hochfrequent unter Verwendung des imperativischen Infinitivs geäußert werden und bei dieser Verfahrenweise fast 50 % der deutschen Instruktionen nicht erfasst werden. Analog steht hinter dem Mittelwert von 62,48 % (R) eine Variation (bezogen auf den Einzeltext) von 32,04 % min. bis hin zu einem Maximum von 90,77 %. Das Minimum von 32,04 %, wurde in einer Anleitung gefunden, in der Instruktionen ungewöhnlich intensiv mit imperativischem Infinitiv geäußert werden. Beim Bezug auf finite Verbformen wäre auch hier das Repräsentativum als dominanter Sprechakt auszuweisen.

Zur Präsentation der Ergebnisse wird daher das Kriterium der Sprechhandlungsdichte gewählt. Dieser Wert wird für jedes Textkorpus ermittelt als die Anzahl der zu Repräsentativa u.a. gehörigen finiten Verbformen je 100 Sätze Textumfang. In die Zählung zur Direktivadichte gehen neben den jeweiligen finiten Verbformen auch die imperativischen Infinitive ein. Dieses Kriterium ist zwar letztlich auch wieder satzbezogen, hat aber gegenüber der Verfahrensweise bei GÖPFERICH (s.o.) den Vorteil, dass auch die nicht-direktiven Sprechhandlungen vollständig erfasst werden. Mit der Ermittlung der Dichtewerte zu den Sprechhandlungsgruppen verändert sich das Bild ganz grundsätzlich:

SPRECHHANDLUNG	KORPUS D	KORPUS R	KORPUS E
Dichte von Repräsentativa u.a.	66,19 [1441/2177]	45,30 [905/1998]	61,79 [1234/1997]
Dichte der Direktiva	**68,17** [1484/2177]	**93,99** [1878/1998]	**82,77** [1653/1997]

Tab. 1.11: Sprechhandlungsdichte

Wenn die Anzahl der Belege – 1484 direktive Verbformen – in Bezug gesetzt wird zur Anzahl der Sätze des deutschen Textkorpus (2177), zeigt sich, dass die Direktivadichte

68,17 je 100 Sätze beträgt, d.h., 68,17 % der Sätze enthalten ein Direktivum. Das bedeutet, dass Direktivum und Repräsentativum in den Sätzen der Korpora ausweislich Tab. 1.11 häufig gemeinsam vorkommen, und es zeigt, wie sinnvoll und notwendig eine Unterscheidung von Sprechhandlungen auch innerhalb der Satzgrenzen ist.

Unter dem Aspekt der Sprechhandlungsdichte kann das Direktivum für die entsprechenden Korpora als textdominant angesehen werden. Die Frage, ob der Dichtewert als Kriterium der Verwendungsfrequenz ausreicht, um Anleitungen von anderen Textsorten abzugrenzen, bleibt allerdings bis zur Analyse anderer Textsorten offen.

2. Beschränkung der Direktiva auf Instruktionen/Empfehlungen

Sprechhandlungen, wie sie z.B. bei GÖPFERICH (1995: 333-334 bzw. 342-343) als „Sprechakte des Erlaubens“ bzw. „des Freistellens“ klassifiziert sind, werden nicht der Gruppe der Direktiva zugerechnet. Ihre Beispiele zum Freistellen lassen sich mit (zumindest) gleicher Berechtigung als Informationen des Herstellers über eine für den Kunden vorteilhafte konstruktive Lösung interpretieren, z.B.:

Das Kühlsystem ist unter normalen Betriebsbedingungen nahezu wartungsfrei (334).
The harness is self-retracting (343).

Diese Interpretation liegt vor allem dann nahe, wenn einer solchen Sprechhandlung eine Begründung beigegeben ist. „Erlauben“ entspricht hier kaum der Senderintention, z.B.:

> Die Statorscheiben sind geteilt und können **so** in der Waagerechten nach der Seite herausgezogen werden.
> Die Befüllstation ist komplett montiert und kann ohne weitere Vorkehrungen bauseits aufgestellt werden.
> Die Relais haben individuell kalibrierte Skalen, die zur Markierung der Potentiometerstellungen und der Drehknöpfe Kalibrierpunkte vor dem 1. Kalibrierstrich aufweisen. **Dadurch** kann jederzeit geprüft werden, ob sich etwa ein Potentiometerknopf auf der Potentiometerachse verdreht hat.

1.5.2.5 Analyseraster: Sprechhandlungen

Kriterium	Varianten
SPRECHHANDLUNG	**Gruppe 1**: Repräsentativa u.a. (Kommissiva, Deklarativa, Expressiva) **Gruppe 2**: Direktiva (Instruktionen und Empfehlungen)
ÄUSSERUNGSFORM FÜR INSTRUKTIONEN	Imperativischer Infinitiv, Deontischer Hinweis, Imperativ, Präsens, Verbalabstraktum, Performativ
ÄUSSERUNGSFORM FÜR EMPFEHLUNGEN	Deontischer Hinweis, Performativ (persönliche bzw. unpersönliche Formulierung)
SPRECHHANDLUNGSDICHTE (ANZAHL JE 100 SÄTZE)	Dichte von Repräsentativa u.a., Dichte der Direktiva (Instruktions- + Empfehlungsdichte)

1.5.3 Stilistische Merkmale

Stilistische Merkmale von Fachtexten hält BAUMANN (1992a: 54) im Hinblick auf ihre Textsorte für sehr aussagefähig. Mit seinem Konzept der Textsortenstile können „übergreifende Tendenzen im Gebrauch stilistischer Mittel aufgezeigt werden“.

Für das hier verfolgte Forschungsanliegen ist eine Erweiterung dieses Konzepts notwendig: neben makrokulturellen sind auch mikrokulturelle stilistische Besonderheiten der beiden Textsorten zu untersuchen, die mit dem Bezug auf einen fachinternen bzw. fachexternen Adressaten korrelieren.

1.5.3.1 Passivgehalt

Den „Passivanteil finiter Verbformen“ (GLÄSER 1990: 73) nennt GÖPFERICH (1995: 412) „Passivgehalt“, den sie definiert als „den prozentualen Anteil der Passivformen an der Summe aller finiten Verbformen“. Diese Bezeichnung wird ihrer Prägnanz wegen hier übernommen (vgl. z.B. auch bei FIEDLER 1991: 170).

FIEDLER (1991: 175, Abb. 21) weist für die von ihr untersuchten englischen[186] Textsorten Passivgehalte zwischen 16,7 % (populärwissenschaftliche Rezension) und 39,6 % (Lexikonartikel) aus. Verschiedene Untersuchungen technischer Texte[187] bringen SAGER et al. (1980: 209) zu dem Schluss, „that extensive use of the passive voice is one of the most prominent characteristics of technical writing”. Diese Feststellung deckt sich mit den Ergebnissen anderer Forschungsarbeiten. Letztlich ungeklärt ist bisher, ob der Passivgehalt ein Kriterium zur Unterscheidung von Textsorten darstellt.

Gesichert scheint dagegen die Feststellung, dass an ihm makro- und mikrokulturelle Differenz sichtbar wird. HORN-HELF (1999a: 138, Tab. 7) gibt Vergleichswerte zu deutschen, russischen und englischen Fachzeitschriftenartikeln des Eisenhüttenwesens (der Schwarzmetallurgie):

D: **41,71** %
R: **48,41** %
E: **40,10** % (ZERM 1987).

Im Gegensatz zur Differenz D/E ist der Unterschied zum Russischen schon recht markant. Allerdings laufen diese Ergebnisse dem zuwider, was nach der Einschätzung bei SAGER et al. (1980: 209-210) für das Englische im Vergleich zum Deutschen oder Russischen zu erwarten wäre:

[186] Gemäß Quellenverzeichnis enthalten ihre Korpora ausschließlich britische Texte.
[187] Die referierten Werte liegen zwischen 26 % und 32 %.

A further reason for the high frequency of occurrence of the passive voice in SE is the lack of an alternative mode of expression. Whereas French, German and Russian, for example, use reflexive verbs, impersonal active clauses and predicate adjectives with passive force, English has no equivalents apart from a few constructions, since anything more than occasional use of the impersonal pronoun *one* makes even a text written in formal style sound stilted.

Hinweise auf mikrokulturelle Besonderheiten finden sich, wenn man zum Vergleich die Analyseergebnisse zu Fachzeitschriftenartikeln aus dem Bereich der Kfz-Technik bei GÖPFERICH (1995: 414, vgl. auch HORN-HELF 1999a: 136, Tab. 4) heranzieht. Eine signifikante mikrokulturelle Differenz besteht demnach beim Passivgehalt innerhalb der deutschen Makrokultur:[188]

Eisenhüttenwesen:	**41,71** %
Kfz-Technik:	**29,73** %.

Eine Gegenüberstellung „englischer" Fachzeitschriftenartikel aus den Bereichen Kfz.-Technik (s.o.) und Pädagogik (FIEDLER 1991: 105) ergibt zum Passivgehalt folgende mikrokulturelle[189] Differenz:

Kfz-Technik:	**39,57** %
Pädagogik:	**22,00** %.

Der Unterschied zwischen fachinterner und fachexterner Kommunikation scheint ein weiteres Kriterium für Differenzen innerhalb einer Mikrokultur zu begründen. So findet FIEDLER (1991: 171) in ihren Ergebnissen die Annahme bestätigt, dass der Passivgehalt mit zunehmendem Fachlichkeitsgrad eines Textes steigt. Entsprechend weist GÖPFERICH (1995: 414, Fig. 7.5-1) für Fach- bzw. popularisierende Zeitschriftenartikel[190] aus dem Bereich der Kfz-Technik signifikante Abweichungen im Passivgehalt aus:

Fachzeitschriftenartikel:	D: **29,73** %	E: **39,57** %
Popularisierende Zeitschriftenartikel:	D: **12,14** %	E: **8,63** %.

Um entsprechende Differenzen in den Anleitungen der betrachteten Makrokulturen und ihrer Mikrokulturen aufzudecken, wird im Zuge der syntaktischen Analysen u.a. der Passivgehalt eines jeden Textes ermittelt.

1.5.3.1.1 Auszählmodus für deutsche und englische Texte

Üblicherweise wird der Passivgehalt durch Auszählung der in einem Text vorkommenden finiten Verbformen ermittelt. Es gilt als akzeptiert (und ist daher den jeweiligen

188 Vgl. dazu auch KRETZENBACHER (1991: 119), der Untersuchungsergebnisse von BENEŠ (1981) referiert: „In mathematischen Texten findet er nur einen Passivanteil von 7,06 % (…), in technischen Texten dagegen einen Anteil von 34,44 % (…)".

189 Da GÖPFERICH amerikanische, FIEDLER dagegen britische Artikel untersucht hat, impliziert diese mikrokulturelle Differenz auch eine (nicht identifizierte) makrokulturelle Komponente.

190 Beide Korpora enthalten amerikanische Texte (vgl. GÖPFERICH 1995: 480-481).

AutorInnen auch nicht besonderer Erwähnung wert), dass es sich dabei um Formen entsprechend dem Eintrag „Finite Verbform“ bei BUSSMANN (1983: 142) handelt:

Konjugierte, d.h. nicht nur hinsichtlich der Kategorien Tempus und Genus Verbi, sondern auch hinsichtlich Person, Numerus und Modus gekennzeichnete Verbform, vgl. *du kommst* gegenüber den infiniten Formen *kommen* (Infinitiv) und *gekommen* (Partizip II).

Mitteleuropäische Sprachen gestatten nach KALININA (1998: 82)[191] eine klare Abgrenzung finiter und infiniter Verbformen, ihr Unterscheidungskriterium ist dabei allerdings kein formales (s.o.), sondern die Prädikatfähigkeit einer Verbform in einem selbständigen Satz, über die infinite Verbformen – im Gegensatz zu finiten – nicht verfügen. Daraus ergeben sich für alle Sprachen, die einen imperativischen Infinitiv kennen (also auch das Russische), Klassifikationsprobleme, die bei einem formalen Kriterium nicht auftreten.

Entsprechend rechnen SAGER et al. (1980: 212-213) neben dem Infinitiv auch die Partizipien zu den infiniten Verbformen. Diese Sichtweise ist sowohl für das Englische als auch für das Deutsche einleuchtend. Gezählt werden eigentlich nur die zugehörigen Hilfs- oder Modalverben, die Partizipien selbst sind lediglich Indikatoren des Genus verbi, z.B.:

Da je nach Ansaugdruck der Schmutzfänger eine Drosselung des Saugvermögens bis zu 40% **bewirkt**, **kann** bei sauberen Arbeitsprozessen der Schmutzfänger **herausgenommen werden**.
For continuous duty application, **inspect** the pump daily until a life pattern **is established**.

Die Beispiele enthalten jeweils zwei finite Verbformen, eine Aktivform (*bewirkt/inspect* – werden gezählt) und eine Passivform (*kann/is* – werden gezählt, *herausgenommen werden/established* – sind Passivindikatoren).

Der englische Imperativ wird hier als Aktivform gezählt. Das entspricht der Beurteilung bei QUIRK/GREENBAUM (1996: 200), die zum Imperativsatz („command“) schreiben: „(...) it has an imperative finite verb (...)“. GLÄSER (1990: 247-248) dagegen bewertet den Imperativ als infinit, wenn sie feststellt, „daß durch den dominierenden Satztyp des Imperativsatzes der Anteil finiter Verbformen im Aktiv weiter reduziert wird“. Da sich die Bezugsgröße „Summe der finiten Verbformen“ drastisch reduziert, wenn die Impe-

[191] KALININA (1998: 82 bzw. 86): „Дистрибутивный критерий дает возможность выделить в языках среднеевропейского стандарта два непересекающихся класса форм: к нефинитным относятся формы глагола, которые не могут выступать в функции сказуемого независимого предложения, тогда как к финитным относятся те формы глагола, которые используются только в данной позиции. – Однако попытки применения дистрибутивного критерия финитности на более широком типологическом материале не дают подобных однозначных результатов, как при его применении на материале индоевропейском“.

rative als Aktivformen entfallen, weist GLÄSER zum Passivgehalt zwangsläufig beträchtlich höhere Werte aus.

Im Übrigen entspricht der Auszählmodus weitgehend, d.h. mit einer Ausnahme, den Ausführungen bei GÖPFERICH (1995: 412-413) zur Klassifikation von Passivformen. Zum folgenden Beispiel schreibt sie: „(...) so habe ich die Konstruktion als zwei finite Verbformen gezählt, zum einen als Passiv- und zum anderen als Aktivform".

[10] ... der Hebel, der mit A verbunden und verschiebbar ist, ...
... der Hebel, der mit A verbunden ist und verschiebbar ist, ...

Formen wie *ist verschiebbar* (und ihre englischen Entsprechungen) werden hier auch als Passivformen gezählt, weil sich vorrangig eine passivische Paraphrasierung anbietet:

> Die Relaiskontakte **sind** mit max. 250 V, 3 A (rein ohmsche Last) **belastbar** [können belastet werden].
> Items #6 & #7 **are interchangeable** [can be interchanged].

Diese Auffassung wird u.a. gestützt durch die Beurteilung von Adjektiven auf *-bar* bei FLEISCHER/BARZ (1992: 5):

> Als Ergänzung des Paradigmas **passivischer** Verbformen kann das Modell deverbaler Adjektivbildung auf *-bar* betrachtet werden (Hervorhebung von mir - H-H).

Des Weiteren werden entsprechende deutsche Reflexiva als Passivformen gezählt, z.B.:

> **Lassen sich** die angegebenen Werte **nicht einstellen**, entsprechende Modul-Steckkarte austauschen, neue Karte abgleichen [können nicht eingestellt werden].

1.5.3.1.2 Besonderheiten der Auszählung russischer Texte

Unter den Verbformen des Russischen lassen sich Parallelen finden, die auch in der erwähnten Weise gezählt werden können. So enthalten die folgenden Beispiele eine Passiv- und zwei Aktivformen:

> Через отверстие **добавляются** (при непрерывном процессе) компоненты для смешивания.
> После того как сцепщик **разъединил** сцепку, помощник оператора **включает** звонок.

Russische Partizipien sind dagegen den deutschen bzw. englischen nicht ohne weiteres vergleichbar. Sie sind nicht infinit gemäß obiger Definition, und MULISCH (1993: 111) weist ihnen daher eine Mittelstellung zwischen Verben und Adjektiven zu: einerseits verfügen sie über die verbalen Kategorien des Aspekts, Genus verbi und Tempus (meist nur relatives Tempus) und werden von Verbalstämmen mit bestimmten Suffixen gebildet, andererseits haben sie Adjektivendungen, werden wie Adjektive dekliniert und drücken damit die Kongruenzkategorien des Genus (Geschlechts), Numerus und Kasus aus, teilweise bilden sie auch Kurzformen wie Adjektive (vor allem Part.Prät.Pass.).

Die russischen Adverbialpartizipien sind dagegen unflektierbar (also infinit) und nehmen nach MULISCH (1993: 113) eine Mittelstellung zwischen Verb und Adverb ein (vgl. auch KALININA 1998: 85).

Die Besonderheiten bei der Ermittlung des Passivgehalts russischer Texte erschöpfen sich nicht in der Feststellung, dass russische Partizipien nicht im üblichen Sinne infinite Verbformen sind. Darauf ist nur der (grammatikalischen) Ordnung halber hinzuweisen. Wenn vergleichbare Ergebnisse erzielt werden sollen, müssen zudem bei der Auszählung russischer Texte finite Verbformen „hinzugedacht" werden. Während z.B. deutsche und englische Passivformen ein zählbares Hilfsverb (eine finite Form von *sein* bzw. *to be*) enthalten, fehlen die Präsensformen des Verbs *быть* auf der Ausdrucksebene grundsätzlich, z.B.:

Der in sich geschlossene Ölvorratsraum **ist** mit Öl **gefüllt**.
В инструкции **даны** указания по монтажу, испытанию вагоноопрокидывателей, сдаче их в эксплуатацию, а также **приведены** положения по приемке и хранению оборудования на складах и основные правила по технике безопасности.
As the main frame assembly **is supported** by springs it **is** elastically **isolated**.

Sofern kein zählbares Modalverb vorhanden ist, steht das russische Partizip „allein". Entsprechend kann auch adjektivischen Prädikaten und Gleichsetzungsnominativen im Präsens die Verbform fehlen, z.B.:

Die Turbo-Molekularpumpen der Reihe **sind** in ihrem konstruktiven Aufbau grundsätzlich **ähnlich**.
Der Werkstoff des Rotors **ist eine** hochwertige **Aluminiumlegierung** (...).
Фильтр 3 **разборный**.
Электропылесос „Вихрь" – универсальный бытовой прибор.
The pathlength of the CIRCLE **is** not **variable**.
Cylindrical Internal Reflection (CIR) **is a** relatively low throughput **technique**.

AKIMOVA (1990: 70) geht im Hinblick auf Prädikate ohne Verb, die sie an einer lokalen Variante vorführt, davon aus, dass diese im Präsens gleichzeitig die Verbform ersetzen (z.B.: *в городе, дома*). Geeigneter erscheint eine andere Interpretation bei AKIMOVA (1990: 66),[192] die alle möglichen Erscheinungsformen erfassen kann. Es ist dies die Einführung eines Nullzeichens,[193] dem Bedeutung zugewiesen wird. Das ist so neu nicht: In

[192] AKIMOVA (1990: 66): „Введение понятий синтаксической парадигматики и нулевого знака привело к пониманию многих безглагольных предложений как предложений, где ‚безглагольные сочетания неминуемо должны сознаваться как особое видоизменение глагольных, а сама безглагольность – как нулевой признак с глагольным значением'".

[193] Analog erwähnt auch ŠVEDOVA (2001: 5) in ihrem Aufsatz über das Verb *быть* die Rolle seiner Präsensform als „Null" in verblosen Nominativsätzen, während UŠAKOV (1995: 112) von einer „negativen" Verbform spricht: „(...) что касается *я болен*, то здесь также есть форма времени, именно отрицательная форма, мы сознаем здесь отношение к на-

Wort- und Terminusbildung sind z.B. Null-Suffixe seit langem bekannt, und es lässt sich für sie eine semantische Bedeutung bei der Bildung von Nomina agentis, Nomina instrumenti und Nomina actionis nachweisen (vgl. HORN-HELF 1997a: 177-182). In diesem Kontext handelt es sich entsprechend um eine „syntaktische Null“, der Verbbedeutung beigemessen wird. Für die Auszählung im Russischen wird daher festgelegt, dass „syntaktische Nullen“ mit der Bedeutung einer Präsensform von *быть* entsprechend den vorgestellten Beispielen als finite Verbformen berücksichtigt werden.

Eine andere Variante der „syntaktischen Null“ (im Russischen zumeist in der Repräsentation als Gedankenstrich) ist in Satzellipsen zu finden (vgl. auch ROZENTAL’ et al. 1995: 427). Hier wird, insbesondere im zweiten Teilsatz einer Satzverbindung, eine beliebige Form des Vollverbs getilgt (d.h. nicht wiederholt), das im ersten Teilsatz verwendet wurde, z.B.:

> Два из них – верхний и высокотемпературный (гриль) – установлены в верхней части жарочного электрошкафа, а нижний – под днищем.
> Большой фильтр рассчитан на шесть порций и маленький – на две.

Auch in englischen Satzverbindungen kommt ein in dieser Weise elliptischer Teilsatz vor, ein Gedankenstrich zur Markierung der syntaktischen Null ist jedoch nicht üblich.[194] QUIRK et al. (1972: 578) geben zu „ellipsis of predication“ u.a. folgendes Beispiel:

I *work* in a factory, and my brother (works) on a farm.

In beiden Fällen wären die getilgten Verbformen zu zählen, für die russischen Beispiele als Passiv-, für das englische Beispiel als Aktivform.

Ein weiterer interlingualer Unterschied besteht in der Formulierung deontischer Hinweise (vgl. 1.5.2.3). Im Deutschen und Englischen ist – wie erwähnt – in der Regel ein zählbares Modal- oder Hilfsverb vorhanden, z.B.:

> Reparatur-, Montage- und Wartungsarbeiten **sind** nur dann **vorzunehmen**, wenn das Gerät bzw. die Anlage außer Betrieb gesetzt ist.
> Frei zugängliche Saug- und Druckstutzen an Anlagen und Geräten **müssen**, sofern sie eine direkte oder indirekte Unfallgefahr darstellen, mit einem Drahtgitternetz **gesichert werden.**
> Orifices **must be put** in containers that are placed in water in the ultrasonic cleaner.
> If orifice assemblies **are to be stored** before cleaning, place in containers marked with the orifice size.

стоящему времени именно вследствие отсутствия форменной принадлежности и соотносительно с *я был болен, я буду болен*“.

194 Ein ähnliches Phänomen verzeichnet JANSSEN (1993: 274) für das Englische: „Phonetisch leere VP-Proformen finden sich in koordinierten und subordinierten Konstruktionen wie in Relativsätzen“. (Beispiel: „Charlie will leave town, but his mother-in-law won’t ___“.) Der essenzielle Unterschied zum Russischen besteht hier darin, dass die „Null“ nur den Infinitiv, nicht aber die finite Verbform ersetzt.

Im Russischen dagegen können neben (unpersönlichen) Modalverben auch modale Zustandswörter oder adjektivische Kurzformen (vgl. MULISCH 1993: 202) auftreten, z.B.:

> При „бесподкладочных" методах монтажа **следует соблюдать** требования „Инструкции по креплению технологического оборудования фундаментными болтами".
> В винтовых натяжных устройствах **необходимо обеспечить** параллельность и прямолинейность направляющих.
> Для этого **нужно выполнить** следующие операции: (...).
> Монтажные работы **должна выполнять** специализированная организация, имеющая опыт монтажа подъемно-транспортного оборудования.

Um Vergleichbarkeit herzustellen, werden bei der Zählung neben den russischen Modalverben auch diese Formen berücksichtigt. Abhängige Infinitive bzw. Partizipien werden nicht gezählt, sie fungieren auch hier nur als Aktiv- bzw. Passivindikatoren, z.B.:

A: следует устанавливать, необходимо предохранить, надо защищать, не должны превышать
P: должны быть расположены, должны выполняться.

Russische Reflexiva mit aktivischer Bedeutung, z.B. *является*, werden als Aktivformen gezählt.

1.5.3.2 Personeneinbezug

Ein wesentliches Merkmal der sprachlich-kommunikativen Seite eines Textes ergibt sich aus der Möglichkeit, persönliche oder unpersönliche Formulierungen zu verwenden.

Die grammatische Kategorie „Person", die sich an der Verwendung entsprechender Personal- bzw. Possessivpronomen ablesen lässt, ist nach GLÄSER (1992: 81) Ausdruck der „Darstellungshaltung des Textautors". Persönliche Formulierungen sprechen in ihrem Sinne für eine adressatenbezogene Darstellungshaltung. Ist diese dagegen objektbezogen, so werden unpersönliche Formulierungen bevorzugt, was sich nach Auffassung von GLÄSER (1990: 57) „in einer Bevorzugung passiver Verbformen niederschlägt". Diese Differenzierung entspricht etwa dem tendenziellen Unterschied, den HOUSE (1997: 86) als „interpersonal focus" bzw. „focus on content" formuliert hat (vgl. 1.3.4.3).

Bisher ist es nicht üblich, beim Personeneinbezug auch unpersönliche Formulierungen zu berücksichtigen, wie z.B. der folgende Hinweis bei SCHMITT (1999: 390) zeigt:

> In Anleitungen, deren Adressat kein Experte für den in der Anleitung behandelten Gegenstand ist (Gebrauchs-, Bedienungs- und Betriebsanleitungen, z.B. Software-Handbücher) gibt es einen Trend zu persönlichen Formulierungen, d.h.: Adressateneinbezug bei Instruktionen in der fachexternen Kommunikation.

Zudem werden persönliche Formulierungen ausschließlich mit einer Ansprache des Adressaten in Verbindung gebracht. Dabei wird übersehen, dass auch der Sender in seinem Text mit persönlichen Formulierungen in Erscheinung treten kann. Des Weiteren besteht keineswegs eine direkte Korrelation zwischen unpersönlichen Formulierungen und einer objektbezogenen Darstellungshaltung bzw. der Verwendung von Passivformen. Anleitungen weisen sowohl beim Adressaten- als auch beim Sendereinbezug persönliche und unpersönliche Formulierungen auf. Für den Extremfall wäre daher auch eine „senderbezogene" Darstellungshaltung denkbar (vgl. dazu die tendenzielle Opposition „reader-oriented" bzw. „writer-oriented" bei HOUSE 1997: 89).

Der Personeneinbezug scheint im Hinblick auf Kulturdifferenz eine durchaus interessante Kategorie zu sein. DIETRICH (1997: 122 bzw. 123) berichtet von entsprechenden Differenzen, die sie in Architekturtexten gefunden hat:

> Das Anliegen, den Rezipienten direkt anzusprechen und auch als Autorperson nicht im Hintergrund zu bleiben, scheint einer der tendenziellen Unterschiede zwischen den rumänischen und den deutschen Fachtexten zu sein. (...) Insgesamt läßt sich jedoch feststellen, daß die rumänischen Texte *tendenziell* die jeweiligen Kommunikationspartner auch in der schriftlichen Fachkommunikation mehr einbeziehen, als dies die deutschen Texte tun.

1.5.3.2.1 Adressateneinbezug

Im von SCHMITT (s.o.) festgestellten Bemühen um persönliche Formulierungen erkennt MÖHN (1991) den Versuch, „ausbleibenden persönlichen Kontakt sprachlich zu kompensieren, etwa durch persönliche Ansprache des Adressaten" (195). Die instruktive Funktion von Anleitungen wird hier offenkundig durch eine kontaktive (vgl. dazu 1.5.2.1) ergänzt, die nach MÖHN dazu dienen soll, die „räumliche, zeitliche und sachliche Distanz in Instruktionstexten zu überwinden" (196).

Üblicherweise werden beim Adressateneinbezug nur diese persönlichen Formulierungen berücksichtigt. Richtig ist aber, dass zum Einbezug des Adressaten auch unpersönliche Formulierungen gewählt werden können. Zwar erfolgt diese Ansprache indirekt, dennoch dürfte außer Zweifel stehen, dass der Rezipient auch solche Äußerungen auf sich bezieht. Bei der Analyse werden zum Adressateneinbezug daher persönliche und unpersönliche Formulierungen gleichermaßen erfasst.

Persönliche Formulierung:

> Regelmäßige Überprüfung schützt **Sie** vor unerwarteten Maschinenausfällen (Schlauch drehen).
> Wir machen **Ihnen** auch gern besondere **Ihrem** Problem angepaßte Vorschläge.
> **Вы** можете применять его для приготовления кремов и сладких блюд, супов и соусов, а также коктелей молочных, фруктовых или содержащих спирт.
> Лучшим советчиком в этом будет **Ваш** личный опыт.
> **You** will hear a noise as the compressor starts up.
> Before using **your** fridge freezer for the first time the interior, including the door, and all removable parts should be wiped out.

Unpersönliche Formulierung:

Die Lage der Montagetür wird jeweils durch Absprache mit dem **Kunden** festgelegt.

Zusätzlich ist das Dosiergerät an gefährlichen Stellen mit diesem Sicherheitssymbol gekennzeichnet, um eine erhöhte Aufmerksamkeit des **Benutzers** zu erreichen.

Der **Anwender** wird beim Backofenbetrieb eine Erwärmung der gesamten Herdfront feststellen.

An der tiefsten Stelle des Ventilatorengehäuses befindet sich immer ein Kondensatablaufstutzen, wenn **bauseitig** nicht die Gehäusestellung GL 270 oder GR 270 vorgeschrieben ist.

Завод-изготовитель гарантирует нормальную работу электроплиты в течение двух лет со дня получения ее **потребителем** при соблюдении **потребителем** правил хранения и эксплуатации.

При покупке машины **покупатель** проверяет наличие гарантийных талонов, заверенных штампом магазина и подписью продавца с указанием даты продажи.

Instructions contained in this manual cover procedures to be performed by any **user**.

It is the responsibility of the **purchaser** to have the electrical service installed by a licensed electrician in accordance with the power requirements of the motor, the electrical service available and local electrical codes.

Unless otherwise expressly agreed to by CrustBuster/Speed King. Inc., the **consumer** shall bear the expense of installation.

General statements to assist the **reader**.

1.5.3.2.2 Sendereinbezug

Zum Sendereinbezug finden sich ebenfalls persönliche und unpersönliche Formulierungen, d.h., der Sender kann in seinem Text persönlich (üblicherweise mit dem „Unternehmens-*wir*“[195] und entsprechenden Possessivpronomen) in Erscheinung treten oder auch unpersönlich (indirekt) durch die Nennung seiner Firma oder seiner Funktion als Hersteller oder dergl. Auch beim Sendereinbezug können persönliche Formulierungen[196] als Kompensation der fehlenden Kontaktsituation aufgefasst werden (s.o.).

Persönliche Formulierung:

Für das Abpumpen von Medien, die nicht mit der Umgebungsluft in Berührung kommen dürfen, bieten **wir** Sonderlösungen an.

Wird diese Temperatur bei Ihnen durch eine höhere Umgebungstemperatur überschritten, kann **unser** Kundendienst Spezialöle empfehlen.

Для уборки квартиры больших размеров, не заставленной мебелью, **рекомендуем** приобрести пылесос ЭП-5.

Требуйте пылесосы **нашей** марки!

If necessary **we** will arrange for an engineer to call.

Parts are available from **our** main Hotpoint Spares Centres (see back page).

---

[195] Dies entspricht dem Merkmal ‚expliziter Autorpräsenz' bei BUHL (1999: 134), die darunter die „explizite Verbalisierung der Ich-Form“ versteht.

[196] Vgl. dazu auch die möglichen inklusiven und exklusiven Bedeutungen des englischen *we* bei TERECHOVA: a) duales *we* (inklusiv) – (für zwei Autoren), b) duales *we* (exklusiv) – („ich + er“ – ein Dritter), c) plurales *we* (inklusiv) – („ich + Ihr/Sie“ – Adressaten), d) plurales *we* (exklusiv) – („wir + sie“ – Dritte) (vgl. 1991: 75-78).

Unpersönliche Formulierung:

Nachstehend die **Siemens**-Kundendienst-Zentren, bei denen auch die nächstgelegene Vertragswerkstatt erfragt werden kann.
Defekte Teile sind aufzubewahren, damit ggf. eine sorgfältige Überprüfung beim **Herstellerwerk** vorgenommen werden kann.
Bei Gurten, die durch Vulkanisation endlos geschlossen sind, sollte das durch die Lieferfirma des Gurtes erfolgen – bei Gurten mit Klemmverbindung ist es **werksseitig** möglich.
В течение гарантийного срока неисправности, происшедшие по вине **завода**, устраняются за **его** счет.
В течение 18 месяцев со дня продажи магазином **завод-изготовитель** ремонтирует или заменяет вышедшие из строя электросамовары при условии соблюдения потребителем правил пользования.
Электромиксер, изготовленный **Армавирским электротехническим заводом**, продан в исправном состоянии.
If the Book is lost or damaged a copy may be obtained from **Hotpoint Ltd**.
Also, **factory** installed synthetic lubricants should be changed every two years or 6000 hours, whichever comes first.
In accordance with its policy of progressive product design, the **Company** reserves the right to alter specifications.

1.5.3.2.3 Einbezug Dritter

Dritte können nur in unpersönlichen Formulierungen einbezogen werden. In den Anleitungen der Korpora gehören zu diesen Dritten insbesondere: der Handel, der Spediteur, Hersteller von Zulieferteilen sowie verschiedene Behörden mit Kontroll-, Weisungs- oder Beratungsfunktion, z.B.:

In Deutschland können Sie die Verpackungen an den **Händler** zurückgeben, bei dem Sie das Gerät gekauft haben.
Sollten Sie irgendeine Beschädigung feststellen, benutzen Sie das Gerät nicht, sondern nehmen Sie zur Klärung der Ansprüche mit dem **Transporteur** Verbindung auf.
Die Ölfüllung der Getriebe überprüfen, ggf. Öl nachfüllen; hierzu die beigefügte Betriebsanleitung des **Getriebeherstellers** beachten.
Die Pumpen sind vom **technischen Überwachungsverein** abgenommen.
За справками обращайтесь в **торгующую организацию**, где приобретен пылесос.
При отсутствии гарантийных **мастерских** гарантии осуществляются через **магазин**, продавший пылесос.
При покупке машины покупатель проверяет наличие гарантийных талонов, заверенных штампом **магазина** и подписью **продавца** с указанием даты продажи.
При составлении настоящей инструкции использованы техническая документация и паспорта, разработанные **Днепропетровским проектно-конструкторским технологическим институтом**, технические карты, разработанные проектной конторой **треста „Севзапэнергомонтаж“**, технологические правила по монтажу роторного вагоноопрокидывателя, разработанные **Главмеханомонтажом Министерства строительства СССР.**
If damage has occurred, report damage to **delivery service** and fill out **delivery service's** claim form.

Obtain a replacement SES 15 Watt bulb from a local **electrical retailer** or your nearest Hotpoint Spares Centre and then fit it as follows.
Failure to provide an adequate power supply and adequate overload protection may void the **motor manufacturer's** warranty.
Do not allow **children** to play with, on or inside this appliance or any discarded appliance.
Protect your dishes and dishwasher by contacting your **water department** and asking how hard your water is.
Canadian electrical installations must be inspected by the **local electrical authority** before equipment is energized.
To know what your legal rights are, consult your **local or state consumer affairs office** or your **state's Attorney General**.
Should you need independent advice on your consumer rights, help is available from your **Consumer Advice Centre, Law Centre, Trading Standards Department** and **Citizens Advice Bureau**.

1.5.3.2.4 Besonderheiten russischer Anleitungen des Maschinenbaus (vgl. 4.1.3.2)

Als Adressaten der deutschen, englischen und der russischen fachexternen Anleitungen sind ausschließlich die Kunden des Herstellers anzusehen, die Betreiber der Maschinen (mit ihren Mitarbeitern) bzw. die privaten Nutzer der Geräte. Das gilt für die russischen fachinternen Anleitungen des Maschinenbaus zum Teil auch, z.B.:

Результат анализа угля не позже чем через 4 часа должен быть сообщен **персоналу, обслуживающему мельницу**.

Sofern die Anleitung dagegen vorsieht, dass die Maschine weder vom Hersteller noch vom Betreiber montiert werden soll, sondern bestimmte Aufgaben entsprechenden Organisationen zu übertragen sind, gehören diese – neben dem Betreiber – ebenfalls zu den Adressaten, da sich die entsprechenden Kapitel auch bzw. vorzugsweise an sie richten, z.B.:

Представитель **монтирующей организации** совместно с представителем **заказчика** на месте установки мельницы производит ревизию поступившего на монтажную площадку оборудования и его состояния.
Расположение плашек и реперов дают в схеме геодезического обоснования, которую разрабатывает **проектная организация** в составе ППР и выдает **генподрядчику** до начала работ по возведению фундаментов.

In deutschen und englischen Anleitungen gehört der Hersteller mit seiner ganzen Organisation (incl. Kundendienst) zur Funktion des Senders (s.o.). Das gilt ebenso für russische fachinterne Anleitungen des Gerätebaus sowie fachexterne Anleitungen generell, die offenbar auch vom Hersteller selbst produziert werden. Dagegen wird die Funktion des Senders/Textproduzenten der russischen Anleitungen des Maschinenbaus von staatlichen Instituten wahrgenommen (das bringt größere Verbindlichkeit mit sich und verleiht den Texten eine anweisungsähnliche Funktion – vgl. 1.4.3), z.B.:

Подготовлена **Куйбышевским филиалом института „Оргэнергострой“**.

Der Hersteller wird manchmal genannt, es gibt jedoch keinen Hinweis auf seine Beteiligung an der Textproduktion. Er wird daher beim Einbezug Dritter berücksichtigt, z.B.:

> Инструкция предусматривает выполнение монтажа вагоноопрокидывателя узлами, поставляемыми **заводом-изготовителем**, и охватывает работы по роторному вагоноопрокидывателю: приемка фундамента, монтаж роликоопор (…).
> Мельничный агрегат, изготовляемый **Ново-Краматорским машиностроительным заводом**, состоит из собственно мельницы, электромотора, соединенного с редуктором зубчатой муфтой, редуктора, соединенного зубчатой муфтой с приводным валом, и масляной системы.

1.5.3.2.5 Analyseraster: Personeneinbezug

Kriterium	Persönliche Formulierung	Unpersönliche Formulierung
ADRESSATENEINBEZUG	Personal-/Possessiv-Pronomina: 2. Pers.Pl. – D: 3. Pers.Pl. der Höflichkeit Imperative	Den Adressaten bezeichnende Substantive bzw. „ihn meinende“ Formulierungen.
SENDEREINBEZUG	Personal-/Possessiv-Pronomina: 1. Pers.Pl. (nur exklusives *wir/ we/мы* als „Unternehmens*wir*“)	Substantive und sonstige Formulierungen, mit denen der Sender sich selbst bezeichnet.
PERSONENEINBEZUG		Adressaten- + Sendereinbezug, Einbezug Dritter

Bei der Präsentation der Analyseergebnisse werden Imperative gesondert ausgewiesen: Der Adressat wird auf diese Weise grundsätzlich direkt angesprochen, jedoch enthält ein Imperativ nur im Deutschen ein Personalpronomen – nicht aber im Englischen und Russischen. Ungeachtet dessen sind russische und englische Imperative ein ebenso wichtiges Mittel des Adressateneinbezuges. Nicht gezählt werden bei diesem Kriterium allerdings Imperative, die Bestandteil von Verweisen sind. Hier ist davon auszugehen, dass diese nicht (mehr) als persönliche Ansprache rezipiert werden.

1.5.4 Syntax

Die Syntax ist innerhalb der Sprachverwendung von überragender Bedeutung. Ohne sie ist weder Textpoduktion noch Kommunikation auf entwickeltem Niveau möglich, denn „die Einheiten der anderen Ebenen des Sprachsystems nehmen an der Bildung von Gedanken in ihren kommunikativen Ausdrucksformen nur über die Syntax teil“. Obwohl ihr daher die Rolle „des ‚organisierenden Zentrums’ der Sprache“ zufällt (GABKA 1976: 42), wird die Syntax in ihrer Funktion als Organisationsinstrument der Sprachverwendung – vermutlich gerade wegen ihrer „universellen Präsenz“ – im Allgemeinen kaum noch wahrgenommen:

Aus der Perspektive der Leute und der Laien-Linguistik ist die Syntax überhaupt kein Thema. Für gelingendes sprachliches Handeln ist alles andere viel wichtiger als Syntax (sofern man sie beherrscht!) (ANTOS 1996: 199-200).

Die Fachtextlinguistik weiß dagegen um die Rolle der Syntax in der Fachkommunikation. HOFFMANN (1988: 145) hält syntaktische Konstruktionen, z.B. die Satztypen, sogar für ein Kriterium zur Klassifizierung von Fachtexten. Zudem haben (intra- bzw. interkulturell) kontrastiv angelegte Arbeiten (z.B. GLÄSER 1990/1992, FIEDLER 1991, STAHLHEBER 1992, GÖPFERICH 1995, KVAM 1998a) bereits gezeigt, dass gerade die Syntax einen interessanten Ansatzpunkt zur Aufdeckung (makro- und mikro-)kultureller Differenz darstellt. Daher bilden syntaktische Analysen auch hier den Schwerpunkt bei der Untersuchung des Komplexes „Textformulierung“.

1.5.4.1 Satzkomplexität

Satzkomplexität kann man unter verschiedenen Aspekten betrachten. HOFFMANN (1988: 134) referiert eine synchrone Sichtweise. Danach

> stimmen fast alle bisherigen Aussagen über die (wissenschaftlich-technische) Fachprosa darin überein, daß in ihr (6.) bei den Satztypen der einfache erweiterte Aussagesatz noch vor dem Satzgefüge das Bild bestimmt (...).

Wenn HOFFMANN den Primat des einfachen Satzes in wissenschaftlich-technischen Fachtexten betont, so bezieht er sich auf das Verhältnis von einfachen und komplexen Sätzen, das AKIMOVA (1990: 38) als „коэффициент сложности“ (Komplexitätskoeffizient) bezeichnet. Für den Kontext dieser Arbeit wird dieses Merkmal als „Komplexitätsgrad“ bezeichnet, was dem Designat eher zu entsprechen scheint.

In die Ermittlung dieses Komplexitätsgrades gehen alle komplexen, also auch parataktische, Konstruktionen ein. Insofern besteht ein fundamentaler Unterschied zu den Merkmalen der „syntaktischen Komplexität“[197] bei GÖPFERICH (1995: 435) bzw. der „Satzkomplexität“ bei STAHLHEBER (1992: 173), denen eine Differenzierung in einfache und komplexe Sätze nicht zugrunde liegt. GÖPFERICH bestimmt die „syntaktische Komplexität“ als Nebensatzfrequenz pro 100 Sprechakte/Sätze (dieses Merkmal wird hier als „Nebensatzdichte“ bezeichnet, vgl. z.B. Tab. 4.17, 5.17 etc.). STAHLHEBER versteht dagegen unter „Satzkomplexität“ einen Mittelwert, den sie aus dem gesamten Satzbestand des jeweiligen Textes errechnet und definiert als: Anzahl der Teilsätze pro Ganzsatz (d.h., sie zählt in einem Satzgefüge den Hauptsatz als Teilsatz mit).

---

[197] Als „syntaktische Komplexität“ wird irrtümlich auch die semantische Komplexität des einfachen Satzes infolge syntaktischer Kondensation bezeichnet (vgl. 1.5.4.3), z.B. bei WENZEL (2002: 147): „Was das vorliegende Beispiel vermuten lässt, finden wir bei der Analyse weiterer Texte bestätigt, dass die syntaktische Komplexität in Fachsprachen sich überwiegend innerhalb der Strukturen der Nominalgruppe und nicht der des Satzes abspielt“.

Die Nebensatzdichte eignet sich offensichtlich nicht nur zur Demonstration makrokultureller Differenz, sie ist auch mikrokulturell interessant: KRETZENBACHER (1991: 124) referiert aus der Untersuchung wissenschaftlicher Texte verschiedener Disziplinen von BENEŠ eine Nebensatzfrequenz von 0,61/Satz, während er selbst an einem Korpus geisteswissenschaftlicher Texte 0,8 Nebensätze/Satz festgestellt hat.

„Satzkomplexität" wird hier in einem sehr allgemeinen Sinne verstanden, da z.B. die Nebensatzdichte nur eines der Merkmale ist, die den Komplexitätsgrad beeinflussen. Ein weiteres Merkmal ist die Dichte (Frequenz je 100 Sätze) satzwertiger Konstruktionen, die z.B. im Englischen einen wesentlichen Beitrag zur Satzkomplexität leisten, wie etwa ein Vergleich bei GÖPFERICH (1995: 435, Fig. 7.5-5) zeigt. Sie weist zur „syntaktischen Komplexität" fachexterner Anleitungen jeweils zwei Analyseergebnisse aus (mit und ohne Berücksichtigung der NS-wertigen Konstruktionen):

Nebensatzfrequenz je 100 Sprechakte	**ohne satzwertige Konstruktionen**	**mit satzwertigen Konstruktionen**
Bedienungsanleitung E	42,18	62,23
Betriebsanleitung E	34,81	54,22

Tab. 1.12: Nebensatzfrequenz (GÖPFERICH)

Eine Differenz von ca. 20 % ist zu signifikant, als dass sie vernachlässigt werden dürfte. Vergleichbare Unterschiede sollten sich für russische Texte ergeben, weil auch dort – im Gegensatz zu deutschen – z.B. Partizipialkonstruktionen außerordentlich frequent sind.

1.5.4.1.1 Diachroner Aspekt

Die Analyseergebnisse, die AKIMOVA (1990) zur modernen russischen Syntax vorgelegt hat, bestätigen die Feststellung bei HOFFMANN (s.o.). Allerdings haben ihre diachronen Vergleiche einen Prioritätenwechsel vom komplexen zum einfachen Satz ergeben, und so zeigt sich dieses Faktum hier als Resultat einer Entwicklung. Es geht daher im Grunde um einen „Wandel im Sprachgebrauch", d.h., in diesem Kontext um „Veränderungen in der Gebrauchshäufigkeit von sprachlichen Strukturen" (STAHLHEBER 1992: 184).

Im 18. Jh. – so berichtet AKIMOVA (1990: 40) – war die Komplexität noch sehr hoch. Der Anteil komplexer Sätze konnte in Texten des Wissenschaftsstils (vgl. 1.1.2.2) bis zu 68 % betragen. In Texten aus den 70-80er Jahren des 20. Jh. stehen einfache und komplexe Sätze nunmehr in einem Verhältnis von 53 : 47 %.[198]

[198] KRETZENBACHER (1991: 123) referiert für russische Wissenschaftstexte dagegen einen Komplexitätsgrad von 26,2 % zu 73,8 % und aus einer Analyse deutscher Wissenschaftstexte von BENEŠ einen Komplexitätsgrad von 50 % zu 50 % (39,8 % Satzgefüge, 10,2 % Satzverbindungen).

STAHLHEBER (1992: 185) hat bei ihrer diachronischen Betrachtung deutscher Syntax in Fachzeitschriften ebenfalls eine Abnahme der Komplexität festgestellt:

> Die Satzkomplexität der deutschen Texte hat in den 75 Jahren von 1913 bis 1987 signifikant um eine ganze Einheit (von 2,64 auf 1,77, d.h. um einen ganzen Teilsatz) abgenommen.

Bei dem Teilsatz, um den sich nach STAHLHEBER die deutsche Satzkomplexität im Untersuchungszeitraum reduziert hat, kann es sich um einen Haupt- oder einen Nebensatz handeln, d.h., anstelle einer Satzverbindung aus 2 Hauptsätzen bzw. eines Satzgefüges aus Haupt- und Nebensatz werden heute einfache Sätze verwendet. Komplexere Satzgefüge enthalten demnach heute einen Nebensatz weniger als zu Beginn des 20. Jh.

Zur englischen Satzkomplexität verzeichnet STAHLHEBER (1992: 177, Tab. 5) demgegenüber einen Wert von 2,8 für das Jahr 1987. Die moderne englische Syntax ist folglich noch etwas komplexer, als es die deutsche zu Beginn des 20. Jh. – d.h. zu Beginn der dokumentierten Reduktion – war. Bei Berücksichtigung englischer satzwertiger Konstruktionen dürfte sich dieser Wert beträchtlich erhöhen (vgl. 1.5.4.1.3.1).[199]

Mit diesem Ergebnis widerlegt STAHLHEBER (1992) nicht nur die überraschend langlebige Legende von der Einfachheit englischer Syntax, sondern auch ihre eigene Schlussfolgerung:

> Außerdem spielt das Vorbild der englischsprachigen Fachliteratur eine große Rolle; in einer interkulturellen Gegenüberstellung ist der Syntax des Deutschen im allgemeinen eine Neigung zur Komplexität und der Syntax des Englischen eher ein Streben nach Einfachheit zu bescheinigen. (...) Es ist deshalb zu vermuten, daß die zunehmende Rezeption englischer Fachliteratur ihre Spuren im Sprachgebrauch deutscher Fachleute hinterläßt (185).

Die bei AKIMOVA (1990: 41)[200] festgestellte Abnahme komplexer Sätze in russischen Texten des Wissenschaftsstils (vgl. 1.1.2.2) geht einher mit entsprechenden Erweiterungen des einfachen Satzes. Dazu hat das Russische im Laufe der Zeit sprachliche Mittel entwickelt, wie z.B. Partizipial- und Adverbialpartizipialkonstruktionen, Parenthesen, Reihungen von Satzgliedern usw., deren syntaktischer Wert allerdings unterschiedlich beurteilt wird.

---

199 Ungeachtet der allgemein anerkannten Klassifikation als „clauses“ grenzt STAHLHEBER (1992: 173) bei ihrer Zählung auch englische satzwertige Konstruktionen mit folgender Begründung aus: „Da ihnen ein Subjekt und ein finites Verb mangelt, wurden Infinitivsätze und Partizipialsätze nicht als Teilsätze berücksichtigt“.

200 AKIMOVA (1990: 41): „Развитие научного стиля демонстрирует тенденцию к компрессии научной речи, связанной с увеличением емкости знания и экономности способов его выражения. Простое предложение в научном стиле активизируется, выражая те знания, которые раньше выражались в сложных, отсюда и увеличивающийся размер его“.

1.5.4.1.2 Klassifikationsunterschiede

Zur Ermittlung des Komplexitätsgrades sind die Korpustexte in ihren Anteilen einfacher bzw. komplexer Sätze auszuzählen. Die Sprachsysteme des Deutschen, Russischen und Englischen ermöglichen die Bildung einfacher und komplexer Sätze, in den jeweiligen Grammatiken ist eine entsprechende Differenzierung sichtbar. Allerdings bestehen interkulturell erhebliche klassifikatorische Unterschiede, weil die Konstitution einfacher bzw. komplexer syntaktischer Strukturen uneinheitlich gesehen wird.

Eine Eigenart der russischen grammatischen Tradition, zu der weder für das Deutsche, noch für das Englische Parallelen gefunden werden können, ist die Lehre von der Ein- bzw. Zweigliedrigkeit des Satzes. Mit dem Hinweis, dass für das Deutsche zweigliedrige Sätze typisch sind, erläutert GABKA (1976: 87) das Unterscheidungsprinzip:

> Die These von der Ein- bzw. Zweigliedrigkeit des russischen Satzes geht auf A. A. Šachmatov (...) zurück, der sie auf der Grundlage der psychologischen Kommunikation entwickelte. Den in einem gegenseitigen Abhängigkeitsverhältnis stehenden Elementen dieser Kommunikation, dem psychologischen Subjekt und dem psychologischen Prädikat, ordnete er auf der syntaktischen Ebene zwei konstruktive Glieder zu, die er составы nannte. Bei einem von Šachmatov angenommenen Parallelismus zwischen diesen Gliedern und den Elementen der psychologischen Kommunikation liegt ein zweigliedriger Satz vor. Eingliedrige Sätze zeigen diese Parallelität nicht, sie geben die Elemente der Kommunikation nicht in gegliederter Gestalt wieder.

Diese Differenzierung hat nichts mit der Opposition „einfacher vs. komplexer Satz" zu tun. Sie bedeutet vielmehr, dass ein zweigliedriger Satz ein Subjekt bzw. eine Subjektreihe enthält, während ein Satz ohne Subjekt als eingliedrig gilt (vgl. GABKA 1976: 101). Dass eingliedrige Sätze in diesem Sinne nicht unbedingt einfache Sätze sind bzw. dass zweigliedrige Sätze nicht unbedingt komplex sind, zeigen viele Beispiele bei ŠACHMATOV (1963), u.a. ein Beispiel für einen (als eingliedrig ausgewiesenen) unpersönlichen Infinitivsatz mit Adverbialpartizip:

> Признаюсь, не зная французского языка, чрезвычайно трудно судить самому, знает ли женщина по-французски, или нет (128).

Ein Beispiel für einen zweigliedrigen (einfachen!) Satz gibt z.B. GABKA (1976: 89):

> In dem Satz: *Очень молодой человек сидел сначала совершенно неподвижно в кабинете врача* bilden *очень молодой человек* die Subjektgruppe und *сидел сначала совершенно неподвижно в кабинете врача* die Prädikatgruppe (Hervorhebung von mir – H-H).

1.5.4.1.2.1 Der einfache Satz

Abweichende Auffassungen zur Konstitution des einfachen Satzes betreffen im Wesentlichen zwei Punkte: Ist 1. eine Prädikatreihung bzw. 2. eine Infinitiv- oder Partizipialkonstruktion Bestandteil eines einfachen Satzes?

Dem einfachen Satz, dem wichtigsten Satztyp in deutschen wissenschaftlich-technischen Texten, liegt nach dem Verständnis der DUDEN-Grammatik (1984: 566) „grundsätzlich e i n Verb zugrunde“. ZOLOTOVA (1995: 103)[201] schlägt vor, zwischen mono- und polyprädikativen Sätzen zu unterscheiden und dafür die Differenzierung zwischen einfachen und komplexen Sätzen aufzugeben. In ihrem Sinne handelt es sich entsprechend um „monoprädikative“ Sätze.

QUIRK/GREENBAUM (1996: 166) definieren einfache Sätze als „sentences consisting of only one clause”. Sie erfassen damit u.a. Imperativsätze („Commands“ 200) und die von ihnen „Block language“ (205)[202] genannte Ausdrucksweise in Form einzelner Wörter oder Phrasen. Als Sonderfall des einfachen Satzes im Englischen gilt bei QUIRK/GREENBAUM (1996: 414) der Spaltsatz:

> A special construction which gives both thematic and focal prominence to a particular element of the clause is the cleft sentence, so called because it divides a single clause into two separate sections, each with its own verb.[203]

Nominalsätze (s.o.) werden von der Definition und in den Ausführungen bei DUDEN nicht abgedeckt – ihnen fehlt das für einen Satz konstitutive Verb. Aufgrund ihrer syntaktischen „Unvollständigkeit“ werden sie als „Ellipsen“ bezeichnet. Bei syntaktischen Analysen deutscher (nicht-technischer) Textsorten wurde die Satzellipse daher vielfach als gesonderter Satztyp klassifiziert (vgl. dazu die Übersicht bei ORTNER 1987: 144).

P r ä d i k a t r e i h u n g: *Einfacher Satz oder elliptische Satzverbindung?*

ASTACHOVA (1993: 88) berichtet von widersprüchlichen Auffassungen zu Sätzen mit „gleichartigen Prädikaten”: nach Ansicht der AG 1980 handelt es sich um Satzverbindungen, deutsche Grammatiker und ŠACHMATOV betrachten sie als einfache Sätze. Die Ausführungen bei DUDEN (1984: 566) zur Prädikatreihung bestätigen diese Feststellung:

> Ebenfalls innerhalb der Syntax des einfachen Satzes werden wir Erscheinungen der Reihung von Finita behandeln, wenn sich aus dieser Reihung nicht selbständige Sätze oder Teilsätze ergeben (Beispiel: Ich *kam, sah* und *siegte*.).

---

201 Vgl sinngemäß bereits KOČERGINA (1991: 178): „Типы простых предложений характеризуются наличием одной предикативной основы, типы сложных предложений – наличием двух или более предикативных основ. Можно сказать, что простые предложения монопредикативны, а сложные – полипредикативны“.

202 QUIRK/GREENBAUM (ebd.): „It appears in such functions as labels, titles, headings, notices, and advertisements”. Analog sind „Satzellipsen“ nach ORTNER (1987: 141-142) u.a. typisch für Bildunterschriften, Listen etc. Dem entspricht, was AKIMOVA (1990: 87) „номинальные предложения“ nennt und MULISCH (1993: 297) wie folgt definiert: „Nominalsätze sind prädikatlose eingliedrige Sätze“.

203 Beispiel: It was John who/that wore his best suit to the dance last night (415).

Daraus könnte man folgern, dass „Mehrwortigkeit“ oder „mehrwortige Besetzung“ (DUDEN 1984: 595) eines Satzgliedes den Status des einfachen deutschen Satzes im Allgemeinen nicht tangiert. GABKA (1976: 101) vertritt für das Russische ebenfalls die Ansicht, dass das prädikative Zentrum eines einfachen Satzes auch aus einer Prädikatreihe bestehen kann, die mit einem Subjekt bzw. einer Subjektreihe verbunden ist. Er gibt dazu folgende Beispiele:

Я встал, вымылся, позавтракал и сел за работу.
Иван и Алексей утром приехали, а вечером уже уехали.

Demgegenüber entsteht aus Sicht der englischen Grammatik durch eine Prädikatreihung bei gemeinsamem Subjekt eine Satzverbindung, in der identische Elemente getilgt wurden. Das zeigt sich z.B. bei QUIRK et al. (1972: 555 bzw. 570)[204] an entsprechend kommentierten Beispielen:

And and *or* allow ellipsis of subject of the clause they introduce if the subject is co-referential with that of the preceding linked clause: I may see you tomorrow *or* (I) may phone you later in the day. – Identical items are ellipted in two or more conjoined clauses: *They were* married in 1960, (they were) divorced in 1970, and (they were) reconciled in 1972.

Interessanterweise teilt DUDEN (1984: 636) die Sichtweise bei QUIRK et al. (s.o.) und sieht ein vergleichbares Beispiel (mit einer Prädikatreihung zum gleichen Subjekt) als „Zusammenfassung gleichwertiger Sätze mit gemeinsamen Satzgliedern“, die durch Sprachökonomie motiviert ist. Dagegen hält TARLANOV (1995: 88) die Beurteilung als Ellipse für nicht adäquat, weil die Vollform (mit Wiederholung des Subjekts) nicht der üblichen Sprachverwendung entspricht.[205]

Infinitiv-/Partizipialkonstruktion: *Einfacher Satz oder Satzgefüge?*

DUDEN (1984: 666) verzeichnet Infinitiv- und Partizipialkonstruktionen als satzwertig, und QUIRK et al. (1972: 722, 1996: 310f.) klassifizieren sie als „non-finite clauses“.

Im Hinblick auf derartige Konstruktionen, die nach Auffassung der deutschen und englischen Grammatik satzwertig sind, besteht nicht nur unter russischen WissenschaftlerInnen Uneinigkeit, sondern nach Ansicht von AKIMOVA (1990: 44) auch zwischen verschiedenen Ausgaben der Akademiegrammatik. So weist sie darauf hin, dass der traditionellen Grammatik (gemeint ist u.a. die AG 1970) ein Satz mit Partizipial- bzw. Ad-

---

204 Nicht als Satzverbindung gilt bei QUIRK et al. (1972: 594) dagegen eine Subjektreihung: „This type of coordination is phrasal coordination”. Vgl. auch QUIRK/GREENBAUM (1996: 177) zum „coordinated subject“.

205 TARLANOV (1995: 88): „Такой подход, стало быть, предписывает интерпретировать приведенную выше конструкцию (*Я простился и пошел домой*) как сложносочиненное предложение с неполной второй частью, допускающее разложение на предполагаемые составляющие: *Я простился* и *Я пошел домой*. Самым резонным аргументом против подобного толкования было бы возражение: так обычно не говорят“.

verbialpartizipialkonstruktion, Parenthese, Reihung von Satzgliedern usw. nicht mehr als einfacher Satz gilt.[206] Im Gegensatz dazu behandelt die AG 1980 (180-181) Partizipial-, Adverbialpartizipial- und Infinitivkonstruktionen unter der Überschrift „Распространение простого предложения“ [Erweiterung des einfachen Satzes]. MULISCH (1993: 323) schließt sich Auffassung der AG 1980 an. Satzwertigkeit von Partizipial- und Adverbialpartizipialkonstruktionen hält er für nicht gegeben. Als isolierte Satzglieder gehören diese vielmehr zu den „Besonderheiten im einfachen Satz“. Bereits GABKA (1976: 214) vertritt diese Ansicht, ist sich jedoch der besonderen Qualität dieser „isolierten Satzglieder“ sehr wohl bewusst:

> Diese nebenrangigen Satzglieder werden als ‚durch Isolierung hervorgehobene Satzglieder' oder einfach als ‚isolierte Satzglieder' bezeichnet. (...) Sie stellen eine Zwischenstufe zwischen den nicht isolierten Satzgliedern und den Nebensätzen dar, sind jedoch selbst keine Nebensätze, auch keine verkürzten Nebensätze, sondern besondere Glieder des einfachen erweiterten Satzes.

Offenbar aus diesem Grund führen ROZENTAL' et al. (1995: 428) als Übergangsphänomen zwischen einfachem und komplexem Satz den Begriff „осложненное предложение“ in die Diskussion ein. Ausweislich ihrer Beispiele rechnen sie dazu Sätze, die sog. „isolierte Satzglieder“ (s.o.) oder satzwertige Parenthesen enthalten.[207]

Die Unterscheidung nach der Anzahl der Prädikate, die die Opposition „einfacher vs. komplexer Satz“ nach Auffassung von ZOLOTOVA bzw. KOČERGINA (s.o.) ablösen soll, trägt in Bezug auf satzwertige Konstruktionen nicht zur Aufhebung der ursprünglichen Differenzen bei. Sie beschert der Forschung vielmehr das alte Problem in neuer Form: die neue Sichtweise korreliert mit der Notwendigkeit, z.B. Partizipial- und Adverbialpartizipialkonstruktionen als Bestandteile des komplexen Satzes zu beurteilen, weil sie zusätzliche Prädikate in den Satz einbringen (vgl. auch ZOLOTOVA 1995: 100).[208]

Parenthese: *Einfacher oder komplexer Satz?*

Ähnliche Unterschiede bestehen nach AKIMOVA (1990: 56)[209] auch bei der Beurteilung von Parenthesen, die sie selbst als Erweiterung des einfachen Satzes betrachtet.

---

206 AKIMOVA (1990: 44): „(...) к ‚осложняющим' относят все те синтаксические конструкции, которые с точки зрения грамматики не входят в формальный состав простого предложения“.

207 Zu den „isolierten Satzgliedern“ gehören hier auch postponierte Attribute, z.B.: *Нас окружал со всех сторон сплошной вековой бор, равный по величине доброму княжеству.* Analoges bezeichnen z.B. QUIRK/GREENBAUM (1996: 119) als „verbless adjective clauses“.

208 ZOLOTOVA (1995: 100): „Обычно понятие полипредикативности связывается с ‚обособленными оборотами' (…). Простое предложение, включающее в свой состав такие обороты, становится полипредикативным“.

209 AKIMOVA (1990: 56): „Поскольку вставки всегда оформляются в письменной речи с помощью тире или скобок, возникает проблема, как оценивать эти конструкции с точки зрения синтаксической и стилистической нормы (...)“.

Nach BUSSMANN ist eine Parenthese ein

> in einem komplexen Satz eingefügter selbständiger Ausdruck (Wort, Wortfolge oder Satz), der strukturell unabhängig ist vom gesamten Satzgefüge: *Cherubim – er ist ein leichtentflammter Jüngling – wirbt um Susanne* (1983: 370).[210]

Angesichts der in der Definition bereits angesprochenen Variationsbreite von Parenthesen wählt AKIMOVA (1990: 88) dafür die neutrale Bezeichnung „вставные конструкции", und QUIRK/GREENBAUM (1996: 459) sprechen aus gutem Grund von „included units". Demgegenüber legt sich DUDEN (1984: 665), da Schaltwörter nicht behandelt werden, auf den Schaltsatz, d.h. auf den Satzumfang, fest.

MULISCH (1993: 325) trifft für das Russische eine zusätzliche Unterscheidung in Schaltwörter und Schaltsätze einerseits und von ihm so benannte „eingeschobene"[211] Wörter und Sätze andererseits:

> Im Gegensatz zu den Schaltsätzen und Schaltwörtern, die eine subjektive Einschätzung der Aussage durch den Sprechenden darstellen, unterbrechen die e i n g e s c h o b e n e n S ä t z e den angefangenen Satz durch objektive zusätzliche Erläuterungen.

Während nach seiner Beobachtung Schaltwörter/-sätze zumeist in Kommata eingeschlossen sind, werden Einschübe durch Klammern oder Gedankenstriche vom Satz abgetrennt. Beide Varianten rechnet MULISCH – wie Partizipialkonstruktionen (s.o.) – zu den „Besonderheiten im einfachen Satz". Auch ROZENTAL' et al. (1995: 428, vgl. bereits AG 1960: 165) betrachten eine Parenthese selbst dann als Bestandteil des einfachen Satzes, wenn sie eindeutig Satzumfang hat, z.B.:

> В жаркое летнее утро (это было в исходе июля) разбудили нас ранее обыкновенного.

1.5.4.1.2.2 Grundformen des komplexen Satzes: Satzverbindung/Satzgefüge

Während der einfache Satz aus Wörtern und Wortverbindungen besteht, konstituiert sich der komplexe Satz aus einfachen Sätzen. Ein komplexer Satz kann unterschiedlich strukturiert sein. Die Struktur einer Satzverbindung (vgl. z.B. DUDEN 1984: 562, MULISCH 1993: 326) umfasst zwei oder mehr Teilsätze in Koordination. Ein Satzgefüge enthält demgegenüber einen Hauptsatz und einen oder mehrere Teilsätze in Subordination (vgl. für das Russische auch GABKA 1976: 263). Zu Teilsätzen dieser Art heißt es bei DUDEN:

> Die Teilsätze eines Satzgefüges sind entweder H a u p t s ä t z e oder N e b e n s ä t z e. (…) Den Nebensätzen rechnen wir im Folgenden auch zu: satzwertige Infinitivkonstruktionen (...), satzwertige Partizipialkonstruktionen (1984: 665-666).

---

[210] Bei diesem Beispiel wird ein einfacher Satz erst durch die Parenthese komplex.

[211] Es scheint sich um eine Lehnübersetzung der russischen Bezeichnung für Parenthesen (вставные конструкции) zu handeln.

Bei der Behandlung des „complex sentence“ unterscheiden QUIRK/GREENBAUM (1996: 309) entsprechend „coordination“ und „subordination“. Zudem klassifizieren sie „nonfinite clauses“ (mit Infinitiv bzw. Partizip als infiniter Verbform)[212] und „verbless clauses“ vom Typ „*When ripe*, these apples will be delicious“ (329). Auch umgangssprachliche Strukturen vom Typ „I suppose you're right“ gehören zu den Satzgefügen, wenngleich der Nebensatz keinen „marker of subordinate status“ enthält (315).

Das Kriterium zur Unterscheidung von Satzverbindungen und Satzgefügen ist – wie bei DUDEN und QUIRK/GREENBAUM, so auch bei ROZENTAL’ et al. (1995: 472) – die Verwendung koordinierender bzw. subordinierender Konjunktionen.

Asyndetische Satzverbindung oder asyndetisches Satzgefüge?

Die Präsenz einer koordinierenden Konjunktion ist jedoch laut DUDEN (1984: 665) nicht Bedingung für das Vorliegen einer Satzverbindung:

> Die Teilsätze einer Satzverbindung können syndetisch (mit Konjunktionen) oder asyndetisch (ohne Konjunktionen) miteinander verknüpft sein. Dabei kann die Beziehung, die durch die Verknüpfung gestiftet wird, den Wert einer bloßen Anreihung (= kopulative Verbindung) oder Ausschließung (disjunktive Verbindung) haben. (…) Es können aber auch speziellere Werte (z.B. der Begründung,[213] der Bedingung, der Folge usw.) vorliegen.

Diesen Unterschied zwischen syndetischen und asyndetischen Satzverbindungen meint auch UŠAKOV, wenn er darauf hinweist, dass die Beziehung zwischen gleichwertigen Sätzen durch Konjunktionen ausgedrückt werden kann, aber nicht ausgedrückt werden muss (vgl. 1995: 113).[214] Bei syndetischen Satzverbindungen wird – wie im Deutschen und Englischen (QUIRK/GREENBAUM 1996: 253-254 sprechen von „syndetic“ bzw. „asyndetic coordination”) – davon ausgegangen, dass die Teilsätze gleichwertig sind (vgl. z.B. AG 1980: 615, zu Bedenken dagegen ASTACHOVA 1993: 87).

Die Tatsache, dass die AG den beiden grundlegenden Erscheinungsformen des komplexen Satzes traditionell (vgl. bereits AG 1960: 381) den „konjunktionslosen zusammengesetzten Satz“ (сложное предложение с бессоюзной связью – GABKA 1976: 247, den „asyndetischen Satz“ – MULISCH 1993: 326) als dritte Variante an die Seite stellt, markiert einen der Streitpunkte zum Wesen des komplexen russischen Satzes. Im Gegensatz

---

212 Ihre Beispiele sind u.a.: He took up anthropology, *stimulated by our enthusiasm*. He opened his case *to look for a book*.

213 Vgl. dazu z.B. den ∅-Anschluss bei Begründungen (vgl.1.7.3.1). TARLANOV (1995: 85) spricht in diesem Zusammenhang von „нулевое средство связи“.

214 UŠAKOV (1995: 113): „Отношение друг к другу предложений равносильных или выражается союзами или остается невыраженным“. Ein Beispiel für eine asyndetische Satzverbindung gibt SERGIEVSKAJA (1995: 49): „*Брось, Саша, уйдем вместе отсюда* (М. Горький). Это однофункциональные побудительные предложения, выражающие два речевых акта волеизъявления с помощью (...) бессоюзной связи“.

dazu weist DUDEN (s.o.) zwar auf inhaltliche Nuancen asyndetischer Satzverbindungen hin, sieht darin jedoch keinen Grund für eine abweichende Klassifikation. Die Schwierigkeit bei der Klassifikation „konjunktionsloser" komplexer Sätze besteht darin, dass sie inhaltlich nur zum Teil den Satzverbindungen zugeordnet werden können. Im Übrigen ähneln die Beziehungen zwischen ihren Teilsätzen denen zwischen Haupt- und Nebensatz (vgl. AG 1960: 381f., sinngemäß auch ROZENTAL' et al. 1995: 519).

LOMOV/GUSMAN TIRADO (1999: 58)[215] bemängeln zu Recht, dass der Bezeichnung „konjunktionslos" ein formales Kriterium zugrunde liegt, während „Koordination" und „Subordination" auf einen inhaltlichen Aspekt zielen. Diese Kritik ist vor allem deshalb berechtigt, weil in allen Fällen „der inhaltliche Zusammenhang das wichtigste Merkmal für die Beurteilung des zusammengesetzten Satzes ist" (GABKA 1976: 247).

Da sich auf Grund des Teilsatzinhalts passende Konjunktionen ergänzen ließen, schlägt KOČERGINA (1991: 182) vor, konjunktionslose Sätze als unvollständig zu interpretieren und sie als Erscheinungsform des durch Konjunktion in seinen Teilen verbundenen Satzes zu klassifizieren (vgl. in diesem Sinne auch ASTACHOVA 1993: 89).[216] TARLANOV (1995: 85 bzw. 86)[217] hält dagegen den Status der konjunktionslosen Sätze als dritte Erscheinungsform des komplexen Satzes aus verschiedenen Gründen für gerechtfertigt: sie haben als Vorläufer von Satzverbindung und Satzgefüge ihre eigene Geschichte, eigene Strukturen, eigene Funktionen und Inhalte.

Aus dieser diachronen Perspektive scheint GABKA (1976: 243) das ähnlich zu sehen:

---

215 LOMOV/GUSMAN TIRADO (1999: 58): „В самом деле, поскольку термины ‚союзная связь' и ‚бессоюзная связь' покоятся на формальных основаниях, а термины дифференцирующего характера ‚подчинение' и ‚сочинение' отсылают к некоторому содержанию (пусть даже раскрываемому предельно общо – путем указания на соответствующие союзные средства), обнаруживается, что последний член привычной для нас триады ‚подчинительная связь – сочинительная связь – бессоюзная связь' явно нерядоположен с двумя предыдущими".

216 ASTACHOVA (1993: 89): „Анализ бессоюзных предложений показал, что это не самостоятельный вид предложений наряду со ‚сложносочиненными' и ‚сложноподчиненными', а лишь их разновидность".

217 TARLANOV (1995): „Известно (и это доказано многочисленными исследованиями), что бессоюзное предложение было генетически первичным среди сложных. Сложносочиненные и сложноподчиненные предложения формируются позже, по мере становления и выделения в особый класс слов, специализировавшихся именно как средства связи" (85). – „Из сказанного следует, что бессоюзное сложное предложение – это равноценный член парадигмы сложных предложений в современном русском языке, характеризующийся собственными объективными структурно-семантическими параметрами, собственной историей и функциональными возможностями, которые не могут быть игнорируемы в любой синтаксической концепции, если она ориентирована на языковую действительность" (86).

Es ist anzunehmen, dass zunächst die Wiederholung eines bereits im ersten einfachen Satz gebrauchten Wortes, d.h. ein lexikalisches Mittel, dazu diente, die inhaltliche Nebenordnung und dann auch die inhaltliche Unterordnung deutlich zu machen. (...) Aber erst die Entwicklung spezieller Bindemittel und eine entsprechende Gestaltung der Intonation ließen zwei einfache Sätze zu einem einheitlichen Ganzen zusammenfließen.

In der russischen Fachliteratur wird vielfach beklagt, dass die Syntaxforschung vor allem wegen der vorrangigen Beschäftigung mit dem einfachen Satz in Bezug auf den komplexen Satz ein erhebliches Forschungsdefizit aufweise und daher die Grundfragen nach dem Wesen des komplexen Satzes noch immer unbeantwortet seien (TARLANOV 1995: 83, PEČNIKOV 1998: 151,[218] vgl. auch KOČERGINA 1991: 179). Daraus resultiert nach Ansicht von LOMOV/GUSMAN TIRADO (1999: 57)[219] die unklare Begrifflichkeit der Disziplin.

Aus diesem Grund dauern auch die Diskussionen darüber an, welche Strukturen als einfach bzw. als komplex zu beurteilen sind. Diese Konstellation fördert zudem in den einzelnen Untersuchungen die Etablierung von Zwischenformen, sowohl bei der Klassifikation von Satzverbindungen und Satzgefügen (vgl. NIKOLAEVA/FUŽERON 1999: 22)[220] als auch bei der Klassifikation von Gliedern des einfachen Satzes und Nebensätzen (vgl. ROZENTAL' et al. 1995: 473 bzw. 471).[221]

---

[218] TARLANOV (1995: 83): „Тот факт, что традиционно и в течение длительного времени сложное предложение рассматривали как сочетание, соединение, сложение простых предложений, практически лишал смысла вопрос о его собственной природе". – PEČNIKOV (1998: 151): „Сложное предложение для исследователей оказалось крепким орешком. Нет ответа на вопрос, является ли ‚сложное предложение' самостоятельной языковой единицей или же подразделения ‚простое предложение', ‚осложненное предложение' и ‚сложное предложение' есть ступени осложненности структуры единого ‚предложения' (…)".

[219] LOMOV/GUSMAN TIRADO (1999: 57): „Мы буквально обречены на блуждание в потемках, до тех пор пока не будут определены с надлежащей точностью основные, исходные понятия синтаксиса сложного предложения".

[220] NIKOLAEVA/FUŽERON (1999: 22): „Это еще раз подтверждает гибридность статуса предложений с уступительными союзами, наличие в синтаксисе зоны, пограничной между сочинением и подчинением".

[221] ROZENTAL' et al. (1995):):„Отсутствие четкой границы между сочинением и подчинением предложений позволяет рассматривать некоторые конструкции как переходные случаи в пределах сложного предложения" (473). – „Так, в предложении *Командир послал конную разведку вправо и влево от дороги, чтобы уточнить характер вражеской обороны* (...) инфинитивный оборот с союзом *чтобы* образует переходный случай между обстоятельством цели как членом простого предложения (...) и придаточным предложением цели как частью сложного предложения" (471, Hervorhebung von mir – H-H).

1.5.4.1.2.3 Komplexere Strukturen

Die Analyse syntaktischer Strukturen, deren Komplexität die der beiden Grundformen (Satzverbindung und Satzgefüge) übersteigt, ist offenbar weder der deutschen, noch der englischen Grammatik mehr als einen (gelegentlichen) Hinweis wert. DUDEN (1984: 667) verzichtet darauf, weil dort im Vergleich zu den Grundstrukturen keine weiteren Besonderheiten wahrgenommen werden:

> Bei der folgenden Darstellung gehen wir den Möglichkeiten gestufter und in sich komplexer Abhängigkeit zwischen Teilsätzen nicht weiter nach; in der Regel werden wir mit Beziehungen zwischen zwei Teilsätzen arbeiten. Die Aussagen dazu lassen sich unschwer auf komplexere Gebilde übertragen.

Im Wesentlichen entspricht dem auch die Verfahrensweise bei QUIRK/GREENBAUM (1996: 309), die auf die Möglichkeit komplexerer Strukturen ebenfalls hinweisen:

> The device of subordination enables us to organize multiple clause structures. Each subordinate clause may itself be superordinate to one or more other clauses, so that a hierarchy of clauses, one with another, may be built up, sometimes in sentences of great complexity.

Angesichts einer fehlenden Kodifizierung, die gleichzeitig auch die Didaktik beeinträchtigt bzw. verhindert, wundert sich ANTOS zu Recht darüber, dass die komplexe Syntax in der Sprachverwendung so wenig Probleme verursacht (vgl. 1996: 197).

Eine der Konsequenzen dieses „Verzichtes“ ist, dass sich die Grammatiken zugleich der Notwendigkeit einer Klassifikation komplexerer Strukturen entziehen, die ohne Schaffung einer entsprechenden Terminologie nicht zu leisten ist. Folglich ist auch keine Kontrollinstanz verfügbar (z.B. fehlen „Syntax-Bücher (...), deren Funktion darin bestände, als Instanz für eine Überprüfung und Kontrolle syntaktischer Strukturen zu dienen“ (ANTOS 1996: 198), und mit ihr fehlen die entsprechenden Benennungen.

Die Grammatiken bescheiden sich mit beiläufigen Hinweisen auf die Bildung mehrgliedriger Satzverbindungen bzw. Satzgefüge, z.B.:

> As well as linking two main clauses, *and* and *or* can link subordinate clauses (QUIRK et al. 1972: 556).

> Unlike *but*, and unlike the subordinators and the conjuncts, *and* and *or* can link more than two clauses, and all but the final instance of these two conjunctions can be omitted (QUIRK/GREENBAUM 1996: 256).

Ebenso beiläufig wird angemerkt, dass Satzgefüge durchaus mehrere Nebensätze enthalten können (vgl. z.B. DUDEN 1984: 666, ROZENTAL’ et al. 1995: 510). In diesem Sinne kommentieren auch QUIRK et al. (1972: 725) das mehrgliedrige Satzgefüge: *Too nervous to reply*, he stared at the floor (*being* too nervous to reply…): “Here the verbless clause itself contains a non-finite clause, *to reply*”.

Für das Russische ist dagegen der Ansatz einer (wenngleich sehr allgemeinen) Klassifikation erkennbar. Innerhalb der Kategorie des „mehrfach zusammengesetzten Satzes" wird weiter differenziert in „mehrfach zusammengesetzte Satzverbindung" bzw. „mehrfach zusammengesetzte[s] Satzgefüge" (GABKA 1976: 298).

Zu den Satzverbindungen gehören gemäß AG 1960 (178 bzw. 177)[222] außerdem Strukturen aus:

1. Satzverbindung und einfachem Satz,
2. Satzgefüge und einfachem Satz,
3. Satzverbindung und Satzgefüge sowie
4. zwei Satzgefügen.

Demgegenüber rechnen ROZENTAL' et al. (1995: 512) die Kombination aus Satzgefüge und einfachem Satz zu den Satzgefügen.[223]

Parallel dazu (und mit teilweisen Überschneidungen) werden für das Russische auch komplexere Strukturen klassifiziert, die als „komplexe syntaktische Konstruktionen" bezeichnet werden. Hier „sind Satzverbindungen und Satzgefüge auf die verschiedenste Weise miteinander verknüpft" (GABKA 1976: 300). ROZENTAL' et al. verzeichnen dazu:

1. Satzverbindungen, die auch Satzgefüge enthalten (auch „komplexe Sätze mit Ko- und Subordination oder gemischt-komplexe Sätze" genannt)
2. komplexe Sätze, deren Teile Satzgefüge enthalten und syndetisch (mit Konjunktion) oder asyndetisch verbunden sind (vgl. 1995: 523).[224]

---

222 AG 1960 (178 bzw. 177): „Сравнительно редки случаи, когда союз *и* соединяет в составе сложносочиненного предложения такие две части, из которых первая сама является сложносочиненным предложением, а вторая – простым или сложноподчиненным предложением". – „Сложносочиненное предложение может состоять из двух частей, из которых одна является сложноподчиненным предложением, а другая простым предложением. (...) Сложносочиненное предложение с союзом *и* может состоять из двух частей, из которых каждая является сложноподчиненным предложением".

223 ROZENTAL' et al. (1995: 512): „К многочленным сложноподчиненным предложениям относятся также такие, в которых одним придаточным поясняются два и более главных предложения. Beispiel: *Уже совсем рассвело и народ стал подниматься, когда я вернулся в свою комнату*".

224 ROZENTAL' et al. (1995: 523): „Сложными синтаксическими конструкциями называются 1) сложносочиненные предложения, в состав которых входят сложноподчиненные предложения (их называют также сложными предложениями с сочинением и подчинением или сложными предложениями смешанного состава), 2) сложные предложения с бессоюзным и союзным соединением частей, включающих сложноподчиненные предложения".

1.5.4.1.3 Eigene Klassifikation und Auszählmodus

1.5.4.1.3.1 Ermittlung des Komplexitätsgrades

Der Komplexitätsgrad eines jeden Korpustextes wird ermittelt durch Auszählung einfacher und komplexer Sätze, die nach den folgenden Festlegungen und unter Nivellierung abweichender Auffassungen der Grammatiken einheitlich klassifiziert werden:

1. Der Regelfall einer Prädikatreihung in den Korpustexten ist die Reihung direktiver Äußerungsformen (Imperative, imperativische Infinitive usw.), die in den Grammatiken nicht explizit behandelt wird. Vielfach ist das Vorliegen einer Satzverbindung mit zwei vollständigen Teilsätzen offensichtlich, z.B.:

   Knaggen lösen **und** das Gerät aus der Schalttafel herausnehmen.
   Зачистить контакты, снизить силу тока.
   Turn off the pump **and** watch the gauge.

   Des Weiteren werden Sätze mit diversen Satzteilellipsen einheitlich als Satzverbindungen angesehen, z.B.:

   Ellipse des Objekts (vgl. DUDEN 1984: 637, QUIRK/GREENBAUM 1996: 264)
   Meßröhre demontieren **und** [*Meßröhre*] gründlich reinigen.
   Один раз в сутки проверить [*объемный расход*] **и** при необходимости корректировать объемный расход анализируемой газовой смеси.
   Align fan and motor sheaves with a straight-edge or string **and** tighten [*fan and motor sheaves*].

   Ellipse von Voll- bzw. Modalverb o.ä.
   Änderungen der Betätigungsspannung müssen im Bereich zwischen 80% und 110% [*bleiben*], Frequenzschwankungen [*müssen*] zwischen 95% und 105% der Nennwerte bleiben.
   Для выключения газоанализатора необходимо отключить тумблер электропитания **и** [*необходимо*] перекрыть подачу газовой смеси на вход газовой системы газоанализатора.
   Hoses can now be disconnected and the A/C system [*can be*] serviced.

   Ellipse von Subjekt und Prädikat bzw. Modalverb
   Als Verbindungsleitungen zwischen Wandlern und Relais genügen normalerweise Leitungen mit einem Querschnitt von 2,5 mm² (Cu), für die Verbindungen im Auslösekreis bei Gleich- und Wechselstromauslösung und für die Meldungen [*genügen Leitungen mit einem Querschnitt von*] 1,5 mm².
   Габаритные, присоединительные и монтажные размеры разделителей указаны на рис. 1, 2, 3, 4, 5, 6, [*габаритные, присоединительные и монтажные размеры*] гибкого рукава – [*указаны*] на рис. 7.
   It is not designed for such use and you could injure yourself or [*you could*] damage the appliance by such abuse.

2. Die Subjekt- oder Objektreihung wird demgegenüber als Koordination von Satzgliedern behandelt (vgl. auch QUIRK/GREENBAUM 1996: 401), z.B.:

   Transport **und** Lagerung sind sachgemäß durchzuführen.

Включение **и** выключение моторедуктора производится [sic] клавишным переключателем, расположенным с правой стороны панели (рис. 2).
Aluminium **or** Bronze is the Metal of which the Pump Chamber is Made.
Vorratsschale (2) **und** Führungskufe (3) aufklappen.
После установления теплового равновесия (по истечении времени прогрева по п. 3.2.6) проверить „нуль" **и** чувствительность.
Replace bolts (E) **and** nuts (D).

3. Russische Sätze mit Partizipial- und anderen „satzwertigen" Konstruktionen (vgl. 1.5.4.2) werden – wie deutsche und englische – ebenfalls als komplex klassifiziert. Auch ein funktionaler Vergleich zwischen englischen und russischen Partizipialkonstruktionen gibt keinen Anlass, die einen als satzwertig anzuerkennen und den anderen Satzwertigkeit abzusprechen. Alle dienen der Kompression von Nebensätzen.

4. Außerdem ist es notwendig, Parenthesen nach dem Umfang (Zeichen-/Wortfolge, Teilsatz oder Satz) zu unterscheiden. Es wird daher grundsätzlich festgelegt, dass der Status eines Satzes unverändert bleibt, wenn die Parenthese den Umfang einer Zeichen- oder Wortfolge hat, z.B.:

Prüfen Sie, ob die auf dem Typenschild **(unten am Gerät)** angegebene Netzspannung mit der örtlichen Netzspannung übereinstimmt.
К выходу усилителя Д3 с помощью транзисторов выходного коммутатора Д4 поочередно (**точно через один период рабочей частоты**) подключаются демодуляторы Д7 и Д9, которые собраны по схеме удвоения напряжения.
Loosen set screws at the wheel hub and remove wheel (**inlet side**).

Demgegenüber wird ein einfacher Satz, in den eine Parenthese vom Umfang eines Neben- oder eines Hauptsatzes eingefügt wurde, aufgrund dieser Tatsache als komplex eingestuft (als Satzgefüge bzw. Satzverbindung). In komplexen Sätzen erhöht eine satz- oder teilsatzförmige Parenthese entsprechend die Anzahl der Haupt- oder Nebensätze. Parenthesen mit Satzumfang werden bei der Ermittlung des Komplexitätsgrades mit ihrer tatsächlichen Struktur berücksichtigt, die auch einer Satzverbindung oder – wie in den folgenden Beispielen – einem Satzgefüge entsprechen kann:

Nach einem kurzen Moment erscheint die gesamte Anzahl der Stücke (**Ist keine CD eingelegt, erscheint im Wechsel nd = no disc**).
Затем опустить наконечник ниже уровня раствора (**при этом раствор хлористого калия должен медленно вытекать из отверстия, образуя на выходе выпуклый мениск**) и, не поднимая его, ввернуть в него на 2-3 оборота винт с пористой прокладкой.
Use SAE #30 oil to lubricate chain for above freezing weather. (**Use #10W30 oil to lubricate chain for below freezing weather**.)

Der Komplexitätsgrad repräsentiert nach AKIMOVA (vgl. 1.5.4.1) das Verhältnis einfacher und komplexer Sätze, das sie selbst als Verhältnis prozentualer Anteile angibt (z.B. 60 % : 40 %). Für den Ausweis des Komplexitätsgrades in den entsprechenden Tabellen

(4.15/5.15/6.15/7.15) wird – um Vergleiche zwischen den Korpora zu erleichtern – jeweils ein Quotient gebildet. Dieser würde für das Verhältnis 60 : 40 lauten: 3 : 2 bzw. 1,5 : 1, d.h., einem komplexen Satz stehen 1,5 einfache Sätze gegenüber. Eine solche Angabe erlaubt es nicht, einen zunehmenden Komplexitätsgrad (z.B. 40 % : 60 %) adäquat abzubilden, da der Zahlenwert für den Anteil einfacher Sätze dabei abnimmt: 0,67 : 1. Damit sich die Zahlenwerte parallel zum Komplexitätsgrad verändern, d.h., damit höhere Zahlenwerte auch einem höheren Komplexitätsgrad entsprechen, wird stattdessen der Anteil einfacher Sätze als Bezugsgröße gewählt, z.B.:

80 % (Einfach) : 20 % (Komplex) – 1 : 0,25
20 % (Einfach) : 80 % (Komplex) – 1 : 4.

1.5.4.1.3.2 Klassifikation komplexer Satztypen

Für das Deutsche und Englische kann – wie dargelegt – nicht auf eine im Rahmen der Grammatiktheorie erarbeitete Klassifikation komplexer Strukturen zurückgegriffen werden. Für das Russische stehen zwar entsprechende Bezeichnungen zur Verfügung. Allerdings macht die Vielfalt abweichender Strukturen, die z.B. den „Satzverbindungen" oder den „komplexen syntaktischen Konstruktionen" zurechnet werden, diese Begriffe für eine Übernahme in die kontrastive Klassifikation ungeeignet.

Bei der syntaktischen Analyse der Korpustexte werden die jeweils bevorzugten Formen des Satzbaus ermittelt, die nach HOFFMANN (1988: 67) „entscheidende Kriterien zur Beschreibung der Fachsprachen" liefern können. Auch hier ist für eine kontrastive Analyse deutscher, russischer und englischer Syntax durch einheitliche Kriterien Vergleichbarkeit herzustellen. Es werden daher bestimmte Strukturtypen (oder -modelle im Sinne von KOČERGINA definiert, die verschiedene konkrete strukturelle Varianten subsumieren können (vgl. 1991: 175).[225] Diese werden jeweils angegeben. Da die gewählte Klassifikation auf rein strukturellen Fakten basiert, werden alle übrigen Kriterien, Semantik, kommunikativer Zusammenhang der Konstituenten etc., außer Acht gelassen. Der besondere Status „konjunktionsloser" komplexer Sätze in der russischen grammatischen Tradition wird ignoriert. Sie werden im Sinne von DUDEN bzw. QUIRK et al. ohne weitere Differenzierung als Satzverbindungen klassifiziert.

Satzverbindung, zweigliedrig (syndetisch/asyndetisch):
(Variante: einfacher Satz + Parenthese mit Satzumfang)

Kurzschlußbrücke vom Meßpunkt (16) abziehen, Voltmeter anschließen.
Zum Umbau sind folgende Teile erforderlich **(bitte unter der angegebenen Bestell-Nummer separat bestellen)**.

---

[225] KOČERGINA (1991: 175): „Если же говорить о предложениии, то синтаксической единицей языка являются не конкретные предложения с определенным лексическим наполнением, а типы (формулы или модели) предложений".

Для проверки установленного значения уровня сигнализации необходимо изменить выходной сигнал от 4,1 мА (82 мВ) до 4,5 мА (90 мВ) и обратно, **при этом** одновременно следить за показаниями измерительного прибора и состоянием лампочки.
В комплект поставки входят упакованный холодильник с набором комплектующих изделий **(см. табл. 3.1)** и руководство по эксплуатации.
Remove any object or fluff **and** replace the filter.
Align sheaves properly **(see page 7)**.

Satzverbindung, mehrgliedrig[226]

(Variante: Satzverbindung zweigliedrig, erweitert durch einen oder mehrere Hauptsätze, auch in Form von Parenthesen)

Aufwickelrolle einsetzen **und** den Verriegelungsbügel nach unten drücken **und** damit die Aufwickelrolle sichern.
Anschließend ist eine Überprüfung bzw. Korrektur von Nullpunkt **(siehe 8.1)** und Bereich **(siehe 8.2)** notwendig.
Потенциал его коллектора резко падает и транзистор T2 запирается, происходит лавинообразное опрокидывание триггера Шмидта.
Используйте принадлежности **(см. рис. 2)** по назначению, это обеспечит нормальную работу пылесоса и качество уборки.
Open the fridge compartment door **and** pull out the freezer drain plug **and** put it somewhere safe.
Turn off **and** lock out/tag out energy source to vibrator according to ANSI standards **(see "References")**.

Satzgefüge, zweigliedrig[227]

(Varianten: einfacher Satz mit satzwertiger Konstruktion (Infinitiv-, Partizipialkonstruktion, postponiertem Attribut) oder Parenthese mit Teilsatzumfang)

Beim Auftreten dieser Störung fällt das Störrelais ab, **dessen** Umschaltkontakte auf Klemmen geführt sind.
Das Einlassen von Nebenluft – **genannt** Gasballast – verhindert eine Kondensation von Dämpfen im Schöpfraum der Pumpe.
С другой стороны платы вилками присоединяются к розеткам соединительной платы, от **которой** начинаются жгуты.
Включение и выключение моторедуктора производится [sic] клавишным переключателем, **расположенным** с правой стороны панели (рис.2).
Холодильник следует устанавливать вдали от источников тепла, в месте, **недоступном** для прямых солнечных лучей.
Установку обрамления на полку производите по большей стороне (**где имеется стык**) в соответствии с рис. 5.1.

---

[226] Dieser Typ wird bei ROZENTAL' et al. (1995: 479) auch für das Russische in dieser Weise beurteilt: „Сложносочиненные предложения могут быть многочленными, т.е. состоять из нескольких простых предложений, иногда объединенных в группы". Vgl. sinngemäß auch QUIRK/GREENBAUM (1996: 256).

[227] Die Beispiele zeigen, dass eine Struktur aus Haupt- und Nebensatz bzw. satzwertiger Konstruktion als „zweigliedriges Satzgefüge" bezeichnet wird. Es besteht daher kein Bezug zur „Lehre von der Eingliedrigkeit bzw. Zweigliedrigkeit des Satzes" bei GABKA (1976: 267-268).

Check with the aid of a spirit level **when** the machine is in its permanent operating position.
Use correction factor **to** adjust for temperature/altitude.
Solids **trapped** under the check valves will prevent self priming.
Locate the discharge from the separator in an area of the washer **remote** from the suction skimmer.
Run a "background" with the empty cell (**as just aligned**).

Satzgefüge, mehrgliedrig:

(Varianten: Satzgefüge, zweigliedrig, erweitert durch einen oder mehrere Nebensätze, eine oder mehrere satzwertige Konstruktionen oder Parenthesen mit Teilsatzumfang)

Weiterhin ist ein Störmelder eingebaut, **der** dann wirksam wird, **wenn** der Meßdraht oder die Verbindung zum Meßdraht unterbrochen ist, **da** in diesem Fall der Druck Null nur vorgetäuscht würde.
Wenn ein ausländischer Film synchronisiert mit deutscher Sprache im Kanal 1 ausgestrahlt wird, kann man (**sofern der Sender eine zweisprachige Übertragung anbietet**) durch Umschalten auf Kanal 2 den ausländischen Originalton hören.
Если пылесос работает, **но** плохо всасывает, проверьте, **не засорен ли** шланг **или не забит** [sic] **ли** чрезмерно пылью фильтр и нижний корпус.
Кронштейны вставляются под углом **так, чтобы** их конца с вырезками, **обращенными** вниз, вошли в прямоугольные окна каркаса, **после чего** кронштейны приводят в горизонтальное положение.
Don't risk washing coloured articles **unless** you are sure **[that]** they are colourfast.
Use a watch **to** record the time **[that]** it takes.
Make sure **[that]** the parts list **attached** to this manual is the one for your pump.
Check all guarding (**if supplied**) **to** ensure **that** it is securely attached **and** not interfering with rotating parts.

Satzgefüge, zwei- oder mehrgliedrig,+ Hauptsatz

(Reihenfolge beliebig):
(Variante: Satzgefüge zwei- oder mehrgliedrig + Parenthese mit Satzumfang)

Die linke Rändelscheibe mit der linken Hand festhalten **und** mit der rechten Hand die rechte Rändelschraube entgegen dem Uhrzeigersinn drehen, **bis** sich der Bajonettverschluß löst.
Daß auch diese Werte nach Norm zulässig sind, wird durch die VDE-Zulassung (**siehe VDE-Zeichen im Typenschild**) gewährleistet.
Im allgemeinen wird es notwendig sein, den Anodenring (5/11) und das an der Gehäuseinnenwand anliegende Katodenblech (5/12) heraus**zu**ziehen **(siehe Abschnitt 3.2) und** alle Teile mit feinem Schmirgelleinen mechanisch **zu** reinigen, **sofern** man nicht Katodenblech und Anodenring ganz austauscht.
Резьбу электрода и место установки кольца тщательно протереть фильтровальной бумагой, **чтобы** не оставалось следов хлористого калия, смазать тонким слоем технического вазелина.
Электромиксер **(см. рис. 1)** состоит из коллекторного электродвигателя 3, **встроенного** в пластмассовый корпус.
Щетка устанавливается так, **чтобы** скосы на них были направлены в сторону, **обратную** вращению якоря (**см. рисунок**).
Discharge batteries completely by running the unit **until** the energy is completely discharged **and** then remove from the product.

To reduce the risk of electric shock this appliance has a polarized plug (**one blade is wider than the other**).
Rotation is always determined by viewing the wheel from the drive side **and** should correspond to the rotation decal **affixed** to the unit (**CCW rotation is correct as viewed from the fan inlet**).

Satzgefüge + Satzverbindung
(beide zwei- oder mehrgliedrig, Reihenfolge beliebig):
(zu Varianten s. Satzgefüge bzw. Satzverbindung, jeweils zwei- bzw. mehrgliedrig)

Wenn Sie eine Störung nicht selbst beheben können, Gerät ausschalten, Netzstecker ziehen, Wasserhahn zudrehen **und** Kundendienst rufen.
Die Klemmenleiste wird nicht gedreht, sondern von der Rückseite werden Sechskantbolzen (**siehe Abschnitt 9.1**) in die Anschlußklemmen geschraubt, **an die** man dann die Leitungen anschließt (Bild 22b).
В унифицированных датчиках ГСП, погрешность **которых** без разделителей не превышает допускаемую, установка разделителей не должна существенно влиять на выходной сигнал **и поэтому** перерегулировка прибора не требуется, допускается корректировка нуля.
Be cautious with coloured items **unless** they are labelled colourfast, wash them separately by hand, **or** use the programme for non-fast coloureds.
Carefully stand the fridge freezer up **(you may need assistance for this) and** put it **where** you have decided **to** locate it.

Doppelsatzgefüge (beide zwei- oder mehrgliedrig)
(zu Varianten s. Satzgefüge zwei- bzw. mehrgliedrig)

Dieser Schmutzfänger muß in jedem Fall eingesetzt werden, **wenn** mit Verunreinigungen aus der angeschlossenen Anlage gerechnet werden muß, dieses gilt auch für Erstinbetriebnahmen, **bei denen** das Vorhandensein mechanischer Verunreinigungen in Rohrleitungen nicht ausgeschlossen werden kann.
Отвернуть три винта, **которыми** крепится верхний сферический корпус, при этом необходимо следить за тем, **чтобы** гайки с внутренней стороны корпуса не попали в вентиляторное устройство.
Вскипятить бульон с луком **(размельченным в отдельной кастрюльке) и** постепенно вливать в кастрюлю, **перемешивая** содержимое миксера.
If on first lighting they are very noisy and yellow, turn out at once **and** check **that** the burner cap has been correctly replaced.
If you fit your own plug, the colours of the wires in the mains lead of your appliance may not correspond with the markings **identifying** the terminal in your plug, this is **what** you have to do.
If you cannot make the cold water connection direct to the rising main – **and many water authorities will object if you do** – check **that** the height between the machine's inlet and the bottom of the cold water storage cistern is at least 4.25m (14 ft).

Es kommen in den Korpustexten vereinzelt Strukturen höherer Komplexität vor, die bei der Auszählung zwar mit ihren Konstituenten berücksichtigt, strukturell aber nicht weiter differenziert werden.

1.5.4.1.4 Analyseraster: Komplexe Satztypen

Komplexer Satztyp	Variationen
SATZVERBINDUNG, ZWEIGLIEDRIG	Einfacher Satz + Parenthese mit Satzumfang
SATZVERBINDUNG, MEHRGLIEDRIG	Satzverbindung, zweigliedrig, + Parenthese mit Satzumfang
SATZGEFÜGE, ZWEIGLIEDRIG	Einfacher Satz + satzwertige Konstruktion (Partizipial-, Adverbialpartizipial-, Infinitivkonstruktion, postponiertes Attribut, Parenthese mit Teilsatzumfang)
SATZGEFÜGE, MEHRGLIEDRIG	Satzgefüge, zweigliedrig, + Nebensatz (auch mehrere) bzw. satzwertige Konstruktion (auch mehrere)
SATZGEFÜGE + HAUPTSATZ (REIHENFOLGE BELIEBIG)	Satzgefüge, zwei- oder mehrgliedrig (s.o.) + Parenthese mit Satzumfang
SATZGEFÜGE + SATZVERBINDUNG (REIHENFOLGE BELIEBIG)	Satzgefüge, zwei- oder mehrgliedrig (s.o.) + Satzverbindung, zwei- oder mehrgliedrig (s.o.)
DOPPELSATZGEFÜGE	Satzgefüge, zwei- oder mehrgliedrig (s.o.) + Satzgefüge, zwei- oder mehrgliedrig (s.o.)

1.5.4.2 Syntaktische Kompression

AKIMOVA (1990: 37)[228] stellt in der Entwicklung der Satzstruktur der russischen Gegenwartssprache (Standardvarietät) Veränderungen fest, die sie „Kompression syntaktischer Konstruktionen" nennt. HOFFMANN (1992: 104) spricht analog von der Informationsverdichtung durch „syntaktische Kompression". Nach QUIRK et al. (1972: 724) erfolgt diese Kompression insbesondere durch Reduktion von Konjunktional- oder Relativsätzen zu Nebensätzen mit infiniten Verbformen (u.a. satzwertigen Konstruktionen im Sinne der DUDEN-Grammatik):

> The absence of the finite verb from non-finite clauses means that they have no distinctions of person, number, or modal auxiliary. Together with the frequent absence of a subject, this suggests their value as a means of syntactic compression.

SAGER et al. (1980: 205) ist bei der syntaktischen Analyse englischer Fachtexte ebenfalls aufgefallen, dass „Technical writers utilise a variety of devices to shorten or avoid finite clauses and especially compound verbal predicates." Zwei der von ihnen dazu verzeichneten Instrumente („a verbless clause" und „a non-finite clause") eignen sich zur Reduktion von Nebensätzen durch Tilgung oder Substitution des finiten Verbs.

---

[228] AKIMOVA (1990: 37): „Развитие структуры предложения в современном русском литературном языке выражено менее ярко, чем развитие словосочетаний, однако и в предложении происходят изменения, подобные тем, какие отмечаются в словосочетании, это сжатие синтаксических конструкций".

Zur Reduktion von Adverbialsätzen kommen u.a. Adjektivsätze (vgl. QUIRK/GREENBAUM 1996: 120) in Frage, die durch eine Konjunktion eingeleitet werden können, z.B.:

> **If necessary** loosen the socket head screw holding the input lens in the bracket so that the lens can be moved to provide a better input focus.

Diese Formen sind zwar reduziert, haben jedoch noch immer den Status von Nebensätzen und werden auch so gezählt. Entsprechungen sind im Deutschen und Russischen möglich (vgl. analog zum englischen Beispiel die Konstruktionen *falls notwendig/erforderlich* bzw. *если необходимо*), für die syntaktische Kompression in den technischen Korpustexten jedoch ohne Bedeutung. Hier wird eine andere Wahl bevorzugt: eine Präpositionalgruppe (*bei Bedarf* bzw. *при необходимости* – vgl. 1.5.4.3), nach SAGER et al. (1980: 205) die dritte Möglichkeit zur Vermeidung finiter Nebensätze.

1.5.4.2.1 Partizipialkonstruktionen und Adverbialpartizipien

Als infinite Verbformen zur Reduktion von Nebensätzen werden im Russischen und Englischen u.a. Partizipien verwendet. QUIRK/GREENBAUM (1996: 384-385) führen an verschiedenen Beispielen den funktionalen Zusammenhang zwischen Relativsätzen und Partizipialkonstruktionen vor: es besteht eine Korrelation zwischen Teilsatz und Partizip in Bezug auf das Genus verbi:

> The antecedent head is identical with the deleted subject of the *-ed* postmodifying clause as it is with the *-ing* construction, but in this case the participle concerned is as firmly linked with the passive voice as that in the *-ing* construction is linked with the active (385).

Partizipialkonstruktionen, bei QUIRK/GREENBAUM (1996: 252) „postmodifying participle clauses“ genannt, substituieren russische und englische aktivische bzw. passivische Relativsätze, je nachdem, ob ein Partizip des Aktivs oder des Passivs verwendet wird:

> Монтажные работы должна выполнять специализированная организация, **имеющая** опыт монтажа подъемно-транспортного оборудования, в соответствии с проектом производства работ (ППР), **согласованным** в установленном порядке и **утвержденным** главным инженером МУ.
> The percent of the energy **getting** through the accessory without sample present is usually between 15 % and 20 %.
> For others, first install the mating baseplate **shown** in Figure 2A on next page.

Nach AKIMOVA handelt es sich bei diesen Konstruktionen um eine historische Kategorie der russischen Syntax, die es erlaubt, bestimmte Nebensätze zu komprimieren. Die bei AKIMOVA (1990: 45)[229] zitierten Beurteilungen von Sätzen mit Partizipialkonstruktionen

[229] AKIMOVA (1990: 45): „Синтаксические дериваты в форме причастия, деепричастия и аппозитивных оборотов расценивались как ‚скрытые' сложные предложения (Н.И. Греч), как ‚сокращенные сложные предложения' (Ф.И. Буслаев), как результат ‚сгущения мысли' (А.А. Потебня)“. Zu einer gegenteiligen Ansicht vgl. GABKA (1976: 214).

als „verdeckte“ (N.I. GREČ) oder als „verkürzte“ (F.I. BUSLAEV) komplexe Sätze oder als „Ergebnis einer gedanklichen Kompression“ (A.A. POTEBNJA) zeigen, dass sich russische Linguisten schon im 19. Jh. dieses funktionalen Zusammenhangs zwischen Nebensätzen und Partizipien bewusst waren.

In deutschen Anleitungen sind Partizipialkonstruktionen vergleichsweise selten. Hier fällt auf, dass zwar die Korrelation beim Genus verbi auch im Deutschen besteht, dass aber in der fachlichen Sprachverwendung nur das deutsche Partizip des Aktivs eindeutig mit einem Relativsatz zu korrespondieren scheint, z.B.:

Vielstufen-Wechselgetriebe für Kraftfahrzeuge, **bestehend aus** drei (...) in sich sperrbaren Planetengetrieben (GÖPFERICH 1995: 422).

Partizipialsätze können im Deutschen – wie im Englischen – durch entsprechende (häufig konditionale oder modale) Konjunktionen eingeleitet sein, z.B.:

> Neue Packungsringe, **wenn noch nicht zugeschnitten**, dem Wellendurchmesser anpassen und mit einem scharfen Messer sauber auf Maß schneiden.
> Die längstmöglichen Schmierfristen sind abhängig von Normgröße und Wellendrehzahl, **wie** in der nachfolgenden Tabelle **angegeben**.
> Turn the lock switch clockwise to secure the operation **if required**.
> In this case, the accessory **as received** will not align properly.

Fehlt dagegen eine solche Konjunktion, ist die Ermittlung des der Reduktion zugrunde liegenden Nebensatzes eine Frage der Interpretation, z.B.:

> Kaffeepulver (**nicht zu fein gemahlen**) einfüllen.
> Hierdurch werden Fehlerquellen, **hervorgerufen durch Zug-, Falschluft usw.**, weitgehend abgebaut.
> **Mit sauberem Wasser gefüllt**, ermöglicht dieses Gerät einen einwandfreien Betrieb auch bei nicht stationärem Einsatz der Pumpe.
> **Den Erfordernissen des Rührmediums angepaßt**, besteht sie aus Stahl, Edelstahl oder Stahl mit einer resistenten Verkleidung.

Zur Paraphrasierung der ersten beiden Partizipien bietet sich offenbar ein Relativsatz an. Im dritten Beispiel scheint ein Temporalsatz notwendig zu sein, beim vierten liegt die Annahme eines Kausalsatzes näher. „Semantic versatility“ eines „non-finite clause“ demonstrieren auch QUIRK/GREENBAUM (1996: 387) an einer Partizipialkonstruktion, die sich als Reduktion eines Relativ-, Kausal- oder Temporalsatzes interpretieren lässt.

Neben Partizipialkonstruktionen stellen auch die russischen Adverbialpartizipien eine sprachökonomische Alternative dar, um eine Anhäufung von Nebensätzen zu vermeiden. AKIMOVA (1990: 50)[230] stellt fest, dass Partizipialkonstruktionen in Texten des Wissenschaftsstils besonders frequent sind, während Adverbialpartizipialkonstruktionen primär

[230] AKIMOVA (1990: 50): „В современном русском языке причастные обороты особенно устойчивы в научном стиле, деепричастия – в деловом, отчасти в публицистическом“.

in Texten des Amts- und Geschäftsstils und in publizistischen Texten (vgl. 1.1.2.2) vorkommen In den technischen Texten der russischen Korpora werden beide verwendet, auch Kombinationen innerhalb eines Satzes sind keine Seltenheit, z.B.:

> Устройство обеспечивает безопасность персонала, **обслуживающего** комплекс, **предотвращая**[231] перемещение промышленного робота к оператору, **находящемуся** в рабочей зоне.

Zur Substitution von Adverbialsätzen (die eine adverbiale Bestimmung der im Hauptsatz genannten Handlung[232] ausdrücken) verfügt das Russische über besondere Adverbialpartizipien, während diese Funktion im Englischen ebenfalls von den „normalen" Partizipien erfüllt wird. Von den bei MULISCH (1993: 330-331) angeführten Varianten sind für die Korpora insbesondere folgende relevant:

1. Modalsätze, z.B.:
При монтаже выключающего устройства регулируют, **натягивая** канат и **зажимая** его стопорным винтом, зазор между выключающим рычагом и роликом выключателя в пределах 3±1 мм.
Flip the mating plate over, and install the dowel pins from the opposite side, **moving** one of them to the new position, as shown.

2. Temporalsätze (Gleichzeitigkeit), z.B.:
Регулировку производить, **ориентируясь** по кулачково-дисковой муфте, путем разворота всего привода относительно продольной оси конвейера.
Replace the cell, **assuring** that it is properly seated and aligned with the lenses.

3. Temporalsätze (Vorzeitigkeit), z.B.:
Соединение ветвей цепи осуществляют через смотровое окно, **обогнув** цепью концевой блок.[233]
Switch the Indicator Unit on, **having made sure** that the installation procedures have been followed carefully, and that the lock switch is in the counter clockwise position.[234]

Zur Verwendung von Partizipialsätzen in Adverbialfunktion berichten QUIRK et al. von einem „Stilfehler", der offenbar vor allem für wissenschaftliche Texte typisch ist:

---

[231] JAKOBSON (1984: 10) nennt diese Form für das Russische „present gerund". Vgl. entsprechend auch FORSYTH (1970: 300). Demgegenüber ist ein „gerund" nach Auffassung von HORNBY (1995) ein „verbal noun".

[232] AKIMOVA (1990: 49) betont daher auch ihren dynamischen Aspekt, der sie von den „statischen" attributiven Partizipialkonstruktionen unterscheidet: „Причастные обороты создают стилистическую и синтаксическую статичность, так как они присубстантивны, в отличие от деепричастных оборотов, более динамичных, характерных для глагольных предложений".

[233] Vgl. dazu auch FORSYTH (1970: 300): "It is frequently stated that the function of the perfective gerund is to denote sequence of action, and indeed in the majority of sentences in which it occurs, it does express an action performed as a whole before the action denoted by the main verb".

[234] Zu weiteren Beispielen vgl. GABKA (1976: 218), zu kausalen, konzessiven Beziehungen vgl. auch AG 1980 (182).

A so-called ‚fault of style', traditionally termed the unattached or unrelated participle, arises when the noun phrase with which the understood subject of the non-finite clause should be identified does not appear in the main clause at all: *Flying through the air at the speed of sound, a sudden thought struck me* (757 – Hervorhebung von mir – H-H). – In scientific literature (…) the use of ‚unattached participles' is such a convenient solecism as to be almost accepted as an institution (1972: 758).

„Isolierte" Partizipialkonstruktionen dieser Art finden sich in größerer Zahl auch in den englischen Korpora. Ein Grund für ihre Beliebtheit dürfte sein, dass sie unauffällig sind und keinen Anlass zu Missverständnissen bieten: obwohl eine explizite Verbindung zwischen Haupt- und Partizipialsatz fehlt, wird diese bei der Rezeption quasi automatisch (und korrekt) hergestellt, z.B.:

The **diameter** in mm is then calculated **using** calibration data stored on dual in line switches within the unit.
The **cooker** is designed for installation **using** a flexible connection with tubing in accordance with B.S. 669.
Right and left hand referred to in this manual are determined **when standing** at idler end of the conveyor looking toward drive end.

Für das Russische spricht GLOVINSKAJA (1996: 277) von „verbotenen Adverbialpartizipialkonstruktionen" („Запретные деепричастные обороты"), die sowohl in der mündlichen Umgangssprache als auch in schriftlichen Texten verwendet werden. Im Rahmen ihrer sehr differenzierten Klassifikation zum Ausdruck des „semantischen Subjektes" im Hauptsatz gibt sie u.a. die folgenden Beispiele:

Но оставалась надежда, что, **увидев** старых и больных родителей, **сердца детей** смягчатся (Ausdruck des Subjekts metonymisch).

Прочитав его <документ>, **сон** как рукой сняло (Ausdruck des Subjekts fehlt ganz, 284).

Obwohl sich, wie GLOVINSKAJA (1996: 278) feststellt, die Verwendung solcher „unabhängigen Adverbialpartizipialkonstruktionen" in einem „Prozess der Legalisierung" befindet, sind in originär russischen fachexternen Anleitungen nur solche zu finden, die allgemein als „normal" gelten, z.B.:

Перекрывая пальцем отверстие, **можно регулировать** плотность распыления жидкости.
Проверить наличие напряжения в розетке, **включив** в нее настольную лампу.
Необходимо смазывать манжетный уплотнитель 6 в месте выхода вала любым пищевым (желательно гусинным) жиром, **пропустив** несколько капель в зазор между валом и манжетом.

In russische Texte fremder Provenienz (vgl. Kapitel 7) haben dagegen „isolierte" Partizipialkonstruktionen nach englischem Vorbild Eingang gefunden (s.o.), z.B.:

В зависимости от спецификации вашего компьютера **полное отключение** электропитания возможно только **отключив** шнур питания от электророзетки.

> **Постоянная память** в отличие от РОМ позволяет многократно записывать данные, **используя** программный способ записи средствами самой операционной системы.

Die fachinternen Anleitungen des Maschinenbaus (vgl. Kapitel 4), die der mündlichen Umgangssprache besonders fern stehen sollten, zeigen dagegen vereinzelte Belege „verbotener" Partizipialkonstruktionen, z.B.:

> Включается **мотор** под напряжение, проверяется **правильность** направления вращения и хода вала, и **мотор** оставляется работающим вхолостую для проверки подшипников и регулировки щеток, **соединяя** все разведенные ранее муфты.

In deutschen Fachtexten werden solche Beziehungen in der Regel durch Teilsätze ausgedrückt, die von entsprechenden Konjunktionen eingeleitet oder durch Pronominaladverbien markiert sind, z.B.:

> Der zulässige Einschaltdruck errechnet sich, **indem** man die zulässige Druckdifferenz durch das um 1 verminderte Kompressionsverhältnis teilt.
> Drehen Sie das Laufrad von Hand durch, **und** achten Sie **dabei** auf Schleifgeräusche.
> Die Schnecke können Sie herausziehen, **nachdem** Sie die Sechskantmutter nach rechts gedreht und danach ganz abgeschraubt haben.

Das deutsche Sprachsystem bietet zwar ebenfalls Partizipien an, doch ihre Verwendung ist – von wenigen Ausnahmen abgesehen – im fachsprachlichen Kontext unüblich.[235] Sie erfüllen ihre Funktionen eher als Mittel poetischer Sprachverwendung, deren sich u.a. MORGENSTERN in seinen Gedichten und Versen ausgiebig bedient, z.B.:

> Drauf Petrus sprach: „Geschrieben steht,
> daß ein Kamel weit eher geht
> durchs Nadelöhr als du, du Heid,
> durch diese Türe groß und breit!"
> Ich, **glaubend** fest an Gottes Wort,
> ermunterte das Tier sofort,
> ihm **zeigend** hinterm Nadelöhr
> ein Zuckerhörnchen als Douceur.
> Und in der Tat! Das Vieh ging durch,
> obzwar **sich quetschend** wie ein Lurch! (aus „Die Probe")[236]

Auch in den Gedichten von HEINE kann man fündig werden, z.B.:

> Freundlich **grüßend** und **verheißend**
> Lockt hinab des Stromes Pracht;
> Doch ich kenn ihn, oben **gleißend**,
> Birgt sein Innres Tod und Nacht. (aus „Auf dem Rhein")

---

[235] Entsprechend stellt auch WEISS (1992: 312) fest: „Das Deutsche verwendet mehr hypotaktische Strukturen als das Französische, das bekanntlich mit dem Gérondif und den Participes Passé und Présent über zwei offene Programme zur Nebensatzkondensierung verfügt".

[236] Zitiert nach MORGENSTERN (1994: 43).

Hast du, Zeus, sie mir entrissen?
Hat, von ihrem Reiz **gerührt**,
Zu des Orkus schwarzen Flüssen
Pluto sie hinabgeführt? (aus „Unterwelt“)
Ein Jüngling naht, von Wassersucht **getrieben**,
Und fleht: „Hilf, Wundertäter, meinem Leibe.“
Und **segnend** spricht der Fürst: „Geh hin und schreibe!“
(aus „Bamberg und Würzburg“)[237]

Hier zeigt sich, dass ein Partizip Aktiv auch im Deutschen weitere Funktionen erfüllen kann, die sich in Fachtexten nicht nachweisen lassen: d.h., außerhalb eines fachlichen Kontextes eignet es sich durchaus auch zur Reduktion von Kausal-, Konzessiv-, Modal- und Temporalsätzen. BISANG (1998: 31) weist zudem auf eine umgangssprachliche Verwendung deutscher Partizipien „in Konverbfunktion“ (vgl. *segnend spricht der Fürst*) in Analogie zu russischen Adverbialpartizipien hin.

1.5.4.2.2 Infinitivkonstruktionen

Nach Auffassung des DUDEN (1984: 666) gehören auch Infinitivkonstruktionen zu den Mitteln syntaktischer Reduktion:

Es handelt sich hier um Infinitivkonstruktionen, die – etwa in der Ersatzprobe – für Teilsätze eintreten können. Wie diese erfüllen sie die Aufgaben von Satzgliedern im übergeordneten Satz. So steht der einfache Infinitiv mit *zu* wie der *daß*-Satz in der Rolle des Subjekts, des Objekts oder des Gleichsetzungsnominativs (...).

In allen Analysekorpora werden Infinitivkonstruktionen zur Reduktion von Subjekt- und Objektsätzen (vgl. auch QUIRK/GREENBAUM 1996: 361) verwendet, z.B.:

Reduktion eines Subjektsatzes
Es wird empfohlen, die PR31 – auch bei Verwendung der Dampfsperre – in regelmäßigen Abständen **zu reinigen**.
При выпечке не рекомендуется часто **открывать** дверку жарочного электрошкафа, чтобы не охлаждать его.
It is, however, not always necessary **to remove** the crystal from it’s cell for cleaning.

Reduktion eines Objektsatzes
Bei Wärmeübertragung durch die Anschlußleitung empfehlen wir, einen Teil der Leitung durch eine Kühlschlange **zu kühlen**.
Собственный опыт и вкус позволит [sic] Вам **внести** необходимые изменения.
This time is required to allow compressor fluid **to drain**.

Infinitivkonstruktionen unterscheiden sich von Adverbialsätzen insbesondere dadurch, dass letztere durch eine Konjunktion eingeleitet werden. Unter diesem Aspekt ist u.a. die Reduktion von Finalsätzen zu Infinitivkonstruktionen (durch Tilgung der Konjunktion) nur im Englischen möglich, z.B.:

[237] Zitiert nach HEINE (1994: 31, 186 bzw. 274).

Reduktion eines Finalsatzes
Move the slide around in a circular motion **to disperse** the powder.

Im Deutschen und Russischen sind die Konjunktionen unverzichtbar. Daher werden die im Folgenden als „Infinitivkonstruktionen" behandelten russischen Strukturen als Konjunktionalsätze gezählt. Analog formuliert GABKA (1976: 282) zu finalen Satzgefügen im Russischen:

Wenn die Handlungen von Haupt- und Nebensatz von ein und derselben Person ausgeführt werden, so wird die Konjunktion чтобы mit der Infinitivform des Verbs verbunden.[238]

Nach QUIRK et. al. (1972: 758-759) gilt die „Attachment rule" nicht nur für Partizipial-, sondern auch für Infinitivkonstruktionen. Zur „isolierten" Variante, in der das Subjekt der Infinitivkonstruktion formal mit dem Subjekt des Hauptsatzes nicht identisch ist, geben sie u.a. folgendes Beispiel:

To climb the rock face, **various precautions** had to be taken.

In den englischen Anleitungskorpora sind solche Beispiele überaus zahlreich, z.B.:

Any **dirt accumulation** on the wheel or in the housing should be removed **to prevent** unbalance and possible damage.
Pump manifolds can be rearranged easily **to change** position of inlet and outlet connections.
The clothes are left suspended in water **to prevent** them becoming creased by remaining in the bottom of the wash tub in a damp state after spinning.
Remember, however, that **white cotton and linen** should be washed at higher temperature (95°C) every third wash **to keep** them in good colour.

Analog gibt es im Russischen auch „verbotene Infinitivkonstruktionen" („Запретные инфинитивные обороты" nach GLOVINSKAJA 1996: 289). Zu finalen und temporalen „Infinitivkonstruktionen" dieser Art hat sie u.a. folgende Beispiele gefunden:

Чтобы политически **не потерять** свое лицо, идет медленная, тлеющая **работа**.
Ведь **прежде чем стать** тканью, шерсть **распаривают, краснят** и **закрепляют** серной кислотой (290).

In der Regel liegen in den russischen Korpora die Muster vor, die bei den Partizipialkonstruktionen als „normal" angesehen werden: das Subjekt des Hauptsatzes ist Adressat eines Imperativs oder eines unpersönlichen Direktivums, z.B.:

Чашу 5 с фильтром **надо** тоже немного **отвинтить, чтобы** освободить резиновое уплотнение 14.

---

[238] Dagegen macht die AG 1960 (331 bzw. 376) für das Vorliegen eines Finalsatzes zur Bedingung, dass Haupt- und Nebensatz unterschiedliche Subjekte haben: „Сложные предложения с придаточным цели не следует смешивать с простыми предложениями, в состав которых входят придаточные части, указывающие на цель того, о чем говорится в основной части предложения". – Beispiel für einen finalen Satzteil: „Директор давно уже собирался на сутки остановить цехи, с тем чтобы очистить газопровод".

Чтобы не повредить испаритель, сосуд **следует устанавливать** на решетку (рис. 3.1).
Прежде чем начать пользоваться машиной, внимательно **ознакомьтесь** с данным руководством.

Hier gibt es allerdings – sowohl fachintern als auch -extern – einzelne Gegenbeispiele:

После удаления дефектного металла **поверхность разделки** должна подвергаться травлению с тем, **чтобы убедиться** в отсутствии остатков дефектов – трещин и т.п.
Чтобы предотвратить разбрызгивание, **стакан** закрывается полиэтиленовой крышкой 14, в центре которой имеется отверстие с пробкой 15.

Für das Englische erwähnen QUIRK/GREENBAUM (1996: 386)[239] des Weiteren Infinitivkonstruktionen, die als Reduktion eines Relativsatzes angesehen werden können, z.B.:

Check that the Gauge Head is correct for the range of product diameter **to be measured**.

Eine solche Infinitivkonstruktion stellt ein Äquivalent zum deutschen pränominal gebrauchten *Participium necessitatis* dar, das im Russischen ebenfalls pränominal ausgedrückt wird durch das Partizip Präsens Passiv, dem diese Modalität inhärent ist, z.B.:

Beim Aufsetzen und Ausrichten des Getriebes, des Motors und des evtl. vorhandenen Kriechantriebes ist auf axiale Übereinstimmung der **zu kuppelnden** Wellen besonderer Wert zu legen, da hiervon der Verschleiß und die Lebensdauer der Kupplungen abhängen.
Проверить перемещения рабочих органов последовательно по всем трем **управляемым** координатам.

1.5.4.2.3 Erweiterte postponierte Attribute

Eine weitere Möglichkeit zur Kompression von Relativsätzen, über die das Deutsche so nicht verfügt, stellen im Russischen und Englischen postponierte erweiterte Attribute dar („адъективные обороты“ nach AKIMOVA 1990: 50), z.B.:

Для этого барабаны с лентой устанавливают по оси конвейера в местах, **удобных для разматывания ленты**.
Рабочие участки профилей зубьев звездочек приводных валов должны лежать в плоскости, **параллельной оси вала**.
Note that since the background was taken with the DRIFT accessory in the instrument, the peaks **due to atmospheric absorption** are no longer present.
O-rings can be prestretched over a pen or similar rod **slightly larger than ¼" dia**.

SAGER et al. (1980: 221) stellen fest, dass postponierte Attribute in englischen Fachtexten selten sind. Im Vergleich zur Frequenz von Partizipialkonstruktionen (vgl. 1.5.4.2.1) trifft das vermutlich auch auf englische (und russische) Anleitungen zu. Im Deutschen sind dagegen Attribute zur Reduktion von Relativsätzen nur pränominal möglich.

[239] Ihr Beispiel: The case *to be investigated* (= that will *or* is to be investigated).

1.5.4.2.4 Erweiterte pränominale Attribute

Englischen/russischen Partizipialkonstruktionen (Relativsatzreduktion!) und postponierten Attributen entsprechen im Deutschen vor allem pränominale Attribute (vgl. auch 2.2.3.3.2), z.B.:

> **In die Saugstufen einfallende** Moleküle erhalten durch die schnell umlaufenden Schaufeln Einzelimpulse in Förderrichtung.
> Unzulässige Überhitzung des Motors bei erhöhter Leistungsaufnahme wird durch Abschalten des Frequenzwandlers mit Hilfe eines **in der Pumpe eingebauten** Thermoschutzschalters vermieden.

Im Englischen und Russischen sind Attribute nicht nur postponiert (s.o.), sondern auch pränominal möglich. Daher stellen erweiterte pränominale Attribute im Russischen[240] und Englischen in manchen Fällen eine syntaktische Alternative zu Partizipialkonstruktionen und postponierten Attributen dar, von der allerdings in technischen Texten nur äußerst zurückhaltend Gebrauch gemacht wird. Zu ihrem englischen Korpus stellt auch GÖPFERICH (1995: 422) fest, dass „längere pränominale Attribute unüblich" seien.

Wie entsprechende satzwertige Konstruktionen, so wird auch ein erweitertes pränominales Attribut als Ergebnis einer Relativsatzkompression interpretiert. Um diese Sichtweise zu rechtfertigen, müssen die Konstituenten eines Attributes die Formulierung eines Relativsatzes nach den Gepflogenheiten fachlicher Sprachverwendung gestatten.

Die Wortzahl, wie sie z.B. GÖPFERICH (1995: 430, Fig. 7.5-4) dazu ermittelt, reicht als Kriterium nicht immer aus. In pränominalen Attributen kommen u.a. Reihungen von Adjektiven und Partizipien vor. Diese erhöhen zwar die Konstituentenzahl, ergeben aber dennoch keine Erweiterung, zu der ein annehmbarer Relativsatz gebildet werden könnte. Andererseits gibt es Partizipialkomposita mit geringer Konstituentenzahl, die sich zu Attributen mit Präpositionalgruppe (PräpG) dekomprimieren lassen, z.B.:

> Fällt Wasserdampf mit einem Ansaugdruck an, der über dem Wert der Wasserdampfverträglichkeit liegt, so muß ein **wassergekühlter** Kondensator in die Ansaugleitung eingebaut werden. [ein **mit Wasser gekühlter** Kondensator]

Zur Definition eines erweiterten Attributes scheint daher die Struktur wichtiger zu sein als seine Wortzahl. Deutsche Attribute enthalten häufig eine PräpG und ein Adjektiv und/oder ein Partizip. Möglich sind verschiedene Erweiterungen dieser Grundstruktur durch Adjektive, Pronomina, Genitive, usw., z.B.:

PräpG + Adj./Part. [Aktiv/Passiv]

> Bei der Montage der Füße darauf achten, daß die Pumpe in waagerechter Stellung bleibt, damit das **an den Wänden anhaftende** Öl nicht in den Schöpfraum laufen kann.

---

240 Im Gegensatz zum postponierten wird das russische pränominale Attribut nicht als vom Satz isoliert angesehen (vgl. ROZENTAL' et. al. 1995: 439).

Eine Änderung der **in dieser Gebrauchsanweisung angegebenen** Daten und der Konstruktion behalten wir uns vor.
Da alle **mit dem Fördermedium in Berührung kommenden** Teile aus Kunststoff gefertigt sind, ist hier ein zusätzlicher Schutz nicht notwendig.
Der Wälzkolbenpumpe wird die **zum Betrieb der Pumpe erforderliche** Ölfüllung beigestellt.

Russische Attribute dieser Struktur zeigen eine im Vergleich zu deutschen invertierte Konstituentenfolge, die ebenfalls vielfältig erweitert werden kann, z.B.:

Adj./Part. [Aktiv/Passiv] + PräpG

При работе гидравлическим домкратом в качестве рабочей жидкости применяется [sic] масло или **незамерзающие при низкой температуре** смеси (глицерин с водой).
К **поставленному на монтаж** вагоноопрокидывателю прилагается следующая техническая документация.
Разгрузка и погрузка должны производиться **удобным для данной площадки** способом.
Вмятые места у лопаток выпрямляют при помощи **специально изготовленных по профилю каналов** оправок различной толщины.

Alternativ kann das Attribut neben dem Partizip ein Pronominaladverb/Pronomen enthalten, das seinerseits ein Substantiv oder eine PräpG substituiert. Die Wortfolge im Russischen ist auch hier im Vergleich zum Deutschen gegenläufig, z.B.:

Pronominaladverb + Part.Pass.

Es ist vorteilhaft, die Pumpe mit dem **dafür vorgesehenen** Ausheizmantel ca. 5 bis 6 Stunden auszuheizen.
Durch das **dadurch erzielte** höhere Saugvermögen wird eine Verkürzung der Auspumpzeit erreicht.

Part.Pass. + Präp. + Pronomen

Платформа представляет собой сварную рамную металлоконструкцию с **уложенными на ней** рельсами.
Рамы приводов вместе с **укрепленными на них** узлами устанавливаются на фундаментные болты.

Wenn GÖPFERICH (1995: 422) „längere pränominale Attribute" als im Englischen „unüblich" bezeichnet, so bestätigt sich das in den Anleitungskorpora im Hinblick auf Strukturen mit PräpG (s.o.). Andere Strukturen können in den englischen Korpora durchaus gefunden werden, und hier zeigen sich auch einige Parallelen zu deutschen und russischen Attributen. Eine solche Gruppe konstituieren z.B. Attribute mit Partizipialkompositum, dessen erste (substantivische) Konstituente eine PräpG ersetzt, z.B.:

Komp.Part.Pass. (K1 = S)

Zur Atmosphäre hin ist die Wellendurchführung mit zwei **ölüberlagerten** Radial-Dichtringen gedichtet [mit zwei **von Öl überlagerten** Dichtringen].
Масса ТУДЭ в **пылебрызгозащищенном** исполнении не превышает 2 кг, во **взрывозащищенном** исполнении не первышает 5 кг.

При достижении расхода до суммарного значения уставки и дифференциала **магнитоуправляемый** электрический контакт реле размыкается.
It is almost never necessary to exclude the specular component with **KBr matrixed** samples.
Factory installed motors do not come wired.

Zu dieser Struktur werden für das Deutsche und Englische außerdem entsprechende Komposita mit passivischem Adjektiv gerechnet, z.B.:

Komp.Adj.Pass. (K1 = S)

Das Gerät nur im Haushalt zum Waschen von **maschinenwaschbaren** Textilien verwenden.
The standard instrument offers several **customer selectable** options.

Zweiteilige Attribute aus Adverb und Partizip markieren bei der Analyse den Grenzfall, weil die Adverbien im Sinne von QUIRK/GREENBAUM (1996: 136) als „adverbs equivalent to prepositional phrases" angesehen werden können, z.B.:

Adv. + Part.Pass./E auch: Adv. + Inf.

Unsauber verschlossene Ölschrauben führen zur Verölung im Schöpfraum.
Der Ausheizmantel dient zum **automatisch geregelten** Ausheizen der Pumpe.
Грузоподъемную тележку собирают на **тщательно выверенном** стенде или временных путях.
Бетонную смесь закачивают растворонасосом через **специально привариваемые** патрубки.
Connect plumbing to the pump using unions or **easily removed** couplings.
One of the **most frequently encountered** problems with Centrifugal Fans is motors which are wired to run in the wrong direction.
Fold-down tines (on some models) provide flexibility for extra-large and **hard-to-fit** items.

Die Paraphrasierung zwei- oder mehrteiliger Attribute aus Adverb und Adjektiv(en) ergibt dagegen fachsprachlich unübliche Relativsätze. Diese werden nicht als Ergebnis syntaktischer Reduktion angesehen, z.B.:

Die **maximal zulässige** Gastemperatur ist von diversen Faktoren abhängig.
При контрольной сборке дисков на заводе-изготовителе оба полудиска выкладываются в **строго горизонтальной** плоскости с зазором 10 мм между стенками и поясами полудисков.
At the CIRCLE's pathlength, concentrations of 0.5 % of **moderately absorptive** samples typically are detectable, and yield **highly reliable** qualitative and quantitative information in the 3200 to 750 wave number region.

Abgesehen von den dargestellten Typen kommen in den englischen Korpora noch Attribute anderer Struktur vor, die als „nouns as premodifiers of nouns" im Sinne von QUIRK/GREENBAUM (1996: 139) gelten können. Diese attributiven Komplexe sind insbesondere auf die hohe Flexibilität der englischen Komposition zurückzuführen, die im Deutschen nur teilweise, im Russischen keine Parallelen hat. Überdies sind hier die Grenzen zwischen Attributen und Terminuskonstituenten fließend, das Unterscheidungsmerkmal „Bindestrich" (vgl. GÖPFERICH 1995: 430) ist daher nicht sehr vertrauenswürdig.

Für das Englische müssen daher weitere Typen pränominaler Attribute so abgegrenzt werden, dass entsprechende Bildungen auf dem Wege der Komposition auch im Deutschen pränominal nicht möglich sind. Technische Daten lassen sich als Bestandteil von Attributen auch in deutschen oder russischen Texten vereinzelt pränominal finden, z.B.:

> Es handelt sich dabei um eine **20 m lange** Kupfer-Einfachleitung.
> Допускается кратковременная **5-10 мин.** промывка концентрированными кислотами.

Im Deutschen nicht mehr pränominal möglich sind dagegen Kombinationen technischer Daten bzw. solche von technischen Daten und Normverweis als Attribute zu (häufig selbst mehrgliedrigen) Komposita, z.B.

Kombination technischer Daten

> Place vegetables in a **½ quart to 2 quart** microwave-safe casserole dish.
> The analog output is a **0 to 10 volt DC** linear signal representing 0 to 20 Std L/min.
> The assembly part numbers in Table III represent **230/460 volt, 3-phase, 60 Hz** vibrators.

Kombination technischer Daten mit Normverweis

> If necessary, use a good condition, UL listed, **3-wire grounded, #14 AWG** extension cord of the shortest possible length.
> The Cermet Monitor is a control and readout unit in a **DIN standard 96 x 96 x 172 mm** instrument panel mounting housing which can also conveniently be used as a bench mounting instrument.

Eine weitere Gruppe pränominaler Attribute enthält Kombinationen aus Eigennamen (zumeist Firmennamen), Warennamen und Typenbezeichnungen. Diese drei Benennungstypen werden in Anlehnung an einschlägige Arbeiten (u.a. MORGENROTH [Hrsg.] 1996) als Nomenklaturzeichen zusammengefasst. Nach GLÄSER (1996: 92) sind Warennamen „Einheiten der kommerziellen Nomenklaturen", die „nicht systematisch gebildet sind und selten Aufschluss über das benannte Objekt geben". Sie führt dazu aus:

> Ein selbständiger Typ von Warennamen besteht aus einem Blockkompositum, in dem ein Firmenname ein Appellativum, das die Warensorte bezeichnet, determiniert, wobei Buchstaben- und Zahlenangaben das Produkt zusätzlich spezifizieren (104).

Den Firmennamen versteht GLÄSER als Teil des Warennamens, in den englischen Attributen der Korpora kommen beide jedoch auch getrennt vor. Die Buchstaben-Zahlenkombination, nach GLÄSER ebenfalls Teil des Warennamens, gilt hier als Typenbezeichnung. Diese kann auch nur mit dem Firmennamen kombiniert sein. Das erwähnte Appellativum ist nicht Teil, sondern Träger des Attributs.

Kombination von Nomenklaturzeichen:

> If your cleaner was originally equipped with a micro filtration bag, it is important to use only Genuine **HOOVER Allergen Filtration Type Z** disposable bags in order to maintain the original cleaning effectiveness of your cleaner.
> Lubricate the vibrator with 6.5 grams of **Kluber Isoflex Topas NB 52** grease.

Eine weitere typische Variante, die weder im Deutschen noch im Russischen möglich ist, besteht u.a. in der pränominalen Attribuierung durch Text- (auch TT-) Titel, z.B.:

Text-, TT-Titel u. dergl.

Refer to the **Series 4000/4100 RS232 Serial Command Set** manual.
Reference **Radial Gap, Overlap & Alignment** section.
In the **OSM Turn Off Time** submenu, you can select how long the monitor waits after the last touch of a button to shut off the OSM control menu.

Analyseraster: Strukturen/Inhalte erweiterter pränominaler Attribute

GRUNDSTRUKTUR (D/R)	VARIATIONEN
PräpG/S + Adj./Part.	R: Adj./Part. + PräpG/S
Pronominaladverb + Part.Pass.	R: auch Präp. + Pron. + Part.Pass.
GRUNDSTRUKTUR (D/R/E)	**VARIATIONEN**
Komp.Part.Pass. (K1=S)	D/E: auch Komp.Adj.Passiv (K1 = S)
Adv. + Part.Pass.	R/E: auch Komposita/E: auch Adv. + Inf.
INHALT (NUR E)	**VARIATIONEN**
Techn. Daten (kombiniert)	Techn. Daten+Normverweis
Nomenklaturzeichen (kombiniert)	Kombination aus Eigenname und/oder Warenname und/oder Typenbezeichnung
Text-Titel	TT- Titel u. dergl.

1.5.4.3 Syntaktische Kondensation[241]

Nicht nur für englische Texte gilt die folgende Feststellung bei QUIRK/GREENBAUM (1996: 387-388):

A prepositional phrase is by far the commonest type of postmodification in English; it is three or four times more frequent than either finite or non-finite clausal postmodification.

Auch deutsche und russische Anleitungen enthalten Präpositionalgruppen (PräpG) in einer Dichte (häufig mehrere pro Satz), die für andere syntaktische Mittel unerreichbar ist.

[241] Die Analogie, die nach HORN-HELF (1997a: 68) zwischen den Prozessen von Kompression und Kondensation in Technik und Wortbildung (WB) besteht, lässt sich auch auf die Formen syntaktischer Reduktion übertragen: „Im Unterschied zur Definition der „Kompression“ (...) ist hier die Rede von Reaktionen, die unter Abspaltung eines Teils eine neue Bindung bewirken. Wegen dieser beiden Faktoren, der neuen Bindung (es entsteht ein Ganzes) und der Abspaltung einer Komponente (Ausdruck für die Tilgung von Teilen der WV) ist *Kondensation* in der WB besser motiviert als *Kompression* (...), bei der aufgrund der Analogie im Rahmen der Verdichtung alle Komponenten erhalten bleiben müßten“. Im Gegensatz zu satzwertigen Konstruktionen bzw. pränominalen Attributen, die die Konstituenten des ursprünglichen Nebensatzes weitgehend bewahren, ist die Reduktion zur PräpG nur mit einer radikalen Tilgung möglich. Angesichts des damit verbundenen Zuwachses an semantischer Vagheit (vgl. 1.5.4.3.3) ist *Kondensation* auch in diesem Kontext besser motiviert als *Kompression*.

Es wurde gezeigt, dass z.B. Partizipialkonstruktionen teils Adverbial-, teils Relativsätze substituieren (vgl. 1.5.4.2.1). Daher können vermutlich auch PräpG, die nach HOFFMANN (1992: 104) ein weiteres Mittel „syntaktischer Kompression" darstellen, zur Reduktion beider Teilsatzarten dienen. Diese Form der Reduktion ist u.a. gemeint, wenn von Nominalisierung als „Strategie textueller Reduktion" (KRETZENBACHER 1991: 119) oder als „Verfahren der beschleunigten Informationsübermittlung" (BAUMANN 1992a: 157) gesprochen wird.

Ein grundlegendes Unterscheidungskriterium für PräpG ist demnach darin zu sehen, welche Art von Teilsatz sie reduzieren. Sowohl Adverbial- als auch Relativsätze können als Attributsätze aufgefasst werden, der wesentliche Unterschied liegt in ihrem Bezug, d.h. in dem Teil des Hauptsatzes, den sie attribuieren. Mit Final-, Konditional-, Modalsätzen usw. wird die im Hauptsatz genannte Handlung näher bestimmt, sie stehen daher in Bezug zu dessen Verb, und auf ihre Kondensation[242] beziehen sich BIRKENMAIER/MOHL (1991: 102):

> Syntaktisch äußert sich die Kondensierung darin, dass selbständige Prädikationen unterdrückt und durch verschiedene Präpositionalgruppen ersetzt werden. (...) Innerhalb des Satzes haben die kondensierten Prädikationen die Funktion adverbialer Bestimmungen.

Relativsätze dagegen attribuieren einen substantivischen Satzteil des Hauptsatzes, mit dem das jeweilige Pronomen in bestimmter Weise kongruent sein muss. Sie werden daher auch als „adsubstantivische Sätze" bezeichnet (MULISCH 1993: 328, analog auch ROZENTAL' et al. 1995: 496). Wenn PräpG sowohl Adverbial- als auch Relativsätze reduzieren können, müssen sich auch hier entsprechende Parallelen im Bezug finden lassen.

Anhaltspunkte für eine solche Differenzierung sollten sich im Rahmen einer Strukturanalyse ergeben, sofern das jeweilige Bezugswort – das ja außerhalb der PräpG steht – ebenfalls berücksichtigt wird.

1.5.4.3.1 Struktur von Präpositionalgruppen – Analyse und Formalisierung

PräpG, für deren Analyse im Folgenden entsprechende Kriterien entwickelt werden, haben im Deutschen und Russischen zumindest zwei Konstituenten, deren eine die Präposition und deren zweite ein Substantiv ist. Präpositionen können einfach oder komplex sein (vgl. z.B. SAGER et al. 1980: 197). Für das Englische definieren QUIRK/GREENBAUM (1996: 143) entsprechend:

---

[242] Im Hinblick auf Adverbialsätze bestätigen QUIRK/GREENBAUM (1996: 316), dass sie häufig durch PräpG ersetzt werden können. Zum Russischen vgl. sinngemäß ROZENTAL' et al. (1995: 400).

A prepositional phrase consists of a preposition followed by a prepositional complement, which is characteristically a noun phrase or a *wh*-clause or V-*ing* clause.

Diese ersten Definitionen sind sicher zutreffend, jedoch viel zu allgemein, um für irgendeine Klassifikation hilfreich zu sein. Die Gliederung nach Präpositionen allein führt angesichts der Vagheit solcher Gruppen (vgl. 1.5.4.3.3) auch nicht allzu weit. Als weiterer Ordnungsfaktor kann die Art des Substantivs dienen: z.B. lässt sich hier eine Unterscheidung zwischen Abstrakta und Konkreta zu treffen. Das ist theoretisch sehr klar und einleuchtend, und so liest es sich auch bei MULISCH (1993: 208):

Konkreta, (...) d.h. Bezeichnungen materieller, stofflich vorhandener, sinnlich wahrnehmbarer Gegenstände, und *Abstrakta* (...), d.h. ideelle, gedankliche Gegenstände, darunter Adjektivabstrakta, die Eigenschaften (...) oder Beziehungen (...) bezeichnen, und Verbalabstrakta, die Zustände (...) oder Tätigkeiten (...) bezeichnen.

Bei der praktischen Analyse liegen die Dinge nicht ganz so einfach, weshalb JELITTE (1982: 118-119) zwar für eine als Abstraktum bezeichnete Bildung im Russischen zwei wesentliche formale Merkmale anführt: die Substantivform und den Singular, gleichzeitig aber zu bedenken gibt, dass

die vornehmlich nach logischen Gesichtspunkten erfolgende Abgrenzung gegenüber Konkreta (...) nur relativer, d.h. kontextbezogener Art sein kann, da sämtliche Übergänge der Abstrakta in bestimmte Kategorien der Konkreta nur aus dem kontextlichen Zusammenhang registrierbar sind.

Diese „Relativität" ergibt sich u.a. daraus, dass eine üblicherweise „Verbalabstraktum" (VA) genannte Bildung nicht nur in der prozessualen Bedeutung gebraucht werden kann, die MULISCH (s.o.) erwähnt. VA erlauben sowohl im Russischen, als auch im Deutschen und Englischen eine Verwendung in kollektiver, resultativer oder instrumentaler Bedeutung (vgl. dazu z.B. HORN-HELF 1997a: 168). Eine entsprechende Polysemie in der Wortbildungsbedeutung schreiben FLEISCHER/BARZ (1992: 174 bzw. 176) daher z.B. den deutschen Derivaten auf *-ung* zu.

Man kann auch sagen, dass es sich jeweils um Homonyme handelt, die zu den Kollektiva, Resultativa oder Nomina instrumenti gehören. Diese Homonymie geht fallweise einher mit einem Wechsel zum Konkretum. Während Kollektiva, die nach FLEISCHER/BARZ (ebd.) auch „verdeckte Personenbezeichnungen" sein können, und Nomina instrumenti in der Regel Konkreta sind, liegt das eigentliche Problem in der Zuordnung der Resultativa (Nomina acti).

FLEISCHER/BARZ (1992: 86) definieren ein Nomen acti als „Bezeichnung eines Zustands als Folge oder Ergebnis einer Handlung". Für das als Beispiel gewählte Abstraktum *Bildung* ist die Definition als Zustand zutreffend. Eine Gültigkeit außerhalb des Derivationsmusters auf *-ung* scheint jedoch eher zweifelhaft, z.B.:

Zum Verb *austragen* sind im Deutschen zwei VA[243] üblich:

das Austragen

(gebildet durch Infinitivkonversion – vgl. FLEISCHER/BARZ 1992: 212) und

der Austrag

(gebildet durch syntaktische Derivation mit ∅-Suffix).

Das prozessuale VA *Austrag* hat

1. ein homonymes Nomen instrumenti – *Austrag* als Mittel zum Austragen (≈ Austragsvorrichtung)
2. ein homonymes Nomen acti – *Austrag* als Ergebnis des Austragens (≈ das Ausgetragene).

Dieses Nomen acti ist eine Sachbezeichnung, ein Konkretum.

Vergleichbare Beispiele zur Vagheit englischer VA[244] geben QUIRK/GREENBAUM (1996: 438): *building* (abstract noun – activity) – *building* (concrete noun – result of activity). Formales Kennzeichen des Wechsels zum Konkretum kann – wie von JELITTE (s.o.) vermerkt – die Pluralform sein. Richtig ist zweifellos, dass ein Konkretum pluralfähig ist, was nach allgemeinem Verständnis für ein Abstraktum nicht gilt. Dennoch kommen in technischen Texten entsprechende Pluralformen vor, die sich nicht als homonyme Konkreta der VA interpretieren lassen, z.B.:

> Folgende Daten sind **durch routinemäßige Betriebsaufschreibungen** ständig aufzunehmen.
> Регулировку натяжения цепи производят вначале **при кратковременных включениях** привода.
> Once the energy is peaked **with these adjustments**, M6 and M2 should next be adjusted.

Die Pluralformen dienen hier offensichtlich dazu, die Wiederholung der bezeichneten Handlung zu betonen (es könnte sich um eine speziell fachliche Sprachverwendung handeln).[245] Eine mögliche Entsprechung im Deutschen wäre z.B.:

> Pumpe dann durch **wiederholtes Betätigen** der „STOP"- und „START"-Taste in Betrieb nehmen.

Die vorstehende Interpretation der VA-Pluralformen deckt sich durchaus mit der Auffassung bei DUDEN (1984: 227), nach der dem Plural bei Abstrakta eine einteilende Funktion zukommt, während der Plural bei Konkreta eine vervielfältigende Funktion hat.

---

243 Es gibt ein drittes VA – *Austragung* –, das im technischen Kontext weniger gebräuchlich ist.

244 QUIRK/GREENBAUM (1996: 391) unterscheiden für das Englische zwischen „verbal noun" (V-*ing*) und „deverbal noun" (VA, z.B.: *arrival*). Für die hiesige Klassifikation scheint eine solche Differenzierung nicht notwendig, die als „VA" ausgewiesene Konstituente umfasst daher ggf. beide Typen.

245 Terminologische Pluralbildung unterscheidet sich häufig von dem in der Gemeinsprache Üblichen (z.B. bei Stoffbezeichnungen: *Fett – Fette, Sand – Sande, Stahl – Stähle*). In diesen Fällen markiert der Plural die Artenvielfalt.

Eine solche Vorstellung von Komplexität könnte ebenso hinter der Pluralbildung zum VA *Arbeit/работа* stehen, das im Singular kaum verwendet wird. Die (im Russischen häufige, im Deutschen mögliche) Ergänzung eines anderen VA spricht dafür, dass seine prozessuale Bedeutung in einem fachlichen Kontext eher schwach ist, z.B.:

> Unsachgemäß durchgeführte **Wartungs- und Reparaturarbeiten** gefährden die Haltbarkeit bzw. Einsatzfähigkeit entscheidend und führen zu Schwierigkeiten bei eventuellen Garantieansprüchen.
> При **производстве работ** следует выполнять правила глав СНиП по монтажу.

Dennoch gibt es keinen Anhaltspunkt für die Annahme eines homonymen Konkretums, wie parallele Formulierungen im Russischen zeigen:

> **По окончании монтажных работ** производят опробование.
> Машины непрерывного транспорта **по окончании монтажа** подвергают опробованию вхолостую.

Ein weiteres Kriterium für die Einordnung dieser Pluralformen wird darin gesehen, dass sie ein nach FLEISCHER/BARZ (1992: 176) charakteristisches Merkmal von VA in prozessualer Bedeutung aufweisen: sie können sich mit Temporalpräpositionen verbinden. Als Konsequenz ergibt sich daraus eine Restriktion im Hinblick auf die Struktur temporaler PräpG, d.h., innerhalb solcher Gruppen sind nur prozessuale VA möglich, kollektive, resultative oder instrumentale Homonyme können nicht enthalten sein.

Bei der Analyse von Fachtexten kann man noch einen Schritt über diese sehr grobe Differenzierung in Abstrakta/Konkreta hinausgehen. Eine (onomasiologische) Klassifikation der Substantive als Bezeichnungen (vgl. auch HORN-HELF 1997a: 193-241) scheint für eine Betrachtung in technischen Kontexten eher geeignet, z.B.:

> Bezeichnungen für Ausrüstungen und ihre Teile, Geräte, Werkzeuge usw.
> Stoffbezeichnungen
> Bezeichnungen für Vorgänge, Zustände, Verhältnisse
> Bezeichnungen für Eigenschaften, Messgrößen.

Die Intertextualität technischer Texte (vgl. auch 1.7.5) macht es notwendig, die erste Gruppe um Bezeichnungen für Texte aller Art zu ergänzen. Damit klärt sich die Differenzierung in Konkreta (1+2) und Abstrakta (3+4) für die genannten Kategorien, wobei VA mit resultativer Bedeutung (bzw. die Resultativa als Homonyme der VA) häufig in die Kategorie der Messgrößen fallen. Bei der Formalisierung der Strukturanalysen, die zur Gewinnung generalisierbarer Erkenntnisse unumgänglich zu sein scheint, werden auf der Grundlage dieser Klassifikation folgende Abbreviaturen verwendet:

VA – für Verbalabstrakta in prozessualer Bedeutung (Vorgangsbezeichnungen)
A – für Merkmal- und sonstige Abstrakta (u.a. Bezeichnungen für Eigenschaften/Zustände/Messgrößen)
K – für Konkreta (Gegenstands-, Stoff-, Text- und andere Sachbezeichnungen).

Die Strukturformel

V ← (Präp. + [Adj./Part.] + VA/A/K)

erfasst drei strukturelle Typen und ist wie folgt zu lesen: diese Gruppe besteht aus Präposition und Verbalabstraktum, Abstraktum bzw. Konkretum. Bezugswort ist ein Verb (V). Als Ergänzungen der PräpG sind möglich Adjektive (Adj.) und Partizipien (Part.).

1.5.4.3.2 Ermittlung syntaktischer Kondensate

Partizipialkonstruktionen und Attribute der in 1.5.4.2 behandelten Typen können insgesamt als Ergebnis syntaktischer Kompression angesehen werden. Eine wesentliche Schwierigkeit bei der Beurteilung von PräpG besteht darin, dass sie nicht pauschal als syntaktische Kondensate eingestuft werden können, sondern im Detail auf diese Eigenschaft hin untersucht werden müssen. Als Voraussetzung für die Annahme sprachökonomischer Substitution soll hier gelten, dass als Umkehrprobe eine syntaktische Dekondensation möglich ist und zu Teilsätzen führt, wie sie in der fachlichen Sprachverwendung auch tatsächlich vorkommen, d.h. zu Adverbial- oder Relativsätzen. PräpG sind insbesondere dann syntaktische Kondensate, wenn sie im Sinne von QUIRK/GREENBAUM (1996: 146) als „*Postmodifier in a noun phrase*" dienen (zur Funktion als „*Complementation of a verb/an adjective*" vgl. 1.5.4.3.8).

1.5.4.3.2.1 Kondensation von Adverbialsätzen

B e d i n g u n g e n:

1. Das Bezugswort (Antezedens) der PräpG ist ein Verb.
2. Eine PräpG gilt nur dann als syntaktisches Kondensat, wenn sie in Bezug auf die vom Prädikat des Satzes genannte Handlung ein Verhältnis ausdrückt, das auch durch einen entsprechenden Adverbialsatz formalisiert werden kann (z.B.: final, kausal, modal, temporal).

Die zweite Bedingung erfüllen z.B. lokale PräpG nicht, weil Konjunktionen lokaler Bedeutung in den Sprachsystemen des Deutschen und Englischen unbekannt sind (vgl. 1.5.4.3.7). Für das Russische gilt das ebenso:

> Die z w e i t e i l i g e n   S a t z g e f ü g e werden nach der Semantik der Konjunktionen, die den Nebenteil mit dem Hauptteil verbinden, unterteilt. (...) Infolgedessen entfallen bei den zweiteiligen Satzgefügen vollständig die Lokalsätze, weil bei diesen gewöhnlich ein Korrelativwort vorhanden ist (MULISCH 1993: 329).

Modale PräpG zur Modalität des Instrumentes sind in Anleitungen ebenfalls hochfrequent. Im Russischen ist daneben auch der reine Instrumentalis möglich, z.B.:

> Den elektrischen Anschluß an 220 V **mit** handelsüblicher Verbindungsleitung herstellen.
> Собранную в укрупненные секции ходовую часть укладывают у нижнего люка и **с помощью** лебедки или тали постепенно протягивают вверх, затем верхний конец ходовой части через звездочки и отклоняющую ось пропускают вниз.

На фундамент устанавливают, а затем выверяют и закрепляют **анкерными болтами** нижнюю часть элеватора.
Access to the mounting screws is gained by sliding the focussing ellipsoids apart and reaching in **with** a ball-end driver.

Auch diese PräpG können nicht als syntaktische Kondensate von Adverbialsätzen gelten, weil die zweite Bedingung wiederum nicht erfüllt ist: in allen drei Sprachsystemen gibt es modale Konjunktionen ausschließlich zur Modalität der Art und Weise. PräpG zur Modalität der Begleithandlung/des Begleitumstandes (vgl. DUDEN 1984: 709) lassen sich jedoch mit weiterführenden Nebensätzen paraphrasieren (eingeleitet z.B. durch *wobei*). Die Besonderheiten der Modalität des Begleitumstandes zeigen sich in der Struktur der entsprechenden PräpG, die anstelle eines VA ein anderes Abstraktum enthält, z.B.:

V ← (*bei/при/at* [+Adj.] +A)

Bei diesem Vorgang wird das Fett **bei einer niedrigen Drehzahl** gleichmäßig im Lager verteilt.
ТУДЭ должны храниться в сухом отапливаемом помещении **при температуре** воздуха от 5 до 53°С и **относительной влажности** не более 80%.
It should be noted that the COLLECTOR can also be used to obtain high quality specular reflectance spectra of films, coatings et cetera **at** a fixed 50 degree mean **angle of incidence**.

Beispiele zur Dekondensation adverbialer PräpG:

finale Präposition → finale Konjunktion, z.B.:

zu → um zu/для → для того чтобы/for → in order to

Zum Anbau des Membrandruckschalters den Verschlußstopfen am Außenrand des saugseitigen Flansches herausschrauben.

VA → V:

→ **Um** den Membrandruckschalter an**zu**bauen, den Verschlußstopfen am Außenrand des saugseitigen Flansches herausschrauben.

Для обеспечения правильности положения ветвей цепи сборку ходовой части следует производить посредством подборки отдельных секций.

VA → V:

→ **Для того чтобы обеспечить** правильность положения ветвей цепи сборку ходовой части следует производить посредством подборки отдельных секций.

Again adjust the sample stage height **for maximum throughput.**

Einfügen eines passenden Verbs, A bleibt A:

→ Again adjust the sample stage height **in order to achieve** maximum throughput.

konditionale Präposition → konditionale Konjunktion, z.B.:

bei → falls/при → если/with → if

Bei falschem Drehsinn zwei Phasen im Pumpenstecker vertauschen.

Adj. → Prädikat, A bleibt A:

→ **Falls** der Drehsinn **falsch ist**, zwei Phasen im Pumpenstecker vertauschen.

При отсутствии специальных указаний отклонения от прямолинейности не должны превышать 2 мм на 1 м, но не более 15 мм на всю длину машины.

VA → V:

→ **Если отсутствуют** специальные указания, отклонения от прямолинейности не должны превышать 2 мм на 1 м, но не более 15 мм на всю длину машины.

Throughput **with the macro cup** will usually be lower since there will be some vignetting of the diffuse energy by the rim of the sample cup.

Einfügen eines passenden Verbs, K bleibt K:

→ **If** the macro cup is **used**, throughput will usually be lower since there will be some vignetting of the diffuse energy by the rim of the sample cup.

temporale Präposition → temporale Konjunktion, z.B.:

bei → während/при → когда/with → while

Der Ölstand wird **bei stillstehender Pumpe** geprüft.

Part. Präs. → V:

→ Der Ölstand wird geprüft, **während** die Pumpe **stillsteht**.

Приготовление продукта на вертеле производится с применением рамки, двух вилок **при работающем моторедукторе**.

Part. Präs. → V:

→ Приготовление продукта на вертеле производится с применением рамки, двух вилок, **когда работает** моторедуктор.

Run a „background" **with the empty cell** (as just aligned).

Adj. → Prädikat

→ Run a „background", **while** the cell **is empty**.

Regel zur Dekondensation:

Der Wechsel von Präposition zu Konjunktion ist zwingend. Notwendige Transformationen hängen insbesondere von der Struktur der PräpG ab. Typisch sind z.B.:

VA/Partizip → V
Adj. → Prädikat mit *sein/быть/to be.*

Eine Dekondensation englischer PräpG verlangt häufig das Einfügen eines entsprechenden Verbs, während dies bei deutschen und russischen Gruppen nicht in diesem Ausmaß notwendig ist. Der Grund ist die im Vergleich zum Deutschen und Russischen „elliptische" Ausdrucksweise (vgl. auch 1.5.4.3.5) im Englischen, bei der das in den beiden anderen Sprachen fast obligatorische VA normalerweise nicht in Erscheinung tritt.

1.5.4.3.2.2 Kondensation von Relativsätzen

Bedingungen:

1. Bezugswort ist ein substantivischer Satzteil. Nach der funktionalen Klassifikation von QUIRK/GREENBAUM (1996: 145-146) dienen PräpG in diesem Fall als „Postmodifier in a noun phrase".
2. Der Satz selbst enthält keine dem Verhältnis zwischen Antezedens und PräpG entsprechende Verbform.

Beispiele zur Dekondensation attributiver PräpG:

finale Präp. → finale Präp. + Verb mit finaler Semantik

Das **Öl für die räder- und motorseitigen Ölvorratskammern** wird zentral eingefüllt.

→ Das Öl, **das für** die räder- und motorseitigen Ölvorratskammern **bestimmt ist**, wird zentral eingefüllt.

Монтаж двойного **скребка для очистки** ленты производят в такой последовательности: (...).

→ Монтаж двойного скребка, **который предназначен для** очистки ленты, производят в такой последовательности: (...).

It carries the **electronics for processing** the Gauge Head output signals.

→ It carries the electronics **which/that is used for** processing the Gauge Head output signals.

lokale Präp. → lokale Präp. + Verb mit lokaler Semantik

Zum Anbau des Membrandruckschalters den **Verschlußstopfen am Außenrand** des saugseitigen Flansches herausschrauben.

→ Zum Anbau des Membrandruckschalters den Verschlußstopfen, **der sich am** Außenrand des saugseitigen Flansches **befindet**, herausschrauben.

Зазор регулируют с помощью овальных **отверстий в скребке**.

→ Зазор регулируют с помощью овальных отверстий, которые **расположены/ предусмотерны** в скребке.

Concentricity is achieved by using the three **height adjustment screws on the base plate** of the accessory.

→ Concentricity is achieved by using the three height adjustment screws **which/that are located/provided on** the base plate of the accessory.

ornative Präp. → ornative Präp. + Verb mit ornativer Semantik

Bei **Lagerungen mit Nachschmiereinrichtung** beachten Sie die Angaben des Motorherstellers.

→ Bei Lagerungen, **die mit** Nachschmiereinrichtung **versehen sind**, beachten Sie die Angaben des Motorherstellers.

У **конвейеров с желобчатыми роликоопорами**[246] из трех роликов верхние образующие средних роликов должны быть расположены в одной горизонтальной плоскости.

→ У конвейеров, **которые предусмотрены/выполнены с желобчатыми роликоопорами** из трех роликов, верхние образующие средних роликов должны быть расположены в одной горизонтальной плоскости.

The Switch **Box** (not supplied) **with stop button and lock out feature** supplies power to motor that drives the belt.

→ The Switch Box **which is provided/equipped with** stop button and lock out feature supplies power to motor that drives the belt.

---

[246] Die ornative PräpG in ihrem Beispiel *Справка **с фактическими данными*** nennen ROZENTAL' et al. (1995: 399) „attributive Ergänzung" („Такие конструкции называются определительными дополнениями").

Regel zur Dekondensation:

> Die Präposition wird um ein dem Verhältnis entsprechendes Verb ergänzt. Das mit dem Antezedens korrelierende Relativpronomen wird in der Regel Subjekt des Nebensatzes.

Zu ergänzen ist generell eine finite Form desjenigen Verbs, das in einem analogen deutschen pränominalen Attribut in adjektivischer Form (z.B. als Partizip) enthalten wäre:

(...) das für die räder- und motorseitigen Ölvorratskammern **bestimmte** Öl
(...) den am Außenrand des saugseitigen Flansches **befindlichen** Verschlußstopfen
(...) bei mit Nachschmiereinrichtung **versehenen** Lagerungen

Im Russischen und Englischen wäre das Partizip des entsprechenden Verbs vorzugsweise Teil einer postponierten Konstruktion:

(...) скребка, **предназначенного для** очистки ленты.
(...) овальных отверстий, **расположенных/предусмотренных в** скребке.
У конвейеров, **предусмотренных/выполненных с** желобчатыми роликоопорами (…).
(...) the **electronics used for** processing the Gauge Head output signals.
(...) the three height adjustment screws **located/provided on** the base plate.
The Switch Box **provided/equipped with** stop button and lock out feature (…).

In deutschen und russischen technischen Texten ist das Bezugswort einer PräpG gelegentlich ein VA. Dafür kann es verschiedene Gründe geben:

1. In einer Reihung hängt eine PräpG von einer anderen oder von einem nominalen Syntagma ab, z.B.:

   VA ← (*ohne/на* + VA)

   Bei zu hoher **Leistungsaufnahme ohne Temperaturerhöhung** der Pumpe liegt ein Defekt im Motor vor.
   К информационным относится сигнал о **вызове** ПР **на обслуживание** данного станка (формируется по окончании обработки детали на станке и сопровождается открытием ограждения).

   VA ← (*durch/путем* [+Adj.] + VA)

   Besteht die Gefahr einer **Zerstörung** des Ventilators **durch das eventuelle Hereinfallen oder Ansaugen** von Fremdteilen, muß die bauseitige Rohrleitung vor und hinter dem Ventilator mit einem Schutzgitter versehen werden.
   ВО роторного типа предназначен для **разгрузки** полувагонов грузоподъемностью 60 и 93 т **путем опрокидывания** их во вращающемся роторе.

2. Es handelt sich um einen Nominalsatz („block language" nach QUIRK/GREENBAUM 1996: 205): z.B.:

   Deformierung des Laufrades **durch Überhitzung**
   Порядок **разборки** пылесоса **для осмотра** и **замены** щеток

Nominalsätze dieser Art kommen in Überschriften, Tabellentexten und Aufzählungen vor. Überschriften und dergl. sind kurz zu halten, deshalb ist die Dichte nominaler Syntagmen in solchen Sätzen häufig besonders hoch, und so können von einem VA ohne weiteres mehrere PräpG abhängen, z.B.:

Рекомендации по **приготовлению** пищи **в жарочном электрошкафу** на решетке при пользовании грилем
Рекомендации по **приготовлению** пищи в жарочном электрошкафу **на решетке** при пользовании грилем
Рекомендации по **приготовлению** пищи в жарочном электрошкафу на решетке **при пользовании грилем**

Nur attributive PräpG zu 1) lassen sich sinnvoll dekondensieren. Sie gehen daher in die Klassifikation ein (vgl. 1.5.4.3.6). Eine Dekondensation der PräpG in Nominalsätzen ist theoretisch möglich, sie ergibt ausschließlich Attributsätze. Praktisch ist sie unsinnig, weil sich die dekondensierten Strukturen nicht mehr als Überschriften, Tabellentexte usw. eignen. Diese PräpG werden bei der Analyse nicht berücksichtigt.

1.5.4.3.3 Semantische Vagheit von Präpositionalgruppen[247]

Satzwertige Konstruktionen mit Partizipien und postponierten Attributen wie auch pränominale Attribute bringen im Vergleich zu den entsprechenden expliziten Teilsätzen nur mäßige semantische Einbußen mit sich. In PräpG dagegen ist die Satzsemantik zu einem erheblichen Teil nur noch implizit präsent, d.h., proportional zur syntaktischen Sprachökonomie wächst auch die semantische Vagheit, die sich auf eine „Polyfunktionalität" (vgl. ZEMSKAJA 1992: 134) der entsprechenden Präpositionen zurückführen lässt. Deshalb sind vielfach unterschiedliche Interpretationen möglich, und es ergeben sich einige Schwierigkeiten, die weniger das Verstehen dieser Einheiten im Kommunikationskontext betreffen – sie wären sonst nicht so beliebt – als vielmehr ihre Klassifikation zu Analysezwecken.

Die Reduktion zu PräpG ermöglicht ein Höchstmaß an syntaktischer Sprachökonomie. Gleichzeitig bildet sie angesichts ihrer Radikalität offensichtlich die Grenze, jenseits deren weitere Reduktionsmöglichkeiten nicht mehr zur Verfügung stehen. Auf der syntaktischen Ebene entspricht sie daher dem, was SCHÖNLE (1975: 32) in der Wortbildung „Totalreduktion" nennt. Schon die Klassifikation von Adverbialsätzen ist nach GÖPFERICH (1995: 433) oft schwierig:

> Temporal- und Konditionalsätze habe ich zu einer Kategorie zusammengefaßt, da in den Fachsprachen der Naturwissenschaften und der Technik zahlreiche Nebensätze vorkommen, bei denen schwer entschieden werden kann, ob sie eher temporale oder eher konditionale Funktion haben.

Was für explizite Nebensätze gilt, gilt umso mehr für Kondensate, deren Vagheit eine Unterscheidung zusätzlich erschwert. In der Tat reichen die Präpositionen – wie die Konjunktionen – zur Einordnung nicht immer aus. Die folgenden Beispiele belegen, dass selbst eine Strukturanalyse nicht unbedingt brauchbare Unterscheidungskriterien liefert.

---

[247] QUIRK/GREENBAUM (1996: 387) sprechen hier von „semantic versatility".

Beispiel: Temporalität vs. Konditionalität
Mit den Präpositionen *bei/npu* können PräpG gebildet werden, die sich als temporal oder konditional ausgerichtet interpretieren lassen.[248] Sie haben folgende Struktur:

V ← (*bei/npu* + VA).

Die temporale Variante mit VA signalisiert Gleichzeitigkeit der durch die Gruppe ausgedrückten Handlung zur Haupthandlung. Voraussetzung für ein temporales Verhältnis ist generell, dass sich die Satzaussage auf einen im Kontext normalen Vorgang bezieht, der in keiner Weise eingeschränkt oder in Frage gestellt wird, z.B.:

temporal (Gleichzeitigkeit): V ← (*bei/npu* + VA)

Beim Anschluß des Hochvakuumflansches ist auf größte Sauberkeit zu achten.
При жарении как на вертеле, так и на решетке необходим противень для сбора подливок и жиров.

Die Frage nach der Differenzierung temporal vs. konditional stellt sich grundsätzlich auch für Gruppen mit Partizip und Konkretum. Diese Struktur tritt in zwei Varianten auf. Enthält die Gruppe ein Partizip des Präsens, so ist zweifellos eine temporale Zuordnung (Gleichzeitigkeit) angezeigt, da das Partizip eine Handlung benennt, die parallel zur Haupthandlung abläuft. z.B.:

temporal (Gleichzeitigkeit): V ← (*bei/npu* + Part.Präs.Akt. + K)

Der Ölstand wird **bei stillstehender Pumpe** geprüft.
Приготовление продукта на вертеле производится с применением рамки, двух вилок **при работающем моторедукторе**.

Entsprechende Strukturen mit Partizip Passiv werden dagegen als temporal (vorzeitig) interpretiert, z.B.:

temporal (Vorzeitigkeit): V ← (*bei/npu* + Part.Perf.Pass. + K)

Von Zeit zu Zeit ist die Laufruhe des Ventilators **bei eingeschaltetem Motor** zu überprüfen.
Укладку скребковой цепи в конвейер производят **при снятых крышках** смотровых люков приводной головки и **снятой торцевой крышке** натяжной головки.

Hier ist davon auszugehen, dass die von der PräpG bezeichnete Handlung (das Einschalten des Motors, das Abnehmen der Deckel) vor Beginn der Haupthandlung abgeschlossen sein muss.

Demgegenüber knüpfen konditionale PräpG das Stattfinden der Haupthandlung an eine Bedingung, die Satzaussage wird in irgendeiner Form eingeschränkt. Das kann u.a. durch ein qualifizierendes Attribut oder auch durch Negation eines Satzteiles oder des

---

[248] Zur Verwendung einer solchen PräpG schreibt TJARKS-SOBHANI (1994: 61): „Am häufigsten wird in technischen Texten die ‚Wenn-dann-Struktur' von Informationen verschleiert". Sie ist allerdings der Auffassung, dass diese Struktur mit dem Wechsel von der PräpG zum Adverbialsatz explizit wird.

ganzen Satzes geschehen. Daher korrelieren konditionale Gruppen mit einer Satzaussage zu Unerwünschtem, Fehlendem oder einer von mehreren Alternativen, z.B.:

konditional: V ← (*bei/при* [+Adj.] + VA)

Die Vorvakuumpumpe muß mit einem Sicherheitsventil ausgerüstet sein, damit eine unzulässige Belüftung **bei Ausfall** der Vorvakuumpumpe vermieden wird.

При непосредственном соединении прибора с разделителем температура измеряемой среды должна быть в пределах температуры, допускаемой для эксплуатации прибора.

PräpG mit Part.Pass. werden ebenfalls als konditional beurteilt, wenn die Satzaussage in der erwähnten Weise eingeschränkt ist. Dabei kann das Part.Pass. selbst die Funktion des qualifizierenden Attributs erfüllen, alternativ oder ergänzend liegt eine Form von Negation vor.

konditional: V ← (*bei/при* + Part.Perf.Pass. + K)

Bei verbrannten oder verklebten Kontakten Hilfsrelais austauschen.

Bei nicht geschlossenem Einfüllfenster verhindert ein Sicherheitsschalter die Inbetriebnahme des Gerätes.

При работе с принадлежностями не следует их сильно прижимать к убираемой поверхности, так как **при плотно перекрытом отверстии** поступление воздуха в пылесос прекращается, и он снижает свою производительность при уборке пыли.

Съем крышки пружинного буфера нельзя производить **при сжатой пружине**.

Beispiel: Konditionalität vs. Modalität

Die Präpositionen *ohne/без* bilden ebenfalls Gruppen unterschiedlicher Ausrichtung, wobei die Analysedaten die Negation als Unterscheidungsmerkmal nahe legen. Typischerweise drücken die PräpG mit *ohne/без* – analog zu den konditionalen Gruppen mit *bei/при* – die Bedingung für die Haupthandlung aus, wenn auch im Vergleich dazu mit umgekehrtem Vorzeichen. Die jeweiligen Präpositionen stehen in einer semantischen Opposition, es handelt es sich um entgegengesetzte Bedingungen: „wenn" bzw. „wenn nicht". Die durch die PräpG ausgedrückte Bedingung „wenn nicht" geht grundsätzlich mit einer Negation der Haupthandlung einher, z.B.:

konditional: V ← (*ohne/без* + VA)

Die Inbetriebnahme und der Probelauf dürfen **ohne elektrische Installation** aller Sicherheitsschalter nicht vorgenommen werden.

Без предъявления паспорта с отметкой магазина о дате продажи и гарантийных талонов претензии не принимаются.

In der modalen Variante mit VA bezeichnet die PräpG eine Nebenhandlung, die bei Ausführung der Haupthandlung nicht stattfinden bzw. unterlassen werden soll, z.B.:

modal (Art und Weise): V ← (*ohne/без* + VA)

Prüfen, ob Drehen des Rotors **ohne Anlauf** von Rotorteilen an Statorteilen und ohne spürbaren Widerstand in der Lagerung des Motors möglich ist.

Томаты размельчают в миксере до получения пюре **без добавления** воды.

Gruppen mit Resultativa (Nomina acti) drücken Handlungsergebnisse aus, die bei der Ausführung der Haupthandlung nicht auftreten, z.B.:

modal (Art und Weise): V ← (*ohne/без* + A)

Eine Schockbelüftung ist **ohne Schaden** für die Pumpe möglich.
Газоанализатор в транспортной таре выдерживает **без повреждений** воздействия транспортной тряски с ускорением 30 м/с^2 при частоте ударов от 80 до 120 в мин.

Beispiel: Kausalität vs. Modalität

Ein weiteres Beispiel für die Vagheit von PräpG sind deutsche Gruppen mit der Präposition *durch*. Schon die Unterscheidung konsekutiver und modaler Adverbialsätze[249] ist mit Schwierigkeiten verbunden, weshalb in den Grammatiken versucht wird, den Unterschied an Beispielen und Prüfkriterien verständlich zu machen (vgl. DUDEN 1984: 709):

> Sehr oft tritt eine konsekutive Schattierung hinzu, so dass manchmal die Abgrenzung von den Konsekutivsätzen schwierig ist (GABKA 1976: 277).

Dass die Präposition *durch* gemäß DUDEN-Grammatik (1984: 364) „u.a. den Vermittler, das Mittel, Werkzeug oder die Ursache" kennzeichnen kann, macht eine Differenzierung nicht gerade leichter. Zudem wird das einzige Beispiel zu einer kausalen PräpG mit *durch* (ebd.) mit dem Hinweis bedacht, dass bei korrektem Gebrauch die Präposition *wegen* bzw. *infolge* zu verwenden wäre.

Kausale/konsekutive PräpG mit *durch* geben die Ursache für die genannte Handlung an bzw. stellen die Handlung als Folge dessen dar, was sie selbst bezeichnen. Die Ersatzprobe mit *infolge* bzw. *wegen* bestätigt das Vorliegen einer kausalen Beziehung, z.B.:

kausal/konsekutiv: V ← (*durch* [+Adj.] + VA/A/K)

Schäden, die **durch Arbeiten** ohne Splitterschutz entstehen, sind von der Gewährleistung ausgeschlossen [infolge von Arbeiten].
Durch Verschmutzung oder Verspannung sind die Abstände zwischen Rotoren und Gehäuse verengt [infolge von Verschmutzung oder Verspannung].
Der Edelstahl-Überfallrand kann **durch die hohen Temperaturen** der Kochstelle anlaufen [wegen der hohen Temperaturen].
Durch unser Einschraubsystem der Bohrnadeln mit Normgewinden ist es sehr einfach, den richtigen Bohrnadeldurchmesser an den Ziehsteindurchmesser anzupassen [wegen/dank unseres Einschraubsystems].

Über Ursachen und Konsequenzen wird zumeist dann gesprochen/geschrieben, wenn die Ursache unbeabsichtigt herbeigeführt wurde (oder nicht zu vermeiden war) und die Konsequenz unerwünscht oder bedenklich ist. Das gilt generell und in besonderem Maße für einen technischen Kontext, wo Konsequenz in der Regel „Störung" bedeutet. So scheint

---

[249] GABKA gibt dazu u.a. folgende Beispiele: „Было очень темно, так что в двух шагах ничего не было видно" (konsekutiv) vs. „Было так темно, что в двух шагах ничего не было видно" (modal). Vgl. analog auch ROZENTAL' et al. (1995: 501).

das Fehlen einer adäquaten Intention ein konstitutives Merkmal kausaler/konsekutiver PräpG mit VA zu sein, das sie eindeutig von solchen modaler Ausrichtung unterscheidet. Diese bezeichnen die Art und Weise, in der die Haupthandlung ausgeführt werden soll, und beinhalten daher unbedingt ein Element der Intentionalität, z.B.:

modal (Art und Weise): V ← (*durch* [+Adj.] + VA)

Nach der Reinigung Betriebsfähigkeit der Pumpe **durch langsames Durchdrehen** der Wälzkolben von Hand prüfen.

1.5.4.3.4 Kondensate aus Adverbialsätzen

Eine nahe liegende Systematik für die Klassifikation adverbialer PräpG, die sich als syntaktische Kondensate interpretieren lassen, ergibt sich aus der gängigen Klassifikation der Adverbialsätze.[250] Da solche Gruppen die Funktion von Adverbialsätzen erfüllen, attribuieren sie die Handlung des Satzes, deren typischer Repräsentant ein Verb ist.

Finalität: Zweck

Für den Umgang mit gesundheitsgefährdenden Stoffen ist das Wartungs- und Bedienungspersonal speziell zu schulen.
Zum Anbau des Membrandruckschalters den Verschlußstopfen am Außenrand des saugseitigen Flansches herausschrauben.
Для надежной и качественной работы устройств необходимо регулярное выполнение требований настоящего и аналогичного раздела, приведенного в техническом описании и инструкции по эксплуатации.
При установке прибора с разделителем на объект, а также в процессе эксплуатации категорически воспрещается разъединение прибора с разделителем **во избежание вытекания** жидкости.
It is, however, not always necessary to remove the crystal from it's cell **for cleaning**.
This switch must be set to NORMAL **for** regular **operation**.

Strukturen finaler PräpG, z.B.:
V ← (*für/zu/zwecks* + VA)
V ← (*для/во избежание/в целях/на/с целью* + VA)
V ← (*for* + VA)

Kausalität: Ursache/Konsekutivität: Folge

So kann es vereinzelt vorkommen, daß sie **wegen erhöhter Fettviskosität** beim ersten Starten nicht hochläuft.
Durch unsachgemäße Reparatur können erhebliche Gefahren für den Benutzer entstehen.
При этом перемещение может быть неравномерным **вследствие наличия** воздуха в гидросистеме робота.
В результате неоднократного кипячения на полированной алюминиевой поверхности кофеварки могут остаться пятна от кофе или воды.
Due to the introduction of new self cleaning linings the short list of parts should read as follows.

---

[250] Die Analysen beschränken sich auf die wichtigsten adverbialen Beziehungen.

Aqueous analysis using FTIR has in the past been very difficult **due to the highly absorbing nature** of water as a solvent.
The sample holding stage may be packed detached from the body of the accessory, **because of size considerations**.
At low flowrates, the temperature inside of the flow tube will increase **because of the heat** generated by the thermal flow sensor.
Explain that the oven burner will not light at full rate immediately **because of the flame supervision device.**

Strukturen kausaler/konsekutiver PräpG, z.B.:
V ← (*durch/wegen* + VA)
V ← (*bei/infolge*/wegen* + A)
V ← (*aufgrund** + K)
V ← (*вследствие/в результате/за счет/из-за* + VA)
V ← (*because of* + VA/A/K)
V ← (*due to* + VA/A).

Nach den Ausführungen bei DUDEN zu urteilen, haben Produzenten deutscher Anleitungen mit der richtigen Verwendung kausaler/konsekutiver Präpositionen einige Schwierigkeiten (in den Strukturen mit „*" markiert). So sollten z.B. PräpG mit *aufgrund* „weder einen Sachgrund noch die Quelle für eine Angabe bezeichnen" (DUDEN 1984: 364). In den Korpora gibt es jedoch zahlreiche solcher Belege, z.B.:

Die Wälzkolbenpumpe kann **aufgrund der integrierten Druckausgleichsleitung** bereits bei Atmosphärendruck gemeinsam mit der Vorpumpe eingeschaltet werden.
Aufgrund ihrer glatten Oberfläche neigen Kunststoffventilatoren nur gering zu Verkrustungen.

Analog werden PräpG mit *infolge*, die „nur ein Geschehen" (DUDEN ebd.) bezeichnen sollten, zur Angabe anderer Gründe verwendet. Hier liegt eine Verwechslung mit *wegen* vor, für das eine solche Restriktion nicht besteht.

Richtig ist demnach z.B.:

Von einem vorzeitigen Nachfetten wird abgeraten, da Störungen durch eine erhöhte Reibung der Kugellager **infolge Überfettung** auftreten können.
Sollte dieses aber **wegen zu starker Verschmutzung** erforderlich werden, ist es ratsam, dieses von unserem Kundendienst ausführen zu lassen.
Bei der Reinigung des Rotortellers **wegen der eingebauten starken Magnete** Vorsicht bei Armbanduhren.

Falsch ist demnach z.B.:

Beim Reinigen darf das Gebläse nur von Hand gedreht werden, da bei motorischem Antrieb **infolge der hohen Drehzahl** die sich lösenden Ablagerungen die Pumpe beschädigen können.

Konditionalität: Bedingung

Bei unruhigem Lauf muß das Laufrad gesäubert werden.
Bei niedrigen Drücken ist dann die Druckanzeige zu hoch.

Nur **mit eingebautem Grillheizkörper** möglich!
Im Fehler**fall** ist der Austausch eines Steuerungsgehäuses durch ein neues einfach zu realisieren.
При отсутствии в заказе указаний о длине провода, электроды поставляются с проводом длиной 15 см.
Средний срок службы до капитального ремонта **при условии соблюдения** правил хранения, транспортирования и эксплуатации не менее 8 лет.
In the event of replacing a fuse in the plug supplied, a 13A ASTA approved fuse to BS1362 must be fitted.
In order to deal with "specular component", which can cause spectral distortions especially **in neat, inorganic samples**, a blocker device is provided.
It is almost never necessary to exclude the specular component **with KBr matrixed samples**.

Strukturen konditionaler PräpG, z.B.
V ← (*bei/im Fall* + VA/A)
V ← (*mit* + K)
V ← (*в случае/при* + VA/A)
V ← (*без/при условии* + VA)
V ← (*in the event of* + VA/A)
V ← (*at* + A)
V ← (*in/with/with no*/without** + K)

Die mit „*" markierten Strukturen sind für englische Texte sehr typisch. Entsprechende deutsche und russische Gruppen enthalten üblicherweise ein VA (+ Genitiv K) und zeigen erst nach dessen Tilgung eine solche Struktur (vgl. 1.5.4.3.5). Zwar ließe sich auch für die englischen Belege ein zur Ergänzung geeignetes VA finden (z.B. *application*), die „reduzierte" Struktur ist jedoch die gebräuchliche:

V ← (*with no/without* + K)

If throughput is below 15 % for a ZnSe crystal **with no** sample check the following
Although they may exhibit high energy throughput **without** the blocker, most of this is specular energy.

Auch in den deutschen und russischen Korpora gibt es unter den konditionalen Gruppen solche mit K. Diese sind allein deswegen anders zu beurteilen als die englischen, weil die Struktur mit VA bzw. A den „Normalfall" darstellt. Die elliptische Form hat daher die Qualität einer Besonderheit (vgl. 1.5.4.3.5).

Modalität: Art und Weise

Der Hochlauf wird **durch Aufleuchten** der grünen Kontrollampe angezeigt.
Das Stromversorgungskabel muß **der Leistungsaufnahme entsprechend** dimensioniert sein.
Signallampen können **ohne Zwischenschaltung** eines Schaltschützes angeschlossen werden.
Maschine nur in technisch einwandfreiem Zustand sowie bestimmungsgemäß und **unter Beachtung** der Betriebsanleitung benutzen.
При покупке машины продавец в присутствии покупателя проверяет комплектность, отсутствие наружных механических повреждений и работоспособность **путем пробного пуска**.

Упаковка обеспечивает сохранность ТУДЭ при транспортировании любым крытым транспортом на любое расстояние и **без ограничения** скорости.
Монтаж заземляющего проводника (см. проводник 5 на рис. 12) к заземляющему устройству производить **по ГОСТ12.2.007.0-75**.
The volume of the alarm can be adjusted **by turning** the adjustment knob; the level should be set **according to the amount** of background noise typically found in the room where the terminal is located.
In addition, a mechanism is provided to slide the sample cup forward to remove it **without sliding** the ellipsoids.

Strukturen modaler PräpG (Art und Weise), z.B.:
V ← (*durch/entsprechend/unter* + VA)
V ← (*ohne* + VA/A)
V ← (*entsprechend/mit/nach* + A)
V ← (*entsprechend/laut* + K)
V ← (*без/посредством (fachlich)/путем/с* + VA)
V ← (*без/в соответствии с/на/по/с* + A)
V ← (*без/в соответствии с/на/по/согласно* + K)
V ← (*by/without* + VA)
V ← (*according to* + A)
V ← (*according to/in accordance with* + K)

Im Rahmen der syntaktischen Kondensation sind für das Russische auch VA mit der Form des reinen Instrumentalis (Modalität der Art und Weise) zu berücksichtigen. Da die Sprachsysteme des Deutschen und Englischen solche Formen nicht kennen, können Entsprechungen nur als PräpG gebildet werden, z.B.:

Die Reinigung kann mit einem Hochdruckreiniger oder **durch** vorsichtiges **Abkratzen** erfolgen.
Предварительное закрепление оборудования перед его подливкой следует производить **равномерной затяжкой** болтов с помощью стандартных гаечных ключей.
Peak up the energy of your spectrometer **by adjusting** the beamsplitter (follow manufacturer's instructions).

Temporalität: Gleichzeitigkeit

Während der Anlaufphase kann der Wert das 6-8-fache des angegebenen Nennstroms betragen.
Es ist weder notwendig noch empfehlenswert, **beim Betrieb** des Projektors den Raum vollständig abzudunkeln.
Die Wälzkolbenpumpe kann also **gleichzeitig mit der Vorpumpe** bereits bei Atmosphärendruck eingeschaltet werden.
При составлении графиков в качестве контролируемой жидкости была использована вода.
ТУДЭ **во время эксплуатации** особого ухода не требуют.
В процессе эксплуатации комплект не должен подвергаться перегрузкам, т.е. давление не должно быть выше указанного верхнего предела измерения.
В течение гарантийного срока неисправности устраняются при предъявлении гарантийных талонов и настоящего Руководства.

Одновременно с внешним осмотром производить уход за прибором, не требующий его отключения от сети, например, подтягивание крепежных болтов и гаек.
This mode can be used **during setting-up**.
Do not attempt to make this connection **during a lightening storm**.
Some stains will not be removed **in the wash**.
At installation, position the top edge of the sleeve about 1" below the lowest operating level in your tank.
Wash solution is being discharged **along with captured oil**.

Strukturen temporaler PräpG (Gleichzeitigkeit), z.B.:

V ← (*bei/mit/während* + VA/A)
V ← (*gemeinsam mit/gleichzeitig mit/zusammen mit* + K)
V ← (*во время/в процессе/одновременно с/при/с момента* + VA)
V ← (*в течение* + A)
V ← (*при* + Part.Präs. + K)
V ← (*during* + VA/K)
V ← (*at/in/on* + VA/A)
V ←(*along with/in combination with/simultaneously with* + K)

Temporalität: Vorzeitigkeit

Eine Änderung der Einsatzbedingungen ist nur **nach Rücksprache** mit dem Hersteller zulässig.
Eine Sichtscheibe 1.12 ermöglicht die Beobachtung des Prüflings **bei geschlossener Schutzverkleidung.**
После окончания процесса стирки (**после отключения** электродвигателя) снимите крышку.
По окончании монтажных работ производят опробование.
Установка винтов производится **при вынутом вспомогательном шкафчике**.
The spray pattern and the angle of the spray can be adjusted easily **after installation**.
Momentary pressing of the MAX COOL button should cause a dip in the mirror temperature which, **upon release** of the button, will provoke the mirror temperature into oscillation around the dewpoint value.
After storage period, purge grease before putting fan into service.
Align the CIRCLE, noting the final throughput **at the end of the alignment procedure**.

Strukturen temporaler PräpG (Vorzeitigkeit), z.B.:

V ← (*nach* + VA/A)
V ← (*bei* + Part.Perf. + A/K)
V ← (*по окончании/после/после окончания* + VA/A)
V ← (*по истечении* + A)
V ← (*при/с* + Part.Perf. + K)
V ← (*upon* + VA)
V ← (*after/at the end of* + VA/A)

Temporalität: Nachzeitigkeit

Um Standspuren in den Lagern zu vermeiden, muß der Rotor **bis zur Inbetriebnahme** einmal in der Woche mehrmals von Hand gedreht werden.

Sichern Sie alle umlaufenden Teile **vor dem ersten Probelauf** gegen unbeabsichtigtes Berühren.
Перед установкой электрода в сосуд необходимо с него снять защитный колпачок, пробку и резиновое уплотняющее кольцо.
Поднять температуру в системе регулирования **до размыкания (замыкания)** электрической цепи.
Затем усилие постепенно уменьшают **до момента обратного срабатывания** реле.
Размельчать овощи и зелень **до желаемого размера** и добавить для приправы 100 граммов бульона и соль.
The difference factor is multiplied by the reference file **before subtraction**.
If the fan is stored more than three months, the bearings should be purged with new grease **prior to start-up**.
Lubricate bearings **prior to periods of extended shutdowns** or storage and rotate shaft monthly to aid in preventing corrosion.
The machine will automatically carry out all the operations **up to the end** of the chosen programme.

Strukturen temporaler PräpG (Nachzeitigkeit), z.B.:

V ← (*bis zu/vor* + VA)
V ← (*до/до начала/до момента/перед/перед началом* + VA)
V ← (*до* + A)
V ← (*before/prior to* + VA)
V ← (*prior to/up to* + A)

1.5.4.3.5 Elliptische Kondensation der Kondensate

Vor allem PräpG vom Typ (Präp.+VA), werden im Deutschen und Russischen manchmal weiter kondensiert zu (Präp.+A/K). Diese Reduktion fällt dadurch auf, dass beide Varianten (die „normale" und die elliptische Struktur) parallel auftreten können, z.B.:

final: V ← (*на* + VA) ⇒ V ← (*на* + A)

На изготовление шести порций кофе требуется 13-15 минут.
⇒ **На** каждую **порцию** расходуется 50 г воды.

konditional: V ← (*без* + VA) ⇒ V ← (*без* + K)

Без предъявления паспорта с отметкой магазина о дате продажи и гарантийных талонов претензии не принимаются.
⇒ **Без паспорта** миксера и отметки магазина о его продаже претензии покупателя не принимаются.

Direkte Parallelen dieser Art sind selten, strukturell korrespondierende Paare lassen sich häufiger finden. Das elliptische Pendant zu russischen modalen PräpG erweist sich (infolge der Negation – vgl. 1.5.4.3.3) zumeist als konditional z.B.:

modal: V ← (*без* + VA) ⇒ konditional: V ← (*без* + K)

Томаты размельчают в миксере до получения пюре **без добавления** воды.
Чтобы не распаять самовар и не вывести из строя электронагреватель, нельзя включать его в электросеть **без воды** или выливать ее полностью при включенном самоваре.

Произвести нагрев всех элементов электроплиты в течение часа при минимальной мощности, **без установки** посуды.
Не включайте пылесос **без пылевого фильтра**.

Als elliptische Kondensate dieser Art sind in den Korpustexten verschiedene adverbiale PräpG zu klassifizieren. Voraussetzung für eine solche elliptische Reduktion scheint zu sein, dass das VA in der „normalen“ PräpG in Form eines Genitiv-Syntagmas mit einem Konkretum verbunden ist, das zu ihm in Objektbeziehung[251] steht.

Die Beispiele zeigen, dass die Tilgung des VA in keinem Fall zu einer Beeinträchtigung der Kommunikation führt. Das VA wird mitverstanden, weil im gegebenen Kontext Handlungen mit dem genannten Konkretum nur in einer sehr begrenzten Bandbreite möglich sind. Die Semantik der übrigen Satzglieder schließt zudem alle „nicht-gemeinten“ Möglichkeiten aus, wie sich mit Hilfe entsprechender Fragen leicht zeigen lässt (z.B.: Wozu dient Spannung bei Lampen, Öl bei einer Pumpe? usw.).

final: V ← (*zu/для* + VA) ⇒ V ← (*für/для* + A/K), z.B.:

Für die Pumpe muß ein Öl der Viskositätsklasse ISO VG 100 verwendet werden [zur Schmierung der Pumpe].
Für einen guten Enddruck ist ein Vorvakuumdruck von $p = 10^{-3}$ mbar erforderlich [zur Erreichung eines guten Enddrucks].
Для ручных переносных ламп следует применять напряжение 12 в [для питания/ электроснабжения ручных переносных ламп].

konditional: V ← (*bei/для* [+Adj.] + K)

Bei nicht zu großen Vakuumbehältern können nach Öffnen des Kühlwasserzuflusses Vorpumpe und Turbomolekularpumpe gleichzeitig eingeschaltet werden [beim Einsatz nicht zu großer Vakuumbehälter].
Dieses kann z.B. **bei Pizza oder Obstkuchen** von Nutzen sein [beim Backen von Pizza oder Obstkuchen].
Неравномерность загрузки емкости допускается до 20% от величины массы материала **для устройств** без фальтопор [в случае применения устройств без фальтопор].

modal (Art und Weise): V ← (*ohne* + K)

Nach jedem Färben ein Kochwaschprogramm 90°C **ohne Wäsche** durchführen.
Wenn Sie die Kaffeemaschine bei kalkhaltigem Wasser **ohne Wasserfilter** verwenden, muß sie regelmäßig entkalkt werden.

temporal: V ← (*bei* + K), z.B.:

Beim Mehrfarbenpunktdrucker werden nach jedem Druckvorgang Farbband, Meßstelle und Meßstellenanzeige selbsttätig umgeschaltet [beim Betrieb eines Mehrfarbenpunktdruckers].

---

[251] Die Beziehung zwischen den Konstituenten solcher Syntagmen vom Typ (S+S) lautet: K2 = Objekt von K1 (vgl. z.B. auch HORN-HELF 1997a: 221), d.h., das Konkretum bezeichnet das Objekt der vom VA ausgedrückten Handlung.

> **Bei den Meßröhren** TR 201 und TR 206 Schrauben (7) herausschrauben und die Meßzelle (6) aus dem Meßkopf (10) herausziehen [bei der Wartung der Messröhren TR 201 und TR 206].

Elliptische Gruppen, die durch Tilgung des VA entstehen, sind in russischen fachexternen Anleitungen besonders frequent. Die Vermutung, dass es sich bei dieser elliptischen Kondensation um eine Annäherung an die Umgangssprache handelt, ist daher nicht allzu abwegig. Auf fachinterne Texte beschränkt sich dagegen eine andere Art von Reduktion, bei der aus einer Maßangabe die zum Verständnis redundante Messgröße entfällt, z.B.:

> Сила сварочного тока при диаметре электродов 5 мм должна быть равной 180-200 а, **при электродах 6 мм** – 220-240 а [при диаметре электродов 6 мм].
> Время нагрева воды **до** 95°C [до температуры 95°C].

1.5.4.3.6 Kondensate aus Relativsätzen

Die in 1.5.4.3.4 behandelten PräpG kondensieren nach der hier vertretenen Auffassung entsprechende, d.h. finale, kausale/konsekutive, konditionale, modale bzw. temporale, Adverbialsätze. Allerdings stellen sie nur einen Teil der im Korpus vorzufindenden Belege dar – es bleibt ein „großer Rest".

Partizipialkonstruktionen und pränominale/postponierte Attribute lassen sich als Ergebnis der syntaktischen Kompression von Relativsätzen interpretieren (vgl. 1.5.4.2, sinngemäß auch SAGER et al. 1980: 223), für die der Bezug zu einem substantivischen Satzteil zwingend ist. Wenn dies auch für entsprechende PräpG angenommen wird, so erfüllen (zumindest theoretisch!) alle Strukturen diese Bedingung, deren Antezedens nicht V ist. Folglich kann das Antezedens attributiver PräpG ein VA, A oder K sein.

Strukturen attributiver PräpG:

VA ← (*durch/infolge/zu* + VA)
VA ← (*an/in* + A)
VA ← (*an/auf/durch/in/innerhalb/von/auf/zwischen* + K)
A ← (*in/mit* + A)
A ← (*an/für/hinter/in/zwischen* + K)
K ← (*für/zu* + VA)
K ← (*entsprechend/mit/nach/ohne* + A)
K ← (*an/als/auf/aus/entsprechend/für/gemäß/hinter/in/innerhalb/mit/nach/oberhalb/über/um/unter/vor/zu/zwischen* + K)

A ← (*за счет/от/по/после/с последующей* + VA)
VA ← (*вследстви /по* + A)
VA ← (*в соответствии с* + K)
A ← (*в/на/по/при* + VA)
A ← (*на/по* + A)
A ← (*в/для/между/от/под* + K)

K ← (*для/на/по/под* + VA)
K ← (*по/о/с* + A)
K ← (*в/в виде/внутри/в сборе с/для/из/между/на/над/около/*
перед/по/под/после/от/с + K)

VA ← (*in* + A)
VA ← (*between/in* + K)
A ← (*due to* + VA)
A ← (*between/for* + K)
K ← (*for* + VA)
K ← (*of/with/with no* + A)
K ← (*at/between/for/in/on/under/with/within* + K)

Eine Möglichkeit, etwas Ordnung in diese Vielfalt attributiver PräpG zu bringen, bietet das Verfahren der Konstituentenanalyse, mit dem u.a. in der deutschen Wortbildungsforschung die Beziehungen zwischen den Konstituenten von Komposita untersucht werden (vgl. z.B. FLEISCHER/BARZ 1992: 98-99). Im Bereich der Terminusbildung lässt sich dieses Verfahren ebenfalls auf zweigliedrige russische Syntagmen anwenden (vgl. HORNHELF 1997a, Abschnitte 4.1 – 4.3). Da eine attributive PräpG ein substantivisches Antezedens ergänzt, stehen diese beiden notwendigerweise auch in einem bestimmten Verhältnis. Die formalen Voraussetzungen für eine Konstituentenanalyse sind durch die beiden substantivischen Glieder gegeben, Indikator für die Art der Beziehung ist die Präposition. Exemplarisch vorgestellt werden die wichtigsten der Relationen, die zwischen den entsprechenden Gruppen und ihrem jeweiligen Antezedens gefunden wurden.

Zur Formalisierung der Beziehung werden das Antezedens mit S1 und das Substantiv der PräpG mit S2 bezeichnet. Die Konstituentenfolge entspricht der in russischen Syntagmen vom Typ S+S: auch hier hat S2 die Funktion des Spezifikators.

In Finalsätzen ist das Subjekt nach AKIMOVA (1990: 73) immer ein Konkretum. Für das Bezugswort S1 in final ausgerichteten attributiven PräpG gilt das nicht so grundsätzlich:

Final: S1 dient zu/ist bestimmt für S2 (QUIRK/GREENBAUM 1996: 157: purpose/intended destination)

A ← (*for* + K), z.B.:

Since KBR is a good diffuse reflector with no absorption peaks in the infrared, it also makes a good **background for** many non-matrixed **samples**.

K ← (*für/zu/для/for* + VA), z.B.:

Die **Schraube zum Einstellen** des Nullpunktes befindet sich oben am Rand der Gehäusetür und ist durch das **Symbol für die Nullpunktkontrolle** gekennzeichnet.
Нижняя часть имеет **отверстие для присоединения** гибкого шланга и четыре **колесика для передвижения** пылесоса.
The LI800 Indicator carries the **electronics for processing** the Gauge Head output signals.

K ← (*für/для/под/for* + K), z.B.:

Auf der Rückseite der Anlage befinden sich die restlichen Steuerungsventile sowie die **Klemmkästen für die Elektronik**.

Отверстия для высокопрочных **болтов** должны быть выполнены в соответствии с чертежами завода-поставщика.

К корпусу верхней части элеватора присоединяют на монтажных болтах **площадку под привод**, после выверки установочных поверхностей **площадку под привод** и подкосы приваривают.

On the high setting it is powerful enough to sear and seal **meat for dishes** such as rare steaks.

Konsekutiv/Kausal: S1 ist Folge von S2/S2 ist Ursache von S1

VA ← (*durch/вследствие* + VA), z.B.:

Überschlägig kann die **Temperaturerhöhung durch die Verdichtungsarbeit** im Ventilator mit 1°C pro 10 mbar Druckerhöhung angegeben werden.

Неисправности могут быть вызваны поломкой отдельных деталей датчика, **нарушением** изоляции электрических цепей **вследствие попадания** внутрь датчика производственных растворов или раствора хлористого калия из системы проточного вспомогательного электрода.

VA ← (*durch/вследствие* + A/K), z.B.:

Als normal gilt danach eine Atmosphäre ohne wesentliche **Verunreinigungen durch Rauch, aggressive Gase, Dämpfe oder Salzgehalt** (...).

Поэтому при **изменении** положения ПР **вследствие** отдельных **сбоев или ошибки** оператора выполнение управляющей программы будет прервано.

A ← (*aufgrund/aus/from* + VA/A), z.B.:

Wir haften nicht für versäumte Termine oder andere **Folgeschäden aufgrund eines technischen Defekts oder Fehlbedienung des Gerätes.**

Nicht unter die Garantie fallen **Schäden oder Mängel aus nicht vorschriftsmäßigem Anschluß, unsachgemäßer Handhabung sowie Nichtbeachtung** der Einbauvorschriften und Gebrauchsanweisungen.

Failure to have the electricity installed correctly will result in damage to the pump and potential bodily injury, loss of life and property **damage from electrical shock and fire.**

K ← (*aufgrund/от/from* + K), z.B.:

Bei **Verschmutzungen aufgrund von Salben, Fetten oder Ölen** reicht manchmal die Normaldosierung des Waschmittels nicht aus.

В результате неоднократного кипячения на полированной алюминиевой поверхности кофеварки могут остаться **пятна от кофе или воды**.

If heavy **stains from cycle or car** do not come out in the wash, treat them with a proprietary grease solvent.

Konstitutional: S1 besteht in S2[252]

VA ← (*по* + VA), z.B.:

Настоящая инструкция является руководящим материалом при производстве **работ по монтажу и сдаче** в эксплуатацию роторного вагоноопрокидывателя.

Операция по заполнению повторяется несколько раз до тех пор, пока совершенно не прекратится появление пузырьков при повторной откачке.

---

[252] Konstitutionalen russischen PräpG entsprechen deutsche/englische Komposita aus zwei VA.

Konstitutional-materiell: S1 besteht aus S2[253]

K ← (*aus/из* + K), z.B.:

Gefäße aus Kunststoff oder Aluminiumfolie sind zur Erwärmung von Speisen nicht zulässig, da sie durch die hohen Temperaturen Schaden nehmen.
Продольные балки связаны между собой **раскосам из труб** и образуют легкую и жесткую конструкцию.

Korrespondenz – dynamisch: S1 findet statt entsprechend S2

VA ← (*no* + A), z.B.:

Завод не несет ответственности и не гарантирует нормальную работу машины в случае **использования** стиральной машины не **по назначению**.

VA ← (*в соответствии с/under* + K), z.B.:

При правильной **эксплуатации (в соответствии с данной инструкцией**) завод-изготовитель гарантирует нормальную работу пылесоса в течение 18 месяцев после приобретения его в магазине.
Proof of the original purchase date is needed to obtain **service under the warranty**.

Korrespondenz – statisch: S1 entspricht S2

A ← (*gemäß/nach/no* + K), z.B.:

Die **Betriebsarten gemäß Abschnitt 8.1 bis 8.3** bleiben erhalten.
Bei normaler Außentemperatur ist eine **Viskosität nach ISO VG 22** zu empfehlen.
По устойчивости воздействию температуры и влажности окружающей среды газоанализатор соответствует **группе исполнения В4 по ГОСТ** 12997-76.

K ← (*nach* + A/K), z.B.:

Befestigung erfolgt durch die beiden mitgelieferten **Befestigungselemente 230 nach DIN 43834**, die wahlweise seitlich oder oben und unten am Gehäuse angebracht werden können.
Bitte beachten Sie, daß für Eigen- oder Fremdteile oft besondere Fertigungs- und Lieferspezifikationen bestehen und wir Ihnen stets **Ersatzteile nach dem neuesten technischen Stand** und **nach den neuesten gesetzlichen Vorschriften** anbieten.

Lokale PräpG drücken nach QUIRK/GREENBAUM (1996: 149) „spatial proximity" aus. Die Art der räumlichen Nähe zwischen S1 und S2 bestimmt die Präposition.

Lokal-dynamisch: S1 findet statt an Ort S2

VA ← (*an/в/in* + K), z.B.:

Bei **Reparaturarbeiten**[254] **am Antrieb** (besonders am Netzmodul und am Steuerungskasten) ist auf Spannungsfreiheit zu achten, d.h. Anschlußstecker aus der Netzsteckdose ziehen!
При **прокладке** кабеля **в трубах** в местах стыковки датчик-труба и соединительная коробка-труба рекомендуется устанавливать переходники (рис. 6).

---

[253] QUIRK/GREENBAUM (1996: 163) paraphrasieren konstitutional-materielle PräpG mit „made/ consisting of". Diese Beziehungen werden im Englischen vermutlich eher durch Partizipialkonstruktionen zum Ausdruck gebracht werden.

[254] Komposita dieser Art ersetzen im Deutschen konstitutionale Gruppen, die im Russischen häufig nicht zu umgehen sind.

Signal **processing in the LI800** is entirely digital and is controlled by a TMS 9980 microprocessor.

Eine Sonderstellung nehmen die Präpositionen *zwischen, между* bzw. *between* ein. Im Gegensatz zu den anderen enthält eine solche Gruppe zwei koordinativ verbundene Substantive (S2 und S3) oder eine Pluralform von S2 (Pl.):

L o k a l - d y n a m i s c h – r e l a t i v : S1 findet statt zwischen S2 und S3

VA ← (*zwischen* K *und* K) (*между* К *и* К) (*between* K *and* K)

Dieses dient zur **Schmierung und Dichtung zwischen Schöpfraumwand und Schieberkopf** sowie zur Schmierung und Dichtung der Schieber (1/16) im Rotor (1/2).
Если **трение между шарами и гладкой футеровкой** будет очень мало, то шары не будут подниматься до точки отрыва.
Belt tension must be great enough to prevent **slippage between the drive pulley and the belt.**

L o k a l - s t a t i s c h : S1 befindet sich/ist vorhanden an Ort S2

A ← (*in/перед/in* + K), z.B.:

Der unvermeidliche **Strömungswiderstand im Ansaugkanal** ist dadurch sehr klein gehalten.
При этом в зависимости от влажности угля надо регулировать **температуру перед мельницей.**
When # is selected the **position** of the profile **in the gate** is displayed on the panel meter.

K ← (*auf/hinter/in/vor* + K), z.B.:

Die **Kontrollampen auf der Frontplatte** des Netzgerätes zeigen den jeweiligen Betriebszustand an.
Ein **Splitterschutz im Ansaugflansch** schützt die Pumpe vor mechanischen Beschädigungen durch Fremdkörper.
Besteht die Gefahr einer Zerstörung des Ventilators durch das eventuelle Hereinfallen oder Ansaugen von Fremdteilen, muß die **bauseitige Rohrleitung vor und hinter dem Ventilator** mit einem Schutzgitter versehen werden.

K ← (*в/внутри/на/над* + K), z.B.:

При достаточно длительном изменении нагрузки котла, а следовательно, и мельницы следует изменять и вес **шаров в мельницах**.
Четыре направляющих **паза внутри жарочного электрошкафа** предназначены для установки на желаемом уровне противней или решетки.
Электротехнический персонал должен открыть **шиберы на трубах**, подводящих воздух для охлаждения моторов.
Талая вода собирается водоотводящей системой и поступает в **ванночку над компрессором,** где испаряется.

K ← (*at/in/inside/on* + K), z.B.:

Use the adjustable **knob at the discharge** end of the separator.
To insure a successful installation, the **instructions in this manual** should be adhered to.
Wire vibrator according to wiring **diagram inside terminal box** or see Figure 4.
Concentricity is achieved by using the three **height adjustment screws on the base plate** of the accessory.

L o k a l - s t a t i s c h – r e l a t i v: S1 besteht/liegt zwischen S2 und S3

A/K ← (*zwischen* K *und* K/K [Pl.]), z.B.:

Die Leistungsaufnahme der Pumpe ist abhängig von der **Druckdifferenz zwischen Fein- und Vorvakuumanschluß.**

Die **Dichtung zwischen Spiralgehäuse und Ventilatoreinbauscheibe** muß beim Zusammenbau erneuert werden.

Die **Spalte zwischen den Wälzkolben** betragen nur wenige Zehntel-Millimeter.

A/K ← (*между* K *и* K/K [Pl.]), z.B.:

Необходимо смазывать манжетный уплотнитель 6 в месте выхода вала любым пищевым жиром, пропустив несколько капель в **зазор между валом и манжетом.**

Сопротивление **изоляции между цепями стеклянного и вспомогательного электродов и корпусом** датчика должно быть, соответственно, не менее 10^{12} *ом* и 2.10^{8} [sic] *ом* при температуре 20±5°C и относительной влажности до 80%.

Увеличилось **расстояние между контактами** за счет их износа.

A/K ← (*between* K *and* K/K [Pl.]), z.B.:

The contrast control allows operators to adjust the amount of **contrast between** normally displayed and highlighted **characters** on the display screen.

This symbol tells the system operator that there is some problem with the **communication lines between the display unit and the host computer.**

A **cut-out between the mirrors** is provided for the blade.

M o d a l: S1 erfolgt auf Art und Weise S2

VA ← (*durch/ohne/при помощи/by* + VA)

Grundsätzlich kann die Endlosverbindung mittels der unlösbaren **Verbindung durch Vulkanisation** erfolgen.

Bei zu hoher **Leistungsaufnahme ohne Temperaturerhöhung** der Pumpe liegt ein Defekt im Motor vor.

Исправление мелких дефектов **при помощи заварки** производить способом электродуговой сварки, электродами из монель-металла, без предварительного подогрева части корпуса.

Diluting the slurry **by increasing** the amount of liquid or **by increasing** the agitation of the mix may solve the problem.

VA ← (*bei/mit/c/at* + A)

Nach dem **Ankochen oder Anbraten mit erhöhter Leistung** schaltet der Regler automatisch auf die eingestellte Fortkochstufe zurück.

Beim **Waschen mit hohen Temperaturen** nicht das Einfüllfenster berühren.

Das Stärkenprogramm dauert ca. 25 Minuten und endet mit einem kurzen schonenden **Schleudern bei 800 Umdrehungen** pro Minute.

При **работе** оборудования **с динамическими нагрузками** гайки фундаментых болтов предохраняют от самоотвинчивания посредством их стопорения согласно указаниям в рабочих чертежах.

Моторедуктор предназначен для **вращения** вертеля **с частотой** 1 об/мин при приготовлении на нем пищи.

Correct method of feeding to insure even **feed at elevator's rated capacity**.

Originär: S1 stammt aus/kommt von S2

K ← (*aus/von/из/from* + K), z.B.:

Das ist besonders praktisch, wenn Sie zum Einschlafen noch ein wenig **Musik aus dem Radio** oder **von einer CD** hören möchten.

Эластичная мембрана предохраняет электрод от попадания внутрь посторонних **ионов из контролируемого раствора**.

Oily **fluids from the washer** will begin entering the separator.

Ornativ: S1 ist versehen mit S2[255]

K ← (*mit/с/with* + K), z.B.:

Mit Verlassen des Laufrades gelangt der Luftstrom in das **Spiralgehäuse mit parallelen Seitenwänden**.

Для мельничных **установок с промежуточными бункерами** рекомендуется производить загрузку мельниц наибольшим количеством (по весу) шаров.

Hydraulic **hose with full swivel fittings** works well.

Qualitativ: S1 hat das Merkmal S2 (nicht)

K ← (*mit/ohne/с/of/with/with no* + A), z.B.:

Ventilatoren mit einer Motorleistung größer 3 kW sollten mit Sternschaltung angefahren und mit Dreieckschaltung weiter betrieben werden.

В качестве общего и очевидного положения можно указать, что для **угля с большим выходом** летучих веществ допустим более грубый помол, чем для **угля с малым выходом** летучих.

Inorganics or other **samples of high index of refraction** might be highly specular.

By the time [that] the top layer of the oil mat grows high enough to reach the oil discharge port, it is virtually dry **oil with little or no water content**.

Temporal – gleichzeitig: S1 findet statt/tritt auf während S2

VA/A ← (*bei/während/во время/при/during* + VA/A), z.B.:

Nach einer Aufnahme oder Wiedergabe das Band stets ganz zurückspulen (zur **Schonung während der Lagerung**).

Taste PAUSE/STILL zum kurzen Unterbrechen der Aufnahme/Wiedergabe oder zur **Einzelbildbetrachtung bei Wiedergabe** (Standbild).

Принцип действия устройств основан на компенсационном методе измерения напряжения, возникающего в измерительной диагонали датчика при **деформации** его упругого элемента **во время приложения** нагрузки.

При работе с изделием необходимо соблюдать общие правила техники безопасности и правила техники **безопасности при эксплуатации** электроустановок-потребителей.

Repairing vibrator **or replacing** bearings yourself **during the warranty period** may cause the warranty to be void.

---

[255] Ornative und qualitative PräpG unterscheiden sich in der Art des Spezifikators: „concrete“ bzw. „abstract attributes“ nach QUIRK/GREENBAUM (1996: 161).

Temporal – vor-/nachzeitig: S1 findet statt nach S2/S1 und anschließend S2

VA ← (*nach/mit anschließendem/после/с последующей* + VA), z.B.:

Beim **Zusammenbau** der Meßröhre TR 206 **nach Austausch** der Meßzelle darauf achten, daß die Markierung (13) genau mit der Trennlinie des Meßkopfes übereinander steht und der Buchstabe P sich auf der Seite der Potentiometer (11/12) befindet.
(...) ein separater **Spülgang mit anschließendem Schleudern**, zum Stärken oder Spülen einzelner von Hand gewaschener Wäschestücke.
Каждый диск собирается из двух полудисков, которые соединяются накладками сначала на монтажных болтах, а затем, при **монтаже после выверки** правильности сборки, в зависимости от варианта сборки дисков, указанного в чертежах, устанавливаются постоянные болты.
Дефекты сварки устраняют путем заварки кратеров, **вырубки** трешин **с последующей заваркой** и заваркой подрезов.

Thematisch: S1 gilt für/bezieht sich auf S2

A ← (*für/на* + VA/A/K), z.B.:

Bei kleinen Vakuumbehältern kann beim Anfahren die maximale **Druckdifferenz für kurzzeitige Belastungen** zugrunde gelegt werden, wenn die Wälzkolbenpumpe dadurch nicht länger als 3 Minuten im kritischen Druckbereich läuft.
Die **Umfangsgeschwindigkeit für Kunststofflaufräder** darf einen bestimmten Grenzwert nicht überschreiten.
Утеря гарантийного талона лишает **права на бесплатный ремонт**.
Смещение полудисков допускается в пределах **допуска на диаметр** их наружной окружности.

K ← (*über/zu/по/о/on* + VA), z.B.:

Falls Sie dennoch entkalten möchten, beachten Sie die **Herstellerangaben über die Anwendung.**
Sie enthalten wichtige **Informationen zur Installation, zum Gebrauch** und zur Sicherheit des Gerätes.
Указания по проведению испытаний отдельных видов оборудования приведены в соответствующих разделах настоящей инструкции.
Завод не несет ответственности и не гарантирует нормальную работу машины при отсутствии **свидетельства о приемке** и гарантийных талонов.
This Instruction Book must be kept handy for reference as it contains important **details on the safe and proper use** of the appliance.
See **Notes on Roasting**.

K ← (*zu/о/по/about* + A), z.B.:

Die **Herstellerangaben zur** Anwendung und **Eignung** für Waschmaschinen beachten.
Сведения о содержании цветных металлов приведены в табл. 5а.
Никакие **претензии по некомплектности и качеству** не могут быть предъявлены после установки электроплиты.
For **information about the availability** of these supplementary strainers you should contact your local plumber.

K ← (*für/на/about/for/on* + K), z.B.:

Genaue Informationen zur Zweikreis- bzw. Bräterzone entnehmen Sie bitte der beiliegenden **Anleitung für Kochfelder**.

Детали ВО поставляются покрытыми антикоррозионной краской в соответствии с техническими **условиями на окраску**.
See the **reference manual for your host computer system** for instructions for hooking up and signing on to your system.
The information provides general **details about the fan**, as well as containing specific information unique to the unit.
See following page for further **instructions on "materials** you can use in microwave oven or to be avoided in microwave oven".

1.5.4.3.7 Non-Kondensate mit lokaler Semantik

Auch mit der Ermittlung attributiver PräpG sind die Belege in den Korpora noch nicht erschöpfend erfasst. Noch immer bleibt ein Rest, der sich allerdings einer Paraphrasierung durch Nebensätze entzieht. Lokale PräpG haben u.a. folgende Struktur:

Ort:

V ← (*in der Nähe von/neben* + K), z.B.:

Die oberen Rotorstufen befinden sich **in unmittelbarer Nähe** des Hochvakuumflansches.
Neben dem Anschluß der Meßleitung auf der Rückseite des Meßgerätes ist eine Erdungsschraube zum Anschluß eines Schutzleiters vorgesehen.

V ← (*на/под* + K), z.B.:

Преобразователь перемещения ленты (рис. 2) располагается **под** лентой конвейера и состоит из приводного ролика, редуктора и тахогенератора ТМГ-30П, установленных **на** жестком основании.

V ← (*at/in* + K), z.B.:

The unit has been tested **at** the factory for this energy level in an FTIR instrument.
The crystal is now held **in** the cell only by the O-rings.

Richtung:

V ← (*entgegen/in/von* + A/K), z.B.:

Die Antriebswelle muß von der Motorseite her **entgegen dem Uhrzeigersinn**[256] laufen.
Die Klemmenleiste wird nicht gedreht, sondern **von der Rückseite** werden Sechskantbolzen (siehe Abschnitt 9.1) **in die Anschlußklemmen** geschraubt, an die man dann die Leitungen anschließt (Bild 22b).

V ← (*в/из/на/через* + K), z.B.:

Пропустите **через весы** порцию материала, масса которой определена на платформенных, автомобильных или железодорожных весах класса точности не более 0,2.
Выньте **из морозильной камеры** продукты, заверните их **в несколько слоев плотной бумаги** и разместите **на полках** холодильной камеры.

V ← (*across/from/out of* + A/K), z.B.:

Access to the sample is **from the top**, by sliding the ellipsoids **out of the way**.
An optical system collects the beam after it has been scanned **across the product** and focuses it on a photocell.

---

[256] Vergleichbare englische Sätze enthalten anstelle einer PräpG ein Adverb, z.B.: When the lock switch is turned **clockwise**, the instrument reads diameter.

In allen Fällen deutet V als Bezugselement auf die Kondensation eines Adverbialsatzes hin. Bei PräpG mit lokaler Semantik ist eine solche jedoch ausgeschlossen, weil entsprechende Konjunktionen nicht verfügbar sind. Die Möglichkeit der Kondensation eines Relativsatzes scheidet bei dieser Konstellation (V als Antezedens) ebenfalls aus.

Infolgedessen erweist sich jegliche Formulierung zur Dekondensation lokaler PräpG als äußerst schwierig. Mit den beiden primären Varianten, Orts- und Richtungsangaben (s.o.), korrelieren Gruppen, die ein Konkretum bzw. ein Abstraktum enthalten. Die einzige für eine Ortsangabe denkbare Alternative ist ein pronominal-korrelativer Satz (vgl. MULISCH 1993: 329) mit *dort, wo* bzw. *там, где*. QUIRK/GREENBAUM (1996: 380) verzeichnen entsprechende „adjunct forms", z.B. *the place where*, bei denen das Antezedens auch entfallen kann. Diese Art der Dekondensation führt zu sehr groben und ungenauen Angaben. Das mag vergleichsweise unproblematisch sein, solange durch die PräpG selbst nur eine ungefähre Angabe gemacht wird, z.B.:

Die Betriebsanleitung muß ständig **am Einsatzort** der Maschine verfügbar sein [Die Betriebsanleitung muß ständig **dort** verfügbar sein, **wo die Maschine eingesetzt wird**].
Собранную в укрупненные секции ходовую часть укладывают **у нижнего люка** и с помощью лебедки или тали постепенно протягивают вверх (...) [Собранную в укрупненные секции ходовую часть укладывают **там, где находится нижний люк**, и с помощью лебедки или тали постепенно протягивают вверх (...).
Position the Gauge Head until the product is approximately **at the centre** of the measuring gate [Position the Gauge Head until the product is approximately **where the centre of the measuring gate is**].

Bei präziseren Angaben kann nicht so verfahren werden, weil die Paraphrase die Präpositionssemantik bis zur Unkenntlichkeit verwischt oder die Information insgesamt verfälscht, z.B.:

Der Ausheizmantel wird direkt **unter** dem Ansaugflansch montiert [Der Ausheizmantel wird direkt **dort** montiert, wo sich der Ansaugflansch befindet].
При включенном электродвигателе подмешивать содержимое миксера **внутри** стакана категорически воспрещается [При включенном электродвигателе подмешивать содержимое **там, где находится стакан,** категорически воспрещается].
Place a small white card **in front of** the input lens [Place a small white card **where the input lens is**].[257]

Diese Beispiele zeigen, dass man mit solchen Sätzen, selbst wenn die „untechnische" Ausdrucksweise hingenommen werden könnte, auch inhaltlich nicht zum Ziel käme. Sie sind als syntaktische Alternative zu PräpG ungeeignet.

Das gilt in ähnlicher Weise für Richtungsangaben (QUIRK/GREENBAUM 1996: 150-151 unterscheiden dazu u.a.: direction, orientation, passage). Im einfachsten Fall stehen auch

[257] In der Paraphrase kann die Instruktion – sowohl zum deutschen als auch zum englischen Beispiel – ebenso als „Ersetze durch" bzw. „Setze an die Stelle von" aufgefasst werden.

hier pronominal-korrelative Sätze zur Verfügung vom Typ *dorthin, wo* bzw. *von dort, wo* bzw. die „adjunct forms" *to/from the place where*. Das Ergebnis ist zwar informativ nicht ganz so verheerend wie bei den Ortsangaben, dafür aber erheblich umständlicher, weil kommunikativ redundante Elemente doppelt ergänzt werden müssen. Auch diese Art der Dekondensation ist fachsprachlich nicht akzeptabel, z.B.:

> Das Belüftungsmedium gelangt **vom Belüftungsventil** durch ein spezielles Edelstahlrohr **zur** untersten rotierenden **Rotorschaufel** [Das Belüftungsmedium gelangt **von dort, wo sich das Belüftungsventil befindet, dorthin, wo sich die unterste Rotorschaufel befindet**].
> Сигналы с измерительной информацией подводятся **от** первичного преобразователя **к** блоку электроники через разъем X1 [Сигналы с измерительной информацией **от того места, где находится первичный преобразователь,** через разъем X1 подводятся **к тому месту, где находится блок электроники**].
> Connected to a computer system, it can receive data **from** a host computer and transmit data **to** the host computer for processing [Connected to a computer system, it can receive data **from the place where a host computer is and transmit data for processing to the place where the host computer is**].

Das Antezedens zu lokalen PräpG kann auch ein VA sein. Bei dieser Struktur – VA ← (Präp.+A/K) – ist in der Regel die Dekondensation zu einem Relativsatz möglich, weil die Bedingung eines Substantivbezuges erfüllt ist (vgl. 1.5.4.3.6).

Zusätzlich gibt es in den Korpora PräpG, die Verhältnisse ausdrücken. Diese lassen sich ebenfalls zu einem großen Teil auf Relativsätze zurückführen. Die übrigen (in der Regel lokal-metaphorisch) enthalten vorzugsweise Maßangaben und werden hier nicht berücksichtigt, z.B.:

> Ein Druckbegrenzungsventil 5.3 ist **auf 100 bar** eingestellt.
> Insbesondere **unterhalb von 10^{-2} mbar** kann die Druckmessung in Gegenwart von Öldämpfen mit Fehlern behaftet sein.
> Проточные вспомогательные электроды применяются в тех случаях, когда требуется точность контроля **выше 0,2 pH** или при контроле pH раствором с малой электропроводностью.
> Для проверки установленного значения уровня сигнализации необходимо изменить выходной сигнал **от 4,1 мА** (82 мВ) **до 4,5 мА** (90 мВ) и обратно, при этом одновременно следить за показаниями измерительного прибора и состоянием лампочки.
> The percent of the energy getting through the accessory without sample present is usually **between 15 % and 20 %**.
> If throughput is **below 15 %** for a ZnSe crystal with no sample check the following.

1.5.4.3.8 Non-Kondensate mit funktionaler Präposition

Ein letzter Teil der Belege in den Korpora entzieht sich ebenfalls jeglicher Dekondensation. Anders als bei den bisher behandelten PräpG bestimmt hier die Rektion des Bezugswortes die Präposition der Gruppe (die Grenzen zu lokalen PräpG sind fließend). Für die Mehrzahl der Gruppen mit funktionaler Präposition ist das Antezedens ein Verb oder VA. QUIRK/GREENBAUM (1996: 146) bezeichnen Gruppen dieser Art daher als „complementation of a verb". Im Deutschen und Russischen sind Präposition und Präfix des Verbs bzw. VA in manchen Fällen homonym, z.B.:

Der Ventilator darf nur ***an*** den vorgesehenen Kranösen ***an***geschlagen werden.
Die Scheibe wird ***auf*** die Motorwelle ***auf***geschoben.
Die Verpackungsflansche am Hochvakuum- und Vorvakuumflansch erst kurz vor dem ***An***flanschen ***an*** die entsprechenden Gegenflansche der Apparatur entfernen.
Das von der Pumpe angesaugte Gas wird durch die Drehung der Kolben zur Vorvakuumseite gefördert und erst beim ***Aus***schieben ***aus*** dem Schöpfraum verdichtet.
В электрическую схему обязательно ***в***ключить двухполюсный выключатель, при помощи которого ТУДЭ ***от***ключается ***от*** сети, когда необходимо снять крышки.
Ленту ***на*** конвейер ***на***вешивают с помощью лебедок.
При ***за***девании бандажа ***за*** реборду ролика необходимо в этом месте снять технологические пластины и при помощи специальной скобы или другого приспособления устранить дефект.
При ***на***кладывании линейки ***на*** три ролика просвет не должен превышать 1 мм.

Zu dieser Homonymie gibt es im Englischen offenbar keine Parallele. Vergleichbares findet sich wohl aber zur Kongruenz, die im Übrigen zwischen Präposition und Präfix bestehen kann, z.B.:

Danach 3 Schrauben ***in*** die Abdrückgewindelöcher ***ein***drehen.
Nach Lösen der Befestigungsschrauben am Flansch-Doppel-Lager kann die Einheit ***vom*** Ventilatorengestell ***ab***genommen werden.
Schwingungsdämpfer reduzieren die ***Ein***leitung[258] der dynamischen Last ***in*** den Unterbau.
Вышедшие ***из*** строя электроконфорки или ТЭН не восстанавливаются.
При работе с принадлежностями не следует их сильно ***при***жимать ***к*** убираемой поверхности, так как при плотно перекрытом отверстии поступление воздуха в пылесос прекращается.
Пружина грузочного клапана меняется при утере или ***вы***ходе ***из*** строя.
С помощью подвешенных гирь проверяют ***при***жатие очистительного органа ***к*** ленте.
Apply pressure ***to*** the front then the back of the mirror bracket while observing the throughput energy count.
For Nicolet, ***at***tach directly ***to*** optical bench.
The commercial ***ap***plication of the CIR technique ***to*** aqueous analysis is new enough that a large body of data regarding detection limits is not available.
Attachment ***to*** upper baseplate

Bei den übrigen Belegen handelt es sich um Kongruenz zwischen dem Bezugsverb und der Präposition, wie sie durch die „verbale Rektion" (vgl. MULISCH 1993: 312-318) vorgegeben ist. Diese betrifft ebenso die VA als syntaktische Derivate der Verben, z.B.:

---

258 Beispiele sind in den deutschen und englischen Texten vergleichsweise rar, weil die VA (im Gegensatz zu den Verben) ohne die entsprechende Ergänzung auskommen und häufig so verwendet werden, z.B.: „Hierzu erfolgt die Demontage des Keilriemenschutzkastens und das Abnehmen der Keilriemen".

Die Zug-/Druckstange des SWG wird über ein Gestänge ***mit*** dem Pedal der Maschine ***verbunden***.
Maßnahmen sind: (...) die ***Verbindung*** des Potentialausgleichs ***mit*** Schutzleiterpotential.
В открытом положении крышка ***предохраняет*** стенку кухни ***от*** брызг.
Упоры армированы листовой резиной для ***предохранения*** бортов вагона ***от*** вмятин и поломок при опрокидывании.
Connect power supply ground wire (or other if specified in the NEC) ***to*** ground terminal.
Attach the keyboard to the display unit by ***connecting*** the keyboard cord ***to*** the outlet provided on the rear.

Funktionale Präpositionen können nicht nur an die Rektion eines Verbs gebunden sein, sondern auch an die Rektion eines Adjektivs bzw. des entsprechenden Merkmalabstraktums (vgl. auch die „adjektivische Rektion“ bei MULISCH 1993: 318 bzw. „complementation of an adjective” bei QUIRK/GREENBAUM 1996: 146), z.B.:

Für die Einhaltung ist der Betreiber ***verantwortlich***.
Relais der Reihe RSZ benötigen eine Betätigungsgleichspannung, die einer ***vom*** geschützten Netz ***unabhängigen*** Energiequelle (z.B. Batterie) entstammen muß.
Die ***Verantwortung für*** die umweltgerechte Entsorgung der abgeschiedenen Reststoffe bzw. ausgetauschter Ersatz- und Verschleißteile obliegt dem Betreiber.
Der Ansprechwert wird in ***Abhängigkeit von*** der Einstellung des Ansprechwertes von I an P2 eingestellt.
Перед установкой электроплиты лица, ***ответственные за*** установку, обязаны проверить наличие руководства по эксплуатации и комплектность.
Ось приводного вала должна быть строго ***перпендикулярна к*** вертикальной оси элеватора.
Завод-изготовитель не несет ***ответственности*** при несоблюдении правил эксплуатации и ***за*** технические повреждения при несоблюдении правил транспортирования.
Когда натяжение цепи отрегулировано, проверяют ***перпендикулярность*** оси натяжной головки ***к*** ее боковым стенкам.
You as a customer are ***responsible for*** proper disposal or recycling of the battery pack.
Surfaces MUST be ***free from*** dirt, dust, grease and other foreign material before applying the new safety sign.
The transporting carrier has the ***responsibility for*** delivering all items in their original condition.
Good light and ***freedom from*** draughts are essential.

Das Vorliegen einer solchen funktionalen Präposition schließt – unabhängig von ihrer konkreten Erscheinungsform – jede Möglichkeit aus, die entsprechende Gruppe als Kondensat zu interpretieren, weil eine funktionale Präposition die PräpG nicht in adverbiale oder attributive Beziehung zu den übrigen Satzteilen setzt. Das aber ist notwendig, wenn diese durch einen Nebensatz daraus isoliert werden soll.

1.5.4.4 Ausdruck adverbialer und attributiver Beziehungen

BUSLAEV ging bereits 1858[259] davon aus, dass sich jedes Satzglied – mit Ausnahme des Prädikates – zu einem Nebensatz expandieren lässt. Ebenso gilt vermutlich, dass sich jeder Nebensatz zu einem Satzglied reduzieren lässt. Die Perspektive der syntaktischen Reduktion weist in diese Richtung: ausgehend von den entsprechenden Nebensätzen, werden die verschiedenen Möglichkeiten der Kompression bis hin zu ihrer Kondensation zu Satzgliedern in Form von PräpG aufgezeigt.

In der Analyse werden zunächst die Anteile der Nebensatzarten erfasst. Die Klassifizierung beschränkt sich auf drei Gruppen: Adverbial-, Relativ- und „sonstige" Nebensätze. Innerhalb der dritten Gruppe, der u.a. Objekt- und Subjektsätze zugerechnet werden, wird nicht weiter differenziert. Die Gruppe der Adverbialsätze wird nach den wichtigsten Beziehungen geordnet: Finalität, Kausalität/Konsekutivität, Konditionalität, Modalität und Temporalität (Gleich-, Vor- und Nachzeitigkeit). Nebensätze, die andere adverbiale Beziehungen ausdrücken, werden als „sonstige" Nebensätze gezählt.

Gruppe der Adverbialsätze

Sind überwiegend Öl- oder andere organische Dämpfe vorhanden, so wird bei niedrigen Drücken ein zu hoher Wert angezeigt.
Чтобы при подключении к газоанализатору внешнего измерительного прибора (гнезда X9) не было разрыва цепи выхода 0-5 мА, в схеме предусмотрен стабилитрон V3.
Do not shut off discharge **when** the pump is running.

Gruppe der Relativsätze

Bei Fehlanzeige an einem Gerät, **welches** mit dem Testkopf als gut befunden wird, muß der Defekt bei der Meßröhre gesucht werden.
В углубление корпуса помещена монтажная плата 5 с подгоночными резисторами, выводные проводники **которых** соединены с вилкой разъема 6.
Aluminium or Bronze is the Metal **of which** the Pump Chamber is Made.

Gruppe der „sonstigen" Nebensätze

Es empfiehlt sich, vorher den Schreibtisch heraus**zu**nehmen.
Unmittelbar nach dem Einschalten des Meßgerätes geht der Zeiger des Anzeigeinstrumentes an den linken Anschlag, **obwohl** der Druck an der Meßröhre 1000 bar beträgt.
Помните, **что** при утере гарантийного талона Вы лишаетесь права на гарантийный ремонт.
Если датчик не работает, **хотя** в сосуде проточного вспомогательного электрода имеется запас раствора хлористого калия, следует датчик промыть и осмотреть.
It is not important **which** electrode lead is connected to which electrode.
Make certain **[that]** electric motors are grounded.

---

[259] ROZENTAL' et. al. (1995: 494) zitieren: „Законченный вид эта классификация получила в ‚Опыте исторической грамматики русского языка' (1858) Ф. И. Буслаева, исходившего из положения, что ‚каждый из членов главного предложения, кроме сказуемого, может быть выражен предложением придаточным'".

Objekt- und andere Beziehungen werden nicht im Detail analysiert. Es steht dennoch außer Frage, dass sich die Ergebnisse syntaktischer Reduktion auch beim Ausdruck von Objektbeziehungen nachweisen lassen. Sie beginnt bei entsprechenden Konjunktionalsätzen, die z.B. zu Infinitivsätzen komprimiert werden können:

Vermeiden Sie, **daß** harte Gegenstände auf das Kochfeld fallen.
Wir empfehlen, quecksilber- und cadmiumfreie Batterien **zu** verwenden.
Make sure **that** all bolts on the pump are tight.
Uneven adjustment, however, may cause **the belt to run** to one side.

In anderen Fällen ist eine Kondensation durch PräpG mit funktionaler Präposition möglich, die sich aus der Rektion des Verbs ergibt, z.B.:

Dabei ist **darauf** zu **achten**, **daß** die entsprechende Skale nicht festgehalten wird, damit diese hochklappen kann.
Es ist **auf eine ausreichende Schwingungsentkopplung** der Molekularpumpe von der Vakuumpumpe zu **achten**.
Dadurch kann jederzeit **geprüft** werden, **ob** sich etwa ein Potentiometerknopf auf der Potentiometerachse verdreht hat.
Teile reinigen und **auf einwandfreien Zustand prüfen**.

Убедитесь, что напряжение, указанное на донышке самовара, **соответствует** напряжению электросети.
Прежде чем включить пылесос в сеть, **убедитесь в соответствии** напряжения сети напряжению пылесоса.
Перед варкой обязательно **проверьте, правильно ли** закрыта скороварка.
Перед включением машины в сеть необходимо **проверить** электрошнур **на отсутствие** возможных нарушений изоляции.

Throughout frequency range, **verify that** each line current does not exceed current rating on nameplate.
When you change the diaphragm **inspect** the valves **for cracks and delamination** and the valve seats **for pitting and any build up** that will prevent the valve rubber from sealing effectively.
Check to see **that** belt (A) runs centered on idler pulley (B).
Check the V-belt drive **for proper alignment and tension**.

In einem weiteren Analyseschritt werden adverbialen und attributiven Nebensätzen die entsprechenden reduzierten Formen zugeordnet.

1.5.4.4.1 Ausdruck adverbialer Beziehungen

Finalität

Das Motorgehäuse wird gekühlt, **um** die Lager vor zu starker Erwärmung zu schützen.
Andererseits sind Mindestzeiten erforderlich, **damit** im Fehlerfall Selektivität garantiert ist.
Dieses Gleichstromsignal wird einmal dazu benutzt, über V2 das Anregerelais H3 unverzögert **anzusteuern**, zum anderen wird damit das Anregeschauzeichen Sz2 in Meldestellung gesteuert.
Zur Gewährleistung eines sicheren Betriebes Gerät nur nach den Angaben der Gebrauchsanweisung montieren und gemäß Typenschild anschließen und betreiben.

Чтобы наполнитель электронагревателя не отсырел, самовар надо хранить в сухом отапливаемом помещении.
Затем отвинтите верхнюю головку, **чтобы** освободить резиновое уплотнение *9*.[260]
Для удобства наблюдения за выпечкой со стороны задней стенки расположена лампа подсвета, которая включается клавишным переключателем.

In order to deal with „specular component", which can cause spectral distortions especially in neat, inorganic samples, a blocker device is provided.
Store belts flat **to keep** them from warping and stretching.
It is most important that this instruction book should be retained with the appliance **for future reference**.

Kausalität/Konsekutivität

Da der Schmutzfänger eine Drosselung des Saugvermögens bis zu 40 % bewirkt, kann bei sauberen Arbeitsprozessen der Schmutzfänger herausgenommen werden.
Der Positionsgeber gibt kein Signal, **weil** evtl. Positionsgeber defekt oder der Riemen fehlt.
Diese Nummern ermöglichen dem Kundendienst eine gezielte Ersatzteilvorbereitung, **so daß** beim ersten Technikerbesuch Ihr Gerät wieder instandgesetzt werden kann.
Den Erfordernissen des Rührmediums angepaßt, besteht sie aus Stahl, Edelstahl oder Stahl mit einer resistenten Verkleidung.
Wolle wird automatisch **wegen der Schrumpfgefahr** nur in einem Intervall geschleudert.

Работать с поломанной пружиной запрещается, **так как** она может заклинить весь механизм и при посадке люльки поломать его.
Иногда напиток не поступает из кофеварки **потому, что** слой осадка от воды мешает плотно прилегать клапанному шарику *11*.
Из неупакованных или небрежно упакованных продуктов влага неизбежно оседает на испарителях в виде снегового покрова, **в результате чего**[261] снижаются технико-экономические показатели холодильника.
Учитывая конструктивные особенности газоанализатора, электрическая система газоанализатора разделена на две части (см. рис. 4).
Увеличилось расстояние между контактами **за счет их износа**.

Throughput with the micro cup will usually be lower **since** there will be some vignetting of the diffuse energy by the rim of the sample cup.
Disposal of old filter requires no special handling **as** it contains no hazardous substances.
Captured oil from the washer will be concentrated in an oil mat on the surface of the clean water **so that** it can be skimmed out during operations.

---

260 Ein ähnliches Beispiel betrachten ROZENTAL' et. al. (1995: 505) als Finalsatz: *Я пригласил вас, господа, **с тем, чтобы** сообщить вам пренеприятное известие.* Die AG 1960 (376) würde dieses Beispiel dagegen als einfachen Satz mit finalem Satzteil klassifizieren.

261 Russische Nebensätze, die mit *вследствие чего, зачем, почему, отчего, что,* usw. eingeleitet werden, konstituieren einen besonderen Satztyp („придаточные присоединительные" nach ROZENTAL' et al. 1995: 509), den MULISCH (1993: 328) „progredient" bzw. GABKA (1976: 288) „weiterführend" nennt. Darunter fallen solche (z.B. mit *что*), die QUIRK/GREENBAUM (1996: 383) als „sentential relative clauses" bezeichnen (vgl. analog die AG 1960: 350). Außerdem gehören dazu solche, die DUDEN (1984: 692) z.B. als Kausalsätze behandelt. Diese werden hier entsprechend als Relativsätze bzw. als Kausalsätze etc. klassifiziert.

Specially engineered for service with corrosive material such as fertilizer, the Bucket Elevators are constructed of carefully selected corrosion-resistant components.
If the bearings can't be removed from the shaft **due to corrosion or damage**, the bearing plates can be removed from the inner chamber.
Because of the flow through check valves, stopping the pump will not stop the liquid from flowing.

Konditionalität

Eine Reinigung der Meßröhre entfällt, **wenn** man das Katodenblech und eventuell auch den Anodenring einfach austauscht.
Frei zugängliche Saug- und Druckstutzen an Anlagen und Geräten müssen, **sofern** sie eine direkte oder indirekte Unfallgefahr darstellen, mit einem Drahtgitternetz gesichert werden.
Sind überwiegend Öl- oder andere organische Dämpfe vorhanden, so wird bei niedrigen Drücken ein zu hoher Wert angezeigt.
Ausgehend von 8 - 10 Betriebsstunden pro Tag ist die Schmierung mindestens einmal wöchentlich vorzunehmen.
Beim Backen auf zwei Ebenen sollten Sie die Einschubebene 1 möglichst frei lassen, weil dort eingeschobenes Gebäck von unten zu stark bräunt.

В случае, если один командоаппарат не сработал, роторы останавливаются вторым командоаппаратом.
Если применяется непроточный вспомогательный электрод, его следует также заменить.
В процессе оттаивания необходимо производить очистку заглушки, **если** она засорится.
При установке на трубопроводах большого диаметра ТУДЭ располагать так, как показано на рис. 8.

If the cell must be disassembled for cleaning, refocussing of the lenses might be required **unless** the crystal is replaced to the identical location in the cell.
Left unchecked, excessive vibration can cause a multitude of problems, including structural and/or component failure.
The fuse cover/carrier must be replaced **in the event of** changing fuse.

Modalität

Versehentliches Löschen von Cassetten kann man **dadurch** verhindern, **daß** man die Lasche in der Cassettenrückseite mit Hilfe eines Schraubendrehers oder dergleichen herausbricht.
Wenn während der Aufnahme eines MW/LW-Senders Pfeifgeräusche zu hören sind, können diese unterdrückt werden, **indem** der Schalter BEAT CUT auf die andere Position gestellt wird.
Die an dieser Brücke liegende Heizspannung wird **so** geregelt, **daß** der Widerstand und damit die Temperatur des Meßdrahtes unabhängig von der Wärmeabgabe konstant ist.
Den geteilten Klemmring aufsetzen, die beiden Schrauben gleichmäßig anziehen und darauf achten, daß der gesamte Rand des Rahmens erfaßt ist, **wobei** mit einem Gummihammer nachgeholfen werden kann.
Clip an der Spritze entfernen und restliches Fett ausdrücken, **wie** beim ersten Lager **beschrieben**.
Diese Schutzschicht muß vor der ersten Benutzung **durch Aufheizen** entfernt bzw. eingebrannt werden.
Die Zuleitungen sind **nach dem mitgelieferten Anschlußschaltbild** anzuschließen.

Подставка должна быть установлена на ванне **таким образом, чтобы** вырезы (5) на ее бортах были ближе к противоположной стенке ванны.
Перекрывая пальцем отверстие, можно регулировать плотность распыления жидкости.
Взрывонепроницаемость ввода кабелей достигается **путем уплотнения** их эластичным резиновым кольцом 8.
Электромиксер изготовлен **в соответствии с техническими условиями** № 184 и признан годным для эксплуатации.

Adjust inlet cone position **such that** the radial gap between the wheel cone and inlet cone is evenly distributed around the wheel.
Connect plumbing to the pump **using** unions or easily removed couplings.
Many of these conditions can be discovered **by careful observation**.
Clothes should be sorted **according to the fabric, colour fastness and degree of soiling**.

Temporalität – Gleichzeitigkeit

Sobald dieser Schwellwert überschritten wird, erfolgt Messung nach dem bei I> dargestellten Prinzip.
Solange der Minuspol an Klemme 9 und/oder 10 anliegt, erfolgt keine Messung in der zugeordneten Stufe.
Die Oberfläche des Gerätes wird **bei Betrieb** heiß.

При затемнении фоторезистора, **когда** триод Т1 закрывается, конденсатор С1 начинает разряжаться на сопротивление Р3 через диод Д1.
Снять команду, **как только** рабочие органы робота начнут перемещаться.
Размельчать грибы в миксере, **добавляя** муку и молоко в течение 30-60 секунд.
При внешнем осмотре необходимо проверить состояние шкал задания.

When all mirrors seem to be in good adjustment, again observe the "throughput count".
Check tracking **while** machine is loaded.
Your eyes should look slightly downward **when viewing** the middle of the screen.
Grease may be forced out of the bearing seals **during initial start-up**.

Temporalität – Vorzeitigkeit

Nachdem die Aufnahmezeit abgelaufen ist, wird der Recorder automatisch abgeschaltet.
Reparatur-, Montage- und Wartungsarbeiten sind erst dann vorzunehmen, **wenn** das Gerät bzw. die Anlage außer Betrieb gesetzt ist.
Mit sauberem Wasser gefüllt, ermöglicht dieses Gerät einen einwandfreien Betrieb auch bei nicht stationärem Einsatz der Pumpe.
Nach Beendigung der Saugarbeiten Netzstecker ziehen.

Когда натяжение цепи **отрегулировано**, проверяют перпендикулярность оси натяжной головки к ее боковым стенкам.
После того, как заложен последний кусок, еще 30 секунд оставить двигатель включенным.
Два диаметрально расположенных винта крышек 2, 3 пломбировать, **установив** под них пластины 7.
По окончании монтажа проверить средства электрической защиты.

Once energy is peaked with these adjustments, M6 and M2 should next be adjusted.
In the To Do List, it checks a To Do item **when** it's completed.
The drum door remains automatically locked for 1-2 minutes **after** the machine has been switched off.

After replacing belts, insure that slack in each belt is on the same side of the drive.
Check tracking during the first 2-10 hours **after start up**.

Temporalität – Nachzeitigkeit

Bevor Sie das Ventilatorgehäuse öffnen, muß der Ventilator ausgeschaltet werden.
Danach 3 Schrauben eindrehen, **bis** der Flansch sich um ca. 4 mm abgehoben hat.
Vor Inbetriebnahme prüfen, ob sich die Filter in der richtigen Position befinden.

Операция по заполнению повторяется несколько раз **до тех пор, пока** совершенно не прекратится появление пузырьков при повторной откачке.
Заводская консервация обеспечивает сохранность оборудования в течение шести месяцев, **после чего** законсервированные детали должны быть подвергнуты контрольному осмотру и в случае необходимости повторной консервации.
Прежде чем включить пылесос в сеть, убедитесь в соответствии напряжения сети напряжению пылесоса.
Перед пуском ТУДЭ в эксплуатацию убедиться в правильности монтажа.

Analogue outputs of diameter and error are updated **before** the next 16 scans are monitored.
Repeat this procedure approx. 5-7 times **until** hooks are fully clinched.
Fully secure fan wheel **before performing** any maintenance.
Before each elevator operation, check and service the elevator as follows.

1.5.4.4.2 Ausdruck attributiver Beziehungen

Wählen Sie einen Standort, **an dem** weder das Licht heller Lampen noch das Tageslicht direkt auf den Projektionsschirm fällt.
Einzelne Waschmittel neigen zu starker Schaumbildung, **was** jedoch keinen Einfluß auf das Spülergebnis hat.
Der Stellhebel für die Arretierung, **kombiniert** mit Einschalter, befindet sich an der rechten Seite der Skala.
Am Recorder das **zur Aufnahme bestimmte** Programm wählen und auf dem Fernsehgerät kontrollieren.
Über den **Schaltern für die Kochstellen** befinden sich Markierungsfelder auf der Schalterblende.

Электродвигатель крепится к верхней части корпуса двумя винтами 5, под головки **которых** подложены уплотнительные шайбы из полиэтилена.
При изменении температуры регулируемой среды, изменяется длина чувствительной трубки 1, **что** вызывает продольное перемещение стержней 2 и 5 вместе с контактным устройством 9.
На рис. 6 показаны сопряжения деталей, **обеспечивающих** щелевую взрывозащиту.
Перед эксплуатацией самовара **нанесенную на его поверхность** антикоррозийную смазку необходимо удалить тампоном из ваты.
Датчик следует устанавливать в месте, легко **доступном** для обслуживания.
Все съемные детали оболочки имеют **приспособления для пломбирования**.

Keep the work area clear of grease, oil water, and other objects **that** could cause a slip.
Support conveyor end **to be adjusted**.
A disk **called** an eccentric is pressed onto the output shaft of the gear reducer.
During normal use the optical components of the sensor (i.e. mirror, light guides etc.) are progressively contaminated **resulting** in a gradual loss of sensitivity.

With a suitable fridge compartment temperature the freezer compartment will automatically be maintained at the correct temperature **necessary** for frozen food storage.
One of the **most frequently encountered** problems with Centrifugal Fans is motors which are wired to run in the wrong direction.
Position the two **slots in the bottom** of the splashback over the two lower screws „A".

1.5.4.4.3 Analyseraster: Hierarchie syntaktischer Reduktion

Adverbialsatz	Reduzierte Form D	Reduzierte Form R	Reduzierte Form E
Final	PräpG	PräpG	Infinitiv, PräpG
Kausal/Konsekutiv	Partizip, PräpG	Adv.-Partizip, PräpG	Partizip, PräpG
Konditional	Partizip, PräpG	Adv.-Partizip, PräpG	Partizip, PräpG
Modal	Partizip, PräpG	Adv.-Partizip, PräpG, Instrumentalis	Partizip, PräpG
Temporal – GZ	PräpG	Adv.-Partizip, PräpG	Partizip, PräpG
Temporal – VZ	Partizip, PräpG	Adv.-Partizip, PräpG	Partizip, PräpG
Temporal – NZ	PräpG	PräpG	Partizip, PräpG
Relativsatz	Partizip Pränom. Attribut PräpG	Partizip Prän./postp. Attribut PräpG	Infinitiv, Partizip Prän./postp. Attribut PräpG

Die Tatsache, dass eine solche Hierarchie von Ausdrucksformen für „gleiche" Inhalte aufgestellt werden kann, stützt die Auffassung von Biere (1996: 293):

> ‚Inhalt' muß dann aber als identisches Moment in ausdrucksseitig unterschiedlichen Textformulierungen gedacht werden; eine Annahme, die mit der alltäglichen Erfahrung zu korrespondieren scheint, daß alles, was gesagt werden kann, auch anders gesagt werden kann, daß es mehr oder weniger äquivalente Ausdrucksalternativen gibt, zwischen denen ich unter Reflexion auf die jeweilige Verständigungssituation auswählen kann, um das Gleiche – der jeweiligen Situation angepaßt – ‚mit anderen Worten' zu sagen.

Allerdings bleibt festzuhalten, dass sich die Begriffe „Identität" des Inhalts und „Äquivalenz" des Ausdrucks umso stärker relativieren, je weiter die Reduktion fortschreitet.

1.6 Analysekriterien: Textstrukturierung

1.6.1 Typographische Merkmale

SCHRÖDER (1993: 201-207) empfiehlt, bei Textanalysen auch „Merkmale des Schriftbildes wie Kursiv- oder Sperrdruck, Anführungszeichen oder Unterstreichung oder auch Majuskeln/Minuskeln“ zu berücksichtigen. Ein weiteres – und für Anleitungen besonders wichtiges – Merkmal des Schriftbildes ist der Fettdruck. Wenngleich sich auf diese Weise zweifellos allgemeine typologische Präferenzen aufdecken lassen, sollte das eigentliche Erkenntnisinteresse dem gelten, was Textproduzenten mit der Abweichung vom normalen Schriftbild ihres Fließtextes bezwecken.

FIEDLER (1991) ist dieser Frage nachgegangen und hat an ihrem Analysekorpus festgestellt, dass Hervorhebungen insbesondere dazu dienen:

- Überschriften, stereotype Wendungen in lateinischer (und französischer) Sprache sowie Titel von Publikationen zu kennzeichnen,
- die Hierarchie der TT zu verdeutlichen (durch unterschiedliche Gestaltung von Zwischenüberschriften),
- einzelne TT abzuheben,
- kommunikativ wichtige Stellen im Textverlauf zu markieren (164).

Diese Feststellungen belegen, dass die Verwendung typographischer Mittel einerseits zur Strukturierung der Texte beiträgt und andererseits dem Sender die Markierung informativer Schwerpunkte ermöglicht.

Das wissenschaftliche Interesse bei FIEDLER (s.o.) beschränkt sich auf die Fachtextlinguistik, daher hat sie keine Veranlassung zu einer weiteren Differenzierung. Da hier übersetzungsrelevante Ergebnisse erzielt werden sollen, müssen die Analysen zu mehr Details vordringen. Die Fachtextlinguistik ist dann vorrangig „Mittel zum Zweck“, um Kulturdifferenz für die Translation operationalisierbar zu machen. Es wird daher nicht nur untersucht, welche typographischen Mittel im Text verwendet werden, sondern außerdem ermittelt, welche Funktion (Strukturierung oder Emphase) sie jeweils erfüllen und was sie im Einzelnen hervorheben.

Analysen auf Textebene zeigen, dass diese Mittel – insbesondere bei der Strukturierung – außerordentlich inkonsistent eingesetzt werden. Da die Wahrnehmungsperspektive des Rezipienten zwangsläufig lokal fokussiert ist, werden sowohl strukturelle Markierungen als auch Hervorhebungen vermutlich dennoch erfolgreich realisiert.

Für die strukturierende Funktion generell gilt, was DIETRICH (1997: 64) zum Fettdruck feststellt: „Weiterhin wird die Rezeption durch fett gedruckte stichwortartige Zwischenüberschriften erleichtert (...)“. Diese Funktion wird z.B. durch die Hervorhebung von TT-Deklarationen erfüllt. Innerhalb eines Absatzes (oder Satzes) werden typographische Mittel dagegen in emphatischer Funktion verwendet. Hier setzen sie für den Rezipienten Signale besonderer Relevanz.

1.6.1.1 Funktionen des Schriftschnitts

Neben den Formen der Druckvariation, die FIEDLER (1991: 164) in ihrem Korpus vorgefunden hat, d.h. „spezifische Druckarten (Fettdruck, Kursivdruck, Kleindruck, Kapitälchen, Großbuchstaben) und Unterstreichungen“, fallen am Schriftschnitt in den Anleitungskorpora insbesondere die vielfältigen Kombinationen auf.

Bei der Analyse von Texttiteln zeigt sich die ganze Palette typographischer Möglichkeiten. Die verschiedenen Mittel können isoliert verwendet werden, z.B.:

BETRIEBSANLEITUNG UND BESCHREIBUNG –
ИНСТРУКЦИЯ ПО МОНТАЖУ И НАЛАДКЕ – OWNER’S MANUAL
Betriebsanleitung – Инструкция по монтажу и эксплуатации –
Installation, Operating and Maintenance Manual
Gebrauchsanweisung – Operation and Service Manual

Gerade bei der Deklaration des Gesamttextes beschränken sich allerdings nur wenige Textproduzenten auf ein einziges Mittel. Bevorzugt werden Kombinationen, in der Regel unter Verwendung von Versalien und/oder Fettdruck, z.B.:

BETRIEBSANLEITUNG – ИНСТРУКЦИЯ ПО МОНТАЖУ –
OPERATION, SERVICE & MAINTENANCE MANUAL
КРАТКОЕ ОПИСАНИЕ, ИНСТРУКЦИЯ И ПАСПОРТ
П А С П О Р Т
Owner’s Manual

Versalien und Fettdruck werden in den Korpustexten nicht nur miteinander, sondern zusätzlich mit weiteren Mitteln kombiniert, so dass sich Kombinationen von drei oder vier Merkmalen ergeben können, z.B.:

И Н С Т Р У К Ц И Я по эксплуатации и уходу
B E T R I E B S A N L E I T U N G
U S E R ’ S G U I D E
M O N T A G E - U N D B E T R I E B S A N L E I T U N G

1.6.1.1.1 Strukturierungsfunktion

BALLSTAEDT (1999: 109) denkt offenbar primär an den Einsatz typographischer Mittel in strukturierender Funktion:

> Ein augenfreundliches Textbild macht inhaltliche Strukturen durch Aufteilung der Flächen und durch grafische Hervorhebungen sichtbar. (...) Die Textgestaltung soll verschiedenen Formen

des Lesens entgegenkommen, denn selektives oder konsultierendes Lesen braucht eine andere Vorlage als lineares oder differenzierendes Lesen.

Wesentliches Instrument der Textstrukturierung sind TT-Deklarationen, die typographisch ebenso vielfältig gestaltet werden wie die Anleitungstitel. Eher selten wird ein typographisches Mittel isoliert eingesetzt (und nicht immer zeigen die Korpora eine interkulturell[262] parallele Verwendung), z.B.:

ALLGEMEINES – НАЛАДКА ЭЛЕКТРООБОРУДОВАНИЯ – SETTING OPTIONS
Inbetriebnahme – Скребковые конвейеры – Installing Vibrator
Check the Water Temperature
С о д е р ж а н и е
Funktionsprinzip der KBM 100 – Исполнение – Warning Lights and Displays

Häufiger werden, wie bei den Texttiteln, zwei typographische Mittel kombiniert, in aller Regel unter Beteiligung von Versalien und/oder Fettdruck, z.B.:

DIAGRAMMWECHSEL – ОБЩИЕ ПОЛОЖЕНИЯ – ORIFICE REPLACEMENT
ПРИЛОЖЕНИЕ – PROPER DISPOSAL OF DISHWASHER
С О Д Е Р Ж А Н И Е
I. INTRODUCTION
Как узнать, в каком положении должен находиться данный переключатель? – Using the dishwasher
К о м п л е к т н о с т ь
Transport und Lagerung – Setting-Up

Auch Kombinationen von drei oder vier Merkmalen können gefunden werden, wenngleich sie in TT-Deklarationen eher selten sind, z.B.:

Н А З Н А Ч Е Н И Е
EINLEITUNG – LIMITATION OF WARRANTY AND LIABILITY
A U F S T E L L U N G

Bei der Strukturierung gelten die verschiedenen Schriftschnitte offenbar allein und in jeder denkbaren Kombination als funktionale Alternativen, denn alle Varianten können „die globale Textorganisation verdeutlichen und als Leseperspektive wirksam werden“ (CHRISTMANN/GROEBEN 1996: 177). Zur optischen Unterstützung der hierarchischen TT-Präsentation wird häufig zusätzlich mit abnehmender Schriftgröße[263] gearbeitet.

Auch Tabellen-, Abbildungs- und Legendentitel dienen der Strukturierung, ebenso wie Bildtexte und Abb.-Positionen in Bild und Text. Ihre Gestaltung zeigt eine erheblich geringere Variationsbreite als die der Deklarationen (zu Beispielen vgl. 8.2.1.1.1).

262 „Interkulturell“ beschränkt sich in dieser Arbeit notwendigerweise auf Gemeinsamkeiten deutscher, russischer und britischer bzw. amerikanischer Anleitungen.

263 Die jeweilige Schriftgröße wäre ein weiteres Merkmal, das hier nicht näher untersucht wird.

1.6.1.1.2 Emphatische Funktion

Gerade in Anleitungen wird der emphatischen Funktion typographischer Mittel üblicherweise größere Bedeutung beigemessen als der strukturierenden. Wie die folgenden Zitate zeigen, liegt das insbesondere an dem Gewicht, das Signalwörter und Gefahrenhinweise in diesen Texten[264] haben müssen:

> In den hier angesprochenen Zusammenhang gehören schließlich abgesetzt gegebene (Warn)-Hinweise wie *Achtung, Gefahr, Vorsicht, Warnung* und die Praxis, mit typographischen Mitteln (Großdruck, Fettdruck) einzelne Appelle hervorzuheben (MÖHN 1991: 202).
>
> Herausheben von Warnungen vor Fehlgebrauch und Gefahren aus dem laufenden Text, so daß sie auch vom flüchtigen Leser nicht übersehen werden können (BAUER 1994: 19).
>
> Heben Sie die Sicherheitshinweise[265] im Text mit typographischen Mitteln optisch hervor (PICHLER 1994: 43).

In emphatischer Funktion sind Variationen im Schriftschnitt z.B. an Signalwörtern zu beobachten, die Einschubtexte mit Warn- und anderen Hinweisen einleiten und die erhöhte Aufmerksamkeit des Rezipienten auf sich ziehen sollen. Zu diesem Zweck scheint Fettdruck[266] generell besser geeignet zu sein als ein (vergleichsweise unauffälliger) kursiver oder gesperrter Schriftschnitt. Doch auch hier werden typographische Mittel nur selten isoliert eingesetzt, wiederum herrschen Kombinationen mit Versalien und/oder Fettdruck vor, z.B.:

ANMERKUNG – ВНИМАНИЕ – NOTE
Achtung! – Примечание – Note:
П р и м е ч а н и е
Hinweis – Внимание!
ACHTUNG! – ВНИМАНИЕ! – WARNING:
ACHTUNG – NOTE:
Внимание!
П р и м е ч а н и е
П р и м е ч а н и е
CAUTION
ACHTUNG – CAUTION!
ACHTUNG: – IMPORTANT:
W I C H T I G

---

[264] Eher für andere Textsorten gilt vermutlich der Rat bei CHRISTMANN/GROEBEN (1996: 177): „Hervorhebungen und Unterstreichungen sollten möglichst sparsam eingesetzt werden, da sie effektiver sind, wenn sie von den Rezipienten/innen selbst vorgenommen werden". Der beim Lesen von Fachliteratur unentbehrliche Textmarker dürfte beim Lesen einer Anleitung nur ausnahmsweise zur Hand sein.

[265] Gemeint sind nicht die allgemeinen **Sicherheits**hinweise, sondern **Warn**hinweise.

[266] An einem betriebswirtschaftlich ausgerichteten Textkorpus stellt BAUMANN (2000: 117) ebenfalls die „Hervorhebung von für den Verstehensprozess zentralen Elementen des Satzes durch Fettdruck" fest.

Es scheint, dass die Unterstreichung zunehmend durch andere Varianten abgelöst wird,[267] insbesondere durch Fettdruck. Das betrifft offenbar sowohl ihre strukturierende als auch ihre emphatische Funktion.

Hervorhebungen im laufenden Text dienen nicht der Strukturierung, sondern ausschließlich der Betonung des aus der Sicht des Senders besonders Wichtigen. Die gleiche Eindringlichkeit wie die entsprechenden Signalwörter vermittelt die Druckvariation u.a. bei Instruktionen, deren Befolgung nach Auffassung des Senders unabdingbar ist (und durchaus sicherheitsrelevant sein kann). Durch den Einsatz der verschiedenen typographischen Mittel wird der informationelle Fokus[268] markiert, dessen Umfang vom Wort bis zum ganzen Satz reichen kann. Hier werden typographische Merkmale häufig auch isoliert eingesetzt, z.B.:

> Bei technischen Problemen steht Ihnen unser WERKSKUNDENDIENST in Ihrer Nähe jederzeit zur Verfügung.
> ПРОВЕРЬТЕ сохранность пломб на часах и их комплектность.
> Drawing a straightedge across the powder is NOT a good way of achieving this.
> CHECK THAT THE MAINS VOLTAGE SELECTOR ON THE BACK PANEL OF THE LI800 IS SET CORRECTLY.
> Kolben der Spritze **mit Clip** bis zum Anschlag drücken.
> **Der elektrische Anschluß muß durch einen Fachmann vorgenommen werden, auf Einhaltung der gültigen VDE-Bestimmungen achten!**
> До истечения гарантийного срока разборка пылесоса, кроме колпака для смены щеток, **категорически воспрещается**.
> **Use closed loop wire connector only.**
> *Дизайн и технические характеристики могут быть изменены без предварительного уведомления.*
> *Battery Capacity: continuous snapshot for 2 hours, stand by can work for approximately 2 weeks!*
> Die Aufzeichnung von urheberrechtlich geschützten Werken auf Bild- oder Tonträger ist für den p r i v a t e n B e r e i c h g e s t a t t e t.
> Резиновое кольцо должно быть установлено на пылесборнике б е з с м е щ е н и й.
> Н е в к л ю ч а й т е п ы л е с о с б е з п ы л е в о г о ф и л ь т р а.
> Der Anschluß ist über einen mehrpoligen Schutzleiteranschluß zu realisieren.
> Then repeat the process as necessary since the three height adjustments are not orthogonal, but instead affect each other.

Zwei- und Mehrfachkombinationen:

> **БЕЗ ЗАЗЕМЛЕНИЯ ЭЛЕКТРОПЛИТУ НЕ ВКЛЮЧАТЬ.**
> **FANS SHOULD NEVER BE LIFTED BY THE SHAFT, HOUSING, MOTOR, BELT GUARD OR ACCESSORIES.**

---

[267] Vgl. dagegen NICKL (2001: 176) zur fachexternen Anleitung: „Nicht bestätigt haben sich auch die Vermutungen zur Verwendung von Unterstreichungen; diese werden gerade in den 90ern besonders häufig".

[268] Man könnte sagen, dass diese Markierung im schriftlichen Text für Sender und Rezipienten die Betonung in der Intonation eines mündlichen Textes ersetzt.

> ***Благодарим Вас за покупку интегрированного телефонного аппарата Panasonic.***
> ***Check belt tension two times during the first 24 hours of operation and periodically thereafter.***
> READ ALL INSTRUCTIONS BEFORE USING THIS APPLIANCE.
> Dazu wird **kein** Prüfling eingelegt.
> ***ПРИГОТОВЛЯЙТЕ НАПИТОК ТОЛЬКО ИЗ КОФЕ НЕ СЛИШКОМ МЕЛКОГО ПОМОЛА.***
> This option ***MUST*** be selected ***PRIOR*** to starting the cycle.
> **DIE LAGER MÜSSEN ALLE 50 BETRIEBSSTUNDEN NACHGEFETTET WERDEN.**

Der emphatischen Funktion des Schriftschnitts werden außerdem Hervorhebungen zugerechnet, die an anderen Elementen im Text sichtbar werden. Dazu gehören neben den Einschubtexten, die auf Signalwörter folgen, insbesondere Maschinen- und Typenbezeichnungen,[269] Warennamen, die Firma des Senders und intertextuelle Verweise (zu entsprechenden Beispielen vgl. 8.2.1.1.2).

1.6.1.2 Anführungszeichen

Anführungszeichen können entweder konventionell oder modalisierend verwendet werden (vgl. z.B. FIEDLER 1991: 165, GÖPFERICH 1995: 392). Eine entsprechende Differenzierung ist in den Analysen vorgesehen.

1.6.1.2.1 Konventionelle Funktion

Ihre konventionelle Funktion erfüllen Anführungszeichen in Anleitungen u.a. durch die Kennzeichnung von Text- und TT-Titeln bei inter- und intratextuellen Verweisen. In intratextuellen Verweisen markieren sie interkulturell außerdem Abbildungspositionen.

Intratextuelle Verweise:

Markierung von TT-Titeln:

> Bevor Sie den Kundendienst rufen, prüfen Sie bitte, ob Sie die Störung selbst beheben können (siehe **Kapitel „Kleine Störungen selbst beheben“**).
> Нельзя одновременно замораживать массу продуктов выше номинальной, указанной в **таблице „Технические данные“.**
> When cleaning door and oven surfaces that meet when door is closed, use only mild nonabrasive soaps or detergents applied with a sponge or soft cloth (See **„Care and Cleaning” instructions** on page 37).

Markierung von Abbildungspositionen:

> Heben Sie den Backwagen vorn leicht an und schieben Sie den Backwagen so weit ein, bis sich die **Vertiefungen „X“** hinter den Rollen 2 befinden.

---

[269] An Abbreviaturen, u.a. in Typenbezeichnungen, zeigt sich eine weitere Funktion von Versalien, die ausschließlich aus der Sicht der Terminusbildung interessant ist. Dabei handelt es sich nicht um ein typographisches Merkmal, deshalb lassen sich Versalien in dieser Funktion auch nicht durch andere typographische Mittel ersetzen.

При нажатии на **кнопку „К“** поз. 5 отчет значений текущего времени прекращается, индикация гаснет.
To do this, unscrew the four corner **screws marked ‚Y'** (Fig. 3.3) which retain the rear panel of the instrument and carefully withdraw the whole assembly from the outer case by approximately 50mm.

Besonders bekannt sind intertextuelle Verweise mit Bezug auf andere Texte. In Anleitungen kann dieser Bezug zwar gefunden werden. Er ist aber weder der einzige, noch ist er besonders frequent. Neben Verweisen durch Angabe eines Texttitels im üblichen Sinne kommen hier auch Verweise durch Angabe einer vorhandenen Beschriftung vor.

Intertextuelle Verweise

Markierung von Texttiteln und Beschriftungen:

Das Rührwerk sofort abschalten und überprüfen, siehe hierzu auch **Beiblatt „Fehlersuche“**.
Sie dürfen nur Wäsche in der Maschine trocknen, die mit dem **Hinweis „trocknerfest“** oder folgenden Pflegesymbolen gekennzeichnet ist.
При работе с газоанализатором должны соблюдаться требования „**Правил технической эксплуатации электроустановок-потребителей**“, утвержденных Госэнергонадзором СССР 21.12. 88 г.
Эти сопряжения обозначены **словом „Взрыв“** с указанием допускаемых параметров взрывозащиты (...).
The following booklet, prepared by the Federal Communications Commission, may be helpful: „**How to Identify and Resolve Radio-TV Interference Problems**”.
Wash only woollen articles marked „**machine washable**”.

In intertextuellen Verweisen anderer Art markieren Anführungszeichen Beschriftungen, die an Bedien-, Anzeige- und anderen Elementen der Maschine/des Gerätes gefunden werden können, z.B.:

Bezeichnungen für Schalter/Tasten etc.:

Nach dem Drücken leuchtet die Lampe der Taste „**Start**“, das Programm beginnt.
Настроившись ручкой „**НАСТРОЙКА**“ на выбранную радиовещательную станцию, установите ручками „**ГРОМК**“ и „**ТЕМБР**“ желаемую громкость и тембр звучания.
Adjust the „**SPAN**”[270] (set 21 %) potentiometer until the digital display reads 21 % Oxygen.

Bezeichnungen für Anzeigen:

Die Anzeigelampe „**Start in h**“ erlischt, die Anzeigelampe „**Start**“ leuchtet auf.
(...) при этом начинает ярче светиться индикатор „**СЕТЬ**“, расположенный на шкале радиоприемника.
„**No Laser**“ light.

[270] In britischen und amerikanischen Anleitungen werden für Verweise auf Bedienelemente und Stellungen häufiger Versalien ohne Anführungszeichen verwendet, z.B.: If you open the microwave oven door or touch STOP/CLEAR, the food will stop boiling. – The grill can either be placed in the HIGH position resting on the wire runners, or the LOW position resting on the base of the grill compartment.

Bezeichnungen für Stellungen von Schaltern etc.:

Wenn die volle Mikrowellenenergie der Gar- oder Erwärmleistung zu groß ist, wählen Sie die Stellung „**Auftauen**".
Die Beleuchtung und die Anzeigelampen erlöschen, das Gebläse stoppt, die beiden Zeitschalter stehen wieder auf „**0**".
По истечении 5-10 мин после подачи на вход газовой системы газоанализатора анализируемой газовой смеси установить переключатель режима работы в положение „**Измерение**" и включить электропитание.
Для выключения электроконфорки ручка переключателя устанавливается в положение „**0**", после чего сигнальная лампа гаснет.
To increase the feature's sensitivity to dirt, set the switch (B) to the „**Hi**" position.
Ensure that the programme control knob on the machine is pulled out into the „**on**" position.

Sonstige Markierungen:

Als Dosierhilfe dienen die Markierungslinien: „**MIN**" entspricht ca. 30 ml Reiniger, „**MAX**" entspricht ca. 40 ml Reiniger.
Вращая запорную ручку в сторону „**закрыто**", поднимите скобу до соприкосновения ее с полками кронштейнов.
Connection of these coolants is made at the rear of the sensor unit via the pipe couplings marked „**COOLANT IN**" and „**COOLANT OUT**".

1.6.1.2.2 Modalisierende Funktion

Die modalisierende Funktion von Anführungszeichen wird in den Korpora insbesondere bei der Markierung fachsprachlicher Elemente sichtbar. Theoretisch zu unterscheiden sind dabei zwei Arten von Fachlexik, die in den beiden folgenden Zitaten angesprochen werden. FIEDLER (1991: 100) erwähnt terminologische Elemente, deren semantische Spezifik durch die Markierung betont werden soll:

In modalisierender Funktion dienen die AZ häufig der Hervorhebung von (meist zwei) einzelnen Fachwörtern mit dem Ziel der Verstehenssicherung durch Bewußtmachen der Bedeutung dieser Wörter im Rahmen einer Gegenüberstellung. Die AZ konkurrieren in dieser Form teilweise mit anderen Arten typographischer Kennzeichnung.

An der Markierung terminologischer Elemente[271] soll der Rezipient insbesondere erkennen, dass diese im Sinne der entsprechenden Definition verwendet werden. Die Anführungszeichen weisen u.a. metakommunikativ auf den terminologischen Charakter des Ausdrucks hin, der dadurch mit der Anmerkung „sogenannt" versehen wird.[272]

---

[271] In diesem Sinne ist vermutlich die Markierung des Anglizismus *Recycling* in einer Informationsbroschüre der V.A.G. zu verstehen, deren Motivation GÖPFERICH (2000: 121) nicht einzusehen vermag.

[272] Eine Variante mit der Bedeutung „von mir/uns so benannt" identifiziert FIEDLER (1991: 89) in ihrem Korpus: „Häufig dienen die AZ der Kennzeichnung von Vorbehalten gegenüber eigenen Analogie- und Ad-hoc-Bildungen. Die Autoren informieren den Leser durch die Markierung darüber, daß die verwendete Bildung im pädagogischen Sprachgebrauch (noch) nicht eingebürgert ist und nur innerhalb der entsprechenden Publikation Gültigkeit besitzt".

GÖPFERICH (1995: 392) hat bei ihrer Charakterisierung dagegen primär Elemente der fachlichen Umgangssprache vor Augen:

> In modalisierender Funktion werden sie gebraucht, um zu signalisieren, daß der Sender gewisse Vorbehalte bei der Verwendung des in Anführungszeichen gesetzten Ausdrucks hat, und tragen metakommunikativen Charakter.[273]

Bei Elementen der fachlichen Umgangssprache ist in der Tat davon auszugehen, dass diese dem Textproduzenten fachlich bzw. terminologisch zwar nicht ganz adäquat erscheinen, dass er jedoch nicht auf ihre Bildhaftigkeit oder Prägnanz verzichten möchte. Durch die Anführungszeichen signalisiert er diesen Vorbehalt dem Rezipienten, der den Ausdruck entsprechend verstehen und die Fachkompetenz des Senders unverändert hoch einschätzen soll.[274] Zur metakommunikativen Aussage ließe sich feststellen, dass die Anführungszeichen in diesen Fällen die Ergänzung „sozusagen" beinhalten.

Bei der praktischen Analyse lässt sich diese theoretisch durchaus eindeutige Zuordnung nicht ohne weiteres umsetzen. Im Großen und Ganzen korreliert die Abgrenzung mit dem Bezug auf einen fachinternen bzw. fachexternen Adressaten. Um im Einzelfall bestehende Zweifel auszuräumen, wäre eine genaue Kenntnis der verschiedenen fachlichen Umgangssprachen notwendig. Markierte terminologische und umgangssprachliche (auch metaphorische) Elemente werden daher als „fachsprachliche Elemente" zusammengefasst.

Fachsprachliche Elemente:

> Durch die gleichzeitige Dehnung der „**weichen**" Spiralfeder kann der Waagenbalken um einen gewissen Betrag auslenken.
> Vorgehensweise bei der „**Nullung**" des Synchronisators
> Началом кипения условно считается тот момент, когда из-под грузового рабочего клапана начинает пробиваться пар, скороварка „**шипит**".
> В случае работы газоанализатора на „**сброс в атмосферу**" газовая смесь с выхода газовой системы газоанализатора должна отводиться в специальный вентиляционный канал, отделенный от общей вентиляции помещений.
> At this point the resulting spectrum can be „**cleaned up**" or information extracted as required for identification and/or use in QC or other procedures.
> Reflectance relative to a good diffuse reflector may be thought of as being equivalent to „**transmission**" in transmission spectroscopy.

---

[273] Außerhalb technischer Texte kann die metakommunikative Funktion von Anführungszeichen auch darin bestehen, dass sie Ironie signalisieren. Vgl. dazu RATHMAYR (1993: 42): „Früher im eigenen Land höchst positiv bewertete Begriffe, Riten und politische Slogans (lozungi) können in Perestrojka-Texten negativ bewertet oder ironisiert werden, wobei die ironisch zu verstehenden Begriffe häufig in Anführungszeichen gesetzt sind".

[274] Vgl. in diesem Sinne – wenngleich aus anderer Perspektive – HORN-HELF (1999a: 277): „Besonders wichtig ist daher im ZT die vom Sender intendierte Konnotation ‚Ich bin Fachmann/wir sind Fachleute auf diesem Gebiet', die in einer Kooperation u.a. vertrauensbildende Funktion hat".

Eine weitere Gruppe markierter Elemente sind neutrale Bezeichnungen, gegen die ein Vorbehalt nicht bestehen kann. Hier ist davon auszugehen, dass die metakommunikative Aussage der Anführungszeichen der bei Termini entspricht („sogenannt"). In der Analyse unterschieden werden Typenbezeichnungen einerseits und Waren- bzw. Eigennamen andererseits. Die Markierung von Eigennamen ist vorrangig ein Charakteristikum russischer Anleitungen.

Typenbezeichnungen:

> Es empfiehlt sich, etwa jährlich alle Lagerstellen mit harzfreiem Uhrenöl zu versehen (z.B. mit „**LUSIN 12**" der Firma Lange & Seidel in Nürnberg).
> Часы „**Электроника 6.15**" предназначены для подачи звукового сигнала в заранее заданный момент времени.
> If you still experience difficulty, or if any part of the cooker is damaged, please contact your supplier, say that you have a „**New World Debut 2**" (…) Cooker, give details of the problem and quote the numbers stamped on the data plate which is situated on the left hand side of the grill compartment.

Warennamen:

> Pflegemittel wie „**Collo-Profi**" oder „**Cerafix**" enthalten Pflegestoffe, die einen Schutzfilm auf der Glaskeramikoberfläche bilden.
> На задней стенке в специальном отсеке, закрытом крышкой, поз. 6, расположен элемент резервного питания – батарея „**Крона**".
> The oven top, back and sides are coated in „**TICENE**" special continuous cleaning enamels, which helps to keep itself clean as you cook.

Eigennamen:

> Beachten Sie neben den nachfolgenden Hinweisen unbedingt auch die separat beiliegende Information des Glaskeramikherstellers „**Schott**".
> Нагрев стыка до температуры 250-300°C проверяют термочувствительным карандашом шкалы № 250, выпускаемым заводом „**Свободный труд**".

1.6.1.3 Analyseraster: Typographische Merkmale

Kriterium	Funktionelle Varianten
SCHRIFTSCHNITT	**a) Träger der Strukturierungsfunktion:**
Versalien/Kapitälchen	Texttitel,[275] TT-Titel, Tabellen-/Spaltentitel, Abb.-/Legenden-
Fettdruck	titel, Abb.-Texte/-Pos., Techn. Einheiten
Kursivdruck	**b) Träger der emphatischen Funktion:**
Sperrdruck	Signalwörter, Einschubtexte, Produkt-/Typenbezeichnungen,
Unterstreichung	Warennamen, Firma des Senders/Autoren, intertextuelle Ver-
Kombinationen	weise, sonstige Hervorhebungen

[275] Der Texttitel wird zu den strukturierenden Elementen gerechnet. Dennoch ist offensichtlich, dass in seine typographische Gestaltung auch eine emphatische Komponente einfließt.

Kriterium	Funktionelle Varianten
ANFÜHRUNGSZEICHEN	**a) konventionell** – intratextuelle Verweise – intertextuelle Verweise: Texttitel, Beschriftungen, Bezeichnungen für Anzeige- bzw. Bedienelemente, Stellungen etc. **b) modalisierend** – fachsprachliche Elemente – Typenbezeichnungen, Waren- bzw. Eigennamen

Die in den Texten festgestellten typographischen Mittel und ihre Kombinationen werden nach Funktionen geordnet. Ermittelt und ausgewiesen wird die Anzahl der Texte, in denen am jeweiligen Merkmalträger ein bestimmter Schriftschnitt festzustellen ist bzw. in denen bestimmte Elemente durch Anführungszeichen markiert sind.

1.6.2 Gliederungsebenen

1.6.2.1 Gliederung von Texten

Ein Text ist eine hierarchisch gegliederte Einheit, und seine Gliederung ist nach BAUMANN (1992a: 77) „objektiv notwendig, um die innere Ordnung des Textes äußerlich sichtbar zu machen". Folglich sind bei der Textgliederung ein äußerer (formaler) und ein innerer (inhaltlicher) Aspekt zu unterscheiden.[276]

Die formalen Gliederungsebenen eines Textes lassen sich zunächst an seiner äußeren Hierarchie ablesen, die zumeist durch Nummerierung und/oder Überschriften markiert ist (bisweilen werden auch Majuskeln in alphabetischer Reihenfolge verwendet). Diese Hierarchie erstreckt sich in der Regel nicht über alle Ebenen. Sie beschränkt sich auf die oberen, unterhalb deren – häufig mit anderen Mitteln – weiter gegliedert wird. Zur Analyse werden die Ebenen, beginnend beim Gesamttext (0), absteigend beziffert: Kapitel (I), Abschnitte (II), Teilabschnitte (III) usw. Die jeweils letzte Ebene (z.B. IV, V oder VI) besteht immer aus Absätzen, die u.U. lediglich Satzumfang haben.

1.6.2.1.1 Äußere Hierarchie: Markierte Gliederung der oberen Ebenen

Als äußere Hierarchie eines Textes gilt der Teil der Textgliederung, den der Textproduzent – häufig durch Dezimalklassifikation und/oder deutlich abnehmenden Schriftgrad –

[276] Vgl. dazu auch die analoge Differenzierung bei BEIMEL/MAIER (1988: 33): „Die Dimension ‚Gliederung-Ordnung' meint einerseits die äußere Gliederung des Textes, z.B. durch Absätze und Überschriften, andererseits die innere Ordnung, die durch eine sachentsprechende Abfolge der Informationen gegeben ist".

formal als hierarchisch markiert hat. RJABCEVA (1992: 21)[277] spricht in diesem Sinne von „expliziter Strukturierung".

Die Korpustexte sind generell in Kapitel gegliedert. Die Gliederung dieser obersten Ebene (I) findet immer Eingang in ein möglicherweise vorhandenes Inhaltsverzeichnis. Die äußere Hierarchie kann bereits auf der obersten Ebene enden, eine Fortsetzung auf Ebene II ist nicht obligatorisch, z.B.:

A. EINLEITUNG
B. GERÄTEAUFSTELLUNG
C. ELEKTRISCHE INSTALLATION

1. ОБЩИЕ УКАЗАНИЯ
2. ТЕХНИЧЕСКИЕ ДАННЫЕ
3. КОМПЛЕКТ ПОСТАВКИ

I. INTRODUCTION
II. DESCRIPTION
III. SET UP AND ALIGNMENT INSTRUCTIONS

Diese Beispiele stammen aus Texten, deren äußere Hierarchie sich insgesamt auf die Ebene der Kapitel beschränkt. Dies scheint interkulturell ein Merkmal sehr kurzer Anleitungen zu sein. Allerdings ist eine solche Einheitlichkeit innerhalb eines Textes keineswegs zwingend: die äußere Hierarchie kann in einem Kapitel auf Ebene I enden, während sie in anderen durchaus weitere Ebenen umfassen kann. Auch im Übrigen sind verschiedene Abschnitte eines Textes in dieser Hinsicht nicht unbedingt einheitlich. In den folgenden Beispielen zeigt jeweils die äußere Hierarchie aufeinander folgender Kapitel einer Anleitung, dass sowohl Kapitel als auch Abschnitte schon formal eine unterschiedliche Gliederungstiefe aufweisen können:

4. Inbetriebnahme
    4.1 Kontrolle der Lieferung
    4.2 Aufstellen der Waage
        4.2.1 Transportsicherung und Waagenbalkenarretierung
        4.2.2 Anschluß von Produktein- und -auslauf
        4.2.3 Waagenbalken-Ausschlagbegrenzung
    4.3 Betriebshinweise
        4.3.1 Elektrischer Anschluß
        4.3.2 Kalibrierung
        usw. bis 4.3.7
5. Instandhaltung und Wartung
6. Ersatzteilliste

---

[277] RJABCEVA (1992: 21): „Пронумерованные или помеченные ‚сигналами очередности' (по Вежбичкой) фрагменты текста, т.е. содержащие метатекстовые слова перечисления (*во-первых, во-вторых* и т.п.) – также результат эксплицитного структурирования изложения".

4. УКАЗАНИЯ ПО ТЕХНИКЕ БЕЗОПАСНОСТИ
5. КРАТКОЕ ОПИСАНИЕ РАДИОПРИЕМНИКА
6. ПОДГОТОВКА К РАБОТЕ И ПОРЯДОК РАБОТЫ С РАДИОПРИЕМНИКОМ
    6.1 Установка элементов питания
    6.2 Подключение радиоприемника к сети переменного тока
    6.3 Включение и выключение радиоприемника
ГАРАНТИЙНЫЕ ОБЯЗАТЕЛЬСТВА

CHAPTER 1: INTRODUCTION
    1-1 MEET THE DT-178
    1-2 The Logic/Display Unit
    1-3 The Keyboard
    (...)
    1-6 The Display
        1-6.1 Display Screen Fields
CHAPTER 2: INSTALLATION, AND TESTING
    2-1 UNPACKING
    2-2 SET UP
        2-2.1 Voltage Setting
        2-2.2 Dip Switches
        2-2.3 Attach Keyboard
        2-2.4 Set Power Switch off
        2-2.5 Attach Power Cord
        usw. bis 2-2.9
    (…)
    2-4 ON LINE TEST

Alternativ – und das kommt vor allem in russischen Anleitungen häufig vor – können sich bei einer äußeren Hierarchie von I – III die TT-Deklarationen auf zwei Ebenen beschränken, während der Nummerierung auf der dritten Ebene unmittelbar ein undeklarierter TT (Absatz) beigegeben ist, z.B.:

5.1 Wichtige Hinweise
    5.1.1 Die Verpackungsflansche am Hochvakuum- und Vorvakuumflansch erst kurz vor dem Anflanschen der Pumpe an die entsprechenden Gegenflansche der Apparatur entfernen, da die Pumpe unter saubersten Bedingungen montiert und verschlossen wird.
    5.1.2 [usw. bis 5.1.4]

7.1 Внешний осмотр и проверка правильности монтажа
    7.1.1 Проверить наличие упоров, ограничивающих перемещение каретки по монорельсу.
    7.1.2 [usw. bis 7.1.5]

2-3 INITIAL DIAGNOSTIC TESTING
    2-3.1 Turn on the power switch on the rear of the display unit. When the power comes on, you should hear an audible beep which is a signal that the self test has been performed successfully. If no beep is heard, contact your supervisor.
    2-3.2 [usw. bis 2-3.23]

Die tieferen Ebenen (ab IV) gehören im Allgemeinen nicht mehr zur äußeren Hierarchie. Das folgende Beispiel mit einer bis zur Ebene V reichenden Nummerierung stammt aus einer russischen Anweisung, in den Anleitungskorpora findet sich nichts Vergleichbares:

> 2.4.3 Пуск установки.
> (...)
> 2.4.3.15 При содержании кислорода в инертном газе переключить установку осушки холодом на систему производства инертного газа в следующей последовательности:
> 2.4.3.15.1 На пульте закрыть клапан HI 4005 подачи инертного газа с установки аварийного производства инертного газа и установки осушки холодом. На мнемосхеме горит сигнальная лампа.
> 2.4.3.15.2 [usw. bis 2.4.3.15.4.]

Bereits HOFFMANN hat bei Fachtextanalysen festgestellt, dass die formale Gliederung eines Textes nicht unbedingt dessen inhaltliche Gliederung widerspiegelt. Er sieht für entsprechende Analysen vor:

> die Makrostruktur des Fachtextes zunächst einmal in seinen Mikrotexten zu erfassen, wobei die Relationen zwischen diesen noch von einer stark formalen Gliederung verdeckt werden (...) (1988: 146).

In der Tat kann die vom Autor vorgegebene Hierarchie seiner TT von der inhaltlichen (hier „thematisch" genannten) Gliederung des Textes abweichen, wie im folgenden Beispiel aus einer russischen Anleitung:

> ХАРАКТЕРИСТИКА И КОНСТРУКЦИЯ МЕЛЬНИЦЫ
> ↘ 1. БАРАБАН МЕЛЬНИЦЫ
> ↘ 2. ФУТЕРОВКА БАРАБАНА И ШАРЫ
> ↖ 3. КОРЕННЫЕ ПОДШИПНИКИ
> → 4. ПРИВОД
> usw.

Die Deklarationen deuten bereits an, was sich in der inhaltlichen Gliederung bestätigt: Abschnitt 2 („Trommelfutter und Kugeln") steht nicht in Koordination zu Abschnitt 1 („Trommel"), sondern stellt eine Fortführung des Themas unter dem Aspekt „Trommelinnenraum" dar. Daraus resultiert eine Abweichung der thematischen Gliederung von der äußeren Hierarchie. Das für die Auszählung der Gliederungsebenen ausschlaggebende Kriterium ist die thematische Gliederung, die für jeden Text ermittelt wird (vgl. 1.6.2.1.2).

1.6.2.1.2 Gliederung unterhalb der äußeren Hierarchie

Ein Ende der äußeren Hierarchie auf einer der oberen Ebenen impliziert keineswegs das Ende der Textgliederung im Übrigen. Diese setzt sich formal fort bis hinein in Absätze und Sätze. Allerdings lassen sich z.B. die Beziehungen zwischen aneinander gereihten

Absätzen nur noch nach inhaltlichen Kriterien ermitteln. Zu diesem Zweck wird für jeden Korpustext eine „thematische Gliederung" in Form einer absatz- bzw. satzweisen Inhaltsangabe erstellt, die zeigt, ob zwischen zwei Absätzen ein Themenwechsel stattfindet oder ob in einem Absatz das Thema des vorhergehenden unter einem bestimmten Aspekt vertieft wird. Wird ein Themenwechsel festgestellt, so stehen die Absätze als Konstituenten des TT im Verhältnis der Koordination, d.h. auf der gleichen Ebene, z.B.:

Aufstellen und Anschließen
↘ Antrag auf Betriebsgenehmigung stellen, dann in Betrieb nehmen, Gerät ist funkentstört.
→ Ebene Unterlage wählen, Lüftungsöffnungen freihalten.
→ Distanz zu Radio und TV beachten.
→ Schuko-Steckdose, Sicherung 10 A.
→ Netzspannung gem. Typenschild.
→ Rotorteller einlegen, Aufkleber entfernen, Vorsicht Magnete, Glasplatte einlegen.

B. Поставка оборудования[278]
↘ Lieferung in Elementen und Teilegruppen nach Lieferschein.
→ Hauptteile wurden im Lieferwerk geprüft.
→ Beim Kontrollzusammenbau im Werk werden Markierungen angebracht.
→ Dokumentation wird beigefügt.
→ Lieferumfang mit Anzahl und Gewicht der Einzelteile.

General care and cleaning
↘ Nach dem Waschen Tür angelehnt lassen, damit die Trommel trocknen kann. Gummidichtung abwischen.
→ Gelegentlich Oberflächen und Türglas mit feuchtem Tuch reinigen.
→ Maschine außen mit milder Lösung reinigen und abtrocknen. Ab und zu etwas Möbelpolitur auftragen.
→ War die Maschine lange nicht in Gebrauch, einen Waschgang ohne Wäsche mit Wasserenthärter durchführen, um Ablagerungen zu entfernen.

In den obigen Beispielen besteht zwischen den undeklarierten Konstituenten und dem deklarierten Abschnitt insgesamt ein Verhältnis der Subordination. Zwei Konstituenten eines Abschnitts können zueinander ebenfalls im Verhältnis der Subordination stehen, Voraussetzung ist die thematische Erweiterung des ersten Absatzes durch den zweiten. Mit einer solchen „Vertiefung" korreliert ein Wechsel zur nächsttieferen Ebene. Sobald ein neues Thema angesprochen wird, kehrt der Text auf die höhere Ebene zurück, z.B.:

Gehäuserisse nach**schweißen**.
↘ Dazu **Schweiß**draht aus Kunststoff verwenden.
↖ **Korrosionsschutz** der Stahlteile mit 2-Komponentenlack.
↘ Bei aggressiver Luft **Korrosionsschutz** ab und zu erneuern.
↖ Der Kunststoff braucht keinen Schutz.

---

[278] Deklarationen werden auch in diesem Abschnitt mit dem Wortlaut des Originals wiedergegeben. Die Texte der TT sind dagegen für eine solche Verfahrensweise zu umfangreich. Sie werden in Form von Inhaltsangaben dargestellt (zur „Thematischen Gliederung" s.o.).

Subordination zwischen zwei Absätzen ist daher auch dann gegeben, wenn der zweite der Illustration des vorhergehenden dient, z.B.:

> Unteres Gewicht **versetzen**.
> ↘ Beispiel: Von den Stiften 5 und 6 **versetzen** auf 4 und 5.

Formales Kennzeichen ist – wie die beiden Beispiele zeigen - eine Lexem- oder Terminusrekurrenz, die die Fortführung des Themas (unter einem anderen Aspekt) indiziert.

1.6.2.1.3 Gliederungsmittel in Aufzählungen

Nur in wenigen Korpustexten ist der Absatz das einzige Gliederungsmittel unterhalb der äußeren Hierarchie. Die Mehrzahl weist – z.B. zur Gliederung von Aufzählungen – andere Mittel („Aufzählungszeichen" nach GÖPFERICH 1998: 80) auf, von denen innerhalb einer Anleitung durchaus mehrere parallel vorkommen können. Die interkulturell wichtigsten sind Ziffern und Minuskeln.

Ziffern:

> Entkalken mit Essig
> 1. – 6. Arbeitsschritte.

> Волнистая футеровка выполняется четырьмя видами броневых плит:
> 1). – 4). Ausführungsvarianten.

> A typical procedure for using the CIRCLE might be as follows:
> 1) – 7) Arbeitsschritte.

Minuskeln:

> Einschalten
> a) – c) Arbeitsschritte.

> При осмотре и проверке приводных механизмов, поступающих с заводов в собранном виде, необходимо:
> a) – г) Instruktionen.

> To cut down the amount of splashing when high temperature roasting:
> (a) – (e) Instruktionen.

Die beiden letzten Beispiele (R/E) zeigen eine Aufzählung vom Typ 2 nach der Klassifikation bei HORN-HELF (1999a: 193), die „mit einem Teilsatz [beginnt], der durch jedes einzelne Glied der Reihung zu einem vollständigen Satz ergänzt wird".[279] Die Glieder enthalten Instruktionen zu Teilaufgaben der im vorausgehenden Teil des Satzes genannten komplexen Aufgabe (d.h., es liegt ein partitives Verhältnis vor, das mit einem Ebenenwechsel korreliert). Dank der Markierung – in diesem Fall durch Minuskeln – wird der Text in Form der Aufzählung optisch als klar gegliedert dargeboten.

---

[279] Die Gliederungsmittel in Aufzählungen dieses Typs dienen nach KRETZENBACHER (1991: 130) der „Vervielfältigung von Satzgliedern".

Neben Ziffern und Minuskeln werden fachintern – vor allem in deutschen Texten – Spiegelstriche verwendet, während die übrigen Varianten (Spiegelpunkte, -quadrate, -pfeile) primär in fachexternen Texten zu finden sind (zu Beispielen vgl. 8.2.2.1.1).

Spiegelstriche:

3.4 Richtlinien für die Motormontage
- Motor nicht fallen lassen und vor Stößen schützen.
- Motor so montieren, dass Riemenscheiben seitlich keinen Versatz haben.
- Auf Riemenlänge und Riemenspannung achten.

Конструкция часов

Gehäuse aus Holz mit Edelholzfurnier. Form rechteckig:
- Abmessungen 172 x 112 x 99 mm,
- Gewicht max. 0,9 kg.

Contents of Package

Your new MultiSync LCD monitor box should contain the following:
- NEC MultiSync LCD400V (Model LA-1422JMW-1)
- AC power cable.
- Video signal cable.
- User's manual.

Spiegelpunkte:

Pflege und Reinigung

Auf keinen Fall Möbelpflege- oder aggressive Reinigungsmittel verwenden.
- Bedienteile mit weichem Lappen und klarem Wasser reinigen.
- Sprüharme brauchen keine Reinigung.
- Innenbehälter, Türdichtung etc. gelegentlich kontrollieren und ggf. reinigen.

В режиме блокировки клавиатуры остаются доступными следующие функции:[280]
- Wahl der Nummer, die zur Taste oben links gespeichert wurde,
- Einstellung der Lautstärke,
- Einstellung des Klingeltons,
- Ein- und Ausschalten des Klingeltons (usw.).

ADD 30 SECONDS

This feature provides two functions:
- 30 sec. Kochen mit P100 (max. Leistung).
- Verlängerung der Kochzeit um 30 sec., ohne START zu drücken.

1.6.2.1.4 Zuordnung von Einschubtexten

Warn- und andere Hinweise in Form von Einschubtexten mit Signalwort (vgl. 1.5.1.3) können sich auf unterschiedlich große Textsegmente beziehen. Da ihre Positionierung innerhalb der Texthierarchie vom inhaltlichen Bezug abhängt, können Einschübe sowohl

[280] Diese Aufzählung (Typ 1 bei HORN-HELF 1999a: 193) enthält im Hauptsatz ein Kollektivum oder dergl. (hier: „функции"), mit dem die Glieder der Reihung subsumiert werden. Von diesem Begriff hängen die Glieder daher ab, d.h., sie stehen auf der nächsttieferen Ebene.

auf oberen als auf unteren Ebenen gefunden werden. Zwischen Einschub und jeweiligem Referenz-TT wird ein Verhältnis der Subordination angenommen, da das Thema des TT durch den Einschub in einer charakteristischen Weise „vertieft" wird.

Steht ein Einschub am Anfang (oder auch am Ende) eines TT, so kann er sich auf den gesamten TT (bzw. auf mehrere seiner Konstituenten) beziehen, z.B.:

Looking after your machine
↘ **Important: Make sure that the machine is unplugged and the water taps turned off before undertaking any kind of maintenance.**
→ General care and cleaning
→ Cleaning the drain filter (see diagram)
→ Cleaning the inlet filters
→ Cleaning the washing powder dispenser

3.6 Elektrischer Anschluß
↘ Der Anschluss erfolgt über ein Netzmodul, das von unten am Tisch montiert wird.
→ Stecker mit Schutzleiteranschluss verwenden.
→ Anzuschließen sind folgende Potentiale:
↘ Aufzählung
↖ **Achtung: Vor dem Herstellen des Netzanschlusses ist zu prüfen, daß die Netz- und die Betriebsspannung des Antriebes übereinstimmen.**

In beiden Fällen wird der Hinweis als den anderen gleichwertige Konstituente des Kapitels (E) bzw. des Abschnitts (D) angesehen.

Innerhalb eines TT kann sich ein Einschub auf einen einzelnen Absatz beziehen, dem er entsprechend untergeordnet wird, z.B.:

Arbeitsweise zum Austausch der Feder
↘ Arbeitsschritte
→ Mit der Spitzzange den Deckel D1.1 der Federkammer, im Boden des Arbeitstisches, abschrauben.
↘ **Vorsicht eventuell starker Federdruck**!
↖ Arbeitsschritte.

1.6.2.2 Gliederung von Abbildungen und Tabellen

Die Gliederung von Abbildungen und Tabellen stellt hier kein Analysekriterium eigenen Rechts dar, d.h., die Anleitungen werden weder makro- noch mikrokulturell im Hinblick auf die Struktur ihrer Abbildungen oder Tabellen verglichen. Dieses Kriterium dient lediglich der Gewinnung entsprechender Informationen zur Gliederung der Text-Bild-Gemeinschaft, insbesondere in dem Sinne, dass sich Verweise auf verschiedene Ebenen einer Abbildung beziehen können. Daher ist im Folgenden nur exemplarisch dargestellt, wie die formale Gliederung einer Abbildung oder Tabelle abgeleitet wird.

1.6.2.2.1 Formale Gliederung von Abbildungen

Es leuchtet zwar ein, dass auch nonverbale Informationen in irgendeiner Weise strukturiert sein müssen, allerdings ist dies bei einer Abbildung (zur Klassifikation der Darstellungsformen vgl. 1.7.2.2.1) weniger offensichtlich als z.B. bei einer Tabelle. Anhaltspunkte lassen sich jedoch aus dem Raster gewinnen, das KALVERKÄMPER (1993) zur Interpretation der Bildaussage entworfen hat:

> Die eine Aussageweise bezieht sich auf die Bewegungsdarstellung in der Abbildung mit den Polen *‚statisch'*, wo einfach der Ist-Zustand dargestellt ist, und *‚dynamisch'*, wo Abläufe vorgestellt, Abfolgen „erzählt", Entwicklungen gezeigt und dem Leser zum „Er-sehen" angeboten werden. – Die andere Aussageweise bezieht sich auf die vernetzte Vorkommensweise des Darzustellenden in der Abbildung, wobei der eine Pol mit *‚punktuell'* die extrem reduzierte Weise, nämlich das isolierte Objekt, repräsentiert, und der andere Pol mit *‚systematisch'* das Objekt in Gemeinschaft, in Anordnung zu anderen Objekten, in Bezugnahme zu weiteren Abbildungen meint (224).

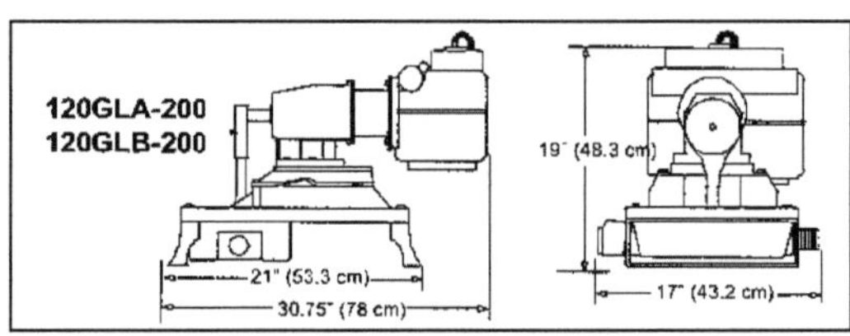

Abb. 1.2: Maßbild mit 2 Ansichten (Diaphragm Pump)[281]

Eine im Sinne von KALVERKÄMPER (s.o.) statische Abbildung ist das Maßbild (vgl. Abb. 1.2). Seine Konstituenten, üblicherweise zwei Ansichten, bilden eine „Aussagegemeinschaft" (226) mit einer systematischen Aussageweise. Da diese Gemeinschaft gleichzeitig die „Aspektevielfalt" (227) eines Objektes[282] deutlich werden lässt, ist für ihre Konstituenten eine koordinative Relation anzunehmen. Die formale Gliederung bietet daher keinen Anlass zur Identifikation einer zweiten Ebene innerhalb dieser Abbildung.

Anders ist eine formal gegliederte Abbildung wie in Abb. 1.3 zu beurteilen: Wenn eine Darstellung (hier: die Draufsicht) durch ein separates Detail (gekennzeichnet als *„Узел I"*) ergänzt wird, so weist dies über die Gegliedertheit in der Form bereits auf eine Strukturierung hin: zwischen der Einzelheit und dem „Ganzen" besteht eine Relation der Subordination, die einer Gliederung dieser Abbildung in zwei Ebenen entspricht.

---

[281] In den Klammerausdrücken der Deklarationen zu den Abb. 1.2 – 1.8 sind die Originalbezeichnungen der Maschinen/Geräte angegeben, deren Anleitungen die Beispiele entnommen wurden. Diese Angaben sollen ein Einordnen des jeweils abgebildeten Gegenstandes erleichtern, wenngleich dies nicht Voraussetzung für das Verständnis der durch die Abbildungen repräsentierten Klassifikationen ist.

[282] Die Tatsache, dass im Maßbild zwei Ausführungen dargestellt sind, ist dabei irrelevant.

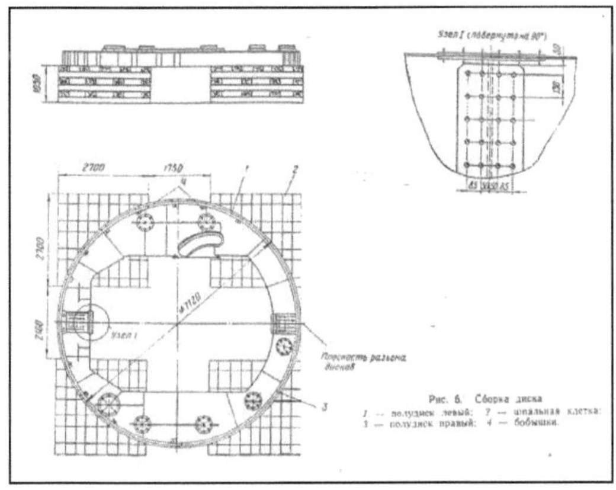

Abb. 1.3: Draufsicht mit Detail (Вагоноопрокидыватель)

Eine im Sinne KALVERKÄMPERS (s.o.) dynamisch-punktuelle Aussageweise repräsentiert ein Funktionsschema, das in Abb. 1.4 gleich zweifach (für zwei Ausführungen) enthalten ist. Die beiden Hälften bilden eine koordinative „Aussagegemeinschaft“ (s.o.). Dagegen stellen die Teile eines solchen Funktionsschemas (gekennzeichnet mit I – IV) die Phasen einer Bewegung dar. Die Annahme einer zweiten Ebene gründet sich auf die partitive Relation, die zwischen dem Ablauf und seinen Phasen besteht, repräsentiert durch das Schema und seine Konstituenten.

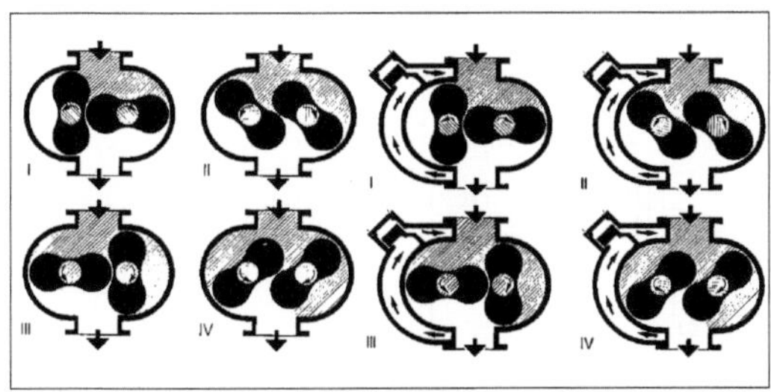

Abb. 1.4: Funktionsschema (Wälzkolbenpumpe – 2 Ausführungen)

Ein Explosionsbild bildet in vergleichbarer Weise Einzelteile ab (vgl. Abb. 1.5). Wie beim Schema ist seine Aussage dynamisch, was die Bezeichnung *Explosionsbild* deutlich zum Ausdruck bringt. Die Systematik der Information bezieht sich hier nicht auf den Bestand an Teilen (wie in statischen Abbildungen), sondern auf die Reihenfolge ihrer Montage. Die dargestellte Beziehung Ganzes-Teile korreliert wiederum mit der Annahme von zwei abhängigen Gliederungsebenen.

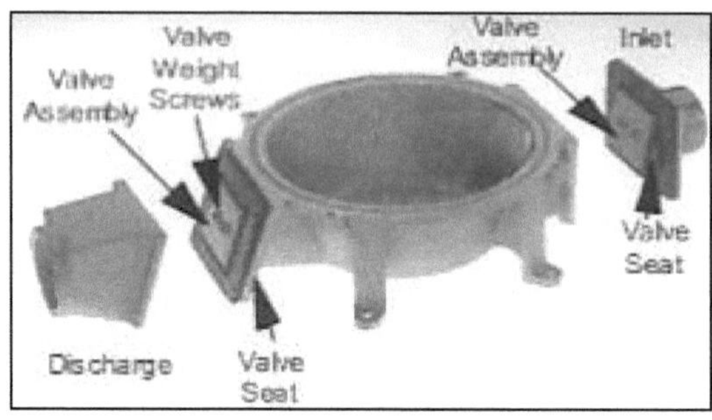

Abb. 1.5: Explosionsbild (Diaphragm Pump)

Diagramme stehen aufgrund ihres Aufbaus als Koordinatensystem den Tabellen besonders nahe (vgl. Abb. 1.6). Auch hier ergeben sich die Informationen aus der Kombination von x- und y-Achse, d.h. von waagerecht und senkrecht geordneten Werten. Im Vergleich zur Tabelle enthält ein Kurvendiagramm jedoch ein Vielfaches an Daten: eine Information in jedem Punkt einer einzelnen Kurve. Hinzu kommen Informationen, die sich kontrastiv aus dem unterschiedlichen Verlauf verschiedener Kurven ergeben können.

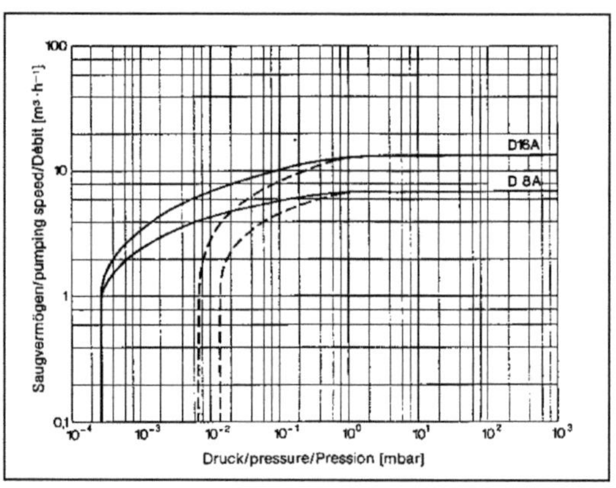

Abb. 1.6: Leistungsdiagramm (Vakuumpumpe – 2 Ausführungen)

Es besteht kein Anlass, innerhalb eines Einkurvendiagramms einen Ebenenwechsel anzunehmen. Eine Kurvenschar dagegen steht zur einzelnen ihrer Kurven in einer Relation der Superordination, die – wie bei entsprechend segmentierten Abbildungen – mit dem Vorliegen einer oberen und einer unteren Ebene korreliert. Es bietet sich an, das von KALVERKÄMPER entwickelte Raster zur Bildaussage (s.o.) auch auf Diagramme zu übertragen. Nach dieser Interpretation hat ein Kurvendiagramm eine dynamische Aussage:

jede einzelne Kurve ist eine dynamisch-punktuelle Darstellung, d.h., sie bildet den Verlauf einer einzigen Interdependenz ab, während die Darstellung einer Kurvenschar die einzelnen Kurven zueinander in Beziehung setzt und damit eine dynamisch-systematische Aussage hat.[283]

Für die vorstehenden Beispiele (Abb. 1.2 – 1.6) ist eine formale Gliederung charakteristisch. Soweit zusätzlich eine partitive Relation erkennbar ist, werden einer Abbildung zwei Ebenen zugeordnet, z.B.:

1. Ganzes	2. Detail
1. Bewegungszyklus	2. Bewegungsphase
1. „Explodiertes“ Ganzes	2. Einzelteil
1. Kurvenschar	2. Einzelkurve.

1.6.2.2.2 Inhaltliche Segmentierung von Abbildungen

Die erste Abbildung einer Anleitung ist manchmal ein Foto der betreffenden Ausrüstung (der Maschine/des Gerätes). Die wesentlichen Teile können z.B. über aus dem Foto herausgezogene Linien gekennzeichnet, beziffert und in einer anschließenden Legende benannt werden. Entsprechend kann in Zeichnungen verfahren werden, wie Abb. 1.7 zeigt.

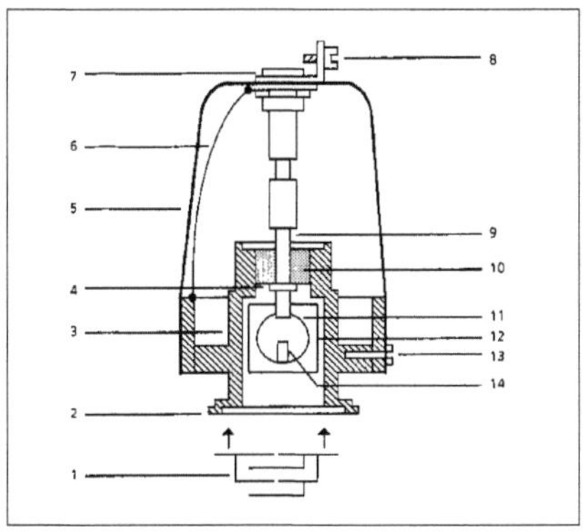

Abb. 1.7: Schnittzeichnung mit Abbildungspositionen (Messröhre)

Diese Segmentierung[284] offenbart die „sinnenfällige Komplexität“ (KALVERKÄMPER 1993: 227) des abgebildeten Gegenstandes, die Abbildung erhält eine zweite Ebene: die

[283] „Datenvermittelnde Schaubilder“, u.a. Diagramme, schließt KALVERKÄMPER (1993: 219) ausdrücklich aus seiner Betrachtung aus und damit auch aus dem Geltungsbereich dieses Rasters, das sich auf ikonische Abbildungen beschränken soll. Dagegen wird das Diagramm hier als Darstellungsform von Abbildungen erfasst.

[284] Zu möglichen Segmentierungsarten und Analyseergebnissen vgl. HORN-HELF (2007: 200-204).

der markierten Komponenten. Zu einer derart segmentierten Abbildung gehört in der Regel eine Legende. Die Benennungen in der Legende stehen in einem Verhältnis der Koordination zu den in der Abbildung identifizierbaren Komponenten, d.h. auf der unteren Ebene der Abbildung.

Alternativ kann eine Abbildung so gestaltet werden, dass sich die Benennungen ohne Umweg über eine Legende direkt in die Abbildung (*idealiter* neben die zugehörigen Komponenten) einfügen lassen. Häufig sind jedoch, wie in Abb. 1.8, zusätzliche Linien, Pfeile etc. notwendig, um eine eindeutige Zuordnung zu erreichen.

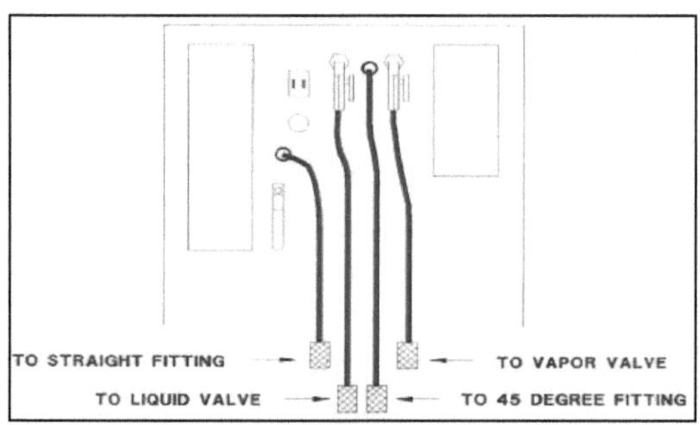

Abb. 1.8: Anschluss-Schema mit Bildtexten (Refrigerant Recovery Unit)

Der Zusammenhang zwischen identifizierbarem Detail und seiner Benennung wird bei dieser Verfahrensweise deutlicher hervorgehoben als bei der indirekten Bezeichnung über eine Legende. Grundsätzlich sind an segmentierten Abbildungen zwei Ebenen zu unterscheiden:

1. Abbildung und Legende
2. Identifizierbare Komponenten und Legendenpositionen bzw. Bildtexte.

1.6.2.2.3 Gliederung von Tabellen

Hinsichtlich der Funktion von Tabellen, wie SAMUELS (1989: 85) sie formuliert, dürfte weitgehend Konsens bestehen:

Tables are used most often to facilitate the viewing and comparison of numbers. The *strength* of a table is that it places numbers or data before the reader in a compact format, making them easy to analyze.

Dem Betrachter einer Tabelle ist in der Tat sofort klar, dass ihm hier komplexe Informationen geordnet und strukturiert präsentiert werden. Es steht daher außer Frage, dass jede Tabelle die dieser Form inhärente Gliederung aufweist: Tabellentexte sind stichwortartig formuliert und ähneln in dieser Hinsicht den Deklarationen (vgl. 1.5.1). In der Regel sind sie mit Zahlenmaterial kombiniert. Daher lassen sich Tabellen mit mäßigem verbalen

Aufwand und ohne große Schwierigkeiten in deskriptiven Text überführen, verlieren dabei jedoch ihren größten Vorteil: die Übersichtlichkeit komplexer Daten.

Die Gliederung der Informationen wird vorgegeben durch die Struktur der Tabelle, die in der Senkrechten Spalten und in der Waagerechten Zeilen zur Verfügung stellt. Die Spalten zeigen die Strukturierung der Daten, die Zeilenanzahl ist Ausdruck der Datenmenge. Üblicherweise befindet sich links außen die Basisspalte; die übrigen sind Datenspalten ohne Relation untereinander, von denen jede unmittelbar und ausschließlich auf die Basisspalte bezogen ist. Daraus ergibt sich eine Superordination der Basisspalte verbunden mit einer Koordination der Datenspalten im Verhältnis zueinander.

Eine Tabellenzeile besteht aus Spaltenausschnitten, d.h. aus ihrem Teil der Basisspalte und dem zugehörigen Teil einer beliebigen Datenspalte, und lässt sich als eine jeder anderen gleichrangige Informationseinheit interpretieren. Als Charakteristikum einer solchen einfachen Tabelle gilt daher, dass sie aus Basispalte und Datenspalte(n) besteht, wobei die (jede) Datenspalte Informationen zu den Kriterien der Basisspalte liefert.

Wenn die Glieder einer Aufzählung durch Daten ergänzt werden, die der Übersichtlichkeit wegen vom Text separiert und untereinander angeordnet sind, so erfüllt diese Aufzählung in allen Punkten die Funktion einer Tabelle. Ihr fehlen lediglich Spaltentitel und die typische Einrahmung, z.B.:

Elektrische Daten:
- Betriebsspannung: 220/380 V, 50 Hz
- Steuerspannung: 220 Volt, 50 Hz
- Schutzart: IP 54/55.

Elektrische Daten	
Betriebsspannung	220/380 V, 50 Hz
Steuerspannung	220 Volt, 50 Hz
Schutzart	IP 54/55

Nicht so klar ist – und damit hat NICKL Recht –, ob und wo klassifikatorisch eine Grenze zwischen Aufzählung und Tabelle gezogen werden soll:

> Dabei ist übrigens die Definition einer Tabelle nicht unproblematisch, wenngleich diese Tatsache jedoch so gut wie nie thematisiert wird. Die Übergänge zwischen Layout-Techniken und Gliederungsmerkmalen (z.B. eingezogene Ränder, Marginalien und Spaltensatz) auf der einen Seite und Tabellen auf der anderen Seite sind fließend. Mit Raible (1991:15) sollen Tabellen hier als zweidimensionale Matrizen verstanden werden. Die Struktur der Matrix muß dabei durch das Layout verdeutlicht werden, eine Beschriftung der Zeilen und Spalten der Matrix ist aber nicht notwendig (2001: 178).

NICKL entscheidet sich gegen eine solche Grenzziehung. Sein Zugeständnis an die Form der „zweidimensionalen Matrix“ betrifft exakt den Unterschied zwischen Aufzählung und Tabelle, für den sich schwerlich ein inhaltliches Korrelat finden lässt. Daher werden vergleichbare Aufzählungen in den Anleitungskorpora als (einfachste Form von) Tabellen klassifiziert.

Üblicherweise dienen Tabellen zum Ordnen komplexeren Zahlenmaterials, d.h., sie haben mehr als nur eine Datenspalte. Ihre Zweigliedrigkeit (1. Ebene: Basisspalte, nächsttiefere Ebene: Datenspalte/n) bleibt davon unberührt. Ein Beispiel ganz anderer Art ist in Anleitungen der TT zur Störungssuche/-behebung, der häufig in Tabellenform dargeboten wird, z.B.:

Betriebsstörung	mögliche Ursachen	Abhilfe
Ventilator läuft unruhig.	Laufrad hat Unwucht.	Nachwuchten durch einen Fachmann.
	Anbackungen am Laufrad.	Anbackungen sorgfältig abwaschen, ggf. durch einen Fachmann nachwuchten lassen.
	Materialzersetzung am Laufrad aufgrund aggressiver Fördermedien.	Rücksprache mit dem Hersteller.

Tab. 1.13: Tabelle zur Störungssuche/-behebung (Auszug)

Abgesehen davon, dass solche Tabellen, wie der Auszug in Tab. 1.13 zeigt, kein Zahlenmaterial enthalten, gibt es keine formalen Unterschiede zu anderen: Die linke Spalte „Betriebsstörung" ist die Basisspalte. Von ihr wären in einer „normalen" Tabelle die beiden anderen – „mögliche Ursachen" und „Abhilfe" – abhängig. In diesem Fall besteht die Abhängigkeit jedoch lediglich zwischen mittlerer und Basisspalte, denn die Rekurrenz von Lexemen zeigt an, dass die Spaltentexte rechts nicht auf die Basisspalte, sondern auf die mittlere Spalte referieren: Zweck der Abhilfe ist die Behebung der Störungsursache. Zudem sind in der Basisspalte Leerzeilen möglich, weil eine Störung mehrere Ursachen haben kann. Demgegenüber stehen die aufeinander bezogenen Einträge in der rechten und in der mittleren Spalte jeweils im Verhältnis 1 : 1. Diese Abhängigkeiten führen zur Annahme einer Dreigliedrigkeit für Tabellen zur Störungssuche.

Da eine solche Tabelle nicht der strukturierten Präsentation von Daten dient, können diese Informationen ohne übermäßigen Aufwand und ohne wesentliche Beeinträchtigung der Übersichtlichkeit auch ohne tabellarische Formatierung gegeben werden, z.B.:

8.3 Verölung des Schöpfraumes
  8.3.1 Zu hoher Ölstand
    Abhilfe
  8.3.2 Öl mit Produkt vermischt
    Abhilfe
  8.3.3 Pumpe undicht
    Abhilfe.

Die Struktur entspricht den Spalten der Tabelle (Störung/Ursache/Behebung). Die Nummerierung macht die Gliederung in drei Ebenen deutlich, und sie entspricht der für eine solche Tabelle angenommenen Spaltenhierarchie. Nach dem Prinzip einer solchen Tabelle zur Störungssuche können rechts weitere Spalten angefügt werden, die sich wiederum nicht auf die Basisspalte, sondern jeweils nur auf die benachbarte Spalte zur Linken beziehen. Dabei wächst die Gliederungstiefe der Tabelle mit jeder neuen Spalte um eine weitere Ebene.

In einer deutschen Anleitung gibt es ein Beispiel für eine viergliedrige Tabelle dieser Art (vgl. Abb. 8.1). Hier steht nur die Datenspalte 1 in Bezug zur Basisspalte, die beiden übrigen sind auf die jeweils vorhergehende Datenspalte bezogen, weil Differenzen gebildet werden (in Datenspalte 2 zu Werten in Spalte 1, in Spalte 3 zu Werten in Spalte 2).

1.6.2.3 Gliederung der Text-Bild-Gemeinschaft

Sofern man bereit ist, den von KALVERKÄMPER (1993: 217) geprägten Begriff der „Text-Bild-Gemeinschaft" ernst zu nehmen, wird man auch der Frage nachgehen müssen, auf welchen Ebenen der in 1.6.2.1 behandelten Hierarchie Abbildungen und Tabellen in diese Gemeinschaft eingebunden sind. Die textuelle Umgebung einer Abbildung/Tabelle ist in dieser Hinsicht nicht immer aussagefähig. Häufig ist die Distanz zum zugehörigen TT zu groß, als dass räumliche Nähe ein grundsätzlich geeignetes Merkmal für die Konstitution einer Verbindung zwischen beiden abgeben könnte. Eine nahe liegende Antwort ergibt sich aus der Tatsache, dass TT und Abbildung häufig durch einen Verweis verknüpft sind (vgl. auch 1.7.2.3.1). Der Verweis markiert daher – zuverlässiger als die Positionierung – den Sinnbezug vom Text zur Abbildung und umgekehrt.

Wenn eine Abbildung/Tabelle in einem komplementären Verhältnis zu dem TT steht, in dem auf sie verwiesen wird, so bedeutet das eine Fortsetzung der Informationsvermittlung mit anderen Mitteln (vgl. 1.7.2.2.2). Daher ließe sich der TT bei einem semiotischen Wechsel von non-verbalen zu verbalen Informationen entsprechend ergänzen. Auf diese Weise würde sich zeigen, ob die nonverbalen Informationen ganz oder partiell der Ebene des TT oder aber einer oder mehreren zusätzlichen – tiefer liegenden – Gliederungsebenen angehören. Da diese Prozedur mit unvertretbar großem Aufwand verbunden wäre, ist für die Zwecke der geplanten Analysen eine andere Verfahrensweise zu wählen, die mit einem Kriterienraster schneller zum Ziel führt. Wesentliche Bedingung ist, dass dieses Raster auch dann anwendbar sein muss, wenn ein Verweis fehlt und das gemeinsame Thema einzig verfügbares Merkmal des Text-Bild-Bezuges ist. Es ist deshalb davon auszugehen, dass die Verknüpfung textuell (durch Verweis) oder thematisch (z.B. bei räumlicher Nähe) hergestellt sein kann. In dieser Weise lassen sich auch Tabellen und Text verknüpfen. Grundsätzlich steht jede Textebene dafür zur Verfügung.

FUNKTION DER ABBILDUNG/TABELLE	ART DER VERKNÜPFUNG MIT DEM TEXT	RELATION ZUM TT/ AUSGANGSEBENE[285]
Komplementär	Einfach (textuell oder thematisch)	Koordinativ/ TT-Ebene
Komplementär	Mehrfach (nur textuell)	Super- oder koordinativ/ Ebene des hierarchisch höchsten Verweises
Illustrativ/resümierend	Einfach (textuell oder thematisch)	Subordinativ/Folgeebene
Autonom	Entfällt	Entfällt/separater TT auf der Ebene seiner Deklaration
Isoliert	Entfällt	Entfällt/Ebene I (als Quasi-Auxiliartext)

Tab. 1.14: Hierarchische Positionierung von Abbildungen und Tabellen

Das Raster gemäß Tab. 1.14 basiert auf einer funktionalen Klassifikation (zu Abbildungsfunktionen vgl. 1.7.2.2.2): Danach gilt eine Abbildung, die den zugehörigen TT ergänzt, d.h. die Informationsvermittlung mit visuellen Mitteln fortsetzt, als „komplementär". Die gleiche Funktion erfüllt eine Tabelle, die ergänzende Daten bereitstellt.

Eine Abbildung. die den Inhalt des zugehörigen TT mit non-verbalen Mitteln mehr oder weniger wiederholt, gilt als „illustrativ". Eine Tabelle mit analoger Funktion dient eher der Zusammenfassung und wird „resümierend" genannt.

Sofern eine einzelne Abbildung (ohne Beigabe von Verbaltext) einen separaten nonverbalen TT konstituiert, ist sie im Sinne der Klassifikation „autonom". Entsprechendes ließe sich auch von einer Tabelle als einziger Konstituente eines TT sagen. Da der für eine Verknüpfung erforderliche Verbaltext gerade nicht vorhanden ist, wird die Positionierung des nonverbalen TT durch seine Deklaration bestimmt. Diese kann – an der Nummerierung oder an anderen Merkmalen der Textstruktur – als Deklaration eines Kapitels oder eines Abschnitts innerhalb des Gesamttextes zu erkennen sein. Wie bei einem verbalen TT, der nur aus einem Absatz besteht, wird zwischen Deklaration und nonverbalem TT mit einer Abbildung eine Relation der Koordination angenommen. Die Ausgangsebene der autonomen Abbildung oder Tabelle entspricht daher der Ebene ihrer jeweiligen Deklaration.

Ein nonverbaler TT kann allerdings auch eine Gruppe von zwei und mehr Abbildungen enthalten. In diesem Fall wird jede Abbildung als Konstituente des nonverbalen TT betrachtet, zu dessen Gesamtheit sie im Verhältnis der Subordination steht. Die Ausgangs-

[285] Die Ausgangsebene ist die höchste Ebene einer Abbildung/Tabelle, an die sich absteigend die Ebenen der inneren Gliederung anschließen.

ebene einer solchen Abbildung liegt auf der nächsttieferen Ebene unterhalb der jeweiligen Deklaration.

Eine Abbildung bzw. eine Tabelle, auf die nicht verwiesen wird und die sich in einer thematisch fremden Textumgebung befindet, gilt als „isoliert". Da solchen Abbildungen oder Tabellen nicht nur die Verknüpfung zum Verbaltext fehlt, sondern außerdem ein der Deklaration bei autonomer Funktion vergleichbarer Anhaltspunkt nicht in Sicht ist, bleibt nur die Positionierung auf Ebene I (Kapitel) mit dem Status eines Quasi-Auxiliartextes. In der Tat rechtfertigt der Inhalt isolierter Abbildungen häufig einen solchen Status.

Analysemodus: Positionierung von Abbildungen/Tabellen

Während sich die Positionierung von Abbildungen/Tabellen mit einfacher Verknüpfung sehr schnell ermitteln lässt (hier kommt je nach Funktion nur die Ebene des TT bzw. die nächsttiefere Ebene in Frage), müssen bei mehrfacher Verknüpfung zunächst alle Textstellen mit entsprechenden Verweisen erfasst und gemeinsam betrachtet werden.

Üblicherweise ist die Abbildung/Tabelle nicht allzu weit vom ersten Verweis entfernt, der auf einer beliebigen Ebene stehen kann, häufig jedoch auf einer der oberen Ebenen steht. Mit dem Fortgang des Textes folgen weitere Verweise, sobald in der Abbildung/Tabelle enthaltene Informationen erneut relevant werden. Spätere Verweise können von jeder beliebigen Ebene aus gegeben werden:

Beispiel: Abb. 2 (Bedienfeld eines Elektroherdes, Funktion komplementär)

1. Verweis in 4.5.2 (III)
2. Verweis in 4.5.5
3. Verweis in 4.5.6 - Abbildung folgt nach 4.6.1
4. Verweis in 4.7.3
5. Verweis in 4.9.2
6. Verweis in 7.3 (II)
7. Verweis in 7.6
8. Verweis in 7.10

In dieser russischen Anleitung sind die TT auf Ebene III nicht weiter gegliedert, d.h., sie enthalten jeweils nur einen Satz. Daher stehen auch die dort gegebenen Verweise auf dieser Ebene. Gleiches gilt für die TT auf Ebene II. Da für komplementäre Abbildungen eine zumindest koordinative Relation zum TT angenommen wird, muss Ebene II (TT 7.3, 7.6, 7.10) Ausgangsebene für die Positionierung von Abb. 2 sein. Eine Platzierung auf Ebene III würde demgegenüber (fälschlicherweise) besagen, dass es sich um eine illustrative Abbildung zu den TT auf Ebene II handelt. Die Abbildung selbst ist formal in zwei Ebenen gegliedert (Ansicht und 2 Details) und hat einen Abbildungstitel sowie eine Legende mit 13 Positionen. Sie steht daher auf den Ebenen II/III.

B e i s p i e l: Tab. 1 (Technische Daten, Funktion komplementär)

1. Verweis in 1.5 (II), die Tabelle folgt unmittelbar
2. Verweis in 4.5.3 (III)
3. Verweis in der Legende zu Abb. 12.

Der erste Verweis wird auf Ebene II gegeben, da auch der Punkt 1.5 nur einen Satz enthält. Der Verweis in der Legende zu Abb. 12 steht – ebenso wie der Verweis in 4.5.3 – auf Ebene III. Die Ausgangsebene für die Positionierung dieser Tabelle ist die Ebene des Abschnitts 1.5. Ebene III kommt als Ausgangsebene nicht in Betracht, weil Tab. 1 eine komplementäre – keine resümierende – Funktion hat. Die Tabelle selbst zeigt die typische Zweigliedrigkeit (vgl. 1.6.2.2.3), d.h., sie erstreckt über 2 Ebenen (II/III).

B e i s p i e l: Positionen in Abb. 1 (Turbomolekularpumpe, Funktion komplementär)
Abbildung mit Legende (Pos. 1 – 11) geht Kapitel 2 voraus

1. Verweise auf Pos. 6, 7, 11, 5 in TT auf (III) bzw. (IV) von Abschnitt 2.1 (II)
2. Verweis auf Pos. 1 in TT auf (IV) von 5.2.1 (III)
3. Verweis auf Pos. 3 in TT auf (III) von Abschnitt 5.3 (II)
4. Verweise auf Pos. 7, 10 in Einschub auf (III) zu TT auf (II) von Kapitel 8 (I).

Interessant an diesem Beispiel ist, dass im Text nur auf einen Teil der bezifferten Positionen verwiesen wird. Die Abbildung ist zweiteilig. Sie besteht aus Ansicht und Schnitt, in denen die Komponenten entsprechend beziffert sind. Die Verweise, deren höchste auf Ebene III stehen, beziehen sich auf die Abb.-Positionen, die untere Ebene der Abbildung. Abb. 1 ist daher in der Text-Bild-Gemeinschaft auf Ebene II platziert, Positionen von Abbildung und Legende stehen auf Ebene III.

B e i s p i e l: Undeklarierte Abbildung (Mikrowellenherd, Funktion illustrativ)

Metal Rack Installation

1. Rost in die Führungen an der Herdwand schieben, so dass die Seiten nach unten zeigen. **Verweis Abb.**
2. Speisen gemäß Anleitung in den Herd stellen.
3. Zeit und Leistung einstellen.
   Abb. (zur Darstellung vgl. Abb. 8.12).

Der TT steht auf Ebene III, die einzelnen Instruktionen auf Ebene IV. Die Abbildung zeigt den richtig eingeschobenen Rost, wie in der 1. Instruktion beschrieben. Als illustrative Abbildung ist sie daher auf der Folgeebene (V) positioniert.

B e i s p i e l: Tab. 4-4 (Eingabeterminal, Funktion resümierend)

4-3 DO-NOT-ENTER MESSAGES
(...)
Time
What?
System Lock
Security Key (…)
DIAGRAM 4-4 DO-NOT-ENTER MESSAGES

Die in den deklarierten TT auf Ebene IV im Abschnitt 4-3 beschriebenen Mitteilungen werden in Tab. 4-4 stichwortartig zusammengefasst. Die Ausgangsebene dieser Tabelle befindet sich daher unterhalb der in ihr resümierten TT, d.h. auf Ebene V.

Beispiel: 2 Abbildungen (Temperaturschreiber, 2 Ausführungen, Funktion autonom)

9 Maßbild (zur Darstellung vgl. Abb. 1.27)

Bei diesem nonverbalen TT handelt es sich laut Deklaration um Kapitel 9 der entsprechenden Anleitung. Die beiden Konstituenten stehen daher auf der Ebene der Abschnitte (II).

Beispiel: Tabelle (Technische Daten, Funktion autonom)

I. ОСНОВНЫЕ СВЕДЕНИЯ ПО ВАГОНООПРОКИДЫВАТЕЛЮ

А. Техническая характеристика вагоноопрокидывателя

Б. Описание конструкции

Abschnitt A. dieses Kapitels beinhaltet ausschließlich eine zweigliedrige Tabelle. Diese hat daher eine autonome Funktion und den Status eines Abschnitts, positioniert auf Ebene II (Basisspalte). Die subordinierte Datenspalte steht entsprechend auf Ebene III.

Beispiel: Abb. 5 (Wälzkolbenpumpe, Funktion isoliert)

1 Technische Daten
2 Beschreibung
3 Lieferumfang
4 Elektrischer Anschluß
5 Vorbereitungen zur Inbetriebnahme (siehe Abb. 3 und 4)
6 Inbetriebnahme
7 Wartung der Wälzkolbenpumpe
8 Hinweise bei Betriebsstörungen

Abb. 5 Maßzeichnung zu den Wälzkolbenpumpen RUVAC WA und RUVAC WAU

Im Gegensatz zu den anderen Abbildungen dieser Anleitung wird auf Abb. 5 nicht verwiesen. Sie schließt (ohne ersichtliche Motivation) an das thematisch fremde Kapitel 8 an und ist 6 Kapitel von dem TT entfernt, dem sie thematisch verbunden ist (Kapitel 1: Technische Daten). Gemäß Tab. 1.14 wird ihr daher der Status eines Quasi-Auxiliartextes zugewiesen, sie ist auf Ebene I positioniert.

Eine isolierte Tabelle ist theoretisch vorstellbar, in den Anleitungen der Korpora jedoch nicht vorhanden.

1.6.2.4 Textverlaufsebene und maximale Gliederungstiefe der Text-Bild-Gemeinschaft

Wenn GÖPFERICH (1998: 336) zur Textsorte „Lehrbuch" schreibt, diese weise „im Deutschen deutlich mehr Gliederungsebenen (...) auf als im Englischen", so bezieht sie sich damit auf die „äußere" Gliederung der Texte, die z.B. an der TT-Nummerierung und ggf.

im Inhaltsverzeichnis sichtbar wird. Bei der Betrachtung der Gliederungsebenen in der Texthierarchie (vgl. 1.6.2.1) wurde bereits gezeigt, dass sich die Gliederung eines Textes nicht in der äußeren Hierarchie der oberen Ebenen erschöpft, sondern mit anderen Mitteln auf tiefer liegenden Ebenen fortgesetzt wird.

Die Textverlaufsebene wird im Rahmen der Analysen anhand der thematischen Gliederung eines jeden Textes (und für jedes Textkorpus insgesamt) ermittelt. Für jede einzelne Ebene der Texthierarchie (z.B. von I – V) werden die auf ihr positionierten TT (alle formalen Einheiten vom Kapitel bis zum Absatz) ausgezählt. Die Ebene, auf der die Mehrheit der TT eines Textes zu finden ist, wird als „Textverlaufsebene" bezeichnet.

Das zweite Kriterium, die Gliederungstiefe (bei DIETRICH 1997: 98 „Einbettungstiefe" genannt) ist Ausdruck der „Vertiefung eines Themas", die nach der hier vertretenen Auffassung jeweils mit einem Ebenenwechsel in der thematischen Gliederung einhergeht (vgl. 1.6.2.1.2). Große Gliederungstiefe eines TT bedeutet daher, dass das jeweilige Thema mit einem hohen Detaillierungsgrad behandelt wird, was wiederum auf eine hohe Relevanz dieses Themas für den Text schließen lässt (vgl. in diesem Sinne auch KALVERKÄMPER 1982: 149).

Da die Gliederungstiefe für die Text-Bild-Gemeinschaft ermittelt werden soll, ist bei der Analyse nicht nur der Verbaltext mit allen seinen Ebenen zu berücksichtigen. Zusätzlich muss die Positionierung von Abbildungen und Tabellen in der Hierarchie der Gemeinschaft bestimmt werden. Diese hängt zum einen von ihrer eigenen formalen Gliederung bzw. inhaltlichen Segmentierung und zum anderen von ihrem Textbezug bzw. ihrer Funktion ab (vgl. 1.6.2.2 bzw. 1.6.2.3).

Die maximale Gliederungstiefe wird zu jedem Text (und zu jedem Textkorpus) ermittelt: sie repräsentiert die Textstelle(n) maximaler Detaillierung – und maximaler Relevanz.

Beide Merkmale (Textverlaufsebene und maximale Gliederungstiefe) können ebenfalls am einzelnen TT analysiert werden. Da eine Darstellung am Gesamttext praktisch nicht möglich ist, müssen sich die Beispiele im Folgenden (wie auch in Kapitel 8) auf die Darstellung von TT beschränken:

Beispiel: TT ohne Abbildung

II **Defrosting**

III **The fridge compartment**

Der Kühlschrank taut automatisch ab. Wird die Küche zu warm, findet das Abtauen evtl. nicht regelmäßig statt. Sobald sich die Bedingungen normalisieren, beginnt das Abtauen wieder. Der Ablauf muss frei bleiben, und die Lebensmittel müssen von der Kühlplatte ferngehalten werden.

III **The freezer compartment**

IV Auf den Flächen bildet sich Eis, das sich zuerst oben aufbaut. Regelmäßig mit Plastikschaber entfernen.

Kein Metallwerkzeug verwenden. Ab und zu müssen Sie ganz abtauen. Möglichst bei geringer Lebensmittelmenge. Das Abtauen muss möglichst schnell vor sich gehen, weil die TK-Produkte sonst zu warm werden. Folgende Schritte ausführen:
V Arbeitsschritte 1 – 12
Fertig!

Analyse: Ebene II – 1 TT, Ebene III – 2 TT, Ebene IV – 2 TT, Ebene V – 13 TT.

Verlaufsebene dieses Abschnitts: Ebene V.

Die **maximale Gliederungstiefe** wird markiert durch die Arbeitsschritte zum Abtauen des Gefrierschrankes: Ebene V.

Beispiel: TT mit Tabellen und Verweisen (vgl. 1.6.2.2.3)

II **9.2. Наладка схем управления движения пиноля, патрона и ограждения станков**
III 9.2.1. – 9.2.4.
9.2.5. – На переключателях „Технологические команды" системы УПМ-331 последовательно набирать код команд в соответствии с табл. 4.
Таблица 4 (Basisspalte)
IV (Datenspalte)
III 9.2.6. – 9.2.8.
9.2.9 – Неисправности и методы их устранения даны в табл. 5.
Таблица 5 (Basisspalte – Störung)
IV (Störungsursache)
V (Behebung der Ursache)

Analyse: Ebene II – 1 TT (9.2), Ebene III – 9 TT (9.2.1 – 9.2.9).

Verlaufsebene dieses Abschnitts: Ebene III.

Die **maximale Gliederungstiefe** dieses Abschnitts wird markiert durch die dritte Spalte von Tab. 5: Ebene V.

Beispiel: TT mit illustrativen Abbildungen

II **2.1 Arbeiten vor der ersten Inbetriebnahme**
III Arbeitsschritte 1. –3.
IV Abb. zu Arbeitsschritt 4.
III Arbeitsschritte 4. – 5.
IV Abb. zu Arbeitsschritt 5.
III Arbeitsschritte 6. – 7.
IV/V Abb. mit Detail zu Arbeitsschritt 7.
III Arbeitsschritt 8.
Arbeitsschritt 9: Prüfen der Rotordrehrichtung
IV Einschalten
Rotorschalter drücken, Drehen in Pfeilrichtung, bei falscher Drehrichtung umpolen.

Analyse: Ebene II – 1 TT, Ebene III – 9 TT, Ebene IV – 2 TT.

Verlaufsebene dieses Abschnitts: Ebene III.

Die **maximale Gliederungstiefe** wird markiert durch das Abb.-Detail: Ebene V.

B e i s p i e l: TT mit Einschubtexten

II **6.2 Besondere Hinweise für den Betrieb**
III 6.2.1 – 6.2.3
IV **Achtung**! [Einschub zu 6.2.3]
III 6.2.4 – 6.2.6
6.2.7 Besondere Betriebsbedingungen
IV **Achtung**! [Einschub zu 6.2.7]

Analyse: Ebene II – 1 TT, Ebene III – 7 TT, Ebene IV – 2 TT.

Verlaufsebene dieses Abschnitts: Ebene III.

Die **maximale Gliederungstiefe** dieses Abschnitts wird markiert durch die beiden Einschübe: Ebene IV.

Bei der Analyse ihres Textkorpus (Fachzeitschriftenartikel der Mikrokultur Architektur) kommt DIETRICH (1997: 98) zu folgenden Ergebnissen:

> Während die **maximale Einbettungstiefe** der deutschen Texte üblicherweise bei fünf bis sechs Ebenen liegt, wechselt diese Größe bei den rumänischen Texten zwischen drei und sieben Ebenen. (...) Für die deutschen Texte kann die dritte Ebene als vorherrschende Textverlaufs-*Basis* gelten.

Die obigen Beispiele zeigen die Verfahrensweise, nach der die beiden Kriterien analysiert werden. Allerdings sagen sie kaum etwas über Verlaufsebene bzw. maximale Gliederungstiefe des jeweiligen Gesamttextes aus (und noch weniger über die Werte für das jeweilige Korpus). Dennoch besteht Grund zu der Annahme, dass Ebene III auch in deutschen Anleitungen technischer Mikrokulturen als Textverlaufsebene eine Rolle spielen könnte. Dagegen bleibt offen, ob sich im Hinblick auf die maximale Gliederungstiefe ebenfalls Parallelen finden lassen, da dieses Merkmal durch die Fakten einer einzelnen Textstelle determiniert sein kann.

1.6.2.5 Analyseraster: Gliederungsebenen

Merkmal	Varianten
TEXTGLIEDERUNG	Äußere Hierarchie/Gliederung der unteren Ebenen
AUFZÄHLUNGSZEICHEN	Ziffern, Minuskeln, Spiegelstriche, -punkte, -quadrate, -pfeile etc.
TEXTVERLAUFSEBENE	Mehrheit der TT auf einer Ebene Kombination: Mehrheit der TT verteilt sich über zwei oder mehr Ebenen
MAX. GLIEDERUNGSTIEFE	Repräsentiert durch den tiefsten Punkt der Texthierarchie: TT, Einschub, unterste Ebene von Abbildung oder Tabelle

Positionierung (nach inhaltlichem Bezug)	
TT	Koordinativ bei Themenwechsel Subordinativ bei Vertiefung des Themas
EINSCHUBTEXT	Subordinativ zum Referenz-TT
ABBILDUNG	Koordinativ bei komplementärer Funktion Subordinativ bei illustrativer Funktion Ebene des höchsten Verweises bei textueller Mehrfachverknüpfung Ebene der Deklaration des nonverbalen TT bei autonomer Funktion bzw. nächsttiefere Ebene für eine Abbildungsgruppe Ebene der Kapitel bei Isolierung
TABELLE	Koordinativ bei komplementärer Funktion Subordinativ bei resümierender Funktion Ebene der Deklaration bei autonomer Funktion

1.6.3 Prinzipien und Themen der Textkomposition

Aus verschiedenen Arbeiten ist bereits eine Reihe von Prinzipien bekannt, die der Textkomposition zugrunde liegen können. So verzeichnet z.B. LINDROTH (1997) „grundlegende Gliederungsmuster, die sich aus gedanklichen Ordnungsprinzipien ergeben“:

1. Deduktive Gliederung: Vom Allgemeinen zum Speziellen.[286]
2. Induktive Gliederung: Vom Speziellen zum Allgemeinen.
3. Gliederung nach dem Gefühl: Vom schwächsten zum stärksten Argument oder vice versa.
4. Chronologische Gliederung: Dem Zeitablauf entsprechend.
5. Kausale Gliederung: Von der Ursache zur Wirkung oder vice versa.
6. Dialektische Gliederung: Dreistufig, nach dem Muster: These, Antithese, Synthese (176).

Zu den bei BAUMANN (1992a: 88 bzw. 82) aufgeführten „intellektuell bestimmten Kompositionsprinzipien“, die in technischen Texten denkbar sind, gehören u.a. folgende:

Allgemeines – Besonderes – Einzelnes;[287]
Abstraktes – Konkretes;
Theoretisches – Empirisches;[288]

[286] Vgl. auch RAZINKINA (1987: 30): „Что касается монографии Лайонза, то по отношению к названию книги в целом названия глав вычленяются на основе дедуктивного метода: от более общего к более частному“.

[287] Vgl. zu diesem Prinzip auch GROEBEN/CHRISTMANN (1989: 181): „Die Technik des Sequentiellen Arrangierens bezieht sich auf die Art der Aufeinanderfolge von Textinformationen. Nach der Subsumptionstheorie soll jeweils bei den inklusivsten Konzepten begonnen und dann sukzessiv zu spezielleren Konzepten bis hin zu konkreten Fakteninformationen abgestiegen werden“.

[288] Vgl. auch RAZINKINA (1987: 35): „Динамический аспект поглавного расположения и организации материала проявляет себя несколькими способами. Это и упомянутое ‚дви-

Gattung – Art;
Ursache – Wirkung;
Bedingung – Folge;
Aufgabenstellung – Aufgabenlösung.

Jede einzelne dieser Relationen lässt sich in beschreibenden/berichtenden Texten vorstellen. Auf Textsorten mit diesen Funktionen bezieht sich z.B. DIETRICH (1997: 100):

> Das häufigste **Ordnungskriterium** für die Strukturierung der Texte ist die Chronologie, da sie für Textproduzenten und -rezipienten am einfachsten zu handhaben ist. (...) Bei einer funktionalen Anordnung (bei Architektur-Texten z.B. häufig nach Bauteilen) (...) tritt dann oft noch ein zweites Kriterium hinzu (z.B. wiederum das der Chronologie, oder eine Beschreibung vom allgemeinen zum speziellen [sic], von außen nach innen oder in der Reihenfolge der Wichtigkeit für das Thema etc.).

Die Beobachtung, dass Kompositionsprinzipien zur Ordnung von Themen häufig kombiniert werden, macht DIETRICH auf Textebene. Sie bestätigt sich in den Anleitungskorpora u.a. auf den Ebenen von Kapiteln und Abschnitten. Bei der Analyse der TT werden zusätzlich auch die Themen erfasst, deren Behandlung geordnet wird. TT (Absätze) auf den unteren Ebenen lassen wegen ihres geringen Umfangs häufig kein Ordnungsprinzip mehr erkennen, sondern nur noch das Thema bzw. eine Themenkombination.

Der Erfassung der Kompositionsprinzipien geht eine TT-Typenanalyse voraus. Dieser Analyse liegt eine Klassifikation nach Sprechhandlungen zugrunde, die eine Unterscheidung folgender Typen ermöglicht: instruktive, deskriptive etc. TT sowie instruktiv-deskriptive und „sonstige“ Misch-TT, z.B.:

Instruktive TT

5.2 Umbau der Förderrichtung
Öl ablassen.
Das Rohr muss verlängert werden.
Teile zum Umbau bestellen.
Alle Verschraubungen öldicht ausführen.
Das Verlängerungsrohr montieren.
Die Füße entsprechend befestigen, waagerecht belassen, Öl einfüllen.

8. ТЕХНИЧЕСКОЕ ОБСЛУЖИВАНИЕ
8.1 Emaillierte Außenflächen abwaschen und abtrocknen. Polierte Flächen abreiben. Spritzer vor dem Antrocknen entfernen.
8.2 Alle Herdteile regelmäßig reinigen und mit trockenem Tuch abreiben.
8.3 Bei Störungen an Organisationen wenden, die Hausgeräte reparieren dürfen.

Unpacking
Nach dem Entfernen des Kartons Schutzmaterial aus dem Inneren herausnehmen.
1. 3 Schrauben hinten entfernen.
2. Verbleibende Distanzstücke mit Schraubendreher lösen.

жение’ глав (а также разделов, частей) от более обобщенных к более конкретным, от глав, имеющих эмпирический характер, к главам теоретическим или же наоборот“.

3. Die Maschine umlegen, und Kunststoffbänder unten entfernen.
   Arbeitsschritte zum Entfernen der Bänder.
4. Die Maschine aus der Verpackung herausheben, Distanzstücke entfernen. Diese und die Schrauben für ev. Transport aufbewahren.

Deskriptive TT

4.1 Funktionszuordnung der Schalter und Taster
Schalter
Taster

4.8 Сигнальные лампочки
4.8.1 Die Lampen befinden sich auf dem Bedienfeld.
4.8.2 Beim Drehen eines Knopfes leuchtet die entsprechende Lampe.

ADDED HEAT
Die Heizelemente sind beim Spülen und Trocknen länger in Betrieb.
NOTE: Nicht möglich bei Rinse only.

Kommissive TT

12. ГАРАНТИИ ИЗГОТОВИТЕЛЯ
12.1 Das Herstellerwerk garantiert Konformität zu technischen Bedingungen bei Beachtung der Vorschriften für Transport, Lagerung, Montage und Betrieb.
12.2 Garantie für Lagerung – 6 Monate ab Fertigung.
12.3 Während der Garantiezeit ersetzt oder repariert der Hersteller das Gerät, wenn der Kunde Abweichungen von technischen Bedingungen oder Passdaten feststellt.
12.4 Garantie für Betrieb – 18 Monate ab Inbetriebnahme.

Canadian DOC Statement
This digital device does not exceed the Class B limits for radio noise emissions from digital apparatus specified in the interference-causing equipment standard entitled „Digital Apparatus." ICES-003 of the Department of Communications.
This device complies with RSS-210 of Industry and Science Canada.

Deklarative TT

What GE will Not Cover
Hausbesuche zur Einweisung,
Falsche Installation,
Geräteversagen bei Missbrauch,
Austausch von Sicherungen,
Schäden durch Unfall oder Höhere Gewalt,
Reinigen des Luftspaltes.

Instruktiv-deskriptive Misch-TT

7. Lagerung
Gehäuse und Laufrad sind aus Kunststoff gefertigt. (deskr.)
Maschine nicht extremen Temperaturen aussetzen. (instr.)
Gestell und Grundrahmen sind aus Profilstahl gefertigt und lackiert. (deskr.)
Maschine in einem abschließbaren, temperierten Raum lagern. (instr.)

6.6 Прослушивание звукового сопровождения телевизионных передач на головные телефоны и запись на магнитную ленту
Der Fernsehton kann mit Kopfhörern mitgehört werden (deskr.), Stecker in die Buchse einstecken (instr.).

Der Lautsprecher wird dann abgeschaltet. (deskr.)
Zur Aufzeichnung des Fernsehtons Tonbandkabel in Buchse einstecken. (instr.)
Lautstärke am Tonband einstellen. (instr.) Darauf hat der Regler am TV keinen Einfluss (deskr.)

Using the Dishwasher Door
Tür schließen, um Programm oder Zusatzfunktion zu wählen. (instr.)
Wird die Tür während des Programms geöffnet, gibt der Geschirrspüler jede Minute akustisch Alarm, bis sie geschlossen wird. (deskr.)

Sonstige Misch-TT

Instruktiv-deklarativ

1. Einleitung
Diese Betriebsanleitung ist von allen zu lesen und zu beachten, die für die Maschine verantwortlich sind. (instr.)
Sorgfältig lesen, um Fehler zu vermeiden (instr.), der Hersteller haftet nicht für Schäden durch Nichtbeachtung der Anleitung (dekl.).
Technische Änderungen sind vorbehalten. (dekl.)

Instruktiv-kommissiv-deklarativ

ГАРАНТИЯ 1 ГОД
Bei Beachtung der Vorschriften Garantie für 1 Jahr einwandfreien Betriebs. (komm.)
Bei Reklamationen Gerätepass und Bestätigung des Verkäufers vorlegen. (instr.)
Für Schäden, die der Handel oder der Verbraucher selbst verursacht hat, haftet das Werk nicht. Sie werden nicht kostenlos behoben. (dekl.)

Instruktiv-deskriptiv-deklarativ

CAUTION
Zum sicheren Betrieb Anleitungen für Füllzylinder oder Waage einsehen. (instr.)
Fahrlässiger Betrieb birgt Gefahren durch Überfüllen von Füllzylinder oder -tank. (Begründung – deskr.)
Den zulässigen Druck nicht überschreiten. (instr.)
Flüssigkeitsniveau im Füllzylinder bzw. Gewicht des Hilfstanks während des Befüllens sorgfältig überwachen. (instr.)
Überfüllte Zylinder schädigen den Kompressor bei Differenzdruck. (Begründung – deskr.)
Die Garantie erlischt. (dekl.)

Da die „sonstigen“ Misch-TT, die ausnahmsweise auch expressive Sprechhandlungen beinhalten können, verhältnismäßig selten sind, ergibt sich im Hinblick auf die Konstitution der Korpustexte (und vermutlich gilt das für Anleitungen generell), dass sie sich überwiegend aus instruktiven, deskriptiven und instruktiv-deskriptiven Misch-TT zusammensetzen und daher selbst im Wesentlichen instruktiv-deskriptive Mischtexte sind (vgl. auch 1.5.2.2).

Diese Tatsache findet ihre Begründung darin, dass „Handlungen räumlich situiert und die involvierten Objekte eingeführt werden [müssen]“ (BALLSTAEDT 1999: 110). Damit der Rezipient zuerst kennen lernen kann, was er anschließend bedienen soll, wird im Sinne der geforderten Einführung (s.o.) üblicherweise eine Beschreibung von Aufbau und Funktionsweise der Maschine/des Gerätes gegeben, die den Anleitungsschritten in irgendeiner Form – nicht notwendigerweise in separaten TT - vorausgeht.

1.6.3.1 Komposition instruktiver TT

Zu instruktiven TT einer Anleitung schreibt BALLSTAEDT (1999: 111):

> Die Gestaltung anleitender Textteile sollte von handlungstheoretischen Überlegungen ausgehen (...). Handlungen sind hierarchisch organisiert. Ein übergeordnetes Ziel bzw. ein Endzustand wird durch eine Abfolge von Teilhandlungen angestrebt, die jeweils Zwischenziele realisieren.

Angesprochen ist hier die von BAUMANN (s.o.) erwähnte Relation „Aufgabenstellung – Aufgabenlösung", das überragende Kompositionsprinzip instruktiver TT. Die Aufgabenstellung wird in der Regel durch die übergeordnete TT-Deklaration genannt. Die Komplexität mancher Aufgaben macht eine Gliederung des Lösungsweges in einzelne Schritte notwendig, die im TT bzw. in den Deklarationen subordinierter TT spezifiziert werden. Diese Arbeitsschritte können durchaus chronologisch determiniert sein (z.B. Montage: von innen nach außen/unten nach oben bzw. Demontage in umgekehrter Reihenfolge). In diesem Fall muss ihre Sequenzierung prozessual,[289] d.h. am praktisch vorgegebenen Arbeitsablauf, orientiert sein, z.B.:

Prinzip: „Prozessual"

Waschmittelschublade reinigen
Arbeitsschritte 1. – 6.

7.4 Общий порядок включения и обнуления робота
7.4.1 Schalter Q1, Q2 und Q3 am Schaltschrank einschalten.
7.4.2 Den Betriebsartenwähler am Pult auf „0" stellen.
(...)
7.4.18 Nach dem Einrichten Roboter 8 h bei Automatikbetrieb im Leerlauf testen.

Removing bottom plate
Sauger vom Netz trennen.
Griff tief stellen, und Sauger umdrehen.
4 Schrauben entfernen.
Bodenplatte abnehmen.

Bei einer anderen Variante instruktiver TT lässt sich die Deklaration ebenfalls als „Aufgabenstellung" interpretieren, und die Instruktionen zielen in gleicher Weise auf die „Aufgabenlösung". Jedoch sind die Instruktionen nicht als Abfolge von Arbeitsschritten zu verstehen, sondern als allgemeine Informationen zu Teilaufgaben bzw. zur Art und Weise, wie die Aufgabe zu lösen ist, z.B.:

---

[289] Auch PICHLER (1994: 35) empfiehlt die Ordnung von Instruktionen nach dem prozessualen Prinzip: „Schreiben Sie die Anleitungsschritte in der Reihenfolge der erforderlichen Handlungsschritte. Der Anwender darf nicht erst über eine Anweisung nachdenken müssen, denn dann entstehen Fehler".

Prinzip: „Allgemeines“

Allgemeine Sicherheit

Reparaturen nur von Fachleuten ausführen lassen.
Falls das Gerät beschädigt ist, nicht in Betrieb nehmen.
Anschlussleitung vom Kundendienst austauschen lassen.
Kabel nur am Stecker ziehen.
Keine Umbauten oder Veränderungen vornehmen.
Geschlossen halten außer beim Ein- und Ausräumen.
Spitze Messer in den Oberkorb legen oder mit der Spitze nach unten in den Besteckkorb stellen.

6. ПРЕДУПРЕЖДЕНИЕ ВЗРЫВОВ

Ausrüstungen auf glimmende Ablagerungen prüfen, sofort beseitigen.
Ventilator, dann Mühle einschalten, beim Stillsetzen umgekehrt. Staubproben auf Feinheit und Feuchte analysieren. Staubleitungen auf Dichtheit und Sicherheitsventile prüfen.
Motoren regelmäßig entstauben, Mängel an Elektroinstallation und Erdung beheben. Verboten sind Rauchen, offenes Feuer, Schweißen.
Zur Prüfung tragbare Niederspannungsgeräte mit intakter Isolierung verwenden.
Anweisungen vorgesetzter Organisationen befolgen.

Electric Safety

1. Motoren von einem qualifizierten Elektriker anschließen lassen, und Bundes-, Staats- und Ortsnormen beachten.
2. Elektromotoren müssen geerdet werden.
3. Zum Schutz des Motors Magnetstarter verwenden.
4. Für den Motor ist eine manuelle Rückstelltaste erforderlich.
5. Vor dem Reset vom Netz trennen.
6. Einen Hauptschalter vorsehen, der auf AUS verriegelt werden kann. Auf AUS verriegeln, wenn am Becherwerk gearbeitet wird oder es unbeaufsichtigt bleibt.
7. Vor dem Reset nach Überlast ausschalten.

Das entsprechende Kompositionsprinzip wird „Allgemeines“ genannt. Die Prinzipien „Prozessual“ und „Allgemeines“ können in einem TT auch kombiniert auftreten, z.B.:

Prinzipien: „Prozessual“ – „Allgemeines“ (Reihenfolge beliebig)

9.2 Herausnehmbare Einschubroste

Herausnehmen zur gründlichen Reinigung, ggf. in der Spülmaschine.

Einschubroste herausnehmen

Arbeitsschritte.

Einschubroste einbauen

Arbeitsschritte.

6. НАЛАДКА СТАНКОВ

Werkzeugmaschinen gemäß Anleitung einrichten, Funktion prüfen bei Automatikbetrieb, dann unter Last, Programm für Kundenmuster erstellen. Unter Last darf weder Vibration noch Überlastung auftreten.
Die Werkzeugmaschinen müssen bei jeder Betriebsart einwandfrei arbeiten.

Removing bag door

Klappenverschluss nach vorn ziehen und Klappe abnehmen.
Beutelkragen fassen und vom Rohr abziehen.
Note: Alte Beutel nicht reinigen und nicht wieder verwenden, sondern entsorgen.

Da das Prinzip „Allgemeines“ – im Gegensatz zum prozessualen – nicht eine bestimmte Abfolge der Instruktionen impliziert, können die Teilaufgaben zusätzlich in einer Reihung geordnet werden, z.B.:

Prinzipien: „Allgemeines“ –
„Teilhandlungen progressiv[290] nach Merkmal“ (hier: Aufwand)

8. ТЕХНИЧЕСКОЕ ОБСЛУЖИВАНИЕ

8.1 Emaillierte Außenflächen abwaschen und abtrocknen. Polierte Flächen abreiben. Spritzer vor dem Antrocknen entfernen.
8.2 Alle Herdteile regelmäßig reinigen und mit trockenem Tuch abreiben.
8.3 Bei Störungen an Organisationen wenden, die Hausgeräte reparieren dürfen.

Manchmal gilt eine Anleitung für mehrere Ausführungsvarianten, die zur Erfüllung einer Aufgabe abweichende Arbeitsschritte erfordern. In diesem Fall sind entsprechende Instruktionen parallel für die verschiedenen Varianten zu geben. Aus der Sicht des Rezipienten stellen diese Alternativaufgaben dar, von denen für ihn zumeist nur eine relevant sein dürfte. Auch Alternativen können in einer Reihung geordnet werden, z.B.:

Prinzipien: „Prozessual“ – „Allgemeines“ –
„Alternativen degressiv nach Merkmal“ (hier: Ausstattung)

5.4.2 Stromwandleranschluß

Relais mit Erdschlußstufe gemäß Bild 23a anschließen.
Relais ohne Erdschlußstufe gemäß Bild 23b anschließen.
Stromwandler müssen unbedingt gleich angeschlossen werden.

Analoges gilt beim ersten der von BAUMANN (s.o.) genannten Kompositionsprinzipien „Allgemeines – Besonderes“. Ausdruck dieses Prinzips können in instruktiven TT u.a. Instruktionen für den „Normalfall“ bzw. den „Sonderfall“ sein, auch in der Variante „Standardausführung – Sonderausführung“, z.B.:

Prinzipien: „Prozessual“ – „Allgemeines – Besonderes“

5.2 Umbau der Förderrichtung

Arbeitsschritte
Für Ausführung WAU Druckausgleichventil vorsehen.

Исправление ослабленной заделки лопаток

1. Lose Schaufeln mit Stahlstiften befestigen.
2. Ist außerdem Metall von der Gusseisenmembran abgeplatzt, wie folgt verfahren: Arbeitsschritte.
3. Schaufeloberteil mit Draht an der Nachbarschaufel befestigen. Dazu beide Schaufeln anbohren.
4. Bei Stahlmembranen Schaufeln festschweißen.

Gauge Head

Der Kopf sollte auf einem Ständer oder anderweitig auf dem Pfad des Messgutes montiert werden. Das Produkt muss innerhalb des Messtores liegen.

[290] Wird das Merkmal „Häufigkeit“ gewählt, ergibt sich (hoffentlich!) eine degressive Reihung.

Mit zwei Leitungen, für Signale und Netzspannung, von hinten an die Anzeigeeinheit anschließen. Maximale Distanz zwischen Anzeigeeinheit und Kopf 400 m.
Eignung des Kopfes für Durchmesserbereich prüfen
NOTE An einem Kunststoffextruderstrang Kopf wie folgt montieren:
Arbeitsschritte.

1.6.3.2 Komposition deskriptiver TT

Zur Komposition deskriptiver TT in Anleitungen sind verschiedene Prinzipien vorstellbar, denn der Textproduzent steht ebenfalls vor der Aufgabe, z.B. die Beschreibung von Ausrüstungs- und Zubehörteilen bzw. Ausführungs- oder Funktionsvarianten zu ordnen. Es scheint darunter jedoch keines zu sein, das in seiner Extension dem Prinzip „Aufgabenstellung – Aufgabenlösung“ in instruktiven TT gleichkäme. Um gleichzeitig Informationen über die Themen zu gewinnen, die in deskriptiven TT geordnet werden, wird im Rahmen der Analyse neben dem Kompositionsprinzip auch das Thema eines jeden TT erfasst (ggf. deren Kombination). Zur Strukturierung einer Konstruktions- oder Funktionsbeschreibung eignet sich u.a. das Prinzip „Ganzes – Teile“, z.B.:

Prinzip: „Ganzes – Teile“/Thema: Funktion

3.2 Grundsätzliches zu Oberflächentemperaturen an Herden
Eine Wärmeabgabe des Herdes an die Umgebung ist unvermeidbar.
Die Front erwärmt sich.
Rezepte verlangen meist Temperaturen unter 200°C, 250°C sind selten, dabei erwärmen sich Türgriff und Kochmulde.
Beim Kochen erwärmt sich die Kochmulde.

Understanding the Status Bar
Die Angaben unten auf dem Bildschirm nennt man Statuszeile.
Das Batteriesymbol erscheint beim Starten. Erscheint es nur halb und blinkt, sind die Batterien zu schwach.
Das Alarmsymbol zeigt, dass der Alarm eingeschaltet ist.
Die Flagge gibt an, welche Uhr für Lokalzeit gewählt wurde.
View zeigt an, dass Sie die View-Taste nutzen können.
Pfeile zeigen an, dass Sie scrollen können.

Prinzip: „Ganzes – Teile“
Themen: Funktion – Konstruktion – Zusatzinformation

5. УСТРОЙСТВО ПЫЛЕСОСА
Nach dem Einschalten saugt der Lüfter Luft und Staub in den Staubsammler. Beim Durchgang durch die Filter wird die Luft gereinigt, sie kühlt den Motor und tritt aus dem Oberteil aus.
Komponenten des Staubsaugers gemäß Abb. 1.
Im Oberteil befinden sich Lüfter, Kabelaufrollvorrichtung und Füllstandsanzeige.
Das Unterteil, der Staubsammler, hat eine Öffnung für den Schlauch und 4 Räder.
Komponenten des Filters.
Ist der Staubsammler voll, leuchtet die Lampe.
Symbole für die Bedienteile sind im Anhang angegeben.

Sind mehrere Teile eines Ganzen im Detail zu beschreiben, kann zur Ordnung der Teile ein weiteres Prinzip eingesetzt werden, das in gewisser Weise mit dem korreliert, was DIETRICH (s.o.) „Wichtigkeit für das Thema“ nennt. Dieses Prinzip wird hier als „progressive bzw. degressive Reihung nach Merkmal“ bezeichnet. Ob eine solche Reihung progressiv oder degressiv zu nennen ist, hängt von der Formulierung des Merkmals ab. Bei der Ordnung von Teilen eines Ganzen ist die Reihung in der Regel degressiv, weil sie mit dem „wichtigsten“ Teil beginnt und mit dem „unwichtigsten“ endet, z.B.:

Prinzipien: „Ganzes – Teile“/„Teile degressiv nach Merkmal“
Thema: Konstruktion

1. БАРАБАН МЕЛЬНИЦЫ

Die Trommel ist das Herzstück der Maschine. Sie besteht aus Stahlblech und hat ein Mannloch.

Die Stirnwände aus Stahlblech sind mit Hohlzapfen versehen, in denen Schnecken angeordnet sind, um den Eintrag zu beschleunigen.

Das Innenfutter besteht aus Futterplatten, zwischen Platten und Trommelwand liegt eine Schicht Asbest.

Die Schalldämmung erfolgt durch Faserdichtungen.

Reihungen von Teilen nach bestimmten Kriterien sind auch unabhängig von anderen Prinzipien möglich, z.B.:

Prinzip: „Teile degressiv nach Merkmal“ (hier: zum Lieferumfang gehörig)
Thema: Zustand

1.2.2 Drehstromausführung

Im Lieferumfang enthaltene Anschlussteile.

Im Lieferumfang nicht enthaltene Anschlussteile.

Zur Ordnung von Komponenten kommt als Variante auch eine degressive Reihung nach der Funktion (Bedienelemente – Anzeigeelemente – Sonstiges) in Frage, z.B.:

Variante „Teile funktional degressiv/Thema: Konstruktion

Indicator Unit type LI800

Controls a) – j)

Warning Lights and Displays a) – f)

Indicator Unit Outputs.

Das Ordnungsmerkmal kann auch ganz allgemein die Relevanz sein. Typische Beispiele für degressive Reihungen nach Relevanz sind Aufzählungen technischer Daten, z.B.:

Variante: „Teile degressiv nach Relevanz“

Технические данные

pH-Messbereich

Temperaturbereich des Mediums

Werkstoff der prüflösungsberührten Teile

(...)

Abmessungen

Gewicht.

In einer vergleichbaren Reihung können ebenso Alternativen gefunden werden. Auch hier bestimmt das gewählte Merkmal, ob die Reihung als progressiv oder degressiv anzusehen ist.

Prinzip: „Alternativen degressiv nach Merkmal"
Thema: Verwendungszweck

Waschprogramme
Koch-/Buntwäsche
Pflegeleicht
Wolle

Hier scheint die Annahme einer degressiven Reihung nach Waschtemperatur sinnvoll, beim folgenden Beispiel sind dagegen beide Interpretationen möglich:

Prinzip: „Alternativen progressiv/degressiv nach Merkmal"
Thema: Funktion

(6) Auto Defrost
Es gibt zwei Möglichkeiten: Schnell – oder Normalauftauen.
DEFROST
Gründliches Auftauen.
QUICK DEFROST
Beschleunigtes Auftauen.

Werden die Alternativen unter dem Gesichtspunkt der Auftaugeschwindigkeit betrachtet, so ergibt sich eine progressive Reihung. Wird dagegen die Qualität des Auftauens (z.B. im Hinblick auf eine schonende Behandlung des Lebensmittels) in den Vordergrund gestellt, ist von einer degressiven Reihung (schonend/gründlich – weniger schonend/ gründlich) auszugehen. Sofern eine Reihung kein anderes Merkmal nahe legt, kann auch die Relevanz der Alternativen das Ordnungsmerkmal sein, z.B.:

Variante: „Alternativen degressiv nach Relevanz"/Thema: Information

Примечания

1. Trenner 5497 werden nur mit MIT-Manometern und GSP-Gebern geliefert. Eine Lieferung erfolgt nur, wenn der Auftrag von Giprokaučuk bestätigt wurde.
2. Trenner 5494 mit MIT-Manometern und pneumatischen GSP-Gebern werden nur für die Chemiefaserherstellung geliefert.

Das Kompositionsprinzip „Allgemeines – Besonderes" zeigt sich in deskriptiven – wie in instruktiven – TT vor allem in der Variante „Standard- – Sonderausführung", z.B.:

Prinzip: „Allgemeines – Besonderes"/Themen: Konstruktion – Funktion

4 Aufbau
Für alle Ausführungen wird ein Relaisgehäuse für Aufbau geliefert (Einbaugehäuse Sonderausführung). Aus Stahlblech mit Frontscheibe, plombierbar zur Vermeidung unbefugter Eingriffe.
Die Bauteile befinden sich auf Leiterplatten. Nur LP 1 ist nicht steckbar. Auch die Messwandler sind fest, die Bestückung hängt von der Relaisausführung ab,

Ansprechwert und Verzögerungszeit können mit Poti eingestellt werden. Quittierung erfolgt über Rückstelltaster.
Sonderausführung mit digitaler Laufzeitanzeige. LP 5 enthält dann eine Zeitmessschaltung, LP 6 hat Kondensatoren für die Anzeigespannung. Beide sind nicht steckbar. Die Montage ist nur beim Hersteller möglich.
Das Ausgangsrelais ist steckbar, es kann ausgetauscht werden.

Prinzip: „Allgemeines – Besonderes"/Thema: Verwendungszweck

1. НАЗНАЧЕНИЕ

Bandwaage für automatisches Messen und Fernübertragung der Leistungswerte als GS-Signal und diskret als Gesamtmenge des Fördergutes.
Betrieb bei –30 bis +50°C und bis zu 80% rF, bis zu 95% bei 35°, Sekundärgerät bei 10 bis 35°C.
Tropenausführung –10 bis +45°C und bis zu 98% rF, Sekundärgerät bei 10-35°C.
Zum Wiegen von Stoffen mit folgenden Eigenschaften:
Aufzählung.

Prinzip: „Allgemeines – Besonderes"
Themen: Verwendungszweck – Konstruktion

INTRODUCTION

Zur Messung und Anzeige des Durchmessers extrudierter Teile.
Komponenten: Anzeigeeinheit, Messkopf.
Zusätzlich eine verstellbare Halterung zur Montage des Kopfes.
Z.B. an Vulkanisierstraßen kann der Kopf mit einer speziellen Konsole auch geteilt eingesetzt werden.

Weitere Themen in deskriptiven TT sind neben dem Verwendungszweck und dem Zustand eines Ganzen oder Teils (zu Beispielen s.o.) auch Zusatzinformationen anderen Inhalts, z.B.:

Themen: Funktion – Zusatzinformation

Differential Pressure Switch (DPS)

Das Abblasen nicht-kondensierbarer Gase (Luft) erfolgt mit dem DPS. Ein Kältemittel-Luft-Gemisch hat einen höheren Druck als reines Kältemittel. Der Druck in einer dichten Röhre mit Kältemittel wird bei gleicher Temperatur mit dem Gemisch am Außenzylinder verglichen.
Erreicht die Luftkonzentration im Innenzylinder den Sollwert, aktiviert der DPS das Magnetventil S8. Die Luft wird langsam abgelassen, bis die Drücke wieder gleich sind.

Das Prinzip „Störung: Wirkung – Ursachen – Behebung" führt zur Konstitution eines instruktiv-deskriptiven TT. In einer um die Konstituente „Behebung" verkürzten Form (und daher als „Thema" klassifiziert) kommt es vor allem in deutschen fachexternen Anleitungen vor, z.B.:

Thema: Störung: Wirkung – Ursachen

Das Geschirr wird nicht trocken und bleibt ohne Glanz

– Es wurde kein Marken-Klarspüler verwendet. [Abhilfe: Marken-Klarspüler verwenden.]
– Vorratsbehälter für den Klarspüler ist leer. [Abhilfe: Vorratsbehälter auffüllen.]

Die Möglichkeiten zur Behebung werden zwar nicht genannt. Wie die Parenthesen zeigen, sind diese jedoch aus den Ursachen zu erschließen. Nur noch von den Wirkungen einer Störung ist dagegen in einer russischen PC-Anleitung (fremder Provenienz) die Rede, weder Ursachen werden genannt, noch Möglichkeiten zur Behebung, z.B.:

Thema: Störung – Wirkungen

Ваш компьютер не включается
Beim Einschalten passiert nichts.
Beim Einschalten leuchtet die Anzeige, der Monitor bleibt dunkel. Ggf. gibt der PC akustische Signale.

Hier wird offenbar davon ausgegangen, dass der Rezipient ausschließlich die Wirkungen kennen muss, weil er diese bei der Kontaktaufnahme mit dem Service-Center beschreiben soll. Ursache und Möglichkeiten zur Behebung sollen (können?) erst im Kontakt mit Fachleuten abgeklärt werden.

1.6.3.3 Komposition instruktiv-deskriptiver Misch-TT

Im Hinblick auf fachexterne Anleitungen empfiehlt GÖPFERICH (1998: 107), die Gliederung an „Tätigkeiten, also Aufgaben und Ziele[n]“ zu orientieren. Eine solche Verfahrensweise impliziert, dass Beschreibung und Anleitung nicht getrennt, sondern miteinander kombiniert werden. Genauer gesagt: die Beschreibung ist dabei in die Anleitung zu integrieren. Das Ergebnis sind instruktiv-deskriptive Misch-TT, wie FEARNS (1996: 511) sie zu einem Text mit dem Titel *Kleben mit Lösungsmittelklebstoff* beschreibt:

Das Kommunikationsverfahren ‚BESCHREIBEN' ist zwar vorherrschend, doch bezieht sich die Beschreibung hier sowohl auf Vorgänge, die erklärt werden, als auch auf Vorgänge, die durchzuführende Arbeitsschritte darstellen. Der Textablauf ist durch zeitliche Abfolge bestimmt. Damit hat der Text eine gewisse Nähe zu ‚Versuchsanleitungen', ‚Laboranweisungen' und im weiteren Sinne auch zur ‚Gebrauchsanweisung'.

In Misch-TT dieser Art werden instruktive Konstituenten, die nach den Prinzipien „Prozessual“[291] und/oder „Allgemeines“ strukturiert sind, in der Regel mit den in deskriptiven TT festgestellten Themen verbunden. Die im Folgenden genannten Themen repräsentieren jeweils die deskriptiven Konstituenten. Der Umfang deskriptiver Anteile in diesen Misch-TT variiert. Beispielsweise kann die Begründung zu einer Instruktion die einzige deskriptive Konstituente eines im Übrigen instruktiven TT sein, z.B.:

Prinzip: „Prozessual“/Thema: Begründung zu Direktivum

Geschirr ausräumen
Heißes Geschirr abkühlen lassen.
Tür öffnen und angelehnt lassen, das Geschirr trocknet dann schneller (Begründung).
Zuerst Unter-, dann Oberkorb ausräumen.

291 Das Prinzip „Prozessual“ entspricht der von FEARNS erwähnten „zeitlichen Abfolge“.

After every 10 hours of operation

Kondensator reinigen.

Beide Seitenteile abnehmen, und Druckluft durch die Spule blasen. Ist die Spule sehr schmutzig, eine weiche Bürste nehmen.

Die Lamellen nicht verbiegen. Der Luftstrom wird behindert und die Maschine beschädigt (Begründung). Beide Seitenteile vor dem Einschalten wieder aufsetzen.

Prinzip: „Allgemeines"/Thema: Begründung zu Direktivum

6.1 Порядок установки

Sicherheitsvorschriften gem. 4.1 beachten.

Optimale Entfernung 2-2,5 m vom Bildschirm. Bildmitte 0,7-1,2 m über Fußboden.

Im dunkelsten Teil des Raumes aufstellen, damit kein Licht auf den Bildschirm fällt (Begründung).

Nicht in völliger Dunkelheit fernsehen, das ermüdet die Augen (Begründung).

Zu dem in deskriptiven TT wichtigen Thema „Konstruktion" können in instruktive TT Angaben eingeschoben sein, die an dieser Stelle relevant sind, die Beschreibung eines Teils oder ein Hinweis auf konstruktive Besonderheiten, z.B.:

Prinzip: „Prozessual"/Thema: Konstruktion

8 Reinigen der Pumpe

Arbeitsschritte zur Demontage der Komponenten, u.a. des Stators.

Komponenten des Statorpaketes. (deskr.)

Arbeitsschritte zur Reinigung.

Remontage in umgekehrter Reihenfolge.

Dichtheit und Hochlauf prüfen.

Prinzip: „Allgemeines"/Thema: Konstruktion

Б. Общие указания по монтажу вагоноопрокидывателя

Vor Montagebeginn Vollständigkeit der Lieferung gemäß Lieferpapieren prüfen.

Sichtprüfung auf mechanische Schäden, Zustand der Schweißnähte kontrollieren. Besonders genau die Markierungen auf den Teilen überprüfen.

Bei der Sichtprüfung der gelieferten Antriebe sind auszuführen:

Aufzählung der Arbeiten.

Die Montage genau nach Arbeitsplan ausführen.

Es gibt zwei Ausführungen: geschlossen und offen. (deskr.)

Notwendige Montageausrüstungen sind im Arbeitsplan anzugeben.

Prinzip „Allgemeines"/Themen: Konstruktion – Funktion

Inlet side piping

1. Der Abscheider wird an der Saugseite der Pumpe angeschlossen.
2. Der Durchfluss durch den Abscheider wird mittels Kugelventil zwischen Pumpenaustrag und Abscheidereintrag geregelt. (deskr.)
3. Ist viel Kies vorhanden, ein Korbsieb zwischenschalten.
4. Fragen Sie nach Alternativen, wenn Sie viel Kies und viel Schaum im Wäscher haben.
5. Der Eintrag liegt am Boden, der Austrag oben an der Pumpe. Verteiler oben und unten sind beweglich zum Verschieben der Anschlüsse. (deskr.)

Beim Thema „Funktion" finden sich in instruktiven TT u.a. Informationen zu den Reaktionen der Maschine/des Gerätes auf die Ausführung von Instruktionen, z.B.:

Prinzip: „Prozessual"/Thema: Funktion

Spülprogramm starten
1. Einordnung prüfen.
2. – 4. Arbeitsschritte
5. Programmwähler einstellen.
Spülprogramm läuft. (deskr.)[292]
Falls das Wasser abgesperrt war, aufdrehen und neu starten.

Работа часов в качестве будильника
Taste B drücken, damit das Wecksignal eingestellt werden kann.
Arbeitsschritte
Bei Erreichen der eingestellten Zeit ertönt das Signal 1 min lang. (deskr.)
Zum Abstellen Taste 1 drücken.
ПОМНИТЕ! Mit Drücken der Taste ist das Signal abgeschaltet, der obere Punkt erlischt. (deskr.)

8. CHECK IGNITION – OVEN
Arbeitsschritte (a) – (d)
Note: Die Markierung S ersetzt die niedrige Einstellung, dabei wird die Ofentemperatur für langsames Garen thermostatisch geregelt. (deskr.)

Auch die übrigen in deskriptiven TT identifizierten Themen können in Misch-TT dieser Art behandelt werden: der Verwendungszweck dessen, was der Rezipient bedienen bzw. benutzen soll, und der Zustand der Maschine/des Gerätes (insbesondere bei Auslieferung), z.B.:

Prinzipien: „Allgemeines" – „Prozessual"/Thema: Verwendungszweck

Klarspüler einfüllen
Der Klarspüler sorgt für fleckenfreies Geschirr und klare Gläser. (deskr.)
Nur Markenklarspüler verwenden.
Füllen Sie Klarspüler ein
Arbeitsschritte.

Prinzip: „Allgemeines"/Thema: Verwendungszweck

ЩЕТКА ПОЛОВАЯ
Zur Reinigung von Böden und Teppichen. (deskr.)
Beim Saugen über die Fläche heranziehen.

Prinzip: „Allgemeines"/Thema: Zustand

1. Transport und Lagerung
Teile werden wie folgt angeliefert: (deskr.)
Aufzählung
Verwindungsfrei halten, vor Ausbeulung schützen.

[292] Diese Art von Misch-TT dürfte der Grund dafür sein, dass GÖPFERICH (1995: 128) Anleitungen zu den „Mensch/Technik-interaktionsorientierten Texten" rechnet.

ХРАНЕНИЕ И ТРАНСПОРТИРОВАНИЕ
Im trockenen Raum lagern bei 5-35°C und bis zu 80% rF.
Raumluft darf keine aggressiven Dämpfe und Gase enthalten.
Verpackung schützt das Gerät beim jeglichem Transport über beliebige Entfernungen und bei beliebiger Geschwindigkeit. (deskr.)

ALIGNMENT
Gerät wurde im Werk konfiguriert und vorjustiert. (deskr.)
Nur geringfügiges Justieren ist notwendig.

Unter dem Thema „Zusatzinformation“ werden deskriptive Konstituenten anderen Inhalts subsumiert, z.B.:

Prinzip: „Prozessual“/Thema: Zusatzinformation

Spülprogramm wechseln
1. Programmwähler auf 0 stellen.
   Beim Öffnen kann heißer Dampf austreten. **Verbrühungsgefahr!** (deskr.)
2. – 5. Arbeitsschritte.

V. УСТАНОВКА НОВОЙ ДИАФРАГМЫ
1. Nach Prüfung Membran einsetzen.
2. Spalte zwecks freier Ausdehnung der Membran ggf. vergrößern.
3. Unterteil zentrieren, wie beschrieben.
4. Nach der Zentrierung Spalte und Lage der Kanäle prüfen.
5. Nach der Rotorprüfung Zentrierung der Membran abschließen. Dabei Messergebnisse berücksichtigen.
6. Mit Beendigung dieser Arbeiten ist der Membranaustausch abgeschlossen. (deskr.)

Prinzip: „Allgemeines“/Thema: Zusatzinformation

CAUTION:
Fördergut kann brennen oder explodieren, Lunge, Atemwege, Augen oder Haut reizen.
Holzstaub z.B. hat die IARC als Erreger von Nasenkrebs erkannt. Es gibt weitere. (deskr.)
Bei fragwürdigen Stoffen suchen Sie im Datenblatt nach Erste-Hilfe- Maßnahmen.
Kontakt von Staub und Brennendem vermeiden.
Staub abwischen oder wegsaugen.
Holzstaub nicht über längere Zeit einatmen.
Augen und Haut vor Holzstaub oder anderen Gefahrenstoffen schützen.

In der Regel lassen sich instruktiv-deskriptive Misch-TT erst bei der Analyse als solche identifizieren. Selten wird diese Mischung bereits an der TT-Deklaration deutlich, z.B.:

4. Baugruppenbeschreibung und Wartung

Teil dieses Kapitels ist der Abschnitt 4.5, in dem Beschreibung und Instruktionen zur Wartung verschiedener Dichtungstypen entsprechend kombiniert sind, z.B.:

Prinzipien: „Allgemeines“ – „Alternativen progressiv nach Merkmal“
Themen: Konstruktion – Funktion

4.5 Mischerwellendichtungen
V-Ring
Radialdichtring

Kurzstopfbuchse
Stopfbuchspackung
Stopfbuchspackung mit Spül- oder Schmierring
Einfachwirkende Gleitringdichtung
Doppeltwirkende Gleitringdichtung

Primäres Ordnungskriterium für diese progressive Reihung von Alternativen ist die Komplexität der Dichtung, die in diesem Fall mit dem Merkmal „steigender Arbeitsdruck" korreliert.

Prinzipien: „Allgemeines" – „Prozessual" –
„Alternativen progressiv[293] nach Merkmal"
Thema: Konstruktion

Конструкция датчиков

23. Tauchgeber 5274 gemäß Abb. 1 werden auf dem Behälterdeckel montiert. Geber 5275 gemäß Abb. 2 werden an der Behälterwand angebracht.
    Arbeitsschritte.
    24. Konstruktion des Tauchelements. (deskr.)
    25. Die oberen Rohrenden des Tauchelements sind in den Kopf eingedreht. Für den el. Kontakt zwischen Rohren und Kopf sorgt die Befestigungskonstruktion. (deskr.)
    26. Komponenten des Kopfes (deskr.)
    Arbeitsschritte zum Anschluss der Elektroden im Kopf.
27. Durchflussgeber 5315 gemäß Abb. 3 werden in die Prüfstoffleitung eingebaut.

Charakteristisch für Misch-TT, deren deskriptive bzw. instruktive Konstituenten im Allgemeinen getrennt gehalten werden, sind Rezepte mit einer degressiven Reihung der Zutaten und einer anschließenden „prozessualen" Anleitung zur Zubereitung

Prinzipien: „Prozessual" – „Teile degressiv nach Merkmal"

Клубничный коктейль

Zutaten (deskr.)[294]
Arbeitsschritte Zubereitung.

Eine weitere Sondersorte instruktiv-deskriptiver Misch-TT mit einer klaren Trennung von deskriptiven und instruktiven Konstituenten sind TT zur Störungssuche. Die Kombination aus Beschreibung von Wirkung und Ursache(n) einerseits und Instruktionen zur Behebung andererseits konstituiert ein für Misch-TT dieser Art exklusives Prinzip, z.B.:

Prinzip: „Störung: Wirkung – Ursachen – Behebung"

8.4 Anormale Laufgeräusche

8.4.1 Verschmutzung des Kolbens
Abhilfe (instr.)

---

[293] Die aufsteigenden Ziffern in den Typenbezeichnungen könnten ein Kriterium für diese Reihung sein. Mögliche andere, z.B. Arbeitsaufwand, entziehen sich einer Beurteilung.

[294] Mit gleicher Berechtigung könnte man auch davon ausgehen, dass der Reihung der Zutaten die (unausgesprochene) Instruktion „Man nehme ..." o.ä. vorausgeht. In diesem Fall wären Rezepte als rein instruktive TT anzusehen.

8.4.2 Lager- oder Getriebeschaden
8.4.3 Anlaufen der Kolben am Gehäuse
In den Fällen von 8.4.2 und 8.4.3 Kundendienst benachrichtigen. (instr.)

Вибрация пылепроводов
а) mögliche Ursache + Behebung (deskr./instr.)
б) mögliche Ursache + Behebung.

9.1 Problem: Instrument reads +20°C continuously
1. mögliche Ursache (deskr.)
   Überprüfung/Behebung (instr.)
2. mögliche Ursache
   Überprüfung/Behebung
3. mögliche Ursache
   Überprüfung/Behebung
4. mögliche Ursache
   Überprüfung/Behebung.

1.6.3.4 Komposition „sonstiger" Misch-TT

Die „sonstigen" Misch-TT enthalten instruktive, deskriptive, kommissive, deklarative und expressive Sprechhandlungen in den unterschiedlichsten Kombinationen. Sie setzen sich überwiegend aus zwei oder drei (selten aus vier) solcher Sprechhandlungstypen (Konstituenten genannt) zusammen. Zumeist sind instruktive und/oder deskriptive Konstituenten an ihrer Bildung beteiligt.

1.6.3.4.1 Misch-TT mit kommissiven/deklarativen Konstituenten

Typische Themen kommissiver Konstituenten sind Garantie- und andere Zusagen, während in deklarativen Konstituenten Garantieausschluss oder Änderungsvorbehalt erklärt werden. Mit „Garantie" betitelte TT sollten daher kommissiv-deklarative Misch-TT sein, z.B.:

Konstituenten: k o m m i s s i v – d e k l a r a t i v

ГАРАНТИЯ 1 ГОД
Bei Beachtung der Vorschriften wird Garantie für 1 Jahr einwandfreien Betriebs gewährt. (komm.)
Reklamationen werden nur bei Vorlage von Gerätepass und Bestätigung des Verkäufers akzeptiert. (dekl.)
Für Schäden, die der Handel oder der Verbraucher selbst verursacht hat, haftet das Werk nicht. Sie werden nicht kostenlos behoben. (dekl.)

Limitation of Warranty and Liability
Der Verkäufer garantiert, dass dieses Produkt bei normalem Betrieb 12 Monate frei von Material- und Fertigungsmängeln ist. (komm.) Folgende Ausschlüsse gelten:
  Aufzählung
Vorstehendes ersetzt andere Garantien und unterliegt den angegebenen Bedingungen. Eignung zu einem bestimmten Zweck oder Verkäuflichkeit wird nicht garantiert.

Jegliche Schäden an diesem Produkt können nur durch Einsendung ins Werk und die Erstattung des Kaufpreises bzw. nach Wahl des Verkäufers Reparatur oder Ersatz des Produktes geheilt werden. Der Verkäufer haftet nicht für Folgeschäden und ist nicht für Aufstellung, Demontage und Remontage verantwortlich. Nach Ablauf eines Jahres kann kein Anspruch mehr geltend gemacht werden.

Tatsächlich enthalten jedoch selbst diese TT zumeist zusätzliche Instruktionen oder Informationen, z.B.:

Konstituenten: instruktiv – kommissiv

Garantie (Ausland)

Es gelten die Garantiebedingungen der Vertretung im Kaufland. (komm.) Einzelheiten beim Händler erfragen.

Der Kaufbeleg ist vorzulegen.

ГАРАНТИИ

Bei ordnungsgemäßem Betrieb 18 Monate Garantie.

Während der Garantiezeit werden Werksfehler in Garantiewerkstätten behoben.

Vor Ablauf der Garantiezeit darf der Sauger nicht auseinandergebaut werden – ausgenommen zum Bürstenwechsel. (instr.)

Garantieleistung erfolgt durch den Verkäufer oder in Städten durch Garantiewerkstätten.

Konstituenten: deskriptiv – kommissiv

The Black & Decker guarantee (UK only)

Falls durch Material- oder Fertigungsfehler innerhalb von 24 Monaten ab Kaufdatum ein Defekt auftritt, garantieren wir Ersatz der fehlerhaften Teile oder den kostenfreien Austausch des Gerätes, falls folgende Bedingungen erfüllt sind (komm.):

Das Produkt wird mit Kaufnachweis an uns zurückgeschickt.

Das Produkt wurde weder gewerblich genutzt noch vermietet.

Das Produkt wurde weder missbraucht noch vernachlässigt.

Das Produkt wurde nicht durch Fremdkörper oder bei einem Unfall beschädigt.

Niemand hat versucht, das Produkt zu reparieren, ausgenommen unser Kundendienst oder eine Vertragswerkstatt.

Diese Garantie gilt zusätzlich zu Ihren gesetzlichen Rechten. (komm.)

Konstituenten: instruktiv – kommissiv – deklarativ

Garantie

1 Jahr ab Kaufdatum (komm.)

Unentgeltliche Beseitigung von Material- oder Herstellungsfehlern. (komm.)

Garantieausschluss für unsachgemäßen Betrieb, unautorisierte Eingriffe, Verwendung von Teilen, die nicht Original-Ersatzteile sind. (dekl.)

Garantiekarte mit Stempel und Unterschrift des Händlers ist vorzulegen.

Gerät einsenden, Anschriften erfragen. (instr.) Die Braun Infoline beantwortet auch andere Fragen. (komm.)

Konstituenten: instruktiv – deskriptiv – kommissiv – deklarativ

6. Гарантийные обязательства

Die Uhr entspricht den technischen Bedingungen. (komm.)

Garantie 18 Monate ab Verkauf. (komm.)

Fehlt auf den Talons der Vermerk, läuft die Garantie ab Fertigung. (dekl.)

Ohne Talons und bei beschädigten Plomben werden Reklamationen nicht anerkannt, keine Reparatur auf Garantie. (dekl.)
Arbeitet die Uhr fehlerhaft, hat der Eigentümer während der Garantiezeit ein Recht auf kostenlose Reparatur. (komm.)
Die Wartung führen Reparaturfirmen durch. Anschriften von Garantiewerkstätten teilt der Handel mit. (komm.)
Die Uhr wird ausgetauscht, wenn die Reparaturfirma das so entscheidet. (komm.)
Der Hersteller verschickt keine Ersatzteile. (deskr.)
Примечание Wird die Uhr zur Garantiereparatur geschickt, in einen Karton packen und diesen an den Seiten ausstopfen. (instr.)

Dieser russische TT „Garantie" ist an sich ein „normaler" kommissiv-deklarativer Misch-TT, dem eine Information und eine Instruktion angefügt wurden.

Kommissive Konstituenten können auch andere Zusagen des Herstellers enthalten, die die Konformität seines Produktes zu relevanten Normen und Vorschriften betreffen oder dem Kunden sonstige Leistungen in Aussicht stellen, z.B.:

Konstituenten: instruktiv – kommissiv

Maintenance

Re-certification

Damit die Messungen zuverlässig bleiben, Gerät alle 12 Monate zur Neu-Zertifizierung an TSI einschicken. (instr.) Das Gerät wird neu kalibriert und mit einem Zertifikat gemäß NIST zurückgesandt. (komm.)

Storage

Zur Lagerung die Enden des Gerätes mit Deckeln versehen, damit Staub oder Fremdkörper nicht eindringen können.

Konstituenten: deskriptiv – kommissiv

10.1 Ersatzteil- und Kundendienstadressen

Der Servicemonteur kommt umgehend. (komm.)
Aufzählung Adressdaten.

4. КОМПЛЕКТ ПОСТАВКИ
   4.1 Zum Lieferumfang des Analysators gehören:
      Aufzählung 1. – 5.
   4.2 Die mit dem Analysator gelieferten Hilfseinrichtungen sind in Tabelle 5 aufgelistet. Das Werk montiert die Hilfseinrichtungen aufgrund eines ausgefüllten Fragebogens und liefert sie gegen Aufpreis gemäß technischen Daten. (komm.)

Konstituenten: instruktiv – deskriptiv – kommissiv

FCC Information

1. Beigefügte Kabel verwenden, damit Rundfunk- und Fernsehempfang nicht gestört werden.
2. Entspricht Klasse B gemäß FCC-Vorschriften. (komm.)
   Gerät erzeugt Rundfunkfrequenzen und kann bei unsachgemäßer Installation bzw. Verwendung den Rundfunkempfang stören. (deskr.) Falls dies geschieht, sollte der Benutzer die Störungen durch eine der folgenden Maßnahmen beheben:
      Aufzählung

Bei Bedarf den Händler oder einen erfahrenen Rundfunk- und Fernsehtechniker um Rat fragen. Vielleicht hilft die Broschüre der FCC, erhältlich bei der Regierungsdruckerei in Washington.

Deklarationen zum Haftungsausschluss sind – außerhalb der eigentlichen Garantiebedingungen – insbesondere dort zu finden, wo einer Instruktion Nachdruck verliehen werden soll. Im Vergleich zum jeweiligen TT-Titel stellen sie daher grundsätzlich themenfremde Äußerungen dar, z.B.:

Konstituenten: instruktiv – deklarativ

Pflege, Wechseln der Batterie

Pflegen mit weichem Tuch. Keine scharfen Mittel verwenden. Austrittsöffnungen zur Wärmeableitung freihalten.

Projektionswand nicht berühren, vorsichtig mit sauberem Tuch abreiben. Ggf. Fensterreinigungsmittel verwenden.

Batterien selbst austauschen. Deckel abnehmen und auf Polarität der neuen Batterie achten.

Verbrauchte Batterien entfernen. Keine Haftung für Schäden durch auslaufende Batterien. (dekl.)

Storage

Ist ein Gebläse längere Zeit nicht in Betrieb, muss es durch bestimmte Maßnahmen funktionsfähig gehalten werden.

Wird das Gebläse im feuchter, staubiger oder korrosiver Umgebung gelagert, monatlich Laufrad drehen und Lager spülen. Bei unsachgemäßer Lagerung, die zu Schäden führt, erlischt die Garantie. (dekl.)

Konstituenten: instruktiv – deskriptiv – deklarativ

1. ОБЩИЕ УКАЗАНИЯ

1.1 Verwendungszweck: Waschen und Schleudern im Bad. (deskr.)
1.2 Beim Kauf Probelauf machen lassen. Talons auf Stempel und Unterschrift prüfen.
1.3 Nach dem Verkauf werden Reklamationen wegen Unvollständigkeit nicht mehr akzeptiert. (dekl.)
1.4 Vor Inbetriebnahme Anleitung lesen.
1.5 Vor dem Einschalten zunächst auf Zimmertemperatur bringen.

Konstituenten: instruktiv – deskriptiv – kommissiv – deklarativ

The electrical connections

WARNING Erdung ist erforderlich. (instr.)

Der Hersteller übernimmt keine Haftung, falls dies nicht geschieht. (dekl.)

Passt der Stecker nicht zu Ihrer Steckdose, abschneiden und neuen anbringen. (instr.)

Abgeschnittenen Stecker entsorgen, damit er nicht an anderer Stelle einen elektrischen Schlag verursachen kann. (instr.)

Important Die Kabeladern sind farblich markiert. (deskr.)

Wenn Sie einen anderen Stecker anbringen, weichen die Farben von Maschine und Stecker möglicherweise ab. (deskr.) Dann tun Sie Folgendes (instr.):

Arbeitsschritte

Der Stecker enthält eine Sicherung. (deskr.) Zum Austausch Sicherung 13 A verwenden. (instr.)

Bei Austausch der Sicherung muss der Deckel/Sockel ausgetauscht werden. (instr.)
Die richtige Farbe zeigt der Einsatz am Steckerboden. (deskr.)
Ohne Deckel/Sockel darf die Sicherung nicht verwendet werden. Ersatz bei Bendix beschaffen. (instr.)
Das Gerät entspricht der EG-Richtlinie Nr. 87/308 in Bezug auf Funkentstörung. (komm.)

Allgemeine Sicherheitshinweise dienen dazu, Schadensrisiken auszuschließen, die sich aus dem Umgang mit der Maschine/dem Gerät ergeben könnten. Dessen ungeachtet lassen sich Textproduzenten auch hier dazu verleiten, ihren Instruktionen zusätzliche Deklarationen zum Haftungsausschluss beizugeben, z.B.:

Konstituenten: instruktiv – deskriptiv – kommissiv – deklarativ

1. Grundlegende Sicherheitshinweise
Die Maschine ist gebaut nach dem Stand der Technik (komm.), Personen- oder Sachschaden ist trotzdem möglich. (deskr.)
Technisch einwandfrei und bestimmungsgemäß benutzen. (instr.)
Arbeiten von Fachleuten durchführen lassen, UVV beachten. (instr.)
Arbeiten an der Maschine erst nach Außerbetriebnahme, Einschaltung verhindern. (instr.)
Stutzen mit Gittern schützen. (instr.)
Haftungsausschluss für Schäden durch Nichtbeachtung der Anleitung oder Missbrauch der Maschine. (dekl.)
Schutzmaßnahmen über den spezifizierten Lieferumfang hinaus hat der Betreiber vorzusehen. (instr.)
Personal für den Umgang mit Gefahrenstoffen schulen. (instr.)
Zusätzlich die örtlichen Sicherheitsbestimmungen beachten. (instr.)
Dafür ist der Betreiber verantwortlich. (instr.)
Weitere Informationen erteilt der Kundendienst. (komm.)

1.6.3.4.2 Misch-TT mit expressiven Konstituenten

In expressiven Konstituenten werden die Gratulation zum Neuerwerb, der Dank für die Produktwahl bzw. andere gute Wünsche an den Kunden geäußert. Im Gegensatz zu kommissiven bzw. deklarativen Sprechhandlungen, die auch eigene TT konstituieren können, treten Expressiva nicht isoliert auf, sondern zumeist kombiniert mit instruktiven und/oder deskriptiven Konstituenten. Einerseits dürften sie „den Verbraucher in seiner Kaufentscheidung zu bestätigen suchende Aussagen“ darstellen, die nach BEIMEL/MAIER (1988: 103) „in der GA nicht nur überflüssig [sind], sondern den Benutzer davon ab[halten], die für ihn wesentlichen Informationen aufzunehmen“. Andererseits sind diese Expressiva Ausdruck der kontaktiven Funktion (vgl. 1.5.2.1) und damit im Sinne von MÖHN (1991: 207) Beispiele dafür, dass im Text „zumindest einige für die direkte Dialogsituation typische Merkmale beibehalten werden“, z.B.:

Konstituenten: instruktiv – expressiv

Consumer Product Ownership
Danke für Ihr Vertrauen. (expr.)
Wir sind stolz, dass Sie unser Kunde sind. (expr.)

Schützen Sie Ihre Investition mit den folgenden 3 Schritten:
Aufzählung 1. – 3.
Falls Sie mit Ihrem Gerät keine Registrierkarte bekommen haben, verwenden Sie den nachstehenden Vordruck.

Konstituenten: deskriptiv – expressiv

Перед началом эксплуатации
Благодарим Вас за покупку интегрированного телефонного аппарата Panasonic. (expr.)
Для вашего сведения
Принадлежности

Introduction to the NEC MultiSync LCD400V
Glückwunsch zum Erwerb Ihres MultiSync LCD400V. (expr.)
Analog Advantage
Wider Compatibility
Reduced Footprint
Colour Control system
OSM (On-Screen Manager) Controls
ErgoDesign Features
Plug and Play
IPM (Intelligent PowerManager) System
Multiple frequency Technology
FullScan Capability

Konstituenten: instruktiv – deskriptiv – expressiv

Liebe Kundin, lieber Kunde!
Sie können sich mit CD, Radio oder Alarm wecken lassen. (deskr.)
Dank der Ausschaltautomatik können Sie bei einer CD einschlafen. (deskr.)
Die Funktionen werden im Folgenden beschrieben. (deskr.) Viel Freude mit dem Gerät. (expr.)
Sicherheitshinweise lesen. (instr.)
Anleitung aufbewahren und ggf. weitergeben. (instr.)

УВАЖАЕМЫЙ ПОКУПАТЕЛЬ
Glückwunsch zum Kühlschrank nach dem neuesten Stand der Technik. (expr.)
Die Komponenten sorgen für sparsamen Energieverbrauch. (deskr.)
Gemäß Zertifikat der Russischen Föderation ist das Gerät betriebssicher. (deskr.)
Gemäß Zertifikat des Innenministeriums, Abteilung Brandschutz, ist das Gerät brandsicher. (deskr.)
Anleitung aufmerksam lesen, damit Sie das Gerät optimal nutzen können. (instr.)

1.6.3.5 Analyseraster: Textkomposition

Kriterium	Varianten
TT-TYP	Instruktiv, deskriptiv, kommissiv, deklarativ Misch-TT: instruktiv-deskriptiv, „sonstiger“
PRINZIP INSTRUKTIVER TT	Prozessual, Allgemeines, Allgemeines – Besonderes Reihungen: Teile degressiv nach Merkmal, Alternativen progressiv bzw. degressiv nach Merkmal
PRINZIP DESKRIPTIVER TT	Ganzes – Teile, Allgemeines – Besonderes Reihungen: Teile degressiv nach Merkmal, Alternativen progressiv bzw. degressiv nach Merkmal
THEMA	Funktion, Konstruktion, Störung: Wirkung – Ursache, Verwendungszweck, Zusatzinformation, Zustand
ZUSÄTZLICH FÜR INSTRUKTIV-DESKRIPTIVE MISCH-TT:	Prinzip: Störung: Wirkung – Ursache – Behebung Thema: Begründung zu Direktivum
KONSTITUENTE „SONSTIGER“ MISCH-TT	Instruktiv, deskriptiv, kommissiv, deklarativ, expressiv

1.6.4 Sequenzierung von Teiltexten und Abbildungen

Mit einer entsprechenden Strukturierung trägt ein Textproduzent wesentlich zur Verständlichkeit seines Textes bei und erfüllt damit eine der wichtigsten Forderungen, die an die Textproduktion zu stellen sind:

> Die inhaltliche Organisation eines Textes hat sich in zahlreichen Untersuchungen als die beherrschende Dimension der Verständlichkeit herausgestellt. Ein Text wird als Struktur von Wisseneinheiten aufgefaßt (BALLSTAEDT 1999: 108).

Die Strukturierung der „Wisseneinheiten“ nach den Bedürfnissen des Rezipienten nennen BALLSTAEDT et al. (1981: 163) „gebrauchsorientierte Sequenzierung“. Entsprechend ist die Strukturierung einer Anleitung als misslungen anzusehen, wenn die „Wisseneinheiten“ nicht so aufeinander folgen, wie der Rezipient sie benötigt, d.h., „wenn die Informationsabfolge nicht dem tatsächlichen Umgang mit dem Gerät entspricht“ (BEIMEL/ MAIER 1988: 40).

Tatsächlich kommt es sowohl auf den oberen als auch auf den unteren Textebenen vor, dass die Informationsfolge nicht „am Gebrauch orientiert“ ist. So stellt z.B. SCHMITT (1999: 87) zu einem Handbuch fest:

> daß die Auspack-Instruktionen zu weit hinten im Ablaufplan des Handbuchs angeordnet sind. In dem schon erwähnten Druckerhandbuch stößt man auf diese Informationen erst in Kap. 2, nachdem in Kap. 1 die Anordnung von Druckerteilen beschrieben wurde, die man erst sieht, wenn der Drucker schon ausgepackt ist.

Falls der Rezipient dieser Anleitung nicht vorher bemerkt, dass das Auspacken erst im 2. Kapitel behandelt wird, hat er den Drucker bereits ausgepackt, ehe er zu den entsprechenden Instruktionen vorstößt. Bei dieser Reihenfolge kann der TT die ihm zugedachte Funktion nicht mehr erfüllen (und könnte ebenso gut entfallen).

Erheblich häufiger sind „lokale" Sequenzstörungen in untergeordneten TT, die durchaus auch unangenehme Folgen haben können, wie sich den folgenden Beispielen entnehmen lässt:

Magnetventil mit aufgesetztem Potentiometer demontieren. ACHTUNG: Vorher Netzstecker ziehen (HORN-HELF 1999a: 203).[295]

Auf den sachgemäßen Umgang mit dem Messereinsatz wird (…) an zwei Stellen hingewiesen. (...) Der erste verbale Hinweis steht unvermittelt im Block der Sicherheitshinweise am Anfang. Der zweite Hinweis erfolgt zwar im Zusammenhang der Arbeitsanleitung, aber erst drei Zeilen nach der Anweisung „Messer herausnehmen". Da angenommen werden kann, daß einige Benutzer Schritt für Schritt vorgehen, erfolgt der Hinweis also zu spät (BEIMEL/MAIER 1988: 56).

Derartige Störungen kommen – vor allem in der Mikrosequenzierung – in Anleitungen immer wieder vor, werden jedoch hier nicht im Detail untersucht. Die TT-Sequenzanalyse der Korpustexte dient ausschließlich der Aufdeckung der Makrostruktur für die verschiedenen Korpora.

Da Anleitungen eine „Text-Bild-Gemeinschaft" repräsentieren, sollte die Sequenzierung der Abbildungen ebenso am Gebrauch orientiert sein wie die der verbalen Informationen. Dieses Merkmal wird daher ebenfalls analysiert (vgl. 1.6.4.2 bzw. 1.6.4.3).

1.6.4.1 Sequenzierung deklarierter TT (Makrostruktur)

1.6.4.1.1 Allgemeines

Zur Makrostruktur gibt HOFFMANN (1988: 163) folgende Definition:

Ein wesentliches Merkmal von Fachtexten ist ihre M a k r o s t r u k t u r. Wir wollen darunter zunächst – in bewusster Vereinfachung gegenüber anderen Autoren – die gedankliche Gliederung des Textes verstehen, die an der Textoberfläche als lineare Abfolge von Teiltexten mehr oder weniger deutlich zum Ausdruck kommt, worauf wohl die Funktionalstilistik mit ihrer Forderung nach „logischer Folgerichtigkeit" angespielt hat.

In anderen Definitionen zur Makrostruktur, die nach GLÄSER (1990: 55) „das konventionalisierte Textablaufschema" darstellt, wird neben der „linearen Abfolge" der TT auch deren hierarchische Ordnung betont, z.B.:

[295] Für die Translation besteht nach HORN-HELF (1999a: 203) generell ein „Reparatur"-Auftrag zur Behebung solcher Störungen (ggf. mit Korrektur des Signalwortes): „VORSICHT: Zuerst Netzstecker ziehen, dann Magnetventil mit aufgesetztem Potentiometer demontieren".

Angesichts dieses umfassenden Ansatzes wird die Makrostruktur von Fachtexten als ein linear-sequentiell geordnetes und hierarchisch organisiertes System von Beziehungen zwischen den Teilen und Elementen des Textes bestimmt (BAUMANN 1992a: 82).

Unter ‚Makrostruktur' verstehe ich die hierarchische und lineare Gliederung eines Textes in Teiltexte, denen eine aus ihrer sprachlichen Substanz sowie ihrem Kontext abstrahierte Bedeutung zukommt (SCHMIDT 1996: 432).

Bei der Sequenzanalyse geht es nur um die lineare Abfolge der deklarierten TT, Aspekte der hierarchischen Gliederung werden nach den Kriterien gemäß 1.6.2 untersucht.

ARNTZ (1992: 116) zeigt am Beispiel deutscher und spanischer Gerichtsurteile, dass die Makrostruktur Ausdruck von Kulturdifferenz sein kann:

Damit ergeben sich bei einem Vergleich in vereinfachter Darstellung folgende Grundmuster:

deutsches Urteil:	*spanisches Urteil:*
1. Urteilseingang	1. Urteilseingang
2. Urteilsformel	2. Tatbestand
3. Tatbestand	3. Entscheidungsgründe
4. Entscheidungsgründe	4. Urteilsformel

Obwohl es von der Chronologie her sehr einleuchtend erscheint, dass die Urteilsformel den letzten TT eines Urteils bildet, gibt es vermutlich Gründe dafür, dass man in der deutschen Rechtsprechung traditionell anders verfährt. Solange die Urteilsformel vorhanden ist, mag ihre Platzierung vergleichsweise beliebig sein, ohne essenzielle Beeinträchtigung der Textfunktion. Dieses Beispiel zeigt jedoch, dass die „logische Folgerichtigkeit" (HOFFMANN, s.o.) nur eines der Kriterien ist, an denen sich die Sequenzierung von TT orientieren kann.

GÖPFERICH (1998: 102, Abb. 5.3-2) bildet die ihrer Meinung nach sinnvolle Makrostruktur mit obligatorischen Konstituenten fachexterner Anleitungen mit folgender Sequenzierung ab:

Inhaltsverzeichnis
Sicherheitshinweise/Angaben für den Notfall
Produktbeschreibung[296] (Verwendungszweck, Qualitätsbescheinigung)
Installation/Inbetriebnahme (Auspacken,[297] Aufstellen, Anschließen etc.)
Benutzung/Betrieb
Wartung/Pflege/Instandhaltung
Störungsabhilfetabelle.

[296] Die Themen einer Produktbeschreibung sollen nach GÖPFERICH (1998: 121, Abb. 5.5-1) mit folgender Sequenzierung behandelt werden: Verwendungszweck, Konstruktion, Funktion des Ganzen und nacheinander der Komponenten.

[297] Auch bei dieser Sequenzierung hat der Rezipient das Produkt möglicherweise bereits ausgepackt (vgl. SCHMITT zum Druckerhandbuch), ehe ihm diese Instruktionen begegnen. Vermutlich wäre dieses Dilemma dadurch zu beheben, dass Auspackinstruktionen der Produktbeschreibung und ggf. auch den allgemeinen Sicherheitshinweisen vorausgehen.

Diese Sequenzierung ist vernünftig in Bezug auf die Platzierung der Produktbeschreibung (vor dem anleitenden Teil) und auch gebrauchsorientiert in Bezug auf die Abfolge der TT innerhalb des anleitenden Teils.

Gerade dieser unterliegt gewissen sachlogischen Zwängen, die sich aus dem Arbeitsablauf ergeben und deren Missachtung der Funktion eines solchen Textes zuwiderläuft. PICHLER (1994: 35) formuliert die entsprechende Forderung an das *Technical Writing*, die auf allen Textebenen zu beachten ist: „Schreiben Sie die Anleitungsschritte in der Reihenfolge der erforderlichen Handlungsschritte“. Daraus folgt u.a., dass die Montage-/ Aufstellanleitung der Betriebs-/Bedienungsanleitung grundsätzlich vorausgehen muss, während die Wartungs-/Pflegeanleitung ihr nur folgen kann. Es ist eher unwahrscheinlich, dass diese sachlogisch begründete Sequenzierung im anleitenden Teil ein Merkmal für Kulturdifferenz darstellen kann. Eine andere Frage ist, wie die deskriptiven TT gruppiert bzw. wo Auxiliartexte platziert werden.

Ihrem Wesen nach zur Produktbeschreibung („Spezifizierung des Produkts“ DIN EN 62079 2001: 17) gehören weitere deskriptive TT, z.B. Technische Daten, Lieferumfang, Zubehör, Ersatzteile. Diese sind in ihrer Platzierung verhältnismäßig variabel.

Zu den Auxiliartexten zählen neben dem Inhaltsverzeichnis auch Garantie und Kontaktadressen. Das Inhaltsverzeichnis geht z.B. bei GÖPFERICH (s.o.) allen anderen TT voraus. Das entspricht den Gepflogenheiten in deutschen und englischen Texten generell. In russischen Texten (sowohl in Fachbüchern als auch in Fachzeitschriften) bildet das Inhaltsverzeichnis üblicherweise den letzten TT.

1.6.4.1.2 Analysemodus

SCHMIDT (1996: 432) regt z.B. an, die vom Einzeltext abstrahierte Makrostruktur anhand eines Prototypen zu beschreiben. Diese Verfahrensweise eignet sich für die Analyse der Anleitungskorpora besonders gut, weil davon auszugehen ist, dass die Makrostruktur nicht nur im makrokulturellen Kontrast (z.B. Anleitungen des Maschinenbaus D-R-E), sondern auch im mikrokulturellen Vergleich (z.B. deutsche Anleitungen des Maschinenbaus bzw. des Gerätebaus) variiert. Um für ein Textkorpus zu einem solchen Prototypen zu kommen, wird jeder Korpustext bei der makrostrukturellen Analyse mit einer Maximalstruktur verglichen. Diese beinhaltet die in den Korpora (D-R-E) der jeweiligen Textsorte möglichen deklarierten TT in einer vorläufigen Sequenzierung.

Maximalstruktur fachinterner Anleitungen:

1. Inhaltsverzeichnis
2. Undeklarierter Vorspann/Einleitung/Allgemeines
3. Sicherheitshinweise
4. Technische Daten

5. Verwendungszweck
6. Beschreibung von Konstruktion und Funktion
7. Lieferumfang
8. Lagerung/Transport
9. Aufstellung/Montage
10. Elektrischer Anschluss
11. Funktionsprüfung
12. Inbetriebnahme/Betrieb/Bedienung
13. Außerbetriebnahme
14. Zubehör
15. Wartung/Instandsetzung
16. Störungssuche/-behebung
17. Ersatzteile
18. Garantie
19. Kontaktadressen

Für die Analyse fachexterner Anleitungen ist diese Maximalstruktur in einigen Positionen zu verändern:

1. Die TT „undeklarierter Vorspann" und „Einleitung/Allgemeines" treten nicht alternativ auf, sondern komplementär. Das gilt ebenfalls für die TT „Inbetriebnahme" und „Bedienung".
2. Der TT „Funktionsprüfung" entfällt.
3. Die TT „Zubehör" und „Ersatzteile" fallen zusammen.
4. Es sind einige TT zu ergänzen, die in fachinternen Anleitungen nicht enthalten sind (im Folgenden kursiv markiert):

Maximalstruktur fachexterner Anleitungen:

1. Undeklarierter Vorspann
2. Einleitung/Allgemeines
3. Inhaltsverzeichnis
4. Verwendungszweck
5. Technische Daten
6. Lieferumfang
7. *Entsorgung (Altgerät und Verpackung)/Umweltschutz*
8. Aufstellung/Montage
9. Elektrischer Anschluss
10. Sicherheitshinweise
11. Anlieferung/Transport
12. *Sparhinweise/Umweltschutz*
13. Beschreibung von Konstruktion und Funktion
14. Inbetriebnahme
15. *Tipps zur Benutzung*
16. Bedienung
17. Abschalten
18. Pflege/Wartung
19. Ersatzteile/Zubehör
20. Störungssuche/-behebung
21. *Wartungsprogramme*
22. Garantie
23. *Prüf- /Verkaufsbescheinigung*

24. Anfordern des Kundendienstes
25. Kontaktadressen
26. Garantieschein/-talons

Der Vergleich zwischen der Makrostruktur eines Textes und der jeweiligen Maximalstruktur ergibt Übereinstimmungen und Abweichungen hinsichtlich TT-Bestand und TT-Platzierung, die in der Prototypstruktur für ein Korpus zusammengeführt werden. Zusätzlich erscheint es sinnvoll festzustellen, ob ein TT als obligatorisch oder fakultativ gilt (vgl. auch ARNTZ 1990: 396-399). Die prototypische Makrostruktur ist daher so konzipiert, dass sie den charakteristischen Bestand und die Reihenfolge der TT sowie zusätzlich Variationen in der Platzierung einzelner TT zeigt. Der TT-Status wird definiert durch eine entsprechende Unterscheidung zwischen „präsent" (in der Mehrzahl der Texte vorhanden) und „fakultativ" (in mind. 25 % der Texte vorhanden).

SCHMIDT (1996: 433) nennt als weiteres Kriterium „die Art des im Teiltext benutzten semiotischen Systems (Sprache, Abbildungen)". Dieser Aspekt betrifft jedoch nicht mehr die Makrostruktur, sondern die Art, wie die Informationen im Text dargestellt werden. Die Art der Themenbehandlung ist Gegenstand der inhaltlichen Analyse gemäß 1.7.1.

1.6.4.2 Sequenzierung von Abbildungen

Die strukturellen Aspekte, die analysiert werden sollen, betreffen nicht nur die Abfolge der TT, sondern auch die nicht weniger wichtige Abfolge der Abbildungen:

> Die Blickbewegungen sind in unserer Kultur durch das Lesen von links nach rechts und von oben nach unten geprägt. Die Objekte, Handlungen oder Ereignisse müssen so angeordnet sein, dass sie in der richtigen Abfolge aufgenommen werden (BALLSTAEDT 1996: 212).

Auch für Abbildungen gibt es analog eine „gebrauchsorientierte" Sequenzierung, die insbesondere durch den Textablauf bestimmt wird, d.h., die visuellen Informationen, die bei der Rezeption des Textes zuerst benötigt werden, sollten in der ersten Abbildung zu finden sein. Entsprechend wird festgelegt, dass die Sequenzierung der Abbildungen eines Korpustextes gebrauchsorientiert ist, wenn die Reihenfolge der Abbildungen mit der Reihenfolge der jeweils ersten Verweise korreliert, z.B.:

Abb. 26
    Absatz mit **erstem Verweis auf Abb. 26**
Abb. 27
    Absatz mit **ersten Verweisen auf Pos. in Abb. 27**
Abb. 28
    Absatz mit **ersten Verweisen auf Pos. in Abb. 28**

Falls diese Bedingung nicht erfüllt ist, wird die Sequenzierung als gestört angesehen. Folglich wäre es sinnvoll, erste Verweise und die zugehörigen Abbildungen paarweise anzuordnen (als „gepaarte Arten der Information" nach KALVERKÄMPER 1993: 218).

Eine Sequenzstörung kann verschiedene Gründe haben. Entsprechend werden bei der Analyse vier Varianten unterschieden:

In den meisten Fällen geht der erste Verweis der Abbildung zu weit voraus, d.h. die Abbildung wurde zu spät in den Text eingefügt. Daraus folgt sehr häufig, dass zwischen dem ersten Verweis und der Abbildung größere Textpassagen – und auch andere Abbildungen – liegen.

Variante 1: Die Abbildung ist im Text zu spät platziert, z.B.:

2 Beschreibung
    2.1 Allgemein
        (...)
        Einziger Verweis auf Abb. 2
        (...)
    (...)
3 Lieferumfang
    (...)
        Abb. 1
4 Elektrischer Anschluß
    (...)
        Abb. 2

III. ПРИНЦИП ДЕЙСТВИЯ И КОНСТРУКЦИЯ
    Erste Verweise auf Abb. 1 und 2
    Abb. 1
    Verweis auf Abb. 1
    (...)
    Verweis auf Abb. 2
    Erster Verweis auf Abb. 3
    (...)
    Abb. 2
    (...)
IV. ПРАВИЛА ПОЛЬЗОВАНИЯ, ХРАНЕНИЕ И ГАРАНТИЙНЫЙ СРОК
    (...)
    Abb. 3

I. INTRODUCTION
II. DESCRIPTION
    (...)
    Erster Verweis auf Abb. 2
    (...)
III. SET UP AND ALIGNMENT INSTRUCTIONS
    1.
    2. - erster Verweis auf Abb. 1
    3. - 5.
Abb. 1
Abb. 2

Um die Sequenzstörung im englischen (wie auch im deutschen) Beispiel zu beheben, genügt bereits ein Vertauschen der beiden Abbildungen. Im russischen Beispiel ließe sich die Sequenzierung nur dadurch korrigieren, dass Abb. 2 bis vor den ersten Verweis auf Abb. 3 vorgezogen wird.

Eine zweite – seltenere – Variante besteht darin, dass eine Abbildung verfrüht in den Text eingefügt wurde. Wie der spätere erste Verweis zeigt, befindet sie sich daher an einer Textstelle, an der ihre Informationen noch nicht benötigt werden.

Variante 2: Die Abbildung ist im Text zu früh platziert, z.B.:

4 Aufbau
(...)
Abb. 16
5 Montage- und Anschlußanweisung
5.1 – 5.4.3 mit Abb. 17 – 23
5.4.4 Wechsel der Betätigungsspannung
(...)
Erster Verweis auf Abb. 24
Einziger Verweis auf Abb. 16
Abb. 24
5.4.5 Rückwärtige Verriegelung

31. Подготовка датчиков к работе
(...)
а)
Abb. 11
Legende 1 – 5
Abb. 12
Bildtexte
б) **Einziger Verweis auf Abb. 11**
в) – г)
(...).

Step 3 Attach handle
Abb. 1-7
Abb.-Pos. J –K
Verweise auf Pos. in Abb. 1-7
Abb. 1-8
Abb.-Pos. J –L
Verweise auf Pos. in Abb. 1-8
Abb. 1-9
(...)
Abb. 1-10
Abb.-Pos. N
(...)
Erster Verweis auf Pos. in Abb. 1-10
(...)
Einziger Verweis auf Abb. 1-9
Verweis auf Abb. 1-10.

Eine mögliche Sequenzkorrektur besteht in diesen Fällen darin, die Abbildung bis zum ersten Verweis, der zumeist der einzige ist, zurückzuziehen.

SCHMITT (1998a: 149) nennt zwei weitere Gründe für eine Sequenzstörung: ein Verweis kann falsch sein, oder eine Abbildung kann trotz Verweises fehlen.

Variante 3: Der Verweis ist falsch.

Abb. 2
Legende 1-8
Abb. 3
13 Störungen und deren Beseitigung
13.1 THERMOVAC-Meßstellen „T1“ und „T2“
13.1.1 **Verweise auf Pos 7 und 8 in Abb. 3**
13.1.2 – 13.1.3
(...)

Abb. 3 ist ein Maßbild. Diese Darstellungsform (vgl. 1.7.2.2.1) zeigt grundsätzlich keine identifizierbaren Komponenten. Der Verweis auf die Abb.-Pos. muss daher Abb. 2 gelten, einem Foto des Gerätes mit bezifferten Komponenten und Legende.

How to replace
Removing battery holder
(...) **Verweis auf Abb. 2-16**
(...)
Abb. 3-6
Install new battery
(...)
Abb. 3-7
Reposition holder and door
(...) **Verweis auf Abb. 2-18**
(...)

Diese Verweise beziehen sich auf die beiden in den TT eingefügten Abbildungen 3-6 und 3-7. Ein Bezug zu Abbildungen in Kapitel 2 ist nicht denkbar: Kapitel 2 endet mit Abb. 2-14.

Variante 4: Die Abbildung zum Verweis fehlt.

3. КОМПЛЕКТ ПОСТАВКИ
(...)
Таблица 3.1 – Tabelle, 2-gliedrig
Verweis auf Abb. 5.2 in der Fußnote zur Datenspalte
4. ТРЕБОВАНИЯ ПО ТЕХНИКЕ БЕЗОПАСНОСТИ
5. ПОРЯДОК УСТАНОВКИ И ПОДГОТОВКИ ХОЛОДИЛЬНИКА К РАБОТЕ
5.1 – 5.6
5.7 **Verweis auf Abb. 5.1 und Verweise auf Pos. in Abb. 5.1**
5.8 (...)
Abb. 5.1
Legende 1 – 4
6. ПОРЯДОК РАБОТЫ ХОЛОДИЛЬНИКА

1.6.4.3 Platzierung von Abbildungen

Zur Herstellung des Text-Bild-Bezuges stellt DIETRICH (1997: 40) fest:

> Dabei verweisen die Texte sprachlich i.d.R. genau an der Stelle, an der sie die Information benötigen, auf die jeweilige Abbildung.

Eine solche Verfahrensweise ist als Erfüllung einer „Minimal"-Forderung anzusehen. Praktisch kann dies dazu führen, dass Verweis und Abbildung mehrere Kapitel voneinander entfernt sind, wie dies bereits an zwei Beispielen zur Variante 1 in 1.6.4.2 sichtbar wurde. Bei der Sequenzanalyse zeigt sich die Distanz zwischen einer Abbildung und ihrem ersten Verweis. Falls eine Abbildung mehrfach mit dem Text verknüpft ist (vgl. 1.6.2.3), können die übrigen Verweise noch weiter von der Abbildung entfernt sein.

Eine rezipientenfreundliche Verfahrensweise besteht dagegen darin, die Abbildung selbst genau dort in den verbalen Text einzufügen, wo auf sie verwiesen wird (weil ihre Informationen genau an dieser Stelle gebraucht werden). Aus diesem Grund hält z.B. BALLSTAEDT (1996: 223) es für so wichtig, „daß der Adressat das Bild zum Text oder den Text zum Bild in unmittelbarer Nachbarschaft an vorhersagbarer Stelle findet". Verständlicherweise empfinden Textrezipienten häufiges Blättern zum Auffinden der jeweiligen Abbildung als lästig und verzichten daher, wie OLDENBURG (1996: 548) berichtet, oft genug auf den nonverbalen Teil der Informationen:

> Durch die Trennung von Text und Abbildungen wird aber die Verständlichkeit solcher Bedienungsanleitungen oft erheblich herabgesetzt, da ihr Inhalt nur vollständig erschlossen werden kann, wenn der Benutzer zwischen Text und Abbildungen hin- und herblättert, Dies läßt sich durch entsprechende Benutzerbefragungen leicht belegen.

Die Distanz zwischen Verweis und Abbildung kann folglich als Maß für die Adressatenorientierung einer Anleitung angesehen werden, wiewohl auch die Probleme des Senders mit dem Platzbedarf – z.B. von ganzseitigen Abbildungen – nicht übersehen werden dürfen. Der „Distanzanalyse" wird ein Raster zugrunde gelegt, das darüber Auskunft geben kann, welche Bedeutung der parallelen Präsentation verbaler und nonverbaler Informationen jeweils beigemessen wird. Dazu werden verschiedene Distanzwerte definiert:

Distanz 0: Die Abbildung folgt unmittelbar auf den Verweis bzw. geht ihm unmittelbar voraus. Beide sind nicht durch weiteren Text getrennt. Ggf. kann zwischen beiden allerdings ein Seitenwechsel liegen, z.B.:

3.2 Einlegen des Faltstapels
(...)
Verweis auf Abb. 7
Abb. 7

6. ПОДГОТОВКА К РАБОТЕ
6.1 – 6.3
6.4 **Verweise auf Pos. in Abb. 5**

Abb. 5
Abb.-Pos. 12 –13
6.5 – 6.6

Service Platform Assembly Instructions **Verweis auf Abb. 3**
Abb. 3
STEP 1 **Verweise auf Abb. 3 und Pos. in Abb. 3**
(...)

Distanz 1: Auch hier kann der Verweis der Abbildung vorausgehen oder ihr folgen. Wesentlich ist, dass beide auf einer Seite angeordnet sind. Bei der Rezeption des Verweises braucht der Rezipient zunächst nicht unbedingt weiterzulesen. Er kann mit dem nächsten Blick zur Abbildung „springen“. Der Umfang des ggf. zwischen Verweis und Abbildung befindlichen Textes (der bis zu 30 Zeilen betragen kann) ist daher unerheblich, z.B.:

5. ÄNDERUNG DES PAPIERVORSCHUBES
5.1 Wechselstromausführung
Verweise auf Pos. in Abb. 5
5.2 Allstromausführung
Abb. 5
Pos. 7 und 8
5.3 Ein- und Ausschalter für Papiervorschub
(...)

4.3 Рабочий стол
4.3.1 – 4.3.2
Abb. 1
Legende 1-12
4.3.3 – 4.3.4
4.4 Электроконфорки (**Verweis auf Abb. 1**)
(...)

Plumbing technicalities
(...)
1. – 4.
5. **Verweis auf Abb. 4**
6.
Abb. 4
Bildtexte
(...)

Distanz 2: Verweis und Abbildung befinden sich auf zwei aufeinander folgenden Seiten. Der zwischen ihnen liegende Textumfang ist unerheblich. Sofern es sich nicht um gegenüberliegende Seiten handelt, muss der Rezipient umblättern um weiterzulesen, z.B.:

5 Anschluß von Pumpe und Zubehör (**Verweis auf Abb. 3**)
5.1 Wichtige Hinweise
5.1.1 – 5.1.4
Abb. 3
Legende 19–25

B. Монтаж роликоопор
 24.
  (...)
 Abb. 4
  Legende 1–3, A–C
 25.
  (…)
 26. **Verweise auf Abb. 4**
 27. – 28.

Appendix A
 Specifications (Tabelle 2-gliedrig, **Verweis auf Abb. A-1** in der Datenspalte)
 Notes
  1. – 7.
  Abb. A-1

Distanz 3: Zwischen der Seite, auf der der Verweis gegeben wird, und der Seite mit der Abbildung liegt eine weitere Textseite, z.B.:

1 Arbeitsweise
 1.1 Registriereinrichtung
 1.2 Prinzipschaltung
  (...)
  Verweise auf Abb. 1 und **2**
  (...)
  Abb. 1
  Abb. 2

ПРИГОТОВЛЕНИЕ КОФЕ
 (...)
Abb.
 (...)
РЕКОМЕНДАЦИИ ПО ЭКСПЛУАТАЦИИ КОФЕВАРКИ
ВОЗМОЖНЫЕ НЕИСПРАВНОСТИ И СПОСОБЫ ИХ УСТРАНЕНИЯ
 (...)
 Letzter Verweis auf Pos. in der Abb.
 (...)

Getting to know your machine
 The controls and how to use them
  A. Detergent dispenser
   Verweise auf Abb. 5 und auf Pos. in Abb. 5
   (...)
  B. Pilot light
  C. Half load button
  D. Programme control and on/off control
 The washing programme
Using your machine
 Sorting the wash
 Loading the clothes
 Choosing the right washing powder
 Filling with washing powder

Abb. 5
Pos. a–c
(...)

Distanz 4: Verweis und Abbildung sind durch zwei oder mehr Textseiten getrennt. Der Höchstwert zur „Distanz 4" ist die maximale Distanz, die in einem Text zwischen Verweis und Abbildung liegen kann, z.B.:

Verweis – Abb. 3: Distanz 6 Seiten

4 Elektrischer Anschluß
(...)
Abb. 3
Legende 1–12
(...)
5 Vorbereitungen zur Inbetriebnahme
6 Inbetriebnahme
7 Wartung der Wälzkolbenpumpe
7.1 Ölwechsel
(...)
Letzter Verweis auf Pos. in Abb. 3
(...)

Verweis – Abb. 1: Distanz 5 Seiten

6.2 Включение, настройка и регулировка.
(...)
Abb. 1
Legende 1–7
6.3 Пользование собственными антеннами
6.4 Подключение выносного переключателя программ
6.5 Подключение видеомагнитофона
6.6 Прослушивание звукового сопровождения телевизионных передач на головные телефоны и запись на магнитную ленту
6.7 Помехи при приеме телевизионных передач
6.8 Выключение телевизора
Letzter Verweis auf Pos. in Abb. 1.
(...)

Verweis – Abb. 6: Distanz 7 Seiten

How the RR750X Recovers & Recycles Refrigerant
(...)
Verweis auf Abb. 6
Inlet Pressure Gauge
Check Valve
Suction Accumulator
(…)
Scheduled Maintenance
Daily before use
(…)
Problems & Solutions
Abb. 6

1.6.4.4 Analyseraster: Sequenzierung

Kriterium	Varianten
SEQUENZIERUNG DEKLARIERTER TT	Prototypische Makrostruktur eines jeden Korpus mit Angaben zu fakultativen TT und alternativen Platzierungen
SEQUENZIERUNG VON ABBILDUNGEN (PARALLELITÄT ZWISCHEN ERSTEN VERWEISEN UND ABBILDUNGEN)	± gebrauchsorientiert
DISTANZ ZWISCHEN VERWEIS UND ABBILDUNG	Distanzen 0-4 maximale Distanz: ± rezipientenfreundlich

1.7 Analysekriterien: Textinhalt

Nach Formulierung und Textstruktur sollen abschließend noch inhaltliche Merkmale der Korpora untersucht werden. Damit wird in gewisser Weise das „Bild“ der beiden Textsorten abgerundet, denn „(...) kultur- und sprachgebundene Spezifika gibt es im Fachtext nicht nur auf der Ebene der Sprachmittel und des Diskurses, sondern immer auch hinsichtlich des Inhalts (...) eines Textes“ (SCHRÖDER 1993: 194).

1.7.1 Bestand an thematischen Konstituenten

Grundbedingung für jede Anleitung ist, dass in irgendeiner Form die Maschine/das Gerät beschrieben wird, zu deren Betrieb bzw. zu dessen Bedienung angeleitet werden soll. Da der instruktive Teil insoweit eine „Koppelung mit informativen Anteilen“ (MÖHN 1991: 188, vgl. auch 1.5.2.2) zeigt, lässt sich bei den thematischen Konstituenten einer Anleitung eine entsprechende Differenzierung vornehmen. Themen „informativer“ Natur, die zur Beschreibung gehören, sind z.B. Funktion, Konstruktion, Technische Daten. Zu den Themen „instruktiver“ Natur, die Bestandteil des anleitenden Teils sind, zählen dagegen Aufstellung, Bedienung, Instandhaltung etc.

Allerdings können die deskriptiven und instruktiven TT, aus denen sich eine Anleitung zwingend zusammensetzt, auch zu Misch-TT kombiniert sein (vgl. 1.6.3.3). Aus diesem Grund findet die Differenzierung zwischen informativen und instruktiven Konstituenten nicht ohne weiteres eine Entsprechung im konkreten Text. Die Zweiteilung in Beschreibung und Anleitung[298] ist daher ein theoretisches Konstrukt, das lediglich einer Ordnung der Themen dienen soll. Wie die Beispiele in 8.3.1.1 zeigen, können sich selbst informative Konstituenten als Misch-TT erweisen.

1.7.1.1 Themen des Haupttextes

Die Ausführungen zur TT-Sequenzierung in Anleitungen (vgl. 1.6.4.1) haben gezeigt, dass die Orientierung an den praktischen Bedürfnissen des Rezipienten die Abfolge der wesentlichen (instruktiven) Teile vorgibt. Entsprechend gilt auch für den Inhalt, dass bestimmte Themen unverzichtbar sind, wenn der Gesamttext seine Funktion als Anleitung erfüllen soll. Allerdings kann sich der Textproduzent (fachexterner Anleitungen) auch für die Aussonderung gewisser Themen entscheiden:

[298] Dem entspricht die Unterscheidung von „Produktspezifikation“ einerseits und „spezifischer Anleitung“ andererseits in DIN EN 62079 (2001: 18).

Sollen beispielsweise die Informationen für die Installation in einer eigenen Installationsanleitung zusammengefaßt werden, oder sollen sie nur als eigenes Kapitel Eingang in die allgemeine Bedienungsanleitung finden? Sollen die Informationen zur Wartung eines Gerätes ebenfalls integriert werden oder doch besser separat dokumentiert werden, damit sie gezielt in die Hände der Gerätebetreuer gelangen können und sich nicht jeder Gerätebenutzer ermutigt fühlt, selbst in den Innereien einer Maschine herumzuwühlen? (Krings 1996: 17).

Analysen der Makrostrukturen zeigen, dass manche TT in Anleitungen als obligatorisch anzusehen sind, während andere fakultativ sind, also auch fehlen können. Die Entscheidung zur Ausgliederung (s.o.) ist jedoch nur ein möglicher Grund für das Fehlen entsprechender TT in der Makrostruktur. Die Art der Themenbehandlung ist ein weiterer, denn die Behandlung eines Themas muss nicht zwangsläufig in einem entsprechend deklarierten TT stattfinden. Dies dürfte die Regel sein bei Themen, die dem Sender/Textproduzenten wichtig sind, z.B:

Informative Konstituenten:

1 Technische Daten
ТЕХНИЧЕСКИЕ ДАННЫЕ
General Specifications

4. Ersatzteile
Запасные детали
Spares and Accessories

Instruktive Konstituenten:

5. Montage des Ventilators
5. ПОРЯДОК УСТАНОВКИ И ПОДГОТОВКИ ХОЛОДИЛЬНИКА К РАБОТЕ
Installation Guidelines

7 Wartung der Wälzkolbenpumpe
8 ТЕХНИЧЕСКОЕ ОБСЛУЖИВАНИЕ
Maintenance

Es gibt jedoch verschiedene Alternativen: ein Thema kann z.B. ausschließlich in einem mit Signalwort markierten Einschub angesprochen werden. So wird vorzugsweise dann verfahren, wenn auf ein Risiko hinzuweisen ist. Unter anderem ist das Thema „Sicherheit" nicht in allen Texten Gegenstand eines eigenen TT, sondern wird manchmal lediglich in Einschüben abgehandelt, z.B.:

Achtung! Vorher Masseverbindung prüfen. Testkopf hat Hochspannung.
ВНИМАНИЕ Bei der Behebung von Störungen Sicherheitsvorschriften beachten.
Warning
Vor Schneidbrennen oder Schweißen Gasniveau bzw. Staubgehalt prüfen. Gas oder Staub können dabei Explosionen verursachen.

Ein Thema kann ebenfalls „en passant" im Verlauf eines anders deklarierten TT. (d.h. ohne eigene Deklaration) behandelt werden. Eine „instruktive" Konstituente, der in der Regel kein eigener TT gewidmet wird, ist das Thema „Wartungsintervalle", z.B.:

7.1 Allgemeine Hinweise[299]
Das Relais ist wartungsfrei, wenn die an den Einbauort gestellten Bedingungen erfüllt sind. Dennoch regelmäßig Funktionsprüfungen durchführen.

13. Техническое обслуживание
13.1 Regelmäßig nach Anleitung warten.
13.2 Mind. alle 72 h Behälter leeren und Nullpunkt korrigieren.
13.3 Alle 6 Monate Gerät nach methodischen Anweisungen prüfen.
(...)

Lubricating vibrator
(...)
1. Mit Kluber Isoflex nach den ersten 500 Betriebsstunden und danach alle 1000 h schmieren.
2. Bei Gehäusetemperaturen über 194°F Abstände und Menge für jede 18°F halbieren. Z.B. bei 204°F Betriebstemperatur alle 500 h mit 6,5 g schmieren.
(...)

Werden Informationen auf diese Weise gegeben, so ist ihre Bedeutung als Thema eigenen Rechts eher gering. Bei anderen Themen ist eine solche Behandlung nicht unbedingt so einleuchtend wie in diesem Fall (zu Beispielen vgl. insbesondere 8.3.1.2). Ein Thema, das nicht angesprochen wird, ist aus der Sicht des Textproduzenten offenbar irrelevant.

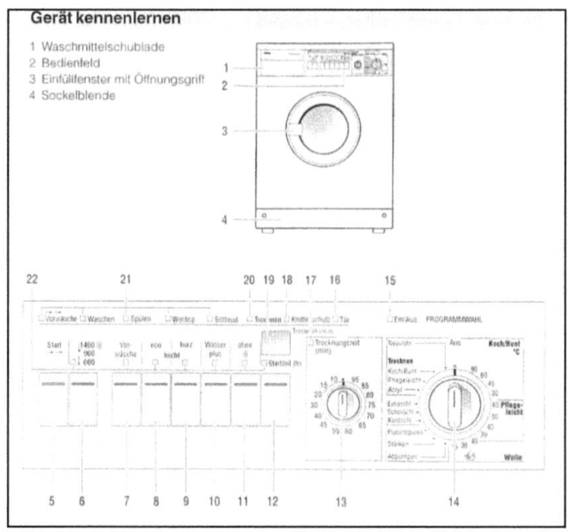

Abb. 1.9: Nonverbale Konstruktionsbeschreibung (Waschtrockner)[300]

[299] Deklarationen werden grundsätzlich mit dem Wortlaut des Originals wiedergegeben. Die Texte der TT sind dagegen für eine solche Verfahrensweise zu umfangreich. Sie werden in Form von Inhaltsangaben dargestellt (zur „Thematischen Gliederung“ vgl. 1.6.2.1.2).

[300] In den Klammerausdrücken der Deklarationen zu den Abb. 1.9 – 1.29 sind die Originalbezeichnungen der Maschinen/Geräte angegeben, deren Anleitungen die Beispiele entnommen

Eine letzte Möglichkeit, von der nur sehr eingeschränkt Gebrauch gemacht wird (werden kann), besteht in einer ausschließlich[301] nonverbalen Themenbehandlung, bei der eine Abbildung entsprechenden Verbaltext ersetzt. Ein besonders geeignetes Thema scheint die Konstruktion einer Maschine bzw. eines Gerätes zu sein. Gerade die Konstruktionsbeschreibung wird häufig nicht in Form eines entsprechend deklarierten TT, sondern in Form einer Abbildung gegeben (vgl. Abb. 1.9).

1.7.1.2 Themen der Auxiliartexte

Neben den Themen der beschreibenden und anleitenden Teile lassen sich bei der Analyse gemäß 1.6.4.4 noch weitere Themen finden, die vorzugsweise Gegenstand von Auxiliartexten sind. Zum Teil geben diese Auxiliartexte dem Rezipienten Hilfestellung beim Umgang mit Anleitung und Produkt, z.B.:

Inhaltsverzeichnis
СОДЕРЖАНИЕ
Table of Contents

10.1 Ersatzteil- und Kundendienstadressen
Список сервисных мастерских
Hotpoint Service Offices

Ein anderer Teil dient dem Sender dazu, sich rechtlich abzusichern, z.B.:

Garantiebedingungen
ГАРАНТИЯ
Warranty

Während der Anleitungsinhalt ein typisches Thema für einen eigenen TT, das Inhaltsverzeichnis, darstellt, wird ein Änderungsvorbehalt grundsätzlich unter einer anderen Deklaration geäußert, z.B. bei den Technischen Daten:

Technische Daten
  (Aufzählung)
  Änderungen vorbehalten.
Технические характеристики
  (Tabelle)
  Änderungen vorbehalten.
Specifications
  (Tabelle)
  Änderungen vorbehalten.

wurden. Diese Angaben sollen ein Einordnen des jeweils abgebildeten Gegenstandes erleichtern, wenngleich dies nicht Voraussetzung für die Verständlichkeit der durch die Abbildungen repräsentierten Klassifikationen ist.

[301] Falls in einem Text ein entsprechend deklarierter TT mit Verbaltext und Abbildung vorhanden ist, wird das Thema als im TT behandelt klassifiziert.

1.7.1.3 Analyseraster

Diese an der Themenbehandlung ablesbare Bedeutungshierarchie wird anhand der in 1.6.4.1.2 aufgestellten Maximalstrukturen für die informativen und instruktiven Konstituenten eines jeden (fachinternen bzw. -externen) Textes und seiner Auxiliartexte mit folgenden Varianten bestimmt:

TT – Thema wird in einem entsprechend deklarierten TT behandelt.
ABB – Thema wird ausschließlich nonverbal in einer Abbildung behandelt.
SE – Thema wird ausschließlich in einem Einschub mit Signalwort behandelt.
OD – Thema wird ausschließlich in einem anders deklarierten TT angesprochen, d.h. ohne eigene Deklaration.
0 – Thema wird nicht angesprochen.

Die Analyseergebnisse werden in den entsprechenden Tabellen wie folgt dargestellt:

ART DER BEHANDLUNG THEMA	KORPUS D	KORPUS R	KORPUS E
Technische Daten	TT/0	TT*	OD/TT**
Verwendungszweck	OD/[TT/SE]***	OD/TT	OD

Tab. 1.15: Informative Konstituenten (Beispiel)

Erläuterungen:

* Für jedes Korpus wird Übereinstimmung in (fast) allen Texten durch einen einzigen Eintrag ausgewiesen: Der Eintrag „TT“ in Tabelle 1.15 bedeutet daher, dass der TT „Technische Daten" in (fast) allen Anleitungen des russischen Korpus mit eigener Deklaration vertreten ist.

** In der Regel ist die Art der Themenbehandlung innerhalb eines Korpus jedoch uneinheitlich. Daher müssen Mehrheit bzw. Minderheit durch zwei Einträge gesondert angegeben werden: Die Einträge „OD/TT“ besagen hier, dass im englischen Korpus Technische Daten überwiegend im Textverlauf (d.h. ohne eigene Deklaration) gegeben werden und nur in wenigen Texten in einem separaten TT zusammengestellt sind.

*** Es kommt auch vor, dass die Themenhandlung in einem Korpus für die Mehrzahl der Texte eine klare Präferenz zeigt, während für die Minderheit zwei Behandlungsarten gleichermaßen wichtig und auszuweisen sind: Die Einträge „OD/[TT/SE]“ geben in diesem Fall an, dass der Verwendungszweck in der Mehrzahl der deutschen Anleitungen nur beiläufig erwähnt wird, während ihm in einigen Texten ein eigener TT bzw. ein Einschub mit Signalwort gewidmet wurde.

Die Ergebnisse aus den Texten eines Korpus werden, getrennt nach informativen und instruktiven Konstituenten des Haupttextes bzw. Konstituenten der Auxiliartexte, in drei Tabellen zusammengeführt, in denen die Konstituenten alphabetisch geordnet sind (d.h. in ihrer Abfolge nicht mehr der Makrostruktur entsprechen). Um eine gewisse Übersichtlichkeit der Tabellen zu bewahren, entfallen Einzelwerte, d.h., ist eine Behandlungsart nur in einem Text festzustellen, wird auf einen Ausweis verzichtet.

1.7.2 Abbildungen in der Text-Bild-Gemeinschaft

Zu der von ihm so benannten „Text-Bild-Gemeinschaft“ schreibt KALVERKÄMPER (1998: 368-369):

Diese Gemeinschaft ist als Mittel der wissenschaftlichen Kommunikation nach sporadischen Vorkommen in der Antike und im Mittelalter dann in der Renaissance, hier speziell mit Leonardo da Vinci (1452 – 1519), strukturell eingesetzt und als Informationsdialog zwischen Text und Bild, als eine komplexe Mitteilungsweise an den Leser, verwertet worden.

Da diese „komplexe Mitteilungsweise“ auch in der Fachkommunikation praktiziert wird, hält SCHRÖDER (1993: 201-207) im Rahmen einer Fachtextanalyse auch die Berücksichtigung nonverbaler Zeichen für wünschenswert, u.a.:

Abbildungen als ikonische Zeichen (Photo, Zeichnung, Skizze, Schnitt usw.),
datenvermittelnde Schaubilder als schematische Zeichen (Kurven, Diagramme, statistische Graphiken)
Piktogramme als symbolische Zeichen.

In dieser Aufzählung geht es vor allem um die Darstellungsformen nonverbaler Informationen. Dieses Kriterium gehört zu den qualitativen Aspekten, die zusätzlich zu Quantität und den Relationen innerhalb der Text-Bild-Gemeinschaft untersucht werden sollen.

DIETRICH (1997: 38) stellt an ihrem Korpus eine Beschränkung in der Verwendung von Abbildungen fest:

Bei der Untersuchung des Verhältnisses von Text und Bild ist zunächst festzustellen, daß ausschließlich die intrafachlichen Texte bebildert sind.

Anleitungen zeigen keine derartige Beschränkung in Korrelation zum Adressatenbezug. Nach den Fakten der Korpora zu urteilen, kommen fachinterne Anleitungen nur höchst selten, fachexterne generell nicht[302] ganz ohne Abbildungen aus. Die Verwendung von Abbildungen scheint davon abzuhängen, ob ein Text autonom funktionieren muss oder ob z.B. die Ergänzung durch textexterne Zeichnungen vorgesehen ist.

1.7.2.1 Quantitative Aspekte

SCHMITT (1998c: 211) spricht mit der folgenden Feststellung das quantitative Verhältnis an, wobei er sich – ungeachtet des generalisierenden Spezifikators – offenbar auf fachexterne Anleitungen bezieht:

---

[302] Dagegen stellen BEIMEL/MAIER (1988: 15) nach einer Prüfung fachexterner Anleitungen fest: „Erstaunlich war auch, daß nur 58,6 % des gesichteten Materials die bekanntermaßen die Verständlichkeit fördernden Mittel bildlicher Darstellungen nutzten“.

Anleitungen jeder Art sind fast immer eine semiotische Funktionsgemeinschaft aus verbalen und nonverbalen Informationen (Bildern). Der (Flächen-)Anteil der Bilder liegt meist bei 50 % und darüber, kann aber je nach Zielgruppe und Produkt (z.B. Montageanleitungen im Spielzeugmodellbau) fast 100 % betragen.[303]

Angesichts der Vielzahl von Zeichnungen, die neben fachinternen Anleitungen Bestandteil technischer Dokumentation sind, darf vermutet werden, dass der Bildanteil in fachinternen Anleitungen erheblich geringer ausfällt. Demgegenüber ist bei fachexternen Anleitungen eher eine Integration aller notwendigen Darstellungen angezeigt, dennoch scheint SCHMITT mit der Annahme eines Anteils von „zumeist 50 % und darüber“ spekulativ hoch zu greifen.

Soweit die Fachtextlinguistik das quantitative Verhältnis innerhalb der Text-Bild-Gemeinschaft überhaupt untersucht, sind Angaben zu den Abbildungen üblich wie bei GÖPFERICH (1995: 294):

> (...) so ergibt sich für die deutschen Bedienungsanleitungen ein Durchschnittswert von 0,96 und für die englischen von 0,9 Abbildungen und Tabellen pro Seite.

Eine solche Angabe suggeriert zwar einen hohen Anteil an Abbildungen/Tabellen in diesen Anleitungen, sagt aber nur sehr bedingt etwas aus über das quantitative Verhältnis zwischen Text und Abbildungen. Zum einen fehlt die Differenzierung zwischen Tabellen und Abbildungen, zum anderen lässt sich die Varianz in der Abbildungsgröße auf diese Weise nicht erfassen. Das wird an folgendem Beispiel deutlich:

> Eine Anleitung von 13 Seiten Umfang enthält 10 Abbildungen (und keine Tabellen). Das ergibt einen Durchschnitt von 0,77 Abbildungen pro Seite, d.h., über 3/4 aller Seiten enthalten eine Abbildung. Da die Abbildungen überwiegend sehr klein sind, macht ihr Anteil am Gesamttext trotzdem nur 4 Seiten (30,77 %) aus.

Einen Einblick in das tatsächliche Verhältnis zwischen Text- und Bildanteil kann nur ein genauerer Vergleichsmaßstab gewähren. Zur Ermittlung der quantitativen Verhältnisse werden die Flächenanteile daher nach folgendem Raster bestimmt:

Abbildungsgrößen: 1/1 – 3/4 – 1/2 – 1/4 – 1/8 – 1/16 der jeweiligen Textseite.

Wie am obigen Beispiel demonstriert, wird die Summe der Abbildungsanteile (in Seiten) in Beziehung gesetzt zum Gesamtumfang des Textes (in Seiten). Daraus ergibt sich der Flächenanteil der Abbildungen (in Prozent). Durch diese Verfahrensweise lässt sich u.a. der Einfluss unterschiedlicher Textformate auf die Berechnung elimieren.

---

[303] Im Hinblick auf fachexterne Kommunikation teilt KALVERKÄMPER (1993: 218) diese Auffassung: „(...) Sachbücher zu fachlich-wissenschaftlichen Themen sowie die vielen popularisierenden Zeitschriften, die zwischen den (Natur-)Wissenschaften und der interessierten Laienleserschaft vermitteln, sind ohne massive Bildanteile gar nicht mehr denkbar“.

1.7.2.2 Qualitativ-funktionale Aspekte

Zu Qualität und Funktion von Abbildungen in Anleitungen wurden in der Fachliteratur bisher überwiegend Beobachtungen allgemeiner Art referiert. So lassen die Ausführungen bei GÖPFERICH (1998: 42) z.B. deutliche Unterschiede in den möglichen Darstellungsformen „repräsentationaler Bilder“ erkennen:

Beispiele für Abbildungen sind Photos und verschiedene Arten von Zeichnungen, deren Realitätstreue unterschiedlich groß sein kann. Ihr Spektrum reicht von solchen Zeichnungen, die sich in ihrer Realitätstreue Photographien annähern, über solche, die sich auf für einen Techniker wesentliche Aspekte beschränken (z.B. technische Zeichnungen), bis hin zu stark schematisierten Zeichnungen, von denen abbildende Piktogramme eine Sonderform sind.

Diese Differenzierung in „realitätstreue“ bzw. „schematisierte“ Abbildungen greift NICKL (2001: 166) auf:

Die Darstellungsart der Bilder kann drei unterschiedliche Formen annehmen: *nicht-gegenständlich, abstrahiert und detailgetreu.* Detailgetreu sind Fotografien und realistische Abbildungen, abstrahiert sind z.B. Strichzeichnungen und retuschierte Fotografien, nicht-gegenständlich Schaltpläne, Flussdiagramme u.ä.

Um die Abbildungen seiner Anleitungskorpora konsistent klassifizieren und die „Darstellungsarten“ quantifizieren zu können, braucht NICKL die dritte Kategorie der „nichtgegenständlichen“ Abbildungen. Verzichten kann er dagegen auf den Bereich der bei GÖPFERICH (s.o.) erwähnten technischen Zeichnungen, die in deutschen fachexternen Anleitungen nicht zu finden sind.

Da die Analysekorpora nicht nur fachexterne, sondern auch fachinterne Anleitungen aus zwei Mikrokulturen enthalten, erweist sich diese Dreiteilung (zwangsläufig) als unzureichend. Darüber hinaus scheint eine solche Klassifikation den Darstellungsformen der fachinternen technischen Kommunikation nicht adäquat zu sein. Immerhin ist ihre Qualität von so essenzieller Bedeutung, dass ihr eigene Normen gewidmet sind. Zudem erweisen sich die Darstellungsformen fachintern und -extern als wenig deckungsgleich. Für die Analysen muss daher eine „kombinierte“ Klassifikation gewählt werden, die sich unabhängig vom Adressatenbezug anwenden lässt (vgl. 1.7.2.2.1).

Ähnlich allgemein gehalten sind Aussagen zur Funktion und zum Textbezug von Abbildungen. Beide Aspekte gehören zusammen, weil die Funktion einer Abbildung – wie BOCK (1993: 123) zutreffend anmerkt – wesentlich durch ihren Textbezug determiniert wird:

Eine Bild-Text-Gestaltung ist nach Ballstaedt et. al. dann lernwirksam, wenn Bild und Text komplementär sind, d.h. beide Medien zur Erfassung der Gesamtbedeutung genutzt werden *müssen.* Komplementäre Gestaltung erfordert Verweise und Redundanz: Ein Teil der Informationen wird exklusiv entweder im Bild oder im Text angeboten, ein Teil der Informationen ist in beiden Medien enthalten.

Als wünschenswert skizziert BOCK hier eine komplementäre Abbildungsfunktion (vgl. 1.7.2.2.2), die u.a. aus einem textuellen Bezug zwischen Text und Abbildung (durch Verweise – vgl. 1.7.2.3.1) resultiert. Eine solche Konstellation ist in Anleitungen – vor allem fachextern – durchaus nicht die Regel. Es gibt zum einen andere Möglichkeiten der „Interaktion“ zwischen Text und Abbildungen (vgl. 1.7.2.3.2), und es gibt zum anderen Fälle, in denen eine Interaktion überhaupt nicht möglich ist:

Visualisierungen sind Bildformen gewissermaßen eigenen Rechts, die mit dem Textbild interagieren – oder eben auch nicht, Wenn sie interagieren, dann handelt es sich um visuelle Ersetzungen oder Ergänzungen von Textpassagen. Wenn sie nicht interagieren, dann kann der Leser nicht ohne weiteres nachvollziehen, welche spezifische Funktion eine bestimmte Visualisierung hat (SAUER 1997: 97).

1.7.2.2.1 Darstellungsformen

Eine erste Differenzierung der Darstellungsformen ist danach zu treffen, ob es sich um ein Foto oder um eine Zeichnung, gemäß DIN 199-1 (2002: 7) eine „aus Linien bestehende bildliche Darstellung“, handelt.

In Anlehnung an die Definition der DIN 199-1 (2002: 4) zur „Fotozeichnung“ werden zu den Fotos auch Abbildungen gerechnet, die im Wesentlichen fotografische Elemente enthalten.

Die gezeichnete Alternative zum Foto stellen – insbesondere in fachexternen Anleitungen – Abbildungen dar, die im Sinne der VDI 4500-1 (1995: 7) von überflüssigen Details abstrahieren und daher für Anleitungen besser geeignet sind als Fotos,[304] „die zu viele ablenkende Einzelheiten enthalten“. BEIMEL/MAIER teilen diese Ansicht, sie berichten von der Optimierung der Darstellungsformen einer fachexternen Anleitung:

Die ursprüngliche GA bestand zu gleichen Teilen aus Text und abbildungsgetreuen Fotos. Unter der Annahme, daß ein Überangebot an Informationen – wie es bei abbildungsgetreuen, nicht auf wesentliche Einzelheiten reduzierten Fotos der Fall ist – den Benutzer hochgradig verunsichert, sollten in der optimierten GA viele Hinweise ausschließlich durch wenig gezeichnetes Bildmaterial präsentiert werden (1988: 24-25).

Trotz der Reduktion vermitteln gezeichnete Abbildungen dieser Art den Eindruck von Realitätstreue. Das liegt an einer zumeist perspektivischen Darstellungsweise, die der Abbildung räumliche Tiefe verleiht, häufig unterstützt durch entsprechende Schattierungen. Eine solche Abbildung – hier als „Bild“ klassifiziert – kommt daher dem tatsächlichen Aussehen des abgebildeten Gegenstandes weniger nah als ein Foto, jedoch erheblich näher, als dies z.B. bei einer technischen Zeichnung möglich ist.

---

[304] Der DIN EN 62079 (2001: 28) kommt es weniger auf die Darstellungsform selbst an: „Es ist auf die Qualität und Klarheit zu achten, unabhängig davon, ob Fotografien, Strichzeichnungen oder andere Mittel gewählt worden sind“.

Eine große Gruppe unter den „Zeichnungen" im Übrigen, stellen – insbesondere in der fachinternen Kommunikation – die technischen Zeichnungen. Gemäß DIN 199-1 (2002: 5) sind dies Zeichnungen „in der für technische Zwecke erforderlichen Art und Vollständigkeit". Eine fachintern übliche Erscheinungsform der technischen Zeichnung ist die Maßzeichnung – häufig auch „Maßbild" genannt –, die die DIN EN 61355 (1997: 27, Tab. B.1) definiert als:

Dokument mit Informationen über Form, Abmessungen, Aufstellung und Befestigung von Einrichtungen, die für die sachgemäße Installation erforderlich sind.

Als „technische Zeichnung" gilt ebenfalls ein Plan im Sinne der DIN EN 61355 (1997: 40, Tab. C.1). Nach dieser Definition ist ein Plan eine „Zeichnung, die eine Draufsicht, einen Ausschnitt oder einen Schnitt zeigt". Zu den technischen Zeichnungen zählen des Weiteren „Teilschnittansichten" gemäß DIN ISO 128-40 (2002: 9), die teils eine Ansicht, teils einen Schnitt zeigen. Die „für technische Zwecke erforderliche Vollständigkeit" (s.o.) bedeutet u.a., dass z.B. Schnitte[305] in Anleitungen unter Verzicht auf die Bemaßung dargestellt werden können (und werden), weil sie hier nicht Bestandteil von Konstruktionszeichnungen sind, die „Informationen über Objekte im beabsichtigten fertigen Stadium" liefern müssen (DIN EN 61355 1997: 23, Tab. A.2).

Eine „technische Zeichnung", die gesondert klassifiziert wird, ist die Explosionszeichnung – auch „Explosionsbild" genannt. Diese ermöglicht nach HOISCHEN (2003: 397) eine „übersichtliche Präsentation auch umfangreicher Baugruppen", insbesondere „für Montage- und Wartungssimulationen" (vgl. z.B. Abb. 1.12).

Die DIN 199-1 (2002: 6) kennt auch die Darstellungsform der reduzierten oder vereinfachten technischen Zeichnung, „die ein Teil oder eine Baugruppe nicht vollständig beschreibt". Einer solchen vereinfachten Darstellung ist der „maximale Einbauraum" zu entnehmen, während „Formelemente wie Fasen, Rillen, Einkerbungen usw. sowie innere Geometrien" nicht dargestellt werden (DIN 32869 1998: 2). So wird in der DIN ISO 6413 z.B. davon abgeraten, Keilwellen-Verbindungen in allen „Einzelheiten mit ihren wirklichen Maßen" darzustellen, empfohlen wird dagegen für diesen Fall, „nur die Umrisse und Körperkanten einer Welle oder einer Nabe" darzustellen (1990: 3 bzw. 4). Eine derart vereinfachte Darstellung ist nach HOISCHEN (2003: 68) dann sinnvoll, „wenn nur wesentliche Merkmale gezeigt werden sollen, z.B. in Zusammenbauzeichnungen".

In Anleitungen wird nicht nur bei Einzelteilen, sondern auch bei komplexen Baugruppen oder Gesamtdarstellungen häufig weiter vereinfacht, so dass sich insgesamt eine Reduktion auf „Umrisse und Körperkanten" ergibt (s.o.). Eine solche „Strich- oder auch Um-

---

[305] Ein Merkmal dieser Schnitte, das sie als „technische Zeichnungen" qualifiziert, ist die Schraffur der Schnittflächen z.B. entsprechend DIN 128-50 (2002: 8-9).

risszeichnung“, in der „nur Formen und Konturen erhalten [bleiben]“ (BALLSTAEDT 1996: 198), wird hier als „Skizze“ klassifiziert.

Eine solche „Skizze“ unterscheidet sich vom „Bild“ (s.o.) vor allem in der Dimensionalität. Der Gegenstand wird frontal – d.h. zweidimensional – in Konturen abgebildet, der Skizze fehlt die Räumlichkeit, die beim Bild durch Perspektive und Schattierungen entsteht. Im Übrigen können beide – als Ergebnis der bereits erwähnten Abstraktion von Details „schematisch“ sein, wie bei BALLSTAEDT (1996: 198-199) skizziert:

In der Schemazeichnung sind charakteristische Merkmale bis zur Karikatur überzeichnet. Ein derartiges Hervorheben visueller Merkmale ist für die Augen offensichtlich reizvoll. Es liegt zumindest ein Befund vor, dass schematische Zeichnungen gegenüber anderen Formen der Abbildung schneller erkannt werden.

Im Gegensatz zu den bisher genannten Formen, die eine Maschine oder ein Gerät bzw. deren konstruktive Details (Baugruppen oder Einzelteile) darstellen, zeigen Schemata ganze Verbindungssysteme. Ein Schema, das vorzugsweise in Betriebsanleitungen für Industrieanlagen zu finden sein dürfte, ist das Betriebsstofffließschema bzw. der Stoffflussplan (vgl. dazu DIN EN 61355 1997: 31, Tab. B.1). In fachinternen Anleitungen von Maschinen- und Gerätebau häufig sind dagegen z.B. Schaltpläne gemäß DIN EN 61355 (1997: 40, Tab. C.1). Danach ist ein Schaltplan eine

graphische Darstellung, die mit graphischen Symbolen und beschrifteten Konturen zeigt, wie die Bestandteile eines Systems oder einer Einrichtung zueinander in Beziehung stehen und wie sie miteinander verbunden sind.

In den Anleitungen der Analysekorpora handelt es sich primär um Stromlaufpläne, Verdrahtungspläne und Anschlusspläne.[306] Zusätzlich enthalten deutsche fachinterne Anleitungen Schaltpläne, die als „Lage- oder Positionsplan“ bezeichnet werden. Es ist anzunehmen, dass diese Bezeichnung auf die Darstellungsart referiert. Nach HOISCHEN (2003: 369) ist bei Schaltplänen u.a. eine „lagerichtige Anordnung“ möglich, „bei der die Schaltzeichen für die Komponenten so plaziert sind, daß ihre Lage im Schaltplan der räumlichen Lage der Komponenten entspricht“.[307]

---

[306] Zu den Definitionen vgl. DIN EN 61355 (1997: 32 bzw. 36, Tab. B.1): „Ein Stromlaufplan muß die Einzelheiten der Ausführung von Systemen, Teilsystemen, Installationen, Einrichtungen usw. zeigen. Er braucht aber nicht die Abmessungen, Formen oder Aufstellungs- oder Einbauorte der verwendeten Betriebsmittel zu berücksichtigen“. – „Geräteverdrahtungspläne (...) müssen alle erforderlichen Angaben über die internen Verbindungen einer einzelnen Baueinheit oder einer Baugruppe enthalten“. – „Ein Anschlußplan (…) muß Angaben enthalten, die für die externen Anschlüsse einer einzelnen Baueinheit oder Einrichtung erforderlich sind“.

[307] Die Alternative ist eine „funktionelle Anordnung, wobei die Bauteile im Schaltplan so platziert sind, daß die funktionellen Beziehungen leicht zu erkennen sind“ (HOISCHEN ebd.).

Eine weitere Gruppe von Abbildungen, die den Schemata zugeordnet werden, bilden Funktionsschemata, Schema-Zeichnungen nach der (alten) DIN 199 (1962: 2), die im weitesten Sinne das „Zusammenwirken von Elementen" darstellen.

Das Diagramm ist nach DIN 199-1 (2002: 4) ebenfalls eine Form der Zeichnung, die jedoch „das Verhältnis zwischen zwei oder mehreren variablen Größen im Regelfall in einem Koordinatensystem graphisch darstellt". Zu Diagrammen dieser Art zählen in Anleitungen vor allem Kurvendiagramme, die in einer einzelnen Kurve oder einer Kurvenschar z.B. die Abhängigkeit der Maschinenleistung von bestimmten Faktoren darstellen. Ablauf- und andere Diagramme werden von der erweiterten Definition der DIN EN 61355 (1997: 40, Tab. C.1) ebenfalls erfasst.

Beispiele zur Klassifikation

Foto

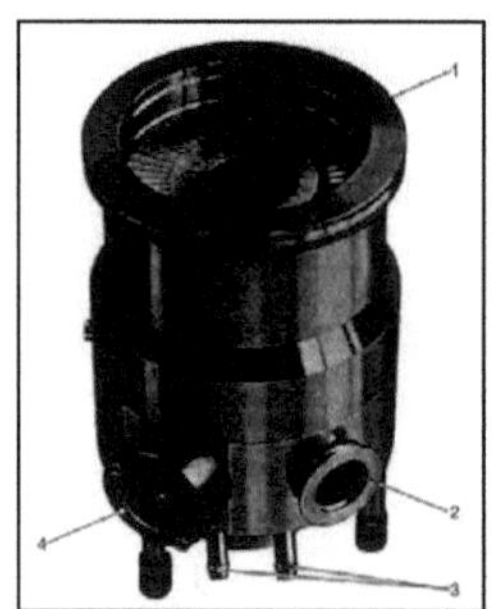

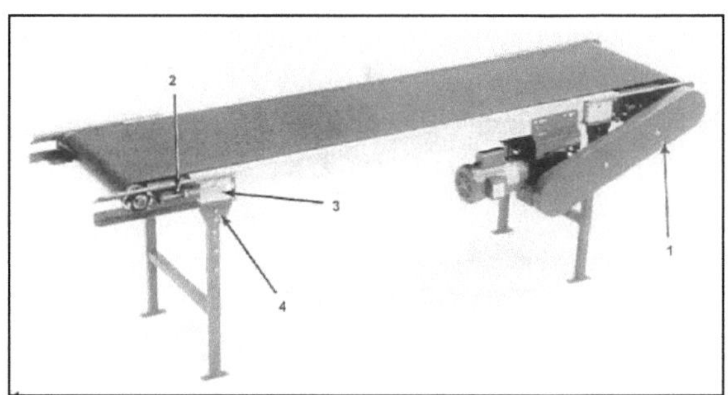

Abb. 1.10: Fotos (Turbomolekularpumpe/Belt Conveyor)

Bild

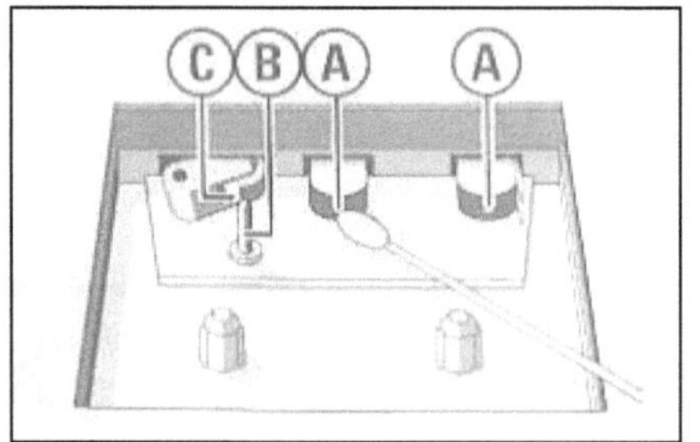

Abb. 1.11: Bilder (Mini Cassette Recorder/Fan)

Explosionsbild

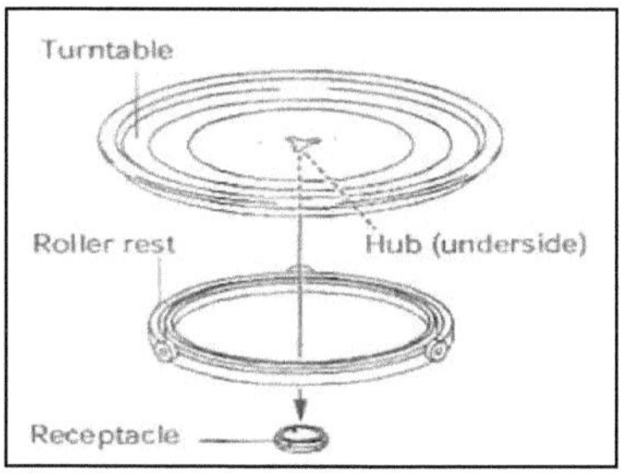

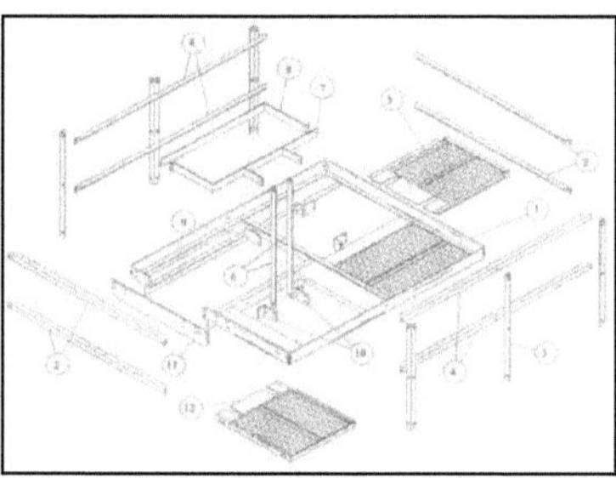

Abb. 1.12: Explosionsbilder (Microwave Oven/Bucket Elevator)

Technische Zeichnung

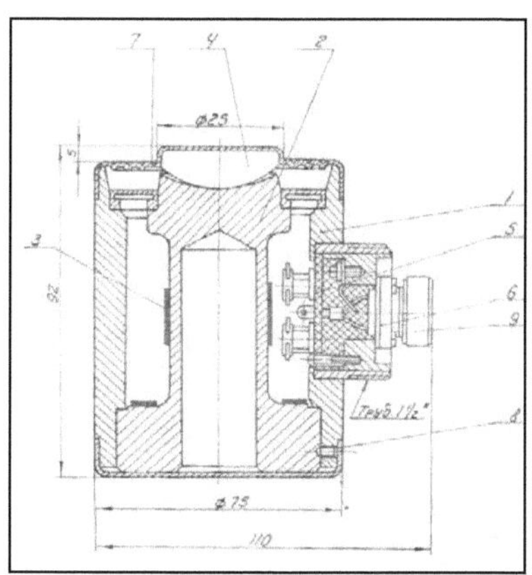

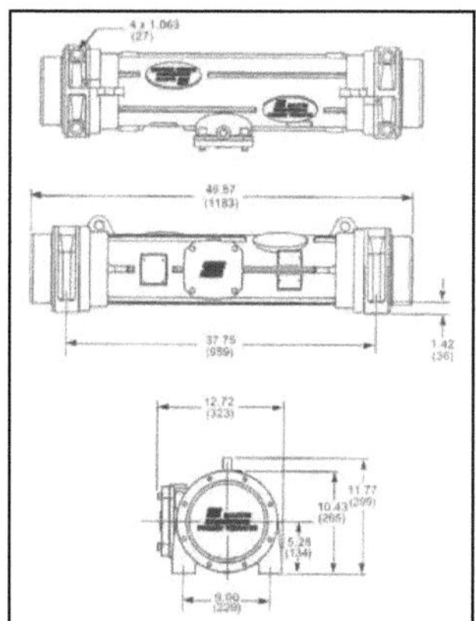

Abb. 1.13: Technische Zeichnungen (Schnitt: Датчик силоизмерительный тензорезисторный/ Maßbild: Screen Vibrator)

Skizze

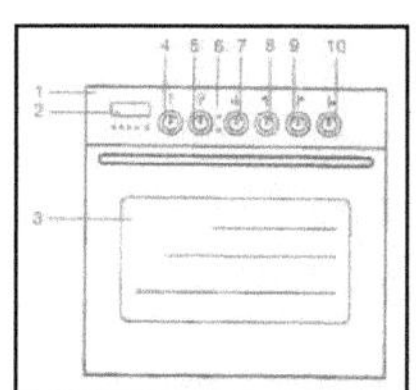

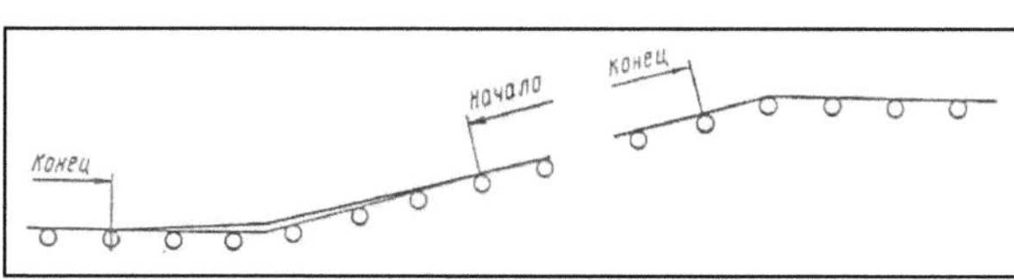

Abb. 1.14: Skizzen (Einbauherd/Montageskizze: Весы автоматические)

Schema

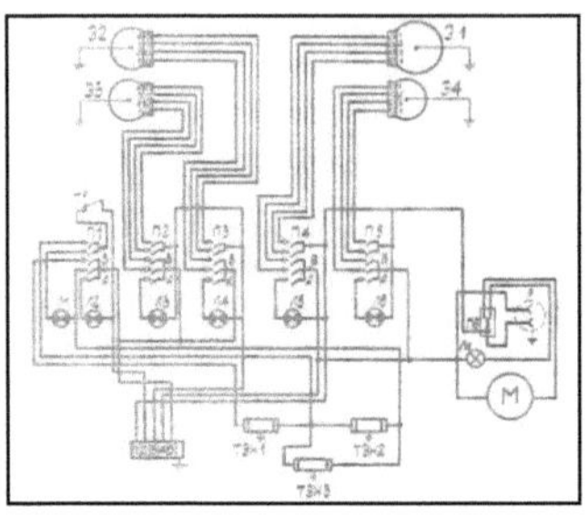

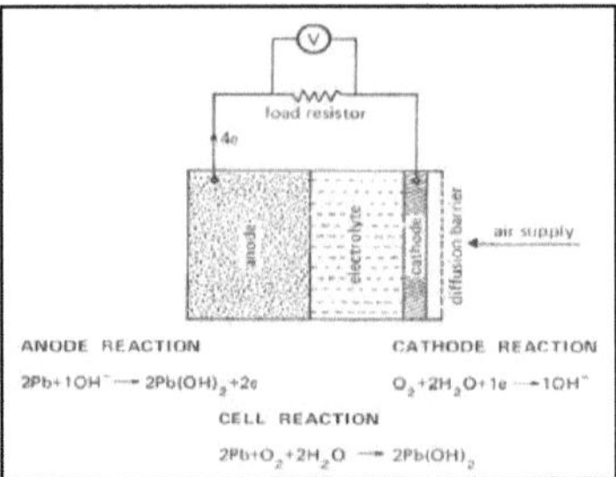

Abb. 1.15: Schemata
(Anschluss-Schema: Электроплита/Funktionsschema: Oxygen Analyzer)

Diagramm

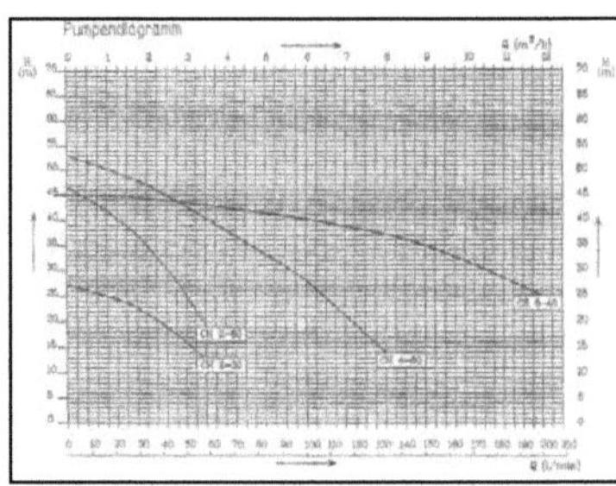

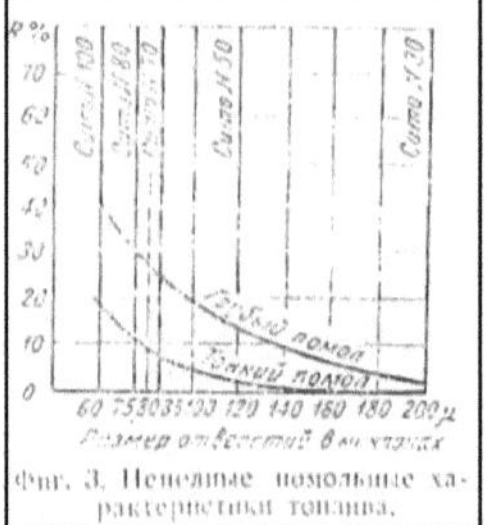

Abb. 1.16: Diagramme
(Pumpenleistung: Rückkühler/Mahlkurven: Шаровая мельница)

1.7.2.2.2 Abbildungsfunktionen

KALVERKÄMPER (1993: 223) meint das qualitative Verhältnis zwischen Text und Abbildung, wenn er in Bezug auf die von ihm so benannte „Text-Bild-Gemeinschaft" die folgenden semantischen Beziehungen[308] unterscheidet:

1. beide können gleichwertig sein (d.h., die Abbildungen sind textintegriert, wenn sie vergleichbare Informationen eines anderen Codes enthalten. Sie dienen also der Illustration des im Text Behandelten).
2. die Abbildungen sind überwertig bzw. textdominierend, wenn sie wesentlich mehr Informationen enthalten als der sprachliche Text (d.h., die Abbildungen zeigen etwas, was im Text nicht behandelt wird).

[308] Beispiele für die Wertigkeit von Abbildungen nach seiner Klassifikation gibt KALVERKÄMPER (1993: 226-228). Im Hinblick auf Fachtexte ist er zudem überzeugt, dass „Bilder bei Texten dieser Art nur selten in einem textergänzenden Einbettungsverhältnis [stehen]". Diese Kategorien liegen auch den Analysen bei NICKL (2001: 167ff.) zugrunde.

3. die Abbildungen sind unterwertig bzw. textergänzend (d.h. sie könnten ohne Minderung der Textverständlichkeit entfallen, weil sie nur „schmückendes Beiwerk" darstellen).

DIETRICH (1997: 42) kommt im Hinblick auf die genannten semantischen Beziehungen in ihrem Korpus (Mikrokultur Architektur) zu folgendem Ergebnis:

Die Fotografien, insbesondere Farbfotografien, aber auch die Zeichnungen der deutschen intrafachlichen Korpustexte sind nach der obigen Klassifikation überwertig, weil sie im Vergleich zum Text zusätzliche Information enthalten, die der Text nicht bieten kann.

Grundsätzlich ist wohl festzuhalten, dass Abbildungen – zumindest in technischen Texten – die primäre ökonomische Alternative zu aufwendigen Beschreibungen darstellen.[309] Das gilt sowohl für die Textproduktion als auch für die Rezeption. Es geht also nicht darum – wie von DIETRICH (s.o.) angenommen –, dass der Text bestimmte Informationen nicht bieten könnte, sondern darum, dass er diese Aufgabe der Abbildung überlässt, die sie schneller und prägnanter erfüllen kann. Analog rechnet BAUMANN (1992a: 157) zu den „*Verfahren der beschleunigten Informationsübermittlung*" auch die „Einbeziehung grafischer Darstellungsmittel".

In diesem Sinne leisten Abbildungen ihren Beitrag zur Sprachökonomie, sie dienen im Informationsfluss vom Sender zum Rezipienten „der Fortsetzung mit anderen Mitteln". Da Text und Abbildungen jeweils ihren Teil zur Gesamtinformation beitragen, erfüllen sie in der Text-Bild-Gemeinschaft komplementäre Funktionen.[310] Eine solche Konstellation der Komplementarität beschreibt KALVERKÄMPER (1993: 225-226), wobei er den Verweis vom Text zur Abbildung, die informative Schnittstelle, an der der Informationsfluss vom Text zur Abbildung wechselt, sehr einleuchtend als „Zurücktreten" des Textes interpretiert:

Die Bestandteile, ihre Fachbezeichnungen, ihre Lage zueinander, ihre relativen Größen – all diese sprachlich hier nicht entfalteten Informationen sind im Bild gleichsam simultan verdichtet. Das Bild leistet mehr als der Text, der sich ja sogar selbst als Informationsträger zurücknimmt: Das Bild ist in seiner semantischen Leistung überwertig.

Ein technischer Text liefert die ihm gemäßen Informationen. Die Beschreibung dessen, was ihn „zu viele Worte kosten würde", überlässt der Text der Abbildung. Diese leistet daher nicht mehr, sondern sie leistet im Sinne der Komplementarität nachweislich Ande-

[309] Vgl. in diesem Sinne auch BEIMEL/MAIER (1988: 15-16): „Erklärende Bildinformationen, bei denen ein ersichtliches Konzept zur Veranschaulichung sprachlich nur umständlich darstellbarer Zusammenhänge deutlich wurde, waren kaum anzutreffen".

[310] Vgl. dazu auch BALLSTAEDT (1999: 114): „Von *Komplementarität* von Text und Bild wird gesprochen, wenn zum Gesamtverständnis die Auswertung beider Darstellungsformen erforderlich ist: Das Bild zeigt, was der Text nur anspricht oder offen lässt; der Text beschreibt, was das Bild nur andeutet oder offen lässt. Die verschiedenen kognitiven und kommunikativen Grundfunktionen der beiden Zeichensysteme legen eine komplementäre Aufteilung von Wissen in Text und Bild nahe".

res. So kann zwischen dem TT und der zugehörigen Abbildung z.B. eine klare Aufgabenteilung stattfinden: der TT enthält die Instruktionen zum Thema, die Abbildung erfüllt die deskriptive Funktion.[311] Auf diese Weise sind die beiden in Bezug auf den Informationsfluss im Gleichgewicht – gleich gewichtig.

Wenig effektiv mutet daher – außerhalb von z.B. Lehrbüchern – eine Verfahrensweise an, bei der das im Text Behandelte zu Illustrationszwecken[312] zusätzlich abgebildet wird. Es wäre dies „eine Wiederholung mit anderen Mitteln“. Eine solche kann jedoch – jenseits aller sprachökonomischen Erwägungen und vor allem in fachexternen Anleitungen – beabsichtigt sein: nach BEIMEL/MAIER (1988: 25) dient der Text dann „als doppelter Boden zur Absicherung der Bildinformation“ (und umgekehrt!).

Da fachintern die Notwendigkeit einer Illustration wenig wahrscheinlich ist, dürfte diese Form der „Absicherung” vorzugsweise ein Merkmal fachexterner Anleitungen sein. Demnach sollte die Verteilung komplementärer und illustrativer Abbildungen primär mit dem Adressatenbezug korrelieren.[313]

Nicht aufgefallen sind bei den bisherigen Analysen Abbildungen, die weder der Ergänzung noch der Illustration des Textes, sondern unmittelbar als Textersatz dienen. Nach VDI 4500-1 (1995: 7) ist allerdings auch das eine mögliche Funktion von Abbildungen: sie können den Text „vollständig oder zum Teil ersetzen“.

Während eine komplementäre Abbildung nur einen bestimmten Teil verbalen Textes substituiert, kann einer Abbildung(sgruppe) innerhalb eines TT jegliche Ergänzung durch und jeglicher Bezug zum Verbaltext fehlen, weil sie diesen vollständig ersetzt. In diesem Fall konstituiert sie „autonom“ einen eigenen nonverbalen TT des Gesamttextes.

Es kommt auch in Fachtexten gelegentlich vor, dass eine Abbildung dem Text als „schmückende Beigabe“ hinzugefügt wurde (vgl. z.B. FIEDLER (1991: 150), die solche Abbildungen u.a. als „Leseanreiz“ interpretiert). Eine solche Abbildung hat zwar nichts mit den Themen des Textes zu tun, dafür häufig umso mehr mit dem Bedürfnis des

311 Zur deskriptiven Funktion von Abbildungen vgl. auch GLÄSER (1990: 299): „Eine Besonderheit ist die unmittelbare Wechselwirkung zwischen Bildtext und verbalem Text in der Makrostruktur solcher Fachtextsorten wie Sachbuch (…), Ratgebertext, Bedienungsanleitung und technischer Werbetext, wo Abbildungen einen wesentlichen Teil der Sachinformation vermitteln und die Instruktion unterstützen“.

312 Nach BALLSTAEDT (1999: 114) sind Text und Abbildung in einem solchen Fall kongruent: „*Kongruenz* liegt vor, wenn Wörter und Bildteile dieselben Konzepte aktivieren: Wörter haben ein Referenzobjekt im Bild; Sätze beschreiben einen abgebildeten Sachverhalt“.

313 NIEDERHAUSER (1997: 117) stellt eine entsprechende Korrelation fest: „Popularisierendes Schreiben führt zu einem Wechsel der Abbildungsarten. Statt der in der Wissenschaft, zumindest in der Physik, bevorzugten darstellenden Graphen sowie erläuternden Skizzen und schematischen Zeichnungen werden vorwiegend illustrierende Photographien verwendet“.

Senders nach Selbstdarstellung (sie fällt daher in die Rubrik „Werbung"). An fachexternen Anleitungen stellen BEIMEL/MAIER (1988: 15) in der Tat fest: „Allerdings beschränkte sich der Großteil der Bilder und Zeichnungen auf Produktpräsentation mit eindeutigem Werbecharakter".

Abbildungen, die von ihrer Textumgebung thematisch „isoliert" sind, kommen auch in den Korpustexten vor, haben dort jedoch nur ausnahmsweise – und nur in fachexternen Anleitungen – Werbecharakter. In fachinternen Texten geben isolierte Abbildungen dem Bediener durchaus wertvolle technische Informationen. Diese werden lediglich nicht dort benötigt, wo sich die Abbildung befindet. Dabei sind zwei Varianten möglich: Die Abbildung ist nicht dort platziert, wo sie den Verbaltext ergänzen könnte, oder sie liefert Informationen zu einem im Text nicht behandelten Thema, die in der Betriebssituation jedoch hilfreich sein können. In beiden Fällen ist die Forderung bei BALLSTAEDT (1999: 114), „dass Text und Bild aufeinander bezogen gestaltet sein müssen", nicht erfüllt.

Damit sich alle angesprochenen Varianten bei der Analyse erfassen lassen, sind die Kriterien für die Bewertung der Abbildungsfunktion – ausgehend von der Klassifikation bei KALVERKÄMPER (s.o.) – funktional auszurichten und entsprechend zu ergänzen:

1. Abbildungen sind **komplementär**, wenn sie das im Text Behandelte um weitere Informationen ergänzen.
2. Abbildungen sind **illustrativ**, wenn sie das im Text Behandelte darstellen.
3. Abbildungen sind **autonom**, wenn sie die Behandlung eines ganzen Themas allein übernehmen, d.h. den sonst üblichen verbalen Text vollständig ersetzen.
4. Abbildungen sind **isoliert**, wenn sie etwas für das Thema des sie umgebenden Textes Irrelevantes darstellen.

Beispiele zur Klassifikation

Komplementäre Abbildung

3.5 Montage des Riemenschutzes

Achtung: Der Motor darf ohne Riemenschutz (Abb. 7) nicht in Betrieb genommen werden.

- Die 2 Schrauben B lösen und Riemenschutz aufklappen
- Riemenschutz über die Riemenscheibe schieben, am Motorflansch ansetzen, zuklappen und die beiden Hälften des Riemenschutzes mittels der Schrauben B verschrauben
- Riemenschutz entsprechend des Riemenlaufs ausrichten und die Schrauben B anziehen!
- Einstellen des Riemenfängers im Riemenschutz:
  Lösen der Schraube A,
  Verdrehen des Fangblechs in Richtung der Riemenscheibe
  Abstand Fangblech - Riemenscheibe soll ca. 2 - 3 mm betragen
  Schraube A wieder festdrehen.

Abb. 7

Abb. 1.17: Komplementäre Abbildung (Nähmaschinenantrieb)

In Abb. 1.17 wird der Bezug zwischen Text und Abbildung durch Verweise hergestellt: auf die Abbildung insgesamt und auf die Abbildungspositionen

Illustrative Abbildung

Die Abbildung zeigt zur 2. Instruktion den auf das Symbol Ober-/Unterhitze eingestellten Backofenwahlschalter. Da der Schalter mehrfach in früheren Abbildungen gezeigt wird und das Symbol bereits in der Instruktion angegeben ist, bietet die Abbildung keinerlei zusätzliche Information.

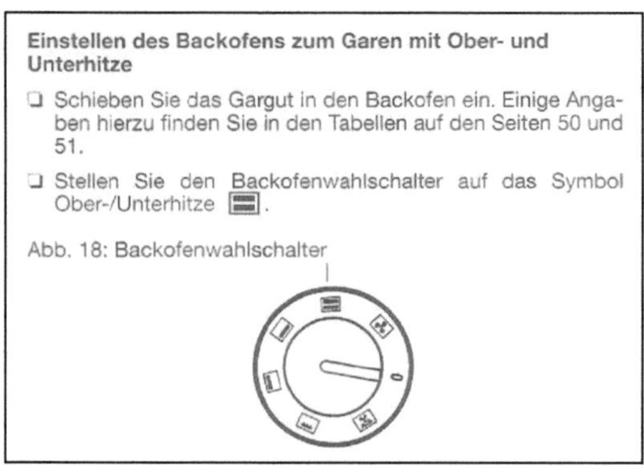

Einstellen des Backofens zum Garen mit Ober- und Unterhitze

- Schieben Sie das Gargut in den Backofen ein. Einige Angaben hierzu finden Sie in den Tabellen auf den Seiten 50 und 51.
- Stellen Sie den Backofenwahlschalter auf das Symbol Ober-/Unterhitze.

Abb. 18: Backofenwahlschalter

Abb. 1.18: Illustrative Abbildung (Einbauherd)

Autonome Abbildung(en)

Die beiden Abbildungen konstituieren den TT „3.5.1 Netzanschluß" und fungieren damit als Ersatz für einen entsprechenden Verbaltext zu diesem Thema, das nur an dieser Stelle und nur in dieser Form behandelt wird.

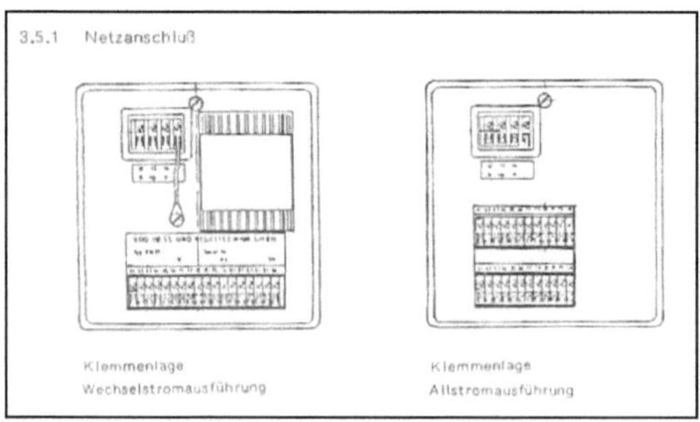

Abb. 1.19: Autonome Abbildungen (Linienschreiber)

Isolierte Abbildung

Die folgende Abbildung ist Teil eines undeklarierten und über mehrere Seiten verteilten nonverbalen TT zum Thema „Verwendungsmöglichkeiten“. Sie steht daher nicht in thematischem Bezug zu ihrer textuellen Umgebung (in der Konstruktion und Funktion des Gerätes beschrieben werden). Diese Hervorhebung der Vielseitigkeit ließe sich durchaus als Werbemaßnahme interpretieren.

. . in Konferenzräumen

► Fernsehsender-Kennung im Bild.

Vier programmierbare grüne Buchstaben oder Ziffern leuchten nach dem Einschalten und dem Programmumschalten für mehrere Sekunden im Bild auf. Die Kurzbezeichnungen der Sender bieten eine zusätzliche Orientierungshilfe bei der Vielzahl aller künftig angebotenen Fernsehprogramme.

► Stereo- und Raumklang-Tonwiedergabe mit 2 x 20 Watt Musikleistung.

Das angewandte Quasi-Parallelton-Verfahren und zwei HiFi-Verstärker, zwei frontal abstrahlende Lautsprechergruppen mit je einem Mittel-Hochtonsystem und je einer Baßbox garantieren erstklassige Tonqualität. Stereo-Wiedergabe von Stereo-Sendungen. Bei Zweitonsendungen Umschaltmöglichkeit per Tele-Pilot zwischen Tonkanal 1 und Tonkanal 2. Zuschaltbare elektronische Stereo-Basisverbreiterung. Raumklangwiedergabe von Mono-Sendungen.

► Integriertes Videofach.

Durch Frontklappe verschließbares Fach zur betriebsbereiten Unterbringung eines Video-Recorders, z. B. aus der Serie Video 2 x 4.

Zum Verlegen der Verbindungsleitungen ist ein Kabelschacht (im Fach hinten links) vorgesehen.

Abb. 1.20: Isolierte Abbildung (Großbildprojektor)

1.7.2.3 Bezüge zwischen Text und Abbildungen

Nur für illustrative und komplementäre Abbildungen lässt sich die Frage beantworten, mit welchen Mitteln der Text-Bild-Bezug innerhalb der Gemeinschaft von Text und Bild hergestellt wird (vgl. KALVERKÄMPER 1993: 222).

1.7.2.3.1 Textuelle Bezüge

Verweise

Eine in Anleitungen – vor allem fachintern – intensiv genutzte Möglichkeit zur Herstellung dieses Bezuges ist der Verweis[314] auf eine Abbildung, der an einer vorangehenden (seltener nachfolgenden) Textstelle gegeben wird, z.B.:

[314] Verweise dieser Art werden häufig in Form von Parenthesen gegeben, vgl. daher 1.7.4.

1. Einfacher Verweis auf eine Abbildung:

3.2 Einlegen des Faltstapels

Der Schreibtisch wird aus dem Gerät herausgenommen und auf die Vorderseite gelegt. Das Vorratsfach wird durch Verschieben des Stapelwinkels bis zum Anschlag in Richtung Transportwalze freigegeben. Der Faltstapel muß vor dem Einlegen beidseitig aufgelockert werden (**siehe Bild** 7).

Bild 7

(…)

2. МОНТАЖ БАРАБАНА

(...)

В случае сборки барабана с торцевыми стенками необходимо обращать внимание на маркировку завода и торцевые стенки ставить так, чтобы ось одной полой цапфы составляла продолжение оси другой (**фиг. 15**).

Фиг. 15. Осевой допуск полых цапф

(...)

2-2.1 Voltage Setting

Verify the 115/230 voltage setting switch. This switch is preset in the factory to the local power in your area, check underneath the right side of the display unit to see that it has been set correctly. If not, remove the lock plate, change the setting, and replace the lock plate. **See diagram 2-1.**

Diagram 2-1, Voltage Setting

2. Mehrfacher Verweis auf eine Abbildung:

5 Anschluß von Pumpe und Zubehör (**siehe Abb. 1** und 3)
5.3 Kühlwasseranschluß (**siehe Abb. 1**)
6 Inbetriebnahme (**siehe Abb. 1** und 2)

4.1 Рама электроплиты (**рис. 1**)
4.4 Электроконфорки (**рис. 1**)
4.8.1 Сигнальные лампочки расположены на панели управления электроплиты (**рис. 1**, 2).
4.11.1 Вспомогательный шкаф расположен в нижней части электроплиты (**рис. 1**) и предназначен для хранения и сушки посуды.

Refer to **Figure 1** in the addendum for a diagram of the proper assembly method.
ALIGNMENT (refer to **Figure 1**)
This sampling point is illustrated in **Figure 1**.

Neben Verweisen auf Abbildungen bestehen weitere Möglichkeiten zur „Rückbindung an den Inhalt des sprachlichen Textes“ (KALVERKÄMPER 1993: 221). So kann der Text-Bild-Bezug (bei segmentierten Abbildungen, vgl. 1.6.2.2.2) auch dadurch hergestellt werden, dass nicht auf eine Abbildung insgesamt, sondern auf einzelne bezifferte oder anderweitig markierte Abbildungspositionen verwiesen wird, zu denen in einer Legende neben den Ziffern/Buchstaben die Benennungen angegeben sein können, z.B.:

3. Verweis auf eine Abbildungsposition:

Vor dem Aufstecken des Synchronisators auf das Handrad müssen die beiden Schrauben (**a**) so weit zurückgedreht sein, daß sie nicht in die Bohrung (**c**) hineinragen!

Корпус пылесоса состоит из нижней части *1*, являющейся пылеприемником, и верхней части *2*, в которой смонтирован электродвигатель с вентиляторным устройством *3*.

Compartment „**a**" is for the prewash powder, „**b**" for the main wash powder, and „**c**" for fabric conditioner.

Sind die Benennungen unmittelbar neben der jeweiligen Position in der Abbildung selbst (als Bildtext) eingetragen, ist ein Verweis auf die Abbildung insgesamt zwingend. Die Erwähnung einer solchen Benennung im Text reicht nicht zur Herstellung des Bezuges, insbesondere deshalb nicht, weil die Bezeichnungen in der Abbildung und im Text häufig voneinander abweichen.

Parallelisierung von TT- und Abbildungstitel

Besonders deutlich wird die Verknüpfung zwischen TT und Abbildung textuell hervorgehoben, wenn beide den gleichen Titel tragen. Dieses Verfahren, das in einer russischen Kfz-Betriebsanleitung eines der wichtigsten Mittel des Text-Bild-Bezuges sein kann, wird in den Anleitungen der Analysekorpora eher selten eingesetzt, z.B.:

Zusammensetzen des Backwagens
Abb. 36 Zusammensetzen des Backwagens

Inlet side piping
Abb.: Inlet side piping

Der Bezug ist auch dann noch offensichtlich, wenn die Titel in der Formulierung, z.B. infolge eines Wortart- oder Lexemwechsels, nicht ganz identisch sind, z.B.:

Backwagen herausnehmen
Abb. 33 Herausnehmen des Backwagens

Flow diagram
Abb.: Flow schematic

Belege dieser Art sind nur in einer deutschen und einer amerikanischen Anleitung zu finden. Während in originär russischen Anleitungen eine solche Parallelisierung nicht üblich ist, zeigt sie sich in einem russischen Text fremder Provenienz weniger direkt, zwischen TT-Titel und Bildtext:

Abb. 1.21: Parallelität zwischen TT-Titel und Bildtext (Интегрированный телефон)

1.7.2.3.2 Thematische Bezüge

NIEDERHAUSER (1997: 117) stellt zu wissenschaftlichen Texten fest, dass mit dem Wechsel des Adressatenbezuges ein Wechsel vom textuellen zum thematischen Text-Bild-Bezug einhergeht:

> Verändert wird auch die Art der Integration von Bild und Text. In populärwissenschaftlichen Texten gibt es nur selten direkte Verweise auf die Illustrationen, während dies in (natur-)wissenschaftlicher Forschungsliteratur und in Lehrbüchern gängige Praxis ist.

Weder makro- noch mikrokulturell zeigen Anleitungen eine derart klare Distribution der Text-Bild-Bezüge. Es lässt sich jedoch sagen, dass in russischen Anleitungen generell ein textueller Bezug bevorzugt wird, während der Bezug in deutschen und britischen bzw. amerikanischen fachexternen Texten häufiger thematischer Natur ist.

Ein thematischer Bezug zwischen einem TT und seiner Abbildung lässt sich durch verschiedene Maßnahmen herstellen. Zumeist geschieht das durch eine Kombination aus gemeinsamem Thema und räumlicher Nähe, zu der bei der Analyse drei Varianten unterschieden werden:

Thematischer Bezug bei räumlicher Nähe:

1. Abbildung eingerückt

Die Abbildung wird an der Stelle in den TT integriert, an der die nonverbalen Informationen benötigt werden. Das kann durch ihre Platzierung zwischen den Konstituenten des TT geschehen, z.B.:

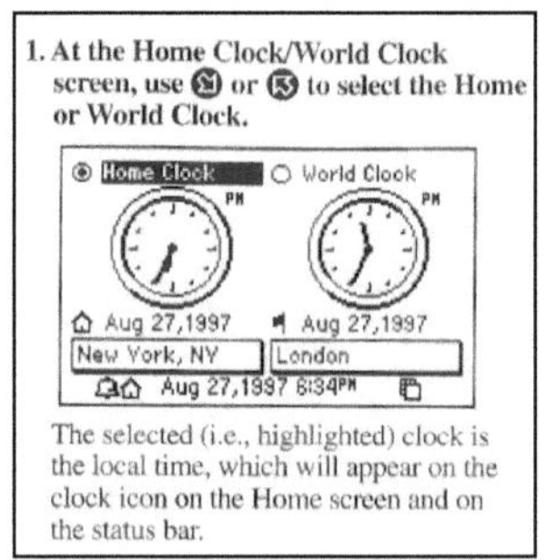

Abb. 1.22: Eingerückte Abbildung I (Organizer)

In der Regel sind solche Abbildungen illustrativ, d.h., sie stellen dar, was im sie umgebenden Text beschrieben wird.[315] Diese Verknüpfung wirkt sehr direkt und ist lokal fo-

[315] SAMUELS (1989: 92) meint offenbar insbesondere illustrative Abbildungen, wenn sie schreibt: „The purpose of diagrams and illustrations is to clarify explanations, instructions or design by allowing readers to see what they are reading about".

kussiert. Eingerückte Abbildungen brauchen keinen Titel (vgl. 1.5.1.4). Auf sie wird nur selten textuell verwiesen, weil sich ihre Relevanz auf diese eine Textstelle beschränkt. Eine andere Erscheinungsform dieser Variante ergibt sich dadurch, dass mehr oder weniger jeder Konstituente eines TT eine eigene Abbildung direkt beigegeben ist. Dabei sind Konstituente und Abbildung häufig nebeneinander angeordnet, z.B.:

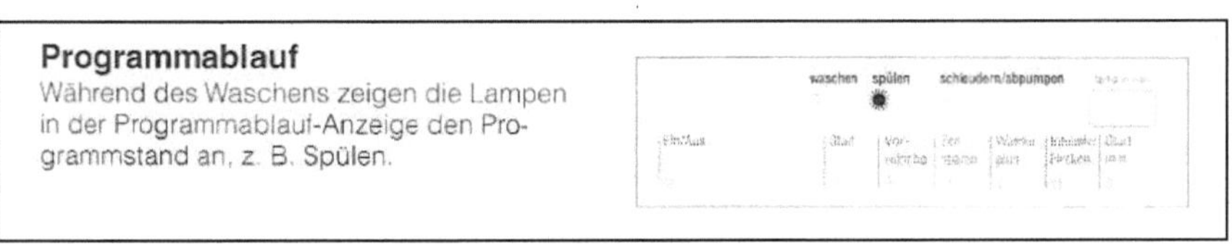

Abb. 1.23: Eingerückte Abbildung II (Waschmaschine)

2. Abbildung vorangestellt

Sind TT-Konstituente und Abbildung in Reihe angeordnet, so kann die Abbildung dem Verbaltext vorausgehen. Wie bei der Einrückung bilden beide zusammen eine informative Einheit, die durch eine klare räumliche Trennung von vorhergehenden und nachfolgenden „Paaren“ innerhalb eines TT noch betont wird, z.B.:

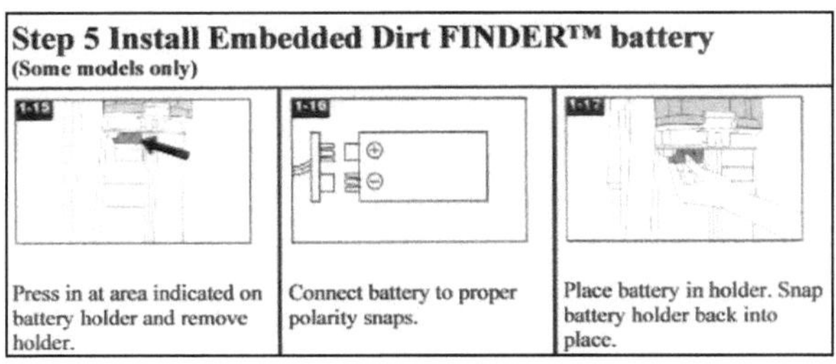

Abb. 1.24: Vorangestellte Abbildung I (Cleaner)

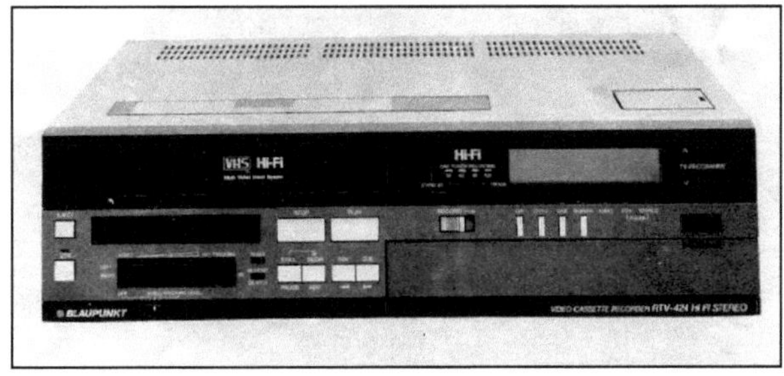

Abb. 1.25: Vorangestellte Abbildung II (Videorecorder)

Als Sondersorte der vorangestellten Abbildung in diesem Sinne gilt die Abbildung der Maschine/des Gerätes auf dem Titelblatt der Anleitung (vgl. Abb. 1.25), die üblicherweise in thematischem Bezug zum Gesamttext steht.

3. Abbildung angefügt

Auch bei dieser Variante sind Verbaltext und Abbildung in Reihe angeordnet. Allerdings folgt die Abbildung hier auf den Verbaltext. Sie steht in thematischem Bezug zu dem gesamten TT, dessen Abschluss sie bildet, z.B.:

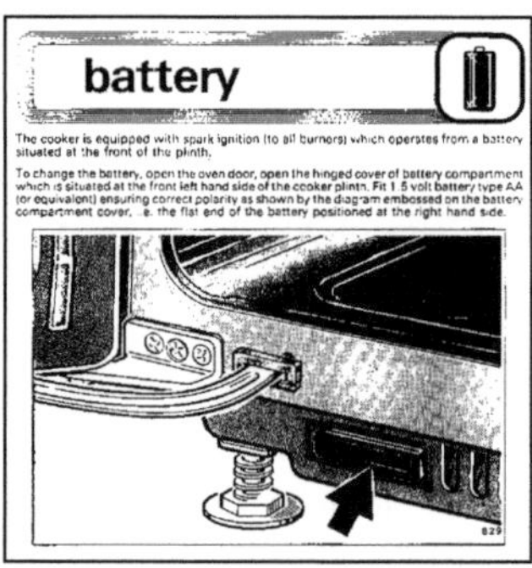

battery

The cooker is equipped with spark ignition (to all burners) which operates from a battery situated at the front of the plinth.

To change the battery, open the oven door, open the hinged cover of battery compartment which is situated at the front left hand side of the cooker plinth. Fit 1.5 volt battery type AA (or equivalent) ensuring correct polarity as shown by the diagram embossed on the battery compartment cover, i.e. the flat end of the battery positioned at the right hand side.

Abb. 1.26: Angefügte Abbildung (Cooker)

Thematischer Bezug ohne räumliche Nähe

Anders als bei den vorgenannten Varianten, die zumeist illustrative Abbildungen in räumlicher Nähe zum thematisch zugehörigen Verbaltext zeigen, fehlt autonomen Abbildungen der Bezug zur Textumgebung, da sie den thematisch zugehörigen Verbaltext vollständig ersetzen. Bestenfalls besteht ein solcher Bezug zum Gesamttext, dem sie als separater nonverbaler TT angehören, z.B.:

Abbildungen als separater TT:

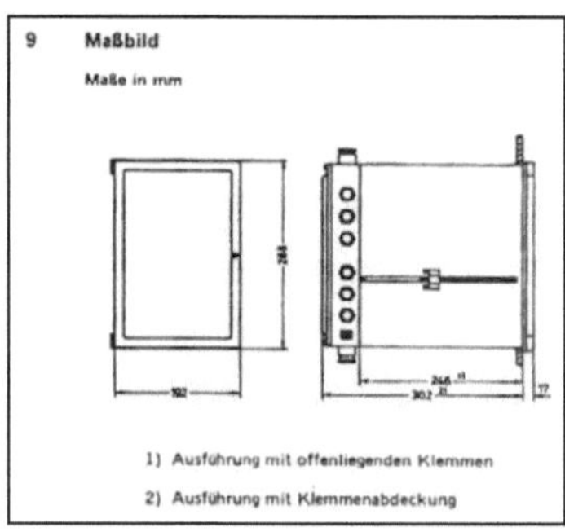

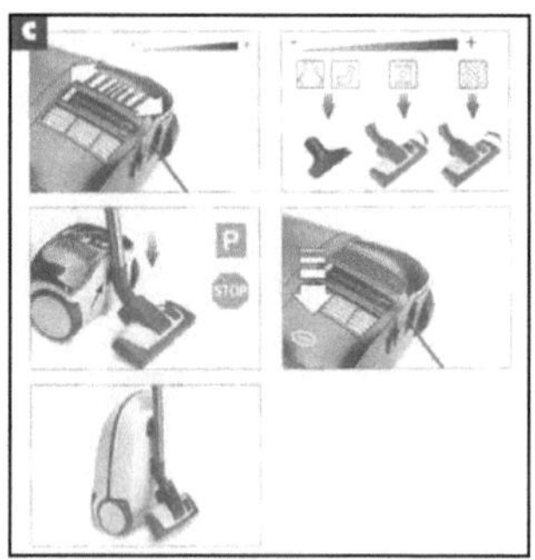

Abb. 1.27: Abbildungen als separate TT (Temperaturschreiber/Staubsauger)

In den in Abb. 1.27 gezeigten Fällen ist die Deklaration des TT gleichzeitig Titel der Abbildungen.[316] Der Unterschied zur „Parallelität der Titel" besteht darin, dass der TT hier ausschließlich durch die Abbildungen konstituiert wird, denen keinerlei Verbaltext beigegeben ist.

Von ihrer Textumgebung thematisch isolierte Abbildungen können dennoch in Bezug stehen zu einem Thema des Textes, das in einem entfernten TT behandelt wird. So wird z.B. das Thema „Tragegurt" in Kapitel 5 der mit dem Inhaltsverzeichnis dargestellten Anleitung angesprochen, während die zugehörige Abbildung des Gurtes erst im Anschluss an das Kapitel „Garantie" gegeben wird:

Abbildung distanziert

1. ОБЩИЕ УКАЗАНИЯ
2. КОМПЛЕКТ ПОСТАВКИ
3. ОСНОВНЫЕ ТЕХНИЧЕСКИЕ ХАРАКТЕРИСТИКИ
4. УКАЗАНИЯ ПО ТЕХНИКЕ БЕЗОПАСНОСТИ
5. КРАТКОЕ ОПИСАНИЕ РАДИОПРИЕМНИКА
   (...)
   Zum Radio gehört ein abnehmbarer und längenverstellbarer Tragegurt.
   (...)
6. ПОДГОТОВКА К РАБОТЕ И ПОРЯДОК РАБОТЫ С РАДИОПРИЕМНИКОМ

ГАРАНТИЙНЫЕ ОБЯЗАТЕЛЬСТВА

Abb. 1.28: Distanzierte Abbildung (Радиоприемник)

Alternativ kann einer isolierten Abbildung auch jeder Bezug zu den Themen des Textes fehlen, d.h., sie kann etwas darstellen, was im gesamten Text nicht angesprochen wird. Ein thematischer Bezug besteht dann innerhalb des Textes nicht mehr, jedoch noch immer zum behandelten Gegenstand, d.h. textextern, vor allem zur Betriebssituation, in der eine solche Abbildung – unabhängig von der Anleitung – hilfreich sein könnte.

[316] Gemäß Inhaltsverzeichnis lautet die Deklaration des TT „C": „Saugen".

Abbildung mit textexternem Bezug

Das obere Foto in Abb. 1.29 erfüllt eine komplementäre Funktion, wie die Verweise auf die verschiedenen Abbildungspositionen belegen. Das untere dagegen zeigt einen Bausatz zur Reparatur der Pumpe, der zwar im Text nicht erwähnt wird, für den Betreiber jedoch nützlich sein könnte. Sofern man diesem Foto Werbecharakter zuschreiben möchte, gilt die Werbung nicht dem Sender selbst, sondern seinem Pumpenlieferanten.

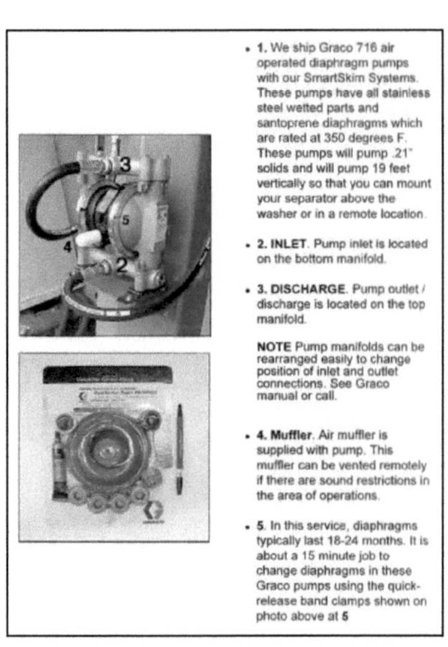

Abb. 1.29: Abbildung mit textexternem Bezug (Separator)

1.7.2.4 Analyseraster: Qualität und Funktion von Abbildungen

Die Analyseergebnisse sollen zeigen, inwieweit die Bebilderung technischer Anleitungen „kulturell aussagefähig“ ist, wie KALVERKÄMPER (1993: 218) annimmt, d.h., ob sie Züge makro- bzw. mikrokultureller Spezifik aufweist. Denkbar sind zudem Unterschiede in der Bebilderung fachinterner und fachexterner Texte, wie sie z.B. von DIETRICH (1997: 36 – vgl. 1.7.2) und NIEDERHAUSER (1997: 117 – vgl. 1.7.2.3.2) festgestellt wurden, d.h., der Adressatenbezug könnte ausschlaggebend sein für die Funktion der Abbildungen bzw. die Art der Verknüpfung innerhalb der Text-Bild-Gemeinschaft. Folgendes Raster liegt den qualitativ-funktionalen Analysen zugrunde:

KRITERIUM	VARIANTEN
DARSTELLUNGSFORM	Foto, Bild, Technische Zeichnung, Skizze, Explosionsbild, Schema, Diagramm
FUNKTION DER ABBILDUNG	Komplementär, illustrativ, autonom, isoliert
ART DES TEXTBEZUGES	
Komplementäre/illustrative Abbildungen:	**Textueller Bezug** Einfacher vs. mehrfacher Verweis – u.a. auf Abbildungspositionen, Parallelisierung der Titel **Thematischer Bezug bei räumlicher Nähe** Vorangestellt, eingerückt, angefügt
Autonome Abbildungen:	**Thematischer Bezug ohne räumliche Nähe** Separater TT
Isolierte Abbildungen:	**Thematischer Bezug ohne räumliche Nähe** Distanziert, textexterner Bezug

1.7.3 Begründungen

Zu den makrokulturellen Tendenzen „Explicitness vs. Implicitness" merkt HOUSE (1997: 87) an: „the German addressees are provided with an explicit reason or justification for the request made". Gerade in Anleitungen, deren Charakteristikum Aufforderungen (Instruktionen) sind, könnte die von HOUSE formulierte Kulturdifferenz signifikant in Erscheinung treten. Die Tendenz zu „explicitness" könnte bedeuten, dass Instruktionen in deutschen Anleitungen begründet werden, während solche Begründungen in „englischen" unüblich sind. Angesichts der Ausführlichkeit, mit der SAGER et al. die Möglichkeiten englischer Fachsprachen zum Ausdruck der Beziehung „cause – effect" (1980: 190ff.) behandeln, ist es allerdings wenig wahrscheinlich, dass „implicitness" zu einem grundsätzlichen Verzicht auf Begründungen führt. Es wäre daher denkbar, dass zwar englische Instruktionen nicht begründet werden, dass aber Begründungen gefunden werden können, die sich auf etwas Anderes beziehen.

Begründungen dienen dem Sender dazu, aus unterschiedlichen Erwägungen Erklärungen abzugeben. In Anleitungen bestehen sie überwiegend darin, dass der Hersteller

1. erklärt, warum der Anwender seines Produktes einer Instruktion/Empfehlung Folge leisten soll (vgl. 1.7.3.1.1 bzw. 1.7.3.2.1). Dazu sind drei Varianten zu unterscheiden:
   a) es wird gesagt, welchem Zweck die Befolgung der Instruktion/Empfehlung dient bzw. welchen Nutzen sie bringt,
   b) es wird durch Angabe möglicher Folgen vor einer Zuwiderhandlung gewarnt,
   c) es wird eine Norm/gesetzliche Vorschrift angeführt, die den Kunden zur Befolgung verpflichtet (vgl. auch 1.7.4.3 bzw. 1.7.5).
2. erklärt, warum seine konstruktive Lösung für seinen Kunden besonders vorteilhaft ist, bzw. fachliche Hintergrundinformationen gibt, die dem Kunden helfen sollen, ablaufende Reaktionen/Prozesse besser zu verstehen. Möglich sind auch Zusatzinformationen zu Auffälligkeiten irgendeiner Art, die den Kunden verwirren/beunruhigen könnten. Hierzu gehören die (viel-

fach in Tabellenform gegebenen) Hinweise zu den Ursachen von Störungen/Fehlfunktionen (vgl. 1.7.3.1.2 bzw. 1.7.3.2.2).

SAGER et al. (1980: 190-198) identifizieren die Beziehung „cause – effect" in einer Vielzahl von Ausdrucksformen, u.a. in solchen, die primär eine andere Funktion erfüllen und erst sekundär eine Begründung erkennen lassen. Das gilt z.B. für konditionale Nebensätze und PräpG, die vorrangig die Bedingung für die im (Haupt-)Satz genannte Handlung ausdrücken. SAGER et al. (1980: 195) demonstrieren ihre Interpretation („the *if* clause functioning as the cause and the main clause as the effect") an „normalen" Konditionalsätzen, wie sie in technischen Texten hochfrequent sind, z.B.:

If tolerance limits are set narrower than the natural spread the manufacture of defective parts is inevitable.

Eine Begründung lässt sich nur dann ableiten, wenn die Bedingung erfüllt ist. Damit vollzieht sich gedanklich ein Übergang zum kausalen Ausdruck, z.B.:

> Since tolerance limits are set narrower than the natural spread the manufacture of defective parts is inevitable.

Analog ist zu verfahren, wenn die sekundäre Begründungsfunktion konditionaler PräpG aufgedeckt werden soll, z.B.:

> Bei Geräten mit Elektropumpe ist die Drehrichtung zu beachten [Hat das Gerät eine Elektropumpe, ist die Drehrichtung zu beachten.] → Da das Gerät eine Elektropumpe hat, ist die Drehrichtung zu beachten.

Auch die Funktion modaler PräpG („*by* + *-ing* form" SAGER et al. 1980: 191) – und modaler Nebensätze – ist primär nicht die Begründung, sondern die Angabe der Art und Weise einer Handlung. Über einen gedanklichen Zwischenschritt lässt sich hier ebenfalls die Begründung formulieren, z.B.:

> Die Patrone kann **durch Abschrauben** der großen Sechskantschrauben von der Grundfläche getrennt werden. → Die Patrone kann von der Grundfläche getrennt werden, weil sich die großen Sechskantschrauben abschrauben lassen.

Entsprechend sekundär ist die Begründungsfunktion von Temporal-, Komparativsätzen und dergl. In die Analyse werden nur Ausdrucksformen einbezogen, die primär als Begründung verwendet werden, d.h. insbesondere Final-, Kausal- und Konsekutivsätze sowie die entsprechenden PräpG.

Während SAGER et al. bei ihrer Betrachtung die Satzgrenze nicht überschreiten, werden hier nicht nur asyndetische Satzverbindungen berücksichtigt, in denen ein Teilsatz als Begründung fungiert (vgl. 1.5.4.1.2.2), sondern auch syntaktisch separate Einheiten, zwischen denen über bestimmte Anschlussmittel Kohärenz hergestellt sein kann.

Ein zusätzliches Kriterium für die Analyse ergibt sich aus der Komplexität der Begründungen. Diese können einzeln auftreten, d.h., einer (direktiven oder repräsentativen) Äußerung ist eine entsprechende Begründung beigegeben. Es lassen sich allerdings auch argumentative Komplexe finden, in denen eine Äußerung koordinativ mehrfach begründet wird, oder argumentative Ketten, in denen sich Äußerungen und Begründungen subordinativ aneinander reihen.

Daneben gibt es in den Korpora auch Begründungen zu Kommissiva und Deklarativa, die (mit einer Ausnahme) bei der Analyse nicht berücksichtigt werden, z.B.:

> Innerhalb dieser Garantiezeit beseitigen wir nach unserer Wahl durch Reparatur oder Austausch des Gerätes unentgeltlich alle Mängel, die auf Material- oder Herstellungsfehlern **beruhen**.
> В течение гарантийного срока неисправности, происшедшие **по вине** завода, устраняются бесплатно гарантийными мастерскими.
> This warranty provides, at no cost to you, all labor and parts **to place** this appliance in correct operating condition during the warranted period.
>
> Nicht unter die Garantie fallen Schäden oder Mängel **aus nicht vorschriftsmäßigem Anschluß, unsachgemäßer Handhabung sowie Nichtbeachtung** der Einbauvorschriften und Gebrauchsanweisungen.
> Завод-изготовитель не принимает претензий на запахи, возникшие **в результате нарушения** потребителем правил эксплуатации и ухода за холодильником.
> Our Guarantee does not cover the cost of any repair which is needed **because of power cuts, accidents or misuse.**

1.7.3.1 Typen einfacher Begründungen

Grundsätzlich stellen die Sprachsysteme D-R-E lexikalische Möglichkeiten zum Ausdruck von Gründen und Ursachen bereit. Nach SAGER et al. (1980:190) spielen hier insbesondere Verben eine Rolle:

A cause and effect relationship between two or more nominals may be indicated solely or chiefly by the verb which links them.

Es sind dies Verben wie *führen zu, вызывать*, *cause, result in,* z.B.:

> Ein zu hoher Ölstand **führt zu** Temperaturanstieg im Getrieberaum.
> При прочих равных условиях увеличение или уменьшение остатка на одном сите **вызывает** изменение в том же направлении остатков на других ситах.
> Installation with inlet or discharge configurations that deviate from this standard may **result in** reduced fan performance.

Das lexikalische Potenzial beschränkt sich nicht auf Verben, Substantive mit entsprechender Semantik stehen ebenfalls zur Verfügung, z.B.:

> Die **Ursachen** für ein Ablaufen des Gurtes können zum Beispiel Abnutzung der Gummierung auf der Antriebstrommel oder Anbackungen von Fördergut auf den Trommeln sein.

Причиной стука может быть [sic] образование малого зазора между половинками муфты, ослабление шпонки, нарушение центровки вала, сработанность шестерен.
Sample lines can be **the cause** of long or sluggish response times.

Abgesehen von diesen lexikalischen Möglichkeiten, die vergleichsweise selten genutzt werden, bieten die Sprachsysteme auch syntaktische Mittel an, um durch adverbiale Beziehungen Begründungen zum Ausdruck zu bringen (vgl. auch 1.5.4.4.1). Primär ist hier an finale/kausale bzw. konsekutive Nebensätze und PräpG zu denken. Bei diesen syntaktischen Strukturen ist die Begründung Teil der Semantik und daher – unabhängig von ihrer lexikalischen Bedeutung – stets präsent: so gehört z.B. die Begründung zwingend zum Inhalt einer kausalen PräpG, d.h., sie ist dieser Form immanent. Charakteristisch für „formimmanente" Begründungen in diesem Sinne ist die Kombination von Äußerung und Begründung innerhalb eines Satzes bzw. Teilsatzes.

In anderen Fällen kann das Paar Äußerung-Begründung die Satzgrenze überschreiten. Als „antezedent" wird eine Begründung bezeichnet, die der Äußerung vorausgeht, auf die sie sich bezieht. Im Gegensatz dazu folgt der „postzedente" Typ auf die Äußerung (im zweiten Teilsatz einer Satzverbindung oder auch im Folgesatz).

1.7.3.1.1 Einfache Begründungen zu Direktiva

In Anleitungen werden Instruktionen begründet, um die Notwendigkeit zur Befolgung hervorzuheben. Besonders deutlich ist dieses Bestreben bei der Verwendung des formimmanenten Typs, dem vor allem Mittel zum Ausdruck von Finalität und Kausalität zuzurechnen sind. Die Mittel der Finalität ergeben eine Begründung, in der der Zweck genannt wird, dem die Befolgung der Instruktion dienen soll. Mit kausalen Mitteln werden Begründungen im engeren Sinne[317] geäußert. Konsekutive Nebensätze und PräpG geben dagegen zur Begründung die Folge an. Modale PräpG werden ebenfalls berücksichtigt, soweit sie intertextuelle Verweise darstellen. Diese stützen die Instruktion durch den Hinweis auf eine Norm oder Vorschrift.

Formimmanente Begründungen:

Final-/Kausal- bzw. Konsekutivsatz

Spritze so weit wie möglich einführen und gut andrücken, **um** Fettverlust **zu vermeiden**.
Der Membran-Druckschalter darf nicht auf diesen Wert eingestellt werden, **da** bei erhöhtem Gasanfall die Pumpe dann nicht rechtzeitig abschaltet.
Türschloß zerstören, **so daß** die Tür nicht mehr schließt.

Чтобы избежать аварий и вынужденных продолжительных перерывов в работе мельницы, необходимо всегда иметь в запасе быстроизнашивающиеся детали.

---

[317] Vgl. GABKA (1976: 280): „Der **Kausalsatz im engeren Sinne** (придаточное предложение причины) bezeichnet den realen Grund, die wirkliche Ursache der im Hauptsatz geschilderten Handlung".

Уплотнение кабеля выполнить самым тщательным образом, **так как** от этого зависит взрывонепроницаемость вводного устройства.
Снимите шланг со сливного патрубка, установите его в нужное положение **так, чтобы** шланг входил в один из двух боковых вырезов поддона.

All moving parts must have guards **to protect** personnel.
Care must be taken to avoid damaging or smudging these reflective surfaces, **as** they are relatively soft and difficult to clean without scratching.
These spacers, together with the three large bolts and other internal packing should be kept in a safe place **so** they can be used if the machine has to be transported again.

Finale/kausale PräpG

Die Befestigung des Becherwerksfußes darf **zur Erhaltung** der genauen Lage nur auf einem kräftigen Fundament, einer Grundplatte oder Eisenkonstruktion erfolgen.
Wegen der Wärmeentwicklung sollte die Anlage nicht in unmittelbarer Nähe eines Arbeitsplatzes aufgestellt werden.

В обычных условиях **для защиты** от механических повреждений и электрических помех кабель прокладывается в заземленных трубах диаметром не менее одного дюйма.
Если данное требование **по техническим причинам** обеспечить невозможно, необходимо снабдить трубопроводы гибкой связью.

For your protection, we urge you to follow these safety precautions and heed all safety messages found in the manual and on safety signs on the machine.
Check and change the filter bag frequently when using cleaner on new carpet **due to rapid accumulation** of carpet fluff.

Modale PräpG

Die Wälzkolbenpumpen werden über das Motorklemmbrett an das Netz angeschlossen, wobei **entsprechend den VDI-Bestimmungen** ein Motorschutzschalter vorzusehen ist.
Окончательную затяжку фундаментных болтов производят **согласно требованиям главы СНиП** по монтажу технологического оборудования.
It is the responsibility of the owner/user to operate the RR750X **in accordance with all** specifications and **laws** which may apply.

Falls das Paar „Direktivum-Begründung" die Satzgrenze überschreitet, kann die Begründung der Instruktion vorausgehen oder ihr folgen. Da antezedente oder postzedente Formen keine Strukturen mit immanenter Begründung aufweisen, lässt sich an ihnen nur feststellen, wie Begründung und Instruktion aneinander anschließen bzw. wie zwischen beiden „syntaktische Kohärenz" (HOFFMANN 1988: 72) hergestellt wird. Es kann ein expliziter Anschluss vorhanden sein, dies ist – wie bei der asyndetischen Satzverbindung[318] – jedoch keineswegs zwingend. Die jeweils eingesetzten Mittel sind weitgehend unabhängig von der Positionierung der Begründung. Sie werden daher im Folgenden teils an Beispielen zu antezedenten, teils an solchen zu postzedenten Begründungen vorgeführt.

[318] Vgl. dazu auch die Beispiele bei ROZENTAL' et al. (1995: 520): „Бессоюзные сложные предложения со значением причинно-следственных отношений: *Я не мог заснуть: передо мной во мраке все вертелся мальчик с белыми глазами.*/Бессоюзные сложные предложения со значением следствия, результата: *Я умираю – мне не к чему лгать*".

Zum Anschluss eines Direktivums an eine Begründung eignen sich insbesondere Pronominaladverbien sowie Demonstrativpronomina (auch als Bestandteil einer PräpG), z.B.:

Antezedente Begründungen:

Pronominaladverb[319]

Die Beobachtung der Drehrichtung kann nur durch den offenen Hochvakuumflansch erfolgen, **daher** diese Prüfung vor der Montage der Pumpe durchführen!

Надежность работы газоанализатора и срок его службы существенно зависят от правильной эксплуатации, **поэтому** перед монтажом и пуском газоанализатора, а также при его обслуживании необходимо ознакомиться с соответствующими разделами настоящего паспорта.

Bearings are the most critical moving part of the fan, **therefore** special care is required when mounting them on the unit and maintaining them.

Variation R: Präp. + Pronomen

При эксплуатации самовара поверхность его надо регулярно протирать до блеска зубным порошком и мягкой тканью. Применять **для этого** другие вещества, могущие повредить наружное покрытие, не рекомендуется.

Demonstrativpronomen

Luftkanäle zur Ableitung der Warmluft nach außen dürfen bei Standardanlagen nicht angebaut werden. In **diesen** Fällen müssen die Anlagen zusätzlich mit einem Radialventilator ausgerüstet sein.

При размоле очень влажных углей производительность мельницы существенно, а иногда и весьма резко падает. **Такие** угли подвергают предварительной подсушке перед подачей в мельницу.

Replacement of bearings requires disassembly of internal components. For **this** procedure access must be available to both inlet and outlet ends.

Da eine formale Repräsentation des kausalen Anschlusses nicht obligatorisch ist, können hier koordinierende[320] Konjunktionen und auch ein ∅-Anschluss[321] gefunden werden. Durch ein entsprechendes Pronominaladverb lässt sich die Begründung explizieren, z.B.:

---

319 Vgl. dazu SANDIG (1997: 35): „Pronominaladverbien und Konjunktionen wie *dabei, derart, deswegen, zudem, hingegen, dagegen, sofern, dadurch* gehören nach Ehlich (1992, 221) zu den standardisierten Verwendungsweisen von Deixis in Wissenschaftstexten. Auch sie dienten dem ‚attention management of the reader', indem sie kataphorisch und/oder anaphorisch verwendet werden. (...) Sie sind mit ihrer Vielfalt 'especially important for the representation of abstract categories such as cause, consequence, and reason' (ebd., 224)".

320 Auch hier gilt, was KRINGS (1996: 40) an einer die Satzgrenze überschreitenden konditionalen Relation demonstriert: der Rezipient ist genötigt, „die notwendige Inferenz zu ziehen, die den Zusammenhang zwischen den beiden Sätzen klärt". D.h., er muss erkennen, dass der vorausgehende bzw. nachfolgende Satz die Begründung zur Instruktion angibt.

321 Ein „grammatischer Zusammenhang der Sätze", nach STOJANOVA-JOVČEVA (1988: 355) Voraussetzung für ihre Kohärenz als „Sinneinheiten", ist nicht nur beim ∅-Anschluss, sondern auch bei einigen anderen Mitteln nicht gegeben, dennoch verliert das Paar „Direktivum-Begründung" dadurch nicht seinen Sinn. Die semantische Verbindung bleibt bestehen.

Koordination

Das Packungsmaterial unterliegt einem Verschleiß **und** muß [daher] von Zeit zu Zeit erneuert werden.
Фундаментная рама в местах крепления к ней лап мотора обычно бывает не просверлена, **и** эта операция производится в процессе монтажа с разметкой отверстия по месту.
Inorganics or other samples of high index of refraction might be highly specular, **and** the Blocker device should be used.

∅-Anschluss

Bei verstopfter Pumpe können bis zu 20 Liter Wasser auslaufen. Stellen Sie [deshalb] einen Eimer bereit.
При разделке раковин под заварку необходимо, чтобы раковина получила чашеобразную форму (фиг. 2). Все острые углы скругляются, переходы делаются плавными.
Pets have been known to climb into washing machines. Please check your drum before use.

Postzedente Begründungen schließen an vorausgehende Direktiva weitgehend über die gleichen Mittel an, die in den vorstehenden Beispielen an antezedenten Begründungen vorgeführt wurden. Auch hier fehlt häufig jegliches formale Kennzeichen der Kausalität (das sich in Form entsprechender Konjunktionen – *denn* oder *weil* – zur Explizierung der impliziten Relation ebenso problemlos ergänzen ließe). Einen besonders drastischen Hinweis auf Folgen der Missachtung ermöglicht die semantische Kontrastierung, die auch durch die Verwendung kontrastierender Adverbien, PräpG etc. erreicht werden kann. Im Gegensatz dazu ergibt die Wiederaufnahme des zentralen Lexems der Instruktion häufiger eine positive Begründung.

Postzedente Begründungen:

Semantische Kontrastierung

Pflegeleichte Wäsche möglichst in leicht feuchtem Zustand aus dem Gerät nehmen und an der Luft **kurz nachtrocknen** lassen. [denn] Bei **zu langem Trocknen** besteht Knittergefahr.

Необходимо также проверить правильность установки пружинных буферов **на нижних рамах**. Расположение их **на слишком большой высоте** может привести к толчкам платформы при движении роторов в исходное положение.
Запрещается работать с засоренным шлангом и с закрытым входным отверстием, **в противном случае** пылесос может выйти из строя.

Clean grease fitting before lubricating. **Dirt** forced through fittings can cause premature bearing failure.
Before cleaning interior wait at least 20 minutes after a cycle for the heating element to cool down. **Failure to do so** can result in burns.

Variation: Adverb

Weiße und farbige Wäsche getrennt waschen, [denn] weiße Wäsche wird **sonst** grau.
Дно кастрюли при варке обязательно должно быть покрыто жидкостью. **Иначе**[322] кастрюля будет приведена в негодность.

[322] OŽEGOV (1990: 249) verzeichnet *иначе* als Pronominaladverb.

Lexikalische Rekurrenz

Füllen Sie **Reinigungsmittel** ein vor Beginn eines Spülprogramms. [denn] **Reinigungsmittel** wird während des Programms ins Spülwasser abgegeben.
Затем дайте возможность **влаге** окончательно **высухнуть**. Включать холодильник в электросеть можно только после полного **высыхания влаги**.
When checking shaft rotation with weight cover removed, keep hands away from swinging **weights**. **Weights** can crush fingers.

Variation: Semantische Rekurrenz[323]

Verpackungsmaterial auf **Gerätezubehör** durchsehen. Dem Schreiber liegen als **Normzubehör** bei (...).
Перед началом эксплуатации холодильника убедитесь в исправности **системы для отвода** талой **воды. Водосток** 2 должен быть плотно соединен с патрубком, а нижний конец водостока – опущен в сосуд 3.
Whether discharging into a sink or a drainpipe check that the end of the drain hose is **neither too high nor too low**. The top of the curve in the hose's end should be **no more than** 85cm (34 inches) and **no less than** 50cm (20 inches) above floor level (fig. 4).

Eine weitere Möglichkeit zum Anschluss einer postzedenten Begründung, die Parenthese, ist in ihrer Implizitheit dem ∅-Anschluss und der Koordination vergleichbar (s.o.), z.B.:

Parenthese

Ab dem 10. Programm sind jeweils zwei Tasten – innerhalb von 8 Sekunden nacheinander – zu drücken, z.B. für das 10. Programm Taste „10“ und Taste „0“ ([denn] **das Gerät schaltet erst beim Betätigen der Einer-Taste ein bzw. um**).
При монтаже необходимо проверить состояние взрывозащитных поверхностей деталей, подвергаемых разборке (**царапины, трещины, вмятины, забойны и другие дефекты не допускаются**).
Press STOP/CLEAR, and use Timed Cooking to finish. (**Partially-cooked foods are no longer suitable for Auto Sensor Microwaving.**)[324]

Postzedente Begründungen werden im Russischen häufig über Relativpartikel angeschlossen. Es handelt sich hier um eine Variation zum Anschluss mit Demonstrativpronomen. Zur Explizierung der Begründung ist eine entsprechende Transformation notwendig, z.B.:

Устанавливают станки после монтажа робота под эталонную деталь, **что** [так как это] позволяет исключить погрешности робота и ускорить общий монтаж комплекса.

---

[323] Grundsätzlich gilt natürlich die Feststellung bei Coseriu (1994: 216): „Recht häufig sind z.B. Wiederaufnahmen durch Synonyme (*ein Professor – der Hochschullehrer*) oder Hyperonyme (*ein Auto – das Fahrzeug*)“. In den Begründungen der Korpora handelt sich zumeist tatsächlich um Rekurrenz von Lexemen, eher selten um einen Wechsel zu Synonymen.

[324] Dies ist eine komplexe Begründung. Die englischen Korpora enthalten kein Beispiel für eine einfache Begründung dieser Art.

1.7.3.1.2 Einfache Begründungen zu Repräsentativa

Wenn Repräsentativa[325] mit Begründungen versehen werden, können damit unterschiedliche Absichten verfolgt werden (vgl. 1.7.3). Die Mehrzahl der Begründungen steht in Zusammenhang mit konstruktiven Lösungen des Herstellers: zum einen wird die konstruktive Lösung selbst begründet, zum anderen werden Vorteile des Produktes oder andere Fakten auf konstruktive Lösungen zurückgeführt, während sonstige Gründe für Vorgänge/ Ereignisse (u.a. Störungen) seltener angegeben werden. Begründungen des formimmanenten Typs nennen – je nach inhaltlicher Orientierung – den Zweck, die Folge bzw. den Grund einer konstruktiven Lösung bzw. eines Vorgangs, z.B.:

Formimmanente Begründungen:

Final-/Kausal- bzw. Konsekutivsatz

Das Motorgehäuse wird gekühlt, **um** die Lager vor zu starker Erwärmung zu schützen.
Da alle mit dem Fördermedium in Berührung kommenden Teile aus Kunststoff gefertigt sind, ist hier ein zusätzlicher Schutz nicht notwendig.
Sie [die Relais] können z.B. bei Transformatoren die Unterspannungsseite vor der Oberspannungsseite abschalten, **so dass** die Einspeisung bei Fehlern auf der Unterspannungsseite bestehen bleibt.

Чтобы предотвратить разбрызгивание, стакан закрывается полиэтиленовой крышкой 14, в центре которой имеется отверстие с пробкой 15.
А **так как** наибольшей высоте падения шара будет соответствовать и наибольшая скорость его в момент удара об уголь, т.е. наибольшая кинетическая энергия, идущая на дробление угля, то наибольшей высоте падения шара соответствует и наибольшая работа дробления, производимая шаром данных размеров.
Из неупакованных или небрежно упакованных продуктов влага неизбежно оседает на испарителях в виде снегового покрова, **в результате чего** снижается технико-экономический показатель холодильника.

Companion flanges are bolted to the fan **to provide** a slip-fit connection for a flexible sleeve.
Installation of a duct turn or elbow too close to the fan inlet reduces fan performance **because** air is loaded unevenly into the fan wheel.
These pumps will pump .21" solids and will pump 19 feet vertically **so that** you can mount your separator above the washer or in a remote location.

Finale/kausale bzw. konsekutive PräpG

Zur Herabsetzung der Motordrehzahl kommen Stirnrad-, Flach-, Winkel-, Schnecken- oder Regelgetriebe zur Verwendung.
Aufgrund ihrer glatten Oberfläche neigen Kunststoffventilatoren nur gering zu Verkrustungen.
Daten, Beschreibungen und Illustrationen können **infolge konstruktiver Änderungen** abweichende Eigenschaften aufweisen.

[325] Nach Ansicht von WEISS (1992: 314) sind Begründungen im engeren Sinne (Kausalität/ Konsekutivität) im Deutschen besonders häufig: „Das heißt, das Französische neigt weniger zum expliziten Ausdruck der Konsekutivität als das Deutsche. (…) Ähnliches läßt sich gleichfalls für den Ausdruck kausaler Beziehungen feststellen“ (1992: 314).

Для улучшения высыпания угля из вагона на привалочных стенках люлек установлены два вибратора.
Однако **благодаря цилиндрической форме** мельницы с увеличением дальности полета уменьшается высота падения.
При этом перемещение может быть неравномерным **вследствие** наличия воздуха в гидросистеме робота.

A sight tube is mounted on the Compressor **for monitoring** the oil level.
Refrigerant flows to the External Cylinder until the weight switch shuts the RR750X off **due to a full cylinder**.

Modale PräpG drücken – wie in Verbindung mit Direktiva – Konformität zu einer Norm/ Vorschrift[326] aus, die in diesem Fall als „Gütezeichen" der konstruktiven Lösung oder einer anderen Maßnahme des Herstellers dargestellt wird, z.B.:

Entsprechend dem Maschinenbau-Schutzgesetz sind unsere Ventilatoren mit Splitterschutz gemäß UVV ausgerüstet, was die Betreiber jedoch nicht davon befreit, Maßnahmen zu ergreifen, die Personenschäden verhindern.

На фанерном ярлыке, прикрепленном к транспортной таре, нанесены все остальные надписи, **согласно требованиям ГОСТ 14192-37**,[327] а также обозначение устройства.

Examples include OSM controls for quick and easy image adjustments, tilt/swivel base for preferred angle of vision, small footprint and **compliance with MPRH guidelines**[328] for lower emissions.

Zur Begründung von Vorgängen, u.a. von Fehlfunktionen, werden vorzugsweise kausale PräpG verwendet, z.B.:

War die Pumpe längere Zeit nicht in Betrieb, so kann es vereinzelt vorkommen, daß sie **wegen erhöhter Fettviskosität** beim ersten Starten nicht hochläuft.
Утечка напитка может происходить **из-за деформации** фланца фильтра 18.
However, accidents can happen, even with a well designed piece of equipment, **due to improper use.**

Auch Repräsentativa lassen sich ante- oder postzedent begründen. Dazu eignen sich im Grunde alle Mittel, die bereits an Begründungen zu Direktiva vorgeführt wurden (vgl. 1.7.3.1.1). Allerdings werden Repräsentativa nicht so „flächendeckend" begründet wie Instruktionen. Daher können in den Korpora nicht mehr für alle Anschlussmittel parallele Belege gefunden werden. Zur Explizierung der Begründungsrelation lassen sich auch hier ggf. Pronominaladverbien bzw. Konjunktionen ergänzen, z.B.:

---

[326] Diese modalen PräpG werden mit den Begründungen zu Repräsentativa erfasst, genau genommen, handelt es jedoch in der Regel um kommissive Sprechhandlungen (vgl. 1.5.2.3).

[327] Die Anleitung datiert aus 1981, zu diesem Zeitpunkt war die Nachfolgeversion von 1977 bereits in Kraft.

[328] Dies ist eine attributive PräpG, die jedoch den gleichen Zweck erfüllt wie die modalen in den deutschen und russischen Anleitungen.

Antezedente Begründungen:

Koordination

Die Drehrichtungen der Motoren sind maschinenseitig fest eingestellt **und** können [deshalb] durch das Anschlußkabel nicht beeinflußt werden.
После набора жарочным электрошкафом заданной температуры нагревательные элементы автоматически отключаются **и** [поэтому] первая слева лампочка гаснет.
Photographs may be of prototype machines **and** could [therefore] be slightly different than production models.

Parenthese

Die Drehrichtung der Pumpe und die der Lüfter sind vom Herstellungswerk aufeinander abgestimmt, **d.h. bei Phasen-Wechsel ändert sich** [deshalb] **sowohl die Drehrichtung der Pumpe als auch die der Lüfter**.
Ослабло крепление датчика к головке ([поэтому] **изменилось его положение**).
LED on the monitor is not lit ([therefore] **no green or amber colour can be seen**).

Pronominaladverb

Die Spalte betragen nur wenige Zehntel-Millimeter, **dadurch** ist die Gasrückströmung im Feinvakuumbereich vernachlässigbar klein.
Скорость воздуха в барабане (по свободному сечению) составляет 1-2,5 *м/сек*. **Поэтому** воздух выносит из мельницы через заднюю горловину только пыль определенной крупности, а недомолотый уголь остается в мельнице.
The rotation rate is 1,500 revolutions per minute, **therefore** making a sampling rate of 200 per second.

Semantische Kontrastierung

Außer dem Potentiometer enthalten die Testköpfe feste und veränderliche Widerstände, die nur **werkseitig** kalibriert werden können. Ein **unbefugter** Eingriff macht den Testkopf unbrauchbar.
При правильно изготовленной диафрагме размеры будут **равны**, **различная** же величина этих размеров укажет на неконцентричность расточек.
Only keys which **have** an alternate function can be used with the Alternate key. Using the ALT key with keys that **do not have** a secondary function will have no effect.

Repräsentativa werden an antezedente Begründungen (ausnahmsweise) auch über Relativpartikel angeschlossen. Da sich die Relativpartikel durch „*und das*“ ersetzen lässt, könnte dieser Anschluss z.B. als Variante der Koordination angesehen werden, z.B.:

Relativpartikel

Bei Erhitzung des Lagers verschlechtern sich die Schmiereigenschaften, **was** zum Trockenlauf und Bruch der Lager führt.
Если измеряемая или регулируемая величина находится на границе области номинальных значений, то при вибрации или сотрясении прибора могут быть ложные срабатывания, **что** вызовет „дребезжание“ контактов реле.[329]

---

[329] Zu einem solchen Beispiel stellen LOMOV/GUSMAN TIRADO (1999: 61) zu Recht fest, dass der Nebensatz kein Kausalsatz ist, weil der Grund im Hauptsatz genannt wird: „Назвать его причинным у нас нет ровно никаких оснований, поскольку причина выражена в главном, на что недвусмысленно указывает анафорическое союзное слово“.

Postzedente Begründungen:

∅-Anschluss

Kein Fehler! [denn] Das Wasser befindet sich im Gerät unterhalb des sichtbaren Bereiches.
Данные, приведенные в таблице, являются ориентировочными. [потому что] Собственный опыт и вкус позволит [sic] Вам внести необходимые изменения.
None required, [because] instrument is doing its job.

Demonstrativpronomen

Mit Hilfe dieser Backofenfunktion kann das Backgut von unten nachgegart werden. [denn] **Dieses** kann z.B. bei Pizza oder Obstkuchen von Nutzen sein, bei denen der Belag schon genügend gebräunt ist.
Во время остановки компрессора холодильник продолжает потреблять незначительное количество электроэнергии. [потому что] **Это** предусмотрено конструкцией холодильника.
Grease may be forced out of the bearing seals during initial start-up. [since] **This** is a normal self-purging feature for this type of bearing.

Lexikalische Rekurrenz

Die Schaltung des Punktdruckers wird an der **Ausführung** NSU erläutert. [denn] Die übrigen **Ausführungen** können von dieser Beschreibung abgeleitet werden.
Футеровка цилиндрической части барабана выполняется плитами, имеющими **волнистую поверхность**. [так как] Футеровка **с волнистой поверхностью** помогает подъему шаров во время вращения мельницы и препятствует скольжению между шарами.
This is not an **Amp** rating. [since] **Amps** do not measure dirt removal, only the amount of electricity used.

1.7.3.2 Typen komplexer Begründungen

Da in ihnen formimmanente, post- und antezedente Typen kombiniert werden, zeigen komplexe Begründungen vielfältige Erscheinungsformen. Eine Differenzierung wird im Rahmen der Analysen nicht vorgenommen, wiewohl sie möglich wäre, weil unterschiedliche Strukturen gefunden werden können, von denen einige hier exemplarisch dargestellt werden.

Unterscheiden ließen sich z.B. Komplexe, in denen sich mehrere Begründungen koordinativ um ein gemeinsames Direktivum/Repräsentativum gruppieren, und Ketten, in denen sich Begründungen und Äußerungen alternierend aneinander reihen.

1.7.3.2.1 Komplexe Begründungen zu Direktiva

Ein Komplex in diesem Sinne umfasst zusätzlich zu dem Paar Direktivum-Begründung noch mindestens eine weitere Konstituente, häufig eine zweite Begründung. Die verschiedenen Typen können unterschiedlich kombiniert sein, z.B.:

2 formimmanente Begründungen zu einem Direktivum

Damit die Pumpe zufriedenstellend läuft, sollte entweder am Zylinder oder an der Druckleitung eine Öffnung sein, **damit** das Öl/Luftgemisch ablaufen kann. **(2 Finalsätze)**

Во избежание быстрого износа броневых плит и шаров никогда не следует допускать нормальной скорости вращения мельницы без загрузки, **так как** загруженный уголь смягчает удары. **(finale PräpG + Kausalsatz)**
Belt (A) must be cut square **for belt to run** true on pulleys, and **to avoid** abnormal wear and possible damage to sections, splice and belt. **(2 finale Infinitivsätze)**

antezedente + formimmanente Begründung zu einem Direktivum

Da die im Mikrowellenherd erhitzten Speisen Wärme an das Geschirr abgeben, kann dieses heiß werden. Halten Sie **daher** auch beim Kochen mit Mikrowellen die Topflappen stets griffbereit. **(Kausalsatz + Pronominaladverb)**

Размер кусков угля, поступающего в мельницу, должен быть **не выше** 12 мм. При поступлении **более крупного** угля **во избежание** снижения производительности мельницы необходимо включать дробилки. **(Kontrastierung + finale PräpG)**

Fan performance is **reduced** when duct turns are made immediately off the fan discharge. **To achieve cataloged** fan performance there should be at least three equivalent duct diameters of straight ductwork between the fan discharge and any duct turns. **(Kontrastierung + finaler Infinitivsatz)**

formimmanente + postzedente Begründung zu einem Direktivum

Um einen dauerhaften, störungsfreien Betrieb der Waage zu gewährleisten, sind störende Produktanhaftungen zu entfernen. Unzulässige Kraftnebenschlüsse werden **dadurch** vermieden. **(Finalsatz + Pronominaladverb)**

Для поддержания нормальных условий работы мельницы необходимо следить, чтобы все узли и детали мельницы подвергались постоянному надзору и уходу, а коренные подшипники, подшипники привода и редуктора **не перегревались**. **Чрезмерный нагрев** коренных подшипников указывает на ненормальную их работу и влечет за собой расплавление баббита вкладышей коренных подшипников. **(Finale PräpG + Kontrastierung)**

Be sure to use enough powder – **this** is essential **to get** the clothes really clean. **(Pronomen + finaler Infinitivsatz)**

antezedente + postzedente Begründung zu einem Direktivum

Die Ausnahme bilden Verschmutzungen durch **Zucker,** stark zuckerhaltige Speisen**, Kunststoff- oder Aluminiumfolie**. Entfernen Sie **diese** Verschmutzungen möglichst sofort von dem heißen Glaskeramik-Kochfeld mit einem feuchten Tuch oder Glasschaber. Geschmolzener **Zucker, Kunststoff- oder Aluminiumfolie** verursachen beim Abkühlen bleibende Schäden am Glaskeramik-Kochfeld. **(Pronomen + Rekurrenz)**

Центровка диафрагм, устанавливающихся на штифты или непосредственно в расточки цилиндра, когда верхние половины закрепляются жестко, производится другими способами, дающими менее надежные результаты в части обеспечения необходимых зазоров в верхних половинах диафрагм. **Поэтому** жесткое крепление верхних половин диафрагм рекомендуется изменить таким образом, чтобы была обеспечена их подвижность. **Тогда** появится возможность применить к ним изложенный выше метод центровки и избежать отрицательных сторон других способов центровки. **(Pronominaladverbien)**

This noise occurs when the **turntable roller rest and cavity bottom** are dirty. Clean **the turntable roller rest and cavity bottom**. Frequent cleaning of **these** parts should eliminate or reduce the noise. **(Rekurrenz + Pronomen)**

Auch die gegenteilige Konstellation kommt vor: zwei Direktiva werden mit einer gemeinsamen Begründung versehen, z.B.:

> Auf keinen Fall darf vom Kunden ein Eingriff in den Kältekreislauf vorgenommen werden. Eingriffe dürfen nur von unserem Fachmann durchgeführt werden, **ansonsten** Garantieverlust.
> При постановке верхней части пылесоса на пылесборник следите, чтобы промежуточное кольцо было установлено на пылесборнике без смещений, без смещений должна быть установлена и верхняя часть пылесоса в этом кольце. **В противном случае** пылесос будет работать менее эффективно.
> Slide sheaves on shafts – do not drive sheaves on **as** this may result in bearing damage.

Komplexe enthalten durchaus auch mehr als zwei Begründungen, die typologisch gleichartig oder auch verschieden sein können. In den folgenden Beispielen bezieht sich der ganze Komplex aus formimmanenten (BF), antezedenten (BA), postzedenten (BP) und lexikalischen Begründungen (Blex) auf jeweils ein Direktivum (D):

Begründungskomplex:

> Особое внимание следует обращать на крепление футеровки. При эксплуатации шаровых мельниц часто бывают неполадки **вследствие разрыва или ослабления** болтов. **Ослабление болтов** отражается на барабане мельницы, **так как** ослабленная броня имеет возможность перемещения, **чем** сильно изнашивается барабан.

Konstituenten:

D Особое внимание следует обращать на крепление футеровки.
BP1 При эксплуатации шаровых мельниц часто бывают неполадки
BF1 вследствие разрыва или ослабления болтов.
BP2 Ослабление болтов отражается на барабане мельницы,
BF2 так как ослабленная броня имеет возможность перемещения,
BP3 чем сильно изнашивается барабан.

Begründungskomplex:

> Restricted or unstable flow at the fan inlet can **cause** prerotation of incoming air or uneven loading of the fan wheel **yielding** large system losses and increased sound levels. Free discharge or turbulent flow in the discharge ductwork will also **result** in system effect losses. Refer to the following **for the most efficient installation**.

Konstituenten:

BA1/Blex1/BF1 Restricted or unstable flow at the fan inlet can **cause** prerotation of incoming air or uneven loading of the fan wheel **yielding** large system losses and increased sound levels.
BA2/Blex2 Free discharge or turbulent flow in the discharge ductwork will also **result** in system effect losses.
D Refer to the following
BF2 for the most efficient installation.

In Begründungsketten wechseln dagegen Direktiva und Begründungen in subordinativer Reihung ab, z.B.:

Begründungskette:

Beim Abpumpen von Dämpfen darf die Pumpe nach Beendigung des Prozesses nicht abgestellt werden, **da** das Kondensat, im Pumpenöl **gelöst** [weil es im Pumpenöl gelöst ist], Veränderungen hervorruft oder korrosiv wirkt. **Um** dies zu verhindern, muß die Pumpe noch so lange mit geöffnetem Gasballastventil und geschlossener Ansaugleitung betrieben werden, bis das Öl vom eingedrungenen Kondensat befreit ist. Wir empfehlen, die Pumpe nach Beendigung des Prozesses noch ca. 30 min weiterlaufen zu lassen.

Konstituenten:

D1	Beim Abpumpen von Dämpfen darf die Pumpe nach Beendigung des Prozesses nicht abgestellt werden,
BF1/2	**da** das Kondensat, im Pumpenöl **gelöst** [weil es im Pumpenöl gelöst ist], Veränderungen hervorruft oder korrosiv wirkt.
BF3	**Um** dies zu verhindern,
D2 = BA zu D3	muß die Pumpe noch so lange mit geöffnetem Gasballastventil und geschlossener Ansaugleitung betrieben werden, bis das Öl vom eingedrungenen Kondensat befreit ist.
D3	Wir empfehlen, die Pumpe nach Beendigung des Prozesses noch ca. 30 min weiterlaufen zu lassen.

1.7.3.2.2 Komplexe Begründungen zu Repräsentativa

Wie bei den Direktiva, so besteht eine komplexe Begründung auch hier aus zumindest drei Konstituenten, u.a. aus einem Repräsentativum und zwei Begründungen, z.B.:

2 formimmanente Begründungen zu einem Repräsentativum

Aus ergonomischen Gründen ist **für die leichtere Bedienung** eine Fußfreiheit vorhanden. **(kausale + finale PräpG)**

Удлинительная трубка 1 служит **для присоединения** к гибкому шлангу, **чтобы** создать удобства при работе пылесосом. **(finale PräpG + Finalsatz)**

In order to do this effectively there are different temperature zones inside your fridge compartment **in order to** create the ideal storage conditions. **(2 Finalsätze)**

formimmanente + antezedente Begründung zu einem Repräsentativum

Aufgrund physikalischer Gesetzmäßigkeiten ist ein Wärmefluß bzw. eine Wärmestrahlung von der Wärmequelle Backofen oder Kochplatte/Kochzone auf die angrenzende Umgebung unvermeidbar. **Diese** Erscheinung kann durch Isoliermaßnahmen beeinflußt, aber nicht verhindert werden. **(Kausale PräpG + Pronomen)**

Vegetables cut into smaller pieces take less time **to cook** – **and** use less gas. **(finaler Infinitivsatz + Koordination)**

formimmanente + postzedente Begründung zu einem Repräsentativum

Das Gerät hat eine Ausschaltautomatik, die es selbsttätig ausschaltet. **Das** ist besonders praktisch, wenn Sie **zum Einschlafen** noch ein wenig Musik aus dem Radio oder von einer CD hören möchten. **(Pronomen + finale PräpG)**

Вместе с резистором R8 резистор R2 образует схему вычитания части сигнала рабочего моста из сигнала сравнительного моста, **что** необходимо **для линеаризации** нелинейной зависимости выходного сигнала рабочего моста от значения объемной доли кислорода в анализируемой газовой смеси. **(Relativpartikel + finale PräpG)**

The half load programme is not suitable for synthetic or mixed fabrics, delicate articles or wool. **These** fabrics all need a high water level **to avoid** creasing. **(Pronomen + finaler Infinitivsatz)**

Solche Komplexe sind eher selten. Häufiger sind Begründungen zu Repräsentativa anders strukturiert: pro Repräsentativum findet sich im Allgemeinen nicht mehr als eine Begründung. Es werden vielmehr subordinative Ketten gebildet, in denen ein Repräsentativum (R) gleichzeitig als Begründung für ein anderes dient. Es können alle Typen einfacher Begründungen auftreten (BF: formimmanent, BA: antezedent, BP: postzedent), z.B.:

Begründungskette:

Der Wälzkolbenpumpe wird die **zum Betrieb** der Pumpe erforderliche Ölfüllung beigestellt. Die Pumpe kann nicht mit Öl transportiert werden, **da sonst** die Gefahr besteht, daß der Schöpfraum verölt.

Konstituenten:

R1/BF1:	Der Wälzkolbenpumpe wird die **zum Betrieb** der Pumpe erforderliche Ölfüllung beigestellt.
BP zu R1 = R2:	Die Pumpe kann nicht mit Öl transportiert werden,
BF2 zu R2:	**da sonst** die Gefahr besteht, daß der Schöpfraum verölt.

Begründungskette:

Одной из функций ПР является загрузка-выгрузка станков, входящих в состав комплекса. **Поэтому** необходим соответствующий обмен командами между роботом и станками, а также вспомогательным оборудованием. В число **таких** команд входят управляющие команды, подаваемые ПР на станок, а также информационные сигналы, поступающие от станков и вспомогательного оборудования на ПР.

Konstituenten:

R1 = BA zu R2:	Одной из функций ПР является загрузка-выгрузка станков, входящих в состав комплекса.
R2 = BA zu R3:	**Поэтому** необходим соответствующий обмен командами между роботом и станками, а также вспомогательным оборудованием.
R3:	В число **таких** команд входят управляющие команды, подаваемые ПР на станок, а также информационные сигналы, поступающие от станков и вспомогательного оборудования на ПР.

Begründungskette:

A pressure differential is required **to encourage** flow of refrigerant into the A/C System. Some charging Cylinders have a heating element **for the purpose** of creating **this** differential in pressures.

Konstituenten:

R1 = BA zu R2:	A pressure differential is required
BF zu R1:	**to encourage** flow of refrigerant into the A/C System.
R2:	Some charging Cylinders have a heating element
BF zu R2:	**for the purpose** of creating **this** differential in pressures.

Die vorstehenden Beispiele repräsentieren kurze Begründungsketten. In den englischen Korpora finden sich nur ausnahmsweise und nur unwesentlich längere Belege. In deutschen (und russischen) Anleitungen können Begründungsketten dagegen erheblich umfangreicher sein, z.B.:

Begründungskette:

> BIO-Spülprogramme in Verbindung mit Kompaktreinigern entlasten die Umwelt und schonen Ihr Geschirr, **denn** BIO-Spülprogramme sind speziell auf die schmutzlösenden Eigenschaften der Enzyme im Kompaktreiniger abgestimmt. **Deshalb** erzielen BIO-Spülprogramme in Verbindung mit Kompaktreinigern bereits bei 50°C die gleichen Reinigungsergebnisse, die sonst nur mit 65°C-Programmen erreicht werden. Bei BIO-Programmen wird das Spülwasser kurzzeitig auf 60°C erhitzt, **damit** der Aktivsauerstoff wirksam wird.

Konstituenten:

R1:	BIO-Spülprogramme in Verbindung mit Kompaktreinigern entlasten die Umwelt und schonen Ihr Geschirr,
BP zu R1 = R2 = BA zu R3:	**denn** BIO-Spülprogramme sind speziell auf die schmutzlösenden Eigenschaften der Enzyme im Kompaktreiniger abgestimmt.
R3:	**Deshalb** erzielen BIO-Spülprogramme in Verbindung mit Kompaktreinigern bereits bei 50°C die gleichen Reinigungsergebnisse, die sonst nur mit 65°C-Programmen erreicht werden.
BP zu R3 = R4:	Bei BIO-Programmen wird das Spülwasser kurzzeitig auf 60°C erhitzt,
BF zu R4:	**damit** der Aktivsauerstoff wirksam wird.

1.7.3.3 Perspektivierung[330] von Begründungen

Ausgangspunkt für diese Analyse ist die Beobachtung, dass Begründungen unterschiedlich formuliert werden können, z.B. positiv oder negativ. Dieser perspektivische Unterschied lässt sich generell an der Opposition „Affirmation vs. Negation" festmachen und ist insbesondere darin zu sehen, dass sowohl Direktiva als auch Repräsentativa mit dem Erreichen von Wünschenswertem oder mit der Vermeidung von Unerwünschtem begründet werden können. Im Hinblick auf die Formulierung von Instruktionen selbst korreliert damit u.a. die Opposition „Gebot vs. Verbot", die z.B. die VDI 4500-1 (1995: 7) – auch unter dem Gesichtspunkt der Wirksamkeit – positiv bzw. negativ beurteilt:[331]

---

[330] Perspektivierung in diesem Sinne hat nichts mit der Thema-Rhema-Gliederung und ihrer Opposition „Brennpunkt" vs. „Unwesentliches" (vgl. z.B. FORNER 1992: 207) zu tun. Gemeint ist hier die in Begründungen erkennbare Opposition „Erreichen vs. Vermeiden", die einer Fokussierung des Textproduzenten auf Erwünschtes bzw. Unerwünschtes entspricht.

[331] Vgl. ebenso PICHLER (1994: 44): „Vermeiden Sie Verbote. Verwenden Sie stattdessen positiv formulierte Gebote. (...) Anwender akzeptieren Verbote nur, wenn sie sich von ihrer Nützlichkeit überzeugt haben. Dann sind sie zum richtigen Handeln motiviert und meiden die Gefahr bewußt".

Positiv formulierte Gebote sind wirksamer als Verbote. Verbote sind nur dort angebracht, wo sie (…) für Benutzer oder Dritte gefährliche Handlungen verhindern sollen. Eine für die jeweiligen Benutzer/Zielgruppen verständliche Begründung von Verboten ist stets erforderlich.

Bei Begründungen zu Repräsentativa lässt sich eine dritte Variante identifizieren: die neutrale Perspektive. Diese ist charakteristisch für die Behandlung von Störungen und ihren Ursachen. Während der Textproduzent im Übrigen (eigentlich!) die Wahl zwischen einer positiven und einer negativen Formulierung seiner Begründung hat, bleibt ihm zur Begründung einer Störung nur die sachliche Angabe möglicher Ursachen, die in ihrer Perspektivierung als neutral beurteilt wird, z.B.:

Sollte die Sicherung beim Einschalten des Gerätes einmal ausgelöst werden, so kann dies **daran liegen, daß** gleichzeitig andere Elektrogeräte mit hohem Anschlußwert am gleichen Stromkreis angeschlossen sind.
Неисправности могут быть **вызваны** поломкой отдельных деталей датчика, нарушением изоляции электрических цепей **вследствие** попадания внутрь датчика производственных растворов.
There is too much turbulence on the surface of the separator **due to** too much air in the skimmed fluids.

Bei dieser Analyse werden nur positive bzw. negative Begründungen berücksichtigt, neutrale Begründungen sind für den Vergleich der mikro-/makrokulturellen Begründungsperspektive ohne Belang. Im Folgenden geht es lediglich darum, die Grundlagen der Differenzierung zu demonstrieren. Die Perspektivierung wird daher an einigen Begründungstypen exemplarisch dargestellt, dabei sind die für ihre Perspektive konstitutiven Elemente in Äußerung und/oder Begründung hervorgehoben.

1.7.3.3.1 Begründungen zu Direktiva: Positive Perspektivierung

Eine Instruktion lässt sich als Gebot oder als Verbot formulieren. In der Begründung eines Gebotes kann u.a. der Vorteil hervorgehoben werden, den die Befolgung der Instruktion hat. Eine solche Begründung, die dem Kunden als Ziel das Erreichen von etwas für ihn Wünschenswertem vor Augen führt, vermittelt eine positive Perspektive, die durch die Ergänzung positiver Attribute noch verstärkt werden kann, z.B.:

Formimmanente Begründungen: Finale/kausale PräpG

Zur Sicherung der technischen und wirtschaftlichen Funktion ist im Falle einer Aufgabenänderung eine Rücksprache mit dem Lieferwerk erforderlich.
Aus Sicherheitsgründen ist bei Gasen, die schwerer als Luft sind, unbedingt zu beachten, daß im Druckbereich oberhalb von 1 mbar der wahre Druck wesentlich größer sein kann, als vom Meßgerät angezeigt wird.
Для обеспечения правильности положения ветвей цепи сборку ходовой части следует производить посредством подборки отдельных секций.
Cover motor and drive **for weather protection**.
Check and change the filter bag frequently when using cleaner on **new** carpet **due to rapid accumulation** of carpet fluff.

Antezedente Begründungen

Nur die **richtige Dosierung** führt zu **guten Waschergebnissen**, beachten Sie die Angaben auf der Verpackung des Waschmittels.
Надежность работы газоанализатора и срок его службы существенно зависят от **правильной эксплуатации**, поэтому перед монтажом и пуском газоанализатора, а также при его обслуживании необходимо ознакомиться с соответствующими разделами настоящего паспорта.
Delicate foods such as eggs, cheese, mayonnaise, etc. cook **very quickly**, and should be watched carefully.

Komplexe Begründungen

Geben Sie dem Kundendienst die auf dem Typenschild angegebenen Servicenummern an. Diese Nummern **ermöglichen** dem Kundendienst eine **gezielte** Ersatzteilvorbereitung, so daß **beim ersten Technikerbesuch** Ihr Gerät wieder instandgesetzt werden kann.

Рекомендуем Вам один раз в два года вызывать мастера сервисной мастерской **для осмотра** Вашего холодильника **с целью выявления** дефектов, влияющих на электропожаробезопасность.

Then, keep it handy **for reference**. It contains not only step-by-step assembly instructions, but also **comprehensive** operation, maintenance, and parts replacement data. Careful observation of the instructions in this manual can **add greatly** to the life of your equipment and **assure** satisfactory performance.

1.7.3.3.2 Begründungen zu Direktiva: Negative Perspektivierung

Alternativ kann ein Hersteller aber auch – um die Dringlichkeit seiner Instruktion zu unterstreichen – die unangenehmen Folgen oder Gefahren einer Missachtung betonen. Dieses Vorgehen entspricht der Forderung der DIN EN 62079 (2001: 30) an Warnhinweise, dass „die Natur der Gefährdung und, falls angebracht, deren Ursachen" zu erklären sind. Neben Verboten handelt es sich hier auch um Gebote, die mit einer „Warnung vor Folgen bei Mißachtung" (VDI 4500-1 1995:19) begründet werden. Im Vergleich zur ersten Variante haben diese Begründungen daher eine negative Perspektive, z.B.:

Formimmanente Begründungen

Finalsatz/finaler Infinitiv

Vor Stillstand sollte die Pumpe mit trockener Luft oder trockenem Stickstoff belüftet werden, **um** eine Rückdiffusion von Öldämpfen von der Vorvakuumleitung zum Hochvakuumteil **zu vermeiden**.
При выпечке **не рекомендуется** часто открывать дверку жарочного электрошкафа, чтобы **не охлаждать** его.
Be sure to wipe the blade clean between samples **to prevent** cross-contamination.

Kausalsatz (Verbot)

Lösungsmittelhaltige Waschkraftverstärker oder Schmutz- und Fleckentfernersprays **dürfen nicht** in der Nähe des Geräts verwendet werden, da diese Mittel **Schäden** am Gerät **verursachen** können.
Не следует класть в МК заполненные стеклянные емкости, поскольку жидкость при замораживании может **разрушить стекло**.

Do not attempt to make this connection during a lightening storm as it may **cause hazardous electrical shock**!

Postzedente Begründungen

Eventuelle Fremdkörper aus der Trommel und Gummidichtung entfernen! **Sonst Rostgefahr**!

Не оставляйте в фильтре ранее использованный кофе, напиток от этого приобретает **горький привкус**.

Keep machine's pulleys or rollers clean, material build up on pulleys will **cause mistracking** of belt.

Komplexe Begründungen

Schalten Sie das Gerät nach jeder Kaffeezubereitung aus und lassen Sie es ca. 5 Minuten abkühlen, bevor Sie es erneut einschalten**. Sonst** kann es beim Eingießen von kaltem Wasser zu einer **Dampfentwicklung** kommen, und unter Umständen können **Verbrühungen verursacht werden**.

Категорически воспрещается загрузка в барабан на холостом ходу с шарами небольших порций топлива, опилов, песка и т.п. **во избежание самовозгорания** угля и опилов от нагрева брони и шаров и **засорения** всей системы перемолотым песком при пуске.

Do **not bend** the fins on the Condenser coil. Air flow will be **restricted** and **cause damage** to the RR750X.

Komplexe Begründungen mit gemischter Perspektive

Um einen dauerhaften, **störungsfreien** Betrieb der Waage zu **gewährleisten**, sind störende Produktanhaftungen zu entfernen. Unzulässige Kraftnebenschlüsse werden dadurch **vermieden**.

В целях равномерного съема металла и **избежания выбоин** на поверхности необходимо снимать шлифовальным камнем минимально возможную стружку и при этом двигать камень равномерно и плавно в разных направлениях таким образом, чтобы риски от камня перекрещивались.

Belt (A) must be cut square for belt **to run true** on pulleys, and **to avoid abnormal** wear and possible **damage** to sections, splice and belt.

Ein anderer Typ negativer (und häufig komplexer) Begründungen zu Direktiva beinhaltet für den Fall der Missachtung die Ankündigung (Androhung) entsprechender Sanktionen, die in Anleitungen vorrangig im Ausschluss von Garantieleistungen bestehen, d.h., die Begründung selbst ist als Deklaration anzusehen. Es handelt sich in der Regel um „Freizeichnungen von Folgen eines nicht bestimmungsgemäßen Gebrauchs" im Sinne der VDI 4500-1 (1995: 5), d.h., um „Aussagen mit rechtlichem Inhalt", die nach dortiger Auffassung nicht in eine Anleitung, sondern in vertragsvorbereitende Texte aufgenommen werden sollten, z.B.:

Einzelne Fremdkörper, die über den Saugstutzen in die Pumpe gelangen, können zu schweren Schäden am Rotor führen. Wir empfehlen daher, die Pumpe nur mit dem mitgelieferten Splitterschutz zu betreiben. **Schäden, die durch Arbeiten ohne Splitterschutz entstehen, sind von der Garantieleistung ausgeschlossen.**

До истечения гарантийного срока разборка пылесоса (...) категорически воспрещается. **В противном случае завод не будет принимать претензии на некачественную работу пылесоса.**

The cooker must be installed in accordance with the Gas Safety (Installation and Use) Regulations 1984 and the relevant Building Regulations. **Failure to install the appliance correctly could invalidate the warranty, liability claims and lead to prosecution.**

Eine Sondersorte negativ perspektivierter Begründungen sind Verweise auf Normen und Vorschriften (zur Intertextualität vgl. 1.7.5). Modale PräpG dieser Art liefern dem Bediener selten eine Begründung im eigentlichen Sinn, sondern eher eine Aufforderung, entsprechende Instruktionen aus den genannten Normen und Vorschriften zu beziehen, wobei unterstellt wird, dass ihm diese bekannt bzw. zugänglich sind. Da Begründungen nach Ansicht von BAUER (1994: 19) „auf das durchschnittliche Wissen der voraussichtlichen Benutzergruppen" abgestimmt sein sollen, überrascht es nicht, dass sich modale PräpG dieser Art nur in fachinternen Anleitungen finden lassen, z.B.:

Die elektrischen Leitungen sind **nach den entsprechenden VDE-Vorschriften** bzw. **den jeweiligen Landesvorschriften** zu verlegen.
Генподрядчик обязан выполнить касающиеся его подготовительные работы **согласно главы СНиП** по монтажу технологического оборудования (...).
It is the responsibility of the owner/user to operate the RR750X **in accordance with all** specifications and **laws** which may apply.

1.7.3.3.3 Begründungen zu Repräsentativa: Positive Perspektivierung

Bei der Beschreibung konstruktiver Lösungen hat eine Begründung in der Regel eine positive Perspektive, d.h., es werden die Vorteile genannt, die sie dem Bediener bieten, u.a. (analog zu Direktiva) das Erwünschte, das damit erreicht wird. Die positive Perspektive kann auch hier durch entsprechende Attribute verstärkt werden, z.B.:

Formimmanente Begründungen: Final-/Kausal-/Konsekutivsatz

Um die Hilfsspannungsversorgung **leistungsarm** zu gestalten, wird die Stellung des Dekadenzählers nur bei Betätigen der Rückstelltaste für die Dauer von ca. 2 s zur Anzeige gebracht.
Die Schutzverkleidung 1.8 ist **leicht** verstellbar, da 2 Gasdruckfedern 1.9 **für** eine **Gewichtsentlastung sorgen**.
Alle Teile sind verstiftet, so daß eine **leichte** Demontage **gewährleistet** ist.

Pump interconnect points are provided on both sides of the vertical separator **to simplify** plumbing connections.
Because microwave cooking requires **only one-quarter to one-third the time** of conventional cooking, cooking principles become even more important.
For example, they move the highlight left or right on the Home screen so that **you can select** a main function.

Positive Begründungen werden zu Repräsentativa nicht nur formimmanent, sondern, wie zu Direktiva, auch ante- bzw. postzedent oder mit lexikalischen Mitteln geäußert, z.B.:

Postzedente Begründungen

Mit Hilfe dieser Backofenfunktion kann das Backgut von unten nachgegart werden. Dieses kann z.B. bei Pizza oder Obstkuchen **von Nutzen** sein, bei denen der Belag schon genügend gebräunt ist.
Во время остановки компрессора холодильник продолжает потреблять незначительное количество электроэнергии. Это **предусмотрено** конструкцией холодильника.
Grease may be forced out of the bearing seals during initial start-up. This is a **normal self-purging feature** for this type of bearing.

Lexikalische Begründungen

Der Aroma-Wahlschalter (5) **ermöglicht** es, den Kaffee ganz nach **persönlichem Geschmack** zuzubereiten, d.h. bei **stets vollem Aroma** eher milder oder kräftiger im Geschmack.
Быстрой и тщательной переработке фруктов и овощей **способствуют** форма стакана и скорость вращения ножей.
Soft Guard protector **provides extra protection** for your **fine** furniture.

Eine Besonderheit in diesem Kontext ist die modale PräpG, die als Vorteil des Produktes oder einer anderen Leistung des Herstellers die Konformität zu einer Norm hervorhebt. Sie stellt das Pendant zu dem Typ modaler PräpG dar, mit dem Instruktionen gestützt werden (vgl. 1.7.3.3.2), und wird daher für den interkulturellen Vergleich mit erfasst, obwohl sie üblicherweise Bestandteil kommissiver Sprechhandlungen ist, z.B.:

Die DIW-UC wurde **nach dem Stand der Technik** gebaut und ist betriebssicher.
Упаковка комплекта прибора с разделителем осуществляется **в соответствии с требованиями ТО** на прибор, комплектуемый с разделителем.
The flowmeter will be recalibrated and returned with a certificate of calibration **to US National Institute of Standards Technology (NIST) traceable standards.**

Auch diese Argumentation ist nur in fachinternen Anleitungen zu finden. Offenbar gehen die Textprozenten davon aus, dass die Implikationen einer solchen Begründung einem fachexternen Rezipienten nicht hinreichend vertraut sind.

1.7.3.3.4 Begründungen zu Repräsentativa: Negative Perspektivierung

Obwohl es dem Hersteller mehr auf die Betonung der Vorteile ankommen sollte, können auch konstruktive Lösungen Gegenstand negativer Begründungen sein. In diesen Fällen wird hervorgehoben, welche für den Kunden unerwünschten Vorgänge durch konstruktive Lösungen verhindert werden. Eher ausnahmsweise bezieht sich die Begründung auf Einschränkungen in Leistung bzw. Nutzung des Produktes. Im Übrigen werden Fakten/Vorgänge anderer Art durch Erläuterung ihrer negativen Folgen begründet. Manche dieser Begründungen lassen sich auch als indirekte Aufforderungen an den Bediener interpretieren, den genannten Konsequenzen durch entsprechende Maßnahmen vorzubeugen (vgl. dazu exemplarische Instruktionen in Parenthesen), z.B.:

Formimmanente Begründungen: Finale/kausale PräpG

Для исключения проскальзывания на приводной ролик устанавливаются резиновые кольца.
Но за счет индуктивности обмотки появляется пиковое напряжение, амплитуда которого может быть значительно **больше допустимого** коллекторного напряжения.
Two macro cups have 13mm diameter **for no** vignetting of the beam.
However, accidents can happen, even with a well designed piece of equipment, due to **improper use.** [Therefore, use the equipment properly.]

Antezedente Begründungen

Der eingebaute Lüfter ist weiterhin in Betrieb und **verhindert** das Niederschlagen von Schwaden an der Bedienblende.
Все разъемы имеют уникальную форму, что **исключает** возможность **неправильного** подключения.
A person who has **not read and understood** all operating and safety instructions is **not qualified** to operate the machinery. **Failure** to read this bucket elevator manual and its safety instructions is a **misuse** of the equipment.

Komplexe Begründungen

Zuviel Waschmittel hat zur Folge eine **unnötig hohe** Umweltbelastung, eine **geringe** Waschbewegung durch starke Schaumbildung und dadurch **schlechte Waschergebnisse**. [Daher Waschmittel sparsam dosieren.]

Органы регулировки, кроме фокусировки (поз. 6, рис. 2), которые **не** имеют ручек, а приспособлены для поворота отверткой, **не** предназначены для регулировки владельцем, так как **неумелая** установка их может **привести** не только **к ухудшению** изображения, но и к **повреждению** телевизора и кинескопа.

The half load programme is **not suitable** for synthetic or mixed fabrics, delicate articles or wool. These fabrics all need a high water level **to avoid** creasing.

Komplexe Begründungen – gemischte Perspektive

Der Ziehstein liegt auf dem Bohrtisch in einer Hilfsfassung. (Sie **verhindert** das Auslaufen der Bohr- und Polierflüssigkeit und **ermöglicht** so einen sparsamen Verbrauch von Diamantpulver).

Если трение между шарами и гладкой футеровкой будет очень мало, то шары **не** будут подниматься до точки отрыва, а будут скользить и скатываться вниз, что **поведет к быстрому износу** шаров и футеровки. На шарах обнаружатся плоские стертые места, а выпуск продукта будет происходить **не** плавно, а толчками. Поэтому рабочая поверхность внутри барабана имеет футеровку, выполненную достаточно шероховатой чистой отливкой. Эта волнистая шероховатая поверхность футеровки **способствует подъему** шаров и, следовательно, **увеличению** их кинетической энергии и дробящего эффекта.

The Check Valve **permits** forward refrigerant flow when the output pressure from the Acid Filter is 1 lb. or greater than pressure at the output side of the Check Valve. The **primary purpose** of this check valve is **to prevent** flow of oil backwards towards the Acid Filter during the Oil Return Cycle from the Oil Separator.

1.7.3.4 Analyseraster: Begründungen

Für die kontrastiven Analysen von Begründungen werden die drei Kriterien ausgewählt, die im Hinblick auf makrokulturelle Differenz als besonders vielversprechend erscheinen: Bezug, Äußerungsform und Perspektivierung.

Kriterium	Varianten
BEZUG	**Direktivum** (Instruktion/Empfehlung) **Repräsentativum**
ÄUSSERUNGSFORM	**Einfach** (formimmanent, antezedent, postzedent, lexikalisch) **Komplex**
PERSPEKTIVIERUNG	**Positiv** (Erreichen/Vorteil/Konformität) **Negativ** (Vermeiden/Nachteil/Gefahr/Autoritäten)

1.7.4 Parenthesen

Eine Parenthese ist nach der Definition bei BUSSMANN (1983) ein

> in einem komplexen Satz eingefügter selbständiger Ausdruck (Wort, Wortfolge oder Satz), der strukturell unabhängig ist vom gesamten Satzgefüge. Zu P[arenthesen] im weiteren Sinne zählen auch (...) Schaltsätze.

Die strukturelle Unabhängigkeit wird durch eine formale Trennung der Parenthese vom übrigen Satz markiert. Diese erlaubt nicht nur eine elliptische Formulierung (z.B. ohne Pronomina, Präpositionen, Konjunktionen), sondern auch den Verzicht auf Kongruenz zwischen Parenthese und Satz bzw. dem entsprechenden Satzglied (bei AKIMOVA 1990: 61 „морфолого-синтаксическая соотносительность" genannt). Sind Parenthese und Satz morphologisch bzw. syntaktisch kongruent, so besteht nach AKIMOVA (1990: 150) zwischen beiden eine „syntagmatische Bindung" („синтагматическая связанность"), z.B.:

> Instandsetzungen am Aufstellungsort können nur für stationär betriebene (**feststehende**) Großgeräte verlangt werden.
> Предназначено для удаления пыли из труднодоступных мест (**радиаторов, щелей,** и т.п.).

Kongruenz zwischen Parenthese und Satz bzw. Satzglied ist jedoch keineswegs zwingend. Bei Inkongruenz stehen die Wortformen in der Parenthese typischerweise im Nominativ,[332] z.B.:

> Bei Großgeräten (**stationär betriebene Geräte**) ist im Garantiefall unsere nächstgelegene Kundendienst-Stelle (Werkskundendienst oder autorisierter Fachhandel) zu benachrichtigen.

---

[332] Vgl. auch AKIMOVA (1990: 63): „Характерно, что словоформы, составляющие вставную конструкцию, стоят в форме именительного падежа, а это общая тенденция в развитии аналитизма".

Um die Glasfläche vor Überhitzungen zu schützen, z.B. bei Leerlauf (**unsachgemäßer Betrieb ohne Koch- oder Bratgut**), sind die Heizkörper mit Temperaturbegrenzern ausgestattet.

Не допускайте соприкосновения поверхностей пластмассовых деталей с активными растворителями (**ацетон, дихлорэтан** и т.п.).
Однако, следует учесть, что при плохом качестве видеозаписи (**наличие помех, шумов** и т.д.) синхронизация изображения может ухудшиться при приеме на 8-ую программу.

Dieses Merkmal lässt sich nur an Texten flektierender Sprachen analysieren. Es ist hier als Analysekriterium ungeeignet, weil englische Texte in eine solche Analyse nicht einbezogen werden können.

1.7.4.1 Markierung von Parenthesen

Im Hinblick auf die Mittel zur formalen Abtrennung von Parenthesen besteht dagegen interkulturell Übereinstimmung. So stellen z.B. QUIRK/GREENBAUM (1996: 460) zur Markierung von „included units“ fest:

The punctuation marks are commas, parentheses, or dashes. (...) parentheses subordinate more definitely than commas, and dashes are particularly suitable for informal 'asides'.

Die Analyseergebnisse bei FIEDLER (1991: 73-157) zeigen die Parenthese an der Spitze syntaktischer Stilfiguren: In der Mehrzahl der britischen Textsorten liegt ihr Anteil zwischen 53 und 65 %, beim Lehrbuch sogar bei 74 %, der Lexikonartikel weist mit 13 % das Minimum auf. Da FIEDLER nicht weiter differenziert, ist bei ihr der Rang der Klammerausdrücke unter den Parenthesen nicht ersichtlich. In russischen Fachtexten erfreuen sich nach AKIMOVA (1990: 150 bzw. 58)[333] vor allem Klammern zunehmender Beliebtheit und einer im Vergleich zu Gedankenstrichen[334] oder Kommata außerordentlich hohen Verwendungsfrequenz. Diese Feststellung bestätigt sich nicht nur in den russischen, sondern auch in den deutschen und angloamerikanischen Anleitungskorpora, in denen Klammerausdrücke ebenfalls die bei weitem höchste Frequenz zeigen.

---

[333] AKIMOVA (1990): „Возросшая частотность скобок в текстах различных функциональных разновидностей связана с развитием вставных конструкций, создающих несколько линий повествования. (...) В неэкспрессивных текстах (деловая, научная проза) скобки весьма частотны“ (150). „Для литературного языка XIX. и особенно XX. в. характерно оформление вставных конструкций преимущественно скобками, хотя не исключено и использование тире и даже запятой“ (58).

[334] Der Gedankenstrich wird nach AKIMOVA (1990: 150) in literarischen Texten bevorzugt: „Однако в целом в художественной прозе вставные конструкции оформляются с помощью тире. Возможно, это связано с восприятием скобок как знака препинания ‚делового'“. Vgl. auch die AG 1960 (165), die ihre Beispiele vorzugsweise aus literarischen Texten bezieht: „На письме вставные предложения, вставные слова и сочетания слов выделяются знаками тире или заключаются в скобки“.

Parenthesen, die in Kommata oder Gedankenstriche eingeschlossen sind, kommen vergleichsweise selten vor.

Markierung: Klammern

Wenn reines Wasser zur Kühlung nicht verfügbar ist, muß ein Filter oder feinmaschiges Schmutzfangsieb (**evtl. Kraftstoff-Filter-Patrone**) in die Kühlwasserleitung eingebaut werden.
Прилагаемая к устройству эксплуатационная документация предохраняется от попадания в нее влаги и укладывается в ящик (**место № 1**).
Volume is expressed in GPM (**gallons per minute**) and LPM (**liters per minute**).

Markierung: Kommata

Kontrollampe, **Pos. 7 oder 8 in Abb. 3,** leuchtet.
Периодически, **не реже чем через 72 ч**, необходимо разгружать емкость от взвешиваемого продукта и корректировать нуль шкалы.
The control dial, **on the right-hand side of the fridge compartment interior**, controls the temperature inside the fridge compartment.

Markierung: Gedankenstriche

Dabei beachten, daß der obere Flügelkranz des Rotors am ganzen Umfang gleichen Abstand zu den Statorteilen – **oberen Distanzring** [sic] – hat.
Газоанализатор служит для преобразования неэлектрической измеряемой величины – **объемной доли кислорода в анализируемой газовой смеси** – в электрические стандартные выходные сигналы постоянного тока по п. 3.2.3.
Also, it will illuminate a front panel red alarm LED – **ABC STATUS (LED)** – when the optics loop can no longer compensate for optical contamination.

1.7.4.2 Umfang von Parenthesen

Es wurde bereits gezeigt, dass Parenthesen im Umfang von einer Zeichenfolge bis zum komplexen Satz variieren können (vgl. 1.5.4.1.3). Wie bei der Markierung in allen Korpora Klammern bevorzugt werden, so gilt für den Umfang, dass Parenthesen mehrheitlich Zeichen- bzw. Wortfolgen enthalten.

Parenthesen mit dem Umfang eines Teilsatzes (hier zu verstehen als Nebensatz bzw. äquivalente Konstruktion) dienen häufig dem Ausdruck einer Bedingung, d.h., sie enthalten einen Konditionalsatz.

Den Umfang eines ganzen Satzes haben vorzugsweise Klammerausdrücke mit intra- oder intertextuellen Verweisen bzw. Parenthesen, die Instruktionen bzw. Empfehlungen oder Hinweise enthalten.

Umfang: Zeichen-/Wortfolge

Kontrollieren Sie, ob in der Infrarot-Fernbedienung eine Batterie 9 V (**Typ IEC 6 F22**) eingebaut ist.
В случае отдельной поставки разделителя он должен быть завернут в оберточную бумагу (**ГОСТ 8273-57**) и уложен в картонную коробку, выполненную по чертежам предприятия-изготовителя.

For foods not listed in the Sensor Reheating/Cooking Guide (**pages 27-28**), use Timed Cooking.

Umfang: Teilsatz

Mit der Taste 6 schalten Sie den Fernsehton schnell ab **(z.B. wenn das Telefon läutet)** und später in vorheriger Lautstärke wieder ein.
Вскипятить бульон с луком (**размельченным в отдельной кастрюльке**) и постепенно вливать в кастрюлю, перемешивая содержимое миксера.
Once the interconnecting cables, power cable, sample gas connections and, coolant connections **(if required)** are made and checked the instrument is ready for operation.

Umfang: Satz

Mit der Taste 25 betreffende Stelle anwählen (**Ziffer oder Buchstabe blinken** [sic]).
Реле вводится в щель трубы (насадки) и поворачивается на 90°, при этом направление потока должно совпадать с направлением стрелки на крышке (**заслонка реле устанавливается перпендикулярно к потоку**).
Clear blockage (**see „Clearing blockages" section**).

ROZENTAL' et al. (1995: 463) differenzieren Parenthesen (ausschließlich Klammerausdrücke) nach der Art ihres Einschlusses in den Satz und orientieren sich dabei an der allgemeinen Klassifikation (von Satzverbindungen bzw. Satzgefügen – vgl. 1.5.4.1.2.2): 1. ohne Konjunktion, 2. mit koordinierender und 3. mit subordinierender Konjunktion bzw. Relativpronomen/-partikel. Diese Unterscheidung deckt sich nicht mit der hier gewählten Ordnung nach dem Umfang: in den ersten beiden Gruppen erfassen ROZENTAL' et al. sowohl Zeichen-/Wortfolgen als auch Sätze. Zur 3. Gruppe rechnen sie nicht nur Nebensätze, sondern auch Satzgefüge und andere komplexe Konstruktionen.

1.7.4.3 Inhalt von Parenthesen

Neben Form und Umfang ist an Parenthesen vor allem der inhaltliche Aspekt interessant. Sobald Parenthesen – aus welcher Perspektive auch immer – untersucht werden, ist ein Hinweis auf ihre Funktion im Satz unvermeidlich: die Bereitstellung von Informationen als Ergänzung der übrigen Satzaussage oder eines ihrer Teile, u.a. zur Erläuterung oder als Kommentar (vgl. z.B. FIEDLER 1991: 168-169, ROZENTAL' et al. 1995: 461). Ähnlich formuliert die DUDEN-Grammatik (1984: 87):

Einzelne Wörter, Sätze, ja ganze Abschnitte können in Klammern stehen und dadurch auch sichtbar als Nebensächliches oder Ergänzung ausgewiesen werden. Gedankenstriche weisen auf einen Einschub hin.

Bei der inhaltlichen Analyse geht es um Frage, welche Funktionen Parenthesen erfüllen können. Die Relationen zwischen Parenthese und Satz bzw. Satzglied müssen dabei möglichst konkret spezifiziert werden, die in den Zitaten erwähnten Möglichkeiten (s.o. Erläuterung, Kommentar, Nebensächliches, Ergänzung) eignen sich wegen ihres hohen Abstraktionsgrades nicht als Analysekriterien.

In den Anleitungskorpora werden Parenthesen in einer Vielzahl von Funktionen verwendet. Dabei lassen sich zwei große funktionale Gruppen unterscheiden: zum einen Parenthesen mit Verweisfunktion, zum anderen solche mit Präzisierungsfunktion.[335] Bei den Analysen wird in beiden Gruppen weiter differenziert. Für Parenthesen mit Verweisfunktion („ссылочные вставки“ nach AKIMOVA 1990: 61) liegt eine Klassifizierung nach dem Bezug des Verweises nahe, z.B.:

1. Verweis auf Teiltext

   Schalten Sie dazu den Backofenwahlschalter auf konventionellen Backofenbetrieb (**siehe hierzu auch Seite 27**) ein.
   У диафрагм без штифтов установить штифты в осевом направлении (**раздел 2, п. 17**).
   With the fan off, adjust the belt tension by moving the motor pivot plate (**see page 5**).

2. Verweis auf Abbildung

   Der Faltstapel muß vor dem Einlegen beidseitig aufgelockert werden (**siehe Bild 7**).
   Габаритные и присоединительные размеры соответствуют габаритным чертежам (**рис. 1, 2, 3**).
   As part of our pre-alignment and check-out procedures we have scanned the cell vs. the open beam „background" (**Figure 3**).

3. Verweis auf Abbildungsposition

   Bei Erreichen der Nenndrehfrequenz erlischt diese Kontrollampe, die Kontrollampe „NORMALBETRIEB“ (**14**) zeigt an, daß die Pumpe mit Nenndrehzahl läuft.
   Активной частью электрода является шарик (**2**) из электродного стекла.
   Fit the two wall spacers supplied – your fridge freezeer is fitted with one of alternative condensers (**a**) or (**b**) as shown below.

4. Verweis auf Norm/Vorschrift

   Die Konsole wird mittels Schloßschrauben M8 x 35 (**DIN 933**) befestigt.
   В случае отдельной поставки разделителя он должен быть завернут в оберточную бумагу (**ГОСТ 8273-57**) и уложен в картонную коробку.
   Disclosure of the documentation by the U.S. Government is subject to restricted rights (**under FAR 52.227-19**).

5. Sonstiger intertextueller Verweis

   Der mechanische Wert läßt sich in den elektrischen Wert umrechnen (**siehe Umrechnungsfaktoren auf der Programmkarte**).
   В комплект поставки входит блок типа П1730 или П1731 (**в зависимости от заказа**).
   Put the measured amount (**follow manufacturer's instructions**) into compartment „c”.

[335] Diese beiden Grundfunktionen sind auch in nicht-technischen Textsorten erkennbar. Vgl. dazu z.B. FIEDLER (1991: 81): „Die Parenthese (...) tritt häufig in Verbindung mit den bereits beschriebenen anaphorischen und kataphorischen Verweisen auf. (...) Daneben kann ihre Funktion darin bestehen, einen Sachverhalt durch Beispiele oder zusätzliche, spezifizierende Information näher zu bestimmen. Die Stilfigur dient in diesen Fällen der Realisierung des KV Explizieren“.

Für Parenthesen mit Präzisierungsfunktion werden nach der Art ihres Inhalts Untergruppen ausgewiesen, soweit ihr Aufkommen das sinnvoll erscheinen lässt. Die übrigen sind in einer gemeinsamen Gruppe „Präzisierung einer Aussage“ zusammengefasst. Die Mehrzahl der inhaltlichen Varianten zeigt auch hier interkulturell Parallelen, z.B.:

6. Präzisierung einer Aussage[336]

Diese Meldung dient zur Anzeige eines außergewöhnlichen Betriebszustandes im Vakuumsystem, **z.B. eines Lecks oder eines überdurchschnittlich hohen Gasanfalls**.
Результаты измерений, **т.е. установленные зазоры**, заносятся в формуляр.
It is able to sense when a larger amount of dirt particles, **especially embedded dirt**, are [sic] removed.

7. Zusatzinstruktion

Neuen Dichtring einsetzen und Schraube festdrehen (**später nicht mehr lösen!**).
При этом должно быть установлено, что все ролики устройства преобразования нагрузки вращаются свободно, показания по шкале указателя соответствуют записаниям в формуляре (**тумблер „Питание“ поочередно ставится в положение БП и ТГ**).
Remove grease fittings; tightly replace pipe plugs (**Use anti-seize compound on threads**).

8. Angabe zur Modalität

Der federnde Drahtbügel wird angehoben und der Faltstapel in das Vorratsfach eingelegt (**Faltlagen senkrecht, Papierspitze in Richtung Transportwalze, Aufdruck oben**).
При опробовании кратковременными включениями электродвигателя (**ручным управлением**) подвигают ходовую часть конвейера на один цикл.
Open the Gauge Manifold (**Counter-clockwise**).

9. Zusatzinformation/Hinweis

Die Schauzeichen gehen erst nach Quittieren durch den Rückstelltaster S (**unten am Relais**) in die Ruhelage zurück.
Таблицы э.д.с. электродной системы М203.413 (**старое обозначение Н.02Г.51**) приведены в приложении [sic] 1 и 2.
For certain samples, it might be desireable [sic] to eliminate the component of reflected energy which is not diffused by scattering – commonly called the specular component (**reflectance from a mirror is purely specular**).

10. Information zum Lieferumfang

Den elektrischen Anschluß an 220 V bzw. 110 V mit handelsüblicher Verbindungsleitung herstellen (**die Verbindungsleitung gehört nicht zum Lieferumfang**).
Для этого в его конструкцию должен входить блок адаптивного управления РУ 55.11.00 (**поставляется по спецзаказу**), а захват должен быть оснащен тактильным щупом.
The Switch Box (**not supplied**) with stop button and lock out feature supplies power to the motor that drives the belt.

[336] Zur Präzisierung einer Aussage sowie zur Spezifizierung eines Oberbegriffs (Variante 18) eignen sich Parenthesen in Kommata offenbar besonders. Sie werden u.a. eingeleitet mit *d.h., insbesondere, z.B., например, т.е., особенно, as, i.e., especially, e.g., for example.*

11. Indiz für den genannten Vorgang/Zustand

Nach Ablauf der Betriebszeit ertönt ein Klingelzeichen, der Mikrowellenherd schaltet sich ab. (**Die Beleuchtung und die Anzeigelampen erlöschen, das Gebläse stoppt, der Zeitschalter steht wieder auf 0**).
При включении электропитания газоанализатор работает (**есть выходные сигналы**), сигнальная лампа не горит.
Ball Valve on Red Hose OPEN (**Handle parallel to hose**).

12. Begründung

Sollte die Möbelplatte länger als 600 mm sein, kann die Gerätetür nicht völlig geöffnet werden (**die Möbelplatte stößt gegen den Sockel**).
Допустимая продолжительность непрерывной работы с щеткой – 1 ч, после чего необходимо отключить пылесос (**для остывания**) не менее, чем на 10 мин.
This is due to the high index of refraction of internal reflection materials and the long pathlength of the beam through the crystal (**multiple bounces**) and aperture losses.

13. Bedingung

Man kann (**sofern der Sender eine zweisprachige Übertragung anbietet**) durch Umschalten auf Kanal 2 den ausländischen Originalton hören.
Не допускайте засорения системы для отвода талой воды отходами продуктов (**при их небрежной упаковке**) или отходами упаковки.
Check operation of variable inlet vanes (**if supplied**) for freedom of movement.

14. Beispiel

(**Beispiel: war das bewegliche Gewicht in den Stiften 5 und 6 befestigt, so ist es in die Stifte 4 und 5 zu versetzen**)
Для того чтобы изменить порядок загрузки (**чтобы, например, загрузка осуществлялась с дискеты или ЦД РОМ**), следует нажать клавишу ДЕЛ и запустить программу.
To calculate belt length required, take the overall conveyor length to the next nearest foot times 2 plus 2' (**i.e. for a 9'10" overall length conveyor, the belt length is 10' times 2 plus 2' = 22 ft**).

15. Einführung einer Abbreviatur

Hierbei sind die Unfallverhütungsvorschriften (**UVV**) unbedingt zu beachten.
Блоки предназначены для работы с узкопрофильными приборами унифицированного комплекса аналоговых сигнализирующих и контактных приборов со световым указателем (**АСК**).
Know and understand lockout/tagout procedures as defined by American National Standards Institute (**ANSI**) and Occupational Safety and Health Administration (**OSHA**).

16. Einführung eines Terminus

Ventilatoren mit einer Motorleistung größer 3 kW sollten mit Sternschaltung angefahren und mit Dreieickschaltung weiter betrieben werden (**Stern-Dreieck-Schaltung**).
Сигнал сравнительного моста, значение которого определяется содержанием кислорода в атмосферном воздухе (**сравнительный газ**) и зависит от напряжения электропитания.
Too much detergent with soft water can cause a permanent cloudiness of glassware, **called etching**.[337]

---

[337] Parenthesen nach dem Muster „*id est x*" (FÖGEN 2003: 45) gab es bereits in antiken Texten.

17. Erläuterung eines Terminus

Selektivität, **d.h. Abschaltung nur des fehlerbehafteten Teils**, wird mit unabhängigen Überstrom-Zeitrelais durch „Zeitstaffelung“ erreicht.

Порог срабатывания (**входной ток, необходимый для срабатывания**) блоков – не менее 0,12.

Never block any air vents (**air openings above and below the cooker**).

18. Spezifizierung eines Oberbegriffs[338]

Bei Eingangssignalen werden häufig die Eingänge mehrerer Geräte (**Schreiber, Regler, usw.**) in Reihe angeschlossen.

Суммарная массовая концентрация коррозионно-активных примесей (**сероводорода, хлоридов**) не более 0,001 г/м^3.

Optional equipment (**motors, stands and sides**) added to the basic unit increases versatility.

19. Alternative Bezeichnung

Der Synchronisator (**Positionsgeber**) wird mechanisch am Handrad der Maschine montiert.

Принцип действия реле основан на измерении (**сравнении**) силы, действующей на заслонку, помещенную в потоке жидкости.

Adjust v-belt (**motor drive belt**) tension.

20. Alternative Angabe

Störungen, die die Sicherheit beeinträchtigen können, umgehend beseitigen (**lassen**)!

Поднять температуру в системе регулирования до размыкания (**замыкания**) электрической цепи.

All pulleys, snub pulleys, idler pulleys, drive pulleys and return idlers must be square with the frame (**perpendicular to belt center line**) and parallel to each other.

21. Technische Daten

Der Durchmesser des Aufnahmezapfens am Handrad muß sein bei langsamen Nähmaschinen 22,2 mm (**Toleranz k8**) und bei schnellen Nähmaschinen 22,2 mm (**Toleranz p6**).

Высота установки (**1,5 м от пола**) должна обеспечить удобство обслуживания.

Universal drive mount can be specified, underslung or top mounted (**4-1/8” clearance from belt**) and right-hand or left-hand drive.

22. Typenbezeichnung

Zweipolige Relais (**RSZ2...**)

Весы состоят из устройства преобразования нагрузки, преобразователя перемещения ленты, вторичного прибора и суммирующего отсчетного устройства (счетчик импульсов **СИ-206**).

Connect the AC adaptor (use only Panasonic AC adaptor, **RP AC31**, optional) as shown in the figure.

23. Mengenangabe

Durch Einschieben eines Satzes Programmkarten (**3 Stück**) ist ein automatischer Prüfablauf gewährleistet.

---

[338] ROZENTAL’ et al. (1995: 434) betonen die verallgemeinernde Funktion eines solchen Satzgliedes: „О б о б щ а ю щ и м и называются слова или словосочетания, выступающие в функции члена предложения, который служит более общим обозначением находящихся при нем однородных членов“.

Роликовые опоры ленточного конвейера, **по три с каждой стороны от устройства преобразования нагрузки**, должны иметь биение не более 0,2 мм.
Attach side coupler plates to each side of section using **(8)** bolts (head to inside) and nuts.

24. Zeitangabe

Durch Betätigung des Wahlschalters – **vor dem Einschalten des Gerätes** – kann der Brühvorgang so gewählt werden, daß sich mehr oder weniger Bitterstoffe lösen.
Если при включении телевизора (**после прогрева**) отсутствует изображение или звук, то надо произвести дополнительную подстройку.
Do not open the oven door until time countdown starts in the display (**after you pressed START**).

Für präzisierende Parenthesen mit weiteren inhaltlichen Varianten zeigen die Analysekorpora eine vergleichsweise eingeschränkte Verwendung. So finden sich Parenthesen mit einer alternativen Maßeinheit nur in russischen und angloamerikanischen Texten. Es fällt auf, dass die metrische Einheit in britischen Anleitungen die primäre ist, in amerikanischen Texten[339] dagegen als sekundäre in Parenthesen gesetzt wird, z.B.:

25. Alternative Maßeinheit

Температура наружных поверхностей оболочки в наиболее нагретых местах при нормальных режимах работы ТУДЭ не превышает 50°С (**323°К**).
UK: It should have an internal diameter of at least 38mm (**1 ½ inches**).
US: While holding unit in position, torque nuts to 455 ft-lbs (**63 kgm**).[340]

Neben einer solchen makrokulturspezifischen Verwendung zeigt sich in den Korpora für bestimmte Parentheseninhalte eine direkte Korrelation zum Adressatenbezug. So können Beispiele wie die folgenden nur in deutschen und britischen/amerikanischen bzw. deutschen und russischen fachexternen Anleitungen gefunden werden, z.B.:

26. Vollform einer Abbreviatur

Drücken Sie die Taste „Start in h" (**h: Abkürzung für Stunden**)
To decrease the feature's sensitivity to dirt, set the switch to the "Reg." (**regular**) position.

27. Empfehlung

Die Kanaleingabe ist beim Neuaufstellen des Gerätes und bei Wohnortwechsel (**am besten durch den Fachhändler**) vorzunehmen.
Нерасфасованные продукты тщательно упаковывайте в целлофан, полиэтиленовую пленку, алюминиевую фольгу и т.д. (**желательно** [sic] **герметичная упаковка или приближенная к ней).**

---

[339] Für einen fachlichen Kontext relativiert dieser Befund die Feststellung bei Faul (1998: 61): „Amerikaner scheren sich kaum um das metrische System für Längen-, Flächen- und Hohlmaße, sondern messen lieber alles in ihren gewohnten und aus der Zeit vor der Französischen Revolution überkommenen Maßeinheiten".

[340] Solche Parenthesen ersparen das beim Übersetzen notwendige Umrechnen (vgl. Schäfer 2002: 154 zum Beispiel „gallon" (UK/US) ⇒ „Liter").

Noch weiter eingeschränkt sind Parenthesen der folgenden Inhalte, die ausschließlich in deutschen und russischen Anleitungen für Gebrauchselektronik vorkommen (können). Der wesentliche Grund dafür ist, dass nicht nur Geräte der Computertechnik, sondern auch solche der Unterhaltungselektronik überwiegend mit englischen Beschriftungen versehen sind. Hier wird in Parenthesen die Bedeutung des jeweiligen Fremdwortes (FW) erläutert, bzw. es wird zur Orientierung des Benutzers auf eine solche Beschriftung Bezug genommen, z.B.:

28. Erläuterung FW

Bedienelemente des Timers (**Zeit-Schaltuhr**)
Die Lautstärke kann mit dem Schalter LEVEL zwischen LOW (**niedrig**) und HIGH (**hoch**) verändert werden.
Вы можете подключить к телефонной линии коммуникационное устройство (компьютер, модем, факс, автоответчик и т.д.) через данный аппарат, используя гнездо ДАТА (– DATA Port (**Порт данных**)).
Задайте HIGH (**ГРОМКО**), MID (**СРЕДНЕ**) или LOW (**ТИХО**).

29. Englische Beschriftung

Mit diesem Regler können die Konturen des Wiedergabebildes schärfer (**SHARP**) oder weicher (**SOFT**) eingestellt werden.
Überprüfen, ob der Timer-Aufnahmeschalter ausgeschaltet ist (**Position OFF**).
В этом случае подключите телефонный кабель к входному разъему (**LINE**), а ваш телефон к разъему телефона (**PHONE**).
Установите переключатель режима (зуммер/авто/откл./вкл.) в положение „включено" (**ON**).

Weniger einsichtig ist die Motivation für die letzte Variante dieser Gruppe, die möglicherweise dem Rezipienten nur die entsprechende englische Bezeichnung vermitteln soll, im Deutschen nach der Schreibweise, im Russischen nach der Aussprache („disabled").[341]

30. Englische Bezeichnung

Mit Hilfe des eingebauten Fernsehempfangsteiles (**Tuner**) kann Ihr Videorecorder z.B. Aufnahmen von Fernsehsendungen durchführen.
По умолчанию данная опция отключена (**„дисэблд"**).

Die beiden übrigen Varianten beschränken sich auf fachinterne Anleitungen jeweils eines Korpus, z.B.:

31. Maßeinheit

Поэтому при прочих равных условиях удельный расход энергии на помол (***квт-ч***) резко уменьшается при увеличении производительности мельницы.

---

[341] Ausdrücke des russischen Computerjargons, wie BIERICH (2000: 20-21) sie referiert, kommen in den Anleitungen grundsätzlich nicht vor: „Das Programm Windows wird als *винды, виндюк* oder *форточка* bezeichnet, DOS als *доза*".

32. Ziffer nach Mengenangabe

Install motor „A” to motor mount „B” using four (**4**) SS 3/8“ HHCS, flat washers, and hex nuts.

1.7.4.4 Analyseraster: Parenthesen

Kriterium	Varianten
MARKIERUNG	Klammern, Kommata, Gedankenstriche
UMFANG	Zeichen- bzw. Wortfolge, Teilsatz, Satz
INHALT	1. – 32. (s.o.)

1.7.5 Intertextualität

Während „intratextuelle Relationen“ zwischen Textteilen (z.B. zwischen TT, zwischen TT und Abbildungen/Tabellen) durch Verweise innerhalb eines Textes hergestellt werden, repräsentiert das Merkmal der Intertextualität die „extratextuellen Relationen“ zu anderen Texten im Sinne COSERIUS (1994: 110, FN 25):

Intertextualität im hier diskutierten, intersubjektiv leicht zu überprüfenden Sinn ist für Coseriu nur einer unter mehreren Aspekten der ‚Unabgeschlossenheit’ des Textes, d.h. der Tatsache, daß der ‚Sinn’ des Textes eine Resultante intra- und extratextueller Relationen darstellt.

Daraus ergeben sich textintern wie textextern inhaltliche Verknüpfungen und Abhängigkeiten. Nach Auffassung von DIETRICH (1997: 49-50) ist im Verhältnis eines Textes zu anderen eine der „drei Hierarchiebeziehungen der *superordinativen Relationen*, der *subordinativen Relationen* und der *koordinativen Relationen*“ möglich:

Superordination: Der Text ist anderen Texten übergeordnet, die von ihm abhängig sind (z.B. Abstracts, Zusammenfassungen, Vorworte, Indizes, Register).
Subordination: Der Text ist in einen größeren textuellen Zusammenhang eingeordnet (Beitrag).
Koordination: Der Text enthält Verweise auf gleichrangige Texte (z.B. Zitate).

Diese Relationen bestehen zunächst intratextuell: so ist z.B. das Verhältnis zwischen dem Gesamttext und einem seiner Kapitel ein superordinatives, dem entspricht bei entgegengesetzter Blickrichtung vom Kapitel zum Gesamttext das der Subordination. Verschiedene Kapitel eines Textes sind dagegen hierarchisch gleichgestellt (vgl. z.B. 1.6.2.1.1). Neben Verweisen zwischen Textteilen (vgl. auch 1.7.2.3.1) gibt es auch intratextuell solche auf den größeren Zusammenhang, vom TT auf den Gesamttext, z.B.:

Verweis auf einen Teiltext:

Die Meßröhren können auch mit Meßleitungen bis zu 100 m Länge ausgerüstet werden, **siehe Abschnitt 14**.
Операции по **пп. 11.7 и 11.8** повторить 2-3 раза.
Section IV gives instructions on changing the crystal.

Verweis auf den Gesamttext:

Eine Änderung der Konstruktion und der in **dieser Gebrauchsanweisung** genannten Daten behalten wir uns vor.
Внимательно ознакомьтесь **с настоящим руководством**.
To insure a successful installation, the instructions in **this manual** should be read and adhered to.

Über intertextuelle Beziehungen sagen Verweise nur dann etwas aus, wenn sie sich über den Text hinaus auf andere Texte richten. Die vorzitierte textwissenschaftliche Betrachtungsweise der Relationen ist sicher gültig, für technische Texte jedoch unzureichend. Das Kriterium der Verbindlichkeit spielt für die Textlinguistik – verständlicherweise – keine Rolle, im Hinblick auf die hierarchischen Beziehungen technischer Texte ist es jedoch unverzichtbar.

Zu anderen Texten scheinen Anleitungen vorzugsweise in subordinativer oder koordinativer Relation zu stehen, d.h., die Verweise beziehen sich entweder auf ranghöhere Texte oder einen größeren Zusammenhang oder aber auf gleichrangige Texte. Bei aus der Perspektive einer Anleitung ranghöheren Texten handelt es sich z.B. um Normen oder gesetzliche Vorschriften. Der größere Zusammenhang wird dadurch hergestellt, dass eine Anleitung Bestandteil einer technischen Dokumentation ist. Gleichrangig sind in diesem Fall u.a. andere Teile dieser technischen Dokumentation.

Im Rahmen der Analyse werden folgende Varianten intertextueller Verweise unterschieden, die Relation der Anleitung zum Bezugstext des Verweises ist in Klammern angegeben:

1. Verweis auf Normen/Vorschriften (Relation subordinativ):

Vor dem Probelauf müssen alle rotierenden Teile entsprechend den **Unfallverhütungsvorschriften** (UVV) vor unbeabsichtigter Berührung geschützt werden.
Сварку стыков бандажа и приварку к нему деталей производят сварщики, прошедшие испытание в соответствии с действующими **правилами Госгортехнадзора**, имеющие удостоверения на право выполнения ответственных сварочных работ.
Therefore it is hoped that common sense will prevail in handling this equipment which complies with all the recommendations of the **British Standards** as well as the **US Department of Health, Education and Welfare regulations** Nos 21CFR1040.10 and 1040.11.

2. Verweis auf andere Autoritäten (Relation subordinativ):

Die Maschine ist nach dem **Stand der Technik** und den **anerkannten sicherheitstechnischen Regeln**[342] gebaut.
По **данным эксплуатации отдельных электростанций** и **специальных опытов, проведенных ОРГРЭС**, могут быть приняты нормы расхода металла стальных шаров для антрацитного штыба в пределах 150-250 *г/час*.

---

342 Zur Motivation eines solchen Verweises vgl. auch BAUER (1994: 15): „Ein Einhalten der anerkannten Regeln der Technik hat die – widerlegbare – Vermutung für sich, die in allgemeinen Rechtsnormen festgehaltenen Vorgaben erfüllt zu haben“.

Detectability largely depends upon concentration, absorptivity, and pathlength (i.e., **Beer-Lambert Law**).[343]

3. Verweis auf den größeren Zusammenhang (Relation subordinativ):

   Die Montage des Antriebs an einer Maschine hat entsprechend der Montageanleitung, die Bestandteil der **Anwenderdokumentation** ist, zu erfolgen.
   Монтажной организации передают **техническую документацию** заводов-изготовителей подъемно-транспортного оборудования в соответствии с (...).

4. Verweis auf andere Texte (des Senders/Dritter – Relation koordinativ):

   Bei Lagerungen mit Nachschmiereinrichtung beachten Sie die Angaben des Motorherstellers (**Typenschild** oder **Betriebsanleitung**).
   Затем проверяется комплектность согласно данным прилагаемых **паспортов**.
   The following text will be useful in helping you understand the use of the blocker device, which is described from a theoretical viewpoint in an **accompanying article**.

5. Verweis auf Zeichnungen (des Senders/Dritter – Relation koordinativ):

   Bei der Big-Bag-Befüllstation handelt es sich um eine Ausführung gem. unserer **Zeichnung** Nr. 486.937(0).
   Отверстия для высокопрочных болтов должны быть выполнены в соответствии с **чертежами завода-поставщика**.
   Outputs are provided for remote display or recording as well as for controlling purposes and all other connections are shown on **Drawing** No 1432-124.

6. Verweis auf potenzielle Texte (vorzugsweise des Rezipienten – Relation koordinativ):

   Veränderung am Übersetzungsverhältnis bei keilriemenangetriebenen Ventilatoren bedarf deshalb unbedingt einer **Rücksprache** mit dem Hersteller.
   В случае возникновения неисправности, **обращайтесть** к организациям, имеющим право на ремонт электробытовых приборов.
   Once the unit has been put into operation, a routine **schedule** should be set up to accomplish the following.

7. Verweis auf Texte des Rezipienten (Relation superordinativ):

   Выявление ремонтных работ в первую очередь определяется на основании **актов** предыдущего ремонта, дефектов оборудования, отмеченных в **журнале** эксплуатации машины, и директивных указаний вышестоящих организации.

Offenbar kann eine Anleitung (normalerweise) nur zur unmittelbaren Vorgängerversion im Verhältnis der Superordination stehen. Das gilt zumindest in Bezug auf die Verbindlichkeit, da die frühere Version gleichzeitig ungültig wird.[344] Eine Ausnahme bilden die fachinternen russischen Anleitungen des Maschinenbaus (vgl. Kapitel 4), die für die Re-

---

[343] In wissenschaftlichen Texten wird hier, wie NIEDERHAUSER (1996: 47) feststellt, weniger mit Verweisen, als vielmehr mit Zitaten gearbeitet: „Ein Zitat kann zum Beispiel legitimierenden, autorisierenden Charakter haben, indem durch wörtliche Berufung auf eine fachliche oder anderweitig anerkannte Autorität das in der betreffenden Arbeit abgehandelte Thema implizit als wissenschaftlich relevant und untersuchenswert dargestellt wird".

[344] Beurteilt man dieses Verhältnis dagegen auf Grund der Textentstehung, so liegt umgekehrt eine Abhängigkeit vom früheren Text vor, d.h. wiederum eine subordinative Beziehung.

zipienten aus verschiedenen Gründen größere Verbindlichkeit haben als sonst üblich. Daher sind die „Texte des Rezipienten" (7), auf die verwiesen wird, den Anleitungen untergeordnet: ihre Produktion wird mehr oder weniger explizit vorgeschrieben. Darin liegt der Unterschied zu den „potenziell" genannten Texten (6), bei denen offen bleibt, ob sie je produziert werden, weil ihre Produktion nur unter bestimmten Bedingungen sinnvoll ist und der Sender einer Anleitung ihre Produktion nicht vorschreiben, sondern bestenfalls anregen kann.

Analyseraster: Intertextualität

Kriterium	Varianten
BEZUG DES VERWEISES	1. – 7. (s.o.)

2 Kulturspezifische Präferenzen und Translation

Dieses Kapitel stellt die Analyseergebnisse dieser Arbeit (vgl. Kapitel 4 – 7) in den ihnen zugedachten Rahmen: den der Translation. Mit einzelnen Schlaglichtern auf den Werdegang der modernen Übersetzungswissenschaft wird in Abschnitt 2.1 das theoretische Postulat nach Berücksichtigung zielkultureller Spezifik beleuchtet, und es werden die Schwierigkeiten bei der praktischen Umsetzung aufgezeigt, die der Leichtigkeit seiner Formulierung gegenüberstehen. Um diese für den hier bearbeiteten Kontext zu überwinden, werden in den Abschnitten 2.2 – 2.6 die Schritte zur Operationalisierung der Ergebnisse aus den Textanalysen für die Übersetzungspraxis vollzogen.

2.1 Übersetzungsrelevanz von Textsortenkonventionen

2.1.1 Das theoretische Postulat

Bis zur „Neuorientierung" (SNELL-HORNBY 1986/^{2}1994) wurde Übersetzungswissenschaft als „Angewandte Sprachwissenschaft" und damit als Teildisziplin der Linguistik[345] betrachtet, daher galten ursprünglich die Arbeiten der Kontrastiven Linguistik (z.B. VINAY/DARBELNET, MALBLANC) als wegweisend für den Begriff der „Äquivalenz", der zunächst als Relation zwischen AT und ZT verstanden wurde, d.h. für textinterne Faktoren gelten sollte. Als klar wurde, dass textexterne Faktoren für die Translation zumindest ebenso wichtig sind, wurde der Weg aus diesem Dilemma in zwei Richtungen gesucht.

In der einen Richtung wurde daran gearbeitet, den Äquivalenzbegriff im Hinblick auf textexterne Faktoren mit der jeweils notwendig erscheinenden Differenzierung zu versehen. So formuliert z.B. KOLLER (1992: 247-248)[346] neben den Relationen mit textinternem Bezug (wie denotative und konnotative Äquivalenz) auch das Kriterium der „textnormativen Äquivalenz" (zur Formalisierung dieser Entsprechung vgl. HORN-HELF (1999a: 69): AT (Konvention x) = ZT (Konvention y).

345 Hier geht es um das Selbstverständnis der Disziplin, das sich schneller und anders verändert als das Verständnis, das Linguisten von ihr haben: z.B. STARK (2001: 222): „Übersetzungswissenschaft kann sinnvollerweise als eine Disziplin der Textlinguistik (…) betrachtet werden; sie kann die systematische Sprachbetrachtung empirisch unterstützen" unter Berufung auf COSERIU (vgl. z.B. COSERIU 1988e: 295).

346 Im Vorwort zu dieser 4. Auflage weist KOLLER darauf hin, dass „der *Äquivalenzproblematik*" in der überarbeiteten Fassung ein „wichtigerer Stellenwert zu[kommt]" (1992: 10).

Das wichtigste Postulat an Fachtexte bzw. ihre „Übersetzungseinheiten" lautete zunächst: der ZT solle dem AT denotativ äquivalent sein, zu verstehen als: er solle den Inhalt des AT korrekt wiedergeben. Angesichts der mangelhaften Qualität technischer Fachtexte hält HORN-HELF (1997b: 473) es daher für notwendig, die Senderintention in der Wertehierarchie höher anzusetzen als denotative oder andere textinterne Äquivalenzbeziehungen. Um die Wahrung der Senderintention im technischen ZT abzusichern, eignen sich nach ihrer Auffassung nur Äquivalenzbeziehungen zwischen textexternen[347] Faktoren, neben der textnormativen z.B. referentielle, terminologische und pragmatische Äquivalenz (vgl. HORN-HELF 1999a: 109-139).

NEUBERT (1986/[2]1994: 89) distanziert sich auf seine Weise von der Kontrastiven Linguistik, er siedelt Äquivalenz auf der Ebene des Textes an:

> Offensichtlich wirkt also der Gesamttext auf die grammatikalisch-lexikalische Auswahl ein. Er ist es, der die Äquivalente der unteren Ebene, wie sie die Kontrastive Linguistik postuliert, *relativiert.* Damit wird die ZS-Zeichensequenz, die der Übersetzer zum Repräsentant [sic] der angestrebten Invarianz erwählt, eine Funktion globaler Zusammenhänge.[348]

Nicht nur diese „globalen Zusammenhänge", die NEUBERT als „übergreifende Sinngebungen" präzisiert, sondern auch die Textsortenkonventionen[349] der Zielkultur bestimmen die Wahl der „ZS-Zeichensequenz" (und einiges mehr). In Auseinandersetzung mit dem Äquivalenzbegriff formulieren REISS/VERMEER (1991: 169, 1. Auflage 1984) das Postulat „kommunikativer Äquivalenz" („Gleichwertigkeit in bezug auf die Funktion des Textes im Kommunikationsgeschehen innerhalb der Zielkultur"). „Gleichwertigkeit" bedeutet hier eine Annäherung des ZT an die entsprechende Textsorte der Zielkultur, die vor allem durch eine Berücksichtigung ihrer Konventionen zu erreichen ist.

In der anderen Richtung brachten Skopostheorie (REISS/VERMEER 1984) und das „Funktionale Übersetzen"[350] (NORD 1989/1993) die Übersetzungswissenschaft methodisch auf

---

[347] SCHREIBER orientiert sich mit seiner Klassifikation von Übersetzungsverfahren unmittelbar an der Kontrastiven Linguistik. Auch er kann nicht umhin, textexterne Faktoren in seine Überlegungen einzubeziehen, z.B.: „Unter einer *Umfeldübersetzung* verstehe ich eine Übersetzung, bei der textexterne Invarianten vorrangig sind (...)" (1997: 221, ausführlicher SCHREIBER 1993: 258-262).

[348] Vgl. in diesem Sinne auch NEUBERT (1997b): „Teaching Translation as Text".

[349] Diese sind – u.a. als Teil der formalen Gestaltung (zu der auch die Form sprachlichen Ausdrucks gehört) – ebenfalls impliziert in der Forderung nach „macro equivalence at the levels of content, intention and form" bei SAGER (1996: 51).

[350] Nachträgliche Differenzierungen wurden nicht zur Kenntnis genommen. Vgl. auch HORN-HELF (1999a: 75) zur Kritik an der Unschärfe des Äquivalenzbegriffs bei NORD (1995: 26): „Die Ausführungen zu den sehr differenzierten Ausprägungen des Äquivalenzbegriffs (…) haben gezeigt, daß diese Kritik – zu diesem Zeitpunkt – wohl keinen der Befürworter dieses Begriffs mehr trifft". Zum Versuch einer Synthese zwischen Funktionalem Übersetzen und Äquivalenzkriterien vgl. dagegen LANGE (1996).

Distanz zum Äquivalenzbegriff (in seiner ursprünglichen Ausprägung). NEUBERT skizziert die zusätzlichen Anforderungen, die pragmatische Kriterien an die Translation stellen:

> Die Übersetzung, die sich aus dem vorhersagbaren Strukturgefälle zwischen Ausgangs- und Zielsprache fast zwangsläufig anzubieten scheint, muß häufig aus pragmatischen Gründen verworfen werden. Dafür treten neue Varianten auf den Plan. Sie sind nicht unbedingt richtiger als die aus kontrastiv-linguistischer Sicht sich aufdrängenden Entsprechungen. Sprachliche Richtigkeit aber reicht nicht mehr aus und muß durch pragmatische Adäquatheit effektiviert werden (1997a: 8).

Ausschlaggebend für diesen neuen theoretischen Ansatz war u.a. die Tatsache, dass bereits die Funktion des AT als Folge defizitärer Kompetenz des Textproduzenten beeinträchtigt sein kann. VERMEER (1986/[2]1994), der diese Defizite nicht – so wenig wie HORN-HELF (s.o.) – im ZT abgebildet sehen möchte, empfiehlt deshalb, „schlecht verfaßte Ausgangstexte (...) neu zu vertexten" (41). Der ZT soll – bei Bedarf unabhängig vom AT – vor allem für den Rezipienten verständlich sein und seinem „'Lebens'zusammenhang" Rechnung tragen. Nach VERMEER bedeutet das für die Translation:

> daß man zielkulturelle Konventionen und Normen der Vertextung beachten muß. Und diese Konventionen und Normen rangieren vor der Imitation des Ausgangstexts (43).

Das Postulat nach Berücksichtigung der Textsortenkonventionen ist übersetzungswissenschaftliches Allgemeingut geblieben, unabhängig davon, ob der Äquivalenzbegriff theoretisch weiterentwickelt oder aufgegeben wurde.

Inzwischen ist die Übersetzungswissenschaft auch über die Postulate von Verständlichkeit und Zweckentsprechung des Translates hinausgewachsen. Eine Folge der zunehmenden Sensibilisierung der Disziplin für die Bedeutung kultureller Einflüsse war eine verstärkte Hinwendung zur Kulturwissenschaft,[351] die ihren aktuellen Höhepunkt in der Anerkennung von Translation als Form interkultureller Kommunikation[352] gefunden hat. Diese Sichtweise impliziert auch eine veränderte Einschätzung des Wesens von AT und ZT.

---

351 BAOQUAN (1988: 372) formuliert diese Distanzierung von den Sichtweisen der Linguistik noch als Desiderat: „Da die Sprache als gesellschaftliche Erscheinung mit der Gesellschaft, Kultur, Psyche und mit den Ideen der Menschen unlösbar verbunden ist, sollte die Sprache im translationswissenschaftlichen Bereich nicht ausschließlich als Sprache untersucht werden, sondern als Kommunikationsakt, der Translationsprozeß als kultureller Anpassungsprozeß. Die Translationsforschung erweist sich damit als ein Zweig der Kulturwissenschaft".

352 Vgl. in diesem Sinne z.B. KUPSCH-LOSEREIT (1995: 1): „Eine solche kulturorientierte Perspektive faßt Übersetzen nicht als rein sprachlichen Vorgang auf, sondern betont die kulturelle Einbettung jeder sprachlichen Handlung. Pointiert formuliert: Die Sprache wechseln heißt in eine andere Welt wechseln".

Danach ist, wie SCHRÖDER (1993: 211) formuliert, „eigentlich jeder Text ein ‚Spiegel der Ausgangskultur'".[353] Analog soll der ZT die jeweilige Zielkultur reflektieren,[354] was naturgemäß insbesondere für ihre Textsortenkonventionen zu gelten hat. Damit wird u.a. negativen Konsequenzen vorgebeugt, die eine unterlassene Anpassung des ZT für die Kommunikation zwischen Sender und Rezipient haben kann:

Häufig reicht schon ein von fachlichen Gewohnheiten abweichender Präsentationsstil, um Voreingenommenheit gegenüber dem Dargebotenen zu wecken (JAKOBS 1998: 200).

Die vorstehenden Schlaglichter auf die Entwicklung der modernen Übersetzungswissenschaft sollten deutlich gemacht haben, dass die theoretischen Postulate an die Übersetzungspraxis kontinuierlich an Komplexität zugenommen haben. Eine Charakterisierung wie bei SAGER (1996: 48) wäre dieser Situation daher auch nicht annähernd adäquat (wenn sie in dieser Weise intendiert wäre, was nicht der Fall ist):

Translation which aims at preserving both content and intention, e.g. **simply changing the language** of a message **while maintaining its text type**, e.g. translate a letter into a letter, a technical manual into a technical manual. This is the conventional concept of a translation (...) [Fettdruck von mir – H-H].

Das neue Verständnis von Translation hat triftige Gründe, und es wird den Bedürfnissen der interkulturell Kommunizierenden besser gerecht wird als frühere Sichtweisen. Es ist daher schwer vorstellbar, dass die Übersetzungswissenschaft von diesem theoretischen Standort in die Denkweisen der Systemlinguistik zurückfallen könnte, wenngleich DRESCHER angesichts „verschiedentlich bedeutete[r] Tendenzen und Versuche in Richtung einer zwangsläufig einengenden Relinguistisierung" (1998: 288) eine solche Befürchtung hegt.

Zumindest im Hinblick auf die interkulturelle Fachkommunikation teilt KALVERKÄMPER (1999: 74) diese Sorge nicht, aus seiner Sicht gelten „das Übersetzen und Dolmetschen in der Fachkommunikation inzwischen als eine genuin kultur(en)abhängige Angelegenheit". Erfreulicherweise zeigen sich in der Fachliteratur auch im Übrigen keine Anzeichen eines solchen Rückschritts. Allgegenwärtig und (zu) selbstverständlich sind inzwischen pauschale Forderungen der folgenden Art:

Bei einer Gebrauchsanweisung oder einem Handbuch dagegen versteht sich eine zielkulturell orientierte instrumentelle Übersetzung von selbst (KUPSCH-LOSEREIT 1995: 9).

---

353 HÖNIG/KUSSMAUL (1991: 58) sehen das Verhältnis ähnlich: „Jeder Text kann als der verbalisierte Teil einer Soziokultur verstanden werden". Gemeint ist die „Soziokultur einer Sprachgemeinschaft" (1991: 44), d.h. in der Regel eine Makrokultur.

354 Vgl. auch den optimistischen Blick in die übersetzungspraktische Zukunft bei SORVALI (1996: 113): „The aim of this three-dimensional presentation is to emphasize that a translation is not a second-hand text but an independent one which **has the same properties as any other text written directly in the target language**" [Hervorhebung von mir – H-H].

Voraussetzung ist natürlich bei alledem, daß der Übersetzer mit der ZS-Textsorte vertraut ist und ihre Konventionen beherrscht. Kennt sich der Übersetzer im Verfassen von entsprechenden ZS-Textsorten aus, dann ist es oft sogar praktikabler, einen neuen Text zu verfassen, als sich mit den Strukturen des Originals herumzuschlagen und der Gefahr von Interferenzfehlern ausgesetzt zu sein (SAGER 1994a: 343).

Ebendiese übersetzungswissenschaftliche Perspektive hatte zwischenzeitlich Eingang in die DIN 2345 *Übersetzungsaufträge* gefunden. Auch von dieser Seite wurde die Übersetzungspraxis zur „Anpassung an die Zielkultur“ (1998: 8) verpflichtet. Die geforderte Anpassung betrifft – neben notwendigen Änderungen des Textinhalts – auch

die Beachtung zielsprachlicher Textsortenkonventionen (6.3.4, 6.3.7), durch die die bislang so hoch geschätzte – weil so einfach nachzuprüfende – formale Äquivalenz zwischen AT und ZT schlicht bedeutungslos wird (HORN-HELF 1997c: 27).

Mit Inkrafttreten der DIN EN 15038 *Übersetzungsdienstleistungen*, zum 01.08.2006, wurde die DIN 2345 zurückgezogen. Auch die Euronorm verlangt, dass der ZT, sofern der Auftraggeber nicht Gegenteiliges vorgibt, nach den Konventionen der ZK produziert wird. Zu beachten ist zu diesem Zweck insbesondere das „Locale“, in Abschnitt 2.5 definiert als „sprachliche, kulturelle, fachliche (…) Konventionen einer bestimmten Zielgruppe“ (zu Stärken und Schwächen der DIN EN 15038 vgl. auch HORN-HELF 2008).

2.1.2 Bedingungen für die praktische Umsetzung

Wenngleich das theoretische Postulat nach Berücksichtigung von Textsortenkonventionen mittlerweile gewohnheitsmäßig erhoben wird, hat die Übersetzungswissenschaft doch bis heute wenig Konkretes zu diesem Thema zu bieten. Es wird allzu oft übersehen, dass die Übersetzungspraxis – ehe sie an die Erfüllung des Postulates gehen kann – zunächst Anspruch auf eine Substanziierung dieser Konventionen hat. Bereits BÜHLER (1988: 284) hat in diesem Sinne gefordert, dass „die Ergebnisse der sogenannten Fachtextlinguistik (...) für die Belange der Sprachmittlung fruchtbar gemacht werden“. Besonders wichtig dabei war ihr „die systematische kontrastive und transkulturelle Aufarbeitung der sogenannten Textsortenkonventionen für ‚Gebrauchstexte'“.

BÜHLER (s.o.) betont zu Recht, dass kontrastive Forschungsarbeit ein hohes Maß an Systematik erfordert (vgl auch DOHERTY 1997: 113). Zu ergänzen wäre: sie erfordert einen immensen Aufwand an Zeit. Den PraktikerInnen kann deshalb nicht zusätzlich aufgebürdet werden, was sie als „Zuarbeit“ von der Forschung erwarten dürfen: das Wissen um die für ihren ZT relevanten Textsortenkonventionen. Ungeachtet dessen, dass ihre Beachtung generell postuliert wird (vgl. 2.1.1), zeigen doch die meisten Arbeiten wenig Interesse an der Frage, woher die Praxis dieses Wissen beziehen soll. Bestenfalls findet sich der Hinweis, dass zu diesem Zweck Paralleltexte zu analysieren seien.[355] Es ist eine Tatsache, dass die Praxis dieses Textsortenwissen selbst nicht erarbeiten kann, heute weniger denn je, wie sich z.B. den Ausführungen bei WILSS (2004: 3) entnehmen lässt (ein solches Zugeständnis an die Realität hat Seltenheitswert!):

Schnelligkeit ist ein zentraler Faktor im effizienten Übersetzerverhalten, weil das Postulat „fast is smart" fast die gesamte Übersetzungspraxis dominiert und der Arbeitstag (und das zu bewältigende Übersetzungsvolumen) von den terminlichen und informatorischen Bedürfnissen und Zielvorstellungen des jeweiligen Kunden diktiert wird.

Solange entsprechende Forschungsergebnisse nicht vorliegen, kann die Praxis daher nur interkulturelle Gültigkeit der AT-Konventionen unterstellen, es sei denn, es gelingt ihr, auf dem Wege der praktischen Erfahrung mit Paralleltexten gewisse (unsystematische) Einblicke in diese Materie zu gewinnen. Daher ist auch ein Vorwurf wie bei STOLL (2001: 344),[356] dass beim Übersetzen von „Gebrauchstexten" „einzelsprachlich gebundene Konventionen kaum berücksichtigt werden", nicht an die Übersetzungspraxis, sondern an die Didaktik bzw. als Aufforderung direkt an die Forschung zu richten.

Verfügt die Praxis über dieses Wissen, so wirft die Anpassung an ZK-Konventionen im Bereich der Textformulierung keine besonderen Probleme auf. Es ist lediglich zu beachten, dass diese Konventionen (wie sie als Präferenzen in den Diagrammen ausgewiesen sind) häufig eine Vorgehensweise entgegen der Empfehlung bei WILSS (1992: 45) verlangen, d.h., dass auch interkulturell Gleiches ungleich behandelt werden muss. Hier kann „routinemäßiges system- und normengerechtes Nachbilden zu einer pragmatischen Interferenz führen, wenn die Formulierungen insgesamt im Widerspruch zur Sprachverwendung in der Zielkultur stehen" (HORN-HELF 2004: 509, zu Details vgl. z.B. HORN-HELF 2005: 148 – 154).

Im Bereich der Textstruktur sollen „in Kenntnis der relevanten Faktoren" (SCHMIDT 1996: 445) u.a. die Unterschiede zwischen den Makrostrukturen des AT und der entsprechenden Textsorte der Zielkultur festgestellt werden (wie, wenn nicht in Paralleltextanalysen?). Anschließend ist eine Entscheidung für oder gegen eine Anpassung des ZT zu treffen, die gerade in diesem Bereich – wie SCHMIDT einräumt – keine genuin translatorische ist. Da strukturelle und inhaltliche Textmerkmale nicht lokal isoliert, sondern miteinander verknüpft sind, hat jede Änderung Konsequenzen, die es (nicht nur,

[355] Eine Ausnahme macht FLEISCHMANN (1997: 407), der die Vermittlung dieses Wissens als Aufgabe der Übersetzungsdidaktik begreift: „Der Translator muß in der Lage sein, die Besonderheiten der jeweiligen ausgangskulturellen Kommunikation aus translatorischer Sicht zu erkennen, und das hierzu erforderliche Wissen muß von Übersetzungsfachleuten mit einem interkulturellen Blick zusammengetragen und vermittelbar gemacht werden".

[356] Sie selbst hat ihre Ergebnisse nicht so aufbereitet, dass sie übersetzungspraktisch verwertbar wären.

sondern auch) bei Eingriffen in die Makrostruktur zu bedenken gilt (vgl. auch NEUBERT 1986/^{2}1994: 101).

Als Entscheidungshilfe für oder gegen Maßnahmen dieser Art sollte grundsätzlich gelten, was SCHMIDT (1995: 73) zum entscheidenden Kriterium für eine AT-Optimierung macht: „Die Eingriffe (...) müssen sich durch einen deutlichen Gewinn an Textqualität rechtfertigen lassen" – und zwar für den Rezipienten, wie im Hinblick auf den ZT hinzuzufügen wäre.[357] Anders als die Überlegungen zur translatorischen Behandlung einzelner Textmerkmale in den zitierten Arbeiten zeugt der Wunsch, „die Textsortenbesonderheiten" angepasst zu sehen, von extrem praxisferner Theoriebildung:

> Textuelle Interferenz liegt vor, wenn die Textsortenbesonderheiten eines AT, also die syntaktisch-semantische und textuelle Gestaltung, im ZT reproduziert werden, obwohl andere Konventionen üblich und kommunikativ angemessen sind (KUPSCH-LOSEREIT 1998: 168).

Bei solchen Aussagen – deren theoretischer Hintergrund durchaus akzeptabel ist – wird immer wieder übersehen, dass die Textstruktur zum Teil und der Textinhalt[358] insgesamt anpassungsresistent sind und die Übersetzungspraxis in diesem Bereich auch „angemessene" (und ihr bekannte) Konventionen ohne Mitwirkung des Senders/Auftraggebers nicht berücksichtigen könnte. Angesichts dieser Maximalforderung kann die Praxis, unabhängig davon, wie viel Mühe sie in die Anpassung des ZT investiert, dem Vorwurf „textueller Interferenz" keinesfalls entgehen. Daher ist dieser Begriff (fairerweise) in seiner Extension auf die Unterlassung des vernünftigerweise Möglichen einzuengen. Genauer gesagt: auf Merkmale mit Inhaltsbezug darf sich die Forderung nach zielkultureller Anpassung nicht mehr erstrecken:

> Ungeachtet aller guten Gründe, die für eine Berücksichtigung zielkultureller Präferenzen in der Translation sprechen, bleibt doch festzuhalten, dass das theoretische Postulat dort enden muss, wo seine Erfüllung praktisch nicht mehr oder nicht mehr mit vertretbarem Aufwand zu leisten ist: bei Merkmalen mit Bezug zum Textinhalt. Es ist notwendig anzuerkennen, dass eine pragmatische Kulturdifferenz immer besteht – wie bei der Formulierung und Strukturierung von Texten, so auch bei ihrem Inhalt – und dass dennoch keine vernünftigen Möglichkeiten in Sicht sind, um ihr inhaltlich angemessen Ausdruck zu verleihen (HORN-HELF 2003: 143).

---

[357] Diese Entscheidung muss für den konkreten Einzelfall getroffen werden. Vgl. dazu auch FLEISCHMANN (2002a: 35): „Auffällig sind auch die unterschiedlichen textuellen Makrostrukturen in Ausgangskultur (AK) und Zielkultur (ZK), die die Frage aufkommen lassen, ob die Makrostruktur des AT in den ZT (Zieltext) übernommen werden oder der ZK angepasst werden sollte". Niemand kann die Praxis von der Pflicht entbinden, für diese Maßnahme die Zustimmung des Senders einzuholen bzw. sich bei Bedarf seiner Mitwirkung zu versichern.

[358] Hier gilt (bisher) generell die (an inhaltlichen Merkmalen von Literaturhinweisen demonstrierte) Feststellung bei HORN-HELF (1999a: 339): „Die praktischen Auswirkungen einer theoretischen Forderung nach inhaltlicher Anpassung an ZS-Textsortenkonventionen können schon bei Kleinigkeiten abenteuerliche Dimensionen erreichen".

2.1.3 Erscheinungsformen von Textsortenkonventionen

Seit die Übersetzungswissenschaft Textsortenkonventionen als übersetzungsrelevant erkannt hat, besteht auch das entsprechende Postulat an die Übersetzungspraxis. Trotzdem ist bestenfalls in Ansätzen bekannt, welche Textmerkmale als konventionalisiert anzusehen sind und welche Erscheinungsformen diese in bestimmten Textsorten verschiedener Kulturen haben. Vor allem bei „übersetzungsrelevanten" Fachtextsorten (die gern abwertend als „Gebrauchstexte" bezeichnet werden) hat sich wenig getan seit der Feststellung von REISS/VERMEER (1991: 193-194, 1. Auflage 1984):

> Im Rahmen der Translationswissenschaft liegen erst wenige Ansätze zu kontrastiven Untersuchungen von Textsorten und ihren jeweils unterschiedlichen Konventionen vor. Abgesehen von sporadischen Hinweisen (...), liegen kaum systematische kontrastive Untersuchungen zu übersetzungsrelevanten und -frequenten Textsorten und ihren jeweiligen Konventionen vor, die vom jeweiligen Kulturgefüge, der jeweiligen Realisierungsnorm in der Sprachverwendung und charakteristischen ‚festgewordenen Sprach-Mustern' mitbestimmt werden.

Ausdruck dieses noch kaum konkretisierten Phänomens ist die von HORN-HELF so benannte und am Beispiel der Fachsyntax vorgeführte „pragmatische Kulturdifferenz" (2004: 501). Diese repräsentiert interkulturell unterschiedliche Präferenzen, da Textproduzenten aus jeweils verfügbaren Alternativen für ihren Text eine bestimmte – kulturspezifische – Auswahl treffen. Diese Differenz hat auch im Bereich der Textformulierung weder mit Differenzen zwischen Sprachsystemen, noch mit makrokulturellen „gebrauchsnormativen" (WILSS 1996: 188) Beschränkungen zu tun. Daher erlaubt sie Aussagen darüber, "how different languages use their grammatical and text-creating means in different ways to achieve comparable effects in SL and TL texts" (TEICH 1999: 508).

Zu einzelnen Merkmalen (vorzugsweise der Formulierung) liegen einige Ergebnisse aus kontrastiven Textanalysen vor, z.T. mit entsprechenden Empfehlungen an die Übersetzungspraxis versehen (z.B. KUSSMAUL 1990; LIEFLÄNDER-KOISTINEN 1993; GÖPFERICH 1995; SCHMIDT 1996; DOHERTY 1997; HORN-HELF 2003, 2004). In anderen Arbeiten werden Fachtextsorten zusätzlich an ausgewählten strukturellen und inhaltlichen Merkmalen beschrieben, hier fehlt jedoch im Allgemeinen der Bezug zur translatorischen Umsetzung, weil das Forschungsinteresse ein textlinguistisches, kein translatorisches, ist (z.B. GLÄSER 1990; FIEDLER 1991; KRETZENBACHER 1991; BAUMANN 1992). In allen Fällen haben die Ergebnisse bis dahin unbekannte Facetten der pragmatischen Kulturdifferenz beleuchtet. Der einzige Unterschied besteht darin, dass die von den AutorInnen formulierten Empfehlungen der Übersetzungspraxis eine direkte Umsetzung der Ergebnisse ermöglichen, während die translatorischen Konsequenzen aus den Ergebnissen der Textlinguistik erst entsprechend aufbereitet werden müssten. Aus diesem Grund kann auch STOLL (2001: 370) einstweilen, d.h. bis zum Vollzug dieses letzten Schritts, nur hoffen, dass ihre Ergebnisse aus der Analyse von Reiseprospekten für die Übersetzungspraxis hilfreich sind.

Die genannten und eine Reihe anderer Arbeiten haben gezeigt, dass sich diese pragmatische Kulturdifferenz an den verschiedensten Merkmalen eines Textes manifestiert, u.a. an seiner Struktur und an seinem Inhalt. Von den Einflussfaktoren, die ihre unterschiedlichen Erscheinungsformen determinieren, wurden bisher die folgenden identifiziert:

1. Aus der Untersuchung verschiedener Textsorten der Kfz-Technik bei GÖPFERICH (1995) geht recht überzeugend hervor, dass die Textsorte die Ausprägung der pragmatischen Kulturdifferenz wesentlich mitbestimmt (HORN-HELF 2004: 501).
2. BAUMANN hat nach der Analyse wissenschaftlicher Texte darauf hingewiesen, dass die Einflüsse der Mikrokultur in manchen Fällen deutlicher hervortreten als die durch die Textsorte bedingten Gemeinsamkeiten (vgl. 1992a: 74).
3. Ein dritter Einflussfaktor ist der Bezug auf einen fachinternen bzw. fachexternen Adressaten, den HORN-HELF (2003) an Formulierungspräferenzen zu Deklarationen verschiedener Art vorführt. Die Anerkennung der Bedeutung dieses Faktors ist durchaus nicht neu. Bereits in CICEROS *Orator* findet sich nach FÖGEN (2003: 39)[359] ein Hinweis darauf, dass „die Adressaten den Grad der Ausführlichkeit und die sprachliche Form einer Darlegung [bestimmen]". Für Anleitungen wird dieser Faktor hier als so bedeutsam eingeschätzt, dass sich an ihm zwei Textsorten scheiden, die fachinterne und die fachexterne Anleitung. Vgl. daher Punkt 1.

Diese Einflussfaktoren machen deutlich, dass die „pragmatische Kulturdifferenz" (zu verstehen als kulturspezifische Präferenzen oder Konventionen technischer Textproduktion im interkulturellen Kontrast) unterschiedliche Geltungsbereiche haben kann. Präferenzen oder Konventionen haben nicht grundsätzlich makrokulturelle Geltung – das wird „mangels besseren Wissens" bisher nur unterstellt –, sondern nur ausnahmsweise, d.h., unter der Bedingung, dass sie unabhängig sind von mikrokulturellen Einflüssen und vom Adressatenbezug. Alternativ stellen sie sich als makrokulturelles Merkmal dar, das entweder fachinterner oder fachexterner technischer Kommunikation eigen ist. Des Weiteren können zwei Mikrokulturen innerhalb einer Makrokultur (hier: Maschinen- und Gerätebau) unterschiedliche Präferenzen zeigen, eine solche Differenz ist mikrokulturell determiniert und äußert sich in parallelen Merkmalen der jeweiligen fachinternen/-externen Texte.

Für die Translation sind die Analyseergebnisse der Kapitel 4 – 7 nur insoweit relevant, als sie die bei der Textproduktion bevorzugten Verfahrensweisen erkennen lassen. Daher

---

[359] Hinter dieser Differenzierung steht in der Antike das „rhetorisch-stilistische Prinzip des ‚Angemessenen'" (FÖGEN ebd., sinngemäß auch FÖGEN 2002: 15). Vgl. dazu schon ARISTOTELES, der in seiner *Rhetorik* zur Ermittlung eines „Adressatenprofils" sehr genaue Vorgaben macht: zu berücksichtigen sind Alter (Kind, Mann oder Greis), Geschlecht und Herkunft (Spartaner oder Thessalier), ebenso der Bildungsstand, „denn es sprechen der Bauer und der Gebildete wohl weder über dasselbe noch in derselben Weise" (1999: 166).

werden in den Diagrammen der Abb. 2.1 – 2.76 zu jedem der untersuchten Merkmale nur die jeweiligen Präferenzen[360] an einer Mehrheit von mind. 80 % der Belege dargestellt. Zusätzlich zur makrokulturellen Differenzierung sind für jede Mikrokultur die Präferenzen bei fachinterner und fachexterner Kommunikation ausgewiesen. Daher bietet jedes Diagramm eine Synopse mit detaillierten Informationen zu den konkreten Erscheinungsformen eines Merkmals in den 12 Analysekorpora, die nach der hier vertretenen Auffassung jeweils eine mikrokulturelle Variante der Textsorten „fachinterne" bzw. „fachexterne Anleitung" repräsentieren.

Gleichzeitig ermöglichen die Diagramme Vergleiche zu den verschiedenen Sprachenpaaren und Übersetzungsrichtungen. Auf diesem Wege lässt sich feststellen, worin eine Anpassung an zielkulturelle Gepflogenheiten im Einzelfall bestehen müsste. Je nach Konstellation wird eine solche Anpassung zu jedem der untersuchten Merkmale exemplarisch vorgeführt, oder es werden – falls der praktischen Realisierung gravierende Hindernisse entgegenstehen – die Gründe für eine Unterlassung diskutiert.

Bei jedweder Beschäftigung mit diesem Thema ist zu bedenken, dass Textsortenkonventionen keine Konstanten, sondern so vielfältig und variabel sind wie die Sprachverwendung selbst. Zudem hat jede Analyse immer nur die eine Facette (von vielen) im Blick, auf die sich das jeweilige Forschungsinteresse richtet. Sinnvoll und seriös fundiert erscheint daher lediglich die Formulierung von Präferenzen, die sowohl im Hinblick auf die Textsorte und ihre Korrelation zum Adressatenbezug, als auch in ihrer mikrokulturellen Bindung definiert sind.

Im Übrigen gilt generell für jedes Ergebnis, dass sich bei einer Erweiterung der Textbasis die Wertigkeiten der Präferenzen verschieben können, im Extremfall könnten sogar neue hinzukommen. Um die Richtigkeit dieses Vorbehalts zu belegen, genügt ein Vergleich der Präferenzen des englischen Korpus (MB), die in den Diagrammen bei HORN-HELF (2004: 504-508, Abb. 3 – 8) ausgewiesen sind, mit den Daten der korrespondierenden Diagramme in 2.2.3.2 bzw. 2.2.3.3 (Abb. 2.26 – 2.32, 2.34). Da sich der Umfang dieses Korpus in der Zwischenzeit (seit 2001) etwa verdreifacht hat, sind potenzielle Auswirkungen eines solchen Zuwachses auf die Wertigkeit der Präferenzen deutlich zu erkennen. Während sich z.B. beim Ausdruck von Modalität (Abb. 4 vs. Abb. 2.29) keine nennenswerten Veränderungen ergeben haben, wechselt die Priorität beim Ausdruck von Finalität (Abb. 6 vs. Abb. 2.26) von der PräpG zum finalen Infinitivsatz.

Beim Ausdruck konditionaler Beziehungen (Abb. 7 vs. Abb. 2.28) erlangt die PräpG im Zuge der Erweiterung den Status einer (allerdings nachrangigen) Präferenz. Analog gilt

[360] Erscheinungsformen, die in den Korpora nur mit geringen Anteilen vertreten sind, können aus übersetzungspraktischer Perspektive vernachlässigt werden.

für den Ausdruck kausaler/konsekutiver Beziehungen (vgl. Abb. 3 vs. Abb. 2.27), dass der Nebensatz die PräpG als primäre Präferenz abgelöst hat.

Wie bereits die Empfehlungen zur Übersetzung von Instruktionen z.B. bei KUSSMAUL (1990) bzw. GÖPFERICH (1995) zeigen, ist im Bereich der Textformulierung eine Anpassung an zielkulturelle Präferenzen möglich und daher auch wünschenswert. Die entsprechenden Merkmale werden in Abschnitt 2.2 behandelt. Inhaltsunabhängige Merkmale der Textstruktur (vgl. 2.3) können im Zuge der Translation – mit unterschiedlichem Aufwand – ebenfalls lokalisiert werden.

Sowohl bei der Formulierung als auch bei der Strukturierung gibt es jedoch außerdem Merkmale, die inhaltlich determiniert sind. Diese können ohne mehr oder minder massive Eingriffe in den Textinhalt nicht verändert werden (vgl. 2.4 bzw. 2.5). Merkmale des Textinhalts werden in Abschnitt 2.6 behandelt, sie markieren die Grenzen „instrumentellen Übersetzens“ (vgl. z.B. NORD 1989).

Abgesehen von den translatorisch sinnvollen Vergleichen, ermöglichen die detaillierten Informationen der Diagramme auch eine Konfrontation der festgestellten Präferenzen mit den Ergebnissen anderer Arbeiten (vgl. 1.2 und 1.3). An die Darstellung einer Gruppe von Merkmalen schließt sich daher jeweils eine Interpretation an, die zeigt, inwieweit die Präferenzen (gemäß Hypothese 1) z.B. als Ausdruck wissenschaftlicher Stile bzw. umgangssprachlicher Diskursstrategien gewertet werden können (zur Zusammenfassung vgl. 3.1.1). Analog liefern die ausgewiesenen Präferenzen die notwendigen Daten zur Verifizierung der Hypothesen 2 und 3 (vgl. 3.1.2 bzw. 3.1.3).

2.2 Translatorische Behandlung von Merkmalen der Textformulierung

In diesem Abschnitt werden Merkmale der Textformulierung, d.h. Formen sprachlichen Ausdrucks, behandelt. Diese sind auf der Ausdrucksebene zu beeinflussen, ohne dass der Textinhalt (über das z.B. bei der syntaktischen Reduktion unvermeidliche Mindestmaß hinaus) tangiert wird. Die Anpassung an zielkulturelle Präferenzen ist in aller Regel sehr einfach und zweifellos empfehlenswert. Zu den Diagrammen wird exemplarisch jeweils eine translatorische Aufgabe beschrieben, deren potenzielle Lösungen an Beispielen vorgeführt werden. Für die andere Textsorte(nvariante) und andere Übersetzungsrichtungen sind entsprechende Maßnahmen aus dem Diagramm unmittelbar ersichtlich.

2.2.1 Deklaration von Anleitungen und Teiltexten

2.2.1.1 Deklaration der Gesamttexte (vgl. 1.5.1.1)

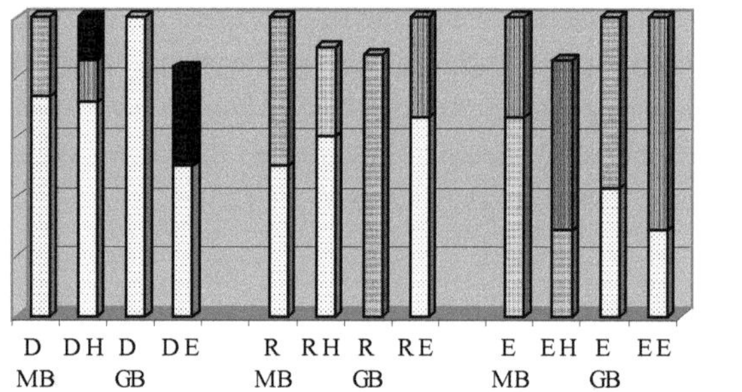

Abb. 2.1: Deklaration der Anleitungen

Präferenzen gemäß Tab. 4.1 (MB) – 5.1 (GB) – 6.1 (H) – 7.1 (E):
Makrokulturell[361] werden für deutsche Anleitungen fokussierte Deklarationen bevorzugt, während russische und „angloamerikanische" Gesamttexte, vor allem fachintern, primär integrativ deklariert werden. Eine zweite Präferenz ist bei russischen Anleitungen – insbesondere fachextern – und in den englischen Korpora des Gerätebaus die fokussierte Deklaration. Fachextern sind die englischen Texte dagegen überwiegend abstrahierend deklariert, und so gehen die abstrahierenden Deklarationen im russischen Korpus (E)

[361] „Makrokulturell" bedeutet hier lediglich eine Gemeinsamkeit in beiden Mikrokulturen, die vom Adressatenbezug unabhängig ist.

eindeutig auf die Nachbildung US-amerikanischer Anleitungstitel zurück. Eine Besonderheit deutscher fachexterner Anleitungen ist das Fehlen einer Deklaration.

Translatorische Behandlung

Aufgabe:

Anpassung der Deklarationen deutscher Anleitungen (MB) ⇒ R bzw. E

Lösung:

Bei der Übersetzung ins Russische wäre ein Teil der fokussierten Deklarationen integrativ zu formulieren. Für „angloamerikanische" Anleitungen sollten die fokussierten durch integrative und integrative durch abstrahierende Deklarationen ersetzt werden:

Beispiel (fokussiert):

Betriebsanleitung
⇒ Инструкция по монтажу и эксплуатации
⇒ Installation, Operating and Maintenance Manual

Beispiel (integrativ):

Montage- und Betriebsanleitung
⇒ Owner's Manual.

2.2.1.2 Formulierung der TT-Deklarationen (vgl. 1.5.1.2.1)

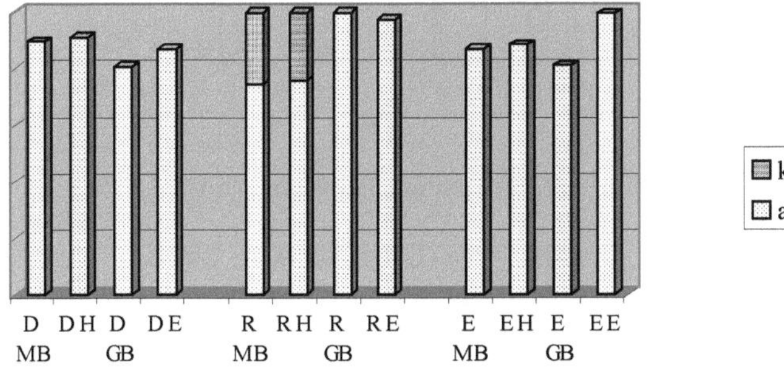

Abb. 2.2: Formulierung der TT-Deklarationen

Präferenzen gemäß Tab. 4.2 (MB) – 5.2 (GB) – 6.2 (H) – 7.2 (E):

In den russischen Anleitungen des Maschinenbaus ist der Anteil komplementärer Formulierungen fachintern wie -extern extrem hoch, in den Anleitungen des Gerätebaus dagegen besonders gering. Im Gegensatz dazu zeigt sich in den deutschen und englischen Korpora mikrokulturübergreifend, dass komplementäre Formulierungen in fachexternen Texten seltener gewählt werden als fachintern.

Translatorische Behandlung

Aufgabe:

Anpassung der TT-Deklarationen einer russischen Anleitung (H) ⇒ D bzw. E

Lösung:

Hier wäre es wünschenswert, im Zuge der Übersetzung in beiden ZT vorzugsweise autonome Formulierungen zu verwenden. Wie mögliche Varianten zeigen, muss dies nicht unbedingt durch Integration der superordinierten Deklaration geschehen.

Beispiel:

По эксплуатации и уходу за холодильником [Предупреждения и рекомендации]
⇒ Pflege des Backwagens
⇒ Hints on Oven Management.[362]

2.2.1.3 Deklaration der Einschubtexte (vgl. 1.5.1.3)

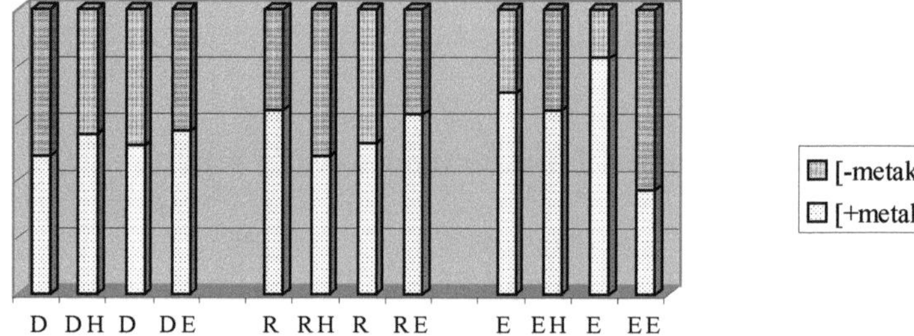

Abb. 2.3: Verwendung der Signalwörter

Präferenzen gemäß Tab. 4.4 (MB) – 5.4 (GB) – 6.4 (H) – 7.4 (E):

Makrokulturell ist festzustellen, dass die Signalbedeutung von Signalwörtern, die zur Deklaration von Einschubtexten verwendet werden, in deutschen Anleitungen fachextern besser beachtet wird. Gleiches gilt für die englischen Korpora fachintern. Die Situation in den russischen Korpora ist eher als diffus zu bezeichnen. Das liegt u.a. daran, dass fachintern grundsätzlich nur das Signalwort *Примечание* verwendet wird, während fachextern verschiedene Möglichkeiten genutzt werden.

Translatorische Behandlung

SCHMITT (1995: 218) vertritt die Auffassung, dass „im Englischen (…) die Bedeutung der Signalwörter *Warning, Caution* und *Note* nahezu universell etabliert ist". Abb. 2.3

[362] Gemäß Diagramm wäre bei einer Übersetzung D/E ⇒ R der Anteil komplementärer Formulierungen zu erhöhen. Darauf sollte im Interesse des Rezipienten verzichtet werden.

lässt ahnen, wie weit die Einheitlichkeit bei der Verwendung dieser Signalwörter innerhalb der „angloamerikanischen" Kultur noch von „Universalität" entfernt ist. „Die Wiedergabe (...) von engl. *CAUTION* mit dt. *Vorsicht* (statt mit *Achtung*)", die SCHMITT (ebd.) in einer Übersetzung als Verstoß „gegen die Konventionen der Zielkultur" kritisiert:, könnte durchaus richtig sein, falls sich *Caution* z.B. als „unterdimensioniert" erweist, weil der Hinweis nicht vor Sachschaden, sondern vor Verletzungsgefahr warnt.

Da die Ergebnisse zur Signalwortverwendung der anderen Kulturen eher noch schlechter ausfallen, gilt für die Translation generell und interkulturell ein „Korrekturauftrag", der die Verwendung von Signalwörtern fachintern und -extern so gewährleistet, dass die jeweilige Signalbedeutung mit dem Inhalt des Einschubtextes korreliert.[363] Für russische Anleitungen sollten Warnhinweise mit dem einzigen semantisch kompatiblen Signalwort *Внимание* deklariert werden (zu Beispielen vgl. Anhang 8.1.1.3).

2.2.1.4 Deklaration der Tabellen (vgl. 1.5.1.4)

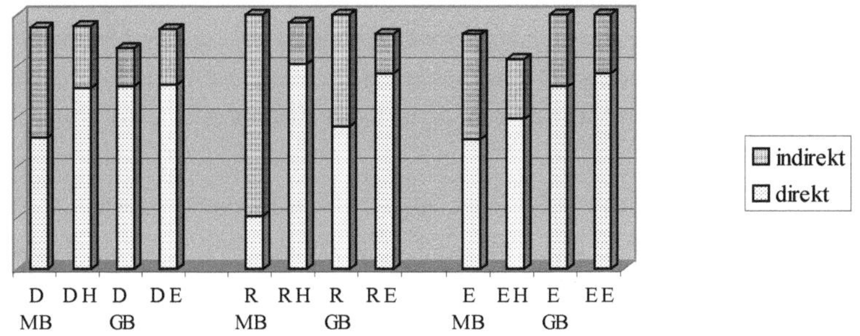

Abb. 2.4: Deklaration der Tabellen

Präferenzen gemäß Tab. 4.6 (MB) – 5.6 (GB) – 6.6 (H) – 7.6 (E):
In den fachinternen Texten des Maschinenbaus werden Tabellen interkulturell[364] besonders häufig indirekt deklariert. Gleichzeitig handelt es sich bei der indirekten Deklaration um eine Besonderheit der fachinternen russischen und englischen Korpora. In den fachexternen Texten wird Tabellen häufiger ein eigener Titel beigegeben.

Translatorische Behandlung
Aufgabe:
Anpassung der Tabellentitel einer russischen Anleitung (MB) ⇒ D bzw. E

[363] Zur Signalwortverwendung in einem ZT für US-amerikanische Adressaten ist seit 2006 die ANSI Z535.6 zu beachten (vgl. dazu auch 1.5.1.3.1)

[364] „Interkulturell" bedeutet in dieser Arbeit generell: in den hier betrachteten Makrokulturen.

Lösung:

Im Zuge der Translation sollte ca. die Hälfte der indirekten Deklarationen in direkte überführt werden. Das gilt für beide ZT.

Beispiel:

> Допускаемое биение наружной рабочей поверхности ролика неприводного конвейера приведено в табл. 14.
>
> ⇒ ANSPRECHZEIT
>
> ⇒ Table I. Vibrator Nut and Cap Screw Torque Requirements

2.2.1.5 Interpretation der Präferenzen

2.2.1.5.1 Explicitness vs. Implicitness (HOUSE – vgl. 1.3.4.4)

Die Deklarationsvarianten für Gesamttexte lassen sich nach ihrer Explizitheit reihen. Ein Höchstmaß an Informationen über den Textinhalt bietet die integrative Deklaration. Sie ist daher die Form höchster Explizitheit. Am anderen Ende der Skala steht die abstrahierende Deklaration, die eigentlich nichts über den Textinhalt aussagt. In dieser Hinsicht ist der Unterschied zu einer undeklarierten Anleitung gering. Die fokussierte Deklaration liegt in der Explizitheit zwischen diesen beiden. Zwar bleibt sie im Informationsgehalt hinter der integrativen Variante zurück, ist darin aber dennoch einer abstrahierenden Deklaration überlegen.

Der Befund gemäß Abb. 2.1 besagt, dass die von HOUSE festgestellten Tendenzen zu britischer „implicitness“ bzw. deutscher „explicitness“ bei Anleitungsdeklarationen ambivalent zum Ausdruck kommen. Die integrativen Deklarationen englischer Korpustexte sind expliziter als ihre fokussierten deutschen Entsprechungen. Dagegen sind vor allem amerikanische Texte fachextern durch die Abstraktion weniger explizit deklariert als ihre fokussierten deutschen Entsprechungen, d.h., diese Tendenzen zeigen sich nur fachextern in der von HOUSE festgestellten Weise.

Die Möglichkeiten der Formulierung von TT-Deklarationen unterscheiden sich ebenfalls in Bezug auf ihre Explizitheit. Autonome Deklarationen sind explizit, weil sie alle notwendigen Informationen zum Ausdruck bringen. Komplementäre Deklarationen implizieren dagegen die Semantik der superordinierten Deklaration. In dieser Hinsicht ist „explicitness“ gleichermaßen ein Merkmal der deutschen wie der englischen Texte. Zu den Anleitungen für Gebrauchselektronik (D E, E E) lässt sich feststellen, dass die englischen TT-Deklarationen die deutschen an Explizitheit sogar übertreffen (vgl. Abb. 2.2).

Tabellendeklarationen lassen sich ebenso nach diesem Merkmal ordnen: ein eigener Tabellentitel ist als Form höchstmöglicher Explizitheit anzusehen. Demgegenüber zeigt sich an einer undeklarierten Tabelle eine maximale Implizitheit. Zwischen beiden ist die indirekte Deklaration anzusiedeln. Laut Abb. 2.4 bestehen zwischen den deutschen und englischen Korpora insgesamt in dieser Hinsicht keine gravierenden Differenzen, die höchste Implizitheit zeigen hier die fachinternen russischen Korpora. In diesem Fall gilt das Gesagte analog für die Tendenzen „Directness“ (D) bzw. „Indirectness“ (E) gemäß 1.3.4.1.

2.2.1.5.2 Orientation towards Reader (HOUSE – vgl. 1.3.4.2)

Die Tendenz zu „Orientation towards Reader“, die nach HOUSE für den britischen Diskurs charakteristisch ist, findet in den in 2.2.1 dargestellten Analyseergebnissen nicht den bekannten Gegenpol „Orientation towards Writer“, der ein Merkmal des deutschen Diskurses sein soll. Vielmehr tut sich hier eine neue Differenzierung auf, die sich beschreiben ließe als „Orientierung auf den fachinternen Kunden“ vs. „Orientierung auf den fachexternen Kunden“. Ausdruck für beide Tendenzen ist die Sorgfalt bei der Wahl der Signalwörter in Warnhinweisen, d.h. ihre ggf. metakommunikative Verwendung.

Abgesehen von einer etwas günstigeren Gesamtsituation in den englischen Korpora, zeigt Abb. 2.3, dass diesem Thema bei der Produktion britischer und amerikanischer Anleitungen fachintern mehr Beachtung geschenkt wird. Demgegenüber gehen deutsche Textproduzenten besonders sorgfältig vor, wenn sie fachexterne Texte produzieren. Über die Gründe dieser abweichenden Orientierung kann man nur spekulieren: z.B. müssen „angloamerikanische“ Textproduzenten davon ausgehen, dass fachinterne Rezipienten – im Gegensatz zu fachexternen – die Vorschriften zur Signalwortverwendung auch kennen. Das dürfte in der deutschen Kultur ebenso der Fall sein, scheint jedoch keine Rolle zu spielen. Ein Grund für die größere Sorgfalt könnte hier die für Massenprodukte eher lohnende professionelle Textproduktion (vgl. z.B. 6.1.1.3) sein.

2.2.2 Formulierung der Sprechhandlungen

2.2.2.1 Passivgehalt (vgl. 1.5.3.1.1/1.5.3.1.2)

Präferenzen gemäß Tab. 4.10 (MB) – 5.10 (GB) – 6.10 (H) – 7.10 (E):
Der Passivgehalt deutscher und russischer Anleitungen wird vom Adressatenbezug beeinflusst. In beiden Mikrokulturen werden fachextern mehr aktivische Formulierungen verwendet als fachintern.[365] Eine analoge Verfahrensweise fachintern/-extern zeigen nur die englischen Korpora des Gerätebaus.

---

[365] Vgl. dazu z.B. FIEDLER (1992: 158) zu Rezensionen: „Im englischsprachigen Korpus wurde für die wissenschaftlichen Texte ein Passivgehalt von 21,7 % und für die populärwissenschaftlichen Texte ein erwartbar niedrigerer Wert von 16,7 % ermittelt“.

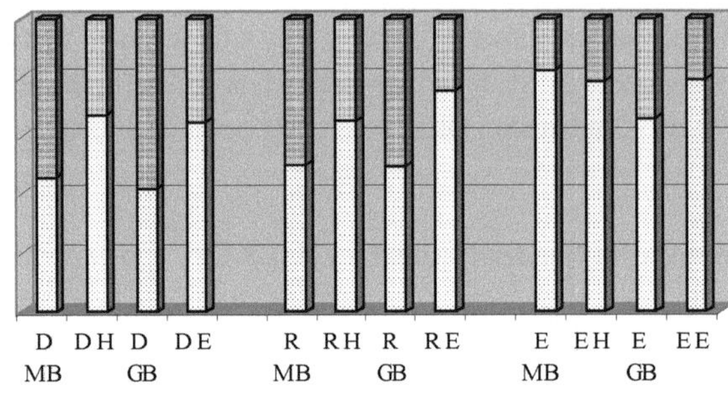

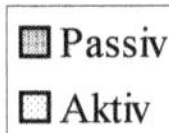

Abb. 2.5: Passivgehalt

Translatorische Behandlung

Aufgabe:

Anpassung des Passivgehalts einer russischen Anleitung (MB) ⇒ D bzw. E

Lösung:

Bei der Übersetzung ins Deutsche ist eine Anpassung im Grunde nicht notwendig. Die geringe Differenz lässt sich z.B. dadurch ausgleichen, dass „unbestimmt-persönliche" Sätze (vgl. NOSOVA 1994: 69)[366] des AT im deutschen ZT passivisch wiedergegeben werden. Im englischen ZT sollte dagegen ein Großteil passivischer Formulierungen ins Aktiv überführt werden. Besonders geeignet für diese Maßnahme sind wiederum die instruktiven Präsensformen (zum Passivgehalt von Direktiva vgl. Abb. 2.6).

Beispiele:

Специальные концевые замки **предохраняют** бандаж от выпадания и **воспринимают** его удлинение от раскатки в процессе эксплуатации (см. рис. 7).

⇒ Nach dem Reinigen **wird** der Stator in der umgekehrten Reihenfolge wieder **montiert**.

Затем собранный редуктор вновь **устанавливается** на фундаментную плиту и **прицентровывается** к приводу по полумуфтам, после этого **затягиваются** фундаментные болты и **соединяются** обе половинки муфты с необходимой пригонкой.

⇒ **Clean** or **replace** the valve and **clean** or **resurface** the valve seat as appropriate.

Gemäß Abb. 2.5 sollte „Regel 4" bei KUSSMAUL (1990: 374)[367] weder bei fachinternen, noch bei fachexternen Anleitungen uneingeschränkt befolgt werden. Sie besagt u.a., dass deutsche Passivsätze fachextern im englischen ZT abgebildet werden sollen:

---

366 NOSOVA (1994: 69): „(…) в большинстве приведенных случаев в русском языке эквивалентом будет неопределенно-личное предложение, что свидетельствует об ином способе оформления неопределенно-личного значения в западных языках, в немецком языке, здесь выступают страдательные формы, непродуктивные в русском языке'".

367 Dem Aufsatz von KUSSMAUL (1990) liegt ein Mischkorpus fachexterner Anleitungen für Hausgeräte, Gebrauchselektronik und andere Produkte des privaten Bedarfs zugrunde.

Übersetze englische Aussagesätze im Passiv Präsens in Kombination mit instrumentalen Gerundialkonstruktionen mit deutschen Aussagesätzen im Aktiv oder Passiv **und umgekehrt** [Hervorhebung von mir – H-H].[368]

2.2.2.2 Verbformen in Direktiva

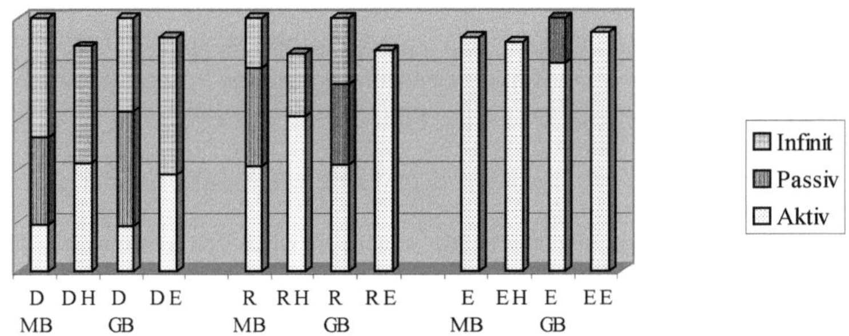

Abb. 2.6: Verbformen in Instruktionen/Empfehlungen

Präferenzen gemäß Tab. 4.8/4.11 (MB) – 5.8/5.11 (GB) – 6.8/6.11 (H) – 7.8/7.11 (E):
In deutschen Anleitungen werden fachintern primär infinite und passivische Verbformen verwendet, fachextern lösen aktivische Formen die passivischen weitgehend ab. Die Aufforderung, die z.B. PICHLER (1994: 31) aus der Sicht des *Technical Writing* an die Produzenten fachexterner Anleitungen richtet, wird also mit Maßen durchaus befolgt:

> Passivkonstruktionen sind in Anleitungstexten *verboten*. Schaffen Sie Klarheit: Nennen Sie das handelnde Subjekt.

Passivformen sind auch in russischen Anleitungen fachintern häufig, primäre Alternative sind hier allerdings Aktivformen. Fachextern ist der Passivanteil gering, es herrschen aktivische Verbformen vor. Englische Direktiva sind – als Ergebnis des dominanten Imperativgebrauchs – überwiegend aktivisch formuliert. Die Imitation dieser „angloamerikanischen" Präferenz in den russischen Texten fremder Provenienz führt zu einem ungewöhnlich hohen Anteil aktivischer Verbformen (Interferenz!) im Korpus (R E).

Translatorische Behandlung

Aufgabe:

Anpassung der Verbformen in Instruktionen und Empfehlungen einer britischen bzw. amerikanischen Anleitung (H) ⇒ D bzw. R

[368] Die Regel besagt des Weiteren, dass auch deutsche Aktivsätze im englischen ZT passivisch formuliert werden sollen. Angesichts des Tenors dieses Aufsatzes dürfte es sich dabei um ein Versehen hinsichtlich der Formulierung „und umgekehrt" handeln.

Lösung:
Bei der Übersetzung ins Deutsche wäre die Hälfte der aktivischen Verbformen (Imperative) durch infinite (imperativische Infinitive) zu ersetzen. Für den russischen ZT sollte in geringerem Maße ebenso verfahren werden. Der Passivanteil ist etwa gleich und kann primär in Empfehlungen gewahrt werden.

Beispiel (Instruktion):

Collect laces, washable belts, etc. and **put** them in a bag for washing.

⇒ Vor jeder Säuberung/Wartung Gerät **ausschalten** und Netzstecker **ziehen**.

⇒ **Включить** электродвигатель и **приступить** к уборке.

Beispiel (Empfehlung):

Clothes **should be sorted** according to the fabric, colour fastness and degree of soiling (see page 10).

⇒ Flecken **sollten** möglichst sofort, solange sie frisch sind, **entfernt** oder zumindest **vorbehandelt werden**.

⇒ После закипания приготовление пищи **рекомендуется** производить на средних минимальных мощностях, чем достигается более качественное приготовление блюда.

Für eine Umkehr der Übersetzungsrichtung, z.B. D/E, zeigen die Präferenzen außerdem, dass der Vorschlag bei GÖPFERICH (1996: 89), Präsens-Passiv-Formen im Englischen abzubilden, höchstens bei fachexternen Anleitungen befolgt werden sollte.[369] Die Forderung von SCHMITT (1999: 391) zur Übersetzung von Instruktionen: „Vermeiden Sie Passiv[370] und insbesondere Passiv-Häufungen" kann nur für englische ZT gelten. Angesichts der Frequenz passivischer Direktiva in deutschen und russischen fachinternen Anleitungen ist sie jedoch bei deren Übersetzung ins Englische besonders sorgfältig zu beachten.

2.2.2.3 Äußerungsformen für Instruktionen (vgl. 1.5.2.3)

Präferenzen gemäß Tab. 4.8 (MB) – 5.8 (GB) – 6.8 (H) – 7.8 (E):

Die primäre Äußerungsform für Instruktionen in deutschen Anleitungen ist der imperativische Infinitiv, hinzu kommen fachintern der deontische Hinweis und fachextern der

---

[369] Bedauerlicherweise steht hinter ihren Daten (ungeachtet des Aufsatztitels) wiederum ein gemischtes Korpus aus Betriebsanleitungen für PKW und Bedienungsanleitungen für Hausgeräte (vgl. GÖPFERICH 1996: 97).

[370] Primärer Grund für die verbreitete Ablehnung passivischer Formulierungen ist nach KRINGS (1996: 94) die (offensichtlich irrige) Annahme von Schwerverständlichkeit: „Aus der Tatsache, dass wir im Falle eines Abrufs aus unserem Gedächtnis die ursprünglich passivisch und/oder negativ formulierte Information aktivisch und positiv wiedergeben, wird geschlossen, daß wir die Information in aktivischer und positiver Form besser verstehen und besser behalten können. Dies ist wiederum ein Beispiel für eine intuitive Annahme, die hochgradig plausibel erscheint, in Wirklichkeit aber in keiner Weise zwingend ist. (…) Genau diese Hypothese konnten File und Jew mit Hilfe ihres Versuchsaufbaus überprüfen. Das Ergebnis lautete: Die Hypothese stimmt für die Negation, nicht aber für das Passiv".

Imperativ. Gemäß Abb. 2.7 wird in fachexternen deutschen Texten in der Tat – wie bei GÖPFERICH (1995: 369) vorgeschlagen – der unpersönliche Stil (Infinitiv) mit dem persönlichen (Imperativ) kombiniert:

> Um einerseits einen abwechslungsreichen, freundlichen, für den technischen Laien gut lesbaren Text zu erzeugen, andererseits aber dem Leser die für ihn erforderlichen Informationen so knapp wie möglich zu vermitteln, ist es sinnvoll, in Anleitungen niedrigen Fach(sprach)lichkeitsgrads beide Stile zu mischen.

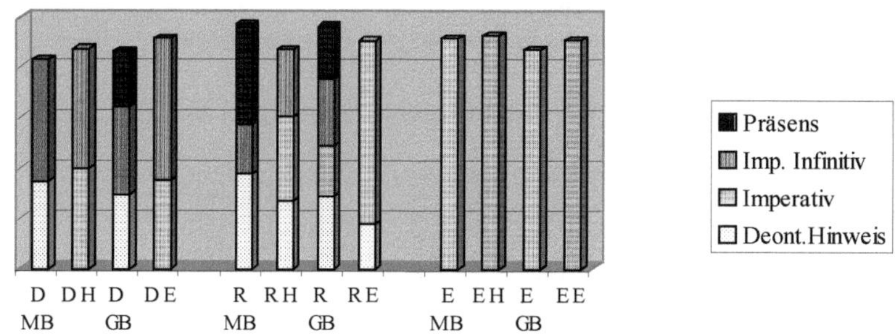

Abb. 2.7: Äußerungsformen für Instruktionen

Charakteristisch für russische Anleitungen sind fachintern deontische Hinweise und Präsensformen, fachextern löst der Imperativ das Präsens ab. In den englischen Korpora wird die uneingeschränkte Dominanz des Imperativs sichtbar, Alternativen haben hier eher Ausnahmestatus. Diese Konstellation zeigt sich ebenfalls im russischen Korpus (E): die deontischen Hinweise stammen überwiegend aus originär russischen Texten, die Imperative dagegen aus solchen fremder Provenienz.

Translatorische Behandlung

Aufgabe:

Anpassung der Instruktionen einer russischen Anleitung (GB) ⇒ D bzw. E

Lösung:

Bei der Translation ins Deutsche sollten russische Imperative in imperativische Infinitive überführt werden. Im englischen ZT wären Präsensformen, Infinitive und deontische Hinweise mehrheitlich als Imperative wiederzugeben.[371]

---

[371] Diese Verfahrensweise entspricht auch der „Regel 1“ bei KUSSMAUL (1990: 373): „Übersetze bei der Wiedergabe einzelner Arbeitsschritte die englischen Imperative mit deutschen Infinitiven und umgekehrt“. Die Anwendung der „Regel 5“ bei KUSSMAUL (1990: 375) sollte dagegen auf die Übersetzung fachexterner Anleitungen beschränkt bleiben: „Wenn zu Handlungen aufgefordert wird, die nicht direkt im Interesse des Empfängers liegen, übersetze englisch *please*+Imperativ mit deutsch „bitte+Imperativ und umgekehrt“.

Beispiel (Imperativ):

Установите соединительную коробку и **проложите** кабель в защитных трубах.

⇒ Zum Einsetzen einer neuen Faserschreibfeder (9) Skala (10) **hochklappen** und den Tintentank bis zur Hälfte in die Halterung **schieben**.

Beispiele (Infinitiv, Präsens, deontischer Hinweis):

Проверить линии и **устранить** обрыв проводов методом пайки.

Реле **вводится** в щель трубы (насадки) и **поворачивается** на 90°, при этом направление потока **должно совпадать** с направлением стрелки на крышке (заслонка реле **устанавливается** перпендикулярно к потоку).

⇒ **Improve** inlet conditions or **increase** display averaging time.

2.2.2.4 Äußerungsformen für Empfehlungen (vgl. 1.5.2.3)

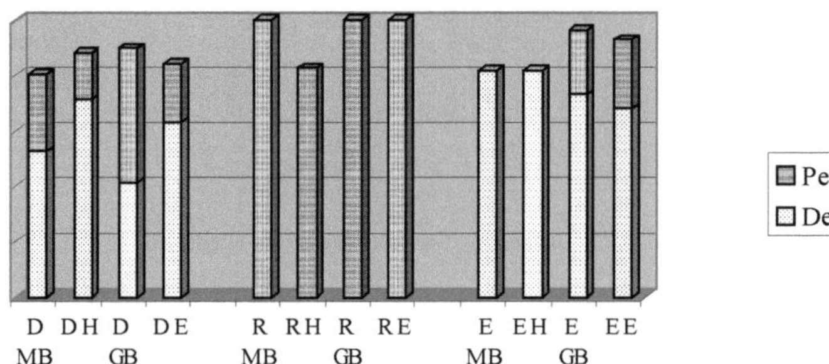

Abb. 2.8: Äußerungsformen für Empfehlungen

Präferenzen gemäß Tab. 4.9 (MB) – 5.9 (GB) – 6.9 (H) – 7.9 (E):
In russischen Anleitungen dominiert der Performativ in unpersönlicher Formulierung. Deontische Hinweise sind hier pragmatisch keine echte Alternative, da sie durch den Konjunktiv zu umständlich würden.

Die Präferenz deutscher Anleitungen liegt beim deontischen Hinweis, der fachintern besonders häufig durch einen unpersönlichen Performativ ersetzt wird. Der deontische Hinweis wird auch in „angloamerikanischen" Anleitungen für Empfehlungen bevorzugt. Nur die Mikrokultur Gerätebau verwendet fachintern/-extern mit nennenswerter Frequenz zusätzlich unpersönliche (zumeist passivische) Performative.

Translatorische Behandlung

Aufgabe:

Anpassung der Empfehlungen einer deutschen Anleitung (E) ⇒ R bzw. E

Lösung:

Während die Äußerungsformen im ZT für „angloamerikanische" Adressaten nachgebildet werden können, wäre es bei der Übersetzung ins Russische – auch zur Vermeidung unökonomischer Konjunktive – notwendig, die deontischen Hinweise in unpersönliche Performative zu überführen.[372]

Beispiel:

Diese Funktion **sollte** jedoch **nicht** länger als 5 Minuten **eingeschaltet bleiben**, weil das Gerät sonst automatisch von Pause auf Stop umschaltet, um das Band und die Videoköpfe zu schonen.[373]

⇒ **Не рекомендуется** смотреть передачи в полной темноте, так как резкий переход от темноты к свету утомляет глаза.

⇒ Cassette tapes, both recorded and unrecorded, **should not be stored** in locations with high temperature, high humidity or direct sunlight.

2.2.2.5 Äußerungsformen für Begründungen

2.2.2.5.1 Begründungen zu Direktiva (vgl. 1.7.3.1.1/1.7.3.2.1)

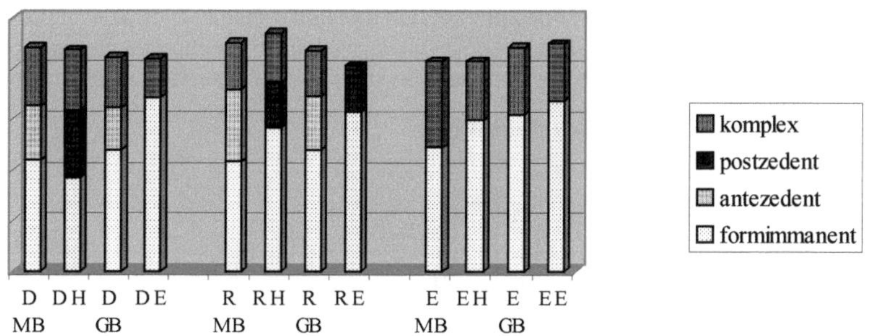

Abb. 2.9: Äußerungsformen für Begründungen zu Direktiva

Präferenzen gemäß Tab. 4.53 (MB) – 5.53 (GB) – 6.53 (H) – 7.53 (E):

Gemäß Abb. 2.9 werden einfache Begründungen generell vorzugsweise formimmanent geäußert. Zudem ist festzustellen, dass formimmanente Begründungen in den russischen und englischen Korpora fachextern häufiger sind als fachintern. Das trifft ebenso auf die deutschen Anleitungen (GB/E) zu. Daneben enthalten alle Texte – mit Ausnahme des russischen Korpus (E) – beträchtliche Anteile komplexer Begründungen. In „angloamerikanischen" Anleitungen ist die formimmanente Begründung makrokulturell die einzig signifikante Äußerungsform für einfache Begründungen, der Anteil komplexer Begrün-

[372] Falls der Auftraggeber gemäß DIN EN 15038 (z.B. 5.3.3 „Einhaltung von kundenseitigen Stilrichtlinien") die Imitation von AT-Formulierungen im ZT vorschreibt, kann zur Erfüllung des Übersetzungsauftrags die Unterlassung einer solchen Maßnahme notwendig sein.

[373] In diesem und im russischen Beispiel wurde „Regel 6" bei KUSSMAUL (1990: 377) beachtet: „Wenn du Empfehlungen äußerst, dann nenne auch die dazugehörigen Begründungen".

dungen ist vergleichsweise hoch. In deutschen und russischen Anleitungen wird fachintern zusätzlich antezedent, fachextern dagegen eher postzedent begründet.

Translatorische Behandlung

Aufgabe:

Anpassung der Begründungen zu Direktiva einer deutschen Anleitung (H) ⇒ R bzw. E

Lösung:

Bei der Translation ins Russische wären postzedente Begründungen des AT zum Teil, für den englischen ZT in vollem Umfang in formimmanente Äußerungsformen zu überführen. Komplexe Begründungen können in beiden ZT abgebildet werden.

Beispiel:

> Eventuelle Fremdkörper aus der Trommel und Gummidichtung entfernen! **Sonst** besteht Rostgefahr!
>
> ⇒ Порционные куски мясных и рыбных блюд должны иметь по возможности равную толщину **во избежание** неравномерного прожаривания.
>
> ⇒ Wash small items such as socks, laces, washable belts etc in a washing bag or pillow case **as** it is possible for such items to slip down between the tub and the inner drum.

2.2.2.5.1.1 Antezedente Begründungen

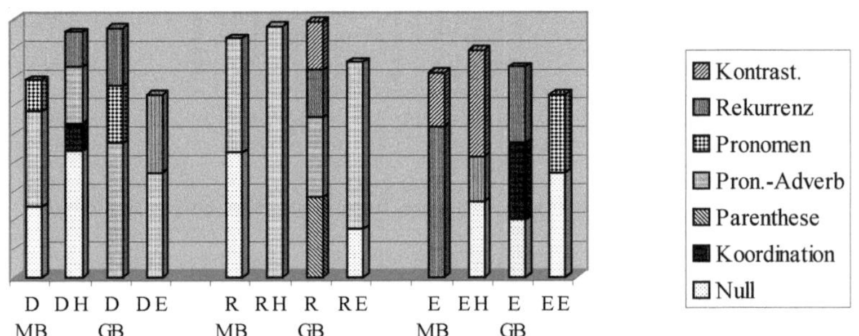

Abb. 2.10: Anschluss an antezedente Begründungen (Direktiva)

Präferenzen gemäß Tab. 4.55 (MB) – 5.55 (GB) – 6.55 (H) – 7.55 (E):

In deutschen und russischen Anleitungen wird ein Direktivum vorzugsweise mit Pronominaladverb an die vorausgehende Begründung angeschlossen. Alternative in deutschen Anleitungen des Maschinenbaus ist ein ∅-Anschluss, während in Texten des Gerätebaus die lexikalische Rekurrenz bevorzugt wird. Beim Anschluss über Pronominaladverb ist die Verwendungsfrequenz in russischen Anleitungen vom Adressatenbezug abhängig. Nur in fachinternen Texten gibt es eine echte Alternative: im Korpus (R MB) – wie im Deutschen – den ∅-Anschluss, im Korpus (R GB) die Parenthese.

Das „makrokulturell" häufigste Anschlussmittel in den englischen Korpora ist die lexikalische Rekurrenz. Die komplementären Mittel könnten von der Mikrokultur abhängen, wie z.B. die Kontrastierung in den Texten des Maschinenbaus, oder auch vom Adressatenbezug, wie z.B. fachextern der ∅-Anschluss. Auf eine mikrokulturelle Besonderheit weist der Anteil der Koordination im Korpus (E GB) hin.

Translatorische Behandlung

Aufgabe:

Anpassung der antezedenten Begründungen (Direktiva) einer russischen Anleitung (GB) ⇒ D bzw. E

Lösung:

Bei der Translation sollten die Parenthesen mit dem Direktivum aufgelöst werden. Für den deutschen ZT wäre ein Anschluss mit Pronominaladverb, für den englischen ZT ein ∅-Anschluss zu wählen. Im englischen ZT wäre zusätzlich der Anschluss mit Pronominaladverb durch Koordination zu ersetzen.

Beispiele:

Проточный вспомогательный электрод заполняется и периодически пополняется во время работы 3,5 н раствором хлористого калия **(256 г КСл растворить в дистиллированной воде и довести объем до 1 литра)**.

- ⇒ Beim Ausheizen darf der Pumpenrotor nicht wärmer als 100°C werden. Der Rotor ist **daher** vor starker, direkter Wärmeeinstrahlung zu schützen.
- ⇒ The sample point should be as close to the critical measurement point as possible. For example, in a glove box application connect the sensor at the exit of the glove box not at the gas entry point.

В унифицированных датчиках ГСП, погрешность которых без разделителей не превышает допускаемую, установка разделителей не должна существенно влиять на выходной сигнал **и поэтому** допускается корректировка нуля.

- ⇒ A multiplicity of configurations may be achieved by splitting the head into 2 halves, **and** in this case a specially mounted bracket arrangement is to be provided.

Mit gleicher Berechtigung könnten antezedente Begründungen des russischen AT in englische formimmanente Äußerungsformen überführt werden, denn gemäß Abb. 2.9 gehören antezedente Begründungen in den englischen Korpora nicht zu den Präferenzen.

2.2.2.5.1.2 Postzedente Begründungen

Präferenzen gemäß Tab. 4.56 (MB) – 5.56 (GB) – 6.56 (H) – 7.56 (E):

Die interkulturell wichtigsten Mittel zum Anschluss postzedenter Begründungen an Direktiva sind lexikalische Rekurrenz und semantische Kontrastierung. Komplementär werden in allen englischen Korpora sowie in deutschen und russischen Texten des Maschinenbaus Pronomina verwendet. Vorzugsweise mikrokulturelle Relevanz hat das Pronominaladverb in deutschen Anleitungen des Gerätebaus. Die Distribution von ∅-

Anschluss und Parenthese lässt sich dagegen weder auf die Mikrokultur noch auf den Adressatenbezug zurückführen.

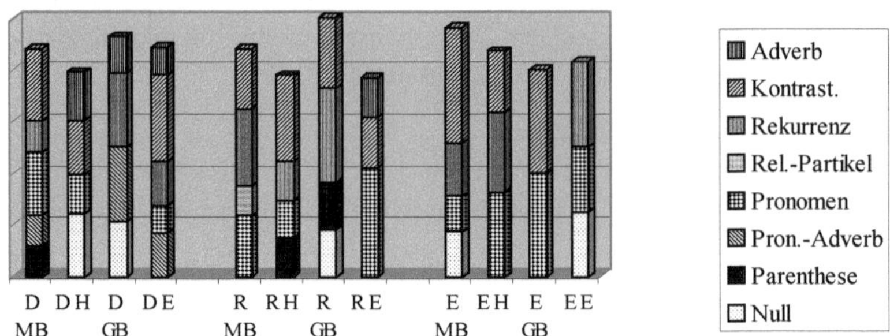

Abb. 2.11: Anschluss postzedenter Begründungen (Direktiva)

Translatorische Behandlung

Aufgabe:

Anpassung der postzedenten Begründungen (Direktiva) einer deutschen Anleitung (H) ⇒ R bzw. E

Lösung:

Im Zuge der Translation ins Russische wären die ∅-Anschlüsse teils durch Parenthesen, teils durch lexikalische Rekurrenz zu ersetzen. Für den englischen ZT eignen sich als Ersatz Pronomina und lexikalische Rekurrenz. Zusätzlich wären die Adverbien des deutschen AT im russischen ZT jeweils in eine vollwertige semantische Kontrastierung, im englischen ZT dagegen ebenfalls in lexikalische Rekurrenz zu überführen. Bei den Maßnahmen für den englischen ZT ist allerdings zu bedenken, dass postzedente Begründungen gemäß Abb. 2.9 in britischen bzw. amerikanischen Anleitungen nicht zu den Präferenzen gehören. Wie bei den antezedenten, so wäre auch bei postzedenten Begründungen ein Ausweichen auf formimmanente Äußerungsformen denkbar und gerechtfertigt.

Beispiele:

Setzen oder stellen Sie sich nicht auf die geöffnete Tür, das Gerät könnte kippen.

- ⇒ Заполнив один из фильтров кофе не слишком мелкого помола (**при мелком помоле затрудняется полное вытекание напитка**), установите его в чаше 5 кофеварки.
- ⇒ Затем дайте возможность **влаге окончательно высохнуть**. Включать холодильник в электросеть можно только после **полного высыхания влаги**.
- ⇒ If the washer has been out of use for a long time, carry out a complete cycle without washing a load, adding 25g (1oz) Calgon water softener to the detergent dispenser instead of wash powder. **This** will remove any deposits from the machine.
- ⇒ Push opposite **hose end firmly** into rear "cup" in rack. **Hose end** must be **firmly** connected to tool rack when cleaning floors.

Weiße und farbige Wäsche getrennt waschen, weiße Wäsche wird **sonst** grau.

⇒ Приобретая машину, проверьте **наличие** в руководстве по эксплуатации гарантийных талонов, дающих право на бесплатный ремонт машины во время гарантийного срока. **Утеря** гарантийного талона лишает права на бесплатный ремонт.

⇒ Under no circumstances should you attempt to **repair** the machine **yourself**. **Repairs** carried out **by unexperienced persons** may cause injury or serious malfunctioning.

2.2.2.5.2 Begründungen zu Repräsentativa (vgl. 1.7.3.1.2/1.7.3.2.2)

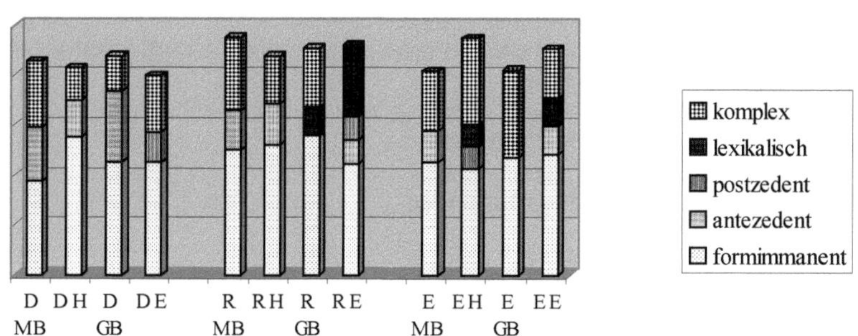

Abb. 2.12: Äußerungsformen für Begründungen zu Repräsentativa

Präferenzen gemäß Tab. 4.57 (MB) – 5.57 (GB) – 6.57 (H) – 7.57 (E):

Generell werden auch Begründungen zu Repräsentativa überwiegend formimmanent geäußert. Häufig ist dabei der Anteil formimmanenter Begründungen fachextern höher als -intern. Wichtigste Ergänzung sind in deutschen fachinternen Anleitungen antezedente, in den russischen und vor allem in den englischen Korpora dagegen komplexe Begründungen. In russischen Texten des Maschinenbaus finden sich insbesondere antezedente, in solchen des Gerätebaus insbesondere lexikalische Begründungen, deren Anteil im Korpus (R E) zwar auf Texte fremder Provenienz zurückgeht, jedoch keine direkte Parallele im entsprechenden englischen Korpus findet. Zudem fehlen in diesen russischen Texten weitgehend auch die für englische Korpustexte typischen komplexen Begründungen. Postzedent werden Begründungen ausschließlich fachextern geäußert. Auch lexikalische Begründungen kommen in den englischen Korpora nur in fachextern vor.

Translatorische Behandlung

Aufgabe:

Anpassung der Begründungen zu Repräsentativa einer amerikanischen Anleitung (MB) ⇒ D bzw. R

Lösung:

Bei der Übersetzung ins Deutsche wäre ein Teil der formimmanenten Begründungen in antezedente zu überführen. Im russischen ZT wären z.B. die (seltenen) lexikalischen Begründungen des AT durch formimmanente bzw. komplexe Äußerungsformen wiederzugeben.

Beispiele:

Atmospheric pressure pushes liquid and/or air up the inlet plumbing **to** fill the vacuum.

⇒ Die Spalte betragen nur wenige Zehntel-Millimeter, **dadurch** ist die Gasrückströmung im Feinvakuumbereich vernachlässigbar klein.

Uneven adjustment, however, may **cause** the belt to run to one side.

A very slight increase in temperature may **be due to** frictional heat generated within the Compressor.

⇒ При этом перемещение может быть неравномерным **вследствие** наличия воздуха в гидросистеме робота.

⇒ **Причиной** стука может быть нарушение правильности зацепления **вследствие** сильной сработанности зубьев.

2.2.2.5.2.1 Antezedente Begründungen

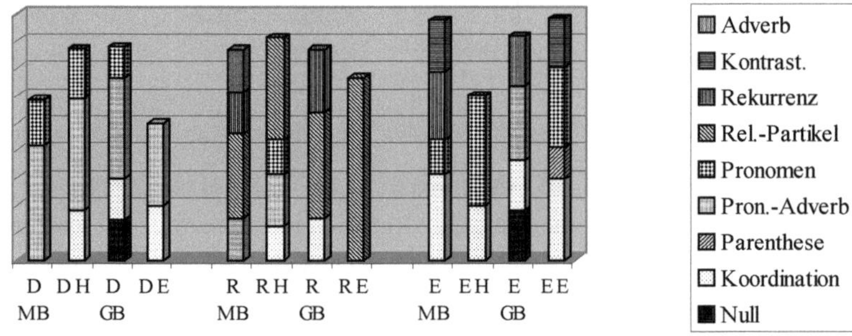

Abb. 2.13: Anschluss an antezedente Begründungen (Repräsentativa)

Präferenzen gemäß Tab. 4.59 (MB) – 5.59 (GB) – 6.59 (H) – 7.59 (E):

Kohärenz zwischen Repräsentativum und vorausgehender Begründung wird in deutschen Anleitungen vorzugsweise durch Pronominaladverb hergestellt. Primäres Mittel für einen solchen Anschluss ist in russischen Texten die Relativpartikel. Ein Anschlussmittel „makrokultureller“ Relevanz scheint in „angloamerikanischen“ Anleitungen die Koordination zu sein, komplementär werden fachextern vor allem Pronomina verwendet. Koordination und Pronomina kommen auch in deutschen und russischen Texten vor, ohne dass eine Korrelation zu Mikrokultur/Adressatenbezug erkennbar wäre. Dagegen ist lexikalische Rekurrenz primär in fachinternen Texten (R MB/GB, E MB) zu finden.

Translatorische Behandlung

Aufgabe:

Anpassung der antezedenten Begründungen (Repräsentativa) einer russischen Anleitung (GB) ⇒ D bzw. E

Lösung:

Im Zuge der Translation ins Deutsche wären die Anschlüsse über Relativpartikel durch solche mit Pronominaladverb zu ersetzen. Lexikalische Rekurrenz im russischen AT wäre mit Pronomen bzw. ∅-Anschluss wiederzugeben. Im englischen ZT wäre analog zu verfahren, wobei Adverb bzw. ∅-Anschluss die lexikalische Rekurrenz des AT zu ersetzen hätten. Anschlüsse über Koordination können in beiden ZT abgebildet werden.

Beispiele:

Внутренняя полость электрода заполнена раствором бромистоводородной кислоты (…), **что** позволяет транспортировать электроды при температуре до -25°C.

⇒ Diese sind so ausgelegt, daß nur der jeweils größte der anstehenden Ströme zur Messung ausgewählt wird. Eine verfälschende Summenbildung wird **dadurch** vermieden.

⇒ The rotation rate is 1,500 revolutions per minute, **therefore** making a sampling rate of 200 per second.

Фиксация от горизонтальных перемещений должна быть предусмотрена конструктивным **исполнением** емкости. Примеры **исполнений** приведены на рис. 6 – 8.

⇒ Ein Schaltkontakt des Umschaltrelais ist auf der Rückseite des Gerätes an den Klemmen „Trigger 10^{-2}" herausgeführt. An **diesen** Klemmen kann ein Folgegerät, eine Signalanlage o.ä. angeschlossen werden.

⇒ In der dritten Stellung ist das Meßwerk frei und das Netz für die Zusatzeinrichtungen eingeschaltet. Es kann der Leitungsabgleich vorgenommen werden.

⇒ This is especially true when the sample has a very high refractive index, and **hence** the effective penetration depth is very small.

⇒ The instrument measures the time for which the product obscures the laser beam as a proportion of the total scan time and averages the result over 16 scans. Any inconsistent readings are rejected.

2.2.2.5.2.2 Postzedente Begründungen

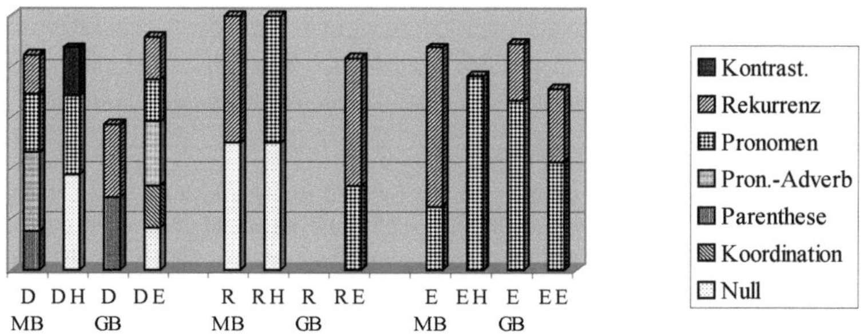

Abb. 2.14: Anschluss postzedenter Begründungen (Repräsentativa)

Präferenzen gemäß Tab. 4.60 (MB) – 5.60 (GB) – 6.60 (H) – 7.60 (E):

Interkulturelle Gemeinsamkeiten bestehen gemäß Abb. 2.14 beim Anschluss einer postzedenten Begründung durch Pronomen oder lexikalische Rekurrenz. In deutschen fachexternen Texten und russischen Anleitungen (MB/H) werden Begründungen alternativ durch ∅-Anschluss mit dem vorausgehenden Repräsentativum verbunden. Typisch für fachinterne deutsche Anleitungen ist eine Begründung in Parenthese. Während die deutschen Korpora im Übrigen ein eher diffuses Bild zeigen, kann der Anschluss über Pronomen als makrokulturelle Präferenz „angloamerikanischer“ Anleitungen gelten. Die Texte des Korpus (R GB) enthalten keine postzedenten Begründungen, Originaltexte des Korpus (R E) ebenso wenig. Hier spiegeln sich eindeutig amerikanische Präferenzen.

Translatorische Behandlung

Aufgabe:

Anpassung der postzedenten Begründungen (Repräsentativa) einer britischen bzw. amerikanischen Anleitung (H) ⇒ D bzw. R

Lösung:

Bei der Translation wäre (theoretisch) sowohl für den deutschen als auch für den russischen ZT die Hälfte der (durch Pronomen angeschlossenen) Begründungen mit einem ∅-Anschluss zu versehen. Komplementär wären im deutschen ZT Anschlüsse über semantische Kontrastierung zu verwenden.

Beispiel:

There is no water draining after the last rinse of the Gentle wash cycle. **This** prevents the clothes from creasing if they are left in the machine at the end of the wash cycle.

⇒ Kein Fehler! Das Wasser befindet sich im Gerät unterhalb des sichtbaren Bereiches.

⇒ Während des Trocknens kann die Trocknungszeit nur **verkürzt** werden. Eine Trocknungszeit**verlängerung** ist nur nach Neuwahl möglich.

⇒ Данные, приведенные в таблице, являются ориентировочными. Собственный опыт и вкус позволит [sic] Вам внести необходимые изменения.

Praktisch kommen postzedente Begründungen in den entsprechenden deutschen und russischen Anleitungen jedoch nur vereinzelt vor. Alternativ wäre daher durchaus eine Umwandlung in antezedente oder formimmanente Begründungen sinnvoll:

Beispiel:

There is no water draining after the last rinse of the Gentle wash cycle. **This** prevents the clothes from creasing if they are left in the machine at the end of the wash cycle.

⇒ Der Grillheizkörper schaltet sich automatisch ein und aus. Er ist **deswegen** nicht immer rotglühend.

⇒ **Um** zu verhindern, daß sich in der feuchten warmen Wäsche Knitter fixieren, wird die Wäsche bis zu 30 Minuten nach Programmende regelmäßig umgeschichtet.

⇒ Конструкция пылесоса постоянно совершенствуется, **поэтому** возможны некоторые расхождения между руководством по эксплуатации и фактическим исполнением.

⇒ **Для удобства** наблюдения за выпечкой со стороны задней стенки жарочного электрошкафа расположена лампа подсвета, которая включается клавишным переключателем.

2.2.2.6 Perspektivierung von Begründungen

2.2.2.6.1 Begründungen zu Direktiva (vgl. 1.7.3.3.1/1.7.3.3.2)

Präferenzen gemäß Tab. 4.61 (MB) – 5.61 (GB) – 6.61 (H) – 7.61 (E):
Formimmanente Begründungen zu Direktiva haben interkulturell primär eine positive Perspektive, ausgenommen sind deutsche Anleitungen des Maschinenbaus. Antezedente Begründungen kommen mit positiver Perspektive vorzugsweise in deutschen und russischen fachinternen Anleitungen vor, eine negative Perspektive ist selten. Diese überwiegt dagegen oft bei postzedenten Begründungen. Komplexe Begründungen sind in den englischen Korpora und in deutschen Texten des Gerätebaus mehrheitlich positiv, in deutschen Anleitungen (MB/H) ist ihre Perspektivierung etwa ausgewogen.

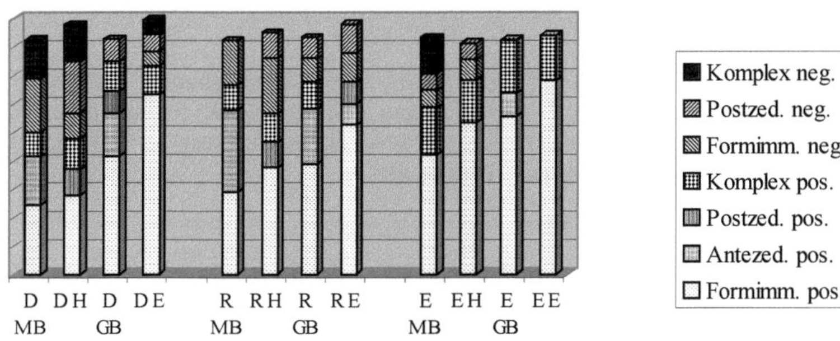

Abb. 2.15: Perspektivierung von Begründungen zu Direktiva

Translatorische Behandlung

Aufgabe:

Anpassung der Perspektivierung von Begründungen (Direktiva) einer deutschen Anleitung (MB) ⇒ R bzw. E

Vorbemerkung:

Bei dieser Aufgabe geht es nicht um einen möglichen Wechsel zwischen den Begründungstypen (vgl. dazu 2.4.7.1), sondern ggf. ausschließlich um einen konventionskonformen Wechsel der Begründungsperspektive im ZT. Vorab wäre hier die Frage zu klären, ob eine Anpassung nur in der Richtung negativ-positiv wünschenswert ist oder ob eine solche auch in umgekehrter Richtung vorgenommen werden sollte. Da insbesondere Begründungen zu Direktiva bei negativer Perspektive leicht zu Drohungen geraten, sollte die Anpassung im Interesse des Senders bei Bedarf auf eine Positivierung beschränkt bleiben. Selbst wenn der Rezipient an eine gewisse Unfreundlichkeit in Texten seiner eigenen Kultur gewöhnt ist, entstehen ihm durch eine freundlichere Argumentation keine Nachteile, sofern die Begründungen dadurch nicht ihre Klarheit einbüßen.

Lösung (Teil I):

Sofern akzeptiert ist, dass eine Verstärkung der negativen Perspektive generell unterlassen werden sollte, wird sich die Anpassung für den russischen ZT auf eine Perspektivenänderung bei einem Teil der formimmanenten und der komplexen Begründungen beschränken. Um eine möglichst konventionskonforme Gesamtperspektivierung des englischen ZT zu erreichen, wäre insbesondere der Anteil negativer formimmanenter Begründungen drastisch zu reduzieren. Über eine Abbildung der modalen PräpG, die mit Verweisen auf Normen/Vorschriften korrelieren (vgl. 2.6.3), sollte der Sender entscheiden, da hier eine sachliche Anpassung notwendig ist, an der er mitwirken müsste.

Beispiel (komplex):

> Beim Befestigen der Pumpe darauf achten, daß die Pumpe **nicht verspannt** wird. Auch ein **Verspannen** des Pumpengehäuses durch die Außenleitungen **unbedingt vermeiden. Jedes Verspannen** gefährdet die Pumpe, da die Spalte zwischen Rotor und Gehäuse nur gering sind.
>
> ⇒ Для тех конструкций уплотнений, которые **позволяют** произвести пригонку гребней уплотнительных колец **для осуществления** равномерного зазора, такая пригонка и производится, тем самым **выправляется** влияние допущенных отклонений при центровке диафрагмы.

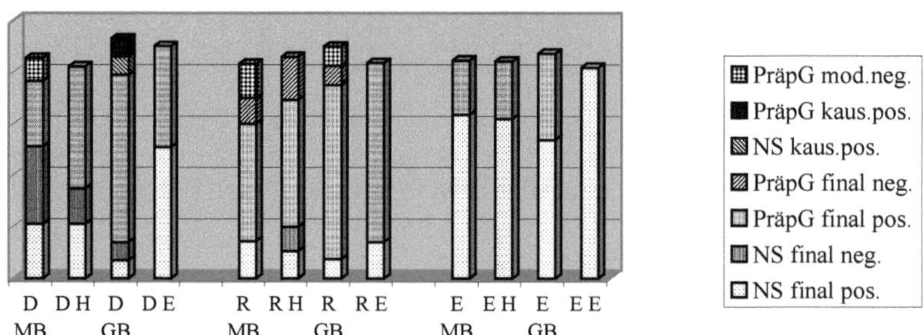

Abb. 2.16: Perspektive formimmanenter Begründungen (Direktiva)

Präferenzen gemäß Tab. 4.62 (MB) – 5.62 (GB) – 6.62 (H) – 7.62 (E):

Die Mehrheit formimmanenter Begründungen bringt interkulturell finale Relationen zum Ausdruck. Makrokulturelle Präferenz in deutschen und russischen Anleitungen sind daher die finale PräpG, in englischen Texten der finale Infinitiv mit positiver Perspektive. Der positive Finalsatz ergänzt in den deutschen Korpora die finale PräpG, sein Anteil ist fachextern höher als fachintern. Eine Besonderheit deutscher Anleitungen des Maschinenbaus sind Finalsätze mit negativer Perspektive. In russischen Anleitungen wird die finale PräpG ebenfalls negativ perspektiviert, was in deutschen oder englischen Texten nicht üblich ist. Die modale PräpG als Begründung zu einem Direktivum im Korpus (D MB) und in russischen fachinternen Korpora gilt generell als negativ (vgl. 1.7.3.3.2).

Lösung (Teil II):
Zur Änderung der Perspektive formimmanenter Begründungen sind die jeweiligen Äußerungsformen gemäß Abb. 2.16 zu beachten. Bei der Übersetzung ins Russische sollten negative Finalsätze in positive finale PräpG umgewandelt werden. Für den englischen ZT ist hier die positive finale Infinitivkonstruktion zu wählen.

Beispiel:

Unmittelbar nach dem Abschalten Kühlwasserzufuhr absperren, **um** Kondensatwasserbildung in der Pumpe **zu vermeiden**.

⇒ **Для достижения** наибольшей производительности мельницы и наименьшего расхода электроэнергии на тонну размолотого топлива необходимо поддерживать определенную загрузку мельницы шарами наиболее эффективного размера.

⇒ Use these as a guide **to determine** the performance to expect from the pump you are installing.

2.2.2.6.2 Begründungen zu Repräsentativa (vgl. 1.7.3.3.3/1.7.3.3.4)

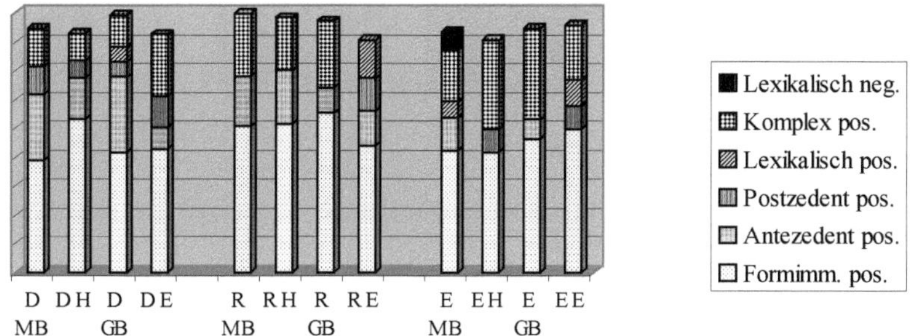

Abb. 2.17: Perspektivierung von Begründungen zu Repräsentativa

Präferenzen gemäß Tab. 4.63 (MB) – 5.63 (GB) – 6.63 (H) – 7.63 (E):
Beim Bezug auf Repräsentativa sind Begründungen interkulturell positiv, das gilt sowohl für einfache als auch für komplexe Begründungen. Der größte Anteil entfällt – wie bei den Direktiva – auf formimmanente Begründungen. Antezedente Begründungen kommen mit positiver Perspektive in allen Korpora (D/R) vor, ebenso fachintern in den englischen. Positive postzedente Begründungen scheinen eine makrokulturelle Besonderheit deutscher Anleitungen zu sein, sie werden jedoch fachextern auch in „angloamerikanischen“ Anleitungen gefunden. Lexikalische Begründungen sind positiv wie negativ ein Charakteristikum der englischen Korpora (vgl. daher auch R E).

Präferenzen gemäß Tab. 4.64 (MB) – 5.64 (GB) – 6.64 (H) – 7.64 (E):
Formimmanente Begründungen zu Repräsentativa sind in ihrer Perspektivierung interkulturell dominant positiv. Die Mehrzahl dieser Begründungen beinhaltet eine Relation

der Finalität, die in deutschen und russischen Anleitungen nur selten durch einen Nebensatz ausgedrückt wird. In den englischen Korpustexten wird dagegen – insbesondere fachextern – die finale Infinitivkonstruktion bevorzugt (vgl. Abb. 2.18).

Relationen der Kausalität/Konsekutivität, d.h. Begründungen im engeren Sinne, finden sich vor allem in fachinternen Texten. Die jeweilige Ausdrucksform entspricht makrokulturellen Gepflogenheiten: der englische Konjunktionalsatz auf der einen Seite, die russische PräpG auf der anderen. In deutschen fachinternen Anleitungen werden dagegen beide Formen parallel verwendet. Modale PräpG sind nur für deutsche Anleitungen (MB) typisch, in russischen Texten können sie auch fachextern vorkommen.

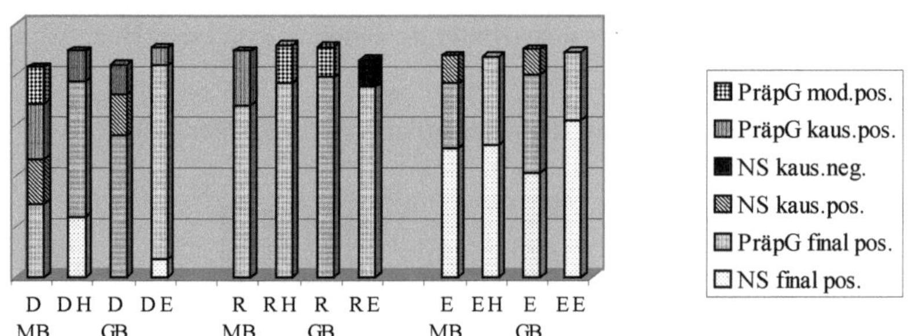

Abb. 2.18: Perspektive formimmanenter Begründungen (Repräsentativa)

Translatorische Behandlung

Aufgabe:

Anpassung der Perspektivierung von Begründungen (Repräsentativa) einer russischen Anleitung (H) ⇒ D bzw. E

Lösung:

Das russische Korpus (H) zeigt insgesamt mehr positive Begründungen als das deutsche oder englische. Da eine Verstärkung der negativen Perspektive nicht wünschenswert ist, werden alle Begründungen in den ZT mit der Perspektive des AT abgebildet. Für eine Übernahme der modalen PräpG in die ZT gelten die Anmerkungen in 2.2.2.6.1 analog.

2.2.2.7 Interpretation der Präferenzen

2.2.2.7.1 Focus on Content vs. Interpersonal Focus (HOUSE – vgl. 1.3.4.3)

Diese von HOUSE festgestellten tendenziellen Differenzen im deutschen bzw. britischen Diskurs zeigen sich bei den Äußerungsformen für Instruktionen überdeutlich. Imperativischer Infinitiv und Präsensformen, die insbesondere den deutschen – aber auch den russischen – fachinternen Diskurs dominieren, sind Formen des unpersönlichen Ausdrucks und stehen damit in Opposition zum allgegenwärtigen englischen Imperativ (vgl. Abb. 2.7).[374]

Bei den Äußerungsformen für Empfehlungen lässt sich eine eindeutige Sachorientierung nur an den russischen Korpora ablesen. Da deontische Hinweise im Deutschen und Englischen sowohl persönlich (Aktiv) als auch unpersönlich (Passiv) formuliert werden können, ermöglicht Abb. 2.8 keine präzise Aussage über ihren Beitrag zur jeweiligen Tendenz. Allerdings legen die höheren Anteile unpersönlicher Performative in den deutschen Korpora die Vermutung nahe, dass die Orientierung zwar nicht so klar, aber doch ganz ähnlich ist wie bei den Instruktionen.

Dafür spricht auch die Verteilung der Verbformen gemäß Abb. 2.6. Ausdruck des „focus on content" sind infinite und passivische Verbformen, die in den deutschen Korpora in der Tat vorherrschen. Der hohe Anteil aktivischer Formen in den englischen Korpora geht mehrheitlich auf den Imperativgebrauch zurück und repräsentiert ohne Zweifel die Tendenz zu „interpersonal focus".

Der Passivgehalt der Gesamttexte (vgl. Abb. 2.5) steht in einem etwa proportionalen Verhältnis zum Passivgehalt ihrer jeweiligen Direktiva. Aus diesem Grund scheint festzustehen, dass Korpora mit einer hohen Frequenz passivischer Direktiva (D/R) einen vergleichbaren Anteil passivischer Repräsentativa enthalten. Demgegenüber ist im englischen Korpus bei einem hohen Anteil aktivischer Direktiva der Passivgehalt auch bei Repräsentativa entsprechend geringer. Die Tendenzen „focus on content" bzw. „interpersonal focus"[375] finden daher auch bei der Formulierung der Gesamttexte eine Bestätigung.

2.2.2.7.2 Directness vs. Indirectness (HOUSE – vgl. 1.3.4.1)

Eine Betrachtung der bevorzugten Äußerungsformen zu Instruktionen und Empfehlungen im Hinblick auf die von HOUSE formulierten Diskurstendenzen „directness" (D) vs. „indirectness" (E) führt zu gegenteiligen Ergebnissen. Auf einer Skala der Direktheit muss der Imperativ ganz oben stehen, während z.B. das Präsens eine Ausdrucksform maximaler Indirektheit ist, wie auch BALLSTAEDT (1999: 111) anmerkt:

---

[374] Diesen Tendenzen entspricht bei GLÄSER (1992: 81) die Differenzierung „objektbezogen" vs. „subjektbezogen" zur „Darstellungshaltung des Textautors".

[375] Eine Interpretation der Tendenz zu „Interpersonal Focus" in dem Sinne, dass z.B. die Beziehung Vorrang vor der Aufgabe hat bzw. Menschen wichtiger sind als Dinge (vgl HOFSTEDE 2001: 92 bzw. 137) liegt zwar nahe, wird jedoch durch die Ergebnisse von HOFSTEDE nicht gestützt, da die „angloamerikanische" und die deutsche Kultur vergleichbar maskulin sind und zudem der Individualismus in der deutschen Kultur weniger ausgeprägt ist als in der amerikanischen oder britischen (vgl. Tab. 1.1 bzw. 1.4).

Durch Beschreibung eines Zustandes werden oft indirekte Anleitungen gegeben: „In dem Raum dürfen sich keine brennbaren Flüssigkeiten befinden". Hier muß der oder die Lesende erschließen, daß er oder sie zuerst die brennbaren Flüssigkeiten aus dem Raum entfernen muß. Untersuchungen haben gezeigt, daß indirekte Anleitungen als wenig wichtig rezipiert werden.[376]

Direkter als Präsensformen erscheinen Infinitive und deontische Hinweise, sofern letztere aktivisch formuliert sind. In passivischer Form unterscheiden sie sich nicht wesentlich von den indirekten Präsensformen. Entsprechendes gilt für die als deontische Hinweise geäußerten Empfehlungen. Diese sind – passivisch formuliert – nicht direkter als unpersönliche Performative.

Unter diesem Aspekt lässt sich englischen Instruktionen generell die größte Direktheit bescheinigen, während deutsche und russische Instruktionen – vor allem fachintern – häufig indirekt geäußert werden (vgl. Abb. 2.7). Ganz offensichtlich ist Indirektheit in diesem Kontext keine Begleiterscheinung der Tendenz zu „Interpersonal Focus", wie von HOUSE angenommen, ebenso wenig korreliert „Focus on Content" mit Direktheit. Es handelt sich vielmehr um gegenläufige Tendenzpaare. Im Vergleich zu der bei HOUSE getroffenen Zuordnung kommen Direktheit und Indirektheit daher in den Anleitungskorpora invertiert zum Ausdruck.

Beispiele für amerikanische Indirektheit finden sich dagegen in einer Variante lexikalischer Begründungen (vgl. Abb. 2.17), die sich der Form nach auf ein Repräsentativum beziehen, z.B.

> Improper or inadequate wiring can **kill or cause** fires.

Diese Begründung ist zwar weder ante- noch postzedent mit einem entsprechenden Direktivum verbunden, greift aber semantisch zurück zu mindestens einer Instruktion früher im Text. Sie ersetzt daher in englischen Korpustexten den direkten deutschen Hinweis auf die Konsequenzen einer Missachtung, der der jeweiligen Instruktion unmittelbar als Begründung beigegeben wird. Die Indirektheit des nicht weniger drastischen (expliziten) englischen Hinweises resultiert aus der räumlichen Distanz zur Instruktion, durch die gleichzeitig die Begründungsbeziehung zu ihr aufgehoben wird.

---

[376] Zu einer analogen Interpretation vgl. auch AITKEN (2002: 99): "To illustrate we might sketch out how one particular phenomenon, that of implicitness in the specialised communicative context of instructional discourse, lends itself to a cognitively oriented approach grounded in pragmatic theory. Assuming that imperative sentence-type is grammatically specialised for performing directive speech acts insofar as the amount of inferencing required in processing is relatively small (…) then it is perhaps surprising that instructions for use also contain fairly large numbers of declarative sentences with the same directive function".

2.2.2.7.3 Explicitness vs. Implicitness (House – vgl. 1.3.4.4)

Begründungen als solche sind nach Ansicht von House (1997: 87) bereits Ausdruck der Tendenz zur Explizitheit (zur Begründungsdichte vgl. 2.6.4.4). Doch auch die Äußerungsformen für Begründungen können unterschiedlich explizit sein. Zunächst liegt die Differenz zwischen einfachen und komplexen Begründungen in eben diesem Merkmal. Des Weiteren gilt für formimmanente Begründungen – wie für den Ausdruck adverbialer Beziehungen im Allgemeinen – dass der Nebensatz maximale Explizitheit realisiert, während die PräpG einen eher impliziten Ausdruck repräsentiert.

Bei ante- und postzedenten Begründungen entscheidet die Art des Anschlusses an Direktivum bzw. Repräsentativum über das Maß an Explizitheit. In diesem Sinne sind ∅-Anschluss, Koordination und Parenthese die Mittel maximaler Implizitheit. Pronomina und lexikalische Rekurrenz stehen ihnen nur wenig nach. Sie repräsentieren zwar den Anschluss auf der formalen Ebene, tragen jedoch kaum zur Markierung der bestehenden Begründungsbeziehung bei. Expliziert wird diese Beziehung dagegen durch ein entsprechendes Pronominaladverb, eine Relativpartikel oder semantische Kontrastierung, bei der die Begründung besonders drastisch zum Ausdruck kommt.

Aus den Diagrammen in 2.2.2.5 lassen sich die Informationen für eine solche Klassifikation gewinnen. Abb. 2.9 und 2.12 zeigen für die englischen Korpora extrem hohe Anteile komplexer Begründungen (sowohl zu Direktiva als auch zu Repräsentativa), die eine Interpretation als Ausdruck der Tendenz zu Explizitheit nahe legen. Des Weiteren enthalten die englischen Korpora mehr formimmanente Begründungen als die deutschen und russischen, die mehrheitlich durch Nebensätze (vgl. Abb. 2.52 bzw. 2.53) und damit expliziter geäußert werden, als dies mit den PräpG in den russischen oder der Kombination von Nebensätzen und PräpG in den deutschen Texten möglich ist.

Ein etwas anderes Bild ergibt sich für ante- und postzedente Begründungen in den englischen Korpora. Hier wird in der Tat ein impliziter Ausdruck bevorzugt durch ∅-Anschluss, Pronomina und lexikalische Rekurrenz (vgl. Abb. 2.10/2.11 zu Direktiva) bzw. durch Koordination, Pronomina und lexikalische Rekurrenz (vgl. Abb. 2.13/2.14 zu Repräsentativa). Allerdings enthalten die Korpora auch signifikante Anteile der semantischen Kontrastierung, die hier zu den Mitteln maximaler Explizitheit gerechnet wird.

Die Ergebnisse zu den deutschen und russischen Anleitungen sind insgesamt ähnlich widersprüchlich: der Anteil komplexer Begründungen ist erheblich geringer als in den englischen Korpora, gleichzeitig wird in formimmanenten Begründungen weitgehend der implizite Ausdruck durch die PräpG bevorzugt. Besonders deutlich ausgeprägt ist die Implizitheit in diesem Sinne in russischen Anleitungen. Bei ante- und postzedenten Begründungen werden in den deutschen Texten implizite und explizite Anschlussmittel ebenfalls parallel verwendet: insbesondere ∅-Anschluss, Koordination, Pronomina und lexikalische Rekurrenz einerseits und Pronominaladverbien andererseits (generell antezedent, vgl. Abb. 2.10/2.13). Postzedent finden sich ∅-Anschluss, Parenthese, Pronomen und lexikalische Rekurrenz neben Pronominaladverb und semantischer Kontrastierung (vgl. Abb. 2.11/2.14). In einer ähnlichen Mischung zeigen sich implizite und explizite Anschlussmittel auch in den russischen Korpora. Antezedent werden ∅-Anschluss, lexikalische Rekurrenz sowie Pronominaladverb und Relativpartikel verwendet (vgl. Abb. 2.10/2.13). Postzedente Begründungen werden vorzugsweise über ∅-Anschluss, Pronomina, lexikalische Rekurrenz und semantische Kontrastierung angeschlossen.

Angesichts dieses offensichtlichen Gleichgewichts konträrer Fakten erscheint es hier insgesamt schwierig, makrokulturell eine besondere Ausprägung einer der beiden Tendenzen zu erkennen. Für Anleitungen gilt daher nicht, was nach HOFFMANN beim Vergleich russischer und englischer Fachtextsorten durchaus festgestellt werden kann:

> Kohärenzbeziehungen werden je nach Sprache mehr explizit oder mehr implizit zum Ausdruck gebracht; das gilt sowohl für die semantische Kohärenz in den Isotopie- bzw. Nominationsketten als auch für die syntaktische Kohärenz in der Thematischen Progression, aber auch für die Verwendung von Konnektoren wie Satzadverbien, Modalwörter usw. Das Englische ist in dieser Beziehung bei einigen Fachtextsorten weit sparsamer als das Russische (1992: 104).

Die Differenz in der Perspektivierung von Begründungen zu Direktiva (vgl. Abb. 2.15) kann ebenfalls als Ausdruck von Explizitheit bzw. Implizitheit interpretiert werden. Eine Begründung wird als positiv angesehen, wenn sie das Erwünschte nennt, das mit der Befolgung der Instruktion erreicht werden soll. In einer negativen Begründung wird dagegen das Unerwünschte genannt, das mit der Befolgung der Instruktion vermieden werden soll. Es versteht sich, dass mit dem Erreichen von Erwünschtem gleichzeitig Unerwünschtes vermieden wird (und umgekehrt). Die positive Perspektive bedeutet daher eine Fokussierung auf Wünschenswertes, das mögliche Risiko bleibt unerwähnt.

2.2.2.7.4 Unsicherheitsvermeidung (HOFSTEDE – vgl. 1.2.3.8.2)

Interkulturell ist es vor allem die Mikrokultur Maschinenbau, die in ihren Anleitungen Begründungen zu Direktiva negativ perspektiviert. Im makrokulturellen Vergleich ist der Anteil negativer Begründungen in den deutschen Korpora besonders hoch, in den englischen dagegen besonders gering. Anleitungen der Mikrokultur Gerätebau zeigen eine insgesamt positivere Perspektive, wobei negative Begründungen hier in deutschen – und vor allem in russischen – Anleitungen häufiger sind als in den entsprechenden „angloamerikanischen“ Texten. Diese Fakten resultieren aus der Verwendung negativ perspektivierter Finalsätze (D) bzw. PräpG (R), die in den englischen Korpora nicht bzw. nur selten vorkommen (vgl. Abb. 2.16).

Es gibt verschiedene Möglichkeiten, die Neigung zu negativer Perspektive in Texten des Maschinenbaus zu interpretieren. Zunächst dürften Verletzungs- und Schadensrisiken beim Betrieb von Maschinen in der Regel erheblich höher sein als beim Betrieb elektronischer Geräte. Die größere Explizitheit, mit der das – insbesondere für den Rezipienten – Unerwünschte in dieser Mikrokultur als Konsequenz der Missachtung einer Instruktion zum Ausdruck gebracht wird, ist daher vor allem als Versuch einer Risikominimierung zu verstehen (dafür spricht auch die insgesamt positivere Perspektive der Anleitungen des Gerätebaus). Warnhinweise sollen – so fordern es die entsprechenden Normen – möglichst explizit formuliert werden (vgl. auch 1.7.3.3.2), um den Betreiber/Benutzer vor Schaden und den Hersteller vor Haftungsrisiken zu schützen. Das Mehr an expliziten (negativen) Begründungen in den deutschen Anleitungen spiegelt daher vermutlich ein verstärktes Bemühen um Unsicherheitsvermeidung, das nach HOFSTEDE in der britischen und der amerikanischen Kultur weit weniger ausgeprägt ist als z.B. in der deutschen. HOFSTEDE (2001: 161) hält die Differenz im Streben nach Unsicherheitsvermeidung sogar für den wesentlichen Unterschied zwischen der deutschen und der britischen Kultur:

> Dies bestätigt die Existenz einer kulturellen Kluft zwischen diesen beiden sonst sehr ähnlichen Ländern hinsichtlich der Vermeidung von Unsicherheit, wie auch die zu Beginn dieses Kapitels erzählten Begebenheiten zeigen.

Zusätzlich finden sich sowohl in deutschen als auch in russischen Texten modale PräpG, deren Perspektive negativ beurteilt wird. Über einen solchen Verweis zieht sich der Sender/Textproduzent mit Instruktionen und Argumentation hinter eine Norm/Vorschrift zurück. Dahinter könnte die Auffassung stehen, dass die Autorität einer Norm den entsprechenden Instruktionen bessere Aussichten auf Befolgung verschafft als eine „normale" Begründung. Andererseits erhält die Nichtbefolgung dadurch den Status eines Normenverstoßes, der ausschließlich in die Verantwortung des Betreibers fällt, d.h. keinesfalls eine Haftung des Herstellers auslösen kann. Diesen Verweisen steht in britischen/amerikanischen Anleitungen der Appell an den gesunden Menschenverstand gegenüber, der u.U. ebenfalls Instruktionen und Argumentation des Senders ersetzt, z.B.:

> The brightness of the laser light equates to that of the sun, therefore it is hoped that **common sense** will prevail in handling this equipment which complies with all the recommendations of the British Standards as well as the US Department of Health, Education and Welfare regulations.
>
> The following pages contain rules for safe operation of the RR750X. Taking precedence over any specified rule listed herein, however, is the most important rule of all: "**USE COMMON SENSE**".

2.2.3 Syntax (vgl. 1.5.4)

2.2.3.1 Satzkomplexität (vgl. 1.5.4.1)

2.2.3.1.1 Komplexitätsgrad (vgl. 1.5.4.1.3.1)

Präferenzen gemäß Tab. 4.15 (MB) – 5.15 (GB) – 6.15 (H) – 7.15 (E):
Zwar wäre anzunehmen, dass die Satzkomplexität in externen Anleitungen zur leichteren Verständlichkeit geringer ist als in Texten für Fachleute. Es zeigt sich jedoch, dass die deutschen und russischen Mikrokulturen fachintern wie -extern Texte mit etwa konstantem Komplexitätsgrad produzieren. In den englischen Korpora ist der Anteil komplexer Sätze fachextern sogar noch etwas höher als -intern.

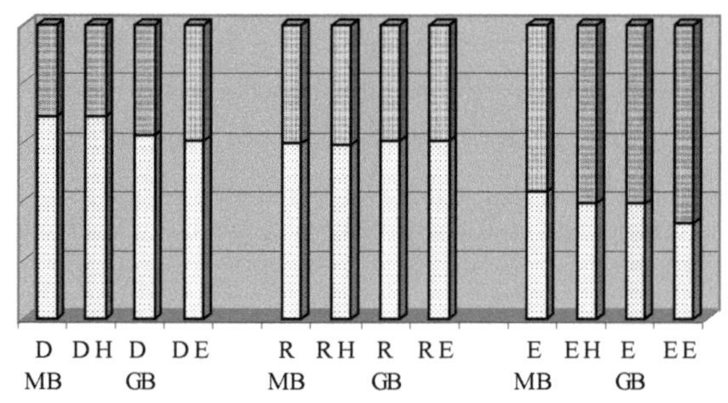

Abb. 2.19: Komplexitätsgrad

Translatorische Behandlung
Aufgabe:
Anpassung der Satzkomplexität einer russischen Anleitung (GB) ⇒ D bzw. E

Lösung (Teil I):
Bei der Übersetzung ins Deutsche kann die Satzkomplexität abgebildet werden, d.h., komplexe Sätze gehen als komplexe Sätze in den ZT ein. Für den englischen ZT wäre dagegen ein Teil der einfachen russischen Sätze in komplexe Strukturen zu überführen. Wenngleich es nahe liegt, hier an eine paarweise Zusammenführung einfacher russischer Sätze zu denken, zeigt doch die Konstitution des jeweiligen Komplexitätsgrades, dass diese Verfahrensweise für eine Lokalisierung wenig geeignet ist.

2.2.3.1.2 Konstitution des Komplexitätsgrades

Präferenzen gemäß Tab. 4.16 (MB) – 5.16 (GB) – 6.16 (H) – 7.16 (E):
Abb. 2.20 gibt Aufschluss darüber, wie der jeweilige Komplexitätsgrad zustande kommt. Abgesehen davon, dass der einfache Satz in den deutschen und russischen Korpora oh-

nehin dominiert, findet hier eine weitere Verwendung einfacher Sätze in parataktischen Kombinationen statt. Eine Satzverbindung gilt zwar als komplex, stellt jedoch lediglich eine Reihung von zwei oder mehr einfachen Sätzen dar, die (häufig) ebenso gut getrennt aufeinander folgen könnten. Hypotaktische Strukturen repräsentieren dagegen die Form der Satzkomplexität, die bei der Rezeption auch als solche wahrgenommen wird.

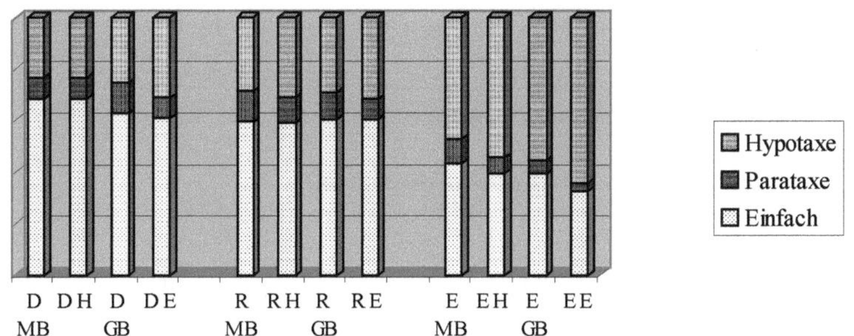

Abb. 2.20: Konstitution des Komplexitätsgrades

Die Feststellung, dass sich die Konvention einer Kultur, Texte überwiegend aus einfachen Sätzen zu produzieren, auch in der Verwendungsfrequenz parataktischer Konstruktionen spiegelt, ist daher geeignet, verschiedene Analyseergebnisse zu erklären. Zunächst liefert sie eine einleuchtende Begründung für den vergleichsweise geringen Anteil der Parataxe an den komplexen Satztypen in den englischen Korpora. Des Weiteren besteht dort Proportionalität der Anteile von einfachen Sätzen und Satzverbindungen: je höher der Anteil einfacher Sätze in einem Korpus ist, desto häufiger kommen parataktische Strukturen vor.

Lösung (Teil II):
Für die Anpassung der Satzkomplexität im englischen ZT (s.o.) bedeutet diese Feststellung, dass 1. die Erhöhung des Komplexitätsgrades nicht über parataktische Strukturen (durch die Zusammenführung einfacher Sätze) stattfinden sollte und dass 2. zusätzlich russische Parataxe zum Teil in hypotaktische Konstruktionen zu überführen wäre.[377] Die beste Lösung für beide Teilaufgaben ist die Wiedergabe russischer PräpG bzw. pränominaler Attribute durch englische Partizipial- bzw. Infinitivkonstruktionen.

[377] Auch KVAM (1998b: 55) hält die Anpassung syntaktischer Strukturen für notwendig: „Für die Translationswissenschaft sind syntaktische Präferenzregeln relevant, da diese dynamisch auf den Satz als Element in der Produktion von Texten in spezifischen Kommunikationssituationen bezogen sind und den Satz eben nicht als statische textunabhängige Größe betrachten“.

Beispiele:

В ящике № 2 содержится **устройство** преобразования нагрузки **с преобразователем перемещения**.

⇒ The Series 4000RS/RS+ combines a standard Series 4000 monitor unit with a sensor head **incorporating** a direct refrigeration unit.[378]

Освободить ТУДЭ, удалить смазку с чувствительной трубки и протереть мягкой, **слегка промасленной** ветощью.

⇒ **Using** VR1 check both trip positions for accuracy by turning up and down once or twice.

Для смазки применять БН3-3.

⇒Tighten the end caps **to produce** a leak-free seal.

2.2.3.1.3 Dichte hypotaktischer Konstituenten

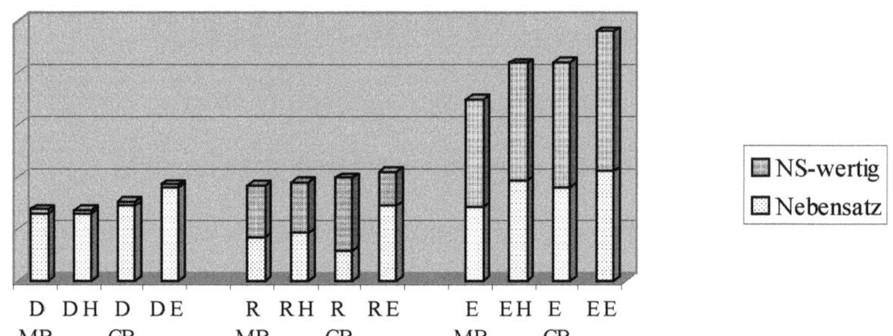

Abb. 2.21: Dichte hypotaktischer Konstituenten

Präferenzen gemäß Tab. 4.17 (MB) – 5.17 (GB) – 6.17 (H) – 7.17 (E):

Interkulturell ist die Nebensatzdichte in Anleitungen fachextern üblicherweise höher als fachintern. Wenngleich die makrokulturellen Unterschiede zwischen deutschen und englischen Korpora hier wesentlich geringer sind, als die Differenzen im Komplexitätsgrad erwarten lassen, ist die NS-Dichte in den englischen Texten doch grundsätzlich höher. Das gilt nicht unbedingt für andere Textsorten, denn GÖPFERICH stellt fest:

> Berücksichtigt man auch die Partizipialkonstruktionen, so weisen alle Textsorten im Englischen eine höhere syntaktische Komplexität auf als im Deutschen. Dies ist bei der Übersetzung zu berücksichtigen (1995: 443).

So zeigt Abb. 2.21 auch, dass der hohe Anteil komplexer Sätze in den englischen Korpora weniger eine Folge der NS-Dichte ist als vielmehr Ausdruck der Dichte NS-werti-

---

[378] GROEBEN/CHRISTMANN (1989: 179) befürworten u.a. die Dekompression von PräpG: „Gehäufte Nominalisierungen wirken sich verständnisbelastend aus (...); sie sollten daher möglichst in kurze Satzteile transformiert werden“. Mit der Formulierung „kurze Satzteile“ (PräpG repräsentieren maximale Kürze) meinen sie vermutlich kurze Teilsätze. Angesichts der Präferenzen ist diese Empfehlung nur für die Produktion englischer ZT sinnvoll.

ger Konstruktionen, die das deutsche Sprachsystem in dieser Weise nicht zur Verfügung stellt. In den russischen Korpora sind NS-Dichte und Dichte NS-wertiger Konstruktionen vergleichsweise gering. Deshalb überwiegt in diesen Texten dennoch der einfache Satz. Das makrokulturell ungewöhnliche Übergewicht der Nebensätze im russischen Korpus (E) dürfte ein Abbild fremder Konventionen sein.

Translatorische Behandlung

Aufgabe:

Anpassung der Dichte der Hypotaxe einer deutschen Anleitung (E) ⇒ R bzw. E

Lösung:

Bei der Translation sind deutsche Nebensätze für den russischen ZT zum Teil in NS-wertige Konstruktionen zu überführen, im englischen ZT dagegen als Nebensätze wiederzugeben. Deutsche Partizipialkonstruktionen werden in beiden ZT abgebildet. Zur Erreichung einer entsprechenden Dichte NS-wertiger Konstruktionen im englischen ZT sind deutsche PräpG entsprechend umzuwandeln. Alle diese Maßnahmen können im Rahmen der jeweiligen Präferenzen realisiert werden, da es nur um einen Wechsel zwischen Ausdrucksformen geht.

Beispiele:

Drehen Sie hierzu den Drehknopf 5 nach links, **ohne** eine weitere Einstelltaste gleichzeitig **zu** betätigen.

⇒ Затем, **поворачивая** ручку „ТЕМБР“ по часовой стрелке до щелчка, включите питание радиоприемника.

Eine Optimal-Automatik für Farbbild und Ton, **ausgelöst** durch Tastendruck am Tele-Pilot (oder beim Einschalten mit der Netztaste), sorgt für bestmögliche Bildwiedergabe.

⇒ Сигнальное устройство срабатывает при совпадении значений текущего времени со временем, **установленным** в программном устройстве.

⇒ On the bottom of the mouse press in the direction of the Open arrow **imprinted** on the retainer ring cover.

Zum Abnehmen des Deckels Schnapper in Pfeilrichtung drücken.

⇒ Remove the retainer ring **to remove** the ball.

2.2.3.1.4 Komplexe Satztypen (vgl. 1.5.4.1.3.2)

Präferenzen gemäß Tab. 4.16 (MB) – 5.16 (GB) – 6.16 (H) – 7.16 (E):

Abb. 2.22 zeigt das zweigliedrige Satzgefüge (SG) in allen Korpora als interkulturell gemeinsame Präferenz. Seine Anteile sind beim Bezug auf einen fachexternen Adressaten generell höher als fachintern. Eine sekundäre Präferenz liegt in den deutschen und russischen Anleitungen bei der zweigliedrigen Satzverbindung (SV), in den englischen Korpora beim mehrgliedrigen Satzgefüge.[379] Für zwei englische Korpora kommt ergän-

[379] Die Struktur „Hauptsatz mit zwei Nebensätzen“, die GÖPFERICH (2000: 115) als „Verstoß gegen die Einfachheit“ kritik- und korrekturwürdig erscheint, sollte nach ihrer Auffassung

zend die Konstruktion „Satzgefüge + Hauptsatz" hinzu. Der hohe Anteil mehrgliedriger Satzgefüge im Korpus (R E) ist auf eine besonders intensive Nachbildung englischer hypotaktischer Komplexität zurückzuführen. Die Präferenzen bestätigen für Anleitungen interkulturell das von HOFFMANN (1992: 98) so benannte Phänomen der „syntaktischen Stereotypie".[380] Selbst bei Berücksichtigung der seltenen komplexeren Strukturen (Satzverbindung + Satzgefüge, Doppelsatzgefüge etc.) bleibt die Variationsbreite der komplexen Satztypen insgesamt gering.

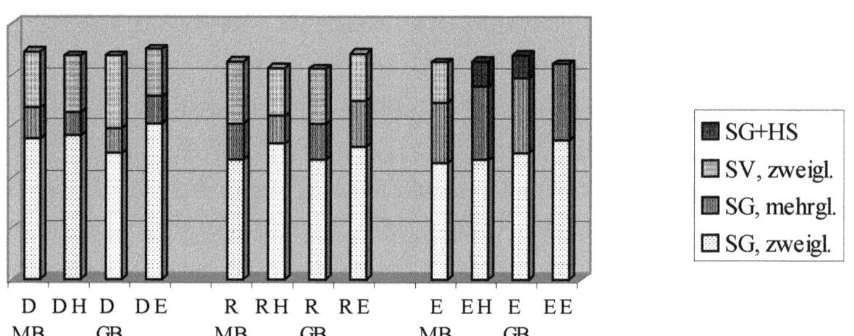

Abb. 2.22: Konstitution und Frequenz komplexer Satztypen

Translatorische Behandlung

Aufgabe:

Anpassung der komplexen Satztypen einer deutschen Anleitung (H) ⇒ R bzw. E

Lösung:

Bei der Übersetzung ins Russische ist eine Anpassung nicht notwendig. Für den englischen ZT wäre dagegen der Anteil zweigliedriger Satzverbindungen in mehrgliedrige Satzgefüge bzw. in Strukturen vom Typ „SG+HS" zu überführen. Zusätzlich ist die Komplexität zweigliedriger Satzgefüge zur Mehrgliedrigkeit zu erhöhen. Dazu ist u.a. ein Wechsel von deutschen PräpG zu englischen Nebensätzen und satzwertigen Konstruktionen erforderlich.

---

zu einfachen Sätzen aufgelöst werden. Die Seltenheit solcher Strukturen in deutschen Anleitungen spricht dagegen, den Anteil einfacher Sätze weiter zu erhöhen. Wenn Hypotaxe (insbesondere in deskriptiven Passagen, wie bei GÖPFERICH) ohne Not in Parataxe überführt wird, ist Monotonie eine unvermeidliche Folge. Vgl. dazu auch PÜSCHEL (1996: 328): „Ein genuines Feld für variierendes Fortführen ist der Satzbau, denn hier kann Einförmigkeit für den Leser sehr ermüdend sein. Kurze und einfache Sätze sollten mit längeren und komplizierten Sätzen wechseln, und komplizierte Sätze sollten in der Zahl und der Art der untergeordneten Nebensätze variieren".

[380] KRETZENBACHER (1991: 132) spricht von „Varianzreduktion im syntaktischen Bereich", die nach seinen Erkenntnissen auch für wissenschaftliche Fachtexte charakteristisch ist.

Beispiel: (Satzverbindung):

Heizen Sie in diesem Fall den Backofen vor **und** entziehen Sie ihm die beim Garen entstehenden Schwaden durch kurzzeitiges, vorsichtiges Öffnen der Backofentür.

⇒ Wipe round the rubber door seal **to** remove the water **which** collects in it.

⇒ Discharge batteries completely by running the unit **until** the energy is completely discharged **and** then remove from the product.

Beispiel: (Satzgefüge):

Während des Backbetriebes muß der Backofen immer wieder nachheizen, damit die eingestellte Temperatur gehalten wird.

⇒ Higher settings are for very deep pile carpet where easier pushing effort is desired, **while maintaining** good cleaning performance.

2.2.3.1.5 Parenthesen (vgl. 1.7.4)

2.2.3.1.5.1 Parenthesendichte

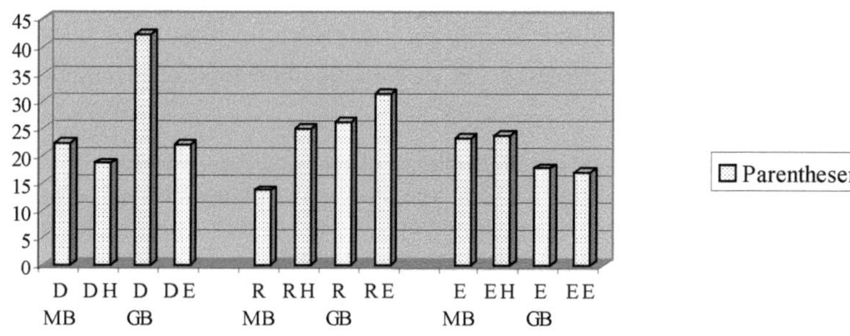

Abb. 2.23: Parenthesendichte

Präferenzen gemäß 4.3.4 (MB) – 5.3.4 (GB) – 6.3.4 (H) – 7.3.4 (E):

Deutsche und russische Korpora zeigen bei der Parenthesendichte eine deutliche Abhängigkeit von Mikrokultur und Adressatenbezug, in englischen dagegen ist vor allem ein Einfluss der Mikrokultur erkennbar. In deutschen und russischen Texten des Gerätebaus ist diese Dichte fachintern wie -extern höher als in den Anleitungen des Maschinenbaus. Des Weiteren enthalten deutsche Texte fachintern mehr Parenthesen als fachextern, in russischen Texten ist die Dichte dagegen jeweils fachextern höher.

Im Gegensatz dazu sind Parenthesen in den englischen Korpora des Maschinenbaus häufiger als in solchen des Gerätebaus. Daher bestätigt sich nur für Anleitungen der Mikrokultur Gerätebau die Feststellung bei BAUMANN (1998: 310-311):

Der Exkurs befindet sich (...) in einer Parenthese und dient der Präzisierung der Aussage. Statistische Untersuchungen zur relativen Vorkommenshäufigkeit von Exkursen zeigen, daß der Anteil in den ausgewerteten deutschsprachigen Fachtexten höher ist als in den englischsprachigen.

Translatorische Behandlung

Aufgabe:

Anpassung der Parenthesendichte einer deutschen Anleitung (GB) ⇒ R bzw. E

Lösung:

Im Zuge der Translation ist die Parenthesendichte für den russischen ZT um ca. ein Drittel, für den englischen ZT auf die Hälfte zu reduzieren.

Gemäß Abb. 2.66 enthalten die Parenthesen des deutschen AT u.a. Verweise auf Abb.-Pos. Im Korpus (R) wird hier häufig auf Parenthesen verzichtet. Zur Lokalisierung des russischen ZT könnte daher die Tilgung der entsprechenden Klammern bereits genügen.

Beispiel:

Zu diesem Zweck wird die Verriegelung **(1)** nach unten gedrückt.

⇒ Сила скоростного напора воспринимается заслонкой **6**, закрепленной на рычаге **7** (см. рис. 1).

Für den englischen ZT bietet es sich an – was auch im russischen zusätzlich möglich wäre –, präzisierende Parenthesen z.B. zu Partizipialkonstruktionen aufzulösen.

Beispiele:

Die Meßröhren (**Meßkopf mit Meßzelle**) werden abgeglichen geliefert.

⇒ Пломбированная часть блока, **включающая крышку 1 и основание 2**, с вилкой штепсельного разъема вставляется в ответную часть разъема, расположенную на основании 4, и закрепляется двумя винтами 6.

⇒ The Series 4000RS/RS+ combines a standard Series 4000 monitor unit with a sensor head **incorporating a direct refrigeration unit**.

Es kann durch Umstecken von je 3 Drahtbrücken der beiden Steckergruppen – **auf der Leiterplatte im Inneren des Meßgerätes** – leicht auf jede der in den technischen Daten, Abschnitt 1, angegebenen Spannungen umgeschaltet werden, siehe Abbildung 1.

⇒ Two other standard ranges can be selected by the user from DIL switches **located** behind the front perspex window.

2.2.3.1.5.2 Markierung von Parenthesen (vgl. 1.7.4.1)

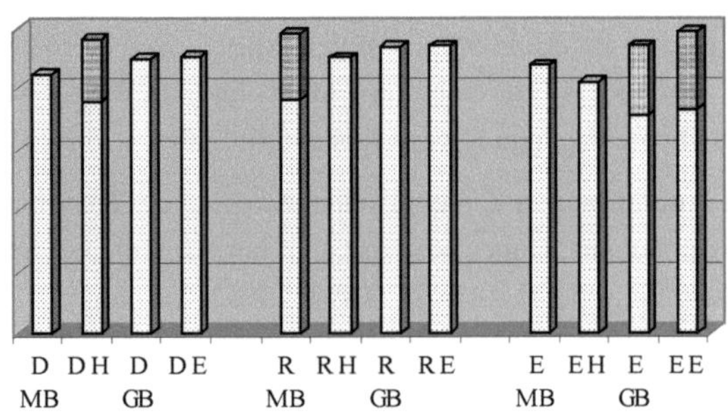

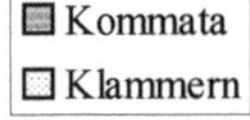

Abb. 2.24: Markierung von Parenthesen

Präferenzen gemäß Tab. 4.65 (MB) – 5.65 (GB) – 6.65 (H) – 7.65 (E):

Parenthesen werden interkulturell vorzugsweise durch Klammern markiert. Nur in einzelnen Korpora gibt es überhaupt nennenswerte Anteile von Parenthesen in Kommata: in Anleitungen des Maschinenbaus (D H, R MB) und in den englischen Korpora (GB/E).

Translatorische Behandlung

Aufgabe:

Anpassung der Markierung von Parenthesen einer englischen Anleitung (E) ⇒ D bzw. R

Lösung:

Die zur Markierung eingesetzten Kommata wären durch Klammern zu ersetzen.

Beispiel:

Conducting materials, **such as rings, bracelets, and keys**, can short out a battery.

⇒ Wenn Sie unbewegte Bilder **(z.B. Testbild, Textseiten)** länger als 30 Minuten darstellen wollen, dann reduzieren Sie den Kontrast mit Regler 23 auf höchstens zwei Drittel seines Maximalwertes.

⇒ Разъемы могут быть снабжены устройством фиксации **(защелками или винтами)**.

2.2.3.1.5.3 Umfang von Parenthesen (vgl. 1.7.4.2)

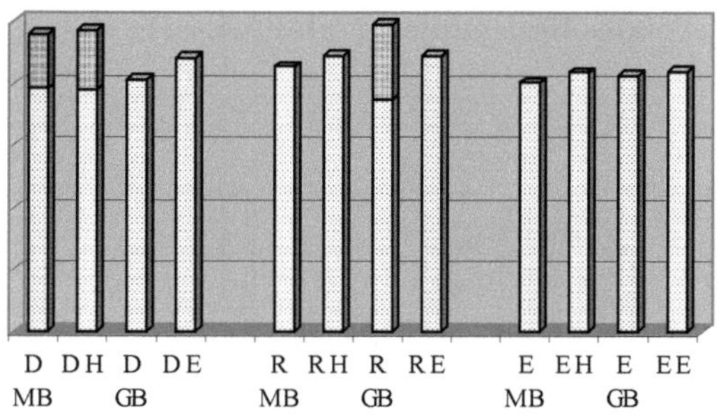

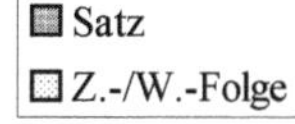

Abb. 2.25: Umfang von Parenthesen

Präferenzen gemäß Tab. 4.65 (MB) – 5.65 (GB) – 6.65 (H) – 7.65 (E):

Der interkulturell einheitlichen Präferenz bei der Markierung entspricht eine eben solche beim Umfang. Die Mehrzahl aller Parenthesen enthält eine Zeichen- bzw. Wortfolge. Nur in den Texten des deutschen Maschinenbaus und im russischen Korpus (GB) sind Parenthesen mit Satzumfang überhaupt in nennenswerter Frequenz zu finden.

Translatorische Behandlung

Aufgabe:

Anpassung der Parenthesen mit Satzumfang einer deutschen Anleitung (H) ⇒ R bzw. E

Lösung:

Im Zuge der Translation wäre der Parenthesenumfang sowohl für den russischen als auch für den englischen ZT teilweise zur Zeichen-/Wortfolge zu reduzieren. Ob diese Reduktion praktisch möglich ist, hängt vom Inhalt der Parenthesen ab. So haben z.B. Zusatzinstruktionen generell Satzumfang und gestatten eine solche Verkürzung nicht, ebenso wenig lassen sich Bedingungen enthaltende Parenthesen der Korpora D/E vom Teilsatz zur Zeichen-/Wortfolge reduzieren (was diese Möglichkeit, z.B. durch Verwendung einer konditionalen PräpG, im Einzelfall durchaus nicht ausschließt). Problemlos ist eine derartige Verkürzung nur bei intratextuellen Verweisen auf Abbildungen oder Abb.-Positionen. Englische Verweise auf TT haben ausnahmslos Satzumfang.

Beispiele:

Bei einem Gerät mit Aqua-Stop (**siehe Abbildung**) ist dies nicht erforderlich.

⇒ Пылесос (**рис. 1**) состоит из фильтра 3, верхней части 6 и нижней части 2.

⇒ The handle is pushed down completely (**Fig. 1-10**).

Die Gesamtdauer reduziert sich um bis zu 55% (**siehe Programmtabelle**).

⇒ (...) На запахи, возникающие в результате нарушения потребителем правил эксплуатации и ухода за холодильником (**п.п. 5.4, 6.6**).

⇒ Clear blockage (**see "Clearing blockages" section**).

2.2.3.2 Ausdruck adverbialer Beziehungen (vgl. 1.5.4.4.1)

2.2.3.2.1 Finalität

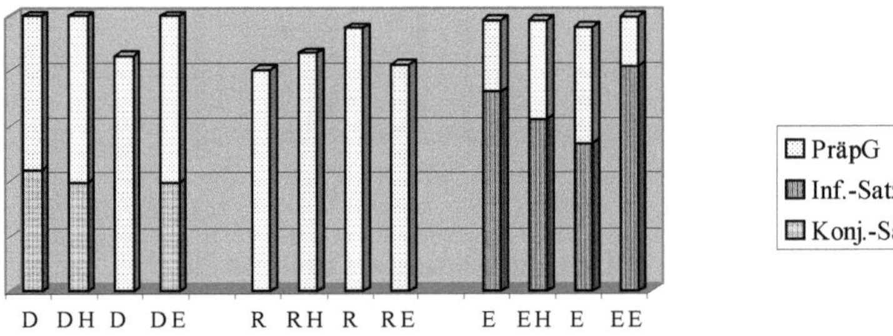

Abb. 2.26: Ausdruck finaler Beziehungen

Präferenzen gemäß Tab. 4.19 (MB) – 5.19 (GB) – 6.19 (H) – 7.19 (E):

Makrokulturelle Präferenzen zeigen sich selten so klar wie beim Ausdruck von Finalität. In deutschen Texten werden finale PräpG bevorzugt. „Angloamerikanische" Textproduzenten wählen primär finale Infinitivkonstruktionen, in den russischen Korpora dominiert dagegen die finale PräpG. Interkulturell zeigt sich, dass die Frequenz finaler PräpG in fachinternen Anleitungen (GB) generell das sonst übliche Maß übersteigt.

Translatorische Behandlung

Aufgabe:

Anpassung der finalen Relationen einer amerikanischen Anleitung (E) ⇒ D bzw. R

Lösung:

Bei der Translation ins Deutsche wären die finalen Infinitivkonstruktionen zur Hälfte in PräpG zu überführen, die übrigen können als Finalsätze abgebildet werden (was in der Praxis ohnehin reflexartig geschieht). Für den russischen ZT wäre eine mehr oder weniger vollständige Ersetzung der Infinitivkonstruktionen durch finale PräpG zu empfehlen.

Beispiel:

Click the OK button **to save** your changes.

⇒ **Zum Entfernen** hartnäckiger Flecken empfehlen wir ein schwaches Fensterreinigungsmittel.

⇒ Drehen Sie den Drehknopf 5, **um** ein späteres Garzeitende **einzustellen**.

⇒ **Для отключения** звукового сигнала нажмите на клавишу поз. 1.

2.2.3.2.2 Kausalität/Konsekutivität

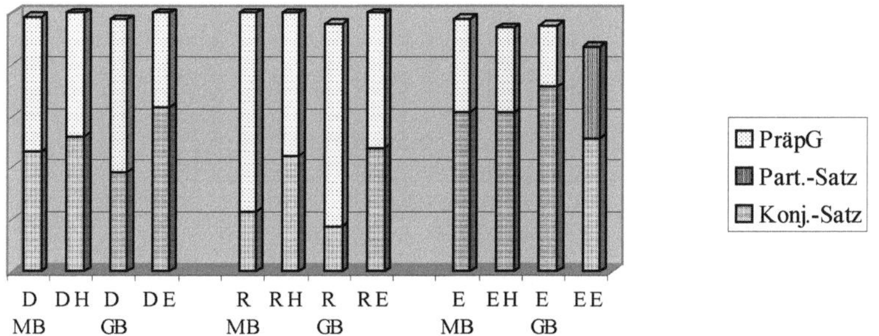

Abb. 2.27: Ausdruck kausaler/konsekutiver Beziehungen

Präferenzen gemäß Tab. 4.20 (MB) – 5.20 (GB) – 6.20 (H) – 7.20 (E):

Bei Relationen der Kausalität/Konsekutivität zeigt sich der Konjunktionalsatz als gemeinsame Präferenz. Ergänzend werden entsprechende PräpG verwendet, deren Frequenz fachextern generell geringer ist als fachintern. Im Korpus (E E) werden PräpG bei diesen Relationen zudem fast vollständig durch Partizipialkonstruktionen verdrängt.

Translatorische Behandlung

Aufgabe:

Anpassung der kausalen/konsekutiven Relationen einer russischen Anleitung (MB) ⇒ D bzw. E

Lösung:

Im Zuge der Übersetzung ins Deutsche ist der Anteil von Konjunktionalsätzen durch Umwandlung von PräpG zu verdoppeln. Für den englischen ZT etwa die Hälfte der russischen PräpG in dieser Weise umzuwandeln.

Beispiel:

Ввиду значительного веса самого барабана, прибывающего на площадку обычно в собранном виде с торцевыми стенками и броневыми плитами, подача его на фундамент после установки подшипников сильно затруднена.

⇒ **Da** im Gegensatz zu den ölgeschmierten Pumpen keine äußeren Anzeichen erkennbar sind, ist es notwendig, daß zur Erhaltung der Betriebssicherheit der Pumpe der Nachfettvorgang regelmäßig und gewissenhaft durchgeführt wird.

⇒ If adjustment is necessary **because** belt (A) is running off idler pulley (B) to the right (on right side of idler end), turn adjuster bolt (C) to move right end of pulley out.

2.2.3.2.3 Konditionalität

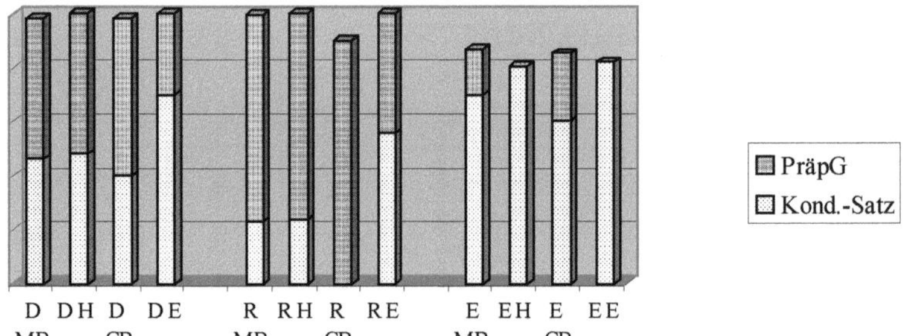

Abb. 2.28: Ausdruck konditionaler Beziehungen

Präferenzen gemäß Tab. 4.21 (MB) – 5.21 (GB) – 6.21 (H) – 7.21 (E):

Makrokulturell betrachtet, ist die PräpG in deutschen und russischen Anleitungen das primäre Mittel zum Ausdruck konditionaler Relationen. Im interkulturellen Vergleich gilt zudem, dass fachintern häufiger PräpG gewählt werden als fachextern. Der ungewöhnlich hohe Anteil von Konditionalsätzen im Korpus (R E) spiegelt zweifellos den Einfluss amerikanischer Konventionen.

Translatorische Behandlung

Aufgabe:

Anpassung konditionaler Relationen einer deutschen Anleitung (GB) ⇒ R bzw. E

Lösung:

Für den russischen ZT wären die deutschen Konditionalsätze in PräpG zu überführen, im englischen ZT sollte jede zweite PräpG als Konditionalsatz wiedergegeben werden.

Beispiel (NS):

Sind überwiegend Öl- oder andere organische Dämpfe vorhanden, so wird bei niedrigen Drücken ein zu hoher Wert angezeigt.

⇒ **При транспортировании** морским путем устройство должно быть упаковано в специальную тару, обеспечивающую сохранность изделия.

Beispiel (PräpG):

Bei Abweichungen muß das Meßgerät wie folgt kalibriert werden.

⇒ **If** throughput is below 15 % for a ZnSe crystal with no sample check the following.

2.2.3.2.4 Modalität

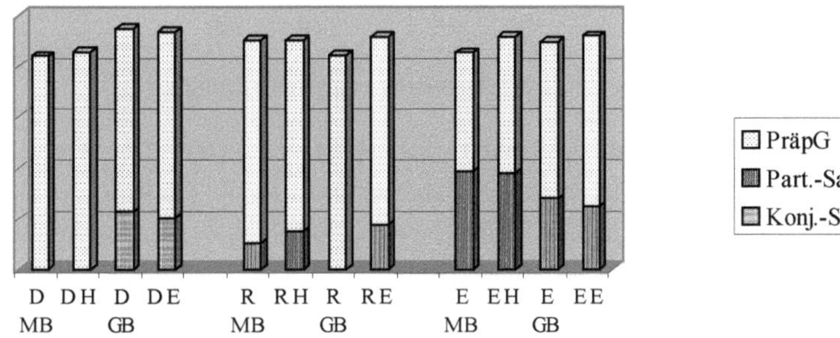

Abb. 2.29: Ausdruck modaler Beziehungen

Präferenzen gemäß Tab. 4.22 (MB) – 5.22 (GB) – 6.22 (H) – 7.22 (E):

Zum Ausdruck modaler Relationen ist die PräpG interkulturell die häufigste Ausdrucksform. In den deutschen Korpora des Gerätebaus und vor allem in den fachexternen russischen Anleitungen gibt es hierzu noch eine Alternative, den deutschen Konjunktionalsatz bzw. die russische Partizipialkonstruktion. In den englischen Texten zeigt sich die Partizipialkonstruktion generell als Ergänzung zur PräpG, wobei in den Korpora (MB/H) häufiger Partizipialkonstruktionen verwendet werden als in den Anleitungen (GB/E).

Translatorische Behandlung

Aufgabe:

Anpassung modaler Relationen einer amerikanischen Anleitung (E) ⇒ D bzw. R

Lösung:

Bei der Übersetzung ins Deutsche bleibt nur die Umwandlung der englischen Partizipialkonstruktionen in Konjunktionalsätze. Für den russischen ZT ist eine Anpassung nicht erforderlich.

Beispiel:

If dirty, clean the roller(s) **using** a cotton swab moistened lightly with isopropyl alcohol.

⇒ Schließen Sie das CD-Fach, **indem** Sie den CD-Fachdeckel herunterdrücken.

2.2.3.2.5 Temporalität: Gleichzeitigkeit

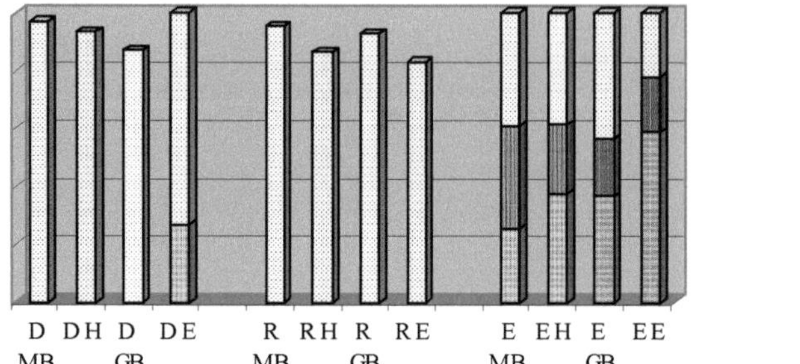

Abb. 2.30: Ausdruck von Gleichzeitigkeit

Präferenzen gemäß Tab. 4.23 (MB) – 5.23 (GB) – 6.23 (H) – 7.23 (E):
Beim Ausdruck von Relationen der Gleichzeitigkeit ist die PräpG in den deutschen und russischen Korpora das makrokulturell bevorzugte Mittel, zu dem nur im deutschen Korpus (E) der Konjunktionalsatz eine erwähnenswerte Alternative darstellt. In den englischen Korpora zeigt sich die z.B. in 4.1.4.2.1 festgestellte „Aufgabenteilung" zwischen den verfügbaren Mitteln als („angloamerikanisch") makrokulturelles Faktum. Anteilsverschiebungen korrelieren offenbar mit Mikrokultur und Adressatenbezug: in Anleitungen des Maschinenbaus sind fachintern wie -extern Partizipialkonstruktionen häufiger als in denen des Gerätebaus. Zudem enthalten die Texte fachintern weniger Konjunktionalsätze und mehr PräpG als fachextern.

Translatorische Behandlung

Aufgabe:

Anpassung von Relationen der Gleichzeitigkeit einer russischen Anleitung (H) ⇒ D bzw. E

Lösung:

Angesichts der übereinstimmenden Präferenz können die russischen PräpG bei der Übersetzung im deutschen ZT abgebildet werden, während bei der Produktion des englischen ZT ein Großteil in Konjunktional- bzw. Partizipialsätze zu überführen wäre.

Beispiel:

> **При включении** электроконфорки загорается соответствующая сигнальная лампа, что говорит о начале работы.
>
> ⇒ The pilot light comes on **when** the machine is set to start.
>
> ⇒ Keep the door shut **when freezing** fresh food.

2.2.3.2.6 Temporalität: Vorzeitigkeit

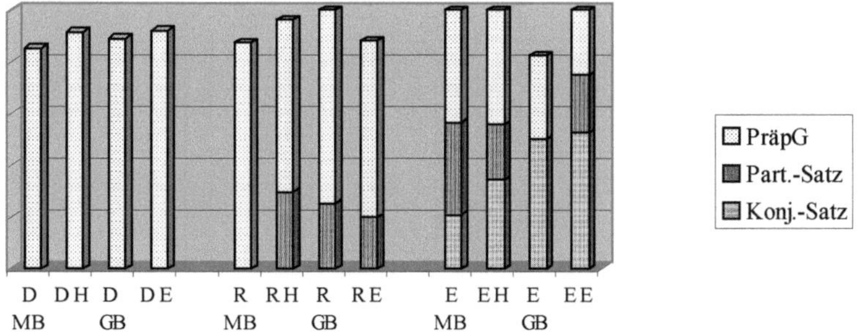

Abb. 2.31: Ausdruck von Vorzeitigkeit

Präferenzen gemäß Tab. 4.23 (MB) – 5.23 (GB) – 6.23 (H) – 7.23 (E):
Zum Ausdruck von Beziehungen der Vorzeitigkeit ist in deutschen Anleitungen die PräpG das Mittel der Wahl. Diese Präferenz gilt ebenso für russische Anleitungen, allerdings mit der Einschränkung, dass hier ergänzend Partizipialkonstruktionen zum Einsatz kommen. Die Präferenzen der englischen Korpora sind von der Mikrokultur abhängig: in den Texten des Maschinenbaus werden vorzugsweise PräpG und Partizipialkonstruktionen, in denen des Gerätebaus primär Konjunktionalsätze und PräpG verwendet.

Translatorische Behandlung

Aufgabe:

Anpassung von Relationen der Vorzeitigkeit einer deutschen Anleitung (MB) ⇒ R bzw. E

Lösung:

In deutschen und russischen Texten dominiert hier – wie bei Beziehungen der Gleichzeitigkeit – gleichermaßen die PräpG. Die deutschen PräpG können daher im russischen ZT abgebildet werden. Im Zuge der Übersetzung ins Englische ist die Hälfte der deutschen PräpG in Partizipial- bzw. Konjunktionalsätze zu überführen.

Beispiel:

Nach dem Reinigen wird der Stator in der umgekehrten Reihenfolge wieder montiert.

⇒ **After making** adjustments, check line current again to ensure [that] line current does not exceed nameplate rating.

⇒ **Once** the unit has been put into operation, a routine schedule should be set up to accomplish the following.

2.2.3.2.7 Temporalität: Nachzeitigkeit

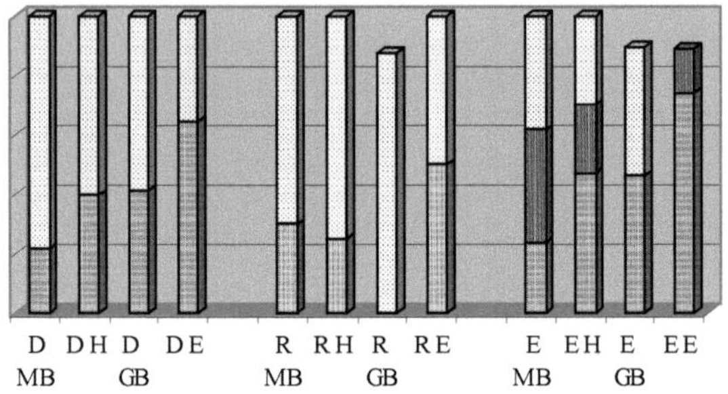

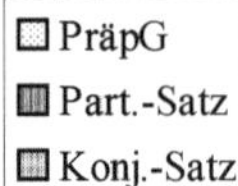

Abb. 2.32: Ausdruck von Nachzeitigkeit

Präferenzen gemäß Tab. 4.23 (MB) – 5.23 (GB) – 6.23 (H) – 7.23 (E):
Interkulturell betrachtet, werden Relationen der Nachzeitigkeit in der Regel, d.h. mit Ausnahme der russischen Korpora des Maschinenbaus, fachextern häufiger durch Konjunktionalsätze ausgedrückt als fachintern. Insbesondere bei den deutschen und russischen Korpora unterscheiden sich die Präferenzen hier von denen, die für die anderen temporalen Beziehungen gefunden wurden. Eine entsprechende Differenzierung ist also unbedingt sinnvoll. In den englischen Korpora werden überwiegend die gleichen Formen verwendet wie zum Ausdruck von Vorzeitigkeit. Allein das englische Korpus (E) zeigt hier mit dem Verzicht auf PräpG eine gravierende Abweichung. In diesen Texten wurde auf Konjunktionalsätze ausgewichen, deren unüblich hoher Anteil sich auch im russischen Korpus (E) spiegelt.

Translatorische Behandlung

Aufgabe:

Anpassung von Relationen der Nachzeitigkeit einer amerikanischen Anleitung (E) ⇒ D bzw. R

Lösung:

Für beide ZT wären etwa ein Drittel der englischen Konjunktionalsätze und alle Partizipialkonstruktionen in PräpG zu überführen.

Beispiel:

Gently close the battery compartment door **until** it snaps shut.
Before operating this unit, please read these instructions completely.

⇒ **Vor dem Aufstellen** der Projektionsanlage sollten Sie möglichst optimale Betrachtungsbedingungen einplanen.

⇒ **Перед заменой** предохранителя в часах НЕ ЗАБУДЬТЕ вынуть вилку из розетки электросети.

2.2.3.2.8 Reduktion von Adverbialsätzen

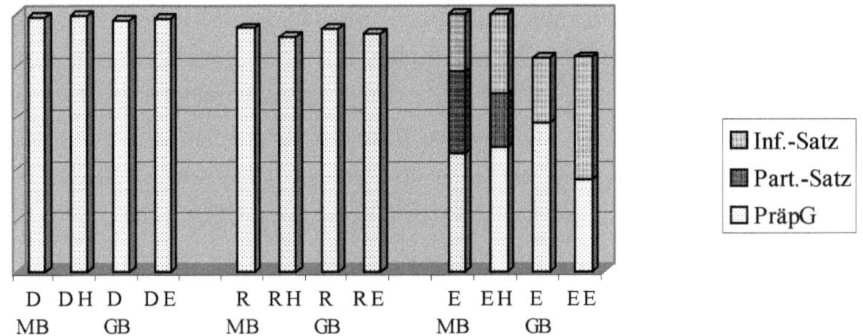

Abb. 2.33: Reduktion von Adverbialsätzen

Präferenzen gemäß Tab. 4.26 (MB) – 5.26 (GB) – 6.26 (H) – 7.26 (E):
Abb. 2.33 zeigt eine Zusammenschau der Präferenzen zur Reduktion von Adverbialsätzen, die in den vorhergehenden Diagrammen zu den einzelnen Relationen getrennt vorgestellt wurden. Die adverbiale PräpG ist in deutschen und russischen Anleitungen makrokulturell das dominante Substitut für Nebensätze. In den englischen Korpora des Maschinenbaus dienen dazu neben der PräpG auch adverbiale Partizipial- und finale Infinitivkonstruktionen. In Texten des Gerätebaus spielt die adverbiale Partizipialkonstruktion dagegen keine große Rolle. Maßnahmen zur Anpassung an die jeweiligen mikro- bzw. makrokulturellen Präferenzen sind in 2.2.3.2.1 – 2.2.3.2.7 exemplarisch dargestellt.

Die in Abb. 2.33 ausgewiesenen Präferenzen lassen an Deutlichkeit nichts zu wünschen übrig. Bedauerlicherweise häufen sich inzwischen übersetzungskritische Äußerungen, die in krassem Widerspruch zu den offensichtlichen Konventionen[381] dieser Textsorten stehen, z.B. bei SCHMITT (1999: 391):

> Vermeiden Sie übertriebenen Nominalstil. Die Betonung liegt auf „übertrieben"; Nominalstil ist in manchen dt. Fachtextsorten üblich und wird oft mit besonderer Fachlichkeit assoziiert; in Anleitungen und insbesondere in Software-Anleitungen ist Nominalstil aber eher unerwünscht.

Grundsätzlich ist hier zu fragen, wessen Wünschen der für deutsche und russische Texte typische Nominalstil widerspricht. Den Wünschen deutscher Sender sicher nicht (sie sind selbst Träger dieser Konvention), den Wünschen „angloamerikanischer" Sender

[381] So führt z.B. der Wunsch bei GÖPFERICH (2000: 117), den als „Vorstoß gegen die Einfachheit" kritisierten „Nominalstil" durch einen „Verbalstil" (d.h. eine PräpG durch einen Adverbialsatz) zu ersetzen, zum Verstoß gegen deutsche Präferenzen, d.h., sie versucht, einem deutschen Text angloamerikanische Konventionen aufzuzwingen. Das gilt auch für entsprechende Empfehlungen an die Textproduzenten bei CHRISTMANN/GROEBEN (1996: 151), die die Ansicht vertreten, dass „Nominalisierungen durch Nebensätze aufgelöst" werden sollten.

möglicherweise schon eher, da diese einen verbal dominierten Stil gewohnt sind und, wie SCHMITT (s.o.) ausführt, intertextuelle Interferenz im ZT nicht nur für wünschenswert halten, sondern über entsprechende Vorgaben sogar vorschreiben (vgl. auch DIN EN 15038 zu „kundenseitigen Stilrichtlinien"). Eine solche AT-Imitation wird vorzugsweise bei der Übersetzung fachexterner Anleitungen verlangt (vgl. HORN-HELF 2008: 141). Im Übrigen wäre die Übersetzungspraxis schlecht beraten, wenn der ZT anstelle einer Anpassung an die Konventionen der Zielkultur massive intertextuelle Interferenz aufwiese, die Anlass zu einer berechtigten Übersetzungskritik gäbe.

2.2.3.3 Ausdruck attributiver Beziehungen (vgl. 1.5.4.4.2)

PÜSCHEL (1996: 312) gibt ein (extremes) Beispiel „komprimierter Formulierungen" mit attributiven PräpG, das er anschließend kommentiert:

> Es wird ein Verfahren zur Herstellung von Folien mit geringer Oberflächenklebrigkeit auf der Basis von PVB oder von Polymeren mit ähnlichen Eigenschaften durch Extrusion mit einem Breitschlitzwerkzeug beschrieben [...].
>
> Dieser Satz ist ein Ausbund an Nominalstil, in dem zehn Nominalgruppen aneinandergereiht wurden. Neun dieser Nominalgruppen sind mit Präpositionen eingeleitet. Es sind gerade diese kleinen Wörtchen, die das komprimierte Formulieren erlauben und die dementsprechend in der Paraphrase aufzulösen sind.[382]

2.2.3.3.1 Ausdrucksformen

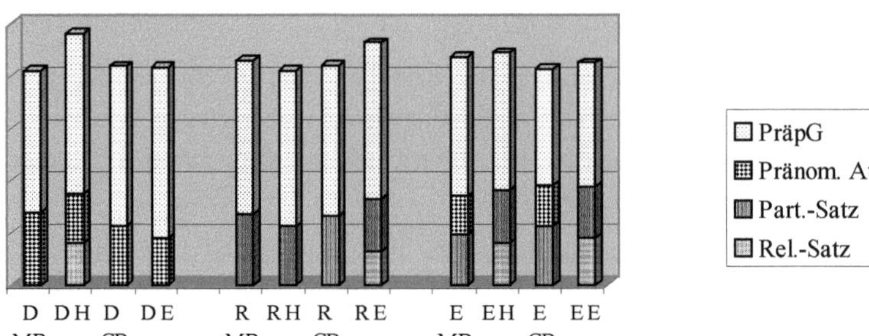

Abb. 2.34: Ausdruck attributiver Beziehungen

Präferenzen gemäß Tab. 4.24 (MB) – 5.24 (GB) – 6.24 (H) – 7.24 (E):

Das primäre Mittel zum Ausdruck attributiver Beziehungen stellt interkulturell die PräpG dar. Die typische Ergänzung ist in deutschen Anleitungen das pränominale Attribut, in russischen und „angloamerikanischen" Anleitungen die Partizipialkonstruktion.

[382] Seine Beurteilung des Ergebnisses ist korrekt: es ergäbe sich „eine explizitere Fassung, die deutlich Züge des Verbalstils aufweist".

Die Präferenzen deutscher Textproduzenten bestätigen daher nicht – weder fachintern, noch fachextern –, was GÖPFERICH (1995: 438) als Korrelation zwischen der Frequenz nominaler Attribute und der Relativsatzfrequenz festgestellt hat:

Vielmehr weisen die Textsorten mit der höchsten Frequenz pränominaler Attribute bzw. adnominaler Partizipialkonstruktionen auch die höchste Relativsatzfrequenz auf (im Englischen inklusive der Partizipialkonstruktionen in Relativsatzfunktion).

Mit Ausnahme der Anleitungen für Hausgeräte gehört der Relativsatz nicht zu den deutschen Präferenzen beim Ausdruck attributiver Beziehungen. In diesen Texten ist der Anteil pränominaler Attribute im makrokulturellen Vergleich eher gering. Während in den englischen Texten fachintern neben Partizipialkonstruktionen pränominale Attribute verwendet werden, entfällt ein vergleichbarer Anteil in fachexternen Texten auf den Relativsatz. Eine solche Konstellation zeigt sich daher auch im Korpus (R E).

Translatorische Behandlung

Aufgabe:

Anpassung attributiver Relationen einer russischen Anleitung (GB) ⇒ D bzw. E

Lösung:

Bei der Übersetzung ins Deutsche wären die russischen Partizipialkonstruktionen in pränominale Attribute[383] zu überführen. Im englischen ZT können die Partizipialkonstruktionen abgebildet werden. Allerdings wäre ein Teil der attributiven russischen PräpG in Form englischer pränominaler Attribute wiederzugeben. Letztere Forderung ist praktisch nicht so einfach zu erfüllen, wie sie sich aus theoretischer Perspektive aufstellen lässt. Englische pränominale Attribute im entsprechenden Korpus enthalten vorzugsweise Nomenklaturzeichen und technische Daten. Nomenklaturzeichen sind nicht Bestandteil von PräpG, allerdings gibt es im russischen Korpus (nicht sehr zahlreiche) attributive PräpG der Qualität, die im Englischen zu pränominalen Attributen umgeformt werden könnten (zur Überführung von Attribut zu Attribut – vgl. 2.4.4).

Beispiel (Partizip):

Входным сигналом усилителя является фототок фоторезистора, **расположенного** в узкопрофильном приборе.

⇒ Durch die **im Meßgerät eingebauten** Potentiometer können bis zu 100 m Leitungslänge an jedem Meßanschluß direkt abgeglichen werden.

383 Die Tatsache, dass „ein langes pränominales Attribut anstatt eines Relativsatzes verwendet" wird („die in die Kupplungsscheibe eingebauten Federn"), stellt nach GÖPFERICH (2000: 118) „einen Verstoß gegen die sprachliche Einfachheit" dar. Zum einen enthält dieses Attribut nur das für diesen Typ (PräpG+Part.) erforderliche Mindestmaß an Konstituenten, die erheblich erweitert werden können. Zum anderen wäre der Austausch des pränominalen Attributes ein Verstoß gegen deutsche Präferenzen, zu denen der Relativsatz üblicherweise nicht gehört.

Beispiel (Qualitative PräpG):

Реле для **трубопроводов с условным проходом** 15, 20, 25 мм (без насадки) монтируются на участках трубопроводов, имеющихся местное **расширение с внутренним диаметром** д = 32 мм длиной 160±10 мм.

⇒ The couplings accept **6 mm O.D.** stainless steel or copper tube.

2.2.3.3.2 Reduktion von Relativsätzen

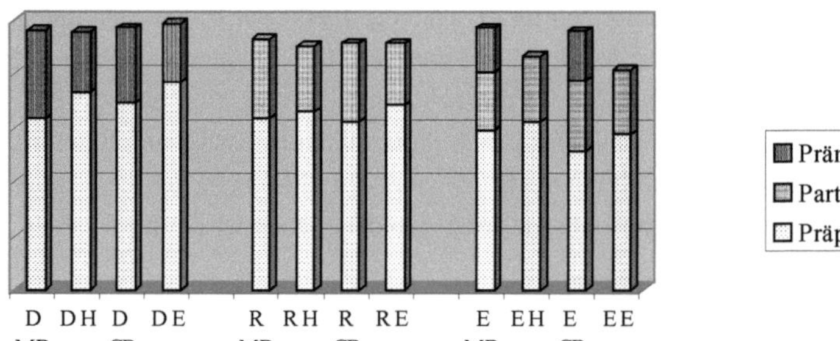

Abb. 2.35: Reduktion von Relativsätzen

Präferenzen gemäß Tab. 4.26 (MB) – 5.26 (GB) – 6.26 (H) – 7.26 (E):

Gemäß Abb. 2.35 ist die attributive PräpG interkulturell das dominante Substitut für Relativsätze, wobei ihre Frequenz fachextern allgemein höher ist als fachintern. Makrokulturell als Ergänzung bevorzugt werden das pränominale Attribut in den deutschen bzw. die attributive Partizipialkonstruktion in den russischen und englischen Korpora. Fachintern kommt als weitere „angloamerikanische" Präferenz das pränominale Attribut hinzu. Maßnahmen zur Anpassung an die jeweiligen mikro- bzw. makrokulturellen Präferenzen sind in 2.2.3.3.1 und 2.4.4 exemplarisch dargestellt.

Ein weiteres Beispiel für Übersetzungskritik im Widerspruch zu Konventionen (vgl. auch 2.2.3.2.8) gibt STOJANOVA-JOVČEVA (1988: 354). Sie kritisiert „Translationsfehler, die sich negativ auf die Vertextung in der ZS auswirken oder die den kommunikativen Wert nicht adäquat wiedergeben". U.a. moniert sie an einer Übersetzung[384] ins Deutsche:

> Auch die nominale Wiedergabe des verbalen Prozesses im gedruckten T_Z gibt das enthaltene Moment der Interaktivität nicht wieder.

Es wurde ein Wechsel vom Verb zum Verbalabstraktum vorgenommen und offenbar zur Substitution eines Relativsatzes ein pränominales Attribut verwendet. Gegen diese Maßnahmen lässt sich im Rahmen einer Anpassung an deutsche Präferenzen nichts aus translationstheoretischer Sicht Vernünftiges einwenden.

[384] Der entsprechende Satz des AT ist nur bruchstückhaft abgedruckt. Genaueres lässt sich daher nicht feststellen.

2.2.3.4 Interpretation der Präferenzen

2.2.3.4.1 Linear Progression vs. Digressions (KAPLAN – vgl. 1.3.3 bzw. CLYNE – vgl. 1.3.2.2)

Zur Verifizierung dieser Tendenzen geradezu prädestiniert ist das Merkmal der Parenthesendichte gemäß Abb. 2.23. Da eine lineare Textprogression ihren Ausdruck, *idealiter*, in einer „parenthesenfreien" Anleitung finden müsste (die es nicht zu geben scheint), präsentieren sich diese konträr formulierten und als Opposition gedachten Tendenzen hier nur in Form einer graduellen Differenz. Einer größeren Parenthesendichte entspricht daher eine größere Neigung zu Exkursen, eine geringere Parenthesendichte wird als Indiz für eine eher lineare Textprogression gewertet.

Die Ergebnisse aus einem entsprechenden Vergleich der Dichtewerte in Abb. 2.23 sind widersprüchlich. Deutlich wird daran jedoch, dass diese Tendenzen eine mikrokulturelle Basis haben (keine makrokulturelle, wie bisher angenommen). So lässt sich feststellen, dass Anleitungen des „angloamerikanischen" Maschinenbaus fachintern beträchtlich weniger linear sind als die entsprechenden russischen Texte, ebenso fachextern eine größere Neigung zu Exkursen zeigen als die deutschen Entsprechungen. Im Übrigen sind die Unterschiede D/R/E in den Texten dieser Mikrokultur zu wenig signifikant, um in diesem Kontext aussagefähig zu sein. Dagegen ist für die englischen Korpora des Gerätebaus fachintern wie -extern tatsächlich eine eher lineare Textprogression charakteristisch, während ihre deutschen und russischen Entsprechungen eine vergleichsweise große Neigung zu Exkursen zeigen.

2.2.3.4.2 Explicitness vs. Implicitness (HOUSE – vgl. 1.3.4.4)

Wie die Deklarationen, so lassen sich auch die Ausdrucksformen adverbialer und attributiver Relationen entsprechend ihrer Explizitheit ordnen. Auf den Nebensatz, die Form höchster Explizitheit, folgen in absteigender Reihe die Formen syntaktischer Kompression (z.B. Partizipial- und Infinitivkonstruktionen), die allgemein „satzwertig" genannt werden und daher nur einen mittleren Reduktionsgrad aufweisen. Die Formen syntaktischer Kondensation (PräpG) sind stärker reduziert und daher in höherem Maße implizit.

Beim Ausdruck adverbialer Beziehungen (vgl. 2.2.3.2) wurde zur Relation der Finalität in den englischen Korpora eine makrokulturelle Dominanz der Infinitivkonstruktion festgestellt, während in den deutschen und russischen Korpora die PräpG die Qualität einer makrokulturellen Präferenz hat (vgl. Abb. 2.26). Analog gilt für die Beziehungen von Kausalität/Konsekutivität und Konditionalität, dass die Anteile adverbialer PräpG in „angloamerikanischen" Anleitungen erheblich geringer sind als in deutschen oder russischen Texten (vgl. Abb. 2.27 bzw. 2.28).

In modalen Relationen ist die PräpG gemäß Abb. 2.29 auch in den englischen Korpora die häufigste Ausdrucksform. Allerdings spielt die Partizipialkonstruktion makrokulturell doch eine beachtliche Rolle. Demgegenüber erreicht die Verwendungsfrequenz modaler PräpG in den deutschen und russischen Korpora fast die Grenze der Exklusivität. Ähnlich präsentiert sich die Verwendungssituation temporaler PräpG der Gleich- und Vorzeitigkeit (vgl. Abb. 2.30 bzw. 2.31). Wegen der Häufigkeit von Konjunktionalsätzen und Partizipialkonstruktionen ist auch die Explizitheit dieser Relationen in den englischen Korpora bedeutend höher zu veranschlagen als in den deutschen oder russischen Texten. Bei den Relationen der Nachzeitigkeit sind die Unterschiede gemäß Abb. 2.32 weniger krass, dennoch besteht aus makrokultureller Perspektive auch hier ein Primat von Konjunktional- und Partizipialsätzen, während in den deutschen und russischen Korpora die PräpG makrokulturell – ungeachtet eines höheren Anteils von Temporalsätzen im Einzelfall – auch bei diesen Beziehungen die höchste Verwendungsfrequenz hat. Entsprechend zeigt Abb. 2.33, dass Adverbialsätze – sofern sie nicht ohnehin in expliziter Form verwendet werden – in weiten Teilen zu satzwertigen Konstruktionen reduziert werden, die ihnen an Explizitheit nur wenig nachstehen. In den deutschen und russischen Korpora dominiert demgegenüber die Form maximaler Implizitheit, die PräpG.[385] Es ist daher festzuhalten, dass sich diese Tendenzen beim Ausdruck adverbialer Beziehungen eindeutig umkehren.

Beim Ausdruck attributiver Beziehungen (vgl. Abb. 2.34) erweist sich das deutsche pränominale Attribut makrokulturell als explizitere Alternative zur PräpG, deren bevorzugter Typ (PräpG + Part./Adj) in dieser Hinsicht den satzwertigen Konstruktionen des Russischen und Englischen gleicht. Die Attributtypen der englischen Korpora sind - insbesondere fachintern – ähnlich implizit wie attributive PräpG. In diesem Fall korreliert der Explizitheitsgrad daher mit dem Adressatenbezug. Wegen der Anteile von Relativ- und Partizipialsätzen ist der Ausdruck attributiver Relationen in den englischen Korpora fachextern expliziter als fachintern. Ihre Explizitheit ist nicht geringer (eher höher) als die in deutschen oder russischen Anleitungen. Im fachinternen Vergleich dürfte die Explizitheit attributiver Relationen in den russischen Korpora etwas höher sein als in den deutschen oder englischen. Mithin gilt für den Ausdruck attributiver Beziehungen, dass sich die Tendenzen nach HOUSE neutralisieren.

385 Dazu konträre Tendenzen hat SIEPMANN (2001: 97) an einschränkenden Diskursmarkierungen („restrictors") in akademischen Textsorten festgestellt: „The comparative scarcity of nominal constructions with a copular verb in academic German is more than made up for by a variety of verb-based restrictors, which can serve as viable equivalents of English and French nominal constructions". Beispiel: ... with the caveat that ... vs. zu bedenken ist, daß ... (102).

Das für englische Korpustexte typische Übergewicht komplexer Sätze (vgl. Abb. 2.19) ist daher Ausdruck der insgesamt größeren Explizitheit, die aus den Präferenzen für Nebensätze und satzwertige Konstruktionen resultiert. Entsprechend ist die makrokulturell charakteristische Dominanz des einfachen Satzes in deutschen und russischen Anleitungen eine Folge der Präferenz für eine implizite Ausdrucksweise durch die Verwendung von PräpG.

2.3 Translatorische Behandlung des Formaspektes der Textgestaltung

Analog zur Textformulierung gibt es auch bei der Gestaltung einer Anleitung einen Formaspekt, der vom Textinhalt weitgehend unabhängig ist. Dieser Abschnitt ist daher Textmerkmalen gewidmet, die sich – ähnlich wie die Formen sprachlichen Ausdrucks – auf der formalen Ebene beeinflussen lassen, ohne dass in den Textinhalt eingegriffen werden muss. Die Lokalisierung dieser Merkmale kann zwar im Zuge der Translation eine Menge Zeit kosten, sie lässt sich aber nicht nur theoretisch postulieren, sondern grundsätzlich auch praktisch realisieren. Allerdings wird es in vielen Fällen, vor allem bei einer Änderung von Abbildungen oder Layout, notwendig sein, den Sender zur Mitwirkung zu bewegen.

2.3.1 Typographische Merkmale

2.3.1.1 Schriftschnitt (vgl. 1.6.1.1)

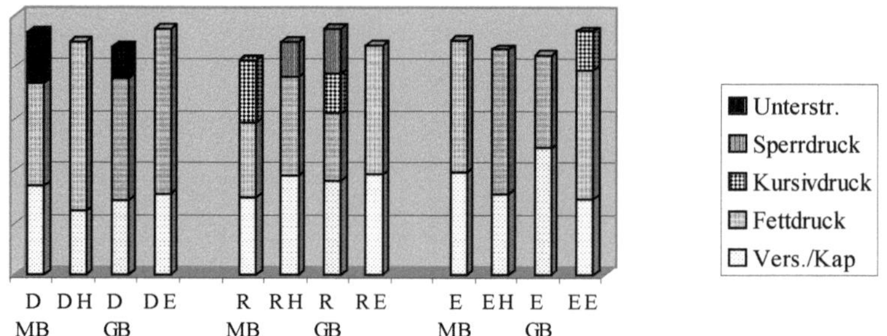

Abb. 2.36: Markierung durch Schriftschnittvariation

Präferenzen gemäß Tab. 4.27/4.28 (MB) – 5.27/5.28 (GB) – 6.27/6.28 (H) – 7.27/7.28 (E):

Inter- und makrokulturell gemeinsame Präferenzen sind Fettdruck und Versalien. In russischen Anleitungen wird fachextern häufiger durch Versalien markiert als fachintern, für die englischen Korpora zeigt Abb. 2.36 eine entgegengesetzte Verfahrenweise. Zur Verwendung von Versalien bemerkt SCHMITT (1999: 179):

> Im Bereich der Typographie äußert sich Kulturspezifik in technischer Dokumentation beispielsweise in der Gebrauchsfrequenz von Versalien (Majuskeln) – Großschreibung ist im Englischen generell und im Amerikanischen speziell signifikant häufiger als im Deutschen, wo man andere Hervorhebungen bevorzugt.

Der Vergleich in Abb. 2.36 bestätigt diese Aussage insoweit, als Versalien in drei englischen Korpora häufiger sind als in den entsprechenden deutschen. Im anglo-amerikanischen Vergleich gilt diese Feststellung offenbar nicht so generell, da gerade in den amerikanischen Anleitungen (Korpus E E) weniger Merkmale mit Versalien markiert sind als z.B. im Korpus (E H), das etwa zur Hälfte britische Texte enthält.[386] Im Übrigen liegt der Versalienanteil noch knapp unter dem des Korpus (D E).

Als dritte Variante kommt fachintern in deutschen Anleitungen die Unterstreichung hinzu, in russischen der Kursivdruck. Für Sperrdruck in russischen und Kursivdruck in englischen Texten ist eine Korrelation zu Mikrokultur/Adressatenbezug nicht ersichtlich.

Translatorische Behandlung

Aufgabe:

Anpassung des Schriftschnitts einer russischen Anleitung (GB) ⇒ D bzw. E

Lösung:

Bei der Übersetzung ins Deutsche bzw. Englische wären Kursiv- und Sperrdruck durch einen anderen Schriftschnitt zu ersetzen. Die Detailinformationen in den Tab. 5.27/5.28 legen die folgende Verfahrensweise nahe: Im deutschen ZT wird der Sperrdruck bei TT-Titeln und Signalwörtern durch Unterstreichung ersetzt. Im englischen ZT wären statt des Sperrdrucks die Kombination „Versalien fett“ für Signalwörter und Versalien und/ oder Fettdruck für Tabellentitel zu verwenden. Des Weiteren wäre dem Sender zu empfehlen, für Bildtexte im deutschen ZT Fett- statt Kursivdruck zu wählen, im englischen ZT sollten diese in Versalien erscheinen.

Beispiele:

Содержание
⇒ <u>Diagrammwechsel</u>
Примечание
⇒ <u>Achtung</u>
⇒ **CAUTION**
Таблица 1
⇒ **Table 4**
к вакуумному насосу
⇒ **Sicherung**
⇒ M4 OR SAMPLE.

386 In der Tat werden z.B. beim Schriftschnitt von TT-Deklarationen in britischen Anleitungen sehr viel häufiger Versalien verwendet als in amerikanischen (vgl. dazu HORN-HELF 2008: 148, Abb. 10, UK GB vs. US GB). Gemäß HORN-HELF (2006b, Abb. 2) gilt das im „anglo-amerikanischen“ Vergleich ebenso für Anleitungen (MB).

2.3.1.2 Markierung von Aufzählungen (vgl. 1.6.2.1.3)

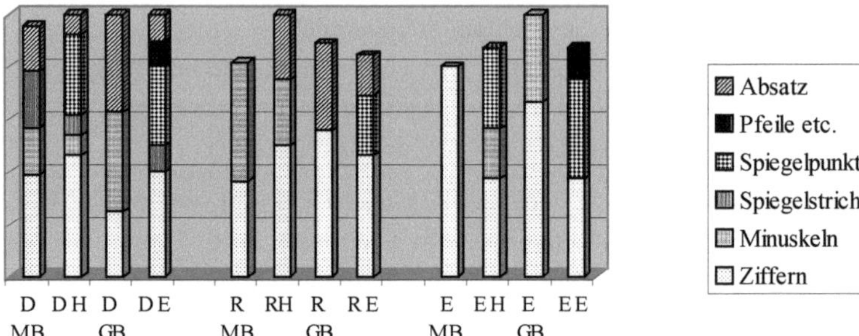

Abb. 2.37: Markierung von Aufzählungen

Präferenzen gemäß Tab. 4.30 (MB) – 5.30 (GB) – 6.30 (H) – 7.30 (E):
Aufzählungen sind Teil der Textgliederung auf den unteren Ebenen, sofern sich diese nicht auf das Gliederungsmittel Absatz beschränkt (was in deutschen oder russischen Anleitungen gelegentlich vorkommt). Interkulturell üblich ist die Markierung von Aufzählungsgliedern durch Ziffern. Besonders vielfältig sind die Aufzählungszeichen in drei deutschen Korpora (MB/H/E). Komplementär zu Ziffern werden fachintern Minuskeln und Spiegelstriche verwendet, Spiegelpunkte sind eher typisch für fachexterne Texte.

In russischen Anleitungen des Maschinenbaus werden – im Gegensatz zu solchen des Gerätebaus – neben Ziffern auch Minuskeln verwendet. Dagegen sind Minuskeln vorrangig im englischen Korpus (GB) zu finden. Die Verwendung von Spiegelpunkten in englischen Texten beschränkt sich ebenfalls auf fachexterne Anleitungen, eine Tatsache, die auch im russischen Korpus (E) reflektiert wird.

Translatorische Behandlung

Aufgabe:
Anpassung der Aufzählungszeichen einer deutschen Anleitung (MB) ⇒ R bzw. E

Lösung:
Bei der Translation ins Russische wären die Spiegelstriche der deutschen Aufzählungen durch Minuskeln zu ersetzen. Im englischen ZT sollte sich die Markierung der Aufzählungsglieder grundsätzlich auf Ziffern beschränken.

Beispiel:

Kontrollieren Sie den Aufstellungsort auf
- Ebenheit und
- Sauberkeit.

⇒ **Исправление прилегания диафрагм по разъему**
12. Anlage der Membranhälften wie folgt korrigieren
a) – г) Arbeitsschritte.
⇒ **V Belt Drive Installation**
1. – 6. Arbeitsschritte.

SCHMITT (1999: 181) hält die Wahl der Aufzählungszeichen in englischen ZT für weitgehend beliebig:

Während also beim Übersetzen vom Deutschen ins Englische fast „alles erlaubt" ist, wäre in umgekehrter Richtung zu bedenken, dass eine Nummerierung in Klammern zwar nicht falsch, aber relativ unüblich ist.

Abb. 2.37 zeigt sehr deutlich, dass die Analyseergebnisse eine solche Freizügigkeit in keiner Weise decken. Noch am ehesten ließe sich sagen, dass beim Übersetzen fachexterner Anleitungen ins Deutsche „alles erlaubt" ist, da die Vielfalt an Aufzählungszeichen hier besonders groß ist. Richtig an der zitierten Aussage ist dagegen, dass Ziffern oder Minuskeln in Klammern (vgl. 8.2.2.1.1) in deutschen Anleitungen auch fachextern nicht üblich sind.

2.3.1.3 Gestaltung von Warnhinweisen

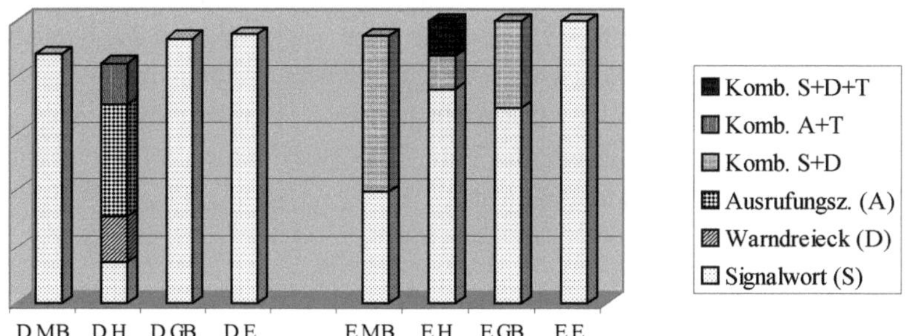

Abb. 2.38: Gestaltung von Warnhinweisen

Präferenzen gemäß 4.1.1.3 (MB) – 5.1.1.3 (GB) – 6.1.1.3 (H) – 7.1.1.3 (E):
Russische Warnhinweise beschränken sich grundsätzlich auf das Signalwort. In deutschen und britischen Anleitungen wird häufig ebenso verfahren. Dennoch sind bei der Gestaltung von Warnhinweisen im Übrigen gravierende Unterschiede festzustellen.

Die Kombination (S+D), d.h. eine Verstärkung des Signalwortes durch ein Warndreieck, ist vor allem typisch für amerikanische fachinterne Anleitungen (vgl. Kap. 4 bzw. 5). In amerikanischen Anleitungen für Hausgeräte wird diese Kombination gelegentlich noch mit einem Warntext (T) ergänzt, in dem zusätzlich das konkrete Risiko genannt wird.

Im deutschen Korpus (H) sind Signalwörter dagegen eher die Ausnahme. Im Vergleich zu den amerikanischen Hinweisen ausgesprochen unauffällig erscheinen Warndreiecke und Ausrufungszeichen, die isoliert am linken Rand des TT angeordnet sind. Sie stehen in keinem Zusammenhang mit Signalwörtern, bestenfalls sind sie als Ersatz gedacht. Eine typische Kombination ist ein Warnhinweis mit vorangehendem Ausrufungszeichen und anschließendem Warntext (A+T). Die Unauffälligkeit solcher Warnhinweise läuft ihrer Intention in gravierender Weise zuwider. Sie sind daher „fehlerhaft" im Sinne von PICHLER (2007: 11), d.h., sie begründen „Instruktionsfehler", die als Mängel des jeweiligen Produktes gelten, denn die „Anleitung ist Teil des Produkts" (DIN EN 62079 2001: 12).

Translatorische Behandlung

Aufgabe

Anpassung der Warnhinweise[387] einer deutschen Anleitung (H) ⇒ R bzw. E

Lösung:

Bei der Translation ist zunächst die Signalwortverwendung gemäß 2.2.1.3 zu korrigieren. Da Warnhinweise in russischen und britischen Anleitungen ein Signalwort ohne weitere Beigaben enthalten, wären für diese ZT Ausrufungszeichen und isolierte Warndreiecke durch Signalwörter zu ersetzen. Analog wäre mit den Kombinationen „Ausrufungszeichen + Warntext" zu verfahren. Für einen amerikanischen ZT empfiehlt es sich dagegen, solche Kombinationen aus dem Lauftext herauszulösen und in Kombinationen „Signalwort + Warndreieck" zu überführen, teilweise ergänzt durch einen Warntext (Warndreiecke sollten in invertierter Form verwendet werden, wie in amerikanischen Anleitungen dieser Mikrokultur üblich!).[388]

Beispiele:

Isoliertes Warndreieck:

Verwenden Sie nur Marken-Klarspüler für Geschirrspüler. Füllen Sie niemals andere Mittel (z.B. Essigessenz) oder Geschirrspülreiniger in den Vorratsbehälter für Klarspüler. Dies würde das Gerät beschädigen.

[387] SCHMITT (1998c: 212) empfiehlt, den Sender auf Kulturdifferenz in diesem Bereich hinzuweisen, u.a. auf „die zur Hervorhebung der Sicherheitshinweise verwendeten verbalen und nonverbalen Mittel (Signalwörter, Piktogramme, Typographie)". Da diese Anpassung weitgehend im Zuge der Translation möglich ist, wird der Sender seine Zustimmung vermutlich nicht verweigern, und sie sollte realisiert werden, ggf. zur Behebung von Produktfehlern!

[388] In amerikanischen Betriebsanleitungen für PKW werden offenbar – wie im amerikanischen Gerätebau (vgl. 5.1.1.3) – Warndreiecke in nicht-invertierter Form verwendet (vgl. SCHMITT 1999: 145). Die ANSI Z535.6 (2006) schreibt für alle Warnhinweise zu Personenschäden die Verwendung invertierter Warndreiecke vor. Infolgedessen ist zu erwarten, dass diese Form auch Eingang in US-amerikanische Anleitungen anderer Mikrokulturen finden wird.

Ausrufungszeichen:

! 1 Minute nach dem Ausschalten ist das Einfüllfenster entriegelt. Beim Öffnen kann Lauge auslaufen!

⇒ **ВНИМАНИЕ**! ТЕМПЕРАТУРА ВОДЫ, ЗАЛИТОЙ В БАК, НЕ ДОЛЖНА ПРЕВЫШАТЬ 80°C.

⇒ **WARNING:** NEVER USE ANY HOUSEHOLD CLEANER OR DETERGENT, ABRASIVE POWDERS OR WAX POLISH. THESE NOT ONLY DAMAGE THE SURFACES, THEY ALSO LEAVE A SMELL IN THE FRIDGE FREEZER.[389]

Ausrufungszeichen + Warntext:

! Niemals lösungsmittelhaltige Reinigungsmittel in der Waschmaschine verwenden! **Explosionsgefahr!**

⇒ **Signalwort + Warndreieck:**

⚠ CAUTION: Contents washed in Anti-Bacteria cycle may be hot to the touch. Use care before unloading.

⇒ **Signalwort + Warndreieck + Warntext:**

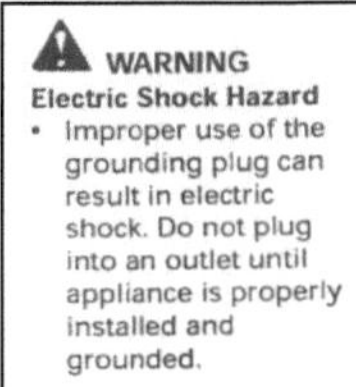

2.3.2 Sequenzierung deklarierter Teiltexte (Makrostruktur – vgl. 1.6.4.1)

Grundsätzlich gilt – zumindest theoretisch – für jedes übersetzungsrelevante Textmerkmal, was SCHMIDT (1996: 441) zur Makrostruktur fachexterner Anleitungen ausführt:

> Die unmittelbare Überführung der Vergleichsergebnisse in Übersetzungsanweisungen erscheint plausibel, wenn man von der Prämisse ausgeht, daß eine Übersetzung auch hinsichtlich des Makrostrukturaufbaus so stark als möglich an den Textsortenusus der ZS-Kommunikationsgemeinschaft angepaßt werden muß.[390]

[389] Zur Lokalisierung gehört ggf. auch die Korrektur des Signalwortes. Da vor Sachschaden gewarnt wird, wäre in einem Hinweis für Briten *Caution* zu verwenden. Sollen dagegen US-amerikanische Adressaten vor Sachschaden gewarnt werden, ist seit Inkrafttreten der ANSI Z535.6 *Notice* vorgeschrieben, das metakommunikativ kaum noch Aussagekraft hat.

[390] Möglicherweise hat SCHMITT (1999: 87) Recht mit seinem Einwand: „Änderungen an der Makrostruktur gehören freilich nicht zum traditionellen Rollenverständnis des Übersetzers (...)“. In diesem Fall ist es an der Zeit, dieses Rollenverständnis dem aktuellen Verständnis von Translation anzugleichen – eine Aufgabe für die Übersetzungsdidaktik.

Dieses Postulat ist nicht nur sinnvoll, sondern – in Grenzen – auch praktisch zu erfüllen. Angesichts der Vergleichsergebnisse zu den Anleitungsvarianten der beiden Mikrokulturen scheint eine Anpassung der Makrostruktur teilweise durch schlichtes Umstellen der TT möglich zu sein. Das gilt zweifellos für Auxiliartexte wie z.B. das Inhaltsverzeichnis, das für einen russischen ZT bei Bedarf durchaus an den Schluss verschoben werden kann. Es gilt aber offenbar auch für Konstituenten des Haupttextes, die eine gewisse Selbständigkeit haben, wie die TT „Technische Daten“ und „Sicherheit“.

2.3.2.1 Position des TT „Technische Daten“

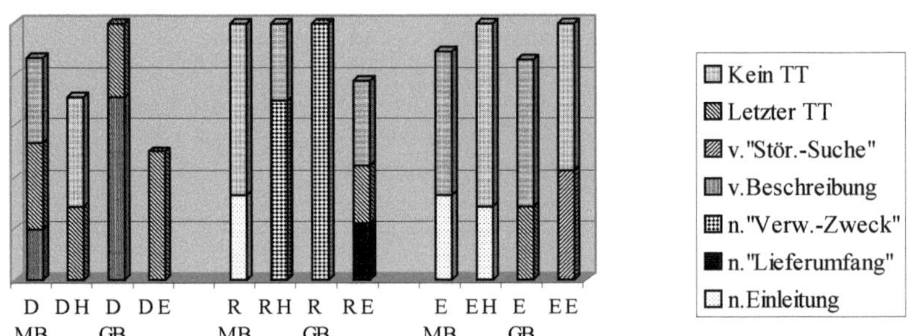

Abb. 2.39: Position des TT „Technische Daten“

Präferenzen gemäß Tab. 4.41-4.43 (MB) – 5.41-5.43 (GB) – 6.41-6.43 (H) – 7.41-7.43 (E):

Einer Anpassung der Position des TT „Technische Daten“ steht grundsätzlich die Tatsache entgegen, dass er in deutschen und russischen Anleitungen des Maschinenbaus auch fehlen kann. Ein makrokulturelles Merkmal „angloamerikanischer“ Anleitungen ist sogar, dass ein solcher TT nur selten vorgesehen ist.

Eine in deutschen Anleitungen generell feststellbare Präferenz ist die Positionierung der Technischen Daten am Textschluss. Alternativ wird dieser TT in fachinternen deutschen Texten der Beschreibung vorangestellt, in Anleitungen für Messgeräte wird gerade diese Position deutlich bevorzugt.

In russischen Betriebsanleitungen[391] sowie in den englischen Korpora (MB/H) schließt der TT „Technische Daten“ ggf. an die Einleitung an. Im Übrigen folgen die Technischen Daten in russischen Texten überwiegend auf den TT „Verwendungszweck“. An dieser Position gehen sie ebenfalls der Beschreibung voran, sind jedoch von dieser noch durch den TT „Lieferumfang“ getrennt. In originär russischen Anleitungen des Korpus

[391] Montage- und Reparaturanleitungen enthalten einen solchen TT nicht.

(R E) folgen die „Technische Daten“ ggf. auf den TT „Lieferumfang“. In russischen Anleitungen fremder Provenienz – wie auch im Korpus (E GB) – wurden Technische Daten ausschließlich am Textende gefunden.[392] Eine Besonderheit des entsprechenden englischen Korpus (E) ist dagegen die Platzierung dieses TT vor dem TT „Störungssuche“.

Translatorische Behandlung

Aufgabe:

Anpassung der Positionierung des TT „Technische Daten“ einer deutschen Anleitung (GB) ⇒ R bzw. E

Lösung (theoretisch):

Im russischen ZT sollte der TT ebenfalls vor der Beschreibung positioniert sein, ggf. vor dem TT „Lieferumfang“. Falls er im AT am Textende steht, wäre er entsprechend vorzuziehen. Im englischen ZT könnte er dagegen am Textende verbleiben bzw. müsste im Zuge der Anpassung entfallen.

Lösung (praktisch):

Von einer Tilgung des TT bei der Übersetzung ins Englische ist abzuraten. In „angloamerikanischen“ Anleitungen werden technische Daten zwar seltener in einem eigenen TT, dafür aber häufig im Textverlauf (d.h. in anders deklarierten TT) gegeben (vgl. Tab. 4.46, 5.46, 6.46, 7.46). Da diese Daten dem Rezipienten nicht vorenthalten werden dürfen, könnte man daran denken, den TT aufzulösen und die Daten in thematisch passende Abschnitte zu integrieren.

Es gibt diverse Themen, die in einer ZK ggf. unter anderen Deklarationen behandelt werden. Daher ist grundsätzlich zu fragen, ob eine entsprechende Umverteilung von Informationen im Zuge der Translation überhaupt wünschenswert ist. Wenn die Analyseergebnisse, wie in diesem Fall, die Abbildung der AT-Konstituente als Alternative anbieten, sollte – nicht zuletzt wegen des damit verbundenen Aufwandes[393] – auf eine Anpassung verzichtet werden.

Bei Umkehr der Übersetzungsrichtung zu E ⇒ R bzw. D wäre entgegengesetzt zu verfahren: durch Extraktion und Zusammenfassung der Technischen Daten wäre für den ZT ein entsprechender TT zu produzieren, der gemäß GOST 26119-84 obligatorischer Bestandteil einer Betriebs-/Bedienungsanleitung ist (vgl. FLEISCHMANN 2002b: 66). Sinn-

[392] Die Positionierung am Textende in den Anleitungen für Gebrauchselektronik fremder Provenienz widerspricht den Vorgaben nach GOST 26119-84 (zur Darstellung der vorgeschriebenen Makrostruktur vgl. FLEISCHMANN 2002b: 66-67). Alle in Originaltexten festgestellten Positionen sind dagegen normenkonform.

[393] Vgl. dazu auch SCHMITT (1999: 87): „Änderungen an der Makrostruktur im Rahmen eines Translationsprozesses sind meist aus Zeit- und Kostengründen nicht vertretbar, können aber für etwaige Folgeversionen des Texts vorgesehen werden“.

voller wäre allerdings, den Auftraggeber zur Zusammenstellung der Technischen Daten, z.B. in Tabellenform, zu bewegen. Das beste Argument für einen solchen Aufwand bei der ZT-Produktion für deutsche Adressaten ist die Tatsache, dass damit ein Instruktionsfehler („schlecht auffindbare Informationen"), d.h. ein Produktfehler, behoben wird.

2.3.2.2 Position des TT „Sicherheit"

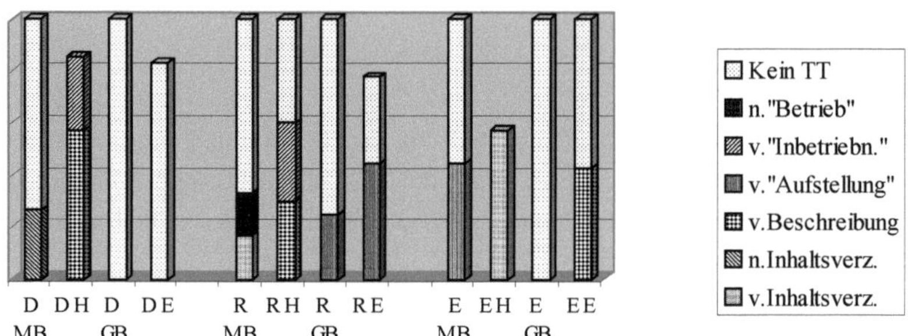

Abb. 2.40: Position des TT „Sicherheit"

Präferenzen gemäß Tab. 4.41-4.43 (MB) – 5.41-5.43 (GB) – 6.41-6.43 (H) – 7.41-7.43 (E):

Ein gesonderter TT „Sicherheit" wird interkulturell vor allem in fachexternen Anleitungen für notwendig erachtet. Generell zeigen die Ergebnisse zwei konträre Präferenzen: 1. eine Positionierung vorn im Text, d.h. spätestens vor der Maschinen- oder Gerätebeschreibung, und 2. eine Positionierung zu Beginn des anleitenden Teils, für den diese Hinweise im Grunde auch gelten. Eine dritte Variante, die nur in russischen Anleitungen (MB) vorkommt, ist die Positionierung hinten im Text: im Anschluss an die Instruktionen zum Betrieb oder unmittelbar vor dem Inhaltsverzeichnis (das in dieser Mikrokultur den letzten TT einer Anleitung bildet). Interkulturell gemeinsame Präferenzen zeigen sich im deutschen und russischen Korpus (H), mikrokulturell determinierte Parallelen (fachintern/-extern) sind in den deutschen bzw. russischen Texten (GB/E) festzustellen.

Translatorische Behandlung

Aufgabe:

Anpassung der Positionierung des TT „Sicherheit" einer russischen Betriebsanleitung (MB) ⇒ D bzw. E

Lösung:

Im russischen AT ist der TT im letzten Teil der Anleitung – und damit für Rezipienten anderer Kulturen zu weit hinten – platziert. Im Zuge der Translation wäre er für beide

ZT vorzuziehen. Im deutschen ZT sollte er unmittelbar auf das Inhaltsverzeichnis folgen, im englischen ZT den Instruktionen zu Aufstellung/Montage vorausgehen.[394] Falls der TT im AT fehlt, für den ZT aber vorgeschrieben ist, empfiehlt sich eine Verfahrensweise gemäß 2.4.6.2.

2.3.2.3 Position des Inhaltsverzeichnisses

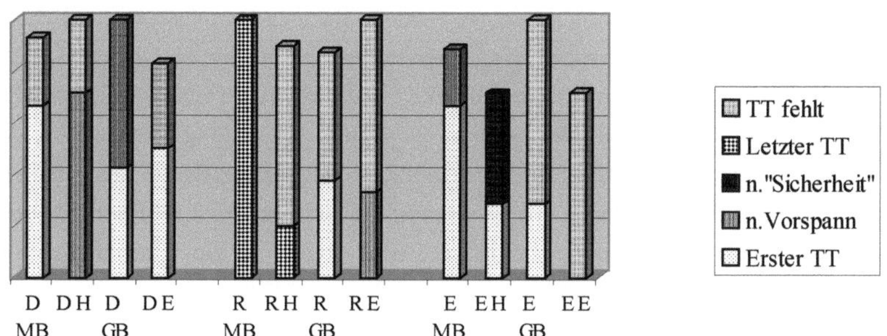

Abb. 2.41: Position des Inhaltsverzeichnisses

Präferenzen gemäß Tab. 4.41-4.43 (MB) – 5.41-5.43 (GB) – 6.41-6.43 (H) – 7.41-7.43 (E):

In deutschen Anleitungen ist zumeist ein Inhaltsverzeichnis vorhanden, das dem übrigen Text vorausgeht. Alternativ folgt es auf einen Vorspann, der in Anleitungen für Hausgeräte einen Glückwunsch zum Neuerwerb bzw. andere gute Wünsche zum Ausdruck bringt. In fachinternen Texten des Gerätebaus enthält dieser Vorspann in der Regel einen allgemeinen Sicherheitshinweis, der mit einem Signalwort deklariert ist.

Russische Anleitungen haben häufig kein Inhaltsverzeichnis, das gilt vor allem für kurze fachexterne Texte. Die Positionierung scheint mit der Mikrokultur zu korrelieren: in Texten des Maschinenbaus steht das Inhaltsverzeichnis üblicherweise am Schluss, während es in Anleitungen des Gerätebaus ggf. dem Haupttext vorangeht. Die zum russischen Korpus (E) ausgewiesene Platzierung nach einem Vorspann wurde nur in Texten fremder Provenienz gefunden, die originär russischen Anleitungen enthalten kein Inhaltsverzeichnis.

In den Anleitungen der englischen Korpora (MB/H) ist generell ein Inhaltsverzeichnis vorhanden, das in fachinternen Texten zumeist den ersten TT bildet. Alternativ kann ihm ein mit Signalwort deklarierter allgemeiner Sicherheitshinweis als Vorspann vorange-

[394] TT-Verschiebungen ziehen im Allgemeinen eine Anpassung der äußeren Gliederung nach sich. Zudem ist an die Korrektur der entsprechenden intratextuellen Verweise zu denken.

stellt sein. In Anleitungen (H) geht ihm analog häufig das ganze Kapitel „Sicherheit“ voraus. Die Texte des britischen bzw. amerikanischen Gerätebaus enthalten dagegen – fachintern wie -extern – mehrheitlich kein Inhaltsverzeichnis.

Translatorische Behandlung
Aufgabe:
Anpassung der Positionierung des Inhaltsverzeichnisses einer britischen Anleitung (H) ⇒ D bzw. R

Lösung:
Je nach Strukturierung des englischen AT wird das Inhaltsverzeichnis im deutschen ZT entweder als 1. TT abgebildet oder so weit zum Textanfang vorgezogen, dass es ggf. dem TT „Sicherheit“ vorausgeht. Der russische Rezipient erwartet das Inhaltsverzeichnis am Textende, daher sollte es im russischen ZT den letzten TT bilden. Wegen des üblicherweise größeren Umfangs britischer Anleitungen ist die Alternative einer Tilgung dieses TT nicht zu empfehlen.

2.3.3 Sequenzierung und Platzierung von Abbildungen

2.3.3.1 Sequenzierung von Abbildungen (vgl. 1.6.4.2)

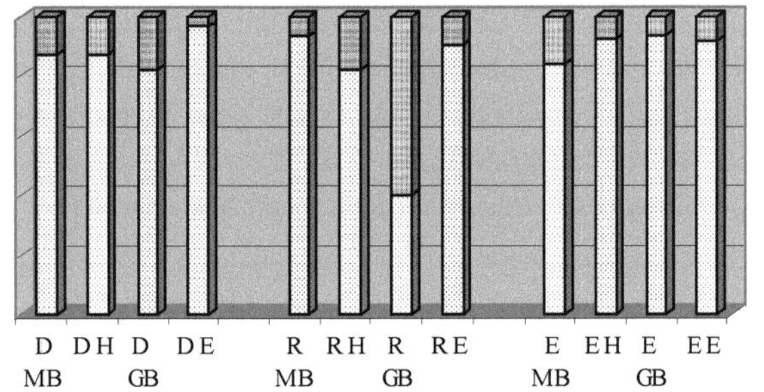

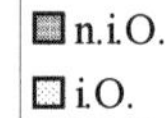

Abb. 2.42: Sequenzierung der Abbildungen

Präferenzen gemäß Tab. 4.44 (MB) – 5.44 (GB) – 6.44 (H) – 7.44 (E):
Nur an den deutschen Korpora lässt sich feststellen, dass der Sequenzierung von Abbildungen bei der Produktion fachexterner Anleitungen mehr Beachtung geschenkt wird. Die Ergebnisse zu den übrigen Korpora zeigen in dieser Hinsicht keine Systematik: im interkulturellen Vergleich liegt das Maximum an Störungen im russischen Korpus (GB) vor. In den deutschen Anleitungen (GB) ist die Sequenzierung der Abbildungen ebenfalls häufiger gestört als in den anderen deutschen Korpora. Im entsprechenden engli-

schen Korpus sind die Störungen dagegen vergleichsweise geringer. Insgesamt ist die Sequenzierung von Abbildungen in den englischen Korpora seltener gestört als in deutschen oder russischen Texten.

Translatorische Behandlung

Aufgabe:

Für die Translation besteht generell ein Korrekturauftrag mit dem Ziel, die Sequenzierung im Sinne des Rezipienten gebrauchsorientiert zu gestalten. Wie das im Einzelnen geschehen kann, hängt von den Ursachen der jeweiligen Sequenzstörungen ab.

Lösung:

Im Zuge der Translation deutscher Anleitungen des Gerätebaus und russischer Anleitungen für Hausgeräte empfiehlt es sich z.B., die Verweise auf fehlende Abbildungen[395] zu tilgen, sofern diese Abbildungen im ZT nicht benötigt werden (andernfalls sind sie einzufügen). Sequenzstörungen in den englischen Korpora (MB/H) resultieren überwiegend aus unzutreffenden Verweisen. Deren Bezug ist im ZT zu korrigieren. In russischen Anleitungen (GB) besteht das Grundsatzproblem darin, dass Abbildungen an einer (willkürlich erscheinenden) Stelle im Textverlauf gruppiert oder insgesamt am Textende platziert sind, während die Verweise den ganzen Text durchziehen. Da die ersten Verweise – isoliert betrachtet – dennoch in einer geordneten Folge gegeben werden, ließe sich die jeweilige Abbildungsgruppe durchaus entsprechend segmentieren, und die Platzierung der einzelnen Abbildungen könnte ihren ersten Verweisen angepasst werden. Dies wäre gleichzeitig eine mögliche (Teil-)Lösung zur Aufgabe gemäß 2.3.3.2.

Abgesehen von diesen korpusspezifischen Fakten gibt es eine Art textsortenspezifischer Sequenzstörung, die auch in den Anleitungen gefunden wurde, deren Abbildungssequenz ein hohes Maß an Gebrauchsorientierung reflektiert. Im Gegensatz zu den angesprochenen Problemen einzelner Korpora, die bei der Übersetzung nicht übersehen werden können, ist die im Vergleich zu ihrem Verweis verspätete Platzierung einer Abbildung eher unauffällig, sollte aber dennoch nach Möglichkeit korrigiert werden.

Beispiel:

2 Beschreibung
2.1 Allgemein
(...)
Einziger Verweis auf Abb. 2
(...)
(...)

[395] „Fehlende Illustrationen" sind „Instruktionsfehler" im Sinne von PICHLER (2007: 11) und damit gleichzeitig Produktfehler.

3 Lieferumfang
(...)
Abb. 1 (ohne Verweis)
4 Elektrischer Anschluß
(...)
Abb. 2

Die Behebung dieser Störung ist vergleichsweise einfach, da auf Abb. 2 nur einmal verwiesen wird: Abb. 1 und 2 werden vertauscht, gleichzeitig wird (die neue) Abb. 1 nach Möglichkeit in den Abschnitt 2.1 vorgezogen, in dem der Verweis gegeben wird:

⇒ 2 Beschreibung
2.1 Allgemein
(...)
Einziger Verweis auf Abb. 1 (neu)
(...)
Abb. 1 (neu)
(...)
3 Lieferumfang
(...)
Abb. 2 (neu - ohne Verweis)
4 Elektrischer Anschluß
(...)

2.3.3.2 Platzierung von Abbildungen (vgl. 1.6.4.3)

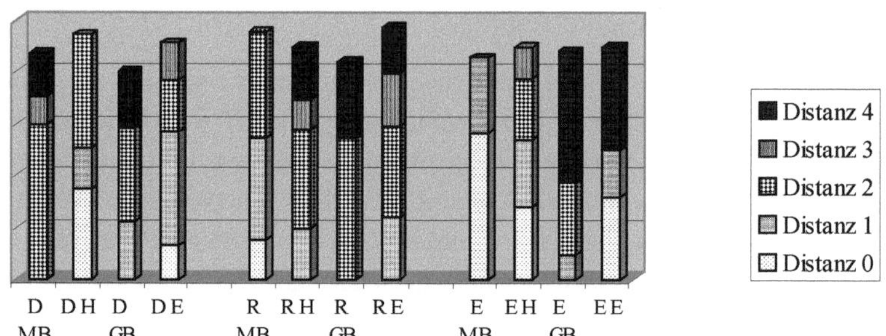

Abb. 2.43: Platzierung der Abbildungen

Präferenzen gemäß Tab. 4.45 (MB) – 5.45 (GB) – 6.45 (H) – 7.45 (E):
Die Distanz 4 zwischen Verweis und Abbildung ist (mit bis zu 20 Seiten) interkulturell bei zu vielen Abbildungen zu groß. Das gilt insbesondere für die Korpora (D/R GB, E GB/E), die Anteile zur Distanz 4 sind extrem hoch. Insgesamt rezipientenfreundlich ist dagegen die Platzierung im Korpus (D H) sowie in den Korpora (R/E MB).

Translatorische Behandlung

Aufgabe:

Die Translation hat bei der Platzierung – ähnlich wie bei der Sequenzierung – von Abbildungen generell einen Korrekturauftrag im Sinne der Rezipientenfreundlichkeit zu erfüllen. Die Lösung hängt auch in diesem Fall von den jeweiligen Ursachen für die inakzeptable Distanz ab.

Lösung:

Der primäre Grund für die erheblichen Distanzen in deutschen fachinternen Anleitungen wurde am Beispiel in 2.3.3.1 bereits vorgeführt: Verweis und Abbildung sind durch große Textmengen getrennt, sie befinden sich z.B. in verschiedenen Kapiteln. Sofern auf die Abbildung nur einmal verwiesen wird, ist die Lösung recht einfach: durch räumliche Annäherung der Abbildung an den Verweis lässt sich die Distanz minimieren.

Im russischen und englischen[396] Korpus (GB) sind die Abbildungen zwischen 2 und 16 Seiten von ihren Verweisen entfernt. Der Grund für dieses Problem wurde bereits angesprochen (vgl. 2.3.3.1): eine kompakte Gruppierung der Abbildungen, u.a. am Textende. Diese Verfahrensweise ist sehr bequem für die Textproduktion, weil sich ein Teil der Probleme beim Layout, die mit dem Einfügen von Abbildungen üblicherweise verbunden sind, gar nicht erst stellt. Andererseits sollten sich Textproduzenten aber darüber im Klaren sein, dass „schlecht auffindbare Informationen" als „Instruktionsfehler" (PICHLER 2007: 11) gelten, weil sie eine adäquate Rezeption der Text-Bild-Gemeinschaft behindern (im Extremfall sogar unmöglich machen). Eine praktikable Lösung zur Behebung solcher Instruktionsfehler (die **Produktfehler** sind) dürfte die Segmentierung dieser Gruppen sein mit dem Ziel, die einzelnen Abbildungen ihren Verweisen anzunähern.

Bei Abbildungen mit Mehrfachverweisen ist die optimale Platzierung nicht so offensichtlich wie bei solchen, auf die nur einmal verwiesen wird. Sie muss durch Analyse der Verweise zunächst ermittelt werden. Im folgenden Beispiel ist eine russische Anleitung (GB) mit den Kapiteln dargestellt, die Verweise auf die vorhandenen (8) Abbildungen enthalten.

Beispiel:

ТЕХНИЧЕСКИЕ ДАННЫЕ
(...)
Verweise auf Abb. 1, 2, 3
(...)
УСТРОЙСТВО И ПРИНЦИП РАБОТЫ
Verweis auf Abb. 4

[396] Die Unterschiede zwischen amerikanischen und britischen Anleitungen sind gravierend: in Distanz 4 befinden sich knapp 2/3 der amerikanischen (vgl. auch HORN-HELF 2007: 295), jedoch nur 24 % der britischen Abbildungen.

Verweis auf Abb. 5
Verweise auf Pos. in Abb. 5
Abb. 1
Abb. 2
Abb. 3
Verweise auf Pos. in Abb. 5 in 5 Absätzen
Abb. 4
Verweise auf Pos. in Abb. 5 in 2 Absätzen
ОБЕСПЕЧЕНИЕ ВЗРЫВОЗАЩИЩЕННОСТИ
Verweis auf Abb. 6
Verweise auf Pos. in Abb. 6
Abb. 5
Abb. 6
Verweis auf Abb. 6
Verweise auf Pos. in Abb. 6
(...)
УСТАНОВКА ПРИБОРА
(...)
Verweis auf Abb. 7
Verweis auf Abb. 8
(...)
Abb. 7
Abb. 8
(...)
Verweis auf Abb. 5
Verweise auf Pos. in Abb. 5 in 3 Absätzen
Verweise auf Abb. 6 in 2 Absätzen
Verweise auf Pos. in Abb. 6 in 2 Absätzen
(...)
ПОДГОТОВКА К РАБОТЕ
(...)
Verweis auf Abb. 5
Verweise auf Pos. in Abb. 5 in 2 Absätzen
ТЕХНИЧЕСКОЕ ОБСЛУЖИВАНИЕ
(...)
Verweis auf Abb. 6
(...)
ВОЗМОЖНЫЕ НЕИСПРАВНОСТИ И МЕТОДЫ ИХ УСТРАНЕНИЯ
МАРКИРОВАНИЕ И ПЛОМБИРОВАНИЕ
(...)
Verweis auf Abb. 6
Verweise auf Pos. in Abb. 6

Diese in Bezug auf gegebene Verweise vollständige Darstellung zeigt, wie sich die Verweise in den verschiedenen Kapiteln auf bestimmte Abbildungen konzentrieren, ohne dass allerdings die jeweilige Abbildung dort platziert wäre. Ein erster Lösungsschritt besteht auch bei Abbildungen mit mehrfachen Verweisen (hier Abb. 1 – 8) in der Annäherung an ihre Verweise:

⇒ ТЕХНИЧЕСКИЕ ДАННЫЕ
(...)
Verweise auf Abb. 1, 2, 3
(...)
Abb. 1
Abb. 2
Abb. 3
УСТРОЙСТВО И ПРИНЦИП РАБОТЫ
Verweis auf Abb. 4
Abb. 4
Verweis auf Abb. 5
Verweise auf Pos. in Abb. 5 in 8 Absätzen
Abb. 5
ОБЕСПЕЧЕНИЕ ВЗРЫВОЗАЩИЩЕННОСТИ
Verweis auf Abb. 6
Verweise auf Pos. in Abb. 6
Abb. 6
Verweis auf Abb. 6
Verweise auf Pos. in Abb. 6
(...)
УСТАНОВКА ПРИБОРА
(...)
Verweis auf Abb. 7
Abb. 7
Verweis auf Abb. 8
Abb. 8
(...)
Verweis auf Abb. 5
Verweise auf Pos. in Abb. 5 in 3 Absätzen
Verweis auf Abb. 6
Verweise auf Pos. in Abb. 6
(...)
Verweis auf Abb. 6
Verweise auf Pos. in Abb. 6
(...)
ПОДГОТОВКА К РАБОТЕ
(...)
Verweis auf Abb. 5
Verweise auf Pos. in Abb. 5 in 2 Absätzen
ТЕХНИЧЕСКОЕ ОБСЛУЖИВАНИЕ
(...)
Verweis auf Abb. 6
(...)
ВОЗМОЖНЫЕ НЕИСПРАВНОСТИ И МЕТОДЫ ИХ УСТРАНЕНИЯ
МАРКИРОВАНИЕ И ПЛОМБИРОВАНИЕ
(...)
Verweis auf Abb. 6
Verweise auf Pos. in Abb. 6

Im weiteren Textverlauf (nach Abb. 8) wird erneut und mit hoher Intensität zurück auf die Abb. 5 und 6 – vor allem auf ihre Abb.-Positionen – verwiesen. Um in einem zweiten Lösungsschritt auch diese Distanz (von immerhin noch 3-6 Seiten) zu minimieren, ist es ratsam, der Empfehlung bei PICHLER (1994: 28) zu folgen:

> Ehe Sie die Leser mit Querverweisen aufhalten („Blättern Sie 27 Seiten zurück und gleichzeitig 13 Seiten vor"), wiederholen Sie lieber ein Bild.[397]

Die Abb. 5 und 6 werden deshalb etwa in der Mitte der restlichen Verweise als Abb. 9 und 10 wiederholt (die Verweise sind entsprechend anzupassen):

⇒ УСТАНОВКА ПРИБОРА
    (...)
    Verweis auf Abb. 7
Abb. 7
    Verweis auf Abb. 8
Abb. 8
    (...)
    Verweis auf Abb. 9
    Verweise auf Pos. in Abb. 9 in 3 Absätzen
    Verweis auf Abb. 10
    Verweise auf Pos. in Abb. 10
    (...)
    Verweis auf Abb. 10
    Verweise auf Pos. in Abb. 10
    (...)
Abb. 9
Abb. 10
ПОДГОТОВКА К РАБОТЕ
    (...)
    Verweis auf Abb. 9
    Verweise auf Pos. in Abb. 9 in 2 Absätzen
ТЕХНИЧЕСКОЕ ОБСЛУЖИВАНИЕ
    (...)
    Verweis auf Abb. 10
    (...)
ВОЗМОЖНЫЕ НЕИСПРАВНОСТИ И МЕТОДЫ ИХ УСТРАНЕНИЯ
МАРКИРОВАНИЕ И ПЛОМБИРОВАНИЕ
    (...)
    Verweis auf Abb. 10
    Verweise auf Pos. in Abb. 10

---

[397] PICHLER hatte bei der Wahl der Seitenanzahl vermutlich eine überspitzte Formulierung im Sinn. Tatsächlich kommt er jedoch den Fakten bedenklich nahe. Wäre zu den Abbildungen die jeweilige Seite angegeben, könnte der Rezipient zumindest gezielt vor- oder zurückblättern. Da diese Angaben fehlen, muss er ggf. den Text systematisch durchsuchen.

Damit reduziert sich der Abstand zwischen Verweisen und Abbildungen überwiegend zu Distanz 3. Lediglich für die Verweise auf Abb. 10 im letzten Kapitel bleibt die Distanz 4 bestehen, die jedoch nur noch zwei Seiten beträgt.

Eine Gruppierung von Abbildungen am Textende kommt im russischen Korpus (H) nur einmal vor. Mehrheitlich resultiert hier die Distanz 4 (2-20 Seiten) daher, dass – wie im obigen Beispiel – zwischen Verweis und Abbildung ein Großteil des Textes liegt, d.h., zu Beginn des Textes wird auf die letzten Abbildungen verwiesen, und das letzte Textdrittel enthält Verweise zurück auf die ersten Abbildungen. Die Korrektur umfasst die vorgeführten Lösungsschritte: die Annäherung der Abbildungen an ihre Verweise und bei Bedarf eine Wiederholung der Abbildungen. Das beste Argument, um den Auftraggeber für einen solchen Aufwand zu gewinnen, ist der Hinweis, dass mit der Korrektur der Anleitung gleichzeitig das Produkt „instandgesetzt" wird.

Die Vorteile solcher Lösungen werden vor allem in deutschen fachexternen Anleitungen sichtbar: Abbildungen wurden ein zweites Mal (und bei Bedarf häufiger) in den Text eingefügt. Eine bedenkenswerte – und ebenfalls praktizierte – Alternative ist die Platzierung der Abbildungen auf einer Ausklappseite.[398] Beide Maßnahmen führen zum gleichen Ergebnis: zu einer akzeptablen Distanz zwischen Verweis und Abbildung.

2.3.4 Interpretation der Präferenzen

2.3.4.1 Teutonischer vs. Sachsonischer Stil (GALTUNG – vgl. 1.3.2.1)

In deutschen und russischen Anleitungen ist es üblich, technische Daten zentral in Tabellenform zusammenzustellen, in „angloamerikanischen" Anleitungen werden diese Informationen dagegen häufig dezentral im Textverlauf gegeben. In der Konsequenz zeigt sich der TT „Technische Daten" daher als lediglich fakultative Konstituente der Makrostrukturen (vgl. Tab. 4.43/5.43/6.43/7.42), während er in den Makrostrukturen der deutschen und russischen Korpora mehrheitlich präsent ist (vgl. auch Abb. 2.39).

Die Tabellenform ermöglicht eine hierarchische Präsentation degressiv geordneter Daten (vgl. auch 1.6.3.2), die durch eine superordinative Deklaration zusammengehalten werden. Bei der Integration dieser Daten an verschiedenen Stellen des Textes verliert sich nicht nur der Status einer einzelnen Angabe als Teil des Ganzen „Technische Daten", das Verhältnis zwischen den einzelnen Angaben nivelliert sich außerdem zur Koordination, der eine hierarchische Ordnung nicht mehr zugrunde liegt. Die Abfolge der Daten

[398] Allerdings meldet die DIN EN 62079 (2001: 29) Bedenken zur Ausklappseite an: „Dabei muss aber bedacht werden, dass ein häufig angewendetes Ausklappblatt aus Papier schnell abgenutzt sein wird".

passt sich vielmehr der Sequenz der Themenbehandlung an. Bei einer solchen Konstellation liegt eine Assoziation zum teutonischen bzw. sachsonischen Stil bzw. zu den von GALTUNG formulierten Metaphern (große Pyramide vs. Vielzahl winziger Pyramiden) nicht allzu fern. Seine Differenzierung findet in diesen beiden konträren Verfahren der Datenpräsentation ohne Zweifel eine Bestätigung.

2.3.4.2 Advance Organizer (CLYNE – vgl. 1.3.2.2)

Eines der Merkmale eines wohlgeformten „englischen" Textes ist nach CLYNE (1993: 13-14) die „frühe Stellung von *advance organizers*". Der „advance organizer" *par excellence* ist das Inhaltsverzeichnis, das aus gutem Grund auch in deutschen Anleitungen am Textanfang platziert ist. Die Tatsache, dass dieser TT in den englischen Korpora des Gerätebaus – fachintern wie -extern – mehrheitlich fehlt (vgl. Abb. 2.41), ist aus dieser Sicht besonders kritisch. Demgegenüber sind die deutschen Anleitungen beider Mikrokulturen unter diesem Aspekt überwiegend „wohlgeformt".

Des Weiteren lässt sich auch die Position vorhandener Inhaltsverzeichnisse nach diesem Kriterium beurteilen. Optimal wäre die Position als 1. TT des Gesamttextes, die in den deutschen Korpora insgesamt häufiger gewählt wurde als in den englischen. Die alternative Positionierung nach einem Vorspann, der in deutschen Texten dem Inhaltsverzeichnis vorausgehen kann, wäre als zweitbeste Lösung anzusehen. Diese wurde in den englischen Texten nur ausnahmsweise und nur in amerikanischen Anleitungen des Maschinenbaus gefunden. Da ein solcher Vorspann – unabhängig von der Makrokultur – in der Regel einen Umfang von max. 5 Zeilen hat, verschiebt sich das Inhaltsverzeichnis nur unwesentlich. Eine vergleichsweise „späte Stellung" kann dem Inhaltsverzeichnis in „angloamerikanischen" Anleitungen für Hausgeräte zugewiesen sein: hier geht ihm ggf. ein ganzes Kapitel allgemeiner Sicherheitshinweise voraus. Russische Anleitungen entsprechen noch weniger dieser Vorstellung von „Wohlgeformtheit": zum einen hat die Mehrzahl der Texte in drei Korpora kein Inhaltsverzeichnis, zum anderen kann dieser TT in Texten der Mikrokultur Maschinenbau die Funktion als „advance organizer" nicht erfüllen, da er konventionell am Textende angeordnet ist.

2.3.4.3 Orientation towards Writer vs. Orientation towards Reader (HOUSE – vgl. 1.3.4.2)

Generell ist die Adressatenorientierung eines Textes auch daran zu erkennen, dass wichtige Informationen unübersehbar hervorgehoben werden. Sie korreliert daher in gewisser Weise mit einer adäquaten Direktheit, die z.B. durch Fettdruck sichergestellt wird. Eine Alternative stellt die emphatische Verwendung von Versalien mit/ohne Fettdruck dar (vgl. dazu Tab. 4.28, 5.28, 6.28, 7.28).

In britischen und amerikanischen Anleitungen werden häufig nicht nur die Signalwörter, sondern auch die Warnhinweise insgesamt durch Versalien[399] hervorgehoben. Damit steigt die Direktheit dieser Emphase bis an die Grenzen der Lesbarkeit. Es stellt sich daher die Frage, ob bei dieser Verfahrensweise nicht die eigenen Belange des Senders im Vordergrund stehen. Bei der Hervorhebung einzelner Elemente im Textverlauf dagegen erfüllen Versalien im Kontrast zum übrigen Text ihre emphatische Funktion recht gut.

Typisch für deutsche Anleitungen sind Versalien bei Typen- und Maschinen-/Gerätebezeichnungen und zur Hervorhebung der Firma des Senders.[400] Eine solche Verwendung kann auch im englischen Korpus (E) gefunden werden. Im makrokulturellen Vergleich zeigt sich hier jedoch eine deutliche Senderorientierung deutscher und – in geringerem Maße – auch russischer Anleitungen.

An der Gestaltung von Warnhinweisen lassen sich ebenfalls interkulturelle Unterschiede ablesen. Deutlichkeit ist gerade in risikobehafteten Situationen ein Maß für die Adressatenorientierung einer Anleitung. Der größeren Direktheit, die Warnhinweise in fachinternen amerikanischen Texten durch die Kombination „Signalwort+Warndreieck“ erreichen, steht in deutschen und britischen Anleitungen die Beschränkung auf ein Signalwort gegenüber (vgl. Abb. 2.38). Während die Kombination „Signalwort+Warndreieck“ allein wegen ihrer Größe eine unübersehbare Signalwirkung hat, die sich auch durch Ergänzung des Warntextes kaum noch steigern lässt (vgl. 2.3.1.3), geht die Schriftgröße deutscher Signalwörter oder Warntexte nicht über die des Fließtextes hinaus. Lediglich Anleitungen für Hausgeräte zeugen von dem Bemühen der deutschen Textproduzenten, die Aufmerksamkeit des Rezipienten mit anderen Mitteln auf diese wichtigen Informationen zu lenken. Das Warndreieck ist eine durchaus gelungene Wahl – wird jedoch zu selten eingesetzt. Eine ausschließliche Verwendung vorangestellter Anführungszeichen wie auch deren Kombination mit nicht vom laufenden Text abgehobenen Warntexten sind wenig geeignet, die intendierte Funktion auch nur annähernd so zu erfüllen, wie mit Signalwort deklarierte Einschübe das vermögen. Die Direktheit und damit auch die rezipientenorientierte Auffälligkeit lässt im Vergleich zu den Warnhinweisen amerikanischer Anleitungen viel zu wünschen übrig.

Die Position des TT „Sicherheit“ (allgemeine Sicherheitshinweise) bietet einen weiteren Ansatzpunkt für eine Differenzierung nach Sender- bzw. Adressatenorientierung (vgl.

---

399 Vgl. in diesem Sinne auch SCHMITT (1999: 179) zu Sicherheitshinweisen: „Dieser Umstand führt die in amerikanischen Kfz.-Werkstatthandbüchern häufig anzutreffende komplette Großschreibung ganzer Absätze von Warnhinweisen (besonders der Kategorie WARNINGS) ad absurdum“.

400 Eine Wertung als „senderorientiert“ ist natürlich nur dann möglich, wenn der Firmenname keine Abbreviatur darstellt. Versalien in Initialwörtern sind kein Mittel der Druckvariation.

Abb. 2.40). Gemäß DIN EN 62079 (2001: 17) sollen die allgemeinen Sicherheitshinweise den Abschluss der Produktspezifikation bilden, d.h. dem anleitenden Teil unmittelbar vorausgehen. Diese Position ist nicht nur normengerecht, sondern auch gebrauchsorientiert, da sich die Hinweise speziell auf diesen Teil beziehen und der Rezipient sie genau dann zur Kenntnis nehmen sollte, wenn er im Begriff ist, zu irgendeinem Zweck (Aufstellung, Inbetriebnahme) Hand an die Maschine/das Gerät zu legen.

In diesem Sinne ist die Position der Sicherheitshinweise in russischen Anleitungen des Gerätebaus fachintern wie -extern sowie im deutschen und englischen Korpus (MB) eindeutig gebrauchsorientiert. Das gilt für die deutschen und russischen Anleitungen für Hausgeräte nur zum Teil. Im Übrigen geht der TT, wie im englischen Korpus (E), der Beschreibung voraus und erscheint daher unter dem Aspekt der Adressatenorientierung in der TT-Abfolge zu früh. Extreme Beispiele für eine verfrühte Platzierung zeigt das englische Korpus (H): hier ist dieser TT sogar vor dem Inhaltsverzeichnis platziert. Extrem verspätet sind dagegen – auch nach GOST 26119-84[401] – die Hinweise in den Betriebsanleitungen (R MB).

Im Hinblick auf die Sequenzierung der Abbildungen sind „angloamerikanische" Anleitungen gemäß Abb. 2.42 in der Regel besser an den Bedürfnissen des Rezipienten orientiert. Bei den Distanzanalysen zeigen sich diese Texte jedoch keineswegs generell adressatenorientiert (vgl. Abb. 2.43).

In jeweils einem Korpus (D H, R MB und E MB) sind die Abbildungen so platziert, dass dem Rezipienten Suchaktionen erspart bleiben. Des Weiteren ist die Abbildung zu einem Verweis im deutschen Korpus (E) und im englischen Korpus (H) spätestens auf der übernächsten Seite zu finden.

Während Produzenten deutscher Anleitungen fachextern deutlich besser auf eine rezipientenfreundliche Bebilderung achten, scheint es von der Mikrokultur abzuhängen, ob eine amerikanische[402] Anleitung gebrauchsorientiert bebildert ist oder nicht. Unter diesem Aspekt sind Texte der Korpora (E MB/H) ähnlich rezipientenfreundlich wie deutsche fachexterne Anleitungen, die Korpora (E GB/E)[403] bleiben dagegen weit hinter deutschen fachinternen und den übrigen russischen Korpora zurück.

[401] In russischen Anleitungen kann gemäß GOST 26119-84 zwischen dem TT „Sicherheit" und dem anleitenden TT noch eine (fakultative) Beschreibung platziert sein (vgl. FLEISCHMANN 2002b: 66).

[402] Die britischen Texte dieser Korpora sind nicht nur frei von Sequenzstörungen aller Art, auch die Distanzanalyse fällt außerordentlich positiv aus: Distanz 4: 0 %.

[403] Auch dieser Befund betrifft vor allem die amerikanischen Anleitungen (GB), die sich zu ca. 73 % in Distanz 4 befinden (UK: 24 %). Die Situation im Korpus E E, das ausschließlich US-Texte enthält, ist eine analoge.

2.4 Translatorische Behandlung des Formulierungsaspektes mit Inhaltsbezug

Wie die vorhergehenden, so sind auch die folgenden Diagramme in ihren Aussagen zur translatorischen Behandlung der Kulturdifferenz sehr klar. Diese werden wiederum formuliert. Da in diesem Abschnitt jedoch Textmerkmale erörtert werden, die sich nicht in Form oder Formulierung erschöpfen, ist diese durch Präferenzen vorgegebene Behandlung zunächst einmal nur theoretisch eine Lösung für die jeweilige translatorische Aufgabe.

In die Praxis ist diese Lösung selten ohne massive Eingriffe in den Text umzusetzen. Zudem ist ein solches Textmerkmal wegen seines Inhaltsbezuges auf vielfältige Weise mit anderen verknüpft, so dass derartige Eingriffe zwar an einem konkreten Merkmal eine konventionskonforme Veränderung herbeiführen, gleichzeitig jedoch eine ganze Reihe weiterer Veränderungen nach sich ziehen können, die den ZT wiederum von anderen Konventionen entfernen. Auf der Suche nach einer praktikablen Lösung sind diese Konsequenzen für den ZT ebenfalls zu bedenken, und sie werden jeweils zumindest angedeutet. Ein weiteres Kriterium für die Zweckmäßigkeit einer problematischen Anpassung ist der wahrnehmbare Nutzen für den Rezipienten, dem entgegenzukommen Intention jeder translatorischen Anpassung sein muss. Hier findet eine Güterabwägung statt: zwischen einer theoretisch grundsätzlich wünschenswerten Lokalisierung und den praktischen Interessen des Rezipienten (und auch des Senders). Diese kann dazu führen, dass die jeweiligen Präferenzen nur eine marginale Berücksichtigung erfahren können, um Schaden vom Text und von den Beteiligten abzuwenden.

2.4.1 Bezeichnungsprinzipien in TT-Deklarationen (vgl. 1.5.1.2.2)

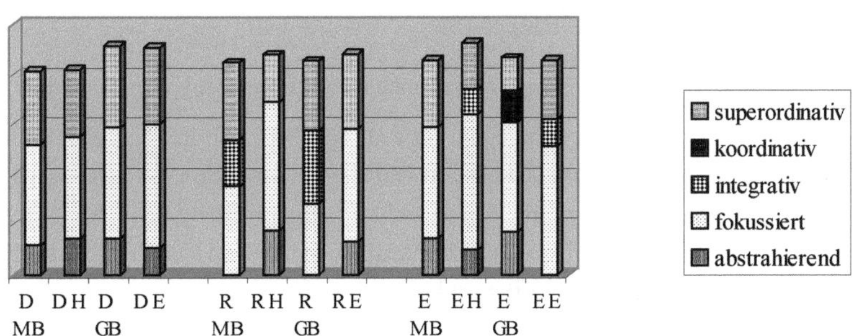

Abb. 2.44: Bezeichnungsprinzipien in TT-Deklarationen

Präferenzen gemäß Tab. 4.3 (MB) – 5.3 (GB) – 6.3 (H) – 7.3 (E):
Makrokulturelle Präferenzen in den deutschen Korpora sind die Prinzipien von Fokussierung und Superordination. In fachexternen Anleitungen ist der Anteil fokussierter Deklarationen generell besonders hoch, fachintern wird in deutschen und russischen Anleitungen häufiger gemäß einer superordinativen Deklaration getextet als fachextern. Integrative Deklarationen wurden insbesondere in den russischen fachinternen und in den englischen fachexternen Korpora gefunden. Abstrahierende Deklarationen kommen dagegen in russischen fachexternen und englischen fachinternen Korpustexten vermehrt vor. Ein signifikanter Anteil koordinativer Relationen zeigt sich nur im Korpus (E GB).

Translatorische Behandlung

Aufgabe:

Anpassung der TT-Deklarationen einer britischen bzw. amerikanischen Anleitung (GB) ⇒ D bzw. R

Lösung:

Im deutschen ZT können abstrahierende Deklarationen abgebildet werden, für den russischen ZT wären sie dagegen in integrative Deklarationen zu überführen. Koordinative Deklarationen sollten bei der Übersetzung ins Russische ebenfalls integrativ formuliert werden, für den deutschen ZT sollten superordinative Deklarationen gewählt werden.

Beispiel (abstrahierend):

GENERAL
⇒ Allgemeine Angaben
⇒ УСТРОЙСТВО И ПРИНЦИП РАБОТЫ

Beispiel (koordinativ):

Maintenance
Flow Sensor
Cases
⇒ Wartung
Reinigen der Meßröhre
Mechanische Arbeiten
⇒ Проверка основных характеристик электродов и электродных систем

Extrem problematisch wäre dagegen ein z.B. Wechsel von der Fokussierung zur Superordination, der gemäß Abb. 2.44 nicht Teil dieser Aufgabe ist. Diese Anpassung sollte unterbleiben, wie ggf. auch eine Umwandlung superordinativer in fokussierte Deklarationen. Die Verfahrensweise würde der entsprechen, die HORN-HELF (1999a: 308) zur Übersetzung von Fachzeitschriftenartikeln skizziert:

> Praktisch noch schwieriger (wenn nicht gar unmöglich) gestaltet sich die Umsetzung im umgekehrten Fall: Bei der Übersetzung englischer Aufsätze z.B. für deutsche Fachzeitschriften müßten – konsequenterweise – Exkurse eingearbeitet werden.

2.4.2 Deklaration von Abbildungen (vgl. 1.5.1.4)

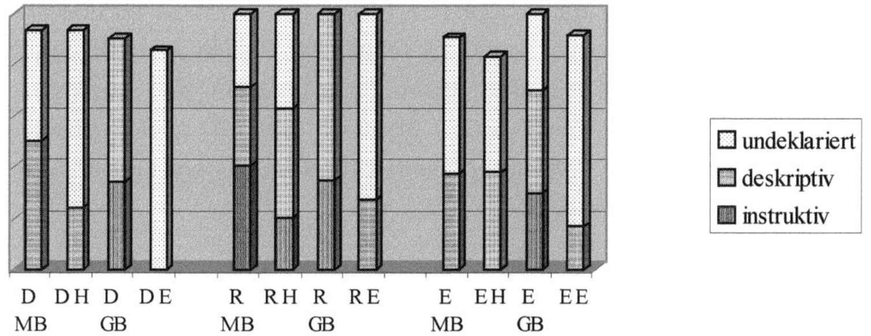

Abb. 2.45: Deklaration von Abbildungen

Präferenzen gemäß Tab. 4.5 (MB) – 5.5 (GB) – 6.5 (H) – 7.5 (E):
In deutschen und russischen Anleitungen ist die Frequenz deklarierter Abbildungen vom Adressatenbezug abhängig, d.h., fachintern werden mehr Abbildungen mit einer Deklaration versehen als fachextern. Es scheint interkulturell ein Charakteristikum fachinterner Anleitungen (GB) zu sein, dass der Anteil deklarierter Abbildungen im jeweils makrokulturellen Vergleich besonders hoch ist. In den Korpora (E) sind deklarierte Abbildungen dagegen jeweils extrem selten. Für das russische Korpus (E) ist hier von einer Imitation fremder Präferenzen auszugehen, die undeklarierten Abbildungen wurden fast ausschließlich in Texten fremder Provenienz gefunden.

Translatorische Behandlung
Aufgabe:
Anpassung der Abbildungsdeklarationen einer russischen Anleitung (MB) ⇒ D bzw. E

Lösung (theoretisch):
Der Befund gemäß Abb. 2.45 würde für die Translation eine Umwandlung der russischen instruktiven Deklarationen nahe legen. Diese Deklarationen wären für beide ZT teils deskriptiv zu formulieren, teils auszulassen.

Lösung (praktisch):
Da die Deklaration den Abbildungsinhalt reflektiert, besteht keine Möglichkeit, von einer instruktiven zu einer deskriptiven Deklaration zu wechseln, ohne den Rezipienten in seiner Interpretation irrezuführen. Denkbar wäre dagegen das Einfügen von Deklarationen zu undeklarierten Abbildungen deskriptiven Inhalts (vgl. 4.1.1.4). Aufgrund der üblicherweise engen thematischen Bindung zwischen undeklarierten Abbildungen und dem zugehörigen TT (vgl. 4.3.2.2), die durch räumliche Nähe unterstützt wird, bringen zusätzliche Deklarationen, die zudem bei der Translation erst formuliert – und mit dem

Sender abgestimmt – werden müssten, jedoch keinen Informationsgewinn. Das Auslassen vorhandener Deklarationen ist dagegen kritisch, weil die entsprechenden Abbildungen nur diesen textuellen Bezug zum Text haben (und ihnen der für undeklarierte Abbildungen typische thematische Textbezug fehlt). Der Rezipient würde damit unverzichtbare Informationen verlieren. Aus diesen Gründen kann eine Anpassung der Abbildungsdeklarationen nicht ohne einen – praktisch mehr als unwahrscheinlichen – Austausch von Abbildungen stattfinden. Dieser wiederum ist ohne eine entsprechende Neuredaktion des Textes nicht sinnvoll.

2.4.3 Personeneinbezug (vgl. 1.5.3.2)

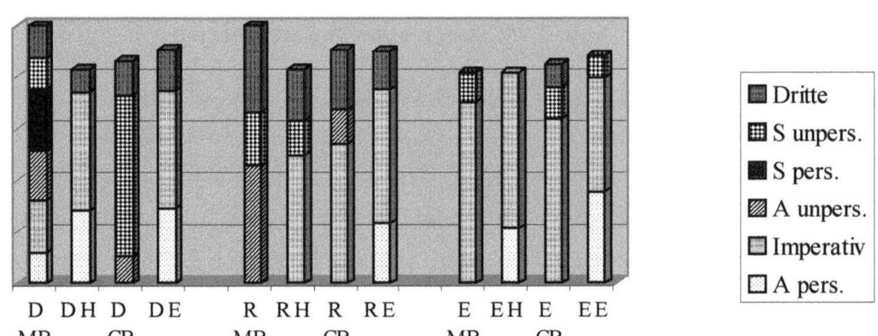

Abb. 2.46: Personeneinbezug

Präferenzen gemäß 4.1.3.2 (MB) – 5.1.3.2 (GB) – 6.1.3.2 (H) – 7.1.3.2 (E):
Während der Personeneinbezug im deutschen Korpus (MB) unter Beteiligung aller möglichen Varianten zu etwa gleichen Teilen in persönlichen und unpersönlichen Formulierungen zum Ausdruck kommt, beschränken sich die deutschen Texte (GB) auf unpersönliche Formulierungen. In fachexternen Anleitungen überwiegen dagegen in beiden Mikrokulturen die persönlichen Formulierungen. Für die russischen Anleitungen sind – abgesehen vom Imperativ, der im Korpus (MB) nicht vorkommt – unpersönliche Formulierungen typisch. In den englischen fachinternen Korpora findet neben der Ansprache des Adressaten durch Imperative vor allem ein unpersönlicher Sendereinbezug statt, während der Adressat in den fachexternen Texten zusätzlich mit persönlichen Formulierungen einbezogen wird. Der persönliche Adressateneinbezug im Korpus (R E) ist offensichtlich ein Abbild dieser „angloamerikanischen“ Konvention.

Translatorische Behandlung
Aufgabe:
Anpassung des Personeneinbezuges einer deutschen Anleitung (GB) ⇒ R bzw. E

Lösung:
Dieser deutsche Text enthält keine Imperative. Im Zuge der Anpassung der Instruktionen ist für eine entsprechende Imperativfrequenz in den beiden ZT zu sorgen. Der überdimensionale unpersönliche Sendereinbezug hat in den anderen Korpora keine Parallele. Möglichkeiten der Lokalisierung bestehen generell nur zwischen persönlichen und unpersönlichen Formulierungen beim Einbezug von Adressat bzw. Sender. Ein Wechsel zwischen den Kategorien ist ohne inhaltliche Verfälschung nicht möglich, weshalb eine weitergehende Anpassung hier nicht zu realisieren ist.

2.4.4 Pränominale Attribute (vgl. 1.5.4.2.4)

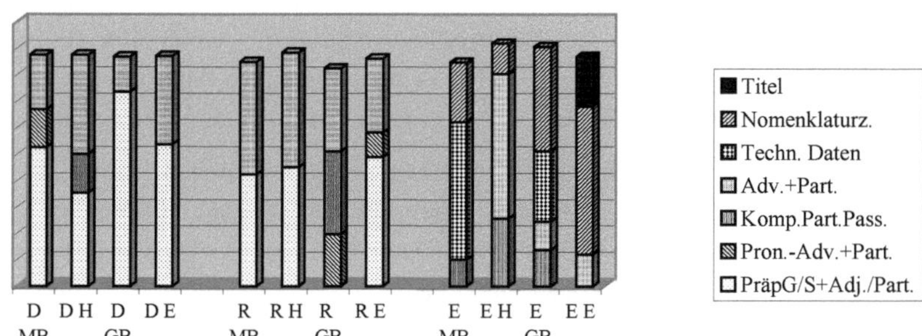

Abb. 2.47: Strukturen/Inhalte pränominaler Attribute

Präferenzen gemäß Tab. 4.25 (MB) – 5.25 (GB) – 6.25 (H) – 7.25 (E):
Pränominale Attribute haben in deutschen Anleitungen primär die Struktur „PräpG + Adj./Part." Das gilt für fachinterne Texte in noch höherem Maße als für fachexterne, in denen die Struktur „Adv. + Part." eine besondere Rolle spielt. Auf diese beiden Typen beschränken sich pränominale Attribute in russischen Anleitungen des Maschinenbaus, fachintern wie -extern. Die Struktur „Pron.-Adv. + Part." (u.a. in der typisch russischen Variation „Part. + Präp. + Pron.") ist nur in russischen Anleitungen (GB) mit signifikanter Frequenz zu finden. Charakteristisch für fachinterne Anleitungen dieser Mikrokultur ist des Weiteren das Kompositum aus Substantiv und Part. Pass. Dieses Kompositum und die Struktur „Adv. + Part." sind die einzigen Attributtypen, die auch in den englischen Korpora vorkommen und damit interkulturell repräsentiert (und übertragbar) sind. Die übrigen – inhaltlich definierten – Typen englischer Attribute haben in den anderen Kulturen keine Parallele, weil Attribute dieser Art dort nur postponiert verwendet werden können.

Translatorische Behandlung

Aufgabe:

Anpassung attributiver Relationen einer amerikanischen Anleitung (MB) ⇒ D bzw. R

Lösung:

Bei der Übersetzung ins Deutsche wären (gemäß 2.2.3.3.1) zunächst die englischen Partizipialkonstruktionen als pränominale Attribute wiederzugeben, während diese im russischen ZT abgebildet werden könnten.

Beispiel:

Tighten mounting bolts in sequence **shown** in Figure 1.
⇒ Die **unter 1 „Technische Daten" angegebenen** Ölfüllmengen sind nur Richtwerte.

Des Weiteren beinhaltet diese Aufgabe eine Umformung englischer Attribute in deutsche Attribute bzw. russische Partizipialkonstruktionen. Gemäß Abb. 2.47 gibt es im englischen und deutschen Korpus (MB) keine kompatiblen Attributtypen (fachextern – Korpora (H) – wäre es einfacher, weil zwei gemeinsame Präferenzen vorhanden sind).

Ausgehend von den drei häufigsten Attributtypen im englischen Korpus, ist zu überlegen, welche Veränderungen möglich wären, um pränominale Attribute nach deutschen Präferenzen zu produzieren. Beim Typ (Komp. Part. Pass.) würde es z.B. genügen, das Kompositum zur Struktur (PräpG + Part.) aufzulösen, die es semantisch repräsentiert:

Factory installed motors do not come wired.
⇒ **Im (vom) Werk eingebaute** Motoren ...

Die Kombination technischer Daten eignet sich in manchen Fällen auch zur Transformation in diese Struktur. Dazu wäre ein geeignetes Partizip einzufügen, z.B.:

For a **9'10" overall length** conveyor, the belt length is 10' times 2 plus 2' = 22 ft.
⇒ Für einen **mit einer Gesamtlänge von 3 m ausgeführten** Förderer …

Für Kombinationen von Nomenklaturzeichen ist dieses Verfahren nicht zu empfehlen, weil sich die Postposition der Nomenklaturzeichen im Deutschen nicht umgehen lässt und das pränominale Attribut aus PräpG und Partizip (mit redundanten Informationen) zusätzlich formuliert werden müsste, z.B.:

Use **Mobilube SHC 634** Synthetic.
⇒ den [von der Exxon Mobil Corporation hergestellten/vom Hersteller empfohlenen/verwendeten] Synthetikschmierstoff Mobilube SHC 634.

Bei pränominalen technischen Daten wäre eine attributive PräpG der Qualität (vgl. auch 2.2.3.3.1) mit entsprechender Postposition häufig die ökonomischere Lösung, z.B.:

For sewage and sump applications when the discharge drains naturally down and away from the pump, installing a **8" to 10"** positive loop right on the discharge port will improve the self priming feature.

⇒ Soll bei Betrieb der D 16 A im Druckbereich unterhalb 10^{-3} mbar gepumpt werden, so empfiehlt sich eine **Anschlußleitung mit Nennweite** DN 32 KF oder DN 40 KF.

Sofern sie sich nicht in attributive PräpG überführen lassen, werden Kombinationen aus Nomenklaturzeichen im Deutschen notwendigerweise postponiert,[404] z.B.:

If necessary, use a good condition, UL listed, 3-wire grounded, **#14 AWG extension cord** of the shortest possible length.

⇒ Der Luftkühler ist mit einer 3-poligen **Gerätesteckvorrichtung nach DIN 43650** zum Anschluß einer handelsüblichen Netzleitung ausgerüstet.

A high quality lithium base grease conforming to **NLGI Grade 2 consistency** should be used.

⇒ Für die Pumpe muß ein Öl der **Viskositätsklasse ISO VG 100** verwendet werden.

Die beiden anderen im deutschen Korpus bevorzugten Attributtypen lassen sich mangels Adverb oder Pronominaladverb aus derartigen englischen Attributen nicht generieren. Allerdings gibt es im englischen Korpus auch vereinzelte Belege der Struktur „Adv.+ Part.“, die entsprechend nachgebildet werden können, z.B.

The Bucket Elevators are constructed of **carefully selected** corrosion-resistant components.

⇒ Mit **entsprechend ausgelegtem** Motorschutzschalter absichern und nach VDE erden.

2.4.5 Anführungszeichen (vgl. 1.6.1.2)

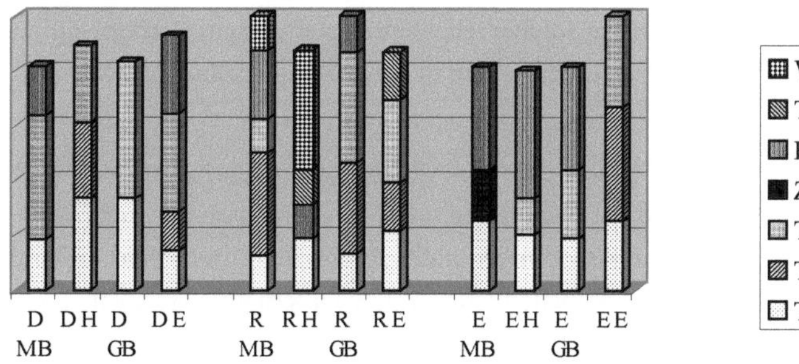

Abb. 2.48: Markierung durch Anführungszeichen

Präferenzen gemäß Tab. 4.29 (MB) – 5.29 (GB) – 6.29 (H) – 7.29 (E):

Eine konventionelle Verwendung von Anführungszeichen in intra- und intertextuellen Verweisen ist generell üblich, wenn auch mit unterschiedlicher Intensität. Dabei werden

404 An diese beiden Varianten ist bei einer Übersetzung ins Englische insbesondere dann zu denken, wenn im Sinne der Präferenzkonformität pränominale Attribute mit Nomenklaturzeichenkombination erzeugt werden müssen. Die Korpora E (GB/E) zeigen, dass gerade dieser Typ überragende Bedeutung haben kann.

Teilebezeichnungen in deutschen Anleitungen fachintern häufiger markiert als fachextern, in den russischen und englischen Korpora des Gerätebaus häufiger als in denen des Maschinenbaus. Vor allem deutsche Anleitungen zeigen einen eher zurückhaltenden Gebrauch modalisierender Anführungszeichen, der sich auf die Markierung fachsprachlicher Elemente beschränkt. In russischen fachexternen Texten sind dagegen auch Typenbezeichnungen mit Anführungszeichen versehen, im Korpus (H) insbesondere Waren- und Eigennamen. Demgegenüber weist Abb. 2.48 zu den englischen Korpora (ausgenommen ist das Korpus (E)) eine deutliche Präferenz für die Modalisierung fachsprachlicher Elemente durch Anführungszeichen aus.

Translatorische Behandlung

Aufgabe:

Anpassung der Markierung durch Anführungszeichen einer britischen bzw. amerikanischen Anleitung (H) ⇒ D bzw. R

Lösung (theoretisch):

Im Zuge der Translation wären für den deutschen ZT Anführungszeichen in modalisierender Funktion weitgehend durch solche in konventioneller Funktion zu ersetzen. Intertextuelle Verweise wären neu einzufügen, solche auf TT, Bedienelemente etc. zu intensivieren. In den russischen ZT könnten Anführungszeichen nicht nur für Verweise auf TT, sondern zum Teil auch für fachsprachliche Elemente übernommen werden. Im Übrigen entfällt die Markierung solcher Elemente, stattdessen werden einige Typenbezeichnungen und alle Waren-/Eigennamen in Anführungszeichen gesetzt.

Lösung (praktisch):

Der für den deutschen ZT postulierte Wechsel zwischen den Funktionen korreliert theoretisch mit einer Tilgung bzw. Neutralisierung von Elementen der fachlichen Umgangssprache,[405] die in deutschen Anleitungen nicht so und nicht in diesem Maße üblich sind. In der Textpraxis gibt es sie natürlich auch, u.a. als alternative Bezeichnungen in Parenthesen, die im deutschen oder russischen ZT die Anführungszeichen ersetzen könnten.

Beispiel:

The low temperature may cause „freezer burns" on their lips.

⇒ Es können sich punktförmige, graubraune Flecken (Fettläuse) auf der Wäsche bilden.

⇒ Нижняя часть – пылесборник – имеет отверстие 1 для присоединения гибкого шланга и четыре колесика для передвижения пылесоса.

---

[405] Gegen diese Maßnahme lässt sich nichts Grundsätzliches einwenden, sofern neutrale Lexeme bzw. Termini als Alternativen zur Verfügung stehen, was nicht zwingend ist. Vgl. auch HORN-HELF (1997a: 85) zur fachlichen US-Lexik, von ŠELOV (1984) „Professionalismen" genannt: „Folglich wird ein Fachwort durch die Existenz eines synonymen neutralen Terminus zum Professionalismus und rückt bei dessen Fehlen selbst in die Terminologie auf".

Während das Einfügen neuer Verweise kaum sinnvoll sein dürfte, ließen sich vorhandene Verweise auf andere Texte (hier: Beschriftungen) bzw. auf Bedienteile problemlos anpassen: im deutschen ZT könnten Anführungszeichen z.B. den Kursivdruck bei Texttiteln bzw. Versalien und/oder Kursivdruck bei Teilebezeichnungen des AT ersetzen.

Beispiele:

Do not wash plastic items unless marked *dishwasher safe* or the equivalent.

⇒ Sie dürfen nur Wäsche in der Maschine trocknen, die mit dem Hinweis „trocknerfest“ oder folgenden Pflegesymbolen gekennzeichnet ist.

Try resetting the ***START/RESET*** pad.

⇒ Stellen Sie mit der Taste „Startzeit” die Zeit ein, nach der das Waschen beginnen soll.

Auch das englische Korpus enthält vereinzelte Verweise auf Beschriftungen, die durch Anführungszeichen markiert sind. Aufgrund dieser Parallelität erübrigt sich bei Umkehr der Übersetzungsrichtung eine Anpassung.

Beispiele:

Sie dürfen nur Wäsche in der Maschine trocknen, die mit dem Hinweis „trocknerfest“ gekennzeichnet ist.

⇒ Should be labeled „Microwave Safe“.

Wenn die volle Mikrowellenenergie der Gar- oder Erwärmleistung zu groß ist, wählen Sie die Stellung „Auftauen“.

⇒ It is important when selecting this programme that the selector dial is accurately lined up with „Spin only“.

Die Anpassung für den russischen ZT im Übrigen kann sich auf die Markierung von Typenbezeichnungen und Waren-/Eigennamen beschränken. Hier wären z.B. Versalien oder Kursivdruck (fett) durch Anführungszeichen zu ersetzen.

Beispiele:

If your cleaner was originally equipped with a micro filtration bag, it is important to use only Genuine HOOVER Allergen Filtration Type Z disposable bags in order to maintain the original cleaning effectiveness of your cleaner.

⇒ Бытовая стационарная электроплита „Электра 1001“ предназначена для приготовления широкого ассортимента блюд в домашних условиях.

Jet-Dry rinse agent removes spots and prevents new film build-up on your dishes, glasses, flatware, cookware and plastic.

If the above instructions are followed carefully, your TICENE linings will give you excellent service.

⇒ Для удаления пятен полированные поверхности протереть порошком „Гигиена“ или другими чистящими средствами, содержащими наждачную пыль.

2.4.6 Formen der Themenbehandlung (vgl. 1.7.1.3)

2.4.6.1 Thema „Konstruktion“

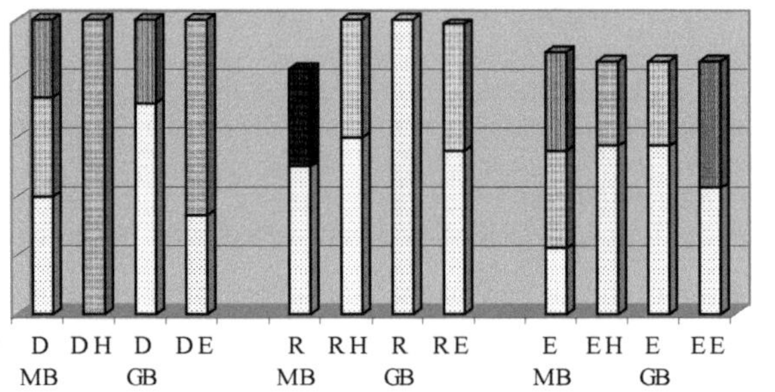

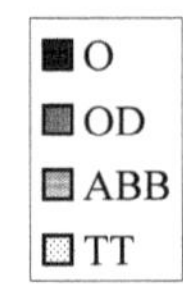

Abb. 2.49 : Behandlung des Themas „Konstruktion“

Präferenzen gemäß Tab. 4.46 (MB) – 5.46 (GB) – 6.46 (H) – 7.46 (E):
Für die Präsentation der Maschinen- oder Gerätebeschreibung stehen, da ein völliger Verzicht für Betriebs- und Bedienungsanleitungen[406] keine praktikable Alternative darstellt, generell drei Möglichkeiten zur Verfügung. In deutschen Anleitungen wird zu diesem Zweck noch am ehesten fachintern ein eigener TT produziert, alternativ wird die Konstruktion im Textverlauf unter anderen Deklarationen beschrieben. Fachextern erfolgt diese Beschreibung dagegen überwiegend nonverbal, d.h. ausschließlich über eine Abbildung.[407] In russischen Anleitungen wird der Konstruktionsbeschreibung üblicherweise ein eigener TT gewidmet. Die einzige Alternative, die ausschließlich fachextern genutzt wird, ist die Abbildung, eine Behandlung dieses Themas unter anderen Deklarationen kommt in russischen Anleitungen nicht vor. Die Präferenzen der englischen Korpora zeigen keine klare Korrelation zu Mikrokultur oder Adressatenbezug. Wenngleich die Konstruktionsbeschreibung in britischen und amerikanischen Anleitungen häufig in einem entsprechend deklarierten TT gegeben wird, scheinen auch die Alternativen keinerlei Restriktionen zu unterliegen, weder die Behandlung in einer Abbildung noch die Erwähnung in anders deklarierten TT.

---

[406] Bei den Texten, denen im russischen Korpus (MB) jede Spur einer Konstruktionsbeschreibung fehlt, handelt es sich um Reparaturanleitungen.

[407] NICKL (2001: 254, FN 195) kommentiert die „Gerätebeschreibung“ in fachexternen Anleitungen: „Dieser Textteil ist insofern bemerkenswert, als er auch durch eine textdominierende Grafik realisiert werden kann“. Gemäß Abb. 2.49 wird dies in der Tat zumeist so gehandhabt.

Translatorische Behandlung

Aufgabe:

Anpassung der Konstruktionsbeschreibung einer britischen bzw. amerikanischen Anleitung (H) in Form eines TT ⇒ D bzw. R

Lösung (theoretisch):

Bei der Übersetzung ins Russische kann der TT verbal abgebildet werden, für den deutschen ZT wäre als Ersatz eine Abbildung zu empfehlen.[408]

Lösung (praktisch):

Auch die englische Konstruktionsbeschreibung enthält Abbildungen von Details, auf die im Text Bezug genommen wird. Diese eignen sich nicht als Textersatz für den deutschen ZT. Deutsche Anleitungen enthalten zu diesem Zweck eine Abbildung des Gerätes, auf der z.B. alle wesentlichen Anzeige- und Bedienelemente dargestellt und gekennzeichnet sind. Diese Abbildung hat daher zumeist eine umfangreiche Legende, nur ausnahmsweise ist sie mit Bildtexten versehen, wie das in englischen Korpustexten die Regel ist. Eine derartige Abbildung wäre für den deutschen ZT zu beschaffen, sofern der Sender zu diesem Austausch seine Zustimmung gibt. Zur Anpassung an deutsche Konventionen wären die Positionen in der Abbildung zu kennzeichnen und in einer Legende zu benennen. Anschließend ist diese Abbildung über eine eigene Deklaration z.B. als separates Kapitel in den Gesamttext einzugliedern. Der skizzierte Lösungsansatz deutet auf erheblichen Bearbeitungsaufwand hin, nicht nur in Bezug auf die Abbildung selbst, sondern auch bei der Anpassung des übrigen Textes (Korrektur von Verweisen, Nummerierung etc.). Die Frage, ob der Nutzen für den deutschen Rezipienten diesen Aufwand rechtfertigt, bleibt unbeantwortet, bis die Rezeptionsforschung entsprechende Erkenntnisse präsentiert. Daher dürften die Kosten einer solchen Anpassung derzeit das einzige für den Sender relevante Kriterium sein, der sich – wie SCHMITT (1999: 196) sicher zu Recht vermutet – mit großer Wahrscheinlichkeit dagegen entscheiden würde:

> Tendenziell kann man davon ausgehen, daß Abbildungen, gleichgültig, ob es sich um Fotos oder Zeichnungen handelt, teuer in der Herstellung sind und daß insbesondere dann, wenn diese Abbildungen bereits druckfertig als Lithos bzw. Filme vorliegen, aus Kostengründen eine Änderung der Abbildungen für den Zieltext in der Regel vom Auftraggeber abgelehnt wird.

2.4.6.2 Thema „Sicherheit“

Präferenzen gemäß Tab. 4.47 (MB) – 5.47 (GB) – 6.47 (H) – 6.47 (E):

Ein separater TT[409] mit allgemeinen Sicherheitshinweisen wird vor allem in der Mikrokultur Maschinenbau produziert, besonders konsequent für Anleitungen (H). In den Tex-

[408] Für diesen Fall gilt die Feststellung bei VERMEER (1994: 49), „dass verbalen Handlungen der einen nicht-verbale Handlungen einer anderen Kultur entsprechen können“.

ten der Korpora (D/E GB) beschränkt sich das Thema „Sicherheit" – fachintern wie -extern – weitgehend auf Einschübe mit Warnhinweisen, die an den entsprechenden Textstellen platziert sind. Ein Charakteristikum originär russischer Anleitungen ist die Behandlung des Themas „Sicherheit" unter anderen Deklarationen. Das gilt nicht für das Korpus (R E), das u.a. fremde Konventionen (vgl. E E) zu reflektieren scheint. In deutschen und russischen fachinternen Anleitungen sowie im Korpus (E GB) fehlen allgemeine Sicherheitshinweise ggf. ganz.

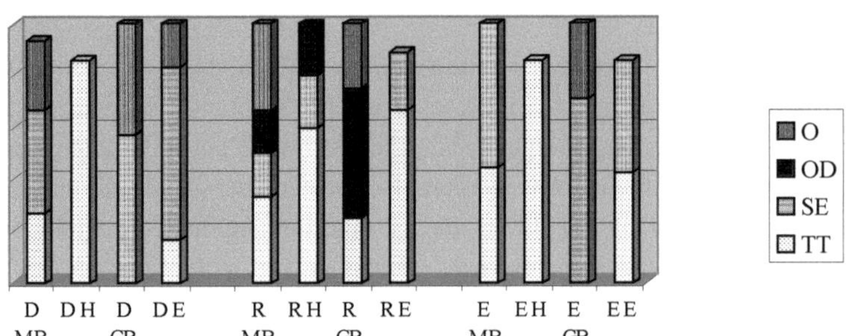

Abb. 2.50: Behandlung des Themas „Sicherheit"

Translatorische Behandlung

Aufgabe:

Anpassung der in einem TT zusammengestellten Sicherheitshinweise einer russischen Anleitung (GB) ⇒ D bzw. E

Lösung (theoretisch):

Zur Anpassung an zielkulturelle Präferenzen müsste der russische TT im Zuge der Translation entfallen bzw. wäre ggf. – d.h., sofern solche im AT nicht vorhanden sind – für beide ZT in Einschübe mit Signalwort umzuwandeln.

Lösung (praktisch):

Es wurde bereits erwähnt, dass es sich bei den TT um allgemeine Sicherheitshinweise handelt, während die Einschübe gezielte Hinweise lokal begrenzter Relevanz enthalten.[410] In der DIN EN 62079 (2001: 18) wird dieser Sachverhalt wie folgt formuliert:

Zusätzlich zu den allgemeinen Warnungen in der Produktspezifikation müssen Empfehlungen für die sichere Anwendung und/oder Sicherheitshinweise in den entsprechenden Unterabschnit-

[409] Die Präsenz eines solchen TT schließt nicht aus, dass Einschübe mit Signalwort zusätzlich vorhanden sind.

[410] Analog unterscheidet die VDI 4500-1 (1995: 7) „allgemeine Sicherheitshinweise" und „gezielte Einzelhinweise" (Warnhinweise).

ten der spezifischen Anleitung gegeben sein, z.B. für Installation, Betrieb, Instandhaltung und Außerbetriebnahme.

Zunächst ist mehr als fraglich, ob sich der Verzicht auf das wichtige Thema „Allgemeine Sicherheit" überhaupt rechtfertigen ließe. Außerdem wäre zu bedenken, dass die Tilgung des TT zwar bestehenden ZT-Konventionen Rechnung tragen könnte, in diesem Fall jedoch gleichzeitig einem Verstoß gegen geltende Normen der ZK gleichkäme.

Die Alternativlösung, eine Umwandlung des TT in entsprechende Einschübe mit Signalwort, würde bedeuten, diese Hinweise in ihrer Allgemeingültigkeit so zu reduzieren, dass sie im Text zielgerichtet für einen Abschnitt oder eine einzelne Instruktion gelten können. Da das nur ausnahmsweise möglich sein dürfte, wäre es sinnvoller, zu konkreten, risikobehafteten Arbeitsschritten Einschübe mit Warnhinweisen zu produzieren. Das allerdings wäre Aufgabe des Senders, nicht der Translation.

Die konträre Aufgabe – die Zusammenfassung von Einschüben zu einem TT –, die sich z.B. zur Anpassung einer russischen Anleitung (H) bei der Übersetzung ins Deutsche stellen könnte (und im Sinne der DIN EN 62079 ebenso wenig wünschenswert wäre), dürfte ähnlich schwierig zu erfüllen sein: Die Einschübe müssten aus ihrem Zusammenhang gelöst und so weit generalisiert werden, dass sie als Hinweise zur „Allgemeinen Sicherheit" sinnvoll werden.

In diesem Fall sollte die Lokalisierung den Normen der ZK – nicht ihren Textsortenkonventionen – gelten. Je nachdem, was im AT bereits vorhanden ist, wäre dem Sender daher zu empfehlen, gemäß VDI 4500-1 (1995: 7) „allgemeine Sicherheitshinweise" in einem gesonderten TT zusammenzustellen bzw. „gezielte Einzelhinweise" zu konkreten Risiken im Handlungsablauf zu produzieren.

SCHMIDT (1996: 443) hat Recht mit dem Hinweis, dass der Sender außerdem in jedem Fall Überlegungen zum notwendigen Inhalt des TT im jeweiligen ZT anzustellen hätte:

> Dabei ist zusätzlich zu prüfen, ob die Übersetzungen in der ZS-Gemeinschaft tatsächlich in dieselben soziokulturellen Bezüge eintreten wie die nicht-übersetzten Texte (Teiltext 4/Sicherheitshinweise muß beim Übersetzen ins Deutsche z.B. nur dann ‚angereichert' werden, wenn das Produkthaftungsgesetz auch für russische Importe gilt).

2.4.6.3 Thema „Garantiebedingungen"

Präferenzen gemäß Tab. 4.48 (MB) – 5.48 (GB) – 6.48 (H) – 7.48 (E):
Garantiebedingungen sind interkulturell in der Regel nicht Bestandteil fachinterner Anleitungen, ausgenommen sind amerikanische Texte (MB), die einen solchen TT enthalten können. Fachextern ist ein TT „Garantie" in Anleitungen für Hausgeräte generell besonders häufig präsent. Im deutschen und englischen Korpus (MB) werden Garantiebedingungen gelegentlich auch in Einschüben mit Signalwort oder in anders deklarierten

TT angesprochen. In russischen fachexternen Anleitungen ist der nach GOST 26119-84 obligatorische TT „Garantie" (vgl. FLEISCHMANN 2002b: 67) üblicherweise vorgesehen, in den russischen Texten fremder Provenienz fehlt er dagegen grundsätzlich. Hier könnte sich am russischen Korpus (E) eine fremde Konvention zeigen. Andererseits könnten die generell analogen Ergebnisse für Anleitungen des Gerätebaus auch auf eine interkulturell gemeinsame Präferenz dieser Mikrokultur hinweisen, die bei der Produktion fachinterner wie -externer Anleitungen anders verfährt als der Maschinenbau.

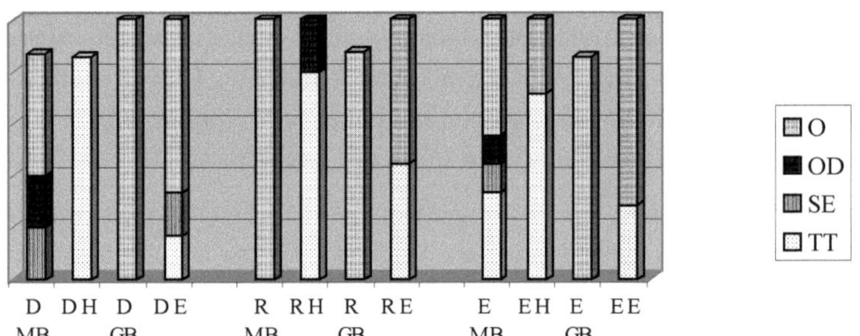

Abb. 2.51: Behandlung von Garantiebedingungen

Translatorische Behandlung

Aufgabe:

Anpassung der Garantiebedingungen (in Form eines TT) einer amerikanischen Anleitung (MB) ⇒ D bzw. R

Lösung (theoretisch):

Im Zuge der Translation sollte für den deutschen ZT der TT „Garantie" entfallen. Parallel sind Garantiebedingungen häufiger als im AT in Einschüben mit Signalwort bzw. in anders deklarierten TT anzusprechen. Im russischen ZT ist das Thema „Garantie" in jeglicher Form zu vermeiden.

Lösung (praktisch):

Garantiebedingungen gehören unabdingbar zum Verhältnis zwischen Hersteller und Kunde. Eine andere Frage ist, ob sie Bestandteil einer Anleitung sein müssen. Die Autoren der VDI 4500-1 sprechen sich dagegen aus. Zu den „Aussagen mit rechtlichem Inhalt", die in „vertragsvorbereitende Informationen", nicht aber in eine Anleitung aufgenommen werden sollten, gehören auch: „Umfang und Inhalt von Gewährleistungen" (1995: 5).

Wenn gerade in fachinternen Anleitungen häufig ein entsprechender TT fehlt, so bedeutet dies, dass Garantiebedingungen in diesen Fällen, wie in der VDI 4500-1 (s.o.) empfohlen, Thema eines anderen Textes (des Angebotes, des Kaufvertrages, der Allgemeinen Geschäftsbedingungen, usw.) sind.

Daher könnte der TT „Garantie“ – das Einverständnis des Senders vorausgesetzt – im Zuge der Translation entfallen. Die Behandlung von Garantiebedingungen in Einschüben mit Signalwort beschränkt sich in der Regel auf die Erklärung eines Garantieausschlusses für den Fall der Missachtung einer konkreten Instruktion. Es sollte der Entscheidung des Senders überlassen bleiben, ob er sich z.B. im Hinblick auf den deutschen ZT der Auffassung der VDI 4500-1 anschließen möchte und die Tilgung dieser Einschübe genehmigt. Es wäre immerhin denkbar, dass sie ihm unverzichtbar erscheinen, weil gerade der Bediener, der nicht zu den Adressaten der anderen Texte (s.o.) gehört, durch diese Einschübe auf die Tragweite seines Handelns aufmerksam gemacht werden soll.

2.4.7 Inhalt von Begründungen

2.4.7.1 Formimmanente Begründungen (Direktiva – vgl. 1.7.3.1.1)

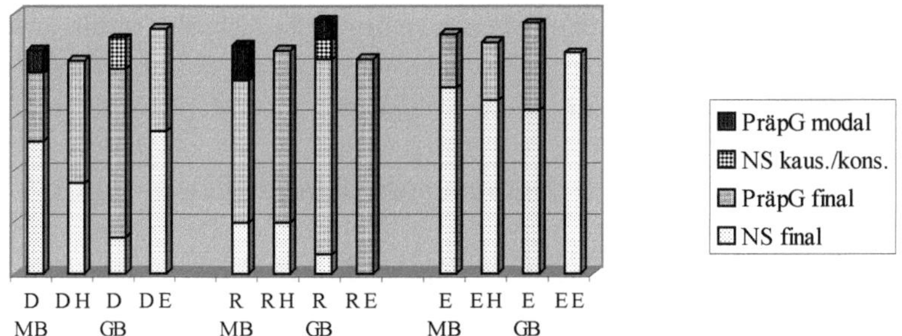

Abb. 2.52: Formimmanente Begründungen (Direktiva)

Präferenzen gemäß Tab. 4.54 (MB) – 5.54 (GB) – 6.54 (H) – 7.54 (E):
In formimmanenten Begründungen zu Direktiva dominiert interkulturell die Finalität. Entsprechend den jeweiligen Präferenzen wird in „angloamerikanischen“ Texten der finale Infinitivsatz, in russischen dagegen die finale PräpG bevorzugt. In deutschen Anleitungen kann die Präferenz wechseln, die Analyseergebnisse geben im Hinblick auf Mikrokultur bzw. Adressatenbezug kein klares Bild. Auffällig ist eine signifikante Frequenz kausaler/konsekutiver bzw. modaler Relationen in den fachinternen Korpora D/R.

Translatorische Behandlung

Aufgabe:

Anpassung der formimmanenten Begründungen einer amerikanischen Anleitung (MB) ⇒ D bzw. R

Lösung (theoretisch):

Im Zuge der Translation wäre ein Teil der finalen Infinitivkonstruktionen in modale PräpG zu überführen. Im russischen ZT wäre zusätzlich die Mehrheit der verbleibenden Infinitivsätze als finale PräpG wiederzugeben.

Lösung (praktisch):

Der Wechsel vom finalen Infinitivsatz zur finalen PräpG kann und sollte im russischen ZT stattfinden (zu den Präferenzen beim Ausdruck von Finalität vgl. auch 2.2.3.2.1).

Beispiel:

Use a watch **to record** the time it takes.

⇒ **Для испытания** ВО следует поставить порожний вагон на платформу.

Ein Wechsel von finalen zu modalen Relationen berührt dagegen den Textinhalt und ist nicht ohne weiteres zu realisieren. Tatsächlich wäre es wohl notwendig, entsprechende modale PräpG neu zu bilden und als Begründungen einzuführen. Diese Neubildung ist erst nach Beschaffung der Informationen zu den in der Zielkultur jeweils geltenden Normen und Vorschriften möglich, die u.U. nicht einmal beim Sender verfügbar sind. Diese Lokalisierung ist daher praktisch weder wünschenswert noch sinnvoll.

2.4.7.2 Formimmanente Begründungen (Repräsentativa – vgl. 1.7.3.1.2)

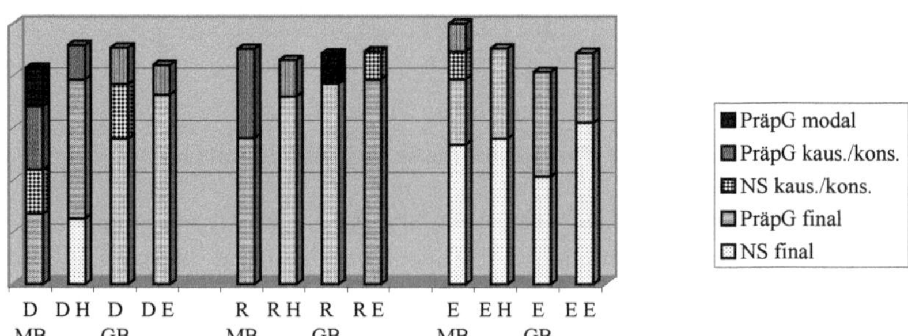

Abb. 2.53: Formimmanente Begründungen (Repräsentativa)

Präferenzen gemäß Tab. 4.58 (MB) – 5.58 (GB) – 6.58 (H) – 7.58 (E):

Auch in Begründungen zu Repräsentativa geht es interkulturell überwiegend um finale Relationen. Während in den englischen Korpora – zumindest fachextern – der finale Infinitivsatz vorherrscht, werden zum Ausdruck von Finalität in deutschen und russischen Anleitungen fast ausschließlich PräpG verwendet. Begründungen im engeren Sinne, d.h. durch Relationen von Kausalität bzw. Konsekutivität, scheinen interkulturell eine Besonderheit der Korpora (MB) zu sein. Darüber hinaus sind diese Begründungen ein Merkmal deutscher Anleitungen generell: fachintern ausgedrückt durch Nebensätze und PräpG, fachextern dagegen – wie auch in russischen Anleitungen – durch PräpG.

Translatorische Behandlung
Aufgabe:
Anpassung der formimmanenten Begründungen (Repräsentativa) einer deutschen Anleitung (E) ⇒ R bzw. E

Lösung (theoretisch):
Im Zuge der Übersetzung wären die kausalen PräpG des AT in russische Kausalsätze bzw. in englische finale PräpG zu überführen. Des Weiteren sind die finalen PräpG im englischen ZT mehrheitlich als finale Infinitivkonstruktionen wiederzugeben.

Lösung (praktisch):
Ein Wechsel von kausalen zu finalen Relationen ist auszuschließen (vgl. auch 2.4.7.1). Die Umformung kausaler bzw. finaler PräpG zu Kausalsätzen bzw. finalen Infinitivsätzen ist dagegen zweifellos konventionskonform und daher zu empfehlen. Sie dürfte aus translatorischer Sicht keinerlei Schwierigkeiten bereiten.

Beispiele:

Die Tagesanzeige der Uhr erfolgt **aus technischen Gründen** auf englisch [sic].

⇒ Послеполуденное время включает в себя время с 12.00 полдня до 24.00 полночи, **поскольку** почасовой индикатор не может показывать числа с 13 до 24.

Zum Verlegen der Verbindungsleitungen ist ein Kabelschacht (im Fach hinten links) vorgesehen.

⇒ **To optimize** buffer utilization, the video mode will erase all pictures taken in the DSC mode.

2.4.8 Interpretation der Präferenzen

2.4.8.1 Teutonischer vs. Sachsonischer Stil (Galtung – vgl. 1.3.2.1)

Die unterschiedlichen Präferenzen gemäß Abb. 2.44, die – vermittelt über die Bezeichnungsprinzipien – Auskunft über die Konzeption der TT geben, erlauben vielfältige Interpretationen. Dieses Merkmal ist für Vergleiche mit den Ergebnissen anderer Arbeiten besonders geeignet, weil die Deklaration eines TT weniger Restriktionen freier gewählt werden kann als z.B. der Titel des Gesamttextes.

Die Bezeichnungsprinzipien können u.a. als Spiegel der intellektuellen Stile nach GALTUNG angesehen werden. Das Prinzip der Superordination verlangt eine hierarchische TT-Struktur: die Informationen müssen in einem bestimmten Verhältnis zur Deklaration stehen (z.B. Ganzes – Teile, Aufgabe – Arbeitsschritte). Um mit GALTUNG im Bild zu bleiben: sie müssen konzipiert sein wie die Pyramide des teutonischen Stils, präzise ausgerichtet auf die gemeinsame übergeordnete Deklaration. In diesem Sinne wird das „teutonische" Bezeichnungsprinzip in deutschen und russischen Anleitungen häufiger gewählt als in britischen oder amerikanischen.

Das Prinzip der Fokussierung bedeutet dagegen, dass die Informationen eines TT mehrheitlich ein gemeinsames Thema haben. Dieses wird in der TT-Deklaration genannt und in den Teilen (auch Absätzen) des TT unter verschiedenen Aspekten behandelt. Das Prinzip der Integration unterscheidet sich von dem der Fokussierung lediglich dadurch, dass in der TT-Deklaration üblicherweise zwei Themen genannt werden, zu denen im TT Informationen zusammengestellt sind. In beiden Fällen gruppieren sich die Informationen um das Thema oder die Themen. Das Prinzip der Abstrahierung repräsentiert ebenfalls eine lockere Reihung von Informationen, die durch die Deklaration nicht einmal an ein gemeinsames Thema gebunden sind. Für diese drei Prinzipien bietet sich eher das Bild einer Gruppe kleiner Pyramiden an, wie GALTUNG es zum sachsonischen Stil entwirft. Für die englischen Korpora gilt daher, dass die „sachsonischen" Bezeichnungsprinzipien bevorzugt werden.

2.4.8.2 Linear Progression vs. Digressions (KAPLAN – vgl. 1.3.3 bzw. CLYNE – vgl. 1.3.2.2)

Die Bezeichnungsprinzipien „Superordination" und „Fokussierung" lassen sich auch als Ausdruck einer linearen Textprogression bzw. einer durch Zusatzinformationen erweiterten Textentwicklung im Sinne der Denkstile nach KAPLAN interpretieren.

Der insgesamt höheren Frequenz des superordinativen Prinzips in den deutschen und russischen Anleitungen steht in den englischen Korpora gemäß Abb. 2.44 ein höherer Anteil fokussierter TT-Deklarationen gegenüber. Das sind mikrokultur- und adressatenunabhängige Fakten, die die Vermutung einer entsprechenden makrokulturellen Differenz im Hinblick auf diese Textsorten stützen.

CLYNE hat nach eigener Aussage die Tendenzen, die KAPLAN an Aufsätzen festgestellt hat, in wissenschaftlichen Texten bestätigt gefunden (vgl. z.B. 1993: 12). STOLZE/DEPPERT (1998: 122) wundern sich daher zu Recht darüber, dass er an den „digressiven" deutschen Texten gleichzeitig eine hierarchische Struktur beobachtet:

Auffällig ist, daß Clyne (1987[b]) den deutschen Texten eine hierarchischere Struktur als den eher „koordinierenden" englischen Texten zuschreibt. Auf den ersten Blick sollte es doch so scheinen, als ob stark hierarchische Texte weder Exkurse enthalten noch besonders digressiv sind. Leider grenzt Clyne die Begriffe „Hierarchie" und „Linearität" nicht ausreichend voneinander ab.

Die Opposition „hierarchisch" vs. „koordinierend" beschreibt recht genau den Unterschied zwischen dem teutonischen und den sachsonischen Bezeichnungsprinzipien (vgl. 2.4.8.1). Das Merkmal der Linearität, das in diesem Kontext eine „geradlinige" Entwicklung des durch die TT-Deklaration gestellten Themas kennzeichnet, ist nur mit dem Prinzip der Superordination zu erreichen. Es ist gerade ein Merkmal der Fokussierung, dass die Themenentwicklung nicht linear erfolgt, sondern durch Zusatzinformationen („digressions") erweitert wird.

Es wäre möglich, dass dieser Widerspruch zu den Ergebnissen von KAPLAN und CLYNE mit einer Textsortendifferenz (Aufsatz vs. Fachtext) korreliert bzw. mit der Ebenendifferenz (Wissenschaft vs. Technik), gravierend verstärkt durch „das Phänomen der zwei Kulturen (JAKOB 1991a: X), d.h. die Kluft zwischen der „Kultur der Geistes- und Sozialwissenschaften" einerseits und der „Kultur der Natur- und Ingenieurwissenschaften" andererseits. In diesem Fall könnte man nicht mehr in der bekannten Pauschalierung von einem „russischen" oder „angloamerikanischen" Denkstil sprechen. Um zu einer adäquateren Klassifikation zu kommen, wäre vermutlich eine mikrokulturell orientierte Funktionalstilistik hilfreich, nach der sich ein „technischer" Denkstil gesondert qualifizieren und bei Bedarf weiter differenzieren ließe.

2.4.8.3 Explicitness vs. Implicitness (HOUSE – vgl. 1.3.4.4)

Wie bei den Deklarationen für die Gesamttexte, so gibt es auch bei den TT-Deklarationen unterschiedlich explizite Formen. Die integrative Deklaration gewährleistet ein Höchstmaß an Explizitheit, während abstrahierende und koordinative Deklarationen – aus unterschiedlichen Erwägungen – als implizit zu gelten haben. Die fokussierte Deklaration nimmt eine Mittelstellung zwischen expliziten und impliziten Formen ein.

Im interkulturellen Vergleich gemäß Abb. 2.44 zeigt sich die Tendenz zur Explizitheit daher an den integrativen Deklarationen der fachexternen englischen Korpora, noch stärker ausgeprägt ist diese Tendenz in russischen fachinternen Texten. In deutschen Anleitungen wird dagegen die Implizitheit abstrahierender Deklarationen nicht durch größere Anteile der Integration kompensiert.

Deklarationen zu Abbildungen (vgl. Abb. 2.45) sind Ausdruck von Explizitheit, ihr Fehlen korreliert mit Implizitheit. Bei diesem Merkmal zeigen die englischen Korpora daher fachintern eine größere Implizitheit als deutsche, fachextern dagegen größere Explizitheit. Entsprechend gilt für russische Anleitungen, dass sie in dieser Hinsicht fachintern expliziter sind als fachextern (und insgesamt expliziter als deutsche Texte).

2.4.8.4 Orientation towards Writer vs. Orientation towards Reader (HOUSE – vgl. 1.3.4.2)

Der Personeneinbezug in den Anleitungen gemäß Abb. 2.46 spiegelt u.a. diese beiden von HOUSE formulierten Orientierungstendenzen. In deutschen Anleitungen (MB) sind beide Tendenzen etwa im Gleichgewicht, das Korpus (D GB) zeigt eine klare Senderorientierung, während in den Texten (D H) die Adressatenorientierung vorherrscht. Russische Anleitungen sind generell überwiegend auf den Adressaten orientiert, der Sender hält sich im Hintergrund. Besonders deutlich ist die Adressatenorientierung in den englischen Korpora, die Tendenzen manifestieren sich hier in der von HOUSE festgestellten Weise.

2.4.8.5 Directness vs. Indirectness (HOUSE – vgl. 1.3.4.1)

Aufgrund der Differenzierung nach persönlichen und unpersönlichen Formulierungen erlauben die Ergebnisse zum Personeneinbezug (vgl. Abb. 2.46) auch eine Aussage zu den Tendenzen „directness vs. indirectness". Als Ausdruck von Direktheit[411] werden Imperativ und persönliche Formulierungen angesehen, als indirekt gelten unpersönliche Formulierungen. Nur in deutschen Anleitungen (MB) steht der persönlichen Ansprache des Adressaten ein persönliches Auftreten des Senders gegenüber. Parallel dazu werden entsprechende indirekte Formulierungen verwendet. In deutschen Anleitungen (GB) und im russischen Korpus (MB) dominiert als Ergebnis unpersönlicher Formulierungen dagegen die Indirektheit. Die Anleitungen der übrigen russischen und der fachinternen englischen Korpora verdanken der Imperativfrequenz ein hohes Maß an Direktheit. Fachextern ist diese Direktheit in den deutschen und englischen Korpora noch stärker ausgeprägt, da zum frequenten Gebrauch des Imperativs eine intensive persönliche Ansprache des Adressaten hinzukommt. In all diesen Texten tritt der Sender – wenn überhaupt – nur mit unpersönlichen Formulierungen, d.h. indirekt, in Erscheinung.

[411] Vgl. dagegen RUGE (1997: 488): „Diesen Gipfel der Indirektheit (und Höflichkeit?) durch pronominale Mittel erreicht das Deutsche mit seinem an eine einzelne Person gerichteten *Sie*. (...) Dasselbe Verfahren hat im Englischen dazu geführt, dass es heute nur noch die 2. Person Plural (you) als Anrede gibt, das ursprüngliche ‚du' (*thou*) ist auf das Abstellgleis der Archaismen geschoben worden". Das „öffentliche und überhaupt das allgemeine Duzen in Schweden" ist demgegenüber ein Beispiel für Direktheit in seinem Sinne.

In diesem Sinne sind deutsche und britische bzw. amerikanische Anleitungen fachextern vergleichbar direkt, während sich deutsche Texte des Gerätebaus und russische Texte des Maschinenbaus durch extreme Indirektheit auszeichnen. Da die Direktheit in den englischen Korpustexten fachintern nur unwesentlich geringer ist als fachextern, kommen die von HOUSE festgestellten Tendenzen beim Personeneinbezug invertiert zum Ausdruck.

Die beiden Verwendungsweisen von Anführungszeichen lassen sich ebenfalls im Sinne dieser Tendenzen interpretieren: Konventionell markieren Anführungszeichen ein genaues Zitat (von Text-, TT-Titel oder Beschriftung), das klar und direkt geäußert wird. Die modalisierende Funktion unterscheidet sich von der konventionellen gerade dadurch, dass sie eine zurückhaltendere, weniger direkte Äußerung markiert, die zuweilen sehr bildhaft bzw. weniger technisch präzise ist. Im Gegensatz zu konventionellen indizieren modalisierende Anführungszeichen eine gewisse Distanz des Textproduzenten zu seiner Äußerung, die verschiedene Gründe haben kann (vgl. auch 1.6.1.2.2). Unter diesem Aspekt reflektiert die überwiegend konventionelle Verwendung von Anführungszeichen die Direktheit der deutschen Kultur im Sinne von HOUSE, die massiv modalisierende dagegen die Indirektheit der „angloamerikanischen“.[412] In den russischen Korpora zeigt dieses Merkmal eine Abhängigkeit von der Mikrokultur: größere Indirektheit in Anleitungen des Maschinenbaus bzw. größere Direktheit in Texten des Gerätebaus.

Auch die Form der Themenbehandlung (vgl. 2.4.6) ist ein Kriterium, das Differenzen im Hinblick auf tendenzielle Direktheit bzw. Indirektheit indiziert. Die Präsenz eines entsprechend deklarierten TT ist in dieser Hinsicht Ausdruck von Direktheit. Angesichts ihrer auffälligen Anschaulichkeit zeigt eine Abbildung als Textersatz eine Direktheit eigener Art. Die Behandlung eines Themas innerhalb eines anders deklarierten TT ist dagegen als indirekt zu klassifizieren. Da die Form der Behandlung – ebenso wie das vollständige Übergehen eines Themas – gleichzeitig Ausdruck der Bedeutung ist, die der Textproduzent einem Thema beimisst, indiziert Direktheit in diesem Sinne ein Höchstmaß an Relevanz für den Text. Sie ist daher u.U. einer Variation unterworfen, die weniger von Konventionen, als vielmehr vom jeweiligen Thema abhängt.

Im Gegensatz zu deutschen oder „angloamerikanischen“ Texten wird das Thema „Konstruktion“ in russischen Anleitungen generell direkt behandelt (vgl. Abb. 2.49). Die Direktheit der Konstruktionsbeschreibung in deutschen Texten korreliert mit dem Adressatenbezug: eine indirekte Behandlung dieses Themas kann nur in fachinternen Anleitungen gefunden werden.

---

[412] Aktuelle Analysen (einzelner) deutscher und US-amerikanischer Anleitungen (MB) des 21. Jh. deuten durchaus auch auf gegenteilige Präferenzen hin.

Im Vergleich zu den englischen Korpora wird die Konstruktion in deutschen Anleitungen fachintern häufiger indirekt, fachextern dagegen häufiger direkt behandelt.

Abb. 2.50 zur Behandlung des Themas „Sicherheit“ zeigt andere Abhängigkeiten: in den deutschen und englischen Korpora korreliert die Form der Behandlung mit Mikrokultur und Adressatenbezug, in russischen ausschließlich mit dem Adressatenbezug. Die bevorzugten Formen, TT und Einschub mit Signalwort, werden als vergleichbar direkt angesehen. Eine indirekte Behandlung (unter anderen Deklarationen) wird vor allem in russischen Anleitungen praktiziert. Die geringe Differenz zwischen den deutschen und englischen Korpora erlaubt es nicht, hier gegenläufige Tendenzen verwirklicht zu sehen.

Zu Garantiebedingungen (vgl. Abb. 2.51) wurde bereits festgestellt, dass sie fachintern nur im Korpus (E MB) überhaupt in Form eines eigenen TT, d.h. direkt, behandelt werden. Anleitungen für Hausgeräte zeichnen sich interkulturell häufig durch Direktheit in diesem Sinne aus, wobei die Behandlung im deutschen oder russischen Korpus (H) häufiger direkt ausfällt als im englischen. Nennenswerte Anteile für eine indirekte Behandlung dieses Themas wurden u.a. im deutschen und englischen Korpus (MB) gefunden. Ein Vergleich dieser beiden Korpora zeigt, dass eine indirekte Behandlung in deutschen Anleitungen häufiger gewählt wird.

2.5 Translatorische Behandlung der Textgestaltung mit Inhaltsbezug

Im Folgenden werden Merkmale der Textgestaltung behandelt, die sich im Zuge der Translation höchstens marginal beeinflussen lassen, weil sie in direktem Bezug zum Textinhalt stehen. Die Diagramme geben zwar eindeutige Hinweise auf die Arbeitsschritte zur Anpassung an zielkulturelle Präferenzen. Diese korrespondieren jedoch – wie in 2.4 – nur mit dem theoretischen Postulat und sind praktisch kaum umzusetzen. Zu den jeweiligen Aufgaben werden daher neben dieser theoretischen „Lösung" praktische Lösungsansätze exemplarisch beschrieben, die u.a. demonstrieren sollen, was im Einzelnen der Erfüllung dieser Forderung im Wege stehen kann.

2.5.1 Elemente und Ebenen der Textgliederung

2.5.1.1 Positionierung von Einschubtexten (vgl. 1.6.2.1.4)

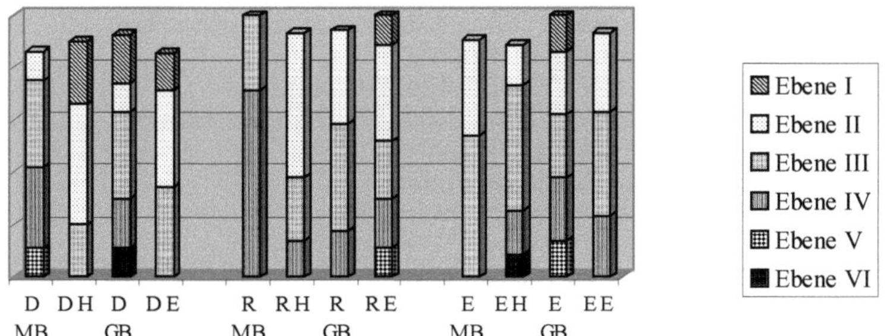

Abb. 2.54: Positionierung der Einschubtexte

Präferenzen gemäß Tab. 4.31 (MB) – 5.31 (GB) – 6.31 (H) – 7.31 (E):
In deutschen fachinternen Anleitungen und im russischen Korpus (MB) sind Einschubtexte mit Signalwort vorzugsweise auf den Ebenen III/IV positioniert. In deutschen fachexternen Texten, den übrigen russischen und den englischen Korpora (MB/H) stehen Einschübe mehrheitlich auf den Ebenen II/III. Dagegen zeigen die englischen Korpora (GB/E) eine eher gleichmäßige Verteilung auf die Ebenen II-IV.

Translatorische Behandlung

Aufgabe:

Anpassung der Positionierung der Einschübe einer deutschen Anleitung (MB) ⇒ R bzw. E

Lösung (theoretisch):
Im Zuge der Übersetzung ins Russische wären die Einschübe von Ebene V auf Ebene IV anzuheben und solche auf Ebene II um eine Ebene abzusenken. Für den englischen ZT wären die Einschübe des AT von Ebene III auf Ebene II und von den Ebenen IV und V auf Ebene III anzuheben.

Lösung (praktisch):
Einen Einschubtext anzuheben oder abzusenken bedeutet, ihn an eine andere Textstelle zu platzieren, die auf einer höheren bzw. tieferen Ebene liegt. Erste Voraussetzung wäre, dass sich auf der höheren bzw. tieferen Textebene eine Position finden lässt, an der der Einschub seine Funktion noch erfüllen kann.

Beispiel:

II 3.9 Innenteil zerlegen und zusammenbauen
  III **Hinweis:** Beschrieben wird die Arbeit an einer 2-stufigen Pumpe, für einstufige gilt die Beschreibung entsprechend.
  Benötigtes Werkzeug
    IV Aufzählung
  III 10 Arbeitsschritte Zerlegen
  Stifte (11/4, 19 und 33) austreiben.
    IV **Achtung!** Stifte von innen nach außen austreiben.
  III 2 Arbeitsschritte Zerlegen
  O-Ring (11/9, 17, 32 und 40) entfernen.
    IV **Achtung!** Dichtflächen dabei nicht beschädigen.
  III 3 Arbeitsschritte Zerlegen
  Reinigen und Zustand prüfen.
  Einbau in umgekehrter Reihenfolge.

Dieses Beispiel enthält zwei Einschübe auf Ebene IV, die für den englischen ZT – theoretisch – auf III anzuheben wären. Die Positionierung dieser Einschübe resultiert aus ihrem unmittelbaren Bezug zum vorhergehenden Arbeitsschritt, daher ist die Einbindung auf Ebene III nur möglich, wenn der Einschub zumindest auf mehrere TT des Abschnitts 3.9 bezogen werden kann. Da das Austreiben der Stifte – und analog die Demontage der Dichtringe – nur in diesem Absatz/Satz behandelt wird, ist eine separate Umorientierung der Einschübe nicht praktikabel. In diesem Beispiel (ausnahmsweise) denkbar wäre eine Anhebung durch Zusammenlegung der beiden Einschübe bei entsprechender Verschiebung und Ergänzung:

⇒ II 3.9 Innenteil zerlegen und zusammenbauen
  III **Hinweis:** Beschrieben wird die Arbeit an einer 2-stufigen Pumpe, für einstufige gilt die Beschreibung entsprechend.
  Benötigtes Werkzeug
    IV Aufzählung
  III **Achtung!** Stifte von innen nach außen austreiben. Bei der Demontage der O-Ringe Dichtflächen nicht beschädigen.

III 10 Arbeitsschritte Zerlegen
Stifte (11/4, 19 und 33) austreiben.
III 2 Arbeitsschritte Zerlegen
O-Ring (11/9, 17, 32 und 40) entfernen.
III 3 Arbeitsschritte Zerlegen
Reinigen und Zustand prüfen.
Einbau in umgekehrter Reihenfolge.

Allerdings führt die Distanz zwischen dem neuen Einschub und den betreffenden Arbeitsschritten (10 Absätze bis zum ersten, 13 Absätze bis zum zweiten) dazu, dass die beiden enthaltenen Hinweise ihre Zielgenauigkeit einbüßen.

Eine weitere Alternative wäre die Integration der Hinweise in die zugehörigen Absätze (zwangsläufig unter Verzicht auf das Signalwort):

⇒ II 3.9 Innenteil zerlegen und zusammenbauen
III **Hinweis:** Beschrieben wird die Arbeit an einer 2-stufigen Pumpe, für einstufige gilt die Beschreibung entsprechend.
Benötigtes Werkzeug
IV Aufzählung
III 10 Arbeitsschritte Zerlegen
Stifte (11/4, 19 und 33) von innen nach außen austreiben.
III 2 Arbeitsschritte Zerlegen
O-Ring (11/9, 17, 32 und 40) entfernen, Dichtflächen dabei nicht beschädigen.
III 3 Arbeitsschritte Zerlegen
Reinigen und Zustand prüfen.
Einbau in umgekehrter Reihenfolge.

Mit dieser Variante wird erstens die Chance vertan, den Rezipienten wegen des akuten Sachschadensrisikos zur Vorsicht zu mahnen, und zweitens ist dies keine Lösung für die gestellte Aufgabe: gefordert war die Anhebung der Einschübe, nicht ihre Tilgung.

Der Verzicht auf eine Anpassung, die für den Rezipienten schwerlich hilfreich wäre, wird durch den Erhalt der unmittelbaren Signalwirkung reichlich aufgewogen.

2.5.1.2 Positionierung von Abbildungen (vgl. 1.6.2.3)

Präferenzen gemäß Tab. 4.33 (MB) – 5.33 (GB) – 6.33 (H) – 7.33 (E):
Abbildungen sind in den deutschen und englischen fachinternen Korpora mehrheitlich auf den Ebenen II und III positioniert. Fachextern stehen sie in deutschen Texten vorzugsweise um eine Ebene, in englischen um zwei Ebenen tiefer, d.h., sie beziehen sich auf kleinere Textsegmente. In russischen Anleitungen des Maschinenbaus befinden sich die Abbildungen fachintern überwiegend auf den Ebenen III und IV, fachextern – wie auch im Korpus (GB) auf I und II. Russische Anleitungen (E) zeigen weitreichende Parallelen zum entsprechenden englischen Korpus.

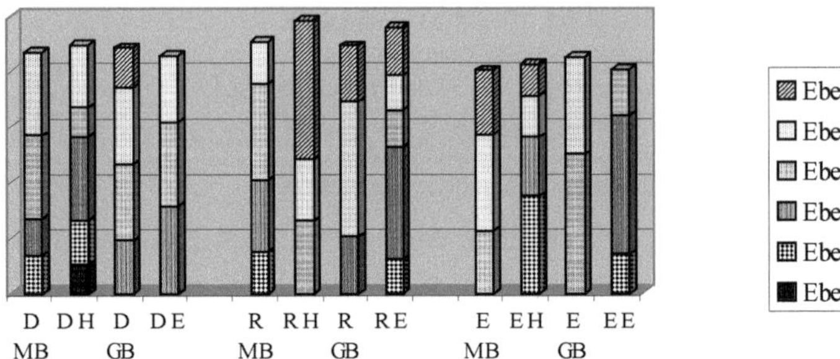

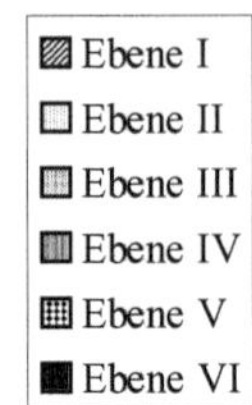

Abb. 2.55: Positionierung der Abbildungen

Translatorische Behandlung

Aufgabe:

Anpassung der Positionierung der Abbildungen einer russischen Anleitung (GB) ⇒ D bzw. E

Lösung (theoretisch):

Im Zuge der Translation wäre für den deutschen ZT die Hälfte der Abbildungen von Ebene II auf Ebene III abzusenken. Das gilt ebenso für den englischen ZT. Zusätzlich wären dort die Abbildungen von Ebene I auf Ebene II abzusenken und von Ebene IV auf Ebene III anzuheben.

Lösung (praktisch):

Wenn man einmal davon absieht, dass der Rezipient einen Ebenenunterschied bei den Abbildungen nicht wahrnehmen kann und dass für die Beurteilung der Positionierung im Zuge der Translation eine unvertretbar zeitraubende Analyse notwendig wäre, scheint überhaupt nur eine Möglichkeit vorstellbar, die Positionierung von Abbildungen durch lokal begrenzte Maßnahmen zu beeinflussen. Diese besteht in einer veränderten Platzierung des oder der determinierenden Verweise(s). Sie wäre daher ausschließlich für Abbildungen geeignet, auf die im Text verwiesen wird.[413]

Beispiel:

I **Состав изделия**

II 13. Ausführungsvarianten Tauchgeber

14. Ausführungsvarianten Durchflussgeber

15. Als Fühler dienen Elektrodensysteme mit Glas- und Silberchloridelektroden.

II **Рис. 4.** Стеклянный электрод ЭСП-04Г-10

III Legende Pos. 1 – 5

[413] Bei Abbildungen ohne Verweise, deren Textbezug zumeist durch Einrücken sichergestellt ist, müsste der gesamte TT angehoben oder ggf. die Abbildungsfunktion geändert werden, was auf eine Neuredaktion des Verbaltextes hinausläuft.

II 16. Als Messelektroden dienen Glaselektroden vom Typ ЭСП-04Г-10 **Verweis auf Abb. 4** in verschiedenen Ausführungen.
III 17. Mit diesen Glaselektroden lässt sich der pH-Wert in Lösungen und Pulpen ohne Fluorionen kontrollieren.
Beschreibung des Elektrodeninneren **Verweise auf Pos. in Abb. 4**
Beschreibung der Kontaktteile **Verweise auf Pos. in Abb. 4**
Bei der Bestellung vollständige Typenbezeichnung angeben.
IV Bestellbeispiel
III 18. Entsprechend den Geberabmessungen werden die Glaselektroden mit unterschiedlichen Leiterlängen geliefert:
IV Aufzählung nach Eintauchtiefe
Lieferung im Karton zu 10 Stück.
Ist in der Bestellung keine Länge angegeben, wird ein Leiter von 15 cm geliefert.
II 19. Hilfselektroden (…).

Auf diese Abbildung wird mehrmals verwiesen: in Punkt 16 (Ebene II) auf die Abbildung insgesamt, in den Absätzen von Punkt 17 (Ebene III) auf Abb.-Pos.. Es handelt sich um eine komplementäre Abbildung, die selbst auf den Ebenen II/III platziert ist. Um die Abbildung – wie theoretisch postuliert – auf Ebene III abzusenken, wäre der Verweis von Punkt 16 in einen Absatz auf Ebene III zu verschieben. Dann könnte Abb. 4 als komplementär[414] zu Punkt 17 mit diesem gemeinsam auf Ebene III stehen.

⇒I **Состав изделия**
II 13. Ausführungsvarianten Tauchgeber
14. Ausführungsvarianten Durchflussgeber
15. Als Fühler dienen Elektrodensysteme mit Glas- und Silberchloridelektroden.
II **Рис. 4.** Стеклянный электрод ЭСП-04Г-10
III Legende Pos. 1 – 5
II 16. Als Messelektroden dienen Glaselektroden vom Typ ЭСП-04Г-10 in verschiedenen Ausführungen.
III 17. Mit diesen Glaselektroden **Verweis auf Abb. 4** lässt sich der pH-Wert in Lösungen und Pulpen ohne Fluorionen kontrollieren.
Beschreibung des Elektrodeninneren **Verweise auf Pos. in Abb. 4**
Beschreibung der Kontaktteile **Verweise auf Pos. in Abb. 4**
Bei der Bestellung vollständige Typenbezeichnung angeben.
IV Bestellbeispiel
18. Entsprechend den Geberabmessungen werden die Glaselektroden mit unterschiedlichen Leiterlängen geliefert:
IV Aufzählung nach Eintauchtiefe
Lieferung im Karton zu 10 Stück.
Ist in der Bestellung keine Länge angegeben, wird ein Leiter von 15 cm geliefert.
II 19. Hilfselektroden (…)

414 In diesem Fall trifft das tatsächlich zu. Grundsätzlich ist nach Verschieben eines Verweises natürlich zu überprüfen, ob die Abbildung ihre ursprüngliche Funktion auch weiterhin erfüllen kann.

Eine analoge Verschiebung der Verweise auf Abb.-Positionen ist nicht möglich, da die einzigen Textstellen auf Ebene IV mit Bezug zu den Glaselektroden, das Bestellbeispiel und die Aufzählung, diese Verweise nicht aufnehmen können. Nach den Festlegungen in Tab. 1.14 ist das auch nicht notwendig, da der hierarchisch höchste Verweis die Positionierung einer Abbildung determiniert, die Legende steht zwangsläufig auf der nächsttieferen Ebene.

Eine (nur theoretisch!) bedenkenswerte Alternative, die in jedem Fall eine Absenkung der Abbildung mit sich bringt, ist die Änderung ihrer Funktion. Sobald Abb. 4 den Text nicht mehr ergänzt, sondern ausschließlich das im Text Gesagte illustriert, sinkt sie nach den Festlegungen in 1.6.2.3 (Tab. 1.14) „automatisch" um eine Ebene. Da in einem solchen Fall das in Abb. 4 Dargestellte vollständig im Text beschrieben werden müsste, lohnt es nicht, diese Alternative ernsthaft in Erwägung zu ziehen.

Eine weitere Aufgabe wäre, für den englischen ZT z.B. eine Abbildung von Ebene IV auf Ebene III anzuheben.

Beispiel:

II 31. **Подготовка датчиков к работе**
    III Elektroden vor Gebrauch mind. 8 h auswaschen.
        Hat sich ein Film abgesetzt, kann mit Säure, Lauge oder Lösungsmitteln gewaschen werden.
    III Vorbereitung der Geber zum Einschalten mit Vergleichselektrode wie folgt:
        IV a) Arbeitsschritt
            Рис. 11. Уплотнение электродов
            V Legende mit Pos. 1 - 5
        IV б) Elektrode in den Geber einsetzen und Dichtung aufbauen **Verweis auf Abb. 11**
            в) Arbeitsschritt
            г) Arbeitsschritt.

Mit der Darstellung des Dichtungsaufbaus erfüllt Abb. 11 eine komplementäre Funktion zu Arbeitsschritt б). Bei Anhebung in den übergeordneten Absatz würde der Verweis fälschlicherweise besagen, dass sich Abb. 11 auf die Vorbereitung insgesamt bezieht.

⇒ II 31. **Подготовка датчиков к работе**
    III Elektroden vor Gebrauch mind. 8 h auswaschen.
        Hat sich ein Film abgesetzt, kann mit Säure, Lauge oder Lösungsmitteln gewaschen werden.
    III Vorbereitung der Geber zum Einschalten mit Vergleichselektrode wie folgt **Verweis auf Abb. 11**:
        IV a) Arbeitsschritt
    III **Рис. 11.** Уплотнение электродов
        IV Legende mit Pos. 1 - 5
        IV б) Elektrode in den Geber einsetzen und Dichtung aufbauen.
            в) Arbeitsschritt
            г) Arbeitsschritt.

Um diesen Fehler zu beheben, müsste die Abbildung ausgetauscht bzw. ergänzt werden. Es ist wenig wahrscheinlich, dass sich dieser Aufwand durch einen für den Rezipienten wahrnehmbaren Nutzen rechtfertigen lässt.

2.5.1.3 Positionierung von Tabellen (vgl. 1.6.2.3)

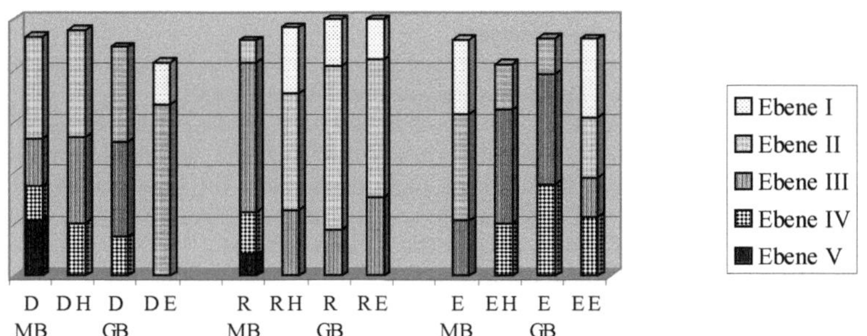

Abb. 2.56: Positionierung der Tabellen

Präferenzen gemäß Tab. 4.34 (MB) – 5.34 (GB) – 6.34 (H) – 7.34 (E):
Die Tabellen sind mehrheitlich auf den Ebenen II und III positioniert. Zusätzlich stehen sie auch auf den Ebenen IV (Kopora D/E) bzw. I (Korpora R/E).

Translatorische Behandlung

Aufgabe:
Anpassung der Positionierung der Tabellen einer britischen bzw. amerikanischen Anleitung (H) ⇒ D bzw. R

Lösung (theoretisch):
Für den deutschen ZT wären die Tabellen von Ebene III zum Teil auf II, für den russischen ZT wären alle Tabellen um eine Ebene anzuheben.

Lösung (praktisch):
Die einzige Möglichkeit, Tabellen innerhalb der Texthierarchie zu verschieben, besteht in der Veränderung ihrer Funktion.

Beispiel:

II **Guide to Regulo Settings**

III Da es verschiedene Messmethoden gibt, ist die Angabe eines direkten Zusammenhangs zwischen Regulo-Einstellung und Temperatur im Backofen nicht möglich. **The following chart shows the relationship between Regulo Mark and the commonly used temperature, and gives examples of the kind of food to cook at the various settings.**

III/IV Tabelle, 2-gliedrig

Diese Tabelle ist indirekt deklariert (vgl. 1.5.1.4) und erfüllt innerhalb dieses Abschnitts eine komplementäre Funktion. Das Anheben auf Ebene II geschieht „automatisch", wenn diese Tabelle eine autonome Funktion erhält (vgl. 1.6.2.3, Tab. 1.14). Dazu muss die Tabelle diesen Abschnitt allein konstituieren, d.h., der gesamte Verbaltext muss entfallen bzw. (mit einem geänderten Verweis) z.B. ans Ende des vorangehenden Abschnitts verschoben werden:

⇒ II **Flame Supervision Device**
III Der Herdbrenner hat eine Flammenüberwachung, die die Gaszufuhr reduziert, falls die Flamme aus irgendeinem Grund erlischt.
III Da es verschiedene Messmethoden gibt, ist die Angabe eines direkten Zusammenhangs zwischen Regulo-Einstellung und Temperatur im Backofen nicht möglich. **The following paragraph shows the relationship between Regulo Mark and the commonly used temperature, and gives examples of the kind of food to cook at the various settings.**
II **Guide to Regulo Settings**
II/III Tabelle, 2-gliedrig

Eine solche Maßnahme ist nicht zu empfehlen: der ausgegliederte Absatz wäre in seiner neuen Umgebung eindeutig thematisch deplatziert. Zusätzlich ist zu bedenken, dass autonome Tabellen in deutschen und russischen Anleitungen inhaltlich festgelegt sind. Abgesehen von allgemeinen technischen Daten, die in Anleitungen beider Kulturen in autonomen Tabellen zusammengestellt sein können, gibt es Vergleichbares in russischen Anleitungen nur noch zum Lieferumfang. Wenn eine präferenzkonforme Anpassung das Ziel sein soll, ist es nicht ratsam, solche Gepflogenheiten zu ignorieren. Wie bei der Positionierung der Abbildungen, so ist auch hier kein Nutzen für den Rezipienten erkennbar, augenfällig wäre jedoch der Schaden dieser Lokalisierung.

2.5.1.4 Textverlaufsebene (vgl. 1.6.2.4)

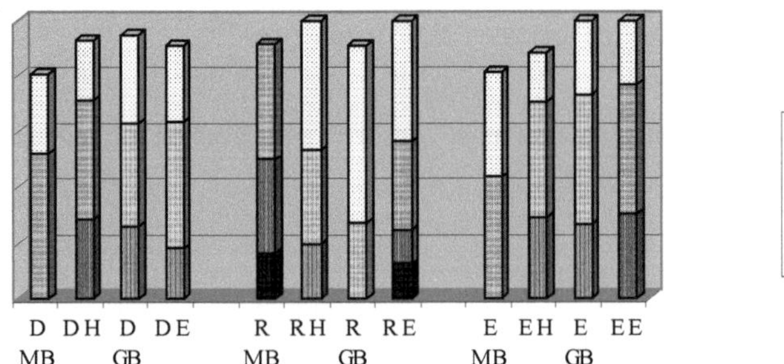

Abb. 2.57: Textverlaufsebene

Präferenzen gemäß Tab. 4.32 (MB) – 5.32 (GB) – 6.32 (H) – 7.32 (E):
Erstaunlicherweise bestehen zwischen deutschen und englischen Korpora deutliche Parallelen bei den bevorzugten Ebenen des Textverlaufs. Für die Korpora (MB) sind dies die Ebenen II und III, auf denen auch die russischen Texte der drei anderen Korpora primär verlaufen. Der Textverlauf russischer Anleitungen (MB) findet dagegen überwiegend auf den Ebenen III und IV statt.

Translatorische Behandlung
Eine Beeinflussung der Textverlaufsebene kommt einer Veränderung der gesamten Textgliederung gleich. Weder ist diese translatorisch zu leisten, noch ist sie durch eine potenzielle Erleichterung der Rezeption zu rechtfertigen.

2.5.1.5 Maximale Gliederungstiefe (vgl. 1.6.2.4)

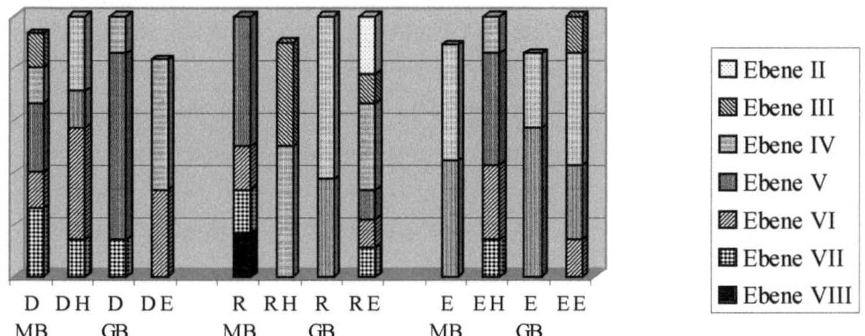

Abb. 2.58: Maximale Gliederungstiefe

Präferenzen gemäß Tab. 4.35 (MB) – 5.35 (GB) – 6.35 (H) – 7.35 (E):
Die maximale Gliederungstiefe der Korpora hat eine enorme Variationsbreite, weil sie von lokalen Maßnahmen abhängig ist, z.B. von der Positionierung der Einschübe, Abbildungen und Tabellen. Sie kann (theoretisch) durch Anheben dieser Elemente reduziert werden. Wie die Überlegungen in 2.5.1.1 – 2.5.1.3 gezeigt haben, ist ein solches Verfahren weder im Zuge der Translation vernünftig zu realisieren, noch ist es aus der Sicht des Rezipienten unbedingt wünschenswert.

2.5.1.6 Interpretation der Präferenzen

2.5.1.6.1 Strukturelle Textsymmetrie (Clyne – vgl. 1.3.2.2)

Textuelle Symmetrie als Merkmal eines „wohlgeformten englischen" Textes zeigt sich nach der Definition bei Clyne (1993: 10) am Umfang einzelner TT. Dieses Merkmal wird von den Analysekriterien dieser Arbeit nicht erfasst. Dafür erlauben die Analyseergebnisse Aussagen zu Symmetrie/Asymmetrie der Textstruktur.

Eine Kontrastierung von Textverlaufsebene und maximaler Gliederungstiefe der Korpora (Abb. 2.57 und 2.58) zeigt, dass die jeweiligen Textstellen maximaler Detaillierung unterschiedlich weit von der Textverlaufsebene entfernt sind. In Anlehnung an den Begriff der „textuellen Symmetrie“ lassen sich die entsprechenden Präferenzen als Ausdruck struktureller Symmetrie/Asymmetrie interpretieren: Ein strukturell symmetrischer Text sollte kompakt konzipiert sein, d.h., er sollte eher flach verlaufen und sich nur mäßig von der Textverlaufsebene entfernen. Strukturelle Symmetrie in diesem Sinne ist ein Merkmal von Anleitungen mit geringer Tiefengliederung, die mit Abbildungen und Tabellen allgemeinen Inhalts korreliert und vor allem in „englischen“ Texten zu finden sein sollte, für die Symmetrie nach Auffassung von CLYNE (1993: 11) generell typisch ist:

> In unserer Untersuchung über kulturelle Unterschiede im Aufbau wissenschaftlicher Texte (Clyne 1987 [b]) neigen die Texte von Englischsprachigen stärker zur textuellen und propositionellen Symmetrie als die von Deutschsprachigen.

Im Hinblick auf die Distanz zwischen Textverlaufsebene und maximaler Gliederungstiefe sind insgesamt vier Varianten zu unterscheiden. In sehr flachen Texten weicht die maximale Gliederungstiefe nur um eine Ebene von der Textverlaufsebene ab. Dieses Extrem repräsentiert das russische Korpus (H). Eine Differenz von max. zwei Ebenen ergibt eine noch immer kompakte Textkonzeption. In diesem Sinne „kompakte“ Texte sind die Anleitungen für Gebrauchselektronik (D/R/E E), russische Anleitungen (GB) und fachinterne „angloamerikanische“ Anleitungen generell. Gliederungsspitzen durch Einschübe, Abbildungen oder Tabellen, die den Text um bis zu drei Ebenen von seiner Verlaufsebene wegführen, treten dagegen in den deutschen Korpora (H/GB), im russischen Korpus (MB) und im englischen Korpus (H) auf. Um max. vier Ebenen von ihrer Verlaufsebene entfernen sich nur deutsche Anleitungen (MB). Dieser Befund belegt, wie wenig eine schlichte makrokulturelle Pauschalierung den Fakten gerecht wird.

In der oben skizzierten Weise strukturell symmetrisch sind Anleitungen für Gebrauchselektronik (D-R-E), russische Anleitungen (H/GB) sowie grundsätzlich Texte der fachinternen englischen Korpora.

Strukturelle Asymmetrie ist dagegen ein Kennzeichen deutscher fachinterner Anleitungen, des Korpus (R MB) sowie deutscher und „angloamerikanischer“ Anleitungen (H).

Wie die Ergebnisse zu den englischen Paralleltexten, so resultieren auch die Werte zum Korpus (R E) aus einer Positionierung illustrativer Abbildungen auf tieferen Ebenen in Anleitungen für Importprodukte. Die originär russischen Texte dieses Korpus entsprechen in ihrer Konzeption den extrem flachen Anleitungen (R H).

Ein weiteres Merkmal, an dem Symmetrie bzw. Asymmetrie sichtbar wird, zeigt sich bei der Kontrastierung deutscher bzw. russischer Anleitungen mit „angloamerikanischen“ Texten: die formale Textgliederung.

Wenn z.B. ein Abschnitt (Ebene II) auf den Ebenen III und IV formal weiter gegliedert wird (durch Nummerierung und/oder subordinierte Deklarationen), so erfordert die Logik einer solchen Gliederung in deutschen und russischen Texten, dass zumindest zwei abhängige TT gebildet werden, z.B.:

1.4 Ausstattung
 1.4.1
 1.4.2
  1.4.2.1
  1.4.2.2
  1.4.2.3
3.1 Рабочие условия применения
 3.1.1
 3.1.2
  1)
  2)
  3)
 3.1.3
 3.1.4
 3.1.5

In deutschen und russischen Anleitungen wird diese Systematik ausnahmslos beachtet, die Gliederungen sind in dieser Hinsicht symmetrisch. Dagegen finden sich in allen englischen Korpora asymmetrische Gliederungen mit nur einem abhängigen TT, z.B.:

Beispiel (MB)

V Belt Drives
 V Belt Drive Installation
  1.
  2.
  3.
  4.
  5.
  6.

Beispiel (H)

Helpful tips for successful washing
 Stain removal
  Ball point and felt-tip ink
  Fountain pen ink
  Grass stains
  Oil
  Paint
  Rust (iron mould)

Beispiel (GB)

5.1 CLEANING THE OPTICAL SYSTEM

5.1.1 Cleaning Procedure

a)
b)
c)
d)
e)
f)

Beispiel (E)

Installing the Batteries

When to Replace the Batteries.

2.5.1.6.2 Directness vs. Indirectness (HOUSE – vgl. 1.3.4.1)

Einschübe, Abbildungen und Tabellen verteilen sich über alle Ebenen der hierarchisch gegliederten Text-Bild-Gemeinschaft. Da die Positionierung dieser Elemente von ihrem Bezug zum Text bzw. Textsegment abhängt, ist dieser Bezug auf oberen Ebenen zwangsläufig ein anderer als auf den unteren. Der wesentliche Unterschied liegt in ihrem Inhalt, dieser ist auf den oberen Ebenen eher allgemeiner Natur, auf den unteren Ebenen konkreter, spezifischer. Die Elemente allgemeinen Inhalts beziehen sich auf ein größeres Textsegment, z.B. ein Kapitel oder einen Abschnitt, die konkreten dagegen auf ein kleines Textsegment, z.B. einen Absatz oder Satz.

Als Vergleichsnormal zur Differenzierung oberer und unterer Textebenen dient die Textverlaufsebene gemäß Abb. 2.57. Untere Textebenen in diesem Sinne sind alle Ebenen unterhalb der Textverlaufsebene.

Von Einschüben mit Signalwort auf den unteren Ebenen lässt sich sagen, dass sie das mit einem konkreten Arbeitsschritt verbundene Risiko direkt ansprechen, während Warnhinweise auf den oberen Ebenen in dieser Hinsicht weniger spezifisch sind. Sie nennen z.B. ein Risiko, das bei verschiedenen oder allen in einem Abschnitt aufgeführten Arbeitsschritten besteht, das im gemeinsamen Hinweis jedoch nur einmal – gleichsam prototypisch – angesprochen wird. Ein solcher Hinweis wird – bezogen auf den einzelnen dieser Arbeitsschritte – als indirekt angesehen.

Spezifische Einschübe als Ausdruck von Direktheit in diesem Sinne enthalten gemäß Abb. 2.54 deutsche fachinterne Anleitungen generell, russische fachinterne Texte des Gerätebaus und die englischen Korpora (H/GB). In zwei deutschen, zwei englischen und drei russischen Korpora stehen die Einschübe dagegen auf oder oberhalb der Textverlaufsebene. Ihr Bezug zu einer einzelnen Äußerung ist daher indirekt. Maximale Indirektheit ist bei diesem Merkmal typisch für russische Anleitungen.

Analog lässt sich auch der Bezug von Abbildungen und Tabellen beurteilen, die auf oberen Ebenen allgemeinere, auf unteren Ebenen spezifischere Inhalte haben. Auch hier steht ein spezifischer Inhalt in direktem Bezug zu einem Absatz bzw. Satz.

Abbildungen mit direktem Bezug zu einzelnen Textstellen finden sich in deutschen Anleitungen des Maschinenbaus (fachintern und -extern), in den englischen fachexternen Korpora und im russischen Korpus (GB). Auch bei diesem Merkmal zeigt die Mehrheit russischer Anleitungen (3 Korpora) Abbildungen mit allgemeineren Inhalten und indirektem Bezug zu einzelnen Textstellen. Tabellen mit spezifischen Inhalten kommen lediglich in deutschen fachinternen Anleitungen (MB) vor. Alle russischen und englischen Korpora enthalten nur Tabellen allgemeinen Inhalts (z.B. Technische Daten), die zu verschiedenen Textsegmenten einen indirekten Bezug haben. Über die Ausprägung von Direktheit/Indirekteit entscheidet folglich das jeweils analysierte Merkmal.

2.5.2 Prinzipien und Themen der Textkomposition

2.5.2.1 Komposition der Gesamttexte (vgl. 1.6.3)

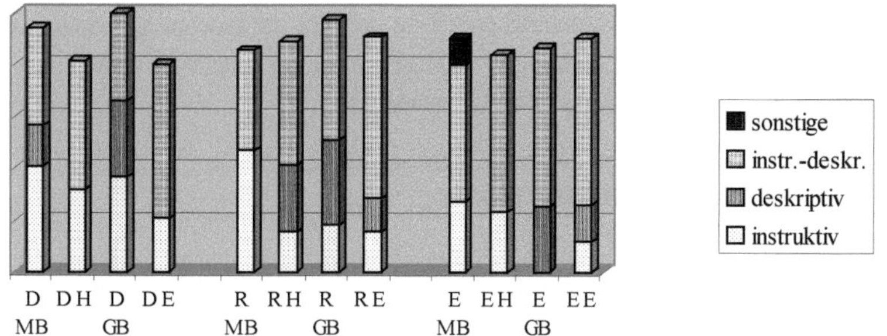

Abb. 2.59: TT-Typenverteilung in den Korpora

Präferenzen gemäß Tab. 4.36 (MB) – 5.36 (GB) – 6.36 (H) – 7.36 (E):
Konstituenten der Anleitungen sind gemäß Abb. 2.59 instruktive und deskriptive TT sowie instruktiv-deskriptive Misch-TT. Dieser Befund bestätigt die Annahme, dass Anleitungen – fachintern wie -extern – im Wesentlichen instruktiv-deskriptive Mischtexte sind. Das dürfte für diese Textsorten auch in anderen Mikro- und Makrokulturen gelten.

Interkulturell gemeinsam ist den Anleitungskorpora ein hoher Anteil an instruktiv-deskriptiven Misch-TT, demgegenüber können rein instruktive oder rein deskriptive TT in einem Korpus so selten sein, dass sie nicht zu den Präferenzen gehören. Deutsche Anleitungen enthalten fachintern mehr instruktive und deskriptive TT, während die Deskription fachextern in entsprechenden Misch-TT stattfindet. Misch-TT dieser Art sind auch in fachexternen russischen Texten besonders zahlreich, während ihr Anteil in den englischen Korpora – unabhängig von Mikrokultur und Adressatenbezug – auf vergleichbar hohem Niveau liegt.

Zu den englischen Korpora ist zusätzlich festzustellen, dass instruktive TT vorzugsweise in Anleitungen des Maschinenbaus zu finden sind. Hier ist die Deskription überwiegend in die Misch-TT integriert. Demgegenüber enthalten Anleitungen des Gerätebaus größere Anteile deskriptiver TT, d.h., hier konzentrieren sich die Instruktionen auf die Misch-TT. Das Korpus (R E) zeigt nicht nur beim untypisch hohen Anteil von Misch-TT, sondern in seiner gesamten Textkomposition deutliche Parallelen zum Korpus (E E).

Translatorische Behandlung

Aufgabe:
Anpassung der TT-Typenverteilung einer britischen bzw. amerikanischen Anleitung (GB) ⇒ D bzw. R

Lösung (theoretisch):
Bei der Übersetzung ins Deutsche wäre der Anteil instruktiv-deskriptiver Misch-TT zu reduzieren. Das könnte z.B. durch eine Trennung instruktiver und deskriptiver Konstituenten geschehen, denn im deutschen ZT ist parallel für eine entsprechende Frequenz instruktiver TT zu sorgen. Analog – wenngleich in geringerem Umfang – wäre auch bei der Produktion des russischen ZT zu verfahren.

Beispiel: (Markierung: instruktiv, *deskriptiv*)

2.3 ELECTRICAL CONNECTIONS
Siehe Geräterückseite.
Das Gerät wird geliefert mit 3 Verbindungskabeln und einem Netzkabel. Zuerst am freien Ende des Netzkabels einen den örtlichen Sicherheitsvorschriften entsprechenden Stecker anbringen.
Vor dem Netzanschluss Monitor und Sensor verbinden. *Zur Erleichterung der Identifikation sind die Anschlüsse gleich gekennzeichnet.*
2.3.1 Kabel mit 10-Stift-Buchsen auf Stecker an Monitor und Sensor aufstecken.
2.3.2 Kabel mit 6-Stift-Buchsen auf Stecker an Monitor und Sensor aufstecken.
2.3.3 Kabel mit 6-Stift-Steckern in Buchsen an Monitor und Sensor einstecken.
IMPORTANT Vor dem Netzanschluss Betriebsspannung prüfen. *Die Gerätespannung ist auf dem Schild hinten am Monitor angegeben.*

Lösung (praktisch):
Da die deskriptiven Konstituenten sehr unterschiedliche Inhalte haben, lassen sie sich nicht zu einem gemeinsamen TT zusammenfassen. Die erste betrifft z.B. den Lieferumfang, der in einem instruktiv-deskriptiven Absatz behandelt wird:

Das Gerät wird mit komplettem Zubehör geliefert. Nach Empfang anhand der Packliste Vollständigkeit überprüfen.

Die Anzahl der Kabel zu ergänzen, ist hier nicht sinnvoll. Die beiden anderen geben Informationen zum elektrischen Anschluss, die nur an dieser Textstelle, relevant sind. Eine Verschiebung ist daher nicht möglich. Da dieser TT nur drei deskriptive Konstituenten enthält, führt hier ausnahmsweise eine andere Formulierung zum Ziel (?):

⇒ **2.3 ELECTRICAL CONNECTIONS**
Siehe Geräterückseite.
Zuerst am freien Ende des Netzkabels einen den örtlichen Sicherheitsvorschriften entsprechenden Stecker anbringen.
Vor dem Netzanschluss Monitor und Sensor über die 3 Verbindungskabel verbinden.
2.3.1 Kabel mit 10-Stift-Buchsen auf die entsprechend gekennzeichneten Stecker an Monitor und Sensor aufstecken.
2.3.2 Kabel mit 6-Stift-Buchsen auf die entsprechend gekennzeichneten Stecker an Monitor und Sensor aufstecken.
2.3.3 Kabel mit 6-Stift-Steckern in die entsprechend gekennzeichneten Buchsen an Monitor und Sensor einstecken.
IMPORTANT Vor dem Netzanschluss Betriebsspannung mit der Gerätespannung auf dem Schild hinten am Monitor vergleichen.

Die Umverteilung des Inhalts der deskriptiven Konstituenten hat in diesem Fall ausgereicht, um den Misch-TT in einen (unökonomisch formulierten) instruktiven TT zu überführen. Eine für den russischen ZT absehbare Konsequenz dieser Maßnahme ist die Erhöhung der Satzkomplexität: in dieser deutschen Version wurden ursprünglich einfache englische Sätze durch pränominale Attribute (Punkte 2.3.1 – 2.3.3) erweitert. Im Einschub wurden zwei einfache Sätze mit Hilfe von PräpG zusammengefasst. Sehr wahrscheinlich werden bei der Übersetzung ins Russische in diesen vier Fällen Partizipialkonstruktionen gewählt. Diese Wahl ist im Einzelfall durchaus präferenzkonform. Doch ihre Wiederholung führt im russischen ZT zu einer präferenzwidrigen Zunahme komplexer Sätze, während die ohnehin sehr hohe Satzkomplexität des englischen AT im Zuge der Translation grundsätzlich reduziert werden müsste (vgl. Abb. 2.19).

Die Neuformulierung hat in diesem Fall ein unerfreulich hohes Maß an Redundanz verursacht. Im Übrigen wird sich die Aufgabe auf diese Weise nicht mehr lösen lassen, wenn ein Misch-TT mehr deskriptive Konstituenten enthält als das Beispiel. Die Unterlassung einer solchen Anpassung dürfte für alle Beteiligten „das kleinere Übel“ sein.

2.5.2.2 Komposition instruktiver TT (vgl. 1.6.3.1)

Präferenzen gemäß Tab. 4.37 (MB) – 5.37 (GB) – 6.37 (H) – 7.37 (E):

Die instruktiven TT folgen primär den Prinzipien „Prozessual“ und „Allgemeines“. Im interkulturellen Vergleich enthalten instruktive TT in Anleitungen des Maschinenbaus fachintern mehr prozessuale Instruktionen als fachextern. Während der Adressatenbezug in den deutschen und englischen Korpora (GB/E) nicht mit einer Anteilsverschiebung korreliert, zeigen russische Anleitungen hier fachextern mehr prozessuale Instruktionen als fachintern. Die Parallelen zwischen den Korpora (R E) und (E E) sind offensichtlich.

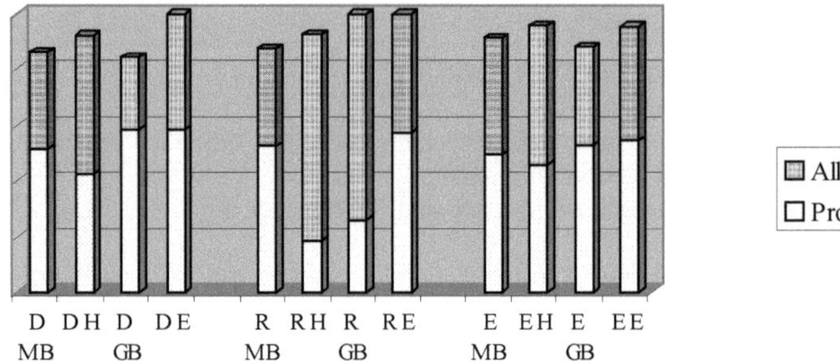

Abb. 2.60: Komposition instruktiver TT

Translatorische Behandlung:

Aufgabe:

Anpassung der instruktiven TT einer russischen Anleitung (H) ⇒ D bzw. E

Lösung (theoretisch):

Im Zuge der Übersetzung wäre die Hälfte der TT mit allgemeinen Instruktionen in prozessuale zu überführen.

Beispiel

6 ПОДГОТОВКА К РАБОТЕ

6.1 Vor dem Einschalten 4 Stunden bei Zimmertemperatur halten.
6.2 Mit leichter Neigung nach hinten gemäß Abb. 1 aufstellen. Abstand zu Herden und Heizgeräten mind. 50 cm.
Transportsicherung zwischen Kompressor und Rückwand entfernen.
Nicht in Schlafräumen aufstellen, vor direkter Sonneneinstrahlung schützen.
6.3 Vor Inbetriebnahme innen und außen abwaschen.

Diese Anpassung ist nur möglich, wenn der TT, wie hier, u.a. deshalb dem Prinzip „Allgemeines“ zuzuordnen ist, weil die Sequenzierung der Instruktionen nicht dem Arbeitsablauf (dem Prinzip „Prozessual“) entspricht. Durch eine – für den Rezipienten sinnvolle – Korrektur ergibt sich (fast von selbst) ein TT mit prozessualen Instruktionen:

⇒ **6 ПОДГОТОВКА К РАБОТЕ**

6.1 Den Aufstellungsort außerhalb von Schlafräumen so wählen, dass das Gerät vor direkter Sonneneinstrahlung geschützt ist. Mit leichter Neigung nach hinten gemäß Abb. 1 aufstellen. Der Abstand zu Herden und Heizgeräten muss mind. 50 cm betragen.
Transportsicherung zwischen Kompressor und Rückwand entfernen.
6.2 Vor Inbetriebnahme innen und außen abwaschen.
6.3 Vor dem Einschalten 4 Stunden bei Zimmertemperatur halten.

Bei anderen TT, deren allgemeine Instruktionen generell gelten bzw. in unterschiedlichen Situationen befolgt werden sollen, ist eine solche Anpassung nicht möglich.

Beispiel:

4. ТРЕБОВАНИЯ ПО ТЕХНИКЕ БЕЗОПАСНОСТИ

4.1 Vor dem Anschluss Kabel auf Unversehrtheit prüfen.
4.2 Beim Betrieb sind untersagt:
Aufzählung
4.3 Vor Prüfung oder Reparatur Stecker ziehen.
4.4 Bei eingeschalteter Maschine nicht am Behälter arbeiten.
4.5 Nicht von Kindern betreiben lassen.
4.6 Nicht auf den Wannenboden stellen.
4.7 Antrieb nicht mit Wasser übergießen, Maschine nicht ins Wasser stellen.
4.8 Gehäuse und geerdete Teile nicht gleichzeitig berühren.
4.9 Nicht ohne Wasser einschalten.

Abgesehen davon, dass sich eine prozessuale Sequenz in einem solchen TT nur ausnahmsweise herstellen lassen dürfte, wäre ein Verlust der Allgemeingültigkeit der jeweiligen Instruktionen unvermeidlich. Ein Eingriff dieser Art ist weder aus der Sicht des Senders, noch aus der des Rezipienten sinnvoll und sollte daher unterbleiben.

2.5.2.3 Komposition deskriptiver TT (vgl. 1.6.3.2)

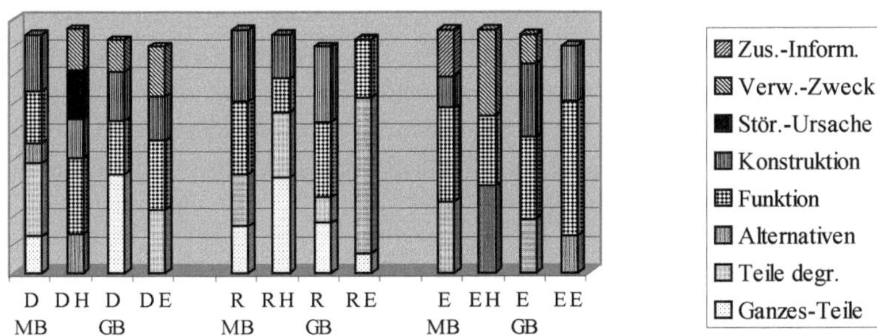

Abb. 2.61: Komposition deskriptiver TT

Präferenzen gemäß Tab. 4.38 (MB) – 5.38 (GB) – 6.38 (H) – 7.38 (E):

Während gemäß Abb. 2.61 in deutschen Anleitungen (MB) alle drei Prinzipien gefunden werden können, wird in den übrigen deutschen Korpora nur nach jeweils einem der Prinzipien geordnet. Russische Anleitungen haben hier – wie auch bei den behandelten Themen – makrokulturell zwei deutliche Präferenzen: „Ganzes – Teile" und die degressive Reihung von Teilen. Fachintern dienen diese beiden Prinzipien zur Ordnung der Beschreibung von Funktion/Konstruktion der Maschine/des Gerätes. Nach ihrer Frequenz zu urteilen, wird fachextern auch die Behandlung peripherer Themen auf diese Weise geordnet. Die in den englischen Texten festgestellten Prinzipien korrelieren offenbar mit dem Adressatenbezug: zur Strukturierung deskriptiver TT wird fachintern die degressive Reihung von Teilen, fachextern dagegen die Reihung von Alternativen bevorzugt.

Das interkulturell wichtigste Thema in Anleitungen ist die Funktion von Maschine bzw. Gerät, die in deutschen Texten fachextern und in russischen Texten fachintern besonders ausführlich beschrieben wird. Der Konstruktionsbeschreibung wird dagegen in deutschen Texten fachintern mehr Raum gegeben. Eine Besonderheit des deutschen Korpus (H) ist das Thema „Störung – Ursache", das hier im Textverlauf behandelt wird und dem die Instruktionen zur Behebung fehlen (vgl. auch 8.2.3.3). Charakteristisch für das englische Korpus (MB) sind dagegen Zusatzinformationen, die wenig mit der eigentlichen Maschinenbeschreibung zu tun haben (vgl. 4.2.3.2).

Translatorische Behandlung
Aufgabe:
Anpassung deskriptiver TT einer deutschen Anleitung (H) ⇒ R bzw. E

Lösung (theoretisch):
Für den russischen ZT ist die Reihung von Alternativen in eine Reihung von Teilen zu überführen. Zusätzlich ist für die Beschreibung von Funktion und Konstruktion das Prinzip „Ganzes – Teile" zu verwenden. Die Funktionsbeschreibung ist zu halbieren, das Thema „Verwendungszweck" ist in drastisch gekürzter Form zu behandeln. Das Thema „Störung – Ursache" ist um Instruktionen zur Behebung zu ergänzen und in tabellarischer Form zu behandeln usw. usw. Im englischen ZT wäre die Reihung von Alternativen zu intensivieren und die Konstruktionsbeschreibung durch eine Beschreibung des Verwendungszwecks zu ersetzen. Mit dem Thema „Störung – Ursache" wäre analog dem russischen ZT zu verfahren.

Lösung (praktisch):
Diese Postulate sind nicht zu erfüllen. Alternativen lassen sich nicht in Teile umwandeln. Da die deutsche Beschreibung nach Alternativen ordnet, ist auch die Implementierung des Prinzips „Ganzes – Teile" ohne eine Neuredaktion des Textes nicht möglich. Ebenso wenig lassen sich Alternativen zusätzlich generieren, wenn der AT (der Beschreibungsgegenstand) sie nicht zur Verfügung stellt. Die Beschreibungen von Funktion und Konstruktion müssen ungeschmälert erhalten bleiben, eine Ausweitung des Themas „Verwendungszweck" ist nicht grundsätzlich sinnvoll. Allenfalls wäre die tabellarische Darstellung der Störungen (incl. der Instruktionen zur Behebung)[415] eine für beide ZT bedenkenswerte Möglichkeit, die zudem einen Zugewinn an Übersichtlichkeit bringen könnte.

---

415 An der Formulierung müsste der Sender zumindest mitwirken.

2.5.2.4 Komposition instruktiv-deskriptiver Misch-TT (vgl. 1.6.3.3)

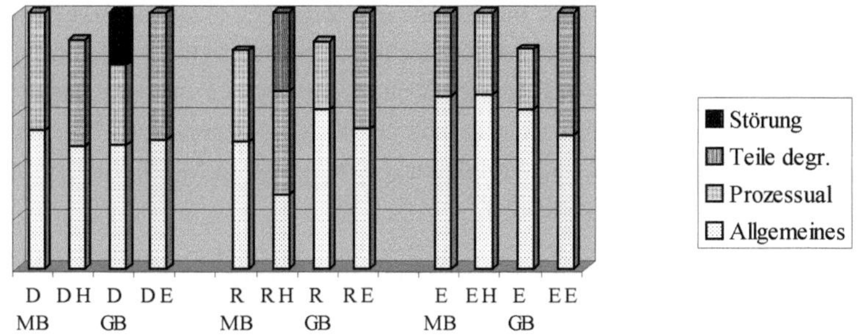

Abb. 2.62: Prinzipien in instruktiv-deskriptiven Misch-TT

Präferenzen gemäß Tab. 4.39 (MB) – 5.39 (GB) – 6.39 (H) – 7.39 (E):
Interkulturell gemeinsam ist instruktiv-deskriptiven TT die Präsenz prozessualer und allgemeiner Instruktionen, wobei der Anteil prozessualer Instruktionen in der Regel fachextern besonders hoch ist. Während der Vergleich fachintern vs. fachextern beim Anteil allgemeiner Instruktionen in den deutschen und englischen Korpora keine gravierenden Abweichungen zeigt, korreliert dieser Anteil bei den russischen Korpora mit dem Adressatenbezug: Misch-TT enthalten fachintern mehr allgemeine Instruktionen. Typisch für russische Anleitungen (H) ist ein drittes Ordnungsprinzip: die degressive Reihung von Teilen. Das deutsche Korpus (GB) zeigt eine im Übrigen unerreichte Frequenz des Prinzips „Störung: Wirkung – Ursachen – Behebung“.

Translatorische Behandlung
Aufgabe:
Anpassung instruktiv-deskriptiver Misch-TT einer britischen bzw. amerikanischen Anleitung (GB) ⇒ D bzw. R

Lösung (theoretisch), Teil I:
Bei der Translation ins Deutsche wäre ein Teil der Misch-TT mit allgemeinen Instruktionen in solche mit prozessualen Instruktionen umzuwandeln. Für den russischen ZT ist eine Anpassung nicht notwendig. Falls das Prinzip „Störung“ im englischen AT vorkommt, kann es im deutschen ZT abgebildet werden, für den russischen ZT wäre eine Präsentation in Tabellenform zu erwägen. Zur Lösung der Aufgabe gehört neben einer Anpassung der Prinzipien auch eine thematische Anpassung (vgl. Teil II).[416]

[416] Da die Korpora (E) nicht nur bei den Prinzipien, sondern gemäß Abb. 2.63 auch bei den Themen Parallelen zeigen, erübrigt sich hier eine Anpassung der Misch-TT im Verhältnis D-R-E.

Das überragende Thema in Misch-TT fachexterner Texte ist die Gerätefunktion. In Anleitungen (E) findet sich hier, makrokulturübergreifend, kaum ein anderes Thema. Demgegenüber werden – und auch das ist eine interkulturelle Gemeinsamkeit – Konstruktion und Funktion fachintern eher mit vergleichbarer Ausführlichkeit behandelt. Eine mikrokulturelle Besonderheit sind Zusatzinformationen anderer Art, die in nennenswertem Umfang vor allem in den russischen und englischen Korpora des Maschinenbaus gegeben werden. Der Zustand (bei Anlieferung) wird primär in Misch-TT des russischen und englischen Korpus (GB) behandelt.

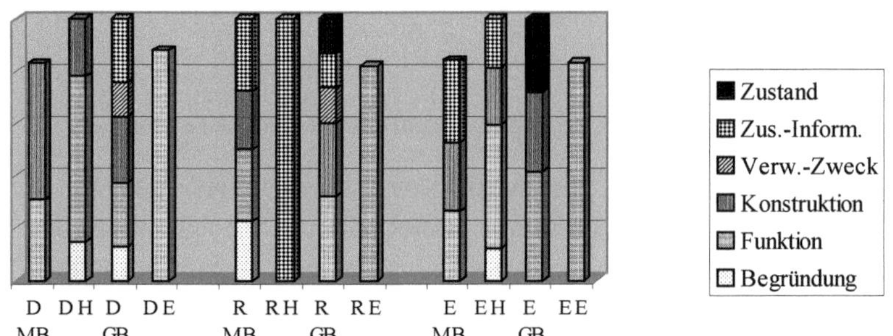

Abb. 2.63: Themen in instruktiv-deskriptiven Misch-TT

Lösung (theoretisch), Teil II:

Bei der Übersetzung ins Deutsche wäre das Thema „Funktion“ zum Teil durch Begründungen, das Thema „Zustand“ dagegen durch die Themen „Verwendungszweck“ bzw. „Zusatzinformation“ zu ersetzen. Durch diese Themen wären für den russischen ZT zum Teil die Themen „Funktion“ und „Zustand“ zu ersetzen.

Lösung (praktisch):

In 2.5.2.2 wurde bereits festgestellt, dass Teil I dieser Aufgabe, die Umwandlung allgemeiner in prozessuale Instruktionen, vielfach unlösbar ist. Das gilt auch für das folgende Beispiel, in dem sowohl prozessuale (5.1.1) als auch allgemeine Instruktionen (kursiv markiert) enthalten sind. In diesem Fall stehen einer Umwandlung mehrere Hindernisse entgegen: die Isoliertheit der beiden allgemeinen Instruktionen in einer deskriptiven Umgebung, ihre Redundanz und ihre generelle bzw. multiple Gültigkeit für gleichartige Situationen.

Beispiel:

5.1 CLEANING THE OPTICAL SYSTEM

Das Optiksystem besteht aus vier Komponenten: LED, zwei Photodetektoren und Spiegel. *Nur die Lichtleiter und der Spiegel müssen gereinigt werden.* Der Reflexionslichtdetektor empfängt das Licht durch eine Öffnung im Kammergehäuse. Er ist wartungsfrei.

Bei Automatikbetrieb wird ABC alle 4 Stunden aktiviert. Wird die Verunreinigung zu groß, leuchtet die LED rot. *Spiegel und Lichtleiterenden müssen gereinigt werden.*
5.1.1 Cleaning Procedure

a) Die Oberflächentemperatur muss über dem Gefrierpunkt des Reinigungsmittels liegen.
b) Sensordichtung abnehmen. Vorsicht mit dem O-Ring.
c) O-Ring prüfen und ggf. ersetzen.
d) Spiegel und Lichtleiterenden mit einem in destilliertem Wasser angefeuchteten Wattestäbchen reinigen. Bei Verunreinigungen auf Ölbasis statt destillierten Wassers Methanol, Äthanol oder Isopropylalkohol nehmen. Ein Spray darf nur verwendet werden, wenn es keinen Film auf der Optik hinterlässt und nur die empfohlenen Lösungsmittel enthält. Auf den Optikflächen dürfen keine Watterreste zurückbleiben.
e) Die Reinigungsflüssigkeit muss verdampft sein, bevor die Sensordichtung wieder eingesetzt wird.
f) Nach dem Zusammenbau ABC-Zyklus manuell durchführen.

Für die weitere Betrachtung ist nur noch der allgemeine Teil des Abschnitts 5.1 von Interesse, hier werden die Themen Konstruktion und Funktion behandelt. Punkt 5.1.1 ist ein rein instruktiver TT mit prozessualen Instruktionen, die nicht Gegenstand der postulierten thematischen Anpassung sind.

Für den deutschen ZT soll das Thema „Funktion" (kursiv markiert) durch eine Begründung ersetzt werden:

⇒ 5.1 CLEANING THE OPTICAL SYSTEM

Das Optiksystem besteht aus vier Komponenten: LED, zwei Photodetektoren und Spiegel. Nur die Lichtleiter und der Spiegel müssen gereinigt werden. *Der Reflexionslichtdetektor empfängt das Licht durch eine Öffnung im Kammergehäuse. Er ist wartungsfrei.*
Bei Automatikbetrieb wird ABC alle 4 Stunden aktiviert. Wird die Verunreinigung zu groß, leuchtet die LED rot. Spiegel und Lichtleiterenden müssen gereinigt werden.

Im ersten Absatz lassen sich die Aussagen zur Funktion ohnehin als postzedente Begründungen zur Instruktion verstehen, die Anschlüsse können (müssen aber nicht) expliziert werden, z.B.:

⇒ 5.1 CLEANING THE OPTICAL SYSTEM

Das Optiksystem besteht aus vier Komponenten: LED, zwei Photodetektoren und Spiegel. Nur die Lichtleiter und der Spiegel müssen gereinigt werden, [denn] der Reflexionslichtdetektor empfängt das Licht durch eine Öffnung im Kammergehäuse. Er ist [deshalb] wartungsfrei.
Bei Automatikbetrieb wird ABC alle 4 Stunden aktiviert. Wird die Verunreinigung zu groß, leuchtet die LED rot, [entweder: denn] Spiegel und Lichtleiterenden müssen [oder: deshalb] gereinigt werden.

Im zweiten Absatz wird das Thema „Funktion" in zwei Sätzen behandelt. Der erste muss in dieser Form erhalten bleiben. Zum Verhältnis des zweiten zur folgenden Instruktion sind zwei Interpretationen möglich: unter dem Aspekt der Gerätefunktion ist die Notwendigkeit einer Reinigung der Grund für das Leuchten der LED. Insofern ist die Begründung in der Instruktion impliziert. Allerdings ließe sich die Relation in diesem Fall auch umkehren: das Leuchten der LED soll den Bediener zur Reinigung veranlassen, es ergäbe sich eine antezedente Begründung.

Die Tatsache, dass das Thema „Funktion“ partiell in Begründungen behandelt wird, trägt nichts zur Lösung dieser Aufgabe bei, da eine als Thema ausgewiesene Begründung die einzige deskriptive Konstituente eines im Übrigen instruktiven TT ist. Schon die Aussage zur Konstruktion im ersten Absatz steht einer solchen Konstellation im Wege.

Des Weiteren soll für beide ZT das Thema „Zustand“ (kursiv markiert) durch die Themen „Verwendungszweck“ bzw. „Zusatzinformation“ ersetzt werden. Bei einem kurzen TT zeigt bereits der erste Blick, wie abwegig ein solches Vorhaben ist, z.B.:

ALIGNMENT

Das Gerät wurde im Werk konfiguriert und vorjustiert. Nur geringfügiges Einrichten ist notwendig.

An dieser Situation ändert sich nichts, wenn ein solcher Austausch in einem komplexeren TT vorgenommen werden soll:

Beispiel:

OPERATING INSTRUCTIONS

Beim Versand hat die Batterie nur Restladung. Zuerst also mind. 12 h mit Ladegerät aufladen. Hauptschalter auf AUS stellen, Stecker einstecken, Ladegerät ans Netz anschließen. Die rote LED zeigt das Laden an.

Spätestens 1 h vor Gebrauch muss der Sensor angeschlossen werden.

Nach dem Laden das Gerät mit dem Hauptschalter einschalten, LED leuchtet grün beim Einschalten des Alarmschalters. Anzeige einschalten zum Betrieb. Sie zeigt innerhalb von 2 Minuten etwa 21 % Sauerstoff.

Der Alarm ist auf 19% und 24% eingestellt, kann ggf. geändert werden.

Die Geräteanzeige kann mit Potentiometer auf 21 % eingestellt werden.

Nun ist das Gerät betriebsbereit. Vor dem Betreten eines gefährdeten Bereiches folgende Tests durchführen:

Arbeitsschritte

Während des Betriebes können diese Tests jederzeit wiederholt werden.

Nach den Tests die Anzeige abschalten, um die Betriebszeit zu verlängern. Betriebsdauer bei voller Batterie 20 h.

N.B. Mess- und Alarmschaltung sind unabhängig von der Anzeige, wenn der Alarmschalter auf EIN steht.

Auf die Informationen über den Anlieferungszustand des Gerätes kann nicht verzichtet werden, und sie sind durch andere Themen nicht zu ersetzen. Damit hat sich die gestellte Aufgabe in allen ihren Teilen als mehr oder minder unlösbar erwiesen.

2.5.2.5 Komposition „sonstiger" Misch-TT (vgl. 1.6.3.4)

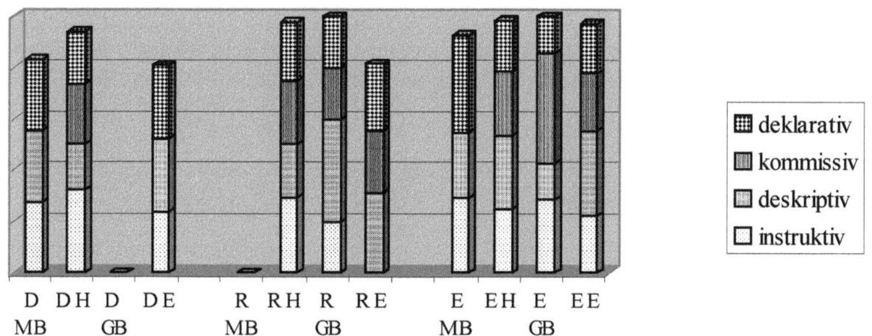

Abb. 2.64: Konstituenten „sonstiger" Misch-TT

Präferenzen gemäß Tab. 4.40 (MB) – 5.40 (GB) – 6.40 (H) – 7.40 (E):
In deutschen und russischen fachinternen Anleitungen können „sonstige" Misch-TT vollständig fehlen. Im deutschen und englischen Korpus (MB) enthalten sie nur ausnahmsweise kommissive Konstituenten. Mit Ausnahme der russischen Anleitungen (E), in deren Misch-TT nur wenige instruktive Konstituenten zu finden sind, kommen alle Varianten mit variierenden Anteilen vor. Expressive Konstituenten sind generell selten und gehören in keinem Korpus zu den Präferenzen.

Translatorische Behandlung
Aufgabe:
Anpassung „sonstiger" Misch-TT einer britischen bzw. amerikanischen Anleitung (GB) ⇒ D bzw. R

Lösung (theoretisch):
Bei der Übersetzung ins Russische wäre ein Teil der englischen kommissiven Konstituenten in deskriptive umzuwandeln. Im deutschen ZT müssten Misch-TT dieser Art vollständig entfallen.

Lösung (praktisch):
Bei diesen Kommissiva handelt es sich um Zusagen des Herstellers, die nicht in Deskription umgewandelt werden können. Sie dürfen auch nicht ohne weiteres entfallen, diese Entscheidung ist dem Sender zu überlassen. Richtig wäre – zumindest beim deutschen ZT –, die Auffassung der VDI 4500-1 zu bedenken, dass „Aussagen mit rechtlichem Inhalt", zu denen auch: „Umfang und Inhalt von Gewährleistungen" (1995: 5) gehören, nicht in eine Anleitung aufgenommen werden sollten. Stattdessen wäre dem Sender die Produktion einer separaten Garantieerklärung zu empfehlen, in die neben sonstigen Zusagen auch die Bedingungen für einen Haftungsausschluss aufgenommen werden.

Beispiel:

Maintenance

Re-certification

Damit die Messungen zuverlässig bleiben, Geräte alle 12 Monate zur Neu-Zertifizierung an TSI einschicken. Das Gerät wird neu kalibriert und mit einem Zertifikat gemäß NIST zurückgesandt.

Storage

Zur Lagerung die Enden des Gerätes mit Deckeln versehen, damit Staub oder Fremdkörper nicht eindringen können.

Erscheint dem Sender die empfohlene Verfahrensweise akzeptabel, könnten die Misch-TT um kommissive (und ggf. deklarative) Konstituenten bereinigt werden, z.B.:

⇒ **Maintenance**

Re-certification

Damit die Messungen zuverlässig bleiben, Geräte alle 12 Monate zur Neu-Zertifizierung an TSI einschicken.

Storage

Zur Lagerung die Enden des Gerätes mit Deckeln versehen, damit Staub oder Fremdkörper nicht eindringen können.

Übrig bleiben dann instruktive oder deskriptive TT bzw. entsprechende Misch-TT.

2.5.2.6 Interpretation der Präferenzen

2.5.2.6.1 Teutonischer vs. Sachsonischer Stil (Galtung – vgl. 1.3.2.1)

Das für einen TT gewählte Kompositionsprinzip führt zu einer bestimmten Art der Strukturierung seines Inhalts. So ergibt z.B. das prozessuale Prinzip eine streng hierarchische Struktur des jeweiligen instruktiven TT, dessen Deklaration zu seinem Inhalt in einem Verhältnis der Superordination steht (Handlung – Teilhandlungen bzw. Aufgabe – Lösungsschritte). Das Prinzip „Allgemeines“ zeigt sich dagegen in instruktiven TT an einer eher unstrukturierten Aneinanderreihung von Instruktionen. Während sich also das prozessuale Prinzip als Abbild der „teutonischen“ Pyramide interpretieren lässt, reflektiert die Ansammlung allgemeiner Instruktionen eher die Vielzahl kleiner „sachsonischer“ Pyramiden.

Gemäß Abb. 2.60 sind die instruktiven TT in drei deutschen, zwei russischen und drei englischen Korpora mehrheitlich hierarchisch („teutonisch“) strukturiert. Das „sachsonische“ Prinzip überwiegt dagegen generell in Anleitungen für Hausgeräte und in russischen Anleitungen (GB). Völlig anders stellt sich die Komposition der instruktiven Konstituenten instruktiv-deskriptiver Misch-TT dar (vgl. Abb. 2.62). Hier herrscht mehr oder minder deutlich das Prinzip „Allgemeines“ vor, russische Anleitungen für Hausgeräte bilden die einzige eher „teutonische“ Ausnahme.

Analog lassen sich GALTUNGS Metaphern auch auf die Komposition deskriptiver TT übertragen. Zu einer streng hierarchischen Strukturierung führt hier das Prinzip „Ganzes-Teile", ggf. in Verbindung mit einer degressiven Reihung der Teile. Ohne den Bezug zum „Ganzen" fehlt den Teilen der Zusammenhalt, der bei einer Reihung von Alternativen grundsätzlich nicht gegeben ist.

In diesem Sinne zeigen deskriptive TT in fachinternen deutschen und allen originär russischen[417] Anleitungen gemäß Abb. 2.61 in der Tat eine „teutonische" Struktur. Demgegenüber sind deskriptive TT in fachexternen deutschen und allen britischen bzw. amerikanischen Anleitungen „sachsonisch" strukturiert. Die kontroversen Ergebnisse zur Strukturierung instruktiver TT belegen, wie sinnvoll (und notwendig) Zurückhaltung bei der makrokulturellen Generalisierung mikrokulturell gewonnener Befunde ist. Deskriptive TT bieten dagegen ein klareres Bild: die „sachsonischen" Qualitäten deutscher Anleitungen korrelieren mit dem Bezug auf einen fachexternen Adressaten. Hier könnte man mit GALTUNG (1997a: 116) einen „subversiven" Einfluss des sachsonischen Stils auf eine teutonische Kultur manifestiert sehen.

2.5.2.6.2 Linear Progression vs. Digressions (KAPLAN – vgl. 1.3.3, CLYNE – vgl. 1.3.2.2)

Die „angloamerikanischen" Anleitungen bestehen generell überwiegend aus instruktiv-deskriptiven Misch-TT. Rein instruktive bzw. deskriptive TT sind in den englischen Korpora vergleichsweise selten. Das bedeutet, dass – anders als in deutschen oder russischen Anleitungen – nur wenige TT eine klare Struktur im Sinne einer superordinativen Deklaration haben können und haben (vgl. Abb. 2.44). In den TT der englischen Korpustexte dominiert daher das Bezeichnungsprinzip der Fokussierung, das Zusätze unterschiedlicher Art toleriert. Vergleichbares zeigt sich in deutschen und russischen Texten höchstens fachextern, fachintern ist der Anteil der Misch-TT geringer und die Bedeutung der Superordination entsprechend hoch.

Es wurde bereits erwähnt, dass eine superordinative Deklaration als Ausdruck linearer Textprogression angesehen werden kann und eine fokussierte Deklaration Erweiterungen des TT durch Zusätze (digressions) indiziert. Diese Sichtweise steht überdies im Einklang mit einem der Merkmale von „Digressivität" bei CLYNE (1993: 12):

[417] Das Prinzip „Ganzes-Teile" hat offenbar auch in anderen russischen Textsorten eine besondere Bedeutung. SCHMIDT (1995: 86) kommentiert die Deskription in populärwissenschaftlichen Texten: „Die größte Wirkung geht aber wohl von der anderen Art der deskriptiven Themenentfaltung im deutschen Text aus. Im russischen Text dominiert die strukturelle Sichtweise, vom Ganzen zu seinen Teilen, die ihrer Natur nach statisch ist. Der deutsche Text ist dagegen vorgangsbezogen angelegt. Geschildert werden entaktualisierte, generische Ereignisse (Vorgänge und Handlungen)".

Als ‚digressiv' bezeichnen wir einen Text, wenn
(...)
(c) manche Textsegmente in einem anderen Textsegment zu einem anderen Thema eingefügt werden.

Unter diesem Aspekt ist eine lineare Textprogression insbesondere ein Merkmal deutscher fachinterner und russischer Anleitungen, während „digressions" für die britischen und amerikanischen Anleitungen aller Korpora typisch sind. Diese Beobachtung bestätigt sich z.B. in Abb. 2.61: bei der Komposition deskriptiver TT erscheint ein für „digressions" charakteristisches Thema, das mit nennenswerter Frequenz nur im englischen Korpus (MB) gefunden wurde: die Zusatzinformation.

Instruktiv-deskriptive Misch-TT können in ihren deskriptiven Konstituenten ebenfalls Zusatzinformationen enthalten. Gemäß Abb. 2.63 ist das vor allem in den russischen und englischen Korpora des Maschinenbaus (fachintern und -extern) der Fall, außerdem in deutschen und russischen Anleitungen (GB).

In Anbetracht der Häufigkeit von Zusatzinformationen ist russischen Misch-TT dieser Art – insbesondere in Anleitungen für Hausgeräte – ein erhebliches Maß an „Digressivität" zu bescheinigen. In Bezug auf die englischen Korpora scheint dieses Merkmal mit der Mikrokultur zu korrelieren: in Texten des Maschinenbaus sind diese Misch-TT häufig digressiv, in Texten des Gerätebaus selten. Die quantitativ geringste „Digressivität" durch Zusatzinformationen weisen makrokulturell die deutschen Anleitungen auf: mit nennenswerter Frequenz erscheint dieses Thema nur im Korpus (GB). Diese Fakten widersprechen der Behauptung makrokultureller Gültigkeit im Hinblick auf die von KAPLAN formulierten und von CLYNE bestätigten Befunde. Sie belegen vielmehr, dass die Analyse anderer Textsorten bzw. anderer Textmerkmale gegenteilige Ergebnisse erbringen kann, die sich ebenso wenig zur Generalisierung eignen.

2.5.2.6.3 Focus on Content vs. Interpersonal Focus (HOUSE – vgl. 1.3.4.3)

Wie die Verteilung der Sprechhandlungen selbst (vgl. 2.6.4.6.3), so gestattet auch die Verteilung der TT-Typen gemäß Abb. 2.59 eine Interpretation im Hinblick auf diese beiden Tendenzen. Instruktive TT sind Ausdruck des „Interpersonal Focus", deskriptive TT repräsentieren dagegen die Tendenz zur Sachbezogenheit. Instruktiv-deskriptive Misch-TT können als Kombination beider Tendenzen angesehen werden.[418]

Beide Tendenzen sind in bestimmten Korpora zu erkennen, sie korrelieren jedoch nicht mit der Makro-, sondern eher mit der Mikrokultur. Die Tendenz zu „Interpersonal Focus" in diesem Sinne ist primär ein Kennzeichen von Texten des Maschinenbaus (D

[418] Eine hälftige Zuordnung der jeweiligen Anteile entspricht nicht ganz den textuellen Fakten, ist jedoch für den Zweck dieser Interpretation ausreichend genau.

MB/H, R MB, E MB/H), zusätzlich von deutschen und russischen Anleitungen (E). Ausgeprägte Sachbezogenheit reflektieren vor allem Texte des Gerätebaus (D/R GB, E GB/E), außerdem russische Anleitungen (H). Die von HOUSE getroffene makrokulturelle Zuordnung der beiden Tendenzen bestätigt sich daher in den Anleitungskorpora nicht, die Ergebnisse besagen eher das Gegenteil.

2.5.2.6.4 Orientation towards Writer vs. Orientation towards Reader (HOUSE – vgl. 1.3.4.2)

Die „sonstigen" Misch-TT gemäß Abb. 2.64 repräsentieren diese Tendenzen in ihren kommissiven und deklarativen Konstituenten. Während in kommissiven Konstituenten (Themen: Garantie, Konformität zu Normen etc. und andere Zusagen) die Interessen des Kunden (Adressaten) im Vordergrund stehen, bringt der Hersteller (Sender) in den Themen deklarativer Konstituenten (Garantieausschluss, Änderungsvorbehalt) seine eigenen Interessen zum Ausdruck. Soweit die Aufnahme eines TT „Garantie" in die Anleitung gängige Praxis ist (das gilt für russische und „angloamerikanische" fachexterne Texte generell und für deutsche Anleitungen (H)), sind beide Konstituententypen notwendigerweise vorhanden. Sinnvoll ist daher vor allem eine Betrachtung der Korpora, zu deren Makrostruktur dieser TT nicht gehört. Das sind im Wesentlichen die fachinternen Texte. Die Misch-TT der Korpora (D/E MB) wie auch des Korpus (D E) zeigen hier eine ganze Reihe von Deklarationen (primär zum Thema „Garantieausschluss"). Während im Korpus (R GB) kommissive und deklarative Konstituenten mit gleichen Anteilen vertreten sind, überwiegen im englischen Korpus (E GB) bei weitem die Kommissiva.

Im Ergebnis lassen die Misch-TT deutscher Anleitungen in der Tat eine Tendenz zur Senderorientierung erkennen, während die Orientierung „angloamerikanischer" Anleitungen offenbar von der Mikrokultur abhängt: Texte des Maschinenbaus sind eher senderorientiert, solche des Gerätebaus eher adressatenorientiert.

2.6 Grenzen des „instrumentellen“ Übersetzens – Merkmale des Textinhalts

In den folgenden Diagrammen werden Präferenzen an inhaltlichen Merkmalen vorgestellt, die ebenfalls übersetzungsrelevante Kulturdifferenz erkennen lassen. Diese eignet sich jedoch lediglich zur Charakterisierung der jeweiligen Korpora und zur Formulierung einer entsprechenden Verfahrensweise im Rahmen der Translation. Im Gegensatz zu den Merkmalen in den Abschnitten 2.4 und 2.5, für die in gewissen Grenzen immerhin noch eine Anpassung vorstellbar ist, handelt es sich hier um eine rein theoretische Lösung, die ohne Neuredaktion nicht einmal ansatzweise in die Praxis umzusetzen wäre. Um diese Merkmale in der gewünschten Weise zu gestalten, müsste der AT im Widerspruch zu den Konventionen seiner eigenen Kultur umgeschrieben werden.

2.6.1 Verteilung der Nebensatzarten (vgl. 1.5.4.4)

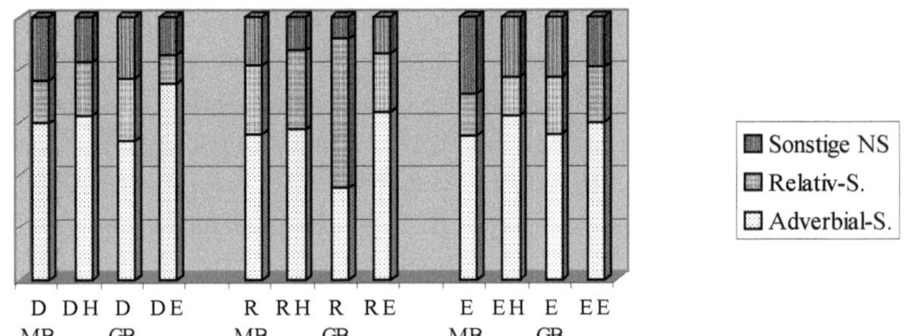

Abb. 2.65: Verteilung der Nebensatzarten (ohne NS-wertige Konstruktionen)

Präferenzen gemäß Tab. 4.18 (MB) – 5.18 (GB) – 6.18 (H) – 7.18 (E):
Interkulturell die größte Gruppe unter den Nebensätzen stellen die Adverbialsätze, die fachextern generell häufiger verwendet werden als fachintern. Bei der Verteilung der Relativsätze zeigt sich die jeweils makrokulturell höchste Konzentration in den Korpora (GB). Der Anteil „sonstiger Nebensätze“ variiert in den deutschen und englischen Korpora in Abhängigkeit vom Adressatenbezug: er ist fachintern höher als fachextern.

Translatorische Behandlung

Aufgabe:

Anpassung der Nebensatzverteilung einer britischen bzw. amerikanischen Anleitung (H) ⇒ D bzw. R

Lösung (theoretisch):
Für den deutschen ZT wäre der Anteil der Relativsätze zu erhöhen durch Reduktion der Frequenz „sonstiger" Nebensätze. Bei der Übersetzung ins Russische wären zusätzlich englische Adverbialsätze in Relativsätze zu überführen.

Lösung (praktisch):
Die Lösung dieser Aufgabe impliziert dem Wortlaut nach, dass die in den jeweiligen Nebensätzen ausgedrückten Relationen verändert werden sollen, u.a. soll eine adverbiale Beziehung zu einer attributiven umgeformt werden. Da der Textinhalt nicht zur Disposition stehen darf, sind die praktischen Einflussmöglichkeiten sehr begrenzt. Sie sind generell nur dort gegeben, wo ein konkreter Satz eine Umverteilung der Ausdrucksformen gestattet. Damit z.B. ein AT-Satzgefüge mit Adverbialsatz im ZT durch ein Satzgefüge mit Relativsatz wiedergegeben werden kann, muss im AT-Satzgefüge zusätzlich eine attributive Beziehung vorhanden sein. In einem solchen Fall können die Ausdrucksformen vertauscht werden, d.h., die attributive PräpG des AT wird im ZT zum Relativsatz umgeformt, der Adverbialsatz des AT zur adverbialen PräpG.

Beispiele:

If the garment has no label, choose the appropriate **programme for the fabric**.

⇒ **При обнаружении** неисправностей, **которые** не удается устранить в соответствии с рекомдендациями, данными в разделе 10 настоящего руководства по эксплуатации, необходимо обратиться в мастерскую по ремонту электробытовой холодильной техники.

Press STOP/CLEAR **while Timer on the lower line** of display flashes.

⇒ **Во время уборки и чистки** не допускается попадание моющего раствора в отверстие, **через которое** стекает вода.

Bedauerlicherweise kommen diese Kombinationen nur sehr vereinzelt vor. Daher müsste die erwähnte Umverteilung in der Regel die Satzgrenzen überschreiten, und die Maßnahmen würden letztlich dazu führen, dass englische attributive PräpG im russischen ZT als Relativsätze und englische Adverbialsätze als PräpG wiedergegeben würden. Dieses Vorgehen entspricht zwar den russischen Präferenzen beim Ausdruck von z.B. Konditionalität und Gleichzeitigkeit, widerspricht ihnen jedoch beim Ausdruck attributiver Beziehungen, da der Relativsatz hier keine konventionskonforme Alternative darstellt (vgl. Abb. 2.34). In der Praxis wird eine solche Anpassung daher unterbleiben müssen.

2.6.2 Inhalt von Parenthesen (vgl. 1.7.4.3)

Präferenzen gemäß Tab. 4.66 (MB) – 5.66 (GB) – 6.66 (H) – 7.66 (E):

Abb. 2.66 zeigt die zwei bzw. (bei gleichen Anteilen) drei größten Gruppen, die zum Inhalt von Parenthesen jeweils ermittelt wurden. Wie bereits an den Varianten in 1.7.4.3

deutlich wurde, dienen Parenthesen im Wesentlichen zwei Zwecken: der Anfügung eines Verweises einerseits und der Präzisierung einer vorangegangen Aussage andererseits. In deutschen fachinternen Anleitungen und im englischen Korpus (MB) handelt es sich primär um intratextuelle Verweise auf Abb.-Positionen, während in russischen Texten fachintern wie -extern auf die Abbildung insgesamt verwiesen wird. Der untypisch hohe Anteil von Verweisen auf Abb.-Positionen im russischen Korpus (E) geht daher eindeutig auf fremde Konventionen zurück (offenbar nicht unbedingt auf die des amerikanischen Gerätebaus). Im entsprechenden deutschen und englischen Korpus sind Verweise überwiegend intertextuell orientiert. Abgesehen von allgemeinen präzisierenden Parenthesen, die in allen Korpora gefunden wurden, enthält das deutsche bzw. das englische Korpus (H) zahlreiche Parenthesen, in denen Oberbegriffe spezifiziert bzw. alternative Maßeinheiten angegeben werden.

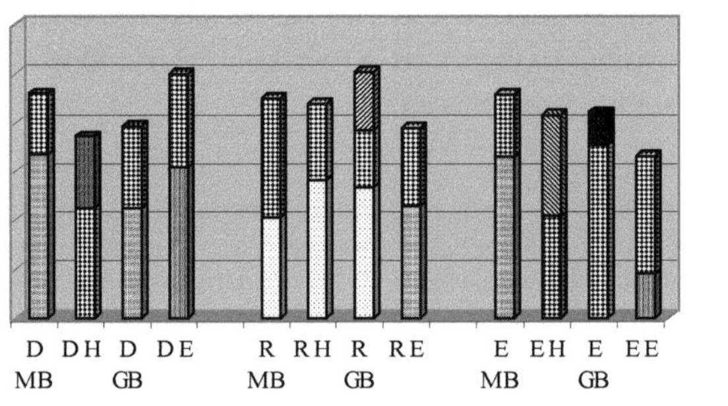

Abb. 2.66: Inhalt der Parenthesen

Translatorische Behandlung

Aufgabe:

Inhaltliche Anpassung der Parenthesen einer russischen Anleitung (H) ⇒ D bzw. E

Lösung (theoretisch):

Im Zuge der Translation wären die Verweise auf Abbildungen für den deutschen ZT durch Parenthesen mit Teilbegriffen zu ersetzen, die einen vorangegangenen Oberbegriff spezifizieren. Für den englischen ZT wären die Verweise auf Abbildungen zu tilgen und ersatzweise Parenthesen mit alternativen Maßeinheiten einzufügen.

Lösung (praktisch):

Eine präzisierende Parenthese kann als Ersatz für eine Verweisparenthese mit Sicherheit nicht an der gleichen Textstelle eingefügt werden. Ein solcher Austausch ist überhaupt nur denkbar, wenn die Parenthesen gleichzeitig im Text neu verteilt werden. Abgesehen davon, dass der russische AT für ein solches Vorgehen zu wenig Angriffspunkte bieten dürfte, müssten Parenthesen zur Spezifizierung eines Oberbegriffs für den deutschen ZT zusätzlich formuliert werden. Des Weiteren können die Verweise im Interesse des Rezipienten nicht einfach entfallen, solange die Abbildungen – wie in russischen Anleitungen üblich – überwiegend eine komplementäre Funktion haben. Damit ginge der textuelle Bezug verloren, der sich aus den in 2.6.5.2.3 dargelegten Gründen zumindest nicht ohne weiteres durch einen thematischen ersetzen lässt. Mit der Tilgung der Verweise müsste – für beide ZT – ein Austausch komplementärer durch illustrative Abbildungen einhergehen (vgl. Abb. 2.75).

Das Einfügen alternativer Maßeinheiten im englischen ZT kann und sollte grundsätzlich stattfinden,[419] eine kompensatorische Tilgung der Verweise ist dagegen nur unter der genannten Bedingung möglich.

Abb. 2.66 lässt vermuten, dass die Anpassung der Parenthesen mit intratextuellen Verweisen bei der Übersetzung fachinterner Anleitungen des Maschinenbaus einfacher ist. Es mag translatorisch unproblematisch sein, z.B. Verweise auf Abb.-Positionen durch solche auf Abbildungen zu ersetzen, wenngleich der Präzisionsverlust selbst für einen fachinternen Rezipienten bedauerlich wäre. Durch eine solche Maßnahme würde er genötigt, die im Text behandelte Position auf dem Umweg über die Legende zu identifizieren. Bei der Produktion des englischen ZT ist zu bedenken, dass Abbildungslegenden in britischen und amerikanischen Anleitungen unüblich sind. Um hier eine Anpassung zu ermöglichen, müsste sich der Sender – wider Erwarten – bereit finden, die Positionskennzeichnungen in den Abbildungen durch die dort üblichen Bildtexte ersetzen zu lassen (zur Segmentierung von Abbildungen mit Bildtexten bzw. Legende vgl. auch HORN-HELF 2007: 202-204).

2.6.3 Bezug intertextueller Verweise (vgl. 1.7.5)

Präferenzen gemäß Tab. 4.67 (MB) – 5.67 (GB) – 6.67 (H) – 7.67 (E):
Intertextuelle Verweise beziehen sich in den deutschen und englischen Korpora primär auf andere Texte des Senders oder Texte Dritter Aus nahe liegenden Gründen zeigt das russische Korpus (E) die gleiche Präferenz. Verweise auf Normen/Vorschriften sind fachintern besonders häufig. Während solche Verweise in den deutschen und englischen Korpora fachextern kaum zu finden sind, zeigt Abb. 2.67 für das russische Korpus (H) eine im Vergleich zu den fachinternen Texten drastisch erhöhte Vorkommenshäufigkeit.

[419] Zu beachten sind dabei die abweichenden Konventionen für britische und amerikanische Texte (vgl. 1.7.4.3, Variante 25).

Charakteristisch für die Korpora (E) sowie (D/R H) sind Verweise auf potenzielle Texte. Dabei geht es primär um Kontaktaufnahmen des Rezipienten mit dem Sender, seinem Kundendienst oder Dritten, zu denen in der Anleitung aufgefordert wird für den Fall, dass bestimmte Umstände eintreten. Beim Ausbleiben dieser Umstände unterbleibt wohl auch die Kontaktaufnahme. Das betrifft nicht die Texte des Rezipienten im Korpus (R MB), die zwar auch potenzielle Texte in diesem Sinne sind, deren Produktion dem Rezipienten aufgrund der größeren Verbindlichkeit dieser Anleitungen aber nicht freisteht. Verweise auf textexterne Abb. (vgl. 5.3.5) sind typisch für das Korpus (R GB).

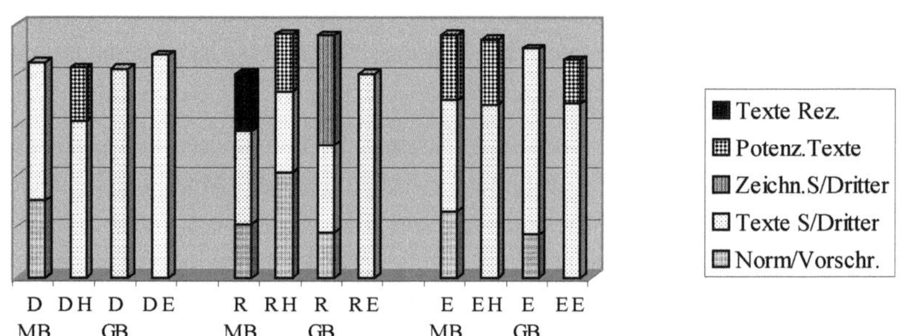

Abb. 2.67: Bezug intertextueller Verweise[420]

Translatorische Behandlung

Aufgabe:

Anpassung intertextueller Verweise einer amerikanischen Anleitung (MB) ⇒ D bzw. R

Lösung (theoretisch):

Im Zuge der Translation wären die Verweise auf potenzielle Texte für den deutschen ZT zum Teil durch Verweise auf Texte des Senders oder Dritter zu ersetzen, zum Teil zu tilgen. Für den russischen ZT wäre stattdessen auf Texte des Rezipienten zu verweisen.

Lösung (praktisch):

Verweise auf Normen/Vorschriften der ZK wären generell in Kooperation mit dem Sender anzupassen. Dazu ist dieser erfahrungsgemäß nicht bereit, weil er sich mit seinen Produkten an den Normen seiner eigenen Kultur orientiert und keinesfalls an den Nor-

---

[420] Vgl dazu auch HORN-HELF (1997b: 469): „In technischen Fachtexten wird Intertextualität nicht an Zitaten oder Anspielungen auf andere Texte im üblichen Sinn sichtbar, sondern vielmehr an exophorischen Referenzen in Form von Verweisen, durch die andere Texte als ebenfalls zur AT-Welt zugehörig ausgewiesen werden (...). Es versteht sich, daß dieser andere Text deshalb auch Bestandteil der ZT-Welt werden muß; ggf. wird der Rezipient ihn nachfordern".

men der ZK gemessen werden will (in denen er sich wenig bis gar nicht auskennt). Das Kompatibilitätsdefizit ist ggf. außerhalb der Translation, d.h. vom Sender, zu beheben.

Eine Richtungsumkehr von Verweisen (von einer Adressaten- zur Senderorientierung) ist nicht möglich. Der Wegfall der Verweise auf Kontaktmöglichkeiten – selbst wenn sie für den deutschen Rezipienten ungewohnt sind – bedeutet, dass diese Informationen in bestimmten Situationen erst gesucht werden müssen, während sie nach Absicht des Senders sofort verfügbar sein sollten. Die Überführung solcher Verweise in Verweise auf Texte des Rezipienten für den russischen ZT würde voraussetzen, dass sich die Anleitung der Verbindlichkeit von Anweisungen annähert. Eine solche Statusänderung ist im Rahmen der Translation nicht möglich, dazu wäre ein Senderwechsel notwendig.

2.6.4 Dichtewerte (Anzahl je 100 Sätze)

2.6.4.1 Sprechhandlungsdichte (vgl. 1.5.2.4)

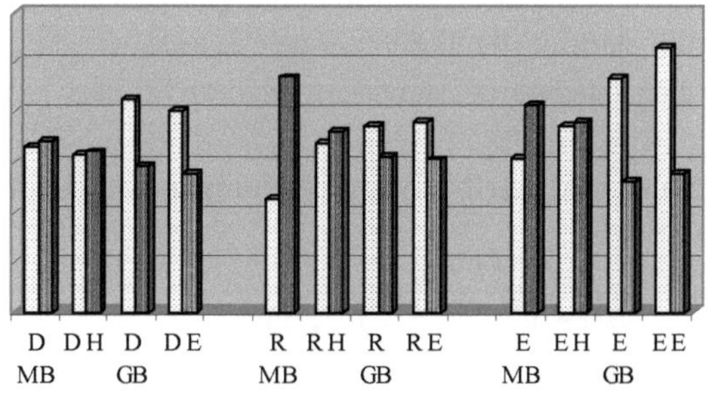

Abb. 2.68: Sprechhandlungsdichte

Präferenzen gemäß Tab. 4.7 (MB) – 5.7 (GB) – 6.7 (H) – 7.7 (E):
Anleitungen des Maschinenbaus enthalten interkulturell sowohl fachintern als auch fachextern mehr Direktiva als die des Gerätebaus. Mit Ausnahme der englischen Korpora des Gerätebaus werden fachintern mehr Direktiva geäußert als fachextern. Dieser Befund widerspricht den Annahmen PÜSCHELS zu dieser Opposition:

Für den Fachmann muß beispielsweise ein dokumentierender Text geschrieben werden, der auf Informationsvermittlung zielt, für den Nutzer jedoch ein anleitender Text, der auf Handlung zielt, was nicht ausschließt, daß auch eine gewisse Portion von Informationen zu vermitteln ist, da „technisches Handeln“ ein Mindestmaß an technischem Verständnis voraussetzt (1996: 325).

Die Erklärung für diesen Widerspruch ist einfach: fachinterne Texte beschränken sich nicht auf das Anleiten zu Betrieb/Bedienung. Fachleuten wird eine ganze Reihe von Arbeiten zugemutet: Aufstellung/Montage, Wartung/Reparatur etc., zu denen fachextern nicht angeleitet werden muss, weil sie nach Auffassung des Senders nicht vom Rezipienten, sondern z.B. vom Händler, vom Kundendienst, ausgeführt werden sollen.

Translatorische Behandlung
Aufgabe:
Anpassung der Dichte direktiver Sprechhandlungen einer amerikanischen Anleitung (MB) ⇒ D bzw. R

Lösung (theoretisch):
Im Zuge der Translation ist die Direktivadichte für den deutschen ZT zu reduzieren, für den russischen ZT dagegen zu erhöhen.

Lösung (praktisch):
Die Direktivadichte ist – wie die Dichtewerte im Übrigen – ein rein inhaltliches Merkmal und daher unabhängig von möglichen Äußerungsformen. Da auch im Präsens geäußerte Instruktionen als solche erfasst sind, besteht die einzige Möglichkeit, diese Dichte zu beeinflussen, im Wechsel zwischen Direktivum und Repräsentativum. Dieser Wechsel von instruktiven zu deskriptiven Äußerungen führt den Rezipienten durch eine Verfälschung des Textinhalts in die Irre. Verglichen mit dem Schaden für die Funktionsfähigkeit der Anleitung, ist eine unterlassene Anpassung geradezu harmlos.

2.6.4.2 Dichte adverbialer und attributiver Beziehungen (vgl. 1.5.4.4)

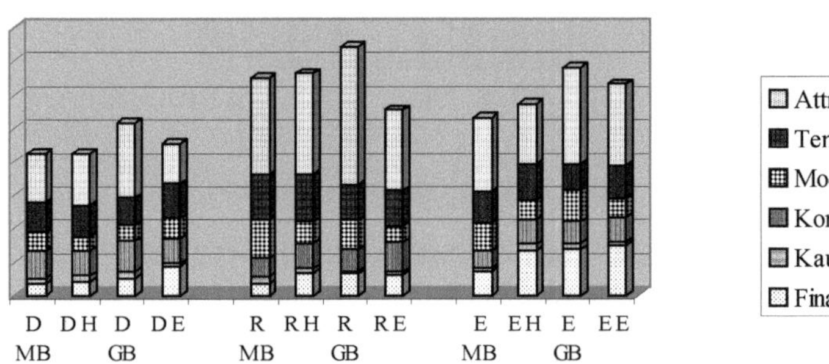

Abb. 2.69: Dichte adverbialer und attributiver Beziehungen

Präferenzen gemäß 4.1.4.2 (MB) – 5.1.4.2 (GB) – 6.1.4.2 (H) – 7.1.4.2 (E):
Die Synopse belegt, dass eine hohe Dichte finaler Beziehungen in britischen bzw. amerikanischen Anleitungen ein „makrokulturell" relevantes Merkmal ist. Während Relationen der Kausalität/Konsekutivität interkulturell mehr oder weniger selten sind, zeigt sich für die Konditionalität eine gewisse Abhängigkeit vom Adressatenbezug. In deutschen Anleitungen wird sie fachintern, in russischen und englischen dagegen fachextern häufi-

ger ausgedrückt. Modale Beziehungen treten in russischen und englischen Korpustexen fachintern mit größerer Dichte auf als fachextern. Temporalität hat für russische Texte des Maschinenbaus die vergleichsweise größte Bedeutung. Schließlich zeigen die Korpora (GB) interkulturell die höchste Dichte attributiver Relationen. Für deutsche und russische Texte der Mikrokultur Maschinenbau gilt, dass dieser Dichtewert vom Adressatenbezug kaum beeinflusst wird, während er in den englischen Korpora beider Mikrokulturen fachintern höher ist als fachextern.

Translatorische Behandlung

Aufgabe:

Anpassung der Relationsdichte einer russischen Anleitung (GB) ⇒ D bzw. E

Lösung (theoretisch):

Im Zuge der Translation ins Deutsche sind insbesondere eine Erhöhung der Dichte konditionaler Beziehungen und eine Reduktion der Dichte attributiver Beziehungen vorzunehmen. Für den englischen ZT ist die Dichte finaler Beziehungen zu verdoppeln, die Dichte attributiver Beziehungen dagegen ebenfalls zu reduzieren.

Lösung (praktisch):

Solange die Formulierung als Mittel der ZT-Lokalisierung greift, gibt es auch Wege zur Annäherung. Diese Dichte ist ein rein inhaltliches Merkmal, das über Ausdrucksformen nicht zu beeinflussen ist. Ohne Veränderung des Textinhalts ist diese Aufgabe unlösbar.

2.6.4.3 Abbildungs- und Tabellendichte

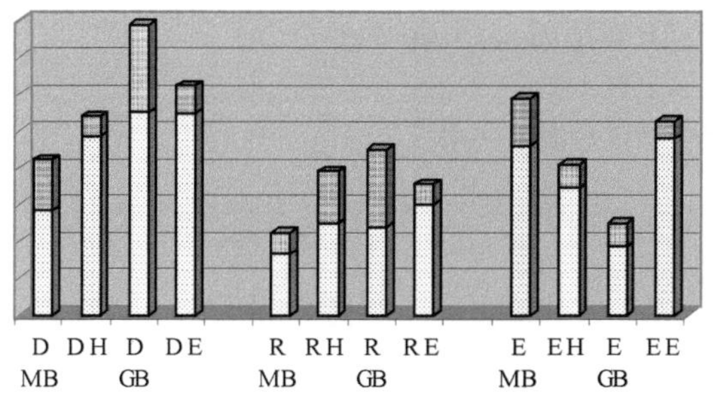

Abb. 2.70: Abbildungs- und Tabellendichte

Präferenzen gemäß 4.3.2.1 (MB) - 5.3.2.1 (GB) – 6.3.2.1 (H) – 7.3.2.1 (E):

In deutschen und russischen Anleitungen ist die Abbildungsdichte fachextern höher als fachintern. Das gilt ebenso für die englischen Korpora (GB/E), Texte des Maschinenbaus zeigen dagegen fachintern eine höhere Dichte. Unabhängig von der Makrokultur sind Anleitungen (E) dichter bebildert als die Entsprechungen für Hausgeräte. Im russischen Korpus macht sich hier die Abbildungsdichte der Texte fremder Provenienz bemerkbar, die fast 200 % des in originär russischen Texten Üblichen beträgt.

Die Tabellendichte korreliert in den deutschen und englischen Korpora mit dem Adressatenbezug, d.h., Tabellen dienen vorzugsweise der Informationsvermittlung an Fachleute. Im Hinblick auf russische Texte sind die Ergebnisse uneinheitlich. Parallel lässt sich feststellen, dass deutsche und russische Anleitungen (GB) mehr Tabellen je 100 Sätze enthalten als ihre Entsprechungen aus der Mikrokultur Maschinenbau. Zu britischen und amerikanischen Anleitungen besagen die Ergebnisse das Gegenteil.

Translatorische Behandlung

Aufgabe:

Anpassung der Abbildungsdichte einer russischen Anleitung (H) ⇒ D bzw. E

Lösung (theoretisch):

Im Zuge der Translation wäre die Abbildungsdichte für den deutschen ZT etwa zu verdoppeln. Der englische ZT sollte je 100 Sätze etwa 50 % mehr Abbildungen erhalten.

Lösung (praktisch):

Die Lösung dieser Aufgabe ist praktisch nicht möglich. Zunächst ist es mehr als unwahrscheinlich, dass sich zusätzliche – und für den Rezipienten hilfreiche – Abbildungen in dieser Menge finden lassen. Des Weiteren darf vorausgesetzt werden, dass der Sender eine solche Anpassung, die nur in Kooperation mit ihm stattfinden könnte, ablehnt. Da schließlich z.B. der Flächenanteil der Abbildungen im russischen und englischen Korpus (H) annähernd gleich ist (vgl. Abb. 2.73), würden die quantitativen Verhältnisse dabei im Widerspruch zu den ZK-Konventionen verändert.

2.6.4.4 Begründungsdichte (vgl. 1.7.3)

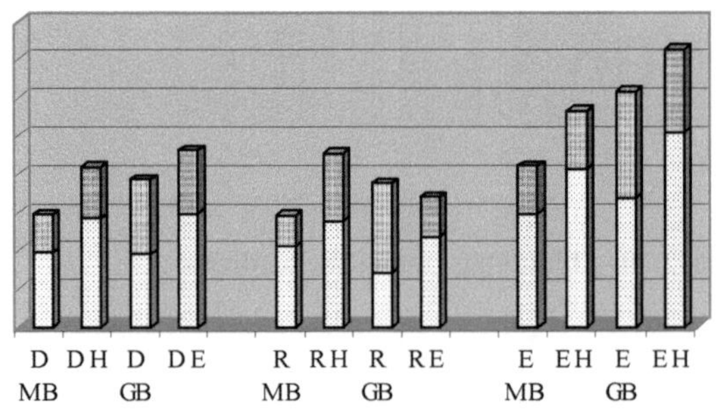

Abb. 2.71: Begründungsdichte

Präferenzen gemäß 4.3.3.1 (MB) – 5.3.3.1 (GB) – 6.3.3.1 (H) – 7.3.3.1 (E):
In fachexternen Anleitungen einer Mikrokultur werden jeweils mehr Begründungen zu Direktiva gegeben als fachintern. Gleichzeitig ist die Dichte von Begründungen zu Repräsentativa in den Korpora (GB) generell höher als in den Korpora (MB). Das gilt ebenso fachextern für die deutschen und englischen Korpora (E vs. H).

Während die Dichte von Begründungen zu Direktiva in deutschen und russischen Anleitungen annähernd gleich ist, zeigt sich in den englischen Korpora generell, d.h. unabhängig von Mikrokultur und Adressatenbezug, ein erheblich höherer Wert.

Translatorische Behandlung
Aufgabe:
Anpassung der Begründungsdichte einer amerikanischen Anleitung (E) ⇒ D bzw. R

Lösung (theoretisch):
Im Zuge der Translation wäre die Begründungsdichte an die Konventionen der ZT anzupassen. Für den deutschen ZT wäre die Dichte der Begründungen zu Direktiva etwa zu halbieren, während die Begründungen zu Repräsentativa abgebildet werden könnten. Für den russischen ZT müssten die Begründungen sowohl zu Direktiva als auch zu Repräsentativa etwa zur Hälfte entfallen. Zu dieser theoretischen Lösung ist ein praktisches Pendant nicht vorstellbar.

2.6.4.5 Verweisdichte (vgl. 1.7.5)

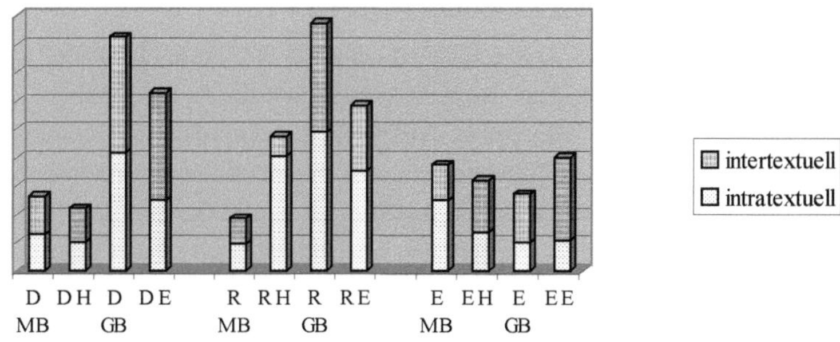

Abb. 2.72: Verweisdichte

Präferenzen gemäß 4.3.5 (MB) – 5.3.5 (GB) – 6.3.5 (H) – 7.3.5 (E):
Intratextuelle Verweise sind in jeder Anleitung zu finden. In deutschen und russischen Texten des Gerätebaus ist ihre Dichte höher als in solchen des Maschinenbaus. Abgesehen von den russischen Anleitungen (H), enthalten fachexterne Texte generell weniger intratextuelle Verweise als fachinterne.

Die Dichte intertextueller Verweise ist in deutschen und russischen Texten fachintern größer, in englischen dagegen fachextern. Auch intertextuell wird in Anleitungen des Gerätebaus häufiger verwiesen als in solchen des Maschinenbaus.

Translatorische Behandlung
Aufgabe:
Anpassung der Verweisdichte einer deutschen Anleitung (E) ⇒ R bzw. E

Lösung (theoretisch):
Im Zuge der Translation wäre die Dichte intratextueller Verweise für den russischen ZT um ca. 50 % zu erhöhen, die Dichte intertextueller Verweise dagegen etwa zu halbieren. Für den englischen ZT wären beide Werte deutlich zu reduzieren.

Lösung (praktisch):
Die Verweisdichte ist ebenfalls ein rein inhaltliches Merkmal, das sich über Veränderungen auf der Ausdrucksebene nicht beeinflussen lässt. Weder intra- noch intertextuelle Verweise können zusätzlich produziert werden, weil der deutsche AT von seiner Konzeption her dazu keine Angriffspunkte bietet. Eine Tilgung intertextueller Verweise käme ggf. – nach Absprache mit dem Sender – dort in Frage, wo sie deutschen Normen und Vorschriften gelten (vgl. dazu auch 2.6.3).

2.6.4.6 Interpretation der Präferenzen

2.6.4.6.1 Datenintegration/Directness vs. Indirectness (Clyne – vgl. 1.3.2.2/House – vgl. 1.3.4.1)

Eines der Merkmale eines wohlgeformten „englischen“ Textes ist nach Clyne die Integration von Daten in den Text. Konkreter Ausdruck dieses Merkmals ist die Tabellendichte gemäß Abb. 2.70. Während es in deutschen und russischen Anleitungen üblich ist, technische Daten zentral in Tabellenform zusammenzustellen, werden diese Informationen in britischen und amerikanischen Anleitungen häufig dezentral im Textverlauf gegeben. Diese Verfahrensweise spiegelt sich im Übrigen auch in den Ergebnissen zur Behandlung des Themas „Technische Daten“ (vgl. Tab. 4.46/5.46/6.46/7.46), die häufiger als in deutschen oder russischen Texten in anders deklarierten TT erfolgt. In der Konsequenz zeigt sich daher der TT „Technische Daten“ als lediglich fakultative Konstituente der Makrostruktur „englischer“ Anleitungen (vgl. Tab. 4.43/5.43/6.43/7.42), während er in den Makrostrukturen der deutschen und russischen Anleitungen mehrheitlich präsent ist. Dieses Merkmal entspricht daher der Einschätzung bei Clyne.

Beide Arten der Datenpräsentation haben ihre Vorteile: die Datenintegration ist eher geeignet für eine sequentielle Rezeption. Für eine selektive Rezeption ist dagegen die Tabelle günstiger, da die Daten hier als Zusammenstellung zu finden sind, während sie sonst mühsam in verschiedenen Textpassagen gesucht werden müssten.

Diese Differenz lässt sich gleichzeitig als Ausdruck von Direktheit bzw. Indirektheit im Sinne von HOUSE interpretieren. Danach wäre die Tabelle eine Form direkter Präsentation, die Datenintegration dagegen als eher indirekt anzusehen. An diesem Merkmal zeigen sich die Tendenzen daher in Entsprechung zu den Feststellungen bei HOUSE (zur Interpretation als Stildifferenz im Sinne GALTUNGS vgl. 2.3.4.1).

2.6.4.6.2 Orientation towards Writer vs. Orientation towards Reader (HOUSE – vgl. 1.3.4.2)

Mit Ausnahme des russischen Mischkorpus (E) weisen fachexterne Anleitungen interkulturell, d.h. unabhängig von Makro- und Mikrokultur, eine höhere Begründungsdichte auf (vgl. Abb. 2.71). Generell gilt dagegen, dass Direktiva fachextern häufiger begründet werden als fachintern. In diesem Sinne reflektieren die Anleitungen insgesamt eine adäquate Adressatenorientierung. In Begründungen zu Repräsentativa werden zumeist Vorteile der konstruktiven Lösungen bzw. anderer Maßnahmen des Herstellers hervorgehoben (vgl. 1.7.3). Da diesen Begründungen auch ein Werbecharakter nicht immer abzusprechen ist, lassen sie sich als Ausdruck der Senderorientierung interpretieren. Im Vergleich zu den deutschen zeigen die englischen Korpora eine höhere Dichte von Begründungen zu Repräsentativa und sind daher in höherem Maße senderorientiert. Die Tendenzen nach HOUSE treten bei diesem Merkmal invertiert in Erscheinung.

Der Bezug intertextueller Verweise gemäß Abb. 2.67 gestattet ebenfalls eine Aussage zu den Tendenzen von Sender- bzw. Adressatenorientierung. In deutschen Anleitungen gelten intertextuelle Verweise häufiger Texten des Senders als in britischen oder amerikanischen. Parallel beziehen sich intertextuelle Verweise in den englischen Korpora häufiger auf potenzielle Texte des Rezipienten als in den deutschen. Dieser Befund entspricht den Feststellungen bei HOUSE. Abb. 2.67 zeigt für intertextuelle Verweise noch eine weitere Möglichkeit, die BAUMANN (1998: 312) mit Blick auf wissenschaftliche Textsorten „Autoritätsbezug“ nennt:

> Die Untersuchungen zeigen, daß der wissenschaftliche Autoritätsbezug deutschsprachiger Fachtexte deutlicher ausgeprägt ist als der englischsprachiger Fachtexte.

Dem Autoritätsbezug in Anleitungen dienen vor allem die Verweise auf Normen und Vorschriften, die z.B. im englischen Korpus (GB) häufiger sind als im deutschen. Im interkulturellen Vergleich besonders ausgeprägt ist der Autoritätsbezug in russischen Anleitungen.

2.6.4.6.3 Focus on Content vs. Interpersonal Focus (HOUSE – vgl. 1.3.4.3)

Das Kriterium der Sprechhandlungsdichte scheint zum Nachweis dieser Tendenzen besonders geeignet. In diesem Sinne lassen sich Repräsentativa als Ausdruck des „focus on content“ verstehen, während Direktiva den „interpersonal focus“ reflektieren. Die tendenzielle Differenz zeigt sich in Abb. 2.68 jedoch nicht als makrokulturelles Phänomen, wie von HOUSE angenommen, sondern als Spezifikum der Mikrokulturen.

Während beide Tendenzen in deutschen Anleitungen des Maschinenbaus und im russischen und englischen Korpus (H) etwa ausgewogen realisiert werden, ist die Tendenz zu „interpersonal focus“ im englischen und russischen Korpus (MB) besonders deutlich. Die Mikrokultur Gerätebau produziert dagegen fachintern wie -extern inhaltsbetonte Anleitungen. Hier ist die Tendenz zu „focus on content“ in den englischen Korpustexten erheblich stärker ausgeprägt als in den deutschen oder russischen.

Eine der Begleiterscheinungen dieser Inhaltsorientierung des Gerätebaus ist eine entsprechend höhere Dichte an Begründungen zu Repräsentativa in den deutschen und englischen Korpora dieser Mikrokultur (vgl. Abb. 2.71). Eine weitere, die sich auch in den russischen Anleitungen zeigt, ist die Dichte attributiver Beziehungen. Diese übersteigt gemäß Abb. 2.69 – vor allem fachintern – die Werte für die Texte des Maschinenbaus bei weitem.

2.6.4.6.4 Explicitness vs. Implicitness (HOUSE – vgl. 1.3.4.4)

Das Begründen von Aufforderungen ist nach HOUSE für den deutschen – nicht aber für den „englischen“ – umgangssprachlichen Diskurs typisch. Ausgehend von der Prämisse, dass fachexterne Anleitungen aufgrund ihres Adressatenbezuges diesen Alltagssituationen näher kommen als fachinterne, wären analoge Ergebnisse zu erwarten gewesen. Der tatsächliche Befund gemäß Abb. 2.71 besagt das Gegenteil, nicht nur für fachexterne, sondern auch für fachinterne Texte. In beiden britischen bzw. amerikanischen Textsorten werden Direktiva erheblich (im Gerätebau bis zu 100 %) häufiger begründet als in den deutschen Entsprechungen.

2.6.5 Abbildungen in der Text-Bild-Gemeinschaft (vgl. 1.7.2)

2.6.5.1 Flächenverteilung

Präferenzen gemäß Tab. 4.49 (MB) – 5.49 (GB) – 6.49 (H) – 7.49 (E):

Die Anleitungen sind interkulturell dominant verbal. In den deutschen und englischen Korpora ist der Abbildungsanteil fachintern eher höher als fachextern. Zudem haben deutsche und russische Texte (GB) einen höheren Abbildungsanteil als die entsprechenden Korpustexte (MB), die englischen Korpora zeigen eine gegenteilige Konstellation. Gemäß Abb. 2.73 ergeben sich für nur zwei Korpora (D GB/E MB) durchschnittliche Abbildungsanteile von ca. 40 %, im Übrigen liegen die Werte bei 20 – 30 %. Es ist daher auszuschließen, dass der Flächenanteil der Abbildungen in „normalen" Anleitungen „meist bei 50 % und darüber liegt",[421] wie SCHMITT (1998c: 211) vorträgt.

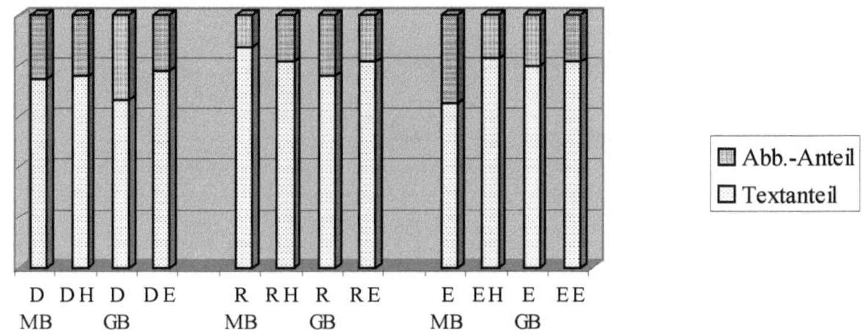

Abb. 2.73: Flächenverteilung in der Text-Bild-Gemeinschaft

Translatorische Behandlung

Aufgabe:

Anpassung des Abbildungsanteils einer amerikanischen Anleitung (MB) ⇒ D bzw. R

Lösung (theoretisch):

Im Zuge der Translation ist der Abbildungsanteil des AT für den russischen ZT zu halbieren, für den deutschen ZT um ca. ein Drittel zu reduzieren.

Lösung (praktisch):

Es liegt auf der Hand, dass bei der Translation die Anzahl der Abbildungen nicht halbiert oder auch nur reduziert werden kann. Eine solche Maßnahme würde nicht nur dem Rezipienten erhebliche Mengen an Informationen vorenthalten (die Mehrzahl der Abbildungen ist komplementär), sie würde auch die Text-Bild-Gemeinschaft und damit die Kohärenz der Anleitung zerstören.

Da die Anteilswerte gemäß Abb. 2.73 flächenbezogen sind, besteht die einzig reale Möglichkeit einer Anpassung darin, die Abbildungsgrößen zu reduzieren. Dem steht allerdings entgegen, dass amerikanische Anleitungen im Vergleich zu russischen bei doppeltem Flächenanteil das Dreifache an Abbildungen enthalten. Diese sind daher im AT

[421] Um im Durchschnitt solche Werte zu erreichen, dürfte ein Korpus nur Anleitungen enthalten (z.B. für Staubsauger), deren Kapitel mehrheitlich aus autonomen Abbildungen bestehen, während sich der Verbaltext mehr oder weniger auf die Sicherheitshinweise beschränkt.

ohnehin schon ungewohnt klein für russische Rezipienten und müssten eigentlich eher vergrößert werden. Die Abbildungsgröße korreliert u.a. mit funktionalen Unterschieden (komplementär vs. illustrativ – vgl. Abb. 2.75). Es besteht eine Vielzahl weiterer Abhängigkeiten, durch die ein solcher Eingriff kaum abzuschätzende Veränderungen nach sich ziehen müsste. In jedem Fall wäre eine Mitwirkung des Senders notwendig, die mit großer Wahrscheinlichkeit verweigert würde (vgl. auch SCHMITT 1999: 196, zitiert in 2.4.6.1).

2.6.5.2 Qualitativ-funktionale Aspekte

2.6.5.2.1 Darstellungsformen (vgl. 1.7.2.2.1)

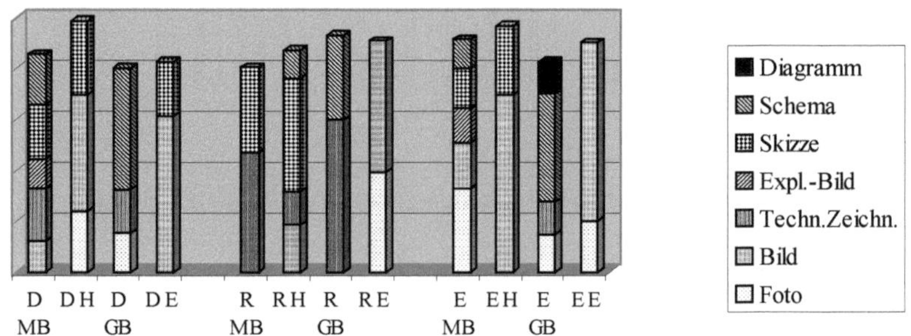

Abb. 2.74: Darstellungsformen

Präferenzen gemäß Tab. 4.50 (MB) – 5.50 (GB) – 6.50 (H) – 7.50 (E):
Auffällig an Abb. 2.74 ist zunächst die Vielfalt der Darstellungsformen im deutschen und englischen Korpus (MB). Tatsächlich sind in beiden Korpora alle Formen vertreten, selbst wenn z.B. das Diagramm wegen seiner zu geringen Frequenz nicht zu den Präferenzen zählt. Eine für die Korpora (GB) interkulturell typische Darstellungsform ist das Schema. Charakteristisch für russische Anleitungen ist fachintern ein extrem hoher Anteil technischer Zeichnungen, der selbst das in den entsprechenden deutschen Texten Übliche um ein Mehrfaches übersteigt. Fachextern werden in den deutschen und englischen Korpora drei Darstellungsformen bevorzugt: das Foto, das fotoähnliche Bild und die Skizze. Das russische Korpus (E) zeigt parallele Präferenzen zum entsprechenden englischen Korpus, die im Wesentlichen durch die massive Bebilderung der Texte fremder Provenienz[422] bedingt sind.

[422] Comic-Elemente, wie SCHMITT sie in der Übersetzung eines japanischen Werkstatthandbuchs gefunden hat, kommen grundsätzlich nicht vor (vgl. 1997: 626, Abb. 4).

Translatorische Behandlung

Aufgabe:

Anpassung der Darstellungsformen einer russischen Anleitung (GB) ⇒ D bzw. E

Lösung (theoretisch):

Im Zuge der Translation wären die technischen Zeichnungen für beide ZT etwa zu einem Drittel durch Schemata und zu einem weiteren Drittel durch Fotos zu ersetzen. Zusätzlich wären im englischen ZT einige gegen Diagramme auszutauschen (vgl dazu auch HORN-HELF 2005: 154).

Lösung (praktisch):

Diese theoretische Lösung entbehrt jeden Realitätsbezuges. Zwischen technischen Zeichnungen und Schemata bzw. Diagrammen besteht aufgrund inkompatibler Inhalte (vgl. 1.7.2.2.1) keine Austauschmöglichkeit. Ansichtszeichnungen könnten in bestimmten Fällen durch Fotos ersetzt werden, Maßzeichnungen eventuell durch vermaßte Fotozeichnungen (obwohl solche Darstellungen im Gerätebau nicht üblich zu sein scheinen). Um Schnitte zu ersetzen, müssten entsprechend zerschnittene Teile/Baugruppen (?) abfotografiert werden. Von derartigen Vorschlägen an den Sender wird dringend abgeraten.

2.6.5.2.2 Abbildungsfunktionen (vgl. 1.7.2.2.2)

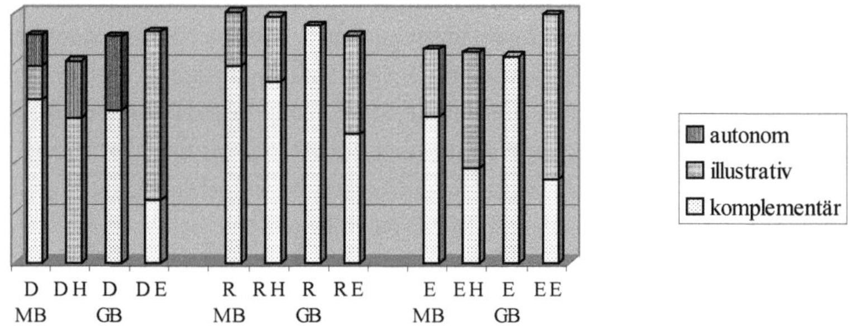

Abb. 2.75: Abbildungsfunktionen

Präferenzen gemäß Tab. 4.51 (MB) – 5.51 (GB) – 6.51 (H) – 7.51 (E):

Interkulturell gemeinsam ist den Anleitungen, dass die Funktion der Abbildungen primär mit dem Adressatenbezug korreliert, d.h., in fachinternen Texten erfüllen Abbildungen mehrheitlich eine komplementäre Funktion. Mit Ausnahme der deutschen enthalten Texte der Korpora (GB) mehr komplementäre Abbildungen als solche der Mikrokultur Maschinenbau. Fachextern überwiegen in den deutschen und englischen Korpora die illustrativen Abbildungen, die hier auch in russischen Anleitungen häufiger sind als fachintern. Die Frequenz illustrativer Abbildungen im russischen Korpus (E) reflektiert Produktion und Verwendung von Abbildungen nach fremden Konventionen. Eine Besonderheit deutscher Anleitungen[423] ist der hohe Anteil autonomer Abbildungen, die innerhalb des Gesamttextes einen eigenen TT (Kapitel, Abschnitt etc.) konstituieren. Erfreulicherweise gehören isolierte Abbildungen[424] in keiner Kultur zu den Präferenzen.

Translatorische Behandlung

Aufgabe:

Anpassung der Abb.-Funktionen einer deutschen Anleitung (GB) ⇒ R bzw. E

Lösung (theoretisch):

Im Zuge der Translation wären die autonomen Abbildungen so in beide ZT einzubinden,[425] dass sie eine jeweils komplementäre Funktion erfüllen.

Lösung (praktisch):

Die Veränderung der Abbildungsfunktion erfordert eine mehr oder weniger umfangreiche Produktion von Verbaltext, der den ursprünglich autonomen Abbildungen beizugeben ist. Der Verbaltext wäre so zu konzipieren, dass er einen Teil des in der Abbildung Dargestellten beschreibt und im Übrigen durch Verweise darauf Bezug nimmt. Vermutlich wäre zusätzlich eine Bearbeitung der Abbildungen angezeigt, damit z.B. im Verbaltext angesprochene Details identifiziert werden können. In diesem Fall wäre damit zu rechnen, dass der Sender eine entsprechende Bearbeitung ablehnt (vgl. dazu das Zitat von SCHMITT 1999: 196 in 2.4.6.1). Gemäß Abb. 2.74 handelt es sich im deutschen AT vor allem um Schemata. Es könnte daher genügen – falls der Sender dazu bereit ist –, zu jedem Schema eine Inhaltsangabe mit Verweis zu produzieren, die den Umfang eines Satzes nicht zu überschreiten braucht. Dennoch bleibt grundsätzlich die Frage offen, ob die theoretisch wünschenswerte Anpassung der ZT den Aufwand zusätzlicher Textproduktion in der Praxis rechtfertigt. Die einzig denkbare Rechtfertigung wäre ein substanzieller Nutzen dieser Maßnahmen für den Rezipienten.

---

[423] Dies ist ein Beispiel für „unterschiedliche Text-Bild-Relationen", die FLEISCHMANN (1999: 71) als „typische kulturelle Charakteristika" in Fachtexten bezeichnet.

[424] GÖPFERICH (2000: 113) beschreibt eine derartig isolierte Abbildung, die weder textuell durch Verweise noch thematisch durch räumliche Nähe mit dem zugehörigen TT verbunden ist: „Um die Verständlichkeit des Textes an dieser Stelle zu sichern, hätte man dem Text in unmittelbarer Nachbarschaft (d.h. auf derselben Seite) eine Abbildung einer Kupplung beifügen oder zumindest auf die Abbildung auf der nächsten Doppelseite (S. 4f.) verweisen müssen. (...) Jedoch kann der Leser auch hier wegen fehlender Bezugsziffern keine Beziehung zwischen Text und Abbildung herstellen, wodurch die Abbildungen ihre didaktische Funktion verlieren und eher als schmückendes Beiwerk betrachtet werden".

[425] Da auch isolierte Abbildungen generell eingebunden (oder getilgt) werden sollten, ist diese Aufgabe außerdem als Korrekturauftrag zu verstehen, der für jede isolierte Abbildung gilt.

2.6.5.2.3 Text-Bild-Bezug (vgl. 1.7.2.3)

Präferenzen gemäß Tab. 4.52 (MB) – 5.52 (GB) – 6.52 (H) – 7.52 (E):
Zum Textbezug von Abbildungen ist festzustellen, dass dieser interkulturell fachextern häufiger thematischer Natur ist als fachintern. Im deutschen und englischen Korpus (GB) wird bevorzugt ein textueller Textbezug gewählt. Das gilt für russische Anleitungen makrokulturell, der hohe Anteil thematischer Bezüge im russischen Korpus (E) korreliert mit der Verwendung illustrativer Abbildungen in Texten fremder Provenienz.

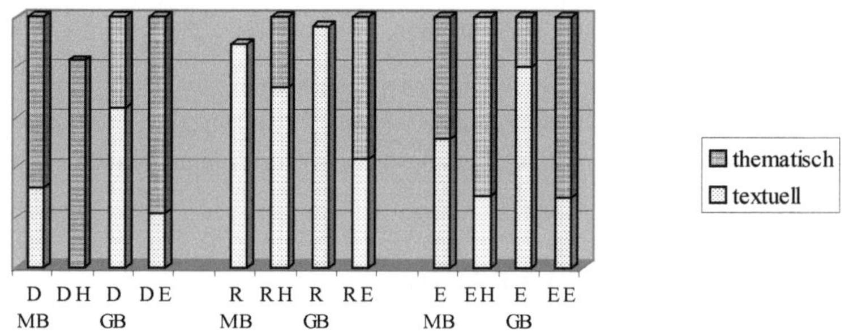

Abb. 2.76: Textbezug der Abbildungen

Translatorische Behandlung

Aufgabe:

Anpassung des Text-Bild-Bezuges einer amerikanischen Anleitung (MB) ⇒ D bzw. R

Lösung (theoretisch):

Für den deutschen ZT wären die textuellen Bezüge zur Hälfte durch thematische zu ersetzen. Im russischen ZT sollten die Abbildungen grundsätzlich einen textuellen Bezug zum Text haben.

Lösung (praktisch):

Textueller Bezug bedeutet in der Regel, dass die Verbindung zwischen Text und Abbildungen durch Verweise hergestellt ist. Ein thematischer Text-Bild-Bezug entsteht dagegen zumeist durch räumliche Nähe, d.h., die Abbildung ist in den entsprechenden TT integriert. Im Großen und Ganzen korreliert ein textueller Bezug mit einer komplementären, ein thematischer dagegen mit einer illustrativen Abbildungsfunktion (zum Wechsel der Abbildungsfunktion vgl. 2.6.5.2.2). Der textuelle Bezug kann unterbrochen werden durch Tilgung der Verweise.

Sofern auf die Abbildung nur einmal verwiesen wurde, lässt sich ein thematischer Bezug bei räumlicher Nähe durch die in 2.6.5.2.2 angesprochenen Ergänzungen herstellen, die in diesem Fall allerdings so detailliert sein müssen, dass die Abbildung die Aussagen des zugehörigen TT lediglich illustriert. Durch diese Maßnahmen wird der große Vorteil komplementärer Abbildungen *ad absurdum* geführt: die ökonomische nonverbale Präsentation von Informationen unter Verzicht auf eine Wiederholung im Verbaltext.

Befindet sich die Abbildung in erheblicher Distanz zu ihrem einzigen Verweis, dürfte sein Wegfall zunächst eine Isolierung der Abbildung zur Folge haben, da der Verweis insbesondere dazu diente, über diese Distanz den Textbezug der Abbildung (vgl. 2.3.3.2) aufrechtzuerhalten. In diesem Fall ist die Abbildung so zu verschieben, dass die für einen thematischen Bezug erforderliche räumliche Nähe hergestellt wird. Anschließend sind die erwähnten Ergänzungen vorzunehmen.

Wurde dagegen auf diese Abbildung von verschiedenen Textstellen aus verwiesen, wäre es notwendig, die Abbildung und die erwähnten Ergänzungen entsprechend zu multiplizieren. Es ist schwer vorstellbar, dass das Ergebnis noch immer eine für den Rezipienten funktionsfähige Anleitung wäre.

2.6.5.3 Interpretation der Präferenzen

2.6.5.3.1 Linear Progression vs. Digressions (KAPLAN – vgl. 1.3.3 bzw. CLYNE – vgl. 1.3.2.2)

Ansatzpunkte zur Verifizierung dieser beiden Tendenzen bieten die Varianten des Text-Bild-Bezuges gemäß 1.7.2.3. Ein textueller Bezug kann die lineare Textprogression unterstützen oder auch zu Exkursen Anlass geben. In diesem Sinne trägt ein einfacher Verweis auf eine Abbildung zur Linearität der Textrezeption bei. Wird auf eine Abbildung dagegen mehrfach verwiesen, so überbrücken diese durch den Text gezogenen Querverbindungen zwar die jeweilige Distanz zur Abbildung, nötigen jedoch gleichzeitig den Rezipienten (ganz konkret durch Zurückblättern) zu Exkursen zur Abbildung selbst.

Ein thematischer Text-Bild-Bezug sichert bei räumlicher Nähe eine vergleichbar lineare Textrezeption, während autonome bzw. isolierte Abbildungen den „normalen" Informationsfluss unterbrechen. Der Rezipient wird zu (gedanklichen) Exkursen zu den Themen dieser Abbildungen veranlasst, während er versucht, ihren Inhalt zu verstehen und einzuordnen.

Daten zu einer solchen Differenzierung lassen sich aus Abb. 2.76 nicht direkt ableiten, wohl aber aus den dazu angegebenen Tabellen (4.52 etc.). Eine Konsolidierung der dort ausgewiesenen Ergebnisse zeigt, dass der Textbezug von rund 70 % der Abbildungen in 9 der 12 Korpora eine lineare Rezeption begünstigt. Ausnahmen sind zum einen die deutschen und russischen Anleitungen (GB), deren Abbildungen durch ihren Textbezug zu etwa 65 % „Exkurse" notwendig machen. Zum anderen zeigt das russische Korpus (H) „lineare" und „exkursive" Textbezüge zu etwa gleichen Teilen. Da der Textbezug der Abbildungen in den englischen Korpora mehrheitlich die Linearität der Rezeption fördert, finden die Feststellungen von KAPLAN bzw. CLYNE bei diesem Kriterium eine Bestätigung.

2.6.5.3.2 Orientation towards Writer vs. Orientation towards Reader (HOUSE – vgl. 1.3.4.2)

Als Ausdruck der Adressatenorientierung lässt sich bei den Abbildungen u.a. die Wahl der Darstellungsform interpretieren. Hier ist davon auszugehen, dass Fachleuten in fachinternen Anleitungen primär vertraute und dem technischen Gegenstand adäquate Darstellungsformen angeboten werden sollten, nach der in 1.7.2.2.1 vorgestellten Klassifikation insbesondere technische Zeichnungen, Explosionsbilder, ggf. Schemata und Diagramme. Analog wäre zu postulieren, dass fachexterne Anleitungen vor allem realitätsnahe Abbildungen enthalten sollten, d.h. Fotos, Bilder und bei Bedarf stark reduzierte Skizzen. Skizzen werden gemäß Abb. 2.74 generell auch fachintern benötigt. Sie können daher als beiden Textsorten angemessen gelten.

Bei einer entsprechend differenzierten Betrachtung der Analyseergebnisse zeigen die Korpora – mit zwei Ausnahmen – eine klare Adressatenorientierung. Zum einen enthalten russische Anleitungen (H) auch technische Zeichnungen und Schemata, die als Darstellungsformen in der fachexternen Kommunikation wenig geeignet (und eigentlich auch für Fachleute gedacht) sind. Zum anderen sind die amerikanischen Anleitungen (MB) mit massiven Foto- und Bildanteilen versehen, während technische Zeichnungen weitestgehend fehlen. In beiden Fällen ist die Adressatenorientierung – wenn auch auf unterschiedliche Weise – unzureichend. Demgegenüber sind die Darstellungsformen in den deutschen Korpora dem jeweiligen Adressaten durchaus angemessen.

Eine deutlich andere Beurteilung der Adressatenorientierung ergibt sich gemäß Abb. 2.75 im Hinblick auf die Abbildungsfunktion. In der Klassifikation werden vier mögliche Funktionen unterschieden (vgl. 1.7.2.2.2). „Orientation towards Reader“ ist fachintern komplementären bzw. fachextern illustrativen Abbildungen zu bescheinigen. Demgegenüber sind autonome und isolierte Abbildungen insofern „senderorientiert“, als bei ihrer Einfügung offensichtlich nicht die Bedürfnisse des Rezipienten, sondern andere Erwägungen im Vordergrund gestanden haben. In beiden Fällen ist der Rezipient bei der Interpretation der Abbildungen sich selbst überlassen.

In deutschen und britischen bzw. amerikanischen Anleitungen findet sich hin und wieder eine isolierte Abbildung, und autonome Abbildungen kommen auch in den englischen Korpora vor. Bemerkenswert ist jedoch, dass drei deutsche Korpora eine Präferenz für diese Art des Umgangs mit Abbildungen zeigen, der (theoretisch!) an Adressatenorientierung sehr zu wünschen übrig lässt. Fairerweise ist jedoch einzuräumen, dass die Deklaration des nonverbalen TT (z.B. „Maßbild“, „Schaltung Eingangsstufe“) dem Rezipienten einer fachinternen deutschen Anleitung vermutlich als Interpretationshilfe ausreicht.

Im Gegensatz zu den Darstellungsformen bestätigt das Kriterium der Abbildungsfunktionen die genannten Tendenzen in der von HOUSE formulierten Weise.

2.6.5.3.3 Explicitness vs. Implicitness (HOUSE – vgl. 1.3.4.4)

Die Explizitheit von Texten hängt u.a. von der Funktion der verwendeten Abbildungen ab. Sie ist besonders hoch beim Einsatz illustrativer Abbildungen, deren Inhalt zusätzlich verbal präsent ist. Geringere Explizitheit ist möglich bei komplementären Abbildungen, weil ihre Informationen nicht verbal wiederholt werden müssen. Isolierte Abbildungen entstehen dadurch, dass ein inhaltlicher Bezug zum Text nicht explizit gemacht wurde.

Gemäß Abb. 2.75 ist die Explizitheit deutscher Anleitungen unter diesem Aspekt fachintern geringer, fachextern dagegen größer als die englischer oder russischer Texte. Analog lässt sich feststellen, dass Explizitheit ein Merkmal des textuellen Text-Bild-Bezuges ist, während Implizitheit eher den thematischen Bezug charakterisiert.

Da russische Anleitungen generell eine Präferenz für den textuellen Bezug erkennen lassen (vgl. Abb. 2.76), ist ihre Explizitheit hier besonders groß. Ein Vergleich zwischen deutschen und englischen Korpora zeigt für die Anleitungen (GB/E) weitreichende Parallelen. Differenzen bestehen dagegen bei den Anleitungen (MB/H): in den deutschen Korpora dominiert der implizite Textbezug, während in weiten Teilen der englischen Korpora ein expliziter Textbezug praktiziert wird. Die beiden betrachteten Merkmale lassen daher makrokulturell keine klare Ausprägung dieser Tendenzen erkennen.

2.6.5.3.4 Unsicherheitsvermeidung (HOFSTEDE – vgl. 1.2.3.8.2)

Zur Darstellungsform von Abbildungen in fachexternen Anleitungen wird empfohlen (z.B. VDI 4500-1 1995: 7, BEIMEL/MAIER 1988: 24-25, zu Zitaten vgl. 1.7.2.2.1), die Darstellung auf das Wesentliche zu beschränken, um den Rezipienten nicht durch unnötige Details zu verunsichern. Daher sollen nicht Fotos verwendet werden, sondern vorzugsweise gezeichnetes Material, nach der hier gewählten Klassifikation z.B. Bilder oder Skizzen.

Analog ist die Empfehlung bei BEIMEL/MAIER (1988: 25) zu interpretieren, dass der Text „als doppelter Boden zur Absicherung der Bildinformation“ dienen soll. Auch hier geht es darum, eine Verunsicherung des Rezipienten zu vermeiden.[426] Eine solche Kon-

[426] Dahinter steht offenbar die Absicht, die Reaktionen des Rezipienten auf den Text in die gewünschte Richtung zu lenken. ROTHKEGEL (1999: 5) sieht hier nur zwei Möglichkeiten: „In

stellation ist nur bei illustrativen Abbildungen möglich, die genau das im Text Gesagte darstellen. Komplementären Abbildungen bietet der Text keine Absicherung, sondern nur eine Ergänzung. Autonomen Abbildungen fehlt jeglicher Text, und isolierte Abbildungen finden in ihrer textuellen Umgebung auch keinen Halt.

Makrokulturell betrachtet sind die Anteile illustrativer Abbildungen in den deutschen und englischen Korpora annähernd gleich. Der wesentliche Unterschied gemäß Abb. 2.75 besteht in den hohen Anteilen autonomer Abbildungen in deutschen Anleitungen, zu deren Interpretation (mit Ausnahme der TT-Deklaration) Verbaltext nicht angeboten wird. Bei dieser Verfahrensweise wäre eine Verunsicherung der Rezipienten noch am ehesten zu befürchten. Ihrer Vermeidung wird jedoch offenbar keine besondere Bedeutung beigemessen.

---

der Sicht der Konsumenten erscheinen zwei entgegengesetzte Reaktionsmöglichkeiten: Akzeptanz aufgrund einer Dramaturgie der Sicherheit oder Ablehnung aufgrund einer Dramaturgie der Verunsicherung“.

3 Überprüfung der Hypothesen/Schluss

In diesem Kapitel werden zunächst die Arbeitshypothesen (vgl. 1.4.5.4.2) überprüft. Diese Überprüfung basiert im Wesentlichen auf der Darstellung makro- bzw. mikrokultureller Präferenzen (Abb. 2.1 – 2.76) und deren Interpretation in Kapitel 2. Bei Bedarf werden als Belege auch Einzelergebnisse aus den Kapiteln 4 – 7 herangezogen. Die Arbeit schließt mit der Formulierung einiger Konsequenzen, die aus ihren Ergebnissen zu ziehen sind, und einer Reihe – vor allem aus translatorischer Sicht – nahe liegender Forschungsdesiderate.

3.1 Überprüfung der Hypothesen

Ziel dieser Überprüfung ist weniger eine schlichte Verifizierung bzw. Falsifizierung, bei der die in den jeweiligen Arbeiten angenommene makrokulturelle Gültigkeit von „Stilen“ oder „Tendenzen“ auf dem Prüfstand steht. Vielmehr sollen im Rahmen der hier eröffneten Möglichkeiten die faktischen Einflussfaktoren genauer bestimmt werden.

3.1.1 Hypothese 1:

Makrokulturelle Spezifika, wie sie vorrangig in wissenschaftlichen bzw. umgangssprachlichen Kontexten ermittelt wurden, zeigen sich auch an Konventionen technischer Textproduktion.

Die Analyseergebnisse korrelieren mit verschiedenen „stilistischen“ bzw. „strategischen“ Konstellationen, die wie folgt definiert werden:

1. „Graduelle makrokulturelle Differenz“ liegt vor, wenn die Textkorpora einer Kultur eine deutliche Präferenz für einen Stil bzw. eine Strategie zeigen, während an den Texten der anderen Kultur(en) eine ebenso deutliche Präferenz für den alternativen Stil bzw. die alternative Strategie sichtbar wird.
2. Eine „Nivellierung“ liegt vor, wenn eine makrokulturelle Differenz nicht festzustellen ist, weil beide Stile/Strategien in einer Makrokultur parallel verwendet werden.
3. „Invertierung“ bedeutet, dass Stile/Strategien im Widerspruch zu ihrer ursprünglichen Klassifikation auftreten, d.h., die entsprechenden Merkmale indizieren eine Umkehr der von GALTUNG, KAPLAN, CLYNE bzw. HOUSE formulierten Opposition.
4. „Abhängigkeit vom Adressatenbezug“ ist erkennbar, wenn die Stile/Strategien makrokulturell parallel, jedoch in fachinternen bzw. fachexternen Texten alternativ verwendet werden. Nach der hier vertretenen Auffassung ist diese Konstellation Ausdruck einer Textsortendifferenz.

3.1.1.1 Intellektuelle Stile in Anleitungen

Die „Intellektuellen Stile“ nach GALTUNG (vgl. 1.3.2.1) repräsentieren Stilformen wissenschaftlichen Denkens und Schreibens, die als makrokulturell gültig (miss-)verstanden wurden, obwohl GALTUNG seine Erkenntnisse im Bereich der Sozialwissenschaften gewonnen hat. Die Provenienz der Korpustexte beschränkt mögliche Vergleiche auf die Opposition „Teutonischer vs. Sachsonischer Stil“. Die für diese Arbeit getroffene Auswahl der Analysekriterien legt eine Interpretation im Sinne dieser beiden Stile insbesondere bei den Präferenzen nahe, die die Strukturierung der Anleitungen betreffen. In Analogie zu den Befunden GALTUNGS wären in deutschen und russischen Anleitungen gemeinsame Merkmale des teutonischen Stils zu erwarten, die englischen Korpora sollten dagegen Merkmale aufweisen, die sich als Ausdruck des sachsonischen Stils interpretieren lassen. Bei näherer Betrachtung zeigt sich jedoch, dass die Antwort auf die Frage, ob die beiden Stile in den Textkorpora Parallelen finden, vom jeweiligen Merkmal abhängt und daher unterschiedlich ausfallen kann:

Die Stile zeigen sich als graduelle makrokulturelle Differenz:

1. Präsentation technischer Daten (vgl. Abb. 2.39):
   - bevorzugt (teutonisch) als Tabelle im separaten TT (D, R)
   - bevorzugt (sachsonisch) im Textverlauf (E).
2. Bezeichnungsprinzipien in TT-Deklarationen (vgl. Abb. 2.44)
   - höhere Anteile der (teutonischen) Superordination (D, R)
   - geringere Anteile der (teutonischen) Superordination (E).

Die Stile zeigen sich nivelliert:

1. Komposition instruktiver TT (vgl. Abb. 2.60):
   - bevorzugt nach dem (teutonischen) „prozessualen“ Prinzip (D MB/GB/E, R MB/E, E MB/GB/E)
   - bevorzugt nach dem (sachsonischen) Prinzip „Allgemeines“ (D H, R H/GB, E H).
2. Komposition der instruktiven Konstituenten instruktiv-deskriptiver Misch-TT (vgl. Abb. 2.62):
   - bevorzugt nach dem (teutonischen) „prozessualen“ Prinzip (R H)
   - bevorzugt nach dem (sachsonischen) Prinzip „Allgemeines“ (D, R MB/GB/E, E).

Die Stile zeigen sich invertiert:

Komplexe Satztypen (vgl. Abb. 2.22):

- hoher Anteil (teutonischer) mehrgliedriger Satzgefüge (E)
- hoher Anteil (sachsonischer) zweigliedriger Satzverbindungen (D, R).

Hypothese 1

Die Stile zeigen eine Abhängigkeit vom Adressatenbezug:
Komposition deskriptiver TT (vgl. Abb. 2.61):

- nach den (teutonischen) Prinzipien „Ganzes-Teile“ und/oder „Degressive Reihung von Teilen“ (D MB/GB/E, R, E MB/GB)
- nach dem (sachsonischen) Prinzip „Reihung von Alternativen“ (D H, E H/E).

3.1.1.2 Denkstile in Anleitungen

Die beiden „Denkstile“, „Linear Progression vs. Digressions“, hat KAPLAN (vgl. 1.3.3) an der Textsorte „Aufsatz“ identifiziert, und CLYNE (vgl. 1.3.2.2) hat sie in wissenschaftlichen Texten bestätigt gefunden. Beide gehen davon aus, dass diese Differenz makrokultureller Natur ist. Falls diese Annahme richtig ist, müssten die englischen Korpustexte Merkmale der Linearität, russische und deutsche dagegen gemeinsame Merkmale der Exkursivität aufweisen. Die Ergebnisse aus der Anleitungsanalyse stützen eine solche makrokulturelle Pauschalierung nicht, die Fakten können – je nach Kriterium – auch eine gegenteilige Konstellation belegen:

Die Stile zeigen sich nivelliert:
Textbezug der Abbildungen (vgl. Tab. 4.52/5.52/6.52/7.52):

- lineare Rezeption bei einfachen Verweisen und thematischem Textbezug (D MB/H/E, E H/E)
- exkursive Rezeption bei Mehrfachverweisen (D GB, R, E MBGB).

Die Stile zeigen sich invertiert:

1. Bezeichnungsprinzipien in TT-Deklarationen (vgl. Abb. 2.44):
   - höhere Anteile der (linearen) Superordination, geringere Anteile der (exkursiven) Fokussierung (D, R)
   - höhere Anteile der (exkursiven) Fokussierung, geringere Anteile der (linearen) Superordination (E).
2. TT-Typenverteilung (vgl. Abb. 2.59):
   - geringe Anteile (exkursiver) instruktiv-deskriptiver Misch-TT (D, R)
   - höhere Anteile (exkursiver) instruktiv-deskriptiver Misch-TT (E).

Die Stile zeigen eine Abhängigkeit vom Adressatenbezug:
Textbezug der Abbildungen (vgl. Tab. 4.52/5.52/6.52/7.52):

- lineare Rezeption bei einfachen Verweisen und thematischem Textbezug (E H/E)
- exkursive Rezeption bei Mehrfachverweisen (E MB/GB).

3.1.1.3 Wohlgeformtheit von Anleitungen

Die folgenden Merkmale gehören nach CLYNE – neben der Linearität – zu den Indizien für die Wohlgeformtheit eines „englischen“ Textes (vgl. 1.3.2.2). Aus seinen Beobachtungen an „Wissenschaftstexten“ schließt er auch bei diesen Kriterien auf makrokulturelle Allgemeingültigkeit (und darüber hinaus auf Allgemeingültigkeit in Kulturen englischer Muttersprache). Die Ergebnisse zu den Anleitungskorpora zeigen jedoch, dass Wohlgeformtheit in diesem Sinne nicht unbedingt ein Merkmal britischer bzw. amerikanischer Anleitungen ist, dagegen durchaus ein Merkmal deutscher Anleitungen sein kann.

Frühe Stellung der Advance Organizers:
Das Merkmal zeigt sich nivelliert bzw. invertiert:

Inhaltsverzeichnis als Advance Organizer (vgl. Abb. 2.41):

- mehrheitlich präsent (D, R MB, E MB/H)
- fehlt mehrheitlich (R H/GB/E, E GB/E)
- frühe Stellung (D, R GB/E, E MB)
- späte Stellung (R MB/H, E H).

Strukturelle Textsymmetrie:

Das Merkmal zeigt sich nivelliert:

Textverlaufsebene vs. max. Gliederungstiefe (vgl. Abb. 2.57/2.58):

- symmetrische Textstruktur (D E, R H/GB/E, E MB/GB/E)
- asymmetrische Textstruktur (D MB/H/GB. R MB, E H).

Das Merkmal zeigt sich invertiert:

Formale Textgliederung (vgl. 2.5.1.6.1):

- symmetrisch (D/R)
- asymmetrisch (E).

Datenintegration:
Das Merkmal zeigt sich als graduelle makrokulturelle Differenz:

1. TT „Technische Daten" in der Makrostruktur:
   - fakultativ (E – vgl. Tab. 4.43/5.43/6.43/7.42)
   - obligatorisch (D, R[427] – vgl. Tab. 4.41-4.42/5.41-5.42/6.41-6.42 /7.41,7.43).
2. Behandlung der Technischen Daten (vgl. Tab. 4.46/5.46/6.46/7.46):
   - häufig unter anderen Deklarationen (E)
   - zumeist im eigenen TT (D, R).
3. Tabellendichte (vgl. Abb. 2.70):
   - geringere Dichte (E GB)
   - höhere Dichte (D GB, R GB).

3.1.1.4 Diskursstrategien in Anleitungen

Die von ihr formulierten tendenziellen Diskursstrategien hat HOUSE nach eigener Aussage in umgangssprachlichen Kontexten beobachtet, und sie möchte die Tendenzen als

[427] Die Angaben beziehen sich auf russische Betriebs- und Bedienungsanleitungen.

Ausdruck von Kulturspezifik bei der Translation berücksichtigt sehen. Dieser Wunsch impliziert zwei Annahmen: 1. diese Strategien werden makrokulturell einheitlich praktiziert,[428] 2. diese Strategien finden ihren Niederschlag ebenfalls bei der schriftlichen Textproduktion. Die Analyseergebnisse zeigen, dass die erste Annahme auf einem Irrtum (verursacht durch mangelnde Vergleichsmöglichkeiten) beruht, während die zweite – wenngleich nicht in der erwarteten Weise – richtig ist.

Directness vs. Indirectness (vgl. 1.3.4.1)

Die Tendenzen zeigen sich als graduelle makrokulturelle Differenz:

1. Markierung durch Schriftschnittvariation (vgl. Abb. 2.36):
   - auffällig (direkt): Fettdruck/Unterstreichung (D)
   - zurückhaltender (eher indirekt): mehr Versalien/Kursiv-/Sperrdruck (R MB/GB, E)
2. Präsentation technischer Daten (vgl. Abb. 2.39):
   - eher direkt im eigenen TT (D, R)
   - eher indirekt durch Integration in den Text (E).
3. Verwendung von Anführungszeichen (vgl. Abb. 2.48):
   - bevorzugt direkt (konventionell) (D)
   - bevorzugt indirekt (modalisierend) (E).

Die Tendenzen zeigen sich nivelliert:

1. Deklaration von Tabellen (vgl. Abb. 2.4):
   - bevorzugt direkt mit eigener Deklaration (D, E)
   - bevorzugt indirekt mit kombiniertem Verweis (R MB/GB).
2. Behandlung des Themas „Konstruktion“ (vgl. Abb. 2.49):
   - eher direkt im eigenen TT (R)
   - auch indirekt unter anderen Deklarationen (D MB/GB, E MB/E).
3. Positionierung von Einschubtexten (vgl. Abb. 2.54 und 2.57):
   - spezifische Einschübe unterhalb der Textverlaufsebene mit direktem Bezug zu einzelnen Textstellen (D MB/GB, R GB, E H/GB)
   - auch allgemeine Einschübe auf/oberhalb der Textverlaufsebene mit indirektem Bezug zu einzelnen Textstellen (D H/E, R MB/H/E, E MB/E).
4. Positionierung von Abbildungen (vgl. Abb. 2.55 und 2.57):
   - spezifische Abbildungen unterhalb der Textverlaufsebene mit direktem Bezug zu einzelnen Textstellen (D MB/H, R GB, E H/E)
   - allgemeine Abbildungen auf/oberhalb der Textverlaufsebene mit indirektem Bezug zu einzelnen Textstellen (D GB/E, R MB/H/E, E MB/GB).

---

[428] Vgl. dazu auch HOUSE (1999: 50): „Die in Analysen von Paralleltexten und Übersetzungsvergleichen festgestellten Unterschiede sind aber nicht nur sprachlich bedingt, sondern es handelt sich um tieferliegende Werte, um sprachlich vermittelte Einstellungen und Mentalitäten“.

Die Tendenzen zeigen sich invertiert:

1. Äußerungsformen für Instruktionen (vgl. Abb. 2.7):
   - direkt: Imperativ (E)[429]
   - indirekt: imperativischer Infinitiv und Präsensformen (D MB/GB, R MB/GB).
2. Gestaltung von Warnhinweisen (vgl. Abb. 2.38):
   - auffällig direkt (E)
   - eher unauffällig indirekt (D).
3. Personeneinbezug (vgl. Abb. 2.46):
   - direkt: persönliche Formulierungen (D H/E, E)
   - indirekt: unpersönliche Formulierungen (D GB, R MB).

Die Tendenzen zeigen eine Abhängigkeit vom Adressatenbezug:

1. Deklaration von Tabellen (vgl. Abb. 2.4):
   - bevorzugt direkt mit eigener Deklaration (R H/E)
   - bevorzugt indirekt mit kombiniertem Verweis (R MB/GB).
2. Behandlung des Themas „Garantiebedingungen“ (vgl. Abb. 2.51):
   - mehrheitlich direkt im eigenen TT (D H, R H, E H)
   - mehrheitlich indirekt unter anderen Deklarationen (D MB, E MB).
3. Positionierung von Einschubtexten (vgl. Abb. 2.54 und 2.57):
   - spezifische Einschübe unterhalb der Textverlaufsebene mit direktem Bezug zu einzelnen Textstellen (D MB/GB)
   - allgemeine Einschübe auf/oberhalb der Textverlaufsebene mit indirektem Bezug zu einzelnen Textstellen (D H/E).
4. Positionierung von Abbildungen (vgl. Abb. 2.55 und 2.57):
   - spezifische Abbildungen unterhalb der Textverlaufsebene mit direktem Bezug zu einzelnen Textstellen (E H/E)
   - allgemeine Abbildungen auf/oberhalb der Textverlaufsebene mit indirektem Bezug zu einzelnen Textstellen (E MB/GB).

Orientation towards Writer vs. Orientation towards Reader (vgl. 1.3.4.2)

Die Tendenzen zeigen sich als graduelle makrokulturelle Differenz:

1. Personeneinbezug (vgl. Abb. 2.46):
   - intensiver Sendereinbezug (D GB)
   - intensiver Adressateneinbezug (D H/E, R, E).
2. Bezug intertextueller Verweise (vgl. Abb. 2.67):
   - primär auf Texte des Senders (D MB/GB/E, E GB)
   - zusätzlich auf potenzielle Texte des Rezipienten (D H, E MB/H/E).

---

[429] SAGER et al. (1980: 328) halten diese Direktheit für ein positives Merkmal britischer technischer Texte: “Good style for engineering writing” ist nach ihrer Auffassung “direct, active, personal, economical but not too terse, in plain language”.

3. Abbildungsfunktionen (vgl. Abb. 2.75):
   - eher senderorientiert mit hohen Anteilen autonomer Abbildungen (D)
   - eher adressatenorientiert mit geringen Anteilen autonomer Abbildungen (R, E).

Die Tendenzen zeigen sich nivelliert:

1. Platzierung der allgemeinen Sicherheitshinweise (vgl. Abb. 2.40):
   - [-gebrauchsorientiert] (R MB, E H/E)
   - [+gebrauchsorientiert] (D MB, R GB/E, E MB).
2. Sequenzierung der Abbildungen (vgl. Abb. 2.42):
   - [-gebrauchsorientiert] mit häufigen Sequenzstörungen (D GB, R H/GB, E MB)
   - [+gebrauchsorientiert] mit seltenen Sequenzstörungen (D MB/H/E, R MB/E, E H/GB/E).

Die Tendenzen zeigen sich invertiert:

1. Begründungsdichte (vgl. Abb. 2.71):
   - eher senderorientiert: höhere Dichte an Begründungen zu Repräsentativa (E MB/GB/E)
   - eher adressatenorientiert: geringere Dichte an Begründungen zu Repräsentativa (D MB/GB/E, R MB/GB/E).
2. Darstellungsformen der Abbildungen (vgl. Abb. 2.74):
   - den Adressaten teilweise inadäquat (R H, E MB)
   - adressatengerecht (D).

Die Tendenzen zeigen eine Abhängigkeit vom Adressatenbezug:

1. Verwendung der Signalwörter (vgl. Abb. 2.3):
   - eher [-metakommunikativ] (D MB/GB, E H/E)
   - eher [+metakommunikativ] (D H/E, E MB/GB).
2. Platzierung der Abbildungen (vgl. Abb. 2.43):
   - [-gebrauchsorientiert]: große Distanz zwischen Verweis und Abbildung (D MB/GB)
   - [+gebrauchsorientiert] geringe Distanz zwischen Verweis und Abbildung (D H/E).

Focus on Content vs. Interpersonal Focus (vgl. 1.3.4.3)

Die Tendenzen zeigen sich als graduelle makrokulturelle Differenz:

1. Passivgehalt (vgl. Abb. 2.5):
   - inhaltsbezogen bei hohem Passivgehalt (D, R)
   - adressatenbezogen bei geringem Passivgehalt (E).
2. Verbformen in Direktiva (vgl. Abb. 2.6):
   - inhaltsbezogen (unpersönlich): infinite und passivische Verbformen (D)
   - adressatenbezogen (persönlich): aktivische Verbformen (E).
3. Äußerungsformen für Instruktionen (vgl. Abb. 2.7):
   - inhaltsbezogen: imperativische Infinitive/Präsensformen (D GB, R MB/GB)
   - adressatenbezogen: Imperative (E).

Die Tendenzen zeigen eine Abhängigkeit vom Adressatenbezug:

1. Passivgehalt (vgl. Abb. 2.5):
   - inhaltsbezogen bei höherem Passivgehalt (D MB/GB, R MB/GB, E GB)
   - adressatenbezogen bei geringerem Passivgehalt (D H/E, R H/E, E E).
2. Äußerungsformen für Instruktionen (vgl. Abb. 2.7):
   - eher inhaltsbezogen: imperativische Infinitive und Präsensformen (D GB, R MB/GB)
   - eher adressatenbezogen: Imperative (D H/E, R H/E).

Explicitness vs. Implicitness (vgl. 1.3.4.4)

Die Tendenzen zeigen sich nivelliert:

1. Formulierung von TT-Deklarationen (vgl. Abb. 2.2):
   - explizit mit autonomen Formulierungen (D, R GB/E, E)
   - auch implizit mit komplementären Formulierungen (R MB/H).
2. Anschluss ante- und postzedenter Begründungen (vgl. Abb. 2.10-2.11, 2.13-2.14):
   - explizit, z.B. durch Pronominaladverb, semantische Kontrastierung (D, R, E)
   - implizit, z.B. durch ∅-Anschluss, Koordination, Pronomen (D, R, E).
3. Text-Bild-Bezug (vgl. Abb. 2.76):
   - explizit textuell (D GB, R, E MB/GB)
   - implizit thematisch (D MB/H/E, E H/E).

Die Tendenzen zeigen sich invertiert:

1. Deklaration des Gesamttextes (vgl. Abb. 2.1):
   - explizit mit integrativer Deklaration (R MB/GB, E MB/GB)
   - implizit mit fokussierter Deklaration (D MB/GB).
2. Äußerungsformen für Begründungen zu Direktiva (vgl. Abb. 2.9):
   - eher explizit bei höherem Anteil komplexer Begründungen (E)
   - eher implizit bei geringerem Anteil komplexer Begründungen (D, R).
3. Komplexitätsgrad (vgl. Abb. 2.19):
   - hoch bei expliziten Formulierungen (E)
   - gering bei impliziten Formulierungen (D, R).
4. Ausdruck adverbialer Beziehungen (vgl. Abb. 2.26 – 2.32):
   - eher durch explizite Nebensätze und NS-wertige Konstruktionen (E)
   - eher durch implizite PräpG (D, R).
5. Bezeichnungsprinzipien in TT-Deklarationen (vgl. Abb. 2.44):
   - höherer Anteil des Prinzips der expliziten Integration (R MB/GB, E H/E)
   - höherer Anteil des Prinzips der impliziten Abstrahierung (D).
6. Formimmanente Begründungen (vgl. Abb. 2.52 bzw. 2.53):
   - eher durch explizite Nebensätze (E)
   - eher durch implizite PräpG (D, R).

7. Begründungen zu Direktiva (vgl. Abb. 2.71):
   - eher explizit bei höherer Dichte (E)
   - eher implizit bei geringerer Dichte (D, R).

Die Tendenzen zeigen eine Abhängigkeit vom Adressatenbezug:

1. Deklaration des Gesamttextes (vgl. Abb. 2.1):
   - explizit: integrative Deklaration (E MB/GB)
   - implizit: abstrahierende Deklaration (E H/E).
2. Bezeichnungsprinzipien in TT-Deklarationen (vgl. Abb. 2.44):
   - höherer Anteil des Prinzips der expliziten Integration (R MB/GB, E H/E)
   - höherer Anteil des Prinzips der impliziten Abstrahierung (R H/E, E MB/GB).
3. Deklaration von Abbildungen (vgl. Abb. 2.45):
   - explizit (D MB/GB, R MB/H/GB, E GB)
   - implizit (Deklaration fehlt) (D H/E, R E, E MB/H/E).
4. Behandlung des Themas „Konstruktion“ (vgl. Abb. 2.49):
   - eher explizit im Verbaltext (D MB/GB, R MB/GB)
   - auch implizit durch eine Abbildung (D H/E, R H/E).
5. Abbildungsfunktionen (vgl. Abb. 2.75):
   - hohe Explizitheit der Text-Bild-Gemeinschaft: hoher Anteil illustrativer Abbildungen (D H/E, E H/E)
   - geringere Explizitheit der Text-Bild-Gemeinschaft: hoher Anteil komplementärer Abbildungen (D MB/GB, R, E MB/GB).
6. Text-Bild-Bezug (vgl. Abb. 2.76):
   - eher explizit textuell (E MB/GB)
   - eher implizit thematisch (E H/E).

3.1.1.5 Fazit zur Hypothese 1

Teutonischer vs. Sachsonischer Stil

Die exemplarische Kontrastierung der Kriterien, die im Sinne dieser Stile interpretiert werden können, macht deutlich, dass sich diese Klassifikation nicht ohne weiteres von wissenschaftlichen auf technische Textsorten übertragen lässt. Einerseits finden sich Merkmale, die diese Stile als graduelle Differenz analog reflektieren. Andererseits gibt es auch Gegenbeispiele, die wiederum Unterschiedliches besagen. So erweisen sich fachinterne britische bzw. amerikanische Anleitungen bei bestimmten Merkmalen als ähnlich teutonisch wie deutsche und russische. Gleichzeitig sind die deutschen Korpustexte fachextern in mancher Hinsicht nicht weniger sachsonisch als die englischen. Die überragende Bedeutung der Analysekriterien für entsprechende Interpretationen zeigt sich an der Tatsache, dass grundsätzlich jedes Textkorpus bei einigen Kriterien als eher teutonisch, bei anderen als eher sachsonisch einzustufen ist.

Im Hinblick auf die Intellektuellen Stile ist **Hypothese 1** zwar dem Wortlaut nach richtig (die Stile zeigen sich), doch in Bezug auf die angenommene Analogie (die Stile zeigen sich in der von GALTUNG formulierten Weise) ist sie angesichts der gegenteiligen und auch widersprüchlichen Analyseergebnisse nicht haltbar.

Linear Progression vs. Digressions

Die Denkstile nach KAPLAN, die CLYNE auch in „Wissenschaftstexten" identifiziert hat, stehen offenbar kaum – noch weniger als die Stile nach GALTUNG – in Bezug zu makrokulturellen Einflüssen. Es konnten keine Merkmale identifiziert werden, die diese Stildifferenz makrokulturell – und sei es auch nur graduell – reflektieren. Dagegen gibt es Beispiele für Gemeinsamkeiten und Kontraste, die diese Stile invertiert zum Ausdruck bringen, d.h., die deutschen Anleitungen zeigen sich bei bestimmten Merkmalen als linear, die „englischen" als exkursiv. Darüber hinaus kann auch der Adressatenbezug den Stil einer britischen bzw. amerikanischen Anleitung determinieren: fachextern sind die Texte eher linear, fachintern eher exkursiv.

Im Hinblick auf die Denkstile ist ebenfalls festzuhalten, dass sie in Anleitungen zwar zum Ausdruck kommen, jedoch nicht analog, sondern überwiegend im Widerspruch zu den Feststellungen bei KAPLAN und CLYNE.

Wohlgeformtheit „englischer" Texte

„Englische" Anleitungen erfüllen durchaus nicht uneingeschränkt die von CLYNE genannten Kriterien wohlgeformter Texte, und deutsche Anleitungen widersprechen ihnen nicht so grundsätzlich, wie das bei den von CLYNE untersuchten „Wissenschaftstexten" der Fall zu sein scheint. So gilt z.B. für das Inhaltsverzeichnis, dass es seine Funktion als *Advance Organizer* durch Präsenz und frühe Stellung in deutschen Anleitungen generell gut erfüllt, in britischen bzw. amerikanischen und russischen Anleitungen ist dieses Merkmal offenbar durch bestimmte Faktoren (Mikrokultur bzw. Adressatenbezug) determiniert. Während tendenziell mehr englische als deutsche Korpustexte eine symmetrische Textstruktur aufweisen, ist Asymmetrie in der Textgliederung ein exklusives Merkmal der „englischen" Textsorten („englische Wissenschaftstexte" wären daraufhin noch zu untersuchen!). Dagegen zeigt sich die Datenintegration tatsächlich als graduelle „makrokulturelle" Differenz zwischen britischen bzw. amerikanischen und deutschen bzw. russischen Anleitungen.

Hypothese 1 ist daher in Bezug auf einige Merkmale falsch, in Bezug auf andere richtig – nicht nur im Wortlaut, sondern auch in der Analogie.

Diskursstrategien

Im Gegensatz zu den Stilen und Strukturmerkmalen beziehen sich die von HOUSE formulierten Tendenzen von der Intention her auf die Textformulierung. Diesem Bereich gehören vor allem Merkmale an, die die Tendenzen „Focus on Content vs. Interpersonal Focus“ und „Explicitness vs. Implicitness“ reflektieren. Nur vereinzelt zeigen sich die Tendenzen „Focus on Content vs. Interpersonal Focus“ hier als graduelle makrokulturelle Differenz in Entsprechung zu den Feststellungen bei HOUSE.

Abgesehen von einer möglichen Nivellierung, die am Einsatz gleicher Strategien zu erkennen ist, werden vor allem die Tendenzen „Explicitness vs. Implicitness“ invertiert sichtbar, d.h., Merkmale deutscher Anleitungen sprechen für einen eher impliziten, solche britischer bzw. amerikanischer Texte für einen eher expliziten Ausdruck. Ein besonderes Kennzeichen deutscher Explizitheit sind nach HOUSE Begründungen zu Direktiva. Gerade bei der Dichte von Begründungen zu Direktiva zeigen die englischen Korpora jedoch erheblich höhere Explizitheit als die deutschen. Die Abhängigkeit vom Adressatenbezug besagt, dass eine Kultur bei der Kommunikation mit fachinternen Adressaten andere Strategien einsetzt als in der fachexternen Kommunikation. Daher können bestimmte Merkmale britischer bzw. amerikanischer Anleitungen fachintern Implizitheit indizieren, während fachextern Explizitheit bevorzugt wird (und umgekehrt).

Die Tendenzen „Directness vs. Indirectness“, die von HOUSE u.a. wegen einer beobachteten Direktheit deutschen Ausdrucks formuliert wurden, lassen sich an einigen Merkmalen, die jedoch wenig mit der Textformulierung zu tun haben, als graduelle makrokulturelle Differenz nachweisen. Dagegen belegen z.B. Äußerungsformen für Instruktionen eine makrokulturell größere Direktheit in der Formulierung „englischer“ Anleitungen. Die Merkmale, an denen sich die Tendenzen „Orientation towards Writer vs. Orientation towards Reader“ ablesen lassen, gehören zum Bereich des Textinhalts. Auch sie können sich in der skizzierten Weise nivelliert oder invertiert zeigen. Zudem kann eine der Strategien innerhalb einer Kultur fachintern Anwendung finden, die andere fachextern.

Grundsätzlich ist festzuhalten, dass diese Strategiepaare, auch wenn sie ausdrücklich als Tendenzen verstanden werden, in Anleitungen nicht den vermuteten makrokulturellen Hintergrund haben. **Hypothese 1** ist daher im Hinblick auf diese Tendenzen in der gleichen Weise richtig bzw. falsch wie im Hinblick auf die Stile von GALTUNG/KAPLAN und die Merkmale von CLYNE.

3.1.2 Hypothese 2:

Kulturspezifik wird in verschiedenen Mikrokulturen einer Makrokultur unterschiedlich realisiert.

Bereits bei der Überprüfung der ersten Hypothese hat sich gezeigt, dass weder Stile noch Strategien makrokulturell definiert werden dürfen. Die zweite Hypothese besagt zusätzlich, dass der bisher weitgehend ignorierte Einfluss der Mikrokultur auf die Textproduktion ein durchaus ernst zu nehmender Faktor ist, der folglich auch bei der Translation eine Rolle spielen muss. Die folgenden Angaben beziehen sich nur auf die beiden Mikrokulturen mit gemeinsamem makrokulturellen Hintergrund, Aussagekraft zum Verhältnis im interkulturellen Vergleich ist nicht intendiert und selten gegeben.

3.1.2.1 Mikrokulturelle Stildifferenzen

1. Parenthesendichte (vgl. Abb. 2.23):
   - eher lineare Textprogression bei geringerer Dichte (D MB, E GB/E)
   - eher exkursive Textprogression bei höherer Dichte (D GB, E MB/H).
2. „Zusatzinformation" als deskriptive Konstituente instruktiv-deskriptiver Misch-TT (vgl. Abb. 2.63):
   - eher lineare Textprogression bei geringem Anteil (D MB/H/E, R E, E GB/E)
   - eher exkursive Textprogression bei höherem Anteil (D GB, R MB/H/GB, E MB/H).
3. Dichte intratextueller Verweise (vgl. Abb. 2.72):
   - eher lineare Rezeption bei geringer Dichte (D MB, R MB, E GB)
   - eher exkursive Rezeption bei hoher Dichte (D GB, R GB, E MB).
4. Dichte intra- und intertextueller Verweise (vgl. Abb. 2.72):
   - eher lineare Rezeption bei geringerer Dichte (D MB/H, R MB)
   - eher exkursive Rezeption bei höherer Dichte (D GB/E, R GB/E).

3.1.2.2 Mikrokulturelle Strategiedifferenzen

Directness vs. Indirectness (vgl. 1.3.4.1)

1. Deklaration von Tabellen (vgl. Abb. 2.4):
   - häufiger bzw. bevorzugt direkt durch eigene Deklaration (D GB, R GB).
   - häufiger bzw. bevorzugt indirekt durch kombinierten Verweis (D MB, R MB).
2. Perspektive von Begründungen zu Direktiva (vgl. Abb. 2.15):
   - negativer durch direkte Nennung des Risikos (D MB/H, E MB/H)
   - positiver durch indirekte Nennung des Risikos (D GB/E, E GB/E).
3. Personeneinbezug (vgl. Abb. 2.46):
   - Adressaten- und Sendereinbezug auch direkt mit persönlichen Formulierungen (D MB)
   - Adressaten- und Sendereinbezug nur indirekt mit unpersönlichen Formulierungen (D GB).

4. Verwendung von Anführungszeichen (vgl. Abb. 2.48):
   - eher direkt (konventionell) (R GB/E)
   - eher indirekt (modalisierend) (R MB/H).
5. Behandlung des Themas „Sicherheit“ (vgl. Abb. 2.50):
   - nur direkt in Einschüben mit Signalwort (SE) (D GB, E GB)
   - auch indirekt im eigenen TT (D MB, E MB).
6. Positionierung von Einschubtexten (vgl. Abb. 2.54 und 2.57):
   - auch spezifische Einschübe auf den Ebenen IV-V mit direktem Bezug zu einzelnen Textstellen (E GB)
   - nur allgemeinere Einschübe auf den Ebenen II-III mit indirektem Bezug zu einzelnen Textstellen (E MB).
7. Positionierung von Abbildungen (vgl. Abb. 2.55 und 2.57):
   - spezifische Abbildungen unterhalb der Textverlaufsebene mit direktem Bezug zu einzelnen Textstellen (D MB/H)
   - allgemeine Abbildungen auf/oberhalb der Textverlaufsebene mit indirektem Bezug zu einzelnen Textstellen (D GB/E).

Orientation towards Writer vs. Orientation towards Reader (vgl. 1.3.4.2)

1. Platzierung der Abbildungen (vgl. Abb. 2.43):
   - [-gebrauchsorientiert] bei großer Distanz zwischen Verweis und Abbildung (E GB)
   - [+gebrauchsorientiert] bei geringer Distanz zwischen Verweis und Abbildung (E MB).
2. Konstituenten „sonstiger“ Misch-TT (vgl. Abb. 2.64):
   - senderorientiert mit hohen Anteilen deklarativer Konstituenten (E MB)
   - adressatenorientiert mit hohen Anteilen kommissiver Konstituenten (E GB).

Focus on Content vs. Interpersonal Focus (vgl. 1.3.4.3)

1. Passivgehalt (vgl. Abb. 2.5):
   - inhaltsbezogen bei höherem Passivgehalt (E GB)
   - adressatenbezogen bei geringerem Passivgehalt (E MB).
2. Deklaration von Abbildungen (vgl. Abb. 2.45):
   - bevorzugt deskriptiv (D MB, E MB)
   - auch instruktiv (D GB, E GB).
3. TT- Typenverteilung (vgl. Abb. 2.59):
   - neben Misch-TT vor allem deskriptive TT (R GB, E GB)
   - neben Misch-TT vor allem instruktive TT (R MB, E MB).
4. Sprechhandlungsdichte (vgl. Abb. 2.68):
   - inhaltsbezogen mit höherer Dichte an Repräsentativa (D GB/E, R GB/E, E GB/E)
   - adressatenbezogen mit höherer Direktiva-Dichte (D MB/H, R MB/H, E MB/H).
5. Dichte attributiver Beziehungen (vgl. Abb. 2.69):
   - eher inhaltsbezogen bei höherer Dichte (D GB, R GB, E GB)
   - eher adressatenbezogen bei geringerer Dichte (D MB, R MB, E MB).

6. Begründungsdichte zu Repräsentativa (vgl. Abb. 2.71):
   - eher inhaltsbezogen bei höherer Dichte (D GB/E, R GB/H, E GB/E)
   - eher adressatenbezogen bei geringerer Dichte (D MB/H, R MB/E, E MB/H).

Explicitness vs. Implicitness (vgl. 1.3.4.4)

1. Formulierung von TT-Deklarationen (vgl. Abb. 2.2):
   - explizit mit autonomen Formulierungen (R GB/E)
   - auch implizit mit komplementären Formulierungen (R MB/H).
2. Anschluss an antezedente Begründungen zu Direktiva (vgl. Abb. 2.10):
   - häufiger explizit mit Pronominaladverb (D GB/E)
   - häufiger implizit mit ∅-Anschluss (D MB/H).
3. Ausdruck von Kausalität/Konsekutivität (vgl. Abb. 2.27):
   - explizit durch Neben- und Partizipialsätze (E E)
   - eher implizit durch Nebensätze und PräpG (E H).
4. Ausdruck von Modalität (vgl. Abb. 2.29):
   - auch durch explizite Konjunktionalsätze (D GB/E)
   - nur durch implizite PräpG (D MB/H).
5. Text-Bild-Bezug (vgl. Abb. 2.76):
   - bevorzugt explizit textuell (D GB, E GB)
   - bevorzugt implizit thematisch (D MB, E MB).

3.1.2.3 Sonstige mikrokulturelle Kontraste

1. Äußerungsformen für Empfehlungen (vgl. Abb. 2.8):
   - bevorzugt deontische Hinweise (E MB/H)
   - auch unpersönliche Performative (E GB/E).
2. Komplexe Satztypen (vgl. Abb. 2.22):
   - neben 2-gliedrigen Satzgefügen (SG) primär 2-gliedrige Satzverbindungen (SV) (E MB)
   - neben 2-gliedrigen Satzgefügen (SG) primär Kombinationen aus Satzgefüge und Hauptsatz (SG+HS) (E GB).
3. Markierung von Parenthesen (vgl. Abb. 2.24):
   - bevorzugt durch Klammern (D E, R GB, E MB/H)
   - zusätzlich häufig durch Kommata (D H, R MB, E GB/E).
4. Umfang von Parenthesen (vgl. Abb. 2.25):
   - bevorzugt Zeichen-/Wortfolge (D GB/E)
   - zusätzlich häufig Satzumfang (D MB/H).
5. Position der Technischen Daten (vgl. Abb. 2.39):
   - vorn nach der Einleitung (E MB/H)
   - hinten im anleitenden Teil/als letzter TT (E GB/E).

6. Behandlung des Themas „Konstruktion“ (vgl. Abb. 2.49):
   - nur verbal (D GB)
   - auch nonverbal (D MB).
7. Behandlung des Themas „Sicherheit“ (vgl. Abb. 2.50):
   - nur in TT (D H, E H)
   - nur in Einschüben mit Signalwort (SE) (D GB, E GB)
   - sowohl in TT als auch in Einschüben mit Signalwort (D MB/E, E MB/E).
8. TT „Garantie“ als Konstituente der Makrostruktur (vgl. Abb. 2.51):
   - TT ist mehrheitlich präsent (D H, R H, E H)
   - TT fehlt mehrheitlich (D E, R E, E E).
9. Textverlauf (vgl. Abb. 2.57):
   - Ebenen II und III (D MB, E MB)
   - Ebenen II, III und IV (D GB, E GB).
10. Max. Gliederungstiefe (vgl. Abb. 2.58):
   - Ebenen IV und V (R GB)
   - Ebenen V bis VIII (R MB).
11. Komposition deskriptiver TT (vgl. Abb. 2.61):
   - bevorzugt nach dem Prinzip „Ganzes-Teile“ (D GB)
   - zusätzlich nach dem Prinzip „degressive Reihung von Teilen“ (D MB).
12. Dichte von Abbildungen und Tabellen (vgl. Abb. 2.70):
   - höhere Dichte (D GB, R GB, E MB)
   - geringere Dichte (D MB, R MB, E GB).

3.1.2.4 Fazit zur Hypothese 2

Diese Hypothese wurde unabhängig von den Befunden anderer Arbeiten formuliert mit dem Ziel, die Existenz eines bisher unbekannten Bereiches kultureller Spezifik durch konkrete Analyseergebnisse zu belegen. Damit verstärkt sich gleichzeitig die Relativität der makrokulturellen Gültigkeit stilistischer und strategischer Klassifikationen, die in 3.1.1.5 bereits demonstriert wurde. Zu den Intellektuellen Stilen nach GALTUNG beschränkt sich die Feststellung mikrokultureller Differenz derzeit noch auf die Unterschiede zwischen „wissenschaftlichen“ und technischen Texten, die in 3.1.1 vorgeführt wurden. Präziseren Angaben stehen zwei Forschungsdefizite entgegen: zum einen ist die Stildifferenz des Phänomens der zwei Kulturen so gut wie unbekannt (zu Anhaltspunkten vgl. z.B. HORN-HELF 2006a), zum anderen fehlen bis heute Ergebnisse aus der Kontrastierung ingenieurwissenschaftlicher und technischer Texte.

Linear Progression vs. Digressions

An Kriterien, die einen linearen bzw. exkursiven Text- bzw. Rezeptionsverlauf im Sinne von KAPLAN/CLYNE indizieren, zeigt sich, dass die Mikrokulturen Maschinen- bzw. Gerätebau Anleitungen unterschiedlicher Linearität produzieren. In diesem Sinne verlaufen Anleitungen des deutschen Maschinenbaus linearer bzw. sie sind eher linear zu rezipieren als Anleitungen des deutschen Gerätebaus. Gewisse „stilistische Verwandtschaft“ besteht hier zwischen dem deutschen/russischen Maschinenbau und dem „angloamerikanischen“ Gerätebau, die Anleitungen größerer Linearität produzieren, sowie zwischen dem deutschen/russischen Gerätebau und dem „angloamerikanischen“ Maschinenbau, deren Anleitungen in höherem Maße exkursiv rezipiert werden müssen.[430]

Diskursstrategien

Wie bereits zum Adressatenbezug der Strategien (vgl. 3.1.1.5) angesprochen, bedeutet die Abhängigkeit der Tendenzen von mikrokulturellen Einflüssen, dass die als Opposition formulierten Strategien innerhalb einer Makrokultur wahlweise eingesetzt werden. Beim Tendenzpaar „Directness vs. Indirectness“ zeigen sich in den Texten der beiden Mikrokulturen makrokulturübergreifende Parallelen. Klare Präferenzen der Mikrokulturen für eine der Strategien sind nicht erkennbar. Ob Direktheit oder Indirektheit bevorzugt wird, hängt offensichtlich vom jeweiligen Kriterium ab. In gleicher Weise ist auch die Sender- bzw. Adressatenorientierung in den englischen Korpustexten der beiden Mikrokulturen durch das betrachtete Textmerkmal determiniert.

Dagegen ermöglicht die Verteilung der Merkmale, die sich als Ausdruck der Tendenzen „Focus on Content vs. Interpersonal Focus“ interpretieren lassen, eine mikrokulturelle Differenzierung: Der Gerätebau realisiert in seinen Anleitungen bevorzugt (und makrokulturübergreifend) die Strategie der Sachbezogenheit, während der Maschinenbau mehr Wert auf den „Interpersonal Focus“ legt. Die entsprechende Präferenz lässt sich u.U. auch in den fachexternen Texten der jeweiligen Mikrokultur identifizieren. Analog ist der Gerätebau generell um größere Explizitheit seiner Texte bemüht, während Implizitheit eher in Anleitungen des Maschinenbaus nachzuweisen ist.

In 3.1.2.3 sind weitere Unterschiede aufgelistet, die sich mit dem hier verfügbaren Instrumentarium von Stilen bzw. Strategien nicht einordnen lassen, jedoch in ihrer Aussage als Repräsentanten mikrokultureller Differenz eindeutig sind.

Hypothese 2 ist ohne Einschränkungen richtig.

---

[430] Die Zusammensetzung der jeweiligen Korpora spricht dafür, dass diese „stilistische Verwandtschaft“ tatsächlich einen mikrokulturellen Hintergrund hat (und nicht etwa eine Stildifferenz zwischen britischen und amerikanischen Anleitungen reflektiert).

3.1.3 Hypothese 3:

Eine Mikrokultur zeigt in verschiedenen Makrokulturen auch gemeinsame Spezifika, wenn Technologie aus „Terranglia“ in ihrem Wissensgebiet eine Rolle spielt.

Hypothese 3 wurde formuliert um zu belegen, dass mit dem „Import“ einer Mikrokultur (hier: der Computertechnik) nicht nur die (unübersehbare) Übernahme der zugehörigen (hier: der amerikanischen) Terminologie verbunden ist, sondern – vermittelt über die Translation der Texte der Ursprungskultur – auch ihre Textsortenkonventionen Eingang in die Texte der „importierenden“ (hier: russischen) Makrokultur finden.

Aufgrund der Zusammensetzung der Textkorpora lässt sich diese Hypothese an Parallelen zwischen den russischen Anleitungen fremder Provenienz (R_E) und den amerikanischen Anleitungen für Gebrauchselektronik verifizieren, die den Objektbereich „Computertechnik“ teilen. Zur Kontrastierung werden die Merkmale der originär russischen Texte (R_R) dieses Korpus ausgewiesen.

3.1.3.1 Denkstile in Anleitungen aus „Terranglia“

TT-Typenverteilung (vgl. 7.2.3):

- eher lineare Textprogression bei geringem Anteil von Misch-TT (R_R)
- eher exkursive Textprogression bei hohem Anteil von Misch-TT (R_E, E).

3.1.3.2 Diskursstrategien in Anleitungen aus „Terranglia“

Directness vs. Indirectness (vgl. 1.3.4.1)

1. Äußerungsformen für Instruktionen (vgl. Abb. 2.7):
   - direkt durch Imperative (R_E, E)
   - indirekt durch deontische Hinweise (R_R).
2. Adressateneinbezug (vgl. 7.1.3.2):
   - direkt mit persönlichen Formulierungen (R_E, E)
   - indirekt mit unpersönlichen Formulierungen (R_R).

Explicitness vs. Implicitness (vgl. 1.3.4.4)

1. Deklaration des Gesamttextes (vgl. Abb. 2.1):
   - explizit: fokussierte Deklaration (R_R)
   - implizit: abstrahierende Deklaration (R_E, E).
2. Satzkomplexität (vgl. Abb. 2.21):
   - Konstitution durch explizite Nebensätze (R_E, E)
   - Konstitution durch weniger explizite NS-wertige Konstruktionen (R_R).

3. Ausdruck von Konditionalität (vgl. Abb. 2.28):
   - durch explizite Konditionalsätze (R_E, E)
   - durch implizite PräpG (R_R).
4. Ausdruck von Nachzeitigkeit (vgl. Abb. 2.32):
   - eher durch explizite Temporalsätze (R_E, E)
   - eher durch implizite PräpG (R_R).
5. Ausdruck von Attributivität (vgl. Abb. 2.34):
   - eher durch explizite Relativsätze (R_E, E)
   - eher durch implizite PräpG (R_R).
6. Deklaration von Abbildungen (vgl. Abb. 2.45):
   - explizit (R_R)
   - implizit (Deklaration fehlt) (R_E, E).
7. Abbildungsfunktionen (vgl. Abb. 2.75):
   - hohe Explizitheit der Text-Bild-Gemeinschaft bei höherem Anteil illustrativer Abbildungen (R_E, E)
   - geringere Explizitheit der Text-Bild-Gemeinschaft bei höherem Anteil komplementärer Abbildungen (R_R).
8. Text-Bild-Bezug (vgl. Abb. 2.76):
   - explizit textuell (R_R)
   - implizit thematisch (R_E, E).

3.1.3.3 Sonstige Parallelen in Anleitungen aus „Terranglia“

1. Aufzählungszeichen (vgl. Abb. 2.37):
   - Ziffern (R_R)
   - Spiegelpunkte (R_E, E).
2. TT „Garantie“ als Konstituente der Makrostruktur (vgl. Abb. 2.51):
   - TT ist präsent (R_R)
   - TT fehlt (R_E, E).
3. Abbildungsdichte (vgl. Tab. 7.49):
   - geringe Dichte (R_R)
   - hohe Dichte (R_E, E).
4. Darstellungsformen (vgl. Tab. 7.50):
   - Bild (R_R)
   - Bild und Foto (R_E, E).

3.1.3.4 Fazit zur Hypothese 3

Die Vergleiche in 3.1.3.1 – 3.1.3.3 belegen, dass die russischen Texte fremder Provenienz in vielen Merkmalen nicht mehr russische, sondern „terranglische“ (in diesem Fall: amerikanische) Präferenzen reflektieren. Wesentliche Ursache dürfte eine Translationspraxis sein, die sich von den Konventionen der russischen Kultur unbeeindruckt zeigt bzw. – was wahrscheinlicher ist – nichts von ihrer Existenz oder ihren Erscheinungsformen weiß.

Die Abbildung der AT-Konventionen erstreckt sich über alle Bereiche der Textproduktion, selbst die Formulierung wird weitgehend imitiert: Sie ist direkt, wo in den originär russischen Anleitungen Indirektheit bevorzugt wird. Sie ist explizit, z.B. durch die Verwendung von Adverbial- oder Relativsätzen, wo russische Textproduzenten einen impliziten Ausdruck durch adverbiale oder attributive PräpG favorisieren. Gerade hier wäre eine Anpassung an russische Konventionen problemlos und mit geringem translatorischen Aufwand zu leisten (vgl. 2.2).

Auch bei der Strukturierung kann eine Lokalisierung einfach sein, z.B. bei der Wahl der Aufzählungszeichen. Hier sollte es keinerlei Schwierigkeiten bereiten, Spiegelstriche durch Ziffern zu ersetzen. Anders ist die Tatsache zu beurteilen, dass bei der Translation auch der für russische Anleitungen unüblich hohe Anteil (exkursiver) Misch-TT des englischen AT übernommen wird. Hier – wie auch bei Merkmalen des Textinhalts – ist Abhilfe jedoch schwierig bis unmöglich.

Hypothese 3 ist und bleibt uneingeschränkt richtig, solange bei der Translation nicht zumindest die Möglichkeiten genutzt werden, die zur Anpassung der Formulierung an die Konventionen der Zielkultur grundsätzlich zur Verfügung stehen.

3.2 Schluss

3.2.1 Resümee

Für dieses Forschungsvorhaben wurden umfangreiche Analysekriterien entwickelt, die teils auf vorgängigen textlinguistischen Analysen aufbauen, teils speziell zu den textuellen Fakten der verfügbaren Anleitungen formuliert wurden. Zu den Bereichen von Formulierung, Strukturierung und Inhalt ergaben sich so rund 100 Kriterien, die in ihren unterschiedlichen Erscheinungsformen in den Abschnitten 1.5 – 1.7 beschrieben und an 12 Analysekorpora (D/R/E – vgl. 1.4.4.3) mit insgesamt 98 Anleitungen (Textumfang 1675 Seiten, Verbaltext 19158 Sätze) untersucht wurden. Die Analyseergebnisse sind für jeweils drei Korpora, deren Texte sich über Mikrokultur und Adressatenbezug definieren, in den insgesamt 268 Tabellen der Kapitel 4 – 7 dargestellt. Eine Zusammenschau zu den in diesen Tabellen ausgewiesenen Präferenzen für alle 12 Korpora bieten die 76 Diagramme in Kap. 2. Wenngleich das Forschungsinteresse nur zunächst (und vorläufig) ein textlinguistisches war, ergeben sich aus dieser Arbeit auch einige Konsequenzen für die Fachtextlinguistik.

3.2.1.1 Textsorte(nvariante)

Die Wahrnehmung der durch den Adressatenbezug bedingten Unterschiede hat, wie erwähnt, dazu geführt, dass z.B. „Fachzeitschriftenartikel“ und „popularisierender Zeitschriftenartikel“ bereits als Textsorten eigenen Rechts anerkannt sind. Nachdem die „fachexterne Anleitung“ mit dieser Arbeit ihren Status als (fachtextlinguistischer!)[431] Prototyp eingebüßt hat, führt kein Weg mehr an der Erkenntnis vorbei, dass „fachinterne“ und „fachexterne“ Anleitung ebenfalls als zwei verschiedene Textsorten zu gelten haben. Diese beiden Textsorten sind daher Konstituenten der Textsortenklasse[432] „Anleitung“ in der Weise, wie REISS/VERMEER (1991: 187) dies zur Anzeige beschreiben:

> Daß sich die Anzeige als T e x t s o r t e n k l a s s e erweist, ergibt sich aus dem Umstand, daß (...) unterschiedliche Textsorten aufgeführt werden können, (...): Verkaufs-, (...) Heirats-, Geburts-, Todes-, Veranstaltungsanzeige usw.

Die Abstraktionsebene der Textsortenklasse ist in der Superordinationshierarchie zu weit vom konkreten Textexemplar entfernt und daher weder übersetzungstheoretisch noch übersetzungspraktisch besonders interessant. Im Gegensatz dazu verhilft die Differenzierung von Textsortenvarianten innerhalb einer Textsorte durchaus auch in diesem Bereich zu mehr Genauigkeit. Hier kommt es darauf an, nach welchen Kriterien detailliert wird.

Zur Textsorte „Fachzeitschriftenartikel“ stellt GLÄSER (1998: 219) fest, sie weise „inhalts- und funktionsabhängige *Textsortenvarianten* auf“ (als Beispiele nennt sie: Übersichtsartikel, erörternder Artikel, Experimentalstudie, Fallbericht). REISS/VERMEER differenzieren u.a. nach dem Publikationsmedium:

> Lassen sich darüber hinaus weitere Konventionen feststellen, die (...) nach dem Medium der Publikation – beim Wetterbericht etwa Zeitung oder Radio oder Fernsehen – variieren, so sprechen wir von Textsortenvarianten (1991: 187).

Inhaltlich-funktionale Varianten der fachinternen Anleitung sind u.a. Montage-, Betriebs-, Reparaturanleitung. Bisher ist unklar, ob mit den inhaltlichen Unterschieden z.B. auch abweichende Präferenzen in Formulierung und Strukturierung[433] einhergehen.

---

431 Der Prototyp für die Übersetzungspraxis war dagegen schon immer die „fachinterne“ Anleitung.

432 Der Begriff ist nicht zu verwechseln mit „Textklasse“ (FIX et al. 2002: 219), dem „Texttyp“ nach REISS (1993).

433 Es versteht sich, dass die Makrostruktur inhaltliche Unterschiede zwangsläufig reflektiert. Das gilt aber nicht unbedingt für andere Merkmale der Textstruktur.

Als bewiesen kann dagegen gelten, dass fachinterne/-externe Anleitungen auf vielfältige Weise durch ihre mikrokulturelle Provenienz geprägt sind, wohingegen das Publikationsmedium (z.B. Broschüre vs. Internet) keine besondere Rolle zu spielen scheint.[434] Daher sollte der Begriff der „Textsortenvariante“ derzeit primär für eine mikrokulturelle Differenzierung zur Verfügung stehen (s.u.).

Da Kfz-Betriebsanleitungen und Bedienungsanleitungen für Hausgeräte etc. nach ihren Feststellungen eine ganze Reihe ähnlicher Textmerkmale aufweisen, fragt sich GÖPFERICH z.B., ob es sinnvoll wäre, beide – trotz abweichender Deklaration – zur gleichen Textsorte zu rechnen. Angesichts gewisser Unterschiede, die auch vorhanden sind, bleibt diese Frage ohne klare Antwort (vgl. 1995: 475).

Bei der Analyse der Anleitungsdeklarationen hat sich gezeigt, dass die Formulierung des Titels im Hinblick auf die Textsorte kein Unterscheidungskriterium darstellt, weil er nicht nur unzutreffend formuliert sein (z.B. *Gebrauchsanweisung*),[435] sondern überhaupt fehlen kann.

Dennoch verdient diese berechtigte Frage (s.o.) eine positive Antwort in dem Sinne, dass sowohl die Kfz-Betriebs- als auch die Bedienungsanleitungen bei GÖPFERICH der Textsorte „fachexterne Anleitung“ angehören. Die unstreitigen Differenzen rühren daher, dass sie unterschiedliche Mikrokulturen repräsentieren, d.h. nach der hier vertretenen Auffassung mikrokulturell gebundene Varianten dieser Textsorte darstellen. Jede Fachtextanalyse hat daher zwangsläufig Repräsentanten einer derartigen Textsortenvariante zum Gegenstand, und die Ergebnisse müssen mikrokulturell genau situiert werden.

3.2.1.2 Kontrastives Profil der Textsortenvariante

In Abschnitt 3.1 hat sich gezeigt, dass intellektuelle bzw. Denkstile in Anleitungen an sehr unterschiedlichen, auch an strukturellen und inhaltlichen, Merkmalen zum Ausdruck kommen und mit entsprechender Differenzierung bzw. Relativierung nachgewiesen werden können. Daraus ergibt sich die Notwendigkeit, den Begriff „Stil“ neu zu orientieren. Die Erkenntnis, „daß das Phänomen Stil in Verbindung mit der Komplexität der betreffenden kommunikativen Handlungen gesehen werden muß“ (BAUMANN 1992a: 54), hat bereits ihren Niederschlag im Konzept des Textsortenstils gefunden:

[434] Fachzeitschriftenartikel können ihre Merkmale dagegen medienabhängig verändern: selbst wenn Fußnoten mikrokulturell konventionalisiert sind, werden im Internet aus redaktionellen Erwägungen u.U. Endnoten bevorzugt.

[435] Nach REISS/VERMEER (1991: 187) gehört die „Gebrauchsanweisung“ zur Textsortenklasse „Anweisung“. Das ist nicht der Fall, da es sich nicht um eine Anweisung, sondern um eine (in der Regel fachexterne) Anleitung handelt.

Mit der Kategorie des Fachtextsortenstils kann nachgewiesen werden, daß die Reduzierung des linguistischen Phänomens Stil auf sprachliche Strukturen eine unzulässige Vereinfachung darstellt (...) (BAUMANN ebd).

In ähnlicher Weise präsentieren sich die „Stilrichtlinien“ (DIN EN) bzw der „Style Guide“ (BS EN) in Anhang D der EN 15038 (2006). Hier ist eine Vielzahl unterschiedlicher Merkmale aufgelistet, ein buntes Gemisch von Interpunktion über Typographie, Maßeinheiten und Illustrationen bis hin zu kundenspezifischen Präferenzen in der Terminologie. Auch daran wird deutlich, dass der (traditionell sehr eng gefasste) „Stil“begriff sinnvollerweise die Gesamtheit der Textmerkmale einschließen und eher als „Textsortenstil“ (FIX et al. 2002: 34), auch bekannt als „Textsortenkonventionen“,[436] verstanden werden sollte.

In diesem Sinne können beliebige Merkmale eines Fachtextes bzw. – weiter abstrahiert – einer Textsortenvariante als Facetten seines bzw. ihres Fachstils oder auch seines bzw. ihres Profils aufgefasst werden. Insofern kann man zwar sagen, dass sich z.B. der Textsortenstil der deutschen Textsorte „fachinterne Anleitung“ in ihrem Profil spiegelt, dennoch sind die beiden Begriffe vorerst nicht deckungsgleich, der wesentliche Unterschied liegt in der kulturellen Dimension.

Die Textsortenstilistik ging zunächst von einem makrokulturell einheitlichen Hintergrund aus. Theoretisch ist der Textsortenstil daher monokulturell definiert, d.h., Ergebnisse werden gewonnen aus Analysen konkreter Textexemplare einer bestimmten Textsorte einer Makrokultur.[437] Folglich ist in ihrer Begrifflichkeit die Ebene der mikrokulturell determinierten Textsortenvariante (vgl. 3.2.1.1) nicht vorgesehen. Ungeachtet dessen ist in Analysen bereits aufgefallen, dass „stilistische Gemeinsamkeiten verschiedener historiographischer Fachtextsorten offensichtlicher [sind] als Übereinstimmungen zwischen den gleichen Fachtextsorten verschiedener Einzelwissenschaften“ (BAUMANN 1992a: 74). Dieses Zitat zeigt, dass praktisch[438] sehr wohl eine Differenzierung vorgenommen wurde, insoweit steht die Erweiterung des Konzeptes um die mikrokulturelle Dimension nur noch theoretisch aus (vgl. auch BAUMANN ebd.). Dies könnte z.B. geschehen über die – theoretisch unproblematische – Integration der „Textsortenvariante“.

[436] Die Definition der EN ist allerdings mehr als problematisch: „In Widerspruch zu den Auffassungen von Textlinguistik und Übersetzungswissenschaft (…) setzt sich die EN jedoch mit ihrer Definition. Danach sind Textsortenkonventionen „Grammatik- und Terminologieregeln, die für die jeweilige Textsorte beachtet werden müssen“ (DIN EN, 2.16). Grammatikregeln, in 5.4.1 „Regeln der Zielsprache“ (DIN EN) genannt, betreffen das Sprachsystem, ihr Bezug auf eine Textsorte ist eine *contradictio in adiecto*“ (HORN-HELF 2008: 138). Zu weiteren Kritikpunkten vgl. auch HORN-HELF (2009b).

[437] Im Bereich von „Terranglia“ wird auch hier – wie in der Fachtextlinguistik generell – bislang keine makrokulturelle Differenzierung vorgenommen.

[438] Vgl. dazu auch den Anhang bei BAUMANN (1992a: 192-218).

Der Begriff des „Textsortenvariantenprofils" impliziert eine solche mikrokulturelle, d.h. intramakrokulturelle, Differenzierung. Die Analyse konkreter Repräsentanten einer Textsorte einer bestimmten Mikrokultur führt daher zunächst nur zur Beschreibung der entsprechenden Textsortenvariante, deren Merkmale zum Profil dieser Variante konsolidiert werden müssen. In diesem Sinne lässt sich aus den Tabellen der Kap. 4 – 7 für jedes Korpus eine Vielzahl von Textmerkmalen ableiten, die ein sehr umfassendes und in den Details recht scharfes Profil der jeweiligen Textsortenvariante ergeben.

Ein Textsortenprofil ließe sich erst in einem nächsten Schritt durch Abstraktion der Profile verschiedener Textsortenvarianten herausarbeiten. Allerdings ist fraglich, ob dieser Schritt textlinguistisch noch sinnvoll wäre, aus translatorischer Sicht ist er es wegen des überhöhten Abstraktionsgrades der Ergebnisse nicht mehr. Das einzig Nützliche ist hier das Profil einer makro- und mikrokulturell definierten Textsortenvariante, das allerdings noch um einen interkulturell kontrastiven Aspekt erweitert werden muss.

Das kontrastive Profil in diesem Sinne liefert Vergleichsdaten zu einer Textsortenvariante verschiedener Makrokulturen in einer für die Übersetzungspraxis aufbereiteten Form: So zeigt jedes Diagramm in Kap. 2 eine bestimmte Facette der vier analysierten Textsortenvarianten im makrokulturellen Vergleich, in ihrer Gesamtheit substanziieren die 76 Diagramme daher deren kontrastive Profile. Damit wird das Forschungsinteresse der Fachtextlinguistik insoweit überschritten, als übersetzungspraktische Operationalisierbarkeit der Ergebnisse das eigentliche Ziel dieser Arbeit war.

3.2.1.3 Übersetzungspraktische Operationalisierbarkeit

Dieses Anliegen hat nicht nur den Detaillierungsgrad bei der Erarbeitung der Kriterien bestimmt, sondern machte es auch notwendig, die Möglichkeiten einer direkten Übernahme der Ergebnisse in die Übersetzungspraxis zu testen. Die Diagramme in Kap. 2 belegen in der erwähnten Synopse makro- bzw. mikrokultureller Präferenzen die Übersetzungsrelevanz der Analyseergebnisse. An der Abwicklung exemplarischer Übersetzungsaufgaben demonstriert der jeweils anschließende „Praxistest" zusätzlich translatorisch adäquate Verfahrensweisen. Aus diesem „Testergebnis" ist der Schluss zu ziehen, dass Merkmale der Textformulierung und Formaspekte der Textstruktur eine unmittelbare Umsetzung in allen aus den Diagrammen ableitbaren Übersetzungsrichtungen gestatten.[439] Der mikrokulturelle Rahmen der Textsorten ist dabei genau zu beachten.

Selbst auf die Gefahr hin, dass eine Erweiterung der Textbasis zu Verschiebungen führt – wie in 2.1 angedeutet –, ist die praktische Verwertung der hier gewonnenen Ergebnisse

---

[439] Zu den Konsequenzen, die sich aus dieser Feststellung für Übersetzungstheorie und -didaktik ergeben, vgl. 2.1.2 sowie bereits HORN-HELF (1999a: 339 bzw. 2003: 143).

doch solider begründet als die einzige Alternative, die in einer Abbildung der AT-Präferenzen im ZT besteht. Das gilt ebenso für die Umsetzung der Ergebnisse aus den „angloamerikanischen“ Korpora in ZT für britische bzw. amerikanische Adressaten.

PraktikerInnen mögen angesichts der Vielfalt adaptierbarer Merkmale vielleicht erschrecken und – trotz der aufgezeigten konkreten Lösungswege – nicht wissen, wo sie mit der Implementierung der ZK-Präferenzen beginnen sollen. Da weder Übersetzungsdidaktik noch -kritik in diesem Bereich auf mehr als fragmentarische Erkenntnisse zurückgreifen können und der Freiraum derzeit noch sehr groß ist, können und sollten sie Schritt für Schritt vorgehen, um diese Präferenzen mittel- bis langfristig in die eigene Arbeit zu integrieren.

3.2.2 Forschungsdesiderate

Das erarbeitete umfangreiche Instrumentarium stellt eine breite Basis für eine Vielzahl weiterer Forschungsarbeiten bereit, die in vielfältiger Weise an diese Arbeit anschließen können. Die ausführliche Beschreibung der Kriterien und die große Zahl von Beispielen zu ihren möglichen Erscheinungsformen sollten eine solide Grundlage dafür bieten.

Eine erste Möglichkeit wäre, die Analyse deutscher, russischer und britischer bzw. amerikanischer Anleitungen der Mikrokulturen Maschinenbau und Gerätebau (fachintern und -extern) auszuweiten, um die Ergebnisse mit einem Zuwachs an Verlässlichkeit zu versehen. Des Weiteren sollten die Merkmale von Anleitungen anderer Makro- und Mikrokulturen[440] analog untersucht werden.

Es hat sich im Zuge der Analysen verschiedentlich gezeigt, dass britische und amerikanische Anleitungen einer Mikrokultur in ihren Merkmalen durchaus nicht deckungsgleich sind. Es wäre unter dem Aspekt der Translationsrelevanz daher unbedingt wünschenswert, auch Texte aus Kulturen „gleicher“ Sprache[441] zu kontrastieren, neben briti-

[440] In dieser Hinsicht haben erste Diplomarbeiten (MÜNSTER 2008, ZALEWSKA 2008) bereits Ergebnisse zu neuen Makrokulturen (Frankreich, Polen) gebracht. Die Analysetexte wurden jeweils aus einem definierten Teilbereich der Mikrokultur „Maschinenbau“ (Pumpenbau bzw. Fertigungstechnik) gewählt. Im Vergleich zu den Korpora MB, die Anleitungen für Industriemaschinen verschiedenster Art enthalten (vgl. 1.4.4.3), gewinnen die Ergebnisse dank dieser Beschränkung an Genauigkeit und damit an übersetzungspraktischer Relevanz für die Lokalisierung entsprechender ZT.

[441] Selbst wenn eine „Übersetzung ins Englische“ in Auftrag gegeben wird, ist der Adressat des ZT doch Brite, Amerikaner, etc. (und nicht Angehöriger „englischsprachiger Kulturen“). Daher ist es aus translatorischer Sicht wenig hilfreich, wenn in textlinguistischen Untersuchungen die notwendige makrokulturelle Differenzierung durch einen generalisierenden Rückgriff auf eine verschiedenen Kulturen „gemeinsame“ Sprache verwischt wird.

schen und amerikanischen z.B. solche aus Spanien und Südamerika, Portugal und Brasilien.[442]

Ein nächster Schritt geht zu weiteren (übersetzungsrelevanten) und in diesem Kontext vorzugsweise technischen Textsorten(varianten) (vgl. dazu z.B. HORN-HELF 1999a: 153-157). Da wäre zu denken z.B. an die direktive Textsorte „Anweisung" (zur Kontrastierung mit fachinternen Anleitungen – Kapitel 4 und 5 – und für mikrokulturelle Vergleiche mit dem Werkstatthandbuch der Kfz-Technik – GÖPFERICH 1995). Nicht minder wichtig wäre die Analyse deskriptiver Textsorten, z.B. von Ausrüstungs- und Verfahrensbeschreibungen, Labor- und anderen Berichten. Es ist zu erwarten, dass diese Textsorten die Merkmale von Anleitungen nur eingeschränkt teilen, es könnten sich jedoch neue Merkmale oder weitere Erscheinungsformen identifizieren lassen.

Eine weitere – primär theoretisch interessante – Forschungsaufgabe besteht darin, den Ausdruck intellektueller Stile und ggf. der Diskursstrategien in ingenieurwissenschaftlichen Textsorten verschiedener Makro- und Mikrokulturen zu untersuchen. Mit diesen Ergebnissen ließe sich zum einen den Spekulationen über die „Internationalität" dieser Disziplinen ein Ende setzen, und zum anderen könnte damit die Substanz der Ebenendifferenz „Wissenschaft – Technik" genauer bestimmt werden.

Diese Arbeit hat in einem makro- und mikrokulturell definierten Bereich eine Reihe interessanter Ergebnisse gebracht. Einige Fragen konnten beantwortet werden, viele bleiben offen. Dieser Anfang offenbart jedoch die Dringlichkeit zahlreicher Forschungsaufgaben, die zu bewältigen der Wissenschaft obliegt und die nicht – über die Empfehlung von „Paralleltextanalysen" – an die Translationspraxis weitergereicht werden sollten.

[442] Auch in diesem Bereich wurde erste Arbeit geleistet zur Kontrastierung von Warnhinweisen in Anleitungen der US-amerikanischen und kanadischen Fördertechnik (vgl. WASMUTH 2008).

Literaturverzeichnis

Adamzik, Kirsten (1998): „Methodische Probleme kontrastiver Textsortenstudien." In: Danneberg/Niederhauser [Hrsg.] (1998), 103-130.

-- (2004): *Textlinguistik. Eine einführende Darstellung*. Tübingen: Niemeyer (= Germanistische Arbeitshefte. 40).

AG 1960 = Akademija Nauk SSSR, Institut russkogo jazyka (1960): *Grammatika russkogo jazyka. Tom II. Sintaksis.* Moskva: Izdatel'stvo Akademii Nauk SSSR.

AG 1970 = Akademija Nauk SSSR, Institut russkogo jazyka (1970): *Grammatika sovremennogo russkogo literaturnogo jazyka.* Moskva: Nauka.

AG 1980 = Akademija Nauk SSSR, Institut russkogo jazyka (1980): *Russkaja Grammatika. Tom II. Sintaksis.* Moskva: Nauka.

Ahmad, Khurshid/Salway, Andrew (1997): „Safety and its Signification: A case for language of safety." In: *Fachsprache. International Journal of LSP* (1997) 3-4, 94-110.

Aitken, Martin (2002): „Language in specialised contexts: towards a pragmatics of LSP." In: *Fachsprache. International Journal of LSP* (2002) 3-4, 90-106.

Akimova, G. N. (1990): *Novoe v sintaksise sovremennogo russkogo jazyka.* Moskva: Vysšaja Škola.

Albrecht, Jörn (1973): *Linguistik und Übersetzung.* Tübingen: Niemeyer (= Romanistische Arbeitshefte. 4).

-- [Hrsg.] (1988): *Energeia und Ergon. Band I. Schriften von Eugenio Coseriu (1965 - 1987)*. Tübingen: Narr (= Tübinger Beiträge zur Linguistik. 300).

-- (1992): „Wortschatz vs. Terminologie: Einzelsprachliche Charakteristika in der Fachterminologie." In: Albrecht/Baum [Hrsg.] (1992), 59-78.

-- /Baum, Richard [Hrsg.] (1992): *Fachsprache und Terminologie in Geschichte und Gegenwart.* Tübingen: Narr (= Forum für Fachsprachen-Forschung. 14).

-- /Gauger, Hans-Martin [Hrsg.] (2001): *Sprachvergleich und Übersetzungsvergleich.* Frankfurt am Main u.a.: Lang (= Arbeiten zur Theorie und Praxis des Übersetzens und Dolmetschens. 3).

ANSI Z 535.6 (2006): *Product Safety Information in Product Manuals, Instructions, and Other Collateral Materials.* Rosslyn: NEMA.

Antos, Gerd (1996): *Laien-Linguistik. Studien zu Sprach- und Kommunikationsproblemen im Alltag. Am Beispiel von Sprachratgebern und Kommunikationstrainings.* Tübingen: Niemeyer (= Germanistische Linguistik. 146).

-- /Krings, Hans P. [Hrsg.] (1989): *Textproduktion. Ein interdisziplinärer Forschungsüberblick.* Tübingen: Niemeyer (= Konzepte der Sprach- und Literaturwissenschaft. 48).

Apresjan, Ju. D. (1995): „Obraz čeloveka po dannym jazyka: popytka sistemnogo opisanija." In: *Voprosy jazykoznanija* (1995) 1, 37-67.

Archangelskij, Alexander (1996): „Das Bedürfnis nach historischer Selbstvergewisserung." Aus dem Russischen von Ingrid Gloede. In: Forschungsstelle Osteuropa an der Universität Bremen [Hrsg.] (1996), 168-178.

Aristoteles (1999): *Rhetorik.* Übersetzt und herausgegeben von Gernot Krapinger. Stuttgart: Reclam.

Arntz, Reiner [Hrsg.] (1988): *Textlinguistik und Fachsprache. Akten des Internationalen übersetzungswissenschaftlichen AILA-Symposions Hildesheim, 13.-16. April 1987.* Hildesheim u.a.: Olms (= Studien zur Sprache und Technik. 1).

-- (1990): „Überlegungen zur Methodik einer ‚Kontrastiven Textologie'." In: Arntz/ Thome [Hrsg.] (1990), 393-404.

-- (1992): „Interlinguale Vergleiche von Terminologien und Fachtexten." In: Baumann/ Kalverkämper [Hrsg.] (1992), 108-122.

-- /Thome, Gisela [Hrsg.] (1990): *Übersetzungswissenschaft. Ergebnisse und Perspektiven. Festschrift für Wolfram Wilss zum 65. Geburtstag.* Tübingen: Narr.

Astachova, L. I. (1993): „O složnosočinennom predloženii." In: *Voprosy jazykoznanija* (1993) 1, 87-96.

Aznazurova, E. S. (1987): „Pragmatika tekstov različnych funkcional'nych stilej." In: Cvilling [otv. red.] (1987), 3-20.

Bachmann, Roland (1992): „Übersetzen technischer Fachtexte." In: *Lebende Sprachen* (1992) 4, 145-151.

Ballstaedt, Steffen-Peter (1996): „Bildverstehen, Bildverständlichkeit – Ein Forschungsüberblick unter Anwendungsperspektive." In: Krings [Hrsg.] (1996), 191-233.

-- (1999): „Textoptimierung: Von der Stilfibel zum Textdesign." In: *Fachsprache. International Journal of LSP* (1999) 3-4, 98-124.

-- /Mandl H./Schmotz W./Tergan S.O. (1981): *Texte verstehen, Texte gestalten.* München: Urban & Schwarzenberg.

Baoquan, Yu (1988): „Interkulturelle Unterschiede und semantische Ungleichheiten. Schwierigkeiten bei der Translation." In: Arntz [Hrsg.] (1988), 363-373.

Bauer, C.-O. (1994): „Anforderungen aus Rechtsnormen – Umfang, Inhalt und Zielgruppenbezug von Benutzerinformationen." In: VDI [Hrsg.] (1994), 11-24.

Baumann, Klaus-Dieter (1992a): *Integrative Fachtextlinguistik.* Tübingen: Narr (= Forum für Fachsprachen-Forschung. 18).

-- (1992b): „Die Fachlichkeit von Texten als eine komplexe Vergleichsgröße." In: Baumann/Kalverkämper [Hrsg.] (1992), 29-48.

-- (1996): „Fachtextsorten und Kognition – Erweiterungsangebote an die Fachsprachenforschung." In: Kalverkämper/Baumann [Hrsg.] (1996), 355-388.

-- (1997): „Die Fachlichkeit von Texten als Übersetzungsproblem." In: Fleischmann/ Kutz/Schmitt [Hrsg.] (1997), 457-463.

-- (1998): „Die sprachliche Realisierung von Wissensstrukturen in Fachtexten des Englischen und Deutschen." In: Danneberg/Niederhauser [Hrsg.] (1998), 299-317.

-- (2000): „Unternehmenskommunikation und Unternehmensidentität aus kommunikativ-kognitiver Sicht." In: Morgenroth [Hrsg.] (2000), 107-126.

-- /Kalverkämper, Hartwig [Hrsg.] (1992): *Kontrastive Fachsprachenforschung.* Tübingen: Narr (= Forum für Fachsprachen-Forschung. 20).

Baumgart, Annette/Jänecke, Bianca (^{2}2000): *Rußlandknigge.* München – Wien: Oldenbourg.

Becker-Mrotzek, Michael (1996): „Wie lernt man Technisches Schreiben?" In: Krings [Hrsg.] (1996), 403-431.

Beimel, Matthias/Maier, Lothar (^{3}1988): *Optimierung von Gebrauchsanweisungen.* Dortmund: Bundesanstalt für Arbeitsschutz.

Beneš, Eduard (1981): „Die formale Struktur der wissenschaftlichen Fachsprachen in syntaktischer Hinsicht." In: Bungarten [Hrsg.] (1981), 185-212.
Berdjaev, N. A. (1990): *Istoki i smysl russkogo kommunizma*. Moskva: Nauka.
Berger, Udo (1992): *Der oficial'no-delovoj stil'*. Diplomarbeit. Johannes Gutenberg-Universität, Mainz – FAS, Germersheim. WS 1991/92.
Berglund, Lars O. (1990): „The search for social significance." In: *Lebende Sprachen* (1990) 4, 145-151.
Biere, Bernd Ulrich (1996): „Textgestaltung zwischen Sachangemessenheit und Adressatenorientierung." In: Krings [Hrsg.] (1996), 291-305.
Bierich, Alexander (2000): „Zur gegenwärtigen Situation der substandardsprachlichen Varietäten im Russischen." In: Panzer [Hrsg.] (2000), 13-29.
Birkenmaier, Willy/Mohl, Irene (1991): *Russisch als Fachsprache*. Tübingen – Basel: Francke (= UTB für Wissenschaft. 1606).
Bisang, Walter (1998): „Die Sprachtypologie und Universalienforschung und einige ihrer Folgen für die Übersetzbarkeit – ein Versuch." In: Huber/Worbs [Hrsg.] (1998), 25-44.
Blum-Kulka, Shoshana/House, Juliane/Kasper, Gabriele [eds.] (1989): *Cross Cultural Pragmatics*. Norwood: Ablex.
Bock, Gabriele (1993): *Ansätze zur Verbesserung von Technikdokumentation. Eine Analyse von Hilfsmitteln für Technikautoren in der Bundesrepublik Deutschland*. Frankfurt am Main u.a.: Lang.
Bock, Ivo (1992): *Kultur im Umbruch. Polen – Tschechoslowakei – Rußland*. Herausgegeben von der Forschungsstelle Osteuropa an der Universität Bremen. Bremen: Ed. Temmen.
Börner, Wolfgang (1989): „Didaktik schriftlicher Textproduktion in der Fremdsprache." In: Antos/Krings [Hrsg.] (1989), 348-376.
Bolten, Jürgen/Dathe, Marion/Kirchmeyer, Susanne/Roennau, Marc/Witchalls, Peter/ Ziebell-Drabo, Sabine (1996): „Interkulturalität, Interlingualität und Standardisierung bei der Öffentlichkeitsarbeit von Unternehmen. Gezeigt an amerikanischen, britischen, deutschen, französischen und russischen Geschäftsberichten." In: Kalverkämper/Baumann [Hrsg.] (1996), 389-425.
Bondarko, A.V. (1971): *Vid i vremja russkogo glagola*. Moskva: Prosveščenie.
-- (1978): *Grammatičeskoe značenie i smysl*. Leningrad: Izdatel'stvo Leningradskogo universiteta.
Brand, Kaspar (1998): „Fußnoten und Anmerkungen als charakteristisches Element wissenschaftlicher Darstellungsformen, untersucht am Beispiel der Sprachwissenschaft." In: Danneberg/Niederhauser [Hrsg.] (1998), 213-240.
Brendl, Erich/Brendl, Miguel (1991): *Sichere Gebrauchsanleitungen erstellen und erkennen*. Freiburg im Breisgau: Haufe.
Brettschneider, Gunter/Lehmann, Christian [Hrsg.] (1980): *Wege zur Universalienforschung. Sprachwissenschaftliche Beiträge zum 60. Geburtstag von Hansjakob Seiler*. Tübingen: Narr (= Tübinger Beiträge zur Linguistik. 145).
Brinker, Klaus ([6]2005): *Linguistische Textanalyse. Eine Einführung in Grundbegriffe und Methoden*. Berlin: Schmidt (= Grundlagen der Germanistik. 29).

Brown, P./Levinson, S. (1978): „Universals in language usage: Politeness phenomena.“ In: Goody E. N. [ed.] (1978), 56-289.
Bruns, Thomas (2002): „Russische Computerfachsprache – Desiderat oder Realität.“ In: Bruns [Hrsg.] (2002), 3-34.
-- [Hrsg.] (2002): *Slavistik – Computer – Internet. Rechneranwendungen in einer Geisteswissenschaft.* Frankfurt am Main u.a.: Lang.
BS EN 15038 (2006-06): *Translation services – Service requirements. EN 15038 English Version.* London: BSI.
Bühler, Hildegund (1988): „Übersetzungstyp und Übersetzungsprozeduren bei sogenannten Fachtexten.“ In: Arntz [Hrsg.] (1988), 281-297.
Buhl, Silke (1999): „Gestaltungsprinzipien wissenschaftlicher Texte im Sprachvergleich Deutsch – Englisch am Beispiel von Texten Einsteins und Russells zur Relativitätstheorie.“ In: Gerzymisch-Arbogast/Gile/House/Rothkegel [Hrsg.] (1999), 117-141.
Bungarten, Theo [Hrsg.] (1981): *Wissenschaftssprache. Beiträge zur Methodologie, theoretischen Fundierung und Deskription.* München: Fink.
Burkhardt, Armin (1991): „Vom Nutzen und Nachteil der Pragmatik für die diachrone Semantik.“ In: Busse [Hrsg.] (1991), 7-36.
Busch-Lauer, Ines-A. (1997): „Schreiben in der Medizin. Eine Untersuchung anhand deutscher und englischer Fachtexte.“ In: Jakobs/Knorr [Hrsg.] (1997), 45-61.
Busse, Dietrich (1991): „Konventionalisierungsstufen des Zeichengebrauchs als Ausgangspunkt semantischen Wandels.“ In: Busse [Hrsg.] (1991), 37-65.
-- [Hrsg.] (1991): *Diachrone Semantik und Pragmatik. Untersuchungen zur Erklärung und Beschreibung des Sprachwandels.* Tübingen: Niemeyer (= Germanistische Linguistik. 113).
Bußmann, Hadumond (1983): *Lexikon der Sprachwissenschaft.* Stuttgart: Kröner.
Čeremisin, P. G. (1971): *Posobie po stilistike russkogo jazyka.* Moskva: Prosveščenie.
Christmann, Ursula/Groeben, Norbert (1996): „Textverstehen, Textverständlichkeit – Ein Forschungsüberblick unter Anwendungsperspektive.“ In: Krings [Hrsg.] (1996), 129-189.
Cicero, M. Tullius (2004): *Orator. Der Redner. Lateinisch-Deutsch.* Übersetzt und herausgegeben von Harald Merklin. Stuttgart: Reclam.
Clyne, Michael (1981): „Culture and Discourse Structure.” In: *Journal of Pragmatics* (1981) 5, 61-66.
-- (1987a): „Discourse Structures and Discourse Expectations: Implications for Anglo-German Academic Communication in English.” In: Smith [ed.] (1987), 73-83.
-- (1987b): „Cultural Differences in the Organization of Academic Texts: English and German.” In: *Journal of Pragmatics* (1987) 11, 211-247.
-- (1991a): „Zu kulturellen Unterschieden in der Produktion und Wahrnehmung englischer und deutscher wissenschaftlicher Texte.“ In: *Info Deutsch als Fremdsprache* 18 (1991) 4, 376-383.
-- (1991b) „The Sociocultural Dimension: The Dilemma of the German-speaking Scholar.” In: Schröder [Hrsg.] (1991), 49-67.
-- (1993): „Pragmatik, Textstruktur und kulturelle Werte. Eine interkulturelle Perspektive.“ In: Schröder [Hrsg.] (1993), 3-18.

Conrad, Walter (1997): *Geschichte der Technik in Schlaglichtern.* Mannheim – Zürich: Meyers Lexikonverlag.
Coseriu, Eugenio (1988a): „Der romanische Sprachtypus. Versuch einer neuen Typologisierung der romanischen Sprachen." In: Albrecht [Hrsg.] (1988), 207-224.
-- (1988b): „Naturwissenschaften und Kulturwissenschaften: ‚Naturgesetze' und kulturelle Gegebenheiten." In: Albrecht [Hrsg.] (1988), 229-232.
-- (1988c): „Die sprachlichen (und die anderen) Universalien." In: Albrecht [Hrsg.] (1988), 233-262.
-- (1988d): „Naturbild und Sprache." In: Albrecht [Hrsg.] (1988), 269-287.
-- (1988e): „Falsche und richtige Fragestellungen in der Übersetzungstheorie." In: Albrecht [Hrsg.] (1988), 295-309.
-- ([3]1994): *Textlinguistik.* Herausgegeben und bearbeitet von Jörn Albrecht. Tübingen – Basel: Francke (= UTB für Wissenschaft. 1808).
Creifelds, Carl ([16]2000): *Rechtswörterbuch.* München: Beck.
Cvilling, M. Ja. [otv. red.] (1987): *Obščestvenno-političeskij i naučnyj tekst kak predmet obučenija inostrannym jazykam.* Moskva: Nauka.
Danneberg, Lutz/Niederhauser, Jürg [Hrsg.] (1998): *Darstellungsformen der Wissenschaften im Kontrast. Aspekte der Methodik, Theorie und Empirie.* Tübingen: Narr (= Forum für Fachsprachen-Forschung. 39).
Deppert, Alex (1997): „Die Wirkung von Fachstilmerkmalen auf Leser unterschiedlicher Vorbildung. Eine empirische Untersuchung an psychologischen Fachtexten." In: *Fachsprache. International Journal of LSP* (1997) 3-4, 111-121.
Derjugin, A. A. (1995): „Soderžanie perevodčeskogo priema 'Sklonenie na naši (russkie) nravy'." In: *Izvestija Akademii nauk. Serija literatury i jazyka* (1995) 5, 61-64.
Dietrich, Ute (1997): *Kulturspezifik von Textsortenkonventionen als Übersetzungsproblem. Eine Untersuchung zum Sprachenpaar Rumänisch-Deutsch.* Diplomarbeit. Humboldt-Universität zu Berlin.
Diewald, Gabriele Maria (1991): *Deixis und Textsorten im Deutschen.* Tübingen: Niemeyer (= Germanistische Linguistik. 118).
DIN 199 (1962): „Technische Zeichnungen. Benennungen." September 1962. In: Deutscher Normenausschuß ([5]1971): *Zeichnungsnormen.* Berlin: Beuth (= DIN Taschenbuch. 2), 68-71.
DIN 199-1 (2002): *Technische Produktdokumentation. CAD-Modelle, Zeichnungen und Stücklisten. Teil 1: Begriffe.* Berlin: Beuth. März 2002.
DIN 2345 (1998): *Übersetzungsaufträge.* Berlin: Beuth. April 1998.
DIN 32869 (1998): *Technische Produktdokumentation. Dreidimensionale CAD-Modelle. Anforderungen an die Darstellung.* Berlin: Beuth. Juli 1998.
DIN EN 61355 (1997): *Klassifikation und Kennzeichnung von Dokumenten für Anlagen, Systeme und Einrichtungen.* Berlin: Beuth. April 1997.
DIN EN 62079 (2001): *Erstellen von Anleitungen. Gliederung, Inhalt und Darstellung.* Berlin: Beuth. November 2001.
DIN EN 15038 (2006): *Übersetzungs-Dienstleistungen – Dienstleistungsanforderungen; Deutsche Fassung EN 15038:2006.* Berlin: Beuth. August 2006

DIN ISO 128-40 (2002): *Technische Zeichnungen. Allgemeine Grundlagen der Darstellung. Teil 40: Grundregeln für Flächen in Schnitten und Schnittansichten.* Berlin: Beuth. Mai 2002.

DIN ISO 128-50 (2002): *Technische Zeichnungen. Allgemeine Grundlagen der Darstellung. Teil 50: Grundregeln für Schnittansichten und Schnitte*. Berlin: Beuth. Mai 2002.

DIN ISO 6413 (1990): *Technische Zeichnungen. Darstellung von Keilwellen und Kerbverzahnungen.* Berlin: Beuth. März 1990.

Ding, Yinchung/Fluck, Hans-Rüdiger (2001): „Höflichkeitsprinzipien im Chinesischen und Deutschen." In: Lüger [Hrsg.] (2001), 91-110.

Dittmann, Jürgen/Kästner, Hannes/Schwitalla, Johannes [Hrsg.] (1991): *Erscheinungsformen der deutschen Sprache. Literatursprache, Alltagssprache, Gruppensprache, Fachsprache. Festschrift zum 60. Geburtstag von Hugo Steger*. Berlin: Schmidt.

Dobrovol'skij, D. O. (1998): „Nacional'no-kul'turnaja specifika vo frazeologii (II)." In: *Voprosy jazykoznanija* (1998) 6, 48-57.

Doherty, Monika (1997): „Auf der Suche nach der gelungenen Übersetzung." In: Drescher [Hrsg.] (1997), 109-133.

Drescher, Horst W. [Hrsg.] (1997): *Transfer. Übersetzen – Dolmetschen – Interkulturalität. 50 Jahre Fachbereich Angewandte Sprach- und Kulturwissenschaft der Johannes Gutenberg-Universität Mainz in Germersheim*. Frankfurt am Main u.a.: Lang (= Publikationen des FASK. Reihe A. 23).

-- (1998): „Ars transferendi – Sprache, Übersetzung und Interkulturelle Kommunikation." In: Huber/Worbs [Hrsg.] (1998), 283-290.

Duden ([4]1984): *Grammatik der deutschen Gegenwartssprache.* Mannheim: Dudenverlag.

Duszak, Anna (1997): „(Re)orientation strategies in academic discourse." In: Jakobs/ Knorr [Hrsg.] (1997), 63-74.

Eggs, Ekkehard (1996): „Strukturen der Argumentation in Fachtexten." In: Kalverkämper/Baumann [Hrsg.] (1996), 618-636.

Ehlich, Konrad (1992) „Scientific texts and deictic structures." In: Stein, Dieter [ed.] (1992): *Cooperating with written texts*. Berlin – New York: de Gruyter, 201-229.

Erdmann, Eva (2001): „Der Sprachvergleich im literarischen Text. Am Beispiel Theodor Fontanes." In: Albrecht/Gauger [Hrsg.] (2001), 30-50.

Ertelt-Vieth, Astrid (1993): „Politische und kulturelle Aspekte der Selbst- und Fremdwahrnehmungen in Europa zwischen Ost und West, Forschungszusammenhang und Orientierung." In: Ertelt-Vieth [Hrsg.] (1993), 17-23.

-- [Hrsg.] (1993): *Sprache, Kultur, Identität. Selbst- und Fremdwahrnehmungen in Ost- und Westeuropa.* Frankfurt am Main u.a.: Lang (= Linguistik. 123).

Faul, Stephanie ([5]1998): *Die Amerikaner pauschal.* Aus dem Englischen von Oliver Koch. Frankfurt am Main: Fischer.

Fearns, Anneliese (1996): „Textsorten als didaktische Chance für die Fachsprachen-Vermittlung." In: Kalverkämper/Baumann [Hrsg.] (1996), 501-537.

Felder, Ekkehard (2002): „Fachkommunikation in einem Hypertext-Arrangement aus textdidaktischer Perspektive." In: *Fachsprache. International Journal of LSP* (2002) 1-2, 20-35.

Fiedler, Sabine (1991): *Fachtextlinguistische Untersuchungen zum Kommunikationsbereich der Pädagogik dargestellt an relevanten Fachtextsorten im Englischen.* Frankfurt am Main u.a.: Lang (= Leipziger Fachsprachen-Studien. 1).

-- (1992): „Die pädagogische *Rezension* im Englischen und Esperanto." In: Baumann/Kalverkämper [Hrsg.] (1992), 147-161.

Fix, Ulla/Poethe, Hannelore/Yos, Gabriele ([2]2002): *Textlinguistik und Stilistik für Einsteiger. Ein Lehr- und Arbeitsbuch.* Frankfurt am Main u.a.: Lang (= Leipziger Skripten. 1).

Fleck, Ludwik (1980): *Entstehung und Entwicklung einer wissenschaftlichen Tatsache. Einführung in die Lehre vom Denkstil und Denkkollektiv.* Mit einer Einleitung herausgegeben von Lothar Schäfer und Thomas Schnelle. Frankfurt am Main: Suhrkamp (= Suhrkamp Taschenbuch Wissenschaft. 312).

Fleischer, Wolfgang/Barz, Irmhild (1992): *Wortbildung der deutschen Gegenwartssprache.* Tübingen: Niemeyer.

Fleischmann, Eberhard (1997): „Überlegungen zur Gestaltung einer kulturwissenschaftlichen Komponente und zu ihrer Integration in das Übersetzer-/Dolmetscher-Studium." In: Fleischmann/Kutz/Schmitt [Hrsg.] (1997), 399-409.

-- (1998): „Wieviel Sprachwissenschaft brauchen Übersetzer und Dolmetscher?" In: Huber/Worbs [Hrsg.] (1998), 77-94.

-- (1999): „Die Translation aus Sicht der Kultur. Kulturelle Modelle der Translation." In: Gil/Haller/Steiner/Gerzymisch-Arbogast [Hrsg.] (1999), 59-77.

-- (2002a): „Solshenizyns Publizistik – Beispiel für den kulturgemeinschaftsspezifischen Texttyp." In: Thome/Giehl/Gerzymisch-Arbogast [Hrsg.] (2002), 33-55.

-- (2002b): „Kulturfaktor Schukosteckdose." In: Thome/Giehl/Gerzymisch-Arbogast [Hrsg.] (2002), 57-73.

-- /Kutz, Wladimir/Schmitt, Peter A. [Hrsg.] (1997): *Translationsdidaktik. Grundfragen der Übersetzungswissenschaft.* Tübingen: Narr.

-- /Schmitt, Peter A./Wotjak, Gerd [Hrsg.] (2004): *Translationskompetenz. Tagungsberichte der LICTRA (Leipzig International Conference on Translation Studies) 4.-6.10.2001.* Tübingen: Stauffenburg.

Fluck, Hans-Rüdiger (1990): „'Steht's mit Ihrer Familie gut'? Anmerkungen zum Stil deutschsprachiger Briefe von Chinesen und zur Notwendigkeit einer kontrastiven DaF-Stilistik". In: Rickheit, Gert/Wichter, Sigurd [Hrsg.] (1990): *Dialog. Festschrift für Siegfried Grosse.* Tübingen: Niemeyer, 235-248.

Fögen, Thorsten (2002): „Fachsprachen in der Antike: Zur Analyse metasprachlicher Dokumente am Beispiel der philosophischen Schriften Senecas." In: Kovtyk, Bogdan/Wendt, Gabriele [Hrsg.] (2002): *Aktuelle Probleme der angewandten Übersetzungswissenschaft*. Frankfurt am Main u.a.: Lang, 10-35.

-- (2003): „Metasprachliche Reflexionen antiker Autoren zu den Charakteristika von Fachtexten und Fachsprachen." In: Horster, Marietta/Reitz, Christiane [Hrsg.] (2003): *Antike Fachschriftsteller: Literarischer Diskurs und sozialer Kontext*. Stuttgart: Steiner, 31-60.

Forner, Werner (1992): „Sinn und Text in technischer Kommunikation. Fachsprachliche Vertextungsstrategien eines häufigen Argumentationsschemas – am Beispiel von französischen Texten zur Elektrotechnik." In: Albrecht/Baum [Hrsg.] (1992), 197-221.

Forschungsstelle Osteuropa an der Universität Bremen [Hrsg.] (1996): *Rußland – Fragmente einer postsowjetischen Kultur*. Bremen: Ed. Temmen.
Forsyth, James (1970): *A Grammar of Aspect. Usage and Meaning in the Russian Verb.* Cambridge: University Press.
Funke, Peter (1989): „A Communicative Approach to Cross-Cultural Understanding.“ In: Funke [ed.] (1989), 8-26.
-- [ed.] (1989): *Understanding the USA. A Cross-Cultural Perspective.* Tübingen: Narr.
Gabka, Kurt [Hrsg.] (1976): *Syntax.* Leipzig: VEB Enzyklopädie (= Die russische Sprache der Gegenwart. 3).
Galtung, Johan (1981): „Structure, culture and intellectual style. An essay comparing saxonic, teutonic, gallic and nipponic approaches.” In: *Social Science Information* 20 (1981), 817-856.
-- (1983): „Struktur, Kultur und intellektueller Stil. Ein vergleichender Essay über sachsonische, teutonische, gallische und nipponische Wissenschaft.“ In: *Leviathan* 2, 303-338.
-- (1985): „Struktur, Kultur und intellektueller Stil. Ein vergleichender Essay über sachsonische, teutonische, gallische und nipponische Wissenschaft.“ In: Wierlacher, Alois [Hrsg.] (1985): *Das Fremde und das Eigene.* München: iudicium, 151-193.
-- (1997a): *Der Preis der Modernisierung. Struktur und Kultur im Weltsystem.* Aus dem Englischen übersetzt von Horst Friessner. Wien: Promedia.
-- (1997b): *Menschenrechte – anders gesehen*. Übersetzt von Georg Günther. Frankfurt am Main: Suhrkamp (= Suhrkamp Taschenbuch Wissenschaft. 1084).
Gerzymisch-Arbogast, Heidrun/Gile, Daniel/House, Juliane/Rothkegel, Annely [Hrsg.] (1999): *Wege der Übersetzungs- und Dolmetschforschung.* Tübingen: Narr (= Jahrbuch Übersetzen und Dolmetschen. 1).
Gil, Alberto/Haller, Johann/Steiner, Erich/Gerzymisch-Arbogast, Heidrun [Hrsg.] (1999): *Modelle der Translation. Grundlagen für Methodik, Bewertung, Computermodellierung.* Frankfurt am Main u.a.: Lang (= Saarbrücker Beiträge zur Sprach- und Translationswissenschaft. 1).
Gladrov, V./Raevskij, M. V. [Hrsg.] (1994): *Sopostavitel'noe izučenie nemeckogo i russkogo jazykov. Grammatiko-leksičeskie aspekty.* Moskva: Izdatel'stvo Moskovskogo universiteta.
Gläser, Rosemarie (1984): „Standortbestimmung einer Fachtextlinguistik.“ In: Resümeeband zur Konferenz „Fachsprachliche Textlinguistik“, Karl-Marx-Universität Leipzig, Sektion Fremdsprachen.
-- (1990): *Fachtextsorten im Englischen.* Tübingen: Narr (= Forum für Fachsprachen-Forschung. 13).
-- (1992): „Methodische Konzepte für das Tertium comparationis in der Fachsprachenforschung – dargestellt an anglistischen und nordistischen Arbeiten.“ In: Baumann/ Kalverkämper [Hrsg.] (1992), 78-92.
-- (1996): „Der Status wissenschaftlicher und kommerzieller Nomenklaturen.“ In: Morgenroth [Hrsg.] (1996), 67-109.
Glovinskaja, M. Ja. (1996): „Aktivnye processy v grammatike.“ In: Zemskaja [otv. red.] (1996), 237-304.

Gnutzmann, Claus (1988): *Fachbezogener Fremdsprachenunterricht.* Tübingen: Narr (= Forum für Fachsprachen-Forschung. 6).
-- (1992): „Kontrastive Fachtextlinguistik als Projektaufgabe: Theoretische Fragen und praktische Antworten." In: Baumann/Kalverkämper [Hrsg.] (1992), 266-275.
Göhring, Heinz (1998): „Interkulturelle Kommunikation." In: Snell-Hornby/Hönig/Kußmaul/Schmitt [Hrsg.] (1998), 112-115.
Göpferich, Susanne (1995): *Textsorten in Naturwissenschaften und Technik. Pragmatische Typologie – Kontrastierung – Translation.* Tübingen: Narr (= Forum für Fachsprachen-Forschung. 27).
-- (1996): „Direktive Sprechakte im Textsortenspektrum der Kraftfahrzeugtechnik: Konventionen im Deutschen und im Englischen." In: Kalverkämper/Baumann [Hrsg.] (1996), 65-99.
-- (1998): *Interkulturelles Technical Writing. Fachliches adressatengerecht vermitteln.* Tübingen: Narr (= Forum für Fachsprachen-Forschung. 40).
-- (2000): „Textkritik als Mittel zur Verbesserung der Textproduktionskompetenz angehender Technischer Redakteure, vorgeführt am Beispiel einer Kundeninformationsbroschüre der Volkswagen AG." In: *Fachsprache. International Journal of LSP* (2000) 3-4, 106-132.
Goethe, Johann Wolfgang (1986): *Faust. Der Tragödie zweiter Teil.* Stuttgart: Reclam.
Goody, E. N. [ed.] (1978): *Questions and Politeness. Strategies in Social Interaction.* Cambridge a.o.: Cambridge University Press.
Greenwood T. G. (1993): „International cultural differences in software." In: *Digital technical journal* 5 (1993) 3.
Grindsted, Annette/Wagner, Johannes [eds.] (1992): *Communication for Specific Purposes. Fachsprachliche Kommunikation.* Tübingen: Narr (= Kommunikation und Institution. 21).
Groeben, Norbert/Christmann, Ursula (1989): „Textoptimierung unter Verständlichkeitsperspektive." In: Antos/Krings [Hrsg.] (1989), 165-196.
Gudkow, Lew/Dubin, Boris (1996): „Veränderungen im Massenbewußtsein." Aus dem Russischen von Gabriele Leupold. In: Forschungsstelle Osteuropa an der Universität Bremen [Hrsg.] (1996), 74-83.
Günthner, Susanne (2001): „Höflichkeitspraktiken in der interkulturellen Kommunikation – am Beispiel chinesisch-deutscher Interaktionen." In: Lüger [Hrsg.] (2001), 295-313.
Gussejnov, Gassan (1996): „Die politische Rhetorik nach 1991." Aus dem Russischen. In: Forschungsstelle Osteuropa an der Universität Bremen [Hrsg.] (1996), 58-73.
Hall Edward T. (1976): *Beyond Cultures*. Garden City NY: Doubleday Anchor Books.
-- /Hall, Mildred R. (1989): *Understanding Cultural Differences: Germans, French and Americans.* Yarmouth (Maine): Intercultural Press.
Hansen, Klaus P. (^{2}2000): *Kultur und Kulturwissenschaft.* Tübingen – Basel: Francke (= UTB für Wissenschaft.1846).
Heine, Heinrich (1994): *Gesammelte Gedichte und Verse*. Geneva: Lechner Eurobooks.
Hermann, Ursula (1996): *Die neue deutsche Rechtschreibung.* Völlig neu bearbeitet und erweitert von Lutz Götze. Gütersloh: Bertelsmann (Lizenzausgabe mit Genehmigung des Lexikographischen Instituts, München).

Hindelang, Götz ([2]1994): *Einführung in die Sprechakttheorie*. Tübingen: Niemeyer (= Germanistische Arbeitshefte. 27).

Høedt, Jørgen/Lundquist, Lita/Picht, Heribert/Quistgaard, Jacques [eds.] (1982): *Proceedings of the 3rd European Symposium on LSP Copenhagen August 1981*. „Pragmatics and LSP". Copenhagen: Nyt Nordisk Forlag.

Hönig, Hans G./Kußmaul, Paul ([3]1991): *Strategie der Übersetzung. Ein Lehr- und Arbeitsbuch*. Tübingen: Narr (= Tübinger Beiträge zur Linguistik. 205).

Hoffmann, Lothar (1985): *Kommunikationsmittel Fachsprache*. Tübingen: Narr (= Forum für Fachsprachen-Forschung. 1).

-- (1988): *Vom Fachwort zum Fachtext. Beiträge zur Angewandten Linguistik.* Tübingen: Narr (= Forum für Fachsprachen-Forschung. 5).

-- (1992): „Vergleiche in der Fachsprachenforschung." In: Baumann/Kalverkämper [Hrsg.] (1992), 95-107.

-- (1999): „Objekt, System und Funktion in der wissenschaftlich-technischen Fachkommunikation." In: *Fachsprache. International Journal of LSP* (1999) 1-2, 28-37.

Hoffmann, Walter/Schlummer, Werner (1989): „Das Redakteurhandbuch – Eine Arbeitshilfe für den Technischen Redakteur." In: Antos/Krings [Hrsg.] (1989), 523-538.

Hofstede, Geert (1980): *Culture's Consequences: International Differences in Work-Related Values.* Beverly Hills: Sage Publications.

-- (1991): *Cultures and Organizations. Software of the Mind. Intercultural Cooperation and its Importance for Survival.* London: McGraw-Hill.

-- ([2]1997): *Cultures and Organizations. Software of the Mind. Intercultural Cooperation and its Importance for Survival.* New York a.o.: McGraw-Hill.

-- ([2]2001): *Lokales Denken, globales Handeln. Interkulturelle Zusammenarbeit und globales Management.* München: Deutscher Taschenbuchverlag.

-- /Neuijen, Bram/Ohayv, Denise D./Sanders, Geert (1990): „Measuring Organizational Cultures: A Qualitative and Quantitative Study Across Twenty Cases." In: *Administrative Science Quarterly* 35 (1990) 2, 286-316.

Hoischen, Hans ([29]2003): *Technisches Zeichnen. Grundlagen, Normen, Beispiele, Darstellende Geometrie.* Berlin: Cornelsen.

Hornby, A. S. ([5]1995): *Oxford Advanced Learner's Dictionary of Current English.* Oxford: University Press.

-- /Gatenby, E. V./Wakefield, H. ([2]1963): *The Advanced Learner's Dictionary of Current English.* Oxford: University Press.

Horn-Helf, Brigitte (1997a): *Kondensation als terminologisches Prinzip im Russischen.* Tübingen: Narr (= Forum für Fachsprachen-Forschung. 42).

-- (1997b): „Der fachsprachliche Ausgangstext – ein ‚heiliges Original'? Anmerkungen zu einem Trugbild." In: Fleischmann/Kutz/Schmitt [Hrsg.] (1997), 464-474.

-- (1997c): „DIN 2345 – ‚Übersetzungsvorhaben'. Anmerkungen aus theoretischer und praktischer Sicht." In: *Mitteilungsblatt für Dolmetscher und Übersetzer* (1997) 6, 26-30.

-- (1998): „Zur Interferenz in der Fachübersetzung." In: Huber/Worbs [Hrsg.] (1998), 305-320.

-- (1999a): *Technisches Übersetzen in Theorie und Praxis.* Tübingen – Basel: Francke (= UTB für Wissenschaft. 2038).

-- (1999b): „Beglaubigte Übersetzung aus dem Englischen. Übersetzungstheoretische Faktorenanalyse am Beispiel einer Textsortenvariante aus *Terranglia.*“ In: Gil/Haller/ Steiner/Gerzymisch-Arbogast [Hrsg.] (1999), 333-356.
-- (2003): „Deklarationen in Varianten der Textsorte ‚Anleitung‘: Makrokulturelle Präferenzen und ihre translatorische Behandlung.“ In: Gerzymisch-Arbogast, Heidrun/ Hajičová, Eva/Sgall, Petr/Jettmarová, Zuzana/Rothkegel, Annely/Rothfuß-Bastian, Dorothee [Hrsg.] (2003): *Textologie und Translation.* Tübingen: Narr (= Jahrbuch Übersetzen und Dolmetschen. 4/II), 125-144.
-- (2004): „Translationskompetenz: Makrokulturelle Differenzen in der Fachsyntax (am Beispiel fachinterner Anleitungen aus der Mikrokultur Maschinenbau).“ In: Fleischmann/Schmitt/Wotjak [Hrsg.] (2004), 499-510.
-- (2005): „Interferenzprobleme beim Übersetzen technischer Texte.“ In: *Fachsprache. International Journal of LSP* (2005) 3-4, 139-158.
-- (2006a) „Textsortenkonventionen von Fachzeitschriftenartikeln aus ‚zwei Kulturen‘: Metallurgie vs. Linguistik.“ In: *Fachsprache. International Journal of LSP* (2006) 1-2, 41-62.
-- (2006b): „Qualitätskriterien der DIN 2345 (DIN EN 15038) und ihre Implikationen für Übersetzungsdidaktik und -praxis.“ Handout zum Vortrag anlässlich der LICTRA (Leipzig International Conference on Translation Studies) *Translationsqualität*, 4. – 7.10.2006.
-- (2007): *Kulturdifferenz in Fachtextsortenkonventionen. Analyse und Translation. Ein Lehr- und Arbeitsbuch.* Frankfurt am Main u.a.: Lang (= Leipziger Studien zur angewandten Linguistik und Translatologie. 4).
-- (2008): „Übersetzungsqualität: Kriterien der EN 15038–2006.“ In: *Fachsprache. International Journal of LSP* (2008) 3-4, 137-155.
-- (2009a): „Übersetzungskompetenz – diachron betrachtet: der „Adressat“ im Spiegel fachlicher Translate.“ In: Kalverkämper, Hartwig/Schippel, Larisa [Hrsg.] (2009): *Translation zwischen Text und Welt – Translationswissenschaft als historische Disziplin zwischen Moderne und Zukunft.* Berlin: Frank & Timme (= Arbeiten zur Theorie und Praxis des Übersetzens und Dolmetschens. 20), 333-347.
-- (2009b): „EN 15038 auf dem Prüfstand: am Beispiel von vier praxisrelevanten Fachtextsorten.“ In: *Das Wort. Germanistisches Jahrbuch Russland 2009*, 75-100.
Horton, David (1996): „Modes of Address as a Pragmastylistic Aspect of Translation.” In: Lauer/Gerzymisch-Arbogast/Haller/Steiner [Hrsg.] (1996), 69-83.
House, Juliane (1986): „Acquiring Translational Competence in Interaction.” In: House/ Blum-Kulka [eds.] (1986), 179-191.
-- (1996): „Contrastive discourse analysis and misunderstandig. The case of German and English.” In: Hellinger, Marlis/Ammon, Ulrich [Hrsg.] (1996): *Contrastive Sociolinguistics.* Berlin – New York: de Gruyter, 345-361.
-- (1997): *Translation Quality Assessment. A Model Revisited.* Tübingen: Narr (= Tübinger Beiträge zur Linguistik. 410).
-- (1999): „Zur Relevanz kontrastiv-pragmatischer und interkultureller Diskursanalysen für das Fachübersetzen.“ In: Gerzymisch-Arbogast/Gile/House/Rothkegel [Hrsg.] (1999), 43-54.

-- /Blum-Kulka, Shoshana [eds.] (1986): *Interlingual and Intercultural Communication. Discourse and Cognition in Translation and Second Language Acquisition Studies.* Tübingen: Narr (= Tübinger Beiträge zur Linguistik. 272).

-- /Kasper, Gabriele (1981): „Politeness Markers in English and German.“ In: Coulmas, Florian [ed.] (1981): *Conversational Routine*. The Hague: Mouton, 157-185.

Huber, Dieter/Worbs, Erika [Hrsg.] (1998): *Ars transferendi. Sprache, Übersetzung, Interkulturalität. Festschrift für Nikolai Salnikow zum 65. Geburtstag*. Frankfurt am Main u.a.: Lang (= Publikationen des FASK. Reihe A. 24).

Inkeles, Alex (1989): „National Character: A Key to Understanding the USA.” In: Funke [ed.] (1989), 150-176.

Jakob, Karlheinz (1991a): *Maschine, Mentales Modell, Metapher.* Tübingen: Niemeyer (= Germanistische Linguistik. 123).

-- (1991b): „Naive Techniktheorie und Alltagssprache.“ In: Dittmann/Kästner/Schwitalla [Hrsg.] (1991), 125-136.

Jakobs, Eva-Maria (1998): „Vernetzte Fachkommunikation. Ein interdisziplinärer Ansatz.“ In: Danneberg/Niederhauser [Hrsg.] (1998), 189-211.

-- /Knorr, Dagmar [Hrsg.] (1997): *Schreiben in den Wissenschaften.* Frankfurt am Main u.a.: Lang (= Textproduktion und Medium. 1).

Jakobson, Roman (1984): *Russian and Slavic Grammar. Studies 1931-1981.* Edited by Linda R. Waugh and Morris Halle. Berlin: de Gruyter.

Jakovleva, E. S. (1992): „Jazykovoe otraženie cikličeskoj modeli vremeni.” In: *Voprosy jazykoznanija* (1992) 4, 73-83.

Jandt, Fred E. (1995): *Intercultural Communication. An Introduction.* Thousand Oaks – London a.o.: Sage Publications.

Janßen, Hero (1993): *Verbstellung und Satzstruktur im Englischen.* Tübingen: Narr (= Tübinger Beiträge zur Linguistik. 385).

Jelitte, Herbert (1982): *Die abstrakten Nominalbildungen im Russischen, Teil 2: Analyse.* Frankfurt am Main u.a.: Lang (= Beiträge zur Slavistik. IV).

Kachru, Yamuna (1987): „Cross-cultural Texts, Discourse Strategies and Discourse Interpretation.” In: Smith [ed.] (1987), 87-100.

Kalinina, E. Ju. (1998): „Razgraničenie finitnych i nefinitnych form glagola v tipologičeskom aspekte.“ In: *Voprosy jazykoznanija* (1998) 4, 82-110.

Kalverkämper, Hartwig (1982): „Fachsprachen und Textsorten.“ In: Høedt/Lundquist/Picht/Quistgaard [eds.] (1982),105-168.

-- (1992): „Hierarchisches Vergleichen als Methode der Fachsprachenforschung.“ In: Baumann/Kalverkämper [Hrsg.] (1992), 61-77.

-- (1993): „Das fachliche Bild. Zeichenprozesse in der Darstellung wissenschaftlicher Ergebnisse.“ In: Schröder [Hrsg.] (1993), 215-238.

-- (1995): „Kultureme erkennen, lehren und lernen. Eine kontrastive und interdisziplinäre Herausforderung an die Forschung und Vermittlungspraxis.“ In: *Fremdsprachen Lehren und Lernen* (1995) 24, 138-181.

-- (1998): „Bildsemiotik fachlicher Informationsanliegen – zugleich eine diachrone Argumentation für das narrative wissenschaftliche Bild.“ In: Danneberg/Niederhauser [Hrsg.] (1998), 349-410.

-- (1999): „Translationswissenschaft als integrative Disziplin.“ In: Gerzymisch-Arbogast/Gile/House/Rothkegel [Hrsg.] (1999), 55-76.

-- /Baumann, Klaus-Dieter [Hrsg.] (1996): *Fachliche Textsorten. Komponenten – Relationen – Strategien*. Tübingen: Narr (= Forum für Fachsprachen-Forschung. 25).

Kaplan, Robert B. (1966): „Cultural Thought Patterns in Inter-Cultural Education.” In: *Language Learning* XVI (1966) 1-2, 1-20.

-- (1980): „Cultural Thought Patterns in Inter-Cultural Education.” In: Croft, Kenneth [ed.] (1980): *Readings on English as a Second Language*. Boston – Toronto: Little, Brown and Company, 399-418.

Khaleeva, Irina (1998): „Eine Einführung in die Lehre der akademischen Unternehmenskommunikation.“ In: Huber/Worbs [Hrsg.] (1998), 471-478.

Kibrik, A. A. (1994): „Kognitivnye issledovanija po diskursu.“ In: *Voprosy jazykoznanija* (1994) 5, 126-139.

Kiethe, Ulrich (1999): „Nichtdiskriminierende Sprache.“ In: *Lebende Sprachen* (1999) 2, 58-69.

Kitajgorodskaja, M. V./Rozanova, N. N. (1996): „Sovremennaja gorodskaja kommunikacia: tendencii razvitija (na materiale jazyka Moskvy).“ In: Zemskaja [otv. red.] (1996), 345-383.

Klimzo, B. N. (1976): „O perevode periodičeskoj naučno-techničeskoj literatury s anglijskogo jazyka na russkij.“ In: *Tetradi perevodčika* (1976) 37, 75-85.

Kniffka, Hannes (1995): *Elements of Culture-Contrastive Linguistics. Elemente einer kulturkontrastiven Linguistik*. Frankfurt am Main u.a.: Lang.

Kočergina, V. A. (1991): *Vvedenie v jazykovedenie. Osnovy fonetiki – fonologii. Grammatika*. Moskva: Izdatel’stvo Moskovskogo Universiteta.

Koller, Werner ([4]1992): *Einführung in die Übersetzungswissenschaft*. Heidelberg u.a.: Quelle & Meyer (= UTB für Wissenschaft. 819).

Kraevskaja, N. M. (1991): „Osobennosti struktury ustnogo naučnogo teksta. Žanr doklada.“ In: Sokolova [otv. red.] (1991), 123-132.

Kreidlin, G. E./Čuvilina, E. A. (2001): „Ulybka kak žest i kak slovo (k probleme vnutrijazykovoj tipologii neverbal’nych aktov).“ In: *Voprosy jazykoznanija* (2001) 4, 66-93.

Kretzenbacher, Heinz L. (1991): „Syntax des wissenschaftlichen Fachtextes.“ In: *Fachsprache. International Journal of LSP* (1991) 3-4, 118-137.

Krings, Hans P. (1996): „Wieviel Wissenschaft brauchen Technische Redakteure? Zum Verhältnis von Wissenschaft und Praxis in der Technischen Dokumentation.“ In: Krings [Hrsg.] (1996), 5-128.

-- [Hrsg.] (1996): *Wissenschaftliche Grundlagen der Technischen Kommunikation*. Tübingen: Narr (= Forum für Fachsprachen-Forschung. 32).

Kruse, Otto (1997): „Wissenschaftliche Textproduktion und Schreibdidaktik.“ In: Jakobs/Knorr [Hrsg.] (1997), 141-158.

Krylova, O. A. (1979): *Osnovy funkcional'noj stilistiki russkogo jazyka*. Moskva: Nauka.

Krysin, L. P. (1996): „Inojazyčnoe slovo v kontekste sovremennoj obščestvennoj žizni.“ In: Zemskaja [otv. red.] (1996), 142-161.

-- (2002): „Leksičeskoe zaimstvovanie i kal’kirovanie v russkom jazyke poslednich desjatiletij.“ In: *Voprosy jazykoznanija* (2002) 6, 27-34.

Kubarth, Hugo (2002): „Anglicismes – non merci. Französische Sprachpolitik heute.“ In: Muhr/Kettemann [Hrsg.] (2002), 181-208.

Kupsch-Losereit, Sigrid (1990): „Sprachlich-konzeptuelle Verarbeitung von Kulturdifferenz in der Übersetzung.“ In: *Lebende Sprachen* (1990) 4, 152-155.

-- (1995): „Übersetzen als transkultureller Verstehens- und Kommunikationsvorgang: andere Kulturen, andere Äußerungen.“ In: Salnikow [Hrsg.] (1995), 1-15.

-- (1998): „Interferenzen.“ In: Snell-Hornby/Hönig/Kußmaul/Schmitt [Hrsg.] (1998), 167-170.

-- (2002): „Die kulturelle Kompetenz des Translators.“ In: *Lebende Sprachen* (2002) 3, 97-110.

Kußmaul, Paul (1990): „Instruktionen in deutschen und englischen Bedienungsanleitungen.“ In: Arntz/Thome [Hrsg.] (1990), 369-379.

Kutz, Wladimir (2002): „Interkulturelle Aspekte des Dolmetschens.“ In: Thome/Giehl/Gerzymisch-Arbogast [Hrsg.] (2002), 131-168.

Kvam, Sigmund (1998a): „Fachkommunikation und Klassifizierung von Fachtexten.“ In: *Fachsprache. International Journal of LSP* (1998) 1-2, 29-36.

-- (1998b): „Syntax.“ In: Snell-Hornby/Hönig/Kußmaul/Schmitt [Hrsg.] (1998), 53-56.

Lange, Winfried (1996): „Übersetzungswissenschaft und funktionales Übersetzen von Fachtexten.“ In: Beier, Rudolf [Hrsg.] (1996): *Sprache – System und Funktion. Festschrift für Günter Weise.* Frankfurt am Main u.a.: Lang, 151-163.

Lauer, Angelika/Gerzymisch-Arbogast, Heidrun/Haller, Johann/Steiner, Erich [Hrsg.] (1996): *Übersetzungswissenschaft im Umbruch. Festschrift für Wolfram Wilss zum 70. Geburtstag.* Tübingen: Narr.

Lehrndorfer, Anne (1999): „Neue Fachsprache für die Technische Dokumentation?“ In: *Fachsprache. International Journal of LSP* (1999) 1-2, 38-52.

Lichačev, D. S. (1993): „Konceptosfera russkogo jazyka.“ In: *Izvestija Akademii nauk. Serija literatury i jazyka* (1993) 1, 3-9.

Liebert, Wolf-Andreas (2000): „Text-Lebenszyklen. Überlegungen zu einer ganzheitlichen Betrachtung von Textproduktion und Textrezeption am Beispiel der Gebrauchsanweisung.“ In: *Fachsprache. International Journal of LSP* (2000) 1-2, 26-47.

Liefländer-Koistinen, Luise (1993): „Zur Textsorte ‚Kochrezept' im Deutschen und Finnischen. Eine übersetzungstheoretisch relevante Textanalyse.“ In: Schröder [Hrsg.] (1993), 129-139.

Lindroth, Heinzpeter (1997): „Praktische Rhetorik und wissenschaftliches Schreiben. Überlegungen zur rhetorischen Produktionslehre.“ In: Jakobs/Knorr [Hrsg.] (1997), 169-182.

List, Pia/Wagner, Johannes (1992): „Nationale Stereotype im internationalen beruflichen Alltag: Überlegungen anhand eines Fallbeispiels.“ In: Grindsted/Wagner [eds.] (1992), 210-226.

LoCastro, Virginia (1987): „*Aizuchi:* A Japanese Conversational Routine.” In: Smith [ed.] (1987), 101-113.

Lomov, A. M./Gusman Tirado, P. (1999): „Russkoe složnopodčinennoe predloženie i problema ego soderžatel'noj interpretacii.” In: *Voprosy jazykoznanija* (1999) 6, 54-65.

Losskij, N. O. (1957): *Charakter russkogo naroda.* Frankfurt am Main: Possev.

Lüdtke, Jens [Hrsg.] (1988): *Energeia und Ergon. Band III. Das sprachtheoretische Denken Eugenio Coserius in der Diskussion (2).* Tübingen: Narr (= Tübinger Beiträge zur Linguistik. 300).

Lüger, Heinz-Helmut [Hrsg.] (2001): *Höflichkeitsstile.* Frankfurt am Main u.a.: Lang (= Cross Cultural Communication. 7).

Makovskij, M. M. (1997): „Jazyk – mif – kul'tura. Simvoly žizni i žizn' simvolov." In: *Voprosy jazykoznanija* (1997) 1, 73-95.

Malblanc, A. ([4]1968): *Stylistique comparée du français et de l'allemand. Essai de représentation linguistique et Etude de traduction.* Paris: Didier.

Maletzke, Gerhard (1996): *Interkulturelle Kommunikation. Zur Interaktion zwischen Menschen verschiedener Kulturen.* Opladen: Westdeutscher Verlag.

Mårdsjö, Karin (1992): „Technical Writers' Image of their Audience; Word Processing and Microwave Oven Manuals as an Example." In: Grindsted/Wagner [eds.] (1992), 38-51.

Mauritz, Hartmut (1996): *Interkulturelle Geschäftsbeziehungen.* Wiesbaden: Deutscher Universitäts-Verlag.

Mayer, Gerhart (1998): „Kulturwissenschaft und Kulturanthropologie. Gedanken zu einer interdisziplinären Kooperation." In: Huber/Worbs [Hrsg.] (1998), 487-491.

McElholm, Dermot (2002): *Text and Argumentation in English for Science and Technology.* Frankfurt am Main u.a.: Lang (= Linguistics. 235).

Meyer, Paul Georg (2002): *Synchronic English Linguistics. An Introduction.* Tübingen: Narr.

Miall, Antony ([4]1998): *Die Engländer pauschal.* Aus dem Englischen von Oliver Koch. Frankfurt am Main: Fischer.

Minogue, Angela/Weber, Siegfried (1992): „Der Textvergleich als Untersuchungsmethode in der Fachsprachenforschung." In: Baumann/Kalverkämper [Hrsg.] (1992), 49-60.

Möhn, Dieter (1991): „Instruktionstexte - ein Problemfall bei der Textklassifikation." In: *Zeitschrift für germanistische Linguistik* 106/107 (1991), 183-212.

Morgenroth, Klaus (1996): „Gibt es formale Kriterien zur Bestimmung von Nomenklaturzeichen?" In: Morgenroth [Hrsg.] (1996), 139-160.

-- [Hrsg.] (1996): *Terminologie und Nomenklatur. Ein dichotomischer Ansatz zur strukturellen Differenzierung der Fachlexik.* Frankfurt am Main u.a.: Lang (= Leipziger Fachsprachen-Studien. 11).

-- [Hrsg.] (2000): *Hermetik und Manipulation in den Fachsprachen.* Tübingen: Narr (= Forum für Fachsprachen-Forschung. 55).

Morgenstern, Christian (1994): *Gedichte – Verse – Sprüche.* Geneva: Lechner Eurobooks.

Münster, Kreske (2008): *Kulturdifferenz in Fachtextsortenkonventionen: Makrostruktur und Themenbehandlung in Pumpenanleitungen des deutschen, US-amerikanischen und französischen Maschinenbaus. Analyse und Lokalisierung.* Diplomarbeit. Johannes Gutenberg-Universität, Mainz – FASK, Germersheim. SS 2008.

Muhr, Rudolf/Kettemann, Bernhard [Hrsg.] (2002): *Eurospeak. Der Einfluss des Englischen auf europäische Sprachen zur Jahrtausendwende.* Frankfurt am Main u.a.: Lang (= Österreichisches Deutsch. Sprache der Gegenwart. 1).

Mulisch, Herbert (1993): *Handbuch der russischen Gegenwartssprache.* Leipzig – Berlin u.a.: Langenscheidt Verlag Enzyklopädie.
Naer V. L. (1981): „K opisaniju funkcional'no-stilevoj sistemy sovremennogo anglijskogo jazyka. Voprosy differenciacii i integracii." In: Akademija nauk SSSR. Kafedra inostrannych jazykov (1981): *Lingvističeskie osobennosti naučnogo teksta.* Moskva: Nauka, 3-13.
Neroznak, V. P. (1994): „Sovremennaja etnojazykovaja situacija v Rossii." In: *Izvestija Akademii nauk. Serija literatury i jazyka* (1994) 2, 16-28.
Neubert, Albrecht (1986/1994): „Translatorische Relativität." In: Snell-Hornby [Hrsg.] (1986/[2]1994), 85-105.
-- (1997a): „Übersetzungswissenschaft und Übersetzungslehre: Spannungen und Chancen, Hemmnisse und Möglichkeiten, Gegensätze und Gemeinsamkeiten, Isolation und Gemeinsamkeit." In: Fleischmann/Kutz/Schmitt [Hrsg.] (1997), 3-14.
-- (1997b): „Teaching Translation as Text." In: Drescher [Hrsg.] (1997), 75-90.
-- (2002): „Translation in Context." In: Thome/Giehl/Gerzymisch-Arbogast [Hrsg.] (2002), 227-241.
Newmark, Peter (1991): „The Curse of Dogma in Translation Studies." In: *Lebende Sprachen* (1991) 3, 105-108.
-- (1995): „Truth and Culture in Translation." In: *Lebende Sprachen* (1995) 2, 49-51.
Nickl, Markus (2001): *Gebrauchsanleitungen. Ein Beitrag zur Textsortengeschichte seit 1950.* Tübingen: Narr (= Forum für Fachsprachen-Forschung. 52).
Niederhauser, Jürg (1996): „Darstellungsformen von Wissenschaften als Thema der Fachsprachenforschung." In: Kalverkämper/Baumann [Hrsg.] (1996), 37-64.
-- (1997): „Das Schreiben populärwissenschaftlicher Texte als Transfer wissenschaftlicher Texte." In: Jakobs/Knorr [Hrsg.] (1997), 107-122.
Nikolaeva, T. M./Fužeron, I. (1999): „Nekotorye nabljudenija nad semantikoj i statusom složnych predloženij s ustupitel'nymi sojuzami." In: *Voprosy jazykoznanija* (1999) 1, 17-36.
Nord, Christiane (1989): „Loyalität statt Treue. Vorschläge zu einer funktionalen Übersetzungstypologie." In: *Lebende Sprachen* (1989) 3, 100-105.
-- (1993): *Einführung in das funktionale Übersetzen.* Tübingen – Basel: Francke (= UTB für Wissenschaft. 1734).
-- ([3]1995): *Textanalyse und Übersetzen.* Heidelberg: Groos.
-- (1999): „Der Adressat – das unbekannte Wesen? Möglichkeiten und Grenzen der Adressatengerechtheit beim Übersetzen." In: Gil/Haller/Steiner/Gerzymisch-Arbogast [Hrsg.] (1999), 191-207.
Nosova, E. G. (1994): „Ispol'zovanie passivnych konstrukcij v nemeckoj i russkoj razgovornoj reči." In: Gladrov/Raevskij [Hrsg.] (1994), 65-79.
Oldenburg, Antje (1997): „Überlegungen zur interkulturellen Untersuchung von Wissenschaftsstilen." In: *Fachsprache. International Journal of LSP* (1997) 1-2, 9-16.
Oldenburg, Hermann (1992a): *Angewandte Fachtextlinguistik.* ‚Conclusions' und Zusammenfassungen. Tübingen: Narr (= Forum für Fachsprachen-Forschung. 17).
-- (1992b): „*Zusammenfassungen* und *Conclusions* im Vergleich: Empirische Ergebnisse und praktische Perspektiven". In: Baumann/Kalverkämper [Hrsg.] (1992), 123-134.

-- (1996): „Das Problem der Normung von Fachtextsorten.“ In: Kalverkämper/Baumann [Hrsg.] (1996), 541-553.
Ortner, Hanspeter (1987): *Die Ellipse. Ein Problem der Sprachtheorie und der Grammatikbeschreibung.* Tübingen: Niemeyer (= Germanistische Linguistik. 80).
Ožegov, S.I. (1990): *Slovar' russkogo jazyka.* Moskva: Russkij jazyk.
Paladjan, M. (2001): „Myšlenie i sintaksis (Issledovanie pozicii prošedšego participa.“ In: *Voprosy jazykoznanija* (2001) 6, 85-103.
Panzer, Baldur (2000): „Politische und sprachliche Veränderungsprozesse.“ In: Panzer [Hrsg.] (2000), 1-11.
-- [Hrsg.] (2000): *Die sprachliche Situation in der Slavia zehn Jahre nach der Wende. Beiträge zum Internationalen Symposion des Slavischen Instituts der Universität Heidelberg vom 29. September bis 2. Oktober 1999.* Frankfurt am Main u.a.: Lang (= Heidelberger Publikationen zur Slavistik. A. Linguistische Reihe. 10).
Pečnikov, A. N. (1998): „Sposoby svjazi predikativnych edinic v russkom složnopodčinennom predloženii.“ *In: Voprosy jazykoznanija* (1998) 3, 151-158.
Percov, N. V. (1998): „K probleme invarianta grammatičeskogo značenija. (Imperativ v russkom jazyke).“ In: *Voprosy jazykoznanija* (1998) 2, 88-101.
Pfandl, Heinrich (2002): „Wie gehen die slawischen Sprachen mit Anglizismen um? (Am Beispiel des Russischen, Tschechischen und Slowenischen).“ In: Muhr/Kettemann [Hrsg.] (2002), 117-154.
Pichler, Wolfram. W. (1994): „Normen und Vorschriften in Redaktionsrichtlinien für Benutzerinformationen umsetzen.“ In: VDI [Hrsg.] (1994), 25-54.
-- ([28]2007): *Normenkonforme Anleitungen erstellen.* Teilnehmer-Handbuch zum DIN-Seminar 2007BA28. Berlin: Beuth.
Piirajnen I. T. (1996): „Vežlivost' kak kategorija jazyka.“ In: *Voprosy jazykoznanija* (1996) 6, 100-105.
Püschel, Ulrich (1996): „Sprachstil – ein Thema für Technische Redakteure?“ In: Krings [Hrsg.] (1996), 307-338.
Puntsch, Eberhard ([10]1986): *Zitatenhandbuch. Band 1.* Landsberg: moderne verlagsgesellschaft.
Quirk, Randolph/Greenbaum, Sidney/Leech, Geoffrey/Svartik, Jan (1972): *A Grammar of Contemporary English.* London: Longman.
-- /Greenbaum, Sidney ([33]1996): *A University Grammar of English.* Harlow: Longman.
Raible, Wolfgang (1991): *Die Semiotik der Textgestalt. Erscheinungsformen und Folgen eines kulturellen Evolutionsprozesses*. Heidelberg: Winter.
Rathmayr, Renate (1976): *Die perfektive Präsensform im Russischen.* Wien: Verlag der Österreichischen Akademie der Wissenschaften.
-- (1993): „Čto u nas normal'no? – Was ist bei uns normal?“ In: Ertelt-Vieth [Hrsg.] (1993), 31-54.
-- (1995): „Pragmatische Aspekte von Entschuldigungen: Sprechakte, Gesprächszüge und kulturspezifische Gebrauchskonventionen. Am Beispiel des Russischen.“ In: Weiss, Daniel [Hrsg.] (1995): *Slavistische Linguistik 1994. Referate des XX. Konstanzer Slavistischen Arbeitstreffens. Zürich 20.-22.9.1994.* München: Sagner (= Slavistische Beiträge. 332), 309-332.

-- (= Ratmajr) (1997): „Funkcional'nye i kul'turno-sopostavitel'nye aspekty pragmatičeskich kliše (na materiale russkogo i nemeckogo jazykov).“ In: *Voprosy jazykoznanija* (1997) 1, 15-22.

-- (2002): „Anglizismen im Russischen: Gamburgery, Bifšteksy und die Voucherisierung Russlands.“ In: Muhr/Kettemann [Hrsg.] (2002), 155-180.

Razinkina, N. M. (1987): „O makrostrukture naučnogo teksta.“ In: Cvilling [otv. red.] (1987), 25-38.

Reiß, Katharina ([3]1993): *Texttyp und Übersetzungsmethode. Der operative Text.* Heidelberg: Groos.

-- /Vermeer, Hans. J. (1984/[2]1991): *Grundlegung einer allgemeinen Translationstheorie.* Tübingen: Niemeyer (= Linguistische Arbeiten. 147).

Richter, Karl Ludwig (1991): „Zur Auswirkung aktueller gesellschaftlicher Prozesse auf die Sprache.“ In: *Lebende Sprachen* (1991) 4, 152-153.

Rjabceva, N. K. (1992): „Mental'nye performativy v naučnom diskurse.“ In: *Voprosy jazykoznanija* (1992) 4, 12-28.

Romanenko, A. P. (2002): „Sovetskaja slovesnaja kul'tura: otečestvennaja istorija ee izučenija.“ In: *Voprosy jazykoznanija* (2002) 6, 118-139.

Rossichina G. N. (1991): „O raspredelenii kompozicionno-rečevych form po funkcional'nym stiljam (na materiale nemeckogo jazyka).“ In: Sokolova [otv. red.] (1991), 50-58.

Rothkegel, Annely (1999): „Technische Kommunikation (TK): Fragen zum Thema.“ In: Gerzymisch-Arbogast/Gile/House/Rothkegel [Hrsg.] (1999), 3-12.

Rozental', D. E./Golub I. B./Telenkova M. A. (1995): *Sovremennyj russkij jazyk.* Moskva: Meždunarodnye otnošenija.

Ruge, Hans (1997): „Duzen und Siezen im Deutschen, Neugriechischen und Schwedischen. Ein impressionistischer Vergleich.“ In: Drescher [Hrsg.] (1997), 487-496.

Šachmatov, A. A. (1963): *Sintaksis russkogo jazyka.* Herausgegeben von Istrina E. S.. The Hague: Mouton & Co.

Sachtleber, Susanne (1993): „Textstile in der Wissenschaftssprache.“ In: Schröder [Hrsg.] (1993), 61-79.

Sager, Juan C. (1994a): „Die Übersetzung im Kommunikationsprozeß: der Übersetzer in der Industrie.“ Deutsche Fassung von Paul Kußmaul. In: Snell-Hornby [Hrsg.] ([2]1994), 331-347.

-- (1994b): „Reflections on Terminological Translation Equivalents.” In: *Lebende Sprachen* (1994) 2, 55-57.

-- (1996): „Stretching the Limits of ‚Translation'. Are There Translation-Specific Text Types?” In: Lauer/Gerzymisch-Arbogast/Haller/Steiner [Hrsg.] (1996), 43-52.

-- /Dungworth, David/McDonald, Peter F. (1980): *English Special Languages. Principles and practice in science and technology.* Wiesbaden: Brandstetter.

Salnikow, Nikolai [Hrsg.] (1995): *Sprachtransfer – Kulturtransfer*. Frankfurt am Main u.a.: Lang (= Publikationen des FASK. Reihe A. 19).

Samuels, Marilyn S. (1989): *The Technical Writing Process.* New York – Oxford: Oxford University Press.

Sandig, Barbara (1997): „Formulieren und Textmuster. Am Beispiel von Wissenschaftstexten.“ In: Jakobs/Knorr [Hrsg.] (1997), 25-44.

Sandu, Doina (2001): „Höflichkeit vs. Routine? Gesprächsverhalten in deutsch- und rumänischsprachigen Kommunikationsräumen.“ In: Lüger [Hrsg.] (2001), 263-276.
Šapošnikov, V. N. (1999): „O territorial’noj i funkcional’noj strukture russkogo jazyka k koncu XX stoletija.“ In: *Voprosy jazykoznanija* (1999) 2, 50-57.
Sauer, Christoph (1997): „Visualisierung inbegriffen: Textüberarbeitung und Umgestaltung.“ In: Jakobs/Knorr [Hrsg.] (1997), 91-106.
Schäfer, Werner (2002): „‚Spot the problem!’ Übersetzen beginnt vor dem Übersetzen.“ In: *Lebende Sprachen* (2002) 4, 153-156.
Schlosser, Horst Dieter (1991): „Beobachtungen zur wirtschaftlichen Umgestaltung im Osten Deutschlands und ihren sprachlichen Folgen.“ In: *Lebende Sprachen* (1991) 2, 49-54.
Schmidt, Heide (1995): „Textoptimierung und Translation.“ In: Salnikow [Hrsg.] (1995), 63-93.
-- (1996): „Der übersetzungsorientierte Vergleich textsortentypischer Makrostrukturen.“ In: Kalverkämper/Baumann [Hrsg.] (1996), 426-457.
Schmitt, Christian (1990): „Französisch: Sprache und Gesetzgebung.“ In: Holtus, Günter/Metzeltin, Michael/Schmitt, Christian [Hrsg.] (1990): *Lexikon der romanistischen Linguistik. Band. 5 Französisch.* Tübingen: Niemeyer, 354-379.
Schmitt, Peter A. (1987): „Fachtextübersetzung und ‚Texttreue': Bemerkung zur Qualität von Ausgangstexten.“ In: *Lebende Sprachen* (1987) 1, 1-7.
-- (1995) „Warnhinweise in deutschen und englischen Anleitungen: Ein interkultureller Vergleich.“ In: *Fremdsprachen Lehren und Lernen* (1995) 24, 197-222.
-- (1996): „Warnhinweise in deutschen und englischen Anleitungen.“ In: *Lebende Sprachen* (1996) 2, 49-57.
-- (1997): „Comics und Cartoons: (k)ein Gegenstand der Übersetzungswissenschaft?“ In: Drescher [Hrsg.] (1997), 619-662.
-- (1998a) „Defekte im Ausgangstext.“ In: Snell-Hornby/Hönig/Kußmaul/Schmitt [Hrsg.] (1998), 147-151.
-- (1998b): „Technical Writing und Übersetzen.“ In: Snell-Hornby/Hönig/Kußmaul/ Schmitt [Hrsg.] (1998), 154-159.
-- (1998c): „Anleitungen/Benutzerhinweise.“ In: Snell-Hornby/Hönig/Kußmaul/Schmitt [Hrsg.] (1998), 209-213.
-- (1999): *Translation und Technik.* Tübingen: Stauffenburg.
Schönle, Peter Walter (1975): *Zur Wortbildung im modernen Russisch.* München: Sagner.
Schoenthal, Gisela (1991): „Adressatenorientierung in der Interaktion zwischen Kindern und Erwachsenen – eine exemplarische Analyse.“ In: Dittmann/Kästner/Schwitalla [Hrsg.] (1991), 205-222.
Schreiber, Michael (1993): *Übersetzung und Bearbeitung. Zur Differenzierung und Abgrenzung des Übersetzungsbegriffs.* Tübingen: Narr (= Tübinger Beiträge zur Linguistik. 389).
-- (1997): „Übersetzungsverfahren: Klassifikation und didaktische Anwendung.“ In: Fleischmann/Kutz/Schmitt [Hrsg.] (1997), 219-226.

Schröder, Hartmut (1988): „Fachtext, interkulturelle Kommunikation und Aufgaben einer spezialisierten Didaktik/Methodik des fachbezogenen Fremdsprachenunterrichts.“ In: Gnutzmann [Hrsg.] (1988), 107-124.

-- [Hrsg.] (1991): *Subject-Oriented Texts. Language for Special Purposes and Text Theory.* Berlin – New York: de Gruyter (= Research in Text Theory/Untersuchungen zur Texttheorie. 16).

-- (1993): „Semiotische Aspekte multimedialer Texte.“ In: Schröder [Hrsg.] (1993), 189-213.

-- [Hrsg.] (1993): *Fachtextpragmatik.* Tübingen: Narr (= Forum für Fachsprachen-Forschung. 19).

Schulze, Rainer (1985): *Höflichkeit im Englischen.* Tübingen: Narr (= Tübinger Beiträge zur Linguistik. 255).

Schwanzer Viliam (1981): „Syntaktisch-stilistische Universalia in den wissenschaftlichen Fachsprachen.“ In: Bungarten [Hrsg.] (1981), 213-230.

Schwartz, Theodore (1989): „The Structure of National Cultures.” In: Funke [ed.] (1989), 110-149.

Schwend, Joachim (1997): „Kultur, Kulturwissenschaft und Translation.“ In: Drescher [Hrsg.] (1997), 263-278.

Šelov, S. D. (1984): „Terminologija, professional’naja leksika i professionalizmy.“ In: *Voprosy jazykoznanija* (1984) 5, 76-87.

Sergievskaja, L. A. (1995): „Modal’nost’ složnogo predloženija s imperativnoj semantikoj v sovremennom russkom jazyke.“ In: *Voprosy jazykoznanija* (1995) 3, 48-55.

Siepmann, Dirk (2001): „Multi-word Discourse Markers in Translation.” In: *Lebende Sprachen* (2001) 3, 97-107.

Six, Ulrike (1989): „The Functions of Stereotypes and Prejudices in the Process of Cross-Cultural Understanding – A Social Psychological Approach.“ In: Funke [ed.] (1989), 42-62.

Smith, Larry E. (1987): „Introduction: Discourse Strategies and Cross-cultural Communication.” In: Smith [ed.] (1987), 1-6.

-- [ed.] (1987): *Discourse across Cultures. Strategies in World Englishes.* New York – London: Prentice Hall.

Snell-Hornby, Mary (1986/1994): „Übersetzen, Sprache, Kultur.“ In: Snell-Hornby [Hrsg.] (1986/^{2}1994), 9-29.

-- [Hrsg.] (1986/^{2}1994): *Übersetzungswissenschaft. Eine Neuorientierung.* Tübingen – Basel: Francke (= UTB für Wissenschaft. 1415).

-- (1990): „’Slippery when wet’. Paralleltexte als Übersetzungshilfe.” In: *Der Deutschunterricht* (1990) 1, 10-16.

-- (1997): „How Many Englishes? Lingua franca and Cultural Identity as a Problem in Translator Training.” In: Drescher [Hrsg.] (1997), 279-290.

-- /Hönig, Hans G./Kußmaul, Paul/Schmitt, Peter A. [Hrsg.] (1998): *Handbuch Translation.* Tübingen: Stauffenburg.

Sokolova A. M. [otv. red.] (1991): *Naučnyj i obščestvenno-političeskij tekst.* Moskva: Nauka.

Sorokin, Ju. A. (1995): „Rečevye markery etničeskich i institucional'nych portretov i avtoportretov (Kakimi my vidim sebja i drugich)." In: *Voprosy jazykoznanija* (1995) 6, 43-53.
Sorvali, Irma (1996): *Translation Studies in a New Perspective.* Frankfurt am Main u.a.: Lang.
Stahlheber, Eva M. (1992): „Die Fachtextsorte *Zeitschriftenartikel* im Deutschen und *Address/Article* im Amerikanischen: Popularisierungsgrad und Diachronie von Funktionen und Strukturen.“ In: Baumann/Kalverkämper [Hrsg.] (1992), 162-189.
Stark, Elisabeth (2001): „Nominaldetermination, Textkohärenz und Übersetzungsvergleich – Signalisierung von Diskursreferenten in altitalienischen Texten und ihren deutschen Übersetzungen.“ In: Albrecht/Gauger [Hrsg.] (2001), 199-227.
Stetter, Christian (1991): „Text und Textur. Hat die Sprechakttheorie eine historische Dimension?“ In: Busse [Hrsg.] (1991), 67-81.
Stojanova-Jovčeva, Stanka (1988): „Textlinguistische Probleme des Translationsprozesses bei Fachsprachentexten.“ In: Arntz [Hrsg.] (1988), 349-361.
Stoll, Eva (2001): „Reiseprospekte im multilateralen Übersetzungsvergleich; eine kontrastive Textsortenuntersuchung am Beispiel französischer, italienischer, spanischer, englischer und deutscher Texte.“ In: Albrecht/Gauger [Hrsg.] (2001), 340-375.
Stoll, Karl-Heinz (1997): „Translation in Terranglia.“ In: Fleischmann/Kutz/Schmitt [Hrsg.] (1997), 410-417.
-- (1999): „Interkulturelle Anglophonie.“ In: *Lebende Sprachen* (1999) 1, 14-20.
Stolze, Radegundis/Deppert, Alex (1998): „Übersetzung und Verständlichkeit deutscher und englischer Wissenschaftstexte.“ In: *Fachsprache. International Journal of LSP* (1998) 3-4, 116-130.
Strevens, Peter (1987): „Cultural Barriers to Language Learning.” In: Smith [ed.] (1987), 169-178.
Švedova, N. Ju. (2001): „Ješče raz o glagole byt'.“ In: *Voprosy jazykoznanija* (2001) 2, 3-12.
Švejcer, A. D. (1991): „Problemy kontrastivnoj stilistiki (k sopostavitel'nomy analizu funkcional'nych stilej).“ In: *Voprosy jazykoznanija* (1991) 4, 31-45.
-- (1994): „Istoki fonetičeskich i grammatičeskich osobennostej amerikanskogo varianta anglijskogo jazyka.“ In: *Izvestija Akademii nauk. Serija literatury i jazyka* (1994) 5, 30-45.
-- (1996): „Nekotorye problemy jazykovoj politiki v SŠA.” In: *Izvestija Akademii nauk. Serija literatury i jazyka* (1996) 2, 11-16.
Tarlanov, Z. K. (1995): „O sintaksičeskich granicach složnogo predloženija v russkom jazyke: k sporam vokrug izvestnogo.“ In: *Voprosy jazykoznanija* (1995) 2, 83-90.
Tauscher, E./Kirschbaum, E.-G. ([17]1987): *Grammatik der russischen Sprache.* Düsseldorf: Brücken-Verlag.
Teich, Elke (1999): „Contrastive Linguistics and Translation Studies revisited.“ In: Gil/ Haller/Steiner/Gerzymisch-Arbogast [Hrsg.] (1999), 507-521.
tekom = Gesellschaft für technische Kommunikation e.V. (2005): *Richtlinie zur Erstellung von Sicherheitshinweisen in Betriebsanleitungen.* Stuttgart.
Terechova, E. V. (1991): „Ličnye mestoimenija v anglijskoj naučnoj literature (semantika i funkcionirovanie).” In: Sokolova [otv. red.] (1991), 71-81.

Thome, Gisela/Giehl, Claudia/Gerzymisch-Arbogast, Heidrun [Hrsg.] (2002): *Kultur und Übersetzung. Methodologische Probleme des Kulturtransfers*. Tübingen: Narr (= Jahrbuch Übersetzen und Dolmetschen. 2).

Tjarks-Sobhani, M. (1994): „Kommunikationsmuster – das i-Tüpfelchen der sprachlichen Gestaltung." In: VDI [Hrsg.] (1994), 55-65.

Tumanjan, E. G. (1985): *Jazyk kak sistema sociolingvističeskich sistem*. Moskva: Nauka.

Ufimceva, N. V. (1993): „Zur Selbstwahrnehmung von Russen. Eine empirische Untersuchung." In: Ertelt-Vieth [Hrsg.] (1993), 156-166.

-- (1995): „Etničeskie i kul'turnye stereotipi: kross-kul'turnoe issledovanie." In: *Izvestija Akademii nauk. Serija literatury i jazyka* (1995) 3, 55-62.

Uhlenbeck, E. M. (1980): „Language Universals, Individual Language Structure and the Lingua Descriptive Series Project." In: Brettschneider/Lehmann [Hrsg.] (1980), 59-64.

Ulijn, Jan M. (1982): „Universals and Variants in Scientific and Technical English, French, German and Dutch." In: Høedt/Lundquist/Picht/Quistgaard [eds.] (1982), 217-218.

-- (1985): „Summary of an Article Entitled: ‚The Scientific and Technical Register and its Cross-Linguistic Constants and Variants'". In: Unesco *ALSED LSP Newsletter 8* (1985) 2 (21), 22-27.

Ušakov, D. N. (1995): *Russkij jazyk*. Moskva: Prosveščenie AO „Učebnaja Literatura".

Useem, John/Useem, Ruth/Donoghue, John (1963): „Men in the Middle of the Third Culture: The Roles of American and Non-Western People in Cross-Cultural Administration." In: *Human Organization* 22 (1993) 2, 169-179.

VDI 4500-1 (1995): *Technische Dokumentation. Benutzerinformation. Blatt 1.* Februar 1995. Berlin: Beuth.

VDI-Gesellschaft [Hrsg.] (1994): *Professionelle Benutzerinformation – das Qualitätsmerkmal für Kundenorientierung. Tagung München 17. und 18. März 1994.* Düsseldorf: VDI-Verlag (= VDI Berichte. 1114).

Vereščagin E. M./Rathmayr, R./Reuter T. (1992): „Rečevye taktiki ‚prizyva k otkrovennosti'. Ešče odna popytka proniknut' v idiomatiku rečevogo povedenija i russko-nemeckij kontrastivnyj podchod." In: *Voprosy jazykoznanija* (1992) 6, 82-93.

Vermeer, Hans J. (1986/1994): „Übersetzen als kultureller Transfer." In: Snell-Hornby [Hrsg.] (1986/[2]1994), 30-53.

Vinay, J. P./Darbelnet J. (1958): *Stylistique comparée du français et de l'anglais*. Paris: Didier.

Vinogradov, V. V. ([3]1986): *Russkij jazyk (Grammatičeskoe učenie o slove).* Moskva: Vysšaja škola.

Volodarskaja, E. F. (2002): „Zaimstvovanie kak otraženie russko-anglijskich kontaktov." In: *Voprosy jazykoznanija* (2002) 4, 96-118.

Wasmuth, Stefanie (2008): *Kulturdifferenz in Fachtextsortenkonventionen: Gestaltung von Warnhinweisen und Signalwortverwendung in Anleitungen der deutschen, US-amerikanischen und kanadischen Fördertechnik. Analyse und translatorische Behandlung.* Diplomarbeit. Johannes Gutenberg-Universität, Mainz – FASK, Germersheim. SS 2008.

Weiss, Bert (1992): „Lernziel Explizität: Hauptschwierigkeiten frankophoner Studenten beim Übersetzen französischer Wirtschaftstexte ins Deutsche." In: Albrecht/Baum [Hrsg.] (1992), 302-318.

Weizman, Elda (1986): „An Interlingual Study of Discourse Structures: Implications for the Theory of Translation." In: House/Blum-Kulka [eds.] (1986), 115-126.

Wenzel, Friedrich (2002): „Darstellung komplexer Syntax in einem interaktiven System zur Visualisierung russischer Grammatik." In: Bruns [Hrsg.] (2002), 133-148.

Wierzbicka, Anna (1991): *Cross-Cultural Pragmatics: The Semantics of Human Interaction*. Berlin – New York: Mouton de Gruyter (= Trends in Linguistics. Studies and Monographs. 53).

Wilss, Wolfram (1988): *Kognition und Übersetzen. Zu Theorie und Praxis der menschlichen und der maschinellen Übersetzung*. Tübingen: Niemeyer (= Konzepte der Sprach- und Literaturwissenschaft. 41).

-- (1992): *Übersetzungsfertigkeit. Annäherungen an einen komplexen übersetzungspraktischen Begriff*. Tübingen: Narr (= Tübinger Beiträge zur Linguistik. 376).

-- (1996): *Übersetzungsunterricht. Eine Einführung*. Tübingen: Narr.

-- (2002): „Die deutsche Sprache im Spannungsfeld zwischen Fremd- und Selbstbestimmung." In: *Lebende Sprachen* (2002) 4, 145-149.

-- (2003): „Der Kulturbegriff in der deutschen Gegenwartssprache." In: *Politische Studien* 388 (2003), 71-83. Zitiert nach Manuskript, 1-19.

-- (2004): „Optimierung als Erscheinungsform problemorientierten Übersetzens." Manuskript, 1-12.

Witte, Heidrun (1998): „Die Rolle der Kulturkompetenz." In: Snell-Hornby/Hönig/Kußmaul/Schmitt [Hrsg.] (1998), 345-348.

-- (2000): *Die Kulturkompetenz des Translators. Begriffliche Grundlegung und Didaktisierung*. Tübingen: Stauffenburg (= Studien zur Translation. 9).

Wolf, Dieter (1991): „Zur Vagheit in der Entwicklung der Sprachzeichendeutung." In: Busse [Hrsg.] (1991), 101-115.

Wrobel, Arne (1997): „Zur Modellierung von Formulierungsprozessen." In: Jakobs/Knorr [Hrsg.] (1997), 15-24.

Zalewska, Aneta (2008): *Kulturdifferenz in Fachtextsortenkonventionen: Makrostruktur und Themenbehandlung in Originalanleitungen der deutschen, US-amerikanischen und polnischen Fertigungstechnik*. Diplomarbeit. Johannes Gutenberg-Universität, Mainz – FASK, Germersheim. SS 2008.

Zemskaja, E. A. (1973): *Russkaja razgovornaja reč'*. Moskva: Nauka.

-- (1992): *Slovoobrazovanie kak dejatel'nost'*. Moskva: Nauka.

-- (1996a): „Vvedenie." In: Zemskaja [otv. red.] (1996), 9-31.

-- [otv. red.] (1996): *Russkij jazyk konca XX stoletija (1985 – 1995)*. Moskva: Jazyki russkoj kultury.

-- (1996b): „Kliše novojaza i citacija v jazyke postsovetskogo obščestva." In: *Voprosy jazykoznanija* (1996) 3, 23-31.

-- (2000): „Aktivnye processy v russkom jazyke poslednego desjatiletija 20-go veka." In: Panzer [Hrsg.] (2000), 31-48.

Zerm, Gudrun (1987): *Textbezogene Untersuchungen zur englischen Fachsprache der Metallurgie (Schwarzmetallurgie)*. Leipzig: Diss.

Zojer, Heidi (2001): „Der Interkulturalität auf der Spur." In: *Lebende Sprachen* (2001) 2, 49-54.

Zolotova, G. A. (1995): „Monopredikativnost' i polipredikativnost' v russkom sintaksise." In: *Voprosy jazykoznanija* (1995) 2, 99-110.

Stichwortverzeichnis

Abbildung
- Darstellungsform
  - Bild 337, 339f., 538, 543f., 564, A50, A103, A162f., A217, A345
  - Diagramm 340, 342, 538f., 543, A50f., A88, A103, A347, s. a. Diagramm
  - Explosionsbild/-zeichnung 279f., 338, 341, 538, 543, A33, A50, A52, A103, A163, A217, A346
  - Foto 337, 340, 354, 538f., 543f., 564, A33, A50, A103, A162ff., A217, A345
  - Schema 339f., 342, 538ff., 543, A50ff., A102f., A163, A217, A347, s. a. Schema
  - Skizze 338f., 341, 538, 543f., A50, A103, A162ff., A217, A346
  - Technische Zeichnung 338, 341, 538f., 543, A50, A103, A163, A346, s. a. Zeichnung
- Funktion
  - autonome 286f., 289, 344ff., 352, 537, 539f., 543, 545, 553, A51f., A103f., A164f., A218f., A350
  - illustrative 286, 288, 344ff., 350, 352, 539, 541, 543ff., 555, 564, A51, A103, A163f., A217f., A349
  - isolierte 286f. 289, 345, 347, 353, 540, 542-545, A51, A103, A163f., A218, A351
  - komplementäre 285-288, 336f., 343ff., 501f., 527, 539-545, 555, 564, A51, A103, A163f., A217, A348
- Gliederung, formale 277-281
- Platzierung s. Distanz zwischen Verweis und Abbildung
- Positionierung 286-289, 499-503, 509, 551f., 559, A32f., A87f., A144f., A201f., A281-284
- Segmentierung, inhaltliche 281f.
- Sequenzierung s. Sequenzierung von Abbildungen
- Textbezug s. Textbezug von Abbildungen

Abbildungsdichte 531f., 561, 564, A49, A101f., A162, A216

Abstraktum 221-225

Adressateneinbezug s. Personeneinbezug

Adressatenorientierung 44, 112ff., 324, 472ff., 494, 523, 535, 543, 553, 559, 562, A164
- auf den fachexternen Kunden 409
- auf den fachinternen Kunden 409

Advance Organizer 104, 472, 550, 556

Adverbiale Beziehung
- Finalität 213, 225, 233, 238f., 254f., 358f., 363f., 366f., 369f., 372f., 375, 377, 424ff., 440f., 451, 489ff., 530, A20, A53f., A56, A58f., A76f., A105-108, A110f., A132, A166, A168-172, A190, A193f., A220, A222, A224f., A254, A356, A361, A366f.
- Kausalität/Konsekutivität 232ff., 255f., 358f., 363f., 367, 369, 372f., 375, 377, 424, 426, 441f., 451, 489ff., 530, 560, A20f., A53f., A56, A58f., A77, A105-108, A110f., A132, A166, A168-172, A190, A222, A225f., A254f., A356f., A361, A367
- Konditionalität 208, 225f., 230f., 234f., 238f., 256, 442, 451, 530, 564, A21, A77f., A132f., A191, A255f.
- Modalität 208f., 224f., 231ff., 235f., 238f., 256f., 358f., 364, 375f., 424, 426, 443, 452, 489f., 531, 560, A21f., A53f., A56, A58ff., A78, A105-108, A110f., A133, A167ff.,

A172, A191, A256, A357, A361, A368
- Temporalität
  - Gleichzeitigkeit 209, 230, 236f., 239f., 257, 444, 452, A22, A78f., A134, A191f., A257
  - Nachzeitigkeit 237f., 258, 446, 452, 564, A22, A78f., A133f., A191f., A258
  - Vorzeitigkeit 209, 230, 237, 257f., 445, 452, A22, A78f., A134, A191f., A257

Adverbialpartizipialkonstruktion s. satzwertige Konstruktion

Äquivalenz
- denotative 393f.
- formale 397
- kommunikative 394
- konnotative 393
- textnormative 393

Anführungszeichen
- Funktion
  - konventionelle 265ff., 481ff., 495, 551, 559, A29f., A84, A140f., A198, A268f.
  - modalisierende 266-269, 482f., 495, 551, 559, A29f., A84, A140f., A198, A270
- Markierung von
  - Bezeichnungen für Bedienelemente etc. 266f., 481ff., A29, A84, A141, A198, A269
  - Eigennamen 269, 481ff., A29, A141, A198, A270
  - fachsprachlichen Elementen 267f., 481f., A29f., A84, A141, A198, A270
  - Typenbezeichnungen 269, 481ff., A29, A141, A198, A270
  - Warennamen 269, 481ff., A84, A141, A198, A270

Anleitung s. Textsorte

Anweisung s. Textsorte

Attribut
- pränominales 215-219, 448ff., 452f., 479ff., 511, A23ff., A79ff., A134-137, A192ff., A259ff.
- postponiertes s. satzwertige Konstruktion

Aufzählungszeichen
- Minuskeln 275f., 456f., A30f., A85, A142, A271
- Spiegelpfeile/-sternchen 276, A199, A272
- Spiegelpunkte 276, 456, 564, A142f., A199, A271f.
- Spiegelquadrate 276, A30, A142, A199, A272
- Spiegelstriche 276, 456, 565, A30f., A142f., A199, A271
- Ziffern 275f., 456f., 564f., A30f., A85, A142f., A199, A270ff.

Ausklappseite 471, A156

Auxiliartext 332, 460, A47f., A100f., A160f., A214f., A341-344

Begründung
- Äußerungsform
  - antezedente 358-361, 365, 367-371, 373, 377, 415ff., 419ff., 422f., 425, 429f., 560, A53f., A56, A58f., A105-110, A166-171, A219-225, A355, A357f., A360, A362-365, A368f.
  - formimmanente 358f., 363f., 366-377, 415-420, 422-426, 429, 489ff., 554, A53-59, A105ff., A109ff., A166-172, A219-222, A224f., A355ff., A360f., A364-371
  - komplexe 366-371, 373f., 377, 415f., 419, 423ff., 429, 554, A53, A55, A57, A59, A105, A107, A109f., A166, A168, A170f., A219, A221, A224f., A356, A360, A365f., A369f.
  - lexikalische 357f., 368, 376, 419, 425, 428, A53, A55, A57, A59, A105, A107, A110, A166, A168,

A171, A219, A221f., A224f., A356, A360, A366, A368f.
– postzedente 358f., 361f., 366-371, 374, 376, 415-419, 421ff., 425, 428ff., 554, A53ff., A57, A59, A105-110, A166-171, A219, A221, A223ff., A356, A358ff., A363f., A365f., A368f.
– Anschluss
– Demonstrativpronomen 360, 366f., 370, 416ff., 420ff., 554, A54-57, A106-109, A167ff., A220f., A223, A358f., A362, A364
– Koordination 361f., 365, 369, 416f., 420f., 429f., 554, A54, A56, A106, A108, A167, A169, A220, A223, A357, A362f.
– Lexikalische Rekurrenz 362, 366f., 416ff., 420f., 429f., A54-57, A106-109, A167ff., A220f., A223, A358f., A363f.
– Null-Anschluss (∅) 361, 366, 416ff., 420ff., 429f., 554, 560, A54-57, A106, A108, A167ff., A220f., A223, A357f., A362f.
– Parenthese 362, 365, 416ff., 420f., A54-57, A106, A108f., A167, A223, A357f., A362, A364
– Pronominaladverb 360f., 365, 367, 416ff., 420f., 429f., 554, 560, A54-A57, A106ff., A167, A169, A220f., A223, A357f., A359, A362, A364
– Relativpartikel 362, 365, 369, 418, 420f., 429f., A55f., A108, A167, A169, A223, A359, A362
– Semantische Kontrastierung 361, 365, 367, 416-422, 429f., 554, A54-57, A106ff., A167ff., A221, A223, A358f., A363f.
– Bezug, Begründung zu
– Deklarativum 357
– Direktivum 358-362, 366-369, 372-375, 415-419, 423ff., 489f., 554f., 557f., 560, A53ff., A57f., A104ff., A109f., A166ff., A170f., A219ff., A224, A355-359, A364-368
– Kommissivum 357
– Repräsentativum 363-366, 369-371, 375ff., 419-422, 425f., 490f., 553, A55ff., A59f., A107f., A110f., A168f., A171f., A221ff., A225, A360-364, A368-371
– Perspektivierung
– gemischte 374, 377, A57, A59, A109f., A170f., A224f., A366, A370
– negative 371, 373-377, 423-426, 430f., 558, A57ff., A109ff., A170ff., A223-226, A365ff., A369, A371
– positive 371ff., 375ff., 423-426, 430f., 558, A57ff., A109ff., A170ff., A223-226, A364-371
Begründungsdichte 429, 532f., 535f., 553, 557, 560, A55, A105, A165, A168, A220, A222
Begründungskette 369ff.
Begründungskomplex 368
Bezeichnungsprinzip s. Deklaration von Teiltexten

Darstellungsart 163
Datenintegration 104, 471f., 534f., 550f., 556
Deklaration
– abstrahierende 144f., 148f., 404f., 408, 475f., 492f., 554f., 563, A2ff., A64f., A115ff., A178f., A231, A233
– autonome s. Formulierung von TT-Deklarationen
– der Gesamttexte 143ff., 404f., 408, 554f., 563, 567, A1f., A63f., A115f., A177f., A231
– deskriptive 160f., 477, 559, A8, A68f., A121f., A181, A239
– direkte 161, 407f., 551f., 558, A8f., A68f., A122, A182, A239
– fokussierte 144, 151f., 404f., 408, 475f., 492f., 521, 549, 554, 563,

A2f., A63ff., A115-118, A178f., A231, A233f.
– inadäquate 153f., A3f., A65, A117f., A179, A236
– indirekte 161f., 407ff., 551f., 558, A8f., A68f., A122, A182, A239
– instruktive 161, 477, 559, A8, A68, A121, A181, A239
– integrative 144, 153, 404f., 408, 475f., 492f., 554f., A2ff., A63ff., A116f., A178f., A231, A234
– komplementäre s. Formulierung von TT-Deklarationen
– koordinative 153, 475f., 493, A3, A65, A117, A179, A234
– superordinative 149ff., 475f., 492f., 520f., 548f., A3f., A64f., A116ff., A179, A234ff.
– undeklariert 145, 161f., 288, 404f., 408, 477f., 493f., 555, 564, A7f., A68, A116, A121f., A178, A181, A231
– von Abbildungen 160ff., 477f., 493f., 555, 559, 564, A7f., A68, A121f., A181, A239
– von Einschubtexten 154-160, 406f., A4-7, A65ff., A118-121, A179ff., A237ff.
– von Tabellen 160ff., 407ff., 551f., 558, A8, A68f., A122, A182, A239
– von Teiltexten 145-154, 405f., 408, 475f., 491ff., 548f., 554, A2ff., A64f., A116ff., A178f., A231-236
Dekondensation
– adverbialer Präpositionalgruppen 225f.
– attributiver Präpositionalgruppen 227ff.
– lokaler Präpositionalgruppen 249f.
Denkstil
– *Digressions* 106, 451, 492f., 521f., 542f., 549, 556, 558, 561ff., s. a. Exkurs
– *Linear Progression* 451, 492f., 520f., 542f., 549, 556, 558, 561ff., s. a. Linearität
Deontischer Hinweis 170ff., 412-415, 427f., 560, 563, A10-13, A70ff., A124, A126, A183ff., A241ff.
Diagramm
– Auslösekennlinien A103, A347
– Kurvendiagramm 280, 340, 342, A347
– Leistungsdiagramm 280, 342, A51
Direktheit 110f., 114f., 129, 427f., 472f., 494ff., 508f., 535, 551f., 557ff., 562f.
Diskursstrategien
– *Ad-hoc Fomulation* 44, 116ff.
– *Directness* 44, 110f., 139, 409, 427, 494ff., 508f., 534f., 551f., 557ff., 562f., s. a. Direktheit
– *Explicitness* 44, 114ff., 355, 408f., 429, 451ff., 493f., 536, 544, 554f., 557, 560, 563, s. a. Explizitheit
– *Focus on Content* 44, 114, 181, 426ff., 522f., 536, 553f., 557, 559f., 562, A70, s. a. Inhaltsorientierung
– *Implicitness* 44, 114ff., 355, 408f., 429, 451ff., 493f., 536, 544, 554f., 557, 560, 563f., s. a. Implizitheit
– *Indirectness* 44, 110f., 139, 409, 427, 494ff., 508f., 534f., 551f., 557ff., 562f., s. a. Indirektheit
– *Interpersonal Focus* 44, 114, 181, 426ff., 522f., 536, 553f., 557, 559f., 562
– *Orientation towards Reader* 44, 109, 112ff., 409, 472ff., 494, 523, 535, 543f., 552f., 557, 559f., s. a. Adressatenorientierung
– *Orientation towards Writer* 44, 109, 112ff., 409, 472ff., 494, 523, 535, 543f., 552f., 557, 559f., s. a. Senderorientierung
– *Use of Verbal Routines* 116ff., s. a. Routine, sprachliche

Distanz zwischen Verweis und Abbildung 324-327, 466-471, 553, 559, A43f., A97f., A155f., A210f., A318-321

Einbezug Dritter s. Personeneinbezug
Einschubtext, Positionierung 276f., 497ff., 508, 551f., 559, A31, A86, A141, A200, A273-276
Exkurs 48, 50, 105-109, 437, 451, 476, 493, 542, 558, 563
Explizitheit 42, 114ff., 408, 429ff., 451ff., 493f., 544, 554f., 557, 560ff., A165, A168

Fachlichkeitsgrad 116, 125f., 176
Fachsprachenforschung 130
Fachtextlinguistik 140, 187, 260, 335, 393, 397, 400, 566, 568f.
Fachtextsorte s. Textsorte
Fachtextsortenkonvention s. Konvention
Fachzeitschriftenartikel s. Textsorte
Farbsemantik 64f.
Fertigungstechnik (Werkzeugmaschinen) s. Mikrokultur Maschinenbau
Finalität s. adverbiale Beziehung
Fördertechnik s. Mikrokultur Maschinenbau
Formulierung von TT-Deklarationen
– autonome 146, 405f., 408, 554, 560, A2f., A64, A116f., A178, A231
– elliptische 147, A178f., A233
– komplementäre 146f., 405f., 408, 554, 560, A2f., A64, A116f., A178f., A232
Fremdbild 61-64
Funktionalstil, wissenschaftlicher 45ff., 112f., 163, 188f., 208
Funktionalstilistik 45ff.

Gebrauchsnorm 94, 400

Haupttext, Konstituente
– informative 330f., 333, 460ff., A44ff., A98f., A157f., A212f., A323-330
– instruktive 330f., 462f., A46f., A99f., A158ff., A213f., A330-341
Hierarchie
– äußere 270-273, 275, 289f., A30, A32, A34f., A85, A87, A89, A142ff., A146, A199-202
– kultureller Spezifik 52
– syntaktischer Reduktion 259, A25, A80f., A136f., A194
Höflichkeit
– negative 82f.
– positive 82f.

Imperativ 129, 169ff., 177f., 412ff., 427, 478f., 494, 552ff., 563, A10f., A13ff., A70, A72f., A124, A126f., A183-186, A242
Imperativischer Infinitiv 170f., 173, 177, 412ff., 426, 552ff., A10-13, A70, A124, A183f., A241
Implizitheit 42, 115f., 408f., 429f., 451ff., 493f., 544, 554f., 560, 562ff.
Indirektheit 110f., 114f., 117, 427f., 494ff., 508f., 535, 562f.
Infinitivkonstruktion s. satzwertige Konstruktion
Inhaltsbezug 553f., 559f., s. a. Inhaltsorientierung
Inhaltsorientierung 114, 536, A70,
Instruktionsfehler 458, 462, 465, 467, A44
Intellektueller Stil
– deduktiver 103
– gallischer 47f., 97, 100f., 138
– induktiver 103
– nipponischer 47f., 97, 101
– nordischer 101
– sachsonischer 47f., 97ff., 103-107, 471f., 491ff., 520f., 548f., 555f.
– teutonischer 47f., 97ff., 103-106, 139, 471f., 491ff., 520f., 548f., 555f.
Interaktionsdistanz 67f.
Interaktionsstil
– aufgabenorientierter 42f., 67, 73, 87-91, 105

– menschenorientierter 42f., 67, 90f., 105
– traditionsorientierter 43, 90, 105
Interferenz, intertextuelle (pragmatische) 141, 398f., 448, A5, A14, A18, A74, A120, A126, A128, A185
Interkultur 43, 49, 63, 90-93, s. a. *Third Culture*
irrelevance 106f.

Kausalität s. adverbiale Beziehung
Kommunikation
– Alltags- 44ff., 109ff., 114-118
– Unternehmens- 88ff.
Kommunikationsverfahren (KV) 163-167
Komplexitätsgrad 187-190, 200ff., 432ff., 554, A17ff., A74, A80f., A129ff., A188, A194, A249-A252
Komplexverfahren (KoV) 164, 167
Kompositionsprinzip
– „Allgemeines" 298f., 304-308, 511ff., 515f., 520, 548, A36ff., A90, A92f., A147-150, A204ff., A292f., A296-299
– „Allgemeines – Besonderes" 299f., 302f., A91, A204, A295f.
– „Alternativen progressiv/degressiv nach Merkmal" 299, 302, 307f., 513f., 521, 549, A36f., A90ff., A147ff., A204f., A293, A295f., A299
– „Aufgabenstellung – Aufgabenlösung" 297
– „Ganzes – Teile" 300f., 513f., 521, 549, 561, A36, A90f., A148, A204f., A293f.
– „Prozessual" 297-300, 304-308, 511ff., 515ff., 520, 548, A35-38, A90-93, A147ff., A204f., A292f., A296-299
– „Störung: Wirkung – Ursachen – Behebung" 308f., 515, A37, A92, A149f., A300
– „Teile degressiv nach Merkmal" 301, 308, 513ff., 521, 549, 561, A36f., A91, A93, A148f., A204, A294f., A299
– „Teilhandlungen progressiv/degressiv nach Merkmal" 299, A147f., A293
Kompression, syntaktische 206-219, 451
Kondensation s.a. Präpositionalgruppe
– elliptische 238ff.
– syntaktische 219-238, 451
– von Adverbialsätzen 219-240
– von Relativsätzen 240-248
Konditionalität s. adverbiale Beziehung
Konkretum 221-224
Konsekutivität s. adverbiale Beziehung
Konstituentenanalyse 241
Kontaktverhalten 81f.
Kontrastive Linguistik 393f.
Konvention
– sprachliche 51, 94f.
– Textsorten- 95-118
Konversationsmaxime 107
Kultur
– Branchen- 87
– feminine 87, A160
– *High Contact* 81f., s. a. Kontaktverhalten
– *High Context* 41f., 115
– Idio- 39, 52
– individualistische 87, 115
– Inter- s. Interkultur
– kollektivistische 77f., 83f., 91, 115
– *Low Contact* 81
– *Low Context* 41f., 115
– Makro- 40-55, 59-84
– maskuline 87, A160
– Mikro- s. Mikrokultur
– monochrone 41, 67
– National- s. Makrokultur
– polychrone 41, 67
– Unternehmens- 42f., 50, 86-90, 92
– Wissenschafts- 48, 50, 124, 493
  – sachsonische 98f., 101
  – teutonische 98f., 101

Kulturelle Dimension
- Femininität 41, 71ff.
- Individualismus 41, 76ff., 89f., 108, 115
- Kollektivismus 41, 77ff., 83, 90f., 108, 115
- Kurzzeitorientierung 41, 75f.
- Langzeitorientierung 41, 75f.
- Machtdistanz 41f., 73, 78ff., 86f.
- Maskulinität 41, 71ff.
- Untersicherheitsvermeidung 41f., 73ff., 86f., 98, 430f., 544f.

Kulturelles Strukturmerkmal
- Nationalcharakter 40f., 61-64
- Soziale Gruppierungen und Beziehungen 76-84
- Verhaltensmuster 71-76
- Wertorientierungen, Nationalstolz 69f.
- Zeiterleben 65f.
  - Vergangenheitsorientierung 66
  - Zeitplanung 42, 67
  - Zukunftsorientierung 66

Kulturkreis
- Slavia 39, 55, 117
- Terranglia 48, 56-59, 141, 563ff., 568, 570f., A13f., A181, A185
- „westlicher" 55f., 66f.

Kulturprofil 40
Kulturwandel s. Perestrojka
Kulturwissenschaft 52f., 395

Linearität 50, 104ff., 521f., 542f., 549, 558, 562f., s. a. Textprogression, lineare
lingua franca 56, 99f., 107

Makrostruktur, prototypische 316ff. 320, 459f.
- deutscher Anleitungen A40, A94, A152, A207, A307
- „englischer" Anleitungen A41, A95, A154, A208, A309
- fachexterner Anleitungen A152ff., A207f., A312ff.
- fachinterner Anleitungen A40f., A94f., A307-311
- Inhaltverzeichnis 463f., 472, 550, A39ff., A94f., A152ff., A207f.
- russischer Anleitungen A41, A94, A153, A208, A308
- TT „Sicherheit" 462f., 473f., 553, A40f., A94ff., A152ff., A207ff.
- TT „Technische Daten" 460ff., 550, 560, A40f., A94f., A152ff., A207ff.

Maximalstruktur
- fachexterner Anleitungen 319f.
- fachinterner Anleitungen 318f.

Mikrokultur
- ethnische 84f.
- technische
  - Computertechnik 58f., 121f., 129, 134, 136, 141, A185, A187, A227, A229
  - Direktreduktion 170
  - Elektronik 121f., 128
  - Elektrotechnik 120f., 128, 130f.
  - Gerätebau 125, 414, 430
    - Gebrauchselektronik A177-229
    - Messtechnik 119f.
    - Mess- und Analysetechnik A63-113
    - Unterhaltungselektronik 121f., A227
  - Kfz-Technik 170, 176, 188
  - Kommunikationstechnik 121
  - Maschinenbau 119f., 122f., 125, 185f., 472, A1-62
    - Fördertechnik 571
    - Pumpen A40, A42, A45, A47f.
    - Hausgeräte 120f., 128f., 188, A115-175
    - Werkzeugmaschinen 570, A40, A42, A45
  - Nachrichtentechnik 121
- wissenschaftliche
  - Architektur 182, 260, 292
  - Botanik 109
  - Linguistik 104f.

– Mathematik 176
– Metallurgie (Eisenhüttenwesen) 175f.
– Pädagogik 176, 267
– Soziologie 97-105
Misch-TT
– instruktiv-deskriptiver 167, 295f., 304-308, 509ff., 515-518, 520ff., 548f., 558, A35, A37f., A46, A89, A91f., A147, A149f., A203, A205, A291
– sonstiger, Konstituente
– deklarative 296, 309-313, 519f., 523, 559, A38f., A92f., A150f., A206, A291f., A300-306
– deskriptive 296, 310-314, 519f., A38f., A93, A150, A206, A291f., A301-306
– expressive 313f., 519, A150f., A205f., A301f., A304
– instruktive 296, 310-314, 519f., 548, A38f., A93, A150, A206, A292, A300-306
– kommissive 296, 309-313, 519f., 523, 559, A38f., A92f., A150, A206, A292, A300ff., A304ff.
Modalität s. adverbiale Beziehung

Nebensatzart
– Adverbialsatz 253, 524f., A19-22, A24f., A76-79, A131-134, A136, A193f., A252
– Relativsatz 253, 450, 524f., A19, A23ff., A76, A79ff., A131, A134-136, A189f., A192, A194, A253
– „sonstiger“ 253, 524f., A19, A76, A131, A189, A253f.
– Objektsatz 212, 254, A253
– Subjektsatz 212, A254
Nebensatzdichte 187f., 434f., A19, A75, A131, A189
Nominalsatz 228f.
Null, syntaktische 179f.

Paralleltextanalyse 136, 167, 398, 571
Parenthese
– Funktion
– Präzisierung 382-388, 437f., 526f., A61, A112, A173f., A227, A373f.
– Verweis 382, 526f., A61, A112, A173, A227, A372f.
– Inhalt 381-388, 525ff., A61, A112, A173f., A227, A372ff.
– Markierung
– Gedankenstriche 379f., A60, A112, A173, A226, A371
– Klammern 379ff., 438f., 560, A60, A111f., A173, A226, A371
– Kommata 379f., 383, 438f., 560, A60, A111f., A173, A226, A371
– Umfang
– Satz 201-205, 381, 439f., 560, A60, A111f., A173, A226, A372
– Teilsatz 203f., 381, A60, A112, A173, A226, A372
– Zeichen-/Wortfolge 201, 380f., 439f., 560, A60, A111f., A173, A226, A372
Parenthesendichte 437f., 451, 558, A60, A111, A172, A226
Participium necessitatis 214, A23
Partikularismus 82
Partizipialkonstruktion s. satzwertige Konstruktion
Passivgehalt 175-181, 409ff., 427, 553f., 559, A12f., A71f., A125f., A184f., A243ff.
Perestrojka 45, 69, 78
Performativ, Formulierung
– persönliche 172, A11f., A70, A124f., A184, A242f.
– unpersönliche 172, 414f., 427f., 560, A11f., A70f., A124f., A184, A242f.
Personeneinbezug
– Adressateneinbezug 181ff., 185, 478f., 552, 563, A13-16, A72ff., A127f., A185ff., A245f., A248
– Einbezug Dritter 184ff., 478, A16f., A73f., A128f., A187, A247ff.

– persönliche Formulierung 181ff., 478f., 494, 552, 558, 563, A14ff., A72f., A127f., A185ff., A245f.
– Sendereinbezug 182-185, 478f., 552, 558, A16f., A73f., A128, A186f., A246ff.
– unpersönliche Formulierung 181-184, 478f., 494, 552, 558, 563, A14-17, A72f., A127f., A186f., A246f.
Piktogramm A7, A47
Prädikatreihung 190ff., 200
Präposition, funktionale 250ff.
Präpositionalgruppe
– adverbiale 224ff., 229-240
– attributive, Konstituentenbeziehung
  – finale 227, 241f.
  – kausale 242
  – konsekutive 242
  – konstitutionale 242f.
  – konstitutional-materielle 243
  – Korrespondenz 243
  – lokale 227, 243ff.
  – modale 245
  – originäre 246
  – ornative 227, 246
  – qualitative 246, 449f., 480f.
  – temporale 246f.
  – thematische 247f.
– mit funktionaler Präposition 250ff.
– mit lokaler Semantik 227, 248ff.
– semantische Vagheit 229-333
– Struktur 220-224
Präsens, instruktives 170f., 410-414, 426ff., 552ff., A10f., A13, A70, A72, A124, A126, A183f., A242
Produktfehler 462, 465, 467
Proxemik 67f.

Reduktion, syntaktische
– Adverbialsatz 224ff., 233-240, 447f., 451f., A24f., A80f., A136, A193f.,
– Relativsatz 226-229, 240-248, 450, 452, A24f., A80f., A136. A194
Rektion
– adjektivische 252
– verbale 251f.
rezipientenfreundlich 324, 466f., 474, A43, A97, A156, A210
Routine, sprachliche
– Danksagung 116, 118
– Entschuldigung 112, 116ff.

Sachbezogenheit 522f., 562, A70, s. a. Inhaltsorientierung
Satz
– einfacher 187-194, 197, 432ff., 453, A17f., A74, A129f., A187f., A249
– eingliedriger 190, 203
– komplexer 188ff., 194-202, 432-437, 453, A17ff., A25, A130, A137, A188
– monoprädikativer 191
– polyprädikativer 191
– zweigliedriger 190, 203
Satzkomplexität 187ff., 432f., 563, A17ff., A74f., A129ff., A187ff.
Satzteilellipse 200
Satztyp, komplexer
– Doppelsatzgefüge 199, 205, 436, A189, A252
– Satzgefüge, asyndetisches 195ff.
– Satzgefüge, mehrgliedriges 198f., 204, 435f., 548, A18, A75, A130, A188f., A250
– Satzgefüge, zweigliedriges 187, 192-199, 201, 203f., 435ff., 560, A18, A75, A130, A188, A249
– Satzgefüge + Hauptsatz 199, 204f., 436f., 560, A18, A75, A130, A188, A250f.
– Satzgefüge + Satzverbindung 199, 205, 436, A75, A189, A251f.
– Satzverbindung, asyndetische 195ff., 202f.
– Satzverbindung, elliptische 191f.
– Satzverbindung, mehrgliedrige 198f., 203, A18, A75, A130, A189, A251

– Satzverbindung, zweigliedrige 191f., 194-197, 199, 202f., 433, 435ff., 548, 560, A18, A75, A130, A188, A250
Satzwertige Konstruktion
– Adverbialpartizipial- 179, 193, 208-211, A22, A78f.
– Attribut, postponiertes 193, 214, A23, A25, A79f., A134, A136, A192, A194
– Dichte 188, 434f., A19, A75, A131, A189
– Infinitiv- 192f., 212ff., 440f., 447, A20, A23, A25, A53-56, A58f., A76f., A79f., A105-108, A110f., A132, A134, A136f., A190, A192ff., A220, A222, A224f.
– Partizipial- 192f., 203, 207-209, 440-450, A20-23, A25, A77-81, A132-137, A190-194
Schema
– Anschlussplan/-schema 282, 339, 342, A51, A102
– Funktionsschema 279, 340, 342, A33, A51, A102, A347
– Montageschema A102
– Motorschaltbild A110, A347
– Schaltplan/-bild 336, 339, A33, A51, A88, A102f., A347
– Stromlaufplan 339, A51
– Verdrahtungsplan 339, A51
Schriftschnitt
– Fettdruck 260-265, 454f., 472, 551, A26-29, A81-84, A138ff., A195ff., A263-268
– Kursivdruck 260-265, 454f., 483, 551, A26-29, A81-84, A138ff., A195-198, A263-268
– Sperrdruck 260-264, 454f., 551, A26-29, A81-84, A138ff., A195ff., A263-267
– Unterstreichung 260-265, 454f., 551, A26ff., A81-84, A138ff., A196f., A263-268
– Versalien 261-265, 454f., 472f., 551, A26-29, A81-84, A138-141, A195-198, A263-268
Schriftschnittvariation, Funktion
– Emphase 260f., 263ff., 472, A27ff., A83f., A139f., A196f., A265-268
– Strukturierung 260ff., 264, A27, A29, A82, A138f., A195f., A263ff.
Selbstbild 61-64
Sendereinbezug s. Personeneinbezug
Senderorientierung 44, 112f., 473, 494, 523, 529, 535, 543, 553, 559, 562
Sequenzierung
– gebrauchsorientierte 315, 320, 465f., 474, 553, A42f., A96f., A154f., A209f., s. a. rezipientenfreundlich
– von Abbildungen 320-323, 464ff., A42f., A96f., A154f., A209f., A315, s. a. Sequenzstörung
– von Teiltexten 315-320, 459-464, A39-42, A151-154, s. a. Makrostruktur
Sequenzstörung
– Abbildung fehlt 323, 465, A43, A96, A155, A318
– Abbildung zu früh 322, A316f.
– Abbildung zu spät 321, 465, A43, A96, A155, A210, A315f.
– Verweis falsch 323, 465, A43, A155, A317f.
Schwerverständlichkeit 98f.
Sicherheitshinweis, allgemeiner 462f., 473f., 485ff., A40, A47, A152ff., A158f., A208f.
Signalbedeutung (Signalwort)
– Bedienungs- und sonstige Erleichterungen 156, 158, A5f., A66, A119, A180, A237f.
– Gefahr von Funktionsstörungen 156-159, A5f., A66f., A119, A180, A237
– Gefahr von Personenschaden 155-159, 407, 458, A5f., A65f., A119, A180, A237

– Gefahr von Sachschaden 155-159, 407, 459, A5ff., A65ff., A119, A180, A237
Signalwort
– *Achtung* 155-160, 407, A5ff., A65f., A119, A180, A237f., A273-276
– *Anmerkung* 157ff., A5f., A66, A237f.
– *Attention* 157, A5, A180, A237
– *Caution* 155-159, 406f., 459, A5ff., A66f., A119, A180, A237ff., A274
– *Danger* 156ff., A5ff., A119, A237
– *Hinweis* 154-160, A5ff., A65ff., A119f., A180, A237f.
– *Important* 156, 158ff., A5ff., A66, A119, A180, A237ff., A273
– *Note* 156-159, 406, A5f., A66, A119f., A180f., A237f., A273, A275
– *Notice* 157, 459
– *Помните* 156f., 160, A119f., A180, A237f., A273
– *Примечание* 155-160, 406, A5, A7, A66f., A119f., A180, A237f., A273ff.
– *Vorsicht* 155-158, 407, A5f., A65ff., A119, A180, A237f., A273f.
– *Warning* 155-159, 406, A5ff., A66, A119, A180f., A237f., A273f.
– *Wichtig* 156, 158, A5ff., A66, A119, A180, A237f.
– *Внимание* 156-160, 407, A119f., A180, A237f., A273
Signalwortdichte A4, A65, A119, A180
Signalwortverwendung
– [+metakommunikativ] 156ff., 406, 553, A5ff., A65f., A118ff., A179f., A237
– [-metakommunikativ] 159f., 406f., 553, A5ff., A65f., A118ff., A179ff., A238f.
  – „entfremdet" 159f., A6, A65f., A180, A238f.
  – „überdimensioniert" 159, A6, A66, A119, A180, A238
  – „unterdimensioniert" 159, 407, A6, A66f., A119, A180, A238
Skopostheorie 394
Sprach-
– -ökonomie 192, 229, A116
– -politik 57ff.
– -wandel 68f.
Sprechakttheorie 164f., 167
Sprechhandlung
– Funktion
  – deklarative (Deklarationsfunktion) 165
  – deskriptive (Informationsfunktion) 164
  – direktive (Appellfunktion) 164
  – instruktive (Appellfunktion) 165
  – kommissive (Obligationsfunktion) 165
  – kontaktive (Kontaktfunktion) 165
– textdominante 167, A9, A69
Sprechhandlungsdichte
– Direktiva 173f., 411-415, 529f., 536, 559, A9, A69, A123, A182f.
  – Empfehlungen 411f., 414f., A9, A69, A123, A182
  – Instruktionen 411-414, A9, A69, A123, A182
– Repräsentativa u.a. 173f., 529, 536, 559, A9, A69, A123, A182
Sprechhandlungstyp
– Deklarativum 165, 168f., A240f., A244
– Direktivum 164ff., 169-174, A241-244
  – Empfehlung 172, A243
  – Instruktion 170f., A241
– Expressivum 165, 169, A241
– Kommissivum 165, 168, A240, A244
– Repräsentativum 164, 167f., 173f., A240, A243f.
Standardisierung 37f., s. a. Konvention
Stereotyp
– Auto- 60, 62f., s. a. Selbstbild
– Hetero- 60, 62ff., s. a. Fremdbild

Stereotypie 60-84
Stil
– Denk- s. Denkstil
– intellektueller s. Intellektueller Stil
– Nominal- 447f., A24f., A80f., A137, A194
– Textsorten- 47, 175, 567f., A24f., A80f., A136f., A193f.
– Verbal- 448, A25, A81, A137, A194
– *Window-pane* 105
– wissenschaftlicher s. Funktionalstil
subculture 39, 84, s. a. Mikrokultur, ethnische

Tabelle
– Funktion
  – autonome 286, 289, 504
  – isolierte 286f.
  – komplementäre 285f., 288, 504
  – resümierende 286, 288f., A122
– Gliederung 282-285
– Inhalt
  – Störungssuche/-behebung 284f., A34, A88, A146
  – Technische Daten 288f., 471, 509, 534, A34, A146
– Positionierung 286-289, 503f., 509, A33f., A87f., A145f., A202, A284ff.
Tabellendichte 531f., 534, 550, 561, A49, A102, A162, A216
Teiltext-Typ
– deklarativer 295, A147, A291
– deskriptiver 295, 300-304, 509ff., 513f., 520ff., 549, 559, 561, A35ff., A89ff., A147ff., A203f., A290
– instruktiver 294, 297-300, 509-513, 517f., 520f., 548, 559, A35f., A89f., A147f., A203f., A290
– kommissiver 295, A89, A203, A291
Temporalität s. adverbiale Beziehung
Terranglia s. Kulturkreis
Textbezug von Abbildungen
– textueller 285f., 336f., 477f., 540ff., 544, 554f., 560, 564, A51f., A104, A164, A218f., A352f.
  – Parallelität der Titel 349, A51f., A164, A218f., A353
  – Verweis s. Verweis, intratextueller
– thematischer 285ff., 289, 350-354, 477f., 541f., 544, 549, 554f., 560, 564, A51f., A104, A164f., A218, A353ff.
  – Abbildung als separater TT 352f., A51f., A104, A164f., A218f., A355
  – Abbildung angefügt 352, A52, A164f., A354
  – Abbildung distanziert 353, A103, A218
  – Abbildung eingerückt 350f., A52, A104, A164f., A218, A354
  – Abbildung mit textexternem Bezug 353f.
  – Abbildung vorangestellt 351f., A164f., A218, A353
Text-Bild-Bezug s. Textbezug von Abbildungen
Text-Bild-Gemeinschaft
– Flächenanteil 334f., 536ff., A49, A101f., A161f., A215f.
– Gliederungstiefe 289-292, 505f., 550, 561, A32, A34f., A89, A144, A146, A202f., A286-290
Textfunktion
– deskriptiv 124
– direktiv 124
– instruktiv 124f.
Textgliederung
– formale
  – asymmetrische 507f., 550
  – symmetrische 507, 550
– thematische 273, 290

Textkomposition
– Prinzip s. Kompositionsprinzip
– Thema
  – Begründung zu Direktivum 304f., 516, 518, A37f., A92, A149, A296f.
  – Funktion 300, 302f., 305-308, 513f., 516ff., A36ff., A91f., A148f., A204ff., A293ff., A297f.
  – Konstruktion 300-303, 305, 307f., 484f., 513f., 516f., A36ff., A91f., A148f., A204ff., A294-298
  – Störung: Wirkungen 304, A204f., A296
  – Störung: Wirkung – Ursachen 303f., 513f., A148f., A204f., A296
  – Verwendungszweck 302f., 306, 513f., 516, 518, A36f., A91f., A148f., A204f., A293ff., A297f.
  – Zusatzinformation 300, 302f., 307, 513f., 516, 518, 522, 558, A36ff., A92, A148ff., A296, A298f.
  – Zustand 301, 303, 305f., 516, 518, A36f., A92, A295, A298f.
Textlinguistik s. Fachtextlinguistik
Textprogression, lineare 48, 108f., 451, 493, 522, 542, A60, A118, A172, s. a. Linearität
Textsorte
– Anleitung, fachexterne 128ff.
  – Bedienungsanleitung 125, A115-229
  – EDV-Manual A14, A185
  – Gebrauchsanleitung 125, 131
  – Kfz-Betriebsanleitung 154f., A7, A219
– Anleitung, fachinterne 127f.
  – Bedienungsanleitung (Gerät) 125, A63-113
  – Betriebsanleitung (Maschine) 125, 132f., A1-62
– Anweisung 126f., 163-166, 170, 567, A10, A12, A15, A17
– Aufsatz 48f., 106, 108
– Beschreibung 122f.
– Fachzeitschriftenartikel 48, 123, 125, 163, 175f., 292, 476, 566f.
– Monographie 109
– Personenstandsurkunde 57
– Werkstatthandbuch 170, 569, A10, A15ff., A23
– Zeitschriftenartikel, popularisierender 123, 176, 566
Textsortenklasse 566f.
Textsortenstil s. Stil
Textsortenstilistik 45, 47, 568
Textsortenvariante
– inhaltlich-funktionale 566
– medienabhängige 566f.
– mikrokulturell gebundene 141, 567f.
– kontrastives Profil 566-569
Textsymmetrie, strukturelle 100, 104, 106, 505-508, 550, s. a. Textgliederung
Textverlaufsebene 289-292, 504ff., 508, 550, 561, A32, A86f., A143f., A200f., A276-280
Themenbehandlung
– Garantiebedingungen 332, 487ff., 496, 561, 564, A48, A101, A160, A215, A341, A343
– im Einschub mit Signalwort 330, 333, 486-489, 495f., 559, 561, A46f., A100f., A158f., A212-215, A329, A333, A336-339, A341, A343
– im Teiltext 330, 332f., 471, 484-488, 495f., 534, 548, 550ff., 559, 561, A45-48, A99ff., A157-160, A212-215, A323-344
– in fachexternen Anleitungen A157-161, A212-215, A326-330, A335-344
– in fachinternen Anleitungen A44-48, A98-101, A323-326, A330-335, A341f.
– Konstruktion 331f., 484f., 495f., 551, 555, 561, A45f, A99, A157f., A212f., A324f., A328f.

– nonverbale 286, 289, 331ff., 484f., 555, 561, A45f., A99, A157f., A212f., A325, A328
– ohne eigene Deklaration (in einem anders deklarierten TT) 331ff., 471f., 484, 486, 488, 495f., 534f., 548, 550ff., A45-48, A99ff., A159-161, A212-215, A323-327, A329-344
– Sicherheit 330, 485ff., 496, 559, 561, A46f., A100, A158f., A213f., A333, A339
– Technische Daten 330, 471f., 534f., 548, 550, A45f., A99, A157, A212f., A326, A329
Third Culture 90, 100, s. a. Interkultur
Translationspraxis 92, 140, 566, 569f., s. a. Übersetzungspraxis

Übersetzen
– funktionales 394
– instrumentelles 403
Übersetzungspraxis 133f., 141, 393, 396-401, 448, s. a. Translationspraxis
Übersetzungsrelevanz 142, 393
Übersetzungsvergleich 136
Universalia 52-55
Universalismus 82

Verbalabstraktum 171, 221-224, A10, A70, A124, A242
Verbform, finite 175-180, 553, A12f., A15, A17, A23, A69, A71-74, A125ff., A129, A135, A186f., A193
Verweis
– intertextueller 266f., 389ff., 527ff., 533ff., 552, A61f., A112f., A139, A141, A174, A228, A374
  – auf andere Autoritäten 389
  – auf Normen und Vorschriften 389, 527ff., 535, A62, A113, A174, A228, A374
  – auf potenzielle Texte 390f., 528f., 535, 552, A62, A113, A174f., A228f., A374f.
  – auf Texte des Rezipienten 390f., 528f., A62, A375
  – auf Texte des Senders oder Dritter 390, 527f., 535, 552, A62, A113, A174, A228, A374
  – auf Zeichnungen des Senders oder Dritter 390, 528, A62, A113, A374
– intratextueller 265f., 347ff., 388f., 526f., 533f., A61, A112, A174, A268
  – einfacher 288, 348, 541, 549, A52, A104, A164, A218, A352
  – mehrfacher 287f., 348, 467-470, 542, 549, A52, A104, A164, A218, A352f.
Verweisdichte 533f., 558, A61, A112f., A174, A228

Warndreieck 457ff., 473, A7, A67, A120f.
Warnhinweis 407, 409, 431, 457ff., 473, 486f., 508, 552, 571, A6f., A31, A67, A86, A119ff., A139, A143, A158f., A200, s. a. Signalwortverwendung
Warnsymbol s. Warndreieck
Warntext 160, 457ff., 473, A120f., A239
Werkstatthandbuch s. Textsorte
Wissenschaft s. Kultur
Wissenschaftsstil s. Funktionalstil, wissenschaftlicher

Zeichnung, technische
– Draufsicht 278f.
– Maßzeichnung/-bild 278, 289, 338, 341, 352, 544, A33, A50f., A88, A103f.
– Schnittzeichnung 281, 338, 341, A50, A103
– Teilschnittansicht 338

FORUM FÜR FACHSPRACHEN-FORSCHUNG

Die Bd. 1 bis 77 sind im Verlag Gunter Narr erschienen.

Bd. 78 Hartwig Kalverkämper: Textsortengeschichte und Fächertradition. Systeme im Wandel zwischen französischer Klassik und Aufklärung (1650–1750). ISBN 978-3-86596-175-4

Bd. 79 Jin Zhao: Interkulturalität von Textsortenkonventionen. Vergleich deutscher und chinesischer Kulturstile: Imagebroschüren. 392 Seiten. ISBN 978-3-86596-169-3

Bd. 80 Hartwig Kalverkämper/Klaus-Dieter Baumann (Hg.): Fachtextsorten – in – Vernetzung. 486 Seiten. ISBN 978-3-86596-160-0

Bd. 81 Henrike Täuscher: Fachlichkeit in der Werbung für Laien. Deutsche und französische Anzeigen im Vergleich. 262 Seiten. ISBN 978-3-86596-162-4

Bd. 82 Tim Peters: Macht im Kommunikationsgefälle: der Arzt und sein Patient. 212 Seiten. ISBN 978-3-86596-181-5

Bd. 83 Hans P. Krings/Felix Mayer (Hg.): Sprachenvielfalt im Kontext von Fachkommunikation, Übersetzung und Fremdsprachenunterricht. Für Reiner Arntz zum 65. Geburtstag. 530 Seiten. ISBN 978-3-86596-192-1

Bd. 84 Encarnación Tabares Plasencia/Vessela Ivanova/Elke Krüger (Eds.): Análisis lingüístico contrastivo de textos especializados en español y alemán. 258 Seiten. ISBN 978-3-86596-190-7

Bd. 85 Nancy Hadlich: Analyse evidenter Anglizismen in Psychiatrie und Logistik. 458 Seiten. ISBN 978-3-86596-380-2

Bd. 86 Eva Martha Eckkrammer (Ed.): La comparación en los lenguajes de especialidad. 302 Seiten. ISBN 978-3-86596-216-4

Bd. 87 Maria Mushchinina: Rechtsterminologie – ein Beschreibungsmodell. Das russische Recht des geistigen Eigentums. 396 Seiten. ISBN 978-3-86596-218-8

Bd. 88 Sylvia Reinart: Kulturspezifik in der Fachübersetzung. Die Bedeutung der Kulturkompetenz bei der Translation fachsprachlicher und fachbezogener Texte. 562 Seiten. ISBN 978-3-86596-235-5

Bd. 89 Radegundis Stolze: Fachübersetzen – Ein Lehrbuch für Theorie und Praxis. 3. Auflage. 420 Seiten. ISBN 978-3-86596-257-7

Bd. 90 Carmen Heine: Modell zur Produktion von Online-Hilfen. 318 Seiten. ISBN 978-3-86596-263-8

Frank & Timme

FORUM FÜR FACHSPRACHEN-FORSCHUNG

Bd. 91 Brigitte Horn-Helf: Konventionen technischer Kommunikation: Makro- und mikrokulturelle Kontraste in Anleitungen. 614 Seiten mit CD. ISBN 978-3-86596-233-1

Bd. 92 Marina Adams: Wandel im Fach. Historiographie von DaF als Fachsprachen-Disziplin in der DDR. 460 Seiten. ISBN 978-3-86596-269-0

Bd. 93 Carsten Sinner: Wissenschaftliches Schreiben in Portugal zum Ende des *Antigo Regime* (1779–1821). Die Memórias económicas der *Academia das Ciências de Lisboa*. 714 Seiten. ISBN 978-3-86596-277-5

Bd. 94 Laurent Gautier (éd.): Les discours de la bourse et de la finance. 186 Seiten. ISBN 978-3-86596-302-4

Bd. 96 Julia Neu: Mündliche Fachtexte der französischen Rechtssprache. 294 Seiten. ISBN 978-3-86596-351-2

Bd. 97 Mehmet Tahir Öncü: Probleme interkultureller Kommunikation bei Gerichtsverhandlungen mit Türken und Deutschen. 168 Seiten. ISBN 978-3-86596-387-1

Bd. 98/99 Klaus-Dieter Baumann (Hg.): Fach – Translat – Kultur. Interdisziplinäre Aspekte der vernetzten Vielfalt. 2 Bände im Schuber, zus. 1562 Seiten. ISBN 978-3-86596-209-6

Bd. 100 Hartwig Kalverkämper (Hg.): Fachkommunikation im Fokus – Paradigmen, Positionen, Perspektiven. 1040 Seiten. ISBN 978-3-7329-0214-9

Bd. 102 Anastasiya Kornetzki: Contrastive Analysis of News Text Types in Russian, British and American Business Online and Print Media. 378 Seiten. ISBN 978-3-86596-420-5

Bd. 103 Ingrid Simonnæs: Rechtskommunikation national und international im Spannungsfeld von Hermeneutik, Kognition und Pragmatik. 304 Seiten. ISBN 978-3-86596-427-4

Bd. 104 Svenja Dufferain: Tyronyme – zur strategischen Wortbildung französischer Käsemarkennamen. 140 Seiten. ISBN 978-3-86596-428-1

Bd. 105 Laurent Gautier (éd.): Figement et discours spécialisés. 158 Seiten. ISBN 978-3-86596-413-7

Bd. 106/107 Eva Martha Eckkrammer: Medizin für den Laien: Vom Pesttraktat zum digitalen Ratgebertext. 2 Bände im Schuber, zus. 1328 Seiten. ISBN 978-3-86596-312-3

Bd. 108 Lucia Udvari: Einführung in die Technik der Rechtsübersetzung vom Italienischen ins Deutsche. Ein Arbeitsbuch mit interdisziplinärem Ansatz. 316 Seiten. ISBN 978-3-86596-516-5

Frank & Timme

FORUM FÜR FACHSPRACHEN-FORSCHUNG

Bd. 109 Mehmet Tahir Öncü: Kulturspezifische Aspekte in technischen Texten. Eine Analyse deutsch- und türkischsprachiger Gebrauchsanleitungen. 212 Seiten. ISBN 978-3-86596-517-2

Bd. 110 Cornelia Griebel: Rechtsübersetzung und Rechtswissen. Kognitionstranslatologische Überlegungen und empirische Untersuchung des Übersetzungsprozesses. 432 Seiten. ISBN 978-3-86596-534-9

Bd. 111 Laura Sergo/Ursula Wienen/Vahram Atayan (Hg.): Fachsprache(n) in der Romania. Entwicklung, Verwendung, Übersetzung. 458 Seiten. ISBN 978-3-86596-404-5

Bd. 112 Birte Möpert: Die Fachsprache des Tanzes. 218 Seiten. ISBN 978-3-7329-0012-1

Bd. 113 Marina Brambilla/Joachim Gerdes/Chiara Messina (Hg.): Diatopische Variation in der deutschen Rechtssprache. 382 Seiten. ISBN 978-3-86596-447-2

Bd. 114 Christiane Zehrer: Wissenskommunikation in der technischen Redaktion. Die situierte Gestaltung adäquater Kommunikation. 406 Seiten. ISBN 978-3-7329-0032-9

Bd. 115 Tanja Wissik: Terminologische Variation in der Rechts- und Verwaltungssprache. Deutschland – Österreich – Schweiz. 394 Seiten. ISBN 978-3-7329-0004-6

Bd. 116 Larissa Alexandrovna Manerko/Klaus-Dieter Baumann/Hartwig Kalverkämper (eds.): Terminology Science in Russia today. From the Past to the Future. 460 Seiten. ISBN 978-3-7329-0051-0

Bd. 117 Georg Löckinger: Übersetzungsorientierte Fachwörterbücher. Entwicklung und Erprobung eines innovativen Modells. 322 Seiten. ISBN 978-3-7329-0053-4

Bd. 118 Kerstin Petermann: Verbale und nonverbale Vagheit in englisch- und deutschsprachigen Interviews. 418 Seiten. ISBN 978-3-7329-0061-9

Bd. 119 Encarnación Tabares Plasencia (ed.): Fraseología jurídica contrastiva español – alemán/Kontrastive Fachphraseologie der spanischen und deutschen Rechtssprache. 148 Seiten. ISBN 978-3-86596-528-8

Bd. 120 Klaus-Dieter Baumann/Jan-Eric Dörr/Katja Klammer (Hg.): Fachstile – Systematische Ortung einer interdisziplinären Kategorie. 216 Seiten. ISBN 978-3-7329-0105-0

Bd. 121 Jenny Brumme/Carmen López Ferrero (eds.): La ciencia como diálogo entre teorías, textos y lenguas. 348 Seiten. ISBN 978-3-7329-0130-2

Bd. 122 Ingrid Simonnæs: Basiswissen deutsches Recht für Übersetzer. Mit Übersetzungsübungen und Verständnisfragen. 202 Seiten. ISBN 978-3-7329-0133-3

FORUM FÜR FACHSPRACHEN-FORSCHUNG

Bd. 123 Silke Friedrich: Deutsch- und englischsprachige Werbung. Textpragmatik, Medialität, Kulturspezifik. 142 Seiten. ISBN 978-3-7329-0152-4

Bd. 124 Bernhard Haidacher: Bargeldmetaphern im Französischen. Pragmatik, Sprachkultur und Metaphorik. 368 Seiten. ISBN 978-3-7329-0124-1

Bd. 125 Chiara Messina: Die österreichischen Wirtschaftssprachen. Terminologie und diatopische Variation. 384 Seiten. ISBN 978-3-7329-0113-5

Bd. 126 Raimund Drommel: Sprachprofiling – Grundlagen und Fallanalysen zur Forensischen Linguistik. 338 Seiten. ISBN 978-3-7329-0158-6

Bd. 127 Krzysztof Nycz/Klaus-Dieter Baumann/Hartwig Kalverkämper (Hg.): Fachsprachenforschung in Polen. 328 Seiten. ISBN 978-3-7329-0211-8

Bd. 128 Peter Kastberg: Kondensation und Expansion in Fachtexten der Technik. 160 Seiten. ISBN 978-3-7329-0221-7

Bd. 129 Anja Centeno García: Textarbeit in der geisteswissenschaftlichen Lehre. 360 Seiten. ISBN 978-3-7329-0196-8

Bd. 132 Maria Mushchinina: Sprachverwendung und Normvorstellung in der Fachkommunikation. 450 Seiten. ISBN 978-3-7329-0293-4

Bd. 133 Agnes Goldhahn: Tschechische und deutsche Wissenschaftssprache im Vergleich. Wissenschaftliche Artikel der Linguistik. 226 Seiten. ISBN 978-3-7329-0332-0

Bd. 134 Natalya Zalipyatskikh: Didaktik der technischen Fachkommunikation. Methodologien, Konzepte, Evaluationen. 422 Seiten. ISBN 978-3-7329-0344-3

Bd. 135 Katja Klammer: Denkstile in der Fachkommunikation der Technik- und Sozialwissenschaften. Fakten und Kontraste im Deutschen und Englischen. 438 Seiten. ISBN 978-3-7329-0355-9

Bd. 136 Fabian Fahlbusch: Unternehmensnamen. Entwicklung – Gestaltung – Wirkung – Verwendung. 322 Seiten. ISBN 978-3-7329-0202-6

Bd. 137 Sabrina Brandt: Anglizismen – Sprachwandel in deutschen und norwegischen Texten der Informationstechnologie. 140 Seiten. ISBN 978-3-7329-0385-6

Bd. 138 Sascha Bechmann (Hg.): Sprache und Medizin. Interdisziplinäre Beiträge zur medizinischen Sprache und Kommunikation. 498 Seiten. ISBN 978-3-7329-0372-6

Bd. 139 Anastasia Mikhailova-Tucholke: Der französische Fachwortschatz im Bereich Solarenergie: Wortbildung und Lexikographie. 232 Seiten. ISBN 978-3-7329-0400-6